Ihle
Lüftung und Luftheizung

Schriftenreihe
Der Heizungsingenieur
Herausgegeben von Dipl.-Ing. Claus Ihle

Band 1
Erläuterungen zur DIN 4701 mit Wärmedämmung und Wärmeschutzverordnung

Band 2
Die Pumpen-Warmwasserheizung

Band 3
Lüftung und Luftheizung

Band 4
Klimatechnik mit Kältetechnik

Band 5
Energie- und Feuerungstechnik (vorgesehen)

Werner Verlag

Schriftenreihe
Der Heizungsingenieur

Band 3

Lüftung und Luftheizung

6., neubearbeitete Auflage 1997

Von Dipl.-Ing. Claus Ihle

Studiendirektor a. D. an der Bundesfachschule für Sanitär-, Heizungs- und Klimatechnik, Karlsruhe

Werner Verlag

472 Abbildungen, 91 Tabellen und 1 Ausschlagtafel

1. Auflage 1965
2. Auflage 1973
3. Auflage 1977
4. Auflage 1982
5. Auflage 1991
6. Auflage 1997

Die Deutsche Bibliothek – CIP-Einheitsaufnahme

Der **Heizungsingenieur**: Schriftenreihe / hrsg. von Claus Ihle. –
Düsseldorf : Werner
Teilw. mit der Angabe begr. von Alfred Bergmann

Bd. 3. Ihle, Claus: Lüftung und Luftheizung. – 6., neubearb. Aufl. –
1997

Ihle, Claus:
Lüftung und Luftheizung / von Claus Ihle. – 6., neubearb. Aufl. –
Düsseldorf : Werner, 1997
(Der Heizungsingenieur ; Bd. 3)
ISBN 3-8041-2129-2

Satz und Druck: druckhaus köthen, Köthen
Buchbinderische Verarbeitung: Kunst- und Verlagsbuchbinderei Leipzig
Schrift: Helvetica

Archiv-Nr.: 477/6–5.97
Bestell-Nr.: 3-8041-2129-2

Inhaltsverzeichnis

Vorwort XI
Literaturhinweise XIII

1 Allgemeines 1
1.1 Notwendigkeit und Aufgaben der Lüftung 1
1.2 Grenzen und Anforderungen 3
1.3 Stand und Entwicklungstendenzen 9

2 Überblick über Lüftungs- und Luftheizungsanlagen - Einteilung 11
2.1 Aufbau - Begriffe - Sinnbilder 11
2.2 Bauteile einer Kammerzentrale 13
2.3 Klassifikation von RLT-Anlagen - Systemeinteilung 20
2.4 Vorteile der maschinellen Lüftung - Druckhaltung 25
2.4.1 Drucklüftung (Belüftung) 26
2.4.2 Sauglüftung (Entlüftung) 27
2.4.3 Be- und Entlüftungssystem 28

3 Freie Lüftung (Lüftung ohne Ventilator) 29
3.1 Druckverteilung infolge Dichtedifferenz 29
3.2 Einfluß des Windes auf die Lüftung 31
3.3 Freie Lüftungssysteme 33
3.3.1 Fugenlüftung 33
3.3.2 Fensterlüftung 34
3.3.3 Schachtlüftung 36
3.3.4 Dachaufsatzlüftung 40
3.4 Arbeitsstättenrichtlinien 40

4 Berechnungsgrundlagen und Übungsbeispiele für Lüftungs- und Luftheizungsanlagen 42
4.1 Bestimmung des Volumenstroms und der Zulufttemperatur für Luftheizungsanlagen 42
4.2 Bestimmung des Volumenstroms für Lüftungsanlagen 45
4.2.1 Bestimmung nach der Außenluftrate 46
4.2.2 Bestimmung nach dem CO_2-Maßstab 50
4.2.3 Bestimmung nach der Luftwechselzahl 51
4.2.4 Bestimmung nach dem MAK-Wert 54
4.2.5 Volumenstrombestimmung für spezielle Räume 57
4.3 Bestimmung des Volumenstroms für kombinierte Lüftungs- und Luftheizungsanlagen 58

4.4 Bestimmung der Heizleistung (Lüftung und Luftheizung) – Heizregister 59
4.5 Lüftungsanlagen zur Kühlung („Freie Kühlung“) 65
4.6 Übungsaufgaben mit Lösungen 66
4.7 RLT-Anlagen mit variablem Volumenstrom (VVL-Anlagen) 72

5 Lüftungs-/Luftheizungsanlagen (Zentralanlagen) 73
5.1 Direkt beheizte Lüftungs-/Luftheizungsanlagen 75
5.1.1 Luftheizungen mit Warmlufterzeugern und Kastengeräten 76
5.1.2 Kachelofen-Warmluftheizung 87
5.1.3 Elektro-Zentralspeicher für Luftheizungen 91
5.2 Indirekt beheizte Lüftungs-/Luftheizungsanlagen 92
5.2.1 Anlagen mit Kastengeräten 92
5.2.2 Hinweise zur Regelung von indirekt beheizten Lüftungs-/Luftheizungsanlagen 93
5.2.2.1 Veränderung des Außenluftvolumenstroms 93
5.2.2.2 Temperaturregelung 95
5.2.3 Frostschutzmaßnahmen 97
5.2.4 Klimazentralheizung 98
5.3 Strahlungs-Luftheizung (Sonderformen) 104
5.3.1 Heißluft-Strahlungsheizung 104
5.3.2 Warmluft-Fußbodenheizung 105

6 Lüftungs- und Luftheizgeräte – (Dezentrale RLT-Anlagen) 106
6.1 Wand- und Deckenluftheizgeräte (indirekt beheizt) 107
6.1.1 Geräteaufbau – Zubehörteile 107
6.1.2 Planung, Montage und Betrieb von Wandgeräten 110
6.1.3 Berechnungs- und Auswahlbeispiele von Wandlufterhitzern 119
6.1.4 Deckenluft-Heizgeräte (Auswahl und Montage) 127
6.1.5 Regelung von Wand- und Deckenluftgeräten 135
6.1.5.1 Regelung bei Umluftbetrieb 135
6.1.5.2 Regelung bei Mischluftbetrieb 136
6.2 Heiz- und Lüftungstruhen (Ventilatorkonvektoren) 138
6.2.1 Aufbau – Merkmale – Anwendung 138
6.2.2 Hinweise für Planung, Auslegung und Montage von Truhengeräten 140
6.2.3 Regelung von Truhengeräten 143
6.3 Schrankgeräte 144
6.4 Direkt beheizte Einzelgeräte 145
6.4.1 Öl- und gasbefeuerte Geräte 145
6.4.2 Elektrische Lufterhitzer 148

7 Anwendungsbeispiele und Planungshinweise für verschiedene RLT-Anlagen 149
7.1 Versammlungsräume 149
7.2 Die Wohnungslüftung 149

7.3 Lüftung von innenliegenden Räumen in Wohnungen, Hotels, Bürogebäuden u. a. 157
7.3.1 Lüftung von Bädern und Toiletten ohne Außenfenster – DIN 18 017 157
7.3.2 Absaugung der Luft an Sanitärgegenständen (WC) 162
7.3.3 Lüftung von Küchen ohne Außenfenster 163
7.4 Die Küchenlüftung 164
7.4.1 Allgemeine Grundlagen für Planung und Ausführung – Lüftungseinrichtungen 165
7.4.2 Technische Anforderungen an Küchenlüftungen – Planungshinweise 167
7.4.3 Gewerbliche Küchenabzugshauben – Lüftungsdecken 170
7.4.4 Abzugshauben für Wohnküchen 173
7.5 Entnebelungsanlagen – Schwimmbadlüftung 175
7.5.1 Entfeuchtung durch Absaugung und Luftmischung 175
7.5.2 Schwimmbadlüftung – Schwimmbadentfeuchtung 178
7.6 Die Garagenlüftung 190
7.7 Die Stallüftung 196
7.7.1 Begriffe – Anforderungen – Berechnungsgrundlagen 196
7.7.2 Volumenstrombestimmung 199
7.7.3 Ausführung von Stallüftungen 200
7.8 Gewächshauslüftung 204
7.9 Lüftung von Warenhäusern 206
7.10 Lüftung von Labors 208
7.11 Lüftung und Beheizung großer Hallen 210
7.12 Luftschleieranlagen und Luftschleusen 212
7.12.1 Warmluftschleieranlagen 214
7.12.2 Luftschleieranlagen mit Umluft 217
7.12.3 Luftschleieranlagen mit Außenluft 218

8 Kanäle und Kanalberechnung 219
8.1 Allgemeine Grundlagen 219
8.1.1 Grundgleichungen 219
8.1.2 Graphische Druckdarstellungen im Kanalnetz 223
8.2 Druckverluste im Kanalnetz 226
8.2.1 Reibungswiderstände – Diagramme und Tabellen 226
8.2.2 Gleichwertiger Durchmesser 227
8.2.3 Druckverluste durch Einzelwiderstände und Einbauten 232
8.2.4 Statischer Druckrückgewinn 236
8.3 Kanalnetzberechnung – Druckabgleich 237
8.3.1 Kanalnetzberechnung nach der Geschwindigkeitsannahme 238
8.3.2 Kanalnetzberechnung nach konstantem Druckgefälle 241
8.3.3 Kanalnetzberechnung nach statischem Druckrückgewinn 241
8.3.4 Kanalnetzberechnung nach gegebener Druckdifferenz 242
8.3.5 Druckabgleich – Einregulierung der Anlage 242
8.4 Luftleitungen und Kanäle – Montage 245
8.4.1 Allgemeine Anforderungen 245

8.4.2 Kanalarten – Rohre – Formstücke – Montage 247
8.4.2.1 Blechkanäle und Kanalformstücke 247
8.4.2.2 Blechrohre – Wickelfalzrohre – Formstücke 250
8.4.2.3 Flexible Rohre und Schläuche 254
8.4.3 Kanalmaterialien 257
8.4.4 Montagezeiten 258
8.4.5 Kanalaufmaß – Vertragsbedingungen, Abnahmeprüfung 260

8.5 Brandschutzmaßnahmen 262
8.5.1 DIN 4102, Feuerwiderstandsklassen 262
8.5.2 Absperrvorrichtungen – Brandschutzklappen 263
8.5.3 Lüftungsleitungen und Brandschutz 265
8.5.4 Brandschutz in Lüftungszentralen 266
8.5.5 Entrauchungsanlagen 267

9 Luftverteilung im Raum – Zu- und Abluftdurchlässe 268

9.1 Luftführungsarten – Allgemeine Anforderungen 268
9.1.1 Allgemeine Hinweise zur Luftführung 268
9.1.2 Luftführungsarten – Beispiele 270
9.1.3 Mischströmung 273
9.1.4 Verdrängungsströmung 275
9.1.5 Örtliche Mischströmung 276

9.2 Zu- und Abluftdurchlässe 277
9.2.1 Lüftungsgitter – Jalousien – Klappen 277
9.2.2 Gitterauswahlbeispiele – Fragen zur Gitterauswahl 281
9.2.3 Deckenluftdurchlässe – Schlitz- und Drallauslässe 286
9.2.4 Spezielle Luftdurchlässe – Sonderformen 294

10 Ventilatoren (Lüfter, Gebläse) 296

10.1 Allgemeine Grundlagen – Überblick 296
10.1.1 Ausgangsgrößen für die Auswahl 296
10.1.2 Verluste und Wirkungsgrad – Leistung – Ähnlichkeitsgesetze . 298
10.1.3 Ventilator und Anlage 302
10.1.4 Auswahlbeispiele von Ventilatoren 305

10.2 Radialventilatoren 308

10.3 Axialventilatoren 313

10.4 Betriebsverhalten – Antriebe – Regelung 318
10.4.1 Motoren und Antriebselemente 318
10.4.2 Steuerung und Regelung 319
10.4.2.1 Bypassregelung 319
10.4.2.2 Drosselregelung 320
10.4.2.3 Drehzahlregelung 320
10.4.2.4 Drallregelung 320
10.4.2.5 Laufschaufelregelung 321
10.4.3 Parallel- und Serienschaltung 321
10.4.3.1 Parallelbetrieb von zwei Ventilatoren 321
10.4.3.2 Serienschaltung von zwei Ventilatoren 322
10.4.4 Einfluß der Temperatur auf die Ventilatorauswahl 324

10.5 Gegenüberstellung von Axial- und Radialventilatoren 324

10.6 Sonderformen und Sonderbauarten von Ventilatoren 325
10.6.1 Dachventilatoren 325
10.6.1 Querstromventilatoren 329
10.6.3 Explosionssichere Ventilatoren 330
10.6.4 Korrosionsbeständige Ventilatoren 330
10.6.5 Rauchabzugsventilatoren 331

11 Geräuschentstehung und Lärmbekämpfung in RLT-Anlagen 332
11.1 Akustische Grundbegriffe und Bezeichnungen 332
11.1.1 Luft- und Körperschall 333
11.1.2 Frequenz – Frequenzanalyse 334
11.1.3 Schalldruck – Schalldruckpegel 335
11.1.4 Schalleistung – Schalleistungspegel 336
11.1.5 Addition von Schallpegeln 337
11.1.6 Geräuschbewertung – Grenzkurven 338
11.2 Geräusche von RLT-Anlagen – Zulässiger Schallpegel 339
11.2.1 Ventilatorgeräusche 339
11.2.2 Strömungsgeräusche im Kanalsystem 341
11.2.3 Richtwerte für maximale Schallpegel 342
11.3 Mögliche Schallpegelsenkungen in RLT-Anlage und Raum 343
11.3.1 Pegelsenkungen im Gerät 344
11.3.2 Pegelsenkungen durch Kanalnetz und Formstücke 344
11.3.3 Dämpfung durch Mündungsreflexion 346
11.3.4 Raumabsorption (Pegelverteilung im Raum) 346
11.3.4.1 Absorptionsvermögen *A* 348
11.3.4.2 Richtungsfaktor *Q* 348
11.3.4.3 Abstand von Person zur Schallquelle 348
11.4 Schallschutzmaßnahmen – Schalldämpferauswahl 349
11.4.1 Schalldämpferarten 349
11.4.2 Schalldämpferauswahl 351
11.4.3 Luftschalldämmung 354
11.4.4 Körperschalldämmung und Schwingungsisolierung 355

12 Wärmerückgewinnung bei RLT-Anlagen 356
12.1 Anforderungen und Anwendung in RLT-Anlagen 357
12.2 Wärmerückgewinnungssysteme 359
12.2.1 Plattenwärmetauscher 360
12.2.2 Kreislaufverbundsystem 361
12.2.3 Wärmerohre 363
12.2.4 Rotationswärmetauscher 365
12.2.5 Rückgewinnung durch Wärmepumpen 367

13 Wiederholungs- und Prüfungsfragen 368

Stichwortverzeichnis 383

Vorwort

Es sind sowohl die Forderungen und Wünsche nach besseren hygienischen Lebensbedingungen in Wohn-, Büro- und Versammlungsräumen als auch die höheren Ansprüche an neue, reibungslose Produktionsverfahren und somit strengere Arbeitsbedingungen in bezug auf Wirtschaftlichkeit, Gesundheit, Sicherheit und Leistungsbereitschaft, daß das Fachgebiet Lüftung und Luftheizung ständig an Bedeutung zugenommen hat. Weitere Gründe sind die immer drastischeren Maßnahmen zur Energieeinsparung mit ihren zahlreichen Konsequenzen auf Planung und Betrieb neuer und vorhandener Anlagen und zur Reduzierung der Umweltbelastungen. Hierzu zählt auch die innere Umwelt, denn die zunehmende Sensibilisierung gegenüber Geruchs- und Schadstoffen im Wohnraum und am Arbeitsplatz wird immer deutlicher. Hinzu kommt in verstärktem Maße die veränderte Bauweise infolge der neuen Wärmeschutzverordnung, wodurch die Lüftungsheizlast prozentual sehr stark zugenommen hat. Dies führte teilweise zu völlig neuen Lüftungskonzeptionen in Verbindung mit Wärmerückgewinnungsmaßnahmen und zu Änderungen in der Energieversorgung; neue Forschungsvorhaben, Fördermaßnahmen und die Einbeziehung der freien Kühlung kommen hinzu.

Die Entwicklung wird jedoch auch sehr stark durch die Anstrengungen der Branche selbst beeinflußt, indem sie sich ständig den technisch und wirtschaftlich anspruchsvolleren Aufgaben stellt und sich den vielfältigen speziellen Belangen der jeweiligen Nutzung umgehend anpaßt. Maßgebend hierfür sind neben einer gründlichen Aus- und Weiterbildung die ständigen technischen Entwicklungen wie z. B. die Einbeziehung der Elektronik und die dadurch möglichen Fortschritte in der Steuerungs-, Regelungs- und Informationstechnik, der hohe Entwicklungsstand der Geräte, Einbauten und Armaturen, die großen Anstrengungen hinsichtlich Schall-, Brand-, Korrosions- und Unfallschutz sowie zahlreiche Designverbesserungen. Ferner sind es die Rationalisierungen bei der Kanalmontage und bei Serienmaterialien, das vielfältige Programm von Bau- und Zubehörteilen, die Angebote interessanter Meß- und Kontrollgeräte, die veränderten Luftführungsarten in Räumen, die Verbesserungen bei den Luftheizgeräten und Wärmerückgewinnungssystemen, neue Materialien und Verarbeitungsmethoden, Neuentwicklungen in speziellen Anwendungsgebieten und nicht zuletzt der Einzug der EDV in allen Bereichen.

In der vorliegenden 6. Auflage mußten vor allem wegen mehrerer neuer DIN-Normen und VDI-Blätter zahlreiche Änderungen und Ergänzungen bei Text, Abbildungen und Tabellen vorgenommen werden. Außerdem waren an vielen Stellen formale Änderungen erforderlich.

Die erfolgreiche Grundkonzeption wurde auch bei dieser Auflage beibehalten.

1. Verwendung als Lehrbuch (methodische Einbindung der Fachkunde; zahlreiche Berechnungsbeispiele mit Lösungen; systematische Gliederungen; 472 Abbildungen und 91 Tabellen; 440 Wiederholungs- und Prüfungsfragen; Hervorhebung von Folgerungen und Merksätzen, fächerübergreifende Textauswahl, differenzierte Schriftform).
2. Konzipierung auch als Nachschlagewerk bei der Berufsausübung (spezieller Schriftsatz mit Hervorhebung der Begriffe, jeweilige detaillierte, stichwortartige Zusammenstellungen der Planungshinweise, große Informationsdichte und ausführliches Sachregister).
3. Praxisorientierte Stoffauswahl mit starker Kürzung theoretischer Grundlagen.

Im Band 4 werden die Themen Raumklima, Luftfiltrierung, Klimaanlagen und Einzelklimageräte, Luftbehandlung durch Kühlen, Be- und Entfeuchtung, Kühllastberechnung, klimatechnische Berechnungen und *h,x*-Diagramm mit zahlreichen Beispielen, Volumenstrombestimmung und Luftführung im Raum, Planungsgrundlagen zur Klimatisierung verschiedener Gebäude, Energiesparmaßnahmen u. a. behandelt. In einem umfangreicheren Kapitel wird dort auch das Thema Kältetechnik berücksichtigt – speziell für Heizungs- und Klimatechniker.

Karlsruhe, im Mai 1997 Der Verfasser

Hinweise zum Gebrauch des Buches:

- Die öfter in Klammern angegebene Seiten- oder Kapitelnummer muß nur dann aufgesucht werden, wenn der Textinhalt weiter vertieft oder ergänzt werden soll.
- Die am Schluß des Buches für alle Kapitel zusammengestellten Wiederholungsfragen können auch geteilt werden. Sie sind anhand des Textes zu beantworten.
- Zum schnellen Aufsuchen des Inhalts in den einzelnen kleinen Abschnitten und zur Hervorhebung der Merksätze dienen die fettgedruckten Wörter bzw. Textstellen.

Literaturhinweise

Firmenunterlagen der	Fa. Happel, Wanne-Eickel; Fa. Kraftanlagen, Heidelberg; Fa. LTG, Stuttgart; Fa. Schako, Kolbingen; Fa. LBF Lauterbach; Fa. Strulik, Hünfelden; Fa. Westaflex, Gütersloh; Fa. Witzenman, Pforzheim; Fa. Müpro, Hofheim; Fa. Mez, Reutlingen; Fa. Fläkt, Butzbach; Fa. Hesco, Frankfurt; Fa. Trox, Neukirchen; Fa. Ziehl-Abeg, Künzelsau; Fa. Wolf, Mainburg; Fa. Fischbach, Neunkirchen; Fa. Gebhardt, Waldenburg; Fa. Helios, Schwenningen; Fa. Maico, Villingen; Fa. Babcock, Bad Hersfeld; Fa. Eberspächer, Eßlingen; Fa. Acoven, Wittlich; Fa. robatherm, Burgau; Fa. Viessmann, Allendorf; Fa. Schrag, Ebersbach; Fa. Kroll, Kirchberg; Fa. Gelu, Frickenhausen; Fa. Alko, Jettingen; Fa. Alcan, Plettenberg; Fa. Lüftomatik, Schriesheim; Fa. Schulte, Iserlohn; Fa. Centra - Bürkle, Schönaich; Fa. Hoval, Rettenburg; Fa. Rentschler, Sersheim; Fa. Dantherm, Stuhr; Fa. Nolting, Detmold; Fa. Promat, Ratingen.
Ackermann, U.	Messungen an Kulissenschalldämpfern für RLT-Anlagen, TAB 1/91, Bertelsmann-Verlag, Gütersloh
Brunk, F.	Optimierung der Luftführung in Räume, HLH 8/87, VDI-Verlag, Düsseldorf
Brunk, M. F., Pfeifer, W.	Lüftung in Industriehallen, HLH 7/89, VDI-Verlag, Düsseldorf
DIN- und VDI-Blätter	werden in den jeweiligen Kapiteln angegeben
Finkelstein, W.	Quelluftströmung . . . ., HR 4/90, Oldenbourg-Verlag, München
Fitzner, K.	Quellüftung in Theorie und Praxis, CCI 5/91, Promotor-Verlag, Karlsruhe
Fuchs, H.V.; Rambausek, N.; Ackermann, U.	Schalldämpfer für hohe hygienische Anforderungen, sbz 16/87, Gentner-Verlag, Stuttgart
Göhringer, P.	Vom Miefquirl zur integrierten Lüftungsdecke, IKZ 16/87, Strobel-Verlag, Arnsberg
Hartmann, K.	Variable Volumenstromsysteme mit elektronischer Regelung der Luftdurchlässe, TAB 9/88, Bertelsmann-Verlag, Gütersloh
Hartmann, K.	Variables Volumenstromsystem mit digitaler elektronischer Regelung der Luftauslässe, KI 12/86, C.-F.-Müller-Verlag, Karlsruhe
Ihle, C.	Volumenstrombestimmung für Lüftungsanlagen, sbz 21/81, Gentner-Verlag, Stuttgart
Klosa, F.	Lufttransport in RLT-Anlagen, TAB 5/8/90, Bertelsmann-Verlag, Gütersloh
Klose, A.	Brandschutz, IKZ 8/88, Strobel-Verlag, Arnsberg
Lexis, J.	Regelmöglichkeit von Ventilatoren, KK 3/87, Gentner-Verlag, Stuttgart
Lexis, J.	Ventilatoren in der Praxis, Gentner-Verlag, Stuttgart
Loewer, H.	Mensch und Raumluft, TAB 6/85, Bertelsmann-Verlag, Gütersloh
Loewer, H.	Verfahren der Luftqualitätsbewertung, CCI 6/91, Promotor-Verlag, Karlsruhe
Meier, S.	Luftqualitätsmessung zur bedarfsgerechten Lüftung, CCI 6/91, Promotor-Verlag, Karlsruhe
Mürmann, H.	Lärmminderung in Lüftungs- und Klimaanlagen, sbz 80/87, Gentner-Verlag, Stuttgart
Mürmann, H.	Luftschleieranlagen für Industrietore, TAB 10/88, Bertelsmann-Verlag, Gütersloh
Prechtl, F.	Ventilatoren sinnvoll eingesetzt, sbz 2, 3, 18/90, Gentner-Verlag, Stuttgart
Quenzel, K.H.	Vorbeugender Brandschutz in RLT-Anlagen, HR 10ff./87/88, Oldenbourg-Verlag, München
Recknagel, Sprenger, Hönmann	Taschenbuch für Heizung + Klimatechnik, 90/91, 65. Ausgabe, Oldenbourg-Verlag, München
Salzwedel, W.	Raumlufttechnik in Küchen, KI 9/87, C.-F.-Müller-Verlag, Karlsruhe
Schlapmann, D.	Wärmerückgewinnung und Abwärmenutzung, sbz 1/89, Gentner-Verlag, Stuttgart
Sodec, F.	Luftführung in Versammlungsräumen, HLH 7/86, VDI-Verlag, Düsseldorf

Sodec, F. — Verdrängungsströmung, TAB 7/90, Bertelsmann-Verlag, Gütersloh

Sonderer, P. — Brandschutzgerechte Ausführung von Klima- und Lüftungsanlagen, HLH 2/88, VDI-Verlag, Düsseldorf

Ströder, R. — RLT-Anlagen für Fertigungshallen, TAB 1/91, Bertelsmann-Verlag, Gütersloh

Thiel, G. H. — Problem Hallenheizung – Kostensparen und Wohlbefinden?, WT 4 4/89, Gentner-Verlag, Stuttgart

1 Allgemeines

Es ist schon lange kein Geheimnis mehr, daß sich im Interesse

der Komfortbedürfnisse	**der Arbeitsleistung**
der Gesundheit	**des Umweltschutzes**

die Einsicht durchgesetzt hat, möglichst in allen Versammlungs-, Arbeits- und Wohnräumen ein Raumklima anzustreben, in dem sich der Mensch behaglich fühlt. Die Kritik an schlechten Luftverhältnissen – insbesondere am Arbeitsplatz – wird ständig lauter.

1.1 Notwendigkeit und Aufgaben der Lüftung

Bevor man die Grenzen einer Lüftungsanlage und somit die erforderliche weitere Aufbereitung der Luft durch Klimatisierung herausheben kann, ist zunächst die Frage zu stellen, welche Einflußgrößen das oben erwähnte Raumklima kennzeichnen.

Abb. 1.1 und 1.2 zeigen eine **Zusammenstellung aller Einflußgrößen, die das Behaglichkeitsgefühl in einem Aufenthaltsraum kennzeichnen.** Nur eine kleine Anzahl (wenn auch die wichtigsten) dieser Einflüsse kann durch eine Heizungsanlage, eine Anzahl weiterer durch eine zusätzliche Lüftungsanlage und eine noch größere durch eine Klimatisierung erfaßt werden.

Zunächst ist die Frage zu beantworten, wie man einen Raumluftzustand durch eine Lüftungsanlage zusätzlich verbessern kann.

Aufgaben einer Raumlüftung

Die nachstehend gewählte Reihenfolge stellt keine Wertung dar, sondern die gestellte Aufgabe hängt vom jeweiligen Projekt mit seiner unterschiedlichen Nutzung ab. **Der Entschluß, eine Lüftungsanlage vorzusehen, kann jedoch erleichtert werden, wenn zu einer gestellten Forderung weitere Vorteile bzw. Argumente genannt werden können.**

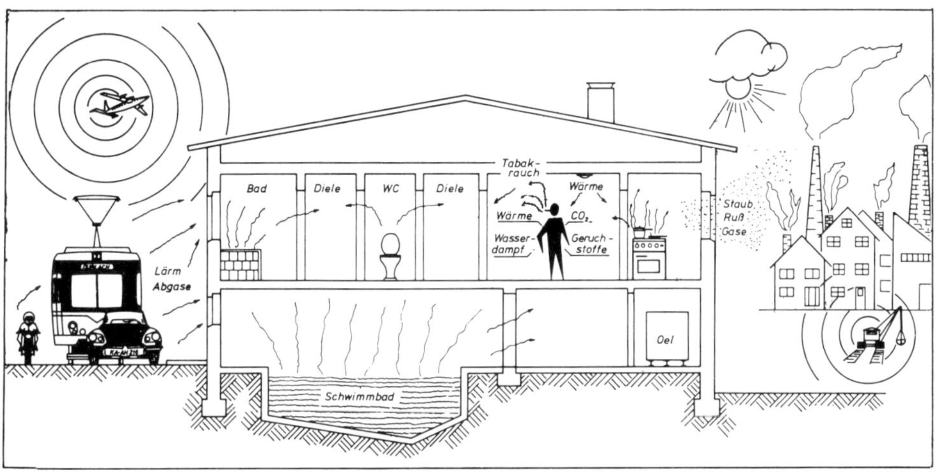

Abb. 1.1

a) **Sicherstellung des erforderlichen Sauerstoffes**

Der erforderliche Sauerstoff und somit die Außenluftzufuhr hängt jedoch nicht nur von der körperlichen, sondern auch von der psychischen Beanspruchung eines Menschen ab. So ist z. B. bei einer Büroarbeit mit hoher geistig-nervlicher Beanspruchung der Sauerstoffbedarf höher als in einem normalen Versammlungsraum.

b) **Verdünnung der CO_2-Mengen, Geruchsstoffe und sonstigen Stoffe** (Wohn- und Versammlungsräume). Außerdem sind die durch Produktionsvorgänge entstehenden **Schad-**

stoffe abzuführen bzw. auf eine solche Konzentration zu bringen, daß sie dem MAK-Wert nach Tab. 4.3 entspricht (Arbeits- und Fabrikationsbetriebe), z. B. Schweißereien, chemische Betriebe, Beizereien, Lackierereien, Werkstätten.

Sehr lästig und schädlich ist auch der **Tabakrauch** (Kap. 4.2.1). Weitere mögliche Schadstoffe sind biologische Aerosole (Bakterien, Viren, pflanzliche oder tierische Substanzen), Formaldehyd (z. B. bei einigen Kunstharzen), Verbrennungsprodukte (z. B. Kohlenmonoxid, Stickstoffdioxid, Schwefeldioxid), Radon, Ozon.

Alle genannten Stoffe verschlechtern die „innere Umwelt" in Wohn- und Arbeitsräumen erheblich und stellen eine mehr oder weniger starke gesundheitliche Belastung dar.

Je höher der CO_2-Gehalt ansteigt, desto geringer wird der Sauerstoffgehalt (vgl. *Dalton*sches Gesetz). Auffallend ist der prozentuale Anteil von CO_2, der **bei der ausgeatmeten Luft auf das 100fache angestiegen ist.** 0,15% sollte im Aufenthaltsraum nicht überschritten werden (vgl. Kap. 4.2.2).
Es muß jedoch ausdrücklich betont werden, daß in diesem Zusammenhang auch die durch Atmung und vor allem durch die Schweiß- und Talgdrüsen **ausgeschiedenen Geruch- und Ekelstoffe** das Wohlbefinden beeinträchtigen. Diese Riechstoffe, die Unlust und Unbehagen erzeugen, müssen ebenfalls durch die Lüftungsanlage abgeführt bzw. verdünnt werden.

c) **Vermeidung von Geruchsausbreitungen** innerhalb des Gebäudes infolge unerwünschter Druckverhältnisse durch Wind, thermische Kräfte oder Absaugungen.

d) **Abführen von Wärmemengen,** die entweder durch innere Wärmequellen (Menschen, Beleuchtung, Maschinen, Geräte) entstehen oder von außen durch Sonnenstrahlung eindringen. **Einsparung von Energiekosten** für Kühlaufgaben.

Dies geschieht vor allem dadurch, daß man die Gebäudemassen infolge des ständigen Austausches mit kälterer Außenluft stärker abkühlt (z. B. während der Nacht oder in den frühen Morgenstunden). Die abgekühlten Wand-, Boden- und Deckenflächen können dann am darauffolgenden Tag bis in die Nachmittagsstunden ein angenehmes Raumklima ermöglichen (Kap. 4.5).

e) **Erhöhung der Produktivität und Wirtschaftlichkeit in Arbeitsräumen** (z. B. durch Abnahme von Fehlern, Arbeitsunfällen und Abwesenheitsmeldungen). Höhere Produktionssteigerungen besonders in den Sommermonaten.

f) **Optimierung des Energieeinsatzes durch Wärmerückgewinnung,** denn durch eine unkontrollierte Lüftung (z. B. durch Fenster) können enorme Wärmemengen über die Fortluft in die Atmosphäre entweichen.

So braucht heute eine Verbesserung von Arbeitsplatzbedingungen nicht immer eine Erhöhung von Investitions- und Betriebskosten mit sich zu bringen.

g) **Abführungen von Feuchtigkeit in sog. Naßräumen,** wie z.B. in Wäschereien, Bädern, Küchen, Schwimmbädern usw.

Diese Lüftungsanlagen, bei denen der erforderliche Zuluftvolumenstrom nach der stündlich an die Raumluft abgegebenen Wassermenge ermittelt wird, nennt man **Entnebelungsanlagen.** Die Wirksamkeit und die Grenzen solcher Anlagen werden im Kap. 7.5 behandelt.

h) **Zuführen von Wärme,** d. h. über Raumtemperatur einblasen (z. B. zur Vermeidung von Zugerscheinungen)

Soll mit der Lüftungsanlage gleichzeitig auch die Raumerwärmung oder auch nur eine Teilbeheizung durchgeführt werden, so spricht man von einer kombinierten Lüftungs-Luftheizungs-Anlage (vgl. Kap. 4.4).

i) **Schutz vor Außenlärm in Wohn- und Arbeitsräumen,** der besonders in Stadtzentren, z. B. durch Autos, Straßenbahnen, Maschinen usw., so stark ist, daß vielfach ein Öffnen der Fenster kaum möglich ist.

Von Fall zu Fall kann schon aus diesem Grund ein Lüftungs- oder Klimagerät oder schalldämmende Spezialfenster gefordert werden.

k) **Reinigung der Atemluft** durch Einsatz spezieller Filter. Die Verwendung von Luftfiltern ist jedoch nicht nur aus hygienischen, sondern auch aus wirtschaftlichen und betriebstechnischen Gründen erforderlich.

Dies bezieht sich nicht nur auf **Außenluftverschmutzungen** infolge der Abgase von Feuerungen, Industrieanlagen und Kraftfahrzeugen sowie durch Abfallstaub, sondern auch auf **Raumluftverschmutzungen,** wie z. B. in holzverarbeitenden Betrieben, bei Steinmetzarbeiten, Galvanikbetrieben, Schleifereien usw.

1.2 Grenzen und Anforderungen einer Lüftungsanlage

Ein Blick auf Abb. 1.2 soll jetzt helfen, die Einflußgrößen zusammenzustellen, die

> **a)** durch eine Heizungsanlage
> **b)** durch eine Lüftungsanlage
> **c)** durch eine Klimaanlage
> technisch nicht erfaßt werden können oder außerhalb des Aufgabenbereichs des Heizungs-, Lüftungs- und Klimaingenieurs liegen.

Im Gegensatz zur Heizungsanlage wird mit der Lüftungsanlage auch auf die chemischen Klimakomponenten und auf die Luftfeuchtigkeit Einfluß genommen.

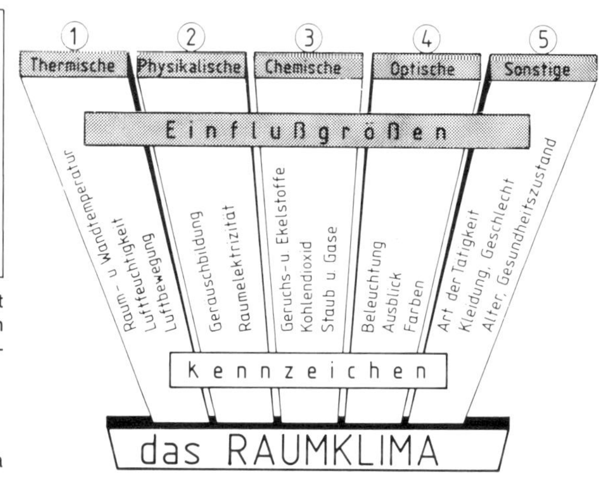

Abb. 1.2 Einflußgrößen auf das Raumklima

Die in Abb. 1.2 genannten fünf Gruppen machen deutlich, daß mit Aussagen wie „zu warm", „zu kalt" oder „zu schwül" allein nicht ein optimales Raumklima gekennzeichnet werden kann. So fühlt sich ein Mensch in einem Raum auch dann unbehaglich, wenn er z. B. schlechte Gerüche oder störende Geräusche wahrnimmt.

Wegen der komplexen Wirkung der einzelnen thermischen Einflußgrößen untereinander und der zahlreichen anderen genannten Komponenten, insbesondere derjenigen der Gruppe 5, kann man leider keine strenge Grenze für ein optimales Raumklima und somit für einen allgemeingültigen Behaglichkeitsbegriff angeben.

Zu (1) Thermische Einflußgrößen

Diese Einflußgrößen stellen die Klimakomponenten dar, die das Kälte- und Wärmeempfinden des Menschen beeinflussen. Die Bedeutung dieser Größen, deren gegenseitige Abhängigkeit und die Folgerungen hieraus für die Planung von Lüftungs- und Klimaanlagen werden ausführlicher in Bd. 4 behandelt und sollen daher hier nur kurz erwähnt werden:

- Die **Raumlufttemperatur in Räumen mit RLT-Anlagen** von etwa 22 °C im Winter oder die gleitende Temperatur im Sommer (vgl. Abb. 1.3) hat nur Gültigkeit, wenn die anderen 3 thermischen Behaglichkeitskomponenten gute Durchschnittswerte aufweisen, d. h., man kann einen fehlerhaften Raumluftzustand nicht allein nach der Raumlufttemperatur beurteilen (vgl. Abb. 1.4 bis 1.6).

  Durch den geforderten Höchstwärmeschutz dürften diese „DIN-Werte" im Winter etwas zu hoch angesetzt sein und müssen mehr im Zusammenhang mit der Luftführung (Geschwindigkeitsverteilung) betrachtet werden (Abb. 1.6).

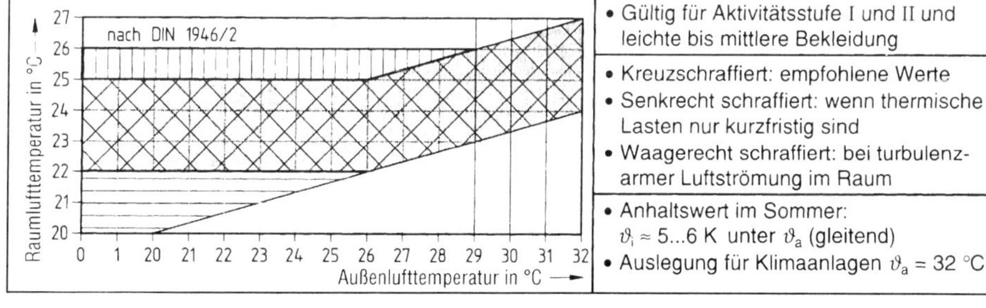

Abb. 1.3 Raumlufttemperaturen nach DIN 1946-2

Hinweis: Die gemessene Temperatur ist nicht identisch mit der empfundenen Temperatur.

Zur Erreichung der gewünschten Raumtemperatur durch eine Warmwasser- oder Luftheizung im Winter muß vor allem die genaue Wärmebedarfsberechnung nach DIN 4701 durchgeführt werden (vgl. Bd. 1).
Da im Sommer bei einer ungünstigen Bauweise durch eine Lüftungsanlage nur in seltenen Fällen die gewünschte Temperatur erreicht werden kann, wäre hier eine Klimatisierung (Kühlung) erforderlich.

- Die **Luftfeuchtigkeit** wird in der Heizungs- und i. allg. in der Lüftungstechnik wenig oder überhaupt nicht beachtet. Das Rechnen mit feuchter Luft, der Einfluß der Luftfeuchtigkeit auf das menschliche Wohlbefinden, die Möglichkeiten der Luftbe- und -entfeuchtung und die Auswahl der Geräte sowie die Auswirkungen von zu trockener und zu feuchter Luft müssen jedem bekannt sein, der sich mit der Klimatisierung befaßt (Bd. 4).
  Im Winter kann z. B. die trockene Luft bei der Radiatorenheizung durch Befeuchtungsgeräte wesentlich verbessert werden. Der Luftheizungsbauer, der die Räume mit filtrierter Luft (z. T. mit Außenluftanteil) beheizt und z. B. im Zuluftkanal ein Befeuchtungsgerät einbaut, spricht daher schon von „Klimaheizung" (vgl. Abb. 5.36 ff.).
  So wichtig wie im **Winter die Befeuchtung,** ist im **Sommer die Entfeuchtung,** die i. allg. durch Luftkühler oder neuerdings durch Sorptionsgeräte erfolgt. Durch eine Lüftungsanlage kann man – je nach den Raum- und Außenluftzuständen – auch durch Luftmischung eine Entfeuchtung erreichen.

  Bei Temperaturen von 20 bis 22 °C sollte die rel. Feuchte in den **Grenzwerten** von 30 bis 65% gehalten werden; bei höheren Temperaturen bis 26 °C nur bis 55%, entsprechend einem Feuchtegehalt von 11,5 g/kg.

- Die **Raumumschließungsflächentemperatur,** vereinfacht **„Wandtemperatur"** genannt, spielt auch bei jeder Heizung neben der Lufttemperatur eine große Rolle. Ist sie zu gering (z. B. bei nicht aufgeheizten Wänden, schlechter Bauweise, großen Glasflächen), so muß die Raumlufttemperatur entsprechend erhöht werden (vgl. Abb. 1.5). Durch gute Wärmedämmung der Außenwand (Verkleinerung der Wärmedurchgangszahl) kann die innere Oberflächentemperatur wesentlich verbessert werden (vgl. Bd. 1), was besonders bei der Fußbodenheizung, Elektroheizung und Klimatisierung dringend ratsam ist.
  Die durchschnittliche Umschließungstemperatur sollte möglichst nicht mehr als 1 K unter der Raumtemperatur liegen. 1 K mehr entspricht fast einer Absenkung der Lufttemperatur von 1 K. Auch die **Oberflächentemperatur des Fußbodens** sollte in einem Wohn- und Aufenthaltsraum möglichst nicht unter 17 °C liegen.

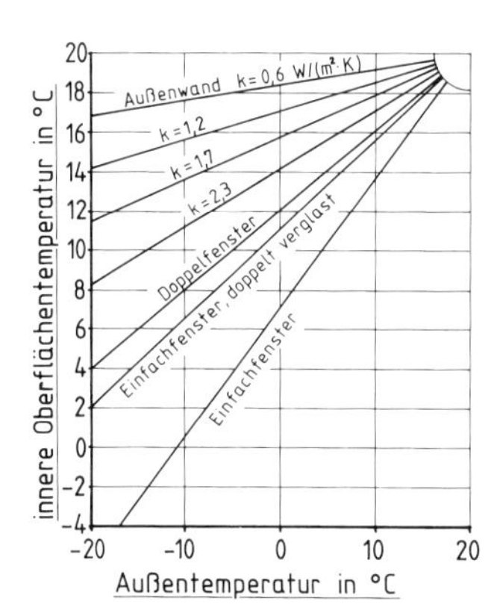

Abb. 1.4
Innere Oberflächentemperatur in Abhängigkeit von ϑ_a

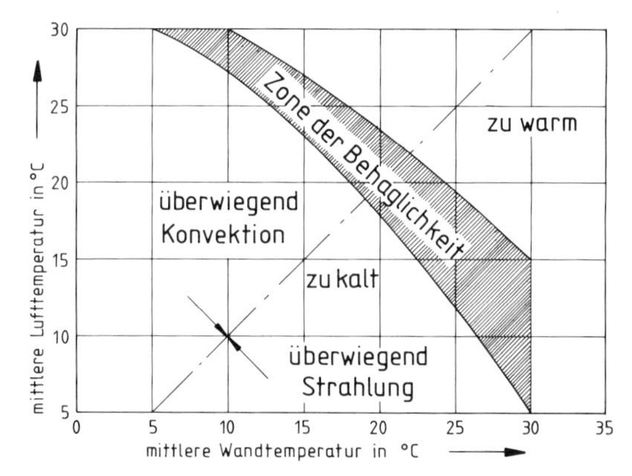

Abb. 1.5
Abhängigkeit der günstigen Raumtemperatur von der Raumumschließungsflächentemperatur

- Die **Luftbewegung,** die in jedem be- und entlüfteten Raum notwendig und besonders im Sommer im Interesse der Behaglichkeit erwünscht ist, zählt zu den wichtigsten Grundgrößen des Lüftungstechnikers. Die zugfreie Luftführung im Raum ist die schwierigste Aufgabe bei jeder Planung einer Lüftungs- und Klimaanlage.

Eigentlich müßte man noch bei Abb. 1.6 einen Unterschied machen zwischen wenigbesetzten Räumen (z.B. Büros) und vollbesetzten Räumen (z. B. Restaurants) und besonders dort, wo sich die Menschen bewegen.

Der in Abb. 1.6 angegebene **Einfluß der Kleidung** hat selbstverständlich auch Einfluß auf die zu wählende optimale Lufttemperatur.

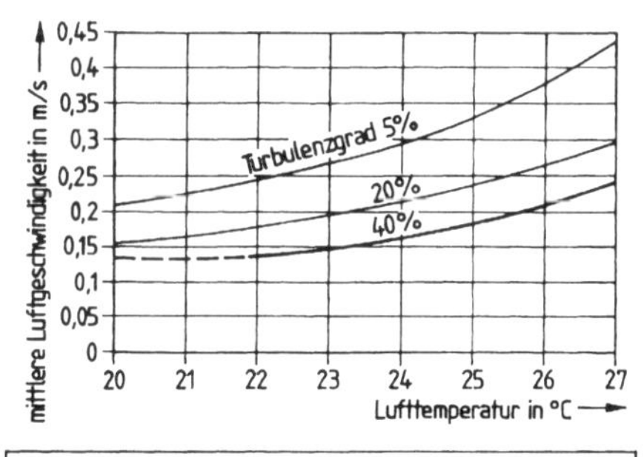

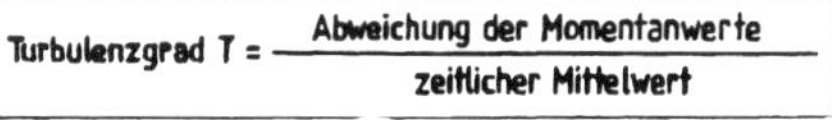

Abb. 1.6 Mittlere Luftgeschwindigkeiten in Abhängigkeit von Temperatur und Turbulenzgrad

Voraussetzungen und Hinweise zur Anwendung nebenstehender Kurven:

1. **Aktivitätsstufe I** (vgl. Tab. 1.2)
2. **Kleiderwiderstand** etwa 120 m² · K/kW; wird der Wert um 32 m² · K/kW oder die Aktivität um 10 W erhöht, darf die zulässige Luftgeschwindigkeit auf die um etwa 1 K erhöhte zugeordnete Lufttemperatur angehoben werden.
3. **Luftgeschwindigkeit** ist bei 0,1; 1,1 und 1,7 m über Fußboden gemessen. Bei gleichbleibender Geschwindigkeit kann die Lufttemperatur entsprechend vermindert werden (je Sek. mindestens 1 Meßwert).
4. Ohne **Messung von** T wird der Turbulenzgrad mit 40 % angenommen. Diese Kurve gilt auch für $T > 40\,\%$.

Tab. 1.1 Wärmeleitwiderstände R_λ der Bekleidung nach DIN 1946-2

Bekleidungsart	Ohne Kleidung	Leichte Sommerkleidung	Normale Kleidung	Schwere Arbeitskleidung	Eine weitere Einheit ist „clo" (von clothing) **1 clo = 0,155 m² · K/W** siehe auch DIN 33 403 und ISO 7730
Wärmeleitwiderstand R_λ in m² · K/W	0	0,08	0,16	0,24	

Zusammenfassend kann man feststellen, daß man mit allen vier thermischen Klimakomponenten den Körper „entwärmen" und „entfeuchten" kann. Denn je nach der Wärme- und Feuchtigkeitsabgabe eines Menschen, die wiederum von seiner Tätigkeit (Aktivitätsstufe) abhängig sind, muß für seine Umgebung ein passender Luftzustand angestrebt werden.

- **Wird der Körper zu wenig entwärmt ⇒ schwitzt der Mensch.**
- **Wird der Körper stärker einseitig (örtlich) entwärmt ⇒ empfindet er dies als Zug.**
- **Wird der Körper zu stark entwärmt ⇒ friert der Mensch.**

Tab. 1.2 Gesamtwärmeabgabe des Menschen in Abhängigkeit der Tätigkeit (I bis IV nach DIN 1946-2)

Art der Tätigkeit	schlafend (liegend)	Statische Tätigkeit im Sitzen wie Lesen und Schreiben	Sehr leichte körperl. Tätigkeit im Stehen oder Sitzen	Leichte körperliche Tätigkeit	Mittelschwere bis schwere körperliche Tätigkeit
Aktivitätsstufe	–	I	II	III	IV
Watt je Person	60 (80)	120 W	150 W	190 W	> 270 W

Die Wärmeabgabe von der Körperoberfläche erfolgt durch Konvektion und Leitung der Wärme an die Luft und durch **Wärmestrahlung** an die umgebenden Flächen; ebenso als feuchte Wärme durch Verdunstung von Wasser an der Haut **und durch** Atmung.

Tab. 1.3 Wärme- und Wasserdampfabgabe (nach VDI 2078) sowie CO_2-Abgabe des Menschen

Sensible Wärme · Wasserdampf · Tabakrauch · Kohlendioxid · Geruchs- und Ekelstoffe · an Raumluft

	Lufttemperatur (Umgebung) in °C	18	20	22	23	24	25	26
physisch	sensible Wärme[2] in W	100	95	90	85	75	75	70
nicht	latente Wärme[3] in W	25	25	30	35	40	40	45
tätiger	Gesamtwärme[4] in W	125	120	120	120	115	115	115
Mensch	Wasserdampf[5] in g/h	35	35	40	50	60	60	65
mittelschw.	sensible Wärme[2] in W	155	140	120	115	110	105	95
Arbeit	Gesamtwärme[4] in W	270	270	270	270	270	270	270

Kohlendioxidabgabe in l/h[1] (abhängig von der Aktivitätsstufe)	I: ≈15	II: ≈23	III: ≈30	IV: ≈40

[1] Angaben nicht aus VDI 2078; [2] auch als trockene, fühlbare Wärme bezeichnet; [3] auch als feuchte Wärme bezeichnet; [4] nahezu unabhängig von der Lufttemperatur; [5] ungefähr latente Wärme · 1000 /700.

Zu (2) Physikalische Einflußgrößen

Geräuschbildung

Schon im Jahre 1910 sagte Robert Bosch: „Eines Tages wird der Mensch den Lärm ebenso unerbittlich bekämpfen müssen wie die Cholera und die Pest.“ Dieser Tag ist gekommen, denn der Lärm ist eine Plage und vielfach sogar eine Gefahr für alle geworden.

Zunächst gilt es, Geräusche, die durch die Lüftungsanlage entstehen, von den Räumen fernzuhalten. Mit der Anlage sollen jedoch Aufenthaltsräume auch gegen die außerhalb von Gebäuden entstehenden Lärmquellen abgeschirmt werden.

Neben der Anlagenberechnung muß daher gleichzeitig auch eine akustische Berechnung und Auslegung durchgeführt werden (vgl. Kap. 11).

Luftelektrizität

Elektrostatische Aufladungen, die z. B. in Betonbauten, bei speziellen Kunststoffböden und -möbeln, bei sehr trockener Luft usw. entstehen können, erzeugen für manche Menschen unbrauchbare Luftzustände, wobei die oben erwähnten thermischen Einflußgrößen völlig in Ordnung sein können.

Die sog. Elektroklimatologie hat hier – besonders für die praktische Anwendung – noch eine große Aufgabe zu erfüllen (Näheres siehe Bd. 4). Verbesserungen des Raumluftzustandes sind hinsichtlich elektrostatischer Aufladungen durch Luftbefeuchtung möglich.

Zu (3) Chemische Einflußgrößen

Zu einem gesunden Raumklima gehört auch das Freisein von staub- und gasförmigen Verunreinigungen. Im Interesse einer höheren Arbeitsleistung wird die Beseitigung einer unappetitlichen Luft in Zukunft immer mehr eine hygienische Grundforderung werden.

In Fabrikationsräumen werden die **schädlichen Gase und Dämpfe** (z. B. in Färbereien, Druckereien, chemischen Betrieben, Schweißereien, Farbspritzereien, Beizereien) sowie **schädlicher Staub** (z. B. in Formereien, Schleifereien, Gußputzereien, Steinmetzbetrieben, Holzbearbeitungsbetrieben) durch eigene **Absaug- und Entstaubungsanlagen** beseitigt. Die Verunreinigungen werden meistens direkt an der Entstehungsstelle entfernt, und die eigentliche Raumluftverschlechterung wird auf ein Minimum gebracht.

Auch in Wohnräumen nehmen Geruchs- und Schadstoffe ständig zu (Kap. 7.2). Über die Auswirkungen von **Tabakrauch** siehe unter Kap. 4.2.1.

Zu (4) Optische Einflußgrößen

Auch optische Einflußgrößen beeinflussen das Behaglichkeitsempfinden, das vor allem physisch und psychisch bedingt ist (z. B. Ausblick, Beleuchtung, Farben, Gestaltung der Inneneinrichtung usw.). Bei modernen größeren Klimaanlagen – insbesondere in Verbindung mit Absaugleuchten – ist heute die Zusammenarbeit von Klima- und Beleuchtungsingenieur aus folgenden Gründen erforderlich:

1. **Die durch die Beleuchtung erzeugte fühlbare Wärme muß durch die Lüftungs- oder Klimaanlage abgeführt werden, denn je höher die erforderliche Beleuchtungsstärke, desto größer ist i. allg. diese zusätzliche Wärmequelle im Raum.**
2. **Durch Kombination von Klima- und Beleuchtungsanlagen können Energiekosten gespart werden (Abführungen der Beleuchtungswärme bis zu 80 % durch spezielle Einbaudeckenleuchten, Bd. 4).**

Zu (5) Sonstige Einflußgrößen

Diese Einflußgrößen machen vielfach dem Lüftungs- und Klimatechniker den größten Kummer. Dies sind vor allem: Art der Beschäftigung (Aktivitätsgrad), Kleidung, physiologische Einstellung auf Zugerscheinung (vielfach auch die Einbildung), Gesundheitszustand, Alter und Geschlecht, unterschiedliche Anblasung (Ort und Dauer), Aufenthaltsdauer, Jahreszeit, Umweltkontakt, Nahrungsaufnahme, u.a.

Diesbez. wurden in letzter Zeit zahlreiche Versammlungsräume, Büro- und Arbeitsräume untersucht. Die Ergebnisse der Testpersonen brachten große Streuungen. Während die Mehrzahl das Raumklima als angenehm empfand, gingen die Urteile von viel zu kalt, mäßig, zu warm bis viel zu warm. (Näheres über Behaglichkeitsmaßstäbe vgl. Bd. 4.)

Der **Aufenthaltsbereich** bzw. die Voraussetzungen für das Einhalten des geforderten Luftzustandes ist – vor allem bei der Planung von Klimaanlagen – von vornherein zu klären.

So besteht z. B. in den Randbereichen nicht immer die Möglichkeit und auch Notwendigkeit, den gewünschten Luftzustand zu erreichen. **Anhaltswerte** sind etwa 1 m von Außenwänden, 0,5 m von Innenwänden, 1,8 m über Fußboden. Bereiche in der Nähe offenstehender Türen gehören nicht zum Aufenthaltsbereich.

Anforderungen an eine Lüftungsanlage

Die Qualität einer Lüftungsanlage hängt jedoch nicht nur von den vorstehenden Raumklimakomponenten ab, sondern sie wird negativ beeinflußt, wenn folgende sechs Anforderungen nicht erfüllt werden.

1. **Sicherstellung und Anpassung der erforderlichen Volumenströme**
2. **Gleichmäßige Raumdurchspülung bzw. Temperaturverteilung**
3. **Vermeidung von Zugerscheinungen**
4. **Keine Übertragung von Luft- und Körperschall**
5. **Wirtschaftlicher Betrieb (evtl. mit Wärmerückgewinnung)**
6. **Sorgfältige Auswahl der Geräte und Materialien und technisch einwandfreie Einbindung in den Baukörper**

Ursachen von Reklamationen liegen an einer schlechten Planung und Berechnung, am Eingehen von Kompromissen (z. B. bei begrenzten baulichen Gegebenheiten, miserabler Kalkulation), an einer mangelhaften Einregulierung oder an einer unzuverlässigen Wartung.

Während die Punkte 2 bis 6 in späteren Kapiteln behandelt werden, soll Punkt 1 durch folgende Abbildung erläutert werden, obwohl in Kap. 4.2 ausführlich die Bestimmung des Volumenstroms noch behandelt wird.

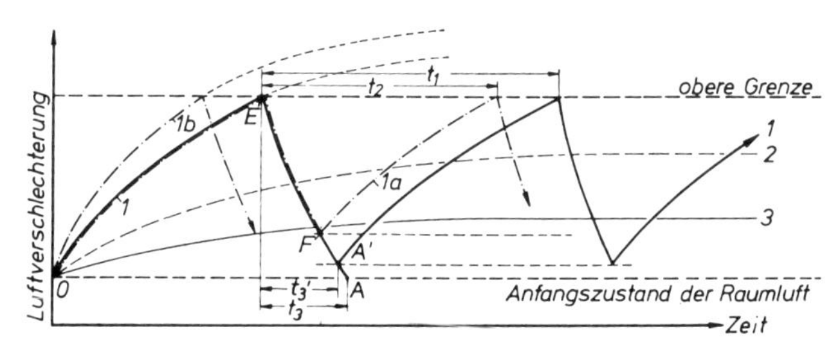

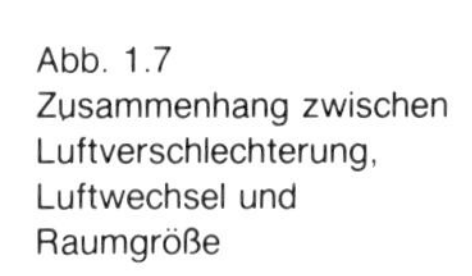
Abb. 1.7
Zusammenhang zwischen Luftverschlechterung, Luftwechsel und Raumgröße

Erläuterungen zu Abb. 1.7

Kurve 1, 1a, 1b:

Nach Ablauf einer bestimmten Zeit steigt auch die Luftverschlechterung an, bis sie im Punkt *E* die zulässige oder gewünschte obere Grenze erreicht hat. **Beispiele für die Luftverschlechterung** sind – wie in vorstehenden Aufgaben gezeigt – CO_2-Gehalt, Geruch- und Ekelstoffe, Tabakrauch, Staub, schädliche Gase, Wasserdampf, Hitze usw. Wenn die Grenze nicht überschritten werden soll, muß **im Punkt *E* die Lüftung einsetzen** (z. B. Einschalten des Ventilators bei Erreichung der zulässigen Luftfeuchtigkeit im Schwimmbad, Öffnung eines Fensters bei verbrauchter Luft). Je stärker der Ventilator oder je intensiver die Fensterlüftung, desto kleiner wird t_3, d. h., um so schneller wird der Anfangszustand *A* der Raumluft wieder erreicht.

Soll der Raum optimal gelüftet werden, d. h. der **Anfangszustand wieder erreicht** werden, müssen auch die Vorhänge, Teppichböden, Polstermöbel, Tapeten usw. mit frischer Luft „gereinigt" werden. Wird dieses nicht erreicht, beginnt schon im Punkt A' die Luftverschlechterung wieder (t_3 wird zu t_3'). Bei noch schlechterer Durchspülung des Raumes kann die Luftverschlechterung sogar schon im Punkt F beginnen, so daß die Zeit t_1 auf t_2 fällt, d. h. ein häufigeres Schalten des Ventilators oder Öffnen des Fensters erforderlich wird (Kurve 1 wird somit zur Kurve 1a).

Die Kurve 1 bzw. 1a stellt eine zeitweise Lüftung dar

Je größer die Luftverschlechterung (z. B. bei starker Saalbesetzung) oder je kleiner das Raumvolumen ist, desto schneller wird die Kurve 1 ansteigen (vgl. **Linie 1b**).

Kurven 2 und 3

Bei sehr großem Raumvolumen oder geringer Luftverschlechterung wird dagegen die Kurve immer flacher, bis sie die obere Grenze (d. h. Punkt E) überhaupt nicht mehr erreicht. Es entsteht z. B. die **Kurve 2 oder 3.**

Die Kurven 2 und 3 stellen eine Dauerlüftung dar

Dies bedeutet, daß der stündliche Luftwechsel ausreicht, und zwar entweder mittels eines Ventilators oder z. B. durch die Fugenlüftung bei einem Wohnzimmer (vgl. Kap. 3.3.1). Je intensiver die Lüftung, desto größer ist der Abstand der Kurve von der oberen Grenze (Kurve 2 wird zu 3).

Bezüglich Abb. 1.2 kann durch die konventionelle Warmwasserheizung nur die Raumtemperatur im Winter als die wichtigste Größe erfaßt werden, ferner geringfügig die Umschließungsflächentemperatur und durch entsprechende Heizflächenwahl und -aufstellung auch etwas die Luftbewegung. Ist auch eine Lüftungsanlage nicht ausreichend, d. h., soll neben einer kontrollierten Außenluftzufuhr und einer gereinigten Atemluft keine heiße, feuchte, schwüle Luft im Sommer sowie keine trockene Raumluft im Winter entstehen, muß eine **erweiterte Luftbehandlung** (Klimatisierung) durchgeführt werden.

Hierzu gibt es für die Heizungsbranche drei Wege:

I. Über die Warmwasserheizung
II. Über die Lüftungsanlage
III. Über die Luftheizung

Zu I

Anstelle von Radiatoren werden z. B. Truhengeräte (Gebläsekonvektoren) an die Zentralheizung angeschlossen, die nicht nur als Heizungstruhe, sondern bei Außenwanddurchbruch auch als Lüftungstruhe arbeiten können (vgl. Abb. 6.36).

Im Band 4 wird außerdem gezeigt, wie diese Truhen zur Kühlung und Entfeuchtung herangezogen werden können. Da die Installationsbedingungen dem Heizungsbauer geläufig sind, wird es gerade hier deutlich, daß sich die Heizungsbranche mit der Klimatisierung beschäftigen muß.

Zu II

Hier muß sich der Heizungsingenieur, der Heizungstechniker und selbst der Zentralheizungsbaumeister wieder des zweiten Teiles seiner Berufsbezeichnung bewußt werden. Entsprechend seiner Ausbildung mit einem hohen Stundenanteil „Lüftungs- und Klimatechnik" ist er in der Lage, sich in das Klimafach – auch hinsichtlich der Ausführung – einzuarbeiten.

Wird eine gute Lüftungsanlage mit umfangreichem Kanalnetz gebaut, so liegt es nahe, weitere mögliche Verbesserungen hinsichtlich des Raumklimas zu überlegen (z. B. Ausbaumöglichkeit zur Luftkühlung).

Zu III

Die Luftheizung ist – wie in Kap. 5 und 6 ausführlich behandelt – eine interessante Alternative zur Warmwasserheizung. Durch die Möglichkeit, gleichzeitig zu lüften, die Luft zu reinigen und zu befeuchten, wird sie vielfach schon als „Klimaheizung" bezeichnet (vgl. Abb. 5.36 ff.). Man unterscheidet zwischen der direkten (Kap. 5.1) und der indirekten Anlage (Kap. 5.2) sowie zwischen den einzelnen Luftheizgeräten (Kap. 6).

Hinweis:
Wenn neben der Heizung gleichzeitig eine Luftbefeuchtung oder gar eine Kühlung vorgenommen wird, wie z. B. eine Luftheizung mit Kanalbefeuchter, ein Gebläsekonvektor und ein zusätzliches Befeuchtungsgerät, ein Radiator und ein Kühlgerät usw., so sollte eigentlich nach der DIN 1946 von einer Teilklimatisierung gesprochen werden. „Vollklimatisieren" heißt Heizung, Kühlung, Befeuchtung und Entfeuchtung im Laufe des Jahres, so daß unabhängig von der im Augenblick herrschenden Witterung und unabhängig von den inner- und außerhalb des Raumes entstehenden Wärme- und Feuchtequellen selbsttätig ganz bestimmte Raumbedingungen eingehalten werden.

1.3 Stand und Entwicklung der Lüftung und Luftheizung

Die Tendenzen auf dem Gebiet der Raumlufttechnik zeichnen sich vorläufig wie folgt ab:

a) **Maßnahmen zur Energieeinsparung,** z. B. durch Einsatz neuer Technologien, Einbau von Wärmerückgewinnungssystemen, Überwachung vorhandener Anlagen, Einbeziehung der Gebäudemassen, kontrollierte Lüftung in Arbeits- und Wohnräumen, Nutzung der freien Kühlung.

   Durch Kapital, Technik und u. U. auch durch Komforteinschränkungen müssen Energieverschwendungen vermieden werden.

b) **Wandlung in der Energieversorgung** durch ständige Zunahme von Heizgas, Elektrizität und Fernwärme in Verbindung mit den verstärkten Vorschriften hinsichtlich des Umweltschutzes.

c) **Erhöhte Anforderungen an die Planung** mit differenzierteren Ausarbeitungen und Lösungsvorschlägen. Die heutige mehr energieorientierte Gebäudeplanung verlangt nicht mehr die hohen Anforderungen und Kosten von RLT–Anlagen, wie es bei den „modernen", vielfach thermisch schlecht konzipierten Gebäuden der Fall war. Einfachere RLT-Anlagen mit reduziertem Komfort werden in zunehmendem Maße akzeptiert.

d) **Bessere Arbeitsbedingungen** durch ein gutes Raumklima haben aus zahlreichen Gründen nach wie vor einen hohen Stellenwert; außerdem möchte man durch eine einfache Bedienung die gewünschten Anpassungsmöglichkeiten erreichen. Eine einwandfreie Luft am Arbeitsplatz wird vielfach höher bewertet als Komfortklima.

Die Fachgemeinschaft „Allgemeine Lufttechnik" (Industrie) mit etwa 50 000 Mitarbeitern gliedert sich in die Fachabteilungen Kältetechnik, Lüftungs- und Klimatechnik, Luft- und Entstaubungstechnik, Trocknungstechnik und Oberflächentechnik.

Die jährlichen Umsatzzunahmen seit Ende der 60er Jahre von teilweise über 20 % sind schon seit Mitte der 70er Jahre rückläufig. Ende der 70er Jahre war zwar vorübergehend wieder eine Auftragssteigerung festzustellen, danach ist jedoch das Produktionsvolumen auf dem Sektor Raumlufttechnik jährlich bis etwa 10% zurückgegangen; seit Mitte der 80er Jahre allmählich, seit Anfang der 90er Jahre wieder stärker steigend; in den letzten Jahren wieder punktuell rückläufig.

Die **Gründe** für den Rückgang sind:
Schlechte Beschäftigungslage der Bauindustrie, nachlassende industrielle Investitionstätigkeit, Nachfragerückgang von Klimaanlagen infolge der Verknappung und Verteuerung der Primärenergien, starke Materialpreissteigerungen, Fehlen von öffentlichen Mitteln, veränderte Bautechnik, Überkapazität auf dem Gerätesektor und extreme Wettbewerbsverhältnisse. Dadurch entstanden nicht selten unwirtschaftliche Anlagen, die dem Branchenimage sehr geschadet haben; unsachliche Angriffe von allen möglichen Seiten kamen hinzu.

Der große Einbruch in der Klimatechnik, Kältetechnik (außer Kühlmöbel) und Wärmepumpentechnik konnte z.T. durch die Prozeßtechnik (z. B. Entstaubungsanlagen) und durch die Zunahme des Exportgeschäftes ausgeglichen werden.

Anfang der 90er Jahre wurden auf dem Sektor Raumlufttechnische Anlagen etwa 5 Milliarden DM produziert mit einem Exportanteil – je nach Produkt – bis zu 40 %.

Im Handwerk „Zentralheizungs- und Lüftungsbau" mit etwa 250 000 Beschäftigten und einem Jahresumsatz von etwa 25 Milliarden DM hat die Lüftungs- und Klimatechnik nicht die Bedeutung wie die Heizungstechnik. Die angegebenen Umsatzrückgänge sind daher hier nicht zutreffend.

Insgesamt umfaßt die SHK-Branche im Handwerk etwa 50 000 Betriebe mit etwa 500 000 Beschäftigten (einschl. Lehrlinge) und einem Jahresumsatz von etwa 50 Milliarden DM (einschließlich Handel und Industrie etwa 95 Mrd. DM).

Die Beschäftigungszahl eines Handwerksbetriebes (Heizung, Lüftung) liegt im Durchschnitt bei etwa 10 bis 12 Betriebsangehörigen, so daß diese Betriebe größere Aufträge meist über Ausschreibungen erhalten, d. h. die Projektierung von Planungsbüros vorgenommen wird.

Was sind die Aufgaben in den nächsten Jahren?

- Mit der einschneidenden Veränderung auf dem Energiemarkt ist auch in der Beurteilung und technischen Entwicklung von raumlufttechnischen Anlagen ein grundlegender Wandel eingetreten. Während man bisher die Anlagen mehr unter dem Blickpunkt „maximaler Komfort" und „geringe Anschaffungskosten" bewertete, wird heute dem Energieverbrauch wesentliche Bedeutung beigemessen. Neuere Anlagenkomponenten in der Lufttechnik (Raumluft- und Prozeßlufttechnik) ermöglichen bereits große Energieeinsparungen.

  Man entwickelte seit kurzem Methoden der Prozeßbewertung und -optimierung, mit denen Energieeinsparungen von über 50 % erreicht werden sollen. Die wesentlichen Kriterien zur Anlagenoptimierung sind:

  ● **Nutzenergieaufwand** ● **Primärenergieaufwand** ● **Energiekostenaufwand** ● **Gesamtkostenaufwand**

- Man wird sich auch wieder an die Zeit erinnern müssen, wo sich die Klimaingenieure hauptsächlich mit Lüftungsanlagen beschäftigten, bei denen weniger Kühlung und Entfeuchtung als vielmehr eine hygienisch einwandfreie Luft im Vordergrund stand. Wenn z. B. Arbeitsstättenrichtlinien in Deutschland für viele Räume Lüftungsanlagen verlangen, so müssen diese auch dort aus hygienischen Gründen zur Selbstverständlichkeit werden, wo eine Klimatisierung zu teuer erscheint.

  Die spezifischen jährlichen Betriebskosten liegen bei einfacheren Lüftungsanlagen bei 8 bis 15 DM/m^2 und steigen bei hochwertigen Klimaanlagen bis etwa 35 DM/m^2 an.
  Zu stark „abgemagerte" raumlufttechnische Anlagen bringen jedoch wiederum Gefahren für die Branche, denn oft ist später dem Betroffenen klarzumachen, daß die Anlage dieses oder jenes nicht „leisten" kann.

- Die Branche muß den vorhandenen Anlagen erhöhte Aufmerksamkeit schenken. Dies bezieht sich vor allem auf die Überprüfung und Wartung von Anlagen. Hierzu gehören der Austausch von Komponenten, Sanierungsmaßnahmen, die Aufstellung von Meßprotokollen zur Überwachung und Optimierung der Betriebskosten („Energiekontrolle" mit Auswertung), die Schulung von Fachkräften, Aufklärungsmaßnahmen für Bauherren, Architekten, Hausmeister usw.

  Bei umfangreicheren RLT-Anlagen werden mehr und mehr mit Hilfe der Mikroprozessortechnik, Steuerungstechnik und zentralen Leittechnik Überwachungseinrichtungen eingebaut. Damit der Lüftungs- und Klimatechniker nicht zum Subunternehmer des Regelungstechnikers „herabgestuft" wird, muß er sich auch diese neuen Technologien aneignen.

- Aus den heute noch anzutreffenden Unzulänglichkeiten bei vielen Lüftungs- und Luftheizungsanlagen müssen Folgerungen für die künftige Entwicklung gezogen werden, wie z. B. bei den Luftleitungssystemen, bei den Luftheizgeräten in industriellen Großbetrieben, bei zahlreichen technischen Details (Einbauten, Regelung, Luftverteilung), bei der Wärmedämmung, bei der Einregulierung usw.

  Dadurch wird – wie auch bei den vorangegangenen Punkten – das Image der RLT-Technik wieder verbessert. Eine schlechte Anlage ist oft in aller Munde, über die Vielfalt einwandfreier Anlagen spricht dagegen niemand.

- Große Bedeutung haben z. B. die Wärmerückgewinnungsanlagen, mit denen die Fortluftwärme aus Lüftungsanlagen, Trocknungsanlagen u. a. zurückgewonnen wird, um damit die erforderliche Außenluft vorzuwärmen (Kap. 12).

Welche Aufgaben einer Lüftungsanlage generell zufallen können, geht aus Kap. 1.1 hervor; die großen Vorteile einer **Luftheizung** zeigt Abb. 5.1. Die verschiedenen Möglichkeiten zur **Be- und Entlüftung** (auch für Wohnungen) sowie zur Beheizung durch Luft werden in diesem Band in mehreren Kapiteln behandelt, die Möglichkeiten zur **Klimatisierung** werden ausführlich in Band 4 zusammengestellt.

2 Überblick über Lüftungs- und Luftheizungsanlagen - Einteilung

Da in den letzten Jahren eine große Anzahl von lüftungstechnischen Geräten und Serienmaterialien auf den Markt kam, soll in diesem Abschnitt neben dem Aufbau der Zentrale ein allgemeiner Überblick gegeben werden. Damit der Gesamtüberblick nicht gestört wird, soll auf die Berechnung und Geräteauswahl erst in den Kapiteln 4 und 5 eingegangen werden.

Der grundsätzliche **Unterschied zwischen Lüftungs- und Luftheizungsanlagen** liegt vor allem in der Berechnung des Volumenstroms und des Heizregisters, in der Wahl der Zulufttemperatur sowie in der Art der Regelung (Kap. 4.1).

Lüftungs-anlage	* **Die Aufgabe ist der Austausch von Raumluft mit Außenluft** (weitere Aufgaben vgl. Kap. 1.1) Die Zuluft (Außenluft) muß meistens so weit erwärmt werden, daß sie zugfrei in den Raum einströmt. Zur Deckung des Raumwärmebedarfs ist eine separate Anlage erforderlich.
Luft-heizungs-anlage	* **Die Aufgabe ist die Deckung des Raumwärmebedarfs** (i. allg. als Umluftanlage) Hier muß die Zuluft eine wesentlich höhere Temperatur haben, die entsprechend der Außenlufttemperatur verändert wird (falls Zuluftvolumenstrom konstant). Eine separate Heizungsanlage ist grundsätzlich nicht erforderlich; in zahlreichen Fällen jedoch als Teilheizung (Grundheizung) empfehlenswert.
Weitere Hinweise (auch als Kombination) vgl. Abb. 4.7	

Die Tatsache, daß eine genaue Abgrenzung beider Anlagen – zumindest im Sprachgebrauch – etwas schwierig sein kann, soll an folgenden Beispielen gezeigt werden:

a) Eine Luftheizung wird heute vielfach mit Außenluftanteil betrieben, d. h., es wird gleichzeitig gelüftet.

b) Eine Lüftungsanlage hat vielfach – zur Vermeidung von Zugerscheinungen – höhere Zulufttemperaturen als die Raumtemperatur, so daß während des Lüftens (z. B. Schwimmbadlüftung) stets zusätzlich zu der Wärmeabgabe der Raumheizflächen noch Wärme durch die Zuluft in den Raum gelangt.

c) Ein Luftheizgerät, dessen Volumenstrom z. B. nur zur Beheizung eines Raumes berechnet wurde, kann im Sommer als Lüftungsgerät in Betrieb genommen werden.

d) Eine Luftheizungsanlage mit Außenluftanteil (z. B. durch Wandlufterhitzer) deckt nur einen Teil des stündlichen Wärmebedarfs, während der übrige Teil durch Radiatoren als Grundheizung gedeckt wird.

Je nachdem, ob bei der Planung und Berechnung die Belüftung oder die Beheizung im Vordergrund steht oder ob beide gleichrangig behandelt werden müssen, sind die Merksätze unter Kap. 4.3 und die sich daran anschließenden Berechnungen zu beachten.

2.1 Aufbau - Begriffe - Sinnbilder

Der Aufbau einer Kammerzentrale, die zum Heizen oder/und Lüften verwendet wird, geht aus Abb. 2.1 und 2.4 hervor. Eine solche Zentrale wird heute – wie Abb. 2.5 zeigt – aus mehreren Teilen in Blockbauweise zusammengestellt.

Bei der älteren Zentrale nach Abb. 2.1 a befinden sich die Ventilatoren außerhalb der Zentrale. Da die Fortluft schon vom Abluftkanal abgenommen wird, gibt es hier einen Umluftkanal, während man in Abb. 2.1 nur von einer Umluftklappe sprechen kann.

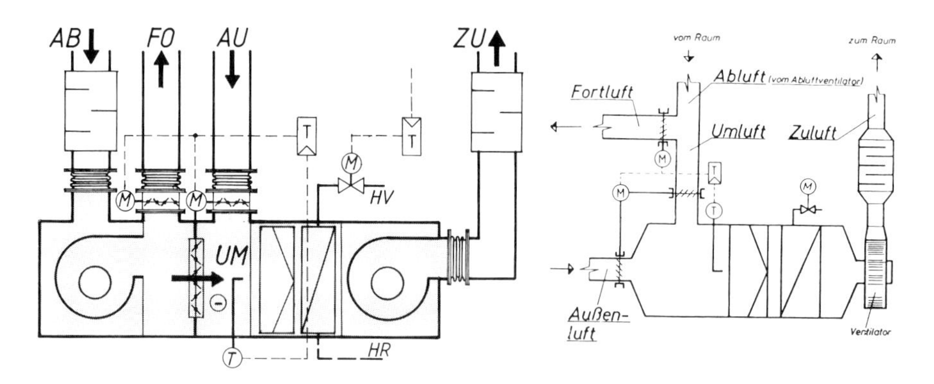

Abb. 2.1 Symbolhafte Darstellung einer Zentrale (kombiniertes Zu- und Abluftgerät)

Abb. 2.1 a Ältere RLT-Zentrale mit Ventilatoren außerhalb und Umluftkanal

Die **Luftarten** werden nach DIN 1946 Teil 1 (1988) durch Kurzzeichen, Strichkennzeichnung und Farbe angegeben:

Außenluft AU –·–·– Die gesamte **aus dem Freien** angesaugte Luft. Alte Bezeichnung: „Frischluft".
Farbe: grün. Wird die Außenluft vorbehandelt, wird die Abkürzung **VAU** gewählt.

Fortluft FO – – – – – Die **ins Freie** abgeführte Luft
Farbe: gelb. Wird die Fortluft nachbehandelt, wird die Abkürzung **NFO** gewählt.

Abluft AB – – – – – Die gesamte **aus dem Raum** abgezogene Luft
Farbe: gelb. Wird die Abluft nachbehandelt, wird die Abkürzung **NAB** gewählt.

Umluft UM – – – – – Der **Teil der Abluft,** die in derselben Anlage als Zuluft wieder verwendet wird. Alte Bezeichnung: „Rückluft".
Farbe: gelb (früher orange)

Mischluft MI – –·– –· Mischung von **Luft verschiedener Art** oder verschiedenen Zustandes (in der Regel AU- und UM-Luft)
Farbe: orange (wurde früher nicht besonders gekennzeichnet)

Zuluft ZU ———— Die gesamte **dem Raum zuströmende** Luft
Farbe richtet sich nach der Anzahl der thermodynamischen Luftbehandlungsfunktionen: **grün** keine Funktionen, **rot** bei einer Funktion, **blau** bei 2 oder 3 Funktionen, **violett** bei 4 Funktionen.
Eine vorbehandelte Zuluft erhält die Abkürzung **VZU.**

Diese Kennzeichnungen sollen nochmals anhand einiger Beispiele (Abb. 2.2) angewandt werden:

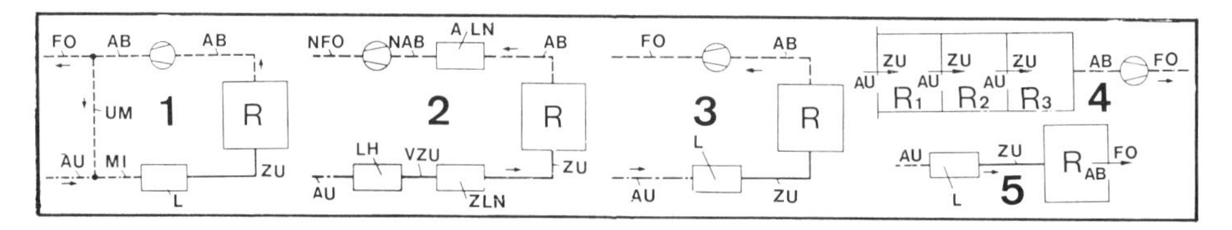

Abb. 2.2 Anwendungsbeispiele für Luftarten: (L) Luftbehandlung; (LH) Lufthauptbehandlung; (ALN) Abluftnachbehandlung; (ZLN) Zuluftnachbehandlung; (R) Raum; (NAB) nachbehandelte Abluft.

Die **Wirkungsweise des Mischluftregelkreises** in Abb. 2.1 geht aus nachfolgendem Teilkapitel hervor.

Die **Stelle, an der die Außenluft angesaugt und die Fortluft abgeführt werden** soll, muß bei der Planung sorgfältig ausgewählt werden:

- **Hinweise für den Ort der Außenluft-Ansaugöffnung** (DIN 1946, VDI 3803 E u. a.)

  An Stellen mit möglichst geringer Verunreinigung (Staub, Ruß, Abgase, Geruchsemittenden, z. B. aus Küchen); > 10 m von Rauchklappen oder Rauchabzügen; nicht in Nähe der Fortluftöffnung; nicht an Stellen mit größerer Erwärmung (Nord- oder Nordostseite bevorzugen); nicht in Erdgleiche oder gar Gruben (mind. 3 m über Erdoberfläche); keine Lärmbelästigung der Umgebung (evtl. Schalldämpfer); Schutz vor Regenwasser und Schnee sowie vor Kleintieren und Grobverunreinigungen (Maschendrahtgitter 20 mm x 20 mm); so nah wie möglich an der Zentrale; Hauptwindrichtung beachten (Luvseite bevorzugen); nicht unmittelbar über Flachdächer; nicht in unmittelbarer Nähe von brennbaren Baustoffen; zugänglich zur Instandhaltung, doch schwer erreichbar durch Fremdpersonen.

- **Hinweise für den Ort der Fortluft-Austrittsöffnung**

  An Stellen, wo ein Wiederansaugen vermieden wird; vor allem muß ein „Kurzschluß“ mit der Außenluft unterbunden werden (Windrichtung beachten!), keine Belästigung der Umgebung durch Gerüche oder Ventilatorgeräusche, Vermeidung von Kondensation.

2.2 Bauteile einer Kammerzentrale

Grundsätzlich ist es für die Wirkungsweise und für die Berechnung gleichgültig, ob die Luft in einem Zentralgerät nach Abb. 2.4 oder in irgendeinem Einzelgerät nach Kap. 6 aufbereitet wird.

Während früher jede Lüftungszentrale speziell für das jeweilige Objekt hergestellt wurde, bei Klimaanlagen z. T. sogar in gemauerten oder betonierten Kammern, stellt man schon seit längerer Zeit solche Zentralen in Blockbauweise serienmäßig in der Fabrik her bzw. stellt sie auf der Baustelle zusammen.

Die Bauteile können leicht aus- und eingebaut werden (einfache Montage, leichte Wartung, geringe Wartungskosten). Durch spezielle Auskleidungen wird der Schall- und Wärmedäm-

Abb. 2.2 a Blick in eine RLT-Zentrale

mung Rechnung getragen. Zur Absicherung gegen Unbefugte können die Bedienungsseitenwände mit Steckschlüsseln abgeschlossen werden.

Die **graphischen Symbole (Sinnbilder)** zur Herstellung von technischen Zeichnungen und Schaltschemen gehen aus Abb. 2.3 hervor.

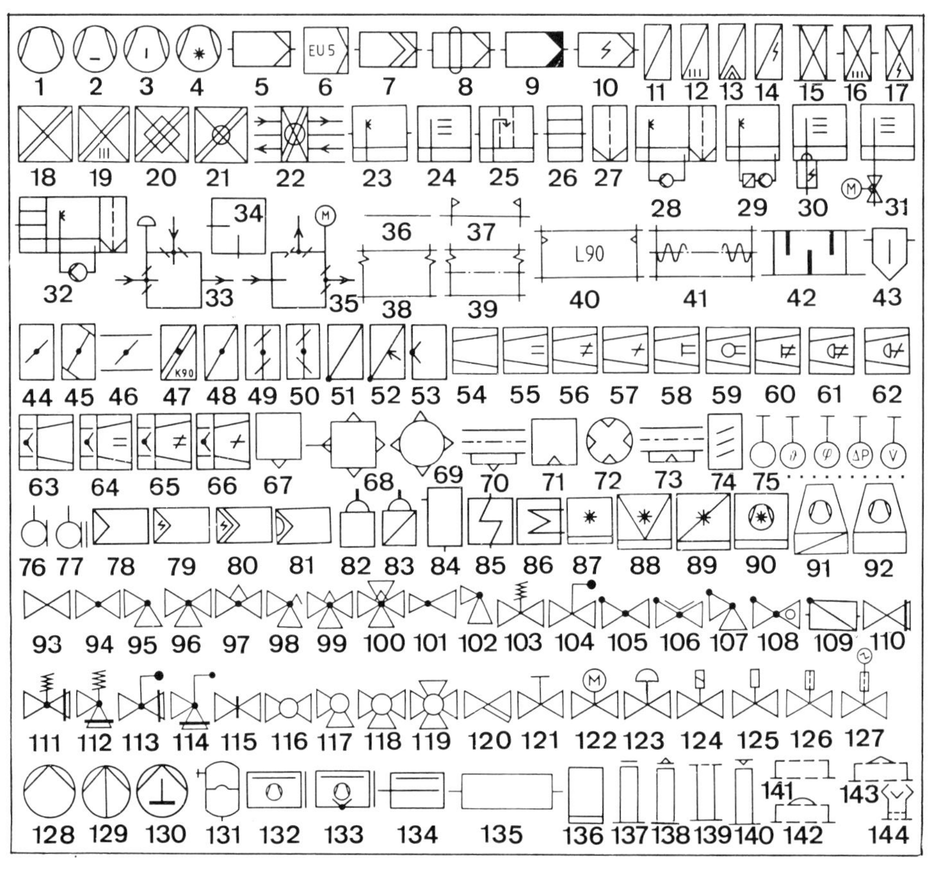

Abb. 2.3 Graphische Symbole

1 Ventilator, Verdichter (allg.); **2** Radialventilator; **3** Axialventilator; **4** Kältemittelverdichter; **5** Filter (allg.); **6** Desgl. mit Klassifizierung; **7** Schwebestoffilter; **8** Rollbandfilter; **9** Sorptionsfilter; **10** Elektrofilter; **11** Lufterwärmer (allg.); **12** Desgl. Luft/Dampf; **13** Desgl. direktbefeuert; **14** Elektroregister; **15** Luftkühler Luft/Wasser; **16** Desgl. Luft/Dampf; **17** Elektro-Luftkühler; **18** Register für sensible Wärmerückgewinnung Luft/Wasser; **19** Desgl. Luft/Dampf; **20** Desgl. Luft/Luft mit Kreuzung der Luftströme; **21** Rotations-Wärmerückgewinner (Speichermassen); **22** Desgl. im Gerät eingebaut; **23** Sprüh-(be- oder ent-)feuchter; **24** Dampfbefeuchter; **25** Riesel-(be- oder ent-)feuchter; **26** Strömungsgleichrichter; **27** Tropfenabscheider; **28** Kombination von 23 und 27; **29** Nicht adiabatischer Umlaufsprühbefeuchter; **30** Dampfbefeuchter mit Elektro-Dampferzeuger; **31** Desgl. mit Fremddampf; **32** Bsp. 26 und 28; **33** Mischkammer mit pneumatischem Klappenantrieb; **34** Mischkammer (allg.); **35** Desgl. mit Elektromotorantrieb; **36** Luftleitung (allg.); **37** Desgl. mit zusätzlicher Qualitätsanforderung; **38** Kanal; **39** Rundrohr; **40** Kanal mit zusätzlicher Qualitätsanforderung; **41** Flexibles Rundrohr; **42** Schalldämpfer; **43** Abscheider; **44** Klappe; **45** Luftdichte Klappe; **46** Drosselklappe in Leitung; **47** Brandschutzklappe; **48** Rauchschutzklappe; **49** Gliederklappe gleichläufig; **50** Desgl. gegenläufig; **51** Rückschlagklappe; **52** Überströmklappe; **53** Umschaltklappe; **54** Volumenstromregler (allg.); **55** Desgl. konstant mit Vordruckausgleich; **56** Desgl. variabel; **57** Volumenstromregler ohne Vordruckausgleich; **58** Konstantvolumenregler ohne Hilfsenergie; **59** Desgl. mit Hilfsenergie; **60** Variabelstromregler mit Hilfsenergie; **61** Desgl. mit pneumat. Hilfsenergie; **62** Volumenstromregler mit pneumatischer Hilfsenergie; **63** Mischregler, -steller; **64** Desgl. mit konst. Volumenstrom; **65** Desgl. mit variablem Volumenstrom; **66** Mischsteller mit variablem Volumenstrom; **67** Zuluftdurchlaß; **68** Deckenluftverteiler; **69** Desgl. rund; **70** Gitter für Rohreinbau; **71** Abluftdurchlaß; **72** Deckenabluftsammler (rund); **73** Abluftgitter für Rohreinbau; **74** Wetterschutzgitter; **75** Kanalfühler, Meßort (Temperatur, Feuchte, Differenzdruck, Volumenstrom); **76** Raumfühler; **77** Außenfühler; **78** Regler; **79** Elektr. Analogregler; **80** Elektr. Digitalregler; **81** Pneum. Analogregler; **82** Dampferzeuger; **83** Wasser-Dampf-Umformer; **84** Wasserkessel; **85** Wärmetauscher mit Kreuzung der Stoffflüsse; **86** Desgl. ohne Kreuzung; **87** Heiz- und Kühlmaschine (Wärmepumpe, Kältemaschine) allgemein; **88** Desgl. Strahl-; **89** Desgl. Absorptions-; **90** Desgl. Kompressions-; **91** Geschlossener Kühlturm; **92** Offener Kühlturm; **93** Armatur allgemein; **94** Durchgangsabsperrventil; **95** Desgl. Eckform; **96** Dreiwegeabsperrventil Umschaltventil; **97** Durchgangs-Regel-(drossel-)ventil; **98** Desgl. als Eckventil; **99** Dreiwegeregelventil; **100** Desgl. als Vierwege-; **101** Druckminderdurchgangsventil; **102** Desgl. als Eckventil; **103** Überströmventil; **104** Desgl. gewichtsbelastet; **105** Rückschlagdurchgangsventil; **106** Membran-Rückschlagventil; **107** Rückschlageckventil; **108** Kugelrückschlagventil; **109** Rückschlagklappe; **110** Armatur mit Sicherheitsfunktion; **111** Sicherheits-Durchgangsabsperrventil; **112** Desgl. als Eckventil; **113** wie 111, gewichtsbelastet; **114** Sicherheitseckventil gewichtsbelastet; **115** Absperrschieber; **116** Durchgangshahn; **117** Eckhahn; **118** Dreiwegehahn; **119** Vierwegehahn; **120** Schmutzfänger; **121** Armatur mit Handbetätigung; **122** Desgl. mit Motorantrieb; **123** Desgl. mit Membranantrieb; **124** Desgl. mit Magnetantrieb; **125** Desgl. mit Hydraulikantrieb; **126** Desgl. mit Dehnungsantrieb; **127** Desgl. elektr. beheizt; **128** Flüssigkeitspumpe allgemein; **129** Kreiselpumpe; **130** Kolbenpumpe; **131** Membranausdehnungsgefäß; **132** Ventilatorkonvektor, wasserseitig geregelt; **133** Desgl., luftseitig geregelt; **134** Induktionsgerät; **135** Gerät, Zentrale; **136** Fenster (vgl. Abb. 3.7); **137** freistehender Luftschacht; **138** Desgl. für Fortluft; **139** Schacht im Gebäude; **140** freistehender Außenluftschacht; **141** Dachaufsatz; **142** Dachkuppel; **143** Dachlaterne; **144** Deflektor

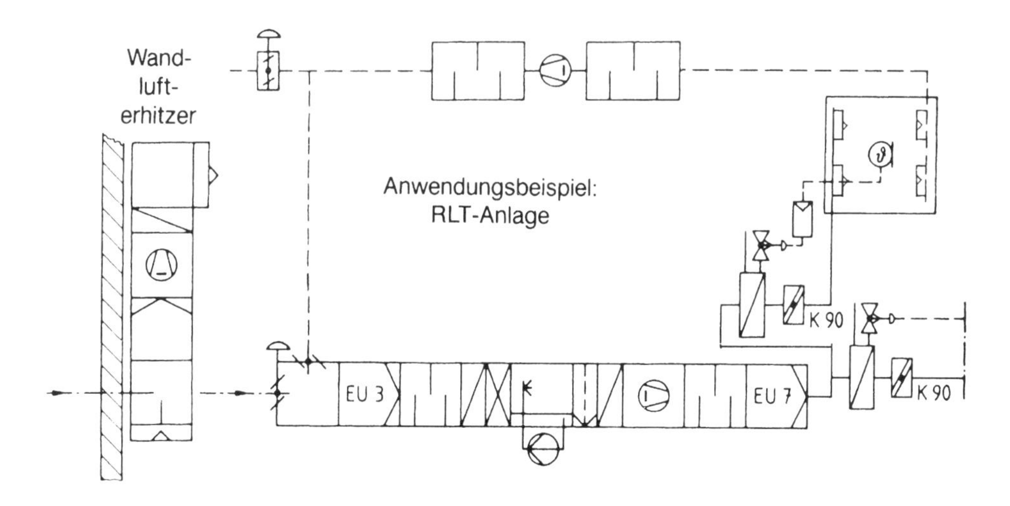

Abb. 2.3a Symbolhafte Darstellung einer RLT-Anlage mit Zuluftkammerzentrale

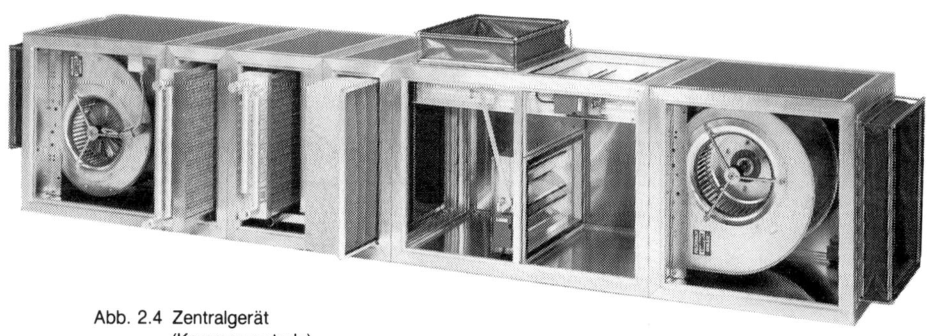

Abb. 2.4 Zentralgerät
(Kammerzentrale)
mit Zu- und Abluftventilator, mit Heiz- und Kühlregister (Teilklimagerät)

Unterschiede bei den Herstellern liegen besonders bei konstruktiven Details, die vor allem Einfluß auf die Montage und Wartung haben, bei der Verarbeitung, bei den Einbauten, bei Materialfragen und bei der Leistungsabstufung.

Vorteile der Blockbauweise

1. **Zahlreiche Kombinationsmöglichkeiten,** d. h., der Zusammenbau kann horizontal, vertikal als „Schrank", übereinander oder über die Ecke erfolgen.
2. Leichter **nachträglicher Einbau** von RLT-Anlagen, da die einzelnen Elemente auch bei sehr beschränkten Platzverhältnissen transportiert und montiert werden können.
3. Einfache **Erweiterungs- und Ausbaumöglichkeiten** zur Teil- oder Vollklimaanlage oder Wärmerückgewinnung.
4. Je nach Verwendungszweck **verschiedene Ausführungsarten,** wie z. B. für die Innenaufstellung, Außenaufstellung und Hygieneausführung. Unterschiede liegen dabei in der Materialauswahl, Wärmedämmung, Blechdicke, Wartung, Reinigung, Dichtheit usw.
5. **Rationelle Produktion,** Fertigung von Serienmaterialien, wirtschaftliche Lagerhaltung und leichte Austauschbarkeit.

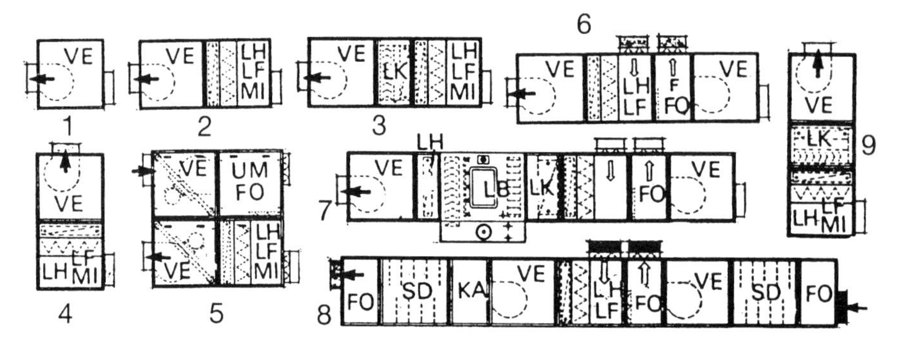

Abb. 2.5 Kombinationsmöglichkeiten für Kastengeräte

VE Ventilatorkammer; LH, LF, MI Erhitzer-, Filter und Mischkammer; LK Kühlerkammer; FO Fortluftkammer; UM, FO Umluft-Fortluftkammer; SD Schalldämpfer; LB Luftbefeuchter; KA Leerkammer

Um die Zeichenarbeit im technischen Büro zu erleichtern, gibt es für die Bauelemente fertige, pausfähige Vorlagen. Durch den Computer können in wenigen Minuten solche Zentralen gezeichnet werden (vgl. Abb. 2.5a).

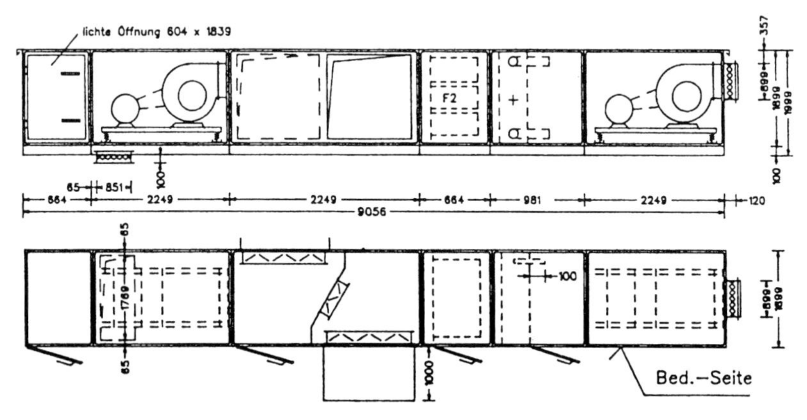

Abb. 2.5a Mit Computer gezeichnete Dachzentrale (ALKO)

Erläuterungen zu den einzelnen Bauteilen

Ventilatoreinheit

Die Zu- und Abluftventilatoreinheit kann getrennt oder entsprechend der Abb. 2.4 gemeinsam in der Zentrale angeordnet werden. Der Zuluftventilator hat zur Überwindung der Einzelwiderstände in der Zentrale i. allg. eine höhere Pressung als der Abluftventilator.

- **Zusammenstellung der Widerstände** (Druckverluste) für:

Zuluftventilator	Außenluftgitter, Druckverluste des Außenluftkanals; Widerstände in der Zentrale, Filter, Lufterhitzer; Druckverluste des Zuluftkanals einschließlich evtl. Einbauten (z. B. Drosselklappen), Schalldämpfer, Zuluftdurchlaß.
Abluftventilator	Abluftgitter, Druckverluste des Abluftkanals, Schalldämpfer; Widerstände in der Zentrale (AB-Eintritt, FO-Austritt); Widerstände des Fortluftkanals, Fortluftgitter

Bei beiden Ventilatoren kann die Ein- bzw. Austrittsposition seitlich oder nach oben gewählt werden. Am Ventilatorstutzen befindet sich ein **flexibles Verbindungsstück** zur Vermeidung von Körperschallübertragung, das meistens aus einem kunststoffbeschichteten Gewebe besteht und heute vielfach nur durch Überschieben eines Verbindungsrahmens befestigt wird. Ein **schalldämmendes Fundament** unter den Kastengeräten ist eine Selbstverständlichkeit.

Je nachdem wie Zu- und Abluftventilatoren aufeinander abgestimmt werden, können die in Abb. 2.14 gezeigten **Druckverhältnisse** (Über-, Unter- und Gleichdruck) hergestellt werden. Auch innerhalb eines Gebäudes kann man in verschiedenen Räumen durch örtliche Abluftventilatoren beliebige Druckverhältnisse erreichen.

Der **Gesamtdruck des Ventilators** ergibt sich aus den Druckverlusten (statischer Druck) und dem dynamischen Druck (Abb. 8.6).

Zur Auswahl stehen mehrere Laufradkonstruktionen mit unterschiedlicher Schaufelkonstruktion und somit Leistungskenndaten.

Näheres über Ventilatoren und deren Berechnung und Regelung siehe Kap. 10.

Luftmischkammer

In der Mischkammer (Mischkasten) wird die Außenluft mit der Umluft gemischt. Der Mischregelkreis geht aus Abb. 2.1, 5.28 u. a. hervor. Wenn der Zuluftvolumenstrom konstant bleiben soll, muß **um denselben Betrag, wie Außenluft zugeführt wird, Fortluft wieder abgeführt werden. Der Rest wird als Umluft in die Mischkammer geführt, in der stets Unterdruck herrscht. Beim Verstellen durch den Stellmotor bewegen sich Außen- und Fortluftklappe im gleichen Sinne, während die Umluftklappe entgegengesetzt läuft.**

Der Mischluftbetrieb bzw. dessen rechnerische Behandlung wird im Kap. 4.4 und 4.5 gezeigt. Regelschemen siehe Kap. 5.2.2.

Filter

Zur Anwendung kommen heute fast ausschließlich Trockenschichtfilter aus Glasfaser, Chemiefaser u. a. – vielfach als Wegwerffilter – zur Anwendung. Im Vordergrund stehen „zickzackförmig“ angeordnete Platten (Abb. 2.4), Taschenfilter und Rollbandfilter.

Obwohl die Filter ausführlicher im Band 4 behandelt werden, sollen aus diesem Kapitel hier nur folgende **Begriffe und Hinweise** zusammengestellt und durch ein Auswahldiagramm ergänzt werden:

1. Es müssen **verschiedene Leistungsklassen** für Luftfilter eingerichtet werden, da nur **innerhalb einer Klasse** eine optimale Filterauslegung möglich ist.
2. Ein Filter kann nicht gleichzeitig Grobstaub, Feinstaub und Schwebestoffe gleich gut und wirtschaftlich abscheiden, so daß bei höheren Anforderungen **Filter verschiedener Klassen hintereinandergeschaltet** werden.

3. Die **Einteilung von Filtern** erfolgt **nach dem Filterprinzip** (z. B. ölbenetzte Filter, Trockenschichtfilter, Elektrofilter, Geruchsfilter), **nach der Art der Wartung** (z. B. auswaschbare Filter, Wegwerffilter, automatische Filter), **nach der Bauart** (z. B. Bandfilter, Taschenfilter, Faltfilter, Kanalfilter, Beutelfilter, Trommelfilter) oder allgemein **nach dem Abscheidegrad** (z. B. Grobfilter, Feinstfilter, Schwebestoffilter) oder **nach dem Material** (z. B. Glasfaserpapier, Glasfaser, synthetische Fasern, Metallgeflecht).

4. Bei der **Filterklasseneinteilung (DIN 24 185)** nach dem mittleren Abscheidegrad A_m bzw. mittleren Wirkungsgrad E_m werden heute von den Herstellern ausnahmslos die von der **EUROVENT**-Arbeitsgruppe (Europäisches Komitee der Hersteller von lufttechnischen Anlagen) festgelegten neuen Güteklasse EU 1 bis EU 9 (DIN 24 185 Teil 2) verwendet.

   EU 1 $A_m < 65\%$; **EU 2** $65\% \leqq A_m < 80\%$; **EU 3** $80\% \leqq A_m < 90\%$; **EU 4** $A_m \geqq 90\%$; **EU 5** $40\% \leqq E_m < 60\%$; **EU 6** $60\% \leqq E_m < 80\%$; **EU 7** $80\% \leqq E_m < 90\%$; **EU 8** $90\% \leqq E_m < 95\%$; **EU 9** $E_m \geqq 90\%$. **EU 10 . . . EU 17** Schwebstoffilter (vgl. Bd. 4).

   Nach der neuen europäischen **Norm EN 779** (9.94), die zwar inhaltlich mit der DIN 24 185 übereinstimmt, unterscheidet man zwischen der **Gruppe G (grob)** von G 1 bis G 4 (anstatt EU 1 bis EU 4) und **Gruppe F (fein)** von F 5 bis F 9 (anstatt EU 5 bis EU 9). Die DIN 24 185 wird zurückgezogen, da EU-Normen übernommen werden müssen.

5. Bei der **Filterbestellung** interessieren vor allem: Raumanforderungen, Volumenstrom (Geschwindigkeit), Lage und Ort des Gebäudes, Platzverhältnisse, max. zulässige Druckdifferenz am Filter.

6. Folgende Daten müssen nach DIN 1946-2 am Filter **(Typenschild)** angebracht sein: Filterklasse, Art des Filtermediums, Nennluftvolumenstrom, zugehörige Anfangsdruckdifferenz, Istdruckdifferenz, zulässige Enddruckdifferenz.

7. Zur **Reinigung von Außen- und Umluft** und zur Sauberhaltung der Bauelemente ist ein Filter auf der Saugseite mindestens der Filterklasse G 3 bis G 4 einzubauen. Eine erforderliche zweite Stufe soll auf der Druckseite liegen; auf dichten Abschluß ist zu achten.

8. Der **Filterwiderstand** (Druckdifferenz) hängt vom Filtermaterial, vom Verschmutzungsgrad (Staubaufgabe) bzw. Abscheidegrad, vom Volumenstrom und von der Anströmfläche bzw. Luftgeschwindigkeit ab und ist daher sehr unterschiedlich. Abb. 2.6 zeigt anhand eines Taschenfilters, daß ein Filterwiderstand nicht proportional mit der Staubeinspeicherung zunimmt.

   Beim Filterwiderstand unterscheidet man zwischen der **Anfangsdruckdifferenz** (sauberes Filter), der empfohlenen **Dimensionierungsdruckdifferenz** (Auslegungswert für die Ventilatorbestimmung) und der **empfohlenen Enddruckdifferenz** (Filterwechsel).

   Außerdem wird vielfach eine **maximal zulässige Enddruckdifferenz** angegeben, die auf keinen Fall überschritten werden darf, um ein Mitreißen von abgeschiedenem Staub zu verhindern und eine Zerstörung des Filtermaterials zu vermeiden.
   Als Dimensionierungswiderstand wird zwar vielfach der mittlere Wert zwischen Anfangs- und empfohlener Enddruckdifferenz gewählt, doch geben die Hersteller hierzu **spezielle Diagramme** heraus (Abb. 2.6).

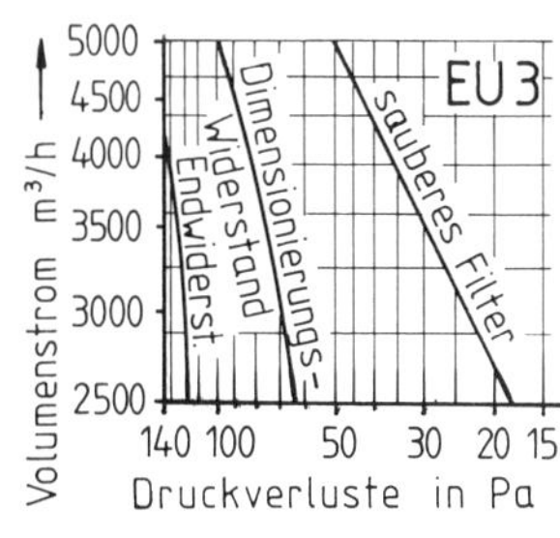

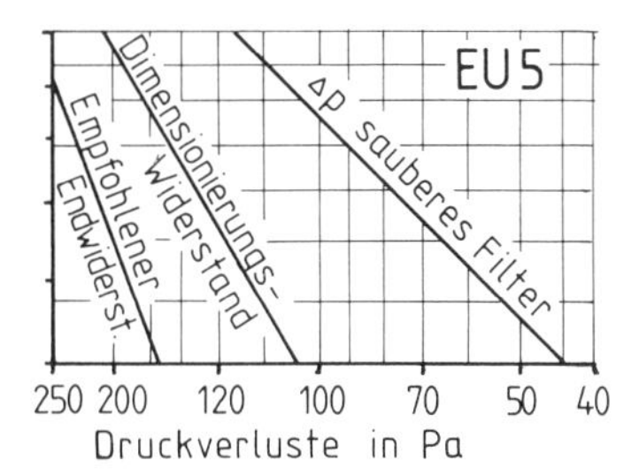

Abb. 2.6 Druckverluste von Filtern (Fa. Fläkt)

Beispiel: $\dot{V} = 3\,500$ m³/h;
Filter EU 3 (G 3) ⇒ Anfangswiderstand 30 Pa, Dimensionierungswiderstand 75 Pa
Filter EU 5 (F 5) ⇒ 75 Pa, Dimensionierungswiderstand ≈ 130 Pa

Für die **Überwachung der Druckverluste** im Filter kann ein U-Rohr- oder Schrägrohrmanometer gewählt werden, denn wenn ein bestimmter Druckverlust durch Verschmutzung erreicht wird, ist die Standzeit vorüber. Es können auch elektrische Kontaktmanometer als akustische oder optische Warngeräte eingesetzt werden.

9. Die **Standzeit** ist die Zeit, die ein Filter ohne Erneuerung oder Reinigung seines filternden Materials in der Anlage verbleiben kann. Sie stellt praktisch die Zeitspanne zwischen Anfangs- und Enddruckdifferenz dar. Sie ist vor allem abhängig von Staubverhältnissen, Betriebszeit, Staubspeicherfähigkeit, Ventilatorkennlinie, Volumenstromänderungen und Druckdifferenz des Filters.

Heizregister (Lufterwärmer)

Als Wärmeaustauscher kommen Lamellenrohr-Lufterhitzer zur Anwendung. Rippenrohre - entweder aus Kupfer mit Aluminiumlamellen oder aus feuerverzinktem Stahlblech - werden an beiden Enden in gemeinsame Sammelrohre eingeschweißt. Die Lamellenformen sind verschieden und betragen bis zu 500 Stück je m. Bis zu 6 Reihen und mehr können die einzelnen Rohrregister hintereinandergeschaltet werden, wobei die einzelnen Reihen auf vielfache Weise miteinander verbunden werden und der Wasserstrom durch Trennbleche unterschiedlich geführt wird.

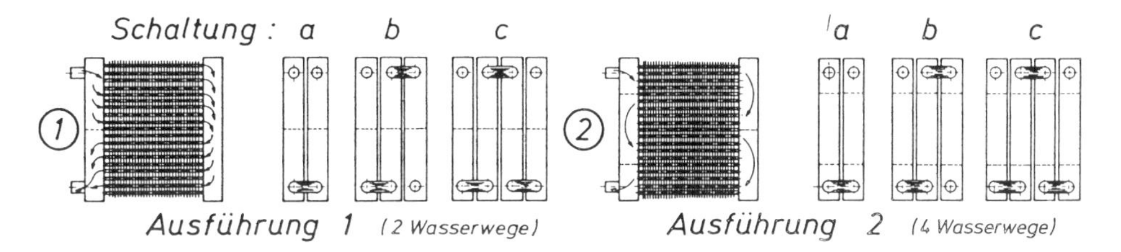

Abb. 2.7 Heizregisterausführungen, jeweils 1- bis 4reihig. Der Wasserstrom kann durch Erhöhung der Trennbleche noch auf 6 oder 8 Wege erhöht werden.

Wasserseitiger Druckverlust

Je größer die Anzahl der Wasserwege und Rohrreihen, desto höher wird der wasserseitige Druckverlust, aber um so besser die Temperaturverteilung im Register. Bei der Tabelle 2.1 handelt es sich nur um eine z. B. nach Volumenstrom und Abmessungen festgelegte Registergröße. Die Wassergeschwindigkeit wird mit **0,5 bis 1,0 m/s** angenommen. Daraus kann nach Ermittlung des umwälzenden Wasserstroms und aufgrund der Bedingungen hinsichtlich des wasserseitigen Druckverlustes und der verlangten Wärmeleistung bzw. Wärmeaustauschfläche die Rohrreihenzahl und Schaltung anhand von Tabellen ermittelt werden.

Tab. 2.1 Wasserseitiger Druckverlust Δp_w (mbar)

		Größe 1							
	m/s	0,3	0,5	0,6	0,8	1,0	1,2	1,4	1,6
Schaltung	1	3,8	10,1	14,3	25,8	39,3	57,0	75,3	96,8
	1 a	17,6	30,2	38,6	61,6	86,6	124,0	160,6	203,6
	1 b	31,4	50,3	62,9	97,4	134,9	191,0	245,9	310,4
	1 c	45,2	70,4	87,2	133,2	187,2	258,0	331,2	417,2
Schaltung	2	6,7	18,1	25,1	45,1	69,0	100,4	131,5	169,1
	2 a	23,4	46,2	60,2	100,2	148,0	210,8	273,0	348,2
	2 b	40,1	74,3	95,3	155,3	227,0	321,2	414,5	527,3
	2 c	56,8	102,4	130,4	210,4	306,0	431,6	556,0	706,4

Tab. 2.2 Luftseitiger Druckverlust Δp_L (mbar)

	Rohrreihen (Cu-Alu)					
m/s	1	2	3	4	5	6
2,0	0,13	0,26	0,37	0,47	0,57	0,68
2,5	0,20	0,38	0,55	0,69	0,83	0,99
3,0	0,28	0,53	0,76	0,95	1,13	1,36
3,5	0,37	0,70	0,99	1,26	1,47	1,77
4,0	0,48	0,89	1,27	1,58	1,85	–
4,5	0,72	1,33	1,86	2,47	2,68	–
5,0	–	–	–	–	–	–

1 mbar = 100 Pa

Luftseitiger Druckverlust

Nach der Festlegung der Rohrreihen kann auch der für die Ventilatorpressung maßgebende luftseitige Widerstand des Heizregisters ermittelt werden (Tab. 2.2). Die Anströmgeschwindigkeit liegt im Mittel bei etwa **2,5 bis 3,5 m/s.**

Beispiel:
Heizregister nach Abb. 2.7, Schaltung nach 2b. Die Geschwindigkeit des Wassers beträgt 0,8 m/s, die der Luft (auf die Ansichtsfläche bezogen) 3 m/s.

Widerstand: wasserseitig 155,3 mbar (15,5 kPa), luftseitig 0,76 mbar (76 Pa)

Die Berechnung der Heizleistung wird unter Kap. 4.4 und 4.6 behandelt. Eine exakte Berechnung der Wärmeaustauschfläche bzw. der **Wärmedurchgangszahl** ist zeitraubend und auch nicht einfach, da sie von folgenden Faktoren abhängt:

Art der Strömungsrichtung (Gleichstrom, Gegenstrom); Anzahl der Wasserwege; Materialbeschaffenheit und -eigenschaften (Oberfläche, Lamellenart, Lamellenanzahl, Rohrdurchmesser, Wanddicke, Wärmeleitzahl); Wassergeschwindigkeit; Luftgeschwindigkeit und Turbulenzgrad.

Für eine genaue Planung, Berechnung bzw. **Bestellung** sind jedoch folgende Angaben – insbesondere für den Hersteller – erforderlich:

a) **Förderstrom** b) **Eintrittstemperatur der Luft** c) **Austrittstemperatur der Luft** d) Wärmeleistung (aus a bis c) e) **Heizmedium** mit Temperaturangabe	f) Max. zulässiger Luftwiderstand g) Max. zulässiger Wasserwiderstand h) Stirnflächenmaß (daraus Rohrreihen, Bautiefe, Wasserwege) i) Sonstiges: Anschlußart, Gewicht, Material, Preis, Lieferzeit usw.

Die **Registergröße in Kastengeräten** wird anhand von Auslegungsnomogrammen der Hersteller bestimmt. Aufgrund des gewünschten Betriebspunktes (= Schnittpunkt von erforderlichem Volumenstrom und berechneter Ventilatordruckdifferenz) wird der Gerätetyp bestimmt; entscheidend für die Auswahl sind Volumenstrom und Luftgeschwindigkeit (vgl. Bd. 4). Nun liegt die Querschnittsfläche des Kastengerätes und somit die Stirnfläche des Heizregisters fest. Anhand der Angaben a, b, c und e kann man dann die Anzahl der Rohrreihen und somit auch den Druckverlust ablesen.

Die **Regelung der Heizleistung** erfolgt im allgemeinen durch eine Misch- oder Verteilschaltung ähnlich wie bei der Zentralheizung, wobei der Stellmotor das Ventil so lange öffnet oder schließt, bis der erforderliche Wärmebedarf erbracht ist.

Wie unter Kap. 5.1 für die direktbeheizte Luftheizung, so werden Regelungshinweise auch für die indirekt beheizte Lüftungs-Luftheizung unter Kap. 5.2.2 sowie für Wandlufterhitzer, Lüftungstruhen usw. unter Kap. 6 zusammengestellt.

2.3 Klassifikation von raumlufttechnischen Anlagen – Systemeinteilung

RLT-Anlagen werden in unterschiedlichen Systemen gebaut, deren verfahrenstechnische Merkmale für die Beurteilung hinsichtlich Wirtschaftlichkeit, Platzbedarf, Energieverteilung, Raumluftströmung, Regelmöglichkeit, Hygiene, Betrieb und Wartung wesentlich sind. Die Einteilung nach DIN 1946 Teil 1 (1988) wird in Abb. 2.8 übersichtlich dargestellt.

1. Bei jeder RLT-Anlage unterscheidet man demnach: **mit oder ohne Lüftungsfunktion.** Letztere bezeichnet man als Umluftanlage, gleichgültig, ob und wie die Zuluft sonst noch behandelt wird.

   Einige in der Praxis gebräuchliche Benennungen, wie z. B. Luftheizung, kombinierte Lüftung-Luftheizung, Klimagerät u. a. sind allerdings nur schwer in dieses Schema einzuordnen.

2. Die **Abkürzungen für die thermodynamischen Zuluftbehandlungsfunktionen** sind **O** Ohne Behandlung, **H** Heizen, **K** Kühlen, **B** Befeuchten, **E** Entfeuchten. Dabei werden die Funktionen vollzählig gewertet, ohne Rücksicht darauf, ob diese gleichzeitig oder unabhängig voneinander möglich sind. Die Funktion Filtern wird nicht angegeben.

3. Den Baueinheiten raumlufttechnischer Anlagen sowie den einzelnen Bauelementen selbst sind **Kennbuchstaben** zugeordnet, die z. B. in Massenauszügen, Stücklisten und Abrechnungsunterlagen verwendet werden können.

   Hinsichtlich der **Bauweise: GR** Gerät, **KAZ** Kammerzentrale; hinsichtlich der **eingebauten Kälte- bzw. Wärmeerzeuger: KM** Kühlmaschine (mit Verdichter V, Verdampfer D, Verflüssiger F); **KMS – VF** Kühlmaschine in Splitbauweise (mit Verdichter und Verflüssiger); **HM** Heizmaschine (Wärmepumpe); **WE** Wärmeerzeuger; **WRG** Wärmerückgewinner u. a.
   Beispiel: HKE – KHM – GR Teilklimagerät zum Heizen, Kühlen und Entfeuchten der Zuluft mit einer eingebauten Kühlmaschine, die auf Wärmepumpenbetrieb umgeschaltet werden kann.

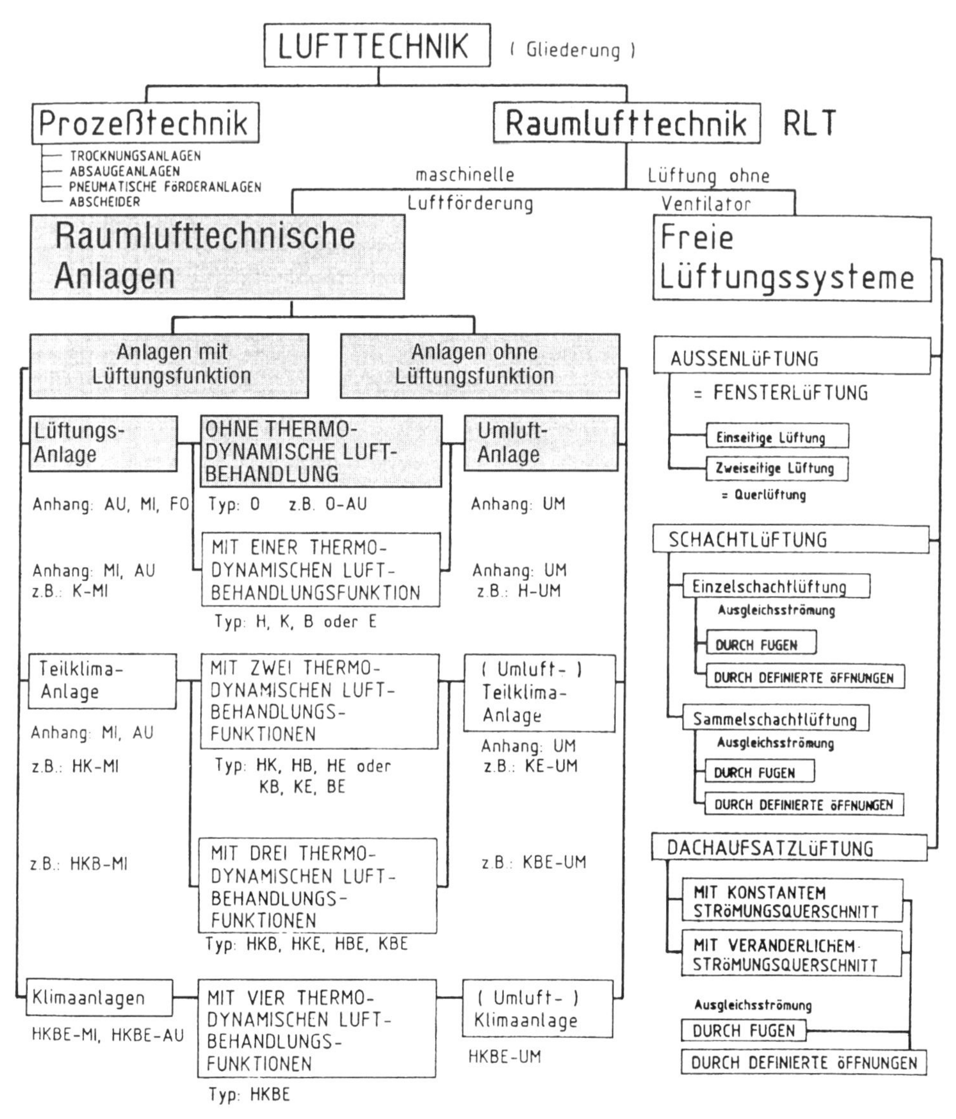

Abb. 2.8 Einteilung von RLT-Anlagen nach DIN 1946-1

Hinsichtlich des **Aufstellungsorts: AGR** Außengerät; **DGR** Dachgerät; **AKAZ** Außen-Kammerzentrale; **IKAZ** Innen-Kammerzentrale; **RGR** Raumgerät (**S – RGR** Schrankgerät, **T – RGR** Truhengerät, **E – RGR** Einbaugerät, **D – RGR** Deckengerät, **W – RGR** Wandgerät, **F – RGR** Fenstergerät).

Hinsichtlich der **Luftverbindung** zum Raum: z. B. **ZU – GR** Zuluftgerät, **ZU – AB – KAZ** Zuluft-/Abluft-Kammerzentrale.

Bei der **freien Lüftung** unterscheidet man zwischen **FS** Fensterlüftungssystem, **SCS** Schachtlüftungssystem; **DAS** Dachaufsatzlüftung.

Auch alle **Bauteile** haben ihre Kennbuchstaben, wie z. B. **VE** Ventilator, **LF** Luftfilter, **LH** Lufterwärmer, **LK** Luftkühler, **LB** Luftbefeuchter, **LE** Luftentfeuchter, **TA** Tropfenabscheider, **SD** Schalldämpfer, **GH** Gehäuse, **VEKV** Ventilatorkonvektor; **LL** Luftleitung, **VT** Ventil, **VR** Volumenstromregler, **LD** Luftdurchlaß, **DF** Druckfühler, **FF** Feuchtefühler, **TF** Temperaturfühler, **KL** Klappe, **MKL** Klappe mit Motorantrieb, **PKL** desgl. mit pneumatischem Antrieb, **RG** Regler, **SCH** Schalttafel usw.

4. Die **Benennung der Systeme** nach ihren verfahrenstechnischen Merkmalen erfolgt nach Buchstaben:

A Nach der **Luftversorgung:** Einzelgeräte – System oder Zentralanlagensystem mit mindestens teilweiser Förderung der Luft für den gesamten Versorgungsbereich.

B Nach der **Luftart** (System) bzw. danach, welche Luft maschinell gefördert wird (Abb. 2.9).

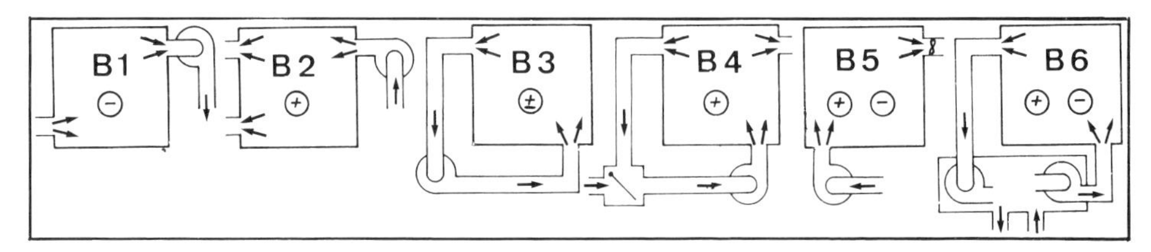

Abb. 2.9 Einteilung nach dem Luftsystem (Luftförderung): B1 Fortluftsystem; B2 Außenluftsystem; B3 Umluftsystem; B4 Mischluftsystem; B5 Außen- und Fortluftsystem; B6 Mischluft- und Fortluftsystem

In der Übersicht nach Abb. 2.10 nimmt der Verfasser eine andere Systemeinteilung vor, bei der auch gleichzeitig gezeigt werden soll, daß sich zahlreiche Gruppen sowohl von links (als Lüftungsanlage) als auch von rechts (als Luftheizungsanlage) einteilen lassen (vgl. Pfeile).

Erläuterungen zum Schema nach Abb. 2.10

Zu 1 Sowohl bei der Lüftung als auch bei der Luftheizung unterteilt man zunächst **nach der Zuführung der Außenluft.** Demnach ist auch die Leistung des Heizregisters verschieden (vgl. Abb. 4.7).

a) **Umluftanlagen** sind Anlagen ohne Außenluftzufuhr. Sie können nur für Räume angewandt werden, in denen wenig Menschen vorhanden sind (z. B. Wohnhäusern; ferner bei Lagerräumen und Ausstellungshallen, also für Räume, die nur beheizt werden sollen (Lüftung z. B. durch Fenster). Auch bei Mischluftanlagen wird man Umluftbetrieb wählen, wenn noch nicht besetzte Versammlungsräume aufgeheizt werden müssen.
Nach Abb. 2.9 versteht man unter einem **Umluftsystem** eine Anlage, bei der nur Umluft maschinell gefördert wird; nachteilig ist die mögliche Geruchs- und Keimverbreitung.

b) **Mischluftanlagen:** Die Mischung von Außenluft und Raumluft (Umluft) ist vor allem aus wirtschaftlichen Gründen üblich.
Nach Abb. 2.9 (B4) versteht man unter einem **Mischluftsystem** eine Anlage, bei der Außen- und Umluft maschinell gefördert werden.

c) **Außenluftanlagen** sind Anlagen, bei denen nur die angesaugte Außenluft dem Raum zugeführt wird. Die Anwendung erfolgt nur als Lüftung; als Heizung ist sie viel zu unwirtschaftlich.
Kriterien und günstige Voraussetzungen für den Außenluftbetrieb sind: hohe Anforderungen an die Raumluft, lästige und schädliche Stoffe im Raum, Übergangszeit, geringe Betriebszeiten (anderenfalls mit Wärmerückgewinnung). So ist sie u. a. bei der Küchenlüftung (Kap. 7.4) oder Schwimmbadlüftung (Kap. 7.5) erforderlich.

Zu 2 Die Einteilung **nach den Druckverhältnissen im Raum** ist in der Lüftungstechnik besonders wichtig. Entsprechend ihrer Bedeutung werden daher die Saug-, Druck- und Verbundlüftung unter Kap. 2.4 separat behandelt.

Zu 3 Die Unterteilung **nach dem Geräteaufbau** (Luftversorgung), d. h., ob eine zentrale Lüftungs- oder Luftheizungsanlage nach Abb. 2.1 mit Kanälen oder ob mehrere Einzelgeräte zur Aufstellung gelangen sollen, hängt vor allem vom jeweiligen Objekt ab. Der Trend zur Dezentralisierung, wie z. B. mit Wand- oder Deckengeräten, Truhengeräten, wird aufgrund der Vorteile nach Abb. 6.1 verständlich. Durch die serienmä-

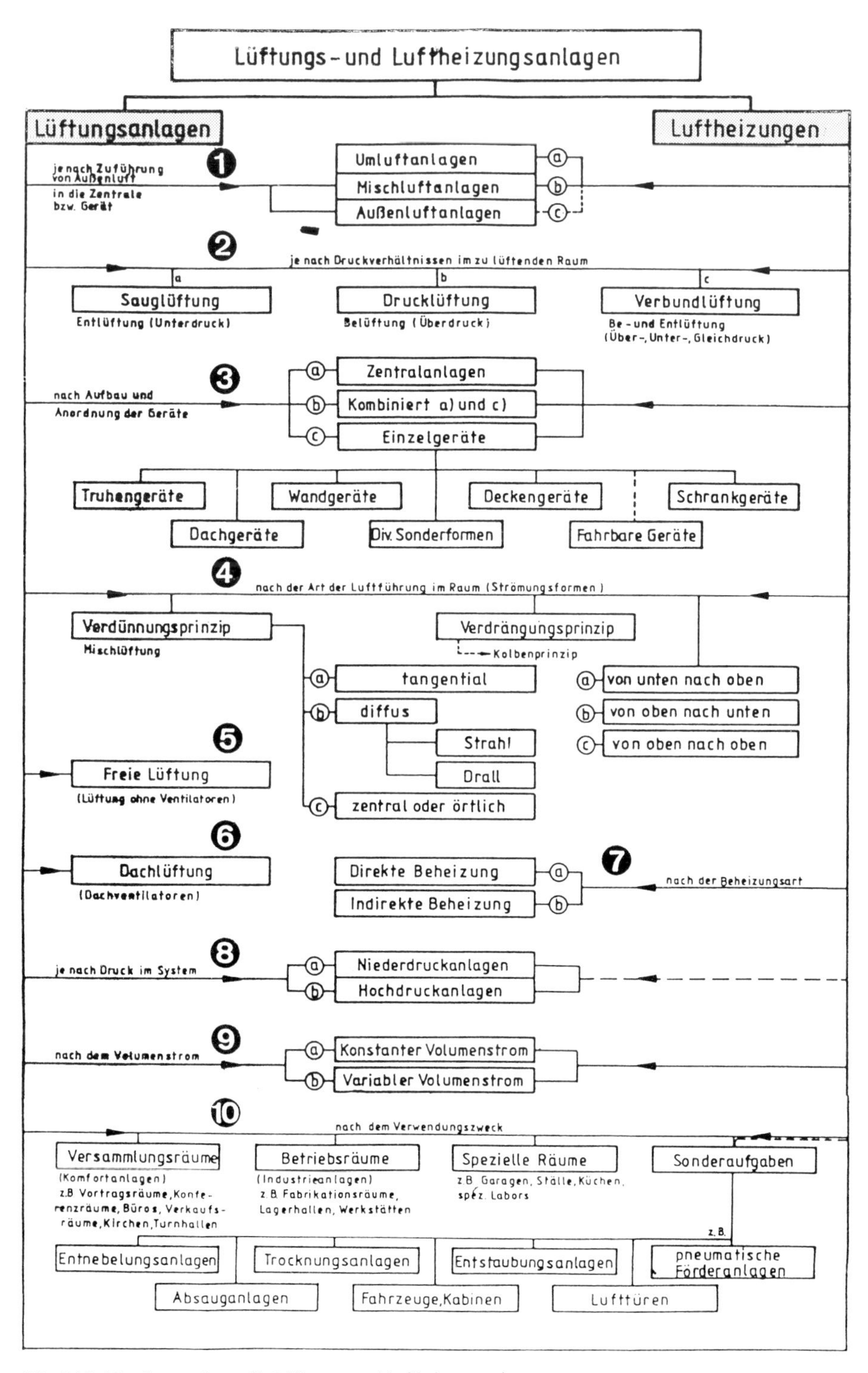

Abb. 2.10: Einteilungsschema für Lüftungs- und Luftheizungsanlagen

ßige Herstellung von Zentralen in Blockbauweise und Flachbauweise sowie durch die Fortschritte in der Kanalherstellung und -montage (vgl. Kap. 8) hat jedoch auch das Zentralanlagensystem seinen Platz behaupten und ausbauen können.

Man kann eine Lüftungsanlage auch mit beiden Systemen kombinieren.

Beispiele: Die Zuluft über Zentralgerät und Kanalnetz einführen und die Abluft (Fortluft) durch Dachlüfter abführen.
Die Abluft (Fortluft) zentral über ein Kanalnetz abführen, die Zuluft über Truhengeräte zuführen.
Bei vielen Projektierungen werden derartige Anlagen als Alternativlösungen angeboten.

Zu 4 Bei der Einteilung **nach der Art der Zuluftführung** unterscheidet man zwischen dem **Verdrängungsprinzip** (nach Abb. 2.12), bei dem die Zuluft aus zahlreichen Durchlässen (z. B. unter dem Gestühl, an Wänden, Lochdecke) die verbrauchte Luft auf die andere Raumseite „wegschiebt", und dem **Verdünnungsprinzip** nach Abb. 2.11, bei dem die Luft aus Gittern oder speziellen Zuluftdurchlässen meist über der Aufenthaltszone austritt und die Raumluft induziert. Die Zuluft vermischt sich mit der Raumluft (daher auch als Mischströmung bezeichnet) und erwärmt oder kühlt diese. Bei der Lüftung werden durch Mischung mit sauberer Zuluft die Geruchs- und Schadstoffe ausreichend verdünnt.

Beide Strömungsformen kann man weiter unterteilen. Werden Zu- und Abluft beim Verdrängungsprinzip großflächig (z. B. von Wand zu Wand) ein- und abgeführt, spricht man auch von einer **„Kolbenlüftung"**. Bei der Mischströmung kann man die Zuluft tangential führen (z. B. bei einem Truhengerät entlang der Wand und Decke) oder diffus über einen Deckenauslaß, entweder als Strahl (Strahllüftung) oder als Drall (Drallauslaß).

Die zahlreichen Möglichkeiten von Luftführungen werden ausführlicher im Kap. 9.1 behandelt.

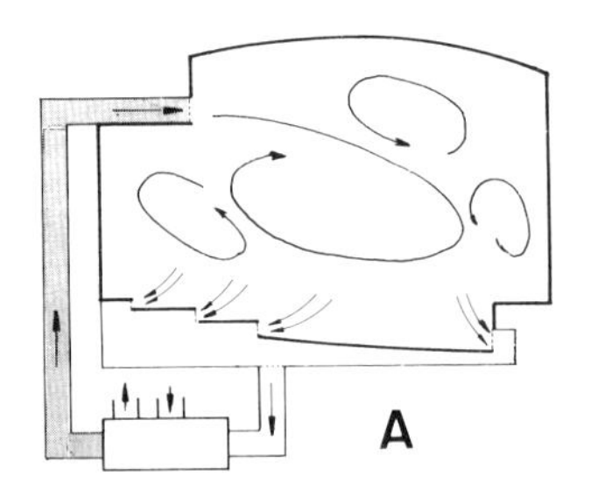

Abb. 2.11: Mischströmung

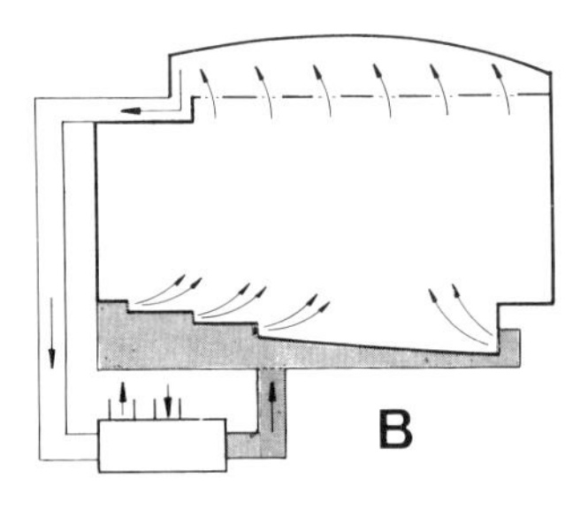

Abb. 2.12: Verdrängungsströmung

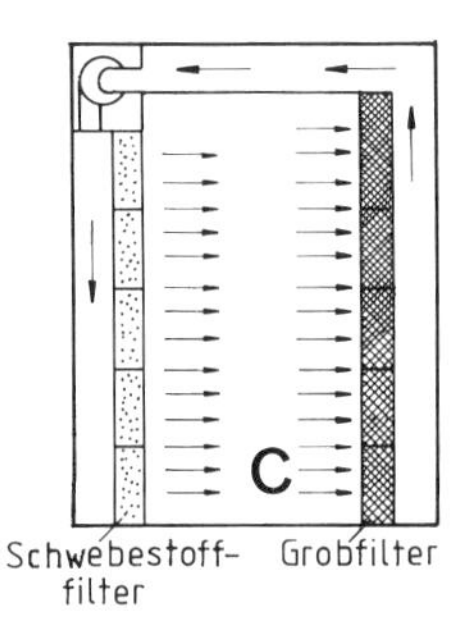

Abb. 2.13: „Kolbenströmung"

Zu 5 Die **freie Lüftung** ist eine Lüftung ohne Gebläse, wie Fensterlüftung, Schachtlüftung und Dachaufsatzlüftung, die nach DIN 1946 (vgl. Abb. 2.8) weiter unterteilt werden kann.

Die freien Lüftungssysteme werden ausführlicher in Kap. 3.3 behandelt.

Zu 6 Unter **Dachlüftung** ist hier die Entlüftung durch Dachventilatoren gemeint, die in zahlreichen Bauformen und Einbauvarianten, auch mit Wärmerückgewinnung, angeboten wird (vgl. Kap. 10.6.1).

Zu 7 Je nach **der Art der Beheizung** unterscheidet man zwischen der direkten Beheizung, bei der die Luft unmittelbar am Feuerraum erwärmt wird (Kap. 5.1), und der indirekten Beheizung, bei der die Luft über einem Wärmeträger erwärmt wird (Kap. 5.2, 6.1 bis 6.3).

Zu 8 Die Einteilung **nach dem Druck** in der Anlage ist besonders in der Klimatechnik üblich. Dort haben sich auch spezielle Anlagen durchgesetzt (vgl. Bd. 4).

Hochdruckanlagen mit ihren wesentlich höheren Ventilatorpressungen ergeben durch ihre hohen Geschwindigkeiten geringere Kanalquerschnitte und Baukosten. Vereinzelt werden in der Lüftungstechnik bei größeren Objekten verschiedene Niederdruckzentralen (Unterstationen) von einer Hochdruckzentrale versorgt. Erhöhte Aufmerksamkeit und höhere Anforderungen werden bei der Schalldämmung und -dämpfung verlangt.

Bei großen Hallen werden vereinzelt auch **Hochdruck-Luftheizgeräte** bis zu einer Heizleistung von etwa 200 kW eingesetzt. Die Luft, die in den sog. Heißluftgeneratoren auf 150 °C bis 200 °C erwärmt wird, strömt direkt über eine Weitwurfdüse in den Raum, wobei Wurfweiten über 80 m erreicht werden. An den Luftauslässen (Ejektoren) wird durch die hohe Geschwindigkeit der heißen Primärluft ein Mehrfaches an Sekundärluft angesaugt, so daß dort nochmals eine Mischung von Heiß- und Umluft stattfindet und mit einer Temperatur von etwa 70 °C ausgeblasen wird.

Zu 9 Je **nach Volumenstrom** unterscheidet man Anlagen mit konstantem Volumenstrom und variablem Volumenstrom (VVS-Anlagen).

Bei VVS-Anlagen wird die Zuluft mit konstanter Temperatur, jedoch mit veränderlichem Zuluftvolumenstrom eingeführt (vgl. Kap. 4.7). Besondere Anwendung bei Klimaanlagen mit geringen Kühllasten (vgl. Bd. 4).

Zu 10 Neben den eigentlichen RLT-Anlagen (z. B. für Versammlungsräume, Fabrikationsräume, Garagen, Büros, Schulen, Hotels, Wohnungen usw.) sowie für die Entnebelungsanlagen (z. B. für Schwimmbäder, Brauseräume usw.) sind folgende lufttechnische Anlagen zu erwähnen, die der Lüftungs- und Klimafachmann z. T. schon zu seinen Sonderaufgaben zählt, da größere Spezialkenntnisse und vor allem spezielle Erfahrungen erforderlich sind. Man spricht hier – entsprechend Abb. 2.8 – von prozeßlufttechnischen Anlagen.

a) **Trocknungsanlagen:** z. B. zum Trocknen von Holz, Lacken, Keramik, Wäsche, Getreide, Obst usw.

b) **Absaugeanlagen:** Sie sollen verhindern, daß die bei zahlreichen industriellen Vorgängen entstehenden Gase, Dämpfe, Staub gar nicht in die Raumluft übergehen. Neben vereinzelten Saugöffnungen verwendet man überwiegend sog. Saughauben, die über Herden, Arbeitstischen (z. B. Schweißtischen), galvanischen Bädern, Kabinen, Maschinen und Behältern usw. angebracht werden. Dabei unterscheidet man zwischen Ober-, Seiten- und Unterhauben.

c) **Pneumatische Förderanlagen:** zum Beispiel für das Transportieren von Sägespänen, Getreide usw. in Rohren (vgl. Abb. 8.7).

d) **Entstaubungsanlagen:** zum Beispiel Entstaubung von Rauchgas, Maschinenräumen usw.

2.4 Vorteile der maschinellen Lüftung – Druckhaltung

Unter dem Begriff „maschinelle" Lüftung, die man auch als Zwangslüftung bezeichnet, versteht man Anlagen, bei denen die Luftströmung (Lüftung) durch Ventilatoren (Gebläse, Lüfter) erfolgt. Im Gegensatz zu der im nächsten Kapitel behandelten „freien" Lüftung ergeben sich hier folgende Vorteile:

a) Unter allen Umständen kann dem Raum ein geforderter Luftwechsel aufgezwungen werden, d. h., es kann **zu jeder bestimmten Zeit eine beliebige Lüftungsaufgabe** gelöst werden (bessere Anpassung und Regelbarkeit).

b) In den Luftstrom können **Apparate zur weiteren Luftaufbereitung** eingebaut werden (z. B. Filter, Befeuchter, Kühler).

c) Die **Druckverhältnisse innerhalb des Gebäudes können beliebig hergestellt und verändert werden,** so daß keine Geruchsausbreitung möglich ist.

d) Die Luftauslässe können jeweils so angeordnet werden, daß je nach den gegebenen örtlichen und betrieblichen Bedingungen eine **optimale Luft- bzw. Temperaturverteilung** ermöglicht wird. Vermeidung von Zug; Aufenthalt auch in Fensternähe, wenn unter Fenster eingeblasen wird.

e) Im Gegensatz zur freien Lüftung bietet die maschinelle Lüftung die **Möglichkeit der Rückgewinnung** von Wärme aus der Fortluft. Neuere Forschungsarbeiten haben ergeben, daß hierdurch auch in Wohnbauten ein geringerer Energieverbrauch als bei der freien Lüftung möglich ist.

f) Es kann eine große Anzahl von **Sonderaufgaben** gelöst werden, wie z. B. Absaugeanlagen, Trocknungsanlagen, Lufttüren.

Bei den vorstehend genannten Einteilungskriterien spielt die **Druckhaltung in Räumen** eine ganz besondere Rolle. Nicht selten wird nämlich eine maschinelle Lüftungseinrichtung eingebaut, um lästige, schädliche oder gar giftige Schadstoffe von einem Raum fernzuhalten. Hinsichtlich der Druckverhältnisse stellt sich damit die Frage, wo und wie soll in einem Raum Über- oder Unterdruck gegenüber seinen Nachbarräumen oder gegenüber außen erzeugt werden.

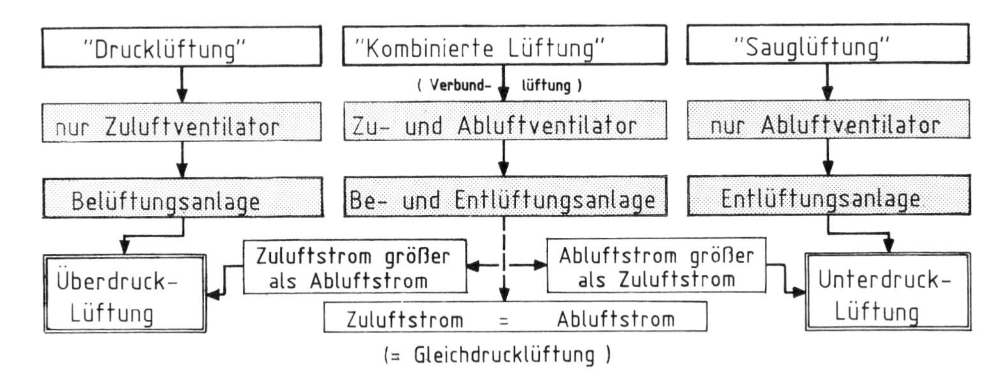

Abb. 2.14: Einteilung von RLT-Anlagen nach dem Druck

Wie Abb. 2.14 zeigt, kann man in einem Raum dadurch einen Überdruck erzeugen, indem man nur einen Zuluftventilator einbaut oder bei einer kombinierten Anlage den Zuluftvolumenstrom größer wählt als den Abluftvolumenstrom; entsprechend jeweils umgekehrt bei der Herstellung eines Unterdrucks. Danach werden RLT-Anlagen auch nach der DIN 1946 eingeteilt (vgl. Abb. 2.9).

2.4.1 **Drucklüftung** (Außenluftsystem)

Hier wird die Luft direkt aus dem Freien oder über angrenzende Räume angesaugt und in den Raum gedrückt, so daß im Raum immer ein Überdruck herrscht. Man spricht hier auch von einer Belüftungsanlage oder Zuluftanlage. Eine solche Anlage sollte nur in Räumen vorgesehen werden, in denen keine große Luftverschlechterung (geringer Luftwechsel) vorliegt und in denen die Fortluft einfach entweichen kann (z. B. durch offene Türen, Oberlichter, Überdruckjalousien usw.).

Weitere Merkmale und Hinweise für die Planung:

1. Aus Nebenräumen kann keine verbrauchte oder mit Schad- und Geruchsstoffen angereicherte Luft eintreten (z. B. aus Küche, Labor).
2. Zur Vermeidung von **Zugerscheinungen** muß die Luft annähernd auf Raumtemperatur erwärmt werden (meistens darüber). Geregelt wird die Zulufttemperatur (nicht die Raumtemperatur), sofern zur Deckung des Raumwärmebedarfs eine eigene Anlage vorgesehen ist.
3. Damit das Heizregister nicht zu schnell verschmutzt, muß in der Regel ein **Luftfilter** eingebaut werden. Die Hinweise für die Außenluftansaugung (Kap. 2.1) sind zu beachten; Verwendung eines Außenluftgitters (vgl. Abb. 9.15).
4. Die in kalte Nebenräume eindringende warme Luft darf **keine zu hohe Feuchtigkeit** haben, denn sonst kommt es dort zu Feuchteschäden (z. B. Schimmelbildung).
5. Die Umgrenzungsflächen mit **Fugen müssen einigermaßen dicht sein,** damit der Überdruck im Raum gehalten werden kann.

Mögliche **Anwendungsbeispiele** sind: Werkstätten, Ausstellungsräume, Verkaufsräume, evtl. Büroräume, Wohnungen.

Ausführungsformen sind: kleinere Zentralgeräte (Abb. 2.4); zur Lüftung eingesetzte Warmlufterzeuger (Abb. 5.5); Wand- und Deckengeräte (Abb. 6.2); Truhengeräte (Abb. 6.36); Einbaulüfter in den verschiedensten Konstruktionen (Kap. 10.3).

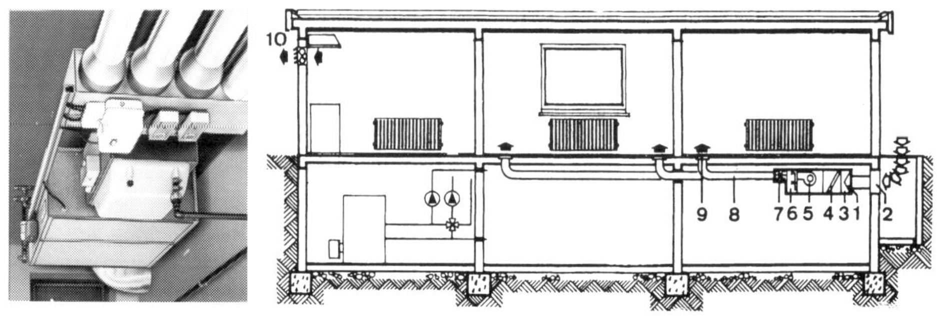

Abb. 2.15 Zentrallüftung (Zuluftanlage) mit Befeuchter

Abb. 2.15 zeigt eine zentrale Zuluftanlage für Wohn-, Büro- und andere Aufenthaltsräume als Ergänzung zur Zentralheizung. Zuluft über Flexrohre, $\dot{V} \approx$ 1000 bis 1500 m³/h (stufenlos regulierbar), $\dot{Q} \approx$ 15 kW, Befeuchtungsmöglichkeit im Winter.

1. Zentralgerät; 2. Außenluftansaugung; 3. Filter; 4. Wärmetauscher; 5. Radialventilator; 6. Befeuchter; 7. Luftverteilerkasten; 8. Lüftungsrohre (100 mm ∅, 140 mm ∅); 9. Zuluftgitter.

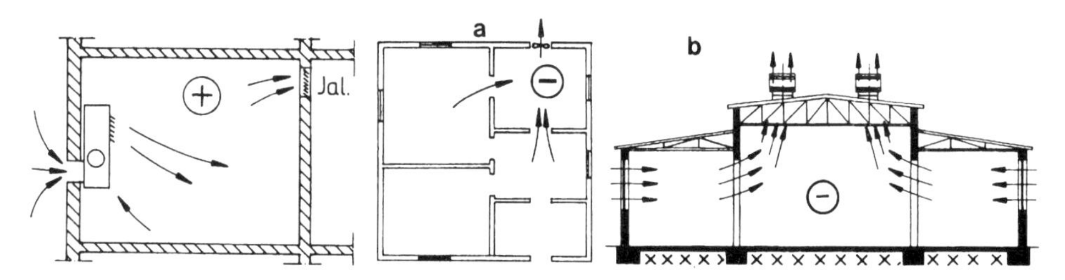

Abb. 2.16 Belüftung („Drucklüftung") Überdruckjalousie

Abb. 2.17 Entlüftung („Sauglüftung") a) mittels Wandlüfter b) mittels Dachlüftern

2.4.2 **Sauglüftung** (Fortluftsystem)

Hier wird die verbrauchte oder mit Schadstoffen angereicherte Raumluft abgesaugt, und „frische" Luft strömt durch Fugen, Öffnungen oder definierten Zuluftelementen nach. Die abgesaugte Luft geht als Fortluft in der Regel gleich ins Freie. Im Raum herrscht immer gegenüber den Nachbarräumen ein Unterdruck. Man spricht hier von einer Entlüftungsanlage oder vielfach von einer Abluftanlage. Wenn nachstehende Hinweise beachtet werden, kann man mit dieser einfachen Lüftung – zumindest im Sommer und in der Übergangszeit – zufriedenstellende Lösungen ermöglichen.

Weitere Merkmale und Hinweise für die Planung

1. Die im Raum entstehenden Schadstoffe, Geruchsstoffe oder die Feuchtigkeit können **nicht in Nebenräume eindringen.**
2. Das Nachströmen von **Luft aus dem Freien,** z. B. durch offene oder undichte Türen und Fenster, führt sehr schnell zu Zugerscheinungen. Im Winter gibt es daher meistens Probleme.
3. Zur Vermeidung von Zugerscheinungen muß für einen **ausreichenden Luftnachschub** gesorgt werden; möglichst aus warmen Nebenräumen oder über örtlichen Heizflächen und möglichst über der Aufenthaltszone.
4. Zur **Vermeidung von Kurzschlußströmen** und somit zur besseren Durchspülung des Raumes soll die Zuluft möglichst auf der gegenüberliegenden Seite zugeführt werden. Bei langen Räumen sollen mehrere Öffnungen vorgesehen werden (viele kleine sind besser als nur 1 oder 2 große!).
5. Werden mehrere Räume an ein **gemeinsames Abluftsystem angeschlossen** (z. B. Schachtlüftung mit Ventilator), so muß man an den einzelnen Raumabsaugstellen den Volumenstrom durch Klappen oder Ventile regulieren können.

6. Ein Eindringen von **Staub- und Geruchsstoffen aus Nebenräumen** ist nicht zu vermeiden. Will man dies verhindern und gleichzeitig auch ein Austreten von Schadstoffen unterbinden (Pkt. 1), muß man zwischen beiden Räumen einen Zwischenraum mit Abluftventilator vorsehen (Schleuse).
7. Geringe Anschaffungskosten, einfache Montage und geringer Platzbedarf sind die großen **Vorteile** von reinen Abluftanlagen.
8. Befinden sich im Raum die Geräte, Maschinen, Bottiche, Schweißtische usw. nur an einer oder wenigen Stellen, ist immer eine **örtliche Absaugung** anzustreben.

Mögliche **Anwendungsbeispiele** sind vor allem kleinere Räume mit stärkerer und in unregelmäßigen Zeitabständen auftretender Luftverunreinigung, wie z. B. Küchen (bedingt!), WC, Labors, Garderoben, Hobbyräume, Büros, Vorratsräume, Traforäume, Dunkelkammern, Tierställe usw.; in größeren Räumen nur dann, wenn eine geringere Luftverschlechterung vorliegt und für die Merkmale 2 bis 4 optimale Bedingungen vorliegen.

Ausführungsformen sind z. B.: Ventilatoreinheiten (Abb. 2.5), Dachlüfter (Abb. 10.49); Rohreinbauventilatoren (Abb. 10.33); Wand- und Fensterlüfter (Abb. 10.30); Schachtlüftung (Abb. 7.8).

2.4.3 Be- und Entlüftungssystem

Hier handelt es sich um eine Kombination von Saug- und Drucklüftung, d. h., der Raum wird sowohl belüftet als auch entlüftet. Wie schon aus Abb. 2.9 hervorgeht, unterscheidet man zwischen:

a) Zu- und Abluftgerät werden **getrennt aufgestellt,** d. h., die Abluft ist hier die Fortluft (Außen-Fortluft-System). Bei langen Betriebszeiten sollte evtl. eine Wärmerückgewinnung vorgesehen werden.

b) Zu- und Abluftgerät sind zu einem Gerät **zusammengefaßt,** so daß auch mit Umluft gefahren werden kann (Mischluft-Fortluft-System). In der Regel ist ein Mischluftbetrieb bei größeren RLT-Anlagen aus energetischen Gründen ratsam.

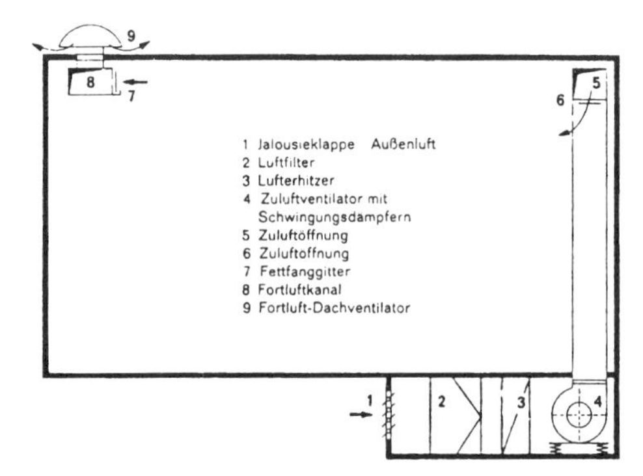

Abb. 2.18 Be- und Entlüftungsanlage mit Außenluft-Fortluftsystem

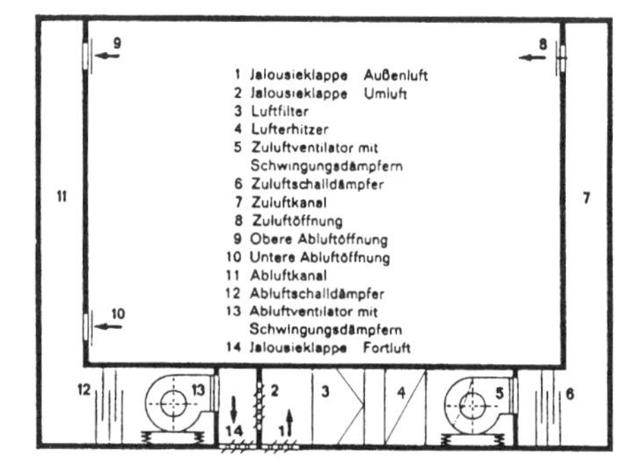

Abb. 2.19 Be- und Entlüftungsanlage mit Mischluft-Fortluftsystem

Je nachdem wie die Förderströme der Ab- und Zuluft vorgesehen oder eingestellt werden, kann im Raum Überdruck $\dot{V}_{zu} > \dot{V}_{ab}$, Gleichdruck $\dot{V}_{zu} = \dot{V}_{ab}$ oder Unterdruck $\dot{V}_{zu} < \dot{V}_{ab}$ erzeugt werden. So wählt man z. B. in Versammlungsräumen in der Regel Überdruck, um evtl. Zugerscheinungen zu vermeiden. Je nach den baulichen, betrieblichen und hygienischen Verhältnissen und Anforderungen wählt man hierzu $\dot{V}_{zu}$ etwa 10 bis 25 % größer als $\dot{V}_{ab}$.

Man kann grundsätzlich sagen, daß ein einwandfreier Luftzustand und anpassungsfähige, wirtschaftliche Anlagen nur mit einer kombinierten RLT-Anlage erreicht werden. Dies gilt besonders für größere Versammlungsräume, Arbeitsräume, Schwimmhallen usw., da hier zur Erreichung einer optimalen Luftführung in der Regel größere Luftwechselzahlen erforderlich sind.

3 Freie Lüftung (Lüftung ohne Ventilator)

Während noch vor Jahren der freien Lüftung weniger Aufmerksamkeit geschenkt wurde, versucht man heute mehr und mehr, die Wirksamkeit der freien Lüftungssysteme mit allen ihren Vor- und Nachteilen eingehender zu untersuchen (z. T. sogar in wissenschaftlichen Forschungsvorhaben). Dabei sucht man nach Möglichkeiten, einerseits ihre Vorteile bei der Gebäudeplanung und bei der Planung von RLT-Anlagen einzubeziehen, andererseits auch die Nachteile hervorzuheben bzw. sie durch Gegenmaßnahmen einzuschränken.

Der Begriff der freien Lüftung umfaßt die Lüftungsmaßnahmen, deren Wirksamkeit nicht auf Ventilatoren, sondern auf folgenden beiden Kräften beruht:

a) **Dichteunterschied** zwischen der Raumluft und Umgebungsluft bzw. bei der Schachtlüftung zwischen der Luft im Schacht (Raumluft) und der Luft außerhalb und längs des Schachtes.

b) **Windanfall,** wobei auf der dem Wind zugekehrten Seite (Luvseite) des Gebäudes ein Überdruck, auf der dem Wind abgekehrten Seite (Leeseite) ein Unterdruck herrscht.

Beide Kräfte treten unregelmäßig und verschieden stark auf, teils fehlen sie ganz, teils wirken sie zusammen, teils entgegengesetzt, wobei auch ein völliger Ausgleich möglich ist.

Damit ist schon das Problem dieses Lüftungssystems angedeutet, denn es handelt sich um eine nicht zeitgebundene Lüftungsanlage, d. h., ein konstanter Zuluftvolumenstrom, kann zu keiner Zeit garantiert werden.

Nach der Abb. 1.7 würde das heißen, daß z. B. in Wohnungen schon allein durch starken Windanfall, selbst bei geschlossenen Fenstern, die Kurven 2 oder gar 3 möglich sein können.

Die Behauptung, daß das freie Lüftungssystem in Wohn-, Büro- und Fabrikationsräumen ausreichend und wirtschaftlich sein soll, ist in sehr vielen Fällen nicht zutreffend.

Beispiel: Durch die dichten Fugen kann die erforderliche unkontrollierte Fensterlüftung zu hohen Heizkosten führen. Außerdem sind die Gefahr von Zugerscheinungen, die mangelnde Raumnutzung in Fensternähe und die schlechten Luftverhältnisse im Rauminnern bei Windstille und fehlender Thermik äußerst lästig.

3.1 Druckverteilung infolge Dichtedifferenz

Durch die verschiedenen Temperaturen sowohl außerhalb als auch innerhalb des Gebäudes (Treppenhaus, unbeheizte Räume) wird dem Gebäude bzw. den Räumen eine Druckverteilung aufgezwungen, die vorwiegend eine **Druckabstufung in der Senkrechten** darstellt (vgl. Abb. 3.1).

Ist die Innentemperatur höher als die Außentemperatur, so stellt sich gegenüber der Außenluft über Raummitte ein Überdruck und in der unteren Hälfte ein Unterdruck ein. Obwohl die Druckdifferenz sehr gering ist (z. B. bei einem 1,3 m hohen Fenster und $\Delta\vartheta$ 30 K nur etwa 1 Pa), kann man durch Rauchproben feststellen, wie bei einem geöffneten Fenster oben die Raumluft intensiv nach außen strömt und unten von außen eindringt. Daraus folgt, daß in der Mitte bzw. in der Ebene, in der weder Luft aus- noch eintritt, keine Druckdifferenz mehr besteht. Man spricht von der sog. Ausgleichsebene, Nulldruckebene oder **neutralen Zone.**

Entsprechend Abb. 3.1 f gilt demnach hinsichtlich der neutralen Zone im **Sommer** oder in der Übergangszeit dasselbe, jedoch werden Über- und Unterdruck nicht selten vertauscht.

Dies gilt auch zwischen Tag und Nacht oder schon während eines Tages, an dem ja bekanntlich morgens und abends wesentlich niedrigere Außentemperaturen herrschen als am Nachmittag, so daß die Druckverteilung und somit die Lüftung auch im Laufe des Tages unterschiedlich ist.

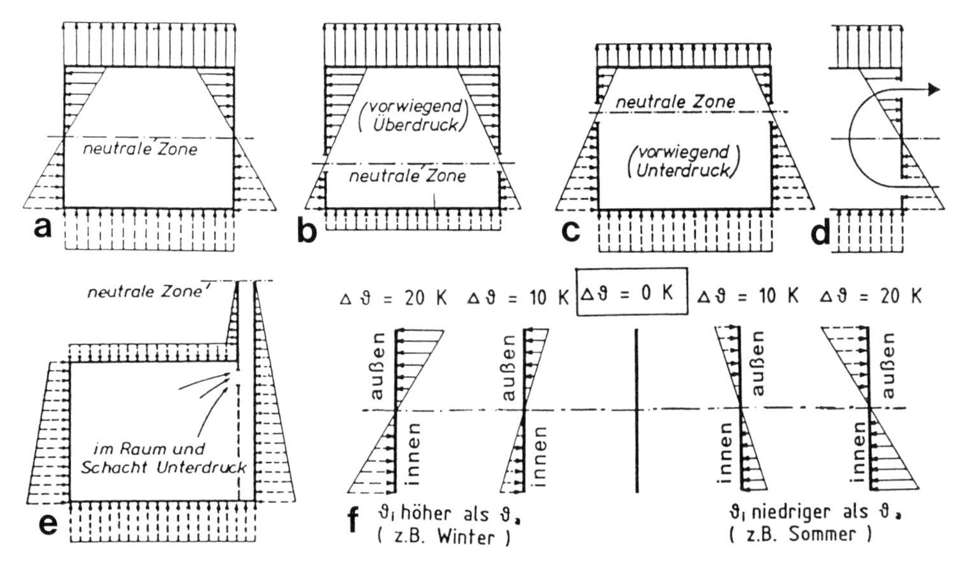

Abb. 3.1: Druckverteilung durch Temperaturdifferenzen $\Delta\vartheta$ und Verschiebung der neutralen Zone

Zu a) **Raum ohne Öffnung** bzw. Raum mit dichten Fenstern.

Zu b) c) Stellt man **in der Außenwand eine Öffnung** her, wie z. B. durch Öffnen eines Fensterflügels, so rückt die neutrale Zone nach dorthin vor.

Zu d) Werden hingegen **2 Öffnungen in verschiedenen Höhen** hergestellt (z. B. das obere und untere Fenster eines Treppenhauses), so strömt – entsprechend der Druckverteilung nach a – im oberen Fenster die Luft aus, im unteren ein.

Zu e) Bei **Räumen mit Abluftschächten** befindet sich die neutrale Zone am Schachtkopf, so daß im gesamten Raum und im Schacht selbst gegenüber der Umgebung ein Unterdruck herrscht (vgl. innenliegendes WC). Falls die Luft im Schacht jedoch kälter ist als die der Umgebung, herrscht im Raum Überdruck (Geruchsausbreitung!).

Zu f) Bei jeder **Temperaturänderung** verschiebt sich die Drucklinie bzw. Druckdifferenz und somit auch die Lüftungsintensität.

Die vom Temperaturunterschied verursachte Druckdifferenz wirkt sich besonders bei höheren Gebäuden aus.

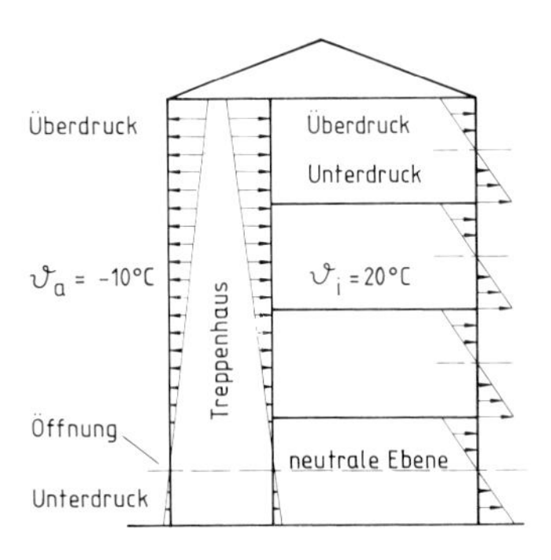

Abb. 3.2 Druckverteilung bei mehrgeschossigen Gebäuden

Entsprechend der Abb. 3.2 verteilt sich der Druck an den Außen- und Innenwänden. Der „Schornsteineffekt" im Treppenhaus (besonders wenn es beheizt ist!) bewirkt jedoch, daß in ihm **unten sowohl gegenüber der Atmosphäre als auch gegenüber den Nebenräumen ein Unterdruck und in den oberen Stockwerken ein Überdruck herrscht.** Der Geruch des Mittagessens kann demnach in den oberen Geschossen ebenso wahrgenommen werden wie im Erdgeschoß, wo er entsteht.

Beispiel 1:

Die Höhe zwischen Erd- und Dachgeschoß beträgt 12 m. Wie groß ist die Druckdifferenz (thermischer Auftrieb), wenn außen eine Temperatur von −10 °C und im Treppenhaus von +10 °C angenommen wird?

$$H = h \cdot g\,(\varrho_a - \varrho_i) = 12 \cdot \underbrace{9{,}81 \cdot (1{,}342 - 1{,}248)}_{0{,}922 \text{ (vgl. Tab. 3.4)}} = \mathbf{11{,}1\ Pa}$$

Dieser geringe Druck reicht aus, um sich für eine Zwangslüftung (z. B. Sauglüftung im EG) zu entschließen. Der durch das Gebläse erzeugte Druck muß dabei größer sein als der im unteren Teil des Treppenhauses herrschende Unterdruck (ungünstigste Temperaturverhältnisse angenommen). Ähnliche Verhältnisse kennt man auch bei Aufzügen, Fahrstühlen, Lichthöfen, im Bühnenhaus beim Theater usw.

Wichtiger Hinweis:
Alle vorstehenden Erkenntnisse hinsichtlich der Druckverteilung haben nur Gültigkeit, wenn die 2. Kraft, der Wind, unberücksichtigt bleibt. Da jedoch in der Regel von dieser Annahme nicht ausgegangen werden kann, können in der Praxis, wie das folgende Kapitel zeigt, völlig andere Druckverhältnisse entstehen.

3.2 Einfluß des Windes auf die Lüftung

Der Wind hängt mit der über der Erdoberfläche herrschenden Luftdruckverteilung zusammen und verursacht meistens eine horizontale Luftbewegung. Die **Druckabstufung** im Gebäude erfolgt daher **in waagerechter Richtung.**

Seine Wirksamkeit auf die Raumlüftung ist äußerst unregelmäßig, da der Wind in Stärke und Richtung sich dauernd verändert. Vielfach ist seine Stärke so hoch, daß der Druck, der durch den thermischen Auftrieb zustande kommt, völlig vernachlässigt werden kann (hohe Gebäude ausgenommen). Der Luftaustausch wird durch die Gebäudelage, Fassadenstruktur, Windgeschwindigkeit, Anströmrichtung und Fensterausbildung beeinflußt.

Abb. 3.3 zeigt die Druckverteilung am Gebäude bei Windanfall (Windanfall auf Seite 1). Trifft der Wind auf die Seite 2, so herrscht an dieser Seite Überdruck, während auf den übrigen Seiten, einschließlich Dachfläche, Unterdruck herrscht. Trifft er z. B. an die Ecke zwischen 1 und 2, so herrscht auf der Seite 4 und 3 und auf den Dachflächen (je nach Anfallwinkel evtl. auch an der Ecke 1 und 4) Unterdruck, während auf 1 und 2 Überdruck herrscht.

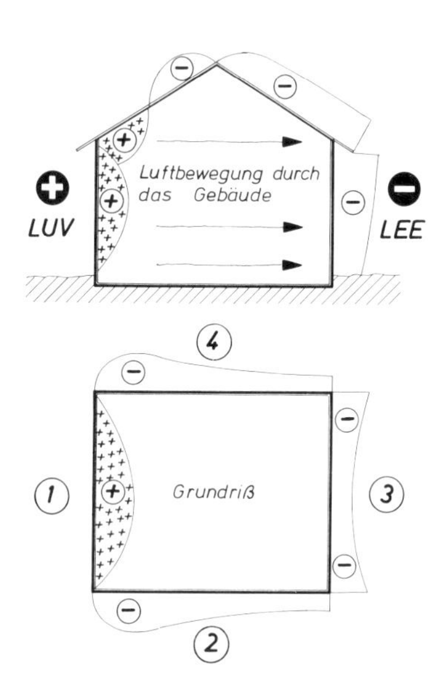

Abb. 3.3 Druckverteilung durch Windeinfluß

Im Gebäudeinneren tritt ein **Druckgefälle von Luv nach Lee** ein, das sich, je nach der Anzahl der Innenwände und Dichtheit der Türen und Fenster, stufenweise abbaut.

Nach diesen Gesichtspunkten wäre ein **idealer Gebäudegrundriß** der, in dem die Aufenthaltsräume an der Hauptwindrichtung W liegen und Küche, Bad, WC an der Seite mit dem geringsten Windanfall N, NO.

Bei **senkrechtem Auftreten des Windes** auf die Hauswand kann der Überdruck bis zur vollen Höhe des dynamischen Druckes (Staudruck) ansteigen:

$$p_{stau} = \frac{v^2 \cdot \varrho}{2} \quad \text{in Pa} \qquad (1 \text{ Pa} = 1 \frac{\text{N}}{\text{m}^2})$$

Der Unterdruck auf der Leeseite ist etwa 1/3 des Staudruckes, d. h., **die Differenz zwischen Luv- und Leeseite beträgt:** $\frac{4}{3} \cdot p_{stau}$.

Beispiel 2:
Wie groß ist die Druckdifferenz zwischen Luv und Lee entsprechend Abb. 3.3, wenn eine Windgeschwindigkeit von 5 m/s und eine Lufttemperatur von 15 °C angenommen werden?

$$p_{stau} = \frac{v^2 \cdot \varrho}{2} = \frac{5^2 \cdot 1{,}226}{2} = 15{,}3 \text{ Pa} \qquad \Delta p = \frac{4}{3} \cdot p_{stau} = \frac{4 \cdot 15{,}3}{3} = \mathbf{20{,}4\ Pa}$$

Weitere Hinweise:

1. Die **Häufigkeit** des Windes kann man zwar jeweils prozentual angeben (Abb. 3.4), doch für die „Windlüftung" interessieren viel mehr die Windgeschwindigkeiten.
2. **Mittlere Windgeschwindigkeiten** während des Jahres sind in den verschiedenen Städten sehr unterschiedlich. In Abb. 3.5 sind für Berlin und München die Werte angegeben (DIN 4710). Wie die Abbildung zeigt, sind auch die mittleren Monatswerte sehr unterschiedlich.
3. Zur Angabe der **Windstärke** verwendet man vielfach die Beaufort-Skala nach Tab. 3.1. Bei hohen Temperaturen ist sie i. allg. geringer als bei mittleren Temperaturen.
   Anhaltswerte: An der See 5 bis 7 m/s. Im Flachland 2 bis 4 m/s (an einzelnen Tagen bzw. Stunden können diese Werte auf ein Vielfaches ansteigen).
4. Windeinflüsse auf Heizungs- und Feuerungsanlagen sind vielfältig. Der **Windeinfluß bei Lüftungsanlagen** muß ebenfalls beachtet werden. Zum Beispiel fördert ein Fortluftventilator in der Außenwand auf der Luvseite durch den „Winddruck" einen geringeren Volumenstrom. Weitere Beispiele siehe auch unter Fugen-, Fenster- und Schachtlüftung.

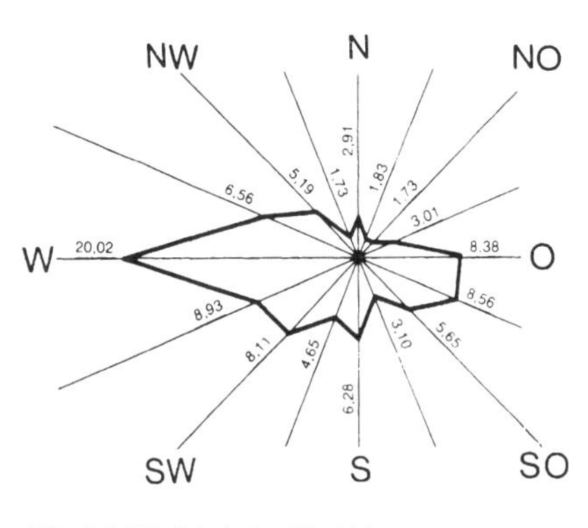

Abb. 3.4 Häufigkeit der Windrichtungen in Prozent in Deutschland

Tab. 3.1 Windgeschwindigkeiten

Windstärke	Bezeichnung	Windwirkung	in km/h von	bis
0	Stille	Rauch senkrecht	0	0,7
1	leise	Rauch leicht schief	> 0,7	5,5
2	leicht	eben fühlbar	> 5,5	12
3	schwach	Blattbewegung	> 12	19
4	mäßig	Zweigbewegung	> 19	28
5	frisch	Astbewegung	> 28	38
6	stark	Heulen	> 38	50
7	heftig	Baumbewegung	> 50	61
8	fast Sturm	Stämme biegen	> 61	74
9	Sturm	Ziegel fallen	> 74	88
10	starker Sturm	Bäume brechen	> 88	102
11	schwerer Sturm	Dächer fliegen	> 102	117
12	Orkan	Mauern stürzen	> 117	133
> 12	starker Orkan	Totalschäden	> 133	

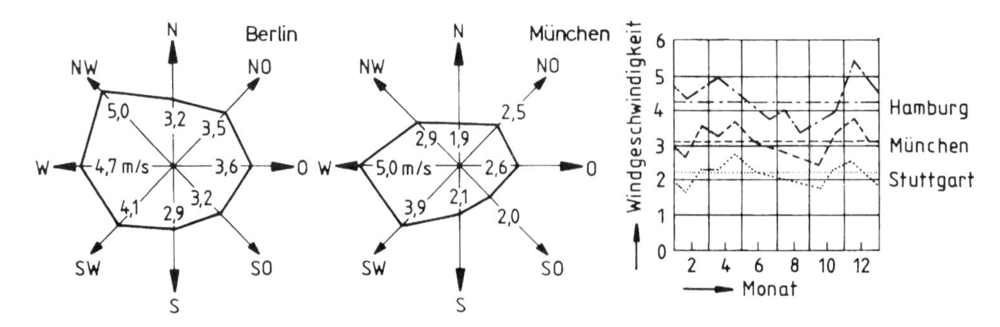

Abb. 3.5 Mittlere jährliche Windgeschwindigkeiten bei unterschiedlicher Windrichtung und mittlere monatliche Windgeschwindigkeiten in verschiedenen Städten

Der Einfluß der Wind- und Auftriebskräfte auf den **Lüftungswärmebedarf von Gebäuden** wird ausführlich im Band 1 behandelt. Hieraus folgende Hinweise:

1. Die **Hauskenngröße** H nach DIN 4701 zur Berechnung des Lüftungswärmebedarfs basiert auf folgenden Windgeschwindigkeiten:
   2 m/s windschwache Gegend, normale Lage
   4 m/s windschwache Gegend, freie Lage oder windstarke Gegend, normale Lage
   6 m/s windstarke Gegend, freie Lage.
2. Die **Windgeschwindigkeit nimmt mit der Höhe zu** (z. B. in 100 m Höhe um etwa 50% größer als in 10 m Höhe), so daß demnach auch die Winddrücke zunehmen. **Ohne Windeinfluß** entsteht entsprechend Abb. 3.1 nur im unteren Gebäudeteil ringsum ein Lüftungswärmebedarf.
3. Bei **gleichzeitiger Wirkung von Wind- und Auftriebseinflüssen** läßt sich die Durchströmung eines Gebäudes nur mit aufwendigen Rechenprogrammen beschreiben. Man kann nicht allgemein sagen, ob im unteren Teil eines hohen Gebäudes durch den Winddruck auf der Leeseite Luft ausströmt oder ob durch den thermischen Unterdruck Luft allseitig einströmt.
4. Bei **hohen Gebäuden** (ab 10 m Höhe) wurden sog. **Höhenkorrekturfaktoren** ε eingeführt, die mit der Hauskenngröße multipliziert werden. Man unterscheidet dabei zwischen **Schachttypgebäuden** (ohne innere Unterteilung), die gleichzeitig Wind- und Auftriebswirkungen unterliegen, und **Geschoßtypgebäuden** (mit luftdichter Geschoßtrennfläche), die nur Windeinflüssen unterliegen und somit im oberen Gebäudeteil immer einen größeren Lüftungsbedarf haben.

3.3 Freie Lüftungssysteme

Eine Einteilung (Übersicht) für die freien Lüftungssysteme ist ebenfalls in der DIN 1946 zu finden (vgl. Abb. 2.8). Die dort erwähnte Außenhautlüftung (Fensterlüftung) wird jedoch nachfolgend vom Verfasser in Fugenlüftung und Fensterlüftung unterteilt, damit die jeweiligen Folgerungen dieser beiden „Lüftungsarten" besser hervorgehoben werden können.

3.3.1 Fugenlüftung

Hier kann man eigentlich davon ausgehen, daß jedem Heizungs- und Lüftungsingenieur die Wärmebedarfsberechnung nach DIN 4701 und somit die Berechnung des Lüftungswärmebedarfs von Gebäuden geläufig ist (vgl. Bd. 1). Man versteht darunter den Wärmebedarf, der benötigt wird, um die durch die Fenster- oder Außentürfugen eintretende Außenluft auf Raumtemperatur zu erwärmen. Zur Berechnung liegt zwar dieselbe Gleichung von Abb. 4.5 zugrunde, nur daß die hieraus entwickelte und erweiterte Gleichung $\dot{Q}_L = \Sigma (a \cdot l) \cdot r \cdot H \cdot \Delta\vartheta$ die Fensterkonstruktion, die Innentüren, die Lage, die Gegend und den Typ des Gebäudes berücksichtigen soll.

Hinweise und Folgerungen:

1. Die Fugenlüftung erfolgt fast ausschließlich durch Fenster- und Außentürfugen. Die hierdurch unkontrolliert eindringende Außenluft soll vor allem **aus heizungstechnischen Gründen möglichst gering** gehalten werden.
2. Die Wirkungsweise der Fugenlüftung hängt vor allem von der Größe und **Dichtheit** der angeblasenen und der nichtangeblasenen Fugen ab. Letztere sind z. B. Innentüren, wo die Luft wieder abströmen kann. Große Undichtigkeiten entstehen bei alten Fenstern, Balkontüren, Rolladenkästen, Öffnungen (Schlitze, Türschlösser, Briefkästen usw.).
3. In Abb. 3.6 kann annähernd der Volumenstrom in Abhängigkeit des Fugendurchlaßkoeffizienten a und der Druckdifferenz Δp abgelesen werden.

   Bei großer **Druckdifferenz** zwischen innen und außen wie z. B. bei starkem Windanfall und offenen Innentüren kann die Querlüftung selbst bei geschlossenem Fenster so stark sein, daß der gewünschte Luftwechsel über den hygienischen Anforderungen liegt (vgl. Kurve 2 oder 3 nach Abb. 1.7). Der Zahlenwert nach obigem Beispiel kann somit bis über das Doppelte ansteigen, wodurch einzelne Räume stark auskühlen können.

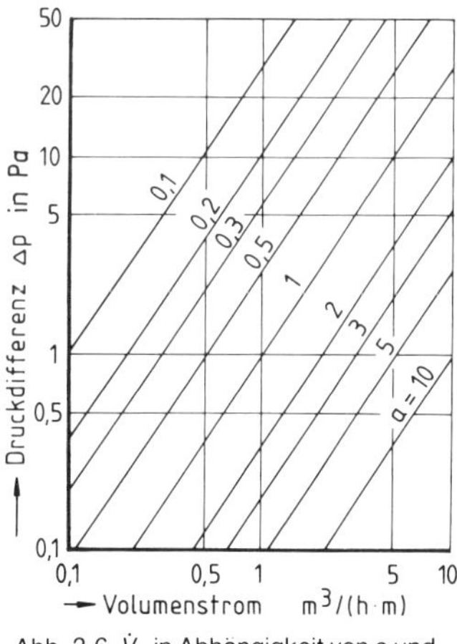

Abb. 3.6 $\dot{V}_a$ in Abhängigkeit von a und Δp

Hinzu kommt noch die höhere Luftbewegung im Raum, die meistens mit einer höheren Raumtemperatur kompensiert wird, was zusätzlich Energiekosten verursacht.
Ein **hoher Brennstoffverbrauch** ist die Folge, denn dieser hohe Lüftungswärmebedarf ist auch dann erforderlich, wenn sich in den Räumen keine Personen aufhalten.

4. Aus vorstehendem Grund werden in der Wärmeschutzverordnung hinsichtlich des Lüftungswärmebedarfs Höchstwerte für die **Fugendurchlaßkoeffizienten** *a* festgelegt (bei Gebäuden bis 2 Geschosse max. 2 $m^3/h \cdot m$ und bei mehr als 2 Geschossen 1 $m^3/h \cdot m$). Diese Werte – verglichen mit der Praxis – sind trotzdem noch zu hoch, denn wenn man als Mittelwert 0,6 $m^3/h \cdot m$ ansetzen kann, liegen diese bei **Fenstern mit besonderer Dichtung** bei 0,3 bis sogar 0,1 $m^3/h \cdot m$, wobei allerdings die freie Lüftung in der Regel nicht mehr gewährleistet ist. Das damit erforderliche meist unkontrollierte Öffnen der Fenster kann den Energiebedarf drastisch erhöhen und hat Konsequenzen in der Wohnungslüftung (Kap. 7.2).
In der DIN 4701 werden einerseits die *a*-Werte zusammengestellt, andererseits muß ein mindestens 0,5facher Außenluftwechsel gewährleistet sein: $\dot{Q}_L = \dot{V}_a \cdot c \cdot (\vartheta_i - \vartheta_a) = V_R \cdot 0{,}5 \cdot 0{,}35 \cdot (\vartheta_i - \vartheta_a)$.

5. Aus der **Druckverteilung infolge Dichtedifferenz** (Abb. 3.1) folgt:
Je höher und undichter das Fenster, desto stärker der Luftaustausch. Im unteren Bereich wegen Eintritts von kalter Außenluft Gefahr von Zugerscheinungen; in verstärktem Maße bei Balkontüren (Kaltzonen im Bodenbereich).

   Aus der **Druckverteilung infolge Windeinfluß** (Abb. 3.2) folgt:
Je größer die Druckdifferenz zwischen innen und außen, desto stärker der Luftaustausch. Gegenmaßnahmen bei Windanfall: Schließen der Rolläden, Schließen der Innentüren, Windfang bei Eingängen, Vorziehen von schweren Vorhängen, Abdichtungen bei alten Fenstern.
In beiden Fällen ist einerseits der Luftaustausch gewünscht (bei Raumbelegung), andererseits unerwünscht (falls keine Personen im Raum, zur Einsparung von Lüftungskosten, Vermeidung von Zugerscheinungen).

6. Die Angabe von **Luftwechselzahlen** ist äußerst schwierig und kann entsprechend den genannten Einflußgrößen und dem Rauminhalt zwischen 0,1 h^{-1} (sehr dichte Fugen, große Räume) bis über 1 h^{-1} (ältere Fenster und kleine Räume) liegen.
Aus oben angegebener Gleichung kann man den Luftwechsel für jeden Raum berechnen (vorausgesetzt, die einzelnen Zahlenwerte treffen zu).

   Beispiel:

   Der Wärmebedarf $\dot{Q}_N$ eines 120 m^3 großen Raumes (ϑ_i = 20 °C) beträgt bei ϑ_a = –14 °C 4640 Watt.

   Hiervon entfallen 800 Watt auf $\dot{Q}_L$ (errechneter Lüftungswärmebedarf).

   Bestimmen Sie den Luftwechsel des Raumes bei geschlossenem Fenster ($c \approx 0{,}35\ Wh/m^3 \cdot K$ annehmen!).

   $\dot{Q}_L = \dot{V}_a \cdot c \cdot (\vartheta_i - \vartheta_a)$; $\dot{V}_a$ = der durch die Fugen eintretende Außenluftvolumenstrom

   $$\dot{V}_a = \frac{\dot{Q}_L}{c \cdot (\vartheta_i - \vartheta_a)} = \frac{800}{0{,}35 \cdot [20 - (-14)]} = 67{,}2\ m^3/h; \qquad LW = \frac{\dot{V}_a}{V_R} = \frac{67{,}2}{120} = \mathbf{0{,}56\ h^{-1}}$$

7. Hinsichtlich der **Fugenlüftung in Verbindung mit einer RLT-Anlage** wird in der DIN 4701 die Fugenlüftung berücksichtigt, wenn im Raum ein Unterdruck gewählt werden muß ($\dot{V}_{ab} > \dot{V}_{zu}$). Falls mit einer RLT-Anlage nur geheizt wird (Umluftanlage), muß der Lüftungswärmebedarf für die Fugenlüftung bei der Auslegung des Heizregisters berücksichtigt werden.

3.3.2 Fensterlüftung

Die bei der Fugenlüftung gewonnenen Erkenntnisse gelten z. T. auch für die Fensterlüftung, nur mit wesentlich höheren Zahlenwerten. Da das Öffnen von Fenstern nicht nur zum Lüften, sondern auch zur freien Kühlung verwendet werden kann (Energieeinsparung), sollte man auch der Fensterlüftung größere Aufmerksamkeit schenken. Während in der Heizperiode durchweg erhebliche Komforteinbußen und unkontrollierte Lüftungswärmeverluste auftreten können, sind bei Außentemperaturen von etwa 14 bis 24 °C befriedigende Ergebnisse oder sogar eine sinnvolle Ergänzung zu einer RLT-Anlage möglich. Auch in Bürogebäuden ist eine ausschließliche Fensterlüftung bis zu mindestens 30% der Bürobetriebszeit vertretbar.

Bei Windstille erfolgt die Fensterlüftung vorwiegend infolge der Druckverteilung nach Abb. 3.1 und bei Windanfall infolge der erwähnten Horizontalströmungen. Aufgrund ihrer Auswirkungen in Verbindung mit den verschiedenen Fensterkonstruktionen gibt es auch hierzu mehrere **Hinweise und Folgerungen:**

1. Wie Abb. 3.7 zeigt, gibt es **zahlreiche Fensterkonstruktionen** mit unterschiedlichen „Lüftungsqualitäten", für die es auch genormte Symbole gibt (Abb. 3.7). So tritt bei Windanfall, z. B. beim Schiebe- oder Drehflügel, die Luft großflächig ein, wodurch nur geringe Windgeschwindigkeiten zulässig sind ($< 0{,}3$ m/s). Beim Kippflügel dagegen wird die Luft in den Deckenbereich abgelenkt und tritt erst nach einer bestimmten Lauflänge in den Aufenthaltsbereich ein. Kippfenster sind daher im Hinblick auf Zugbelästigung dem Schiebe- oder Flügelfenster überlegen. Zur Erzielung eines dauernden Luftwechsels durch eine kleine Fensterspalte sind Schiebefenster geeignet (z. B. Küchen, WC usw.).

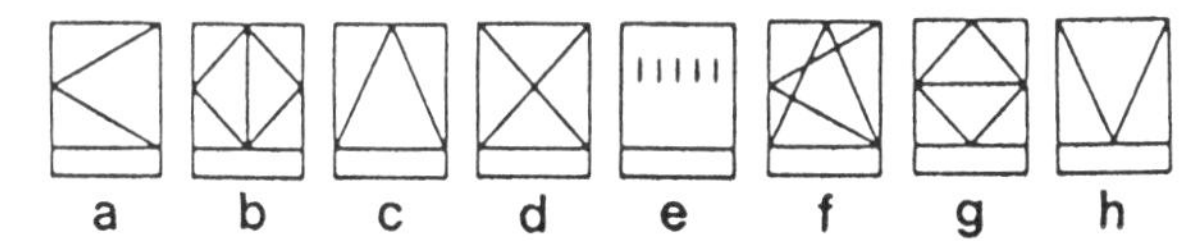

Abb. 3.7: Symbole für Fensterkonstruktionen (DIN 1946)
a) Drehflügel-, b) Wendeflügel-, c) Kippflügel-, d) Schiebeflügel-, e) Lüftungsgitter-, f) Drehkippflügel-, g) Schwingflügel-, h) Klappflügelfenster

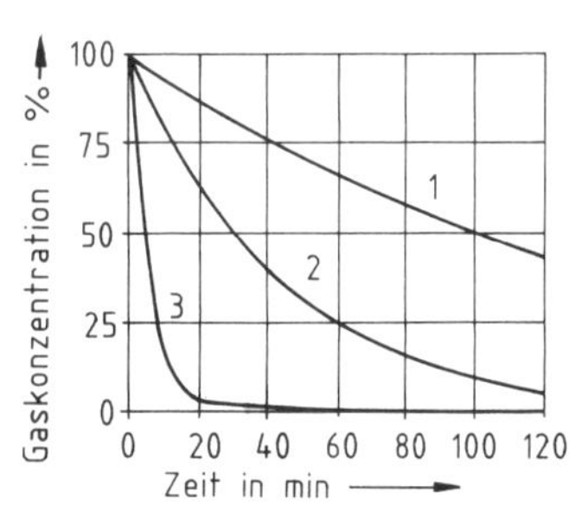

Abb. 3.8: Einfluß der Fensterstellung auf den Luftwechsel und somit auf die Gaskonzentration eines Wohnraumes (1) Fenster und Türen geschlossen (LW $\approx$ 0,2 bis 0,4 h^{-1}); (2) Fenster auf Westseite 10 cm offen (LW $\approx$ 1,0 bis 1,5 h^{-1}); (3) je ein Fensterflügel an West- und Ostseite 45° geöffnet (LW $\approx$ 8 bis 12 h^{-1}) – Windgeschwindigkeit $\approx$ 3 m/s (nach EMPA – Schweiz)

2. Nach Abb. 3.1 tritt im Winter die **Luft unten ein und oben aus,** wobei trotz NT-Heizflächen unter dem Fenster und trotz stetiger Regelung Zugerscheinungen möglich sind, in verstärktem Maße bei Windanfall.
3. Die **Fensteröffnung im Winter soll nur kurzzeitig erfolgen** (Stoßlüftung), denn je nach Fenstergröße, Öffnen von Innentüren, Windanfall usw. kann selbst bei geringer Fensteröffnung ein über 5facher Luftwechsel entstehen. Es sollen dadurch nicht nur Zugerscheinungen, sondern auch zu starke Abkühlungen der Raumumschließungsflächen und Einrichtungen sowie ein Öffnen der Thermostatventile vermieden werden (Energieeinsparung).
Grundsätzlich ist das Öffnen des gesamten Fensterflügels jedem langen Öffnen von kleineren Fensterflügeln vorzuziehen. **Stundenlang aufgekippte Fenster sind „Energiefresser".** Falls nur oben Fensterflügel geöffnet werden, rückt die neutrale Zone nach oben, der Unterdruck im Raum verstärkt sich; Luft strömt durch undichte Fenster und Türen nach.
4. Aus vorstehendem Grund ist ebenfalls die **Wärmeschutzverordnung** in Kraft getreten, nach der eine starke Begrenzung des Lüftungswärmebedarfs durch Fugen gefordert wird (vgl. Bd. 1).
5. Räume mit **Fenster auf der Leeseite** des Hauses erhalten bei Windanfall nur dann frische Luft, wenn von der Luvseite Außenluft nachströmen kann (Gebäudegrundriß beachten). Die Räume werden vielmehr „entlüftet", da auf der Leeseite Unterdruck herrscht.
Räume mit **Fenster auf der Luvseite** werden bei Windanfall belüftet (evtl. Geruchsausbreitung zur Leeseite!).
Aus diesem Grund sollen die **Räume mit höherem Lüftungsbedarf (Küche, Bad, WC) an der Hausseite mit dem geringsten Windanfall und möglichst auf der Leeseite liegen.**
6. An den **Fenstern und Türen** können **regulierbare Zulufteinrichtungen** vorgesehen werden (Abluft muß aber auch wieder entsprechend abgeführt werden können!). Da aber der Winddruck nicht immer vorhanden ist, sollten die Zuluftöffnungen in Fußbodennähe und Abluftöffnungen in Deckennähe liegen ($h \cdot \Delta\varrho \cdot g$). Dadurch kann auch in den Sommermonaten eine bessere Temperaturstabilität im Raum erzielt werden.
Nach der **Anlagenverordnung** müssen diese stufenlos einstellbare und leichtregulierbare Lüftungseinrichtungen in geschlossenem Zustand den oben erwähnten Fugendurchlässigkeitskoeffizienten entsprechen.

Tab. 3.2 Geschätzte Luftwechselzahlen in Abhängigkeit von der Fensterstellung

Stellung des Fensters	Fenster und Türen geschlossen	Fenster gekippt; Rolladen geschlossen	Fenster gekippt ohne Rolladen	Fenster halb geöffnet	Fenster ganz geöffnet	Fenster und Fenstertüren ganz geöffnet (gegenüberliegend)
Luftwechselzahl h^{-1}	0 bis 0,5	0,3 bis 1,5	0,5 bis 3	3 bis 8	6 bis 15	25 bis 40

7. Eine ausreichende **Fensterlüftung zur Vermeidung von Feuchteschäden** ist bei Fenstern mit besonderer Dichtung dringend notwendig geworden. Bei zu geringem Luftwechsel kann es nämlich trotz guten Wärmeschutzes zur Tauwasser- und dadurch zur Schimmelpilzbildung kommen. Hierzu reicht meistens sogar eine Stoßlüftung nicht aus, so daß man auf eine zusätzlich permanente Grundlüftung mit einem Luftwechsel von etwa 0,4 h^{-1} nicht verzichten kann. Aus diesem Grund wäre für die Fugendurchlässigkeit nicht nur eine Grenze nach „oben", sondern auch nach „unten" notwendig.
Wichtig dabei ist die Tatsache, daß nicht im Winter, sondern **besonders in den Übergangsmonaten** mit Tauwasserbildung zu rechnen ist und hier eine stärkere Wohnungslüftung erforderlich wird. In den kalten Monaten kann nämlich der Mindestwert bis auf 2/3 reduziert werden.

Beim Thema Fensterlüftung sind auch zahlreiche Ausführungsbeispiele von Lüftungsgeräten zu erwähnen (z. T. sogar mit Wärmerückgewinnung), die in oder an Fenstern angebracht werden.

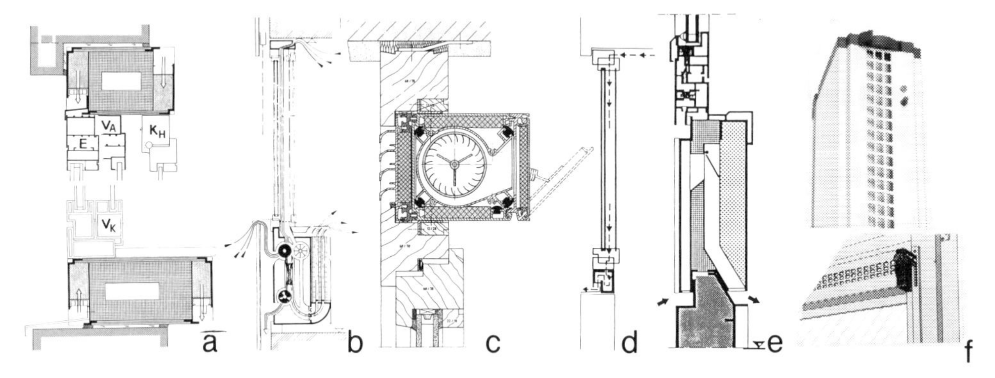

Abb. 3.9: Lüftungssysteme im oder beim Fenster
a) Lüftungssystem für jedes Fenster passend, etwa 120 m^3; E Einfachfenster V_A; Verbundfenster Alu; V_K Dsgl. Kunststoff; K_H Kastenfenster Holz;
b) Lüftungsgerät mit Wärmetauscher, absorbierte Sonneneinstrahlungswärme wird durch die Abluft der Zuluft zugeführt (Fa FSL);
c) Lüftungsgerät im Holzfenster 110 bis 700 m^3/h (Fa. Lüftomatik);
d) Überströmkanal mit jedem Fenster kombinierbar (Abluft mit Wärmerückgewinnung über Fensterfläche (Fa. FSL);
e) Brüstungslüftungselement;
f) „Längslüfter" bis 3 m Länge, waagerechter oder senkrechter Einbau, 75 m^3/h, stufenlose Drehzahlregelung (Fa. Siegenia)

Abschließend soll nochmals darauf hingewiesen werden, daß der Einsatzbereich einer Fensterlüftung dann vergrößert werden kann, wenn günstige Bedingungen vorliegen hinsichtlich:

a) **Baulicher Konzeption:** wie z. B. Aufteilung der Räume in kleinere Einheiten (maximale Raumtiefe 2,5 x lichte Höhe, bei Querlüftung das Doppelte), Berücksichtigung der Himmelsrichtung, größere Speichermassen, Schaffung von Beschattungsmöglichkeiten, Vermeidung von großen Gebäudehöhen, günstige Fensteranordnung, stufenlos einstellbare Fensterelemente.

b) **Nutzung,** wie z. B. geringe Wärmelasten, geringe Belegungsdichte, geringer Schadstoffanfall, keine Anforderungen an feste Temperatur- und Feuchtigkeitswerte, keine extreme Lärm- und Schmutzbelästigung von außen; kontrollierte Fensterbetätigung.

3.3.3 **Schachtlüftung** (ohne Gebläse) – **DIN 18 017** Teil 1

Wie die Abb. 3.1 e zeigt, kann man im Winter einen Raum auch durch einen Abluftschacht entlüften, vorausgesetzt, daß ein **ausreichender Temperaturunterschied und geeignete Zuluftöffnungen** vorhanden sind. Kann man weiterhin noch von der Voraussetzung ausgehen, daß eine merkliche Windgeschwindigkeit vorhanden ist, so darf damit gerechnet werden, daß am First bei jeder Windrichtung Unterdruck und somit für die Schachtmündung eine Sogwirkung herrschen kann. Befindet sich die Zuluftöffnung auf der Luvseite, so kann sich der Wind positiv auf die Schachtlüftung auswirken. Liegt sie jedoch auf der Leeseite, so kann die Schachtlüftung durch den Wind gehemmt werden.

Nach der DIN 18 017 „Lüftung von Bädern und Toilettenräumen ohne Außenfenster" wird im Teil 1 die Einzelschachtanlage ohne Ventilatoren behandelt.

Der **Teil 2 „Sammelschachtanlagen"** (8.61) wurde schon 1981 zurückgezogen, da durch die neuen wärmetechnischen Bestimmungen die Funktionssicherheit dieser Schachtanlagen in Neubauten nicht mehr sichergestellt ist.
Auf den **Teil 3 Schachtlüftungen mit Ventilatoren** wird im Kap. 7.3 näher eingegangen. **Teil 4 Rechnerische Nachweise** (6.74) wurde ebenfalls zurückgezogen.

Nach der DIN 18 017 Teil 1 (1987) sind hinsichtlich der **Ausführung einer Einzelschachtanlage** (vgl. Beispiel nach Abb. 3.10) folgende Hinweise erwähnenswert:

1. Für jeden zu lüftenden Raum sind ein **eigener Zuluftschacht** und ein **eigener Abluftschacht** einzubauen. Liegen in einer Wohnung **Bad und WC nebeneinander,** dürfen sie einen gemeinsamen Zuluftschacht und einen gemeinsamen Abluftschacht haben.
2. Über die **Ausführung des Schachtes** werden folgende Angaben gemacht: **gleichbleibender Querschnitt;** Mindestquerschnitt **140 cm²** (rund oder rechteckig); beim Rechteckquerschnitt darf die längere Seite höchstens das 1,5fache der kürzeren betragen; senkrechte Führung, wobei **einmal schräg** geführt werden darf ($\geqq$ 60° zwischen Schachtachse und Waagerechte); bei Dächern mit mehr als 20° Neigung soll der Schacht im First oder in unmittelbarer Nähe hochgeführt werden, er muß **mind. 0,4 m den First überragen;** Schächte müssen Dachflächen mit **weniger als 20° Neigung mind. 1 m** überragen; bei angrenzenden **Windhindernissen** müssen die Schächte mind. 0,4 m höher sein, bei Brüstungen mind. 0,5 m höher; Schächte müssen **Revisionsöffnungen** haben.
3. Die jeweils über Dach hochzuführenden Lüftungsschächte sind am unteren Ende mit einem **ins Freie führenden Zuluftkanal** zu verbinden, wobei der Kanal auch mit zwei gegenüberliegenden Öffnungen ausgeführt werden kann. Anstelle dieses Kanals kann auch eine andere dichte Zuluftleitung zur Außenwand geführt werden (vgl. auch Pkt. 4).
4. Über die **Ausführung des Zuluftkanals** sind folgende Hinweise zu beachten: gleichbleibender Querschnitt (kreisförmig oder rechteckig); beim Rechteckquerschnitt müssen die **Seiten mind. 90 mm lang** sein, das Maß der längeren Seite darf höchstens das 10fache der kürzeren betragen; **runde Querschnittsflächen** mind. 80% der Summe aller Schachtquerschnitte; **rechteckige Querschnittsflächen** werden nach folgender Tabelle gewählt; Verlegung möglichst waagrecht und geradlinig.

Tab. 3.3 Lichte Querschnitte von waagrechten Zuluftkanälen für Schachtlüftung

Verhältnis der längeren zur kürzeren Rechteckseite	bis 2,5	2,5 bis 5,0	5 bis 10
Lichter Mindestquerschnitt, bezogen auf die Summe aller Schachtquerschnitte	**80 %**	**90 %**	**100 %**

Außenluftöffnungen müssen **vergittert** sein (Maschenweite mind. 10 mm x 10 mm, herausnehmbar); Gitterquerschnitt = Zuluftquerschnitt (evtl. aufweiten am Kanalende).

5. Freier Querschnitt der **Zuluftöffnung mind. 150 cm²**; Zuluftstrom muß gedrosselt und die Öffnung verschlossen werden können; **Anordnung** möglichst im unteren Raumbereich (aus baulichen Gründen selten möglich); Luftleitvorrichtung anbringen, falls Abluft unmittelbar darüberliegt.
6. Die **Abluftöffnung** muß mind. 150 cm² lichten Querschnitt haben; Anordnung möglichst in Deckennähe.
7. Alle Verschlußteile müssen **leicht zu reinigen** sein und auch die Schachtreinigung ermöglichen.

Die zunehmende Bedeutung der Be- und Entlüftung durch Schächte für Wohnhäuser, Büros, Hotels usw. beziehen sich heute fast ausschließlich auf Lüftungsschächte mit Ventilatoren. Anschließend noch einige **Berechnungsbeispiele zur Schachtlüftung ohne Ventilatoren:**

Aufgabe 1:

Ein im Innern eines Hauses liegender Raum 1,5 m × 2,3 m mit einer lichten Höhe von 2,55 m soll durch einen Schacht entlüftet werden.
Die wirksame Schachthöhe, gerechnet von Mitte der Zuluftöffnung bis zur Abluftaustrittsöffnung, beträgt 12 m.
Die Raumtemperatur hat im Mittel + 15 °C, und die Lüftung soll bis zu einer mittleren Umgebungstemperatur von +10 °C noch voll wirksam sein. Es soll ein 4facher Luftwechsel vorgenommen werden.
Bestimmen Sie: a) Wirksamen Druck, b) Kanalgeschwindigkeit und c) Querschnittsfläche!

Tab. 3.4 Auftriebskraft in Schächten in Pa

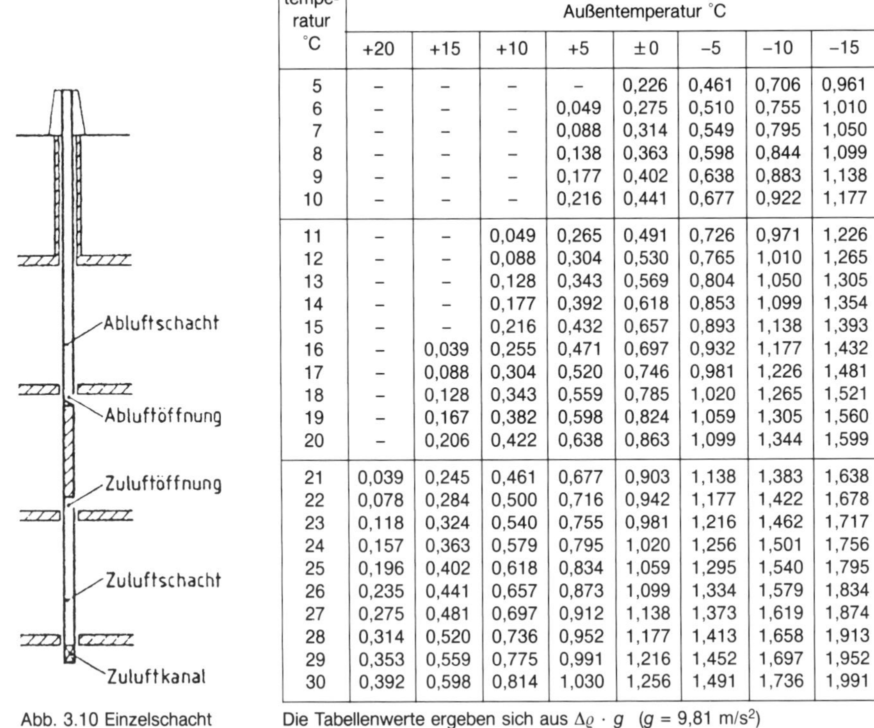

Abb. 3.10 Einzelschacht

Kanal-temperatur °C	Wirksamer Druck in Pa für 1 m senkrechte Kanalhöhe								
	Außentemperatur °C								
	+20	+15	+10	+5	±0	−5	−10	−15	−20
5	–	–	–	–	0,226	0,461	0,706	0,961	1,236
6	–	–	–	0,049	0,275	0,510	0,755	1,010	1,285
7	–	–	–	0,088	0,314	0,549	0,795	1,050	1,324
8	–	–	–	0,138	0,363	0,598	0,844	1,099	1,373
9	–	–	–	0,177	0,402	0,638	0,883	1,138	1,413
10	–	–	–	0,216	0,441	0,677	0,922	1,177	1,452
11	–	–	0,049	0,265	0,491	0,726	0,971	1,226	1,501
12	–	–	0,088	0,304	0,530	0,765	1,010	1,265	1,540
13	–	–	0,128	0,343	0,569	0,804	1,050	1,305	1,579
14	–	–	0,177	0,392	0,618	0,853	1,099	1,354	1,628
15	–	–	0,216	0,432	0,657	0,893	1,138	1,393	1,668
16	–	0,039	0,255	0,471	0,697	0,932	1,177	1,432	1,707
17	–	0,088	0,304	0,520	0,746	0,981	1,226	1,481	1,756
18	–	0,128	0,343	0,559	0,785	1,020	1,265	1,521	1,795
19	–	0,167	0,382	0,598	0,824	1,059	1,305	1,560	1,834
20	–	0,206	0,422	0,638	0,863	1,099	1,344	1,599	1,884
21	0,039	0,245	0,461	0,677	0,903	1,138	1,383	1,638	1,913
22	0,078	0,284	0,500	0,716	0,942	1,177	1,422	1,678	1,952
23	0,118	0,324	0,540	0,755	0,981	1,216	1,462	1,717	1,991
24	0,157	0,363	0,579	0,795	1,020	1,256	1,501	1,756	2,031
25	0,196	0,402	0,618	0,834	1,059	1,295	1,540	1,795	2,070
26	0,235	0,441	0,657	0,873	1,099	1,334	1,579	1,834	2,109
27	0,275	0,481	0,697	0,912	1,138	1,373	1,619	1,874	2,148
28	0,314	0,520	0,736	0,952	1,177	1,413	1,658	1,913	2,188
29	0,353	0,559	0,775	0,991	1,216	1,452	1,697	1,952	2,227
30	0,392	0,598	0,814	1,030	1,256	1,491	1,736	1,991	2,266

Die Tabellenwerte ergeben sich aus $\Delta\varrho \cdot g$ (g = 9,81 m/s²)

Lösung:

a) $\Delta p = h \cdot g \cdot \Delta\varrho$ oder nach Tab. 3.4: $\Delta p = 12 \cdot 0{,}216 =$ **2,59 Pa**

$$m \cdot \frac{m}{s^2} \cdot \frac{kg}{m^3} = \frac{mkg}{s^2} \cdot \frac{1}{m^2} = \frac{N}{m^2} \mathrel{\hat{=}} \mathbf{Pa} \qquad Pa = m \cdot \frac{Pa}{m}$$

b) nach Tab. 3.5 v = **0,84 m/s**

c) $\dot{V} = V_R \cdot LW$; $\dot{V} = A \cdot v \cdot 3600$;

$$A = \frac{\dot{V}}{v \cdot 3600} = \frac{1{,}5 \cdot 2{,}3 \cdot 2{,}55 \cdot 4}{0{,}84 \cdot 3600} = 0{,}0116\ m^2 = \mathbf{116\ cm^2}$$

Aus obigen Hinweisen beträgt der Mindestquerschnitt 140 cm², so daß der tatsächliche **Förderstrom** $\dot{V}' = 0{,}014 \cdot 0{,}84 \cdot 3600 = 42{,}3$ m³/h beträgt.

Dies entspricht einem Luftwechsel von $\dot{V}/V_R = 42{,}3/8{,}8 =$ **4,8 h⁻¹**.

Man sieht daraus, daß die Schachtlüftung bei ausreichenden Temperaturdifferenzen wirksamer ist als eine Fugen- oder u. U. Fensterlüftung. Sie sollte allerdings nur Verwendung finden, wenn dauernd warme Luft abzuführen ist.

Tab. 3.5 Ungefähre Luftgeschwindigkeiten in Schächten durch Auftriebskräfte

Höhe	Temperaturunterschied in K										
m	4	5	6	8	10	15	20	25	30	40	50
1	–	–	–	–	–	–	–	–	–	–	–
2	–	–	–	–	0,49	0,59	0,69	0,75	0,80	0,93	1,01
3	0,36	0,41	0,45	0,52	0,60	0,73	0,84	0,92	0,99	1,13	1,22
4	0,43	0,48	0,53	0,61	0,69	0,84	0,96	1,06	1,14	1,30	1,41
5	0,48	0,55	0,60	0,69	0,78	0,94	1,09	1,18	1,28	1,44	1,58
6	0,54	0,60	0,66	0,76	0,84	1,03	1,17	1,30	1,40	1,58	1,73
7	0,58	0,65	0,72	0,82	0,91	1,11	1,26	1,40	1,52	1,71	1,87
8	0,62	0,69	0,77	0,87	0,97	1,18	1,35	1,50	1,62	1,83	1,99
9	0,66	0,73	0,81	0,93	1,02	1,26	1,42	1,58	1,72	1,94	2,11
10	0,69	0,77	0,85	0,98	1,09	1,33	1,51	1,67	1,81	2,05	2,23
11	0,73	0,81	0,89	1,02	1,13	1,39	1,58	1,75	1,90	2,15	2,34
12	0,76	0,84	0,93	1,06	1,18	1,46	1,65	1,83	1,98	2,24	2,45
13	0,79	0,87	0,96	1,11	1,23	1,52	1,72	1,90	2,06	2,33	2,55
14	0,82	0,91	1,01	1,15	1,28	1,57	1,79	1,98	2,14	2,42	2,65
15	0,85	0,94	1,04	1,20	1,33	1,62	1,85	2,05	2,22	2,51	2,74
16	0,88	0,98	1,08	1,24	1,37	1,68	1,91	2,11	2,29	2,58	2,82
17	0,90	1,00	1,11	1,27	1,41	1,72	1,96	2,17	2,36	2,66	2,91
18	0,93	1,03	1,14	1,31	1,56	1,77	2,02	2,24	2,44	2,74	2,99
19	0,96	1,06	1,17	1,35	1,50	1,82	2,08	2,30	2,50	2,82	3,08
20	0,98	1,09	1,20	1,38	1,54	1,87	2,14	2,36	2,56	2,89	3,16
21	1,01	1,12	1,23	1,42	1,58	1,92	2,18	2,42	2,62	2,96	3,24
22	1,03	1,14	1,26	1,45	1,61	1,96	2,23	2,48	2,68	3,03	3,31
23	1,05	1,17	1,29	1,48	1,65	2,00	2,28	2,54	2,74	3,09	3,38
24	1,08	1,19	1,31	1,52	1,68	2,05	2,33	2,59	2,80	3,16	3,46
25	1,10	1,22	1,34	1,55	1,72	2,09	2,38	2,64	2,86	3,23	3,53

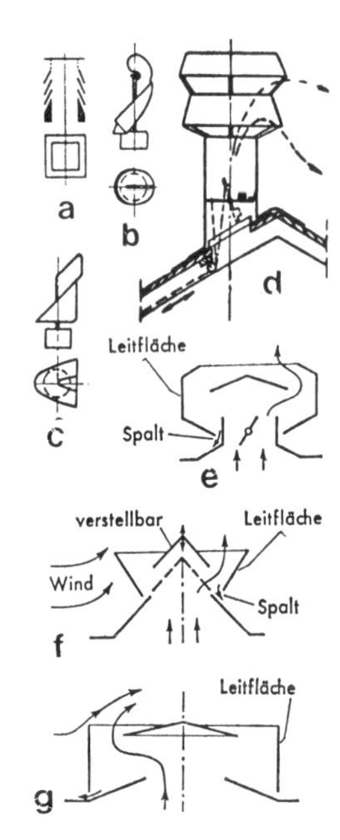

Abb. 3.11 Schacht- und Dachaufsätze

Aufgabe 2

Ein 12 m hoher Lüftungsschacht 14 cm × 14 cm wird zur Entlüftung eines 30 m³ großen Raumes (ϑ_i = 20 °C) verwendet. Welche durchschnittliche Temperatur muß außerhalb des Schachtes vorhanden sein, damit ein dreifacher Luftwechsel möglich ist?

Aufgabe 3

Welche Kantenlänge müßte ein 15 m hoher quadratischer Lüftungsschacht (wirksame Höhe) mindestens haben, wenn in einem 50 m³ großen Raum (ϑ_i = 20 °C) ein zweifacher Luftwechsel garantiert werden soll? Die Temperatur innerhalb des Schachtes liegt 5 K über der Außentemperatur.
Berechnen Sie außerdem den wirksamen Druck (Auftriebskraft)!

Aufgabe 4

In einem innenliegenden Bad (ϑ_i = 24 °C), das einen Rauminhalt von 25 m³ hat, wird ein 2facher Luftwechsel durch die Schachtlüftung angegeben.

a) Wie hoch müßte der Schacht aufgrund obiger Zahlenwerte sein, wenn er einen Querschnitt von 10 cm × 14 cm hat und eine äußere Temperatur von durchschnittlich +10 °C vorliegt?
b) Welcher Lüftungswärmebedarf ist bei obigen Zahlenwerten erforderlich, wenn die dem Bad zugeführte Luft aus einem Nebenraum (z. B. Diele) von ϑ_i = 15 °C entnommen wird?
$c \approx 0{,}35$ Wh/m³ · K

Lösungen:
Zu 2: v = 1,28 m/s, $\Delta\vartheta \approx 12$ K
Zu 3: $a \approx 17{,}2$ cm; $\Delta p \approx 3{,}1$ Pa
Zu 4: $v \approx 0{,}99$ m/s, h ≈ 5,5 m, $\dot{Q}$ = 157 W

3.3.4 Dachaufsatzlüftung

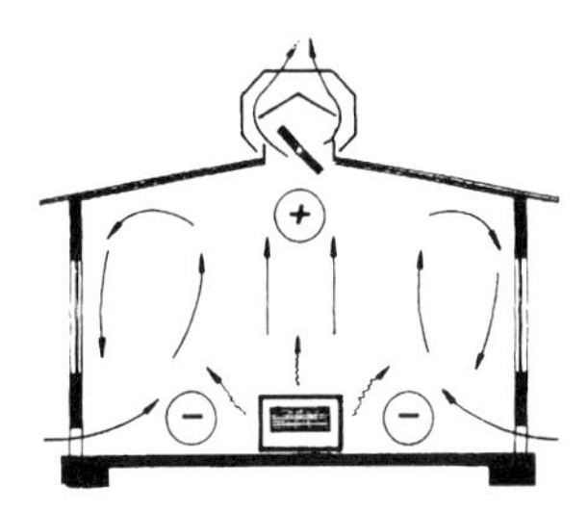

Abb. 3.12 Hallenlüftung

Natürliche Lüftung durch Dachaufsätze ist besonders bei eingeschossigen Industriebauten zu finden. Wirkungsvoll ist sie vorwiegend bei sog. Hitzebetrieben, in denen diese Lüftung infolge Wärmeauftriebs günstige Voraussetzungen findet. Die Ausführungsformen der Aufsätze und Hauben sind mannigfaltig und richten sich nach der Dachkonstruktion. Da auch der Wind berücksichtigt werden soll, haben die „Lüfter" hierzu sog. Windleitflächen L, so daß bei Windanfall beachtliche Luftmengen aus dem Raum gesaugt werden können. Die Unabhängigkeit von Wind und Temperatur und die immer höheren Anforderungen verlangen meistens die mechanische Dachaufsatzlüftung nach Kap. 10.6.1.

Abb. 3.12 zeigt, wie die vertikal aufsteigende Wärmeströmung zur Lüftung ausgenutzt wird.

$\Delta\vartheta/T_E$	0,01	0,02	0,04	0,06	0,08	0,10	0,12	0,14
H 5 m	0,5	0,7	1,0	1,2	1,4	1,6	1,7	1,8
H 10 m	0,7	0,9	1,4	1,7	2,0	2,2	2,5	2,7
H 15 m	0,8	1,2	1,7	2,1	2,4	2,7	3,0	3,2
H 20 m	1,0	1,5	2,0	2,5	2,8	3,2	3,5	3,7

Aus
T_A, A_A, v_A
H
30 kW
Ein
T_E, A_E, v_E

T absolute Temperatur in K
A Fläche in m^2
v Geschwindigkeit in m/s

Beispiel:
Eine Fabrikationshalle mit einer Grundfläche von 30 m × 20 m hat eine Höhe von 5 m. In der Halle befinden sich Wärmequellen mit einer Wärmeabgabe von 30 kW.
Welcher Volumenstrom wird zum Abführen dieses Wärmestroms benötigt, und wie groß ist die erforderliche Querschnittsfläche? Die Austrittstemperatur ist 30 °C, die Eintrittstemperatur 20 °C.

Lösung: $\Delta\vartheta/T = 10/293 = 0{,}034 \Rightarrow v_A \approx 1{,}3$ m/s (Tab. 3.5a); $\dot{V} = \dot{Q}/(c \cdot \Delta\vartheta) = 30\,000/(0{,}35 \cdot 10) =$ **8571 m³/h**; $A = \dot{V}/(v \cdot 3600) = 8571/(1{,}3 \cdot 3600) =$ **1,83 m²**

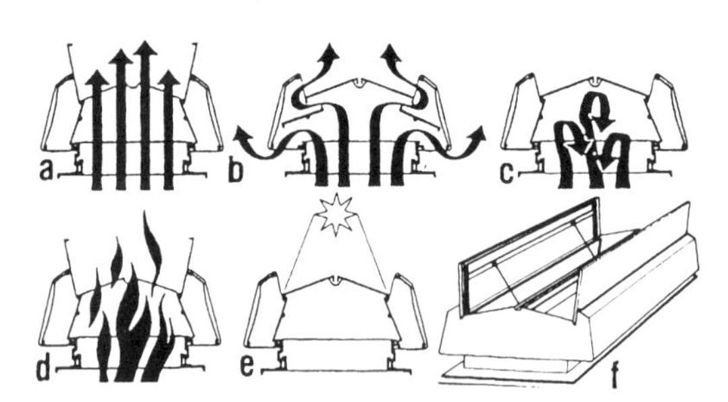

Abb. 3.13 Mehrzweck-Dachentlüftung (Fa. Colt)

Abb. 3.13 zeigt ein Mehrzweck-Lüftungssystem für industrielle, gewerbliche und kommunale Gebäude. Die zwei über 90° zu öffnenden Haubenflügel sind wahlweise auch mit transparentem, schwer entflammbarem Glas lieferbar.

a) Maximaler Luftdurchlaß bei geöffneten Flügeln;
b) Wettergeschützte Position bei Regen und Schnee. Über einen Regenfühler arbeitet die pneumatische Steuerung wetterabhängig und automatisch;
c) Ohne Lüftungsbetrieb, wobei durch spezielle Dichtungsbürsten Wärmeverluste vermieden werden;
d) Bei Feuer können Hitze, Qualm und Brandgase entweichen; Auslösevorrichtungen sind z. B. Ionisationsmelder oder Schmelzlote;
e) Zusätzliches Tageslicht durch transparente Hauben;
f) Seitenansicht des Gerätes 1,3 bis 2,5 m lang mit 7 Typen.

3.4 Arbeitsstättenrichtlinien für freie Lüftung

Die Anforderungen nach den Arbeitsstättenrichtlinien vom Oktober 1979 (vgl. auch Tab. 4.4) beziehen sich bei der freien Lüftung auf die Lüftungsquerschnitte, die so anzuordnen sind, daß eine ausreichend gleichmäßige Durchlüftung der Arbeitsräume gewährleistet ist.

Tab. 3.6 Erforderliche Lüftungsquerschnitte bei freier Lüftung nach den Arbeitsstätten-Richtlinien

1	2	3	4		
System	Lichte Raumhöhe *H*	Maximal zulässige Raumtiefe, bezogen auf lichte Raumhöhe *H*	Zuluft- und gleich großer Abluftquerschnitt, bezogen auf m^2 Bodenfläche (cm^2/m^2)		
			Gruppe A	Gruppe B	Gruppe C
I		2,5 x lichte Höhe	200	350	500
II	bis 4 m		120	200	300
III		5,0 x lichte Höhe	80	140	200
IV	über 4 m		80	140	200

Hinweise zu Tab. 3.6:

1. Liegen andere Bedingungen vor, kann entsprechend umgerechnet werden.
2. Die Werte in Spalte 4 gelten jeweils für die Querschnitte der Zu- und Abluftöffnungen.
3. Bei den **vier Systemen** wird je Arbeitnehmer eine Bezugsfläche von 6 m^2 angenommen.
   System I Einseitige Lüftung mit Zu- und Abluftöffnung in einer Außenwand; gemeinsame Öffnungen sind zulässig; Zu- und Abluftquerschnitte sind zu addieren. Angenommene Luftgeschwindigkeit im Querschnitt 0,08 m/s.
   System II Querlüftung mit Öffnungen in gegenüberliegenden Außenwänden oder Außenwand und Dach. Angenommene Luftgeschwindigkeit im Querschnitt 0,14 m/s.
   System III Querlüftung mit Öffnungen in einer Außenwand und bei gegenüberliegendem Lüftungsschacht. Die Querschnitte beziehen sich auf einen Schacht von 80 cm^2 freiem Querschnitt und 4 m Höhe (3 m davon gegen Auskühlung geschützt!). Angenommene Luftgeschwindigkeit im Querschnitt 0,21 m/s.
   System IV Querlüftung mit Dachaufsätzen und Öffnungen in einer Außenwand oder gegenüberliegenden Außenwänden. Luftgeschwindigkeit wie unter III.
4. Für die **maximal zulässige Raumtiefe** in Spalte 3 gilt bei System II bis IV der Abstand zwischen Außenwänden und/oder den Lüftungsöffnungen im Schacht bzw. Dach.
5. Bei den drei Raumgruppen (Arbeitsräume) unterscheidet man zwischen: **Gruppe A** überwiegend sitzende Tätigkeit; **Gruppe B** überwiegend nichtsitzende Tätigkeit (z. B. Verkaufsräume, Friseurräume); **Gruppe C** überwiegend sitzende oder nichtsitzende Tätigkeit, jedoch mit betriebsbedingter starker Geruchsbelästigung (z. B. geruchsintensive Arbeitsstoffe).
6. Eine Verringerung der Lüftungsquerschnitte muß durch Verstellbarkeit möglich sein.
7. Wird die freie Lüftung durch Einbau von regelbaren Zu- und Abluftventilatoren unterstützt, kann eine Verringerung der Lüftungsquerschnitte bis auf 50% zugelassen werden.

Schlußbemerkung zur freien Lüftung

- Die vorstehenden Erläuterungen zeigen, daß jedes freie Lüftungssystem meistens eine „Zufallslüftung“ darstellt. Je nach Jahreszeit, Tageszeit, Windanfall, Lage und Höhe des Gebäudes, Raumgeometrie, Anordnung und Dichtheit der Öffnungen usw. kann **keine gesicherte Be- und Entlüftung** garantiert werden.
- Je nach Wind- und Temperaturverhältnissen und je nach Fensterkonstruktion sind jedoch in Einzelräumen in vielen Wochen oder Tagen des Jahres befriedigende Lösungen möglich. Die **Komforteinbußen,** wie große Temperaturunterschiede, Zugerscheinungen, unterschiedliche Luftqualität, werden dabei oft in Kauf genommen.

  Kürzere Temperaturabsenkungen werden sogar vielfach aus wärmephysiologischen Gründen als vorteilhaft empfunden. Ebenso können die Luftwechsel größer sein, als sie wirtschaftlich mit RLT-Anlagen betrieben werden können. Bei Gebäuden, wo es möglich ist, sollte daher die **Kombination von RLT-Anlagen und zu öffnenden Fenstern angestrebt werden.**
- Ein großer Nachteil der freien Lüftung ist die Tatsache, daß **keine Wärmerückgewinnung** aus der Fortluft möglich ist, so daß durch eine unkontrollierte freie Lüftung große Energieverluste entstehen können.

4 Berechnungsgrundlagen und Übungsbeispiele für Lüftungs- und Luftheizungsanlagen

Während im Kap. 2 ein allgemeiner Überblick über die gesamten lufttechnischen Anlagen und eine Übersicht über die Einteilungsmöglichkeiten gegeben wurden (vgl. Abb. 2.8), sollen in diesem Kapitel die rechnerischen Grundlagen für Lüftungsanlagen sowie für Luftheizungen mit und ohne Lüftung zusammengestellt werden. Die Luftheizung wird systematisch in Kap. 5 und 6, während die Lüftungsanlagen in Kap. 3 und vor allem in Kap. 7 behandelt werden.

Wie in Kap. 2 anfangs erwähnt und begründet, sind beide Anlagen eng miteinander verknüpft, d. h., mit einer Luftheizung kann gleichzeitig gelüftet und eine Lüftungsanlage kann gleichzeitig zur Raumheizung herangezogen werden. Dies führt zu der Anlage, die man als „kombinierte Lüftungs-Luftheizungsanlage" oder Luftheizungsanlage mit Außenluftanteil bezeichnet. Bei allen drei Möglichkeiten: Luftheizung, Lüftung, Lüftung + Luftheizung (kombiniert) sind die rechnerischen und planerischen Überlegungen unterschiedlich.

Als **Ausgangspunkt für die Berechnung** stehen folgende drei Angaben im Vordergrund:

a) der **Raumwärmebedarf nach DIN 4701,** wobei der Wärmebedarf für die Fugenlüftung bei der Umluftanlage im allg. nicht vernachlässigt werden kann.

b) der **erforderliche Außenluftvolumenstrom,** der nach Kap. 4.2 ermittelt wird.
Sehr wichtig ist dabei die Angabe der Außentemperatur, bis zu der dieser Außenluftvolumenstrom garantiert werden soll.

c) die erforderliche bzw. **zulässige Zulufttemperatur** bzw. Übertemperatur.

Bei einer **Luftheizungsanlage** entfällt b, und man spricht daher von einer Umluftanlage.

Bei einer **Lüftungsanlage** entfällt a; außerdem muß c nur soweit berücksichtigt werden, daß die Luft zugfrei in den Raum eingeführt werden kann. Somit muß bei einer **kombinierten Lüftungs- Luftheizungsanlage** mit dem Volumenstrom des Ventilators nicht nur der geforderte Außenluftvolumenstrom, sondern auch der Wärmebedarf des Raumes garantiert werden.

4.1 Bestimmung des Volumenstroms und der Zulufttemperatur für Luftheizungsanlagen (Umluftanlagen)

Zur Berechnung des Zuluftvolumenstroms stellen die Wärmebedarfsberechnung des Raumes und die gewünschte bzw. zulässige Zulufttemperatur die wichtigsten Ausgangsgrößen dar. Für eine solche Umluftanlage (Anlage, die ausschließlich zur Raumheizung dient) berechnet man den Volumenstrom wie folgt:

① aus $\dot{Q}_H = \dot{V} \cdot c \cdot (\vartheta_{zu} - \vartheta_i)$ folgt $\dot{V}_{zu} = \frac{\dot{Q}_H}{c \cdot (\vartheta_{zu} - \vartheta_i)}$

$\dot{Q}_H$ Normwärmebedarf in Watt nach DIN 4701. Sind Wärmequellen im Raum (z. B. Maschinenwärme), können diese von Q_H abgezogen werden, wenn sie über die gesamte Betriebsdauer zur Verfügung stehen.

$\dot{V}_{zu}$ Zuluftvolumenstrom in m³/h (Förderstrom des Ventilators)

c Spezifische Wärmekapazität in Wh/m³ · K (näherungsweise nach Abb. 4.5 mit 0,35 Wh/m³ · K angenommen)

ϑ_{zu} Zulufttemperatur in °C (Registeraustrittstemperatur)

ϑ_i Raumlufttemperatur in °C, z. B. nach DIN 4701 (bei RLT-Anlagen i. allg. 22 °C in Aufenthalträumen).

② **Übertemperatur** $\Delta\vartheta_ü = \vartheta_{zu} - \vartheta_i$ in K $\vartheta_{zu} = \Delta\vartheta_ü + \vartheta_i$

Hierbei muß das „Trio" $\dot{Q}_H$, $\dot{V}_{zu}$ und ϑ_{zu} so aufeinander abgestimmt werden, daß eine zufriedenstellende Betriebsweise während der gesamten Heizperiode ermöglicht wird.

Eine weitere wichtige Größe, die beachtet werden muß, ist die sog. **Luftumwälzzahl,** die angibt, wievielmal die umgewälzte Raumluft stündlich durch die Geräte strömt (vgl. Tab. 6.2). Bei allen Luftheizungen sollte diese Zahl überprüft werden, denn bei einer zu geringen Umwälzzahl wird zu wenig Raumluft induziert, was zu einer ungleichmäßigen Luftverteilung und somit ungleichmäßigen Erwärmung, zu einer Schichtenbildung und zu einer größeren Temperaturdifferenz zwischen Fußboden- und Deckenbereich und somit zu höheren Energiekosten führt.

Um eine gute, raumerfüllende Strömung gewährleisten zu können, sollte man im Komfortbereich bei einer geringen Anzahl von Zuluftöffnungen und bei größeren Raumhöhen eine **hohe Luftumwälzung** wählen (u. U. bis 8fach), während bei einer größeren Anzahl von Zuluftöffnungen (bzw. größerer Geräteanzahl) und bei geringen thermischen Unterschieden zwischen Raum- und Zuluft Werte von etwa 3fach ausreichen können. In diesem Zusammenhang soll auch erwähnt werden: Je höher man die Umwälzzahl wählt, desto schneller kann man den Raumzustand durch einen veränderten Zuluftzustand beeinflussen.

> Bei der Auswahl von Luftheizgeräten, Warmluftautomaten und Heizregistern ist eine genaue Abstimmung von Heizleistung, Volumenstrom, Zulufttemperatur und Luftumwälzzahl erforderlich.

Beispiel 4.1.1

Ein Ausstellungsraum mit einem stündlichen Wärmebedarf von 93 kW soll durch eine Luftheizungsanlage auf ϑ_i = 20 °C beheizt werden. Das Raumvolumen beträgt 3000 m³.
Bestimmen Sie den Zuluftvolumenstrom, wenn mit einer Übertemperatur von 20 K (d. h. ϑ_{zu} = 40 °C gefahren werden kann, und kontrollieren Sie die Luftwechselzahl (Luftumwälzzahl).

Lösung:

Aus $\dot{Q}_H = \dot{V}_{zu} \cdot c \cdot (\vartheta_{zu} - \vartheta_i)$ folgt:

$$\dot{V}_{zu} = \frac{\dot{Q}_H}{c \cdot (\vartheta_{zu} - \vartheta_i)} = \frac{93\,000}{0{,}35\,(40\text{-}20)} = \mathbf{13\,285\ m^3/h}; \qquad \text{Luftumwälzzahl LU} = \frac{\dot{V}_{zu}}{V_R} = \frac{13\,285}{3000} = \mathbf{4{,}4\ h^{-1}}$$

Sehr oft muß man aus der Gleichung ① die **Zulufttemperatur** bestimmen, denn außer der Berechnung des Raumwärmebedarfs ist vielfach ein bestimmter Volumenstrom gegeben.

③ $$\boxed{\vartheta_{zu} = \frac{\dot{Q}_H}{\dot{V}_{zu} \cdot c} + \vartheta_i} \quad \text{in °C}$$

Beispiel 4.1.2

Ein 600 m³ großer Büroraum (ϑ_i= 22 °C) soll mit Warmluft beheizt werden. Dabei soll eine 6fache Luftumwälzzahl vorgesehen werden. Der Wärmebedarf nach DIN 4701 des gut wärmegedämmten Raumes beträgt bei –12 °C 12,8 kW.

a) Mit welcher Temperatur muß die Zuluft bei tiefster Außentemperatur eingeführt werden?

b) Welche Zulufttemperatur ist bei einer Außentemperatur von ± 0 °C erforderlich?

c) Welche Zulufttemperatur war erforderlich, als vor der Durchführung der Wärmedämmaßnahmen ein Wärmebedarf von 19,3 kW vorlag?

Lösung:

zu a) $$\vartheta_{zu} = \frac{\dot{Q}_H}{\dot{V}_{zu} \cdot c} + \vartheta_i = \frac{12\,800}{600 \cdot 6 \cdot 0{,}35} + 22 = \mathbf{32{,}2\ °C}$$

zu b) Hierzu muß zuerst $\dot{V}_H$ auf ± 0 °C Außentemperatur umgerechnet werden: $\dot{Q}_{H\,\pm\,0} = \frac{\dot{Q}_{H(-12)}}{\vartheta_i - \vartheta_a} \cdot (\vartheta_i - \vartheta_a')$

$$= \dot{Q}_{H(-12)} \cdot \frac{\vartheta_i - \vartheta_a'}{\vartheta_i - \vartheta_a} = 12{,}8 \cdot \frac{22}{34} = \mathbf{8{,}28\ kW}; \qquad \vartheta_{zu} = \frac{8280}{0{,}35 \cdot 600 \cdot 6} + 22 = \mathbf{28{,}6\ °C}$$

Den Quotienten der momentanen und der maximalen Temperaturdifferenz, hier 22/34 = 0,65, bezeichnet man auch als **Belastungsfaktor** φ. Demnach werden hier nur 65% der installierten Leistung benötigt.

Zu c) $\vartheta_{zu} = \frac{\dot{Q}_H}{\dot{V}_{zu} \cdot c} + \vartheta_i = \frac{19\,300}{3600 \cdot 0{,}35} + 22 = \mathbf{37{,}3\ °C}$

Aus diesen beiden Aufgaben kann man schon sehr zahlreiche **Folgerungen** für die Planung, Berechnung, Ausführung, Regelung und Betriebsweise von Luftheizungen ziehen.

1. **Je größer der Wärmebedarf, desto mehr Zuluft** ist bei gleicher Zulufttemperatur erforderlich, um den Raum beheizen zu können. Dies bedeutet ein größeres Kanalnetz und mehr Zuluftdurchlässe (höhere Anschaffungskosten) und eine größere Luftumwälzzahl. Letzteres ist in der Regel positiv zu bewerten.
2. Die **Wärmedämmaßnahmen** – entsprechend der Wärmeschutzverordnung – oder/und beheizte Nebenräume **führen zu einer starken Reduzierung des Zuluftvolumenstroms.** Evtl. Probleme: zu geringe Zulufttemperatur in der Übergangszeit (Gefahr der Zugerscheinung), zu geringe Luftumwälzzahl (schlechte Temperaturverteilung) und Einschränkungen bei der Luftverteilung (Induktion, Wurfweite, Gitterabstand, u. a.).
   Um Zugerscheinungen zu vermeiden, führt man eine Minimalbegrenzung der Zulufttemperatur durch, obwohl die Regelgröße Raumtemperatur verfälscht werden kann. Der Fühler des Zuluftminimalbegrenzers wird im Zuluftkanal hinter dem Regler montiert.
3. Soll aus Behaglichkeitsgründen vorne an den Fenstern bzw. an den Arbeitsplätzen **statische Heizflächen** in Form von Radiatoren oder eine Fußbodenheizung als Grundheizung vorgesehen werden, so ist nur noch der **Restwärmebedarf für die RLT-Anlage** einzusetzen. Probleme: wie unter Pkt. 2. Evtl. ist dies bei zu hohem Wärmebedarf aber erwünscht, um eine zu hohe Zulufttemperatur zu vermeiden.
4. Je größer die **Übertemperatur,** d. h., je höher die Zulufttemperatur, desto geringer ist der erforderliche Volumenstrom (Luftumwälzzahl überprüfen!) und desto höhere Anforderungen müssen jedoch an die Zuluftdurchlässe und somit an die Luftführung im Raum gestellt werden. Die höheren Kosten für die Luftauslässe werden aber durch die Verbilligung des Kanalnetzes mehr als ausgeglichen. Wie anschließend begründet, muß eine zu hohe Zulufttemperatur vermieden werden.
5. Die Forderung nach einer hohen **Umwälzzahl** führt zu großen Volumenströmen und somit zu niedrigen Zulufttemperaturen. Probleme: wie unter Pkt. 2. Bessere Lösung: Verwendung spezieller Zuluftdurchlässe mit hoher Induktion.
   Ebenso könnte ein großer Volumenstrom vorgegeben sein, wenn **mit der RLT-Anlage auch im Sommer gekühlt** werden müßte. Hier ist natürlich $\vartheta_{zu} - \vartheta_i$ geringer und somit der Volumenstrom im Sommer größer als im Winter.
6. In $\dot{Q}_H$ ist bei der Umluftanlage der Lüftungswärmebedarf $\dot{Q}_{FL}$ durch die **Fugen- und Fensterlüftung** enthalten. Bei großen Hallen mit offenen Fenstern und Toren ist allerdings die Berechnung für $\dot{Q}_{FL}$ ungenau, und man schätzt daher einen Außenluftvolumenstrom (vgl. Pkt. c unter Kap. 6.1.2). Da dann $\dot{Q}_H$ vielfach zu hoch angesetzt ist, wird die tatsächlich erforderliche Zulufttemperatur meist unter der errechneten liegen.

Wovon hängt die Wahl der Zulufttemperatur ab?

1. Vom Zuluftdurchlaß, hinsichtlich seiner Konstruktion, seiner Regulierbarkeit (Lamellenverstellung) und seines Induktionsverhaltens.

Je höher ϑ_{zu}, desto mehr Wert muß auf eine gute Induktion gelegt werden. Es gibt sehr viele Zuluftdurchlässe (vgl. Kap. 9.2), bei denen unterschiedliche Übertemperaturen gewählt werden können.

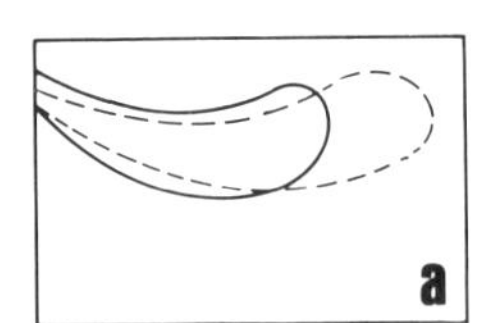

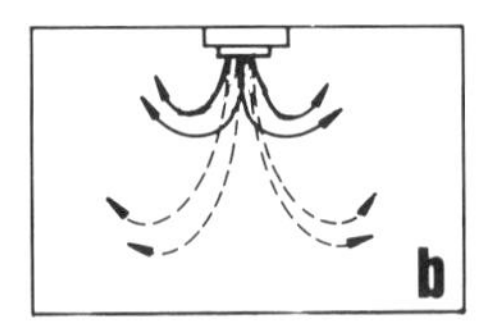

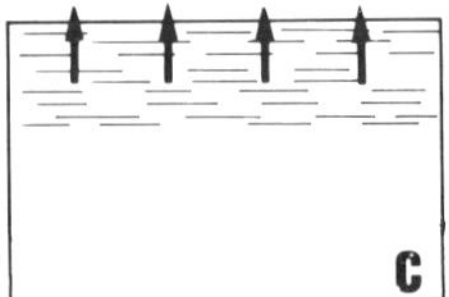

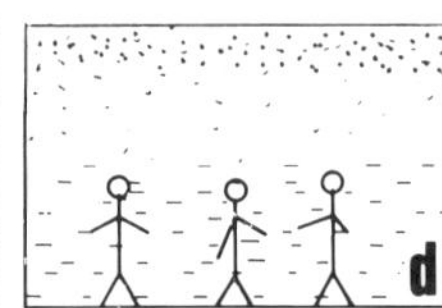

a) Schnelle Ablenkung nach oben, kurze Wurfweite; b) Warmluftstrahl geht ohne Spezialauslässe nicht in den Aufenthaltsbereich: c) Warmluftpolster im Deckenbereich, hohe Energieverluste; d) Schlechte Temperaturverteilung, Komforteinbuße.

Abb. 4.1 Folgen bei zu hoher Zulufttemperatur

2. Von der **Kanalanordnung** oder bei der dezentralen RLT-Anlage von der Geräteanordnung (Kap. 6.1.2). Hierbei interessieren die Stellen, an denen die Zuluft austritt.

   Entscheidend ist hier die Luftführung: Tritt die warme Zuluft aus Bodengittern aus? Hängt ein Luftheizgerät an der Wand? Wird die Warmluft aus einem Deckenluftverteiler zugeführt? Wie sind die Lamellen gestellt? usw.

3. Von der **Raumhöhe und Raumtiefe,** die beide wiederum mit der Wurfweite und der Strahlablenkung in Zusammenhang stehen.

   In hohen Räumen kann man z. B. die warme Luft von oben nur mit ganz geringen Übertemperaturen, mit Weitwurfdüsen oder sonstigen speziellen Luftauslässen in den Aufenthaltsbereich bringen.

4. Von der **Nutzungsart des Raumes.** So setzt man vielfach in Komforträumen (Versammlungsräumen) andere Maßstäbe als z. B. in einer Reparaturwerkstätte.

   Bei der Wahl der Zulufttemperatur sollte man jedoch diesbezüglich nicht allzu unterschiedlich vorgehen, denn auch in Fabrikationsbetrieben möchte man eine gute Temperaturverteilung im Raum, keine extreme „Wärmepolster" in Deckennähe und auch keinen unnötigen Energieverbrauch.
   Entscheidend ist auch, ob Gegenstände vorhanden sind, die den Luftstrahl beim Ausbreiten behindern (Regale, Maschinen).

Die Wahl der Zulufttemperatur kann demnach nicht so allgemeingültig vorgenommen werden, da jedes Objekt und jede Anlagenkonzeption verschieden ist. Die **Grenze nach unten** wird durch die geforderte zugfreie Einblasung, durch die Anforderungen an die Luftführung (z. B. hinsichtlich Eindringtiefe, Strahlablenkung usw.) und durch die Kosten des Verteilsystems bestimmt. Die **Grenze nach oben** ist dadurch gegeben, daß man möglichst ein schnelles Ansteigen des Strahls zur Decke, eine stärkere Schichtenbildung, eine zu geringe Wurfweite und eine mangelhafte Temperaturverteilung vermeiden möchte.

Maximale Zulufttemperaturen (Anhaltswerte!) für Luftheizungen:

30 ... 40 ... 45 °C

Bei einer Raumtemperatur von 22 °C entsprechen diese Zahlenwerte einer **maximalen** Übertemperatur von 10 bis 25 K (Höhere Werte für gewerbliche Räume). **Ein Maximalwert von $\vartheta_{zu} - \vartheta_i$ = 20 K dürfte angemessen sein.** Wird mit der Anlage gleichzeitig gelüftet, sollte man einige Grade höher wählen. In Einzelfällen können sogar 10 K schon viel zu hoch sein.
Manche Diagramme für Zuluftdurchlässe gelten grundsätzlich für $\Delta\vartheta$ = 10 K (vgl. Abb. 9.29).
Andererseits gibt es spezielle Zuluftdurchlässe mit großer Austrittsgeschwindigkeit und sehr hoher Induktion, bei denen in Großräumen die Zuluft bis über 60 °C ausgeblasen werden kann.

4.2 Bestimmung des Volumenstroms für Lüftungsanlagen

Im Gegensatz zur Luftheizung wird bei einer Lüftungsanlage der Förderstrom des Ventilators vorwiegend nach dem erforderlichen Außenluftvolumenstrom bestimmt. Hierbei sollte man jedoch folgende 4 Punkte beachten:

1. Da es **mehrere Methoden** zur Bestimmung des Außenluftvolumens gibt, sollte man eine zweite oder gar dritte Möglichkeit als Kontrollrechnung vornehmen.

   Bei größeren Differenzen kann man zwar einen Mittelwert bestimmen, doch sollte man besser zu der Methode hin tendieren, die die exaktere Erfassung der Luftverunreinigung ermöglicht.
   Für zahlreiche spezielle Räume gibt es auch mehrere DIN-, VDI- und sonstige Unterlagen, anhand derer man den erforderlichen Außenluftvolumenstrom bestimmen kann.

2. Eine **Reduzierung des Außenluftstroms** erfolgt in den kalten Wintermonaten, an heißen Sommertagen oder bei Schwachbelegung. Soll jedoch die raumfüllende Strömung bei 100 % Zuluft beibehalten werden – ohne daß man spezielle Systeme verwendet –, muß mit Mischluft gefahren werden. Falls das nicht möglich ist, bedeutet das höhere Anforderungen an die Ventilatorauslegung und Luftführung.

   Ist nur ein geringer Außenluftstrom erforderlich, so muß trotzdem darauf geachtet werden, daß die Raumluft mehrmals in der Stunde durch das Lüftungsgerät strömt.

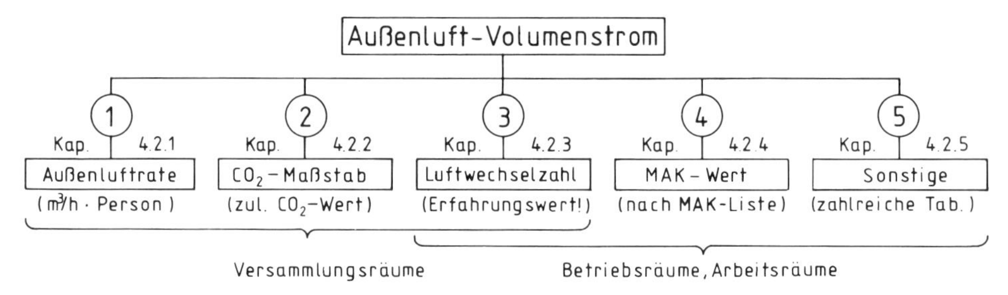

Abb. 4.2 Methoden zur Volumenstrombestimmung für Lüftungsanlagen (Abb. 4.3 entfällt)

3. Grundsätzlich unterscheidet man zwischen den sog. **Komforträumen** (z. B. Versammlungsräume, Gaststätten, Büros) und **Betriebsräumen** (z. B. Fabrikationsbetriebe, Werkstätten, Labors).

   Ferner gibt es zahlreiche Räume, die nicht eindeutig unter diese beiden eingruppiert werden können.

4. Wird die **Lüftungsanlage auch zur Beheizung eines Raumes** herangezogen, so müssen die Hinweise unter Kap. 4.3 beachtet werden, d. h., die Annahme einer Außenluftrate muß im Zusammenhang mit dem stündlichen Wärmebedarf und der zulässigen Zulufttemperatur betrachtet werden.

4.2.1 Volumenstrombestimmung nach der Außenluftrate

Für Lüftungsanlagen in Versammlungsräumen, bei denen die Menschen die einzige „Verunreinigungsquelle" bilden, d. h., wo **nur die Güte der Atemluft sichergestellt** werden soll, bestimmt man den Außenluftvolumenstrom i. allg. nach der Außenluftrate (vgl. Tab. 4.1).

Tab. 4.1 Personen- und flächenbezogener Mindest-Außenluftvolumenstrom (DIN 1946-2)

Raumart	Beispiele	$m^3/(h \cdot Pers.)$	$m^3/(h \cdot m^2)$	Bemerkungen
Arbeitsräume	Einzelbüro	40	4	vgl. auch Arbeitsstättenrichtlinien, je nach Raumbelastung, Tab. 4.4
	Großraumbüro	60	6	
	Labor	–	25	Mindestabluftvolumenstrom (DIN 1946-7)
Versammlungsräume	Konzert-, Theatersaal, Konf.	20	10 ... 20*)	*) höherer Wert ist maßgebend (Zuluft-Volumenstrom nach Kühllast)
Wohnräume	Gruppe I, II, III	–	60 ... 180	nach DIN 1946-6 (vgl. Tab. 7.3)
Unterrichtsräume	Lesesaal	20	12	ohne Raucherlaubnis
	Klassen-, Hörsaal	30	15	auch Vortrags- und Seminarräume
Räume mit Publikumsverkehr	Verkaufsraum	20	3 ... 12	vgl. auch Tab. 7.11; Museen AMEV-Bau 93
	Gaststätte	30	8	ohne zusätzl. Geruchsbelästigung
Sportstätten	Hallen, Bäder	–	–	Hallen DIN 18 032; Bäder vgl. Kap. 7.3

Damit die Tabelle in ihrer praktischen Anwendung etwas differenzierter benutzt wird, sollen noch folgende Erläuterungen angefügt werden:

Hinweise für die Planung:

1. Infolge der Energieverknappung und -einsparung gilt heute der Grundsatz:

   „Die Raten so hoch wie nötig und so niedrig wie möglich!"

   Das bedeutet, daß man **schon bei der Planung der Anlage sich erkundigen** muß, welche Verhältnisse und Bedingungen vorliegen, wie z. B. die maximale und durchschnittliche Belegung des Raumes, die Art der Tätigkeit, die Art der Luftführung (Hinweis 7), die Art der Anlage (z. B. ob Wärmerückgewinnung), Raumbedarf je Person.

Auf alle Fälle soll heute bei RLT-Anlagen ein Überangebot an Außenluft vermieden werden, denn diese muß transportiert, erwärmt und evtl. noch gekühlt, entfeuchtet oder befeuchtet werden. Für alle diese Aufgaben sind **Energiekosten bis über 50%** erforderlich.

2. Während man früher die Mindestwerte für Aufenthaltsräume nur nach ϑ_a und Raucher festlegte, wählt man heute **den Mindestaußenluftstrom** nach der Raumart.

- Die Tab. 4.1 gilt für den **Aktivitätsgrad I,** d. h. bei einer Wärmegabe je Person von etwa 120 W (vgl. Tab. 1.2). Bei anderen Aktivitätsgraden wird man die Raten – entsprechend der CO_2-Zunahme (Kap. 4.2.2) – höher wählen.
- Der **hohe Wert für Großraumbüros** wurde wegen der Summe der möglichen Geruchsbelästigungen gewählt, der Wert für **Gaststätten** schwankt je nach lästigem Tabakrauch und Essensgeruch.
- Bei **schwacher Belegung** des Saals muß selbstverständlich der Außenluftvolumenstrom reduziert werden.
- Entstehen in einem Aufenthaltsraum **noch zusätzliche Geruchsstoffe** (z. B. durch Vorführgeräte in einem Vortragsraum), muß der Außenluftvolumenstrom evtl. erhöht werden. Zweckmäßig ist es jedoch immer, die lästigen Schadstoffe an Ort und Stelle abzusaugen.
- Bei der **früheren Tabelle** wurde schon damals in der DIN-Norm aus hygienischen und arbeitsphysiologischen Gründen ein Zuschlag um 10 m³/h je Person empfohlen, der in der gültigen DIN 1946 entfällt.

3. Vielfach wird der **Außenluftvolumenstrom in manchen extremen Winter- und Sommertagen aus wirtschaftlichen Gründen reduziert,** um die Heizkosten zu senken. In Klimaanlagen sollen dadurch außerdem die Energiekosten für die Kühlung, Entfeuchtung und Befeuchtung der Außenluft verringert werden. Früher gab man die Außenluftraten in Abhängigkeit der Außenlufttemperatur an. Nach der DIN 1946-2 Ausgabe 1983 konnte man noch aus wirtschaftlichen Gründen den Außenluftvolumenstrom bei $\vartheta_a > 20$ °C und $< \pm 0°$ reduzieren, wobei die Absenkung bei tiefsten Außentemperaturen höchstens 50 % des damaligen Tabellenwertes betragen durfte. **In der DIN-Ausgabe 1994 werden hierzu keine Angaben gemacht. Die Tabellenwerte sind Mindestwerte.**

- Die **Verstellung der Außen-, Fort- und Umluftklappe** je nach Außentemperatur wird z. B. durch den Mischluftregelkreis durchgeführt (vgl. Abb. 2.1), wobei der Fühler im Mischluftkasten (Regelung) oder Außenluftkanal (Steuerung) angeordnet wird.
- Da extreme Temperaturen nur an wenigen Tagen – und da oft auch nur an wenigen Stunden – vorkommen, kann die **vorübergehende verminderte Luftqualität** in Kauf genommen werden. Ob in dieser Zeit auch eine Maximalbelegung vorliegt, ist weiterhin fraglich (Morgenstunden). Hinzu kommt eine evtl. Auswirkung der freien Lüftung in dieser Zeit.
- Wenn **in der Übergangszeit** bei wärmeren Außenlufttemperaturen der Außenluftvolumenstrom vergrößert wird, ergeben sich trotzdem keine zu großen Schwankungen bei der erforderlichen Wärmeleistung der Luftwärmer (Heizregister).
  Beispiel:

Angenommene Außenluftrate	$\dot{Q} = \dot{V}_a \cdot c \cdot (\vartheta_i - \vartheta_a)$	**in Watt**
bei ϑ_a = +10 °C → 30 m³/h · P	= 500 · 30 · 0,35 · (20 – 10)	52 500
bei ϑ_a = ± 0 °C → **30** m³/h · P	= 500 · 30 · 0,35 · (20 – **0**)	**105 000**
bei ϑ_a = –10 °C → **20** m³/h	= 500 · 20 · 0,35 · [20 –(**–10**)]	**105 000**
bei ϑ_a = –12 °C → **15** m³/h	= 500 · 15 · 0,35 · [20 –(**–12**)]	**84 000**

- Ob der **reduzierte Außenluftvolumenstrom durch Mischluftbetrieb (d. h.** $\dot{V}_{Zuluft} = \dot{V}_{Umluft} + \dot{V}_{Außenluft}$ **= konstant) oder durch reduzierten Ventilatorvolumenstrom** (z. B. drehzahlgeregelte Ventilatoren [$\dot{V}_{Zuluft} = \dot{V}_{Außenluft}$]) erreicht werden soll, hängt von der Anlage ab.
  Bei Lüftungsanlagen ist die Umluft praktisch eine „Ballastluft" (vgl. Ventilatorkosten), während sie bei kombinierten Lüftungs-Luftheizungsanlagen oder Lüftungs-Luftkühlanlagen als „Wärme- bzw. Kälteträger" und evtl. zur Erreichung einer geringeren Über- bzw. Untertemperatur ($\vartheta_{zu} - \vartheta_i$) dienen muß. Zur Betriebskostensenkung sollte primär eine Reduzierung des Gesamtvolumenstroms angestrebt werden.

4. **Bei Räumen mit belästigenden Geruchsquellen (z. B. Tabakrauch) muß der Mindestaußenluftvolumenstrom je Person um 20 m³/h erhöht werden.** Die Unterscheidung

zwischen Raucher und Nichtraucher liegt darin begründet, daß der Tabakrauch ein bedeutender Luftverschlechterer ist.

- Gegenüber der früheren Unterscheidung ist mit dieser Aussage eine größere Unsicherheit eingetreten, zumal der prozentuale Anteil der rauchenden Personen sehr unterschiedlich ist. Die Außenluftraten für Räume mit Raucherlaubnis sind demnach heute höher und dürften vielfach zu unnötig hohen Energiekosten führen.
- Neben flüssigen und festen Bestandteilen hat Tabakrauch vor allem gas- und dampfförmige Komponenten. Bei der **Verbrennung von nur 1 g Tabak** entstehen 0,4 bis 1 Liter Rauchgas. Die Belästigung – besonders für Nichtraucher – ist durch die Reizwirkung auf die Schleimhäute sehr groß und durch das Nikotin und Kohlenmonoxid sogar gefährlich.

5. Mit den Außenluftraten soll dem Menschen die **notwendige Sauerstoffmenge** zugeführt werden. Der erforderliche Sauerstoff und somit der Außenluftbedarf hängt – wie bereits schon unter 1.1 erwähnt – auch von der physischen und psychischen Belastung eines Menschen ab.

- Man weiß heute, daß durch die höheren Anforderungen und starken Belastungen an der Arbeitsstätte sowie durch die Vielfalt der Umwelteinflüsse die Nerven stärker belastet werden, d. h. das Zentralnervensystem einen erhöhten Sauerstoffbedarf hat.
- Bei **Bürohochhäusern** mit Induktionsklimaanlagen (auch bei neueren Systemen) werden wegen der geschlossenen Fenster und der konstanten Zuluft die Außenluftraten oft bis 70 m^3/hP gewählt (evtl. höherer Sauerstoffbedarf, wenn zusätzliche Personen; Gefühl des „Eingeschlossenseins").
- Ein sehr **hoher Sauerstoffbedarf besteht in Krankenhäusern,** wie z. B. in der Chirurgieabteilung, bei Wöchnerinnen, bei Seuchenabteilungen usw., wo ein Mehrfaches der Werte nach Tab. 4.1 gewählt werden muß.
- Der wesentliche Einfluß auf die Sauerstoffversorgung des Körpers ist das **Kohlendioxid,** so daß man den personenbezogenen Mindest-Außenluftstrom entsprechend dem veränderlichen CO_2-Gehalt überprüfen kann (vgl. Kap. 4.2.2).

6. Aufgrund der Volumenstrombestimmung wird auch das Kanalnetz dimensioniert. Soll die **Lüftungsanlage später zu einer Teilklimaanlage** (Kühlung im Sommer) ausgebaut werden, ist das Kanalnetz vielfach zu knapp. Zur Einhaltung eines bestimmten vorgegebenen Raumzustandes im Sommer kann nämlich aufgrund der Kühllastberechnung und der zulässigen Untertemperatur ein größerer Luftstrom gefordert werden, als es vom hygienischen Standpunkt für die Lüftung allein notwendig wäre (evtl. ist noch eine Erhöhung der Luftgeschwindigkeit im Kanal möglich!).

Wird eine Lüftungsanlage mit einem umfangreichen Kanalsystem projektiert, dann sollte man zumindest eine überschlägliche Kühllastberechnung $\dot{Q}_K$ durchführen (vgl. Bd. 4), um festzustellen, ob man den Ventilatorförderstrom nach der Gleichung $\dot{V}_{zu} = \dot{Q}_K / c \cdot (\vartheta_{zu} - \vartheta_i)$ etwas größer wählen sollte.

7. Die **Art der Luftführung** hat u. U. ebenfalls Einfluß auf die Festlegung der Außenluftrate.

So kann man z. B. durch eine gezielte Luftzuführung im Aufenthaltsbereich (z. B. durch einzelne verstellbare Spezialauslässe, direkt am Arbeitsplatz) ein individuelles **Mikroklima** herstellen, wobei nicht nur die Außenluftrate verringert, sondern auch die durch die individuelle Beeinflussung der Raumluftgeschwindigkeit die Behaglichkeitsbedingungen verbessert werden können (Abb. 9.39 f).

Geringere Außenluftraten sind auch bei der Verdrängungsströmung möglich, insbesondere wenn die Abluftdurchlässe oberhalb bzw. in Nähe der Geruchsquellen angeordnet werden.

8. Bei **Wärmerückgewinnungsanlagen** wird der Wärmeinhalt der Fortluft auf den Außenluftvolumenstrom übertragen.

Grundsätzlich kann man beim Vorhandensein einer Wärmerückgewinnungsanlage größere Außenluftraten wählen, da die zur Erwärmung der Außenluft erforderliche Heizleistung höchstens noch etwa 50% beträgt.

9. Nach den **Arbeitsstättenrichtlinien** werden ebenfalls Außenluftraten angegeben, die allerdings vom Aktivitätsgrad der arbeitenden Menschen, vom Publikumsverkehr und von evtl. zusätzlichen Geruchsbelästigungen abhängig gemacht werden (Tab. 4.4).

Die Arbeitsstättenrichtlinien werden vom Bundesminister für Arbeit und Sozialordnung in zwangloser Folge herausgegeben und enthalten wichtige **allgemein anerkannte Regeln** über sicherheitstechnische, arbeitsmedizinische und hygienische Maßnahmen. Im § 5 der ASR wird die Lüftung behandelt (Tab. 4.4).

10. Die Erfassung der Luftqualität, um die Außenluftrate bzw. den **erforderlichen Außenluftvolumenstrom den gewünschten hygienischen Verhältnissen automatisch anzupassen,** kann neuerdings mit sog. Gas-Sensoren geschehen. Ein solcher „Luftgütefühler" hält die Raumluft ständig unter Kontrolle, indem er sie auf bestimmte Beimischungen überwacht. Der Einsatz ist vor allem bei Aufenthaltsräumen mit stark wechselnder Belegung oder bei Arbeitsräumen mit nur zeitweisem Schadstoffanfall vorteilhaft (Einsparung von Luftförder- und Luftaufbereitungskosten).

- Der Fühler ist weitgehendst **dem menschlichen Geruchsempfinden angepaßt.** Seine Empfindlichkeit kann jedoch nach Arbeitsbereich und Steilheit verändert werden.
  Gerüche, die den Menschen nicht belästigen, beeinflussen den Sensor nur wenig.
- Wird das **erträgliche Maß überschritten** (z. B. von CO_2, Zigarettenrauch, Ausdünstungen, Küchendämpfen, CO, Ammoniak, Methan, Fettsäuren usw.), gibt der Fühler Signal.
- Die **Wirkungsweise** (Meßprinzip) arbeitet so ähnlich wie ein Temperaturfühler und beruht darauf, daß der beheizte Metalloxid-Halbleiter-Sensor beim Auftreten luftverunreinigender Gase seinen elektrischen Widerstand ändert.
- Die **Schaltaufgabe** kann nur in Verbindung mit weiteren Gerätekomponenten erfolgen. Die Regelung kann auf verschiedene Weise durchgeführt werden: Ein- und Ausschalten des Ventilators, Veränderung einer Drehzahl oder stetiges Verändern der Klappen in einer Mischkammer (bis zu 100% Außenluft im Extremfall).
- Bei der **Inbetriebnahme** (Einstellung) muß man beachten, daß eine gewisse Wartezeit erforderlich ist, bis der Sensor ausgeglichen ist und stabil mißt (etwa 5 bis 10 Min.). Die **Einstellung** ist stark von der Nutzung des Raumes, von den Kosten und vom subjektiven Empfinden des Menschen abhängig. „Reine Luft" ist nun einmal nicht definiert.

11. **Berechnungsbeispiele** für die Volumenstrombestimmung nach der Außenluftrate werden im Kap. 4.6 fortgesetzt.

Beispiel 4.2.1

In einer Gaststätte (ϑ_i = 20 °C) soll für 80 Personen eine Be- und Entlüftungsanlage vorgesehen werden. Dabei sollen eine Außenluftrate von 40 m³/(h · Pers.) und 50 % der Personen als Raucher angenommen werden.

a) Wie groß ist der für die Ventilatorauswahl erforderliche Außenluftvolumenstrom?

b) Wie groß sind die Außenluftrate und die erforderliche Leistung des Heizregisters, wenn bei ϑ_a = −12 °C der Volumenstrom nach a um 40% reduziert wird und die Zulufttemperatur 2 K über Raumtemperatur liegt?

Lösung:

Zu a) $\dot{V}_a$ = Pers. · *AR* = 40 · 40 + 40 · 60 = **4000 m³/h**

Zu b) $\dot{V}_a$ = 4000 m³/h · 0,6 = 2400 m³/h; *AR* = $\dot{V}_a$/Pers. = 2400 : 80 = **30 m³/(h · Pers.)**

$\dot{Q}_{Reg} = \dot{V}_a \cdot c \cdot (\vartheta_{zu} - \vartheta_a)$ = 2400 · 0,35 · [22 − (− 12)] = **28 560 W**

Beispiel 4.2.2

Ein Großraumbüro soll durch eine RLT-Anlage sowohl be- und entlüftet als auch gekühlt werden.

a) Wie groß ist der je Person verfügbare Außenluftvolumenstrom (Außenluftrate), wenn aufgrund der Kühllastberechnung ein Volumenstrom von 3000 m³/h ermittelt wurde und der Außenluftanteil 60 % beträgt? Es sollen 32 Personen zugrunde gelegt werden. Nehmen Sie Stellung zum Ergebnis!

b) Bestimmen Sie den prozentualen Außenluftanteil, wenn eine Außenluftrate von 50 m³/(h · Pers.) gewählt und der Zuluftvolumenstrom nach a beibehalten wird!

c) Wie müßte man vorgehen, wenn bei AR = 50 m³/(h · Pers.) mit dem Zuluftvolumenstrom von 3000 m³/h und von 80 Personen ausgegangen werden müßte?

Lösung:

a) $\dot{V}_a$ = 3000 m³/h · 0,6 = 1800 m³/h; demnach 40 % Umluft

$AR = \dot{V}_a$/Personenzahl = 1800 m³/h : 32 P = **56,25 m³/(h · P)**

Verglichen mit dem Tabellenwert ist dieser Wert viel zu hoch, zumal bei der Kühllastberechnung die ungünstigste Außentemperatur (z. B. 32 °C) angenommen wird, wo der Außenluftvolumenstrom und somit die Außenluftrate sowieso verringert wird.

b) $\dot{V}_a = AR$ · Pers. = 50 m³/(h · P) · 32 P = 1600 m³/h (≙ **53,3 %**); Umluftanteil 46,7 %

c) Für die Lüftung: $\dot{V}_a = AR$ · Pers. = 50 m³/(h · P) · 80 P = 4000 m³/h, also demnach 1000 m³/h mehr als der erforderliche Volumenstrom zur Deckung der Kühllast. Wenn unbedingt die Lüftungsforderung nach DIN 1946 eingehalten werden soll und die Kühllast und Zulufttemperatur nicht geändert werden können, müßte der **Ventilatorförderstrom nach der Lüftung ausgelegt werden.**

4.2.2 Volumenstrombestimmung nach dem CO_2-Maßstab (*Pettenkofer*-Maßstab)

Wie bereits unter Kap. 1 erwähnt, gibt der menschliche Körper eine größere Menge Kohlendioxid (CO_2) ab. Bei der Berechnung des Außenluftvolumenstroms geht man davon aus, daß eine bestimmte CO_2-Konzentration im Raum nicht überschritten werden soll.

Hierbei sind folgende **Hinweise** zu beachten:

1. Das **Kohlendioxid-Ausatmungsvolumen** eines Menschen wurde bei der Aufstellung der Tab. 4.1 zwar zugrunde gelegt, doch allein das CO_2-Ausatmungsvolumen eines Menschen für die Bestimmung des Außenluftvolumenstroms zugrunde zu legen ist u. U. sehr fragwürdig, wenn zusätzlich chemische oder biologische Gerüche entstehen.

> Die **CO_2-Abgabe je Person** bei körperlicher Arbeit hängt vom Aktivitätsgrad ab (vgl. Tab. 1.1). **15 l/h bei Aktivitätsgrad I,** 23 l/h bei II; 30 l/h bei III und über 30 l/h bei IV. Die Werte für Kinder sind etwas geringer. Bei diesen Angaben kann es sich nur um Anhaltswerte handeln.

2. Der **zulässige CO_2-Gehalt in Aufenthaltsräumen** wird nach DIN 1946 mit **0,15%** angegeben (empfohlen nach DIN 0,1 %); dies nicht nur wegen der ausreichenden Sauerstoffversorgung, sondern weil der CO_2-Gehalt auch ein Indikator für die Humangeruchsstoffe darstellt.
3. Der **CO_2-Gehalt in der Außenluft** liegt im Mittel bei 0,03 bis (0,04) Vol.-%, kann aber in Ballungszentren auf das 2- bis 3fache ansteigen.
4. Die Methode wird für Versammlungsräume kaum mehr angewandt. CO_2-Bilanzen stellt man jedoch z. B. bei Stallüftungen auf (vgl. Kap. 7.7.1).

Den **Außenluftvolumenstrom $\dot{V}_a$** bestimmt man nach folgender Gleichung:

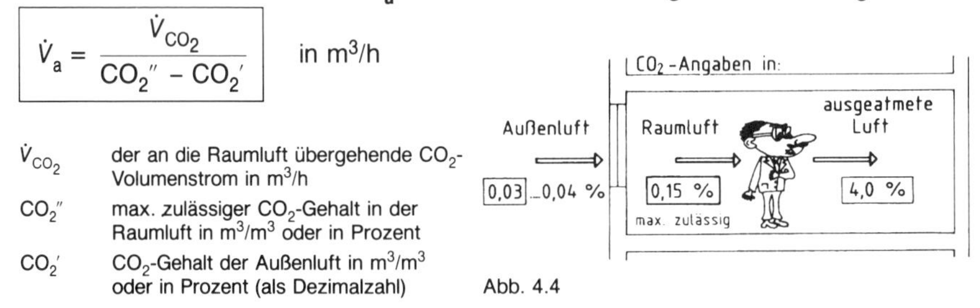

$$\dot{V}_a = \frac{\dot{V}_{CO_2}}{CO_2'' - CO_2'} \quad \text{in m}^3\text{/h}$$

$\dot{V}_{CO_2}$ der an die Raumluft übergehende CO_2-Volumenstrom in m³/h

CO_2'' max. zulässiger CO_2-Gehalt in der Raumluft in m³/m³ oder in Prozent

CO_2' CO_2-Gehalt der Außenluft in m³/m³ oder in Prozent (als Dezimalzahl)

Abb. 4.4

Beispiel 4.2.3

Für einen Versammlungsraum mit 250 Personen soll unter Anwendung des CO_2-Maßstabes der erforderliche Außenluftvolumenstrom berechnet werden. Die eingeführte Außenluft hat bereits einen CO_2-Gehalt von 0,04 %.

a) Welche Außenluftrate ist erforderlich, wenn bei Aktivitätsgrad I der CO_2-Gehalt der Raumluft 0,1 % nicht überschreiten soll, und welche Rate wäre hier bei Aktivitätsgrad II erforderlich?

b) Bestimmen Sie die erforderliche Außenluftrate, wenn man von 15 l/h · Pers. (≈ Aktivitätsgrad I) und von dem in der DIN 1946 höchstzulässigen mittleren Volumengehalt von 0,15 % ausgeht? Vergleichen Sie das Ergebnis mit Tab. 4.1, und nehmen Sie Stellung dazu!

$$\text{Zu a) } \dot{V}_a = \frac{\dot{V}_{CO_2}}{CO_2'' - CO_2'} = \frac{250\text{ P} \cdot 0{,}015\text{ m}^3/\text{h} \cdot \text{P}}{0{,}001 - 0{,}0004} = \frac{3{,}75\text{ m}^3/\text{h}}{0{,}0006} = \mathbf{6250\ m^3/h}$$

Dies entspricht einer Außenluftrate von 6250 m^3/h : 250 P = **25 m^3/h · P.** Bei einem Aktivitätsgrad II wäre hier eine Außenluftrate von **38,3 m^3/h · P** erforderlich. 1% ≙ 0,01.

Zu b) $\dot{V}_a$ = 3409 m^3/h, AR = **13,6 m^3/h · P.** Im Tabellenwert sind noch zusätzliche Geruchsstoffe berücksichtigt. Bei Aktivitätsgrad II wäre hier die Außenluftrate ≈ 21 m^3/h · P (etwa Tabellenwert).

Bei der Stallüftung bestimmt man den Volumenstrom u. a. auch nach dem CO_2-Haushalt, d. h., man stellt hierzu eine Bilanz aus CO_2-Anfall und CO_2-Abführung auf (vgl. Kap. 7.7.1).

Beispiel 4.2.4

In einem Rinderstall mit 65 Milchkühen soll im Winter nach dem Kohlendioxidhaushalt der erforderliche Volumenstrom bestimmt werden. Das Durchschnittsgewicht der Tiere beträgt etwa 400 kg; der zulässige CO_2-Gehalt der Stalluft soll nach DIN 18 910 mit 5,5 g/kg und der CO_2-Gehalt der Außenluft mit 0,55 g/kg angenommen werden. Nach Tab. 7.14 beträgt der CO_2-Anfall je Tier (T) 238 g/kg.

$$\dot{V}_a = \frac{CO_2\text{-Anfall}}{\text{zul. } CO_2\text{-Gehalt}} = \frac{65\text{ T} \cdot 238\text{ g/(h} \cdot \text{T)}}{5{,}5\text{ g/kg} - 0{,}55\text{ g/kg}} = 3476\text{ kg/h} \approx \mathbf{2897\ m^3/h}$$

4.2.3 Volumenstrombestimmung nach der Luftwechselzahl

Eine Bestimmung des Außenluftvolumenstroms – vorwiegend für Betriebsräume – erfolgt vielfach durch Annahme einer Luftwechselzahl. Die Annahme solcher Luftwechselzahlen, wie sie auszugsweise in Tab. 4.2 zusammengestellt werden, ist **aus folgenden Gründen problematisch:**

1. **Zwischen den im Raum entstehenden Schadstoffen und der außenluftbezogenen Luftwechselzahl besteht keine direkte Beziehung.**

   Beispiel: Für einen bestimmten Fabrikationsbetrieb wird nach Tab. 4.2 ein Luftwechsel angenommen. Nachträglich verdoppelte man die Maschinenanzahl, so daß die Schadstoffe sich um 100% erhöhen können.

2. **Die Annahme einer Luftwechselzahl hängt nicht nur vom Grad der Luftverschlechterung, sondern auch von den Raumabmessungen (Höhe, Tiefe) und von der Art der Luftführung ab.**

   Beispiel: In einem Raum mit 500 m^2 Grundfläche, 3,5 m hoch, gehen stündlich 4,5 m^3 Schadstoffe an die Raumluft über. Nach Tab. 4.2 wählt man z. B. einen 5fachen Luftwechsel. Wäre der Raum 5,5 m hoch und würde man etwa denselben Außenluftvolumenstrom zugrunde legen, so wäre der Luftwechsel nur 3,2fach.

3. **Eine aus Tab. 4.2 entnommene Luftwechselzahl soll in der Regel nur bis zu einer bestimmten Außentemperatur garantiert werden. Da diese Temperaturannahme etwas willkürlich ist, ist dies auch der Außenluftvolumenstrom bei tieferen Außentemperaturen.**

   Beispiel: In einem Raum V_R = 1000 m^3 soll bis ϑ_a = +5 °C ein 5facher Luftwechsel garantiert werden ⇒ Außenluftvolumenstrom 5000 m^3/h. Danach wird das Heizregister bestimmt. Da auch bei tieferen Außentemperaturen diese Registerleistung festliegt, muß entweder dieser Außenluftstrom (= Zuluftvolumen) reduziert oder mit Mischluft gefahren werden.

Folgerungen und Hinweise für die Planung:

1. Die Luftwechselzahl ist nicht mit der **Luftumwälzzahl LU** zu verwechseln. Letztere sollte eigentlich nur für Umluftanlagen, also für Luftheizungs- und Luftkühlanlagen ohne Außenluftzufuhr, verwendet werden.

   Unter der auf die **Außenluft bezogene Luftwechselzahl LW** versteht man den auf das Raumvolumen bezogenen Austausch des Außenluftvolumenstroms, d. h., diese Zahl gibt an, wievielmal das Raumvolumen je Stunde mit Außenluft ausgetauscht („erneuert") wird:

$$LW = \frac{\text{Außenluftvolumenstrom}}{\text{Rauminhalt}} \quad \frac{1}{h} \qquad (\dot{V}_{AU} = \dot{V}_{ZU})$$

In der Praxis spricht man jedoch auch bei Mischluft- oder sogar bei Umluftbetrieb von einer „Luftwechselzahl“. Wird jedoch bei der Planung eine Mischluftanlage konzipiert oder betreibt man eine Außenluftanlage bei tiefen Außentemperaturen als Mischluftanlage (AUL-Klappe schließt, Umluftklappe öffnet entsprechend), dann müßte man **entweder den auf die Außenluft bezogenen Luftwechsel angeben oder besser bei der LW-Angabe (bezogen auf die Zuluft) gleichzeitig auch den prozentualen Außenluftanteil nennen.** Erst dadurch ist ein **Qualitätsvergleich hinsichtlich Lüftungsfunktion** möglich.

Unabhängig vom Außenluftanteil kann man daher die Luftwechselzahl wie folgt definieren:

$$\text{LW} = \frac{\text{Zuluftvolumenstrom}}{\text{Raumvolumen}} \quad \text{in h}^{-1} \text{ (1/h)} \qquad \dot{V}_{zu} = V_R \cdot \text{LW}$$

Tab. 4.2 Erfahrungswerte für außenluftbezogene Luftwechselzahlen (nur unter Beachtung der Randbedingungen anwendbar!)

Art des Raumes	Luftwechselzahl	Art des Raumes	Luftwechselzahl
Aborte: in Wohnungen	4 ... 5	Mittel- und Großküchen	10 ... 25
Bürogebäuden	5 ... 8	Kalte Küchen (vgl. Kap. 7.4)	4 ... 8
Fabriken	8 ... 10	Laboratorien	6 ... 15
Schulen	5 ... 8	Lackierereien (je nach örtl. Absaug.)	15 ... 40
öffentliche	10 ... 15	Läden	4 ... 8
Akkumulatorenräume	4 ... 6	Lichtpausereien	10 ... 15
Arbeitsräume	3 ... 7	Markthallen	1,5 ... 3
Ausstellungshallen	1,5 ... 3	Maschinenräume	10 ... 40
Backräume	6 ... 15	Meß- und Prüfräume	8 ... 10
Baderäume	4 ... 6	Montagehallen	5 ... 7
Beizereien	5 ... 15	Operationsräume	15 ... 20
Bibliotheken	3 ... 5	Schulen (Säle)	3 ... 7
Brauseräume	10 ... 30	Schwimmhallen	3 ... 4
Bügelräume	8 ... 15	Sitzungszimmer	6 ... 8
Büroräume	3 ... 6	Speiseräume	6 ... 8
EDV-Räume	10 ... 40	Telefonzentralen	5 ... 10
Entnebelungsanlagen	10 ... 20	Tresore	3 ... 6
Fabrikhallen, groß	1,5 ... 3	Trocknungsanlagen:	
klein	2 ... 4	Lacktrocknung groß	20 ... 30
Färbereien } je nach Absaugeeinrichtungen	5 ... 15	Lacktrocknung mittel	30 ... 80
Farbspritzräume } je nach Absaugeeinrichtungen	20 ... 50	Lacktrocknung klein	bis ... 350
Flure	1 ... 4	Wäschetrocknung	20 ... 40
Garagen (vgl. Kap. 7.6)	4 ... 5	Ziegeltrocknung	10 ... 30
Garderoben	3 ... 6	Turnhallen	4 ... 6
Gasträume	5 ... 10	Überdruckräume zur Verhinderung	
Gewächshäuser	3 ... 5	des Eindringens von Staub	4 ... 8
Gießereien	8 ... 15	des Eindringens von Gerüchen	1 ... 3
Härtereien	60 ... 100	Umkleideräume (Schwimmbad)	6 ... 8
Hörsäle	8 ... 10	Verkaufsräume	4 ... 8
Hotelzimmer	3 ... 5	Versammlungsräume (allg.)	5 ... 10
Kantinen	6 ... 10	Wäschereien	10 ... 15
Kaufhäuser	4 ... 6	Warenhäuser	4 ... 6
Kino: Raucherlaubnis	5 ... 8	Wartezimmer	4 ... 7
Rauchverbot	4 ... 6	Werkstätten ohne } bes. Luftverschlechterung	3 ... 6
Kirchen	1,5 ... 4	Werkstätten mit } bes. Luftverschlechterung	6 ... 12
Klassenräume	3 ... 6	Wohnungen (vgl. Kap. 7.2)	(0,5 ... > 4)
Krankenhaus (Bettenstation)	2 ... 5		
Küchen: Kleinküchen (Wohnungen)	8 ... 20		

2. Bei der Luftwechselzahl handelt es sich um einen reinen **Erfahrungswert,** der eigentlich nur zur Kontrolle der aus Luftraten oder Bilanzen ermittelten Volumenströme dienen sollte. Ohne die Randbedingungen zu beachten bzw. zu nennen, darf die Annahme einer Luftwechselzahl nicht zur Bestimmung des Außenluftvolumenstroms herangezogen werden.

3. Da jedoch in der Praxis die **Verunreinigungslast zahlenmäßig oft nicht erfaßbar** ist (z. B. Toiletten, Fabrikationsräume, Entnebelungsanlagen), bleibt nichts anderes übrig, als den Förderstrom nach solchen Luftwechselzahlen zu schätzen.

   In der DIN 4701 wird für Wohnräume ein Mindestluftwechsel von 0,5fach gefordert, der häufig nur durch Öffnen der dichten Fenster ermöglicht wird.

4. Wird der Außenluftvolumenstrom z. B. durch Festlegung einer Außenluftrate (Kap. 4.2.1) oder mit Hilfe des MAK-Wertes (Kap. 4.2.4) bestimmt, so sollte trotzdem die Luftwechselzahl berechnet bzw. kontrolliert werden. Sie gibt nämlich vielfach einen **Maßstab für den Schwierigkeitsgrad der Luftführung** im Raum an, denn eine zu hohe Luftwechselzahl führt zu Zugerscheinungen, und eine zu geringe gewährleistet keine gründliche Durchspülung des Raumes.

   Unabhängig davon, ob mit Außen-, Misch- oder Umluft gefahren wird, ist demnach der auf den Rauminhalt bezogene Zuluftvolumenstrom $\dot{V}_{zu}/V_R$ ein wichtiges **Qualitätskriterium für die Luftverteilung** und somit Luftumwälzung, Raumdurchspülung, Bewegungsintensität.

   Auf den Begriff „Umwälzzahl" wird in mehreren Kapiteln hingewiesen, da für eine gleichmäßige Durchspülung (bei der Luftheizung gleichmäßige Temperaturverteilung) bestimmte Werte eingehalten werden müssen (vgl. Kap. 4.1, 6.1.2 u. a.).

   Als **oberer Grenzwert** kann ein 10- bis 12facher Luftwechsel angesetzt werden. Bei Verwendung von speziellen Luftauslässen kann man jedoch ohne Zugerscheinungen bis zu 20fach und höher gehen (z. B. bei Drallauslässen). Immer wieder zeigt sich, daß bei Raumtemperaturen von 18 . . . . 20 °C und bei Luftwechselzahlen über 7 oft Zugerscheinungen auftreten können (übliche Luftauslässe).

   Als **unterer Grenzwert** kann ein 2- bis 3facher Luftwechsel angesetzt werden. Ist jedoch der Außenluftvolumenstrom nur ein Teil der Zuluft, kann die nur auf die Außenluft bezogene Luftwechselzahl auch geringer sein.

   Wie der obere Grenzwert nach oben, so kann auch der untere Grenzwert nach unten „verschoben" werden, wenn spezielle Luftauslässe mit hoher Induktion (z. B. Weitwurfdüsen) gewählt werden, d. h. wenn die Zuluft direkt in den Aufenthaltsraum geführt wird.

5. Je größer der Raum und somit auch der **Luftraum je Person,** desto kleiner ist bei einem bestimmten geforderten Außenluftstrom die Luftwechselzahl und um so einwandfreier läßt sich eine Lüftung durchführen.

   Der Luftraum sagt zwar nichts über den zuzuführenden Volumenstrom aus, hat jedoch entscheidenden **Einfluß auf die Konzentration der Schadstoffe** sowie auf die Geschwindigkeit der Konzentrationszunahme. Während bei einem kleinen Raum die zulässige Konzentration sehr schnell erreicht ist, wäre bei einem sehr großen Raum möglich, daß diese zulässige Grenze gar nicht erreicht ist und somit evtl. eine Selbstlüftung, z. B. durch Fugen, ausreichen könnte (gleiche Luftverschlechterung zugrunde gelegt). Diese Zusammenhänge gehen aus der Abb. 1.7 hervor.
   Für einfachere Lüftungsanlagen sollten in Versammlungsräumen je Person mind. 6 m³, in Industriebetrieben etwa 15 m³ Raumvolumen zur Verfügung stehen. Luftraum in Arbeitsräumen vgl. § 25 der Arbeitsstättenverordnung.

6. Hinsichtlich der **großen Streuungen in der Tab. 4.2** ist zweckmäßig so zu verfahren, daß man die kleineren Werte nicht nur bei einer verhältnismäßig geringen Luftverschlechterung einsetzt, sondern daß dies auch dann ratsam erscheint, wenn die Raumhöhe gering ist (sonst Gefahr von Zugerscheinungen), wenn die Induktion der Zuluftdurchlässe hoch ist (Mischung soll über der Aufenthaltszone erfolgen), wenn eine gute Luftführung gewählt wurde (sehr zahlreiche Zuluftdurchlässe bzw. hohe Geräteanzahl) oder die Aufenthaltszone direkt durch den Luftstrahl erreicht wird.

7. Bei konsequenter Durchführung der SI-Einheiten könnte man den **Volumenstrom je Sekunde** angeben, was bei der Annahme der Luftwechselzahl in 1/h zu Problemen führt.

   Beispiel 4.2.5

   $$LW = \frac{\dot{V}_a}{V_R} = \frac{5000\ m^3/h}{400\ m^3} = 12{,}5\ h^{-1} \qquad LW = \frac{1{,}39\ m^3/s}{400\ m^3} = 0{,}00347\ s^{-1}$$

Diese Zahlenangabe ist äußerst unpraktisch. Man müßte vielleicht zweckmäßiger den Kehrwert nehmen 1/0,00347 = 288 s, d. h., um den 400 m^3 großen **Raum einmal mit Luft auszutauschen, sind 288 Sekunden notwendig.** Je länger die Zeit, desto geringer ist demnach der Luftwechsel; z. B. bei 500 s wäre er 3600/500 = 7,2fach (anstatt 3600/288 = 12,5fach).

8. Nachfolgendes **Berechnungsbeispiel** soll dieses Teilkapitel abschließen.

Beispiel 4.2.6

In einer Gaststätte mit 90 Sitzplätzen, einer 200 m^2 großen Grundfläche und einer lichten Höhe von 4 m soll eine Lüftungsanlage geplant werden. Die in der DIN zusätzlich angegebenen 20 m^3/h je Person sollen berücksichtigt werden.

a) Bestimmen Sie nach Tab. 4.1 den erforderlichen Außenluftvolumenstrom!

b) Wie groß sind das je Person verfügbare Raumvolumen und der Luftwechsel?

Lösung:

a) $\dot{V}$ = Personenzahl · Luftrate = 90 · (30 + 20) = **4500 m^3/h**

b) $V_R = 200 \cdot 4 = 800\ m^3$ $\quad V_p = 800/90 =$ **8,9 m^3/Person;** $\quad LW = \dot{V}_{ZU}/V_R = 4500/800 =$ **5,6 h^{-1}**

Wird bei extrem tiefen Außentemperaturen die Außenluftrate auf 50% reduziert, so bezieht sich der 5,6fache Luftwechsel auf die Mischluft (50% Umluft, 50% Außenluft). Der nur auf die Außenluft bezogene Luftwechsel beträgt dann 2,8 h^{-1} (möglichst Ventilatorförderstrom $\dot{V}_a$ anpassen).

4.2.4 Volumenstrombestimmung nach dem MAK-Wert

Bei dieser Methode werden die stündlich an die Raumluft abgegebenen Schadstoffe (Arbeitsstoffe) und die zulässige Schadstoffkonzentration zugrunde gelegt. Den Außenluftvolumenstrom $\dot{V}_a$ errechnet man nach folgender Gleichung:

$$\dot{V}_a = \frac{\dot{m}_{Sch}}{K_i - K_a} \quad \text{in } m^3/h \qquad \text{(Außenluft = Zuluft)}$$

$\dot{V}_a$ Außenluftvolumenstrom in m^3/h

$\dot{m}_{Sch}$ Schadstoffmenge (Gase, Dämpfe, Schwebestoffe), z. B. in ml/h oder mg/h

K_i Zulässige Konzentration des Schadstoffes im Raum in ml oder mg je m^3 Raumluft (= MAK-Wert)

K_a Die in der Zuluft (i. allg. Außenluft) vorhandene Schadstoffkonzentration in ml/m^3 bzw. mg/m^3. Sie kann sehr oft mit Null eingesetzt werden, wenn die Außenluft einigermaßen frei von Schadstoffen ist.

Der MAK-Wert (Maximale Arbeitsplatz-Konzentration) ist die höchstzulässige Konzentration eines Arbeitsstoffes in der Luft am Arbeitsplatz, die im allgemeinen die Gesundheit der Beschäftigten nicht beeinträchtigt und diese auch nicht unangemessen belästigt.

Folgerungen und weitere Hinweise für die Auslegung:

1. Beim MAK-Wert wird in der Regel eine **8stündige Dauer** bei Einhaltung einer durchschnittlichen Wochenarbeitszeit von 40 Stunden zugrunde gelegt.

   Dabei handelt es sich um einen **8-Stunden-Mittelwert,** denn die Konzentration kann im Laufe des Tages sehr schwanken. Je nach Kategorie des Stoffes unterscheidet man noch einen sog. **Momentanwert,** d. h. einen Wert, der von der Konzentration zu keiner Zeit überschritten werden soll („Spitzenbegrenzung").

2. In der Praxis können die an die Raumluft übergehenden **Schadstoffmengen zahlenmäßig oft nur ungenau** angegeben werden, da die Anzahl, Dauer, Gleichzeitigkeit und Bedienungsart von Maschinen, Geräten usw. unterschiedlich und oft nicht vorhersehbar sind.

   Man rechnet trotzdem mit den vom Betreiber angegebenen oder geschätzten Werten und vergleicht den ermittelten Volumenstrom mit anderen Bemessungsgrundlagen (Kap. 4.2.5).

3. Die **MAK-Liste nach Tab. 4.3** stellt nur einen kleinen Auszug aus der Originalliste dar (etwa 30 Seiten), die von der Deutschen Forschungsgemeinschaft immer auf den neuesten Stand wissenschaftlicher Erkenntnisse gehalten wird (letzter Stand August 86).

Grundsätzlich gestattet die MAK-Liste keinen endgültigen Schluß auf die Unbedenklichkeit, wenn eine kürzere Einwirkzeit, dafür aber höhere Konzentration vorliegt.
Die **Zahlenwerte in der Liste** deuten auch mehr oder weniger auf die Giftigkeit des Stoffes hin.

Beispiele:

a) Bei derselben Schadstoffmenge von CO_2 und CO ist der notwendige Außenluftvolumenstrom bei CO 167mal größer. Daraus ergeben sich auch die zahlreichen Sicherheitsvorschriften für die Belüftung von Garagen, Heizräumen usw. (vgl. Abb. 7.47).
b) Sehr deutlich ist die Giftigkeit z. B. von Blei, Schwefelsäure, Schwefeldioxid usw. (geringer MAK-Wert).

Die MAK-Liste wurde in das technische Regelwerk für gefährliche Arbeitsstoffe (**TRgA 900**) einbezogen. Neben der eigentlichen Stoffliste wird auch eine Liste für krebserzeugende Arbeitsstoffe (**TRK-Liste**) zusammengestellt.

Mit dieser sog. **TRK-Liste** (Technische Richtlinienkonzentration) sollen gefährliche Arbeitsstoffe zusammengestellt werden, für die bisher noch keine toxikologisch-arbeitsmedizinisch begründeten MAK-Werte aufgestellt werden können. Sie sind in Tab. 4.3 mit ● gekennzeichnet.

Tab. 4.3 MAK-Werte und ● TRK-Werte (Auszüge)

Stoff und Formel	MAK-Wert		Stoff und Formel	MAK-Wert	
	ml/m³ (ppm)	mg/m³		ml/m³ (ppm)	mg/m³
Aceton $CH_3 \cdot CO \cdot CH_3$	1000	2400	Halothan	5	40
● Acrylnitril	3	7	Hydrazin $NH_2 \cdot NH_2$	0,1	0,13
Ameisensäure	5	9	Jod J_2	0,1	1
Ammoniak NH_3	50	35	Kampfer	2	13
Anilin	2	8	Kohlendioxid CO_2	5000	9000
● Asbesthaltiger Feinstaub	–	2	Kohlenoxid CO	30	33
Benzochinon	0,1	0,4	Kupfer (Staub) Cu	–	1
Benzol C_6H_6	5	16	Methanol $CH_3 \cdot OH$	200	260
Biphenyl	0,2	1	Methylacrylat	5	18
Blei	–	0,1	Naphthalin $C_{10}H_8$	10	50
Bleitetraethyl	0,01	0,075	Nicotin	0,07	0,5
Brom Br_2	0,1	0,7	Ozon O_3	0,1	0,2
Butan C_4H_{10}	1000	2350	Phenol $C_6H_5 \cdot OH$	5	19
Butylacetat	200	950	Phosphorwasserstoff PH_3	0,1	0,15
Calciumoxid Ca0	–	5	Propan C_3H_8	1000	1800
Chlor Cl_2	0,5	1,5	Quecksilber H_8	0,01	0,1
Chloroform $CHCl_3$	10	50	Salpetersäure HNO_3	10	25
Chlorwasserstoff HCl	5	7	Schwefeldioxid SO_2	2	5
● Chromate	–	0,1	Schwefelsäure H_2SO_4	–	1
Cyanide	–	5	Schwefelwasserstoff H_2S	10	15
Dichlorfluormethan (R21)	10	45	Stickstoffdioxid NO_2	5	9
Dichlordifluormethan (R-12)	1000	4950	Terpentinöl	100	560
Essigsäure $CH_3 \cdot COOH$	10	25	Toluol	100	375
Ethanol $C_2H_5 \cdot OH$	1000	1900	Trichlorethylon $CCl_2 \cdot CHCl$	50	260
Ethyläther $C_2H_5 \cdot 0 \cdot C_2H_5$	400	1200	● Vinilchlorid, PVC	3	8
Ethylacetat	400	1400	Wasserstoffperoxid H_2O_2	1	1,4
Fluorwasserstoff HF	3	2	Zinkoxid (Rauch) ZnO	–	5
Formaldehyd HCHO	1	1,2			

4. Die Angabe der **Einheit für den MAK-Wert** wird bei Gasen, Dämpfen und flüchtigen Schwebestoffen in ml/m³ (**ppm**) und bei den nicht flüchtigen Schwebestoffen (Staub, Rauch, Nebel) in mg/m³ angegeben.

ppm (part per million) = **Teile auf eine Million.** 1 ppm entspricht 0,0001% (cm³/m³).
(100% $\triangleq$ m³/m³; 0,1% $\triangleq$ dm³/m³; 0,0001% $\triangleq$ cm³/m³)
Während die Einheit ml/m³ von Temperatur und Luftdruck unabhängig ist, wird für mg/m³ 20°C und 1013 mbar zugrunde gelegt.

Die Umrechnung dabei ist: Konzentration C in $\frac{ml}{m^3} = \frac{\text{Molvolumen in l}}{\text{molare Masse in g}} \cdot C \quad \text{in } \frac{mg}{m^3}$

5. Die **unterschiedliche Empfindlichkeit** auf den arbeitenden Menschen kann bei der Aufstellung der MAK-Werte nur bedingt berücksichtigt werden. Besondere Wirkungsfaktoren sind Alter, Geschlecht, Konstitution, Ernährungszustand, Klima u. a.

   Obwohl ekelerregende Gerüche oder kurzfristiger Augenreiz sehr lästig sein können, wurden in der MAK-Liste **keine Geruchsschwellen** angegeben. Überempfindlichkeitsreaktionen allergischer Art werden in der Liste durch ein „S", Schadstoffe, die leicht die Haut durchdringen, mit einem „H" gekennzeichnet (z. B. Phenole, Pflanzenschutzmittel).

6. Eine **Messung der Schadstoffkonzentration** in Räumen ist sehr problematisch, so daß eine für alle Fälle verbindliche standardisierte Vorschrift nicht angegeben werden kann.

   - Im **Meßprotokoll** sollen daher alle angetroffenen Randbedingungen umfassend dargestellt werden.
   - Soll die Konzentration einer kontinuierlich abgegebenen Substanz kurzzeitig gemessen werden, sollte die Probeentnahme in Raummitte, etwa **2-3 Stunden nach dem letzten Lüften,** durchgeführt werden.
   - In besonders kritischen Fällen sollten mindestens drei Messungen durchgeführt werden (**Langzeitprobenahme** über 1-2 Wochen, in 1,5 m Höhe, Kurzzeitmessungen bei Extrembedingungen).

7. Der MAK-Wert gilt in der Regel nur für den Schadstoff allein, d. h., er kann **nicht ohne weiteres auf Stoffgemische** angewendet werden.

   Ist der Schadstoff als Bestandteil in einem Gemisch, so kann die gesundheitsgefährdende Wirkung beachtlich vergrößert oder ganz selten auch abgeschwächt werden. Eine Zusammenstellung von **MAK-Werten für beliebige Schadstoffgemische** ist aufgrund der so unterschiedlichen Wirkungskriterien der einzelnen Komponenten nicht möglich. Für wichtig definierte Lösungsmittel- und Dampfgemische versucht man z. Zt. Verfahren zur Bestimmung von MAK-Werten.

8. Der **zeitliche Verlauf der Schadstoffkonzentration** in der Raumluft hängt von der Schadstoffzufuhr (Zeit und Menge), von der Außenluftzufuhr und deren Schadstoffkonzentration, von der Luftverteilung und vor allem vom Luftwechsel ab.

   Der **Beharrungszustand** ist dann eingetreten, wenn die von der Schadstoffquelle abgegebene Menge etwa so groß wie die mit der Fortluft abgeführte ist. Je größer der Luftwechsel ist, desto schneller tritt der Beharrungszustand ein. So kann z. B. dieser bei LW 6 h^{-1} schon in etwa 30-40 Minuten eintreten, während es bei LW 3 h^{-1} bis etwa 2 Std., bei LW 1,5 h^{-1} bis 4 Std. dauern kann.
   Für eine raumerfüllende Strömung sollte sowieso ein mind. (3-) bis 4facher Luftwechsel gewählt werden.

9. Grundsätzlich sollen aus wirtschaftlichen und hygienischen Gründen die Schadstoffe möglichst **dort abgeführt werden, wo sie entstehen,** damit nicht der gesamte Schadstoffstrom von der Raumluft aufgenommen werden muß (Einbau von Absaugeanlagen).

   Hierfür muß jedoch eine stärkere Luftströmung von der Entstehungsstelle zum Absaugequerschnitt vorliegen. Außerdem muß der Zuluft- bzw. Außenluftvolumenstrom dem abgesaugten Luftstrom entsprechen. Ohne Absaugung kann die Schadstoffkonzentration in Nähe der Entstehungsstelle wesentlich höher liegen als diejenige im Raum.

   Wichtig ist also, **eine solche Luftführung zu wählen, daß an keiner Stelle des Aufenthaltsbereichs der MAK-Wert überschritten wird. Kann dies nicht eingehalten werden, ist grundsätzlich eine Absaugeanlage erforderlich.**

10. Da auch die Außenatmosphäre durch Luftverunreinigungen, z. B. durch Emissionen von Industrie, Feuerungen, Verkehr, Müllhalden usw., belastet wird, werden – entsprechend den MAK-Werten – auch **MIK-Werte** aufgestellt (Maximale Immissionskonzentration).

    Unter MIK-Wert versteht man demnach die **maximal zulässige Konzentration luftfremder Stoffe in Bodennähe** (vgl. Immissionsschutzgesetz). Als Grenzwert gilt bei Dauereinwirkung die höchstzulässige durchschnittliche Konzentration innerhalb von 30 Minuten.
    MIK-Werte zum Schutze des Menschen vgl. VDI-Richtlinie 2310.

11. Mit nachfolgenden **Berechnungsbeispielen** soll dieses Teilkapitel abgeschlossen werden:

    Beispiel 4.2.7

    Für eine Tiefgarage mit 7000 m³ Rauminhalt soll eine Lüftungsanlage geplant werden.

a) **Bestimmen Sie den erforderlichen Außenluftvolumenstrom, wenn je Stunde 3,5 m³ CO an die Raumluft übergehen! Der K_i-Wert soll mit 100 ppm und der K_a-Wert mit 5 ppm angenommen werden:**

b) **Kontrollieren Sie die Luftwechselzahl und vergleichen Sie diese mit Tab. 4.2!**
Hinweis:
Je Auto werden beim Leerlauf 0,5 m³/h und bei stockender Fahrt 0,6 m³/h CO angenommen (vgl. Tab. 7.12).

Zu a) $\dot{V}_a = \frac{\dot{m}_{Sch}}{K_i - K_a} = \frac{3{,}5 \cdot 10^6}{100 - 5} = \mathbf{36\,842\ m^3/h}$ (Da nur kurzzeitiger Aufenthalt, wird der MAK-Wert von 30 ppm beachtlich überschritten (vgl. Kap. 7.6).

($1\ m^3 = 10^6\ cm^3$) In lebhaftem Straßenverkehr kann K_a bis 20 cm³/m³ und höher ansteigen.

Zu b) $LW = \frac{\dot{V}_a}{V_R} = \frac{36\,842}{7000} = \mathbf{5{,}26\ h^{-1}}$ (liegt noch im Bereich für Großgaragen)

Beispiel 4.2.8

In einem 1500 m³ großen Arbeitsraum eines chemischen Betriebes strömen je Stunde beim Wechseln von Anschlüssen 0,3 kg Ammoniak (NH_3) aus.

Bestimmen Sie den erforderlichen Außenluftvolumenstrom und die Luftwechselzahl, wenn für K_a null gesetzt werden kann. MAK-Wert nach Tab. 4.3 wählen.

$\dot{V}_{zu} = \dot{V}_a = \frac{\dot{m}_{Sch}}{MAK - K_a} = \frac{0{,}3 \cdot 10^6}{35 - 0} = \mathbf{8571\ m^3/h}$; Dies entspricht einem LW von $\frac{8571}{1500} = \mathbf{5{,}7\ h^{-1}}$

4.2.5 Volumenstrombestimmung für spezielle Räume (vgl. Kap. 7)

Neben der Bestimmung des Außenluftvolumenstroms nach Außenluftrate (DIN 1946), Luftwechselzahl und MAK-Wert gibt es weitere zahlreiche Möglichkeiten, Richtlinien, DIN-Normen und Verordnungen zur Volumenstrombestimmung für die verschiedensten Raumarten. Hierzu einige Beispiele:

a) **Volumenstrombestimmung nach den Arbeitsstättenrichtlinien nach Tab. 4.4 (Außenluftrate)**
Angaben über die freie Lüftung siehe Tab. 3.6.

Tab. 4.4 Mindestaußenluftströme für Personen nach der Arbeitsstättenrichtlinie

Tätigkeit (Beispiele)	Mindestaußenluftstrom **pro Person**			Mindestaußenluftstrom **pro m² Grundfläche*****)			Typische Räume oder Arbeitsstätten
	normal m³/h	zusätzliche*) Raumluft-belastung m³/h	starke**) Geruchs-belästigung m³/h	normal m³/h	zusätzliche*) Raumluft-belastung m³/h	starke**) Geruchs-belästigung m³/h	
sitzende Tätigkeit wie Lesen und Schreiben	20 – 40	30 – 40	40	4 – 8	6 – 8	8	Büros, Kinos, Messehallen, Lager, Turnhallen, Verkaufsräume
leichte Arbeit im Stehen oder Sitzen, Labortätigkeit, Maschineschreiben	40 – 60	50 – 60	60	8 – 12	10 – 12	12	Gaststätten, Großraumbüros, Montagehallen, Messehallen, Werkstätten
mittelschwere handwerkliche Tätigkeit	50 – 65	60 – 65	70	10 – 13	12 – 13	14	Werkstätten, Montagehallen, Schweißereien
schwere handwerkliche Tätigkeit	über 65	über 75	85	über 13	über 15	über 17	Heiß- oder Staubbetriebe, feuchte Betriebe, Gießereien, Schmieden

*) Gerüche, Tabakrauch, zusätzliche Wärmebelastung
**) intensive Gerüche, giftige Gase, Dämpfe (MAK-Werte bestimmen)
***) Für Arbeitsräume mit Publikumsverkehr soll eine Personenbesetzung von 0,2 bis 0,3 Personen/m² Bodenfläche zugrunde gelegt werden.

Die Außenluftströme können bei Außentemperaturen über 26 °C bis 32 °C und unter 0 °C bis –12 °C um höchstens 50 % linear vermindert werden.

b) **Volumenstrom für Entnebelungsanlagen – Schwimmbäder**
Hier wird der Außenluftvolumenstrom nach dem verdunsteten Wasser aus Behälter, Kochkessel, Schwimmbecken usw. bestimmt. Nebenräume von Schwimmbädern, wie Duschräume, Umkleideräume, Toiletten usw., werden z. T. in m³/m² angegeben (vgl. Kap. 7.5.2).

c) **Volumenstrom für Küchen**
Hier bestimmt man den Außenluftvolumenstrom in Abhängigkeit von der Küchenart aufgrund eines flächenbezogenen Luftwechsels oder aufgrund der Geräteart in m³/h · kW (Tab. 7.8); genauer aus der Raumbilanz für die sensible Wärme oder aus der Wasserdampfbilanz (vgl. Kap. 7.4).

d) **Volumenstrom für Ställe**
Hier wird der Außenluftvolumenstrom nach Tierart und Tiergewicht bestimmt (vgl. Kap. 7.7).

e) **Volumenstrom für Garagen**
Hier hängt der erforderliche Außenluftvolumenstrom von der Abgasmenge (Art und Größe des Fahrzeugs, Fahrzeit), vom CO-Gehalt im Abgas, von der zulässigen CO-Konzentration, von der Nutzung, von der Einwirkzeit und von der Tätigkeit ab (vgl. Kap. 7.6).

4.3 Bestimmung des Volumenstroms für kombinierte Lüftungs- und Luftheizungsanlagen

Wie anfangs erwähnt, muß bei diesen Anlagen, mit denen geheizt und gelüftet wird, der Förderstrom des Ventilators so ausgelegt werden, daß mit ihm einerseits der Wärmebedarf des Raumes gedeckt wird, also die Anforderungen nach Kap. 4.1 erfüllt werden, andererseits aber auch die gestellten Lüftungsforderungen nach Kap. 4.2 eingehalten werden. Grundsätzlich kann man von folgenden Überlegungen ausgehen.

Entweder ● **Man nimmt eine Übertemperatur bzw. Zulufttemperatur an und bestimmt den Förderstrom.** Dabei muß überprüft werden, ob mit diesem Volumenstrom auch gleichzeitig die Lüftungsforderung erfüllt werden kann. Von dieser Überlegung geht man aus, wenn die Beheizung des Raumes im Vordergrund steht.

Zunächst sollten zum Verständnis die unter Kap. 4.1 zusammengestellten Folgerungen aus der Gleichung $\dot{V}_{zu} = \dot{Q}_H/c \cdot (\vartheta_{zu} - \vartheta_i)$ bekannt sein.

Ist $\dot{V}_{zu}$ **größer als** $\dot{V}_a$ (Außenluftvolumenstrom), gibt es nach Kap. 4.2 drei Möglichkeiten:

- **Mischluftbetrieb,** wobei man $\dot{V}_{zu}$ = 100% setzt. Beispiel: $\dot{V}_{zu} = \dot{Q}_H/c \cdot (\vartheta_{zu} - \vartheta_i)$ = 35 000 m³/h. $\dot{V}_a$ = Außenluftrate · Personenzahl = 22 000 m³/h ⇒ 63% Außenluft, 37% Umluft.
- **Reduzierung des Raumwärmebedarfs,** indem die RLT-Anlage nicht den gesamten Wärmebedarf erbringen muß, sondern ein Teil durch eine Radiatoren- oder Fußbodenheizung gedeckt wird. Bei mehreren Einzelgeräten kann auch das eine oder andere Gerät als Umluftgerät vorgesehen werden.
- **Erhöhung der Übertemperatur** bzw. der Zulufttemperatur, indem man anspruchsvollere Zuluftdurchlässe mit hoher Induktion verwendet. Wovon die Zulufttemperatur abhängig ist, wurde unter Kap. 4.1 zusammengestellt.

Bei $\dot{V}_{zu}$ **kleiner als** $\dot{V}_a$ müßte einerseits ein sehr geringer Wärmebedarf (z. B. wärmegedämmt, ringsum beheizt), andererseits eine hohe Lüftungsforderung vorliegen.

Maßnahmen für die Anpassung von $\dot{V}_{zu}$ an $\dot{V}_a$ wären:

- **Evtl. Reduzierung der Lüftungsforderung** (z. B. kleinere Außenluftraten)
- **Verringerung der Zulufttemperatur,** was allerdings – zur Erreichung einer möglichst zugfreien Einblasung – begrenzt ist (Kap. 4.1).
- Falls $\dot{V}_a$, $\dot{V}_{zu}$, ϑ_{zu}, $\dot{Q}_H$ und die Luftumwälzzahl bzw. Luftwechselzahl nicht „in Einklang" gebracht werden können, muß für die Heizung und Lüftung **jeweils eine eigene Anlage** geplant werden.

Oder ● **Man bestimmt den Außenluftvolumenstrom nach Kap. 4.2 und überprüft die Zulufttemperatur.** Von dieser Überlegung geht man aus, wenn die Lüftungsanforderung im Vordergrund steht.

Auch hier müssen $\dot{V}_{zu}$, $\dot{V}_a$, ϑ_{zu}, LU und $\dot{Q}_H$ in Einklang gebracht werden. Je nachdem, wie groß der Raumwärmebedarf und der Außenluftvolumenstrom sind, kann die Zulufttemperatur entweder zu groß oder zu klein werden.

Ist ϑ_{zu} **zu groß,** liegt entweder ein sehr hoher Wärmebedarf oder/und ein sehr geringer Volumenstrom vor. Wie unter Kap. 4.1 erläutert, muß eine zu hohe Zulufttemperatur vermieden werden.

Gegenmaßnahmen sind:

- **Reduzierung des Raumwärmebedarfs,** indem ein Teil des Wärmebedarfs durch eine Radiatoren- oder Fußbodenheizung gedeckt oder bei mehreren Einzelgeräten z. T. Umluftgeräte vorgesehen werden.
- **Erhöhung des Volumenstroms,** d. h., es muß ein größeres $\dot{V}_{zu}$ als $\dot{V}_a$ gewählt werden. Wenn man dann von derselben Lüftungsforderung ($\dot{V}_a$) ausgeht, müßte die Anlage mit Mischluftbetrieb gefahren werden.

Ist ϑ_{zu} zu gering, ist das Gebäude bzw. der Raum sehr gut wärmegedämmt oder hat beheizte Nebenräume, außerdem kann ein großer Volumenstrom vorliegen. Zu geringe Zulufttemperaturen erhöhen die Gefahr von Zugerscheinungen und stellen höhere Anforderungen an die Zuluftdurchlässe.

Gegenmaßnahmen sind:

- Hier muß vor allem überprüft werden, ob man die gestellten Lüftungsforderungen, d. h. den **Außenluftvolumenstrom,** nicht reduzieren kann (Luftumwälzzahl beachten!).
- Wenn schon bei der tiefsten Außentemperatur (größtes $\dot{Q}_H$) die Zulufttemperatur zu gering ist, ist sie es erst recht in der Übergangszeit. Hier müssen **Luftauslässe** mit hoher Induktion gewählt werden, um nahezu isotherm einblasen zu können.
- Wie auch bei „ϑ_{zu} zu groß", kann man bei sehr ungünstigen Verhältnissen die Lüftung und die Beheizung mit **zwei getrennten Anlagen** konzipieren.

Beispiel 4.3.1

Ein Raum von 246 m³ Inhalt soll einen 4fachen Luftwechsel erhalten. Der Wärmebedarf nach DIN 4701 beträgt 10 300 W (ϑ_i = 22 °C)

a) Wie hoch muß die Zulufttemperatur sein, um bei diesem Volumenstrom den Wärmebedarf decken zu können? Nehmen Sie kurz Stellung dazu!

b) Um wieviel Prozent müßte der Raumwärmebedarf durch eine zusätzliche Wärmedämmung und Einbau neuer Fenster reduziert werden, um eine Übertemperatur von 20 K zu erreichen (LW bleibt)?

c) Wieviel Prozent Umluft müßten zugeführt werden (rechnerischer Nachweis), wenn $\dot{Q}_H$ und $\dot{V}_a$ beibehalten und eine Übertemperatur von 20 K zugrunde gelegt werden?

Zu a) $\dot{V}_a = V_R \cdot \text{LW} = 246\ \text{m}^3 \cdot 4/\text{h} = 984\ \text{m}^3/\text{h}$

$$\vartheta_{zu} = \frac{\dot{Q}_H}{\dot{V}_{zu} \cdot c} + \vartheta_i = \frac{10\,300}{984 \cdot 0{,}35} + 22 = \mathbf{51{,}9\ °C}$$; ϑ_{zu} ist zu hoch. (Nachteile siehe unter Kap. 4.1)

Maßnahmen: Zusätzlich statische Heizflächen, Wärmedämmung (vgl. unter b)), Mischluftbetrieb (vgl. unter c)), evtl. Verwendung von speziellen Zuluftdurchlässen.

Zu b) $\dot{Q}_{H(zus.)} = \dot{V}_{zu} \cdot c \cdot (\vartheta_{zu} - \vartheta_i) = 984 \cdot 0{,}35 \cdot 20 = 6888\ \text{W}$

$\Delta\dot{Q} = 10\,300 - 6888 = 3412\ \text{W} \mathrel{\hat{=}} \mathbf{33\ \%}$

Zu c) $\dot{V}_{zu} = \dfrac{\dot{Q}_H}{c\,(\vartheta_{zu} - \vartheta_i)} = \dfrac{10\,300}{0{,}35 \cdot 20} = 1471\ \text{m}^3/\text{h} \mathrel{\hat{=}} 100\ \%$; $\Delta\dot{V} = 1471 - 984 = 487\ \text{m}^3/\text{h} \mathrel{\hat{=}} \mathbf{33\ \%}$

(Ergebnis muß mit b) übereinstimmen, da $\dot{Q}$ proportional zu $\dot{V}$ ist.)

4.4 Bestimmung der Heizleistung (Lüftung und Luftheizung) – Heizregister

Bevor die Berechnungsbeispiele für die einzelnen Betriebsweisen Umluft-, Mischluft- und Außenluftbetrieb aufgezeigt werden, soll zunächst ein kleiner Abstecher in die Wärmelehre durchgeführt werden.

Bekanntlich erfolgt das Erwärmen und Abkühlen der Luft in Lüftungsanlagen bei gleichbleibendem Druck (isobare Zustandsänderung).

Bei steigender Temperatur dehnt sich die Luft aus, die Dichte nimmt ab.

Bestimmung der Volumenänderung:

Das Volumen nach der Temperaturänderung kann man entweder nach dem Gasgesetz:

$\frac{V_1}{V_2} = \frac{T_1}{T_2}$	**Die Volumina sind den absoluten Temperaturen proportional**

(Index 1 vor der Temperaturänderung; Index 2 nach der Temperaturänderung)

oder über den Ausdehnungskoeffizienten bestimmen:

$$V_\vartheta = V_0 + \Delta V = V_0 + V_0 \cdot \alpha \cdot \Delta\vartheta$$

$$\boxed{V_\vartheta = V_0 \cdot (1 + \alpha \cdot \Delta\vartheta)}$$

V_ϑ Volumen bei der jeweiligen Temperatur
V_0 Volumen auf 0 °C bezogen
α Ausdehnungskoeffizient von Luft (1/273 seines ursprünglichen Volumens bei 1 K Temperaturerhöhung)

Die **Bestimmung der Dichte** erfolgt entweder über die allgemeine Gasgleichung oder ebenfalls über den Ausdehnungskoeffizienten. Die Dichte ist außerdem umgekehrt proportional zur absoluten Temperatur *T*.

$$p \cdot V = m \cdot R \cdot T \qquad V = V_0 \cdot (1 + \alpha \cdot \vartheta)$$

$$p \cdot v = R \cdot T \qquad v = v_0 \cdot (1 + \alpha \cdot \vartheta)$$

$$p \cdot \frac{1}{\varrho} = R \cdot T \qquad \frac{1}{\varrho_\vartheta} = \frac{1}{\varrho_0} (1 + \alpha \cdot \vartheta)$$

$$\boxed{\varrho = \frac{p}{R \cdot T}} \qquad \boxed{\varrho_\vartheta = \frac{\varrho_0}{1 + \alpha \cdot \vartheta}} \qquad \boxed{\frac{\varrho_1}{\varrho_2} = \frac{T_2}{T_1}}$$

V Volumenstrom in m³; m Masse in kg; *T* absolute Temperatur in K (Kelvin)
p Druck in N/m² (1013 mbar ≈ 101 325 N/m²)
v spezifisches Volumen in m³/kg; ϱ Dichte in kg/m³; *R* Gaskonstante (Luft) 287,14 Nm/kg · K

In der Praxis bestimmt man die **Dichte nach Tabellen** (vgl. Tab. 4.5), bzw. es wird einfach ein Näherungswert angenommen.

Im Gegensatz zur Klimatechnik rechnet man in der Lüftungstechnik nicht mit dem Massenstrom, sondern mit dem temperaturabhängigen Volumenstrom.

Bei der Bestimmung der Wärmeleistung muß somit der richtige Volumenstrom bzw. die richtige spezifische Wärmekapazität eingesetzt werden.

Anhand des folgenden Beispiels sollen durch die verschiedenen Berechnungswege nur die Zusammenhänge verdeutlicht werden. Vorab soll anhand der Abb. 4.5 die auf die Masse und den Volumenstrom bezogene Wärmekapazität gegenübergestellt werden.

Grundgleichung	$\dot{Q} = \dot{m} \cdot c \cdot (\vartheta_2 - \vartheta_1)$	unabhängig von der Temperatur
auf die Masse bezogen:	$\dot{Q} = \dot{m} \cdot 0{,}28 \cdot (\vartheta_2 - \vartheta_1)$	spez. Wärmekapazität 0,278 Wh/kg · K (aufgerundet 0,28)
	$W = \frac{Kg}{h} \cdot \frac{Wh}{Kg \cdot K} \cdot K$	Einheitengleichung
auf Volumen bezogen Dichte (temperaturabhängig)	$\dot{Q} = \dot{V} \cdot \varrho_\vartheta \cdot c \cdot (\vartheta_2 - \vartheta_1)$	$\dot{m}$ wird durch $\dot{V} \cdot \varrho$ ersetzt
Volumenstrom auf 0°C bezogen	$\dot{Q} = \dot{V} \cdot \underbrace{1{,}293 \cdot 0{,}28}_{} \cdot (\vartheta_2 - \vartheta_1)$	c bei −10°C = 0,373 Wh/m³·K c bei + 7°C = 0,351 Wh/m³·K c bei +20°C = 0,335 Wh/m³·K
	$\dot{Q} = \dot{V} \cdot 0{,}36 \cdot (\vartheta_2 - \vartheta_1)$	
näherungsweise:	$\dot{Q} = \dot{V} \cdot 0{,}35 \cdot (\vartheta_2 - \vartheta_1)$	vgl. folgende Aufgaben
	$W = \frac{m^3}{h} \cdot \frac{Wh}{m^3 \cdot K} \cdot K$	Einheitengleichung

Abb. 4.5

Tabelle 4.5 Dichte und spezifische Wärmekapazität (spez. Wärme) von Luft

Luft-temp.	Dichte trokkener Luft	Spezifische Wärmekapazität*)		Luft-temp.	Dichte trokkener Luft	Spezifische Wärmekapazität*)		Luft-temp.	Dichte trokkener Luft	Spezifische Wärmekapazität*)	
ϑ	ϱ	c		ϑ	ϱ	c		ϑ	ϱ	c	
°C	$\frac{kg}{m^3}$	$\frac{kJ}{m^3K}$	$\frac{Wh}{m^3K}$	°C	$\frac{kg}{m^3}$	$\frac{kJ}{m^3K}$	$\frac{Wh}{m^3K}$	°C	$\frac{kg}{m^3}$	$\frac{kJ}{m^3K}$	$\frac{Wh}{m^3K}$
−20	1,396	1,400	0,389	7	1,261	1,262	0,351	34	1,150	1,152	0,320
−19	1,391	1,393	0,387	8	1,256	1,256	0,349	35	1,146	1,148	0,319
−18	1,385	1,386	0,385	9	1,252	1,253	0,348	36	1,142	1,145	0,318
−17	1,379	1,379	0,383	10	1,248	1,249	0,347	37	1,139	1,141	0,317
−16	1,374	1,375	0,382	11	1,243	1,246	0,346	38	1,135	1,138	0,316
−15	1,368	1,368	0,380	12	1,239	1,242	0,345	39	1,132	1,134	0,315
−14	1,363	1,364	0,379	13	1,235	1,235	0,343	40	1,128	1,130	0,314
−13	1,358	1,361	0,378	14	1,230	1,231	0,342	41	1,124	1,127	0,313
−12	1,353	1,354	0,376	15	1,226	1,228	0,341	42	1,121	1,123	0,312
−11	1,348	1,350	0,375	16	1,222	1,224	0,340	43	1,117	1,120	0,311
−10	1,342	1,343	0,373	17	1,217	1,217	0,338	44	1,114	1,116	0,310
− 9	1,337	1,339	0,372	18	1,213	1,213	0,337	45	1,110	1,112	0,309
− 8	1,332	1,332	0,370	19	1,209	1,210	0,336	46	1,107	1,109	0,308
− 7	1,327	1,328	0,369	20	1,205	1,206	0,335	47	1,103	1,105	0,307
− 6	1,322	1,321	0,367	21	1,201	1,202	0,334	48	1,100	1,102	0,306
− 5	1,317	1,318	0,366	22	1,197	1,199	0,333	49	1,096	1,098	0,305
− 4	1,312	1,314	0,365	23	1,193	1,195	0,332	50	1,093	1,094	0,304
− 3	1,308	1,310	0,364	24	1,189	1,192	0,331	55	1,076	1,076	0,299
− 2	1,303	1,303	0,362	25	1,185	1,184	0,329	60	1,060	1,062	0,295
− 1	1,298	1,300	0,361	26	1,181	1,181	0,328	65	1,044	1,044	0,290
0	1,293	1,296	0,360	27	1,177	1,178	0,327	70	1,029	1,030	0,286
1	1,288	1,289	0,358	28	1,173	1,174	0,326	75	1,014	1,015	0,282
2	1,284	1,285	0,357	29	1,169	1,170	0,325	80	1,000	1,001	0,278
3	1,279	1,282	0,356	30	1,165	1,166	0,324	85	0,986	0,986	0,274
4	1,275	1,278	0,355	31	1,161	1,163	0,323	90	0,973	0,976	0,271
5	1,270	1,271	0,353	32	1,157	1,159	0,322	95	0,959	0,961	0,267
6	1,265	1,267	0,352	33	1,154	1,156	0,321	100	0,947	0,947	0,263

Vgl. auch Tab. 10.3 (heiße Luft- und Rauchgase)

*) c = 0,278 Wh/kg · K = 3,6 kJ/kg · K

Beispiel 4.4.1

In einer Luftheizungsanlage werden 18 400 kg/h Luft von 15 °C auf 40 °C erwärmt. Bestimmen Sie auf 3 Arten die Wärmeleistung!

Wie aus Abb. 4.5 hervorgeht, ist $\dot{m} = \dot{V} \cdot \varrho$ bzw. $\dot{V} = \dot{m}/\varrho$, so daß für $\dot{V} = \frac{18\,400}{1{,}226} = 15\,000$ m³/h

eingesetzt werden kann. Die Aufgabe könnte somit auch lauten: „15 000 m³/h Luft werden erwärmt."

Lösungswege:

a) $\dot{Q} = \dot{m} \cdot c \cdot (\vartheta_2 - \vartheta_1) = 18\,400 \cdot 0{,}278 \cdot (40 - 15) \approx$ **127 800 W** oder

b) $\dot{Q} = \dot{V}_0 \cdot c_0 \cdot (\vartheta_2 - \vartheta_1)$

Das Volumen muß hier auf 0 °C bezogen werden. Dies geschieht entweder über die Gasgleichung

$$\frac{\dot{V}_2}{\dot{V}_1} = \frac{T_2}{T_1}; \qquad \dot{V}_2 = \dot{V}_1 \cdot \frac{T_2}{T_1} = 15\,000 \cdot \frac{273}{288} = 14\,200 \text{ m}^3/\text{h}$$

oder über den Ausdehnungsfaktor

$$\dot{V}_\vartheta = \dot{V}_0 (1 + \alpha \cdot \vartheta); \qquad \dot{V}_0 = \frac{\dot{V}_\vartheta}{1 + \alpha \cdot \vartheta} = \frac{15\,000}{1 + \frac{1}{273} \cdot 15} = 14\,200 \text{ m}^3/\text{h}$$

} Volumen von der Temperatur abhängig

Braucht man für einen Raum (ϑ_i = 15 °C) 15 000 m³/h Außenluft, so müßten nur 14 200 m³/h von 0 °C angesaugt werden (daher Ventilator vor den Lufterhitzer setzen!).

$\dot{Q} = \dot{V}_0 \cdot c_0 \cdot (\vartheta_2 - \vartheta_1) = 14\,200 \cdot 0{,}36 \cdot (40 - 15) = \mathbf{127\,800\ W}$

oder

c) $\dot{Q} = \dot{V}_\vartheta \cdot \varrho_\vartheta \cdot c \cdot (t_2 - t_1)$

$$= 15\,000 \cdot \underbrace{1{,}226 \cdot 0{,}278}_{0{,}341 \text{ (vgl. Tab. 4.5)}} \cdot (40 - 15) = \mathbf{127\,800\ W}$$

Nach dieser letzten Methode werden die Aufgaben in diesem Buch durchgerechnet. Fast ausschließlich wird die spez. Wärmekapazität im Mittel sogar mit 0,35 Wh/m³K bzw. 1,25 kJ/m³K eingesetzt, wie es auch in der Praxis üblich ist.

Wie bereits mehrmals erwähnt, unterteilt man sowohl bei der Luftheizungs- als auch bei der Lüftungsanlage nach der Zuführung der Außenluft. Dieses hat nicht nur Folgen für die Betriebsweise (Energiekosten, Regelung, Luftverteilung), sondern auch für die Planung und vor allem für die Berechnung. Allgemein gilt für die **Heizleistung des Registers**

$$\boxed{\dot{Q}_{Reg} = \dot{V} \cdot c \cdot (\vartheta_{AUS} - \vartheta_{EIN})} \quad \text{in Watt}$$

$\dot{Q}_{Reg}$ Registerleistung (Raumwärmebedarf und Lüftungswärmebedarf)
$\dot{V}$ Volumenstrom in m³/h (je nach Betrieb Um-, Misch- oder Außenluft)
c spezifische Wärmekapazität in Wh/m³ · K (vgl. Abb. 4.5; Tab. 4.5)
ϑ_{zu} Zulufttemperatur in °C (Registeraustrittstemperatur ϑ_{AUS})
ϑ_{EIN} Eintrittstemperatur in °C (Abb. 4.6)
ϑ_i Raumlufttemperatur in °C

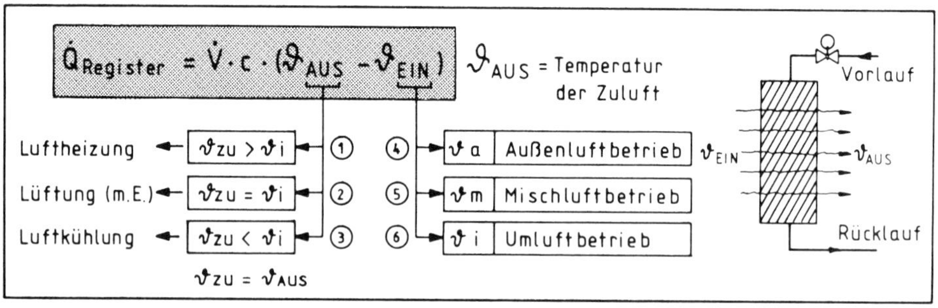

$\dot{Q}_{Register} = \dot{V} \cdot c \cdot (\vartheta_{AUS} - \vartheta_{EIN})$ — ϑ_{AUS} = Temperatur der Zuluft

Luftheizung ← $\vartheta_{zu} > \vartheta_i$ ①
Lüftung (m.E.) ← $\vartheta_{zu} = \vartheta_i$ ②
Luftkühlung ← $\vartheta_{zu} < \vartheta_i$ ③
$\vartheta_{zu} = \vartheta_{AUS}$

④ → ϑ_a Außenluftbetrieb
⑤ → ϑ_m Mischluftbetrieb
⑥ → ϑ_i Umluftbetrieb

ϑ_{EIN}, ϑ_{AUS}, Vorlauf, Rücklauf

Abb. 4.6

Beispiele:

1 + 6 Warmluftheizung ohne Lüftung (Umluftanlage)
3 + 4 Raumluftkühlung mit atmosphärischer Luft (freie Kühlung) ohne Umluft
2 + 5 Lüftungsanlage, bei der ein Teil des Förderstroms aus Umluft, der andere Teil aus Außenluft besteht. Je nach Art der Luftauslässe und Art des Raumes muß zur Vermeidung von Zugerscheinungen evtl. über ϑ_i eingeblasen werden, so daß der Raum auch geringfügig beheizt werden kann.

Daraus ergeben sich auch die Gleichungen nach Abb. 4.7, die sowohl für die Berechnung des Heizregisters (Auslegung) als auch für den Betrieb der Anlage (Regelleistung) gelten.

zu Abb. 4.7 a) **Registerleistung für Umluftbetrieb**

Hier wird – wie unter Kap. 4.4.1 behandelt – die umgewälzte Raumluft nur so weit erwärmt, daß sie den stündlichen **Wärmeverlust des Raumes deckt.** Werden außerdem noch örtliche Heizflächen im Raum in Betrieb genommen (z. B. als Grundheizung), so muß entsprechend der Gleichung entweder die Zulufttemperatur ϑ_{zu} oder der Zuluftstrom (Ventilatordrehzahl) verringert werden.

Dies gilt auch für eine Mischluftanlage, wenn die Außenluftklappe geschlossen ist, wie z. B. während des Aufheizvorganges eines Raumes oder bei geringer Raumluftverschlechterung.

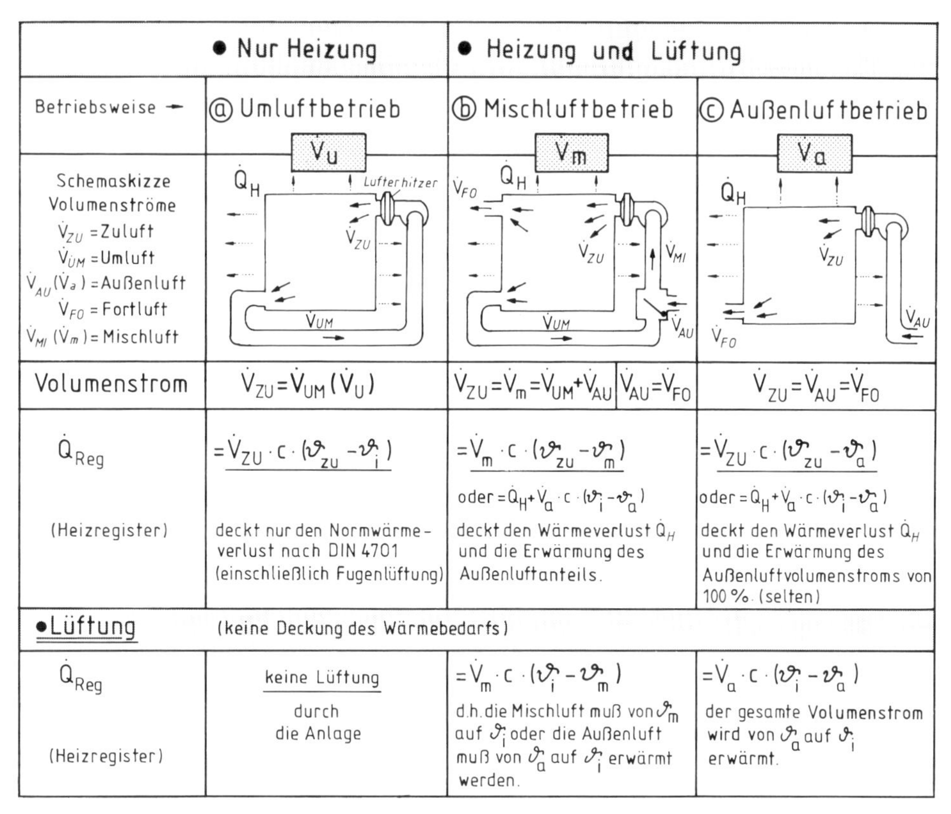

	• Nur Heizung	• Heizung und Lüftung	
Betriebsweise →	ⓐ Umluftbetrieb	ⓑ Mischluftbetrieb	ⓒ Außenluftbetrieb
Schemaskizze Volumenströme $\dot V_{ZU}$ = Zuluft $\dot V_{UM}$ = Umluft $\dot V_{AU}$ ($\dot V_a$) = Außenluft $\dot V_{FO}$ = Fortluft $\dot V_{MI}$ ($\dot V_m$) = Mischluft	$\dot V_u$, $\dot Q_H$, Lufterhitzer, $\dot V_{ZU}$, $\dot V_{UM}$	$\dot V_m$, $\dot Q_H$, $\dot V_{FO}$, $\dot V_{ZU}$, $\dot V_{MI}$, $\dot V_{UM}$, $\dot V_{AU}$	$\dot V_a$, $\dot Q_H$, $\dot V_{ZU}$, $\dot V_{AU}$, $\dot V_{FO}$
Volumenstrom	$\dot V_{ZU} = \dot V_{UM}$ ($\dot V_U$)	$\dot V_{ZU} = \dot V_m = \dot V_{UM} + \dot V_{AU}$ | $\dot V_{AU} = \dot V_{FO}$	$\dot V_{ZU} = \dot V_{AU} = \dot V_{FO}$
$\dot Q_{Reg}$ (Heizregister)	$= \dot V_{ZU} \cdot c \cdot (\vartheta_{zu} - \vartheta_i)$ deckt nur den Normwärmeverlust nach DIN 4701 (einschließlich Fugenlüftung)	$= \dot V_m \cdot c \cdot (\vartheta_{zu} - \vartheta_m)$ oder $= \dot Q_H + \dot V_a \cdot c \cdot (\vartheta_i - \vartheta_a)$ deckt den Wärmeverlust $\dot Q_H$ und die Erwärmung des Außenluftanteils.	$= \dot V_{ZU} \cdot c \cdot (\vartheta_{zu} - \vartheta_a)$ oder $= \dot Q_H + \dot V_a \cdot c \cdot (\vartheta_i - \vartheta_a)$ deckt den Wärmeverlust $\dot Q_H$ und die Erwärmung des Außenluftvolumenstroms von 100 %. (selten)
• Lüftung	(keine Deckung des Wärmebedarfs)		
$\dot Q_{Reg}$ (Heizregister)	keine Lüftung durch die Anlage	$= \dot V_m \cdot c \cdot (\vartheta_i - \vartheta_m)$ d.h. die Mischluft muß von ϑ_m auf ϑ_i oder die Außenluft muß von ϑ_a auf ϑ_i erwärmt werden.	$= \dot V_a \cdot c \cdot (\vartheta_i - \vartheta_a)$ der gesamte Volumenstrom wird von ϑ_a auf ϑ_i erwärmt.

Abb. 4.7 Berechnung des Heizregisters in Abhängigkeit der Betriebsweise

zu Abb. 4.7 b **Registerleistung für Mischluftbetrieb**

Mischluftanlagen sind sowohl für den Lüftungsbetrieb als auch für den Luftheizungsbetrieb aus wirtschaftlichen Gründen üblich. In dem Maß, wie bei niedrigen Außentemperaturen der Außenluftanteil stufenlos reduziert wird, muß der Fortluftanteil verkleinert und der Umluftanteil vergrößert werden, wenn der Zuluftvolumenstrom konstant bleiben soll.

Während bei Lüftungsanlagen die Umluft „Ballastluft" darstellt, dient sie bei der Luftheizung als „Wärmeträger" und zur Erreichung einer geringeren Temperaturdifferenz zwischen Zu- und Raumluft (vgl. Kap. 4.1).

Die **erforderliche Wärmeleistung $\dot Q_{Reg}$ des Heizregisters** setzt sich zusammen aus der Wärmeleistung zur Deckung des Raumwärmebedarfs $\dot Q_H$ und der Wärmeleistung $\dot Q_L$ zur Erwärmung der Außenluft von ϑ_a auf ϑ_i.

Hinweis:

Vielfach werden auch geplante **Mischluftanlagen im Umluftbetrieb** gefahren (z. B. beim Aufheizen des Raums oder bei nur ganz geringer Raumluftverschlechterung), so daß man zweckmäßigerweise in $\dot Q_H$ die Lüftungswärme durch Fugen einbezieht.

$\dot Q_L = \Sigma (a \cdot l) \cdot r \cdot H \cdot \Delta\vartheta$ nach DIN 4701 ist ja auch die Wärmeleistung, die man noch als Fugenlüftung bei der Heizflächenbestimmung hinzunimmt.

Wie obige Gleichungen zeigen, muß bei Mischluftanlagen für die Eintrittstemperatur die Mischlufttemperatur eingesetzt werden, wenn man den Förderstrom des Ventilators zugrunde legt.

Anmerkung:
Möchte man z. B. in einer Leistungstabelle von Lufterhitzern die Heizleistung ablesen (vgl. Tab. 6.9), so muß auch darauf geachtet werden, welche Ansaugtemperatur = Mischlufttemperatur (oder im Augenblick herrschende Außentemperatur) zugrunde liegt!

Die **Mischlufttemperatur** ϑ_m wird wie folgt berechnet:

$$\vartheta_m = \frac{\dot{V}_a \cdot \vartheta_a + \dot{V}_u \cdot \vartheta_u}{\dot{V}_{ges}}$$

Index a – Außenluft
Index u – Umluft (Raumluft)
$\dot{V}_{ges} = \dot{V}_m = \dot{V}_a + \dot{V}_u$ (Mischluft)

z. B. 20%

$$0{,}2 \cdot \vartheta_a + 0{,}8 \cdot \vartheta_u$$

$\vartheta_u \approx \vartheta_i$

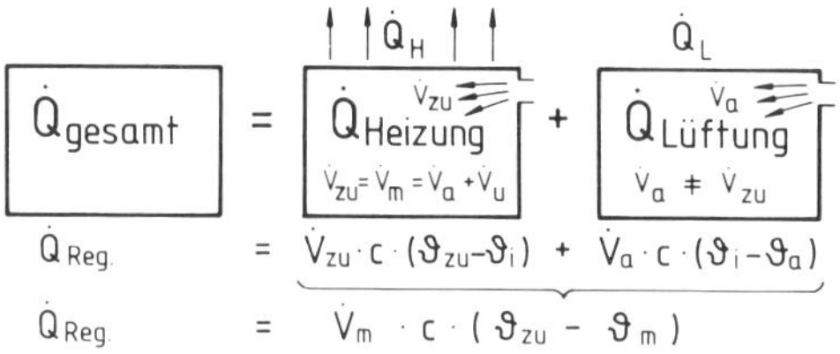

$\dot{Q}_H$ $\dot{Q}_L$

$$\dot{Q}_{gesamt} = \dot{Q}_{Heizung} + \dot{Q}_{Lüftung}$$

$\dot{V}_{zu}$; $\dot{V}_a$; $\dot{V}_{zu} = \dot{V}_m = \dot{V}_a + \dot{V}_u$; $\dot{V}_a \neq \dot{V}_{zu}$

$$\dot{Q}_{Reg} = \dot{V}_{zu} \cdot c \cdot (\vartheta_{zu} - \vartheta_i) + \dot{V}_a \cdot c \cdot (\vartheta_i - \vartheta_a)$$

$$\dot{Q}_{Reg} = \dot{V}_m \cdot c \cdot (\vartheta_{zu} - \vartheta_m)$$

Abb. 4.8 Mischluftbetrieb

Beispiel 4.4.2
Eine Warmluftheizung (ϑ_i = 22 °C) mit einem Förderstrom von 6000 m³/h wird bis – 10 °C mit 20% Außenluft betrieben.
a) Wie groß ist hierbei die Mischlufttemperatur (Eintrittstemperatur in den Lufterhitzer)?
b) Desgl. bei 80% Außenluft

a) $\vartheta_m = 0{,}2 \cdot (-10) + 0{,}8 \cdot 22$
$= -2 + 17{,}6 =$ **15,6°C**

b) $\vartheta_m =$ **–3,6°C**

Beispiel 4.4.3
In einer Cafeteria soll eine Lüftungsanlage geplant werden, die für 70 Personen ausgelegt werden soll. Dabei wird eine Außenluftrate von 40 m³/h · P angenommen, die bei einer Außentemperatur von < ± 0 °C nur noch 2/3 betragen soll. Die Raumheizung (20 °C/–12 °C) wird durch Radiatoren gedeckt.
a) Für welche Leistung muß das Heizregister ausgelegt werden?
b) Wie groß ist der erforderliche Zuluftvolumenstrom und die Registerleistung bei ϑ_a = –5 °C bei 50 % Belegung?

Lösung:

a) $\dot{Q}_{Reg} = \dot{Q}_L = \dot{V}_a \cdot c \cdot (\vartheta_i - \vartheta_a) = 70 \cdot 40 \cdot 0{,}35\,(20-0) = 19\,600$ W; $\dot{V}_a$ ist hier $= \dot{V}_{zu}$; $\dot{Q}_H = 0$
Zur Kontrolle = 70 · 40 · 2/3 · 0,35 [20 – (– 12] = 20 907 W, d. h. die beiden Ergebnisse sind etwa gleich.

b) $\dot{V}_{zu} = \dot{V}_a = 70 \cdot 0{,}5 \cdot 40 \cdot 2/3 =$ **933 m³/h.** Ob eine solche Volumenstromreduzierung zulässig ist (z. B. durch Drehzahlregelung), muß von Fall zu Fall überprüft werden. Inwieweit eine raumausfüllende Strömung noch garantiert werden kann, insbesondere wenn noch Lasten abgeführt werden müssen, entscheidet die gewählte Luftführung, vor allem die Wahl der Zuluftdurchlässe.
Ansonsten muß mit Mischluftbetrieb gefahren werden. Das wären hier bei $\dot{V}_{zu} = \dot{V}_a = \dot{V}_{Ventilator} = 2800$ m³/h ⇒ 33,3 % Außenluft und 66,7 % Umluft.
Eine Reduzierung des Außenluftstroms sollte aus energetischen Gründen immer angestrebt werden!
$\dot{Q}_{Reg(-5\,°C)} = \dot{V}_a \cdot c \cdot (\vartheta_i - \vartheta_a') = 933 \cdot 0{,}35 \cdot [20 - (-5)] =$ **8164 W,** was z. B. durch eine Reduzierung der Vorlauftemperatur ermöglicht wird.

Zu Abb. 4.7 c Außenluftbetrieb

Außenluftbetrieb wird für RLT-Anlagen mit Heizungsbetrieb nicht geplant. Für den Lüftungsbetrieb gibt es jedoch zahlreiche Anwendungsbeispiele. So entfällt die Umluft z. B. in Räumen, in denen die Luft giftige oder stark riechende Stoffe aufnimmt. Der Volumenstrom muß **rechnerisch** hier nur von ϑ_a auf ϑ_i erwärmt werden, wobei die Lüftungsanlage nur zeitweise in Anspruch genommen wird. Wollte man durch die Anlage auch die Beheizung übernehmen, müßte ständig die kalte Außenluft auf ϑ_{zu} gebracht werden, was zu extremen Betriebskosten führen würde.

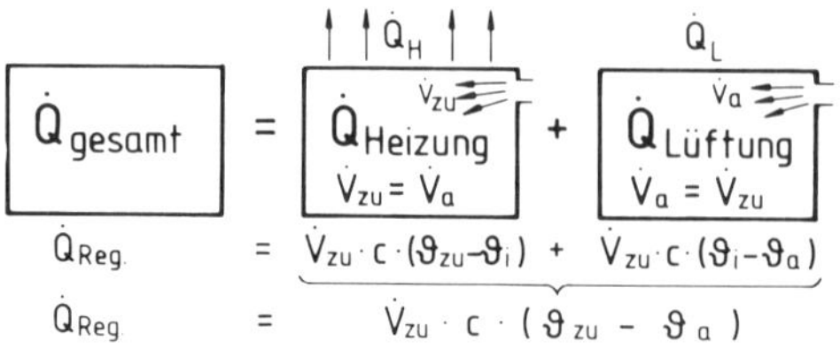

$\dot{Q}_H$ $\dot{Q}_L$

$$\dot{Q}_{gesamt} = \dot{Q}_{Heizung} + \dot{Q}_{Lüftung}$$

$\dot{V}_{zu}$; $\dot{V}_a$; $\dot{V}_{zu} = \dot{V}_a$; $\dot{V}_a = \dot{V}_{zu}$

$$\dot{Q}_{Reg} = \dot{V}_{zu} \cdot c \cdot (\vartheta_{zu} - \vartheta_i) + \dot{V}_{zu} \cdot c \cdot (\vartheta_i - \vartheta_a)$$

$$\dot{Q}_{Reg} = \dot{V}_{zu} \cdot c \cdot (\vartheta_{zu} - \vartheta_a)$$

Abb. 4.9 Außenluftbetrieb

Geplante Mischluftanlagen werden – wie das nächste Kapitel zeigt – besonders im Sommer oder noch in der Übergangszeit vielfach als reine Außenluftanlagen betrieben.

4.5 Lüftungsanlage zur Kühlung („Freie Kühlung")

Das billigste und ausreichend zur Verfügung stehende „Kühlmittel" ist die atmosphärische Außenluft. Diese Möglichkeit, mit Außenluft den Raum zu kühlen, braucht sich nicht nur auf die Wintermonate oder nur auf Industriebetriebe zu erstrecken, sondern wird heute auch bei zahlreichen Versammlungsräumen angewandt.

Wie im Kap. 3.3.2 behandelt wurde, kann mit der Fensterlüftung nur selten das ganze Jahr über eine ausreichende und zugfreie Außenluftzufuhr erreicht werden, so daß auch hierfür die in Kap. 5 und 6 behandelten Zentralen, Luftautomaten oder Einzelgeräte zum Einsatz kommen. Die **Berechnung der Wärmequellen** $\dot{Q}_W$, wie z. B. von außen die Sonnenwärme, im Innern durch die Menschen, Beleuchtung, Maschinen und Geräte, entspricht der Kühllastberechnung bei Klimaanlagen (vgl. Bd. 4). Im Auftrag des Bundesministers für Städtebau und Wohnungswesen wurden mehrere Forschungsaufträge vergeben, wie das sommerliche Raumklima auf möglichst natürliche und einfache Weise verbessert werden kann. Die leichte Bauweise mit der geringen Wärmespeicherfähigkeit in nichtklimatisierten Räumen verursacht nämlich eine äußerst schlechte Temperaturstabilität mit unbehaglich hohen Temperaturen. Der bereits vorgelegte Forschungsbericht machte deutlich, daß neben den Maßnahmen: natürliche und künstliche Beschattung, geringe Fensterflächen und Spezialgläser eine permanente Lüftung eine wirkungsvollere Maßnahme zur Stabilisierung der Raumtemperatur ist als zunächst angenommen.

Taglüftung: vorteilhaft bei großen Räumen, denn diese haben bei permanenter Luftwechselzahl eine größere Dämpfungswirkung auf die Maximaltemperaturen als kleine Räume. Verstärkte Taglüftung auch bei leichter Bauweise.

Nachtlüftung: vorteilhaft bei schwerer Bauweise, da sich die Wände so stark abkühlen können, daß ggf. das Gebäudeinnere tagsüber unter Außentemperatur gehalten werden kann.

In sog. Warmbetrieben (z. B. Walzwerke, Gießereien, Kesselhäuser) jedoch auch in vollen Versammlungsräumen können im Winter die stündlich im Raum entstehenden Wärmequellen $\dot{Q}_W$ größer sein als der stündliche Wärmeverlust.

Aufgrund der hohen Energiekosten und der zunehmenden Energieverknappung geht man neuerdings auch bei der Planung, Dimensionierung und betriebstechnischen Gestaltung von Klimaanlagen (besonders bei hohem internem Wärmeanfall) so vor, daß man für die Raumkühlung während der Übergangszeit oder gar Heizperiode den Wärmeinhalt der Außenluft weitgehendst direkt ausnutzt. Die Kältemaschine wird dann erst bei höheren Außentemperaturen notwendig, wobei der durch die Wärmeschutzverordnung gesetzlich abgesicherte Trend zur energiesparenden Bauweise (vgl. Bd. 1) der Spitzenenergiebedarf im Sommer in wirtschaftlichen Grenzen gehalten wird.

Für die **Ermittlung des Außenluftvolumenstroms** gilt die Gleichung wie unter Kap. 4.1, jedoch mit umgekehrten Vorzeichen für $\dot{Q}$ (= $\dot{Q}_K$) und die Untertemperatur ($\vartheta_{zu} - \vartheta_i$) bzw. ($\vartheta_a - \vartheta_i$).

$$\dot{V}_{zu} = \frac{-\dot{Q}_K}{c \cdot \Delta\vartheta} = \frac{\dot{Q}_W - \dot{Q}_H}{c \cdot (\vartheta_{zu} - \vartheta_i)} \text{ in } m^3/h$$

$\dot{Q}_W$ alle innere und äußere Wärmequellen
$\dot{Q}_H$ Wärmeverlust des Raumes
c spez. Wärmekapazität (näherungsweise 0,35 $Wh/m^3 \cdot K$)

Die Wahl der Untertemperatur $\vartheta_{zu} - \vartheta_i$ hängt von zahlreichen Faktoren ab, wie z. B. von der Art des Raumes, von der Art der Luftverteilung (z. B. Konstruktion der Auslässe, Anordnung), von der Raumhöhe, von der Austrittsgeschwindigkeit. Sie liegt zwischen 3 und 10 K, so daß bei großen Temperaturdifferenzen mit Mischluftbetrieb gefahren werden muß.

Beispiel 4.5.1 (weitere Angaben vgl. Kap. 4.6 Nr. 4.6.8 und 4.6.17)

Eine Gaststätte, 180 m² Grundfläche und 3,8 m lichte Höhe, soll belüftet werden. Der Raumwärmebedarf wird mit Radiatoren gedeckt. Die Raumtemperatur beträgt 22 °C. Es sind 130 Sitzplätze vorhanden.

Die Anlage soll gleichzeitig so geplant werden, daß im Hochsommer in den Abendstunden bei ϑ_a = 20 °C (Temperatur angenommen) die Raumtemperatur von 26 °C nicht überschritten wird. Die Personenwärme wird mit 87 W je Person und die Beleuchtungswärme mit 10 Watt/m² Bodenfläche angenommen. Die Sonnenwärme bleibt unberücksichtigt.

a) Bestimmen Sie den Förderstrom des Ventilators ($c \approx$ 0,35 Wh/m³K) sowie die Außenluftrate!

b) Wie groß ist der stündliche Luftwechsel?

c) Wie groß muß das Register ausgelegt werden, wenn die Raumluft weder gekühlt noch erwärmt wird und als tiefste Mischtemperatur (Ansaugtemperatur) im Winter + 5 °C angenommen werden?

Zu a) $\dot{V}_{zu} = \dfrac{\dot{Q}_W - \dot{Q}_H}{c \cdot (\vartheta_{zu} - \vartheta_i)}$

$\dot{Q}_W$ { Personen: 130 · 87 = 11 310 W; Beleuchtung: 180 · 10 = 1 800 W

Wärmeentzug = – 13 110 W

$= \dfrac{-13\,110 - 0}{0{,}35 \cdot (20 - 26)} = \mathbf{6\,243\ m^3/h}$

Außenluftrate $\dfrac{6243}{130} \approx$ **48 m³/h · Person**

b) $LW = \dfrac{\dot{V}_{zu}}{V_R} = \dfrac{6243}{180 \cdot 3{,}8} = \mathbf{9{,}13\ h^{-1}}$ (was schon einer sorgfältigen Luftführung bedarf)

c) $\dot{Q}_{Reg} = \dot{V}_{zu} \cdot c \cdot (\vartheta_i - \vartheta_m) = 6243 \cdot 0{,}35 \cdot (22 - 5) = \mathbf{37\,150\ Watt}$

4.6 Übungsaufgaben mit Lösungen (Berechnung der Registerleistung)

In diesem Teilkapitel sollen weitere Aufgaben über die Berechnung von Lüftungs- und Luftheizungsanlagen zusammengestellt werden. Insbesondere sollen die in den vorstehenden Teilkapiteln systematisch behandelten Grundlagen vertieft werden und das Verständnis für die folgenden beiden Kapitel erleichtern helfen. Bei der Aufgabenzusammenstellung wurde daher bewußt auf eine systematische Reihenfolge verzichtet.

Erst die Beherrschung der rechnerischen Zusammenhänge in Verbindung mit der praktischen Ausführung ermöglicht die einwandfreie Planung und Installation einer Lüftungs- und Luftheizungsanlage.

Die Lösungen werden erst am Schluß dieses Kapitels zusammengestellt, wobei für zahlreiche Aufgaben Lösungshinweise und Erläuterungen gegeben werden.

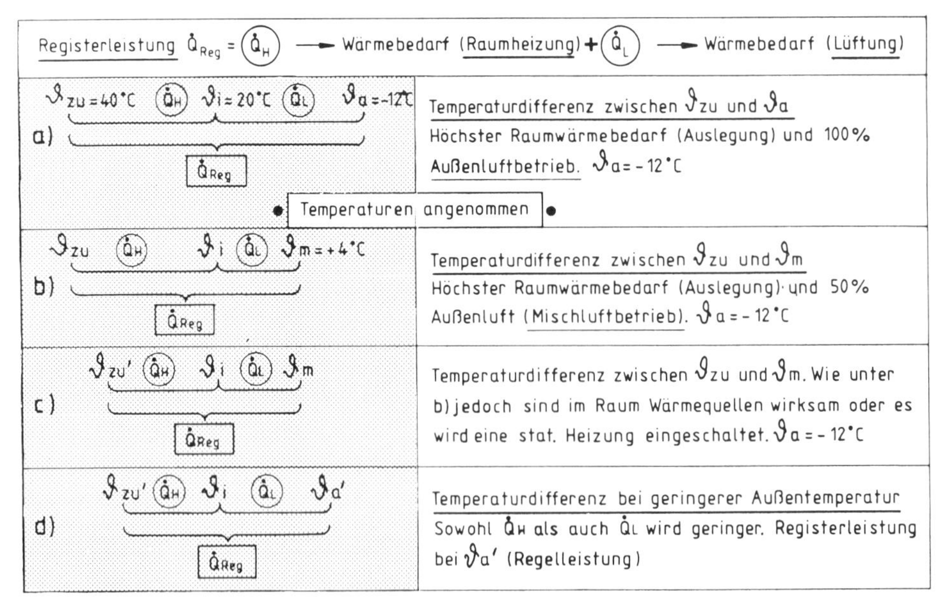

Abb. 4.10

Da die Temperaturdifferenzen proportional zur Registerleistung sind, kann man deren Abhängigkeit von den Betriebsverhältnissen alleine über die Temperaturen darstellen (Abb. 4.10).

Weitere Hinweise zu den Aufgaben:

a) Der Einfachheit halber wurde – wenn nicht extra darauf hingewiesen – die auf das Volumen bezogene spezifische **Wärmekapazität** c **mit 0,35 Wh/m³K angenommen** (genaue Berechnung siehe Abb. 4.5). Dies ist aufgrund der groben Volumenstrombestimmung bei Lüftungsanlagen und der veränderlichen Ansaugtemperatur ohne weiteres zulässig und in der Praxis üblich.

b) Genaugenommen müßte der Luftwechsel auf die Raumtemperatur bezogen werden, d. h., die Volumenänderung müßte berücksichtigt werden. Aus demselben Grund wie unter a wird dies in der Praxis i. allg. vernachlässigt.

c) Wie schon anhand Abb. 4.7 erklärt, setzt sich die Registerleistung $\dot{Q}_{Reg}$ aus dem Anteil für die Raumheizung $\dot{Q}_H$ und dem Anteil für die Lüftung $\dot{Q}_L$ zusammen. Wenn der Raum mittels Luftheizgeräten nur beheizt werden soll (Umluftbetrieb), wird in der Regel der Lüftungswärmebedarf infolge Fugenlüftung, Fensterlüftung, Öffnen von Türen usw. in $\dot{Q}_H$ einbezogen.

Aufgabe 4.6.1

In einer Lüftungs-Luftheizungsanlage sollen 20 000 m³/h Mischluft von –5 °C auf eine Zulufttemperatur von 40 °C erwärmt werden.

Bestimmen Sie genau unter Berücksichtigung der Volumenänderung die Wärmeleistung des Heizregisters!

Hinweis: Die Aufgabe ist entsprechend dem Beispiel 4.4.1 auf 3 Arten zu berechnen!

Aufgabe 4.6.2

Ein Fabrikationsraum mit einem Rauminhalt von 2000 m³ erhält eine RLT-Anlage, die für einen 5fachen Luftwechsel ausgelegt werden soll. Der Raum wird bis zu einer Außentemperatur von –12 °C durch eine Radiatorenheizung auf die gewünschte Raumtemperatur von 18 °C gebracht.

a) Wie groß muß das Heizregister ausgelegt werden, wenn noch bei tiefster Außentemperatur mit 40% Außenluft gefahren werden muß?

b) Bis zu welcher Außentemperatur reicht dieses Heizregister aus, wenn mit 100% Außenluft gefahren werden soll?

c) Wie groß ist die auf die Außenluft bezogene Luftwechselzahl?

Aufgabe 4.6.3

Für einen chemischen Betrieb soll eine Lüftungsanlage mit reinem Außenluftbetrieb bis ϑ_a = –12 °C projektiert werden. Dabei soll noch ein geringer Anteil des Raumwärmebedarfs von 20 kW übernommen werden können (ϑ_i = 20 °C). Der Volumenstrom für die Lüftungsaufgabe beträgt 8000 m³/h.

a) Für welche Wärmeleistung muß das Heizregister ausgelegt werden?

b) Wie groß ist die Registerleistung (Regelleistung) bei einer Außentemperatur von –5 °C?

c) Welche Zulufttemperatur wäre bei ϑ_a = ± 0 °C erforderlich?

Aufgabe 4.6.4

Ein Ausstellungsraum nach Abb. 4.11 mit 5 600 m³ Rauminhalt erhält eine direktbeheizte Luftheizungsanlage, mit der im Sommer auch gelüftet und mit atmosphärischer Luft gekühlt werden kann.

Der Raumwärmebedarf von 140 kW wird ausschließlich durch diese Anlage gedeckt. Die Raumtemperatur beträgt 15 °C, und die Zulufttemperatur kann aufgrund der gegebenen Verhältnisse mit 30 °C angenommen werden.

a) Wie groß ist die Luftumwälzung im Winter (reiner Umluftbetrieb) bzw. die Luftwechselzahl im Sommer (Außenluftbetrieb)?

b) Um wieviel Prozent muß die Heizleistung des Warmluftautomaten größer gewählt werden, wenn bis ϑ_a = –12 °C ein Außenvolumenstrom von 10% vorgesehen wird?

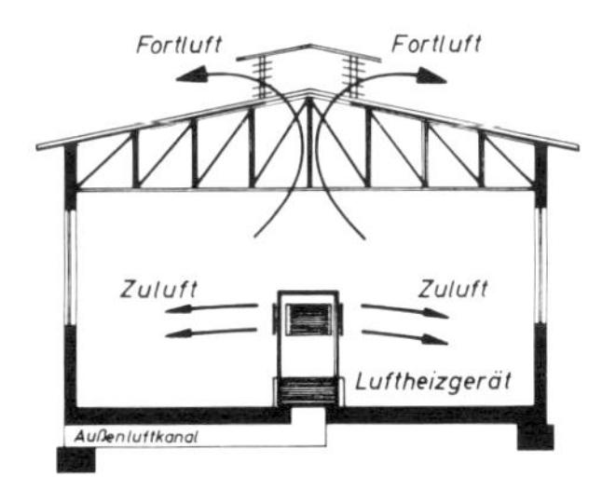

Abb. 4.11 Fabrikhalle mit Warmluftautomat und Lüftungsmöglichkeit

Aufgabe 4.6.5

Ein Versammlungsraum hat einen stündlichen Wärmeverlust von 81 200 Watt bei tiefster Außentemperatur von −12 °C und einer Raumtemperatur von 22 °C. Ein Drittel davon wird entsprechend der Außentemperatur durch eine Pumpenwarmwasserheizung gedeckt. Der Förderstrom des Ventilators wurde anhand der Tab. 4.1 mit 14 000 m^3/h ermittelt.

a) Wie groß ist die Heizleistung des Registers bei −12 °C, wenn 20% Außenluft noch garantiert werden sollen?

b) Wie groß müßte die Zulufttemperatur bei −3 °C Außentemperatur sein?

Aufgabe 4.6.6

In einem 1 500 m^3 großen Raum gehen je Stunde 500 l CO an die Raumluft über. Laut Tab. 4.3 beträgt der MAK-Wert 50 cm^3/m^3.
Die Lüftungsanlage soll gleichzeitig mit 5 K Übertemperatur (ϑ_{zu} = 10 °C) den Raum temperieren, und bis −10 °C Außenlufttemperatur soll reiner Außenluftbetrieb angenommen werden.

a) Bestimmen Sie den Luftwechsel und die Wärmeleistung der Heizregister bei −10 °C!

b) Bestimmen Sie den prozentualen Anteil der Wärmeleistung für die Lüftung!

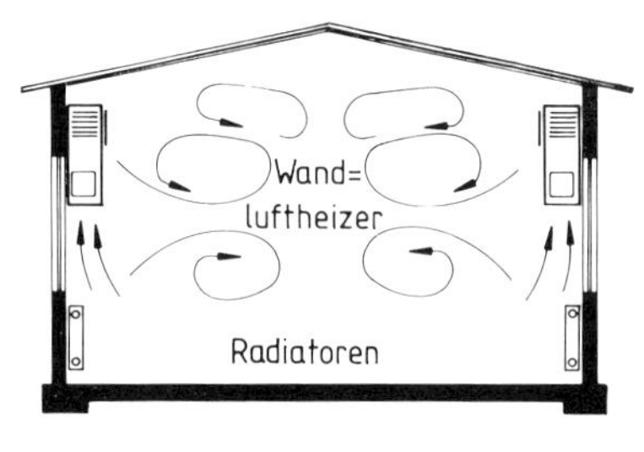

Abb. 4.12 Kombinierte Hallenbeheizung; alternativ mit Mischluftgeräten zur Belüftung und separaten Fortluftgeräten

Aufgabe 4.6.7

Für den Betriebsraum nach Abb. 4.12 wurde nach DIN 4701 bei einer Außentemperatur von −14 °C ein Raumwärmebedarf von 70 kW berechnet. Zwei Drittel davon sollen durch die RLT-Anlage und ein Drittel durch eine Radiatorenheizung gedeckt werden. Die Zulufttemperatur wird mit 40 °C und die Raumtemperatur mit 20 °C festgelegt. Der Rauminhalt beträgt 1200 m^3.

a) Bestimmen Sie den erforderlichen Volumenstrom für die Luftheizgeräte, und ermitteln Sie die Luftumwälzzahl!

b) Wie groß muß die Registerleistung bei ϑ_a = −14 °C sein, wenn hier mit 30% Außenluft gefahren wird?

c) Desgl. wie bei b, jedoch bei ϑ_a = +5 °C und 60% Außenluftanteil.

d) Nennen Sie zwei Möglichkeiten, wie bei Mischluftbetrieb die Fortluft abgeführt werden kann.

Aufgabe 4.6.8

Aus einem 450 m^3 großen Raum sollen durch die Lüftungsanlage im Sommer in den Abendstunden 5800 W abgeführt werden.

a) Wie groß muß hierfür der Förderstrom des Ventilators sein, wenn eine Raumtemperatur von 26 °C und eine Außentemperatur (abends) von 20 °C angenommen wird?

b) Bestimmen Sie für a die Luftwechselzahl!

c) Zur Vermeidung von Zugerscheinungen soll die Zuluft nur 4,5 K unter ϑ_i eingeführt werden. Wieviel Prozent Umluft müssen beigemischt werden, wenn der Förderstrom auf 5000 m^3/h erhöht wird?

Aufgabe 4.6.9

Ein Mehrzweckraum für etwa 300 Personen erhält eine RLT-Anlage, die bis zu ϑ_a = +5 °C einen 4fachen AU-Luftwechsel garantieren sollen. Gleichzeitig soll mit dieser Anlage dem 3000 m^3 großen Raum zur Deckung eines Teils des Raumwärmebedarfs 30 kW zugeführt werden (ϑ_i = 22 °C, ϑ_a = −10 °C)

a) Für welche Wärmeleistung muß das Heizregister ausgelegt werden, und wie groß wäre die erforderliche Registerleistung (Regelleistung) bei $\vartheta_a = \pm\ 0$ °C?

b) Welche Zulufttemperatur wäre bei ϑ_a = +5 °C erforderlich: b_1) ohne Berücksichtigung der Personenwärme; b_2), wenn je Person 90 W fühlbare Wärme berücksichtigt werden sollen?

c) Vergleichen Sie den angenommenen Luftwechsel mit dem Tabellenwert nach Tab. 4.2 und die für diese Aufgabe ermittelte Außenluftrate mit dem Tabellenwert nach Tab. 4.1. Nehmen Sie Stellung dazu.

Aufgabe 4.6.10

Lt. Firmenprospekt wird bei einer Lüftungstruhe, die an einer Pumpenwasserheizung (80 °C/60 °C) angeschlossen ist, eine Wärmeleistung von 33,2 kW und eine Zulufttemperatur von 41 °C angegeben. ϑ_i = 22 °C.

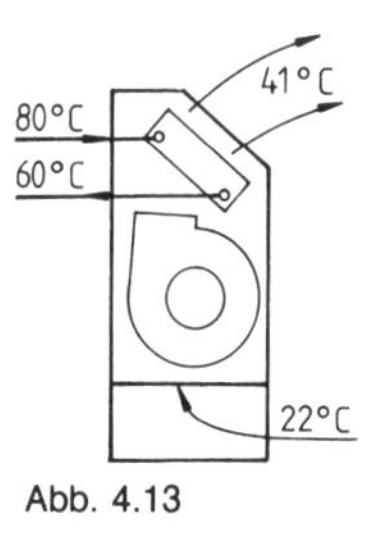

Abb. 4.13

a) Welche Ansaugtemperatur wurde hierbei zugrunde gelegt, wenn die mittlere Drehzahl des Ventilators mit einem Förderstrom 3870 m³/h eingeschaltet wird?

b) Wieviel Prozent der Geräteleistung werden zur Deckung des Raumwärmebedarfs erbracht?

c) Geben Sie Hinweise zur Regelung und zum Frostschutz bei Mischluftbetrieb.

Aufgabe 4.6.11

Eine mit Niederdruckdampf beheizte Werkhalle von 10 000 m³ Rauminhalt hat bei −14 °C Außen- und 18 °C Raumtemperatur einen Wärmeverlust von 232 000 W. Zusätzlich soll bis ϑ_a = +5 °C ein 5facher Luftwechsel (bezogen auf Außenluft) garantiert werden.
Eine Grundheizung (20% des Raumwärmebedarfs) ist, unabhängig von der jeweils herrschenden Außentemperatur, in Form von Gußradiatoren mit ungeregeltem Dampfstrom in Betrieb.

a) Wie groß muß bei ϑ_a = −5 °C die Zulufttemperatur sein?

b) Um wieviel Prozent würde sich die Registerleistung (Auslegung) erhöhen, wenn man obigen Luftwechsel nicht bis +5 °C, sondern bis −5 °C festsetzen würde?

c) Bis zu welcher Außentemperatur kann der Raumwärmebedarf mit der Radiatorenheizung allein gedeckt werden? Der zusätzliche Luftwechsel soll dabei nicht berücksichtigt werden.

Aufgabe 4.6.12

Eine 6000 m³ große Werkhalle soll mittels Deckenluftgeräten beheizt werden. Der Transmissions-Wärmeverlust nach DIN 4701 beträgt 83 kW (ϑ_i = 19 °C, ϑ_a = −12 °C). Durch Fugen und teilweise offene Fenster und Türen soll zusätzlich ein 0,5facher Luftwechsel angenommen werden.

a) Wie groß ist die Leistung eines Gerätes und wieviel Geräte sind zur Deckung des Wärmebedarfs erforderlich, wenn jedes Gerät mit $\dot{V}$ = 4050 m³/h und 19 °C Ansaugtemperatur eine Zulufttemperatur von 30 °C aufweist?

b) Welche Luftumwälzzahl wird mit den eingebauten Geräten erreicht?

c) Wieviel Prozent Außenluft können je Gerät bei ϑ_a = −12 °C eingeführt werden, wenn der Zuluftvolumenstrom je Gerät 3520 m³/h beträgt, die Zulufttemperatur mit 30 °C und die Ansaugtemperatur mit ± 0 °C angegeben wird (größeres Heizregister und höhere Vorlauftemperatur)?

Aufgabe 4.6.13

Bei einer Lüftungsanlage beträgt die Temperatur in der Mischkammer bei ϑ_a = −12 °C und ϑ_i = 22 °C genau −15,2 °C.

a) Wieviel Prozent Außenluft werden angesaugt?

b) Wie groß ist der Umluftförderstrom, wenn für das Heizregister bei −12 °C eine Leistung von 86 400 W berechnet wurde?

Aufgabe 4.6.14

Für den Gastraum (ϑ_i = 20 °C) entsprechend Abb. 4.14 soll mit einer Lüftungsanlage bis zu einer Außentemperatur von −10 °C ein 7facher Luftwechsel garantiert werden. Durch Einbau einer Wärmerückgewinnungsanlage wird die Außenluft mittels der Fortluftwärme auf +6 °C erwärmt. Die dem Raum abgeführte Luft beträgt 80% des Zuluftvolumenstroms. V_R = 600 m³.

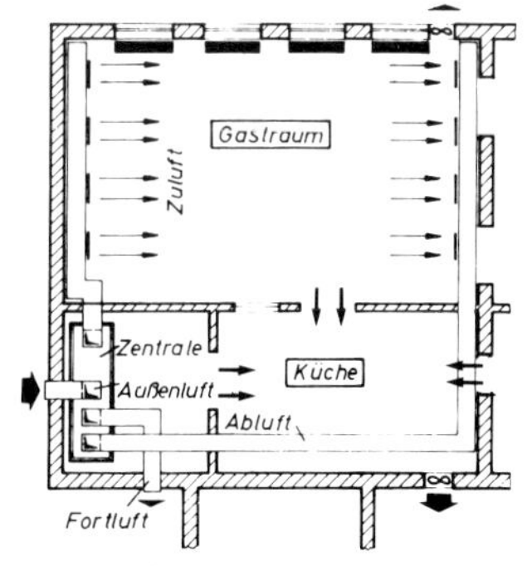

Abb. 4.14

a) Bestimmen Sie den Förderstrom des Abluftventilators und die Außenluftrate (vorgesehen sind etwa 100 Personen).

b) Wie groß muß die Wärmeleistung des Heizregisters sein, wenn die Zuluft mit 3 K über Raumtemperatur eingeführt wird und der Rest des Wärmebedarfs durch eine Radiatorenheizung erbracht wird?

c) Wie groß ist die „Luftwechselzahl" für die 210 m³ große Küche, wenn der in der Wand eingebaute Fortluftventilator 900 m³/h fördert. Nehmen Sie Stellung zu dieser Lösung!

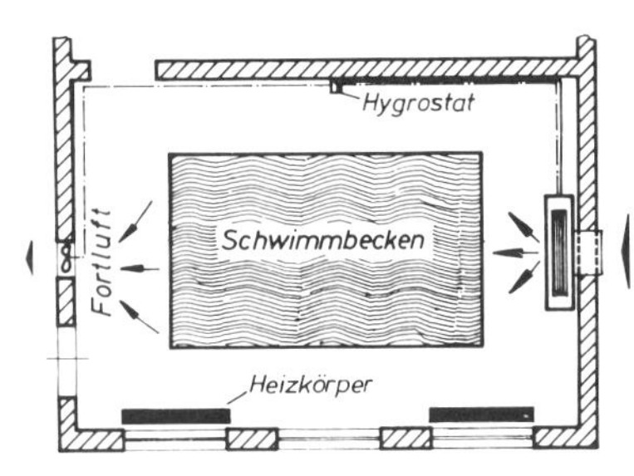

Abb. 4.15

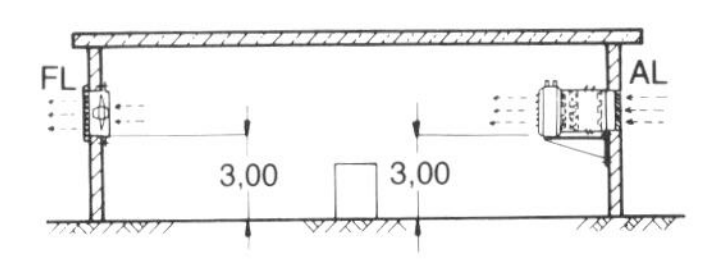

Abb. 4.16

Aufgabe 4.6.15

Der Schwimmbadraum nach Abb. 4.15 wird durch eine Lüftungstruhe entfeuchtet. Um Zugerscheinungen zu vermeiden, beträgt die Zulufttemperatur 38 °C bei einer Ansaugtemperatur (= Außentemperatur) von -12 °C und bei einem Volumenstrom von 1200 m^3/h. Die Raumtemperatur beträgt 30 °C. Zur Deckung des Raumwärmebedarfs ist eine Radiatorenheizung vorgesehen.

a) Wie groß ist hierbei die Wärmeleistung der Truhe, und welche Wärmeleistung wird zusätzlich in den Raum gebracht, wenn vom Hygrostaten das Gerät in Betrieb gesetzt wird, bzw. welche Leistung muß dann bei den Radiatoren weggeregelt werden?

b) Da im Winter wesentlich weniger Außenluft benötigt wird als im Sommer, soll bei kalter Außentemperatur entweder die Drehzahl reduziert oder mit Mischluftbetrieb gefahren werden (längere Laufzeiten ⇒ Energie- und Kosteneinsparung).

Um wieviel Prozent könnte man die Heizleistung des Gerätes dann kleiner wählen, wenn im Winter nur 500 m^3/h Außenluft benötigt werden, und bis zu welcher Außentemperatur könnte mit dieser geringeren Heizleistung der gesamte Volumenstrom für die Entfeuchtung verwendet werden?

Aufgabe 4.6.16

An der Außenwand einer Fabrikhalle (ϑ_i = 17 °C) werden entsprechend Abb. 4.16 vier Wandluftheizgeräte mit Mischluftkasten montiert. Der Außenluftvolumenstrom beträgt bei ϑ_a = -12 °C je Gerät 800 m^3/h ($\hat{=}$ 20%), und die Gesamtleistung aller Geräte wird mit 130 kW angegeben.

a) Berechnen Sie die Zulufttemperatur bei ϑ_a = -12 °C sowie die abgegebene Wärmeleistung zur Deckung des Raumwärmebedarfs.

b) Um wieviel Prozent könnte bei ϑ_a = -12 °C der Außenluftvolumenstrom erhöht werden, wenn die 10 kW Maschinenwärme berücksichtigt werden?

Aufgabe 4.6.17

In einer großen Industriehalle (Hitzebetrieb) entstehen durch Maschinen, Motoren, Automaten, Beleuchtung und Personen 174 000 W und durch Sonnenwärme im Sommer etwa 13 900 W, die durch die Lüftungsanlage abgeführt werden sollen.

a) Bestimmen Sie den Förderstrom für den Sommerbetrieb, wenn die Raumtemperatur ohne Lüftung auf 35 °C ansteigt und eine Außentemperatur von 25 °C angenommen wird!

b) Welcher Förderstrom wäre im Winter notwendig, wenn der Wärmebedarf 92 800 W beträgt und mit 3 K unter Raumtemperatur eingeblasen wird (Luftmischung)?

Aufgabe 4.6.18

Der Wärmeverlust eines 1700 m^3 großen Betriebsraumes wird (bei ϑ_a = -12 °C, ϑ_i = 18 °C) mit 60 kW ermittelt, wovon 20% durch Radiatoren (Grundheizung) gedeckt werden sollen. Die Luftheizung soll gleichzeitig zur Lüftung herangezogen werden. Zulufttemperatur wird mit 40 °C angenommen.

a) Wie groß ist die Luftwechselzahl, wenn mit 40% Außenluft gefahren wird?

b) Wieviel Prozent Außenluft müßten eingeführt werden, wenn je Stunde 225 l Schadstoffe SM anfallen und ein MAK-Wert von 50 cm^3/m^3 zugrunde liegt?

c) Bestimmen Sie für b die Registerleistung!

Aufgabe 4.6.19

Der Verkaufs- und Ausstellungsraum nach Abb. 4.17 hat einen Rauminhalt von 3000 m^3. Für die Be- und Entlüftung dieses Raumes wird eine Wärmeleistung von 70 kW benötigt. Im Raum herrscht Überdruck, wobei der Abluftvolumenstrom (RLT-Anlage) 10% geringer als der Zuluftvolumenstrom gewählt wurde.
Mit dieser Anlage soll der Raum gleichzeitig beheizt werden, so daß bei tiefster Außentemperatur von -12 °C eine Registerleistung von 190 kW erforderlich wurde. Die Zulufttemperatur beträgt hier max. 45 °C bei einer Raumtemperatur von 18 °C.

a) Wie groß ist die Luftwechselzahl und wieviel Prozent Außenluft können bei ϑ_a = -5 °C eingeführt werden, wenn die eingebaute Registerleistung zugrunde gelegt wird?

b) **Die Abluft wird der darunterliegenden Garage zugeführt. Welche Lufttemperatur stellt sich etwa bei ϑ_a = –12 °C ein, wenn dadurch der Wärmebedarf der Garage von 32 kW gedeckt werden kann.**
Wie groß wäre ϑ_i, wenn mit dem Abluftvolumenstrom der Wärmebedarf der Garage bei ϑ_a = –7 °C gedeckt wird?

c) **Was ist bei der Auswahl der Zu- und Abluftventilatoren für Garagen zu beachten?**

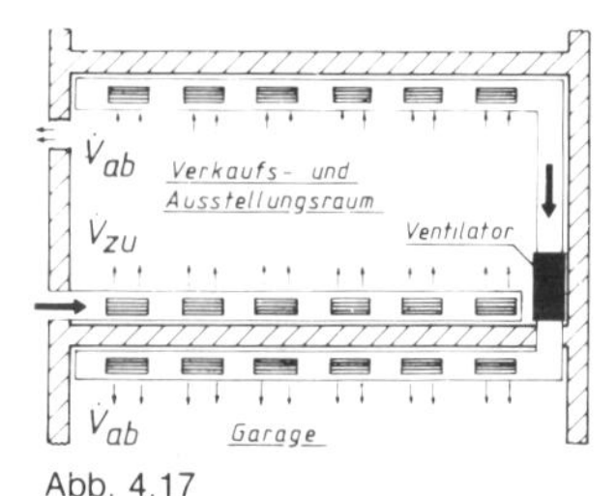

Abb. 4.17

Aufgabe 4.6.20

Ein Fabrikationsraum mit einem Rauminhalt von 800 m³ soll auf eine Temperatur von 18 °C beheizt werden. Der Wärmebedarf nach DIN 4701 wurde bei tiefster Außentemperatur von –12 °C mit 40 kW ermittelt, wovon 10% durch statische Heizflächen gedeckt werden.
Mit der Anlage soll der Raum gleichzeitig gelüftet werden, wobei ein 4facher Luftwechsel garantiert werden soll. Das für Heizung und Lüftung ausgelegte Heizregister hat eine Leistung von 53 500 W; die Zulufttemperatur wird bei tiefster Außentemperatur mit 45 °C festgelegt.

a) **Welche Temperatur darf in der Mischkammer nicht unterschritten werden?**

b) **Wie groß ist der prozentuale Außenluftanteil bei ϑ_a = –12 °C?**

c) **Wie groß ist die Registerleistung (Regelleistung) bei einer Außentemperatur von ± 0 °C?**

d) **Wieviel Liter Schadstoffe dürfen im Raum an die Luft übergehen, wenn der MAK-Wert 50 cm³/m³ beträgt und obiger Luftwechsel vorliegt?**

Lösungen, Berechnungshilfen und Erläuterungen zu vorstehenden Aufgaben:

4.6.1 **331 884 W** ($\varrho_\vartheta = \varrho_0 / (1 + \alpha \cdot \vartheta)$ = 1,317 kg/m³); etwa 17 kW (≈ 5,4%) mehr als näherungsweise mit c = 0,35 Wh/m³ · K.

4.6.2 a) **42 000 W;** b) ϑ_m = **6,0 °C;** c) = **2,0 h⁻¹**
Löst man die Gleichung $\dot Q_L = \dot V_a \cdot c \cdot (\vartheta_i - \vartheta_a)$ auf, erhält man ebenfalls die Temperatur 6,0 °C, d. h., bis zu dieser Temperatur kann mit reiner Außenluft gefahren werden. Bei tieferen Außentemperaturen ist der Begriff „Luftwechsel" eigentlich nicht mehr angebracht, bzw. er bezieht sich dann auf eine Mischluft. Der außenluftbezogene Luftwechsel beträgt bei ϑ_a = –12 °C nur noch 2,0 h⁻¹ (LW= $\dot V_a / V_R$ = 4000 m³/h : 2000 m³), was hier allerdings eine starke Einschränkung in der Raumluftqualität bedeutet.

4.6.3 a) **109 600 W;** b) **85 625 W;** c) **24,5 °C**
Daß der Außenluftvolumenstrom bis zur tiefsten Außenlufttemperatur garantiert werden muß, ist äußerst selten. Der Raumwärmebedarf muß dann durch eine andere Anlage gedeckt werden (hier wird nur eine Spitzenlast übernommen). Außenluftanlagen mit vielen Betriebsstunden erhalten eine Wärmerückgewinnung.
Da bei vollem Außenluftbetrieb die veränderte Außenlufttemperatur sowohl $\dot Q_H$ als auch $\dot Q_L$ proportional verändert, kann der Dreisatz bzw. die Laständerung direkt an der Registerleistung vorgenommen werden.

Bei der Anordnung und Auswahl der Zuluftdurchlässe muß – besonders in der Übergangszeit – auf zugfreie Luftführung geachtet werden.

4.6.4 a) **4,76 h⁻¹;** b) **18%;** Verwendung eines Warmluftautomaten zur freien Kühlung (Kap. 4.5).

4.6.5 a) **87 724 W;**
b) **30,2 °C.** Hier kann davon ausgegangen werden, daß die Pumpenwarmwasserheizung entsprechend der Außentemperatur gleitend gefahren wird. Dies bedeutet, daß die RLT-Anlage immer nur 2/3 des Wärmebedarfs decken muß. 20% der Zuluft müssen von ϑ_a auf ϑ_i gebracht werden.
Für die ϑ_{zu}-Berechnung muß zuerst $\dot Q_H$ auf ϑ_a = –3 °C umgerechnet werden.

4.6.6 a) **6,67 h⁻¹, 70 kW;**
b) **75%;** MAK-Wert nach Tab. 4.3; Schadstoffkonzentration der Außenluft bleibt unberücksichtigt.

4.6.7 a) **6700 m³/h, 5,6 h⁻¹;** b) **70 820 W;** c) **41 796 W;** d) Wandlüfter, Dachlüfter

4.6.8 a) **2762 m³/h;** b) **6,1 h⁻¹;** c) **26,3%** (erforderliches $\dot V_a$ = 3682 m³/h ≙ 73,6%)

4.6.9 a) **101,4 kW, 92 kW;** b) **25,8 °C, 19,4 °C** (Vorsicht!);
c) **40 m³/h · Pers.** Dies stellt einen sehr hohen Wert dar und kann u. U. bei tieferer Außentemperatur stark reduziert werden.
4 h⁻¹ bis zu ϑ_a = +5 °C (bei tieferen Außentemperaturen Mischluftbetrieb). Der Wert ist vielfach zu knapp und sollte, auf den Zuluft- bzw. Mischluftvolumenstrom bezogen, etwas höher angesetzt werden (vgl. auch Tab. 6.2).

4.6.10 a) **16,5 °C;** b) $\dot Q_H$ = 25 736 W ≙ **77,5 %;** c) vgl. Kap. 6.2

4.6.11 a) **24,9 °C.** Der Anteil der ungeregelten Dampfheizung beträgt unabhängig von ϑ_a konstant 46 400 W.
b) **42,4%** (Erhöhung von 413 100 W auf 588 100 W). Einbau einer Wärmerückgewinnung überprüfen!
c) **11,6 °C** (bei höherer Außentemperatur müssen einzelne Heizkörper abgestellt werden).

4.6.12 a) **15 592 W, gewählt 8 Geräte** (7.4); b) **5,4 h⁻¹**; c) $\dot{V}_a$ = 2157 m³/h (zuerst $\dot{Q}_L$ berechnen) **61,3%**

4.6.13 a) **20%** $\vartheta_m = \vartheta_u \cdot x_u + \vartheta_a \cdot x_a$ (u = Umluft, a = Außenluft, x = Prozentangabe als Dezimalzahl). Gleichung nach x_a auflösen, wobei $x_u = 1 - x_a$ gesetzt wird. Andere Möglichkeit über Mischungsdreieck.
b) **29 040 m³/h;** bei ϑ_a = −12 °C ist die Ansaugtemperatur nur 15,2 °C. $\dot{Q}_L = \dot{V}_{zu} \cdot c \cdot (\vartheta_i - \vartheta_m)$.

4.6.14 a) **3360 m³/h, 42 m³/h · Pers**
b) **25 kW;** c) **4,3 h⁻¹**. Dieser Wert ist für Küchen zu gering. Außerdem ist die Einführung erwärmter Zuluft aus Nebenräumen (trotz definierter Öffnungen) äußerst problematisch. Sinnvoller wäre es, auch hier die Zuluft über Zuluftventilator und Kanalsystem zuzuführen.

4.6.15 a) $\dot{Q}_{Reg}$ = **21 000 W,** $\dot{Q}_H$ = **3360 W;** b) **58,3%** (das neue Register hat nur noch eine Leistung von 41,7%), ϑ_a' = **17,2 °C.** Weitere Hinweise hierzu siehe Kap. 7.5.2, Hinweis 3.

4.6.16 a) **34,4 °C,** Berechnung durch ϑ_m-Bestimmung (11,2 °C) oder über $\dot{Q}_L$ (32 480 W), $\dot{Q}_H$ = **97,4 kW;**
b) **30,8%** (Maschinenwärme steht für $\dot{Q}_L$ zur Verfügung).

4.6.17 a) **53 686 m³/h,** b) **77 333 m³/h,** da $\dot{Q}_K > \dot{Q}_H$ ist, muß hier auch im Winter gekühlt werden.

4.6.18 a) **1,47 h⁻¹** (auf Außenluft bezogen), **3,7 h⁻¹** (auf Zuluft bzw. Mischluft bezogen). Nach Kap. 4.2.3 ist dieser Wert zu knapp (Gegenmaßnahmen vgl. Kap. 4.3); b) **72,2%** (vgl. Kap. 4.2.4); c) **95 250 W.**

4.6.19 a) **4,23 h⁻¹** ($\dot{V}_{zu}$ berechnen nach $\dot{Q}_H$);
b) **10 °C, 11,3 °C** (Zuluft Garage = Abluft Verkaufsraum, $\dot{Q}_H$ umrechnen); c) vgl. **Kap. 7.6.**

4.6.20 a) **+4,9 °C** ($\dot{V}_{zu}$ größer als $\dot{V}_a$); b) **43,7%** ($\dot{V}_a$ = 1667 m³/h);
c) **41 760 W;** d) **160 l/h** (Schadstoffgehalt der Außenluft mit Null angenommen)

4.7 RLT-Anlagen mit variablem Zuluftvolumenstrom

Im Gegensatz zu den meisten vorstehenden Beispielen sind diese Anlagen dadurch gekennzeichnet, daß der Zuluftvolumenstrom für die einzelnen Räume verschieden ist und die Zulufttemperatur konstant bleibt; entsprechend einer einheitlichen Grundlast, z. B. durch statische Heizflächen. Um dies zu erreichen, verwendet man z. B. für Zu- und Abluft entsprechende Volumenstromregler mit Stellmotor, die jeweils vom Raumthermostaten gesteuert werden. Die Steuerung der variablen Volumenströme erfolgt meistens über Druckfühler im Zuluftkanal, die über Regler eine stufenlose Ventilatordrehzahlregulierung ermöglichen.

Weitere Hinweise:

1. VVS-Systeme werden **fast ausschließlich nur bei Klimaanlagen** (Kühlung) gewählt, für Räume mit ständig veränderlichen Kühllasten, wie Bürogebäude, Kaufhäuser, Banken usw.; überall dort, wo einzelne Räume oder Zonen zu- oder weggeschaltet werden bzw. stärkere Volumenstromänderungen in Abhängigkeit von bestimmten Regelgrößen vorgenommen werden müssen.

2. Die **Vorteile von VVS-Anlagen** mit stufenloser Ventilatordrehzahlregelung sind: wirtschaftliche Betriebsweise (Energiebedarf verringert sich fast proportional mit dem Volumenstrom), schnelle Anpassung bei wechselnden Lasten, auch günstig bei sehr geringen Kühllasten, evtl. Gleichzeitigkeitsfaktor bei der Geräteauswahl; geringer Schalldruckpegel bei fallender Drehzahl, vereinfachte Kanalnetzberechnung.

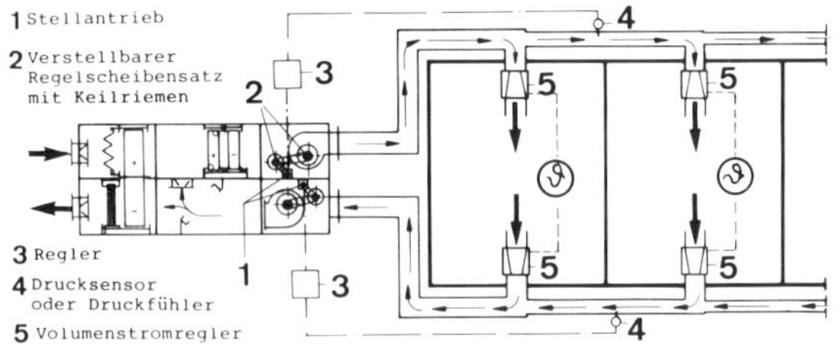

Nachteile: Problematisch bei der Heizung, örtliche Heizfläche erforderlich, zusätzliche Regelkreise, evtl. ungenügend raumausfüllende Strömung (hohe Induktion am Auslaß notwendig), erforderlicher konstanter Kanalvordruck von etwa 200 Pa (falls Regler ohne Fremdenergie).

3. Hinsichtlich der **Volumenstromregler** gibt es verschiedene Ausführungen. Die Volumenstromregelung erfolgt wahlweise ohne Fremdenergie, d. h. selbsttätig über den Druck im Kanal, oder mit Fremdenergie, d. h. mit elektrischem oder pneumatischem Stellmotor. Die jeweilige Drosselung des Volumenstroms (Konstanthaltung) erfolgt durch Abdecken von Lochblechen, durch Klappenverstellung oder durch Querschnittsverengung z. B. mit Membranen. Näheres hierzu vgl. Bd. 4.

5 Luftheizungen

Obwohl der Zentralheizungsbauer vielfach nur ungern von der Warmwasserheizung mit ihren herkömmlichen Heizkörpern abgeht, weiß jeder fortschrittliche Heizungsfachmann, daß vor allem zur Beheizung von großen Hallen, Saalbauten, Lagerräumen, Fabrikationsbetrieben und Werkstätten örtlich montierte Heizkörper unwirtschaftlich sind.

Bei Luftheizungen wird der Wärmebedarf von Räumen durch warme Luft gedeckt. Je nachdem, wie und womit die in die Räume eingeführte Warmluft erwärmt wird, unterscheidet man im wesentlichen nach folgenden Ausführungsarten:

Beheizungsart	Geräteaufbau (Anlage)	Geräteanordnung	Luftführung im Raum	Wärmeübertragung
● direkt (z. B. Öl, Gas)	● zentral (mit Kanal)	● Wandmontage	● Strömungsart (Abb. 9.1)	vorwiegend ● Konvektion
● indirekt (z. B. Wasser)	● dezentral (Einzelgeräte)	● Deckenmontage	● Strömungsrichtung (Abb. 9.2)	● Strahlung (Abb. 5.49)
	● kombiniert (z. B. nur Zuluft zentral)	● auf Fußboden		

So ist die Anwendung der indirekten Luftheizung für größere Versammlungsräume in Verbindung mit einer Kühlung schon seit vielen Jahrzehnten eine Selbstverständlichkeit, ebenso die Beheizung von Betriebsräumen durch Warmlufterzeuger (vgl. Kap. 5.1) oder Einzelgeräte, wie z. B. durch Wand- und Deckenlufterhitzer nach Kap. 6.1. Das soll jedoch nicht heißen, daß die Warmluftheizung für Büro- und Wohngebäude unwirtschaftlich sein muß. Von den genannten Nachteilen, die immer wieder bei der Luftheizung herausgestellt werden, gehören nämlich die meisten der Vergangenheit an.

Wer die **Vorteile** der Warmluftheizung voll ausnutzen möchte, wird die vielfach höheren Anschaffungskosten in Kauf nehmen. Die Planung und Berechnung (Kanalanordnung, Zu- und Abluftöffnungen, Schalldämmung, Vermeidung von Zugerscheinungen usw.) müssen allerdings sorgfältiger durchgeführt werden als bei der Warmwasserheizung.

Obwohl sich zahlreiche Vorteile vorwiegend auf direktbeheizte industrielle Betriebsräume beziehen, hat vor allem die indirekt beheizte Lüftung/Luftheizung – auch auf dem Komfortsektor, vereinzelt sogar im Wohnungsbau – an Bedeutung zugenommen. Die Gründe sind: die teilweise Beseitigung bisheriger Nachteile, die Einbindung der Lüftungsfunktion (kontrol-

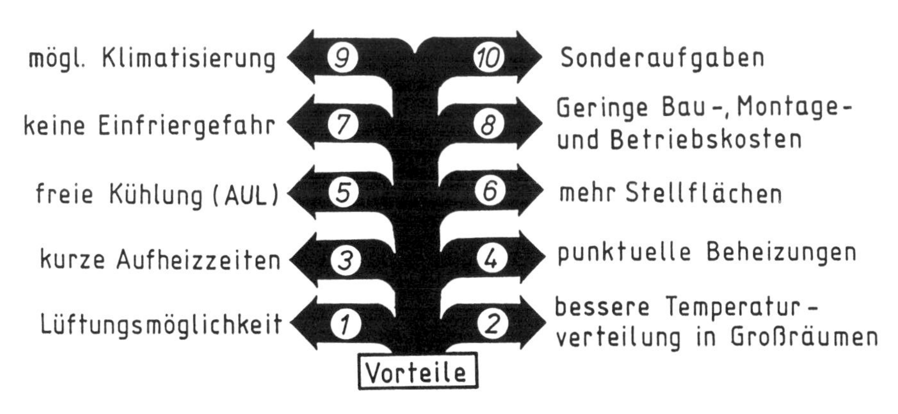

Abb. 5.1

lierter Außenluftanteil, Wärmerückgewinnung, Luftfiltrierung usw.), die Fortschritte bei den Geräten, die Zunahme von Serienmaterialien sowie die Verbesserungen bei der Regelung, bei der Montage und beim Betrieb.

Damit jedoch die in Abb. 5.1 genannten Vorteile gegenüber der Radiatoren- oder Fußbodenheizung nicht verallgemeinert werden, sollen mit nachfolgenden Hinweisen die Planungs- und Beratungsaufgaben erleichtert werden.

Zu 1 Lüftungsmöglichkeit
Die Heranziehung einer Luftheizungsanlage oder eines Heizgerätes zur Belüftung eines Raumes liegt auf der Hand. Dies ist heute wichtiger als früher, da der Lüftungswärmebedarf prozentual stark zugenommen hat. Im Vordergrund stehen der Wunsch nach einem individuellen und kontrollierten Außenluftanteil sowie die Möglichkeit zur Wärmerückgewinnung u. a.

Zu 2 Bessere Temperaturverteilung in Großräumen
Die übliche Luftzirkulation bei einem Radiator versagt bei großen Raumtiefen (etwa $> 8 \ldots 10$ m) sowie bei Höhen über 4 m. Das würde bedeuten, daß in den inneren Raumzonen eine schlechte Beheizung, d. h. eine schlechte Temperaturverteilung, herrscht. Mit einer gezielten Luftführung kann man in hohen Räumen eine beachtliche Einsparung an Energie- und Betriebskosten einsparen, indem man vor allem eine zu starke Temperaturschichtung vermeidet.
Warmluftpolster im Deckenbereich können kaum zur Raumheizung herangezogen werden und erhöhen außerdem die Transmissionswärmeverluste an der Decke (Nachteil). Sie werden dadurch vermindert, daß man die Zuluft schnell und intensiv mit der Raumluft vermischt, bevor sie aufgrund ihrer höheren Temperatur nach oben strömt. Eine Luftheizung ist somit in Hallen aus energetischen und physikalischen Gründen unersetzbar.
Nicht nur in Industriehallen, sondern auch in großen Versammlungsräumen bemüht man sich heute, durch eine gezielte und automatisch gesteuerte Luftverteilung die Energiekosten drastisch zu senken, möglichst bei gleichzeitiger Verbesserung der Raumluftqualität.
Es gibt auch Geräte ohne Heizregister oder Brennkammer, die lediglich die Warmluft im Deckenbereich ansaugen und diese durch Dralluftverteiler zugfrei in die Aufenthaltszone blasen (bis 16 m Hallenhöhe).

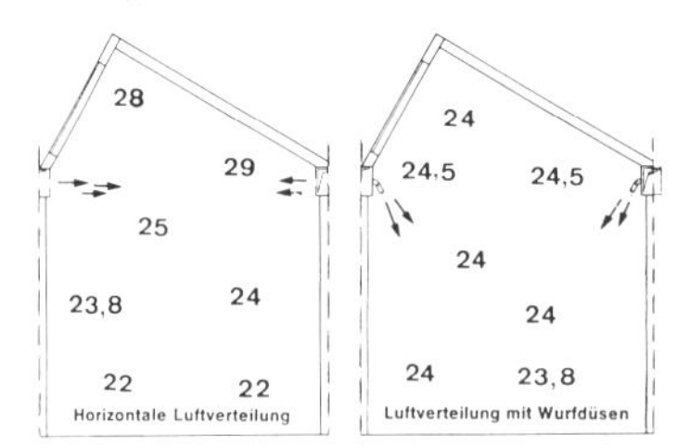

Abb. 5.2 Beispiel einer Temperaturverteilung

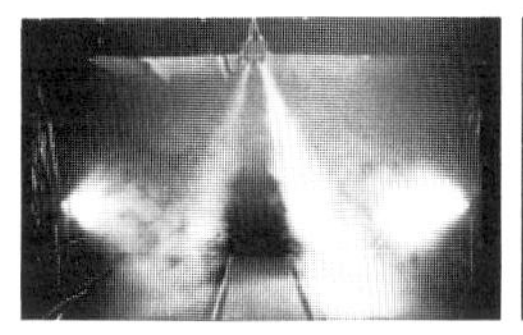

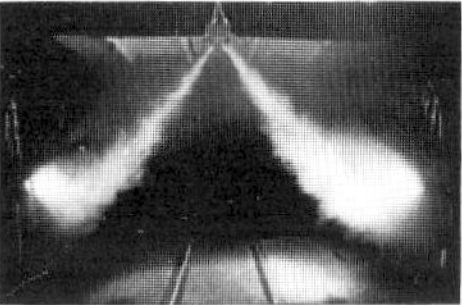

Abb. 5.3 Strömungsbilder bei speziellem Luftdurchlaß

Wie **Abb. 5.2** zeigt, wird z. B. über Düsen die Zuluft direkt in den Aufenthaltsbereich geführt, wodurch eine gleichmäßigere Lufttemperatur und eine gründliche Durchspülung erreicht werden.

Abb. 5.3 zeigt, daß man durch Verstellen von Düsen oder Spezialjalousien die Luftführung stark verändern kann und somit höchste Flexibilität in bezug auf maximale Betriebsanforderungen, momentane Betriebsbedingungen und Montage ermöglicht wird. In Kap. 6 werden zahlreiche Geräte, auch gleichzeitig zur Lüftung und Wärmerückgewinnung, beschrieben.

Zu 3 Kurze Aufheizzeiten
Die kurze Aufheizzeit, d. h. das schnelle Erreichen der Raumlufttemperatur in Verbindung mit der elastischen Anpassung von Wärmebedarf und Wärmeverlust, wirkt sich günstig auf die Betriebskosten aus. Dies ist besonders in der Übergangszeit der Fall, wenn nur noch stundenweise geheizt werden muß; auch bei Stoßbetrieb wie in Kirchen, Turnhallen, Mehrzweckhallen usw.

Zu 4 Punktuelle Beheizungen
Oft müssen in Fabrikhallen bestimmte Zonen stärker, andere wieder weniger stark beheizt und gelüftet werden. Durch Luftschleier können „Raumteiler" hergestellt werden, oder bei offenen Hallentoren kann eine „Torbeheizung" durchgeführt werden (Kap. 7.12).

Zu 5 Freie Kühlung
Hierunter versteht man die Kühlung von Luft und Gebäudemassen durch atmosphärische Luft, die vom Ventilator, z. B. der eines Warmlufterzeugers, angesaugt und in den Raum geblasen wird (vgl. Kap. 4.5).

Zu 6 Mehr Stellflächen
Bei der Verwendung von Wand- und Deckengeräten oder von speziellen Luftauslässen in obenliegenden

Luftkanälen stehen die Wandflächen für die Aufstellung von Maschinen, Geräten, Regalen usw. zur Verfügung.

Zu 7 Keine Einfriergefahr
Dieser Vorteil wird vor allem dann deutlich, wenn mit sehr großen Betriebsunterbrechungen zu rechnen ist, wie z. B. in Lagerhallen, Turnhallen, Kirchen usw. (direkte Beheizung).

Zu 8 Geringere Bau-, Montage- und Materialkosten
Geringere **Bau- und Nebenkosten** entstehen in der Regel nur dann, wenn wenige große Räume beheizt werden sollen, und noch deutlicher, wenn die direkte Beheizung möglich ist. Ganz besonders niedrig werden diese Kosten, wenn frei ausblasende Warmlufterzeuger verwendet werden, denn dann fallen noch Heizräume und gemauerte Schornsteine weg. Diese Geräte können wie normale Zimmeröfen auch an Stahlschornsteine angeschlossen werden. Der Zugverlust im Gerät ist meistens gering. Zulufttemperatur überprüfen!
Bei Luftheizungen mit umfangreichem Kanalnetz sind die höheren Bau- und Nebenkosten oft beachtlich. Hinzu kommt die notwendige genauere Vorplanung bzw. Raum- und Platzbedarf (Geräte, Kanäle, evtl. Zwischendecke, Gitteranordnung usw.).
Wegen geringerer **Montagekosten** gilt das gleiche, obwohl in den letzten Jahren zahlreiche Montagevereinfachungen erzielt wurden. Warmlufterzeuger werden anschlußfertig geliefert.
Für die **Materialkosten** ist nicht nur die Art der Anlage maßgebend, sondern ob direkt oder indirekt beheizt, ob mit oder ohne umfangreichem Kanalnetz, ob mit oder ohne Außenluftanteil, Art der Regelung usw. So muß eine kleine, indirekt beheizte Luftheizungsanlage, z. B. für ein Bürogebäude, teurer sein (dafür aber die unter Kap. 1.1 zusammengestellten zusätzlichen Vorteile!) als eine normale Pumpenwarmwasserheizung (bis 100 %). Bei großen Objekten ist es jedoch oft umgekehrt. Hier kann man grundsätzlich sagen, daß Luftheizungsanlagen im Verhältnis zu anderen Heizungssystemen um so billiger werden, desto größer die zu beheizenden Räume sind.
Mehr und mehr interessieren die laufenden **Betriebskosten** (Energiekosten, Wartungskosten usw.), wobei mit der Luftheizung für Großräume sehr günstige Ergebnisse erzielt werden. Bei der Vorplanung werden heute oft mehrere Varianten gegenübergestellt. So interessieren bei einem Objekt z. B. die Gesamtkosten für eine Zentralanlage, für eine Anlage mit Einzelgeräten, für eine Kombination der beiden, für eine Anlage mit Lüftung und ohne Lüftung usw.
In kleineren Komforträumen, wie z. B. in **Büro- oder Wohnräumen,** entsteht jedoch ein völlig anderes Bild. Vergleicht man z. B. eine Warmluftheizung mit festgelegten Außenluftraten oder eine Luftheizung mit Truhengeräten mit der einer normalen Radiatorenheizung, so liegen bei letzterer die Betriebskosten weitaus günstiger. Ein Vergleich ist jedoch nicht korrekt, da sowohl die Beheizungs- als auch Lüftungsart in bezug auf Auslegung, Funktion und Betrieb völlig verschieden sind. Die wesentlich größere Wärmeleistung bei Dauerlüftung und somit Heizkosten können heute durch Wärmerückgewinnungsgeräte reduziert oder sogar vermieden werden.

Zu 9 Möglicher Ausbau zur Klimatisierung
Neben der Filtrierung (dreifacher Luftwechsel heißt dreimal gefiltert!) sind hier mögliche zusätzliche thermische Aufbereitungsstufen gemeint (Abb. 1.2), wie z. B. Luftbefeuchtung im Winter, Einsatz von Kaltwasser im Sommer zur Kühlung und Entfeuchtung.

Zu 10 Sonderaufgaben
Mit Warmluft können weitere zahlreiche Aufgaben vor allem im gewerblichen Bereich erfüllt werden, wie z. B. zur Trocknung von Materialien, für Abtauarbeiten, für Entfeuchtungsaufgaben, als Luftergänzungsanlage in Räumen mit starker Absaugung (z. B. Lackiererei).

Die **Nachteile** einer Luftheizung sind: Gefahr der Temperaturschichtung im Raum, umfangreichere Servicearbeiten (z. B. Filterwartung), Beachtung zahlreicher anlagenspezifischer Voraussetzungen, Gefahr von Zug- und Lärmbelästigungen, Platzbedarf für Geräte und Kanäle, schwierigere Planung (Probleme müssen vor der Planung schon möglichst hundertprozentig gelöst sein), im allgemeinen teuere Installation, fehlende Strahlungswärme, Probleme bei nachträglichen Änderungen oder Erweiterungen am Bau, Geruchsausbreitung bei Umluftbetrieb, stärkere Staubumwälzung bei Geräten ohne Filter.

Spezielle Nachteile werden auch bei der Behandlung der jeweiligen Anlagen und Geräte in den Teilkapiteln zusammengestellt.

5.1 Direkt beheizte Lüftungs-Luftheizungsanlagen

Bei der direkten Beheizung – früher als „Feuerluftheizung" bezeichnet – wird die **Luft unmittelbar an den Heizflächen einer Feuerstätte erwärmt,** d. h., zwischen der Wärmequelle (Feuerraum mit Brenner) und dem zu beheizenden Medium (Raumluft oder Mischluft) wird kein weiteres Medium (Wasser oder Dampf) zwischengeschaltet. Wesentliche der in Abb. 5.1 genannten Vorteile beziehen sich auf dieses System.

Ausführungsformen sind: Warmlufterzeuger mit Ausblaskopf in stehender oder liegender Ausführung (Abb. 5.4); desgl. mit Kanalanschlüssen (Abb. 5.6); Kastengeräte für Zentralanlagen (Abb. 5.11); Kachelofenluftheizungen (Abb. 5.20); freihängende Warmluftgeräte (Abb. 5.12); Elektro-Zentralspeicheranlagen (Abb. 5.24); gasbefeuerte Wandlufterhitzer (Abb. 6.50); Elektro-Lufterhitzer (Abb. 6.55); fahrbare Geräte (Abb. 6.53).

5.1.1 Luftheizungen mit Warmlufterzeugern (WLE) und Kastengeräten

Die verbreitetste Ausführungsart von direkt beheizten Luftheizungsanlagen ist die mit Warmlufterzeugern (vielfach als Warmluftautomat bezeichnet).
Wie die Abb. 5.5 zeigt, besteht ein solcher WLE aus folgenden 3 Teilen:

Feuerungstechnischer Teil	Lufttechnischer Teil	Regelungstechnischer Teil
Wärmetauscher (Brennkammer), Brenner, Abgasteile, Armaturen	Ventilator, Motor, Motorschutz, Filterplatten, Ansaug und Ausblas	Trafo, Thermostate, Sicherheitstemperaturbegrenzer, Schalter, Kontrollampen

Direkt beheizte Warmlufterzeuger kommen vorwiegend in gewerblichen Betrieben zum Einsatz. Die Vielfalt der Ausführungsformen – obige Beispiele könnte man noch weiter unterteilen – ermöglicht es, daß hier praktisch alle vorkommenden Planungs- und Einbauwünsche erfüllt werden können.

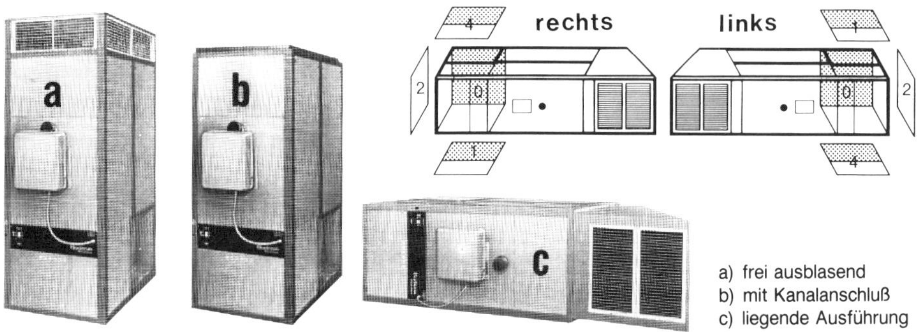

a) frei ausblasend
b) mit Kanalanschluß
c) liegende Ausführung

Abb. 5.4 Warmlufterzeuger für Öl- und Gasfeuerung

Abb. 5.4 zeigt einen Warmlufterzeuger von 40–400 kW in 10 Abstufungen (ab 170 kW zweiteilig); Volumenstrom etwa 3 000 bis 30 000 m³/h; Öldurchsatz 4 bis 37 kg/h; Anschlußwert 1,6 bis 13 kW (Wechselstromausführung); Höhe 1,5 bis 2,6 m; Breite 0,7 bis 1,3 m; Tiefe 0,86 bis 2,3 m; Gewicht 200 bis 1 240 kg.

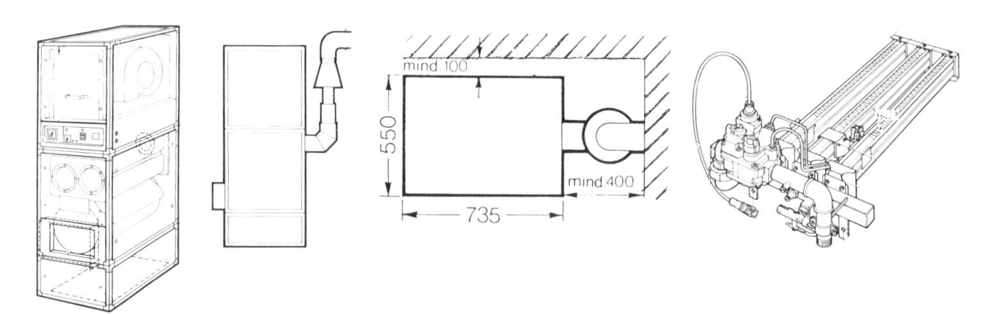

Abb. 5.5 Warmlufterzeuger mit atmosphärischem Gasbrenner (Fa. Schrag)

Abb. 5.5 zeigt einen kleineren WLE mit einem atmosphärischen Gasbrenner in einer Leistungsabstufung von 14–30 kW in fünf Typen. Kastenbauweise; Alu-Rahmen; schallgedämmte, lackierte Seitenwände; Radialventilator; stufenlose Drehzahlregelung; herausziehbarer Filterkorb; Armaturenbrett; Wärmetauscher aus Chromstahlblech; Geräte zur Absicherung des Brenners; wahlweise mit Elektroluftfilter und Dampfbefeuchter. **Wandabstand** seitlich mind. 100 mm, nach hinten mind. 400 mm.

Der große **Nachteil** ist die Gefahr der Temperaturschichtung im Raum, d. h. die zu große Temperaturdifferenz zwischen Fußboden- und Deckenbereich infolge der meist zu hohen Zulufttemperatur und der geringen Induktion am Austritt. Außerdem besteht die Gefahr der Kondensation im Wärmeerzeuger.

Viele Geräte arbeiten diesbezüglich unbefriedigend, und zahlreiche Hersteller bemühen sich z. Zt., daß die Probleme durch konstruktive Maßnahmen und entsprechende Betriebsweise gelöst werden (z. B. Abb. 5.11).

Fragen vor der Planung:

- Wo soll das Gerät montiert werden (auf dem Boden, an der Wand, im oder oberhalb des Aufenthaltsbereiches)?
- Welches Verteilungssystem muß gewählt werden (Kanal, Gitterart, freier Ausblas)?
- Welchen Verwendungszweck hat der Raum (Beschäftigungsart, Arbeitsplatz, erforderliche Raumtemperatur, Betriebszeit), und welche Schadstoffe entstehen?
- Wie können die Wärmeschichtung im Raum und die Kondensation im Wärmeerzeuger verhindert werden?
- Wie ist die Beschaffenheit des Raumes (Brandschutz, Raumgröße, Platzbedarf, Luftführung, Einrichtungsgegenstände)?
- Welche Wärmeleistung liegt vor, und welche Feuerungsart muß gewählt werden? Welche Sicherheitsvorschriften sind zu beachten?
- Soll mit dem Gerät bzw. der Anlage der Raum auch belüftet werden?
- Welche Regelung muß gewählt werden?

Hinweise für Planung, Montage, Betrieb und Beratung

1. Die wichtigsten zwei **Vorschriften für Warmlufterzeuger** sind neben den bei den jeweiligen Textstellen angegebenen Normen (z. B. Pkt. 8 bis 10):

a) **DIN 4794 Ortsfeste Warmlufterzeuger**
Teil 1 Allgemeine und lufttechnische Anforderungen; Prüfung (1980)
Teil 2 Ölbefeuerte Warmlufterzeuger; Anforderungen; Prüfung (1980)
Teil 3 Gasbefeuerte Warmlufterzeuger mit Wärmetauscher; Anforderungen, Prüfung (1980)
Teil 4 (entfällt)
Teil 5 Allgemeine und sicherheitstechnische Anforderungen, Aufstellung, Betrieb (1980)
Teil 6 (entfällt)
Teil 7 Gasbefeuerte Warmlufterzeuger ohne Wärmetauscher, Sicherheitstechnische Anforderungen, Prüfung (1980)

b) Zusammenstellung Technischer Anforderungen für Heizräume **„ZTA-Heizräume"** sowie die **Richtlinien für Feuerstätten (> 50 kW) in anderen Räumen als Heizräumen** (vgl. Pkt. 2f).

2. Die **Aufstellung** des Warmlufterzeugers (WLE) erfolgt je nach Größe, Konstruktion und örtlichen Erfordernissen auf dem Fußboden, auf einer Trag- oder Hängekonstruktion, an einer Wand, unter der Decke oder im Freien. Dabei kann der WLE frei ansaugend oder ausblasend oder frei ansaugend und über Kanalsystem ausblasend oder über Kanalsystem ansaugend und ausblasend installiert werden. Frei stehende Geräte erhalten spezielle Ausblashauben (Abb. 5.7).

Wesentliche Hinweise aus DIN 4794 Teil 5 unabhängig vom Brennstoff

a) Bei der **Wahl des Aufstellungsortes** sind abzustimmen: Anforderungen in bezug auf Brandschutz und betriebliche Gefährdung; Funktion (z. B. Druck im Raum, Verbrennungsluftzufuhr); betriebliche Belange

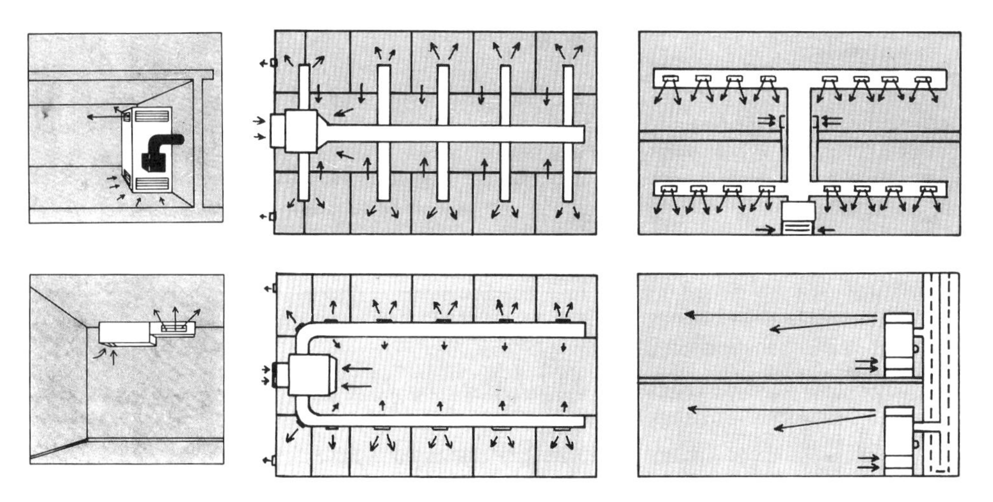

Abb. 5.6 örtliche und zentrale Zuluftführung

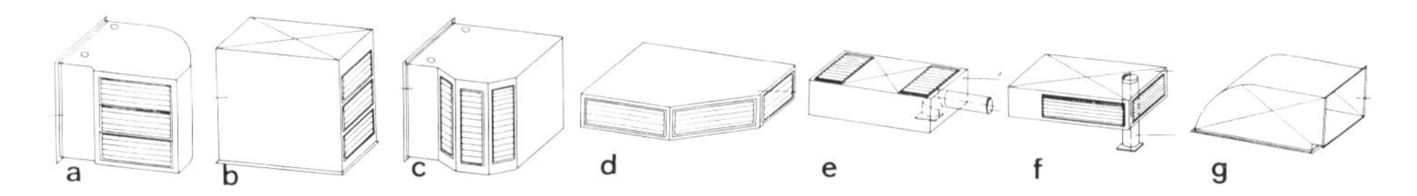

Abb. 5.7 Verschiedene Ausblashauben (a bis f); Ausblaskopf (g); Fa. Heylo

(z. B. Luftverteilung, Lüftung, Platzbedarf); Anschlußmöglichkeit am Schornstein; Montage-, Reparatur- und Wartungsmöglichkeit (leicht zugänglich); Verhältnis Rauminhalt zur Nennwärmeleistung (vgl. Pkt. g); ständig beobachtbar, falls WLE nicht im Heizraum.

b) Bei der **Montage auf Fußboden** müssen WLE standsicher auf nicht brennbarem Boden und außerhalb von Verkehrszonen (z. B. auch von Kranen) aufgestellt werden. Zum Schutz vor Beschädigungen in gewerblichen Betrieben, zur ungehinderten Wartung und Reparatur sowie gegebenenfalls zum ungehinderten Ansaugen und Ausblasen ist eine **Schutzzone von 1 m Abstand freizuhalten** (Hinweisschild erforderlich!). Für häufig befahrbare Bereiche ist eine feste Abgrenzung ratsam.

c) Bei der **Wandmontage** sind folgende Punkte zu beachten: Wand aus nicht brennbaren Stoffen; Prüfung der Belastbarkeit (evtl. Verstärkungen anbringen); Anweisung der Hersteller beachten (Abstand, Verankerung); ausreichende Wartungs- und Reparaturmöglichkeit (Brenner, Ventilator, Filter, Schornstein); Betätigung der Bedienungseinrichtung für WLE und Brenner vom Boden aus.

d) Bei **hängender Montage** gelten die Anforderungen wie unter c; Befestigung nur an tragfähigen Konstruktionen oder Decken aus nicht brennbaren Baustoffen und mit ausreichender Tragfähigkeit.

e) Die Anforderungen bei der **Montage im Freien** sind: witterungsbeständiger Schutz für WLE sowie Schalt- und Steuergeräte; keine Gefahren oder unzumutbare Belästigungen; geeignete Armaturen und Schaltgeräte.

f) Wie alle üblichen Feuerstätten sind WLE nach den Vorschriften der Landes-Bauordnung ab bestimmten Nennwärmeleistungen **anzeige- oder genehmigungspflichtig.**
Geräte **bis 50 kW** Nennwärmeleistung können unter Beachtung der FeuVO außerhalb von Heizräumen aufgestellt werden. Bei Leistungen **über 50 kW** hat zwar die Aufstellung in Heizräumen zu erfolgen, doch dürfen hier Ausnahmen gestattet werden, wenn der WLE seiner Bestimmung nach in anderen Räumen als Heizräumen oder in gewerblichen Bereichen aufgestellt werden muß. Dabei sind aber die „Richtlinien für die Aufstellung von Feuerstätten mit einer Gesamtnennwärmeleistung von mehr als 50 kW in anderen Räumen als Heizräumen“ zu beachten, die zahlreiche zusätzliche Forderungen stellen (vgl. Bd. 2).

g) Eine **ausreichende Zufuhr der Verbrennungsluft** ist dann sichergestellt:

1. Wenn die Luft aus dem Aufstellungsraum entnommen wird und das Verhältnis Rauminhalt zu Gesamtwärmenennleistung 4 m^3/kW erreicht.

2. Wenn die Luft aus dem Aufstellungsraum entnommen wird und dieser über das Gerät mit einem sichergestellten Außenvolumenstrom beheizt wird.
3. Wenn die Luft aus dem Aufstellungsraum entnommen wird und dieser unverschließbare Öffnungen ins Freie hat entsprechend den bauaufsichtlichen Anforderungen an Heizräume (vgl. Bd. 2).
4. Wenn die Luft über einen am Brenner angebrachten Kanal aus dem Freien angesaugt wird (ausreichender Querschnitt, Brennersaugleistung, evtl. Widerstände berücksichtigen!).

h) Für ein **Verbot der Aufstellung** ist die gefährliche Konzentration im Aufstellungsraum einschließlich offener Nebenräume zu prüfen. Für Räume, in denen brandfördernde, leichtentzündliche, explosionsgefährdete oder brennbare Stoffe be- oder verarbeitet, verwendet, umgefüllt, verpackt oder aufbewahrt werden oder wenn sich durch Gase, Dämpfe, Nebel oder Stäube mit Luft explosive Gemische bilden können, dürfen nur dann Ausnahmen gestattet werden, wenn sichergestellt ist, daß Stoffe oder Gemische durch den WLE nicht entflammen können.
Werden **Sondergenehmigungen** erteilt, so sind zahlreiche Auflagen zu beachten, wie z. B. gasdichte Brennerverkleidung, gasdichte Verbrennungsluftzufuhr, reiner Außenluftbetrieb über nicht brennbare Kanäle, Ansaugöffnungen für Umluft mind. 2 m über Fußboden, je nach Rauminhalt.

i) Für **Kanalanschlüsse** sind Anschluß-Einschubstutzen vorgesehen, so daß die Kanäle leicht von außen befestigt werden können. Um die Übertragung von Schwingungen auf den Baukörper zu vermeiden, sind elastische Verbindungen (z. B. Segeltuchstutzen, Kunststoff) dazwischenzusetzen (vgl. Abb. 5.9).

3. Durch die **Verbindung einer Ansaugseite mit der Außenluft** kann vollständig oder teilweise mit Außenluft gefahren, d. h. gelüftet werden. Dies erfolgt mit Wandanschluß (Abb. 5.9a) oder von unten über einen Bodenkanal (Abb. 5.9b). Die regulierbare Jalousie ist besonders ratsam, wenn das Gerät mit Mischluft geplant wird. Zur Filtrierung werden meist regenerierbare Filter aus Fasergewebe verwendet (z. B. EU3).

Die **Einstellmöglichkeiten hinsichtlich der Lüftung** sind bei den jeweiligen Herstellern und Gerätearten unterschiedlich. So gibt es bei dem Warmlufterzeuger entsprechend Abb. 5.4 folgende vier Schaltmöglichkeiten:

1. **Heizungsschalter „EIN“, Lüftungsschalter „AUS“, Ventilatorschalter „LANGSAM“ (nur Heizen)**
Hier schaltet sich das Gerät einschließlich Ventilator über Raumtemperaturregler automatisch ein und aus.
2. **Heizungsschalter „EIN“, Lüftungsschalter „EIN“, Ventilatorschalter „LANGSAM“ (Heizen und Dauerlüftung)**
Hier heizt und lüftet das Gerät automatisch, jedoch läuft der Ventilator bei abgeschaltetem Heizvorgang zur Dauerlüftung in Kleinstellung weiter.
3. **Heizungsschalter „AUS“, Lüftungsschalter „EIN“, Ventilatorschalter „SCHNELL“ oder „LANGSAM“ (Dauerlüftungsbetrieb)**
Hier läuft der Ventilator ununterbrochen.

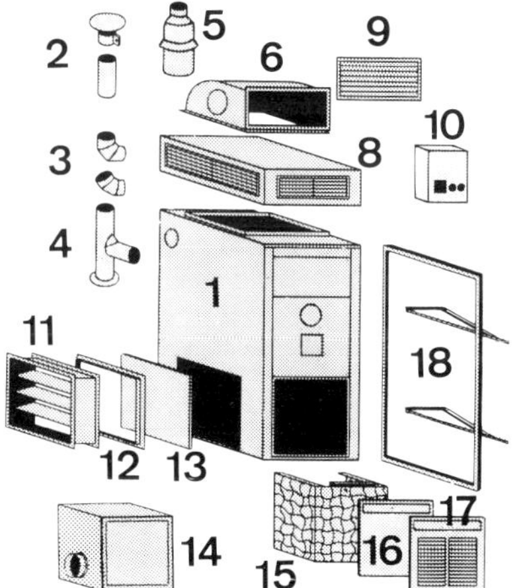

1 Warmlufterzeuger
2 Rauchrohr mit Regenhaube
3 Rauchrohrbogen 90°, 45°
4 Rauchrohrabzweig
5 Dachdurchführung (Doppelmantel)
6 Luftaustrittshaube für Kanalanschluß
7 Dsgl. breitseitig (nicht abgebildet)
8 Austrittshaube mit zwei Gittern
9 Blendrahmen mit Austrittsgitter
10 Schaltschrank
11 Stellklappen
12 Kanalanschlußrahmen
13 Seitliche Blindplatte
14 Exhaube (Brennerverkleidung)
15 Einschubfilter mit Matte
16 Revisionsplatte
17 Lufteintrittsgitter vorne

Abb. 5.8 Bauteile eines Warmlufterzeugers (Fa. Wolf)

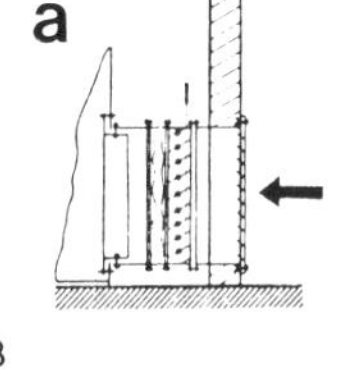

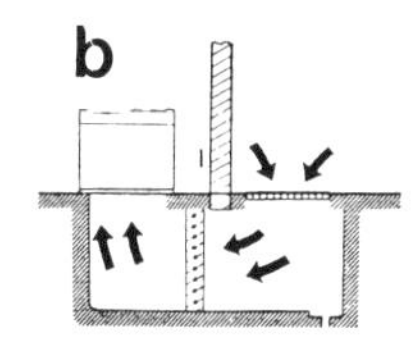

Abb. 5.9 Außenluftanschluß

4. **Heizungsschalter „AUS“, Lüftungsschalter „AUS“, Ventilatorschalter „SCHNELL“ oder „LANGSAM“ (automatischer Lüftungsbetrieb)**
Hier schaltet der Raumtemperaturregler den Ventilator ein oder aus. Der Regler sollte dabei auf etwa 25 °C eingestellt werden.

4. Die übliche **Regelung eines Warmluftautomaten** erfolgt in der Weise, daß bei Wärmeforderung zunächst der Brenner durch einen Thermostaten in Betrieb gesetzt wird. Nach Erreichung der Betriebstemperatur am Wärmeaustauscher wird der Ventilator eingeschaltet. Ist dann die Raumtemperatur erreicht, schaltet zuerst der Brenner ab, und der Ventilator fördert die Restwärme in die Räume, bis er dann bei Unterschreitung der unteren Grenztemperatur wieder abschaltet. Dadurch wird erreicht, daß sowohl beim Ein- als auch beim Ausschalten des Gerätes ein Austreten von zu kalter Luft vermieden wird.

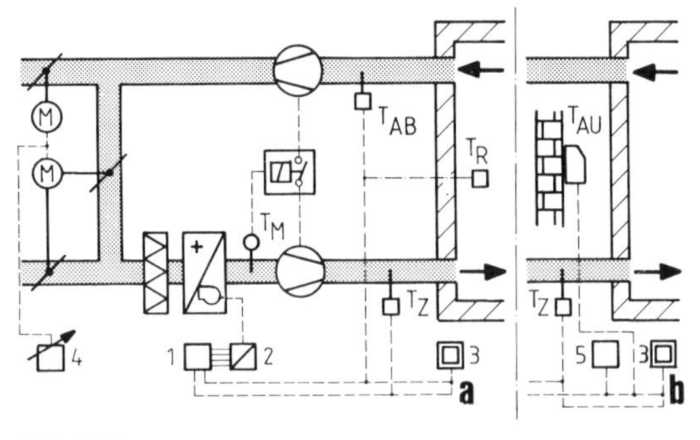

Abb. 5.10

Abb. 5.10 zeigt in Modulbauweise eine **stetige Ablufttemperaturregelung** (oder Raumtemperaturregelung) durch Ein-/Ausschalten des Brenners. Mit der zusätzlichen Zulufttemperaturerfassung (zusätzlicher Hilfsregelkreis) können Störungen der Zulufttemperatur (z. B. durch Betätigung der Mischklappen) ausgeregelt werden, bevor sie sich im Raum auswirken können. Bei dieser sog. Kaskadenregelung ist ϑ_i die Regelgröße und ϑ_{zu} die Hilfsregelgröße.

Mit dem Minimalthermostat T_M werden die Ventilatoren erst eingeschaltet, wenn die Temperatur am Austritt des Warmlufterzeugers einen Mindestwert (etwa Raumtemperatur) erreicht hat; wahlweise mit externem Sollwert und Temperaturabsenkung.

(1) Stetigregler mit einem Ausgang und Submodulkaskade; (2) Ausgangsmodul Zweipunkt; (3) Anzeigemodul mit sechs Meßstellen; (4) Stellungsgeber für Klappenfernverstellung (manuell). Temperaturfühler im Abluftkanal T_{AB} (oder Raumtemperaturfühler T_R), T_Z desgl. im Zuluftkanal.

Ist keine Raumtemperaturerfassung möglich, z. B. bei mehreren Raumgruppen oder bei vorhandener statischer Heizung, kann man eine stetige **witterungsgeführte Zulufttemperaturregelung** wählen. Anstelle des Abluftkanalfühlers T_{AB} wird der Außenluftfühler T_{AU} vorgesehen; (5) Führungsmodul zur Sollwertverschiebung.

In Abhängigkeit der Regelgröße (konstante Zuluft- oder Raumtemperatur) führt man heute vielfach einen Teil des Luftstroms über die Brennkammer und einen anderen Teil durch einen **integrierten Bypass.** Da somit die Brennkammertemperatur etwa konstant bleibt, wird eine Taupunktunterschreitung der Rauchgase weitgehend verhindert.

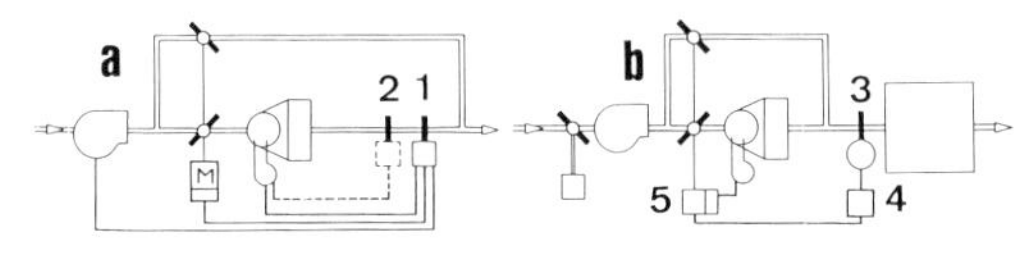

Abb. 5.11 Direktbefeuertes Kastengerät mit Bypass

Abb. 5.11 zeigt einen Warmlufterzeuger als Zuluft-Kastengerät von 30 bis 850 kW in 7 Baugrößen für Öl- und Gasfeuerung.

a) Regelkreis: Brennkammer
Der Dreifachregler (1) mißt die Lufttemperatur direkt hinter der Brennkammer. Bei Überschreitung des eingestellten Wertes (70 °C) wird der **Brenner** ab-, nach Unterschreitung der Schaltdifferenz (etwa 7 °C) automatisch wieder zugeschaltet. Beim Einsatz eines Zweistufenbrenners wird die zweite Stufe zusätzlich durch Thermostat 2 geschaltet. Der Einstellwert liegt etwa 10 K niedriger als beim Dreifach-Kombiregler 1.
Bei Überschreitung der zulässigen Höchsttemperatur (100 °C) schaltet der Dreifachregler 1 den Brenner ab und verriegelt ihn mechanisch. Entriegelung nur von Hand möglich (Sicherheitsschaltung).

Die **Ventilatorabschaltung** durch den Regler erfolgt erst dann, wenn die eingestellte Temperatur (etwa 40 °C) unterschritten wird. Dies gilt auch dann, wenn das Gerät ausgeschaltet wird.

b) Regelkreis: Zuluft (Bypass)
Der Kanalfühler 3 mißt den Istwert. Dieser wird im Regler 4 mit dem eingestellten Sollwert verglichen. Je nach Temperaturabweichung verstellt der Regler 4 über den Stellmotor 5 die Bypass-Klappe. Bei steigender Außentemperatur wird ein größer werdender Teil des Volumenstromes über den Bypass geleitet und umgekehrt. Der Hilfsschalter 6 schaltet bei sich öffnender Bypass-Klappe (etwa 90 %) den Brenner ab.

Die zu wählende Regelung hängt demnach nicht nur von den raum- und betriebstechnischen Forderungen ab (wie Raumanzahl, Lüftungsbedarf, Betriebszeiten usw.), sondern auch vom gerätetechnischen Aufbau der Anlage.

Weitere Hinweise über Regelung von RLT-Anlagen siehe Kap. 5.2.1.

5. Die **elektrische Ausrüstung** ist in der Regel serienmäßig eingebaut und fertig verdrahtet. Die Betriebsspannung geht aus den Herstellerunterlagen hervor. Die Elektroinstallation ist nach DIN 57 116/VDE 0116 durchzuführen.

Es ist zu prüfen, ob **unzulässige Unterspannung** infolge auch nur zeitweiser Netzüberlastung möglich ist. Ist solche kleiner als die 0,85fache Netzspannung möglich, müssen dem Brenner geeignete Vorrichtungen vorgeschaltet werden.
Die **Leitungsquerschnitte** zum Anschluß des WLE müssen so groß sein, daß auch beim Anlauf des Ventilators kein unzulässiger Spannungsabfall am Brenner möglich ist.
Sämtliche **Schaltkästen und Schalter** sollen nahe beieinander liegen und im Gefahrenfall leicht erreichbar sein, ferner sind diese vor unbefugter Betätigung zu schützen. Bei WLE über 50 kW ist außerhalb des Aufstellungsraumes gut zugänglich ein **Notschalter** anzubringen, der ebenfalls vor unbefugter Betätigung geschützt werden muß.
WLE zur Wohnraumbeheizung bis 50 kW Nennwärmeleistung (auf Typenbild besonders gekennzeichnet) dürfen bis 2 kW Anschlußleistung mit einer Steckvorrichtung ausgerüstet sein (DIN 4794 Teil I).

6. Der **Ventilator** wird direkt angetrieben, ist meist doppelseitig saugend und schwingungsgedämmt befestigt. Die Veränderung der Kennlinien erfolgt durch Drehzahländerungen, Spannungsänderungen u. a. Erwähnenswert sind aus DIN 4794 folgende Punkte:

- Nenn-Luftvolumenstrom ist der Luftstrom, der sich bei der zur Ermittlung des Wirkungsgrades festgelegten Temperaturdifferenz $\Delta\vartheta$ ergibt. Den hierbei vorhandenen Förderdruck bezeichnet man als **Nenndruck,** die Drehzahl als **Nenndrehzahl** und die Wärmeleistung als **Nennwärmeleistung.**
- Der **Förderdruck** des WLE ist die Druckdifferenz zwischen den Drücken am Luftaustritt und Lufteintritt bezogen auf ϱ = 1,2 kg/m^3.
- Die **Anordnung des Ventilators** muß so erfolgen, daß Brennkammer und Wärmeaustauscher auf der Druckseite liegen, denn für alle Betriebsfälle muß der Druck auf der Luftseite höher sein als auf der Heizgasseite (Ausnahme im Anfahrzustand). Die Richtung des austretenden Volumenstroms muß eingestellt werden können.
- Die **Ventilatorsteuerung** bewirkt das Ein- und Ausschalten, wenn die Grenzwerte für ϑ_{zu} über- oder unterschritten werden. WLE für Wohnhausbeheizung sind mit einer solchen Steuerung ausgerüstet.
- Bei **Ausfall des Ventilators** und somit bei Überhitzungsgefahr muß über Wächter und Sicherheitstemperaturbegrenzer die Öl- oder Gasfeuerung abgeschaltet werden.
- Liegen **zusätzliche Widerstände** durch Kanäle und Einbauten vor, so muß dies bei der Drehzahlbestimmung und Motorleistung berücksichtigt werden.
- Die Norm gilt auch für solche WLE, bei denen die **Ventilatoren getrennt aufgestellt** werden.
- Die **Luftansaugöffnungen** sind bei frei ansaugenden WLE mit Schutzgittern zu versehen. Innerhalb der Zuluftöffnung sind eine gleichmäßige Temperatur und Geschwindigkeit anzustreben.

7. Die **Abführung der Verbrennungsgase** erfolgt entweder durch natürlichen Auftrieb oder mit zusätzlicher mechanischer Unterstützung über Schornstein ins Freie. In der Regel müssen WLE an eigene Schornsteine angeschlossen werden.

Bei **gasbefeuerten WLE** können die Abgase direkt nach außen oder gar in den Raum geführt werden (Pkt. 10).

Die **Schornsteinausführung** muß nach DIN 18 160 Teil 1, die -abmessungen müssen nach DIN 4705 Teil 1 und 2 und die Abgasrohre (Verbindungsstücke) nach DIN 1298 erfolgen, dabei soll die Länge der Verbindungsstücke zwischen Schornstein und WLE 2 m nicht überschreiten. Er soll in Nähe des Firstes errichtet werden und diesen um mind. 0,5 m überragen (Ausbildung von Schornsteinköpfen bei Erwartung von Staudrücken).

Stahlblechschornsteine werden auf dem Wege der Ausnahme genehmigt, wenn keine brandschutztechnischen Bedenken bestehen (Antrag), und zwar bei eingeschossigen Bauten oder wenn das Dach gleichzeitig Decke des Aufstellungsraumes ist. Die meisten Hersteller liefern die komplette Abgasanlage mit.
Die Zusammenfassung von mehreren Geräten an einen Stahlblechschornstein ist unzulässig. Die Ausführung soll möglichst korrosionsgeschützt sein.
Schornsteine und **Anschlußrohre,** die nicht oberflächengeschützt sind, müssen eine Blechdicke von 3 mm haben. Die **Rohrhülse** in der Dachkonstruktion, ebenfalls mit 3 mm Blechdicke, ermöglicht eine einwandfreie Wärmeausdehnung.
Blechschornstein und Rauchrohre müssen mindestens 50 cm **von brennbaren Materialien entfernt** sein. Dieser Wert kann jedoch auf 25 cm reduziert werden, wenn der Blechschornstein dort, wo er durch das Dach geführt wird, einen nach oben und unten offenen Stahlblechmantel als Strahlungsschutz erhält (Abstand mind. 5 mm). Werden die brennbaren Bauteile sogar feuerhemmend verkleidet und dazwischen Dämmaterial eingefügt, so kann der Abstand bis zu 12 cm verringert werden.
Gemauerte Schornsteine sollen in Hartbrandsteinen (24 cm Wangendicke) oder zweckmäßiger in wärmegedämmten Formsteinen ausgeführt werden.
Der **Zugbedarf** am Abgasstutzen wird aus den Herstellerunterlagen entnommen.

Abb. 5.12 Warmlutterzeuger in einer Gärtnerei

Abb. 5.13 Warmlufterzeuger in einer Fabrikhalle

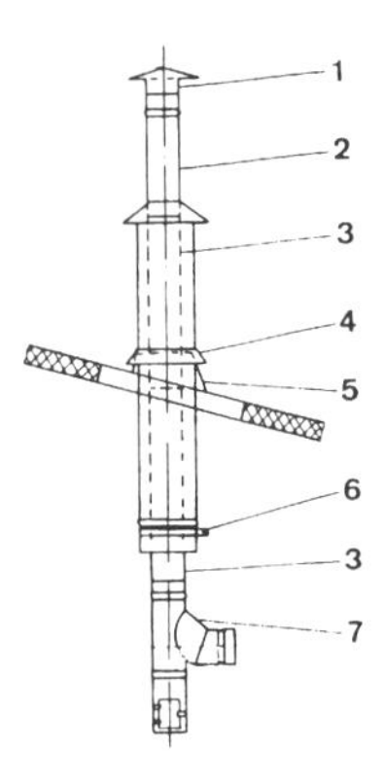

Abb. 5.14 Aluminiumschornstein

Abb. 5.14 zeigt einen **aluminierten Stahlschornstein** in Standardlänge, 3 Rohrdurchmessern (150, 200, 250 mm) und für 3 verschiedene Dachneigungen (Flachdach, 5 bis 30°, 32 bis 45°). (1) Regenhaube; (2) Übergangsstück mit Regenkragen; (3) Schornsteinrohr; (4) 2teilige Wärmedämmhülse mit Regenkragen und Zentrierung; (5) Dachdurchführung je nach Dachneigung; (6) Abspannschelle für Rohr und Hülse; (7) Rücksack mit drehbarem Unterteil mit Reinigungstür und Anschlußmuffe.

8. Bei **ölbefeuerten WLE** sind neben der DIN 4794 weitere zahlreiche **DIN-Normen** zu beachten:

DIN 4755-1	Ölfeuerungen in Heizungsanlagen; Sicherheitstechnische Anforderungen (1981)
DIN 4755-2	Heizöl-Versorgungsanlagen; Sicherheitstechnische Anforderungen, Prüfung (1984)
DIN 4787-1	Ölzerstäuberbrenner; Begriffe, sicherheitstechnische Anforderungen, Prüfung (1981)
DIN 4787-2	–; Flammenüberwachungseinrichtungen, . . . (1981) ersetzt durch EN 230 (1989), Sicherheitstechnische Anforderungen
DIN 4731	Öleinsätze mit Verdampfungsbrennern, . . . (1989)
DIN 4737-1	Ölregler für Verdampfungsbrenner; Sicherheitstechnische Anforderungen (1987)
DIN 4737-2	–; Zusatzfestlegungen, Zusatzeinrichtungen, . . . (1987)
DIN 4739-2 u. -3	Regel-, Steuer- und Zündeinrichtungen für Ölverdampfungsbrenner (1982)
DIN 4736-1	Ölversorgungsanlagen für Ölbrenner . . . (1991)
DIN 4736-2	Ölversorgungsanlagen für Ölbrenner E (1996)
DIN 4798-1	Schlauchleitungen für Heizöl EL (1988) Stand 3.97

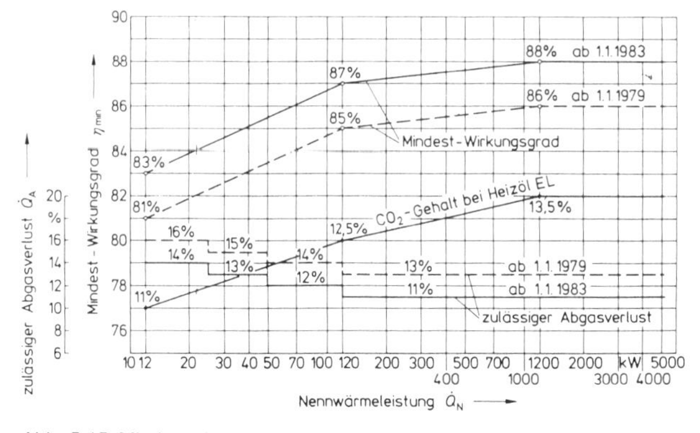

Abb. 5.15 Mindestwirkungsgrad und zulässiger Abgasverlust nach DIN 4794 T. 2

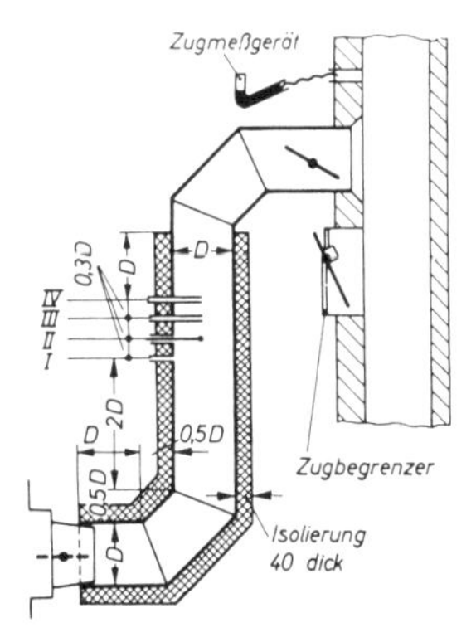

Abb. 5.16 Abgasmeßstrecke

Einige Hinweise aus den DIN-Normen:

Ölzerstäuberbrenner müssen nach DIN 4787 T 1 geprüft sein. Können mit den Brennern auch gasförmige Brennstoffe verfeuert werden, gilt DIN 4788 T 2; Brennerauswahl nach Nennwärmeleistung; Endschalter bei ausschwenkbaren Brennern; Verbrennungsraum vor jedem Ein- und Wiederausschalten durchlüften.

Bei der **Heizölvorwärmung** sind zahlreiche Anforderungen zu beachten: Abschaltmöglichkeit, falls Vorwärmer außerhalb des Brenners, Regelung der Vorwärmetemperatur bzw. Viskosität, maximale Temperatur in drucklosen Behältern, zulässige Drücke, Anordnung der Entnahmeleitung, Vorwärmung für Heizöl S u. a.
Die **Regel-, Steuer- und Sicherheitseinrichtungen** beziehen sich auf die Anlage (Regler, Wächter, Begrenzer, Entriegelung); bei Anlagen > 50 kW Schalter zum Abschalten außerhalb des Aufstellungsraumes (leicht zugänglich); Notbetriebseinrichtungen zum Umgehen der Flammenüberwachungseinrichtung in der Regel unzulässig (Ausnahmeregeln beachten).
Für WLE bis 30 kg/h Öldurchsatz ist ein **Ölfeuerungsautomat** wie für Brenner mit > 30 kg/h oder ein Automatentyp zu verwenden. Dessen Anforderungen sind: mind. 15 s Vorspülzeit, max. 5 s Sicherheitszeit beim Anlauf, im Betrieb max. 5 s bei Wiederzündung und max. 1s bei Wiederholung. Ölfeuerungsautomaten bestehen aus Steuergerät und Flammenwächter.

Die **Abgastemperatur** von WLE an Hausschornsteinen darf hinter dem Abgasstutzen (oder in der Meßstrecke nach Abb. 5.16) bei Nennwärmeleistung 160 °C nicht unterschreiten. Können die 160 °C nicht eingehalten werden, sind Maßnahmen zu treffen, die Schäden durch Kondensatbildung ausschließen. (Muß in Prüfbericht und Einbauanweisung angegeben sein.) Für die Maximaltemperatur gelten die gesetzlichen Bestimmungen. Ermittlung der Abgastemperatur erst nach Erreichung des Beharrungszustandes über mind. 30 Minuten. I Stutzen für Zugmessung, II für Temperaturmessung, III für Rauchgasanalyse, IV für Rußmessung.

Angaben über zulässigen Abgasverlust und Mindestwirkungsgrad gehen aus Abb. 5.15 hervor (ebenfalls nach Erreichung des Beharrungszustandes über 30 Minuten).

Der **CO-Gehalt** darf unmittelbar hinter dem Wärmetauscher höchstens 0,1 Vol.-% betragen. Die Rußzahl darf R_z 3 nicht überschreiten.

Verdampfungsbrenner müssen mit dem WLE als Baueinheit geprüft werden. Diesbezüglich sind die DIN-Normen 4731, 4737 (1987 Entwurf) und 4739 zu beachten. Mindestwirkungsgrad 86 %, Abgastemperatur max. 350 K und mind. 100 K über Raumtemperatur.

9. Für die **Öllagerung** gibt es eine Anzahl von Gesetzen, Verordnungen, DIN-Normen und Merkblättern.

Einige **DIN-Normen für die Öllagerung** sind: **6608 T 1.** Liegende Stahltanks, einwandig, unterirdisch; **6608 T 2.** Desgl., jedoch doppelwandig; **6616** Liegende Stahltanks, ein- und doppelwandig, oberirdisch; **6618 T 1** Stehende Stahltanks, einwandig, oberirdisch; **6618 T 2.** Desgl., jedoch doppelwandig ohne Leckanzeigeflüssigkeit; **6618 T 3.** Desgl. wie T 2, jedoch mit Leckanzeigeflüssigkeit; **6618 T 4 (E).** Desgl. wie T 2, jedoch mit außenliegender Vakuum-Saugleitung; **6619 T 1.** Stehende Stahltanks einwandig, unterirdisch; **6619 T 2.** Desgl. doppelwandig; **6620 T 1** Batteriebehälter aus Stahl, oberirdisch; **6620 T 2.** Desgl. für Verbindungsrohrleitungen; **6625 T 1 und T 2.** Standortgefertigte Stahltanks, oberirdisch.

Entscheidend sind vor allem die so zahlreichen **„Technischen Regeln für brennbare Flüssigkeiten“,** wie z. B. Tanks aus nichtmetallischen Werkstoffen (TRbF 220); Transport und Einbau (TRbF 221 Anl. 1); Rohrleitungen innerhalb des Werkgeländes (TRbF 231 T 1); Kathodenschutz (TRbF 408) und viele andere (vgl. Bd. 2). Erwähnenswert ist auch das Gesetz zur Ordnung des Wasserhaushalts (WHG) und die Verordnung über brennbare Flüssigkeiten (VbF).

Ölbehälter aus nichtmetallischen Werkstoffen mit Bauartzulassung nach § 12 VbF und § 19 h/1 WHG sind oberirdische Batteriebehälter aus Polyethylen (PE), Polyamid (PA) oder glasfaserverstärkten Kunststoffen (GFK) und unterirdische GFK oder Beton-/Kunststoffbehälter.

Für die **Aufstellung von Öllagerbehältern** gibt die DIN 4755 T 2 (1984), die mit der VbF und den TRbF abgestimmt ist, zahlreiche Hinweise, wie z. B. über:

Unzulässige Aufstellungsorte, Beschaffenheit der Einbaustellen, Mindestabstände, Transport, Ausrüstung der Behälter, Sicherung gegen Überfüllen, Leckanzeige, Absperreinrichtungen, Füll- und Entleerungs- und Lüftungseinrichtungen, Anforderungen an die Versorgungsleitungen (Saug-, Druck-, Rücklauf-, Verbindungs-, Überlauf- und Ringleitung); Absperreinrichtungen usw.

10. Bei der **Ölversorgung,** in der das Förderaggregat über die Saugleitung das Heizöl aus dem Tank ansaugt und dem Brenner (oder mehreren) zuführt, unterscheidet man zwei **Systeme**:

1. das **Einstrangsystem,** bei dem nur so viel Öl angesaugt wird, wie vom Brenner benötigt wird.
2. das **Zweistrangsystem,** bei dem das zuviel geförderte Öl über eine Rücklaufleitung dem Tank zurückgeführt wird.

Die **Bauelemente** für die Ölversorgung müssen nach DIN 4736 ausgeführt und gekennzeichnet sein.

Zentrale Ölförderaggregate sind dann erforderlich, wenn mehrere WLE, d. h. mehrere Ölbrenner, vom Öltank versorgt werden müssen. Hierbei ist bei der Standortwahl die maximale Förder- bzw. Ansaughöhe zu beachten (das 1,5fache des maximal möglichen Verbrauchs). Auch hierzu gibt die DIN 4755 Teil 2 umfassende Planungsgrundlagen, wie z. B. über:

Standortwahl, Steuer- und Sicherheitseinrichtungen (Drucksteuerung, Niveausteuerung [Unterkante Behälter mind. 0,5 m über Verbraucher]), Druckausgleichseinrichtungen, Filter, Überdruckmeßgeräte, Öldruckregler, Rückflußverhinderer, Überströmventile, Umschaltarmaturen; Prüfung von Ölversorgungsanlagen (Druck-, Funktions- und Hauptprüfung).

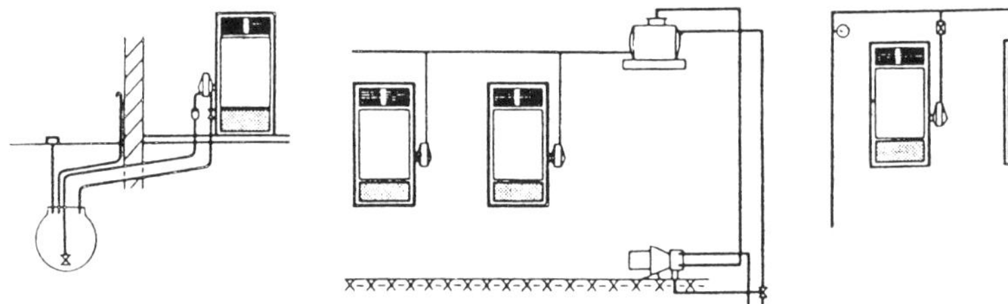

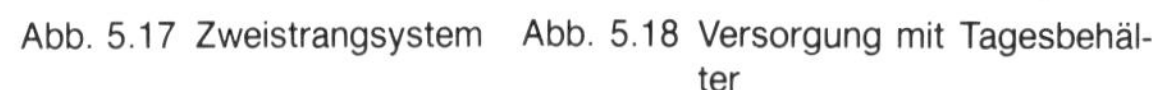

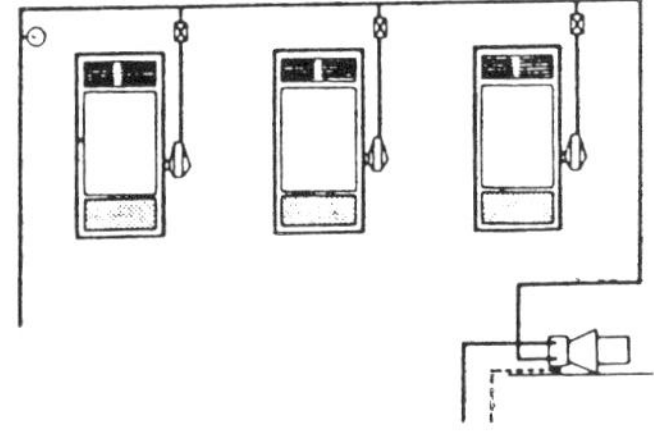

Abb. 5.17 Zweistrangsystem

Abb. 5.18 Versorgung mit Tagesbehälter

Abb. 5.19 Versorgung ohne Tagesbehälter durch eine Ringleitung

Die **Abb. 5.18** zeigt die **Installation mit Tagesbehälter,** wobei das Aggregat über den im Tagesbehälter eingebauten Schwimmschalter gesteuert wird.
In **Abb. 5.19** wird die **Installation ohne Tagesbehälter** in Form einer Ringleitung dargestellt. Hier läuft das Aggregat ständig, und das zuviel geförderte Öl strömt durch die Ringleitung wieder in den Tank. Vor den Ölbrennern sind Druckminderer oder Überströmventile eingebaut, die den Druck in der Ringleitung halten und die überschüssige Ölmenge gleich in den Tank zurücklaufen (gestrichelte Linie = Rücklaufleitung) lassen.
Anstelle einer Ringleitung wird vielfach nur eine Sichtleitung hochgeführt, wobei die Aggregatsteuerung über ein Relais gesteuert wird, das wiederum über Ein- und Ausschaltung eines Brenners betätigt wird.

Die **sicherheitstechnischen Anforderungen für die Verlegung von Ölleitungen** können ebenfalls aus DIN 4755 Teil 2 entnommen werden:

z. B. die Dichtmittel, Temperaturen (frostgeschützt, max. 40 °C), Druckbeständigkeit, Material, Leitungsverbindungen, Leitungsverlegung, Korrosionsschutz.

11. Bei **gasbefeuerten Warmlufterzeugern** gelten zwar im wesentlichen ebenfalls die Punkte 1 bis 7, doch sind zahlreiche weitere Vorschriften, Richtlinien, DIN-Normen und Arbeitsblätter zu beachten:

DIN 4794 Teil 3, gasbefeuerte WLE mit Wärmeaustauscher (80); Teil 7 – ohne Wärmeaustauscher (80)
DIN 4756 Gasfeuerungen in Heizungsanlagen (86)
DIN 4788 Teil 1 Gasbrenner ohne Gebläse (77); Teil 2 (E) Gasbrenner mit Gebläse (83); Teil 3 (E) Flammenüberwachungseinrichtungen (89)
DIN 3362 Teil 1 bis 3 Gasverbrauchseinrichtungen mit Brenner ohne Gebläse (85E)

Weitere **DIN-Normen** sind: **DIN 3258** Teil 1 Flammenüberwachung an Gasverbrauchseinrichtungen; Zündsicherungen; **DIN 3380** Gas-Druckregelgeräte für Eingangsdrücke bis 100 bar; **DIN 3338** Teil 1 und 2 Gasschläuche und Gasanschlußarmaturen; **DIN 3384** Edelstahlschläuche für Gas; **DIN 3386** Filter für Gas-Innenleitungen; **DIN 3388** Teil 2 Abgas-Absperrvorrichtung . . .; **DIN 3388** Teil 4 Abgasklappen für Gasfeuerstätten; **DIN 3392** Gasdruckregler für Gasverbrauchseinrichtungen; **DIN 3393** Teil 2 Mehrfachstellgeräte für Gasverbrauchseinrichtungen; Temperatur-Regeleinrichtungen; **DIN 3398 Teil 1** Druckwächter in Gasverbrauchseinrichtungen.

Wichtige **DVGW-Arbeitsblätter** sind: **G 600** Technische Regeln für Gasinstallation TRGI; **G 461/I** Einrichtung von Gasleitungen bis 4 bar; **G 260/I** Gasbeschaffenheit; **G 610** Gasfeuerungen in Industrieöfen; **G 622** Typprüfung von Gasverbrauchseinrichtungen am Aufstellungsort; **G 660** Abgasanlagen mit mechanischer Abgasführung; **G 675** Gasbefeuerte Kachelofenluftheizung.

Auszüge aus DIN 4794 Teil 3 Gasbefeuerte WLE mit Wärmetauscher (Dezember 1980)

a) Für die **sicherheitstechnischen Anforderungen** gilt die DIN 4788 Teil 1 bis Teil 3 mit Einschränkungen bei der Flammenüberwachung und Zündsicherung.

b) Der **CO-Gehalt** des unverdünnten trockenen Abgases darf bei Aufstrom, Stau und Rückstrom von 3 m/s nicht 0,1 Vol.-% überschreiten.

c) Der Wärmerest und der **Mindestwirkungsgrad** werden in Abhängigkeit von der Nennwärmeleistung angegeben; z. B. bei 12 kW 83 %, bei 120 kW 87 %, bei 1200 kW 88 % (ab 1. 1. 1983).
Die Ermittlung des Wirkungsgrades muß nach Erreichen des Beharrungszustandes über eine Zeitspanne von 30 Minuten durchgeführt werden.

d) Die **mittlere Abgastemperatur** von 160 °C darf am Abgasstutzen bei Brennern mit Gebläse und bei Brennern ohne Gebläse hinter der Strömungssicherung bei Nennwärmeleistung und 20 °C Umgebungstemperatur nicht unterschritten werden; hinsichtlich der Maximaltemperatur sind die gesetzlichen Bestimmungen zu beachten. Als Abgasstrecke gilt hier auch die Abb. 5.16.

e) Für die **Aufstellung** stehen vor allem DIN 4756, DVGW / G 600 und gegebenenfalls DIN 4794 Teil 5 im Vordergrund.

Bei gasbefeuerten WLE mit geschlossener Brennkammer können nach DIN 4794 Teil 5 die **Verbrennungsgase auch unmittelbar ins Freie** abgeleitet werden (Außenwandgeräte). Ebenso ist eine mechanische Absaugung entsprechend DVGW-Arbeitsblatt G 660 zulässig.
Bei **Warmlufterzeugern ohne Wärmetauscher** (DIN 4794 Teil 7) handelt es sich um Warmlufterzeuger, bei denen die Außenluft direkt durch einen in den Luftkanal eingebauten Gasbrenner erwärmt wird.

Solche WLE dürfen nur in Räumen betrieben werden, in denen eine **Nennwärmeleistung von 5 W/m^3 nicht überschritten** wird.
Der **Schadstoffgehalt der Zuluft** darf außerdem folgende ppm-Werte nicht überschreiten (saubere Außenluft vorausgesetzt): für CO 10 ppm, NO_2 1 ppm, CO_2 200 ppm. Unter Berücksichtigung dieser Grenzwerte kann durch die zuständigen Genehmigungsbehörden ein höherer Wert als 5 W/m^3 zugelassen werden.
Die **Austrittstemperatur** (max. 60 °C) muß überwacht werden. Die Temperaturdifferenz zwischen Außenluft und Zuluft darf maximal 50 K betragen.

Auszüge aus DIN 4756 (1986)

a) Die **Gasleitungen** müssen nach den TRGI (bis 100 mbar Betriebsdruck) oder nach G 461/I und 462/I bei höheren Drücken ausgeführt werden. Sie müssen gefahrlos entlüftet werden können.
b) Eine von Hand bedienbare **Absperreinrichtung** muß vor jedem Brenner vorhanden sein. Bei Anlagen $>$ 50 kW Nennwärmeleistung muß eine solche außerhalb des Aufstellungsraumes vorhanden sein (kann bis zu 1000 kW auch zum Einschalten dienen).
c) Der **Anschluß des Gasbrenners** muß fest sein; biegsame Leitungen sind nur unmittelbar vor dem Brenner zulässig (gesichert gegen Knickung und Verdrehung, vgl. DIN 3383 bzw. DIN 3384).

d) Für WLE mit **gleichzeitigem und/oder wechselseitigem Betrieb mit Abgasführung in einen Schornstein** gilt die DIN 4759 Teil 1 (86).

e) Die **Abgasanlage** muß den TRGI, der DIN 18 160 Teil 1 und 2 und den bauaufsichtlichen Vorschriften entsprechen.

e_1) **Brenner ohne Gebläse:** Strömungssicherung erforderlich; Abgasströmungswächter nur dann, wenn dieser mit Brenner und WLE als Baueinheit geprüft; mechanisch gesteuerte Abgasklappe vor der Strömungssicherung nur dann, wenn sie zusammen mit WLE geprüft worden ist (Nachweis), das gleiche gilt für die thermisch gesteuerte Klappe nach der Strömungssicherung.

e_2) **Brenner mit Gebläse:** Wegen der Abgasklappe muß DIN 3388 Teil 2 und wegen der Zugregeleinrichtungen DIN 4788 Teil 2 beachtet werden.

12. Bei der **Inbetriebnahme und Übergabe eines Warmlufterzeugers** sind nach DIN 4794 Teil 5 folgende Punkte zu beachten:

- Bei der ersten Inbetriebnahme sind durch den Ersteller alle **Regel-, Steuer- und Sicherheitseinrichtungen** auf ihre Funktion und richtige Einstellung zu prüfen.
- Der **Brenner** ist auf optimale Werte einzustellen (mindestens auf die des BImG) und der Schornsteinzug in kaltem und warmem Zustand zu messen. Unterdruck in Brennernähe ist zu vermeiden, damit ein Rückströmen heißer Gase vermieden wird.
- **Gasbefeuerte WLE** sind erstmalig durch das Gasversorgungs- und Vertragsinstallationsunternehmen durchzuführen.
- Bei **Anlagen mit Kanalsystem** muß die verfügbare Ventilatorpressung mit dem statischen Druck der Anlage angepaßt werden. Der Volumenstrom muß sorgfältig einreguliert werden.
- Anläßlich der **Übergabe** hat der Ersteller dem Betreiber eine Bedienungs- und Wartungsanleitung zu übergeben; ebenso ein Meßprotokoll über Abgasverluste, Abgastemperatur, Rußzahl und CO_2-Gehalt.
- **Der Betreiber der Anlage muß diese mindestens einmal jährlich von einer Fachfirma überprüfen lassen. Treten Mängel auf, so muß die Instandsetzung bzw. der Austausch von Bauteilen umgehend vorgenommen werden.**

13. Die **Wartung und Reinigung** sind für einen störungsfreien Betrieb unerläßlich und sollten möglichst durch einen Wartungsvertrag garantiert sein. Im Vordergrund stehen folgende Arbeiten:

Reinigung des Umluftfilters (8- bis 14täglich) durch Ausklopfen, Ausblasen mit Druckluft oder Absaugen mit Staubsauger; Kontrollierung des Brenners auf richtige Einstellung (etwa einmal im Jahr); Keilriemen überprüfen (evtl. nachspannen). Mindestens jährliche Reinigung des Luftautomaten (Brennkammer), Rauchgaszüge (Abgasrohr), die auch chemisch erfolgen kann; Überprüfung auf Dichtheit, Reinigung des Öl- oder Gasfilters; Funktionskontrollen von Reglern und Kontrollorganen.

Störungen können entweder beim Brenner eintreten, wie z. B. keine Ölansaugung, Luft in der Leitung, Fotozelle verschmutzt, Verriegelung durch den Temperaturbegrenzer oder seltener beim Ventilator, wie z. B. durch defekten Motor oder durch Auslösung des Schutzschalters. Bei Ausfall des Stromes sind es oft nur die Sicherungen.

14. Die **Anforderungen an den Wärmeerzeuger** selbst interessieren mehr die Hersteller als die Installationsfirma. Es sollen daher nur einige wesentliche Punkte aus der DIN 4794 Teil 1 erwähnt werden:

- Die DIN 4794 gilt **nicht für WLE, die für verfahrenstechnische oder sonstige Zwecke** (z. B. als Bautrockner) verwendet werden.
- Bei öl- oder gasbeheizten WLE muß ein Wächter und Sicherheitstemperaturbegrenzer die **Brennstoffzufuhr selbsttätig abschalten** und verriegeln, wenn die Grenztemperatur der Zuluft überschritten wird.
- Für die **Prüfung von WLE** gibt es anerkannte Prüfstellen. Die DIN 4794 Teil 1 gibt ausführliche Angaben über Prüfarten, Prüfunterlagen, Prüfungsdurchführung (z. B. Temperatur, Volumenstrom, Wirkungsgrad), Prüfberichte, Kennzeichnung von WLE u. a.
- Die **Temperaturdifferenz $\Delta\vartheta$ zwischen Ein- und Austritt,** für die der Nenn-Luftvolumenstrom und Wirkungsgrad bestimmt werden sollen, darf nicht kleiner als 30 K und nicht größer als 60 K sein (bei allen Drehzahlen). Bei Geräten für Wohnraumheizung (bis 50 kW) muß mit 3 Drehzahlen folgende Abstufung möglich sein: $\Delta\vartheta = (35 \pm 2)$ K bei erhöhter Drehzahl, (45 ± 1) K bei Nenndrehzahl (Normal-Temperaturdifferenz) und (55 ± 2) K bei verminderter Drehzahl.
- Die **Oberflächentemperaturen** der äußeren Ummantelung dürfen höchstens 70 K über einer Umgebungstemperatur von 20 °C bei Nennwärmeleistung liegen (bei Wohnraum-WLE höchstens 30 K bis 50 kW und 50 K bei 50 bis 120 kW).

- Werden WLE mit **Luftfilter** ausgerüstet, sollen diese leicht auswechselbar und möglichst nach DIN 24 185 geprüft sein.
- Für die **Messung von Geräuschen** für in Betrieb befindliche WLE ist eine Norm in Vorbereitung.

15. Aus den **Geräteauswahltabellen** der Hersteller gehen nicht nur die Leistungsangaben, sondern auch zahlreiche weitere Kenndaten hervor.

Tab. 5.1 Technische Daten und Leistungen eines Warmlufterzeugers

Gerätegröße	LA	040	060	75	100	130	170	200	250	320	400
Nennheizleistung	kW	41,5	63,0	78,5	104,0	136,0	178,0	209,0	262,0	335,0	390,0
Nennluftmenge[1]) a) 20°C Ansaug	m³/h	2770	4140	5190	6920	8990	11 760	13 830	17 300	22 130	25 760
b) 65°C Ausblas	m³/h	3195	4785	5985	7985	10 370	13 565	15 955	19 960	25 530	19 720
Nenndrehzahl Ventilator	1/min	725	690	690	634	755	894	638	848	643	806
Ventilator-Motorleistung bei Nennleistung	kW	0,37	0,55	0,75	1,10	2,20	3,00	3,00	5,50	5,50	11,00
Betriebsspannung (Drehstrom)	V	380	380	380	380	380	380	380	380	380	380
Öldurchsatz	kg/h	4,1	6,2	7,7	10,1	13,3	17,2	20,2	25,3	32,3	37,6
Zugbedarf amAbgasstutzen	Pa	6	9	12	14	19	26	26	30	17	30
Abgastemperatur bei Nennleistung u. Raumtemp. 20°C	°C	233	237	270	272	272	240	275	247	247	275
Feuerungstechnischer Wirkungsgrad	%	88	88	88	88	88	89	89	89	89	89
Wurfweite[2])	m	28	34	27	30	34	38	42	36	36	40
Nettogewicht	kg	202	213	370	420	470	600	670	720	1240	1240

[1]) Volumenstrom bezogen auf $\Delta\vartheta$ = 45K, Volumenstrom darf nicht überschritten werden. [2]) Bei isothermen Bedingungen.

Bei **Tab. 5.1** handelt es sich um die technischen Daten der Geräte nach Abb. 5.4, ein Programm mit 10 Baugrößen. Ein kleinerer Bautyp hat mit 7 Baugrößen eine Leistungsabstufung zwischen 17 und 40 kW. Δp_t (je nach Arbeitsbereich und Baugröße) etwa 50 bis 400 Pa. Andere Hersteller haben wieder völlig andere Abstufungen, z. T. über 15 Typen mit Leistungen bis über 1300 kW.

Die **Leistungen** beziehen sich auf die angegebenen Volumenströme, die nicht unterschritten werden sollen. Die zugehörige Lufterwärmung um 45 K ist zu hoch. Zur Reduzierung der Zulufttemperatur einerseits und zur Reduzierung der Taupunktgefahr im WLE andererseits wählen einige Hersteller Bypass-Führungen (Abb. 5.11).

Der **Zusammenhang zwischen Wärmeleistung, Volumenstrom, Zulufttemperatur** geht aus Kap. 4.1 hervor. Volumenstromreduzierungen durch zusätzliche Widerstände, Drehzahländerung usw. bestimmt man anhand der Ventilatordiagramme. Falls mit dem Gerät noch gelüftet werden soll, gelten die Hinweise unter Kap. 4.3.

5.1.2 Kachelofen-Warmluftheizung

Erfolgt die Luftbewegung ohne Ventilator, so spricht man von einer Schwerkraft-Luftheizung, die heute fast ausschließlich noch beim Warmluftkachelofen zur Anwendung kommt. Werden mit diesem Ofen von der Heizkammer aus noch weitere Räume beheizt (selten), spricht man von einer Kachelofen-Warmluftheizung bzw. von einer Mehrzimmer-Kachelofenheizung (Abb. 5.20). Das Arbeitsprinzip entspricht dem des Schornsteins, d. h., für die Luftzirkulation steht nur die natürliche Auftriebskraft p_H zur Verfügung.

$$p_H = h \cdot g \cdot (\varrho_K - \varrho_W) \quad \text{in Pa}$$

ϱ_K Dichte der in die Heizkammer einströmenden Raumluft
ϱ_W Dichte der aus der Heizkammer austretenden Warmluft
h Höhenunterschied zwischen dem Luftein- und Luftauslaß

Beispiel: Raumtemperatur 20 °C, Zulufttemperatur 60 °C, Höhenunterschied 1,2 m
$p_H = 1{,}2 \cdot 9{,}81\,(1{,}205 - 1{,}06) =$ **1,71 Pa** (ϱ-Werte Tab. 4.5)

Daraus ergeben sich schon die ersten Konsequenzen.

1. Es ist eine gute Abstimmung der Schornsteinkraft auf die Summe der Widerstände erforderlich.
2. Die Abhängigkeit von solch geringen Kräften läßt keine großen Austrittsgeschwindigkeiten zu (v = 0,7 . . . 0,8 m/s).
3. Exakte Angaben über Volumenströme und somit auch Heizleistungen sind nicht möglich bzw. in den Unterlagen nicht zu finden.

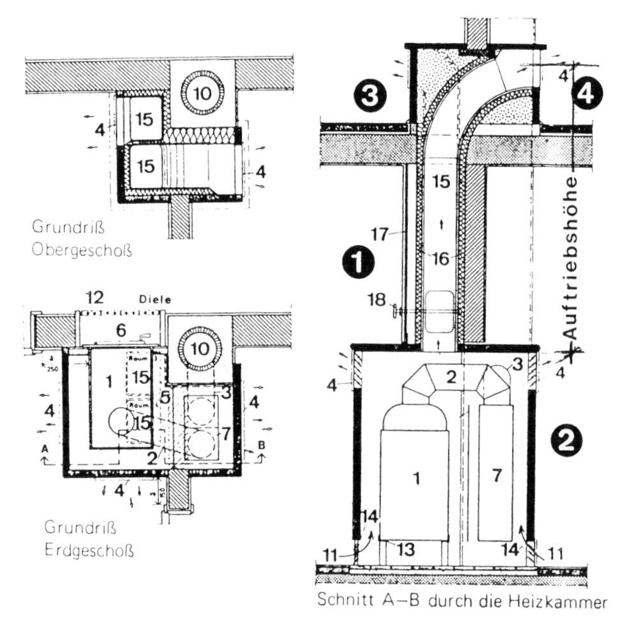

1 Heizeinsatz
2 Doppelbogen
3 Rauchgasrohr
4 Warmluft-Austritt
5 darüberliegende Wand
6 Frontplatte
7 Heizkasten
8 Zwei Heizgaszüge
10 Leicht-Schornstein mit Edelstahl-Innenrohr
11 Zuluft zur Heizkammer
12 Vortür mit Ziergitter
13 Heizeinsatz – Tragegestell
14 Kachelmantel-Unterrahmen
15 Warmluftschacht
16 Luftschacht-Dämmung
17 z. B. Rabitzschürze
18 Regulierklappe

Abb. 5.20 Kachelofen – Warmluftheizung für 4 Räume

Der Kachelofen ist ein seit mehr als 500 Jahren bekanntes Heizsystem, wenn auch der heutige Kachelofen mit Heizeinsatz und Heizgaszug wesentlich andere Merkmale aufweist. Obwohl vielfältige „Gebilde" als Kachelofen bezeichnet werden, unterscheidet man zwischen folgenden **zwei Ofenbautypen:**

a) **Grundkachelofen:** Ortsfest gefertigter Wärmespeicherofen mit gemauertem Feuerraum, Heizgaszügen aus Schamottematerial. Wärmeabgabe nur durch die äußere Oberfläche.
b) **Warmluftkachelofen** (= Warmluftheizung mit Schwerkraftbetrieb): Ortsfest gefertigter Ofen mit eingebautem, DIN-geprüftem Heizeinsatz, umgeben von der Heizkammer und mit nachgeschalteten Heizgaszügen ausgestattet. Wärmeabgabe durch Konvektion (60–70 %) und Strahlung (30–40 %).

Die Bundesfachgruppe Kachelofen- und Luftheizungsbau im Zentralverband Sanitär – Heizung – Klima hat Richtlinien für den Kachelofenbau herausgebracht **(Fachregeln des Kachelofen- und Luftheizungsbauer-Handwerks),** aus denen wesentliche Hinweise für die Berechnung und Ausführung entnommen werden können.

Nach der Klärung zahlreicher **Begriffe** werden Hinweise für die **Werkstoffe und Bauteile** gegeben (Kacheln, Steine, Ausbaustoffe, Bindemittel, Einzelteile, Heizeinsätze). Die **Berechnungsgrundlagen** beziehen sich auf die Leistungsbemessung, Heizkammer (190–250 cm^2 freier Querschnitt je kW, bei $\Delta\vartheta$ = 55 K), Rostfläche und Feuerraumhöhe, Heizgaszüge (Querschnitt, Länge), Speichervermögen, Abstände (15 cm vom Einsatz zum Kammerboden und 18 cm zur Kammerabdeckung, 6 cm von Heizrohren zur Abdeckung), Gittergrößen (Zuluft 240 cm^2/kW, Umluft 200 cm^2/kW).
Angaben für die **Ausführung** beziehen sich auch auf die Aufstellung, auf den Schornsteinanschluß, auf die Anbringung der Kacheln und auf den Einbau der Bauteile, auf Heizeinsatz, Heizgaszüge, Heizkammer und Wärmeschutz.

Eine große Rolle spielt auch die **Verbrennungsluftversorgung,** die auf natürliche Weise oder durch technische Maßnahmen erfolgen kann:

- über **Außenfugen** des Aufstellungsraumes, was durch die heutigen dichten Fenster und Türen meist nicht ausreicht
- über **Öffnungen ins Freie** oder durch Außenluft-Durchlaßelemente
- über **Lüftung** wie für Heizräume, über besondere technische Anlagen oder über Außenfugen im Verbrennungsluftverbund.

Werden Kachelöfen einwandfrei berechnet und gebaut, sind sie gütefähig **(RAL-Gütezeichen).**

Was die Brennstoffwahl betrifft, so sind die vom Handwerk gesetzten Kachelöfen vorwiegend für **feste Brennstoffe** bestimmt, wobei vor allem der Kundenwunsch darin besteht, bei der Wohnungsbeheizung auf einem zweiten Bein zu stehen. Daraus ergeben sich folgende Konsequenzen:

1. Der **Warmluft-Kachelofen als Zweitheizung** oder Übergangsheizung liegt heute bei etwa 80 %, d. h., die Mehrzahl der Kunden möchte auf die Pumpen-Warmwasserheizung nicht verzichten.

   Bezieht man den Einbau nur auf Einfamilienhäuser (Bungalows), so dürfte der Prozentsatz bei annähernd 100 % liegen.

2. Im Hinblick auf den **Umweltschutz** stehen bei der Herstellung und Montage nicht mehr die äußere Form, sondern vielmehr die Technik und sicherheitstechnische Anforderungen im Vordergrund.

   So beziehen sich die allgemeinen Anforderungen nach **DIN 18 892 (85) „Dauerbrand-Heizeinsätze für feste Brennstoffe"** auf Nennwärmeleistung, Wirkungsgrad (mind. 75 %), Dauerbrandfähigkeit bei Nennleistung und Kleinstellung, Überlastbarkeit und die sicherheitstechnischen Anforderungen auf die Werkstoffe und die Bemessung der Bauteile: Heizflächenbelastung (bei der Heizkammer max. 5 kW/m^2; bei den Heizgaszügen 1,5 bzw. 0,7 kW/m^2 bei den keramischen), Einstelleinrichtung, Brennstoffwähler, Abgastemperatur, CO-Sicherheit und raucharme Verbrennung.

Erhöhte Anforderungen an die Verfeuerung von festen Brennstoffen werden durch die Neufassung der **1. Bundes-Immissionsschutzverordnung** (BImSchV) vom Juli 88 gestellt. Danach wird sich die Industrie um weitere umweltfreundlichere Verbesserungen und der Betreiber um entsprechende Betriebsweisen bemühen müssen.

Die wesentlichen Änderungen beziehen sich 1. auf die zusätzlichen Anforderungen an Kleinfeuerungsanlagen mit Holzfeuerungen, 2. auf zusätzliche Einschränkungen für feste und gasförmige Brennstoffe und 3. auf erhöhte Anforderungen an Öl- und Gasfeuerungsanlagen in bezug auf Abgasverluste (Wirkungsgrad) und Rußemission.

Beispiele:
§ 3 macht Angaben über zulässige Brennstoffe; § 4 stellt für Feststoffeuerungen allgemeine Anforderungen (Abgasfahne, Betriebsanweisung, offene Kamine) und § 5 speziell für Anlagen $<$ 15 kW (bei Holzfeuerung nur naturbelassenes stückiges Holz). Im § 6 werden je nach Brennstoffart bei den Emissionen nur bestimmte Massenkonzentrationen zugelassen. Im § 8 werden Angaben über Anlagen mit Verdampfungsbrenner gemacht (Rußzahl, Abgasverluste). §§ 12 bis 17 befassen sich mit der Überwachung.

Hinsichtlich der **gewählten Energieform** wurden 1986 von den in Neubauten (58 %) und Altbauten (42 %) neu eingebauten Kachelöfen 89 % mit festen Brennstoffen, 6 % mit Ölfeuerung, 2 % mit Gasfeuerung, 1 % mit Strom und 2 % mit sonstigem (z. B. Warmwasser) vorgesehen.

Bei der **Umstellung vorhandener Anlagen** wurden 53 % von festen Brennstoffen auf Öl/Gas/Strom (44 % 1985); 19 % von Öl/Gas/Strom auf feste Brennstoffe (28 % 1985) und 28 % auf sonstige, z. B. Warmwasser (desgl. 1985), gewählt.

Beim **Heizeinsatz mit Ölfeuerung** kommt der Verdampfungsbrenner (Schalenbrenner) zur Anwendung. Der links abgebildete Brenner (Abb. 5.22) kann ganz leicht herausgeschoben werden. Die Ölzufuhr erfolgt über eine automatische Ölversorgungsanlage, wobei zahlreiche Vorschriften zu beachten sind (Kap. 5.1.1).

Ähnliche Einsätze gibt es auch für **luft- und wasserseitige Beheizung** (gleichzeitig). Aufteilung der Heizleistung Luft : Wasser etwa 1 : 1 beim 9-kW-Einsatz und 1 : 2 beim 15-kW-Einsatz; an den Doppelmantel können nicht nur Heizkörper, sondern auch ein Warmwasserbereiter oder Pufferspeicher angeschlossen werden (empfehlenswert). Umwälzpumpe, Meß-, Regel- und Sicherheitseinrichtungen, Entlüftung usw. sind eingebaut.

Beim **Heizeinsatz mit Gasfeuerung** kommt vorwiegend der atmosphärische Brenner zur Anwendung. Es gibt jedoch auch Kachelofeneinsätze mit Gasgebläsebrennern. Hier sind ebenfalls zahlreiche Vorschriften zu beachten (Kap. 5.1.1).

Die geringen Absatzzahlen von Gaseinsätzen (etwa 2-3 %) entsprechen nicht den Vorteilen einer Gasfeuerung. Die Ursache könnte daran liegen, daß der Ersteller solcher Anlagen für den Anschluß die „Gaskonzession" und somit eine zweite Meisterprüfung (Sanitärinstallateur) benötigt. Grundsätzlich sollte die Umstellung auf Gas forciert werden.

Es gibt auch **Mehrstoff-Heizeinsätze,** die sich sowohl mit Gas, Öl und festen Brennstoffen beheizen lassen.

Dies stellt zwar eine krisenfeste Lösung dar, ist jedoch aus wirtschaftlichen und betriebstechnischen Gründen nicht empfehlenswert. Wegen des Feuerraumes und der Abgaswege müssen hier für eine optimale Verbrennung Kompromisse geschlossen werden.

Abb. 5.21 Heizeinsatz für Festbrennstoffe

Abb. 5.22 Heizeinsatz mit Ölbrenner

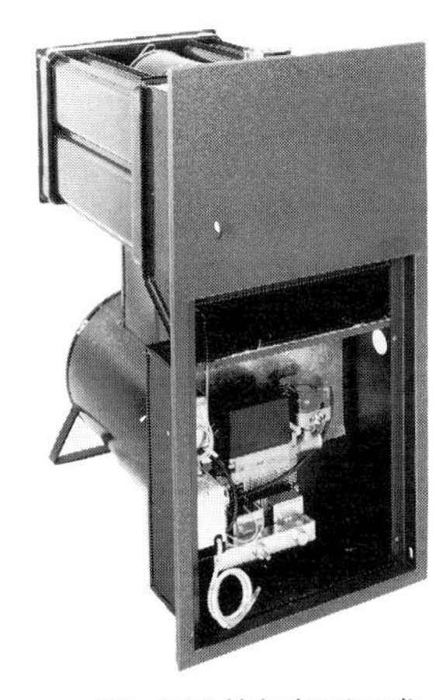

Abb. 5.23 Heizeinsatz mit Gasbrenner

Abb. 5.21 zeigt einen **Einsatz für Festbrennstoffe** (Fa. Haas & Sohn). Feuerraumvergrößerung durch gußeiserne, drehbare Kuppel (Rostlager als runder Korbrost rüttelbar); Nennheizleistung 6,2 kW (einschl. Heizkasten 7,3 kW); Füllschacht 18,5 l; Abgastemperatur am Stutzen der 1,5 m^2 großen keramischen Nachschaltheizfläche etwa 230 °C (am Stutzen des Heizeinsatzes etwa 400 °C); Förderdruck bei Nennleistung 0,12 mbar; Gewicht (mit Frontplatte) 130 kg; Frontplattengröße 420 mm x 820 mm; geeignet für Kohle, Briketts, Koks und Holz.
Die **höheren Anforderungen nach der Verordnung des neuen Immissionsschutzgesetzes** (1988) sind zu beachten! So erreicht man z. B. durch eine Nachverbrennung der Verbrennungsgase auch einen raucharmen Betrieb bei Schwachbrand-Holzfeuerung (gedrosselter Betrieb).

Abb. 5.22 zeigt einen **Kachelofeneinsatz mit Ölbrenner** und innen sowie außen emailliertem Heizgaszug; Wärmeleistung 6 kW (es gibt auch Einsätze für 9 kW und 15 kW); Brenner halbautomatisch (von Hand, mechanisch oder über Raumthermostat klein – groß gesteuert) oder vollautomatisch mit einer elektromechanischen Zündautomatik über Raumthermostat Zünden aus – klein – groß – klein – aus.

Abb. 5.23 zeigt einen **Einsatz mit Gasbrenner** (Fa. Schrag) ohne Gebläse, der mit einer Abgasüberwachung ausgestattet ist, so daß bei einer Betriebsstörung die Gaszufuhr unterbrochen wird. Regelung über Raumtemperaturregler, die Zündung über zwei Zündelektroden, Überwachung der Gasflamme durch eine Ionisationselektrode. Heizleistung 10 oder 14 kW.

Als **Vorteile für die Kachelofenheizung** werden verschiedene Angaben genannt. Die vorwiegend genannten Gründe, die der Besitzer einer Kachelofenheizung angibt, sind: nicht von einem Brennstoff allein abhängig sein, eine preisgünstige Beheizung in der Übergangszeit, gemütliche Atmosphäre, harmonische Anpassung an den Raum mit individueller Gestaltung, behagliche Wärmeabgabe durch ausgewogene Anteile an Konvektion und Strahlung, schönes dekoratives Schmuckstück, Prestigeobjekt, Nostalgie.

Sicherlich waren die Nostalgie und z. T. auch der Energieschock die Triebfeder für die Kachelofen-Renaissance, die Anfang bis Mitte der siebziger Jahre einsetzte und die plötzlich in den achtziger Jahren zu einer Übernachfrage führte. **1986 wurden über 50 000 Kachelöfen handwerklich neu gebaut** (1970 waren es etwa 1000!). Seit 1977 hat sich die Anzahl bis heute mehr als vervierfacht. Tendenz wieder rückläufig.
Schon seit Jahren zeichnet sich allerdings eine gewisse Spaltung ab, nämlich der handwerklich gefertigte Ofen einerseits und der Kachelofen mit vorgefertigten Bauteilen (Eigenbau) sowie der Industriekachelofen andererseits.

Als **Nachteile eines Warmluftkachelofens** werden genannt: ungleichmäßige Erwärmung des Raumes, thermische Schichtung, Fußkälte in Fensternähe, in den meisten Fällen lästige Beschickungs- und Reinigungsarbeiten, Lagerungsprobleme (Holz); keine Beheizungsmöglichkeit von weiter entfernt liegenden Räumen oder Nebenräumen (Bad, Hobbyraum usw.), anfällig bei stärkeren Witterungseinflüssen, keine Kombinationsmöglichkeit der Warmwasserbereitung, evtl. Maßnahmen für die Verbrennungsluftzufuhr.

Bei der Warmluft-Kachelofen-Zentralheizung entsprechend Abb. 5.20 wirken sich diese Nachteile noch viel stärker aus; hinzu kommen vielfach Geräusch- und Geruchsübertragungen, gegenseitige Beeinflussung in bezug auf Volumenstrom und Heizleistung. Eine sorgfältige Vorplanung und Anpassung an die baulichen Gegebenheiten unter Berücksichtigung sämtlicher Vorschriften sind unabdingbar.

Die **Vorschriften,** die beim Bau von Kachelofenheizungen zu beachten sind, haben in den letzten Jahren zugenommen.

Fachregeln des Kachelofen- und Luftheizungsbauer-Handwerks (1984) (überarbeitet 1987).
DIN 18 892 Dauerbrand-Heizeinsätze für feste Brennstoffe (1985);
DIN 18 160 Hausschornsteine, Anforderungen, Planung (81); **DIN 4705** Teil 1-3, Teil 5 (84) Berechnung von Schornsteinabmessungen; **DIN 4109** Teil 5 (84) Schallschutz gegenüber Geräuschen aus haustechnischen Anlagen.
LBO Landesbauordnungen bzw. die Ausführungsverordnungen hierzu sowie die in Kap. 5.1.1 genannten **Vorschriften für öl- und gasbefeuerte Heizeinsätze** (vgl. Pkt. 9 bzw. 11). Eine große Bedeutung hat auch die **FeuVO** (Feuerungsverordnung).

5.1.3 Elektrozentralspeicher für Luftheizungen

Während die Einzel-Speichergeräte mit eingebautem Gebläse relativ hohe Absatzzahlen aufweisen, werden Zentral-Luftheizungsanlagen kaum mehr verkauft, nicht zuletzt wegen der folgenden Nachteile und wegen der Vielfachnutzung der Räume, auch als anspruchsvolle Versammlungsräume. Sie wurden vereinzelt eingebaut in Turnhallen, Kirchen, Einkaufszentren u. a.; meistens mit Leistungen zwischen 30 und 60 kW. Bedeutsamer sind elektrisch beheizte Lufterhitzer (Kap. 6.4.2) oder andere Luftheizgeräte mit elektrischen Zusatzheizungen.

Der **Aufbau** einer Elektrozentralspeicheranlage geht aus Abb. 5.24 hervor. Die wesentlichen Bauteile sind der Zentralspeicher B (max. Speichertemperatur 650 °C), das Zuluft-Kastengerät Z, das Abluft-Kastengerät A mit Mischluftkasten M und Filter F, Wärmerückgewinnung WG sowie zahlreiche weitere Bauteile, wie Schalldämpfer S, Feuerschutzklappe K, Regel- und Sicherheitsgeräte usw.
Außen- und Umluft werden über gegenläufige Jalousieklappen (J) angesaugt, in einem Filter (F) gereinigt und dem Zentralspeicher (B) zugeführt, wo die Erwärmung stattfindet.
Um eine gleichmäßige Zulufttemperatur über die gesamte Betriebszeit zu erzielen, wird bei geringerem Wärmebedarf nur ein geringer Teil des Luftstroms durch den Speicherkern geleitet und auf hohe Temperatur erwärmt. Der übrige Luftstrom wird über einen Bypass geführt und der erhitzten Luft beigemischt. Linear mit der Temperaturabnahme im Kern nimmt der durch den Block geführte Luftstrom zu, während der „Kaltluftanteil" im gleichen Maße kleiner wird. Ein

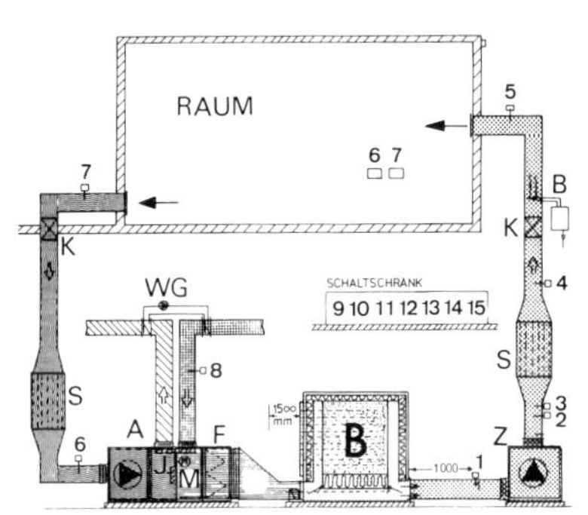

Abb. 5.24 Elektrozentralspeicher

(1) Sicherheitsregler und -begrenzer; (2) Minimalbegrenzer; (3) Ventilatorthermostat bei zwei Drehzahlen; (4) Druckschalter zur Überwachung der Luftströmung; (5) Kanalhygrostat Maximalbegrenzer; (6) Raum- oder Abluftkanalfühler; (7) Raum- oder Kanalhygrostat; (8) Tauchtemperaturfühler; (9) Regelgerät; (10) Temperaturfernversteller; (11) Zeitschaltuhr; (12) Bedienungstableau (am Block oder extern); (13) Luftklappen-Steuergerät; (14) Aufladeautomatik; (15) Kerntemperatur-Fernanzeiger.

automatisch gesteuertes, gegenläufig wirkendes Klappenpaar mischt die Luft auf die gewünschte Zulufttemperatur. Der Speicher B kann auch im Raum selbst aufgestellt werden.
Anstelle dieser Anlage gibt es auch sog. Kompaktanlagen. Die **Anschlußleistung** ist die zur Deckung der Tageswärme benötigte Leistung des Zentralspeichers unter Berücksichtigung der Nenn- und Zusatzladedauer. Die **Speicherkapazität** ist die gesamte notwendige nutzbare Wärmemenge des Speichers, die für die geforderte Beheizung während eines Tages erforderlich ist.

Beide Angaben spielen für die Auswahl einer Elektrozentralspeicheranlage die wichtigste Rolle. Hierfür gibt es neben Tabellen und Diagrammen verschiedene Berechnungsgrundlagen (vgl. Berechnungsbeispiel im Bd. 2).

- Nachteile:

  Hohe Anschaffungskosten und Betriebskosten mit der so unterschiedlichen Preisgestaltung der EVU (Tarif, Nachtstrom, Zusatzladedauer, Anschlüsse); oft zu hohe Zulufttemperaturen mit schlechter Temperaturverteilung in Großräumen; Unsicherheit in der längerfristigen Entwicklung der Stromversorgung; je nach Bauart hoher Platzbedarf; Abhängigkeit von einer Energieform.

- Vorteile:

  Keine Lagerung und Vorfinanzierung der Brennstoffe; kein Schornstein und keine Abgase; geringere Luftverschmutzung; keine Öl- und Wasserschäden; keine Einfriergefahr; keine baulichen Auflagen; geringere Wartungskosten; Ausbau zur Lüftung oder Klimatisierung; dauernde Betriebsbereitschaft; einfache Heizkostenermittlung; leichte Umstellung vorhandener Warmluft- oder Kachelofenheizungen.

5.2 Indirekt beheizte Lüftungs-Luftheizungs-Anlagen (Zentralanlagen)

Im Gegensatz zur direkt beheizten RLT-Anlage wird hier die Luft indirekt **durch Wärmetauscher in Form von Heizregistern** erwärmt. Da diese Register mit Warmwasser, Heißwasser oder Dampf von einer zentralen Stelle beschickt werden, spricht man vielfach auch von Dampf- bzw. Wasserluftheizungen.

Trotz der unter Kap. 5.1.1 erwähnten regelungstechnischen Verbesserungen bei der direkt beheizten Luftheizung, bei der das Stellglied der Brenner ist, hat man bei der indirekt beheizten Anlage mit Warmwasser durch die stetige Arbeitsweise des Dreiwegeventils eine feinere Regelung der Zulufttemperatur.
Die vier wichtigsten Systeme der indirekt beheizten Luftheizung sind:

Zentralanlagen (mit Kanalsystem und Luftdurchlässen)	**Kastengeräte,** vorwiegend für Büro- und Versammlungsräume
	Warmlufterzeuger (Klima-Zentralheizung), vorwiegend für Wohn- und Büroräume (vgl. Kap. 5.2.4)
Dezentrale Anlagen (Einzelgeräte) vgl. Kap. 6	**Wand- und Deckenluftheizgeräte** (Warmwasser, Heißwasser, Dampf), vorwiegend für gewerbliche Betriebe
	Truhengeräte (Gebläsekonvektoren), für Einzel- und Versammlungsräume

5.2.1 Anlagen mit Kastengeräten

Der Aufbau und die Bauteile eines solchen Kastengerätes (Zentrale), das gleichzeitig oder ausschließlich auch als Lüftungszentrale vorgesehen werden kann, wurden schon im Kap. 2 gezeigt. Mit solchen Kastengeräten werden Komfortanlagen vorwiegend für Versammlungsräume gebaut, jedoch eigentlich für alle Verwendungszwecke.

Hierzu noch einige Hinweise:

1. Die meisten Geräte werden nach dem **Baukastenprinzip** je nach Bedarf zu kompletten Aggregaten zusammengebaut (Abb. 2.5). Wenn mit dem Kastengerät die Räume belüftet und beheizt oder gekühlt werden sollen, wird das kombinierte Zu- und Abluftgerät aufgestellt (Abb. 5.25). Bei Lüftungsanlagen können Zuluft- und Abluftgeräte auch getrennt aufgestellt werden; besonders dann, wenn ein Umluftbetrieb wegen lästiger oder schädlicher Schadstoffe nicht möglich ist.
2. Die **Ausführungsvarianten** erstrecken sich nicht nur auf den möglichen Zusammenbau, sondern auch auf die Konstruktion, die Bauform und die Abmessungen. So gibt es z. B. schon kleine Flachgeräte (ab 30 cm Höhe, Abb. 5.26), die in abgehängten Decken montiert werden können, zweistöckige Bauweisen, wetterfeste Dachzentralen u. a.
   Die **Leistungsabstufungen** sind bei den einzelnen Herstellern sehr unterschiedlich von etwa 10 000 bis 100 000 m³/h.
3. In die Zentrale werden als **Einbauten** neben Filter und Heizregister auch evtl. Wärmerückgewinner und Schalldämpfer eingebaut. Mit weiteren Einbauten (Kühler, Befeuchter) wird eine Klimazentrale erreicht.
4. Die **Berechnungsgrundlagen** für die Bestimmung des Volumenstroms und für die Heizleistung werden im Kap. 4 behandelt. Die **Auswahl der Geräte** erfolgt nach den Ventilatordaten $\dot{V}$ und Δp_t (Abb. 10.13), anschließend die Festlegung der Anzahl der Rohrreihen für das Heiz- und evtl. Kühlregister anhand von Auswahldiagrammen. Der erforderliche **Platzbedarf** für den Aufstellungsraum geht aus Abb. 5.27 hervor.
5. Senkrecht angeordnete Kastengeräte bezeichnet man als **Schrankgeräte.** Die Vorteile sind: geringer Platzbedarf, schnelle Montage, Ausblaskasten oder Kanalanschluß. Leistungsabstufung bis etwa 20 000 m³/h.

Abb. 5.26 Kastengerät (Kammerzentrale)

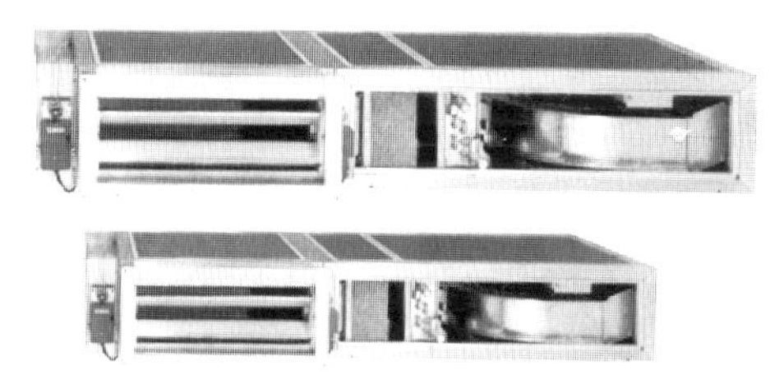

Abb. 5.26 Flachgeräte

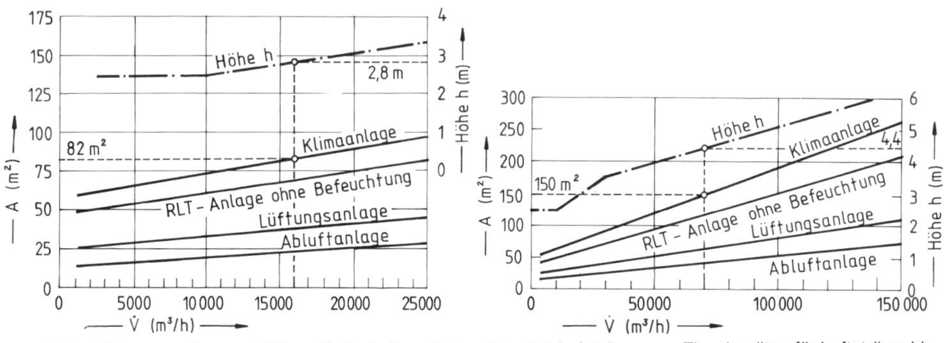

Abb. 5.27 Flächenangaben und Höhen für Technikzentralen; links bei Aufstellung von Einzelgeräten für Luftströme bis 25 000 m³/h; rechts bei Aufstellung mehrerer Geräte bis 150 000 m³/h (VDI 3803)

5.2.2 Hinweise zur Regelung von indirekt beheizten Lüftungs-Luftheizungs-Anlagen

Es gibt genügend Literatur über regelungstechnische Grundlagen, und in den einzelnen Teilkapiteln dieses Buches wird vielfach gleich auf die entsprechenden Regelmöglichkeiten hingewiesen. Anschließend nochmals zusammenfassend und ergänzend einige Hinweise zur Einhaltung des geforderten Außenluftvolumenstroms und zur Temperaturregelung bei Zentralanlagen.

5.2.2.1 Veränderung des Außenluftvolumenstroms

Gleichgültig, ob direkte oder indirekte Beheizung oder ob nur gelüftet wird, setzt sich beim Mischluftbetrieb die Zuluft aus Umluft und Außenluft zusammen, wobei die Außenluftbeimischung aus wirtschaftlichen Gründen dem jeweiligen Bedarf angepaßt werden muß. Beim Umluftbetrieb sind Außen- und Fortluftklappen geschlossen.

Wie ermittelt man den prozentualen Außenluftanteil?

Der Ventilatorförderstrom (≙ 100 %) wird ermittelt, z. B. über die Heizlast (Kap. 4.1) oder durch Festlegung einer bestimmten Luftwechselzahl. Den Außenluftvolumenstrom bestimmt man z. B. in Versammlungsräumen nach der Außenluftrate, die entsprechend der Belegung und Außentemperatur bis max. 50 % reduziert werden kann (Kap. 4.2.1).

Beispiel:

Für einen Raum (800 m³) mit 80 Sitzplätzen soll ein mindestens 4facher Luftwechsel garantiert werden. Die Außenluftrate soll mit 30 m³/h · P angenommen werden. Mit wieviel Prozent Außenluft wird gefahren a) bei der Auslegung, b) bei einer reduzierten „Winterrate" von 20 m³/h · P?

Lösung: **a)** $\dot{V}_{Vent} = 800 \cdot 4 = 3200\ m^3/h$;
$\dot{V}_a = 80 \cdot 30 = 2400\ m^3/h$
$\dot{V}_a(\%) = 2400/3200 = 0{,}75$ **(≙ 75 %)** bzw. bei **b)** 1600/3200 = 0,50 **(≙ 50 %)**.

Die UML/AUL-Mischung kann wie folgt vorgenommen werden:

a) Manuelle Beimischung

Bei diesem Verfahren erfolgt die Klappenstellung entweder konstant auf einem vorher festgelegten Wert (Arretierung der AUL-Klappe, meist schon bei der Auslegung) oder durch den Betreiber variabel (oft durch Fernversteller), wobei zur Einhaltung eines Mindestaußenluftanteils eine Arretierung vorgenommen werden kann.

Preisgünstiges, einfaches Verfahren, jedoch meistens höherer Energiebedarf; angewandt bei Anlagen, die nur zeitweise und unter möglichst gleichen Bedingungen in Betrieb sind. Anpassung bei dauernd wechselnder Personenbelegung.

b) Außenluftbeimischung in Abhängigkeit von der Außenlufttemperatur

Hier wird das Mischluftverhältnis Außenluft – Umluft nach der Außentemperatur gesteuert. Entsprechend einer gewünschten reduzierten Außenluftrate ab einer bestimmten Außentemperatur im Sommer und Winter werden die Öffnungsquerschnitte der Klappen verändert.

Angewandt bei Anlagen mit geringen Lastschwankungen, denn die Störgrößen im Raum und somit die Schwankungen bei der Umlufttemperatur werden nicht erfaßt.

c) Außenluftbeimischung in Abhängigkeit von der Mischtemperatur

Durch den Fühler in der Mischkammer wird jede Änderung der Außen- und Raum- bzw. Umlufttemperatur erfaßt, und entsprechend werden die Klappen verstellt. Dabei sollten für Winter- und Sommerbetrieb zwei getrennt einstellbare Sollwerte möglich sein (Stetig im Winter, Auf – Zu im Sommer).

Der Nachteil von b wird hier vermieden, denn die Mischtemperatur ϑ_m ist hier die Regelgröße. Aufgrund des erforderlichen prozentualen Außenluftanteils und der zulässigen Reduzierung kann man ϑ_m bestimmen.

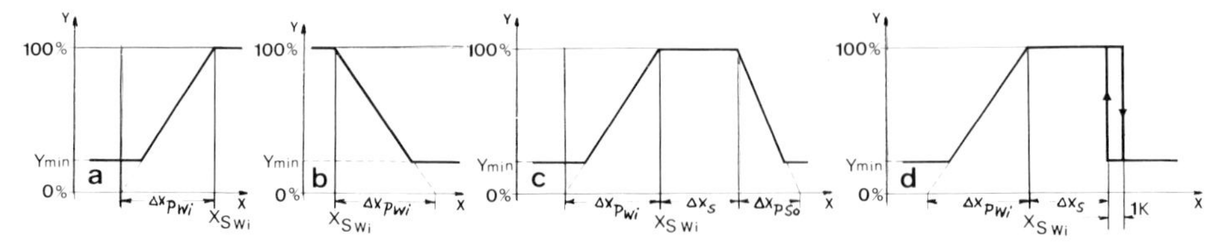

Abb. 5.28 Funktionsbeispiele eines Mischklappenmoduls
a) x_{SWi} = eingestellter Wintersollwert bei Stellgröße y=100 %, einstellbare Minimalbegrenzung Ymin, stetiges Steuersignal mit variabler Spannung von 0 bis 10 V. b) Hier wird der Wirkungssinn des Ausgangssignal umgekehrt, so daß neben der Grundkennlinie „Kühlbetrieb" (für AL-Klappe) auch eine Kennlinie „Heizbetrieb" (z. B. für Wärmerückgewinnung) möglich ist. c) Diese „Trapezfunktion" ermöglicht eine Mischklappenregelung mit unterschiedlichem Winter- bzw. Sommersollwert, unabhängig von der „Lücke" Δx_S zwischen diesen beiden, d. h. im Winter und Sommer können unterschiedliche Außenluftvolumenströme gewählt werden; auch mit unterschiedlichen Proportionalbereichen Δx_p. d) Energetisch noch günstiger ist der Zweipunktbetrieb der Klappen im Sommer. Ist der momentane Istwert (ϑ_a, ϑ_m) um 1K höher als der Sommersollwert, machen die Klappen zu bzw. gehen auf die Minimalstellung Ymin. Für reine Kühlaufgaben gibt es weitere Möglichkeiten.

d) Außenluftbeimischung in Abhängigkeit von der Personenzahl

Hier soll der erforderliche Außenluftvolumenstrom bzw. die stetige Veränderung der Mischklappen nach der im Raum jeweils vorhandenen Luftqualität erreicht werden. Ein sog. Luftgütefühler erfaßt die Anteile der Gase in der Raumluft.

Bei einfachen Abluftanlagen (z. B. Gaststätten, Küchen, Werkhallen) kann die Luftgüte auch durch EIN/AUS-Schaltung des Ventilators erfolgen. Weitere Hinweise vgl. Kap. 4.2.1 Pkt. 10.

e) Außenluftzufuhr in Abhängigkeit von der gewünschten Raumkühlung

Bei der sog. freien Kühlung (Kap. 4.5) soll vor allem die Nachtkühle dazu verwendet werden, die bei Tag aufgeheizten Gebäudemassen wieder abzukühlen.

Über einen Raumtemperaturregler (gekoppelt mit der Wandtemperatur), der über eine Zeitschaltuhr freigegeben wird, werden die Ventilatoren eingeschaltet und Außen-/Fortluftklappen geöffnet (umgekehrt, wenn der Sollwert wieder unterschritten wird). Ab einer bestimmten Außentemperatur, wenn die Transmissionswärmeverluste ausreichen, kann über einen Außenfühler die Anlage abgeschaltet werden!

5.2.2.2 Temperaturregelung

Die Wahl der Temperaturregelung hängt vorwiegend von der Aufgabe und den Anforderungen der RLT-Anlage sowie vom Gebäude bzw. vom Raum ab.

a) Raumtemperaturregelung (oder Ablufttemperaturregelung)

Diese für Luftheizungen übliche Regelung hat den Vorteil, daß alle auf den Raum einwirkenden Einflußgrößen erfaßt und ausgeregelt werden. Problematisch ist vor allem die richtige Fühlerplazierung, ob im Raum oder Abluftkanal.

Probleme bei der Fühleranordnung im Raum entstehen:

bei ungleichen Wärmeentwicklungen im Raum, durch evtl. Einfluß kalter Umfassungswände, bei schlechten Mischungsverhältnissen zwischen Zuluft und Raumluft, bei örtlichen Wärmestrahlungen, bei ungünstiger Raumgeometrie, bei unzweckmäßigen Raumeinrichtungen, bei öfterem EIN/AUS-Schalten, bei mehreren Räumen oder Raumunterteilungen u. a.

Empfehlungen für den Meßort sind: möglichst freihängende Fühler oder mit ausreichendem Abstand (evtl. gedämmtes Abstandsstück), möglichst in Stirnhöhe, möglichst gegenüber der Zuluft-Gitteranordnung, weg von Bereichen mit höheren Luftbewegungen, evtl. Strahlungsschutz.

Regelungstechnisch soll durch eine richtige Plazierung ein möglichst kleines Verhältnis Verzugszeit/Ausgleichszeit erreicht werden, damit bei einem P-Regler die Regelabweichung klein und dadurch die Temperatur besser konstant gehalten werden kann.

Probleme bei der Fühleranordnung im Abluftkanal entstehen:

bei größerer Temperaturschichtung im Raum (Warmluftpolster im Deckenbereich), bei geringen Abluftvolumenströmen, bei starker Kanalabkühlung und vor allem, wenn der Meßwert nicht repräsentativ für die mittlere Raumtemperatur ist.

Wegen der oft größeren Verzugszeit und geringeren Ausgleichszeit kann die Raumtemperaturkonstanz erschwert werden. Der Meßwert entspricht jedoch in der Regel besser der Raummischtemperatur.

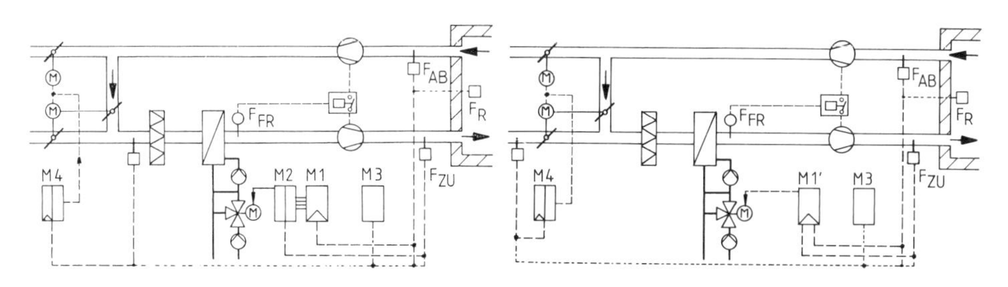

Abb. 5.29 Raumtemperaturregelung mit Zuluftbegrenzung

Abb. 5.30 Stetige Raumlufttemperaturregelung mit Zulufttemperaturkaskade

Abb. 5.29 zeigt eine **Raumtemperaturregelung mit Begrenzung der Zulufttemperatur** ϑ_{ZU} zur Vermeidung von Zugerscheinungen. Mischtemperaturregelung vgl. Abb. 5.28.
Kanalabluftfühler F_{AB} (oder Raumfühler F_R) und Stetigregler M1; Zulufttemperaturfühler F_{ZU} und Führungsmodul M2 für gleitende Minimalbegrenzung von ϑ_{ZU}; Frostschutzthermostat F_{FR}; Anzeigemodul mit 6 Meßstellen M3; Mischklappenmodul M 4.
Anwendung: Versammlungsräume, gewerbliche Räume, Turnhallen usw. mit Personenbelegung.

Abb. 5.30 zeigt eine **stetige Raumlufttemperaturregelung** (oder Abluft-) mit Zulufttemperaturkaskade; und ϑ_{ZU}-Minimalbegrenzung, Klappensteuerung nach Außentemperatur;
M 1′-Stetigregler und Submodulkaskade

Bei einer **Kaskadenregelung** wird die Raumtemperatur-Regeleinrichtung theoretisch in zwei Regler aufgespalten. Hauptregler mit Regelgröße Raumtemperatur und Hilfsregler mit Hilfsregelgröße Zulufttemperatur. Ändert sich die Raumtemperatur (Regelabweichung), so wird das Stellglied Mischventil nicht vom Hauptregler unmittelbar verstellt, sondern es wird über die Führungsgröße eine Verschiebung des Zulufttemperatursollwertes am Hilfsregler erreicht. Die Ausgangsgröße des Hauptreglers ist somit die Eingangsgröße bzw. Führungsgröße für den Hilfsregler (Folgeregler).

Anwendung:
Wenn bei einer Raumtemperaturregelung die Störungen der Zulufttemperatur (z. B. durch Betätigung der Mischklappen) ausgeregelt werden sollen, bevor sie sich im Raum auswirken. Geeignet besonders bei relativ geringem Luftwechsel.

b) Zulufttemperaturregelung

Bei dieser Regelung soll die Zuluft – je nach Anlage und Betriebsweise – entweder konstant oder gleitend oder in Verbindung mit der Raumtemperatur geregelt werden. Die Fühleranordnung bei der Zulufttemperaturregelung erfolgt im Zuluftkanal. Bei saugend angeordnetem Ventilator sollte der Fühler in Luftrichtung nach dem Ventilator angeordnet werden (Erfassung der Ventilatorwärme, gut durchmischte Luft).

Im wesentlichen unterscheidet man zwischen:

b_1) Konstant-Zulufttemperaturregelung (Abb. 5.31)

Bei dieser stetigen Regelung wird die Zulufttemperatur so eingestellt, daß sie zugfrei in den Raum geführt werden kann. Beim Abschalten der Anlage schließt das Heizventil.

Anwendungsbeispiele:

- Lüftungsanlagen mit intermittierendem Betrieb, d. h. in Räumen, in denen nur ab und zu gelüftet werden muß und der Wärmebedarf durch eine statische Heizung mit Raumtemperaturregelung gedeckt wird (bei den meisten Lüftungsanlagen).
- Bei Räumen mit sehr großem Wärmeaufkommen oder größerer Grundlast und höherem Lüftungswärmebedarf; auch bei der freien Kühlung.

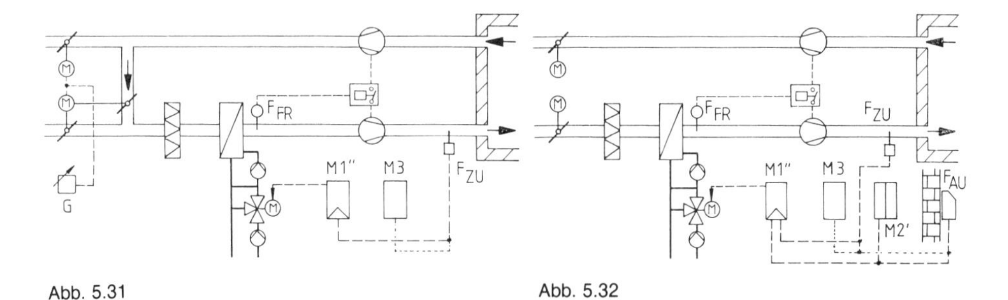

Abb. 5.31 Abb. 5.32

Abb. 5.31 zeigt eine **Konstant-Zulufttemperatur-Regelung.** Bei Bedarf mit extremem Sollwertsteller, externer Minimal- oder Maximal-Begrenzung und Temperaturabsenkung mit externer Schaltuhr. Varianten-Mischkammer vgl. Abb. 5.28. M1″-Stetigregler und Submodulintegrator; G Stellungsgeber.

Abb. 5.32 zeigt eine **witterungsgeführte stetige Zulufttemperaturregelung** mit PI-Verhalten; Stetigregler und Submodul für I-Anteil (M1″), Führungsmodul mit gleitender Sollwertverschiebung (M2′), Anzeigemodul (M3).

Weitere Regelschemen und Hinweise sind in den betreffenden Kapiteln zu finden, wie z. B. direkt beheizte Anlagen (Kap. 5.1.1), Wand- und Deckenlufterhitzer (Kap. 6.1.2), Truhengeräte (Kap. 6.2.3), Schwimmbäder (Kap. 7.3) und viele andere.
Grundbegriffe der Regelungstechnik und die hydraulischen Schaltungen werden im Band 2 „Pumpenwarmwasserheizung" behandelt.

b_2) Witterungsgeführte Zulufttemperaturregelung (Abb. 5.32)
Bei dieser Regelung soll die Regelgröße, d. h. die Temperatur im Zuluftkanal, so geführt werden, daß $\dot{V}_{zu} \cdot c \cdot (\vartheta_{zu} - \vartheta_i)$ dem fehlenden Wärmebedarf des Raumes entspricht. Die Raumlufttemperatur wird demnach nur gesteuert.

Anwendungsbeispiele:

- Bei Anlagen, die weder eine Raumtemperatur- noch eine Ablufttemperaturerfassung gestatten (vgl. obige Probleme).
- Bei RLT-Anlagen, die mit statischer Heizung kombiniert sind, d. h. die Transmissionswärme teilweise oder vollständig mit der Luft gedeckt werden soll.
- Zur Vorregelung für mehrere Räume (Zentrale) mit anschließender Zonenregelung. Mit separaten Lufterhitzern in den jeweiligen Zuluftkanälen wird dann raumtemperaturabhängig geregelt.

5.2.3 Frostschutzmaßnahmen

Frostschutzeinrichtungen bzw. Frostschutzmaßnahmen bei der Anlagenplanung dienen zur Erhöhung der Betriebssicherheit und zur Vermeidung von teuren Anlagen- und Folgeschäden wie z. B. Zerstörung des Heizregisters, Rohrbrüche, Undichtigkeiten.

Frostgefahr besteht vor allem:

- bei Anlagen, die mit reiner Außenluft oder mit einem **sehr hohen Außenluftanteil** arbeiten
- bei Anlagen für Räume mit **sehr großem Wärmeaufkommen,** so daß nicht nur das Ventil geschlossen wird, sondern womöglich noch die Außenluftklappen öffnen
- bei Luftheizgeräten in stark **abgekühlten Fabrikhallen** (vor allem in Tornähe)
- bei **schlechter Planung,** falscher Dimensionierung (wie z. B. überdimensionierte Lufterhitzer, falsche Ventile) und unzweckmäßiger Frostschutzanordnung
- bei Störungen und/oder **ungünstigen Betriebsverhältnissen,** wie z. B. beim Anfahrzustand, bei tiefen Außentemperaturen, bei Ausfall des Heizmediums (z. B. Störabschaltung des Brenners), bei extremen Temperaturschichtungen, bei großen plötzlichen Volumenstromänderungen oder bei extremen Sollwertverstellungen.

Die bekannteste Frostschutzmaßnahme ist der luftseitige Einbau eines **Frostschutzthermostaten** mit Kapillarfühler, der in Strömungsrichtung hinter dem Lufterhitzer an der kältesten Stelle eingebaut wird.

Der einzustellende Sollwert liegt je nach Anlage zwischen 3 und 8 °C).

Dieser Thermostat, der ja nur eine Steuerfunktion hat **(Frostschutzwächter),** kann **vier Schaltvorgänge** vornehmen:

1. **Abschaltung der Motoren des Zu- und Abluftventilators** über Relais zur Unterbindung der Luftströme und der Vermeidung weiterer Außenluftzufuhr.
2. **Schließung der Außen- und Fortluftklappe** mit gleichzeitiger Öffnung der Umluftklappe, damit durch thermische Zirkulation keine Kaltluft einströmen kann.
3. **Öffnung des Stellgliedes** (z. B. Dreiwegmischventil), damit eine Wärmezufuhr zum frostgefährdeten Heizregister gewährleistet ist, gegebenenfalls mit Einschaltung der Umwälzpumpe.
4. **Signalisierung der Frostschutzgefahr** durch eine optische (Meldelampe) und/oder eine akustische Signallampe (Horn).

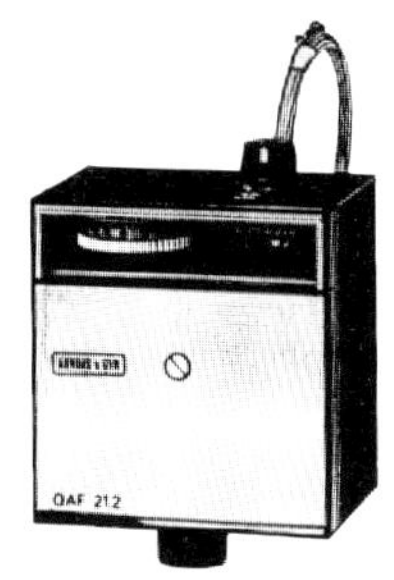

Abb. 5.33

Abb. 5.33 zeigt einen von 0 bis +10 °C einstellbaren **Frostschutzwächter** mit einem dampfgefüllten Kapillarrohrfühler und Membransystem. Der am Lufterhitzer angeordnete Fühler mißt die tiefste Temperatur, die auf mindestens 30 cm Länge irgendwo auftritt (vorteilhaft bei unterschiedlichen Temperaturschichtungen). Seine **Aufgabe** erfüllt der Wächter mit Hilfe zweier voneinander unabhängiger Funktionen.

1. Er öffnet innerhalb eines proportionalen Steuerbereichs **stetig** das Heizventil (Arbeitsbeginn bei etwa 6 °C). Ein mehrmaliges Ein- und Ausschalten beim Anfahren der Anlage wird somit verhindert.
2. Er schaltet über einen Umschalter die Ventilatoren ab, wenn die Temperatur am Lufterhitzer bis zum Frostschutzwert sinkt.

Weitere anlagentechnische Maßnahmen ergeben sich aus obengenannten Frostgefahren:

- **Vermeidung von überdimensionierten Lufterhitzern,** da dabei der Wasserstrom stark verringert wird und sich somit auch stark abkühlt. Keine zu großen Temperaturspreizungen wählen.
- **Sorgfältige Ventilauswahl.** So sind z. B. gleichprozentige Ventile besser als lineare. Keine zu langsam laufenden Stellantriebe. Keine abrupten Sollwertverstellungen.
- **Vermeidung von Temperaturschichtungen** vor und hinter dem Lufterhitzer, Warmwassereintritt möglichst unten, wasserseitiger Druckverlust möglichst hoch (4 bis 5 kPa).
- Am Regelventil des Lufterhitzers eine **Umgehungsleitung vorsehen** (mit Ventil). Damit keine Unterbrechung des Heizmittelkreislaufs eintreten kann, fließen ständig einige Prozent des Wasserstroms durch den Bypass, der im Winter ständig geöffnet ist. Das Ventil in der Umgehung kann auch thermostatisch gesteuert werden.
- Falls im Aufstellungsraum Einfriergefahr besteht, kann man beim Abschalten der Anlage das **Regelventil öffnen** lassen.
- Bei großen Anlagen kann auch hinsichtlich der Außenluftzufuhr eine gewisse **Grundlast nach der Außentemperatur gesteuert** werden (zweiter Fühler). Dies geschieht über ein parallelgeschaltetes Ventil. Durch diese Maßnahme wird auch die Stabilität des Regelkreises verbessert.
- **Frostschutzpumpen vorsehen,** wenn die Luft nur auf wenige Plus-Grade erwärmt werden muß (z. B. von - 14 °C auf + 5 °C), womöglich noch mit großer Spreizung und bei zu groß ausgewählten Lufterhitzern. Man erreicht dadurch immer den gesamten Massenstrom, eine große Wassergeschwindigkeit und eine gleichmäßige Wassertemperatur.

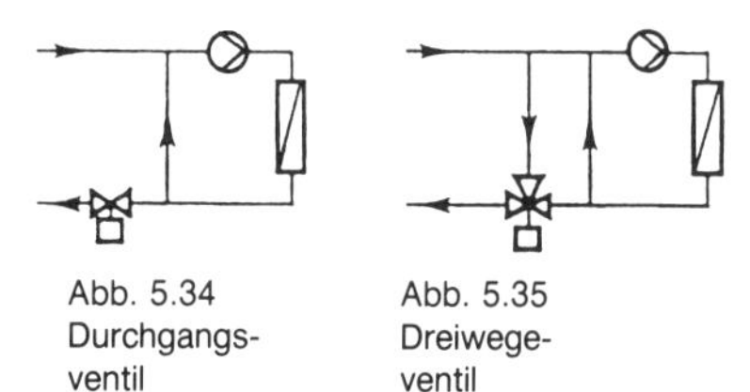
Abb. 5.34 Durchgangsventil

Abb. 5.35 Dreiwegeventil

- **Verwendung von Frostschutzmitteln,** die dem Wasser beigemischt werden (Glykol, Antifrogen). Infolge der Zunahme der Viskosität nimmt der Pumpendruck ab und der Rohrnetzwiderstand zu. Außerdem verringert sich bei steigendem Glykolgehalt die spezifische Wärmekapazität. Man spricht hier von Sole, obwohl der Begriff eigentlich nur für Salzlösungen gilt.

Tab. 5.2 Einfluß von Frostschutzmitteln

Frostgrenze °C (etwa)	0	- 4	- 10	- 18	- 26	- 37
Glykolgehalt in Vol.-%	0	10	20	30	40	50
Kinematische Zähigkeit in mm^2/s, etwa	1,7	2,6	4,7	9,8	23	90
Spezifische Wärmekapazität in kJ/kg · K (0 °C)	4,2	4,1	3,9	3,6	3,4	3,2

5.2.4 Die Klimazentralheizung

Hiermit möchte man versuchen, die schnell regelbare Luftheiztechnik auch für Wohn- und kleinere Bürogebäude einzusetzen. Dabei wird vor allem die Einbeziehung der kontrollierten Lüftung, der Wärmerückgewinnung, des Betriebs im Niedertemperaturbereich und der möglichen zusätzlichen Luftaufbereitungsstufen in den Vordergrund gestellt.

Trotz der zahlreichen Vorteile und trotz des weiter zunehmenden Anteils des Fertighausbaus wird jedoch hier – im Vergleich zu den USA – die Luftheiztechnik in absehbarer Zeit keine durchgreifenden Erfolge erzielen.

Die Bezeichnung „Klimazentralheizung“ wird damit begründet, daß mit einer solchen Warmluftheizung gelüftet (dadurch auch mit Außenluft gekühlt), gefiltert, geheizt, befeuchtet und – in Verbindung mit einer umschaltbaren Wärmepumpe – gekühlt werden kann. Die höheren Anschaffungs- und Betriebskosten gegenüber der Pumpen-Warmwasserheizung werden aufgrund dieser Vorteile von manchem Bauherrn in Kauf genommen.

Nicht nur das Luftheizungsbauerhandwerk, sondern auch das Zentralheizungs- und Lüftungsbauerhandwerk haben sich daher mit der Berechnung und Planung solcher Anlagen bereits vertraut gemacht.

Die früher bei der Warmluftheizung genannten Nachteile, wie Staubschleuder, Haustelefon, großer Platzbedarf für Kanäle, Zugerscheinungen oder schwierige Einregulierbarkeit, treffen heute bei einer technisch richtig ausgelegten Anlage nicht mehr zu. Sowohl neue Materialien als auch verbesserte Lüftungsgeräte und Luftverteilsysteme haben dies bewirkt.

- Zur **Vermeidung der Geräuschübertragung** wird die Luft über getrennte Kanäle vom Warmluftgerät zu den einzelnen Räumen geführt. Die Kanäle werden mit Schalldämpfern ausgestattet, sowohl im Zuluftkanal als auch im Umluftkanal als Wand- oder Deckenschalldämpfer.
- Zur **Vermeidung der Geruchsübertragung** wird von Küchen, Toiletten und Bädern keine Umluft entnommen, sondern diese ins Freie abgesaugt oder sinnvollerweise über eine Wärmerückgewinnungsanlage geführt, die mit der Hauptanlage kombiniert ist.
- Zur **Vermeidung von abgehängten Geschoßdecken** für den Kanal und den damit verbundenen höheren Baukosten und dem geringeren Raumvolumen verlegt man die Luftleitungen im Fußboden (Abb. 5.36). Voraussetzung für eine sorgfältige Planung ist die frühe Zusammenarbeit zwischen Architekt und Lüftungsbauer, da eine Luftheizungsanlage einem fertigen Bauobjekt nicht einfach „aufgepfropft“ werden kann.
- Zur **Vermeidung von Zugerscheinungen** ging man schon seit längerer Zeit auf indirekt beheizte Geräte über, wodurch sich das Regelverhalten ganz erheblich verbesserte. Weiterhin wurden die Luftauslässe optimiert und die dort auftretenden Austrittsgeschwindigkeiten reduziert.
- Zur **Kompensation der kälteren Umschließungsflächentemperatur** bringt man bei großen Fensterflächen die Zuluftaustritte auf der ganzen Fensterbreite an (Warmluftschleier). Durch die erhöhten Anforderungen der Wärmeschutzverordnung an das Bauwerk und die dadurch gesunkenen Energieverluste entfällt die früher erforderliche „Überdimensionierung“ beim Zuluftvolumenstrom bzw. die hohe Zulufttemperatur.

Aus den Abb. 5.36 bis 5.43 geht der Aufbau einer solchen Anlage hervor. Die Zuluftführung im **Erd- und Obergeschoß** erfolgt durch sog. **Mini-Luftleitungen.** Diese verzinkten Leitungen mit 0,65 mm Blechdicke werden mit den entsprechenden Formstücken beliebig zusammengebaut und in den Geschoßdecken eingebettet.

Die Abmessungen der Mini-Luftleitung sind **5 cm hoch und 10 cm breit.** Üblicherweise wird ein **Volumenstrom von etwa 60 m^3/h** je Luftleitung empfohlen, entsprechend 3,3 m/s. Bei einer mittleren **Übertemperatur von etwa 25 K** gegenüber Raumtemperatur entspricht dies einer spezifischen Heizleistung von etwa **550 W/Leitung** (Kanalverluste unberücksichtigt).

Dementsprechend kann man die **Anzahl der Minileitungen je Raum** ermitteln. Grundlegend sind zwar der Normwärmebedarf und die zu wählende Zulufttemperatur. Von diesem Wärmebedarf muß jedoch noch die Wärmeabgabe durch die Leitungen von etwa 12 W/m abgezogen werden (= korrigierter Wärmebedarf). Außerdem sollte ein 3- bis 5facher Luftwechsel (bezogen auf Zuluft) eingehalten werden.

Im Kellergeschoß (Abb. 5.38 und 5.39) erfolgt die Luftführung über meist an der Kellerdecke verlegte wärmegedämmte Kanäle (Geschwindigkeit 2 bis 3 m/s). Die Zuluft wird in die Verteiler geführt (hier zwei im EG und einer im OG).

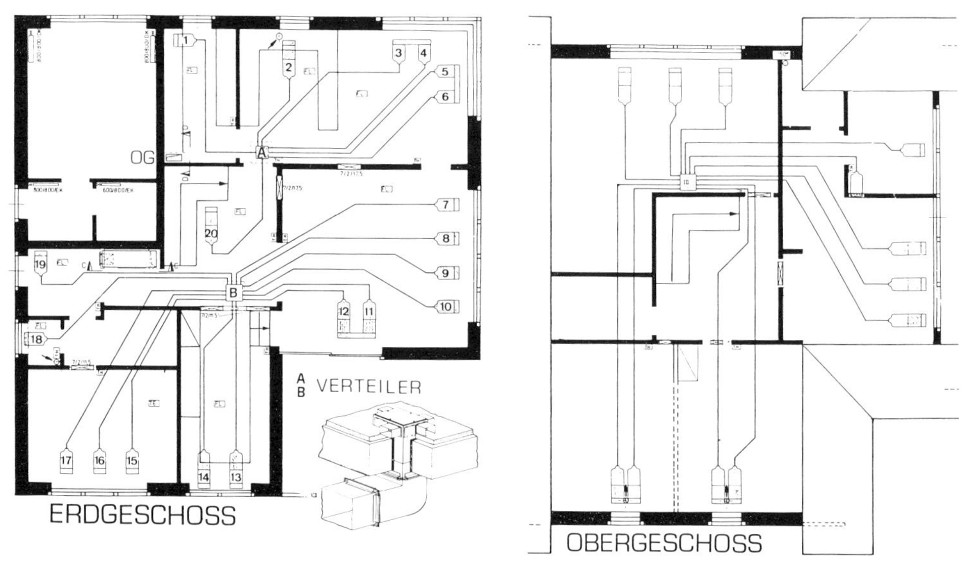

Abb. 5.36

Abb. 5.37

Verlegung der Minileitungen in den Wohngeschossen (Fa. Schrag)

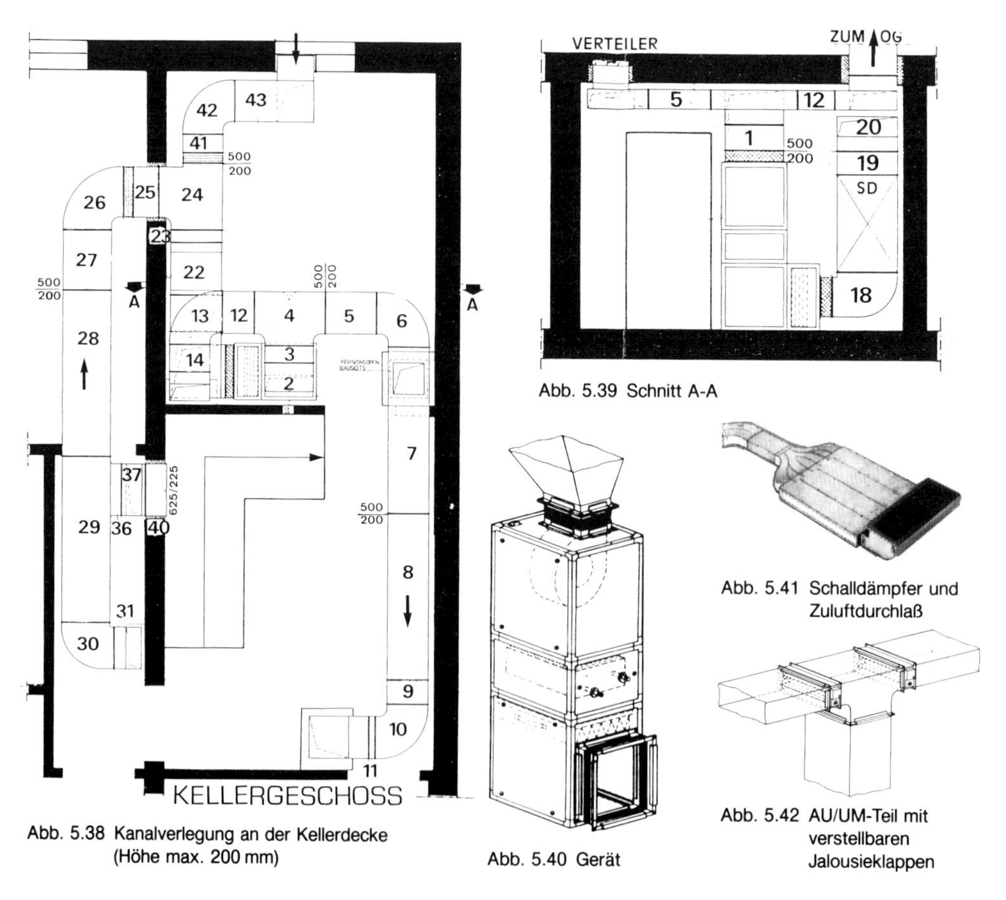

Abb. 5.38 Kanalverlegung an der Kellerdecke (Höhe max. 200 mm)

Abb. 5.39 Schnitt A-A

Abb. 5.40 Gerät

Abb. 5.41 Schalldämpfer und Zuluftdurchlaß

Abb. 5.42 AU/UM-Teil mit verstellbaren Jalousieklappen

Bei der **Planung und Ausführung** sind zahlreiche weitere Hinweise zu beachten:

a) Hinweise zum Warmluftgerät (Kompaktgerät)

1. Die **Grundausstattung** besteht aus Gehäuse mit oberem Luftaustritt, Ventilatorsteuerung (100 bis 200 V verstellbarer Drehzahlregler), Luft-Wasser-Wärmetauscher, herausnehmbares Filter (Güteklasse EU 4). Mit einem Elektrofilter, das im Gerät oder Kanal eingebaut wird, können auch Pollen, Bakterien, Pilzsporen und Tabakrauch abgeschieden werden.
2. Die **Aufstellung** erfolgt vorzugsweise im Heizraum; bei nicht unterkellerten Gebäuden in Nebenräumen. Montage in Kesselnähe (Abb. 5.44); Maßnahmen gegen Körperschallübertragung (Fundament, Kanalanschluß) beachten. Eine zentrale Anordnung verhindert ein ausgedehntes Hauptkanalsystem.
3. Die **Wärmeerzeugung** erfolgt in der Regel durch einen gas- oder ölbefeuerten Heizkessel. Die Heizregisterleistungen betragen je nach Gerätetyp, Wassertemperatur und Volumenstrom 4 bis 30 (40) kW.
4. Der **Volumenstrom** liegt zwischen 700 m^3/h und max. 2000 m^3/h; Ventilatordrehzahl max. 1000 min^{-1} bzw. 1450 min^{-1}, stufenlos bzw. 5stufig regelbar. Die Druckverluste liegen meist bei 150 bis 200 Pa.
5. Daß **jede Wohnung ein separates Gerät** mit Leitungen erhält, sollte selbst bei Anliegerwohnungen eingehalten werden; bei großen Einfamilienhäusern evtl. sogar eine Aufteilung nach Wohn- und Schlafräumen.
6. **Flachgeräte** mit nur 28 cm Breite eignen sich für Decken- und Wandeinbau. Volumenströme von 300 m^3/h bis 900 m^3/h.

b) Weitere Hinweise zu den Minileitungen und Bodenaufbau

1. Zur **Verbindung** der Leitungen werden spezielle Verbindungsschlösser mitgeliefert.
2. Die **Leitungslängen** sollen 8 m nicht übersteigen (anzustreben 4 bis 6 m). Die **Abstände** sollen möglichst gleichmäßig sein, damit eine ausgeglichene Fußbodentemperierung erreicht wird.
3. Die **Wärmeabgabe** an den Raum erfolgt mindestens mit 50 % über den Fußboden. Die FB-Temperatur liegt wesentlich niedriger als bei einer Fußbodenheizung, jedoch höher als bei der Radiatorenheizung. Um eine zu große Wärmeabstrahlung zu vermeiden, werden auf der Oberseite Dämmstreifen angebracht.
4. Die **Niederhalter** (Abb. 5.43) dienen zur Befestigung der Leitungen, damit sie sich bei Einbringen in den Estrich nicht verschieben.
5. Der **Fußbodenaufbau:** Auf Rohrbetondecke erfolgt Wärmedämmung (20 bis 40 mm), dann Auffüllung mit Leichtbeton 50 mm (Leitungshöhe); Dämmstreifen 4 mm; Zementestrich mind. 40 mm; Bodenbelag; demnach bis zu 15 cm ab Rohdecke.
6. Der eingebaute **Sekundärschalldämpfer** (Abb. 5.41) ist fester Bestandteil der Mini-Luftleitung; Dämpfung etwa 32 bis 35 dB bei Neuauslegung; $\Delta p \approx 5$ Pa; Maße 400 mm x 390 mm x 50 mm. Bei extremen Forderungen können doppeltlange Dämpfer eingesetzt werden.

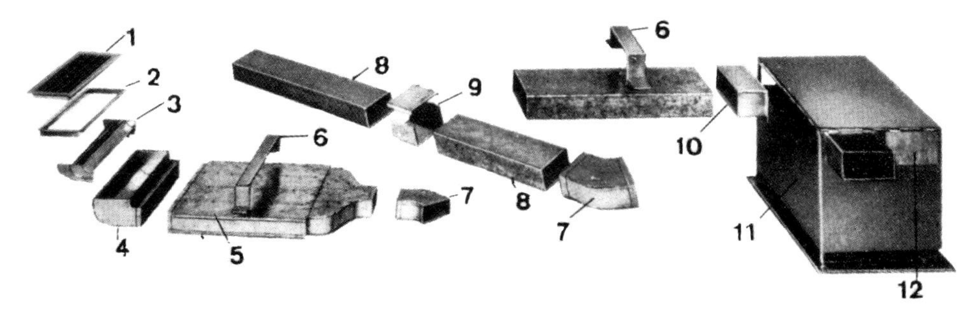

Abb. 5.43 Minileitung (1) Zuluftgitter; (2) Kantenschutz; (3) Luftleitblech; (4) Zuluftaustritt; (5) Schalldämpfer; (6) Niederhalter; (7) Bogen 30°, 45°, 60°, 90°; (8) Leitung; (9) Verbindungsschloß; (10) Anschlußstutzen; (11) Verteiler mit Schiebestutzen; (12) Blinddeckel.

c) Hinweise zum Verteiler

1. Die **Anordnung** sollte möglichst zentral erfolgen, damit sich möglichst gleiche Leitungslängen ergeben.
2. Der **Anschluß** von den Kanälen erfolgt von unten. Die nicht benötigten Öffnungen werden mit Blinddeckeln verschlossen, die anderen erhalten Anschlußstutzen zum Einstecken der Leitungen.

3. Die **Drosselblenden** an jedem Abgang dienen zur Einregulierung und zum Abgleich unterschiedlich langer Mini-Luftleitungen.
4. Zur **Vermeidung großer Punktlasten** ist im Bereich des Verteilers eine Baustahlmatte in den Estrich einzulegen.
5. Jeder Verteiler hat eine **Revisionsöffnung,** um u. a. die darin befindlichen Luftklappen zu erreichen.

d) Hinweise zum Zuluftgitter und zur Temperaturverteilung

1. Die **Anordnung** erfolgt in der Regel im Boden unter den Fenstern, da der Einfluß kalter Fenster damit kompensiert wird. Mindestabstand zu den Gardinen etwa 5–10 cm; auf parallelen Wandabstand achten! Vereinzelt werden auch Wandauslässe gewählt (Abb. 5.46).
2. Die **Austrittsgeschwindigkeit** am Fußbodengitter beträgt – je nach Drehzahl – 0,5 bis 1,2 m/s.
3. Die zu wählende **Zulufttemperatur** sollte nicht höher als 55 °C sein. Bei gut wärmegedämmten Gebäuden reichen 35 bis 40 °C meistens aus.
4. Die **Eindringtiefe des Luftstrahls** in den Raum beträgt etwa 1 bis 1,5 m · Raumhöhe, wenn der Strahl senkrecht gegen die Decke gerichtet ist; bei vertikalem Luftaustritt 3 bis 4,5 m (Zugerscheinung bei Kühlung!). Die Raumströmungsverhältnisse sind demnach ausreichend.
5. Die **Gittergrößen** und Formen sind verschieden. Anstelle von Gittern werden auch Gitterbänder gewählt.
6. Auch **Gitter mit elektrischem Heizeinsatz** (500 W) sind lieferbar, die vereinzelt bei unteren Wandauslässen vorgesehen werden, z. B. zur Nachheizung in Bädern oder zur Raumzonierung.
7. Die **Temperaturverteilung im Raum** liegt vertikal unter 2 K und horizontal unter 1 K, demnach kaum schlechter als bei einer Radiatoren- oder Fußbodenheizung.

Abb. 5.44
Warmlufterzeuger
neben Heizkessel

Abb. 5.45
Zuluft an der
Fensterfront

Abb. 5.46
Zuluftgitter
an der Wand

Abb. 5.47
Abluftgitter
über der Tür

e) Hinweise zur Umluft und Fortluft

1. Die **Abluft** (= Umluft) wird im EG und OG – meist über der Tür – in Flur oder Diele abgesaugt und **wieder ins Gerät zurückgeführt.**
2. Über **Wand- oder Deckenschalldämpfer** strömt die Luft aus den Räumen, so daß eine Schallübertragung von Raum zu Raum ausgeschlossen ist. Auch bei Verwendung eines Umluftsammelkanals wird ein Dämpfer eingebaut.
3. Aus **Küche, Bad und WC** soll die Abluft (= Fortluft) separat durch Ventilatoren ins Freie abgeführt werden (Abführen von Wärme, Gerüchen, Wasserdampf).

f) Hinweise zur Regelung

1. Die Regelung des Warmwassers muß stetig erfolgen **(Grundregelung).** Der Fühler im Abluftkanal (Umluftfühler) sorgt für die richtige Mischventilstellung. Im Zuluftkanal sorgt der Fühler für eine zugfreie Einblasung. Der Sollwertgeber wird im Wohnzimmer montiert.
2. Bei der **Einzelraumregelung** betätigt der Raumthermostat die im Verteiler eingebauten Luftklappen mit Thermoantrieb. Mindestens $^1/_3$ bis max. $^2/_3$ der Auslässe eines Raumes sollten absperrbar sein. In Schlafräumen können auch für alle Auslässe Klappen eingesetzt werden.

3. Die **Schaltung der Ventilatorstufen** erfolgt durch den Ventilatorthermostaten in Abhängigkeit von der Zulufttemperatur.

g) Hinweise zur Lüftung

1. Wie Abb. 5.38 zeigt, wird an den Umluftkanal ein **Außenluftkanal** angeschlossen. Anforderungen an die Außenluftansaugstelle vgl. Kap. 2.1.
2. Der **Außenluftanteil** wird über eine stufenlos verstellbare Jalousieklappe eingestellt (Abb. 5.42); im Heizbetrieb fest auf etwa 10 bis 15 %; im Sommer bis zur völligen Öffnung möglich (Fortluftöffnungen vorsehen), wobei in den Morgen- und Abendstunden eine Luft- und Gebäudekühlung möglich ist; Einstellung manuell oder über Fernversteller mit Klappenmotor.
3. Der Außenluftstrom kann auch separat und kontinuierlich durch eine Be- und Entlüftungsanlage mit **Wärmerückgewinnung** eingeführt werden (Rückgewinn der Abluftwärme der Naßräume bis über 60 %).
4. Als **Frostschutz** ist im Gerät ein Frostschutzthermostat eingebaut, der im Frostfall den Mischer öffnet.

Abschließend soll eine Anlage mit Zentralgerät (Abb. 5.48) dargestellt werden, die auch zu einer Klimaanlage ausgebaut werden kann. Aus dieser Abbildung gehen nochmals der Kanalverlauf im Kellergeschoß, der Verlauf der Minileitungen, die Abluftführung und die Regelung hervor.

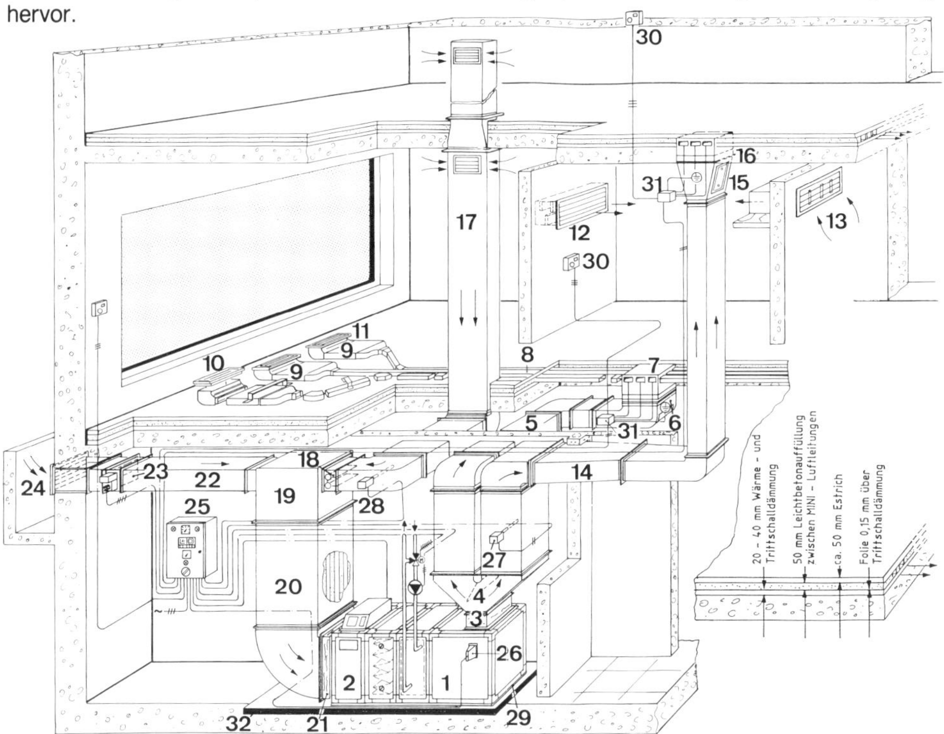

Abb. 5.48 Zentrale RLT-Anlage in einem Wohnhaus

1 Kompaktgerät; **2** Elektro-Luftfilter; **3** Elastischer Verbindungsstutzen; **4** Hosenstück mit Schöpfblech; **5** Zuluftkanal für EG; **6** Anschlußbogen mit Revisionsöffnung; **7** Verteiler für EG mit Luftklappen; **8** Mini-Luftleitung im Estrich eingegossen; **9** Zuluftdurchlässe mit Schalldämpfer; **10** Auflegegitter bei Teppichboden; **11** Einlegegitter bei Fliesenboden; **12** Telefonieschalldämpfer für Wandeinbau, beidseitig mit Gitter für Raumluft; **13** Umluftschalldämpfer für abgehängte Decken mit 1 Gitter; **14** Zuluftkanal für OG; **15** Übergangsstück mit Revisionsöffnung; **16** Verteiler für OG mit Luftklappen; **17** Abluftkanal von OG und EG; **18** Luftklappe für Umluft; **19** Mischkasten für Umluft – Außenluft; **20** Hauptkanalschalldämpfer für Mischluft; **21** Segeltuchstutzen; **22** Außenluftkanal; **23** Luftklappe für Außenluft mit Stellmotor; **24** Außenluftgitter; **25** Gerätesteuerung und Regelung; **26** Gerätestecker vom Schaltschrank zum Zentralgerät; **27** Kanaltemperaturfühler für Zuluft; **28** Desgl. für Umluft; **29** Moosgummiplatte (Schalldämmung); **30** Raumthermostat mit Sommer-Winter-Schalter für Luftklappen; **31** Verteilerdose für Raumthermostat, Luftklappen und Zuleitung; **32** Gerätesockel (bauseits); **33** Sonnen-/Temperaturaufschaltung über Wechselschalter oder Raumthermostat (falls im Heizbetrieb erhöhter LW erforderlich wird).

Die **Nachteile der Klimazentralheizung** gegenüber der Radiatorenheizung sind die höheren Anschaffungskosten und Nebenkosten, die höheren Betriebskosten, die stärkere Einbindung in den Baukörper und die damit verbundene aufwendigere Planung und Montage, der größere Platzbedarf für die Kanäle im Untergeschoß, die größere Geschoßhöhe, evtl. die Estrichaufwärmung.

Dies wird von manchen Interessenten in Kauf genommen, wenn die Vorteile der Klimazentralheizung sehr hoch bewertet werden und die Kosten nicht die entscheidende Rolle spielen.
Die Kosten schwanken sehr stark, je nach Haustyp, Anlagenkonzeption und Kundenwünschen. Anhaltswert etwa 300 DM/m^2, da neben dem Wärmeerzeugungssystem (Kessel, Regelung usw.) das Luftheizungssystem mit etwa 20 000 DM Materialkosten und etwa 12 000 DM Montage- und Baunebenkosten höhere Kosten verursacht.

Hinsichtlich des **Ausbaus zur Klimaanlage** (vgl. Bd. 4) kann im Winter die Luft durch Einbau eines elektrischen Dampfluftbefeuchters befeuchtet werden (Elektrodenprinzip).

Die **Dampflanze** wird im Zuluftkanal gleich nach dem Warmluftgerät eingebaut. Geregelt wird die Luftfeuchtigkeit über einen Hygrostaten im Wohnraum oder im Abluftkanal. Durchschnittliche erforderliche Befeuchtungsmenge im Winter 5 bis 8 l/Tag je 100 m^3 Rauminhalt.

Durch Einbau eines Luftkühlers kann die Luft auch gekühlt und entfeuchtet werden.

Der im Sommer als **Luftkühler** wirkende Wärmetauscher wird im Winter auch zur Lufterwärmung genutzt (wasserseitige Umschaltung). Das Kaltwasser wird durch einen kleinen Kaltwassersatz (Kälteaggregat) erzeugt. Bei Verwendung einer Wärmepumpe zum Heizen kann diese im Sommer auch zur Kühlung herangezogen werden.

5.3 Strahlungs-Luftheizung (Sonderformen)

In letzter Zeit versucht man den Wärmeträger Luft für Heizzwecke durch Sonderformen und weitere Anlagenvarianten einzusetzen. Hierzu zwei Beispiele, bei denen vor allem die Vorteile einer Strahlungsheizung ausgenutzt werden sollen.

Vorteil: Strahlung wird beim Auftreffen auf Personen und Gegenstände sofort in Wärme umgewandelt. Die Raumlufterwärmung erfolgt indirekt durch die Abstrahlung der erwärmten Flächen.

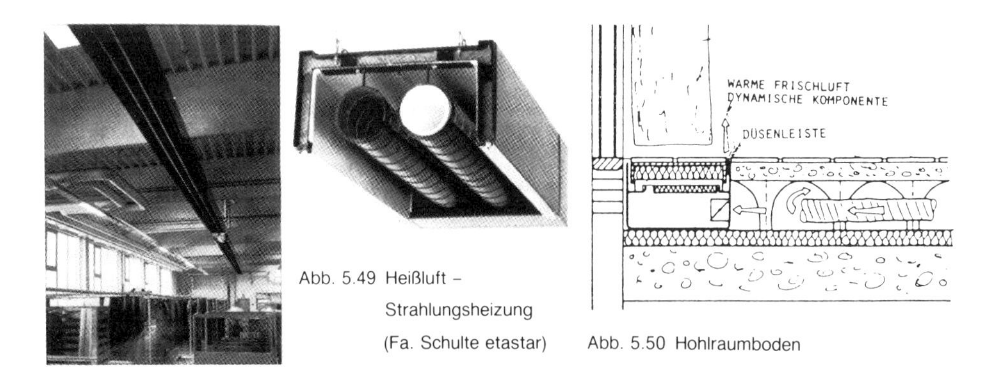

Abb. 5.49 Heißluft – Strahlungsheizung (Fa. Schulte etastar)

Abb. 5.50 Hohlraumboden

5.3.1 Heißluft-Strahlungsheizung

Wie Abb. 5.49 zeigt, wird hier keine Warmluft in den Raum geblasen, sondern die Wärmeabgabe erfolgt durch die langwellige Wärmestrahlung heißer Rohre. In dem hoch im Raum angeordneten geschlossenen Rohrsystem, bestehend aus Wickelfalzrohren in Gruppen von zwei, drei oder vier Rohren, wird heiße Luft von 150 bis 350 °C umgewälzt. Die Luft wird von einem Lufterhitzer mit gasbefeuertem Unterdruckbrenner erwärmt (seltener mit Öl) und von einem Ventilator in die umlaufenden Rohre und wieder zurück gefördert.

Weitere Hinweise:
Hoher Strahlungsanteil nach unten (etwa 70 %), insbesondere wegen der oberen und seitlichen Abschirmung der Reflektoren einschließlich Wärmedämmung; schnelle Aufheizung; günstiges Temperaturprofil im Raum; ϑ_i kann bis etwa 5 K niedriger sein als die Empfindungstemperatur; hoher feuerungstechnischer Wirkungsgrad; Reduzierung von Warmluftpolstern an der Decke; mögliche Zonenbeheizung. Alle genannten Eigenschaften führen zur Einsparung von Energiekosten.
Aus Rohren in Elementbauweise (3 bis 6 m) werden bis zu 24 m lange Strahlungsbänder zusammengesetzt. Optimale Aufhängehöhe zwischen 4 und 6 m; Anwendung hauptsächlich in Industriehallen, Lagerhallen, Sporthallen usw.

5.3.2 Warmluft-Fußbodenheizung

Hiermit möchte man – wie schon bei der Klimazentralheizung – auch für Wohn- und kleinere Bürogebäude den Wärmeträger Luft durch neue Anlagenvarianten einsetzen, wobei neben der Heizung ebenfalls die Lüftung und Wärmerückgewinnung einbezogen werden sollen.

Im Gegensatz zu allen anderen Luftheizungssystemen handelt es sich hier – wie Abb. 5.50 zeigt – um eine Luftheizung, bei der die Warmluft nicht nur aus Bodengittern austritt, sondern durch einen Hohlraumboden geführt wird. Dadurch besteht die Anlage aus zwei Komponenten (daher als 2K-Heizung bezeichnet):

1. **Dynamische Komponente** (D-Komponente), mit der erwärmte und schnellregelbare Außenluft in die Räume geblasen wird.
2. **Hypokaustenkomponente** (H-Komponente), mit der die Bodenflächen erwärmt werden („Speicherheizung").

Der Anteil der dynamischen Komponente, mit der ja gleichzeitig eine Lüftung durchgeführt wird, ist variabel, er beträgt etwa 80 % bis 50 % zwischen 17 °C und 5 °C. Die Wärmerückgewinnung aus der Abluft von Küche, WC und Naßräumen erfolgt im Außenluftgerät durch einen Alu-Plattentauscher, in dem die Außenluft vorgewärmt wird. Damit die Lüftungskosten nicht zu hoch werden, wird bei kälteren Außentemperaturen die H-Komponente selbsttätig angehoben.

Weitere Hinweise:

- Der **Hohlraum** wird aus flüssigem Estrich mit Hilfe von Formschalen hergestellt (etwa 9 cm hoch). Die darüberliegende Estrichplatte ist ungefähr 3 cm dick. Ein anderer Hersteller liefert fertige Kegel, auf denen dann fertige Trockenestrichplatten verlegt werden.
- Mit einem speziellen Schalter ist erstens eine **Schnellaufheizung** möglich, denn aufgrund der Speichermassen des Fußbodens kann der gesamte Volumenstrom für die Direktheizung abgezweigt werden. Kurzfristig kann die Anlage dann mehr als die doppelte Heizleistung erbringen. Zweitens ist dadurch ein **Sparbetrieb** in der Zeit der Nichtbenutzung möglich ($\vartheta_i \approx 18$ °C), denn erst bei Betreten des Raumes wird die „Komforttemperatur" eingeschaltet (Energieeinsparung).
- Der durch die 60- bis 70%ige Wärmerückgewinnung **vorgewärmte Außenluftvolumenstrom** wird bevorzugt in die Räume eingeblasen, die genutzt werden (Einschalten des Heizungsschalters). Der auf das Gebäude bezogene Außenluftwechsel beträgt etwa 0,7 h^{-1}, der in einzelnen Räumen bei der Schnellaufheizung bis auf das 4fache ansteigen kann (bei der Gitterauswahl berücksichtigt).
- Mit Blick auf die **Kosten** liegen die Kapitalkosten sehr hoch, denn die baulichen Kosten (Estrich und Dämmung) liegen mindestens dreimal so hoch wie bei bisherigen Lösungen.

6 Lüftungs- und Luftheizgeräte (dezentrale RLT-Anlagen)

Wie bereits schon unter 1.2 erwähnt, sind es nicht zuletzt die zahlreichen Lüftungs- und Luftheizgeräte, die der Lüftungstechnik in den letzten Jahren einen starken Auftrieb gaben.

Wie die Abb. 2.10 schon zeigt, unterscheidet man vorwiegend nach:

Bauform und Einbauort	Wandgeräte, Deckengeräte, Truhengeräte (Gebläsekonvektoren), Schrankgeräte, Kastengeräte, fahrbare Geräte, Sonderformen	
Energieform	**direkt beheizt**	**indirekt beheizt**
	Öl, Gas, elektrischer Strom (vgl. Kap. 6.4)	Warmwasser, Heißwasser, Nieder- oder Hochdruckdampf, Wärmeträgeröl

Die **Vorteile von Einzelgeräten** — gleichgültig ob zur Be- und Entlüftung oder zur Beheizung — sind sehr mannigfaltig. Neben den in Abb. 6.1 gezeigten Vorteilen stehen auch hier — wie bei allen Luftheizungsanlagen — die kurze Anheizzeit infolge der erzwungenen Luftführung und geringen Speicherkapazität sowie die Möglichkeit, den Raum zu lüften, im Vordergrund.

Obwohl hier versucht wird, die Einzelgeräte gesondert herauszustellen, konnte jedoch nicht darauf verzichtet werden, daß auch in mehreren Teilkapiteln dieses Buches bereits auf die Anwendung von Einzelgeräten hingewiesen wurde.

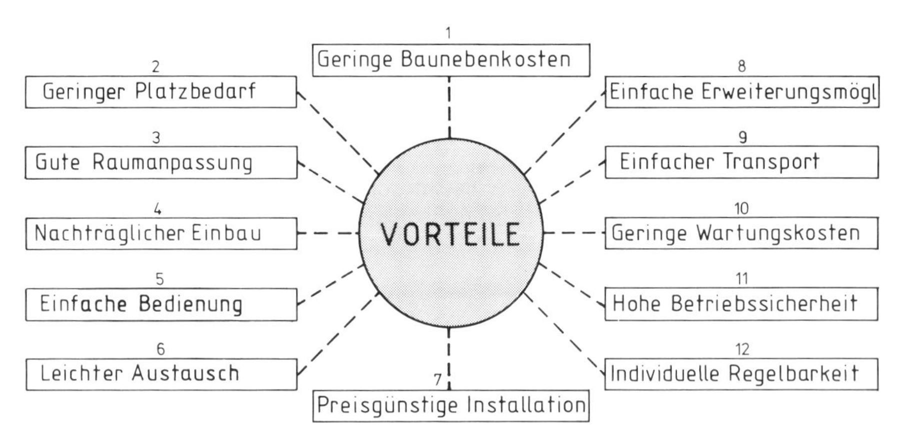

Abb. 6.1

Zum Verständnis und zur Vertiefung:

1. **Nennen Sie von allen zwölf Punkten jeweils einen Anwendungsfall, bei dem der genannte Vorteil besonders positiv zu bewerten ist!**
   Die angegebene Reihenfolge kann nämlich keine Wertung darstellen, da die zahlreichen Bewertungskriterien sehr stark von dem jeweiligen Projekt abhängig sind.
2. **Welche der genannten Vorteile haben gegenüber einer Zentralanlage vielfach nur geringere Bedeutung oder können u. U. sogar zum Nachteil werden (z. B. bei den Vorteilen 3, 7, 10 u. a.)? Erläutern Sie kurz die Verhältnisse!**
3. **Jeden der genannten Vorteile könnte man weiter differenzieren; so nennen Sie z. B. beim zweiten Vorteil „Raumanpassung" jeweils drei bauliche, betriebstechnische, wirtschaftliche und funktionstechnische Gegebenheiten bzw. Einflußgrößen!**

   Die Antworten können nur z. T. aus den nachfolgenden Planungshinweisen entnommen werden (vgl. auch Abb. 5.1 u. a.).

6.1 Wand- und Deckenluftheizgeräte

Während unter Kap. 6.4 die direktbeheizten Geräte behandelt werden, sollen hier nur die Wand- und Deckengeräte im Vordergrund stehen, die mit Warmwasser oder Dampf beschickt werden, d. h. die Luft über einem Wärmeaustauscher indirekt beheizt wird. Die Pumpenwarmwasser- oder Dampfheizung mit Wand- und Deckenlufterhitzer als ideale Heizung für Werkstätten, Fabriken, Hallen usw. zeigte dem Zentralheizungsbauer schon jeher die Verflechtung der Fachbetriebe Heizung und Lüftung. Bei allen Luftheizgeräten sind die Einrichtungen für die Belüftung eingebaut oder können zumindest wahlweise vorgesehen werden. Die Gründe, warum die indirekt beheizte Luftheizung – besonders bei höheren Ansprüchen – der direkten vorgezogen wird, wurden im Kap. 5 gezeigt.

> Die **Haupteinsatzgebiete** dieser Geräte liegen in der Beheizung und Belüftung von industriellen und gewerblichen Räumen, wie Industriehallen, Werkstätten, Lagerhallen, Supermärkte, Turnhallen, Garagen, Gewächshäuser, Trocknungsbetriebe, Luftschleusen u. a.

Für die Bestimmung des Förderstromes und der Heizleistung gelten die Abschnitte unter Kap. 4, die für die Projektierung grundlegend sind. Im folgenden sollen weitere Konstruktionsmerkmale, Montage- und Planungshinweise, Anordnungsvorschläge, Regelmöglichkeiten und Zubehörteile zusammengestellt werden.

6.1.1 Geräteaufbau - Zubehörteile

Abb. 6.2 zeigt die wesentlichen Bauteile von Luftheizgeräten, an die noch verschiedene Zubehörteile angebracht werden können. Das **Gehäuse** besteht in der Regel aus verzinktem Stahlblech mit einer Einbrennlackierung oder einer Speziallackierung für Sonderräume.

Durch unterschiedliche Ventilatoren und Heizregister können in 4 verschiedenen Gehäusen (Tab. 6.5) über 50 Typen allein für Warmwasserheizungen zusammengestellt werden.

Die **Ausblasöffnungen** mit den selbsthemmenden und stufenlos verstellbaren Jalousien sind nicht nur nach vorn, sondern bei den Wandgeräten auch seitlich (mit geringeren Abmessungen) angeordnet. Wie Abb. 6.2a zeigt, kann auch ein Ausblas seitlich oder nach oben über einen Kanalanschluß vorgesehen werden.

Beim Gerät nach Abb. 6.2, das sowohl als Wand- wie auch als Deckengerät verwendet werden kann, ist die Jalousie um 4 x 90° in der Haube umsteckbar, so daß die Strahllenkung stufenlos von vertikal bis horizontal erfolgen kann.

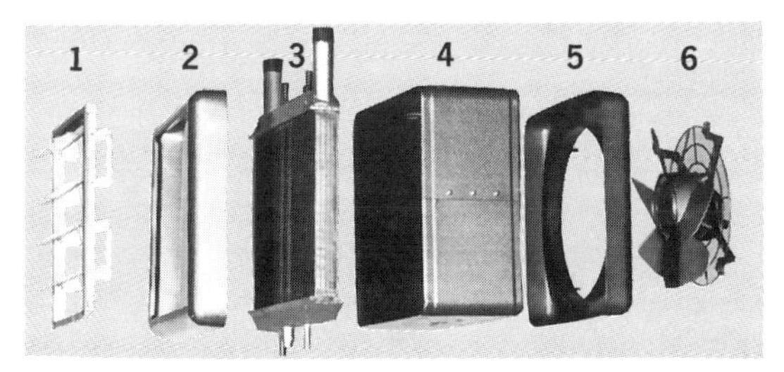

Abb. 6.2 Bauteile von Luftheizgeräten für Wand- oder Deckenmontage (Fa. Happel). (1) Ausblasjalousie (4 x 90° umsteckbar); (2) Ausblashaube; (3) Heizregister; (4) Mittelstück; (5) Motorhaube; (6) Axialventilator aus Alu mit Berührungsschutz

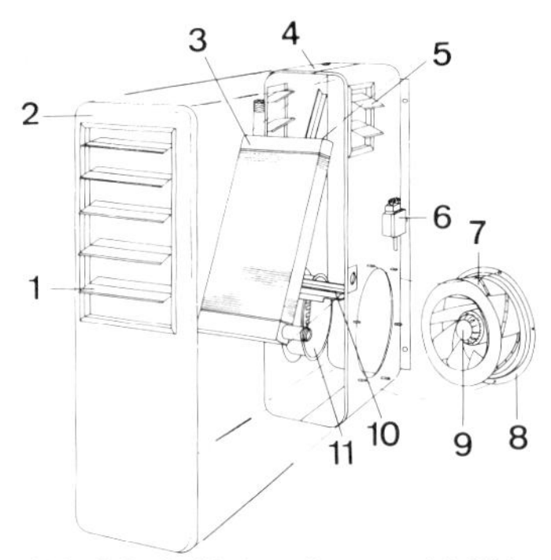

Abb. 6.2a Luftheizgeräte ausschließlich für Wandmontage mit Radialventilator (Fa. Happel)

1 **Ausblasjalousien** (selbsthemmend und stufenlos verstellbar zur Luftstrahllenkung)
2 **Ausblashaube** (abgerundet und lackiert)
3 **Heizregister** aus Stahl mit elliptischen Rippenrohren (je nach Bedarf mit verschiedener Elementausführung – vgl. Abb. 6.5)
4 **Gehäuse** (zweiteilig aus Stahlblech lackiert), Kanalanschluß mit Ansaug- und Ausblasöffnung
5 **Jalousien für seitlichen Luftaustritt** (ebenfalls ausblashemmend und stufenlos verstellbar)
6 **Motorklemmkasten**
7 **Radialventilator** aus Aluminiumblech (für Ex-Ausführung aus verzinktem Stahlblech)
8 **Motorteller** (aus Stahlblech)
9 **Außenläufer-Motor** (zwei- oder dreistufig) mit Kaltleitertemperaturfühler
10 **Elementrutsch** (zur Fixierung des Heizregisters im Gehäuse)
11 **Einströmdüse**

Mit dem Anbringen einer sog. **Sekundärluft-Jalousie** können die drehbar gelagerten Aluminiumlamellen so gestellt werden, daß sich düsenförmige Profile bilden. Hierdurch wird Warmluft auf ihrem Strömungsweg besser geführt. Die Wurfweite kann hiermit beachtlich vergrößert werden (vgl. Tab. 6.3).

Abb. 6.2b Wandluftheizgerät mit Sekundärjalousie

Wie nebenstehende Abbildung zeigt, ergeben sich in Abhängigkeit vom Anstellwinkel unterschiedliche Düsenformen:

a) Horizontaler Ausblas (kleinster freier Querschnitt)
b) Schräger Ausblas (größerer freier Querschnitt)

Die bis zu 2,5mal größere Luftaustrittsgeschwindigkeit gegenüber der Standardjalousie bewirkt ein starkes seitliches Ansaugen von Sekundärluft, was zu folgenden **Vorteilen** führt: Senkung der Strahltemperatur → Verminderung des Dichteunterschieds gegenüber der Raumluft → Verringerung der Auftriebskräfte und erhöhte Trägheitskräfte → geringere vertikale Strahlablenkung → günstigeres Temperaturprofil in der Halle → Energieeinsparungen in hohen Hallen bis über 15%.

Die **Einstellung der Profile** kann wahlweise über Festeinstellung, Bowdenzug oder eine elektrische Stelleinrichtung erfolgen.

Die **Ansaugöffnung** nach Abb. 6.2 a besteht entweder aus einer Einströmdüse, die rechts oder links, unten oder oben angeordnet werden kann. Ebenso kann die Luft auch über einen Kanal zugeführt werden (Abb. 6.4).

Wird die Luft von außen oder über einen Mischluftkasten angesaugt, ist ein Wetterschutzgitter mit Ansaugschutz gegen Regen, Laub usw. sowie mit eingebautem Vogelschutzgitter erforderlich.

Das **Heizregister** besteht je nach Fabrikat und Verwendungszweck aus verzinkten Stahlrohren oder aus Kupfer mit Alu-Lamellen. Die Heizelemente werden mit ein oder zwei Rohrreihen und für flüssiges Medium oder Dampf geliefert.

Weitere Hinweise:

- Bei **Wasserelementen** befinden sich in den Kammern (zur Erhöhung der Wassergeschwindigkeit) Trennstege zur Wasserumlenkung (besserer Wärmeübergang).
- Bei **Temperaturspreizungen** $\vartheta_v - \vartheta_R > 40$ K sind Spezialelemente erforderlich (z. B. bei Fernheizungen).
- Die maximalen **Betriebsüberdrücke** liegen je nach Registergröße und Material zwischen 10 und 25 bar (bei verstärkter Ausführung bis über 50% höher).
- Bei **Betriebstemperaturen** über 120 °C unterliegen die Geräte der Abnahmepflicht (Voraussetzung: Volumen $\cdot$ Druck > 200, jedoch < 1000); maximal 220 °C (Sonderausführung bis 330 °C)
- Der **Rippenabstand** beträgt bei normaler Luft 2,5 mm (bei staubhaltiger Luft 4 oder 6 mm).

- Bei **dampfbeheizten Geräten** befindet sich oben in der Dampfkammer ein Verteilblech, damit alle Rohre gleichmäßig beaufschlagt werden.
- Weitere **Sonderausführungen** sind Heizregister aus Kupferrohre mit Kupferlamellen oder aus Edelstahl und Geräte in TÜV-Ausführung.
- Die **Lage des Anschlußstutzens** zum Anschließen an das Heizungsnetz ist je nach Anordnung von Ansaug und Ausblas verschieden. Die **Anschlußdurchmesser** sowie die Lage für die Standardausführung gehen aus Tab. 6.5 und Abb. 6.13 hervor.

Als **Ventilator** werden sowohl Axial- als auch Radialventilatoren eingesetzt. Bei letzteren können größere bauseitige Luftwiderstände vor- und nachgeschaltet werden, ohne daß der Volumenstrom allzu stark reduziert wird; außerdem werden größere Wurfweiten erreicht. Durch Verwendung von zwei unterschiedlichen Ventilatorgrößen in vier verschiedenen Gehäusen stehen von einer Bauart acht Baugrößen zur Verfügung (Abb. 6.16).

- Eine Gegenüberstellung von Axial- und Radialventilatoren erfolgt in Kap. 10.5.
- Bei Räumen mit explosiven Luft-Gas-Gemischen der Zone 1 und 2 werden anstatt der Aluminiumradiatoren verzinkte Radialventilatoren aus Stahl verwendet.
- Bei der Montage muß ein direkter Zugriff zu den Lüftungsflügeln verhindert werden (Sicherheitsabstand beachten, anderenfalls Berührungsschutzkorb anbringen).
- Die Bestimmung des Volumenstroms erfolgt nach Kap. 4; Auswahlbeispiele vgl. Kap. 6.1.3 (vgl. auch Planungshinweise unter 6.1.2).

Als **Antriebsmotor** dominiert der Außenläufer der Schutzart IP 44 (Drei- und Zweistufen-Drehstrommotor, Einstufen-Drehstrom- bzw. Wechselstrommotor).

- Der **Motorschutz** der gezeigten Geräte geschieht über einen in den Wicklungen eingebauten Kaltleitertemperaturfühler (max. Wicklungsgrenztemperatur beträgt etwa 135 °C).
- Der vorteilhafte **mehrstufige Betrieb** mit n = 1400 min^{-1}, 1000 min^{-1}, 700 min^{-1} (2 Typen mit 1000/700/450 min^{-1}) erfolgt durch Umschaltung der Wicklung.
- **Sonderausführungen** sind Motoren mit Explosionsschutz; zusätzliche Dichtung gegen Staub; Säureschutz, Tropenschutz (bei hoher relativer Feuchte und langen Betriebsstillstandszeiten).
- Zulässige Ventilator-**Ansaugtemperaturen** betragen etwa 40–50 °C bei Serienausführung (Motormontage außerhalb des Gerätes, wenn er sehr hohen Temperaturen ausgesetzt ist); die zulässigen Grenztemperaturen für Explosionsschutz liegen je nach Zündgruppe zwischen 110 °C und 360 °C.

Das **Zubehörprogramm** ist je nach Fabrikat sehr umfangreich (vgl. Abb. 6.3).

Das sind neben dem Mischluftkasten: Filterkasten, Wetterschutzgitter, Regenhauben, Segeltuchstutzen, Konsolen bzw. Aufhängevorrichtungen, zahlreiche Schalt- und Regelkomponenten, Klappensteuergeräte, Frostschutz u. a.

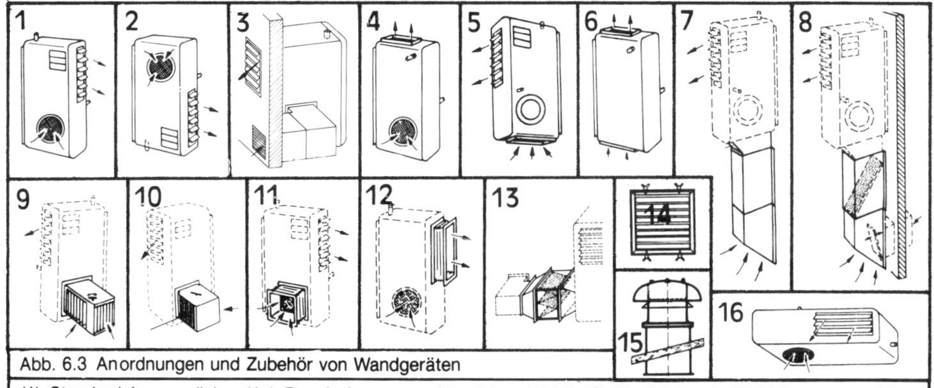

Abb. 6.3 Anordnungen und Zubehör von Wandgeräten

(1) Standard-Ansaug links, (1a) Desgl. Ansaug rechts; (ohne Abb.); (2) Kopfstehend; (3) Nebenraumausblas; (4) Oberer Ausblas; (5) Unterer Ansaug; (6) Unterer Ansaug, oberer Ausblas; (7) Luftansaugkanal bestehend aus Übergangsstück, Mittelstück und Ansaugstück; (8) Desgl. mit Staubfilter und Mischluftklappe; (9) Kanalmischluftkasten; (10) Mischluftkasten; (11) Segeltuchstutzen am Ansaug; (12) Desgl. am Ausblas; (13) Ansaugkanal mit Filter und Übergangsstück; (14) Wetterschutzgitter, rechteckig oder quadratisch; (15) Regenhaube mit Vogelschutzgitter und Dachdurchführungskanal; (16) liegende Geräteanordnung.

Ein **Mischkasten** ist immer dann vorzusehen, wenn das Gerät auch die Belüftungsaufgabe übernehmen soll und durch sinnvolle Klappenstellung die Betriebskosten gesenkt werden müssen. Der an die Ansaugöffnung angebrachte luftdichte Mischluftkasten (vgl. Abb. 6.4) kann stufenlos von voller Außenluft bis auf volle Umluft verstellt werden.

Automatische Einstellung eines Mindestluftanteils, Veränderung des Außenluftanteils (abhängig von der Außentemperatur), Zwangszulauf der Außenluftklappe bei Geräteabschaltung, Frostwarnung o. ä. sind mit Hilfe von elektrischen Klappenverstellern möglich.

6.1.2 Planung, Montage und Betrieb von Wandgeräten

Für den Ingenieur oder Meister, der für die Planung und Ausführung solcher dezentralen RLT-Anlagen verantwortlich ist, sollen nachfolgend die wesentlichen Hinweise für die Projek-

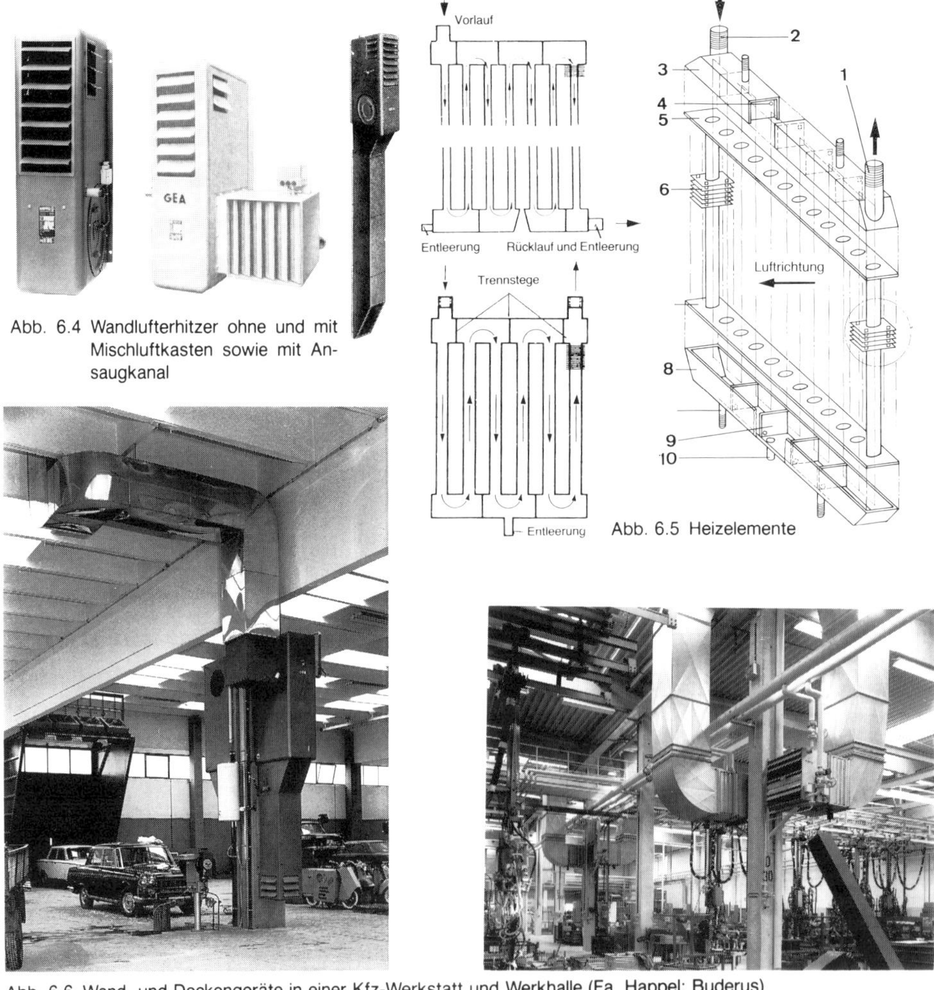

Abb. 6.4 Wandlufterhitzer ohne und mit Mischluftkasten sowie mit Ansaugkanal

Abb. 6.5 Heizelemente

Abb. 6.6 Wand- und Deckengeräte in einer Kfz-Werkstatt und Werkhalle (Fa. Happel; Buderus)

tierung und Montage zusammengestellt werden. Da diese Anlagen fast ausschließlich für Großräume eingesetzt werden, sollen hierfür auch die Schwerpunkte gelegt werden.

a) Für die **Heizleistung des Registers** muß sowohl der Wärmebedarf für die Raumbeheizung als auch der Wärmebedarf für die Lüftung berücksichtigt werden.

Die Berechnung solcher Registerleistungen wurde anhand zahlreicher Beispiele mit Lösungen im Kap. 4.4 behandelt. Der Unterschied besteht lediglich darin, daß nun aufgrund der errechneten Registerleistungen der entsprechende Gerätetyp gesucht werden muß, denn das Register (Heizleistung bei gegebenem Heizmedium) und der Ventilator (Volumenstrom) ist bei jedem Gerätetyp anders.

Zum **Transmissionswärmebedarf** folgende Hinweise:

Die Wärmebedarfsberechnung erfolgt grundsätzlich nach DIN 4701. Da Wand- und Deckenluftheizgeräte jedoch vorwiegend in größeren Räumen und Hallen zur Anwendung kommen, sind zur Berechnung des Transmissionswärmebedarfs zusätzliche und von üblichen Wohnräumen abweichende Berechnungsansätze erforderlich.

- Nach DIN 4701 zählt die **Wärmebedarfsberechnung von Hallen** und selten beheizten Räumen als Sonderfall und somit nicht als Normwärmebedarf (vgl. Bd. 1). Planungshinweise „RLT-Anlagen in Großräumen" siehe Kap. 7.10.
- Damit die Heizzentrale **nicht überdimensioniert** wird (günstigere Betriebskosten), soll der Transmissionswärmebedarf nicht geschätzt, sondern berechnet werden. Zum einen werden heute geringere Vorlauftemperaturen gewählt, zum andern kann ja der Lüftungswärmebedarf als Aufheizzuschlag verwendet werden, so daß auch bei knapper Berechnung genügend Reserven vorhanden sind.
- Zur Vorprojektierung kann man jedoch mit **Anhaltswerten** rechnen, wie z. B. nach Abb. 6.7. Wie das Berechnungsbeispiel zeigt, sind die Ausführung und Lage der Halle berücksichtigt worden.

Zum **freien Lüftungswärmebedarf** folgende Hinweise:

Wird der Raum mit der RLT-Anlage nur beheizt, d. h., die Luftheizgeräte saugen keine Außenluft an, so besteht trotzdem ein Lüftungswärmebedarf infolge der durch Fenster- und Türfugen und besonders durch ständiges Öffnen von Türen und Toren eindringenden kalten Außenluft. Der Außenluftvolumenstrom wird vielfach durch Annahme eines Luftwechsels geschätzt.

- Die **Annahme einer Luftwechselzahl für die freie Lüftung** ist sehr unsicher und kann bis über ± 50% differieren. Sie hängt ab von der Gebäudedichtheit, Öffnungszeit der Tore, von der freien Lüftung wie Temperaturunterschied und Wind (Kap. 3), von der Raumhöhe und von der Bebauung der Umgebung.

Annahmen:	Für Wohnungen vgl. Tab. 3.2; **für Hallen** bis etwa 4 m Höhe: 0,5 bis 1,5 h^{-1}; 4 bis 8 m Höhe: 0,3 bis 1,0 h^{-1}; über 8 m Höhe: 0,2 bis 0,6 h^{-1}.

- Möchte man hier **andere Berechnungsmethoden** zur Annahme einer Luftwechselzahl anstellen (z. B. aufgrund der entstehenden Schadstoffe, nach den Arbeitsrichtlinien usw.), so stellt man fest, daß diese Zahlenwerte viel zu gering sind.
  Muß man zur Erreichung einer ausreichenden Luftqualität Fenster und Tore öffnen, kann eine solche unkontrollierte Lüftung zu hohen Energiekosten führen. Außerdem besteht hier, selbst bei definierten und verstellbaren Außenluftöffnungen, große Zuggefahr.

Wird der **Raum mit einer RLT-Anlage beheizt und belüftet,** d. h., die Luftheizgeräte saugen Außen- oder Mischluft an, dann wird der Außenluftvolumenstrom nach Kap. 4.3 bestimmt.

- Falls die RLT-Anlage wegen der Beheizungsaufgabe immer in Betrieb ist, wird die **Fugenlüftung** (vorausgesetzt, im Raum ist Überdruck) abgeschwächt, während es bei Unterdruck umgekehrt ist. Bei geringeren Außenluftvolumenströmen (RLT-Anlage) sollte man den zusätzlichen Außenluftstrom infolge der freien Lüftung bei der Berechnung der Registerleistung berücksichtigen.
- Gegenüber dem Umluftbetrieb ist hier die Berechnung der Registerleistung etwas schwieriger, und es ist nicht immer leicht, mit den Geräten sowohl die Lüftungs- als auch die Heizungsforderung exakt zu erfüllen. **Berechnungsbeispiele zur Auswahl** dieser Luftheizgeräte siehe Kap. 6.1.3.
- Wie schon mehrmals hervorgehoben, kann nur mit einem definierten Zu- und Abluftventilator ein höherer Luftwechsel problemlos eingehalten werden.

b) Die **Wahl der Raumtemperaturen** in großen Arbeitsräumen und hohen Hallen hängt nicht nur von der Tätigkeit der arbeitenden Menschen ab, sondern fordert bei Räumen über 4 m Höhe aufgrund der thermischen Einflüsse Korrekturen. Grundsätzlich schreiben die Arbeitsstättenrichtlinien während der Arbeitszeit „zuträgliche Raumtemperaturen" vor.

Weitere Hinweise für die Planung:

- Raumtemperatur ist die gemessene **Lufttemperatur in etwa 0,75 m Höhe** über dem Fußboden (in der Mitte eines geschlossenen Raumes).

- Die **Temperaturwahl in Fabrikationsräumen** soll mindestens wie folgt vorgenommen werden: bei überwiegend sitzender Tätigkeit +19 °C; bei überwiegend nichtsitzender Tätigkeit +17 °C; bei schwerer körperlicher Arbeit +12 °C, in Büroräumen +20 °C, in Verkaufsräumen +19 °C (bei sitzender Tätigkeit = 20 °C).

  Bei nichtsitzender Tätigkeit dürfen die Werte auch unterschritten werden, wenn aufgrund betriebstechnischer Gründe geringere Temperaturen erforderlich sind.
  Die angegebenen Mindesttemperaturen sollen bei Arbeitsbeginn erreicht sein.

- In Arbeitsräumen soll eine Temperatur von +26 °C nicht überschritten werden (ausgenommen Hitzearbeitsplätze).

- In **Hallen über 4 m Höhe** ist nach DIN 4701 (vgl. Bd. 1) eine Temperaturanhebung je nach Raumhöhe, Heizsystem und Raumtemperatur mit 1 bis 4 K festgelegt. So wie dort unterschieden wird zwischen der Norminnentemperatur (= empfundene Temperatur = die in der DIN verlangte Temperatur) und der gemessenen Temperatur, die aufgrund kalter Außenflächen wesentlich höher liegen kann und die für die Berechnung des Transmissionswärmebedarfs zugrunde gelegt wird, so unterscheidet man bei hohen Hallen zwischen der Temperatur im Aufenthaltsbereich und der in halber Raumhöhe. Demnach muß die Temperatur in halber Raumhöhe (Norminnentemperatur), die für die Berechnung des Transmissions-Wärmebedarfs zugrunde gelegt wird, immer größer sein, damit unten in der Aufenthaltszone die gewünschte Raumtemperatur ϑ_i gemessen werden kann.

Anhaltswert: $\vartheta_{i(Norm)} = \vartheta_i + 0{,}4 \cdot (\text{Hallenhöhe} - 4\ \text{m})$

gültig für max. 20 K Übertemperatur und bei guter Raumdurchspülung

c) Überschlägliche Berechnung des Wärmebedarfs (ohne RLT-Anlage)

Eine Montagehalle mit 1200 m² Grundfläche hat eine lichte Höhe von 6 m. Im Aufenthaltsbereich wird – entsprechend Hinweis 2 unter b – eine Raumtemperatur von 17 °C verlangt; die mit $\Delta\vartheta_a$ korrigierte Außentemperatur beträgt –10 °C. 40% der Halle grenzt an beheizte Räume; entsprechend obigem Hinweis 1 beim Lüftungswärmebedarf wird eine Luftwechselzahl von 0,75 h^{-1} angenommen.

a) Bestimmen Sie nach Abb. 6.7 und Tab. 6.1 den überschläglichen Wärmebedarf ($\hat{=}$ Registerleistung) und den spezifischen Wärmebedarf je m³ Raumvolumen bei sehr guter Wärmedämmung.

b) Desgl. bei einer sehr schlechten Wärmedämmung und freistehend.

Zu beachten: Solche Diagramme sind nur für grobe Schätzungen anzuwenden, da die Einflußgrößen sehr mannigfaltig und unterschiedlich sind.

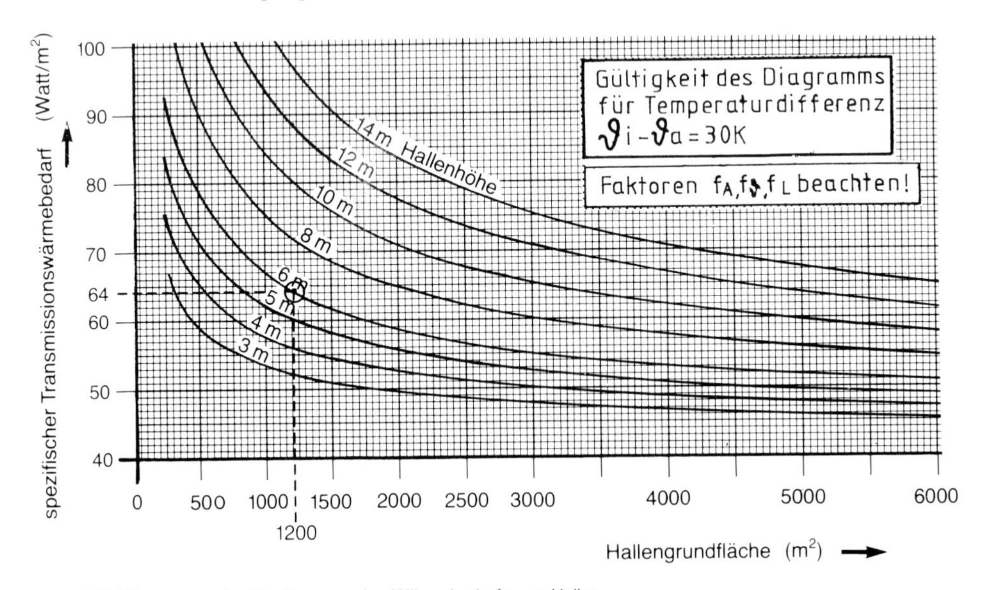

Abb. 6.7 Näherungsweise Bestimmung des Wärmebedarfs von Hallen

Tab. 6.1 Korrekturfaktoren zum Diagramm nach Abb. 6.7

a) Hallenausführung	f_A	b) Temperaturdifferenz $\Delta\vartheta$	f_ϑ	c) Lage der Halle	f_L
Gute Wärmedämmung (nach 2. WärmeschutzV – 1984) $k_m = 0{,}8\ W/m^2 \cdot K$	0,8	$\Delta\vartheta$ = Temperaturdifferenz zwischen Norminnentemperatur und Normaußentemperatur ($\Delta\vartheta = \vartheta_i - \vartheta_a$)	$\frac{\Delta\vartheta}{30}$	Etwa 50% der Außenwände an beheizte Räume angrenzend	0,88
Schlechte Wärmedämmung (z. B. alte Hallen) $k_m = 1{,}5 \ldots 1{,}8\ W/m^2 \cdot K$	1,5 ... 1,8			Etwa 75% der Außenwände an beheizte Räume angrenzend	0,82

Auch diese Tabelle kann nur als grobe Schätzung betrachtet werden, da die Einflußgrößen zu unterschiedlich sind.

Lösung:

Zu a) $\vartheta_{i(Norm)} = \vartheta_i + 0{,}4\,(h - 4) = 17 + 0{,}4\,(6 - 4) = 17{,}8\,°C$; $f_A = 0{,}8$, $f_\vartheta = [17{,}8 - (-10)/30] = 0{,}92$;
$f_L \approx 0{,}9$; $V_R = A \cdot h = 1200 \cdot 6 = 7200\ m^3$

$\dot{Q}_T = q_{spez} \cdot A \cdot f_A \cdot f_\vartheta \cdot f_L = 64 \cdot 1200 \cdot 0{,}8 \cdot 0{,}92 \cdot 0{,}9$ = 50 872 W

$\dot{Q}_L = V_R \cdot LW \cdot c \cdot (\vartheta_i - \vartheta_a) = 7200 \cdot 0{,}75 \cdot 0{,}35\,(17{,}8 -[-]10)$ = 52 542 W

$\dot{Q}_{Reg}$ = **103 414 W**

$\dot{Q}_{spez} = \dot{Q}_{Reg}/V_R = 103\,414/7200 =$ **14,4 W/m³**

Zu b) $\dot{Q}_T = 64 \cdot 1200 \cdot 1{,}8 \cdot 0{,}92 \cdot 1{,}0$ = 127 180 W

$\dot{Q}_L$ = 52 542 W

179 722 W

$\dot{Q}_{spez} = 179\,722/7200 =$ **25 W/m³**

d. h., der Wärmebedarf ist um etwa 74% größer. Geht man davon aus, daß bei b auch eine größere Undichtigkeit gegenüber a angesetzt werden müßte, so würde die Registerleistung um weitere -zig Prozente ansteigen.

d) Die **Bestimmung des Volumenstroms** und der Zulufttemperatur ist vorwiegend davon abhängig, ob der Raum nur beheizt wird oder auch (oder nur) gelüftet wird. Die Berechnung und die Probleme werden ausführlich im Kap. 4.1 und 4.3 behandelt. Je nach Fabrikat und Typ erreicht man je Gerät Volumenströme von etwa 1000 bis 10 000 m³/h.

Entsprechend der Gleichung für die Luftheizung: $\dot{Q}_H = \dot{V}_{zu} \cdot c \cdot (\vartheta_{zu} - \vartheta_i)$ gilt für die Auswahl der Luftheizgeräte die grundsätzliche Forderung: Ein oder mehrere **Geräte so auszuwählen, daß das „Trio": $\dot{Q}_H$ (Raumwärmebedarf)**, $\dot{V}_{zu}$ **und** ϑ_{zu} **ein Optimum ergibt,** d. h. die gestellten Forderungen an die RLT-Anlage möglichst erreicht werden.

Weshalb man diese drei voneinander abhängigen Größen variieren kann bzw. verändern muß, geht aus Kap. 4.1 hervor.

Soll mit dem Gerät (den Geräten) auch gleichzeitig gelüftet werden, so muß in $\dot{V}_{zu}$ auch der erforderliche Außenluftvolumenstrom enthalten sein, was wiederum Auswirkungen auf die Temperaturen und die Registerleistung hat. Zu obigem „Trio" müssen hier noch $\dot{V}_a$, $\dot{Q}_L$, ϑ_M und – wie oben auch – die Einhaltung einer bestimmten Luftwechsel- bzw. Luftumwälzzahl berücksichtigt werden.

Die **Abnahme des Volumenstroms durch zusätzliche Einbauten** können annähernd nach Tab. 6.8 vorgenommen werden (vgl. Beispiele). Hierbei ist erwähnenswert, daß der Korrekturfaktor nach dieser Tabelle über das Doppelte ansteigt, wenn anstelle des Wandgerätes das kombinierte Wand- und Deckengerät mit Axialventilator verwendet wird (Tab. 6.14).

e) Die **Wahl der Drehzahl** hängt nicht nur von der gewünschten Heizleistung und vom Volumenstrom, sondern auch vom zulässigen Schalldruckpegel, von der geforderten Wurfweite und von der zweckmäßigen Zulufttemperatur ab. Für die Auslegung ist in der Regel die Drehzahl **Stufe II** anzustreben.

- Die **Stufe III (höchste Drehzahl)** kann oder muß dann zugrunde gelegt werden, wenn die Aufheizzeit des Raumes schnell erfolgen muß (von der Baubeschaffenheit abhängig), der höhere Geräuschpegel nicht stört, eine größere Wurfweite oder eine geringere Austrittstemperatur verlangt wird.
  Weitere Vorteile sind: geringere Anschaffungskosten, starke Anpassungsmöglichkeit nach unten und oft geringere Betriebskosten, geringe Temperaturdifferenz Fußboden – Decke.
- Die **Stufe I (geringste Drehzahl)** kann oder muß dann zugrunde gelegt werden, wenn die bei Stufe III genannten Bedingungen umgekehrt vorliegen.

  Merkmale:

  Geringer Schallpegel, i. allg. bessere Luftverteilung durch mehrere Geräte, höhere Luftaustrittstemperatur, geringere Wurfweite, höhere Anschaffungskosten, große Reserven bei nachträglichen baulichen oder betrieblichen Änderungen, geringere Luftumwälzzahlen, höherer Platzbedarf.

  Hinweis:

  Einige Merkmale wie z. B. Luftaustrittstemperatur, Wurfweite können je nach den Gegebenheiten Vor- oder Nachteil sein.
  Falls nachträglich zeitweise von Stufe II (III) auf Stufe I übergegangen wird, wirkt sich eine Minderung der Heizleistung in der Regel nicht nachteilig aus, da die tiefste zugrunde gelegte Außentemperatur nur selten erreicht wird. Außerdem steht in der Regel ein großer, nicht genutzter Lüftungswärmeanteil zur Verfügung.
- Die Leistungen der Drehzahl II/III der kleineren Baugröße sind in etwa identisch mit den Leistungen der Drehzahlstufe I/II der nächstgrößeren Baugröße in demselben Gehäuse (vgl. Abb. 6.16).

f) Die **Zulufttemperatur** sollte nicht so hoch gewählt werden, damit infolge des thermischen Auftriebs keine zu hohen Temperaturschichtungen im Deckenbereich entstehen bzw. die Temperaturdifferenz zwischen Decken- und Aufenthaltsbereich nicht zu groß wird.

Zu hohe Zulufttemperaturen verursachen hohe Betriebskosten (hohe Temperaturen im Deckenbereich verursachen erhöhte Transmissionswärmeverluste und – falls oben Fensteröffnungen vorhanden sind – extreme Lüftungswärmeverluste), verringern die Wurfweite bzw. bei Deckengeräten die Aufhängehöhe (Strahl neigt sich schneller wieder nach oben), führen zu einer schlechten Temperaturverteilung (örtliche Überheizung) und belästigen u. U. das Personal mit einem zu warmen Primärluftstrahl.

Anhaltswerte: Bei Umluftbetrieb etwa 20 K über Raumtemperatur (z. B. $\vartheta_i = 20\,°C \Rightarrow \vartheta_{zu} = 40\,°C$). Bei Mischluft- oder Außenluftbetrieb sollte man diesen Wert etwa 5 K höher wählen, damit bei witterungsgeführter niedriger Vorlauftemperatur Zugerscheinungen vermieden werden.

Die ϑ_{zu}-Wahl hängt jedoch noch von zahlreichen anderen Einflußgrößen ab, so daß diese Angaben stärker nach unten (vereinzelt auch nach oben) abweichen können. Weitere Hinweise siehe Kap. 4.1.

g) Eine **ausreichende Luftumwälzzahl** sorgt für eine gute horizontale und vertikale Luft- und Temperaturverteilung. Hierzu muß – wie Abb. 6.8 zeigt – der Luftstrahl aus den Geräten (Primärluftstrom) zusätzliche Luftvolumenströme mitnehmen (= Sekundärluftströme), durch die erst eine **gute Raumdurchspülung** ermöglicht wird. Grundsätzlich soll durch stabile, gerichtete Luftstrahlen eine stabile Raumluftströmung herrschen, die auch über einen längeren Zeitraum aufrechterhalten werden sollte.

Die **Wahl der Umwälzzahl,** d. h. die Zahl, die angibt, wievielmal das gesamte Raumvolumen durch die Geräte gefördert wird, hängt vor allem von der Raumhöhe, Raumtemperatur, Zulufttemperatur, Geräteart, dem Luftauslaß und der Geräteanordnung, Geräteanzahl und Raumnutzung ab.

Tab. 6.2 Luftumwälzzahlen für die Beheizung von Großräumen (Anhaltswerte)

Raumtemperatur	°C	10 . . . 13	13 . . . 16	16 . . . 18	18 . . . 22
Luftumwälzzahl etwa	$\frac{1}{h}$	1,5 . . . 3	2 . . . 4	2,5 . . . 5	3 . . . 6

Die größeren Werte gelten für größere Raumhöhen (etwa ab 6 m). In der Regel sollte bei höheren Ansprüchen eine 4- bis 5fache Umwälzzahl nicht unterschritten werden. Vielfach erscheint ein Wert bis zu über 8fach ratsam (Komforträume, wenig Zuluftöffnungen).

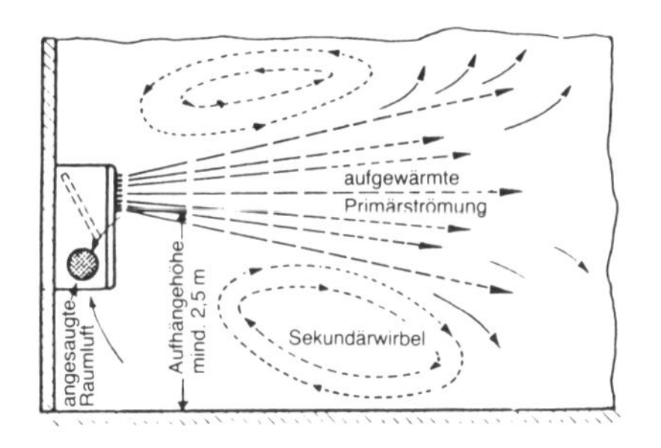

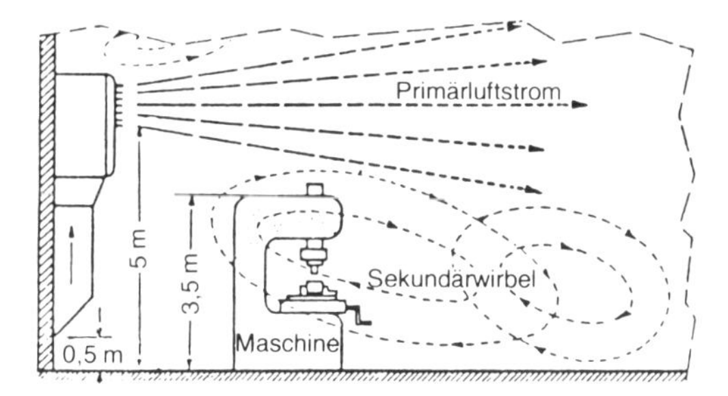

Abb. 6.8 Luftführung, links mit seitlicher, rechts mit unterer Ansaugung

h) Muß mit dem Lufterhitzer gleichzeitig gelüftet, d. h. Außenluft zugeführt werden, so sollte das **Fortluftgerät so nah wie möglich noch in der Aufenthaltszone** angeordnet werden. Dadurch steigt die Temperatur im oberen Hallenbereich nicht so stark an, d. h., die Luft- und Temperaturverteilung sind etwas gleichmäßiger.

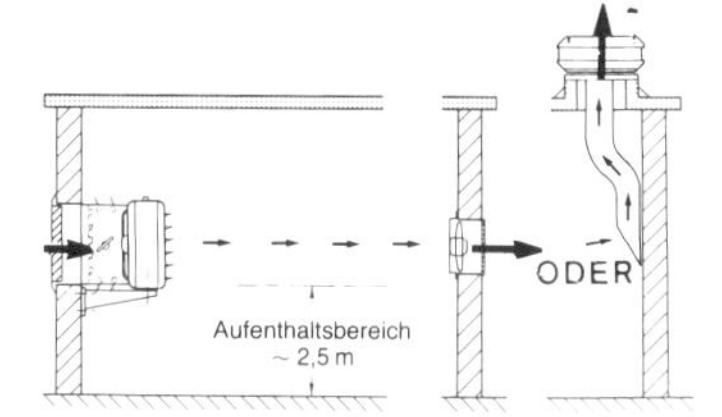

Abb. 6.9 Anordnung der Fortluftstelle

i) Bei der Wahl des **Anbringungsortes für die Geräte** muß man neben dem erforderlichen Geräteabstand und der geforderten Wurfweite folgende Hinweise beachten:

1. Der **Warmluftstrom** (Primär- und Sekundärluftstrom) soll sich **möglichst ungestört ausbreiten** können. Schon vor der Planung müssen die produktions- und nutzungsbedingten Einrichtungen, wie Kranbahnen, Maschinen, gestapelte Waren, Regale, variable Arbeitsplatzeinrichtungen usw. bekannt sein. Diese können nämlich die Wahl der Luftführung einschränken, die Temperaturverteilung verschlechtern und die Gefahr von Zugerscheinungen erhöhen.
2. Die **Aufhängehöhe** bzw. die Ausblasjalousie soll mind. 2,5 m betragen (Abb. 6.8), damit der Primärstrom oberhalb der Aufenthaltszone liegt und somit die Personen nicht direkt angeblasen werden.
3. Müssen die Geräte höher montiert werden, so sollte – falls sich die Ausblasjalousie 4 bis 5 m über Fußboden befindet – ein **Ansaugkanal** vorgesehen werden (Abb. 6.8). Dadurch wird die Luft aus dem Bodenbereich angesaugt, eine stärkere Luftzirkulation in der Aufenthaltszone erreicht und das vertikale Temperaturgefälle verbessert. „Fußkälte" wird gemindert.
4. Bei großen Glasflächen, bei Arbeitsplätzen in Fensternähe und womöglich noch bei einem schlecht wärmegedämmten Fußboden kann in der Regel auf eine zusätzliche **statische Heizfläche in Form von Radiatoren** oder dgl. nicht verzichtet werden. Hierfür wählt man etwa 20–30% des Wärmebedarfs. An den Anbringungsort werden dadurch nicht so hohe Anforderungen gestellt.
5. Für notwendige **Regulierungs-, Wartungs- und Reparaturarbeiten** müssen entsprechende Freiräume vorgesehen werden, damit diese Arbeiten nicht erschwert werden und der Produktionsablauf im Betrieb nicht gestört wird.

k) Müssen mehrere Wandgeräte montiert werden, so soll ein **Geräteabstand** von 8 bis 15 m vorgesehen werden. Bei Gerätemontage an zwei angrenzenden Wänden sollten zum Zwecke einer vertretbaren Luft- und Temperaturverteilung die Maße nach Abb. 6.10 (links) eingehalten werden. Der Abstand der Geräte 3 und 4 ist allerdings von der Wurfweite von Gerät 3 abhängig.

Bei der **Montage an gegenüberliegenden Wänden** oder Säulen werden die Abstände nach Abb. 6.10 (rechts) empfohlen. Hierbei sollte die Wurfweite der Geräte mind. 2/3 der Hallenbreite betragen.

Alle Angaben über Geräteabstände – auch die folgenden für Deckenmontage – sind nur Anhaltswerte, die sich in der Praxis bewährt haben. Bei sehr großen Hallen und bei schlechter Bauweise gibt es sicherlich stärkere Abweichungen.

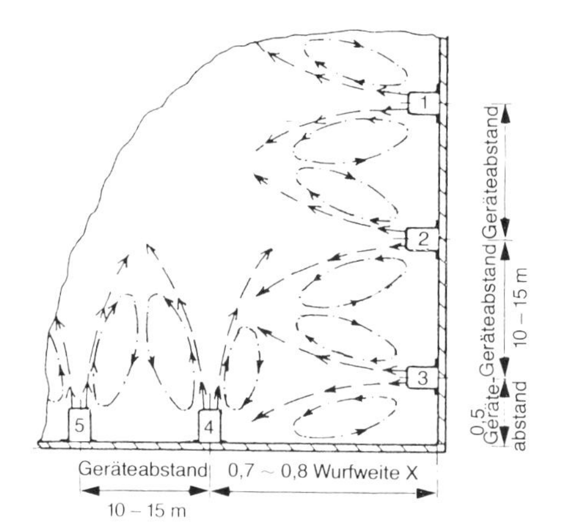

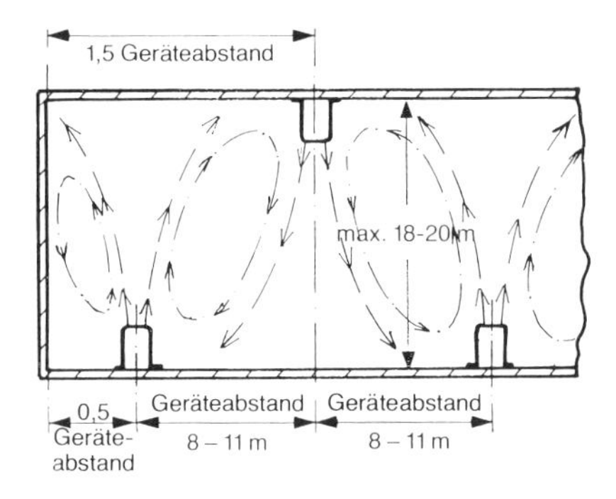

Abb. 6.10 Geräteabstände

l) Bei jeder Geräteauswahl spielt die **Wurfweite** eine große Rolle und wird daher bei jedem Gerätetyp und bei jeder Drehzahl in der Auswahltabelle angegeben (Tab. 6.3). Dabei ist zu unterscheiden, ob isotherm ($\vartheta_{zu} = \vartheta_i$) oder eine Übertemperatur ($\vartheta_{zu} > \vartheta_i$) vorliegt.

> Die Wurfweite in m ist etwa der Abstand vom Luftauslaß des Gerätes bis zu der Stelle, an der mit dem Luftstrahl noch eine vertretbare Raumlufterwärmung möglich ist. Bei diesem Abstand hat die Strahlmittenachse durch thermischen Auftrieb etwa 2 m Höhenänderung (Strahlanstieg) erreicht. Sie ist abhängig von der Luftaustrittsgeschwindigkeit, von der Art und Form des Luftauslasses einschließlich der Lamellenstellung, von der Zuluft- und Raumtemperatur, von der Ausbreitungsmöglichkeit und von der Raumgeometrie.

Unter Wurfweite kann man auch den Abstand in m verstehen, nach dem die **Strahlungsaustrittsgeschwindigkeit auf etwa 0,2–0,3 m/s abgefallen** ist. Die Bewegungsenergie des Strahls hat sich dann nämlich durch das ständige Mitreißen von Raumluft „abgebaut", und es können sich keine wesentlichen Sekundärströme mehr bilden. Die geforderte Luftgeschwindigkeit von etwa 0,15 bis 0,25 m/s im Aufenthaltsbereich gilt auch hier, doch hängt ein solcher Wert sehr stark von der Raumtemperatur, vom Aktivitätsgrad u. a. ab und muß mit großer Toleranz bewertet werden.

Die **Umrechnung von Wurfweiten** bei gedrosseltem Volumenstrom oder veränderter Zulufttemperatur kann man näherungsweise nach folgender Gleichung bestimmen:

$$x' = \frac{\dot{V}_{gedr}}{\dot{V}} \cdot \sqrt{\frac{20}{\Delta\vartheta}} \cdot x$$

Gültig für 5 . . . 30 K Übertemperatur

x'	korrigierte Wurfweite in m
x	Wurfweite aus Tabelle in m bei $\vartheta_{zu} - \vartheta_i = 20$ K
$\dot{V}_{gedr}$	gedrosselter Volumenstrom in m³/h
$\dot{V}$	max. Volumenstrom (nach Tabelle)
$\Delta\vartheta$	tatsächliche Übertemperatur ($\vartheta_{zu} - \vartheta_i$)

Beispiel: Der Volumenstrom nach Tab. 6.6 beträgt bei Stufe II 3 290 m³/h. Dieser wurde um 15% gedrosselt, und die Übertemperatur beträgt, z. B. durch geringere Vorlauftemperatur, anstatt 20 K nur 15 K ($\vartheta_{zu} = 35$ °C bei $\vartheta_i = 20$ °C). Wie groß ist die tatsächliche Wurfweite?

$$x' = \frac{3290 \cdot 0{,}85}{3290} \cdot \sqrt{\frac{20}{15}} \cdot 21 = \mathbf{20{,}6\ m}$$

Ohne eine Volumenstromdrosselung (z. B. durch zusätzliche Einbauten) wäre die Wurfweite 24,2 m.

Folgerung: Durch Veränderung der Luftlenkjalousie und Übertemperatur kann man die Wurfweite verändern und somit den räumlichen Gegebenheiten besser anpassen.

Tab. 6.3 Wurfweiten für Wandgeräte (links Wandtherm; rechts Multitherm) mit Standard- und Sekundärjalousie

Baugröße	Wurfweiten X[1] in m für Drehzahlstufen – Standardjalousie III	II	I	Sekundärjal. III	II	I
10	9 (17)	7 (13)	4 (8)	15,5	13,0	9,0
20	12 (23)	9 (17)	6 (11)	18,0	15,5	11,0
30	10 (20)	8 (15)	5 (10)	18,5	15,0	10,5
40	13 (26)	10 (20)	6 (12)	24,0	19,0	13,5
50	15 (30)	11 (21)	7 (14)	19,0	15,5	11,0
60	18 (36)	14 (28)	9 (18)	22,0	18,5	13,0
70	18 (36)	14 (28)	9 (18)	20,5	16,0	11,0
80	22 (44)	18 (35)	11 (22)	24,0	19,5	13,0

Multitherm Baugröße	Elementendziffer	Wurfweiten X[1] m für Drehzahlstufen – mit Standardjalousie III	II	I	Sekundärluftjal. III	II	I
10	11	10 (20)	8 (14)	6 (10)	12,0	10,0	7,5
	12/13/15	9 (18)	7 (13)	5 (9)	11,0	8,5	6,0
	14/16	7 (14)	6 (11)	4 (8)	8,5	7,5	5,0
20	21	13 (26)	10 (20)	7 (13)	16,0	12,5	8,5
	22/23/25	12 (24)	9 (18)	5 (11)	14,5	11,0	6,0
	24/26	10 (20)	7 (15)	4 (9)	12,5	8,5	5,0
40	41	17 (33)	12 (24)	8 (15)	20,5	14,5	10,0
	42/43/45	14 (28)	10 (20)	6 (12)	17,0	12,5	7,5
	44/46	11 (22)	8 (16)	5 (10)	13,5	10,0	6,5
70	71	22 (44)	16 (32)	11 (21)	26,0	19,5	13,5
	72/73/75	20 (40)	14 (28)	9 (18)	24,0	17,0	11,0
	74/76	16 (32)	11 (22)	7 (14)	19,5	13,5	8,5

[1]) Die Wurfweiten sind Richtwerte und gelten bei ungedrosseltem Luftvolumenstrom und waagerechter Ausblasjalousie; Übertemperatur 15 bis 20 K. (Klammerwerte bei isothermer Lufteinführung)

m) Die Angabe des **Schalldruckpegels** in der Herstellerunterlage (vgl. Tab. 6.6) ist nur unter ganz bestimmten definierten Bedingungen gültig. Er hängt – wie aus Abb. 11.25 ersichtlich – ab vom Montageort (Wand, Decke, Ecke), von der Raumgröße, von der Raumakustik (Absorptionsfaktor, Einrichtungen), von der Entfernung (Gerät – Person), von zusätzlichen Schallquellen (Anzahl der Geräte) usw.

Garantieleistungen können deshalb nur für die raum- und entfernungsunabhängige Schalleistungspegelangabe gegeben werden (Tab. 6.4).

Tab. 6.4 Schalleistungspegel der Wand- und Deckenluftheizgeräte bei ungedrosseltem Volumenstrom

Gerätebauart		MULTITHERM				WANDTHERM							
Baugröße		10	20	40	70	10	20	30	40	50	60	70	80
Schallleistungspegel in dB (A)	Stufe 3	74	76	78	84	80	85	85	88	88	88	89	91
	Stufe 2	68	69	70	77	73	78	79	83	80	81	83	87
	Stufe 1	56	59	60	65	62	67	67	70	69	70	71	72

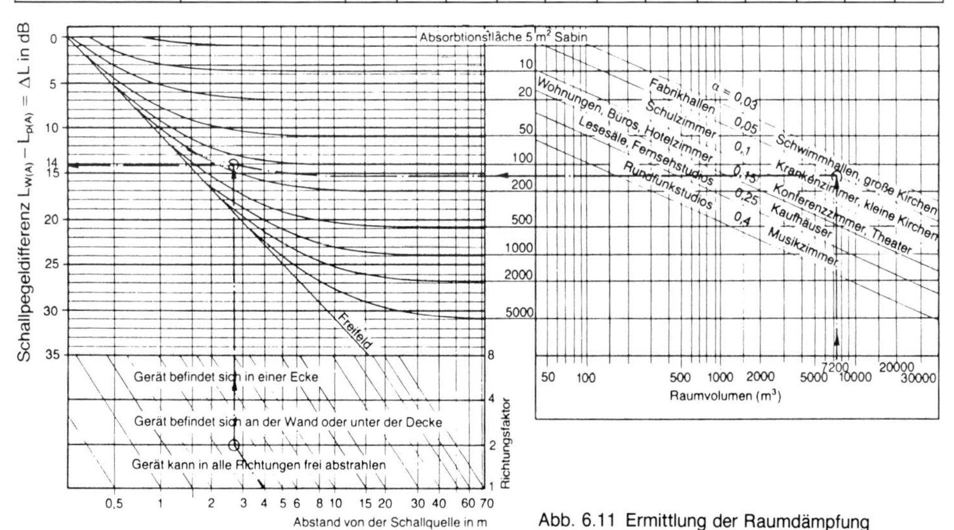

Abb. 6.11 Ermittlung der Raumdämpfung

- Die **Umrechnung von Schalleistungspegel in Schalldruckpegel** kann anhand Abb. 6.11 vorgenommen werden. Das dort eingezeichnete Beispiel (7200 m^3 Raumvolumen, Fabrikhalle, 4 m Abstand usw.) ergab eine Reduzierung von 14 dB! Daraus erklärt sich auch die unterschiedliche Schallpegelangabe zwischen Tab. 6.4 und Tab. 6.6.
- Nach der **Arbeitsstättenverordnung** (8/83) darf der Schalldruckpegel am Arbeitsplatz höchstens **55 dB** (A) betragen bei überwiegend geistigen Tätigkeiten (auch in Pausen-, Bereitschafts- und Sanitätsräumen), höchstens **70 dB** (A) bei einfachen oder überwiegend mechanisierten Bürotätigkeiten oder vergleichbaren Tätigkeiten und höchstens **85 dB** (A) bei allen sonstigen Tätigkeiten (mit Ausnahmen bis zu 5 dB (A) höher).
  Bei der Festlegung der genannten Beurteilungspegel sind nur die Geräusche der Betriebseinrichtungen und die von außen einwirkenden Geräusche zu berücksichtigen.
- Im Beispiel 6.1.4 wurde für einen 3350 m^3 großen Raum eine Berechnung durchgeführt. Dabei wurde auch die **Pegelzunahme bei mehreren Geräten** berücksichtigt.
- Der Einfluß der Drehzahl auf die Geräuschbildung geht aus Tab. 6.4 hervor. Die Forderung nach einem geringen Schalleistungspegel erhöht i. allg. die Geräteanzahl und somit die Anschaffungskosten.
- Das Thema Geräuschbildung und Geräuschbekämpfung wird ausführlicher in Kap. 11 behandelt.

n) Werden außerhalb des Gerätes **zusätzliche Widerstände** vorgesehen (z. B. Mischluftkasten, Wetterschutzgitter), so verringert sich dadurch der Volumenstrom und somit die Zulufttemperatur.

Die in Tab. 6.6 angegebenen Volumenströme findet man in Abb. 6.15 durch den Schnittpunkt der jeweiligen Drehzahlkennlinie und der Abszisse (Waagrechten). Durch den Schnittpunkt der Widerstandskennlinie mit der Drehzahlkennlinie erhält man den reduzierten Volumenstrom (vgl. Übungsbeispiele). Näherungsweise Ermittlung erfolgt nach Tab. 6.8.

o) Der Einbau einer **Sperrjalousie** erfolgt vorwiegend bei Geräten mit Außenluftbetrieb, vereinzelt auch bei Umluftgeräten als Deckengerät mit sehr hohen Heiztemperaturen. Die Jalousie ist zwischen Motor und Heizregister eingebaut und wird beim Einschalten des Lufterhitzers über einen elektrischen oder pneumatischen Motor geöffnet bzw. beim Ausschalten geschlossen. Ventilatordrehzahlschaltgerät und Sperrjalousiemotor sind miteinander gekoppelt.

- Zwischen **Ein- und Ausschalten** des Gerätes müssen mind. **15 Sekunden** liegen, damit der Sperrjalousiemotor seinen Umschaltpunkt erreichen kann und beim Abschalten schließen kann.
- Bei **abgeschalteten Außenluftgeräten** soll durch die Jalousie ein unerwünschtes Abströmen warmer Raumluft verhindert werden. Außerdem ist durch die Sperrjalousie ein kurzfristiger Frostschutz gegeben.
- Bei **Umluftgeräten** in Kopfstellung (Deckengeräten) kann man eine Fremdluftheizung durch das Heizmedium (z. B. bei Heißwasser, Hochdruckdampf) und somit ein vorzeitiges Ausfallen des Motors verhindern. Anders ausgedrückt, durch Einbau einer Sperrjalousie liegt – je nach den zusätzlichen Einbauten – die maximal zulässige Heizmitteltemperatur um etwa 10 bis 30 K höher. Außerdem wird ein großer Wärmestau an der Decke verhindert.

p) Der **Wasserwiderstand** für die Bestimmung des Pumpendruckes hängt vom durchfließenden Massenstrom und vom Gerätetyp ab.

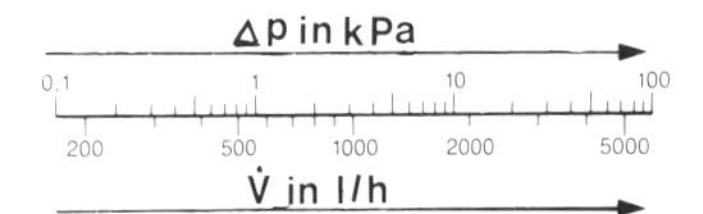

Beispiel:
Registerleistung 16,6 kW, Anlage 80 °C/60 °C
$\Rightarrow \dot{m} = \dot{Q}/c \cdot \Delta\vartheta = 16\,600/1{,}16 \cdot 20 = 715$ l/h.
Druckverlust aus nebenstehender Abb. etwa **820 Pa.**

q) Bei einigen Gerätetypen sind **Elektrozusatzheizungen** lieferbar (auch nachträglich), doch wird nur ganz vereinzelt davon Gebrauch gemacht. Als Heizkörper werden meistens Rohrheizkörper aus Stahl verwendet, deren Leistung – je nach Baugröße und Schaltung – zwischen etwa 4 bis 30 kW liegt. Die jeweilige Gesamtleistung eines Gerätes kann durch Schaltgruppen nochmals in 1/3 und 2/3 aufgeteilt werden.

Weitere Hinweise hinsichtlich Anwendung und Betrieb (Mindestvolumenstrom, Verriegelung, Motorschutz, maximale Zulufttemperatur usw.) siehe unter Kap. 6.4.2.

r) Geräte mit **Wärmerückgewinnung** können dann zur Anwendung kommen, wenn lange Betriebszeiten und große Außenluftvolumenströme vorliegen.

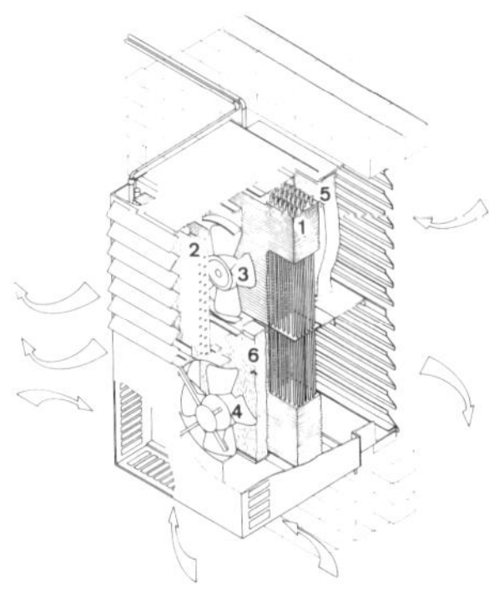

Abb. 6.12 Wandgerät mit Wärmerückgewinnung

Nebenstehende Abbildung zeigt ein solches **Be- und Entlüftungsgerät** mit den Bauelementen (1) Wärmerohr mit Wärmeträgerflüssigkeit (Frigen) gefüllt; (2) zusätzliches Heizelement zur Nacherwärmung der Außenluft und Restabdeckung des Transmissionswärmebedarfs; (3) Zuluftventilator; (4) Abluftventilator; (5) Filter auf Wunsch; (6) Filter serienmäßig.

Wirkungsweise:
Bei Betrieb der Anlage wird warme Fortluft mit dem Ablüfter durch den mit Wärmeträgerflüssigkeit gefüllten unteren Teil des Wärmerohrs gedrückt. Dabei verdampft Wärmeträgerflüssigkeit, steigt in den oberen Teil des Wärmerohrelementes und gibt dort die Verdampfungswärme an die eintretende Außenluft ab, kondensiert und fließt zurück. Der Prozeß findet immer dann statt, wenn die Fortluft über der Außentemperatur liegt (vgl. Kap. 12.3).

s) Die **Abstufung der Geräte** ist bei den Herstellern sehr umfangreich, so daß mit dieser Vielfalt eine optimale Anpassung an den örtlichen Luft- und Heizbedarf ermöglicht wird.

So werden z. B. von den Wandlufterhitzern nach Abb. 6.2 mit 4 Gehäusegrößen durch unterschiedliche Ventilatoren 8 Baugrößen möglich, die wiederum jeweils mit 4 und mehr unterschiedlichen Heizelementen ausgestattet werden (48 Varianten und somit auch Tabellen!).

t) Für die Montage und für die exakte Zeichnung interessieren die **Maßangaben** und die verschiedenen Anschlußmöglichkeiten.

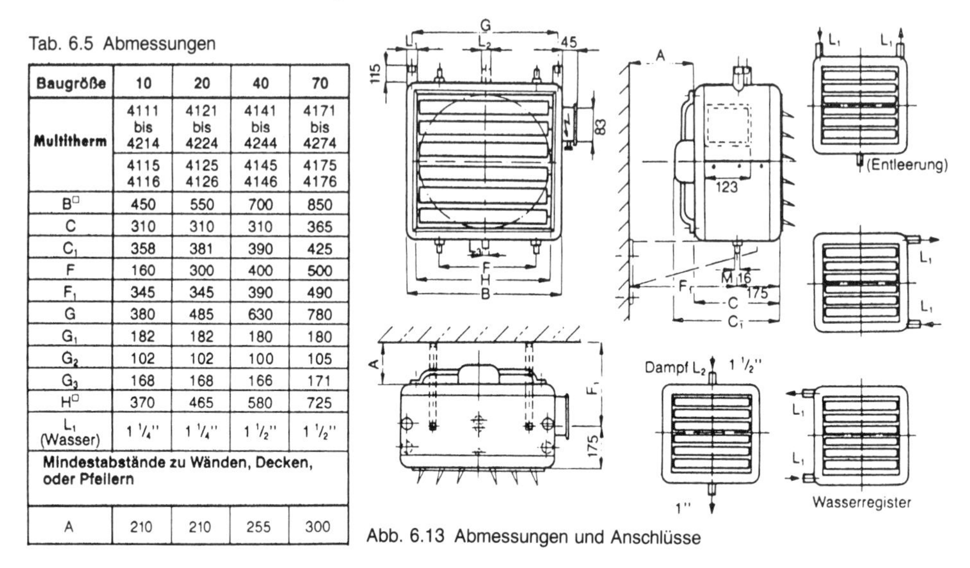

Tab. 6.5 Abmessungen

Baugröße	**10**	**20**	**40**	**70**
Multitherm	4111 bis 4214	4121 bis 4224	4141 bis 4244	4171 bis 4274
	4115 4116	4125 4126	4145 4146	4175 4176
B□	450	550	700	850
C	310	310	310	365
C_1	358	381	390	425
F	160	300	400	500
F_1	345	345	390	490
G	380	485	630	780
G_1	182	182	180	180
G_2	102	102	100	105
G_3	168	168	166	171
H□	370	465	580	725
L_1 (Wasser)	1 ¼"	1 ¼"	1 ½"	1 ½"
Mindestabstände zu Wänden, Decken, oder Pfeilern				
A	210	210	255	300

Abb. 6.13 Abmessungen und Anschlüsse

Wie aus Tab. 6.5 und Abb. 6.13 hervorgeht, können alle Maße aus Firmenunterlagen entnommen werden. Das gleiche gilt auch für Anbauten und Zubehörteile wie z. B. Mischluftkasten 395 mm lang (Typ 10 nur 305 mm); desgl. Maße auch für Filter.

6.1.3 Berechnungs- und Auswahlbeispiele von Wandlufterhitzern

Bevor nachfolgend anhand von Firmenkatalogen und Diagrammen die Geräte ausgewählt werden, sollten die rechnerischen Zusammenhänge unter Kap. 4 geläufig sein und die Aufgaben 4.6 gerechnet werden.

Aus der Vielzahl von Gerätetypen wird in Tab. 6.6 stellvertretend für einen Typ eine Auswahltabelle mit allen technischen Angaben gezeigt. **Für die Auswahl der Geräte gelten folgende grundsätzliche Überlegungen:**

- Im Gegensatz zu Kap. 4.4 (Berechnung von Registerleistungen für Lüftungs- und Luftthei-

Tab. 6.6 Technische Daten des Luftheizgerätes nach Abb. 6.2a

3-stufig Wand-Therm	Typ 3141						40
2-stufig Wand-Therm-A	Typ 53141						
Drehzahl	U/min	1400		1000		700	
Luftvolumenstrom	m³/h	4220		3290		2110	
Lufteintritts-temperatur	t_{L1} °C	Q kW	t_{L2} °C	Q kW	t_{L2} °C	Q kW	t_{L2} °C
PWW 55/45	− 15	22,1	− 1	19,4	0	15,1	4
	− 10	20,2	3	17,7	4	13,8	7
	± 0	16,4	11	14,3	12	11,2	15
	+ 15	10,9	23	9,5	23	7,4	25
	+ 20	9,0	26	7,9	27	6,1	29
PWW 80/60	− 15	28,4	3	24,9	5	19,4	9
	− 10	26,4	7	23,1	9	18,1	13
	± 0	22,5	15	19,7	17	15,4	20
	+ 15	16,9	27	14,8	28	11,5	31
	+ 20	15,0	31	13,1	32	10,2	34
PWW 90/70	− 15	32,2	5	28,2	7	22,1	12
	− 10	30,2	9	26,5	11	20,7	16
	± 0	26,3	17	23,0	19	18,0	24
	+ 15	20,6	29	18,0	31	14,0	34
	+ 20	18,7	33	16,4	35	12,7	38
PHW 110/70	− 15	33,8	6	29,6	9	23,1	14
	− 10	31,7	10	27,8	13	21,7	17
	± 0	27,8	18	24,3	20	18,9	25
	+ 15	21,9	30	19,1	32	14,9	36
	+ 20	20,0	34	17,5	36	13,7	39
PHW 150/110	− 15	49,2	16	43,2	19	33,8	27
	− 10	47,1	20	41,3	24	32,3	31
	± 0	43,0	28	37,6	32	29,5	39
	+ 15	36,9	41	32,3	44	25,3	50
	+ 20	35,0	45	30,6	48	23,9	54
für Sattdampf Typ 3241 und 53241							
Sattdampf 0,1 bar	− 15	40,0	10	35,4	13	28,1	20
	− 10	38,1	14	33,7	17	26,8	24
	± 0	34,4	23	30,4	26	24,1	32
	+ 15	29,0	35	25,6	38	20,2	43
	+ 20	27,2	39	24,0	42	19,0	47
Sattdampf 3 bar	− 15	54,1	19	47,9	23	38,1	32
	− 10	52,1	23	46,1	27	36,7	36
	± 0	48,3	32	42,7	36	33,9	44
	+ 15	42,6	45	37,7	48	29,8	56
	+ 20	40,8	49	36,0	53	28,5	60

GEA-Wand-Therm			Ex_e		Ex_e		Ex_e
Motor 3-stufig, polumschaltbar	P_1 Watt	650	1000	500	500	120	—
oder	P_2 Watt	450	750	220	350	60	
Ex_e, 1-stufig; Schutzart IP 44	380V Amp.	1,35	1,85	0,90	1,08	0,40	—
	500V Amp.	1,00	1,40	0,70	0,82	0,30	
GEA-Wand-Therm-A			Ex_e		Ex_e		
Motor 2-stufig, Schlupf-schaltung	P_1 Watt	550	1000	400	500	—	—
oder	P_2 Watt	430	750	200	350		
Ex_e, 1-stufig; Schutzart IP 44	380V Amp.	1,20	1,85	0,80	1,08	—	—
	500V Amp.	0,91	1,40	0,60	0,82		
Schalldruckpegel dB(A)		74		69		56	
Wurfweite Wandgerät m		27		21		13	
Gewicht kg		100					
Wasserinhalt l		5					
Anschlüsse: max. Flanschanschluß eine Dimension kleiner		Vorlauf 1½" / Dampf 1½"		Rücklauf 1½" / Kondensat 1"			

P_1 = maximale Leistungsaufnahme des Ventilators (Nenndaten)
P_2 = Leistungsaufnahme des Ventilators ohne Zusatzpressung

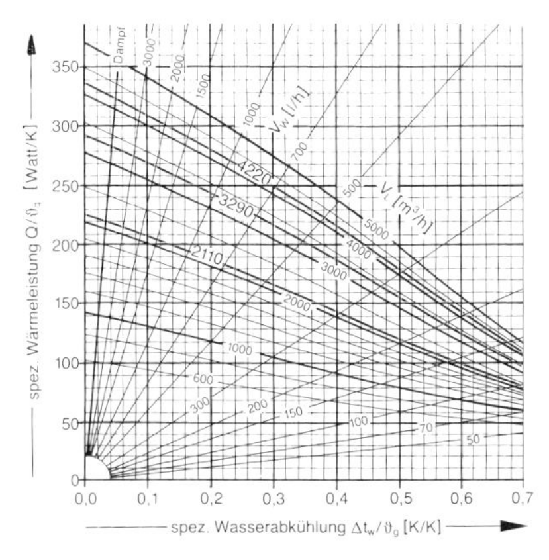

Abb. 6.14 Wärmeleistungsdiagramm (Typ 3141)

Tab. 6.7 Wärmeleistungen und Luftaustrittstemperaturen (Baugröße 50)

3-stufig Wand-Therm	Typ 3152						50
2-stufig Wand-Therm-A	Typ 53152						
Drehzahl	U/min	900		700		450	
Luftvolumenstrom	m³/h	5500		4280		2750	
Lufteintritts-temperatur	t_{L1} °C	Q kW	t_{L2} °C	Q kW	t_{L2} °C	Q kW	t_{L2} °C
PWW 55/45	− 15	44,2	6	38,3	8	29,5	13
	− 10	40,3	10	34,9	12	26,9	16
	± 0	32,7	17	28,4	18	21,8	22
	+ 15	21,8	27	18,9	28	14,5	30
	+ 20	18,2	30	15,8	31	12,1	33
PWW 80/60	− 15	56,9	12	49,4	15	38,1	21
	− 10	53,0	16	46,0	19	35,4	24
	± 0	45,2	23	39,2	25	30,2	30
	+ 15	33,9	33	29,4	35	22,6	39
	+ 20	30,3	36	26,2	38	20,1	42
PWW 90/70	− 15	64,4	16	55,9	19	43,1	26
	− 10	60,4	19	52,4	23	40,4	29
	± 0	52,5	26	45,5	29	35,0	35
	+ 15	41,1	37	35,6	39	27,4	44
	+ 20	37,4	40	32,4	43	24,9	47

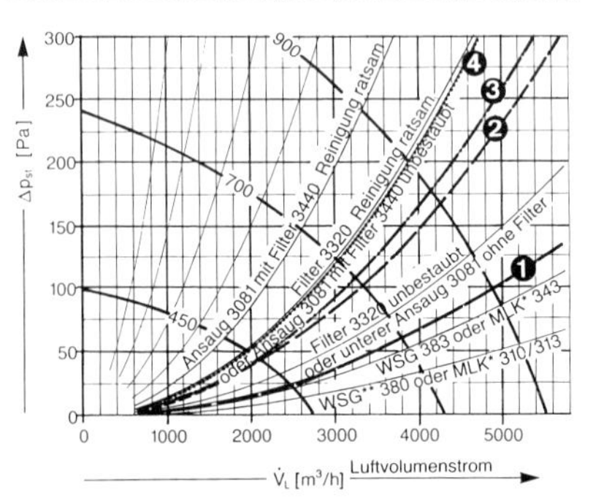

Abb. 6.15 Luftleistungsdiagramm (Gerätekennlinien für Typ 3152)
(1) Mischluftkasten und Wetterschutzgitter; (2) mittlerer Filterwiderstand; (3) Mischluftkasten und Wetterschutzgitter und sauberer Filter; (4) dsgl. jedoch mit mittlerer Filterverschmutzung

zungsanlagen) liegen nun die Gerätedaten fest, d. h., ein **Zusammenhang zwischen Heizleistung, Volumenstrom, An- und Austrittstemperatur ist bei einer bestimmten Heizwassertemperatur von vornherein gegeben.**

- **Der planende Ingenieur muß nun für die gewünschten bzw. berechneten Werte,** wie Volumenstrom, Raumwärmebedarf, Lüftungswärmebedarf, max. Austrittstemperatur, Eintrittstemperatur, **ein solches Gerät heraussuchen, das am nächsten seinen Wunschvorstellungen entspricht.** Außerdem müssen Geräuschpegel, Wurfweite, Luftwechsel- oder Luftumwälzzahl und Aufstellungsort (z. B. Geräteabstand) beachtet werden (vgl. Planungshinweise).
- Bei der optimalen Geräteauswahl ist nicht nur der Auslegefall (größte Heizleistung) entscheidend, sondern man muß **auch die unterschiedlichen Betriebsverhältnisse während des ganzen Jahres berücksichtigen.** Dabei spielen vor allem die gewählte Regelung, die Kombination mit statischen Heizflächen, die Aufteilung in Umluft- und Mischluftgeräte und die Wahl der Drehzahl eine Rolle.
- Zur **Bestimmung des Gerätetyps** verwendet man am einfachsten sog. **Übersichtsdiagramme** (Abb. 6.16). Die Überschneidungen der Luft- und Wärmeleistungen ermöglichen dabei variable Auswahlmöglichkeiten.

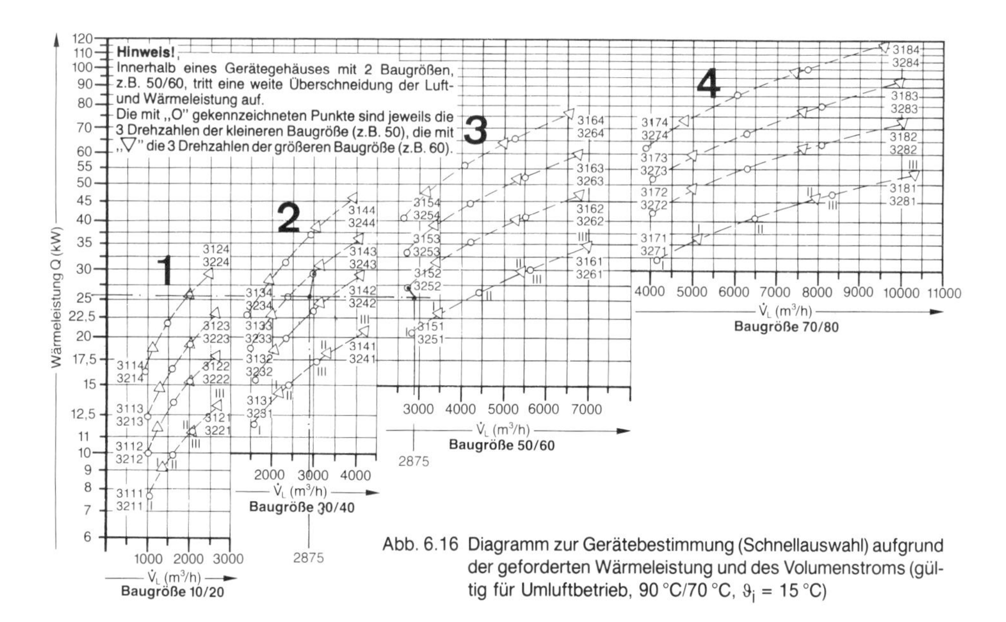

Abb. 6.16 Diagramm zur Gerätebestimmung (Schnellauswahl) aufgrund der geforderten Wärmeleistung und des Volumenstroms (gültig für Umluftbetrieb, 90 °C/70 °C, ϑ_i = 15 °C)

Bevor einige Auswahlbeispiele durchgeführt werden, sollen zu diesem Auswahldiagramm in Verbindung mit der zugehörigen Tabelle einige Erklärungen angefügt werden:

Hinweise zu Abb. 6.16 und Tab. 6.8

1. Hier liegen 4 Gehäusegrößen (1) bis (4) mit ganz bestimmten Abmessungen vor. In jedem Gehäuse werden zwei unterschiedliche Ventilatorgrößen vorgesehen, so daß sich **je Gehäuse zwei verschiedene Baugrößen** befinden: 10/20, 30/40, 50/60 und 70/80 (vgl. jeweils die dritte Zahl der Kennziffern).
2. Damit bei etwa gleichem Volumenstrom unterschiedliche Heizleistungen und Austrittstemperaturen möglich sind, können **in diese 8 Baugrößen jeweils 4 verschiedene Heizregister** vorgesehen werden (Linien übereinander haben steigende Zahlenwerte am Ende der jeweiligen Kennziffer). Die unterschiedlichen Heizleistungen erreicht man durch unterschiedliche Rohrreihen (1 oder 2) oder/und durch unterschiedlichen Rippenabstand (2,5 mm oder 4 mm).

3. Acht Baugrößen mit jeweils vier Möglichkeiten hinsichtlich der Registerleistung ergeben nun 32 Gerätetypen für PWW-Heizungen (obere Zahlenwerte). **Jeder Gerätetyp hat 3 Drehzahlen.** Innerhalb einer Gehäusegröße haben die Baugrößen mit dem größeren Volumenstrom (20, 40, 60, 80) das Δ-Zeichen für jede Drehzahl und die mit dem geringeren Volumenstrom (10, 30, 50, 70) das ○-Zeichen.

4. Die genannte **Anzahl der Typen erhöht sich von 32 auf etwa 100,** wenn man noch die Ausführung für Dampfheizungen und den Gerätetyp nach Abb. 6.2 hinzunimmt. Hierbei sind noch nicht berücksichtigt die Geräte mit 2stufigen Motoren (im Diagramm nicht angegeben), die Sonderausführungen für große Wassertemperaturspreizungen, die Ausführungsmöglichkeiten in bezug auf Lackierung, Gebläseausführung usw.

   Nimmt man noch jeweils die verschiedenen Drehzahlen hinzu, ergeben sich etwa 300 Betriebsmöglichkeiten.

5. Die in Tab. 6.8 angegebenen **Luftvolumenstromfaktoren** f_{VL} müssen dann berücksichtigt werden, wenn **durch Einbauten** (z. B. Mischluftkasten) der Volumenstrom reduziert wird (gedrosselter Volumenstrom).

   Beispiel 1: Verlangt werden 5000 m³/h Mischluft (Mischluftkasten und Wetterschutzgitter) ⇒ f_{VL} = 1,15
   Für das Aufsuchen in Abb. 6.16 werden 5000 m³/h · 1,15 = 5750 m³/h für die Geräteauswahl zugrunde gelegt.

   Beispiel 2: Der Gerätetyp 3161 hat bei Stufe III 7000 m³/h. Unter Berücksichtigung des Mischluftkastens und des Wetterschutzgitters ist der tatsächliche Volumenstrom nur 7000 : 1,15 = 6087 m³/h.

   Eine genauere Bestimmung der Volumenreduzierung erfolgt entsprechend Abb. 6.15. Bei Umluftgeräten, d. h. **bei Geräten ohne Einbauten, entspricht der Volumenstrom dem Zahlenwert in den Katalogtabellen** oder in Abb. 6.15 dem Schnittpunkt der Drehzahlkennlinie mit der Waagerechten. Der Faktor f_{VL} in Tab. 6.8 ist 1,0.

Tab. 6.8 Korrekturfaktoren zur Bestimmung des Volumenstroms und der Heizleistung

Anordnungsarten		❶ Umluftgerät bzw. ungedrosselter Luftvolumenstrom		❷ Mischluftkasten 310/313 u. Wetterschutzgitter 380		❸ Mischluftkasten 310/313, Filter 3320 und Wetterschutzgitter 380		❹ Unterer Ansaug 308.		❺ Unterer Ansaug 308. und Filter 3440		❻ Unterer Ansaug 308, Filter 3440, Ansaugstück m. Klappe 343, Wetterschutzgitter 383	
Lufteintrittstemperatur	t_{L1} °C	f_{VL}	f_Q	f_{VL}	f_Q	f_{VL}	f_Q	f_{VL}	f_Q	f_{VL}	f_Q	f_{VL}	f_Q
PWW 55/45	−15		0,93		1,03		1,14		1,03		1,16		1,29
	−10		1,01		1,12		1,23		1,13		1,26		1,40
	±0	1,0	1,25	1,15	1,34	1,31	1,48	1,16	1,35	1,37	1,52	1,6	1,69
	+15		1,89		1,92		2,19		1,93		2,24		2,45
	+20		2,26		2,38		2,58		2,39		2,63		2,94
PWW 80/60	−15		0,72		0,81		0,88		0,81		0,91		1,01
	−10		0,77		0,86		0,94		0,87		0,97		1,08
	±0	1,0	0,91	1,15	1,02	1,31	1,09	1,16	1,03	1,37	1,12	1,6	1,24
	+15		1,22		1,30		1,43		1,31		1,46		1,62
	+20		1,36		1,43		1,58		1,44		1,62		1,80
PWW 90/70	−15		0,64		0,73		0,79		0,73		0,81		0,90
	−10		0,67		0,77		0,84		0,78		0,86		0,95
	±0	1,0	0,78	1,15	0,87	1,31	0,94	1,16	0,88	1,37	0,97	1,6	1,08
	+15		1,00		1,10		1,19		1,11		1,22		1,35
	+20		1,10		1,21		1,29		1,22		1,32		1,47
PHW 110/70	−15		0,59		0,69		0,75		0,69		0,77		0,86
	−10		0,64		0,72		0,79		0,73		0,81		0,90
	±0	1,0	0,74	1,15	0,82	1,31	0,90	1,16	0,83	1,37	0,92	1,6	1,02
	+15		0,94		1,02		1,12		1,03		1,13		1,26
	+20		1,00		1,12		1,22		1,13		1,23		1,37
PHW 150/110	−15		0,42		0,48		0,53		0,48		0,54		0,61
	−10		0,44		0,50		0,55		0,51		0,56		0,63
	±0	1,0	0,48	1,15	0,52	1,31	0,59	1,16	0,53	1,37	0,61	1,6	0,69
	+15		0,56		0,63		0,68		0,64		0,69		0,78
	+20		0,59		0,65		0,71		0,66		0,73		0,83
für Sattdampf													
Sattdampf 0,1 bar	−15		0,50		0,59		0,64		0,59		0,65		0,73
	−10		0,55		0,61		0,67		0,62		0,68		0,76
	±0	1,0	0,63	1,15	0,67	1,31	0,74	1,16	0,68	1,37	0,75	1,6	0,83
	+15		0,73		0,79		0,86		0,80		0,88		0,98
	+20		0,77		0,83		0,92		0,84		0,93		1,04
Sattdampf 3 bar	−15		0,38		0,43		0,47		0,43		0,48		0,55
	−10		0,40		0,45		0,49		0,46		0,50		0,57
	±0	1,0	0,44	1,15	0,48	1,31	0,52	1,16	0,49	1,37	0,53	1,6	0,59
	+15		0,48		0,53		0,59		0,54		0,60		0,68
	+20		0,52		0,56		0,61		0,57		0,62		0,70

6. Der **Volumenstrombereich,** der mit den 8 Baugrößen erreicht wird, geht von etwa **1000 m³/h bis etwa 10 000 m³/h** je Gerät. Dies wird mit 6 verschiedenen Ventilatorgrößen erreicht (3000 m³/h und 4000 m³/h kommen doppelt vor, jedoch in verschiedenen Gehäusen).

7. Die in Tab. 6.8 angegebenen **Wärmeleistungsfaktoren** f_Q müssen bei folgenden drei Fällen berücksichtigt werden:

a) Bei **Heizungswassertemperaturen,** die von der Spreizung 90 °C/70 °C, bzw. von einer mittleren Temperatur von 80 °C abweichen.

b) Bei **Ansaugtemperaturen,** die von +15 °C abweichen. Dies ist immer der Fall, wenn bei Umluftbetrieb andere Raumtemperaturen vorliegen oder bei Mischluftbetrieb oder Außenluftbetrieb.

c) Bei Geräten mit Einbauten, d. h. bei **reduziertem Volumenstrom.**

Demnach beziehen sich die Leistungsangaben im Diagramm nach Abb. 6.16 auf 90 °C/70 °C, auf ϑ_{Ein} = 15 °C und auf Umluftbetrieb. Hier ist der Faktor $f_{\dot{Q}}$ = 1,0.

8. Der **Wärmeleistungsbereich,** der mit den 8 Baugrößen erreicht wird, geht von etwa 7,5 kW bis etwa 115 kW je Gerät. Die Geräte mit der geringeren Heizfläche (geringere Endziffer) sind vor allem für Anlagen mit höheren Heizmitteltemperaturen und zur Erzielung von geringeren Austrittstemperaturen.

   Wie schon bei den Planungshinweisen erläutert, handelt es sich bei dieser Leistungsangabe um die **Registerleistung,** die sowohl die Wärmeverluste des Raumes als auch den Lüftungswärmebedarf decken muß. (Lufteintrittstemperatur beachten!)
   Bei jeder Wärmeleistungsangabe interessiert gleichzeitig auch die damit zusammenhängende Luftaustrittstemperatur.

Die nachfolgenden **Berechnungs- und Auswahlbeispiele** erstrecken sich auf Wandgeräte. Bei der Deckenmontage (Kap. 6.1.4) können zwar die meisten Erkenntnisse direkt übernommen werden, doch kommen einige Überlegungen noch hinzu.

Beispiel 6.1.1

In Tab. 6.9 wird beim Gerätetyp 4143 bei einer Drehzahl von 700 min^{-1} und einer Ansaugtemperatur von −10 °C eine Wärmeleistung von 61 kW angegeben (Anlage 90/70).

a) Überprüfen Sie durch Rechnung diese Leistungsangabe!

b) Der Raumwärmebedarf (ϑ_i = 15 °C) beträgt 42 kW. Wieviel Prozent können hiervon durch dieses Gerät gedeckt werden, und wieviel Prozent des Registers werden für die Lüftungsaufgabe benötigt?

Lösung:

zu a) $\dot{Q}_{Reg} = \dot{V} \cdot c \cdot (\vartheta_{zu} - \vartheta_{Ein}) = 3870 \cdot \underbrace{0{,}374}_{\text{Tab. 4.5}} \cdot [32 - (-10)] = 60\,790$ W (≈ **61 kW)**

zu b) $\dot{Q}_H = \dot{V} \cdot c \cdot (\vartheta_{zu} - \vartheta_i)$ bzw. $\dot{Q}_L = \dot{V} \cdot c \cdot (\vartheta_i - \vartheta_a)$. Man kann demnach entsprechend Abb. 4.7 die Registerleistung auch anhand der Temperaturdifferenzen aufteilen.
$\dot{Q}_H$ = 61 · 17/42 = 24,69 kW; $\dot{Q}_L$ = 61 · 25/42 = 36,31 kW. 24,69 kW stehen zur Deckung des Raumwärmebedarfs zur Verfügung, das sind **54,9%.** $\dot{Q}_L$ = 36,31 kW (von 61 kW) = **59,5 %.**

Beispiel 6.1.2

Für einen Reparaturbetrieb (V_R = 1200 m³; ϑ_i = 18 °C) wurde ein Raumwärmebedarf von 26 kW ermittelt. Der Raum wird mit 2 Wandlufterhitzern, die an eine Pumpenwarmwasserheizung 80 °C/60 °C angeschlossen werden, beheizt. Es soll eine 5fache Luftumwälzzahl angestrebt werden.

a) Welchen Gerätetyp würden Sie nach Abb. 6.16 wählen, und wie groß ist die tatsächliche Wärmeleistung der Geräte?

b) Welcher spezifische Wärmebedarf (W/m³) könnte mit den eingebauten Geräten gedeckt werden, und wie groß ist die tatsächliche Luftumwälzzahl?

c) Um wieviel Prozent würde sich die Wärmeleistung erhöhen, wenn die Anlage mit der Temperatur 90 °C/70 °C hochgefahren wird?

Lösung:

zu a) Gefordert werden je Gerät 13 kW, 3000 m³/h. Aufzusuchende Wärmeleistung $\dot{Q} = \dot{Q}_{gef} \cdot f_Q$ = 13 kW · 1,3 = 16,9 kW. Gewählter **Typ 3141** (ausführliche Angaben vgl. Tab. 6.6); Drehzahl II (Diagrammwert nach Abb. 6.16 ≈ 18 kW).

Tatsächliche Leistung $\dot{Q}_{tats}$ = 2 · 18 kW/1,3 = **27,7 kW,** d. h. 6,5% zu hoch (niedrigere Vorlauftemperatur wählen!). Desgl. durch Interpolation in Tab. 6.6.

zu b) $\dot{Q}_{spez} = \dot{Q}/V_R$ = 27 700 W/1200 m³ = **23,1 W/m³**

LU = $\dot{V}/V_R$ = 2 · 3290 m³/h/1200 m³ = **5,5/h** (vgl. Tab. 6.2)

zu c) Tatsächliche Leistung $\dot{Q}_{tats}$ = 2 · 18 kW/1,06 = 34 kW, das sind gegenüber 27,7 kW etwa **22,7%** mehr (bezogen auf 26 kW ⇒ **31 %**).

Tab. 6.9 Leistungsübersicht von Wand- und Deckengeräten

3-stufig **Multitherm** Typ 4111							10
2-stufig Multi-A Typ 54111							
Drehzahl U/min		1400		1000		700	
Luftvolumenstrom m^3/h		2350		1620		1100	
Lufteintritts-temperatur	t_{L1} °C	Q kW	t_{L2} °C	Q kW	t_{L2} °C	Q kW	t_{L2} °C
PWW 90/70	− 15	17.8	5	14.9	9	11.7	13
	− 10	16.7	9	13,6	13	11.0	17
	± 0	15.0	17	11,8	20	9,5	24
	+ 15	11.2	29	9,2	32	7,4	35
	+ 20	10.2	33	8.3	35	6,7	38

3-stufig **Multitherm** Typ 4112							10
2-stufig Multi-A Typ 54112							
Drehzahl U/min		1400		1000		700	
Luftvolumenstrom m^3/h		2150		1500		950	
Lufteintritts-temperatur	t_{L1} °C	Q kW	t_{L2} °C	Q kW	t_{L2} °C	Q kW	t_{L2} °C
PWW 90/70	− 15	23,4	14	19.1	18	14,6	25
	− 10	21,9	17	17,9	22	13,7	28
	± 0	19.0	24	15.5	29	11,8	34
	+ 15	14,7	35	12,0	38	9,1	43
	+ 20	13,3	38	10,9	42	8.2	46

3-stufig **Multitherm** Typ 4113							10
2-stufig Multi-A Typ 54113							
Drehzahl U/min		1400		1000		700	
Luftvolumenstrom m^3/h		2150		1500		950	
Lufteintritts-temperatur	t_{L1} °C	Q kW	t_{L2} °C	Q kW	t_{L2} °C	Q kW	t_{L2} °C
PWW 90/70	− 15	30,1	22	24,2	27	18,1	35
	− 10	28,2	25	22,6	30	16,9	37
	± 0	24,3	31	19,5	36	14,6	42
	+ 15	18,8	41	15,1	44	11,4	50
	+ 20	17,0	44	13,7	47	10,4	52

3-stufig **Multitherm** Typ 4114							10
2-stufig Multi-A Typ 54114							
Drehzahl U/min		1400		1000		700	
Luftvolumenstrom m^3/h		1640		1290		760	
Lufteintritts-temperatur	t_{L1} °C	Q kW	t_{L2} °C	Q kW	t_{L2} °C	Q kW	t_{L2} °C
PWW 90/70	− 15	33,2	38	28,3	42	19,4	52
	− 10	31,0	40	26,4	44	18,1	53
	± 0	26,7	45	22,7	49	15,5	56
	+ 15	20,5	52	17,4	54	12,0	61
	+ 20	18,5	54	15,7	56	10,9	63

3-stufig **Multitherm** Typ 4121							20
2-stufig Multi-A Typ 54121							
Drehzahl U/min		1400		1000		700	
Luftvolumenstrom m^3/h		3620		2920		1850	
Lufteintritts-temperatur	t_{L1} °C	Q kW	t_{L2} °C	Q kW	t_{L2} °C	Q kW	t_{L2} °C
PWW 90/70	− 15	28.3	5	25,2	8	19.6	13
	− 10	26.5	10	23.6	12	18,3	16
	± 0	23.1	18	20.6	20	15,9	24
	+ 15	18.0	30	16,1	31	12,4	35
	+ 20	16.4	33	14,6	35	11.3	38

3-stufig **Multitherm** Typ 4122							20
2-stufig Multi-A Typ 54122							
Drehzahl U/min		1400		1000		700	
Luftvolumenstrom m^3/h		3350		2590		1590	
Lufteintritts-temperatur	t_{L1} °C	Q kW	t_{L2} °C	Q kW	t_{L2} °C	Q kW	t_{L2} °C
PWW 90/70	− 15	37,5	14	32,5	18	24,4	25
	− 10	35,1	18	30,4	21	22.8	28
	± 0	30.5	25	26.4	28	19.8	34
	+ 15	23,7	36	20.5	38	15,4	43
	+ 20	21,6	39	18.6	41	13,9	46

3-stufig **Multitherm** Typ 4123							20
2-stufig Multi-A Typ 54123							
Drehzahl U/min		1400		1000		700	
Luftvolumenstrom m^3/h		3350		2590		1590	
Lufteintritts-temperatur	t_{L1} °C	Q kW	t_{L2} °C	Q kW	t_{L2} °C	Q kW	t_{L2} °C
PWW 90/70	− 15	48,2	23	41,3	27	30,2	35
	− 10	45,1	26	38,6	30	28,3	37
	± 0	39,1	32	33,4	36	24,4	42
	+ 15	30.3	41	25,9	44	18,9	50
	+ 20	27.5	44	23,5	47	17,1	52

3-stufig **Multitherm** Typ 4124							20
2-stufig Multi-A Typ 54124							
Drehzahl U/min		1400		1000		700	
Luftvolumenstrom m^3/h		2930		2160		1350	
Lufteintritts-temperatur	t_{L1} °C	Q kW	t_{L2} °C	Q kW	t_{L2} °C	Q kW	t_{L2} °C
PWW 90/70	− 15	58,0	37	47,3	42	34,0	51
	− 10	54,1	39	44,2	45	31,7	53
	± 0	46,7	44	38,1	49	27,3	56
	+ 15	36,1	51	29,4	55	21,0	60
	+ 20	32,7	53	26.6	57	19,0	62

3-stufig **Multitherm** Typ 4141							40
2-stufig Multi-A Typ 54141							
Drehzahl U/min		900		700		450	
Luftvolumenstrom m^3/h		6360		4770		3020	
Lufteintritts-temperatur	t_{L1} °C	Q kW	t_{L2} °C	Q kW	t_{L2} °C	Q kW	t_{L2} °C
PWW 90/70	− 15	49.2	5	42,2	8	32,7	13
	− 10	46,2	9	39,6	12	30,7	17
	± 0	40.2	8	34,5	20	26,7	25
	+ 15	31.6	30	27,1	32	20,9	35
	+ 20	28.8	33	24,6	35	19,1	39

3-stufig **Multitherm** Typ 4142							40
2-stufig Multi-A Typ 54142							
Drehzahl U/min		900		700		450	
Luftvolumenstrom m^3/h		5300		3870		2350	
Lufteintritts-temperatur	t_{L1} °C	Q kW	t_{L2} °C	Q kW	t_{L2} °C	Q kW	t_{L2} °C
PWW 90/70	− 15	61,6	15	51,6	20	38,3	28
	− 10	57,8	19	48,3	23	35,9	31
	± 0	50,2	26	42,0	30	31,2	37
	+ 15	39,3	37	32,8	40	24,3	45
	+ 20	35,8	40	29,9	43	22,1	48

3-stufig **Multitherm** Typ 4143							40
2-stufig Multi-A Typ 54143							
Drehzahl U/min		900		700		450	
Luftvolumenstrom m^3/h		5300		3870		2350	
Lufteintritts-temperatur	t_{L1} °C	Q kW	t_{L2} °C	Q kW	t_{L2} °C	Q kW	t_{L2} °C
PWW 90/70	− 15	79.0	24	65,2	29	47,2	38
	− 10	74.0	27	61.0	32	44,2	40
	± 0	64.2	34	52.9	38	38,2	45
	+ 15	50,1	43	41,2	46	29,7	52
	+ 20	45.5	46	37,4	49	26,9	54

3-stufig **Multitherm** Typ 4144							40
2-stufig Multi-A Typ 54144							
Drehzahl U/min		900		700		450	
Luftvolumenstrom m^3/h		4300		3140		1760	
Lufteintritts-temperatur	t_{L1} °C	Q kW	t_{L2} °C	Q kW	t_{L2} °C	Q kW	t_{L2} °C
PWW 90/70	− 15	90,1	40	72,8	46	47,8	56
	− 10	84,2	42	68.0	48	44,6	58
	± 0	72.8	47	58,7	52	38,4	60
	+ 15	56,5	53	45,5	57	29,6	64
	+ 20	51,3	55	41.2	59	26,9	65

Beispiel 6.1.3

Für eine Sporthalle (2200 m³) wurden 3 Geräte vom Typ 3152 (Tab. 6.7) gewählt. Die Halle wird damit beheizt, und bis zu einer Außentemperatur von +5 °C soll mit 100% Außenluft gefahren werden können (Mischluftkasten 310 und Wetterschutzgitter 380). Es soll eine mittlere Drehzahl angestrebt werden.

a) **Wie groß ist nach Abb. 6.16 und Tab. 6.8 die Wärmeleistung dieser Geräte beim Anschluß an eine PWW-Heizung 90 °C/70 °C? Geben Sie außerdem den Luftwechsel an!**

b) **Um wieviel Prozent hat sich hier der Volumenstrom gegenüber einem Umluftgerät vermindert? (Die Lösung ist nur nach Abb. 6.15 vorzunehmen.)**

c) **Kann eine weitere Reduzierung des Volumenstroms infolge Einbau eines Filters 3320 (unbestaubt) dadurch behoben werden, daß man auf die Drehzahl III umschaltet? Der gegenüber b) veränderte Volumenstrom ist zu bestimmen: c_1 nach Tab. 6.8 (sauberes Filter), c_2 nach Abb. 6.15 bei mittlerem Dimensionierungswiderstand.**

Lösung:

zu a) $\dot{V} = 4280/1{,}15 = 3722$ m³/h; $f_{\dot{Q}+5} = 0{,}947$ (interpoliert); $\dot{Q}'_{tats} = 36/0{,}947 = 38$ kW; $\dot{Q}_{ges} = 38 \cdot 3 =$ **114 kW;** LW = 3722 · 3/2200 = **5,1 h⁻¹**

zu b) Umluft: 4280 m³/h, Addition der beiden Einbauten-Kennlinien (punktierte Linie) ⇒ Schnittpunkt ≈ 3800 m³/h, das sind, ausgehend von 4280 m³/h, etwa **11,2%** weniger.

zu c) Ja; nach Tab. 6.8: $\dot{V}$ = 5500/1,31 = **4198** m³/h (ohne Berücksichtigung, daß nur der Außenluftanteil durch das Wetterschutzgitter strömt); nach Abb. 6.15 ist $\dot{V}$ ≈ 4150 m³/h bei sauberem Filter (strichpunktierte Linie) und $\dot{V}$ ≈ 3850 m³/h bei mittlerer Verschmutzung (punktierte Linie), also in beiden Fällen > 3722 m³/**h.**

Beispiel 6.1.4

In einer Lagerhalle werden vom Typ 3141 (Tab. 6.6) 6 Geräte eingebaut, mit denen der Raum beheizt und belüftet werden soll. Gewählte Drehzahl 1000 min⁻¹.

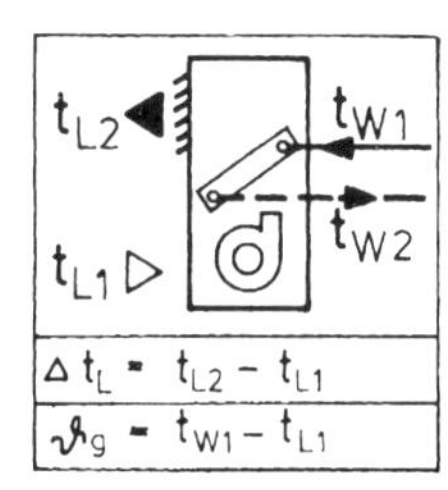

a) **Ermitteln Sie anhand Abb. 6.14 die Registerleistung je Gerät, wenn die Anlage 85/75 gefahren wird, der Außenluftvolumenstrom bei ϑ_a = −12 °C 1000 m³/h beträgt und eine Raumtemperatur von 13 °C angegeben wird. (Mischluftkasten und Wetterschutzgitter beachten!)**

b) **Ermitteln Sie die Ausblastemperatur ϑ_{zu}, und vergleichen Sie $\dot{Q}_{Reg}$ und ϑ_{zu} mit der Leistungsangabe nach Tab. 6.6!**

c) **Ermitteln Sie nach Abb. 6.11 den wasserseitigen Druckverlust des Gerätes! (Wie groß wäre er bei $\Delta\vartheta$ = 20 K?)**

d) **Wie groß ist die Wurfweite des Gerätes bei Stufe II und III?**

e) **Ermitteln Sie den zu erwartenden Schalldruckpegel in dem 3350 m³ großen Raum. Fehlende Angaben sind anzunehmen.**

Lösung:

Zu a) Mischtemperatur $\vartheta_M = \dfrac{\dot{V}_{AU} \cdot \vartheta_a + \dot{V}_{UM} \cdot \vartheta_i}{\dot{V}_{AU} + \dot{V}_{UM}} = \dfrac{1000 \cdot (-)\,12 + 1860 \cdot 13}{2860} = 4{,}3\ °C$

Nach Tab 6.8 ist der Faktor f_v = 1,15, d. h., der Volumenstrom geht von 3290 m³/h auf 2860 m³/h zurück. Wenn man für das Wetterschutzgitter nur die 1000 m³/h annimmt, ist die Reduzierung geringer. Erstens wird das Ergebnis dadurch nur geringfügig verändert, und zweitens wird man bei höheren Außentemperaturen oft mit höherem Außenluftanteil fahren.

$\Delta t_w = 85 - 75 = 10$ K; $\vartheta_g = 85 - 4{,}3 = 80{,}7$ K; $\Delta t_w/\vartheta_g = 10/80{,}7 = 0{,}12$

aus Diagramm: $\dot{Q}/\vartheta_g = 240$ W/K; $\dot{Q}_{Reg} = 240$ W/K · 80,7 K = **19 368 W**

Zu b) $\dot{Q}_{Reg} = \dot{V} \cdot c \cdot \Delta\vartheta \Rightarrow \Delta\vartheta = \dfrac{\dot{Q}_{Reg}}{\dot{V} \cdot c} = \dfrac{19\,368}{2860 \cdot 0{,}35} = 19{,}3$ K

$\vartheta_{zu} = \vartheta_M + \Delta\vartheta = 4{,}3 + 19{,}3 =$ **23,6** °C. Beim Vergleich mit Tab. 6.6 müssen ϑ_{EIN}, $\dot{V}$ und Heizmediumstemperatur interpoliert werden. Letzteres kann hier entfallen, da 90/70 dieselbe Mitteltemperatur besitzt.

zu c) $\dot{m} = \dot{Q}/c \cdot \Delta\vartheta$ = 19 368/1,16 · 10 = 1670 l/h ⇒ Δp *(nach Abb. Seite 118)* ≈ **7 kPa** (≈ 2,2 kPa)

Zu d) $x' = \dfrac{\dot{V}_{gedr}}{\dot{V}} \cdot \sqrt{\dfrac{20}{\Delta\vartheta}} \cdot x = \dfrac{2860}{3290} \sqrt{\dfrac{20}{23{,}6 - 13}} \cdot 10 =$ **11,9 m** (15,5 m bei Drehzahl III)

Zu e) Pegelzunahme (bei 6 Geräten) maximal 8 dB. Nach Tab. 6.4 Leistungspegel 83 dB, Summenpegel = 83 + 8 = 91 dB. Druckpegel 91 − 12 = **79 dB** (Raumabsorption nach Abb. 6.11).

Beispiel 6.1.5

In einem Fabrikationsbetrieb mit folgendem Grundriß und 4,5 m Raumhöhe soll durch Wandluftgeräte der Wärmebedarf gedeckt werden. Raumtemperatur 17 °C, Anlage PWW 80 °C/60 °C.

a) Bestimmen Sie anhand des Geräte-Übersichtsdiagramms nach Abb. 6.32 die Gerätezahl und einen geeigneten Gerätetyp, wenn mit den Geräten im Umluftbetrieb gefahren wird. Dabei soll etwa ein 6facher Luftwechsel ($\pm$ 1 h^{-1}) und möglichst eine mittlere Drehzahl angestrebt werden. Der Raumwärmebedarf nach DIN 4701 einschließlich Lüftungswärmebedarf durch freie Lüftung beträgt 82,7 kW. Geben Sie die tatsächliche Wärmeleistung und den Luftwechsel an.

b) Überprüfen Sie, ob bei den Geräten nach a der festgelegte Schalldruckpegel von etwa 65 dB im Raum eingehalten werden kann (Raumabsorption 10 dB). Geben Sie außerdem die ungefähre Zulufttemperatur und die Wurfweite an.

c) Welche Geräte und welche Drehzahl würden Sie nach Abb. 6.32 bei obiger Anordnung wählen, wenn mit den Geräten bei ϑ_a = −12 °C noch 20% Außenluft garantiert werden müssen? Auch die anderen Bedingungen sollen möglichst eingehalten werden.

Lösung:

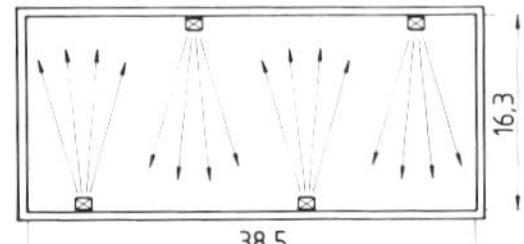

zu a) V_R = 38,5 m · 16,3 m · 4,5 m = 2824 m^3

$\dot{V}_{zu} = V_R \cdot LW$ = 2824 m^3/h · 6 h^{-1} = 16 944 m^3/h

Geräteanzahl: Abb. 6.17

Da nach Tab. 6.3 bei Drehzahl II (III) und bei etwa 15-25 K Übertemperatur (Annahme) die Wurfweite nicht erreicht wird, wird eine gegenüberliegende Anordnung gewählt. Unter Einhaltung der Abstände nach Abb. 6.10 (annähernd) kann man **4 Geräte** zugrunde legen.

Gerätetyp mit Leistungsangaben:

Erforderlicher Volumenstrom und Heizleistung je Gerät sind dann: $\dot{V}$ = 16 944 m^3/h : 4 = 4236 m^3/h und $\dot{Q}$ = 82,7 : 4 = 20,7 kW. Wenn nach Abb. 6.16 abgelesen werden soll (90/70, ϑ_i = 15 °C), muß $\dot{Q}$ korrigiert werden: Aufzusuchende Leistungen $\dot{Q}'$ = 20,7 · 1,27 (interpoliert nach Tab. 6.14) = 26,3 kW.
Gewählt Typ 4141, Drehzahl II (Baugröße 40)

Tatsächliche Registerleistung $\dot{Q}_{ges}$ = (4 · 27,4) : 1,27 = **86,3 kW** (anstatt 82,7 kW); tatsächlicher Volumenstrom $\dot{V}$ aus Diagramm $\approx$ 4800 m^3/h. ⇒ LW = (4800 · 4) m^3/h : 2824 m^3 = **6,8 h^{-1}**.

zu b) Leistungspegel L_p = 70 dB (Tab 6.4); Summenpegel 70 + 6 = 76 dB (Abb. 11.6). Schalldruckpegel 76 dB − 10 dB = **66 dB.** 65 dB werden demnach in etwa eingehalten, zumal die Geräte auf Stufe I immer noch (für die meiste Zeit ausreichend) eine Leistung von 67,7 kW und einen Luftwechsel von 4,4 h^{-1} ergeben.

$$\vartheta_{zu} = \frac{27\,400 : 1{,}27}{4800 \cdot 0{,}35} + 17 = 29{,}8\ ^\circ\text{C} \approx \mathbf{30\ ^\circ C},$$ d. h. etwa 13 K Übertemperatur

$$\text{Wurfweite } x' = \frac{4800}{4800} \cdot \sqrt{\frac{20}{13}} \cdot 12 = 14{,}9 \text{ m},$$ d. h. etwa 91 % der Raumtiefe

zu c) $\dot{Q}_{Reg} = \dot{Q}_H + \dot{Q}_L$ = 82 700 + 16 944 · 0,2 · 0,35 · [17 −(−12)] = 117 100 W
Zum Aufsuchen: $\dot{Q}'$ = 117,1 · 1,33 = 155,7 kW, ϑ_m = 11,2 ° (je Gerät 38,9 kW); $\dot{V}'$ = 16 944 · 1,39 = 23 552 m^3/h (je Gerät 5888 m^3/h).
Gewählt: **Typ 4171/II** mit Ablesung $\dot{Q}$ $\approx$ 43,7 kW, $\dot{V}$ = 7900 m^3/h.
$\dot{Q}'_{tats}$ = 43,7/1,33 = **32,8 kW** (anstatt 29,3 kW),
$\dot{V}$ = 7900/1,39 = **5683 m^3/h** (anstatt 4236 m^3/h).
LW = 4 · 5683/2824 = **8 h^{-1}** (anstatt 6 h^{-1})
LW = 77 + 6 = 83 dB, L_P = 83 − 10 = **73 dB** (> 70 dB)

$$\vartheta_{zu} = \frac{32800}{5683 \cdot 0{,}35} + 11{,}2 = 27{,}7\ ^\circ\text{C}\ (\Rightarrow \Delta\vartheta = 10{,}7\text{ K});$$

$$\text{Wurfweite } \frac{5683}{7900} \cdot \sqrt{\frac{20}{10{,}7}} \cdot 16 = 15{,}7 \text{ m (sehr problematisch!)}$$

Andere (bessere) Lösung: 2 Geräte Umluft und 2 Geräte Mischluft

a) Umluft: Aufsuchen bei $\dot{Q}'$ = 20,7 · 1,27 = 26,3 kW, $\dot{V}$ = 4236 m^3/h. Gewählt **4141/II** mit Ablesung 27,4 kW und **4800 m^3/h** (anstatt 4236 m^3/h); tatsächlich ist $\dot{Q}$= 27,4 : 1,27 = **21,6 kW** (anstatt 20,7 kW). $\Delta\vartheta$ = 21600/(4800 · 0,35) = 12,8 K; Wurfweite 12,5 m.

b) Mischluft: $\dot{Q}$ = 117,1 – (2 · 21,6) = 73,9 kW (je Gerät 36,95 kW); aufsuchen bei $\dot{Q}'$ = 36,95 · 1,21 = 44,7 kW (ϑ_m = 5,4 °C) und $\dot{V}'$ = 4236 · 1,39 = 5888 m³/h. Gewählt **Typ 4143/III** mit Ablesung 50 kW und 5300 m³/h; tatsächlich ergibt sich 50/1,21 = **41,3 kW** (anstatt 36,95 kW) und 5300/1,39 = **3813 m³/h** (anstatt 4236 m³/h); $\Delta\vartheta$ = 30,9 K ⇒ ϑ_{zu} = 30,9 + 5,4 = 36,3 °C, $\vartheta_{zu} - \vartheta_i$ = 19,3 K, **x = 10,2 m** (3813/5300 · $\sqrt{20/19,3}$ · 14). L_p = 78 + 3 = 81 dB (Mischluft), 70 + 3 = 73 dB, (Umluft), 81 + 0,7 = 81,7 (alle 4 Geräte), abzügl. 10 dB = **71,7 dB.**

Ein weiterer Lösungsversuch wäre: 5 Geräte Typ 4141 mit 103 kW, 17266 m³/h, $LW = 6\ h^{-1}$, x = 9,6 m.

6.1.4 Deckenluftheizgeräte

Wie bei allen Luftheizgeräten müßte man auch bei den Deckengeräten wieder nach Bauart und Verwendung unterteilen. So gibt es z. B. Deckengeräte, die auch als Wandgerät montiert werden können; Geräte, die nur als Deckengerät konzipiert sind; Geräte, die auch zur Lüftung verwendet werden, Kompaktgeräte mit Wärmerückgewinnung, Geräte in Flachbauweise, Gerätekombination als Torluftschleier, öl- oder gasbefeuerte Warmlufterzeuger u. a.

Abb. 6.18 Anschluß eines Deckengerätes an eine Pumpenwarmwasserheizung

Abb. 6.19 Umluft-Deckengerät mit rundem Luftverteiler (Fa. Klein)

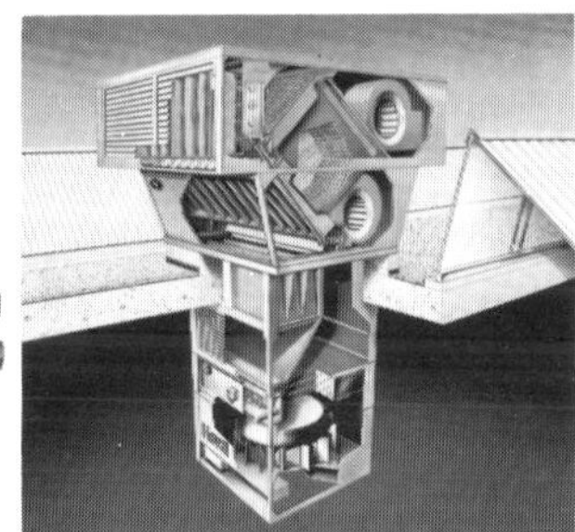

Abb. 6.20 Kompaktgerät für Lüftung, Heizung und Wärmerückgewinnung mit Drall-Luftverteiler (Fa. Hoval)

Die **Vorteile** von Deckenluftheizgeräten sind die bessere **Luft- und Wärmeverteilung** in sehr großen Räumen, da die Wurfweite bei Wandgeräten begrenzt ist; die größere **Flexibilität** bei der Einrichtung der Räume (z. B. geringere Störungen bei Regalen oder bei gestapelten Waren); die bessere Nutzung der Wandflächen; keine Probleme wegen der **Montage** bei annähernd durchgehenden Fensterflächen; die Verwendung als **Luftschleier** bei großen, langgeöffneten Hallentoren; evtl. Einsparung von **Rohrinstallation** (bei großen Hallen nur einmal mittige Verlegung von Vor- und Rücklauf).

Die Probleme bzw. **Nachteile** beziehen sich auf die erforderliche Aufhängehöhe zur Erreichung des unteren Hallenbereiches (Flächenbedeckung), Montageprobleme bei Shed-

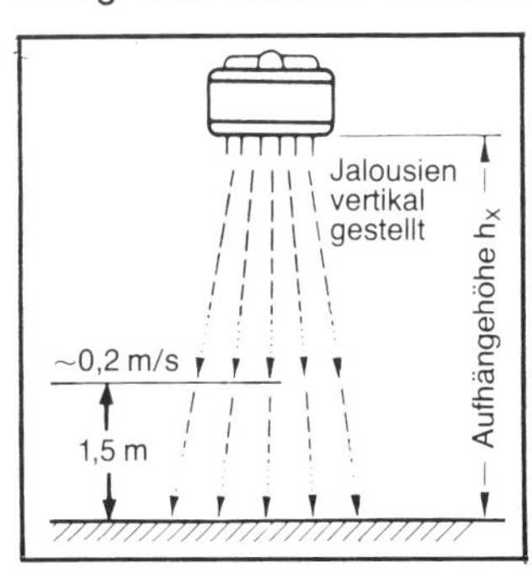

Abb. 6.21 Aufhängehöhe

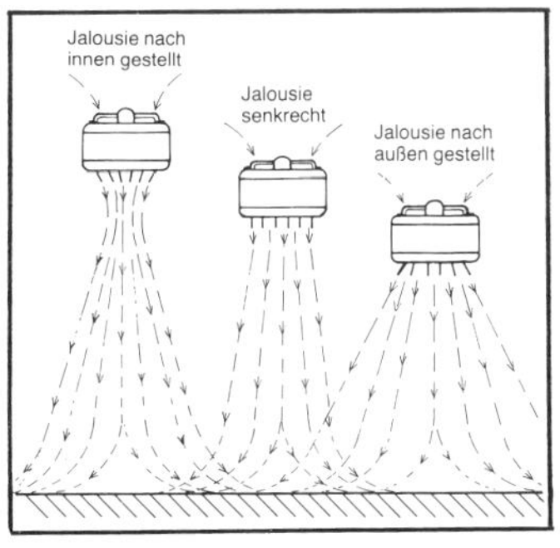

Abb. 6.22 Einfluß der Lamellenstellung

Abb. 6.23 Deckengerät mit Mischluftkasten und Filter

dächern, Krananlagen usw. Bei direktbeheizten Geräten sind es oft die erschwerte Abgasführung und die Ölversorgung.

Hinweise für Auswahl und Montage von Deckengeräten

Wie bei den Wandluftheizgeräten sind auch für die Deckengeräte einige Hinweise zu beachten, damit grobe Planungsfehler vermieden werden.

Zahlreiche Hinweise für die Planung von Wandlufterhitzern gelten auch hier bei den Deckengeräten.

a) Während man bei den Wandgeräten auf die Wurfweite zu achten hat, muß man beim Deckengerät vor allem auf die **richtige Aufhängehöhe h_x achten,** um eine ausreichende Erwärmung im Aufenthaltsbereich (untere Raumzone) gewährleisten zu können.

Unter Aufhängehöhe versteht man den Abstand, bei dem bei senkrecht gestellten Ausblasjalousien und einem Abstand von 1,5 bis 2 m über Fußboden noch eine Luftgeschwindigkeit von etwa 0,15 bis 0,25 m/s meßbar ist (Abb. 6.24).

Montageabstand M geringer als die Aufhängehöhe h_x

⇒ Zu hohe Geschwindigkeit und Luftbewegung im Aufenthaltsbereich

Gegenmaßnahmen:

- Jalousienverstellung (Abb. 6.22); in 2 Richtungen bis etwa 90° versetzt
- Luftverteiler anbringen (Abb. 6.27) oder Sekundärjalousie wählen (Abb. 6.25)
- **Evtl.** Volumenstromreduzierung

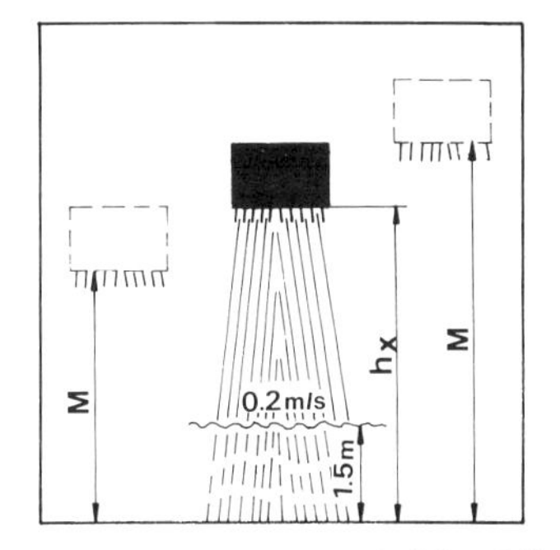

Abb. 6.24 Montage- und Aufhängehöhe

Montageabstand M größer als die Aufhängehöhe h_x

⇒ Aufenthaltsbereich wird nicht ausreichend erwärmt

Gegenmaßnahmen:

- Jalousienverstellung nach innen (Abb. 6.22)
- Ausblasdüse anbringen oder Sekundärjalousie wählen (Abb. 6.25)
- **Evtl.** Volumenstromerhöhung und geringere Zulufttemperatur

Merke: **Die Aufhängehöhe ist abhängig vom Zuluftvolumenstrom und somit von der Austrittsgeschwindigkeit, von der Form des Luftaustritts und der Lamellenstellung, von der Übertemperatur ($\vartheta_{zu} - \vartheta_i$) und von der Ausbreitungsmöglichkeit des Luftstrahls.**

Grundsätzlich soll der Montageabstand M der Geräte maximal die gegebene bzw. mögliche Aufhängehöhe betragen.

Die **Ermittlung der Aufhängehöhe h_x** kann in Abhängigkeit von der Drehzahl (Volumenstrom) direkt aus den Auswahltabellen entnommen werden, wobei zwischen Standardjalousie, Düse und Sekundärluftjalousie unterschieden werden muß.

So stellt z. B. ein Hersteller die Aufhängehöhen für seine 4 Baugrößen (mit 24 Varianten) in **Tab. 6.10** zusammen. Die Zahlenwerte vor der Klammer gelten für die Standardausblasjalousie (vertikaler Ausblas), während die **Klammerwerte nur für die Düse** zu verwenden sind. h_x-Werte für die Sekundärjalousie siehe Tab. 6.11. Alle Werte sind Richtwerte und gelten für Ausblastemperaturen, die etwa 15 bis 20 K über der Raumtemperatur liegen, und unter der Voraussetzung, daß die Primärströmung sich ungehindert im Raum ausbreiten kann.

Tab. 6.10 Aufhängehöhen h_x mit Standard- und Ausblasjalousie (Klammerwerte gelten für Düse)

Multitherm		Drehzahlstufe			Multitherm		Drehzahlstufe		
Baugröße	Elementendziffer	III m	II m	I** m	Baugröße	Elementendziffer	III m	II m	I** m
10	11	6,1 (8,8)	4,2 (6,3)	2,9 (4,2)	40	41	7,9 (10,9)	5,9 (8,0)	3,8 (5,6)
	12/13/15	5,6 (8,2)	3,9 (5,9)	2,5 (3,9)		42/43/45	6,7 (9,8)	5,2 (7,3)	3,2 (4,7)
	14/16	4,3 (6,8)	3,4 (5,3)	2,0 (3,1)		44/46	5,9 (8,7)	4,4 (6,4)	2,8 (4,1)
20	21	7,2 (10,0)	5,8 (7,8)	3,7 (5,5)	70	71	9,3 (13,5)	6,8 (9,7)	4,6 (6,6)
	22/23/25	6,6 (9,5)	5,1 (7,2)	3,1 (4,6)		72/73/75	8,5 (12,3)	5,8 (8,6)	4,3 (5,9)
	24/26	5,8 (8,6)	4,3 (6,3)	2,7 (4,0)		74/76	7,0 (10,5)	4,8 (7,4)	3,0 (4,7)

Falls andere Werte für den Volumenstrom (z. B. bei zusätzlichen Einbauten) oder andere Zulufttemperaturen vorliegen, können die Höhen nach der Gleichung unter 6.1.2 I annähernd berechnet werden.

Die Verwendung einer **Ausblasdüse** ist für größere Aufhängehöhen notwendig, damit eine ausreichende Erwärmung in der Aufenthaltszone erreicht wird.

- Durch die Ausblasdüse **reduziert sich der Volumenstrom** nach Tab. 6.9 um etwa 15%, was bei der Auslegung zu berücksichtigen ist.
- Die **größere erreichbare Aufhängehöhe durch Düsen** gegenüber der Standardjalousie ist je nach Drehzahl und Baugröße unterschiedlich (nach Tab. 6.10 um etwa 1,7 bis 3,5 m).

Die Verwendung einer sog. **Sekundärjalousie** bringt – wie schon beim Wandgerät (Abb. 6.2 b) erwähnt – zahlreiche Vorteile. Entsprechend Abb. 6.25 handelt es sich hier um einen schwenkbaren, düsenförmigen Luftauslaß, der mittig geteilt ist und dessen Austrittsöffnungen von Hand oder mit einem elektrischen Stellmotor stufenlos von senkrecht bis waagerecht verstellt werden können.

Tab. 6.11 Aufhängehöhen und Wurfweiten bei Deckengeräten und Sekundärluftjalousie

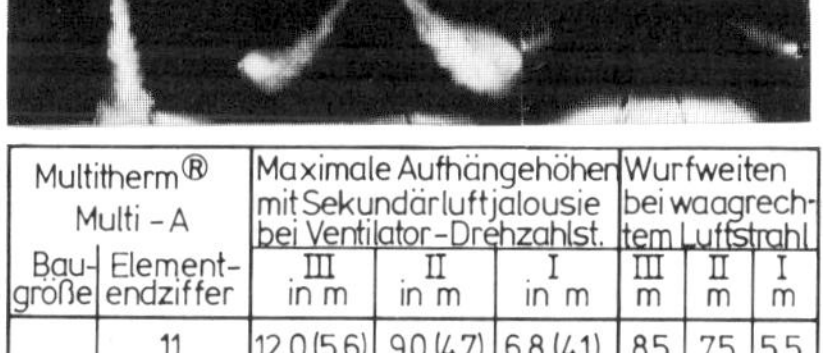

Multitherm® Multi - A		Maximale Aufhängehöhen mit Sekundärluftjalousie bei Ventilator-Drehzahlst.			Wurfweiten bei waagrechtem Luftstrahl		
Baugröße	Elementendziffer	III in m	II in m	I in m	III m	II m	I m
10	11	12,0 (5,6)	9,0 (4,7)	6,8 (4,1)	8,5	7,5	5,5
	12/13/15	11,0 (5,4)	8,6 (4,5)	6,2 (3,8)	8,0	6,5	5,0
	14/16	9,2 (4,8)	7,7 (4,3)	5,2 (3,4)	6,5	6,0	4,5
20	21	13,6 (5,8)	11,3 (5,2)	7,8 (4,2)	8,0	6,5	5,5
	22/23/25	12,5 (5,5)	10,0 (4,8)	6,8 (3,8)	7,0	6,0	5,0
	24/26	11,3 (5,2)	8,6 (4,4)	6,0 (3,5)	6,5	5,5	4,5
40	41	16,5 (8,4)	12,5 (7,0)	9,0 (5,5)	11,0	8,5	7,0
	42/43/45	15,0 (7,8)	11,3 (6,5)	7,8 (5,0)	10,0	8,0	6,0
	44/46	12,6 (7,0)	10,0 (6,0)	6,6 (4,5)	9,0	7,5	5,5
70	71	22,0 (9,8)	17,0 (8,2)	12,0 (6,7)	14,5	11,5	9,0
	72/73/75	20,0 (9,3)	15,5 (7,8)	10,5 (6,3)	13,0	9,5	8,0
	74/76	18,0 (8,6)	13,5 (7,0)	9,0 (5,4)	12,0	9,0	7,0

Klammerwerte mit Luftstrahlrichtung 45°

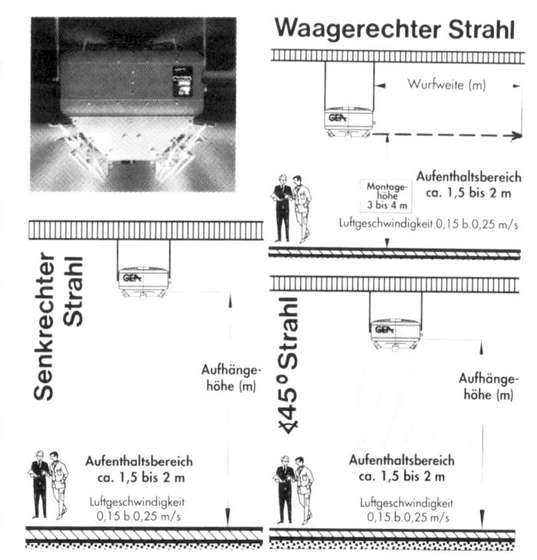

Abb. 6.25 Luftführung mit Sekundärluftjalousie

- Interessant sind die wesentlich **größeren Aufhängehöhen** (Tab. 6.11), die u. U. bis über 20 m betragen können.
- Die hohen Austrittstemperaturen bilden stärkere Sekundärwirbel mit geringen Luftgeschwindigkeiten und bewirken somit eine **intensive Raumdurchspülung** und **gute Flächenabdeckung.** Die **geringe Temperaturschichtung** von etwa 2 K reduziert die Energiekosten.
- Zur **Regelung** kann zusätzlich ein Schaltgerät mit Mikroprozessor verwendet werden. Dieser verstellt in Abhängigkeit von einer einstellbaren Übertemperatur $\Delta\vartheta_{ü} = \vartheta_{zu} - \vartheta_i$ die Luftlenkprofile der Jalousie, d. h., wird $\Delta\vartheta_{ü}$ größer, wird der Ausblaswinkel zur Senkrechten kleiner und umgekehrt. $\Delta\vartheta_{ü}$ verändert sich, wenn sich die Vorlauftemperatur, die Raumtemperatur oder der Volumenstrom ändert.

b) Die **Geräteabstände** und dadurch die **Geräteanzahl** bei Deckengeräten mit Standardjalousie und Düse (vertikaler Auslaß) kann nach Tab. 6.12 vorgenommen werden. Entscheidend sind:

1. die vorliegende Grundfläche des zu beheizenden Raumes

2. die Flächenbedeckung, die durch die Primärluftströmung und deren Sekundärwirbel erreicht wird.

Tab. 6.12 Flächenbedeckung

	Drehzahlstufe des Luftheizgerätes	**Montagehöhe** des Luftheizgerätes m	Empfohlene **Luftheizgeräteabstände** m	Mögliche **Flächenbedeckung** eines Luftheizgerätes m²
ohne Ausblasdüse	III	4 –7	8–12	65–140
	II	3,5–6	7–10	50–100
	I	2,5–4	6– 8	40– 65
mit Ausblasdüse 4410	III	8	10–11	100–120
		9	11–12	120–145
		10	13–14	170–200
		11	13–14	170–200
		12	13–14	170–200
	II	6	8– 9	65– 80
		7	9–10	80–100
	I	5	7– 8	50– 65

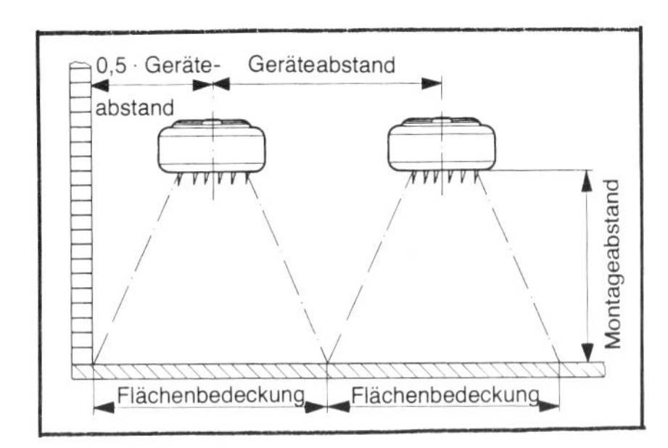

- Die **Geräteanzahl** n ergibt sich demnach wie folgt:

$$n = \frac{\text{Hallengrundfläche } A}{\text{Flächenbedeckung eines Gerätes } (E \cdot E)}$$

- Die Werte nach Tab. 6.12 sind lediglich Richtwerte. Sie gelten ebenfalls für etwa 20 K Übertemperatur ($\vartheta_{zu} - \vartheta_i$) ohne zusätzliche Einbauten und für ungehinderte Luftströmung.

  Je nach Raumanforderungen und Grundrißform wird man eine Ab- oder Aufrundung vornehmen.

- Wenn der **Gerätetyp** nach Heizleistung, Volumenstrom, Geräuschpegel usw. gewählt wurde, muß selbstverständlich die Aufhängehöhe h_x überprüft werden.

Geräteabstände für Deckengeräte mit einer Sekundärluftjalousie können nach Abb. 6.25 bestimmt werden.

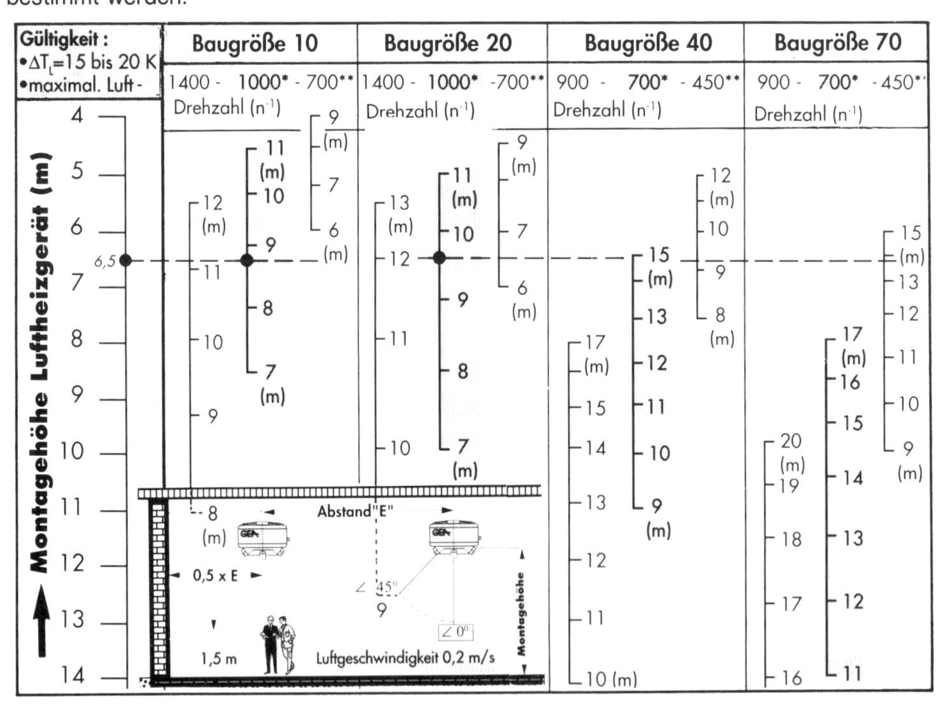

Abb. 6.26 Geräteabstände „E" für Deckengeräte (Austrittswinkel 0° bis 45°)

- Dieses Nomogramm gilt für Deckenmontage und Ausblaswinkel von 0 ° bis 45 °. Aufgrund der genannten Gründe ist es zweckmäßig, die mittlere Drehzahl zu wählen.

● **Beispiel:**
In einem Abstand von 6,5 m vom Fußboden sollen Deckengeräte gewählt werden. Welche Geräte können baugrößenabhängig bei mittlerer Drehzahl gewählt werden?

Lösung (in Abb. 6.26 eingezeichnet): Entweder Baugröße 10 mit ca. 8 bis 9 m oder Baugröße 20 mit ca. 9 bis 10 m (oder Baugröße 40 mit etwa 15 m), je nachdem welche Forderungen für $\dot{Q}$, $\dot{V}$, LW, ϑ_{zu}, Geräuschpegel u. a. vorliegen.

c) Die Verwendung eines **horizontalen Luftverteilers** ermöglicht eine Montage der Geräte bis in einer Höhe ab etwa 2,5 m, ohne daß die Personen durch den Primärstrom belästigt werden (z. B. in Gewächshäusern). Wie Abb. 6.27 zeigt, erfolgt die Erwärmung der unteren Raumzone durch die Sekundärwirbel.

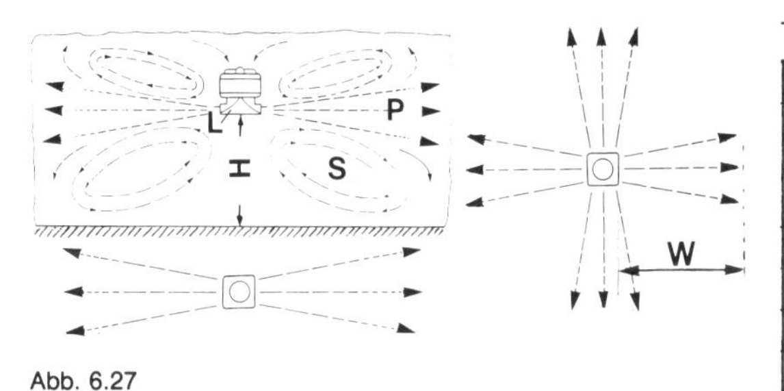

Abb. 6.27

Tab. 6.13

Luftverteiler	443			445		
Multi-Gerät	Wurfweite X* in m					
	Stufe			Stufe		
Baugröße	III	II	I	III	II	I
10	7	5	3	4	3	2
20	11	8	5	6	4	2
40	13	9	6	8	5	4
70	17	12	8	12	8	6

443 einseitig; 445 vierseitig

- Hier interessieren vor allem die **Wurfweiten *x*** (Abstand W), die in Tab. 6.13 für die 4 Baugrößen als Richtwerte angegeben werden; gültig wieder für 20 K Übertemperatur, waagrechte Ausblasjalousie, ohne zusätzliche Einbauten und ungehinderte Ausbreitung. Die Umrechnung auf andere Betriebsbedingungen erfolgt nach der Gleichung unter 6.1.2 I; weitere Korrekturfaktoren je nach Typ 0,85–1,0.
- Man unterscheidet Luftverteiler mit **Ausblas nach zwei Seiten,** die vorwiegend für schmale Räume verwendet werden, und Verteiler mit **4 Ausblasrichtungen,** wobei durch einzelne Drosselungen verschiedene Wurfweiten eingestellt werden können (z. B. in Nähe der Wand oder bei Regalen, bei rechteckigen Flächen).
- Eine weitere Möglichkeit, die Luft waagrecht in den Raum zu führen, bietet die Sekundärluftjalousie entsprechend Abb. 6.25.

d) Die möglichen zusätzlichen **Einbauten und Zubehörteile** gehen aus Abb. 6.28 hervor. Wie schon bei den Wandgeräten erklärt, verändern sich dadurch Volumenstrom, Austrittstemperatur und Luftführung.

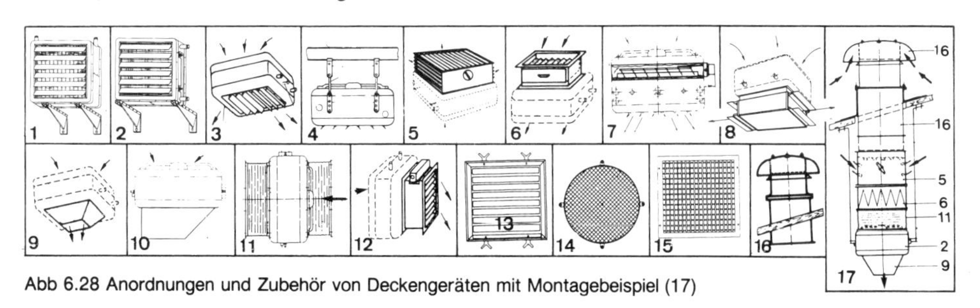

Abb 6.28 Anordnungen und Zubehör von Deckengeräten mit Montagebeispiel (17)

(1) Wandmontage, Anschluß oben/unten; (2) dsgl. links/rechts; (3) Deckengerät; (4) Aufhängevorrichtung; (5) Mischluftkasten; (6) Filter mit Gehäuse; (7) Sperrjalousie mit Gehäuseverlängerung; (8) Luftverteiler; (9) Ausblasdüse; (10) Tordüse; (11) Segeltuchstutzen; (12) Elektro-Zusatzheizung; (13) Wetterschutzgitter; (14) Berührungsschutzkorb; (15) Luftlenkjalousie; (16) Regenhaube mit Durchführungskanal

Im Gegensatz zu den Wandgeräten mit Radialventilatoren findet bei diesem Gerät mit Axialventilator eine stärkere **Beeinflussung des Volumenstroms** statt.
Anhaltswerte: z. B. bei Umluftgeräten mit Filter beträgt der Korrekturfaktor 1,48, bei Segeltuchstutzen und

Wetterschutzgitter 1,27, bei Wetterschutzgitter und Mischluftkasten 1,39, bei Wetterschutzgitter und Filter mit Gehäuse 1,64.

Beispiel: Erforderlicher Volumenstrom beträgt 5000 m³/h. Unter Berücksichtigung von Umluftklappe und Wetterschutzgitter muß der Volumenstrom in Tab. 6.9 bei 5000 · 1,39 = **6950 m³/h** aufgesucht werden. Hinweise zu den Einbauten, z. B. über Filter, Sperrjalousie, Segeltuchstutzen usw., siehe unter 6.1.2.

e) Was den **Schalldruckpegel** betrifft, gelten dieselben Hinweise wie bei den Wandgeräten (vgl. 6.1.2 m).

	Drehzahlstufe		
	III	II	I
Baugröße	dB(A)	dB(A)	dB(A)
10	59	53	42
20	61	55	45
40	63	56	46
70	69	62	51

Tab. 6.13a zeigt die **raumabhängigen Schalldruckpegel** für die 4 Baugrößen an. Annahmen: etwa 4–5 m Abstand seitlich vom Gerät, etwa 5–6 m Montagehöhe, voller Volumenstrom, reflexionsarmer Raum. Die Leistungspegel nach Tab. 6.4 liegen etwa 12 bis 15 dB höher.

Tab. 6.13a Schalldruckpegel für Deckengeräte (Volumenströme vgl. Tab. 6.9)

f) Zur Vereinfachung der **Montage** werden verschiedene Aufhängekonstruktionen und Befestigungselemente angeboten.

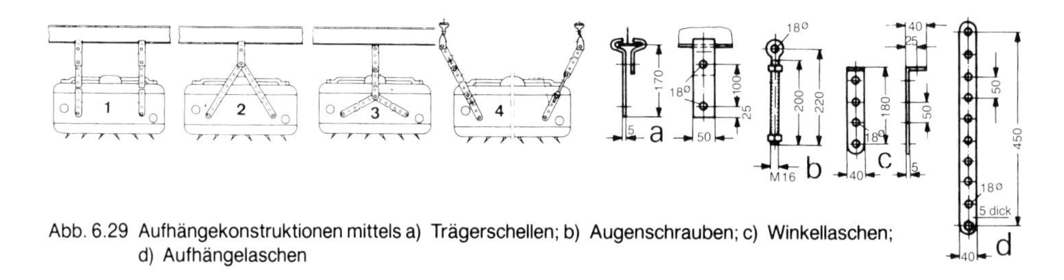

Abb. 6.29 Aufhängekonstruktionen mittels a) Trägerschellen; b) Augenschrauben; c) Winkellaschen; d) Aufhängelaschen

Die **Anschlüsse** (Vor- und Rücklauf, Entlüftung, Entleerung) müssen je nach Bedarf bestellt werden, z. B. oberer, unterer und seitlicher Anschluß (links oder rechts). Mindestabstand vgl. Abb. 6.13 bzw. Tab. 6.5.

g) Werden **Deckenluftheizgeräte auch zur Lüftung** herangezogen, soll durch zweckmäßiges Absaugen der Fortluft ein zu großer Temperaturanstieg im oberen Hallenbereich vermindert werden.

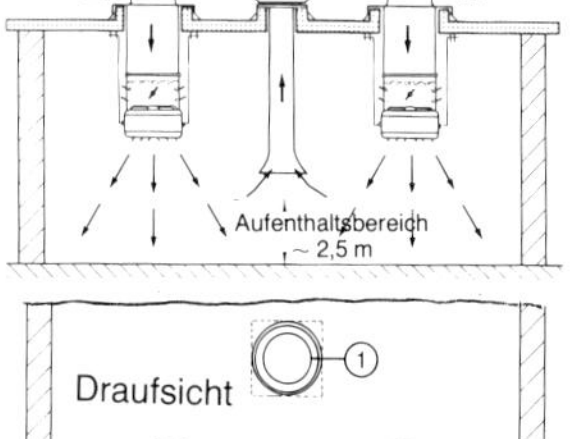

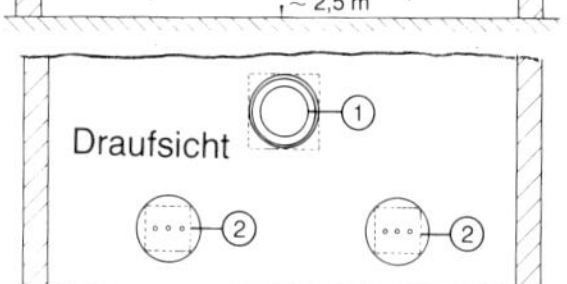

Abb. 6.30 Zu- und Fortluftgeräte

- Wie schon bei den Wandgeräten erwähnt (Abb. 6.9), soll die **Fortluft** so nah wie möglich aus der Aufenthaltszone abgesaugt werden.
- Die verwendeten **Regenhauben** haben Ansaugschutz gegen Regen, Blätter usw., integriertes Vogelschutzgitter, Regenabstreifring und Korrosionsschutz.
- Bei der Berechnung des **Heizregisters** muß der Lüftungswärmebedarf berücksichtigt werden (Kap. 4.4). Eine mögliche Wärmerückgewinnung muß überprüft werden.

h) Mit folgenden **Auswahlbeispielen für Deckengeräte** sollen die Aufgaben über die Auswahl und Montage von Wandgeräten ergänzt werden. Einige dort behandelte Grundlagen werden dabei vorausgesetzt.

Beispiel 6.1.6

Ein 5 m hoher Ausstellungsraum (15 m breit, 35 m lang) soll auf 17 °C durch Deckenlufterhitzer beheizt werden. Die Geräte werden an eine Pumpen-Warmwasserheizung 70 °C/60 °C angeschlossen. Der Wärmebedarf nach DIN 4701 beträgt 65 kW. Es sollen eine etwa 5 . . . 6fache Luftumwälzzahl und die mittlere Drehzahl angestrebt werden.

a) Ermitteln Sie die Geräteanzahl nach Tab. 6.12 und zeigen Sie anhand einer Skizze, wie diese angeordnet werden (Abstände angeben).

b) Wählen Sie nach Abb. 6.32 einen geeigneten Gerätetyp aus. Berechnen Sie die tatsächlich abgegebene Wärmeleistung, die Zulufttemperatur und die Luftumwälzzahl!

c) Überprüfen Sie die Aufhängehöhe h_x bei der sich ergebenden Übertemperatur!

Lösung:

a) Flächenbedeckung A_{FL} bei Stufe II (ohne Düse) = 50 . . . 100 m²
Geforderte Montagehöhe etwa 4 bis 4,5 m

$$\text{Anzahl} = \frac{A_{\text{Hallenboden}}}{A_{\text{FL (Mittelwert)}}} = \frac{35 \cdot 15}{75} = 7 \text{ Stück}$$

gewählt: **8 Stück** (wegen symmetrischer Anordnung)

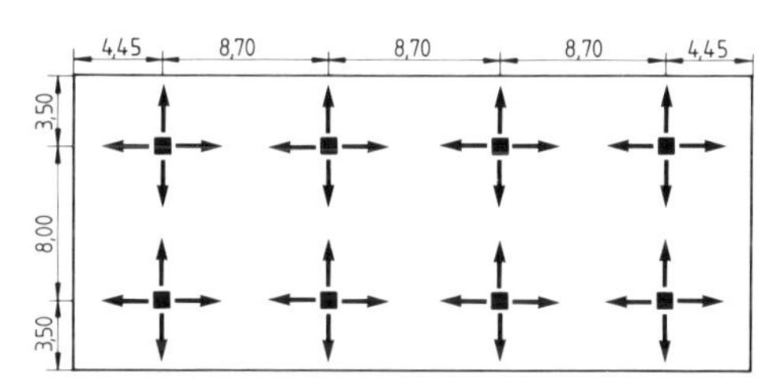

Abb. 6.31

b) $\dot{Q}_{\text{Gerät}} = \frac{65\,000}{8} = 8125 \text{ W}$

Da Diagramm nur für 90/70/15 °C gültig ist, müssen $\dot{Q}$ und $\dot{V}$ nach Tab. 6.14 korrigiert werden:
$f_{\dot{Q}} = 1{,}35$ (interpoliert); $f_{VL} = 1{,}0$ (Umluftgeräte).

Aufzusuchende Wärmeleistung $\dot{Q} = 8125 \text{ W} \cdot 1{,}35 = 10\,968$ W/Gerät
Volumenstrom $\dot{V}_{zu} = V_R \cdot LW = 35 \text{ m} \cdot 15 \text{ m} \cdot 5 \text{ m} \cdot 5{,}5/\text{h} = 14\,438 \text{ m}^3/\text{h}$ (je Gerät 1 805 m³/h)

Gewählt: **Typ 4112 Dehzahl II** (Baugröße 10); abgelesen: $\dot{V} \approx 1550 \text{ m}^3/\text{h}$, $\dot{Q} \approx 12$ kW
Tatsächliche Leistung = 12/1,35 kW, insgesamt 8,89 · 8 = **71,12 kW.**

$$\vartheta_{zu} = \frac{8890}{1550 \cdot 0{,}35} + 17 = \mathbf{33{,}4\ °C}\ (\approx 18{,}4 \text{ K Übertemperatur}); \quad LU = \frac{8 \cdot 1550}{15 \cdot 35 \cdot 5} = \mathbf{4{,}7\ h^{-1}}$$

c) $h_x = \frac{1550}{1550} \cdot \sqrt{\frac{20}{18{,}4}} \cdot 3{,}9 = \mathbf{4{,}1\ m}$ ohne Düse (vgl. Tab. 6.10)

Beispiel 6.1.7

Eine Werkhalle, 45 m lang, 30 m breit und 6 m hoch, soll durch Deckenluftgeräte beheizt werden, wobei eine mindestens 4-5fache Luftumwälzung angestrebt werden soll. Der nach Abb. 6.7 ermittelte Transmissionswärmebedarf beträgt 120 kW bei ϑ_i = 18 °C und ϑ_a = – 12 °C. Heizmedium PWW 70/60 °C.

a) Ermitteln Sie die Geräteanzahl, den Geräteabstand und die erforderliche Geräteleistung ($\dot{Q}$ und $\dot{V}$). Dabei soll noch ein 0,5facher freier Luftwechsel angenommen werden. Die Außenluftrate von 30 m³/h · *P* soll garantiert werden (100 Personen).

b) Wählen Sie nach Abb. 6.32 den Gerätetyp aus und geben Sie die tatsächliche Leistung an, wobei eine mittlere Drehzahl angestrebt werden soll.

c) Überprüfen Sie für b Austrittstemperatur, Aufhängehöhe, Luftumwälzung und Schalldruckpegel!

d) Falls stärkere Verunreinigungen auftreten, müßte über die Geräte Außenluft zugeführt (Geräte mit Mischluftkasten und Sperrjalousie) und gleichzeitig die Fortluft, z. B. über Wand- oder Dachlüfter, abgeführt werden.

Suchen Sie nach Abb. 6.32 den Gerätetyp aus, wenn mit 4 Geräten zusätzlich zur freien Lüftung 20% Außenluft eingeführt werden sollen. Überprüfen Sie Zulufttemperatur und Aufhängehöhe, und geben Sie Hinweise für die Regelung.

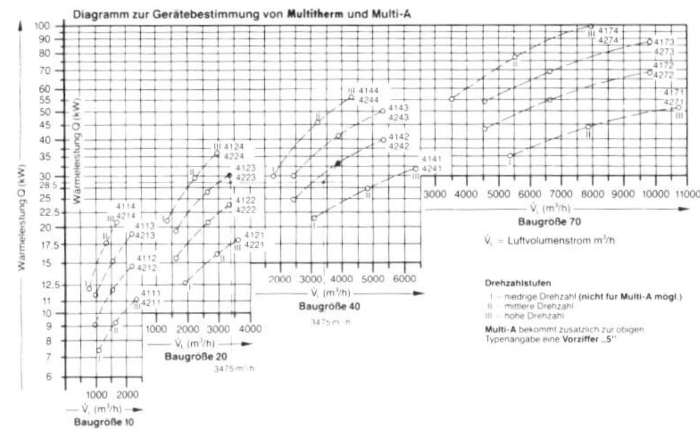

Tab. 6.14 Umrechnungsfaktoren (Auszug)

Heizmittel / Lufteintritt		Umluftgerät bzw. ungedrosselter Luftvolumenstrom		Segeltuchstutzen 4302 Wetterschutzgitter		Wetterschutzgitter Mischluftkasten 410	
	Lufteintrittstemperatur t_{L1} °C	f_{VL}	f_Q	f_{VL}	f_Q	f_{VL}	f_Q
PWW 80/60	− 15	1,0	0,72	1,27	0,86	1,39	0,89
	− 10		0,78		0,92		0,95
	± 0		0,91		1,05		1,10
	+ 15		1,22		1,37		1,41
	+ 20		1,35		1,52		1,56
PWW 90/70	− 15	1,0	0,64	1,27	0,74	1,39	0,76
	− 10		0,68		0,79		0,81
	± 0		0,78		0,91		0,93
	+ 15		1,00		1,15		1,18
	+ 20		1,10		1,23		1,30

Abb. 6.32 Das Diagramm zur Gerätebestimmung (Schnellauswahl) aufgrund der geforderten Wärmeleistung und des Volumenstroms (Gültig für Umluftbetrieb, 90 °C/70 °C, ϑ_i = 15 °C)

Lösung:

a) $\dot{Q}_{ges} = \dot{Q}_T + \dot{Q}_L$

Größerer Wert für $\dot{Q}_L$ wird eingesetzt

$\dot{Q}_{ges}$ = 120 kW + 42,5 kW = 162,5 kW

$\dot{Q}_{FL} = V_R \cdot LW \cdot c \cdot (\vartheta_i - \vartheta_a)$
= 8100 · 0,5 · 0,35 · [18 − (− 12)]
= 42 525 W

$\dot{Q}_{L(Pers)} = AR \cdot P \cdot c \cdot (\vartheta_i - \vartheta_a)$
= 30 · 100 · 0,35 [18 − (− 12)]
= 31 500 W

$$\text{Anzahl} = \frac{A_{Boden}}{A_{Flächenbedeckung}} = \frac{54 \cdot 25}{100} = \mathbf{13{,}5}$$

Gewählt **14 Stück**

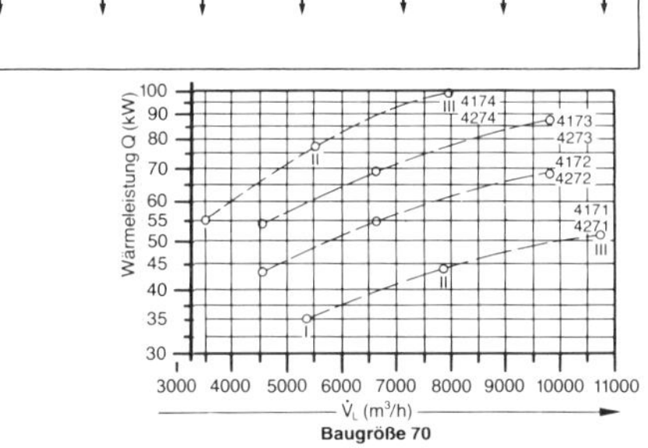

zu Abb. 6.32

(Der besseren Temperaturverteilung wegen 100 m² angenommen)
$f_{\dot{Q}} \approx$ 1,6 (interpoliert); f_{VL} = 1,0 (Umluftgeräte)
$\dot{Q}$= 162,5 : 14 = **11,6 kW,** aufzusuchen: $\dot{Q}'$ = 11,6 · 1,6 = 18,6 kW
$\dot{V} = V_R \cdot LW$ = 8100 · 4,5 = 36 450 m³/h (je Gerät **2604 m³/h**)

b) Gewählt **Typ 4122 Drehzahl II** (Baugröße 20); abgelesen $\dot{Q} \approx$ 21 kW; $\dot{V} \approx$ 2600 m³/h. Tatsächliche Leistung $\dot{Q}$ = 21 : 1,6 = 13,1 kW, $\dot{Q}_{ges}$ = 13,1 kW · 14 = **183,4 kW** (anstatt 162,5 kW).

c) $\vartheta_{zu} = \frac{13100}{2600 \cdot 0{,}35} + 18 = \mathbf{32{,}4\ °C}$; $x_1 = \frac{2900}{2900}\sqrt{\frac{20}{14{,}4}} \cdot 5{,}1 = \mathbf{6{,}0\ m}$

(evtl. Lamellen etwas nach außen stellen, Abb. 6.22)

nach Tab. 6.13 ist L = 55 dB; bei 14 Geräten: 55 + 11,6 = **66,6 dB**

d) $\dot{Q}_{Geräte} = \dot{Q}_H + \dot{Q}_{FL} + \dot{Q}_{RLT}$; $\dot{Q}_{RLT} = \dot{V}_a \cdot c \cdot (\vartheta_i - \vartheta_a)$ = 36 450 · 0,2 · 0,35 · [18 −(−12)] = 76 545 W
(je Gerät ≈ 19,1 kW)
$\dot{Q}_{Gerät\,(Register)}$ = 11,6 + 19,1 = 30,7 kW; $\dot{V}_{Gerät}$ 2604 m³/h mit einem Außenluftanteil von 36 450 · 0,2/4 = 1823 m³/h ≙ 70% (gewählt 4 Mischluftgeräte)
ϑ_m = 0,7 · −12 + 0,3 · 18 = −3 °C; f_{VL} = 1,39, $f_{\dot{Q}} \approx$ 1,18; aufzusuchen $\dot{Q}'$ = 30,7 · 1,18 = 36,2 kW; $\dot{V}'$ = 2604 · 1,39 = 3620 m³/h
Gewählt **Typ 4143** Stufe II mit $\dot{Q} \approx$ 41 kW, $\dot{V} \approx$ 3900 m³/h. Tatsächliche Leistung $\dot{Q}$= 41 : 1,18 = **34,7 kW,** $\dot{V}$ = 3900 : 1,39 = **2805 m³/h**

$$\vartheta_{zu} = \frac{34\,700}{2800 \cdot 0{,}35} + (-3) = \mathbf{32{,}4\ °C}; \qquad h_x = \frac{2805}{3900} \sqrt{\frac{20}{32{,}4 - 18}} \cdot 5{,}2 = \mathbf{4{,}4\ m}$$

knapp, besser mit Sekundärjalousie Tab. 6.11, Luftstrahl 45 °C.

Witterungsgeführte Regelung; 2 Schaltgruppen; eine Gruppe mit Mischluftgeräten mit separatem Stellglied und Pumpe, mit Fortluftgeräten gemeinsam schalten; variable Klappensteuerung; Minimalbegrenzung; Tag/Nacht-korrektur; elektronischer Frostschutzregler. Weitere Hinweise Kap. 6.1.5.

6.1.5 Regelung von Wand- und Deckenluftgeräten

Bei der Regelung ist zunächst zu unterscheiden, ob die Geräte zur Heizung (Umluftbetrieb), zur Lüftung oder für beides eingesetzt werden.

6.1.5.1 Regelung bei Umluftbetrieb

In den meisten Fällen werden Lufterhitzer nur zur Raumheizung eingesetzt. Wie Abb. 6.33 zeigt, werden dabei die Geräte an einen gemeinsamen Pumpen-Warmwasserstrang angeschlossen, der **außentemperaturabhängig vorgeregelt** wird.

Die nach der Anlagenverordnung vorgeschriebene außentemperaturabhängige Vorlauftemperaturregelung hat folgende **Vorteile:**

1. Es steht etwa die Energie zur Verfügung, die im Augenblick benötigt wird.
2. Beim Rohrnetz entstehen geringere Wärmeverluste (Verteilverluste).
3. Die Zulufttemperatur ist geringer, wodurch Temperaturschichtungen im Raum geringer sind.
4. Das Regelverhalten der nachgeschalteten Raumtemperaturregelung wird wesentlich verbessert.

- Je nach Abweichung des Vorlauf-Sollwertes vom Istwert wird das **Dreiwegeventil** im Dreipunktverhalten so lange angesteuert, bis die richtige Vorlauftemperatur erreicht ist.
- Bei der Einstellung der **Heizkurve** muß berücksichtigt werden, daß die Zulufttemperatur bei Umluftgeräten nicht größer als 20 K über der mittleren Raumtemperatur liegt.
- In **Schwachlastzeiten** (z. B. nachts oder am Wochenende) wird über die Tag/Nacht-Korrektur in Verbindung mit der Schaltuhr ein abgesenkter Vorlaufsollwert vorgegeben (Energieeinsparung).
  In der Übergangszeit laufen die Geräte nachts überhaupt nicht, da es in der Regel nicht zur Auskühlung der Halle auf den Nacht-Sollwert kommt. Wird längere Zeit kein Heizbetrieb verlangt, kann die Pumpe automatisch abgeschaltet werden.
- Durch eine **Minimalbegrenzung** der Vorlauftemperatur kann ein zu kaltes Ausblasen vermieden werden (besonders bei Deckengeräten).
- Auf die Möglichkeit, **Schaltgeräte mit eingebautem Mikroprozessor** einzusetzen, wurde bei den Deckengeräten mit Sekundärluftjalousien hingewiesen. Über einen elektrischen Stellantrieb wird in Abhängigkeit der Übertemperatur der Ausblaswinkel verändert. Ebenso ist der Regler mit einer automatischen Schnellaufheizungsstufe ausgerüstet.

In größeren Hallen können **mehrere Geräte (max. 5 Stück) zu einer Gruppe** zusammengefaßt werden:

a) wenn im Aufenthaltsraum die gleichen Temperaturanforderungen vorliegen
b) wenn gleiche Betriebszeiten vorliegen (Nutzung der Räume)
c) wenn gleiche Gerätetypen (gleiche Endziffern) montiert werden und somit gleiche Zulufttemperaturen vorliegen
d) wenn die Gesamtstromaufnahme der Gerätegruppe 12 A nicht übersteigt.

Außerdem können sehr sinnvoll **mehrere Gruppen mit unterschiedlichen Temperaturen** gefahren werden, wodurch nicht nur Energiekosten, sondern vor allem auch hohe Installationskosten gespart werden.

Eine solche Aufteilung wählt man insbesondere bei **unterschiedlichen Lastbedingungen** innerhalb der Halle (z. B. schaltet die Gruppe in Tornähe öfters ein als in Hallenmitte) oder bei **unterschiedlich gewünschtem Sollwert** (z. B. kann dieser im Bereich körperlich anstrengender Arbeit 1-3 K tiefer eingestellt werden). Anzahl der Gruppen beliebig.

Die **Temperaturregelung der Lufterhitzergruppe** erfolgt (nach der vorausgegangenen witterungsgeführten Vorlauftemperaturregelung) im Ein-Aus-Betrieb der Ventilatoren durch Raumthermostate, wobei jede Gruppe ihr eigenes Schaltgerät hat (Abb. 6.33).

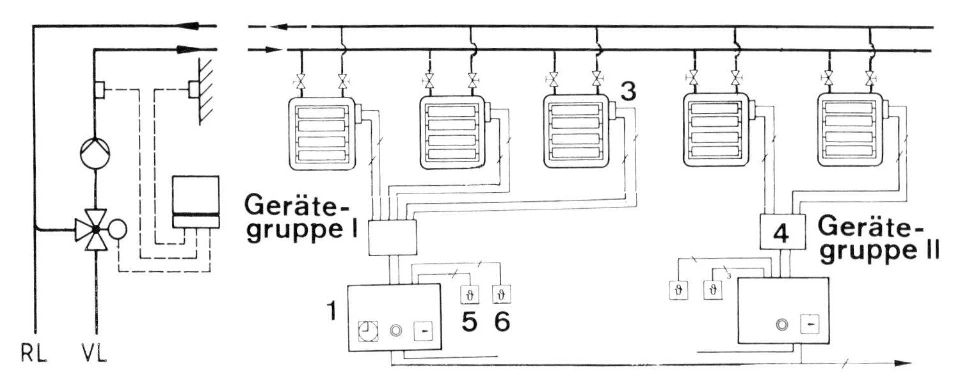

Abb. 6.33 Raumlufttemperaturregelung bei Umluftbetrieb
(1) Führungsschaltgerät; (2) Folgeschaltgerät; (3) Dreistufenschaltung zur Drehzahlwahl; (4) Zwischenklemmkasten; (5) Thermostat für Tagbetrieb; (6) Thermostat für Nachtbetrieb

Hierzu weitere Bemerkungen:

- Die beiden **Thermostate** haben unterschiedliche Sollwerteinstellungen Tag/Nacht. Zur richtigen Temperaturerfassung müssen beide im Wirkungsbereich der jeweiligen Gerätegruppe montiert werden!
- Die **Umschaltung auf Tag-Nacht-Betrieb** durch die Schaltuhr erfolgt im Führungsschaltgerät (auch für Gruppe II).
- Die **Drehzahlwahl** erfolgt mit dem 3-Stufen-Schaltgerät (bei einigen Typen auch mit 2-Stufen-Schaltgerät).
- Bei größeren Anlagen können die zahlreichen Schaltelemente in einem Schaltschrank zentral zusammengefaßt werden.

Bei der **elektronischen Raumtemperaturregelung** werden die Lüfterdrehzahl und die Temperatursollwerte zentral am Schaltgerät vorgegeben. Abhängig von Raum- und Sollwerttemperatur schaltet der eingebaute Zweipunktregler die Ventilatoren, wobei die Schaltdifferenz zwischen Ein und Aus einstellbar ist (0 . . . 5 K).

Zur zeitlichen Festlegung der Tag-Nacht-Sollwerte ist das Führungsschaltgerät mit einer Zeitschaltuhr ausgerüstet, die auch die Folgeschaltgeräte ansteuert.

Bei **Umluftgeräten in Verbindung mit Radiatoren** haben letztere vorwiegend die Aufgabe, die Temperaturverteilung in Fensternähe oder in Nähe der Arbeitsplätze zu verbessern. Die Radiatorengruppe, vielfach auch als Grundheizung, erhält zweckmäßig ebenfalls eine außentemperaturabhängige Vorlauftemperaturregelung.

6.1.5.2 Regelung bei Mischluftbetrieb

Muß ein Raum mit solchen Einzelgeräten nicht nur beheizt, sondern auch belüftet – evtl. mit Außenluft sogar gekühlt – werden, müssen die Geräte mit einem Mischluftkasten versehen werden.

Eine **wirtschaftliche Betriebsweise** erfolgt durch zonenweises Abschalten einzelner Heizgruppen je nach Bedarf oder durch Umschaltung auf Umluft- und Schwachlastbetrieb während der Nacht. Der Heizungsstrang wird so vorgeregelt, daß sich zur Erreichung einer günstigen Temperaturschichtung eine möglichst niedrige Ausblastemperatur einstellt.

In der Regel können auch in Fabrikationsbetrieben nur durch eine **mechanische Lüftung** die Anforderungen nach den Arbeitsstättenrichtlinien erfüllt werden (Tab. 4.4). Eine unkontrollierte Lüftung durch offene Tore oder Fenster ist unwirtschaftlich.

Abb. 6.34 zeigt den **Mischluftbetrieb mit wasserseitiger Temperaturregelung.** Die gruppenweise zusammengefaßten Geräte werden von einer Schaltgerätekombination aus angesteuert.

Voraussetzungen: Gleiche Gerätetypen, gleiche Temperaturanforderung für die Gruppe, je Schaltgerät max. 5 Geräte (Gesamtstromaufnahme ≤ 12 A)

Die wasserseitige Temperaturregelung wird eingesetzt sowohl für mehrere Gerätegruppen mit gleichem Sollwert als auch je Gerätegruppe, wenn unterschiedliche Sollwerte gewünscht werden.

Der **Betriebsablauf** Heizen + Lüften oder nur Heizen wird vom Zeitschaltgerät vorgenommen:

a) Tagbetrieb mit stetiger Lüftung und variablem Außenluftanteil 0 bis 100%

- Ventilatoren im Dauerbetrieb mit vorgegebener Drehzahl für eine gleichbleibende Belüftung.
- Variable Klappenöffnung 0–100% stufenlos mit Klappensteuergerät einstellbar. Gleichlauf der Klappen durch Synchronantriebe. Erster Antrieb in der Gruppe mit Rückmeldepoti für Klappensteuerung.
- Wasserseitige **Regelung der Hallentemperatur** mit Tagsollwert in Abhängigkeit der Raumtemperatur. Der Regler (8) mit Haupt- (7) und Min-Begrenzungsfühler (6) wirkt auf das Dreiwegeventil (9). Die Min-Begrenzungsfunktion wirkt erhöhend auf den Sollwert, falls der eingestellte Min-Begrenzungswert unterschritten wird.

b) Nachtbetrieb durch Heizen im Umluftbetrieb

- Automatische Umschaltung von Außenluft auf Umluftbetrieb durch Zwangszulauf der Klappen.
- Ventilatormotoren im Ein-Aus-Betrieb in Abhängigkeit des Nachtsollwertes (Thermostat).
- Wasserseitige Regelung mit abgesenktem Temperatursollwert.
- Nach einer Stromunterbrechung laufen die Geräte wieder an.

c) Frostschutzüberwachung des Heizregisters

Hierfür ist im Gerät ein elektronischer Frostschutzregler mit Fühler eingebaut. Bei Unterschreiten von +4 °C wird der Ventilatormotor verriegelnd abgeschaltet und die Außenluftklappe geschlossen.

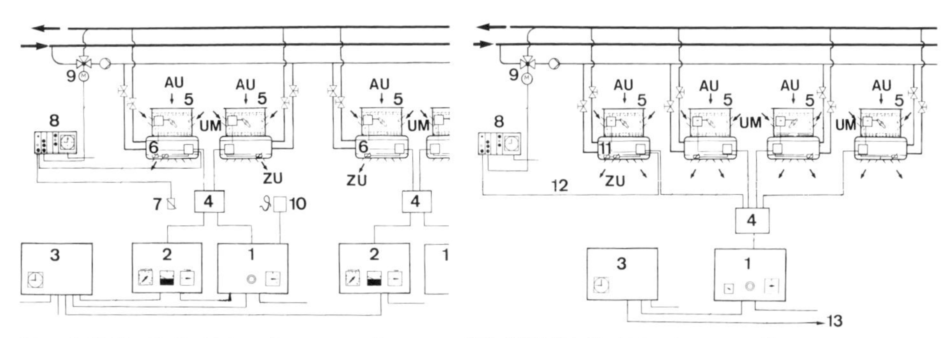

Abb. 6.34 Mischluftbetrieb mit wasserseitiger Temperaturregelung

Abb. 6.35 Zuluftbetrieb mit wasserseitiger Temperaturregelung

(1) Dreistufenschaltgerät; (2) Klappensteuergerät; (3) Zeitschaltgerät; (4) Zwischenklemmkasten; (5) Geräte mit Mischluftkasten; (6) Minimalbegrenzungs- und Frostschutzfühler; (7) Hauptfühler; (8) Regler; (9) Dreiwegeventil mit Stellmotor; (10) Nachtthermostat; (11) Zuluft- und Frostschutzfühler; (12) Steuerleitungen; (13) Desgl. zu einer weiteren Gerätegruppe

Abb. 6.35 zeigt den **Zuluftbetrieb mit wasserseitiger Temperaturregelung.** Er wird dann gewählt, wenn der Transmissionswärmebedarf durch andere Heizflächen gedeckt wird.

Im Gegensatz zu Abb. 6.34 werden die Geräte nachts ausgeschaltet und die Außenluftklappen geschlossen. Die **wasserseitige Regelung** der Zulufttemperatur erfolgt in Abhängigkeit der Ausblastemperatur, d. h., der Regler ⑥ mit Zuluftfühler ⑤ wirkt auf das Dreiwegeventil ⑦. Frostschutz wie oben.
Ventilatormotoren in Dauerbetrieb; Klappenöffnung variabel (0–100%) stufenlos einstellbar; Festlegung der Betriebszeiten mit Zeitschaltgerät.

6.2 Heiz- und Lüftungstruhen (Gebläsekonvektoren)

Die Bedeutung und der Ausbau des Gebläsekonvektors als Kühl- bzw. Klimatruhe werden im Bd. 4 behandelt.

Obwohl dem Gebläsekonvektor aufgrund seiner Vorteile eine große Zukunftschance vorausgesagt wurde, hat er sich allein als Heizgerät bis heute – im Vergleich zum Gesamtumsatz aller Heizkörperarten – relativ schwach durchgesetzt. Die Gründe sind die folgenden Nachteile und die zu geringe Bewertung der Vorteile.

Bevor auf den Geräteaufbau und auf die Planungshinweise eingegangen wird, sollten die Vor- und Nachteile gegenüber anderen Raumheizflächen herausgestellt werden:

Vorteile:

a) Wesentlich höhere Heizleistung und somit geringster Platzbedarf.

b) Kurze Aufheizzeit und somit wirtschaftlicher Betrieb (Schnellaufheizung bei höherer Drehzahlstufe) sowie Verwendung als Niedertemperaturheizkörper.

c) Individuelle Wahl der Verkleidung (z. B. in Regalen, Wandschränken usw.).

d) Einfache und preiswerte Regelung bei Umluftgeräten, die sowohl für den Komfort als auch für die Wirtschaftlichkeit bedeutsam ist.

e) Einfache Möglichkeit, einen Raum zu lüften, ohne daß Fenster geöffnet werden müssen. Somit auch keine Lärmbelästigung von außen sowie Wegfall von Kanälen und Stellfläche für Lüftungszentrale.

f) Außen- und Umluft kann durch Filter von grobem Staub befreit werden ($\Delta p_{Vent.}$ reicht aus).

g) Wirksame Raumkühlung an vielen Sommertagen durch hohe Außenluftraten (vgl. Kap. 4.5).

h) Ausbau zur Klimatruhe bzw. zur Kühlung und Entfeuchtung im Sommer.

i) Auch bei einer sehr langen, großen Fensterfront (z. B. Schulzimmer) kann die gesamte Glasfläche gleichmäßig erwärmt werden, indem rechts und links der Truhe ein schmales Kanalstück angeschlossen wird. Die Ausblasfläche kann man somit auf die gesamte Außenfront verlängern (bessere Temperaturverteilung im Raum).

k) Auch bei abgeschaltetem Gebläse ist eine Restleistung (etwa 10 bis 20%) vorhanden, so daß eine zu starke Raumauskühlung verhindert wird.

Nachteile:

a) Höhere Anschaffungskosten, insbesondere bei kleineren Leistungen.

b) Geringere Lebensdauer und reparaturanfälliger (Motor, Lager, Gebläse, Regelung); wartungsbedürftig. Evtl. Geräuschbildung bei höheren Drehzahlen.

c) Wegfall der Strahlungswärme und somit – auch in Verbindung mit der höheren Luftbewegung – Zugerscheinungen möglich bzw. höhere Raumtemperaturen erforderlich.

d) Elektrischer Anschluß und zusätzliche Stromkosten.

e) Sorgfältigere Planung und Berechnung und aufwendigere Regelung.

6.2.1 Aufbau - Merkmale - Anwendung

Die Ausführungsformen sind mannigfaltig: vom einfachen Gebläsekonvektor ohne Filter und Sockel bis zum vollautomatischen, fernbedienten Gerät mit Mikrocomputerregelung, mit 2- oder 4-Leiter-System, mit Heiz- und Kühlventil zur Klimatisierung.

Die Förderströme liegen je nach Gerätegröße, Drehzahl und Fabrikat etwa zwischen 150 und 1500 m^3/h (im Mittel zwischen 500 und 1000 m^3/h) und die Heizleistungen je nach Heizwassertemperatur und Rohrreihen etwa zwischen 1 und 30 kW. Die Typenzahl liegt bei den meisten Herstellern zwischen 5 und 8 Baugrößen.

Trotz der auf dem Markt vorhandenen Konstruktionsvarianten besteht das Truhengerät aus folgenden **Bauteilen:**

Geräteverkleidung (Gehäuse)	Vorwiegend aus Stahlblech mit Korrosionsschutz, Seitenteile oft aus Kunststoff; für Stand-, Wand- und Deckengeräteausführung; Ausblasgitter aus eloxiertem Alu; Warmluftaustritt senkrecht oder schräg nach oben.
Gerätesockel	Aus Stahlblech; je nach Ausführung zur Aufstellung hinter Wandverkleidungen und zur Aufnahme des Ansauggitters und der Verkleidung (Umluftgerät) oder zur Aufnahme der Mischlufteinrichtung und des Außenluftansaugstutzens (Mischluftgerät).
Wärmetauscher (Heizregister)	Meist aus Cu-Rohren mit aufgezogenen profilierten Alu-Lamellen; bis 90 °C oder 110 °C und max. 16 bar; auch für Kaltwasser, Kältemittel oder Glykolgemisch; mit 2 oder 3 Rohrreihen; Anschluß rechts oder links; 2- oder 4-Leiter-System; evtl. mit Elektrozusatzheizung; Kondensatwanne.
Ventilator	Doppelseitig saugender Radialventilator (Trommelläufer) oder Querstromgebläse, meist dreistufig schaltbar durch Vorwiderstand; je nach Gerätegröße bis zu 3 Ventilatoren; Direktantrieb durch Kondensatormotor; Motorschutz durch Thermokontakte.
Filter	Filtermatte meist aus regenerierbarem Kunststoff, Qualität EU 2; leicht ausziehbarer Wechselrahmen (Führungsschienen); Spezialdruckverschluß.
Elektroteil	Klemmkasten zur Aufnahme der elektrischen Bauteile (komplett verdrahtet). Regelungs-, Überwachungs-, Sicherheitsgeräte je nach Ausführung.

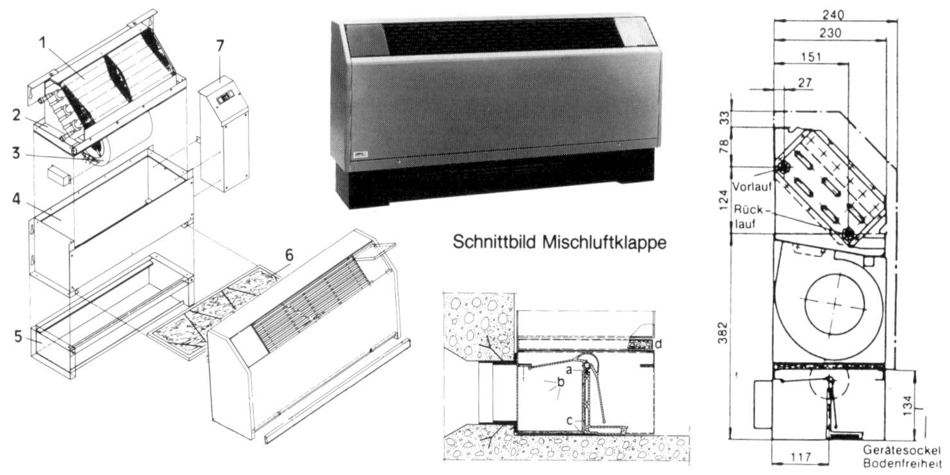

Abb. 6.36 Aufbau eines Truhengerätes

Abb. 6.36 zeigt den Aufbau eines Gebläsekonvektors: (1) Wärmetauscher; (2) Kondensatwanne; (3) Radialventilator; (4) Luftansaugkasten; (5) Gerätesockel; (6) Filter; (7) Regelung.
Die **Mischluftklappe** wird an der Außenluftseite (a) durch Dichtungsgummi und -bürste abgedichtet, bauseitige Klappeneinstellung (30, 50, 75, 100 %) erfolgt durch die Begrenzungsstifte (b) auf der Stellmotorseite, das Dämmaterial (c) soll eine Schwitzwasserbildung vermeiden, und mit dem Filter (c) soll die Außen- und Umluft gereinigt werden.

Die **Anwendung** – gleichgültig ob als Einzelgerät oder in Gruppenschaltungen – ergibt sich aus den vorstehend erwähnten Vorteilen. Der Einsatz erfolgt als Heizgerät, als Lüftungsgerät oder für Heizung + Lüftung, z. B. in Büroräumen, Eingangshallen, Verkaufsräumen, kleineren Sälen und Versammlungsräumen, Sporthallen, Gaststätten, Hotels, Schwimmhallen usw.

Als **Heizgerät** stehen vor allem die anfangs erwähnten Vorteile a und b im Vordergrund, während als **Lüftungsgerät** die Vorteile d, e und g die entscheidenden Gründe sind.

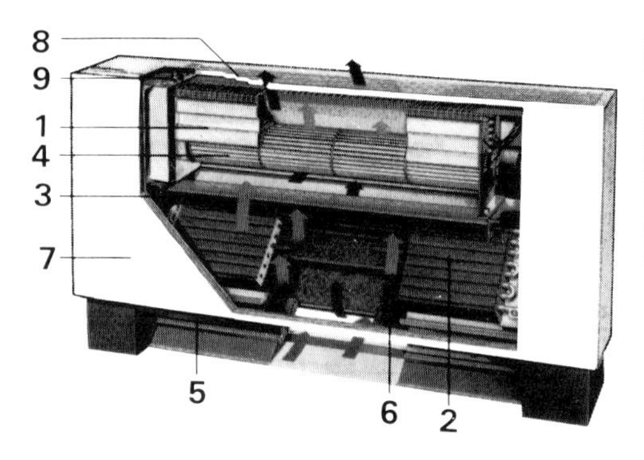

Abb. 6.37 Truhengerät mit Querstromgebläse

Abb. 6.38 Truhengeräte mit Verkleidung

6.2.2 Weitere Hinweise für Planung, Auslegung und Montage von Truhengeräten

1. Je nachdem, welche Aufgabe der Gebläsekonvektor zu erfüllen hat, d. h., ob der Raum beheizt, belüftet oder entfeuchtet werden soll, unterscheidet man grundsätzlich zwischen Umluftgerät und Mischluftgerät.

Beim **Umluftgerät** wird der Raum nur beheizt, und die Lüftungsaufgabe wird z. B. zeitweise durch Öffnen der Fenster erfüllt. Das Truhengerät saugt immer Luft mit Raumtemperatur an, der Lüftungswärmebedarf durch Fugen ist in der Registerleistung enthalten. Auch Mischluftgeräte arbeiten sehr oft im Umluftbetrieb (z. B. beim Aufheizen des Raumes).

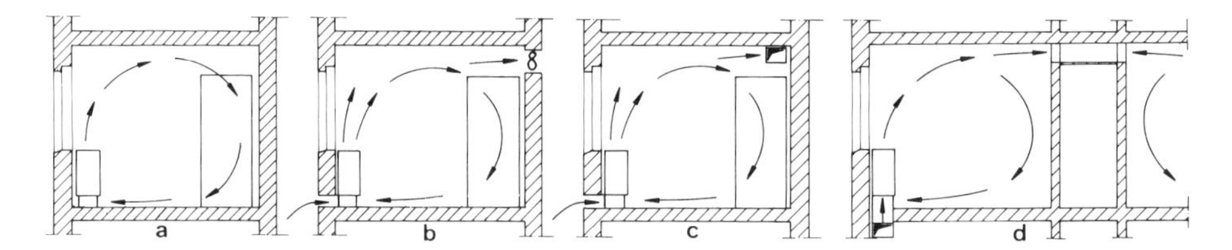

Abb. 6.39 Anordnung und Luftführung von Gebläsekonvektoren

Beim **Mischluftbetrieb** muß dem Gerät bzw. Raum über eine Mischluftklappe Außenluft zugeführt werden (Abb. 6.36). Aus der Berechnung des erforderlichen Außenluftvolumenstroms (Kap. 4.3) wird die erforderliche prozentuale Klappenstellung ermittelt.
Wenn Außenluft zugeführt wird, muß Fortluft abgeführt werden (z. B. durch Dachlüfter, Wandeinbaulüfter) oder über einen gemeinsamen Fortluftkanal bei mehreren Räumen. Im einfachsten Fall kann ein bestimmter Außenluftspalt fest eingestellt werden (Außenluftvolumenstrom konstant), so daß bei gleicher Druckdifferenz zwischen Außen- und Raumluft nur so viel Außenluft in die Truhe strömen kann, wie Luft aus dem Raum gesaugt wird. Je nach Außenluft-/Fortluftverhältnis kann im Raum Über-, Gleich- oder Unterdruck erzeugt werden.
Der reine **Außenluftbetrieb** bei Truhengeräten ist seltener. Anwendung, z. B. zur Entfeuchtung von Schwimmhallen, in der Übergangszeit (Kap. 7.5), bei schädlichen Stoffen oder zur freien Kühlung.
Bei Gebäuden mit mehreren Truhen und extremem Windanfall kann die Außenluft auch über einen Kanal den Truhen zugeführt werden; evtl. sogar mit zentraler Aufbereitung (filtern, vorwärmen).

2. Hinsichtlich der **Geräteanordnung und Montage** unterscheidet man zwischen Geräten, die an die Wand montiert werden; Geräten, die auf einem Sockel aufgestellt werden; Geräten für die Deckenmontage; Geräten ohne Gehäuse, die hinter bauseits montierten Verkleidungen angebracht werden (Abb. 6.38).

Die **Installationsbedingungen** bei der Rohrführung und Rohrmontage sowie die Rohrnetzberechnung und Bestimmung der Anlagenkomponenten entsprechen denen einer üblichen PWW-Zentralheizung (vgl. Bd. 2).

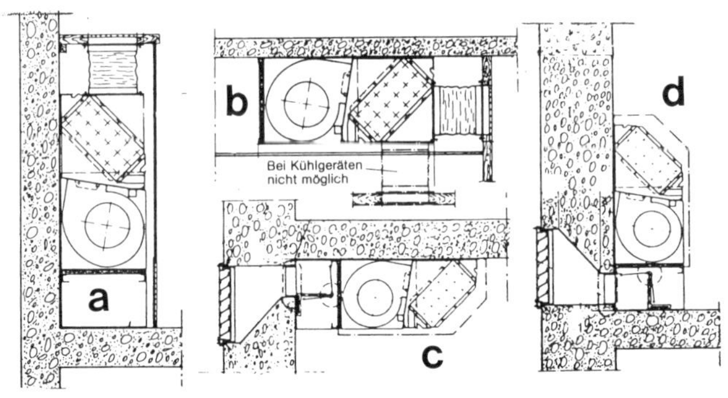

a) Umluftgerät hinter Wandverkleidung
b) Umluftgerät in einer Zwischendecke
c) Mischluftgerät als Deckengerät
d) Mischluftgerät als Wandgerät Durchbruch mit Mauerrahmen und Wetterschutzgitter

Abb. 6.40 Geräteanordnungen

Abb. 6.40 zeigt Umluftgeräte mit Ausblasstutzen und Segeltuchverbindung und Mischluftgeräte. Die **Abmessungen des Durchbruchs** bzw. Mauerrahmens richten sich einerseits nach den Maßen des Wetterschutzgitters (235 mm × 500 mm bis 1700 mm), andererseits nach den Maßen des Geräteanschlußstutzens (106 mm × 496 mm bis 1 696 mm) je nach Baugröße.

Die Aufstellung erfolgt m. E. auch hier am besten unterhalb der Fenster, um die Kaltluft „aufzufangen" und um eine gute Luft- bzw. Temperaturverteilung zu erhalten.

3. Für die **Berechnung der Wärmeleistung und Geräteauswahl** gelten die Berechnungsgrundlagen von Kap. 4.4. In der Tab. 6.15 werden zwar in Abhängigkeit von Rohrreihen, Warmwassertemperatur und Volumenstrom (Drehzahl) die Wärmeleistungen und Zulufttemperaturen angegeben, doch beziehen sich hier alle Angaben auf 20 °C Ansaugtemperatur. Bei anderen Wasser- und Lufteintrittstemperaturen kann man – wie es schon bei der Auswahl von Wand- und Deckenlufterhitzern gezeigt wurde – mit Hilfe von Umrechnungsfaktoren die Leistungen bestimmen.

Auswahlbeispiel: Büroraum

Für den in Abb. 6.38 dargestellten 1093 m³ großen Büroraum werden 6 Truhengeräte ausgewählt, die unter den Fenstern in die durchgehende, mit Regalen unterbrochene Holzverkleidung eingebaut werden. Mit den Truhen, die an eine PWW-Heizung 80/60 angeschlossen werden, soll der Raum (ϑ_i = 20 °C) beheizt werden. Der Wärmebedarf nach DIN 4701 (bezogen auf ϑ_a = −12 °C) beträgt 49 kW.

a) **Suchen Sie nach Tab. 6.15 den geeigneten Gerätetyp aus (möglichst Stufe II), und überprüfen Sie Zulufttemperatur und Luftumwälzzahl.**

b) **Wie groß ist die Heizleistung der Geräte, wenn die Spreizung 70/60 vorliegt und ϑ_i = 22 °C beträgt?**

c) **Geben Sie die maximal mögliche Gesamtleistung der gewählten Geräte bei 90/70/20 und die Zulufttemperatur an!**

d) **Wie groß müßten die Leistung und Zulufttemperatur eines Gerätes sein, wenn mit den 6 Geräten noch 20 % Außenluft berücksichtigt werden sollten (Anlage 80/60/20)?**

Lösung:

a) $\dot{Q}_{Gerät}$ = 49 kW : 6 = 8,16 kW. Baugröße 3 (3 Rohrreihen) mit 8,43 kW scheint zwar passend, doch ist ϑ_{zu} = 61,9 °C sehr hoch und die Umwälzzahl LU = 6 · 600/1093 = 3,3 h^{-1} etwas knapp, daher **Baugröße 4** (2 Rohrreihen) gewählt mit 9,54 kW Stufe II (7,24 kW bei Stufe I), ϑ_{zu} = **54,5 °C** und LU = 6 · 825/1092 = **4,5 h^{-1}**.

b) $\Delta\vartheta = \vartheta_{w(ein)} - \vartheta_{L(ein)}$ = 70 − 22 = 48 K; $f \approx$ 0,73 (Abb. 6.41)
$\dot{Q}$ = 11,67 kW · 6 · 0,73 = **51,1 kW**

c) $\dot{Q}$ = 14,14 kW · 6 = **84,84 kW; ϑ_{zu} = 58,3 °C** (sehr hoch!)

d) Zur Heizungswärme 8,16 kW muß noch zusätzlich die Lüftungswärme $\dot{Q}_{RLT} = \dot{V}_a \cdot c \cdot (\vartheta_i - \vartheta_a)$ = 825 · 0,2 · 0,35 · [20 − (−) 12] = 1848 W ($\approx$ 1,85 kW) berücksichtigt werden: $\dot{Q}$ = 8,16 + 1,85 = **10,01 kW**, d. h., das gewählte Gerät reicht noch knapp aus (notfalls Stufe III). Die Zulufttemperatur muß mindestens ϑ_{zu} = 816/(825 · 0,35) + 20 = **48,2 °C** betragen, damit der Raumwärmebedarf gedeckt werden kann. Die Berechnung kann auch über die Lufteintrittstemperatur (= Mischtemperatur = 13,6 °C) berechnet werden.

Tab. 6 15 Wärmeleistungen, Austrittstemperaturen und Volumenströme bei Truhengeräten (Fa. GEA)

		Baugröße 1				Baugröße 2				Baugröße 3				Baugröße 4			
3 Rohrreihen Cu/Al		ϑ_e +20°C		ϑ_e −12°C		ϑ_e +20°C		ϑ_e −12°C		ϑ_e +20°C		ϑ_e −12°C		ϑ_e +20°C		ϑ_e −12°C	
PWW °C	Drehzahlstufe	Wärmeleistung Q in kW	Luftaustritt t_{L2} in °C	Wärmeleistung Q in kW	Luftaustritt t_{L2} in °C	Wärmeleistung Q in kW	Luftaustritt t_{L2} in °C	Wärmeleistung Q in kW	Luftaustritt t_{L2} in °C	Wärmeleistung Q in kW	Luftaustritt t_{L2} in °C	Wärmeleistung Q in kW	Luftaustritt t_{L2} in °C	Wärmeleistung Q in kW	Luftaustritt t_{L2} in °C	Wärmeleistung Q in kW	Luftaustritt t_{L2} in °C
90/70	III	5,55	+ 67,3	9,31	+ 58,4	8,80	+ 67,7	14,65	+ 58,5	12,67	+ 67,3	21,20	+ 58,1	17,65	+ 67,9	29,55	+ 59,1
	II	4,41	+ 70,6	7,44	+ 63,7	7,11	+ 71,7	11,84	+ 64,4	10,17	+ 70,6	17,08	+ 63,3	14,19	+ 71,3	23,85	+ 64,5
	I	3,23	+ 75,0	5,52	+ 71,5	5,18	+ 76,2	8,70	+ 71,7	7,37	+ 75,0	12,58	+ 71,2	10,36	+ 76,2	17,21	+ 70,8
80/60	III	4,54	+ 58,7	8,22	+ 50,2	7,25	+ 59,3	12,98	+ 50,5	10,39	+ 58,7	18,75	+ 50,0	14,47	+ 59,2	26,12	+ 50,9
	II	3,66	+ 62,0	6,53	+ 54,4	5,80	+ 62,2	10,43	+ 55,3	8,43	+ 61,9	15,00	+ 54,2	11,71	+ 62,3	20,95	+ 55,2
	I	2,69	+ 65,8	4,80	+ 60,6	4,22	+ 65,7	7,70	+ 62,1	6,16	+ 65,9	10,97	+ 60,6	8,43	+ 65,7	15,47	+ 62,4
70/50	III	3,52	+ 50,0	7,13	+ 41,9	5,69	+ 50,8	11,31	+ 42,4	8,08	+ 50,1	16,28	+ 41,9	11,24	+ 50,5	22,68	+ 42,6
	II	2,84	+ 52,6	5,75	+ 46,5	4,59	+ 53,4	9,02	+ 46,2	6,57	+ 52,6	13,22	+ 46,3	9,12	+ 53,0	18,39	+ 47,0
	I	2,10	+ 55,8	4,21	+ 51,7	3,38	+ 56,6	6,64	+ 51,9	4,75	+ 55,4	9,61	+ 51,6	6,57	+ 55,6	13,31	+ 52,0
50/40	III	2,21	+ 38,8	5,68	+ 31,0	3,55	+ 39,3	8,95	+ 31,1	5,06	+ 38,9	12,95	+ 30,8	7,04	+ 39,1	18,04	+ 31,4
	II	1,78	+ 40,4	4,51	+ 34,0	2,87	+ 40,9	7,20	+ 34,5	4,11	+ 40,4	10,37	+ 33,7	5,71	+ 40,6	14,49	+ 34,5
	I	1,31	+ 42,4	3,37	+ 38,9	2,07	+ 42,5	5,31	+ 39,1	2,97	+ 42,1	7,67	+ 38,8	4,11	+ 42,3	10,68	+ 39,4
2 Rohrreihen Cu/Al																	
90/70	III	4,26	+ 56,3	7,14	+ 42,0	6,79	+ 56,8	11,46	+ 43,1	9,74	+ 56,3	16,29	+ 41,9	14,14	+ 58,3	23,54	+ 44,6
	II	3,52	+ 60,4	5,95	+ 48,5	5,65	+ 61,1	9,43	+ 48,8	8,11	+ 60,3	13,64	+ 48,2	11,67	+ 62,2	19,45	+ 50,4
	I	2,69	+ 65,9	4,56	+ 56,9	4,31	+ 66,7	7,20	+ 57,3	6,16	+ 65,9	10,36	+ 56,7	8,84	+ 67,9	14,77	+ 59,1
80/60	III	3,52	+ 50,0	6,31	+ 35,9	5,53	+ 50,0	10,00	+ 36,1	8,05	+ 50,0	14,40	+ 35,6	11,47	+ 51,1	20,79	+ 38,0
	II	2,85	+ 52,7	5,22	+ 41,2	4,61	+ 53,6	8,31	+ 41,7	6,58	+ 52,7	11,99	+ 40,9	9,54	+ 54,5	17,16	+ 43,1
	I	2,17	+ 57,0	4,00	+ 48,5	3,52	+ 58,2	6,36	+ 49,2	4,99	+ 57,2	9,14	+ 48,4	7,24	+ 59,2	13,05	+ 50,8
70/50	III	2,67	+ 42,8	5,42	+ 29,0	4,42	+ 44,0	8,71	+ 29,9	6,16	+ 42,9	12,39	+ 29,0	9,04	+ 44,5	17,82	+ 30,9
	II	2,18	+ 45,0	4,50	+ 33,8	3,52	+ 45,8	7,20	+ 34,5	5,03	+ 45,0	10,35	+ 33,6	7,30	+ 46,4	14,88	+ 35,7
	I	1,63	+ 47,8	3,44	+ 40,0	2,72	+ 49,5	5,51	+ 41,0	3,79	+ 48,2	7,87	+ 40,1	5,60	+ 50,4	11,32	+ 42,5
50/40	III	1,70	+ 34,5	4,42	+ 21,4	2,77	+ 35,0	6,99	+ 21,6	3,90	+ 34,5	10,07	+ 21,3	5,53	+ 35,0	14,37	+ 22,6
	II	1,35	+ 35,5	3,62	+ 24,8	2,24	+ 36,3	5,75	+ 25,1	3,13	+ 35,5	8,31	+ 24,6	4,64	+ 36,8	11,87	+ 26,1
	I	1,03	+ 37,5	2,77	+ 29,9	1,71	+ 38,5	4,40	+ 30,3	2,38	+ 37,8	6,32	+ 29,8	3,52	+ 39,1	9,01	+ 31,4
	Stufe	I	II	III		I	II	III		I	II	III		I	II	III	
	$\dot{V}$ in m^3/h	190	260	350		300	410	550		440	600	800		600	825	1100	

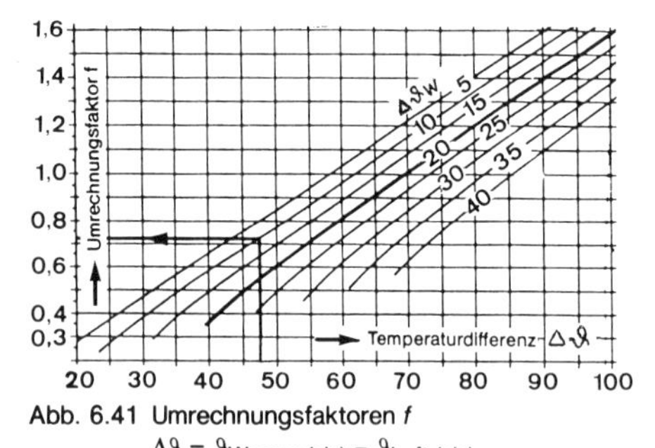

Abb. 6.41 Umrechnungsfaktoren f

$\Delta\vartheta = \vartheta_{Wasser\,(ein)} - \vartheta_{Luft\,(ein)}$

$\Delta\vartheta_W = \vartheta_{Vorlauf} - \vartheta_{Rücklauf}$

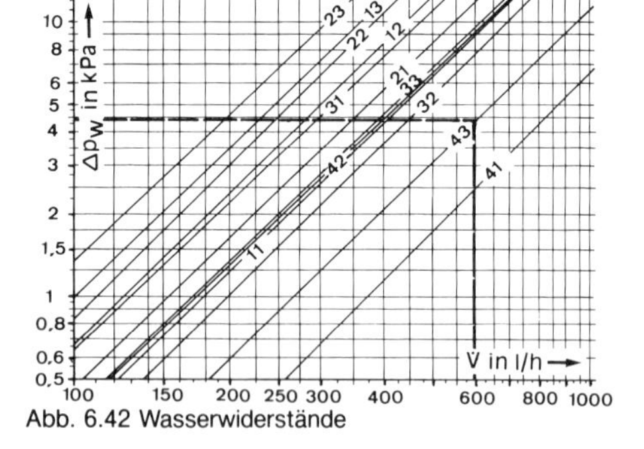

Abb. 6.42 Wasserwiderstände

4. Der **wasserseitige Druckverlust** für die Berechnung des Pumpendruckes geht aus den Firmenunterlagen hervor.

Beispiel: (Lösung in Abb. 6.42 eingetragen)
Wie groß ist der Wasserwiderstand in Pa einer Lüftungstruhe Baugröße 4 (erste Ziffer) mit 3 Rohrreihen (zweite Ziffer), wenn diese eine Wärmeleistung von 13,74 kW aufweist und an eine PWW-Heizung 80/60 °C angeschlossen wird? (Desgl. bei Typ 31)

Lösung: $\dot{m} = \dot{Q}/(c \cdot \Delta\vartheta) = 13\,740/(1{,}16 \cdot 20) = 592$ l/h $\Rightarrow\ \approx$ **4400 Pa** (≈ **15 000 Pa)**

5. Der **Schallpegel** spielt bei den Truhegeräten deshalb eine größere Rolle, da sie sehr oft in Komforträumen und vielfach in Nähe der Personen zur Aufstellung kommen.

Wie im Kap. 6.1.2 bei den Wandlufterhitzern erläutert, interessiert neben dem Leistungspegel auch der Druckpegel, der bei 1,5 m Abstand vom Luftauslaß je nach Baugröße, Drehzahl und Absorptionsfläche zwischen 30 und 60 dB(A) liegen kann (Richtwerte nach VDI 2081 vgl. Tab. 11.3). Bei mehreren Geräten muß der Summenpegel berücksichtigt werden (Abb. 11.6).

6. Die **Wurfweite** bzw. Eindringtiefe des Luftstrahls in den Raum kann man kaum angeben, da die Einflußgrößen zu vielseitig sind. Anhaltswert: 4 bis 6 m (entsprechend Raumtiefen von etwa 5 bis 8 m). Bei größeren Raumtiefen sind zusätzlich Deckenauslässe (Kanalsystem) erforderlich.

   Die wesentlichen Einflußgrößen sind Drehzahl (Volumenstrom), Zulufttemperatur, Austrittswinkel, Raumgeometrie u. a. In der Regel handelt es sich hierbei um eine sog. Tangentialluftströmung als Sonderform der Mischströmung (Kap. 9.1.3).

7. Die **Anordnung der Abluft- bzw. Fortluftgeräte** soll so erfolgen, daß möglichst keine „Kurzschlüsse" entstehen, d. h., sie sollen nicht im unmittelbaren Wirkungsbereich der Warmluftwalze vorgesehen werden.

   So ermöglicht z. B. die Montage mehrerer Geräte an der gegenüberliegenden Wand eine gute Raumdurchspülung. Auf dieses Thema wird allerdings in mehreren Teilkapiteln des Buches eingegangen.

8. Bei den Planungsarbeiten und bei der Anlagenerstellung in anspruchsvolleren Gebäuden (z. B. spezielle Versammlungsräume, Hotels) sollte man eine evtl. Erweiterung zur **Klimatisierung** einbeziehen.

   Diesbezüglich muß bei der Planung (z. B. Platzbedarf für Kälteanlage, Durchbrüche), bei der Berechnung (z. B. Kühllast, Volumenstrom) und bei der Ausführung (z. B. Geräteauswahl, Regelung, Luftführung) Rücksicht genommen werden. Näheres hierzu vgl. Bd. 4.

6.2.3 Regelung von Truhengeräten

Die Regelung der Wärmeleistung bei Heiztruhen, d. h. bei **Umluftgeräten,** ist relativ einfach. Wie schon bei der Regelung von Wand- und Deckenlufterhitzern gezeigt (Abb. 6.33), sollen die Geräte außentemperaturabhängig vorgeregelt werden. Die Regelung der Raumtemperatur erfolgt luftseitig, d. h., über Raumthermostat schaltet der Ventilator Ein – Aus. Die Drehzahlwahl I, II, III erfolgt in der Regel von Hand (Abb. 6.43). Bei Zentralanlagen mit mehreren Gebläsekonvektoren soll man auf eine Nachtabsenkung nicht verzichten. Zu empfehlen ist jedoch, nicht die Wassertemperatur herabzusetzen, sondern die Steuerung durch einen separaten Thermostaten durchzuführen. Die eingebauten Raumthermostate werden dabei überbrückt.

Durch die Steuerung über einen zusätzlichen Thermostaten treten zwar bei Nacht große Temperaturdifferenzen auf, jedoch wird von der Luftseite nicht dauernd Wärme angefordert und somit die Gebläseeinschaltdauer stark reduziert. Bei stärkerer wasserseitiger Nachtabsenkung (z. B. Abschalten der Pumpe) muß in jedem Gerät ein Thermostat die Mindesttemperatur garantieren (Frostschutz).

Die Regelung von **Mischluftgeräten** wäre am einfachsten, wenn man von Hand das Außen-Umluft-Verhältnis nach Wunsch fest einstellt und den Ventilator über Raumthermostat ein- bzw. ausschaltet. Da jedoch bei geringerem Wärmebedarf die Stillstandszeiten des Ventilators zu groß sind, kann in der Regel die Lüftungsaufgabe nicht mehr gelöst werden. Aus diesem Grund ist immer eine wasserseitige Temperaturregelung mit durchlaufendem Ventilator vorzuziehen (Regelventil mit Stellmotor im Vorlauf).

Für eine **zentrale Regelung** gibt es verschiedene Möglichkeiten, deren Anwendung von mehreren Faktoren abhängt (z. B. ob gleiche oder ungleiche Truhengröße, Truhenanzahl, Art der Abluftanlage, Belüftungsart usw.). Eine preisgünstige und verbreitete Lösung ist die zentrale Vorlaufgruppenregelung (etwa 6 bis 8 K über der gewünschten Vorlauftemperatur). Jede Truhe kann über Raumthermostat oder Zonenventil geregelt werden, wobei bei geschlossenem Ventil ein Thermostatventil die Minimalbegrenzung (evtl. auch Frostschutz) übernehmen kann. Durch die Vorregelung kann man die Schwankungen der Ausblastemperatur bei tiefen Außentemperaturen auf ein Minimum herabsetzen.

Ebenso kann man bei Verwendung von stetigen Reglern, wie z. B. Temperaturregler ohne Hilfskraft (vgl. thermostatisches Heizkörperventil), Raumtemperaturschwankungen einschränken.

Weitere Regelmöglichkeiten wären eine Luftklappenverstellung durch Motoren, wobei der Wasserstrom konstant bleibt und die Änderung der Wärmeleistung z. B. über eine Bypassschaltung erfolgen kann. Eine weitere Möglichkeit wäre eine Folgeschaltung (Sequenzschaltung): Heizventil-Mischluftklappe, wobei allerdings Regler ohne Hilfsenergie ausscheiden.

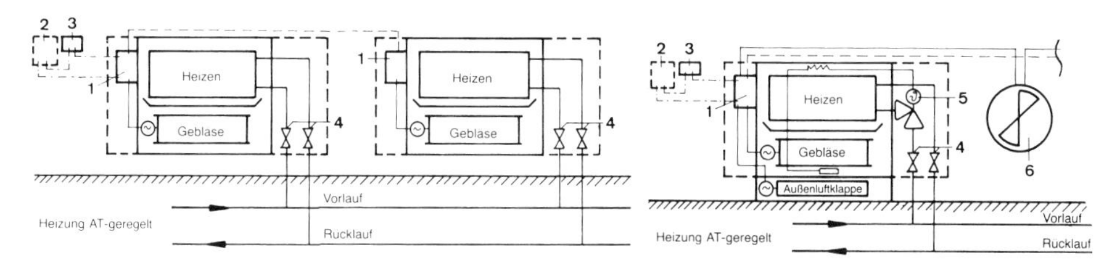

Abb. 6.43 Regelschema Heizen im Umluftbetrieb

Abb. 6.44 Heizen und Lüften (Mischluftbetrieb)

Abb. 6.43 zeigt das Regelschema **Heizen im Umluftbetrieb.** (1) Einbauschalter oder Klemmkasten; (2) Separatschalter; (3) Raumthermostat; (4) Absperrventile.

Abb. 6.44 zeigt das Regelschema **Heizen und Lüften** im Mischluftbetrieb. (5) Spezial-Thermostatventil mit Minimalbegrenzung; (6) Abluftventilator.

Wirkungsweise:
Wasserseitige Raumtemperaturregelung bei durchlaufendem Ventilator im Außenluft- und Umluftbetrieb (falls nur Umluftbetrieb, EIN-AUS-Schaltung mit Raumthermostat). Drehzahlwahl von Hand, i. allg. außentemperaturabhängige Vorlauftemperaturregelung. Bei Außenluftbetrieb läuft auch der Abluftventilator mit. Im Frostfall schaltet der Frostschutzthermostat den Abluftventilator ab und schließt die Außenluftklappe.

Der **Frostschutz** ist in der Regel serienmäßig vorgesehen, denn bei tiefen Außentemperaturen muß das Heizregister vor dem Einfrieren geschützt werden.

Der Fühler des Frostschutzthermostaten wird vor dem Register im Mischluftstrom angeordnet. Diese Begrenzung muß vor dem eigentlichen Raumtemperaturregler Vorrang haben, selbst wenn u. U. das Regelergebnis der Raumtemperaturregelung dadurch verschlechtert wird. Dasselbe gilt auch für eine evtl. Minimalbegrenzung der Zulufttemperatur, die zur Vermeidung von Zugerscheinungen nicht zu niedrig sein darf. Der Fühler des Zuluft-Minimalbegrenzers wird im Zuluftstrom hinter dem Register montiert.

Mit einer **Mikrocomputerregelung** können durch verschiedene Energiesparfunktionen die Betriebskosten erheblich reduziert werden, wie z. B. durch die sog. Aufheizphase im Umluftbetrieb (kein $\dot{Q}_L$) und durch den Betrieb mit abgesenkter Temperatur. Die Einsatzbeispiele beziehen sich vor allem auf Truhengeräte, die auch für Kühlzwecke eingesetzt werden (vgl. Bd. 4).

Der MC-Regler ist mit einem Ein-Chip-Prozessor ausgerüstet. Im Gehäuse sind die individuellen Normal- und Sparfunktionen vorprogrammiert. Eine maximale Betriebssicherheit erfolgt durch entsprechende Leistungsüberwachung. Die eingebaute Relaisplatine dient als Empfänger, der die Befehle der MCR entgegennimmt und auswertet. Das Ergebnis wird in digitaler Form als Steuerbefehl zum Leistungsteil gesendet. Die MCR bietet eine wasser- und luftseitige Raumtemperaturregelung, die bei minimalen Temperaturschwankungen sekundenschnell reagiert.

6.3 Schrankgeräte

Für größere Leistungen gibt es indirekt beheizte Lüftungs- und Luftheizgeräte auch als Schrankgerät bzw. Standgerät, das meistens im Raum selbst aufgestellt wird. Anstelle des Ausblaskopfes kann man an das Gerät auch einen Kanal anschließen und mehrere Räume versorgen.

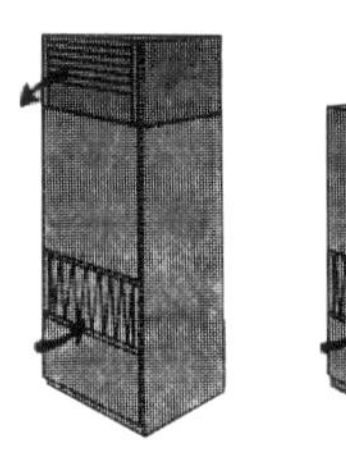

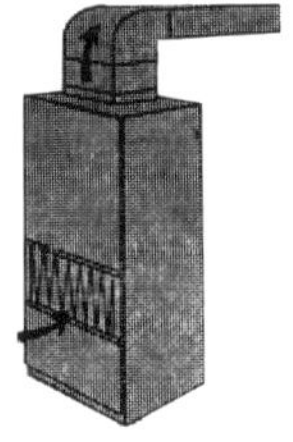

Abb. 6.45

Der **Aufbau** eines solchen Gerätes entspricht dem eines üblichen Kastengerätes (vgl. Abb. 2.4), wahlweise auch als Mischluftgerät. Luftansaugung von allen Seiten möglich.

Die **Ausblasköpfe** werden in zahlreichen Ausführungsarten angeboten, ähnlich wie in Abb. 5.7 bei den direkt beheizten Geräten. Eine Zuluftführung über einen Kanal ist jedoch der besseren Luftverteilung im Raum wegen grundsätzlich vorzuziehen.
Schrankgeräte in der Klimatechnik mit eingebautem Kälteaggregat finden eine größere Anwendung.

6.4 Direkt beheizte Einzelgeräte

Neben dem Warmlufterzeuger als Standgerät (Abb. 5.8) gibt es zahlreiche weitere Einzelgeräte, die mit Heizöl, Gas oder elektrisch beheizt werden. Man findet sie vorwiegend zur Raumheizung in Industrie- und Lagerräumen, in Werkstätten, Ausstellungsräumen, Trockenräumen, in der Landwirtschaft und im Gartenbau.

Auf die **Vorteile** dieser Geräte, wie: keine Einfriergefahr, kurze Aufheizzeit, punktuelle Beheizung, geringe Bau- und Baunebenkosten usw., wurde schon anhand der Abb. 5.1 hingewiesen. Im übrigen gelten auch hier die Vorteile der Einzelgeräte gegenüber der Zentralanlage (Abb. 6.1).

6.4.1 Öl- und gasbefeuerte Geräte

Diese Geräte werden an Wänden oder Decken auf Konsolen oder an Hängekonstruktionen befestigt. Hinsichtlich Montage und Betrieb gelten die Vorschriften und Richtlinien, wie sie unter Kap. 5.1 für die mit Öl oder Gas direkt befeuerten Warmlufterzeuger und Kastengeräte zusammengestellt sind. Nachteilig sind auch hier die oft zu hohen Ausblastemperaturen, wenn nicht durch entsprechende Maßnahmen, wie z. B. Verwendung von speziellen Luftverteilern, die Temperaturverteilung im Raum verbessert wird. Grundsätzlich soll zur Einsparung von Energie die oben angestaute Warmluft durch die stetige Rückführung zum Bodenbereich mitverwendet werden. (Luftwechselzahl und Übertemperatur überprüfen!)

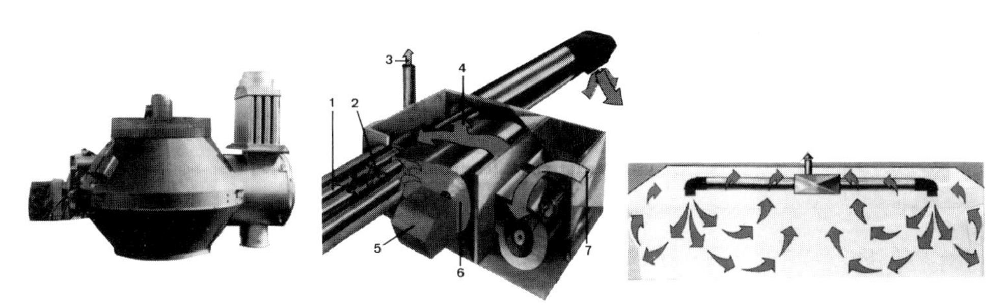

Abb. 6.46 Radial-Deckenluftheizapparat

Abb. 6.47 Warmlufterzeuger als Deckengerät mit Luftverteiler

Abb. 6.46 zeigt einen Radial-Deckenluftheizapparat mit Öl- oder Gasfeuerung. Vorgeschalteter Filter und Formstück für Außen-, Misch- und Umluftbetrieb, Rippenrohr-Wärmetauscher, nachgeschalteter Abgaskühler zur Erhöhung von η_F. Zum Zubehör zählen Abgasrohr und Regenhaube. Leistung von 20 bis 200 000 kW, 2000 m^3/h bis 24 000 m^3/h in 22 Baugrößen, ∅ 0,8 m bis 2,2 m, Montagehöhe je nach Baugröße 3 m bis 25 m (Fa. Klein).

Abb. 6.47 zeigt ein **Deckengerät mit Öl- oder Gasbrenner** mit einer Leistung von 45 bis 450 kW (11 Baugrößen) entsprechend einem Volumenstrom von 3500 bis 30 000 m^3/h; Edelstahlbrennkammer, Alu-Gehäuse, Zusatzeinrichtungen (z. B. Zeitschaltautomatik, Mischlufteinrichtung, Sommerlüftungsautomatik u. a.), Wärmetauscher im Gegenstromprinzip, verschiedene Ausblasköpfe (Fa. LK, Nürnberg).

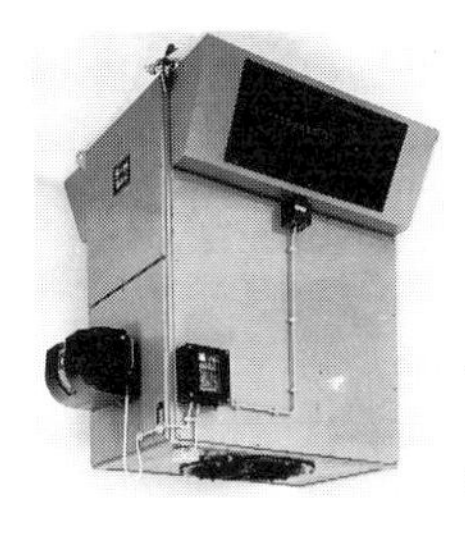

Abb. 6.48 Direktbefeuertes Luftheizgerät

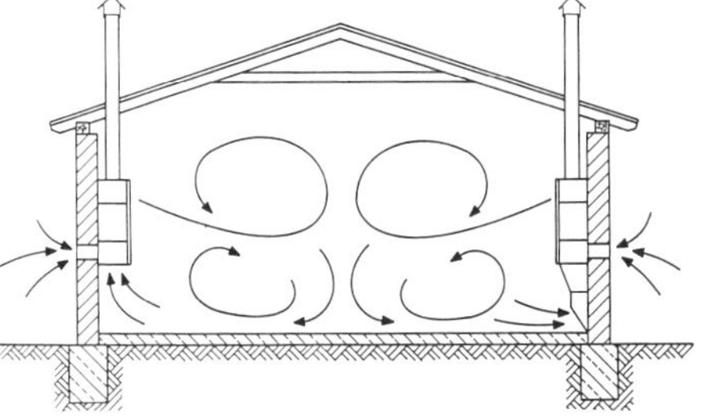

Abb. 6.49 Öl- oder gasbefeuerte Wanderhitzer mit Außenluftanteil; Fortluft über Wandlüfter oder Überdruckjalousien

Abb. 6.50 Gasbefeuertes Luftheizgerät (Wandmontage)

Abb. 6.46 zeigt einen Radial-Deckenluftheizapparat mit Öl- oder Gasfeuerung. Vorgeschalteter Filter und Formstück für Außen-, Misch- und Umluftbetrieb, Rippenrohr-Wärmetauscher, nachgeschalteter Abgaskühler zur Erhöhung von η_F. Zum Zubehör zählen Abgasrohr und Regenhaube. Leistung von 20 bis 200 000 kW, 2000 m^3/h bis 24 000 m^3/h in 22 Baugrößen, ∅ 0,8 m bis 2,2 m, Montagehöhe je nach Baugröße 3 m bis 25 m (Fa. Klein).

Abb. 6.47 zeigt ein **Deckengerät mit Öl- oder Gasbrenner** mit einer Leistung von 45 bis 450 kW (11 Baugrößen) entsprechend einem Volumenstrom von 3500 bis 30 000 m^3/h; Edelstahlbrennkammer, Alu-Gehäuse, Zusatzeinrichtungen (z. B. Zeitschaltautomatik, Mischlufteinrichtung, Sommerlüftungsautomatik u. a.), Wärmetauscher im Gegenstromprinzip, verschiedene Ausblasköpfe (Fa. LK, Nürnberg).

Tab. 6.16

Gerätetyp		Typ 21		Typ 41		Typ 71	
Ventilatordrehzahl	min^{-1}	925	680	890	660	890	660
Nennwärmeleistung	kW	29,5	19,0	53,0	34,75	94,20	61,28
Nennwärmebelastung	kW	33,5	21,7	60,2	39,1	107	69,6
Luftvolumenstrom	m^3/h	2500	1500	4000	2400	7200	4700
Wurfweite (isotherm)	m	13	8	18	11	23	15
Luftaufwärmung	K	35	38	39	43	39	39
Abgasmassenstrom	kg/h	118,1		220,3		370,8	
Schornsteinzug (max.)	mbar	0,05		0,05		0,05	
Abgastemperatur	°C	150		145		140	
Gasverbrauch: Stadtgas (4,2 kWh/m$_n^3$)	m$_n^3$/h	7,98	5,17	14,34	9,31	–	–
Erdgas L (8,57 kWh/m$_n^3$)	m^3/h	3,91	2,53	7,02	4,56	12,49	8,12
Erdgas H (10,07 kWh/m$_n^3$)	m^3/h	3,33	2,15	5,99	3,88	10,63	6,91
Flüssiggas (12,8 kWh/m$_n^3$)	m^3/h	2,62	1,67	4,70	3,05	8,36	5,46
Schalldruckpegel (5 m)	dB	53	46	58	49	64	55
Gewicht	kg	90		120		200	
Stromaufnahme	A	0,70	0,45	1,20	0,75	2,40	1,50
Motorleistungsaufnahme	W	140		240		480	
Mindestrauminhalt*)	m^3	125		225		400	

Abb. 6.51

*) gültig je Gerät bei natürlicher Belüftung (Fenster und Türen ausreichend vorhanden). Falls die m^3 unterschritten werden, sind an Außenwand Lüftungsöffnungen erforderlich, bei Typ 21 300 cm^2, bei 41 310 cm^2, bei 71 415 cm^2 (bei Gittern freier Querschnitt).

Bei **Gasgeräten** ist die Genehmigung des Gasversorgungsunternehmens einzuhalten. Angaben über Montage, Abgasführung, Sicherheitseinrichtungen, Belüftungsanforderungen, Vorschriften usw. gehen aus Abb. 6.51 und 6.52 mit Text hervor. Weitere Hinweise siehe Kap. 5.1.1 Pkt. 11.

Abb. 6.51 zeigt ein direkt beheiztes **Gerät mit atmosphärischem Gasbrenner** von 1500 m³/h bis 2000 m³/h, 30 bis 95 kW (3 Gerätetypen) $\Delta\vartheta_{ü} \approx$ 35 bis 40 K, Abgastemperatur etwa 140 °C, max. Zug 0,05 mbar, 45 bis 60 dB, geeignet für Stadtgas, Erdgas und Flüssiggas (umstellbar); zweistufiger Ventilator- und Heizbetrieb (etwa 60 %/100 %); Regelung über Thermostat, mit Tag-, Nacht- und Wochenprogramm; verstellbare Ausblasjalousie (0–70°).
Nicht geeignet für Kanalanschluß, für Betrieb in Räumen mit Unter- oder Überdruck und in feuer- oder explosionsgefährdeter, sehr korrosiver oder extrem staubhaltiger Umgebungsatmosphäre und bei fehlendem natürlichem Luftwechsel.
Die wesentlichen Funktionsteile bzw. deren Sicherheitseinrichtungen sind:
Thermosicherung, die eine unkontrollierte Gasausströmung bei Ausfall der Zündflamme verhindert (Störabschaltung); **Sicherheitstemperaturbegrenzer,** der eine Gerätezerstörung infolge Überhitzung verhindert (Störabschaltung > 100 °C); **Ventilatorthermostat** am Wärmetauscher, der den Ventilator bei etwa 50 °C ein- und ungefähr 2 min nach Brennerabschaltung wieder ausschaltet; **Temperaturwächter,** der durch Regelabschaltung die Gaszufuhr unterbricht (bei Wärmetauschertemperatur > 60 °C); **Strömungssicherung,** die eine einwandfreie Verbrennung unabhängig von wechselnden Zugverhältnissen sichert; **Abgasströmungswächter,** der die Gaszufuhr unterbricht, wenn am Ende der Strömungssicherung > 70 °C (Regelschaltung); **Windfahnenschalter,** der die Gaszufuhr bei zu geringer Abgasströmung hinter dem Ventilator unterbricht (Regelabschaltung).

Abgasführung

Die Abgasführung nach Abb. 6.52 erfolgt entweder **ohne Abgasventilator** (senkrechte Schornsteinhöhe mind. das Doppelte der waagerechten – max. 2 m oder leicht ansteigend, Schornsteinzug max. 0,05 mbar, Rohrdurchmesser nach Angabe) oder **mit Abgasventilator** (Ventilator nur direkt an Außenwand bzw. unter Dachdurchführung, Sicherung der Steckverbindungen mit Blechschraube, Aufsetzen des Mündungsstücks u. a.).

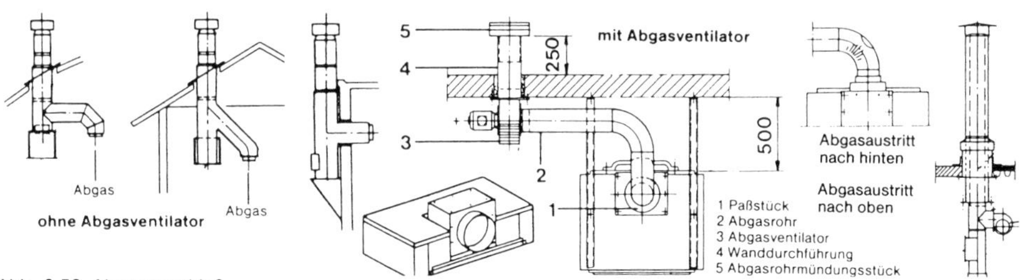

Abb. 6.52 Abgasanschluß

Mindestabstände gehen aus Abb. 6.51 hervor. Maß B_1 für Ausbau des Brennerschlittens, Maß X mind. 450 mm bei brennbarer und mind. 150 mm bei nichtbrennbarer Seitenwand, Maß C mind. 150 mm, bei Höhen < 2,5 m Berührungsschutz für Ventilator erforderlich.
Belüftungsforderungen bzw. Mindestrauminhalt gehen aus den Vorschriften oder Firmenunterlagen hervor (vgl. Tab. 6.16).
Als **Vorschriften** für die Installation sind die TRGI, die TRF, verschiedene Merkblätter, DIN 4794 Teil 5, DIN 4756 (Kap. 5.1), FeuVO u. a. maßgebend.

Fahrbare Warmlufterzeuger

Solche mobilen Geräte, gleichgültig ob mit Öl oder Gas (Propan/Butan) beheizt, können auch im Freien zur Aufstellung kommen, wobei die Warmluft in Plastikschläuchen dem Raum zugeführt werden kann. Man findet sie dort, wo gezielte Wärme sofort, meistens kurzfristig und ohne Netzanschluß, verfügbar sein muß.

- **Anwendungsbeispiele:** auf Winterbaustellen, in Zelten, beim Austrocknen von Neubauten, zum Auftauen und Anwärmen von Baustoffen und Maschinen, in Gewächshäusern, in Stallungen, zum Trocknen von Getreide, Obst, Gemüse usw., zum Schutz vor Vereisungen, zur Punktbeheizung im Freien.
- Werden die **Geräte im Innern** aufgestellt und somit die Abgase ebenfalls in den Raum geblasen, muß der Raum gut belüftet werden (Vorschriften beachten).

- In **Gewächshäusern** wird mit speziellen gasbefeuerten Geräten der CO_2-Gehalt der Raumluft erhöht, damit das Wachstum beschleunigt, die Qualität verbessert und die Erträge erhöht werden.
- **Leistungsbereiche** je nach Gerätetyp und Gerätegröße von 16 bis über 100 kW; von 650 m^3/h bis über 8000 m^3/h.

Abb. 6.53

Abb. 6.54

Abb. 6.55 Elektrogerät

Abb. 6.53 zeigt einen mobilen, direkt befeuerten Warmlufterzeuger mit integriertem Ölbrenner, Öltank und einer Ölvorwärmung auf einer Baustelle. Die Tankbeheizung schaltet sich automatisch bei + 3 °C ein. Leistung 23 bis 93 kW in 4 Typen; Volumenstrom 750 bis 6000 m^3/h; Ölverbrauch 2 bis 7,8 kg/h (Fa. Hylo).

Abb. 6.54 zeigt ebenfalls ein fahrbares Gerät, mit dem über Flexschläuche die Warmluft eingeführt wird; bis etwa 130 kW Leistung, bis 8300 m^3/h; in geschlossenen Räumen mit Schornsteinanschluß.

6.4.2 Elektrische Lufterhitzer

Anstelle eines Wärmetauschers oder einer Heizkammer befinden sich hier im Gehäuse elektrische Heizelemente als frei ausgespannte Widerstandsdrähte oder als Heizstäbe mit eingebrachten Drähten. Eine wirtschaftliche **Anwendung** von Elektrolufterhitzern ist nur dann gerechtfertigt,

a) **wenn einerseits Warmwasser oder Dampf überhaupt nicht oder nicht während der ganzen Jahreszeit zur Verfügung steht, also eine indirekte Beheizung nicht möglich ist, andererseits die Verlegung entsprechender Versorgungsleitungen (Wasser, Heizöl, Gas) zu aufwendig ist**
b) **wenn die Geräte nur als Übergangsheizung oder zur Deckung eines Spitzenwärmebedarfs verwendet werden; auch als Nachheizung**
c) **bei sehr selten beheizten Räumen (Einfriergefahr!) und mit geringem Wärmeverlust**
d) **als Unterbrechungsheizung für Betriebsabteilungen, deren Arbeitszeiten in die Betriebsruhezeiten der Heizzentrale fallen**
e) **wenn die Geräte als Klimageräte oder in Verbindung mit einer Wärmepumpenschaltung eingesetzt werden**
f) **wenn günstige Stromtarife vorliegen (bei den EVU erfragen) und keine hohen Anschlußkosten entstehen (z. B. Altbau)**

Abb. 6.55 zeigt einen Lufterhitzer mit eingebautem Stahlrohrheizkörper für Wand- und Deckenmontage. Zahlreiche Gerätetypen von etwa 2 kW bis 12 kW je nach Größe und Schaltgruppe. Aufbau wie Abb. 6.2.

Weitere Hinweise

- Der in den Tabellen angegebene **Mindestvolumenstrom** muß unbedingt zur Sicherheit der Heizstäbe eingehalten werden. Beim zusätzlichen Einbau von Widerständen muß entsprechend den Luftleistungsdiagrammen (Abb. 6.15) der reduzierte Volumenstrom ermittelt werden. Kritisch liegen die Verhältnisse bei kleiner Drehzahlstufe.
- Der **Betrieb des Elektroheizregisters darf nur bei laufendem Ventilator** erfolgen. Durch den Schaltschrank wird u. a. für eine elektrische Verriegelung von Ventilatormotor und Heizbatterie gesorgt.
- Zum **Schutz des Ventilatormotors** muß nach Geräteabschaltung ein Nachlauf gewährleistet sein, damit der Ventilator die Restwärme der Heizstäbe abführen kann (Zeitrelais 8–80 s).
- Die **maximale Zulufttemperatur** darf 60 °C nicht überschreiten, da sonst der Temperaturwächter abschaltet. Der hierfür erforderliche Volumenstrom kann dabei höher liegen als der Mindestluftvolumenstrom (je nach Lufteintrittstemperatur).
- Ein Einsatz in **feuchter oder explosiver Atmosphäre** ist nicht möglich.

7 Anwendungsbeispiele und Planungshinweise für verschiedene RLT-Anlagen

In diesem Abschnitt sollen eingehender spezielle Anwendungsbeispiele mit Planungshinweisen (vorwiegend Lüftung) zusammengestellt werden. Die teilweise nur stichwortartige Zusammenfassung ist durch den vorgeschriebenen Seitenumfang des Buches begründet.

7.1 Versammlungsräume

Noch vielfältiger als die Anzahl und die Typen von Versammlungsräumen, wie z. B. Vortragsräume, Konzertsäle, Theater und Kinos, Hörsäle, Konferenzräume, Kirchen, Restaurants, Tanzräume, Turnhallen, Verkaufsräume, Schalterhallen usw., sind auch die Planungs- und Ausführungsformen der RLT-Anlagen. Hinzu kommen nämlich noch die jeweils unterschiedliche Nutzung, Gebäudelage, Gebäudeausführung und Raumausstattung.

Allgemeine Hinweise

- Innenliegende Hallenarten müssen klimatisiert werden. Aber auch **Versammlungsräume mit Außenwänden und Fenstern müssen oft – selbst an kalten Wintertagen – gekühlt werden.** Neben der Personenwärme kommen nämlich meist noch andere Wärmequellen hinzu (z. B. Beleuchtung), und die Wärmeverluste nach DIN 4701 sind heute sehr gering. Die RLT-Anlage dient vielfach gleichzeitig als Luftheizung.
- Der **Volumenstrom zur Lüftung** wird nach der Außenluftrate bestimmt (Tab. 4.1). Legt man je Person ein Raumvolumen von 5 m^3 zugrunde, ergibt dies einen 4- bis 8fachen Luftwechsel, je nach Außentemperatur auf Außen- oder Mischluft bezogen (Kap. 4.2.3). Der ermittelte **Volumenstrom ist nach der Kühllast** $\dot{Q}_K$ (evtl. auch nach der Heizlast) zu überprüfen.

$$\dot{V}_{zu} = \frac{\dot{Q}_K}{c \cdot \Delta\vartheta}$$

$\Delta\vartheta = \vartheta_{zu} - \vartheta_i = \vartheta_a - \vartheta_i$ bei atmosphärischer Kühlung $\approx 3 \ldots 6$ K (vgl. Kap. 4.5)

- Soll der Versammlungsraum **mit der RLT-Anlage auch beheizt** werden, wird vor der Saalbelegung zum Aufheizen mit Umluft gefahren. Mit steigender Besucherzahl wird dann der Außenluftanteil erhöht. Regelung siehe Kap. 5.2.2. Stark außenklimaabhängige Versammlungsräume werden in der Regel mit Raumheizkörpern beheizt, zumal die Lüftung nur zeitweise eingeschaltet wird.
- Da bei tiefen Außentemperaturen die Außenluftrate stark verringert wird, legt man bei der **Berechnung des Lüftungswärmebedarfs** für den Volumenstrom nur eine Außentemperatur von etwa $\pm$ 0 °C zugrunde.
- Die wichtigste Planungsaufgabe ist die **Wahl des Luftführungssystems.** Angesichts der erwähnten Arten von Versammlungsräumen sind pauschale Lösungen ausgeschlossen, d. h., für jeden Raum muß eine individuelle Luftführung gewählt werden. In Konzertsälen, Hörsälen usw., d. h. in Räumen mit fester Bestuhlung, hat sich die örtliche Mischströmung bewährt (Kap. 9.1.5). In Mehrzwecksälen mit sehr mannigfaltigen Nutzungen (z. B. Tanzsaal, Sinfoniekonzert, Eisrevue, Kongreßsaal, Fachmesse, Versammlungsraum mit Raucherlaubnis usw.) ist eine optimale zugfreie Luftführung nur äußerst schwer zu erreichen. Oft sind Modellversuche und umfangreiche Einregulierungen erforderlich. Mit speziellen Luftauslässen, möglichst mit richtungs- oder impulsändernden Verstellmöglichkeiten, erreicht man jedoch zufriedenstellende Raumluftbewegungen. Näheres vgl. Kap. 9.

7.2 Die Wohnungslüftung

Obwohl schon seit vielen Jahren eine mechanische Wohnungslüftung mehr und mehr als notwendig angesehen wird und in anderen europäischen Ländern verstärkt auch eingebaut wird, will sie sich in Deutschland noch nicht durchsetzen bzw. tut sich sehr schwer.

Was sind die Gründe für diese Abneigung?

Die höheren Investitionskosten, die Abneigung gegen zuviel Technik, die oft zu geringen Einsparungen an Betriebskosten (je nach Nutzerhalten und Gerätekonstruktion sind sie höher als bei der Fensterlüftung), der erhöhte Planungsaufwand (Zusammenarbeit zwischen Architekt und Planer) und die erforderliche Integration in den Baukörper, der nicht immer gute Ruf der RLT-Technik (z. B. hinsichtlich Geräuschniveau), die noch fehlende Standardisierung aller Baukomponenten (mehr Montagezeit), Gefahr von Zugerscheinungen je nach System, die nicht immer sorgfältig durchgeführte Einregulierung, die oft mangelnde Information und Einweisung der Nutzer und die fehlende Erfahrung für richtige Beratung und Planung.

Es gilt nun, diese Gründe und Behauptungen, die größtenteils als Nachteile hervorgehoben werden, abzuschwächen und zu beseitigen, damit die Wohnungslüftung beim Nutzer einen höheren Bewertungsmaßstab erreicht und durch größere Stückzahlen eine preiswertere Produktion möglich ist.

Die **Notwendigkeit der Wohnungslüftung** kann man nach folgenden zwei Gesichtspunkten begründen:

1. Ansprüche auf gute Luftzustände, Komfort und Hygiene

Dieser Anspruch gründet sich nicht nur auf einen höheren Lebensstandard, sondern auch auf zahlreiche andere Gegebenheiten mit den damit verbundenen Folgerungen und Problemen:

Gegenüber früher:

- Die Wohnungen werden aufgrund der **leichten Bauweise und größeren Glasflächen** durch die Sonnenwärme schneller und stärker aufgeheizt. Mit Hilfe der Wohnungslüftung ist die freie Kühlung sehr wirksam.
- Durch die Wärmeschutzverordnung sind die **Fugendurchlässigkeiten von Fenstern und Außentüren wesentlich geringer** geworden.
  Infolge des sich daraus ergebenden zu geringen Luftaustauschs kann die **Luftverschlechterung** in Wohnungen durch Wärme, Wasserdampf, Körperausdünstungen, Tabakrauch, Küchen- und Abortgerüche, Gerüche von Möbeln, Baustoffen, Textilien usw. nicht mehr beseitigt werden. Außerdem besteht die Gefahr der **Schwärzepilzbildung** (meist in Verbindung mit abgestellten Heizkörpern), und bei Einzelfeuerstätten kommt es zu einer **unvollkommenen Verbrennung** infolge Luftmangels (vgl. FeuVO und TRGI).
- Die **höhere Bewertung guter Luft** (Wohnwerterhöhung) hat auch in Wohnungen zugenommen. Es ist doch unverständlich, daß z. B. in einem Bungalow, der für fast eine Million erstellt wurde, die Pommes-frites- oder Fischgerüche im Wohnzimmer oder die WC-Gerüche in der Diele festgestellt werden.
  Es ist auch nicht einzusehen, daß in Wohnungen mit größeren Familien WC mit „Besuchszeiten" eingeführt werden müßten, wenn die natürliche Lüftung – und sei es nur im Sommer – versagt.
- In den Wohnungen haben **wärme- und feuchteabgebende Geräte** zugenommen (Grillgeräte, Herde mit Selbstreinigung, Toaster, Tiefkühltruhen, Waschmaschinen und Trockner, Kaffeemaschinen, Haartrockner, Möbel mit Kühlschränken u. a.). Außerdem wird durch **die kleineren Küchen** die Luft in der Küche und im danebenliegenden Eßzimmer schneller lästig.
  Geht man z. B. vom Feuchteanfall aus, ergeben sich für die einzelnen Räume einer Wohnung sehr unterschiedliche Außenluftvolumenströme (vgl. Tab. 7.4).
- In zahlreichen Wohnblocks sind die Grundrisse so konzipiert, daß eine **Querlüftung über Fenster nicht möglich** ist. Außerdem fehlen meist die in Altbauten vorhandenen Schornsteine, die oft als „Abluftschächte" wirkten und somit im Raum etwas für Unterdruck sorgten, so daß mehr Luft nachströmen konnte.
- Die **Umwelteinflüsse** von außen, wie Lärm und Staub, haben zugenommen und sind z. B. bei offenem Schlafzimmerfenster oft unerträglich.

2. Einsparung von Wärmeenergie

Dies mag auf den ersten Blick ein Widerspruch sein, doch müssen durch die heute völlig ungenügende Fugenlüftung die Fenster längere Zeit geöffnet werden.

- Dadurch entstehen entsprechend den wechselnden Witterungsverhältnissen unterschiedliche und **unkontrollierbare Luftwechselzahlen,** d. h., es wird in der Regel mehr Außenluft zugeführt als notwendig ⇒ erhöhter Lüftungswärmebedarf!
- Durch die über die Heizkörper einströmende Außenluft durch offene Fenster werden die **thermostatischen Heizkörperventile geöffnet.** Die Wärmeabgabe der Heizkörper wird vergrößert, die Wärme strömt gleich nach außen, wodurch extreme Wärmeverluste entstehen (vgl. Kap. 3.3.2).
- Durch die WärmeschutzV wurde der Transmissionswärmebedarf drastisch reduziert, während der richtige Lüftungswärmebedarf aus hygienischen Gründen nahezu konstant bleibt. Insbesondere in Mehrfamilienhäusern kann demnach die **Lüftungswärme gleich oder sogar größer als die Transmissionswärme** sein, so daß man heute aus energetischen Gründen dem Lüftungswärmebedarf erhöhte Aufmerksamkeit schenken muß.

Der BMFT finanziert z. Zt. zahlreiche sog. Energiesparhäuser mit sehr hohem Wärmedämmstandard, kontrollierter Ent- und Belüftung mit Wärmerückgewinnung und bedarfszeitgerechter Regelung der Heizwärmeübertragung. Hinzu kommt die passive Sonnenenergienutzung durch Wintergärten als thermische Pufferzone.

Von Fertighausherstellern werden seit einiger Zeit Gebäude mit ähnlichen Konzeptionen angeboten und verkauft, bei denen durch Luft eine schnelle Zu- und Abschaltung der Wärmezufuhr möglich ist.

Angaben über **Luftwechselzahlen für Wohnungen** (Schätzwerte!) gibt es nicht nur für die freie Lüftung, sondern auch für Lüftungssysteme mit Ventilatoren (Tab. 7.1 und 7.4).

Wie schon erwähnt, soll jedoch bei der Wohnungslüftung nichts geschätzt, sondern Wärme, Feuchtigkeit, Geruche, Schadstoffe sollen nach Bedarf abgeführt werden. Außerdem muß geprüft werden, ob die Fortluftwärme wieder zurückgewonnen werden kann.

Grundlegend für die Wohnungslüftung gelten folgende **DIN-Normen und Richtlinien:**

VDI 2088 Lüftungsanlagen für Wohnungen (1976)
DIN 18 017 Teil 3 Lüftung von Bädern und Toilettenräumen ohne Außenfenster (1990)
DIN 1946 Teil 6 Lüftung von Wohnungen, Anforderungen, Ausführung, Prüfungen
DIN 18 022 Planungsgrundlagen für Küchen, Bad, WC und Haushaltsräume

Bauaufsichtliche Richtlinien, wie z. B. fensterlose Küchen. Entwurf 1988.

Weitere wichtige Normen sind die **DIN 4102** Teil 1 bis 7 Brandschutz (hierzu besonders Teil 6 Lüftungsleitungen), die **DIN 4109** Schallschutz (insbesondere Teil 2) und die **DIN 4108** Wärmeschutz.

Wie aus Tab. 7.3 und Kap. 7.3.3 (fensterlose Küchen) hervorgeht, unterscheidet man bei der Wohnungslüftung zwischen

Grundlüftung	Lüftung, die dauernd den Mindestluftwechsel ermöglicht
Intensivlüftung	Bedarfsorientierte, kurzzeitige Lüftung mit erhöhtem Volumenstrom (= Zusatzlüftung)

Während für eine Grundlüftung eine freie Ansaugung aus den Nebenräumen noch möglich ist, muß bei der Zusatzlüftung die Zuluft mechanisch zugeführt werden.

Voraussichtlich können nach DIN 1946 Teil 6 **aus Räumen von Wohnungen,** die Fenster mit umlaufenden Dichtprofilen haben, max. 0,5 m^3/h je m^3 Rauminhalt (LW = 0,5 h^{-1}) und ohne umlaufende Dichtprofile max. 1,0 m^3/h · m^3 angenommen werden. Räume mit Feuerstätten zählen nicht dazu.

Bei allen **Abluft-/Fortluft-Systemen mit freier Ansaugung** aus dem Wohn-/Schlafbereich müssen die Grenzen aufgezeigt und muß auf mögliche Probleme hingewiesen werden. Insbesondere sollten neben finanziellen und baulichen Fragen auch **kritische Fragen** hinsichtlich der Funktion gestellt werden, wie z. B.

1. **Ist der im Wohnbereich verbleibende Unterdruck noch so groß, daß der in jedem Raum gewünschte Außenluftvolumenstrom zugeführt werden kann, und wie steht es mit der Verschmutzung der Zuluftelemente?**
2. **Können durch den konzentrierten Eintritt von kalter Außenluft Zugerscheinungen verhindert werden?**
3. **Können stark schwankende Luftwechselzahlen durch mögliche Störgrößen wie Windstärke, Winddruck, Fensteröffnung, offene Türen in Kauf genommen werden?**
4. **Unter welchen Bedingungen ist eine Intensivlüftung in der Küche und im WC möglich, und wie erfolgt die Steuerung?**
5. **Kann auf die hier nicht vorhandene Wärmerückgewinnung verzichtet werden (abhängig von Betriebszeit, Energieverbrauch, Heizsystem, Rückgewinnungsgrad, Nutzung u. a.), und wie steht es mit der Geräuschübertragung?**
6. **Können raumluftabhängige Feuerstätten in Räumen mit Unterdruck einwandfrei betrieben werden?**

Möglichkeiten und Ausführungsbeispiele von Wohnungslüftungen

1 Freie Lüftung	2 Mechanische Lüftung	3 Spez. Lüftungsgeräte
→ Fugenlüftung } Quer=	→ durch Außenwandgeräte	→ Küchenabzugshauben
→ Fensterlüftung } lüftung	→ durch Schächte und Rohre	→ Direktabsaugung am WC
→ Schachtlüftung	→ durch Zentralgeräte mit Wärmetauscher	→ Sonderformen

Abb. 7.1

Zu 1 Freie Lüftung

Die Voraussetzungen, Grenzen und Probleme der freien Lüftung werden ausführlicher in Kap. 3 behandelt.

- Grundsätzlich soll eine **Querlüftung** möglich sein, bei der die Luft durch Fenster, Fensterfugen und/oder Außendurchlässe in die windzugewandten Räume der Wohnung ein- und aus deren windabgewandten Räumen wieder ausströmen kann (bezogen auf Hauptwindrichtung).
- Die sog. Schwerkraft-**Schachtlüftung** funktioniert bedingt nur bei niedrigeren Außentemperaturen und gleichzeitiger ausreichender Zuluftzufuhr durch nicht verschließbare Überströmöffnungen, allerdings nur unkontrolliert.
  Anforderungen über Anordnung und Ausführung von Schacht, Abluftöffnungen, Reinigungsmöglichkeit, Überströmöffnung usw. vgl. Kap. 3.3.3.
- Den hierfür zu bestimmenden **Außenluftvolumenstrom** kann man entsprechend DIN 1946 berechnen (vgl. Tab. 7.3).

Zu 2 Außenwandlüftung - Schachtlüftung - Zentralgeräte

Die Lüftung außenliegender Räume mit Einzelventilatoren ist zwar eine preiswerte Lösung, doch kann diese in der Regel für Wohnungen nicht empfohlen werden. Obwohl **Fenster- und Wandlüfter** erst im Kap. 10.2 behandelt werden, sollen schon hier in bezug auf die Wohnungslüftung einige Hinweise, Probleme und Anwendungsgrenzen aufgezeigt werden.

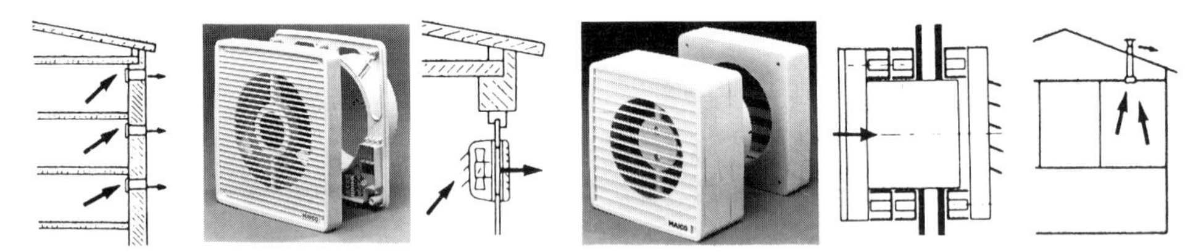

Abb. 7.2 Wand- und Fensterlüfter (Fa. Maico)

1. Bei stärkerem Windanfall kann es zu beachtlichen **Stördrücken** und somit zu Volumenstromschwankungen kommen (höhere Ventilatordrücke erforderlich!).
2. Wenn es sich um eine reine „Sauglüftung" handelt, d. h. nur Luft aus dem Raum gesaugt wird, gelten die Hinweise unter Kap. 2.4.2. Grundsätzlich müßte die **Zuluft erwärmt** werden oder aus beheizten Nebenräumen einströmen, da sie nur wenige Grad unter der Raumtemperatur liegen kann. Die Volumenströme sind außerdem sehr begrenzt.
3. Es gibt auch Fenster- und **Wandlüfter als Zuluftgerät** mit verschiedenen Konstruktionen und Beheizungsmöglichkeiten.

Die **Schachtlüftung** bzw. die Entlüftung über senkrechte Rohre wird fast ausschließlich für innenliegende Räume, wie z. B. Küchen, Bäder, WC, vorgesehen (Kap. 7.3).

Bei den **zentralen Wohnungslüftungssystemen** werden heute schon zahlreiche Systeme und Anlagenvarianten angeboten, wie Zentral-Entlüftungsgeräte (Abb. 7.3), Entlüftungen über Rohre und Schächte (Abb. 7.8), Zentralanlagen zur Be- und Entlüftung mit und ohne Wärmerückgewinnung (Abb. 7.4), z. B. mit Plattentauscher oder Wärmepumpe, kombinierte Lüftungs-Luftheizungs-Anlagen, z. T. auch mit integrierter Warmwasserbereitung und Wärmerückgewinnung (Abb. 7.5) u. a.

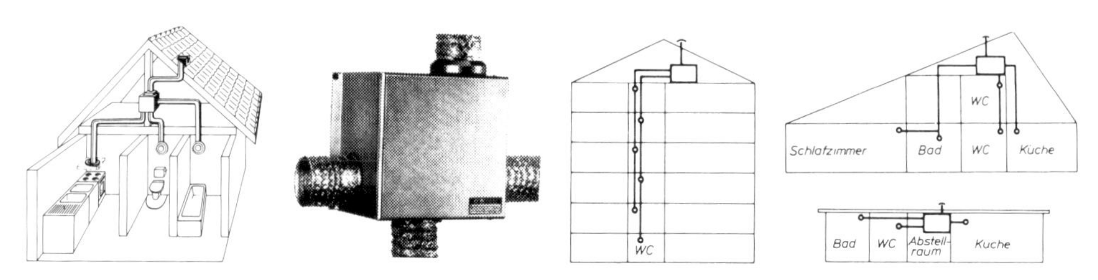

Abb. 7.3 Zentrale Entlüftung durch Lüftungsbox (Fa. Helios)

Abb. 7.3 zeigt ein **zentrales Abluftsystem;** 380/190 m^3/h; Drehzahlsteuerung durch Wechselschalter oder über Zeitschaltuhr, Nachlaufschalter; bei zu geringem Abstand von Ventilator und Abluftöffnung (i. allg. Tellerventile) evtl. Telefonieschalldämpfer einbauen; drei Ansaugstutzen 100 mm ∅; geeignet auch für gewerblichen Bereich.

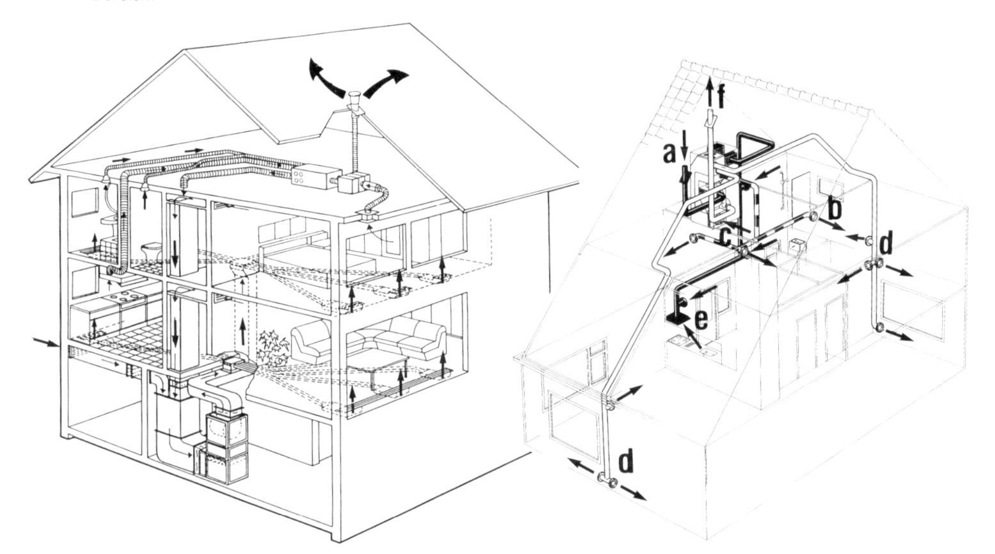

Abb. 7.4 Be- und Entlüftungsanlage mit Wärmerückgewinnung (Fa. Schrag)

Abb. 7.5 RLT-Anlage mit Heizung und WW-Bereitung kombiniert (Fa. Stark)

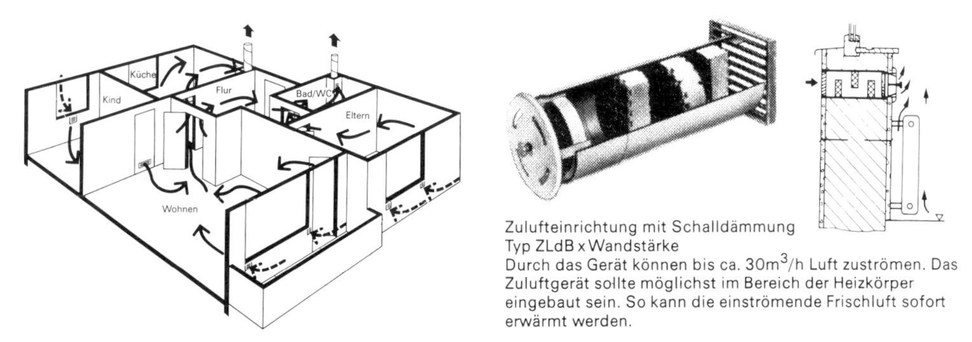

Abb. 7.6 Wohnungslüftung mit Abluftrohren in Schächten und Zuluftelementen (Fa. Lunos)

Abb. 7.4 zeigt eine zentrale **Be- und Entlüftungsanlage mit Wärmerückgewinnung** und eine in Kap. 5.2.4 beschriebene Warmluftheizung. Abluft aus Küche und Naßräumen, Zuluft in Wohn- und Schlafräumen; Wärmetauscher mit integriertem Abluftsammler und Zuluftverteiler; maximaler Zuluftvolumenstrom 200 m^3/h; selbsttätige Einstellung der einzelnen Volumenströme durch spezielle Module oder Selbstverstärkerelemente.

Abb. 7.5 zeigt ein System, bei dem in einem Gerät die **Lüftung, Heizung, Wärmerückgewinnung und Brauchwassererwärmung integriert** sind. Das System arbeitet mit drei Heizzonen: Zone 1 (Schlafen), Zone 2 (Wohnräume – Sonnenseite), Zone 3 (Wohnräume – Nordseite), entsprechend auch mit drei Lufterhitzern, die jeweils durch Raumthermostate geregelt werden.

a) Außenluft, die durch Wärmerückgewinner und Lufterhitzer erwärmt wird; b) erwärmte Außenluft (Zuluft) in die Schlafräume; c) gefilterte Umluft durch den Wohnzimmerbereich (ständig 150 m^3/h); d) erwärmte Umluft (Zuluft); e) Abluft aus Naßräumen durch den Wärmerückgewinner; f) abgekühlte Fortluft.

Abb. 7.6 zeigt ein System, bei dem die **Abluft über Schächte und die Zuluft über spezielle Zuluftelemente** mit Filter und Schalldämpfer geführt wird (Abluftventilatoren gibt es für Schachteinbau oder für Aufputzinstallation (Abb. 7.9). In den Wohn- und besonders in den Schlafräumen ist im Niedriglastbereich eine Dauerlüftung möglich. Bei Bedarf kann auf Vollast für eine intensive Lüftung in Küche und Sanitärräume geschaltet werden, wobei auf die begrenzte Zuluftzufuhr zu achten ist.

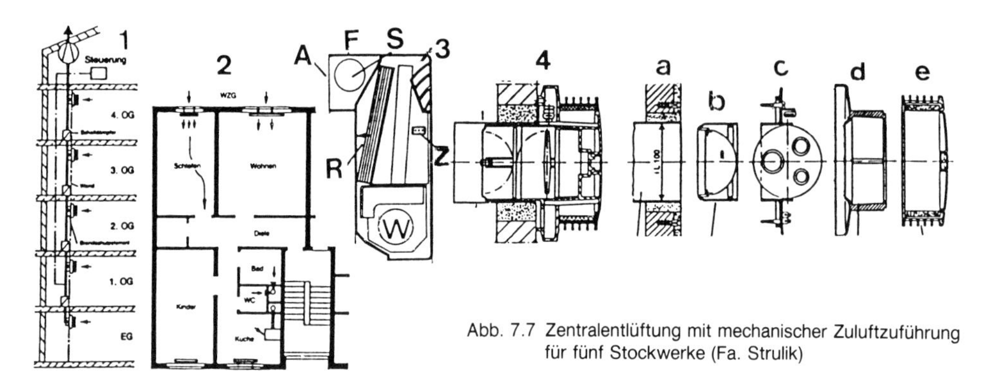

Abb. 7.7 Zentralentlüftung mit mechanischer Zuluftzuführung für fünf Stockwerke (Fa. Strulik)

Abb. 7.7 zeigt ein **Be- und Entlüftungssystem mit Grund- und Bedarfslüftung** zum Entlüften von innenliegenden Räumen für Mehrfamilienhäuser (Bad/WC), für Einfamilienhäuser (Küche), für Hotels (Bad/WC oder Appartements mit Kochnische), für Krankenhäuser, Bürogebäude usw.
Belüftung durch ein Wandzuluftgerät (3) mit regelbarem Walzenlüfter W (bis 250 m^3/h), Warmwasserheizregister R (4,5 kW bei 80/60), elektrische Zusatzheizung Z (1 kW), Umluftfilter F und Sekundäranschluß S, Außenlufteintritt A; Bautiefe 24 cm.
Entlüftung durch einen Abluftautomaten (4) für Küche und Bad/WC mit einer automatischen Drucksteuerung. Die Umschaltung von Grundlüftung (etwa 20 %) auf Bedarfslüftung (100 %) kann in Bad/WC z. B. durch Lichtschalterbetätigung und in der Küche z. B. durch Herausschwenken des Haubenschirms erfolgen.

Die Bauteile wie Filter, Brandschutzelemente, Steuerung, Ventilator usw. müssen gewartet und das System muß einreguliert werden. Die dargestellte Reihenfolge der Montage ist: Anschlußrohr (a), Brandschutzelement (b), Grundplatte (c), Abdeckplatte (d) und Filterhaube (e).

Volumenstrombestimmung für Wohnungen

Bei der Festlegung des erforderlichen Volumenstroms sollte man unterscheiden zwischen den verschiedenen Aufenthaltsräumen (Wohn-, Eß- und Schlafräume) einerseits und den sog. Naßräumen (Küche, Bad, WC) andererseits.

a) Aufenthaltsräume (Wohnteil)

Daß auch diese Räume gelüftet werden müssen, steht – wie anfangs begründet – außer Frage. Die Lüftung sollte jedoch möglichst kontrolliert und möglichst als eine schwache „Dauerlüftung“ (Grundlüftung) durchgeführt werden. Der erforderliche Außenluftvolumenstrom kann nach Tab. 7.3 vorgenommen werden.

Die **Angabe einer Luftwechselzahl** (Tab. 7.1) zur Bestimmung des erforderlichen Außenluftbedarfs ist wenig sinnvoll. Für die Außenluftrate je Person kann man nicht dieselben Maßstäbe ansetzen wie in Versammlungsräumen, da die Lebensgewohnheiten, die Nutzung, die hygienischen Ansprüche, das Raumvolumen je Person, die Raumausstattung, die Abgabe von Geruchsstoffen, die Luftströmungen usw. viel zu unterschiedlich und auf Wohnungen nicht ohne weiteres übertragbar sind.

In folgendem Beispiel soll nochmals der Zusammenhang zwischen Luftwechsel *LW* und Außenluftrate *AR* je Person gezeigt werden.

Nach DIN 4701 wird ein Wert von $LW = 0{,}5\ h^{-1}$ angenommen. Zimmer 1 hat 32 m^2, Zimmer 2 nur 14 m^2, beide haben eine lichte Höhe von 2,5 m; jeweils 2 Personen.

Zu 1 $AR = \frac{\dot{V}_a}{\text{Pers.}} = \frac{0{,}5 \cdot 32 \cdot 2{,}5}{2} = \mathbf{20\ m^3/h \cdot Person}$ (entspricht bei 30 $m^3/h \cdot P$ einem *LW* von $0{,}75\ h^{-1}$)

Zu 2 $AR = \frac{0{,}5 \cdot 14 \cdot 2{,}5}{2} = \mathbf{8{,}75\ m^3/h \cdot Person}$

Würde man nach Tab. 4.1 die Rate von 30 $m^3/h \cdot P$ wählen zuzüglich noch 20 $m^3/h \cdot P$ bei Raucherlaubnis, wäre ein Luftwechsel von $LW = \dot{V}_a/V_R = 2 \cdot 50/14 \cdot 2{,}5 = 2{,}8\ h^{-1}$ erforderlich, was natürlich nur durch eine Stoßlüftung möglich ist.

Tab. 7.1 Außenluftbezogene Luftwechselzahlen für Wohnungen

Alte Einfachfenster(meist undicht)	0,5...1,0	Nach DIN 18017/1990(auf Wohnungen bezogen)	0,8
Heutige dichte Fenster und Außentüren	0,05...0,2	DIN 4701(Bäder u.WC innenliegend)ohne Vent.	4,0
Erforderlicher Wert (je nach Raumvolumen Personenzahl und Raucherlaubnis)	0,5...1,0 ....(1,5)	Nach VDI 2088 (1970)	0,4...0,8
		Nach der anfallenden Feuchtigkeit	Tab.7.4
Nach DIN 4701(Mindestlüftungsbedarf)	0,5	Für innenliegende Küchen	Tab.7.5a

b) Naßräume (Betriebsteil)
Da die Entlüftung der Wohnung im allgemeinen in den Naßräumen vorgenommen wird, muß garantiert werden, daß in diese Räume (Küche, Bad, WC) auch ausreichend wieder Luft nachströmen kann. Je nachdem, wo und wieviel Luft abgesaugt wird, muß man unterschiedliche Anforderungen hinsichtlich der Zuluftführung stellen. Addiert man die Abluftströme des Betriebsteils, so kann man den auf die Wohnung bezogenen Luftwechsel überprüfen, vorausgesetzt, die Luft kann überall gleichmäßig nachströmen.

Beispiel:
Legt man die in Tab. 7.2 angegebenen Volumenströme für Bad und WC sowie für die Küchenabzugshaube 120 m^3/h zugrunde (d. h. ist $\dot{V}_{ges} = 60 + 30 + 120 = 210\ m^3/h$), so wäre der stündliche Luftwechsel – bezogen auf den belüfteten Wohnbereich (250 m^3) – $LW = 210/250 = \mathbf{0{,}84\ h^{-1}}$ und bezogen auf die Naßräume (51 m^3) $LW = 210/51 = \mathbf{4{,}1\ h^{-1}}$.

Bei Räumen mit Außenfenstern (freie Lüftung) muß zur Erreichung des erforderlichen Volumenstroms das Fenster geöffnet werden (Stoßlüftung).

Wie schon erwähnt, führt diese unkontrollierte „Stoßlüftung" in der Regel zu viel zu hohen Lüftungswärmeverlusten. Selbst ein kontinuierlicher Luftwechsel von z. B. 1fach ist nicht sinnvoll, da die Lufterneuerung dem Bedarf angepaßt werden müßte; einmal wäre er zu gering, ein anderes Mal zu hoch.

Sowohl für den Wohn- als auch für den Betriebsteil werden in den erwähnten DIN-Normen und Richtlinien Angaben für die erforderlichen Außenluftvolumenströme tabellarisch zusammengestellt.

Volumenstrom bei der freien Lüftung – Zuluftdurchlässe an Außenwänden

Obwohl verschiedene Anhaltswerte, z. B. durch Annahmen von Luftwechselzahlen, bekannt sind, die allerdings nur bei bestimmten Voraussetzungen erreicht werden können, wird in der DIN 1946 Teil 6 ein Rechenansatz angegeben. Danach kann man den zu dimensionierenden Außenluftvolumenstrom $\dot{V}_{DIM}$ wie folgt berechnen:

$$\dot{V}_{DIM} = \dot{V}_{SOLL} - \underbrace{(0{,}12 \cdot V_{WE})}_{\dot{V}_{INF}} - \dot{V}_{FL}$$

$\dot{V}_{SOLL}$ Erforderlicher Außenluftvolumenstrom nach Tab. 7.3
V_{WE} Rauminhalt der Wohnung
$\dot{V}_{INF}$ Infiltration = Unvermeidlicher Luftaustausch durch Undichtigkeiten = 0,12facher Luftwechsel · V_{WE} (bei Schwerkraft-Schachtlüftungen : Luftwechsel 0,35 h^{-1})
$\dot{V}_{FL}$ Luftvolumenstrom durch die Summe aller Fensterfugen der Wohnung

$$\dot{V}_{FL} = a \cdot l \cdot \Delta p^{2/3} \text{ (vgl. Bd. 1)}$$

a	Fugendurchlaßkoeffizient
l	Länge der Fensterfugen
Δp	Druckdifferenz (innen – außen)

Sind zur Erreichung von $\dot{V}_{DIM}$ **Zuluftdurchlässe in Außenwänden** erforderlich, so sind die Querschnitte für einen rechnerischen Druckunterschied von 4 Pa für windschwache und 8 Pa für windstarke Lagen auszulegen. Hinsichtlich ihrer Anordnung sollen folgende **Anforderungen** gelten:

Allein oder mit einem Fenster verbunden, gleichmäßig auf die Außenwände verteilt, dicht gegen Schlagregen (auch im geöffneten Zustand), keine Beeinträchtigung der geforderten Schalldämpfung des Fensters, leichte Wartung und Reinigung von innen, geschützt vor Eindringen von Insekten, Sicherstellung des Mindestquerschnittes bei Reguliereinrichtungen (Regelstellung soll angezeigt werden können), Vorschriften beachten (WärmeschutzV, Bauordnungsrecht der Länder), Vermeidung von Zugerscheinungen (weitere Hinweise nach DIN 1946 bei Intensivlüftung vgl. Kap. 7.3.3).

- **Volumenstrom bei Lüftungen mit Ventilatoren**

Stärker verbreitet ist die Entlüftung durch die nachfolgend beschriebenen 18 017-Anlagen. Die **Volumenstrombestimmung nach DIN 18 017** Teil 3 erfolgt nach Tab. 7.5.

Wichtige Planungsgrundsätze sind hier eine ausreichende Zuluftzuführung sowie die Einhaltung der zahlreichen anlagenspezifischen Anforderungen.

Volumenstrombestimmung nach VDI 2088 (1976) erfolgt nach Tab. 7.2.

Tab. 7.2 Abluftvolumenströme in m^3/h nach DIN 2088

Wohnküchen >8 m²	120	Wohnräume mit Abluft in Kochnische in Kleinwohnungen	50	Bäder und Toiletten mit 6fachem Luftwechsel
Wohnküchen <8 m²	60			
Küchen von Kleinwohnungen (max. 2 Räume; <50 m²)	80	Bäder (auch mit WC)	60	
		Toiletten (je Sitz)	30	

Diese Angaben sind zu wenig differenziert und werden wahrscheinlich durch die Angaben in Tab. 7.3, Tab. 7.5 und Tab. 7.5a ersetzt.

Volumenstrombestimmung nach der DIN 1946 Teil 6 erfolgt nach Tab. 7.3

Tab. 7.3 Planmäßige Außenluft-Volumenströme für die einzelnen Wohnungsgruppen ohne Berücksichtigung fensterloser Räume (Küche, Bad-, WC-Raum)

Wohnungs-gruppe	Wohnungs-größe (m^2)	Belegung (Personen)	Außenluftvolumenstrom (m^3/h) freie Lüftung	masch. Lüftung	Hinweis:
I	≤ 50	bis 2	60	60	Der Volumenstrom bei freier Lüftung entspricht einer Grundlüftung; bei maschineller Lüftung einer Bedarfslüftung
II	$> 50 \leq 80$	bis 4	90	120	
III	> 80	bis 6	120	180	

Hier wird zum ersten Mal der Außenluftvolumenstrom nicht nur auf Naßräume, sondern auf die gesamte Wohnung bezogen. Zur Sicherstellung der Grundlüftung sind die erforderlichen Luftdurchlässe nutzungsorientiert und gleichmäßig auf die Außenwandflächen der Wohneinheit zu verteilen. Bei der Intensivlüftung muß die Außenluft in der Regel mechanisch zugeführt werden.

Den **Volumenstrom nach der anfallenden Feuchtigkeit** zu bestimmen ergibt sehr große Volumenströme und Luftwechselzahlen in den Naßräumen (Tab. 7.4).

Die höheren Werte für Außenluftrate und Luftwechselzahl ergeben sich dadurch, daß außer der Wasserdampfabgabe je Person (Tab. 1.3) weitere Feuchtequellen angenommen wurden.

Tab. 7.4 Außenluftraten aufgrund der anfallenden Feuchtigkeit (nach Esdorn und Gertis)

Raumart		Lufttemp. (°C)	Feuchteanfall (g/h)	Außenluftrate (m^3/h)	Raumgröße (m^3)	Mindestluftwechsel (h^{-1})
Wohnräume		20	100 – 300(200)	25 – 70(45)	40 – 80(60)	0,3 – 1,8(0,8)
Schlafräume		16	20 – 100(60)	5 – 30(20)	20 – 40(30)	0,1 – 1,5(0,8)
Kinderzimmer		20	90 – 200(150)	20 – 45(35)	20 – 60(40)	0,3 – 2,3(0,8)
Bad	Nutzung	24	700 – 2600(1000)	135 – 500(190)	20 – 30(25)	4,5 – 25 (8)
	Tagesmittel		50 – 150(100)	10 – 30(20)		0,3 – 1,5(0,8)
Küche	Nutzung	20	600 – 1500(1000)	150 – 350(230)	20 – 40(30)	3,8 – 18 (8)
	Tagesmittel		20 – 180(100)	5 – 40(25)		0,1 – 2,0(0,8)

Klammerwerte sind Mittelwerte

Volumenstrombestimmung für WC und Bäder kann nach Tab. 7.5 und für **fensterlose Küchen** nach Tab. 7.5a erfolgen.

7.3 Lüftung von innenliegenden Räumen in Wohnungen, Hotels, Bürogebäuden u. a.

In diesem Kapitel soll eingehender auf die DIN 18 017, d. h. auf die Lüftung von innenliegenden Bädern und Toiletten für Wohnhäuser, Hotels, Büros usw. eingegangen werden.
Andere Räume innerhalb der Wohnung (außer fensterlose Küchen – Kap. 7.3.3) können ebenfalls über Anlagen dieser Norm entlüftet werden.

7.3.1 Lüftung von Bädern und Toiletten ohne Außenfenster – DIN 18 017 Teil 3

Nach den Musterbauordnungen sind in Wohnungen nur dann Küchen, Kochnischen, Bäder, WC ohne Außenfenster zulässig, wenn eine wirksame Lüftung dieser Räume gewährleistet ist. Nach DIN 18 017 unterscheidet man zwischen folgenden zwei Anlagensystemen:

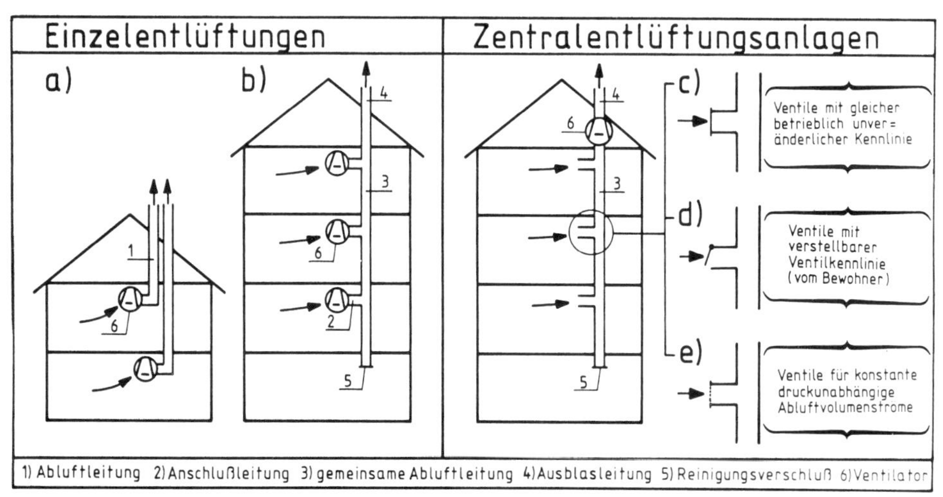

Abb. 7.8 Einteilung der Schachtlüftungen nach DIN 18 017
a) mit eigenen Abluftleitungen; b) mit gemeinsamer Abluftleitung; c) mit gemeinsam veränderlichem Gesamtvolumenstrom; d) mit wohnungsweiser Volumenstromanpassung; e) Dauerlüftung mit veränderlichem Volumenstrom

7.3.1.1 Einzelentlüftungsanlagen

Diese Anlagen ermöglichen die Entlüftung von Räumen nach Bedarf der Bewohner, d. h., jede Wohnung hat einen eigenen Ventilator. Man unterscheidet dabei Anlagen mit eigenen oder gemeinsamen Abluftleitungen.

Einzelentlüftungsanlagen mit eigenen Abluftleitungen (Abb. 7.8a). Je Wohnung ist mindestens eine Leitung zu installieren. Es dürfen auch mehrere Geräte einer Wohnung an eine gemeinsame Leitung angeschlossen werden, jedoch ist jeweils eine dichtschließende Rückschlagklappe erforderlich.

Weitere Forderungen:
Zulässige Grenzen für Volumenstromänderungen infolge von Stördrücken beachten; Leitungen, die noch durch andere Räume führen, müssen auch unter Überdruck dicht sein.

Einzelentlüftungsanlagen mit gemeinsamer Abluftleitung (Abb. 7.8b) für mehrere Wohnungen waren in der vorangegangenen DIN (1970) nicht enthalten. Man unterscheidet zwischen Hauptleitung (3), Anschlußleitung (2) und Ausblasleitung (4) über Dach (oberhalb des obersten Gerätes).

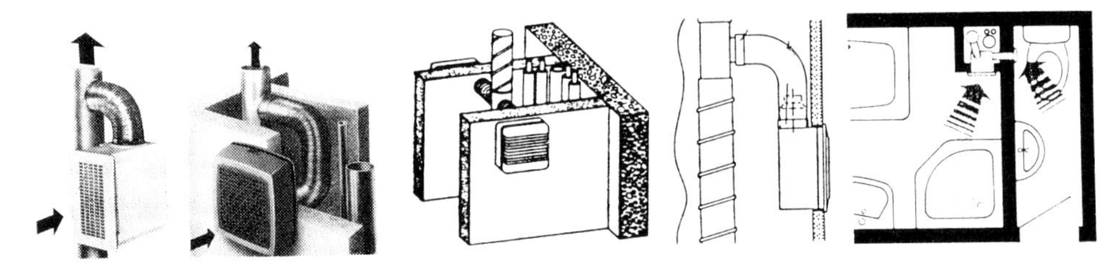

Abb. 7.9 Einzellüftungen, Schachtanschlüsse

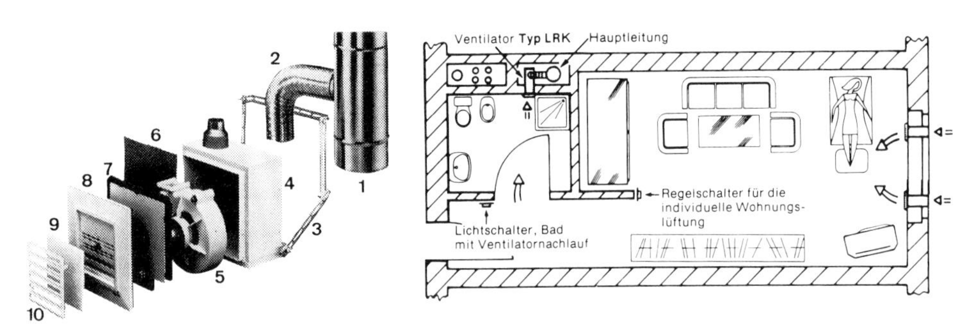

Abb. 7.10 Entlüftung (Maico)

Abb. 7.11 Appartement (Lunos)

Abb. 7.10 zeigt eine **Einzelentlüftungsanlage mit Unterputz-Radiallüftungsgeräten;** Einsatz bis zu 20 Stockwerken bei 2 Ventilatoren je Etage; strahlwassergeschützt.

(1) Sammelrohr; (2) Anschlußrohr; (3) Montagehalter; (4) Gehäuse mit Fortluftstutzen, ohne Brandschutz (bis 2 Etagen) oder mit Brandschutz, Wand- oder Deckeneinbau, Ein- oder Zweiraumanschluß; (5) Ventilator mit Verzögerungs-Zeitschalter (Nachlauf 12 min) oder eingebauter Fotoelektronik; (6) Putzschutzdeckel; (7) Schalldämmplatte; (8) Innenabdeckung; (9) Filtermatte; (10) Filtergitter.

Forderungen:
Über nachstehende zulässige Volumenstromabweichungen durch Stördrücke und gegenseitige Gerätebeeinflussung ist ein Nachweis zu führen (Berechnungsformeln werden angegeben). Hauptleitung nur gerade, lotrecht, ohne Querschnittsänderungen (Ausnahmen mit rechnerischem Nachweis) und dicht gegen Überdruck; in oder nach dem Gerät muß eine Rückschlagklappe eingebaut werden; **an das Gerät für Bad und Toilette dürfen keine anderen Räume der Wohnung angeschlossen werden;** nach DIN 18 017 Teil 3 A 1 (1990) sind neben dem Ventilator (bei allen Anlagen) auch der planmäßige Volumenstrom, die Rückschlagklappe, evtl. Filter, Geräuschverhalten und Brandsicherheit zu prüfen.

Die **Dimensionierung der Hauptleitung** (Steigrohr) kann nach Abb. 7.12 vorgenommen werden.

Annahmen: Gleichzeitigkeitsfaktor 100 %; Rohrrauhigkeit k = 0,15 mm; Geschoßhöhe 2,75 m; 1,5 m vom letzten Gerät bis Luftaustritt über Dach.

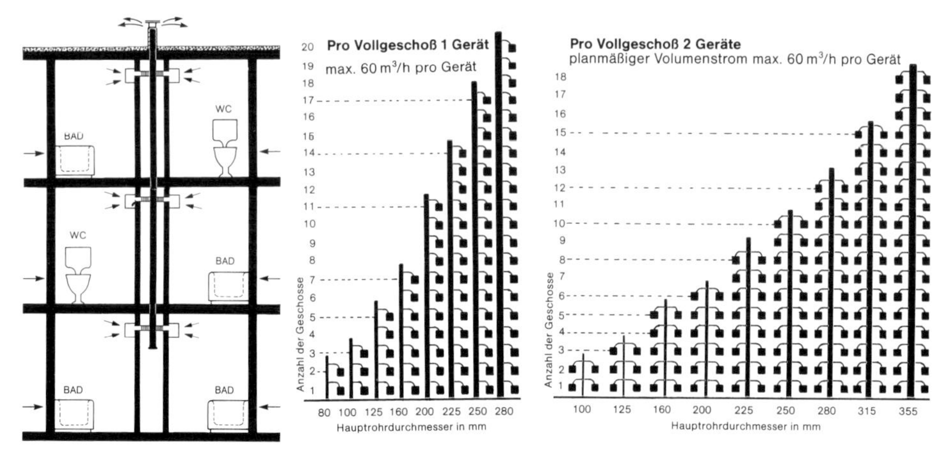

Abb. 7.12 Dimensionierung von Einzelentlüftungsanlagen mit gemeinsamer Abluftleitung

Wie bei vielen Berechnungen in der RLT-Technik üblich, gibt es auch hierfür spezielle EDV-Programme für Berechnung, Materialzusammenstellung, Kalkulation, Ausschreibungstexte und für die Erstellung von Strangschemen (Abb. 7.12a). Die rechenfertigen Disketten werden zur Verfügung gestellt.

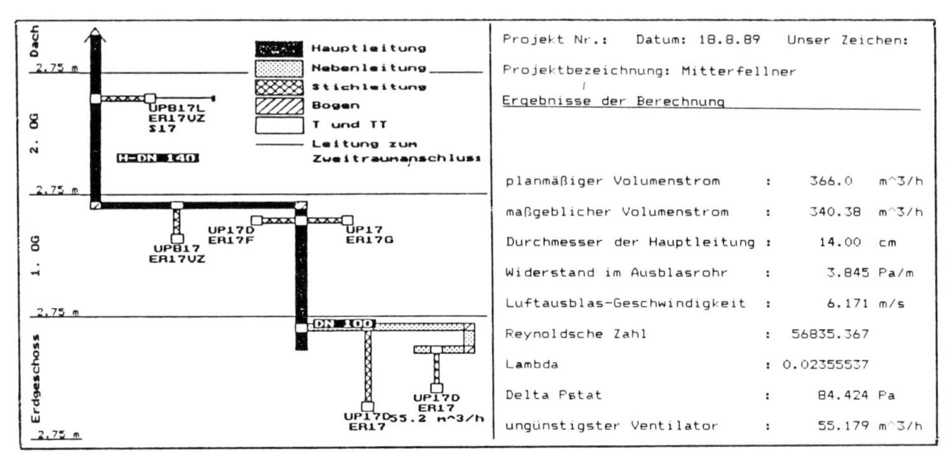

Abb. 7.12a EDV-Berechnung für Lüftungsschacht (Fa. Maico)

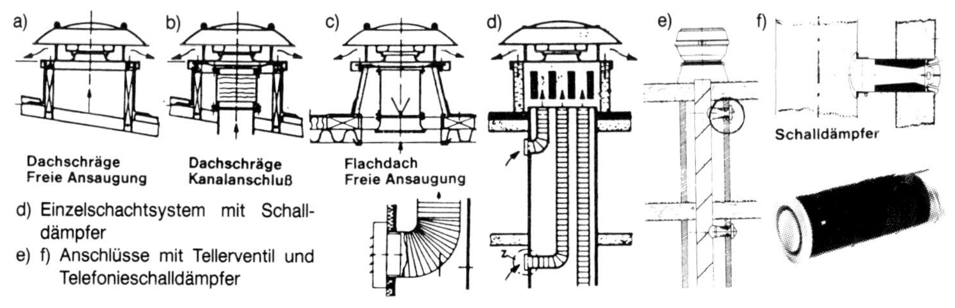

d) Einzelschachtsystem mit Schalldämpfer
e) f) Anschlüsse mit Tellerventil und Telefonieschalldämpfer

Abb. 7.13 Einzel- und Zentralschachtsysteme mit Dachventilatoren auf unterschiedlichen Dachsockeln

7.3.1.2) Zentralentlüftungsanlagen

Bei diesen Anlagen werden mehrere Wohnungen durch einen gemeinsamen Ventilator entlüftet. Dabei muß jeder Raum eine unverschließbare Nachströmöffnung von 150 cm^2 freiem Querschnitt haben. Man unterscheidet entsprechend Abb. 7.8 folgende drei Ausführungen:

Entlüftung mit für alle Wohnungen gemeinsam veränderlichem Gesamtvolumenstrom (Abb. 7.8c)

Diese Anlagen entsprechen im wesentlichen der vorangegangenen DIN 18 017; durch entsprechende Schaltung (an zentraler Stelle) auch reduzierter Betrieb möglich; eine Zusammenführung mehrerer gemeinsamer Hauptleitungen vor einem gemeinsamen Ventilator erfolgt über einen Sammelkasten.

Forderungen:
Verwendung von Abluftventilen mit gleicher betrieblich unveränderter Kennlinie, d. h., die Volumenstromänderung wird an allen Ventilen gleichzeitig wirksam (keine Ventilverstellung!); Abstimmung der Druckverluste von Ventilen und Luftleitungen (leichtere Einregulierung bei weitverzweigten Anlagen); Anforderungen an Abluftleitungen wie bei Abb. 7.8.b; Reinigungs- und Drosseleinrichtungen nur an zugänglichen Stellen außerhalb von Wohnungen; zulässige Volumenstromänderung max. 10 % zwischen dem obersten und untersten Ventil.

Entlüftung, bei der wohnungsweise der Volumenstrom angepaßt werden kann (Abb. 7.8d)

Hier kann mit den Ventilen der Volumenstrom der jeweiligen Nutzung angepaßt werden (Bedarfslüftung).

Forderungen:
Anpassung des Ventilators an wechselnde Volumenströme; verstellbare Ventile; Prüfung und zulässige Volumenstromschwankungen beachten; Anforderungen an Abluftleitungen wie bei Abb. 7.8b; Abluftventile müssen gleichen Typs und gleicher Bauart sein; falls alle Ventile zu sind, kann Ventilator abgeschaltet werden (hinter jedem Ventil Rückschlagklappe erforderlich); beim Offenstehen aller Ventile darf sich der Volumenstrom am untersten Ventil um höchstens 10 % verringern.

Dauernde Entlüftung mit unveränderlichen Volumenströmen (Abb. 7.8e)

Unabhängig von Störeinflüssen müssen hier konstante druckunabhängige Abluftvolumenströme sichergestellt werden. Abluftöffnungen enthalten daher Volumenstromregler. Eine Volumenstromreduzierung ist nicht möglich.

Forderungen:
Keine Ventilbeeinträchtigung durch Schmutz und Rost; ausreichende Druckdifferenz zwischen Räumen und Leitungsseite an der Abluftöffnung.

> Die Einflußgrößen und dadurch auch das **Betriebsverhalten von 18 017-Anlagen** sind abhängig von Wind und Thermik, Ventilatorkennlinie, Druckabfall in den Auslässen, Dimensionierung der Leitungen, Dichtheit des Gebäudes, Nachstromverhältnissen, Nutzerverhalten (z. B. Ventilverstellung, Fensteröffnung). Die meisten **Reklamationen** beruhen auf einer falschen Einregulierung und einer benutzerbedingten Veränderung.

- **Volumenströme nach DIN 18 017 – Luftströmung und Brandschutz**

Tab. 7.5 Mindestvolumenströme nach DIN 18 017 (90) für innenliegende Bäder und Toiletten (ohne witterungs- und anlagenbedingte Einflüsse)

Bäder *)	WC	Betriebsweise	Volumenströme nach DIN 18017(1970)*)
40 m^3/h	20 m^3/h	bei mindestens 12 Std/Tag Laufzeit	In der vorangegangenen DIN-Ausgabe wurden für Bäder mind. 60 m^3/h und für WC 30 m^3/h festgelegt (nachts jeweils mit 50% Reduzierung). Außerdem wurde ein Mindestluftwechsel von $4 h^{-1}$ vorgeschrieben. Anforderungen an einen Luftwechsel gibt es nun nicht mehr
60 $\frac{m^3}{h}$	30 $\frac{m^3}{h}$	wenn der Volumenstrom auf 0 m^3/h reduziert werden kann und nach jedem Ausschalten weitere 5 m^3 abgeführt werden können.	

Weitere Hinweise:

(Diese decken sich überwiegend mit den Anforderungen nach DIN 1946 Teil 6)

1. Laufen die Anlagen **betriebsbedingt 24 Stunden** am Tag, dürfen diese Werte in Zeiten geringen Luftbedarfs um die Hälfte reduziert werden.

2. **Volumenstromabweichungen durch Wind und thermische Auftriebskräfte** dürfen nicht mehr als ± 15 % betragen. Als statischer Druckunterschied (Stördruck) zwischen innen und außen kann man etwa ± 40 Pa bei senkrechtem und etwa ± 60 Pa bei waagrechtem Fortluftauslaß zugrunde legen.

   Innerhalb der verschiedenen Anlagen sind max. 10 % Volumenstromänderungen zwischen den einzelnen Ventilen zulässig.

3. Die unverschließbare **Nachströmöffnung** zu dem innenliegenden Raum muß 150 cm^2 freien Querschnitt haben. Im Aufenthaltsbereich des Badenden darf jedoch keine Luftgeschwindigkeit über 0,2 m/s vorliegen.

4. Die **Abluft** soll möglichst an der Decke abgeführt und ins Freie geleitet werden. Anforderungen an die Abluftleitungen sind Dichtheit, Standsicherheit, geschützt vor Kondensationsschäden, ausreichende Reinigungsöffnungen mit dichten Verschlüssen.

> Die Norm setzt voraus, daß die Zuluft ohne besondere Zulufteinrichtungen durch Undichtigkeiten in den Außenbauteilen nachströmen kann. Ohne besondere Zulufteinrichtungen darf der **Abluftvolumenstrom keinem größeren Luftwechsel als 0,8 h^{-1}** entsprechen (bezogen auf die gesamte Wohnung).

5. Die **Anforderungen an den Ventilator** sind: Förderdruck bis in Höhe des Arbeitsdruckes zuzüglich des doppelten Stördruckes, beständig gegen Korrosion, leichte Zugänglichkeit (Wartung, Austausch), mehrere Schaltstufen oder stufenlos regelbar (möglichst optisch erkennbar machen), bei Bedarfslüftungen von der Wohnung aus schaltbar (z. B. Lichtschalter), Nachlauf so lange, bis weitere 5 m^3 abgeführt wurden (Tab. 7.5).

   Die Prüfung von Ventilatoren, Lüftungsgeräten und Ventilen wird in der DIN 18 017 Teil 3 A 1 (1988) geregelt.

6. Falls **Schornsteine** bzw. raumluftabhängige Feuerstätten vorhanden sind, darf nach Kap. 7.3.3 im Raum der zulässige Unterdruck nicht überschritten werden.

7. Hinsichtlich des **Brandschutzes** fordern die Bauordnungen der Länder in Gebäuden mit mehr als zwei Vollgeschossen eine feuerbeständige Wohnungsabtrennung, d. h., durch Installationen darf eine bauliche brandschutztechnische Abtrennung nicht zunichte gemacht werden.

   - So dürfen diese nach den bauaufsichtlichen Richtlinien untereinander nicht mit Lüftungsleitungen verbunden sein, wenn sie nicht mit geeigneten Absperrvorrichtungen **(Brandschutzklappen)** versehen sind. Der Verfasser empfiehlt jedoch aus mehreren Gründen, möglichst jeweils getrennte Luftleitungen hochzuführen (über Dach).
   - **Abluftleitungen aus Stahlblech** dürfen gemeinsam in einem feuerwiderstandsfähigen Schacht nach DIN 4102/4 verlegt werden; die Schächte dürfen jedoch keine anderen Leitungen enthalten.
   - **Einzelentlüftungsanlagen** mit eigenen Abluftleitungen benötigen in der Regel keine brandschutztechnische Maßnahme (Gebäude mit maximal zwei Vollgeschossen).

     Bei **Anlagen mit Abluftsammelleitung** müssen an den Austrittspunkten aus dem Schacht brandschutztechnische Maßnahmen ergriffen werden (Nachweis, Prüfzeichen). Bei Einzelentlüftungsanlagen hat sich die federbelastete Rückschlagklappe brandschutztechnisch bewährt.

     Falls die Rückschlagklappen aus Metall sind und eine Schmelzlotauslösung zur Verriegelung haben, ebenso Filter eingebaut sind, darf an 18 017-Anlagen auch eine **Grundlüftung von Küchen angeschlossen** werden.
   - Bei **Anlagen mit zentralem Ventilator** kann die brandschutztechnische Abtrennung entweder im Auslaßventil selbst oder in einem getrennten Element vorgenommen werden. Diese Bauteile werden entsprechend den hier reduzierten Forderungen mit z. B. „K 90 – 18 017“ gekennzeichnet.

- Die **Prüfbestimmungen** für Maßnahmen an 18017-Anlagen lassen keine anderen brennbaren Installationen oder Materialien im Schacht zu, es sei denn, es wird ein feuerwiderstandsfähiger Trennsteg vorgesehen. Außerdem ist der Querschnitt der Steigleitung auf max. 1000 cm^2 begrenzt. Hat der Schacht mehr als 1000 cm^2, ist die Deckenaussparung zu vergießen. Die Abgänge sind auf max. 350 cm^2 begrenzt.

7.3.2 Absaugung der Luft an Sanitärgegenständen (Klosettkörper)

Neben den genannten Systemen gibt es auch Möglichkeiten, eine Geruchsausbreitung dadurch zu vermeiden, daß die Luft direkt am Klosettkörper bzw. Spülrohr über Rohrleitungen abgesaugt wird. Dies bezieht sich sowohl auf Einzel- wie auch auf Zentralanlagen mit gemeinsamem Ventilator. Außerdem kann über sog. Absaugnischen oder über Tellerventile zusätzlich Raumluft abgesaugt werden (z. B. Pissoirs).

Anwendungsgebiete: Verwaltungsgebäude, Krankenhäuser, Schulen, Hotels, Fabrikgebäude, Einfamilienhäuser usw.

Abb. 7.14 zeigt eine **Einzelentlüftungsanlage mit Direktabsaugung** am Klosett mit zusätzlicher Raumabsaugung. Für alle Spülsysteme geeignet; regulierbares Luftgitter am Gebläse; unempfindlich gegen Spritzwasser; Aufputz- oder Unterputzmontage; evtl. Abdeckhaube mit Schallschutzeinlage; Volumenstrom 60 m^3/h; statischer Druck max. 700 Pa; Stromaufnahme 60 W.

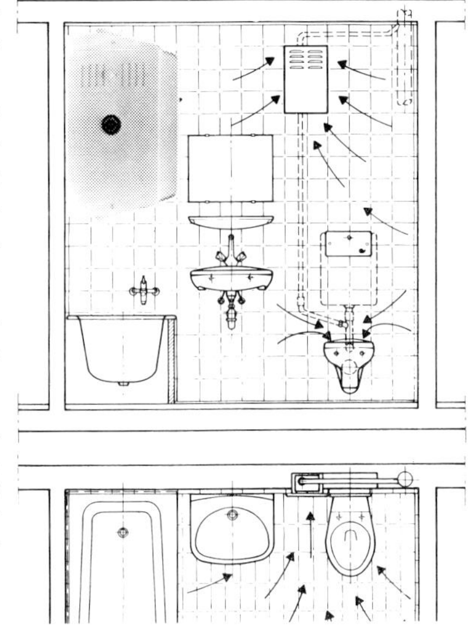

Abb. 7.14 WC-Direktabsaugung

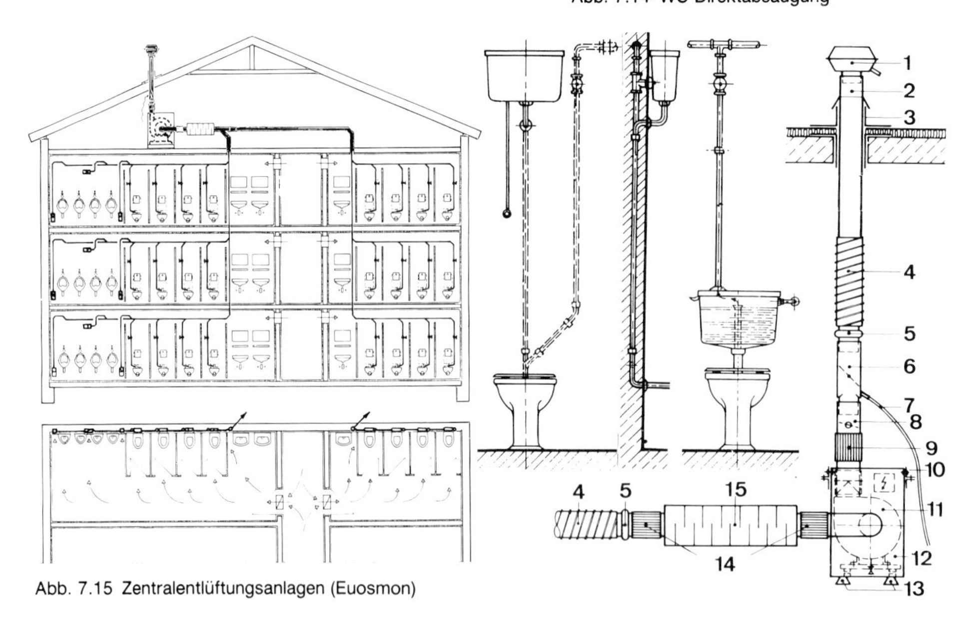

Abb. 7.15 Zentralentlüftungsanlagen (Euosmon)

Abb. 7.15 zeigt eine **Zentralentlüftungsanlage mit Direktabsaugung.** Reguliermöglichkeit an jedem Klosettkörper; wahlweise auch Raumabsaugung (links); (1) Haube; (2) Dachdurchführungsrohr; (3) Dachverwahrung; (4) Rohr; (5) Steckverbinder; (6) Kondenswasserauffangstutzen; (7) Schlauch; (8) Drosselklappe; (9) Schlauchmuffe; (10) Konsole; (11) Ventilator; (12) schallgedämmtes Gehäuse; (13) Schwingungsdämpfer; (14) Schlauchmuffe; (15) Schalldämpfer.
Wichtig ist die **Einregulierung,** d. h., es wird jeweils so lange gedrosselt, bis der in den Klosettkörper geblasene Prüfrauch gerade noch abgesaugt wird (auch am entferntesten WC!).

Klosett„lüfter“ mit Aktivkohlefilter sorgen nur für eine Luftumwälzung. Die Luft wird hier lediglich gefiltert, d. h., die Geruchsstoffe werden durch Absorption der Luft entzogen. Infolge des hohen Wartungsaufwandes sind derartige Geräte vielfach auf dem Markt verschwunden.

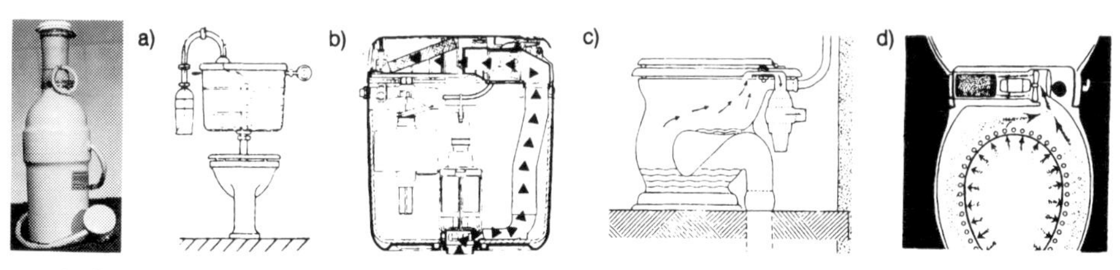

Abb. 7.16 WC-Filtergeräte

Abb. 7.16 zeigt verschiedene WC-Filtergeräte

a) Separates Kleingebläse, 30 m³/h; für Spülkästen auf oder unter Putz; Stromaufnahme 30 W; Absaugung am Klosettkörper.

b) Geberit-Spülkasten mit einem im Deckel eingebauten stufenlos einstellbaren Gebläse. Bei Umluftbetrieb Luftansaugung direkt aus der „Schüssel“ und anschließend durch ein Aktivkohlefilter, das ungefähr alle 6 Monate ausgetauscht werden muß. Wahlweise mit Unterdusche, eingebautem Speicher und Fön, auch mit Entlüftungsrohr ins Freie (23 m³/h).

c) d) Zwei ältere Ausführungen: **Filterpatrone am Klosettsitz und Lüfter, Filter sowie Öffnungsschlitze im Sitz** angeordnet (nicht mehr lieferbar).

7.3.3 Lüftung von Küchen ohne Außenfenster

Im Kap. 7.4 wird ausführlicher die Küchenlüftung nach VDI 2052 behandelt. Mit Kap. 7.4.4 werden dort auch die Abzugshauben von Wohnküchen angefügt.

Fensterlose Küchen sind grundsätzlich nicht Gegenstand der DIN 18 017 Teil 3 und auch nicht der VDI 2052.

Tab. 7.5a Volumenstrombestimmung für fensterlose Naßräume (DIN 1946-6)

Fensterlose Räume		Küchen-Grundlüftung	Küchen-Intensivlüftung	Kochnischen	Badraum (auch mit WC)	WC-Raum
Betriebs-	> 12 Std./Tag	40 m³/h	200 m³/h	40 m³/h	40 m³/h	20 m³/h
dauer	beliebig	60 m³/h	200 m³/h	60 m³/h	60 m³/h	30 m³/h

Die „Bauaufsichtlichen Richtlinie über die Lüftung fensterloser Küchen, Bäder und Toilettenräume in Wohnungen“ wurde in der DIN 1946 Teil 6 aufgenommen. Aus beiden Unterlagen die wesentlichen Anforderungen und **Planungshinweise:**

1. Grundsätzlich unterscheidet man zwischen einer Grundlüftung und einer Intensivlüftung (Stoßlüftung). Beides muß durch die Zu- und Ablufteinrichtungen ermöglicht werden.

2. Bezogen auf die gesamte Wohnung, können die Werte nach Tab. 7.3 verwendet werden. Bei Absaugung der Abluft aus mehreren Räumen ist eine maschinelle Entlüftung mit dichter Rückschlagklappe erforderlich.

3. Bei Küchen mit **Intensivlüftung** (Stoßlüftung) muß die **Zuluft über eine Belüftungsanlage mit Ventilator** oder über dichte Leitungen oder Schächte vom Freien oder über Außenluftöffnungen zugeführt werden. Dies gilt auch bei mehreren fensterlosen Räumen in der Wohnung mit Abluftschächten ohne Ventilatoren und bei Grundlüftungen, wenn die Zuluftversorgung aus der Wohnung nicht ausreicht.

4. Hinsichtlich der **Gestaltung und Beschaffenheit der Einrichtungen für das Nachströmen der Außenluft** (Zuluft) gilt nach DIN 1946 Teil 6: zugfreies Nachströmen in den Raum, Berücksichtigung des Lüftungswärmebedarfs bei der Heizflächenauslegung, Vermeidung von Einfriergefahr (Heizkörper), Vermeidung von

unzulässigen Wärmequellen, gleichmäßige Raumdurchspülung, nur geringe Volumenstromänderungen durch Winddruck, keine unzulässige Schalldämmaßverringerung (nur für Grundlüftung gültig).

Bei **Zuluftleitungen oder -schächten** in die Räume gilt: Zugfreiheit bei Grundlüftung und möglichst geringe Beeinträchtigung der Behaglichkeit bei Intensivlüftung, Öffnungen vorzugsweise im Deckenbereich, Vermeidung von unsachgemäßen Bedienungen durch entsprechende Anordnung, Wärmedämmung nach WärmeschutzV, Dampfsperre vorsehen, nach außen Schalldämpfung (entsprechend dem Dämmaß des Fensters), verschließbare Klappen (bei Intensivlüftung geöffnet), evtl. Außenluftfiltrierung.

Bei **Versorgung von mehreren Räumen** gilt zusätzlich: Für jede Küche eigene Zuführung, falls mit Küchenhauben abgesaugt wird, bei gemeinsamem Zuluftschacht für mehrere Wohnungen Abluftklappe und Feuerschutzklappe erforderlich.

5. **Anlagen mit beliebiger Betriebsdauer** können bei Einzelentlüftungsanlagen vom Nutzer abgeschaltet werden. Bei Zentralentlüftungsanlagen mit ganztägigem Betrieb und keiner wohnungsweisen Abschaltmöglichkeit darf der Volumenstrom nachts bis auf 50 % reduziert werden. Weitere Hinweise Kap. 7.3.1.

In **Räumen mit Feuerstätten** muß darauf geachtet werden, daß der zulässige Unterdruck im Raum nicht überschritten wird, daß Schadstoffansammlungen im Raum vermieden werden und daß eine einwandfreie Verbrennung gewährleistet ist.

6. Der Außenluftvolumenstrom muß so bemessen sein, daß sich für die Summe aus planmäßigem Zuluftvolumenstrom und dem Verbrennungsluftvolumenstrom (= 1,6 m^3/h je 1 kW Nennwärmeleistung) **kein größerer Unterdruck in der Wohnung als 4 Pa** gegenüber dem Freien ergibt (bei Wohnungen ohne Feuerstätten sind es 8 Pa).
7. Belüftungseinrichtungen mit Ventilatoren müssen so ausgelegt und mit Entlüftungsanlage und Feuerstätte verblockt sein, daß in fensterlosen Räumen **kein Überdruck gegenüber benachbarten Räumen** entsteht, so daß ein ausreichendes Nachströmen der Verbrennungsluft ermöglicht wird. Außerdem wird dadurch auch die Geruchsausbreitung verhindert.
8. **Außenlufteinrichtungen für Verbrennungsluftversorgung** dürfen nicht abzusperren sein oder müssen mit der Feuerstätte so verblockt sein, daß diese nur bei ausreichender Verbrennungsluft betrieben werden können. Andere Außenlufteinrichtungen mit Ventilatoren müssen in der Wohnung absperrbar sein.

Wenn die Abgase nicht in die Entlüftungsanlage eingeleitet werden, bedarf die Aufstellung von Feuerstätten der bauaufsichtlichen Ausnahme; dies gilt nicht für Gasherde.

7.4 Die Küchenlüftung

Küchenlüftungen – insbesondere im gewerblichen Bereich – sind heute unverzichtbar, denn Luft, Raum und Umgebung können nämlich in vierfacher Weise verschlechtert bzw. beschädigt werden:

a) **Unangenehme Gerüche** im Raum und deren Ausbreitung in Nachbarräume verschlechtern zusammen mit den folgenden Belästigungen das Raumklima und somit die Arbeitsplatzbedingungen.

Durch Luftaustausch werden diese **Geruchsstoffe verdünnt.** Eine hundertprozentige Beseitigung, z. B. durch Aktivkohlefilter, scheidet bei gewerblichen Küchen aus Kostengründen aus.
Zur **Verhinderung von Geruchsausbreitungen** sind neben den lüftungstechnischen Maßnahmen auch bauliche Voraussetzungen zu beachten.

b) Eine **zu hohe Luftfeuchtigkeit** durch den entstandenen Wrasendampf von Koch- und Bratgeräten sowie durch Wasserdampfabgabe von Speisen, Spülvorgängen usw. stört auf zweifache Weise.

Sie verschlechtert nicht nur das Raumklima, sondern kann an kalten Flächen zur Kondensatbildung führen. Bauwerkschäden und Korrosionen können die Folge sein.

c) **Zu hohe Lufttemperaturen** entstehen insbesondere im Bereich der wärmeabgebenden Küchengeräte.

Um diese lästigen Temperaturen erträglicher zu machen, muß möglichst schnell der Wasserdampf entfernt werden (besonders in den Sommermonaten). Lästige Strahlungswärme von Geräten muß möglichst verhindert werden.

d) Die in der Luft enthaltenen **Fetteilchen** verschmutzen nicht nur Wände und Möbel (unhygienische Küche, erschwerte Reinigung), sondern können mit kondensiertem Wasserdampf aggressive Säure bilden (Bauschäden, Korrosionen, zusätzliche Geruchsquellen) und bei Ablagerungen zu Brandherden führen.

Erhöhte Aufmerksamkeit bei Planung, Ausführung und Betrieb von RLT-Anlagen muß daher auf die Fettfangfilter und auf den Brandschutz gelegt werden.

Eine Küchenlüftung ist somit mehr als eine Entnebelungsanlage, denn sie muß durch Luftaustausch und Luftbehandlung **folgende Aufgaben** erfüllen:

1. **Erfüllung der vielfältigen hygienischen Anforderungen und der Behaglichkeitsbedingungen für das Küchenpersonal (Arbeitsplatzverbesserung).**
2. **Einhaltung der vorgeschriebenen Druckverhältnisse (Luftströmungen), denn bei Großküchen werden durch verändertes Umweltbewußtsein besonders hygienisch schutzbedürftige Zonen gefordert.**
   Außerdem sollen Belästigungen außerhalb des Gebäudes vermieden werden (Umweltschutz).
3. **Einhaltung notwendiger Lagertemperaturen (bei speziellen Lagerräumen) und Schutz der Lebensmittel durch hygienische Luft vor nachteiliger Beeinflussung (z. B. durch Mikroorganismen, Verunreinigungen, Gerüche usw.).**
4. **Schutz des Baukörpers vor Feuchteschäden und Brandgefahr; geringerer Reinigungsaufwand für Küchenräume und Einrichtungen.**

7.4.1 Allgemeine Grundlagen für Planung und Ausführung – Lüftungseinrichtungen

Die wichtigste Grundlage für die Auslegung, Gestaltung und den Betrieb von RLT-Anlagen in Küchen ist die **VDI-Richtlinie 2052,** die später in die DIN 1946 übernommen werden soll.

Weitere Vorschriften, Normen und Richtlinien (Auszug)

Lebensmittelhygiene-Verordnungen der Länder; Arbeitsstättenverordnung (§ 53); **VDI 2088** Wohnungsküchen; **DIN 3363** Gasbeheizte Großküchengeräte; **DVGW - G 634** Gasverbrauchseinrichtungen – Großküchen und **G 660** Abgasführung; **DIN 18 851** Küchen, Herde; **DIN 18 852** Brat- und Grillplatten; **DIN 18 853** „Wasserbäder"; **DIN 18 854** Etagen-, Brat- und Backöfen; **DIN 18 855** Kessel- und Schnellkochkessel; **DIN 18 856** Friteusen; **DIN 18 857** Kippbratpfannen; **DIN 18 858** Grillgeräte; **DIN 18 862** Automaten zum Braten und Grillen; **VDE 0720/2** Besondere Bestimmungen für Herd- und Kochgeräte; **VDE 0720/12** Großgeräte zum Bereiten und Warmhalten von Speisen und Getränken in Großküchen

Für alle Küchen allgemeingültige Regeln aufstellen zu wollen ist wegen der Vielzahl von Einflußgrößen äußerst schwierig. Trotzdem sollte man sich für die Planung von RLT-Anlagen zunächst folgende **Angaben und Unterlagen** einholen oder erfragen:

Funktioneller oder baulicher Bereich	Küchenart, Anzahl der Essen je Zeiteinheit, Vielfalt der Speisen, Zubereitungsart, Arbeitsablauf und Betriebszeit, Zuordnung der einzelnen Räume des Küchenbereichs untereinander sowie zu Speiseausgabe und Speiseraum. Bauzeichnungen, bauphysikalische Daten (z. B. Fenster, *k*-Zahlen, Anstrich, Heizungsart)
Geräte- und betriebstechnischer Bereich	Aufstellungsplan, Standort der Geräte mit hoher Temperatur, Anschlußwert, Heizmedium, Wärme- und Feuchteabgabe, Angaben über Abzugshauben, Bauart, Volumenstrom, Lage, Abmessungen, Abgasführung, Einsatzzeit und Gleichzeitigkeitsfaktor
Personeller Bereich	Zum Beispiel Art der Kleidung, Aktivitätsgrad (ausgegangen wird von mittlerer Kleidung und vom Aktivitätsgrad III)

Aufgrund dieser mannigfaltigen Einflußgrößen ist auch eine schematische Einteilung von Küchen kaum möglich. In der VDI 2052 wird zwar eine grobe Einteilung vorgenommen (Tab. 7.6), die allerdings nur einige der genannten Faktoren berücksichtigt.

Tab. 7.6 Einteilung der Küchen und Gleichzeitigkeitsfaktoren (VDI 2052)

Küchenart	**Kleinküchen**		**Mittelküchen**		**Großküchen**		**Gleichzeitigkeitsfaktoren für Nutzung der Küchengeräte**
	Portionen je		Portionen je		Portionen je		
	Tag	Mahlzeit	Tag	Mahlzeit	Tag	Mahlzeit	
Gastronomische Betriebe	< 100	–	< 250[3]	–	> 250[3]	–	
Kantinen, Mensen	–	150[2]	–	< 500[4]	–	> 500[4]	
Krankenhaus-Hauptküche	250	–	–	< 650[4]	–	> 650[4]	
Dsgl. Verteilerküche	–	40	–	–	–	–	1) 0,9
Küchen in Heimen	–	100[1]	–	< 250[4]	–	> 250[4]	2) 0,8
Aufbereitungsküchen	–	50[1]	–	< 400[4]	–	> 400[4]	3) 0,8 bis 0,6
Industrielle Zubereitung	–	–	< 3000[3]	–	> 3000[4]	–	4) 0,7 bis 0,5

Die vorgesehenen **Lüftungseinrichtungen** für diese drei Küchenarten sind:

Freie Lüftung	Für **Kleinküchen** zulässig (wenn Länder-Bauordnung einverstanden). Sie erfolgt meist durch Fenster, im Winter oft vom Speiseraum. Für **Mittelküchen** und erst recht für **Großküchen** nicht ausreichend. Bei letzteren ist sie nicht zulässig.
Abluftanlage	Für **Kleinküchen** in der Regel erforderlich (wird meist nur vorgesehen, wenn von Bauaufsicht vorgeschrieben). Bei **Mittelküchen** und erst recht bei **Großküchen** erforderlich und in der Regel auch eingebaut.
Zuluftanlage	In **Kleinküchen** ganz selten zu finden. Für **Mittelküchen** sehr oft (Bauaufsicht) und für **Großküchen** grundsätzlich erforderlich (VDI 2052). Ab einem erforderlichen Luftwechsel > 5 bis 8 h^{-1} dringend ratsam.

Die gestellten **Anforderungen an eine Küchenlüftung** können nicht ohne Einschränkung erfüllt werden. Oft müssen hierfür vom Betreiber zuerst bauliche Maßnahmen vorgenommen werden.

Beispiele (aus VDI 2052)

- Die gesundheitstechnischen Anforderungen hinsichtlich Temperatur, Feuchte, Zugfreiheit usw. gelten nur während der Fortkochphase. Bei starkem Wärme- und Feuchteanfall können **während der Ankochphase Temperatur und Feuchte kurzzeitig ansteigen.**
- Falls für die wärmeabgebenden Küchengeräte **kein ausreichend bemessener Raum zur Verfügung** steht, können die verlangten Luftzustände nicht erfüllt werden. Außerdem würden die aufgrund der Wärmelasten erforderlichen Volumenströme viel zu hohe Luftwechselzahlen ergeben.
- Ebenso kann die **Strahlungswärme von Küchengeräten** (z. B. Bratöfen, Geschirrspülmaschinen, Heißluftautomaten) nicht durch erhöhten Volumenstrom ausgeglichen werden. Ein Herabsetzen der Oberflächentemperaturen durch konstruktive oder bauliche Verkleidungen ist oft erforderlich.
- Zur **Vermeidung von Feuchtigkeitsniederschlag** sind ebenfalls Vorkehrungen zu treffen, wie z. B. ausreichende Wärmedämmung, keine Einfachfenster, normale Fenstergrößen, wasserdampfabgebende Geräte nicht in Fensternähe, möglichst direkte Absaugung von Wrasen und Dünsten.
- Zur Unterstützung der Luftführung und zur Vermeidung von Geruchsausbreitungen sind oft bauliche Maßnahmen sinnvoll (z. B. **Trennwände zwischen kalter Küche und Hauptküche).**

Anforderungen an das Raumklima in Küchen

Hier können nicht die Kriterien nach DIN 1946 Teil 2 zugrunde gelegt werden. Bei der **Raumtemperatur** geht man von 28 °C aus, und die **maximale Feuchte** wird absolut mit 16,5 g/kg und relativ mit 70 % festgelegt. Die **Luftgeschwindigkeit** kann nach Abb. 1.6 ermittelt werden.

Beispiel: ϑ_i = 27 °C, Aktivitätsgrad III (Zuschlag 0,08 m/s), mittlere Kleidung (Tab. 1.1); 1 m von warmen Küchengeräten entfernt liegt die Oberflächentemperatur der Person um etwa 20 K über ϑ_i.

Lösung: Zulässige Geschwindigkeit v = 0,24 (Abb. 1.6) + 0,08 = 0,32 m/s
1 m in Nähe der Küchengeräte darf v etwa 0,5 m/s betragen.

Der **Schalldruckpegel** ist im Küchenbereich auf 50 dB und bei geringen Anforderungen auf 60 dB zu begrenzen. Die **Luftreinigung** erfolgt durch Filter (mind. G 3); Umluft darf für Küchenlüftungen nicht verwendet werden.

7.4.2 Technische Anforderungen an Küchenlüftungen – Planungshinweise

Die nachfolgenden Hinweise für Planung, Ausführung und Betrieb beziehen sich fast ausschließlich auf gewerbliche Anlagen bzw. auf Mittel- und Großküchen.

1. Volumenstrombestimmung (Zu- und Abluft)

Einerseits wird in der VDI 2052 nur die Berechnung des Zuluftvolumenstroms angegeben, an einer anderen Stelle steht jedoch der Satz: „Ist nur eine Abluftanlage erforderlich, so muß dafür gesorgt werden, daß der berechnete Luftstrom von außen als Zuluft in den Küchenraum nachströmen kann."

Die **genauere Volumenstromberechnung** erfolgt aufgrund der im Raum entstehenden Wärmequellen (Raumkühllast) oder Wasserdampfmengen (Entfeuchtungslast = Stofflast) (größeren Wert zugrundelegen).

Volumenstrom aufgrund der Wärmequellen (sensible Wärme)	Volumenstrom aufgrund der Wasserdampfabgabe (Wasserdampfbilanz)
$\dot{V}_{zu} = \frac{\Sigma (P \cdot q \cdot \eta) \cdot \varphi}{c \cdot (\vartheta_{zu} - \vartheta_i)}$ in $\frac{m^3}{h}$	$\dot{V}_{zu} = \frac{\Sigma (P \cdot D \cdot \eta) \cdot \varphi}{x_{zu} - x_i}$ in $\frac{m^3}{h}$

P Anschlußwert des jeweiligen Küchengerätes in kW
q Trockene (sensible) Wärmeabgabe des Gerätes, bezogen auf 1 kW Anschlußwert (vgl. Tab. 7.7)
D Wasserdampfabgabe des Gerätes, bezogen auf 1 kW Anschlußwert (vgl. Tab. 7.7)
η Raumbelastungsgrad der Haube für das Küchengerät (Anhaltswerte: bei der Wärme 0,8, beim Wasserdampf 0,7, falls mind. 80 % der Abluft über Hauben abgesaugt werden)
φ Gleichzeitigkeitsfaktor (vgl. Tab. 7.6)
c Spezifische Wärmekapazität (näherungsweise 0,35 Wh/m³ · K)
$\vartheta_{zu} - \vartheta_i$ Temperaturdifferenz zwischen Zuluft und Raumluft (nach VDI 2052 nur 8 K)
$x_{zu} - x_i$ Absolute Feuchtedifferenz zwischen Zuluft und Raumluft (5 g/kg nach VDI 2052)

Tab. 7.7 Sensible Wärmeabgabe $\dot{Q}$ und Wasserdampfabgabe in elektrobeheizten Küchengeräten zur Bestimmung des Volumenstroms
$\dot{V} = \dot{Q}/(c \cdot 8)$ oder $\dot{V} = D/(\varrho \cdot 5)$

Art des Küchengerätes	W/kW	g/h·kW
Kochkessel (Deckel lose)	41	102
Druckkochkessel	58	43
Kochautomaten	29	77
Luftkochschränke	58	395
Kippbratpfannen	377	497
Brat- und Backöfen	383	231
Heißluftgeräte(Umluft)	105	446
Grill- und Bratautomaten		
Kurzbratstücke	256	343
Großbratstücke	198	51
Friteusen	93	1054
Friteuseautomaten	41	770
Bereiche zum Garen, Auftauen, Warmhalten, Verarbeiten		
Herde, Hockerkocher	418	120
Mikrowellengeräte	279	17
Mikrowellentunnel	116	34
Wasserbäder	105	463
Wärmeschränke	349	-
Kühlschränke	726	-
Kühlmaschinen	174	-
Speisenverteilung	75	317

Tab. 7.8 Anhaltswerte für Luftwechselzahlen (Lufterneuerung) zur überschläglichen Volumenstrombestimmung bei einer Temperaturdifferenz $\vartheta_{zu} - \vartheta_i$ = 8 K (VDI 2052)

Küchenart (Küchennutzung)	LW_{ges} *) bezogen aufgesamten Küchenbereich	Luftwechsel LW in m³/h je m² *) bei räumlich getrennten Küchenbereichen bezogen auf			
		Koch- und Garbereich	Brat-, Grill-Backbereich	Spülbereich	Nebenräume
Imbißbetriebe Hotelküchen	80	-	120	-	-
Cafeterias	60	105	120	120	45
Kantinen, Kasinos, Mensen	90	105	120	120	45
Hauptküchen in Krankenhäusern dsgl.	90	105	120	150	45
Verteilküchen	60	-	-	-	-
Heime	60	105	120	120	45
Aufbereitungs- u. Mischküchen	80	105	120	120	60
Industrielle Zubereitung	90	120	120	-	60

*) für raumbezogenen LW diese Werte durch Raumhöhe teilen

Eine **näherungsweise Volumenstrombestimmung,** z. B. wenn noch keine genauen Angaben vorliegen, kann man anhand von Luftwechselzahlen vornehmen (Tab. 7.8), die auch für Vergleichszwecke herangezogen werden können.

- Der sich nach diesen Tabellenwerten ergebende Volumenstrom dient lediglich zur **Lufterneuerung,** wobei eine Temperaturdifferenz $\vartheta_{zu} - \vartheta_i = 8$ K angenommen wurde.
- Dividiert man diese Zahlenwerte durch die lichte Raumhöhe, erhält man den Raumluftwechsel. Ergeben sich aufgrund der genauen Berechnung, z. B. über die Wärmelast, **Werte über 40 h^{-1},** kann dies sehr leicht zu Zugerscheinungen führen (höhere Anforderungen an die Luftführung).
- Die in der Tab. 7.6 angegebenen **Gleichzeitigkeitsfaktoren** sind von der Küchengröße, von der Betriebsart und von der täglichen Portionenanzahl abhängig (zusammen mit dem Betreiber festlegen).
- Zusätzliche Abluftströme, z. B. durch **Absaughauben,** sind zu berücksichtigen. Die Werte können dann annähernd mit dem Faktor 0,7 . . . 0,8 multipliziert werden.

Grundsätzlich soll die Zuluft (Außenluft) zugfrei aus staubfreien Schattenzonen in den Aufenthaltsbereich geblasen werden (mind. 20 °C). Eine **Zulufttemperaturregelung** ist erforderlich, jedoch sollten wegen der unterschiedlichen Küchenbereiche (z. B. Koch- und Backbereich, Bereitungsbereich, Spülbereich), der unterschiedlichen Zeiten (Vorbereitungszeit, Hauptkochzeit, Spülzeit, Ruhezeit) und der damit verbundenen Volumenstromregulierungen **verschiedene Regelzonen** vorgesehen werden. Eine **Feuchteregelung** erfolgt ähnlich wie bei der Schwimmbadregelung (Abb. 7.43).

In **Schwachlastzeiten** kann die Zu- als auch Abluftanlage mit vermindertem Luftstrom betrieben werden (möglichst gemeinsam); die geforderten Luftstromrichtungen müssen jedoch entsprechend der Vorschrift eingehalten werden. Bedienung meist von der Küche aus.

2. Anforderungen an die Abluftanlage

Die für Mittel- und vor allem für Großküchen erforderliche Abluftanlage erfordert gegenüber der Zuluftanlage erhöhte Aufmerksamkeit. Die Forderungen beziehen sich vor allem auf:

Anlagenanordnung

Möglichst dicht über den Küchengeräten absaugen (vgl. Hauben), leichte Wartung und Reinigung ermöglichen, nicht mit anderen Abluftanlagen zusammenfassen (da veränderter Luftwiderstand der Fettfangfilter), möglichst eine Trennung der Abluftanlage für die einzelnen Räume vornehmen (z. B. bei Geschirrspüle), für zugfreies Nachströmen der Zuluft sorgen (besonders im Winter), alle 2 Jahre überprüfen (ArbStättV § 53).

Abluftventilator

Korrosionsgeschütztes Material, möglichst keine doppelseitige Ausführung (da verstärkte Fettablagerung in der Saugkammer), Reinigungsöffnungen im Gehäuse, Antriebsmotor möglichst außerhalb des Luftstroms, leichte Zugänglichkeit zu Ventilatorräumen (möglichst nicht von der Küche aus), möglichst Radialausführung mit rückwärtsgekrümmten Schaufeln (geringes $\Delta\dot{V}$ bei Zunahme von Δp).

Abluft- und Fortluftleitungen (vgl. auch Hinweis 4)

Glattes Material (meist verzinktes Blech), z. T. wird Chromnickelstahl vorgeschrieben (z. B. bei Geschirrspülmaschinen), gemauerte Kanäle oder Rabitzkanäle unzulässig, fettdichte Ausführung, waagrechte Leitungen unten verlöten oder gleichwertig abdichten, Dichtheitsklasse K II, im Kanal Unterdruck (damit bei Undichtigkeit keine Gerüche oder Fette austreten können), möglichst kurze Leitungen, Dämmung gegen Kondensatbildung, falls durch kalte Räume (mind. 40 mm dicke Mineralfaserschicht), Kondensatsammelgefäße an tiefster Kanalstelle, genügend Reinigungsöffnungen (Reinigung meist mit flüssigen Mitteln), möglichst geradliniger Verlauf, außerhalb der Küche nicht mehr als vier Umlenkungen, regelmäßige mind. jährliche Überprüfung (zusätzlich zur VDI 2079).

Fortluftdurchlaß

Zur Vermeidung einer Umweltbelästigung an höchster Stelle des Gebäudes anordnen, Austrittsgeschwindigkeit möglichst $>$ 10 m/s; bei Großküchen mind. 5 m über dem Gebäudehöchstpunkt, nach dem Immissionsschutzgesetz muß bei Neubauten grundsätzlich über Dach abgeführt werden. Vereinzelt wurden schon bei schlechten Planungen von Großküchen wegen lästiger Geruchsemissionen nachträglich Auflagen von seiten des Gewerbeaufsichtsamtes verlangt, z. B. durch Einbau eines sehr teuren Aktivkohlefilters.

3. Luftströmungen – Über- oder Unterdruck in Küchen?

Die Vorschrift der Lebensmittelhygiene-Verordnungen der Länder, „in Küchen ist das unkontrollierte Einströmen hygienisch bedenklicher Luft aus benachbarten Räumen wirksam auszuschließen", stellt gegenüber früher höhere Anforderungen an die Druckverhältnisse bzw. an die Luftstromrichtungen, die schon bei der Planung für den gesamten Küchenbereich festgelegt werden sollten. Grundsätzlich ist es nicht gestattet, die gesamten Küchenbereiche im Unterdruck zu anderen Gebäudeteilen zu halten, was allerdings nur durch gleichzeitiges Betreiben von Zu- und Abluftanlage möglich ist. Hierzu einige Hinweise:

a) Zu den **Überdruckbereichen** gehören z. B. die kalte Küche, die Fleischzubereitung und die Speiseausgabe. Letztere sollte zweckmäßigerweise als Schleuse zum Speiseraum angeordnet sein, so daß der Zuluftüberschuß sowohl zur Küche als auch zum Speiseraum strömt.

b) Zum **Unterdruckbereich** zählen Bereiche mit stark wärmeabgebenden Geräten (Kochen, Braten, Fritieren), Gemüse- und Kartoffelbearbeitung, Geschirrspülen (eigene Absaugvorrichtung). Für diese Bereiche sind eigene Räume anzustreben.

c) Zur **Unterstützung der Luftführung** bzw. zur Einhaltung der Druckzonen sind oft Trennwände (z. B. aus Glas) oder Deckenschürzen zu empfehlen. In starken Wrasenbereichen sind Hauben erforderlich.

d) Die **Luftleitungsführung** (Kanäle) muß entsprechend den festgelegten Raumströmungen frühzeitig geplant werden.

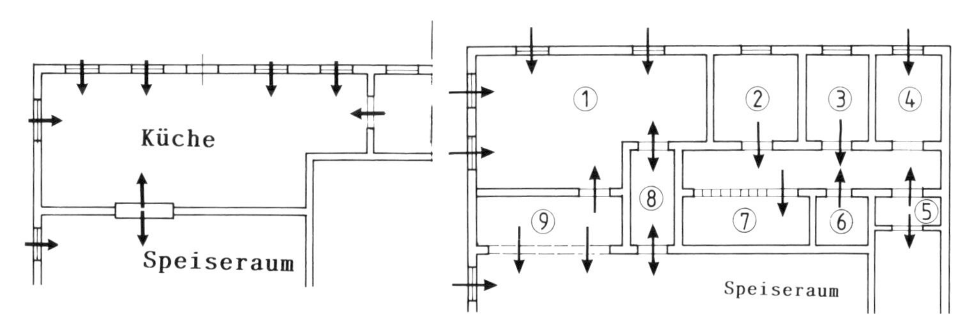

Abb. 7.17 Mittelküche

Abb. 7.18 Großküche mit unterschiedlichen Luftstromrichtungen

(1) Kochen, Backen, Fritieren ⊖; (2) Fleischzubereitung ⊕; (3) Kalte Küche ⊕; (4) Gemüse ⊖; (5) Zuluftschleuse; (6) Backen ⊕; (7) Geschirrspüle; (8) Kiosk ±; (9) Ausgabe ⊕

4. Brandschutz – Abnahmeprüfung

Um eine mögliche Brandübertragung durch die leicht brennbaren Fettschichten zu verhindern, müssen brandschutztechnische Maßnahmen – insbesondere in den Abluft- bzw. Fortluftleitungen – vorgenommen werden.

a) Grundsätzlich gilt die **Bauaufsichtliche Richtlinie** über die brandschutztechnischen Anforderungen an Lüftungsanlagen (vgl. Kap. 8.5.1). Bei Wohnküchen vgl. Kap. 7.3.3.

b) **Ab- und Fortluftleitungen** müssen mind. L 90 entsprechen, und die Ummantelung muß gegen Fetteindringung geschützt sein.
Bei der **Abnahmeprüfung von Küchenlüftungen** muß zu den in der VDI 2079 angegebenen Prüfungen noch zur Brandschutzverhütung die Luftdichtheit der Ab- und Fortluftleitungen untersucht werden (Dichtheitsprüfung nach DIN 18 379).
Angaben über Reinigungsöffnungen, Kondensatsammelgefäß usw. sind in der Richtlinie enthalten.

c) **Feuerschutzklappen** in Abluft- und Fortluftleitungen können in der Regel nicht eingesetzt werden, da sie bei starker innerer Verschmutzung durch Fett nicht sicher schließen (Prüfbescheid beachten). Desgl. gilt für Drosselklappen.

d) Vor dem Abluftleitungsanschluß werden vielfach feuerdurchschlagsichere **Fettfanggitter** vorgeschrieben (besonders bei offenen Feuerstellen oder Friteusen). Grundsätzlich sind alle Fettfanggitter in regelmäßigen Abständen zu reinigen (Zeitplan aufstellen).

e) Bei Verwendung von **Hauben** sind weitere zusätzliche Maßnahmen erforderlich (Kap. 7.4.3).

5. Gasbeheizte Küchengeräte

Hier sind vor allem die Vorschriften hinsichtlich der Abgasführung und der Raumentlüftung zu beachten. Aus oben genannten Vorschriften gilt z. B.:

- Gasverbrauchseinrichtungen in Großküchen bei Nennwärmeleistung > **14 kW müssen an eine Abgasanlage** angeschlossen werden, ausgenommen offene Kochstellen von Herden, Hockerkocher, Wärmeplatten, Wasserbäder, Brat- und Backöfen in Herden (1 Herd), Kippbratpfannen, Wärmetische.
- **Abgase** können gemeinsam mit der Abluft (z. B. über Absaughauben) abgeführt werden. Bei Versagen der Abluftanlage muß jedoch die Gaszufuhr zum Brenner selbsttätig unterbunden werden (Sicherheitsabschaltung muß bei der **Abnahmeprüfung** kontrolliert werden); Abgasrohr ohne Querschnittsänderung und Strömungssicherung.
- In der Küche muß während des Betriebs eine gut sichtbare Kontrollampe vorhanden sein (Hinweisschild erforderlich), die bei der Abnahme auf ihre Funktion überprüft werden muß.
- Zur **Lüftung des Aufstellungsraumes** muß dieser bei Fensterlüftung 5 m^3 Inhalt/1 kW aufweisen; bei zusätzlicher Ventilatorlüftung 2,5 m^3/1 kW. Gleichzeitigkeitsfaktoren: 0,7 für 2 bis 3 und 0,5 über 6 Brennstellen.

7.4.3 Gewerbliche Küchenabzugshauben - Lüftungsdecken

Die wirksamste und in der Regel wirtschaftlichste Lösung ist die Entlüftung durch Abzugshauben, da alle Dämpfe und Verunreinigungen rasch und nahezu vollständig direkt an der Entstehungsstelle abgeführt werden können. Trotz des starken Trends zur Ganzmetalldecke ist die Haubenlösung - angeschlossen an das Abluftkanalsystem - unübertroffen.
Die **Montage** der Hauben soll möglichst deckenbündig erfolgen, evtl. verblenden. Die Vormontage mit allen Einbauten erfolgt werkseitig, so daß bauseits nur noch der luftseitige und elektrische Anschluß erforderlich ist. Lieferlängen bis über 5 m.

Grundsätzlich unterscheidet man zwischen **drei Bauformen:**

a) **Wandhauben:** Bei Kochgeräten an Wänden oder Raumteilern oder bei sehr schmalen Herdgruppen. Die rückseitige Begrenzung muß vom Fußboden bis zur Decke gehen. Seitenwände können durch raumhohe Trennwände begrenzt sein.

b) **Mittelhauben:** Über in der Raummitte aufgestellten Kochgruppen. Meist werden hierfür einfach zwei Wandhauben zusammengeflanscht.

c) **Grillhauben:** Für Imbißstuben, Schnellrestaurants, Grillstände, d. h. überall dort, wo starke konzentrierte Emissionsquellen auf engstem Raum entstehen. Wegen der extremen Volumenströme sind Zugerscheinungen nicht immer zu vermeiden.

Abb. 7.19 Wandhaube

Abb. 7.20 Mittelhaube

Abb. 7.21 Grillhaube

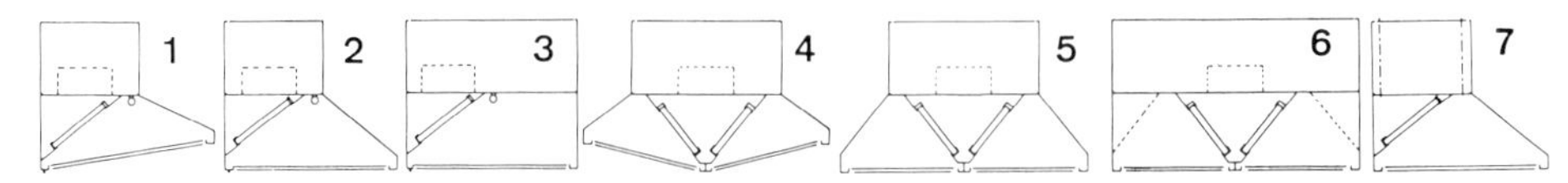

Abb. 7.22 Konstruktionsformen von Küchenhauben (Fa. Rentschler)

Qualitätskriterien bei Hauben beziehen sich auf Material, Konstruktion, Verarbeitung, Reguliereinrichtung, Zubehörteile (z. B. Beleuchtung), Aufhängung, Wartung und Austauschmöglichkeit, Aussehen.

Als **Material** ist Chromnickelstahl zweckmäßig, obwohl auch andere Materialien wie Alu und lackiertes Blech u. U. geeignet sind.

Eine große Rolle spielt die **Zuluftzuführung,** denn die zwangsweise Folge einer intensiven „Haubenlüftung" ist das erforderliche Nachströmen der Zuluft, das bei mittleren und größeren Anlagen (dabei sind kleinere Küchen prinzipiell nicht ausgeschlossen!) nur durch eine Zuluftanlage problemlos ermöglicht wird.

Hierzu noch einige Hinweise:

- Grundsätzlich gibt es **vier Möglichkeiten der Zuluftzuführung**
  a) Durch **freies Nachströmen** von außen oder durch Nebenräume (nur für kleinere Küchen möglich mit allen genannten Problemen).
  b) Durch eine für die Küchenlüftung eingebaute **separate Zuluftanlage** mit Filter und Heizregister, wobei mit Zu- und Abluftanlage (oft auf dem Dach montiert) mehrere Hauben versorgt werden können.
  c) Durch eine im Gebäude **vorhandene RLT-Anlage,** von der die für die Küche erforderliche Zuluft „abgezapft" werden kann. Umluftbetrieb ist – im Gegensatz zur Haushaltsküche – allerdings unzulässig.
  d) Durch **Hauben mit Zulufteinrichtungen.** Bei solchen Kombinationen wird die Zuluft meist durch Schlitze oder Gitter am Haubenrand oder Haubenaufsatz eingeführt; Regulierklappe für Zuluft erforderlich.
- Zur Erreichung eines geringen **Unterdrucks in der Küche** ist der Zuluftvolumenstrom immer geringer als der Abluftvolumenstrom zu wählen ($\dot{V}_{ab} \approx$ 5 bis 15 % größer als $\dot{V}_{zu}$).
- Mit Zuluft allein die **an der Decke vorhandenen Dunstbereiche** entfernen zu wollen hat sich als nicht ausreichend erwiesen. Hierfür sind an der Decke zusätzliche Abluftdurchlässe erforderlich.

Für die **Haubengröße** soll ringsum ein Überhang von mind. 10 cm vorgesehen werden, bezogen auf einen Abstand Fußboden bis Haubenunterkante von 2,1 m.

Der **Winkel zwischen Herd- und Haubenkante** soll mind. 10° betragen. Bei Kochkesseln mit Deckeln, bei Bratpfannen usw. zieht man diese 10 cm im aufgeklappten oder ausgezogenen Zustand hinzu (besser etwas mehr). Im Grenzfall immer die nächstgrößere Haube wählen, denn die Breite ist oft standardisiert, während die Länge nach Bedarf geliefert wird. Anhaltswerte geben auch die Angaben nach Abb. 7.27.

Das stabile und handliche **Fettfangfilter** ist der wichtigste Bestandteil jeder Hauben- oder Deckenkonstruktion. Moderne Filtereinsätze sind Abluftgitter und Fettabscheider zugleich.

Auch hierzu einige **Hinweise:**

- **Streckmetallkassetten** sind einfach und preiswert, müssen jedoch wöchentlich gereinigt werden, da sie sich schnell zusetzen, den Luftwiderstand erhöhen und den Volumenstrom drosseln. Abscheidegrad etwa 80 % bei 0,9 bis 1,0 m/s Anströmgeschwindigkeit. Die umlaufende gratfreie Fettsammelrinne besitzt zwei Ablaßhähne.
- Der **Filtereinbau** soll mindestens in einem Winkel von 35°–40° zur Waagrechten eingebaut werden.
- Zur **Reinigung** (alle 1–2 Wochen) werden die max. 500 mm × 500 mm großen Kassetten in die Geschirrspüle gesteckt (evtl. zuvor aufweichen); dabei muß die Anlage außer Betrieb sein.
  Neuerdings gibt es auch nachrüstbare Filterwascheinrichtungen, die fest an das Wassernetz angeschlossen werden.
- Mit sog. **Wirbelstromfiltern** (Abb. 7.23) kann man die Nachteile der Streckmetallkassette beheben und außerdem einen Flammenrückschlag verhindern. Bis zu etwa 90 % der Fettpartikel werden hier durch die rasche Abluftumlenkung ausgeschleudert und längs den Leitblechen in die Sammelrinne geführt.
  Nicht selten werden Streckmetallfilter als zweite Stufe nachgeschaltet, um den Abscheidegrad bis zu 98 % zu verbessern (günstig auch für variablen Volumenstrom). Ein nachträglicher Austausch gegen Streckmetallkassetten ist möglich.

Abb. 7.23

Der korrosionsgeschützte **Abluftventilator** ist meistens in der Haube eingebaut, kann aber auch im Kanal oder auf dem Dach montiert werden. Zur Volumenstromregulierung verwendet man drehzahlveränderbare Motoren, meist in 2 Stufen (voller Volumenstrom in der Hauptkochphase, 2/3 in der Nebenkochphase); Umschaltung von Hand oder durch Zeitschaltuhr.

- Zu den genannten Anforderungen sollte unbedingt nach dem Ventilator ein **Thermofühler** vorgesehen werden, der bei Überhitzung den Ventilator automatisch abschaltet und selbstregelnd auch im Brandfall den Strom unterbricht. Motoren mit mindestens der Schutzart P 54 und Thermokontakten.
- Der Unterdruck im Raum darf hier nicht zu groß sein, damit keine Abgase in den Raum gesaugt werden können [$\dot{V}_{zu}$ (= $\dot{V}_a$) $\approx$ 95 % von $\dot{V}_{ab}$].

Eine **Wärmerückgewinnung,** wie z. B. durch spezielle Wärmetauscher, will sich z. Zt. noch nicht richtig durchsetzen, da viele Wirtschaftlichkeitsberechnungen zu schlechten Ergebnissen führten.

Gründe: Geringer Energiepreis, geringe Vollbetriebsstunden, höhere Reinigungs- und Filterkosten (Fettanfall), zusätzliche Reifschutzeinrichtung, höhere Störanfälligkeit, Komplizierung des Brandschutzes.

Eine energiesparende Haubenkonstruktion ist z. B. die nach Abb. 7.24, bei der nur etwa 20–30 % der Zuluft erwärmt werden müssen (Heizkostenersparnis also mind. 70 %).

Wirkungsweise: 100 % Außenluft strömen in die Küche, davon werden 70–80 % durch eine Schlitzdüse V in den oberen Haubenteil geführt und über die Filter wieder abgezogen. Infolge der Injektorwirkung werden aus dem darunterliegenden Kochbereich (Unterdruckbereich U) die Dämpfe und Wrasen mitgerissen, ebenso die 20–30 % von der Nachströmöffnung S. Das Heizregister ist Bestandteil des Systems.

Weitere **Vorteile:** Kühler Luftzug im oberen Bereich und dadurch geringere Abkühlung der Speisen, besseres Auskondensieren der Fetteilchen (höherer Abscheidegrad der Filter) und somit geringere Filterwartung und Brandgefahr; Nachrüstung vorhandener Anlagen, auch für Lüftungsdecken.

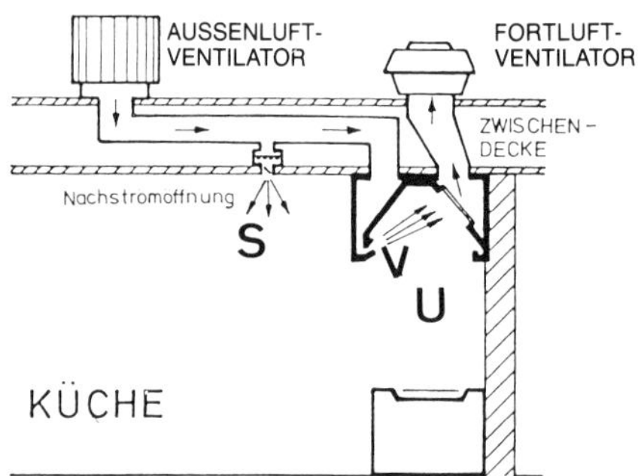

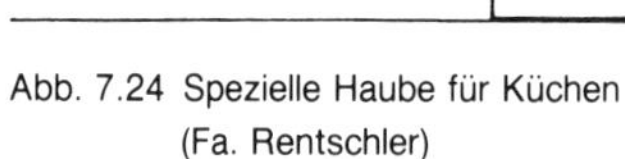

Abb. 7.24 Spezielle Haube für Küchen (Fa. Rentschler)

Abb. 7.25 Integrierte Ganzmetalldecke für Großküchen

Die **Großflächenhaube,** eine Zwischenlösung zwischen der Aufstellung von zentralen Hauben und einer Lüftungsdecke, ist eine große Zentralhaube mit vierseitiger Absaugung für mittelgroße Gastronomieküchen. Diese große „abgehängte Rechteckdecke" mit meist aneinandergeflanschten Deckensegmenten ersetzt die bauseits montierte Zwischendecke.

Weitere Merkmale und Hinweise:

Umlaufender Abluftkanal, waagrechter Überhang der Metallpaneelen mind. 50 cm bei üblicher Deckenhöhe von 2,5 m, Integration aller Einbauten (Kanäle, Beleuchtung, Elektroinstallation, evtl. Feuerlöscheinrichtung), starke Vorfertigung und somit schnelle Montagezeit, allerdings gibt es auch Bausteinlösungen für individuelle Planungen, Ausführung aus Chromnickelstahl oder eloxiertem Aluminium; auch asymmetrische Zusammenfassung der Segmente.

Die schon seit Jahren stärker verbreitete **Ganzmetallüftungsdecke** aus Chromnickelstahl oder eloxiertem Aluminium (Abb. 7.25), bestehend aus einem Traggerüst mit starren wärme- und schallgedämmten Paneelen, ist die Fortsetzung vorstehend erwähnter „Großflächenlüftung", da sie weitere Vorteile bietet. Man unterscheidet dabei zwischen der üblichen in etwa 3 m Höhe abgehängten Decke mit integrierten Zu- und Abluftkanälen und der Decke mit integrierten Zuluftkanälen und freier Absaugung der Abluft über einem glatten und dichten Deckenhohlraum.

Vorteile: Beliebige dezentrale Aufstellungsmöglichkeit der Küchengeräte bzw. freie Wahl der Absaugstellen (auch bei örtlich und zeitlich wechselnder Belastung); Volumenströme können entsprechend der Haubenabmessungen größer sein, als nach der errechneten Last notwendig; hygienisch schutzbedürftige Bereiche können durch die Einteilung in Zu- und Abluftzonen besser ermöglicht werden; leichtes Versetzen der Filterelemente bei veränderter nachträglicher Kücheneinteilung; keine Deckenrandzone und tote Winkel, Einbeziehung aller Hindernisse (Pfeiler, Unterzüge, Nischen usw.); innenliegende Fettsammelrinnen; hoher Abscheidegrad; Integration mehrerer Funktionen (Be- und Entlüftung, Filtrierung, Beleuchtung, Akustik, Feuerlöschung).

Nachteile: Wesentlich höhere Anschaffungskosten, Vorfertigung nur begrenzt möglich, Küchenpersonal bei der Reinigung oft überfordert, Abstimmung der lichten Höhe nach der Bauordnung (nach VDI 2052 dürfen in stark belasteten Bereichen die Luftauslässe für die Abluft max. 1,2 m über Küchengeräten nicht überschreiten!).

7.4.4 Abzugshauben für Wohnungsküchen

Die Lüftung von Wohnungen wird ausführlicher in Kap. 7.2 und 7.3 und die in Wohnungen übliche Fensterlüftung in Kap. 3.3.2 behandelt.

Mechanische Wohnungsküchenlüftungen werden zwar in der VDI 2052 nicht behandelt und nach der Bauordnung im Normalfall auch nicht vorgeschrieben (im Gegensatz zu innenliegenden Wohnküchen, vgl. Kap. 7.3.3), doch sollte man auch hier den Küchendunst möglichst an der Entstehungsstelle, also über der Herdfläche, abführen.

Wand- und Fensterlüfter (Abb. 7.2) sollte man bei stark belasteten Küchen aus folgenden drei Gründen vermeiden:

1. Dämpfe und Schmutz schlagen sich außen an der Fassade nieder und verfärben und zerstören Putz, Mauerwerk und evtl. Verkleidungselemente.
2. Küchengerüche belästigen je nach Windrichtung die Nachbarn, Passanten oder Pensionsgäste.
3. Unvermeidliche Fettansätze sind unhygienisch und bilden – insbesondere bei Holzverkleidungen – eine erhebliche Brandgefahr und durch Zersetzung zusätzliche Geruchsquellen und Bakterien.

Die bessere Lösung ist demnach, wie bei der gewerblichen Küche, die Verwendung von Abzugshauben.

Die **Wirksamkeit solcher Hauben** ist abhängig von Konstruktion, Ab- und Zuluftvolumenstrom, Ansaugbereich (Haubenfläche, Höhe), Standort des Herdes und Betriebsweise (Filterpflege, Laufzeit, Bedienung).

Grundsätzlich unterscheidet man zwischen drei **Ausführungsformen:**

a) **Einbauhaube,** d. h. im Wandschrank eingebaut oder mit Dekortür abgedeckt (frontbündig mit Oberschrank)

b) Unterbauhaube, frei an der Wand oder unter Hängeschrank

c) Lüfterbausteine zum Einbau in sog. Essen oder freihängend über Kochinseln

- Der **Mindestabstand zur Herdoberkante** beträgt aus Sicherheitsgründen etwa 65 cm. Je geringer zwar dieser Abstand ist, desto besser ist die Wirkung, d. h., desto weniger können Fett und Geruch an der Haube vorbeiziehen.
- Entscheidend ist auch die **Haubenfläche,** die mindestens gleich, besser etwas größer als die Kochfläche sein soll. Die meisten Hauben sind 50 . . . 70 cm breit. Größere Modelle (z. T. bis 100 cm) sind empfehlenswert für Kochfelder mit seitlichen Warmhalteflächen.
- Die **Vergrößerung des Ansaugbereichs** erfolgt bei Einbauhauben durch Ausschwenken der Fronthaube oder durch Ausziehen des Wrasenauffangschirms, bei Unterbauhauben durch Ausklappen des Wrasenschirms. Querströme („Durchzug") im Raum vermeiden, eine Herdseite möglichst durch Schrank abgrenzen.

Die Hauben sind heute leistungsstark (je nach Fabrikat 150 bis über 500 m^3/h in zwei oder drei Stufen oder stufenlos), geräuscharm und als Universalgerät konzipiert, d. h. je nach Küchenverhältnissen auf Abluft- oder Umluftbetrieb einstellbar.

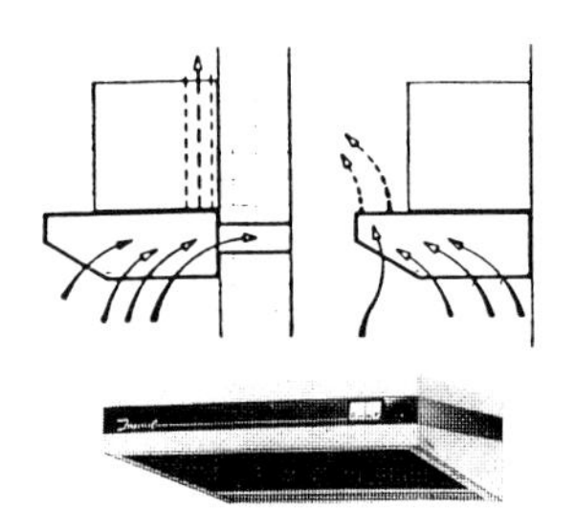

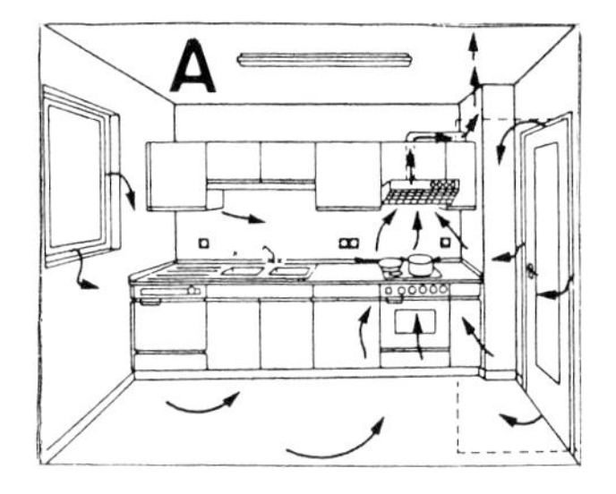

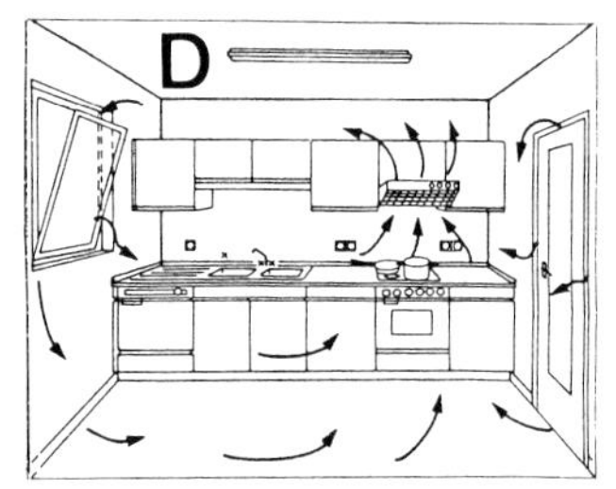

Abb. 7.26 Abluft- und Umlufthauben („Dunstfilter") für Wohnküchen; Luftströmungen im Raum

1. Küchenhauben mit Abluftbetrieb

Hier wird die angesaugte verbrauchte Luft über einen Lüftungsschacht oder vereinzelt durch einen Außenwanddurchbruch direkt ins Freie geleitet (nicht erlaubt). Alle Wrasen müssen von der Haube erfaßt werden, sonst bleiben sie an der Decke „hängen".

Hinweise zur Ausführung und Betriebsweise

- Wie schon erläutert, muß zukünftig zwischen einer **Grundlüftung** (Sicherstellung eines Mindestaußenluftvolumenstroms) und einer **Bedarfslüftung** (erhöhter Außenluftstrom während des Kochvorgangs) unterschieden werden. Letztere kann sinnvoll nur über die Haube erfolgen.
- Der **geforderte Gerätevolumenstrom** wird vielfach durch Annahme einer Luftwechselzahl geschätzt. So dürften z. B. bei einem Luftwechsel von 5 bis 10 h^{-1} die Küchendünste nach 1–2 Stunden beseitigt sein.
  Beispiel: Küchenfläche 12 m^2; lichte Höhe = 2,5 m; 20 % Raumbedarf für Küchenmöbel
  $\dot{V}_a = V_R \cdot LW = 12\,m^2 \cdot 2{,}5\,m \cdot 0{,}8 \cdot 7/h = 168\,m^3/h$
  Eine genauere Berechnung kann aufgrund des Feuchteanfalls erfolgen (vgl. Tab. 7.7).
- Die **Zuführung der Zuluft** kann bei solchen Volumenströmen nicht einfach unproblematisch über Außenluftöffnungen zugeführt werden. Selbst wenn für geringere Volumenströme definierte Zuluftöffnungen vorgesehen werden, sind zahlreiche Bedingungen einzuhalten (am oberen Teil des Raumes oder über Heizkörper, Nachströmen durch Innentüren im Winter); spezielle Wandluftgeräte mit Ventilator (vgl. Abb. 7.7).
- Für die **Abluftkanäle** gilt: Glatte Oberfläche und möglichst keine Formstücke, maximale Länge etwa 3 bis 5 m senkrecht und 3 m waagrecht (bei mehreren Bogen und Übergängen von rund auf rechteckig kann der Volumenstrom bis zu 50 % und mehr zurückgehen), Gefälle 1 cm/m, keine Querschnittsverengungen, Brandschutzbestimmungen beachten (werden oft vom Küchenmonteur mißachtet).
- Als **Fettfangfilter** werden verschiedene Arten angeboten: Metalldrahtfilter, Labyrinthfilter oder Polyesterfilter, die teils per Hand, teils in der Geschirrspülmaschine ausgewaschen werden. Sättigungsanzeige elektronisch oder optisch. Kohlefiltersets für den Umluftbetrieb sind meist als Zubehör lieferbar.

2. Küchenhauben mit Umluftbetrieb (Dunstfilter)

Hier werden die Geruchsstoffe und das Fett aus der Luft durch Aktivkohlefilter entfernt und gereinigt wieder dem Raum zugeführt. Da ein Austausch mit Außenluft nicht stattfindet, bleibt die Feuchtigkeit zurück. Umluftgeräte sollte man eigentlich erst dann wählen, wenn aus baulichen Gründen keine Möglichkeit besteht, Abluftgeräte zu installieren.

Hierzu einige Hinweise:

- Die **Fett- und Geruchsfilter** müssen regelmäßig ausgewechselt werden. Fettfilter aus einem Kunststoff-Spezialvlies sind bei Normalbetrieb etwa alle 2–3 Monate erneuerungsbedürftig, Aktivkohlefilter als Geruchsfilter nach etwa einem Jahr (je nach dem Nutzerverhalten 8–18 Monate). Wiederverwendbare Metallfilter werden in warmer Lauge gewaschen (auch in der Geschirrspülmaschine). In der Regel besitzen die Fettfilter eine optische Sättigungsanzeige.
- Im **Gegensatz zum Abluftbetrieb** ist es hier besser, das Fenster zu öffnen (Energieverluste beachten!), denn beim schnellen Öffnen der Tür oder schon beim schnellen Hinausgehen wird schlechte Küchenluft „mitgerissen" (Gefahr der Zugumkehr). Bestimmte Küchenbereiche werden trotz mehrmaliger Umwälzung nicht erfaßt.

7.5 Entnebelungsanlagen – Schwimmbadlüftung

Es gibt viele Räume, wie Wäschereien, Färbereien, Textilfabriken, Konservenfabriken, Reinigungsbetriebe, Großküchen, Schlachthöfe, Schwimmhallen, Duschräume usw., bei denen mehr oder weniger große Wasserdampfmengen anfallen:

a) **Durch Verdunstung** von kalten, warmen oder extrem von heißen Flüssigkeiten, wie z. B. bei offenen Behältern, Bottichen, Bädern, nassen Oberflächen (geometrische Kontaktflächen zwischen Luft und Wasser) oder bei Zerstäubungseinrichtungen, Duschen usw. (innige Berührung von Luft mit zahlreichen kleinen Flüssigkeitsteilchen)

b) **Durch Austreten von Wasserdampf** aus vorübergehend geöffneten Behältern, Apparaten, Geräten

Sollen nun solche Räume entfeuchtet werden, so unterscheidet man grundsätzlich zwischen folgenden beiden Möglichkeiten:

1. **Man mischt die Raumluft** mit einer Luft, die eine geringere absolute Luftfeuchtigkeit hat; in der Regel mit Außenluft (z. B. Abb. 7.32). Die hierfür erforderlichen Anlagen bezeichnet man vielfach als **Entnebelungsanlagen, d. h. Anlagen, bei denen der Förderstrom nach den im Raum entstehenden Feuchtequellen bestimmt wird.**

   Je nach Wasserdampfanfall und Jahreszeit kann der hierfür erforderliche Außenluftstrom sehr groß werden. Die Folgen sind: ein umfangreiches Luftverteilsystem und höhere Betriebskosten, da diese Luft – je nach Jahreszeit – mehr oder weniger aufwendig erwärmt werden muß.

2. **Man kondensiert den Wasserdampf,** indem man die feuchte Luft – wie in der Klimatechnik üblich – über einen Kühler mit einer sehr geringen Oberflächentemperatur führt. In der Regel ist es direkt der **Verdampfer eines Kälteaggregats** mit der Verdampfungstemperatur ϑ_0. Der Raumluftzustand wird hier demnach unabhängig vom Außenluftzustand erreicht. Die drei voneinander abhängigen Größen sind Wasserdampfanfall $\dot{m}_W$, Volumenstrom $\dot{V}$ und Kühleroberflächentemperatur ϑ_K.

   - Das heißt, bei gegebenem $\dot{m}_W$ und ϑ_0 muß der Volumenstrom und somit die Gerätegröße aus den Herstellerunterlagen bestimmt werden (Normalfall).
   - Bei gegebenem $\dot{m}_W$ und $\dot{V}$ ist eine bestimmte Oberflächentemperatur ϑ_K bzw. Kältemittelverdampfungstemperatur ϑ_0 erforderlich.
   - Bei gegebenem $\dot{V}$ und ϑ_0 darf nur eine bestimmte Wasserdampfmenge je Stunde im Raum anfallen.

Die Wirtschaftlichkeit solcher Anlagen hängt von zahlreichen Einflußgrößen ab. Dies sind die hohen Anschaffungskosten, die Energiepreise, die Nutzungszeit, die Größe der Anlage (Wasserdampfanfall), die baulichen Gegebenheiten, die Anforderungen an das Raumklima u. a.

Vorteilhaft werden derartige Geräte vor allem für Schwimmbäder und für kleinere Entfeuchtungsaufgaben eingesetzt (vgl. Abb. 7.35 bis 7.37).

Unabhängig von der Anlage soll durch die Entfeuchtung vor allem eine **Nebel- oder Schwitzwasserbildung vermieden werden,** denn eine solche kann zur Mauerwerkdurchfeuchtung, Schimmelbildung, Geruchsbildung, Rostbildung bei Maschinen, Rohrleitungen usw., Fäulnis bei Holz und Textilien, zu beschlagenen Fenstern und somit zur Sichtbehinderung, zu Wasserflächen, zur Belästigung durch herabfallende schmutzige Wassertropfen und nicht zuletzt zu einer Abnahme der körperlichen und geistigen Leistungsfähigkeit führen.

7.5.1 Entfeuchtung durch Absaugung und Luftmischung

Je nachdem, ob im Raum nur an einer Stelle oder auf den gesamten Raum verteilt eine Verdunstung stattfindet, unterscheidet man bei einer Entnebelung zwischen einer örtlichen Absaugung und einer zentralen oder dezentralen raumlufttechnischen Anlage mit Zu- und Abluftführung, bei größeren Betriebszeiten mit Wärmerückgewinnung.

a) Örtliche Absaugung durch Hauben oder Saugschlitze

Vorteile: Preisgünstig, sparsamer Betrieb, sofortige Absaugung der Schadstoffe, geringere Förderströme, geringere Energiekosten

Nachteile: Beeinträchtigung bestimmter Arbeitsvorgänge, Ortsgebundenheit bei Behältern, Sichtbehinderung

Erforderlicher Volumenstrom (näherungsweise)

Aus den beiden Gleichungen:

$\frac{v}{v_x} = 2 \cdot x \frac{U}{A}$ und $\dot{V} = A \cdot v \cdot 3600$ folgt: $\boxed{\dot{V} = 2 \cdot x \cdot U \cdot v_x \cdot 3600}$

$\dot{V}$ Erforderliche Saugluft in m^3/h
A Querschnitt der Haubenfläche $[m^2]$
x Abstand von Behälter bis Haube [m]
U Umfang der Haubenfläche [m]
v_x Geschwindigkeit an der Kante des Behälters
- bei ruhiger Luft 0,1 bis 0,15 m/s
- bei schwachen Querströmungen 0,15 bis 0,3 m/s
- bei starken Querströmungen 0,2 bis 0,4 m/s

v Geschwindigkeit in der Haubenfläche
- 4seitig offen 0,9 bis 1,2 m/s
- 3seitig offen 0,8 bis 1,1 m/s
- 2seitig offen 0,7 bis 1,7 m/s
- 1seitig offen 0,5 bis 0,8 m/s

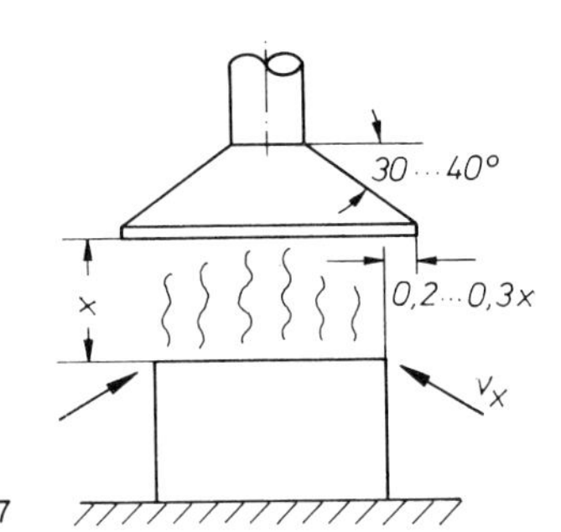

Abb. 7.27

Beispiel: Über einem Schmelzbad 1,5 m x 1,2 m befindet sich eine Haube 1,8 m x 1,6 m. Es ist mit stärkeren Luftströmungen zu rechnen. Der Abstand von der Haubenfläche zum Bad beträgt 90 cm. Wie groß ist der erforderliche Volumenstrom?

$\dot{V} = 2 \cdot x \cdot U \cdot v_x = 2 \cdot 0{,}9 \cdot 6{,}8 \cdot 0{,}3 \cdot 3600 = \mathbf{13\,220\ m^3/h}$

Solche großen Volumenströme müssen durch erwärmte Zuluft ersetzt werden.

b) (Raum-)Entnebelungsanlagen

Hier werden dem gesamten Raum mehr oder weniger große Außenluftvolumenströme zugeführt. Manchmal müssen auch nur kleinere Raumgruppen innerhalb eines großen Raumes entfeuchtet werden, die dann z. B. durch Trennwände, Luftschleusen abgeteilt werden (Teilraumentnebelung).

Unabhängig davon, ob mit Einzelgeräten oder als Zentralanlage mit Kanalsystem, auch unabhängig davon, ob örtlich (z. B. über eine Haube) oder über zahlreiche Gitter abgesaugt wird, muß wegen der großen Volumenströme ein Zu- und Abluftsystem gewählt werden mit zugfreier Verteilung der eingeführten trockenen, vorgewärmten Luft.

Den **erforderlichen Außenluftvolumenstrom** kann man nach folgender Gleichung berechnen:

$$\boxed{\dot{V}_a = \frac{\dot{m}_W}{\varrho \cdot (x_i - x_a)}} \quad \text{in } m^3/h$$

und den **verdunsteten Wassermassenstrom** nach:

$$\boxed{\dot{m}_W = A \cdot \sigma \cdot (x_s - x_i)} \quad \text{in g/h}$$

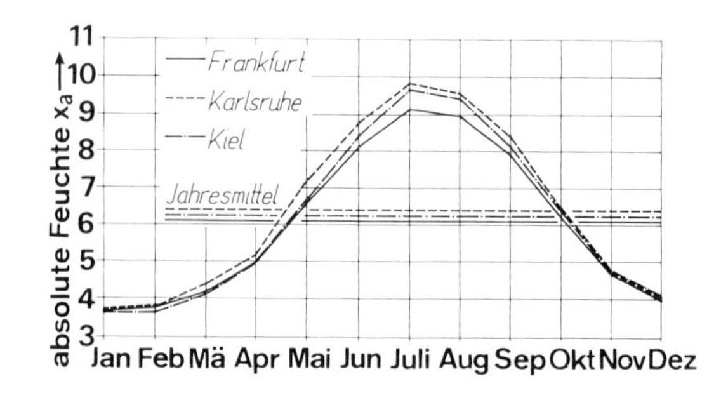

Abb. 7.28 Jährlicher Verlauf von x_a

x_i absolute Feuchte im Raum (Abb. 7.29 Hinweis 1)
x_a absolute Feuchte außen (Abb. 7.28)
A Berührungsfläche Wasser – Luft in m^2
x_s Sättigungsdampfmenge in g/kg (vgl. Tab. 7.9 und 7.11)
ϱ Dichte (annähernd 1,2 kg/m³)
σ Verdunstungszahl = 25 + 19 · v in kg/m²·h ($\approx \alpha/c$)
v Geschwindigkeit über der Flüssigkeitsoberfläche in m/s
0,05 ... 0,1 m/s Wasserspiegel ruhig
0,1 ... 0,2 m/s geringe Bewegung
0,2 ... 0,3 m/s mäßige Bewegung
0,3 ... 0,5 m/s stärkere Bewegung

Abb. 7.28 zeigt den **jährlichen Verlauf von x_a** für die Städte Frankfurt (M), Karlsruhe und Kiel sowie die Mittelwerte. Die im Laufe nicht nur eines Jahres, sondern auch im Laufe eines Monats und manchmal sogar eines Tages unterschiedlichen Werte haben Konsequenzen für die Geräteauswahl und Betriebsweise (vgl. Folgerungen nach Schwimmbadbeispiel).

Die Zustandsänderungen der Luft durch Mischung, Erwärmung, Abkühlung usw. lassen sich sehr einfach im ***h,x*-Diagramm** darstellen (Bd. 4). Nachfolgend einige Beispiele:

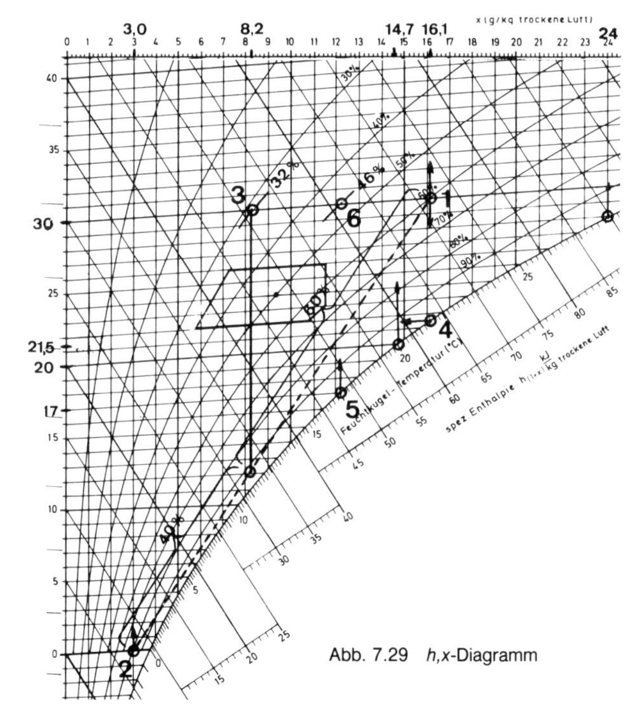

Abb. 7.29 *h,x*-Diagramm

1. Bringt man die Linie der relativen Feuchte φ mit der Temperaturlinie ϑ zum Schnitt, kann man die **zugehörige absolute Feuchte x ablesen.**

   Beispiel:
   Raumluftzustand ① (innen)
   ϑ_i = 30 °C; φ_i = 60 %
   aus Diagramm **x_i = 16,1 g/kg**

   Raumluftzustand ② (außen)
   ϑ_a = ± 0 °C; φ_a = 80 %
   aus Diagramm **x_a = 3 g/kg**

   > Je größer $x_i - x_a$, desto stärker ist der Trocknungseffekt.

2. Möchte man **die beiden Volumenströme mischen** (Mischkasten im Gerät), so verbindet man die beiden Zustandspunkte ① und ②. Nach Abb. 7.29 werden z. B. 60 % Außenluft mit 40 % Umluft gemischt (Mischpunkt *M*). Die absolute Feuchte dieser Mischluft beträgt etwa 8,2 g/kg, d. h., der Raumluft werden 16,1 – 8,2 g/kg = 7,9 g/kg Wasserdampf „entzogen"; multipliziert mit dem Massenstrom der Luft ($\dot{m} = \dot{V} \cdot \varrho$) ergibt die Entfeuchtung in g/h.

3. Wird die **Mischluft anschließend erwärmt** (Pkt. 3), bleibt die absolute Feuchte konstant, die relative ist von 90 % auf etwa 32 % gesunken. Diese Luft wird eingeführt (Zuluft) und erreicht nach Aufnahme der 7,9 g/h wieder den Raumzustand (Abluft).
   Je kälter die Mischluft, desto mehr Energie ist erforderlich, um die Luft auf ϑ_{zu} = 30 °C zu bringen.

4. Die **höchstmögliche Wasserdampfmenge x_s** (= Sättigungsdampfmenge) kann auf der Sättigungslinie φ = 100 % abgelesen werden; z. B. bei 20 °C ist x_s = 14,7 g/kg, bei 28 °C sogar 24 g/kg. Bei höheren Temperaturen werden die Werte aus Tabellen entnommen (Tab. 7.9).

Tab. 7.9 Sättigungsmenge (bei 1013 mbar)

ϑ	°C	20	30	35	40	45	50	55	60	65	70	75	80	85	90
xs	g/kg	14,7	27,2	36,6	48,8	65,0	86,2	114	152	204	276	382	545	828	1400

5. Auch der **Taupunkt** kann einfach abgelesen werden (φ = 100%-Linie). So beträgt z. B. die Taupunkttemperatur der Raumluft 21,5 °C (Pkt. 4), d. h., im Raum darf keine Fläche kälter sein, wenn eine Schwitzwasserbildung verhindert werden soll, entscheidend ist allerdings noch die Luftbewegung.
   Umgekehrt: Liegt als kälteste Umgebungstemperatur z. B. 17 °C vor (Pkt. 5), so darf bei ϑ_i = 30 °C die relative Feuchte φ_i nicht höher als bei etwa 46 % liegen (Pkt. 6).

Übungsaufgabe 1

In einem 1070 m^3 großen Fabrikationsbetrieb befinden sich 4 offene Wasserbehälter mit je 4,5 m^2 Oberfläche und einer Wassertemperatur von 45 °C. Die Raumtemperatur wird im Sommer mit 26 °C, die relative Feuchte mit 60 % und die Luftbewegung über den Behältern mit 0,4 m/s angegeben.

a) Berechnen Sie den erforderlichen Volumenstrom und Luftwechsel, wenn nach Abb. 7.28 9 g/kg für x_a angenommen werden sollen!

b) Auf wieviel Prozent müßte der Außenluftvolumenstrom entsprechend Abb. 7.28 im Januarmittel reduziert werden, und wie groß wäre die erforderliche Wärmeleistung des Registers bei einer momentanen Außenlufttemperatur von −12 °C, wenn isotherm eingeblasen werden kann und die Raumtemperatur mit 20 °C angenommen wird? Geben Sie außerdem die Mischtemperatur an, wenn der Volumenstrom nach a) beibehalten werden soll!

c) Für welche Wärmeleistung (in kW) müßte das Register gegenüber b) ausgelegt werden, wenn auch im Januar mit dem Volumenstrom nach a) gefahren wird? Nennen Sie mindestens zwei Nachteile!

Lösung:

a) $\dot{V}_a = \frac{\dot{m}_W}{\varrho\,(x_i - x_a)} = \frac{A \cdot \sigma\,(x_S - x_i)}{\varrho\,(x_i - x_a)} = \frac{4 \cdot 4{,}5 \cdot (25 + 19 \cdot 0{,}4)\,(65 - 12{,}7)}{1{,}2\,(12{,}7 - 9)} = \mathbf{6912}\ \frac{\mathbf{m^3}}{\mathbf{h}}$

$LW = \dot{V}_{zu}/V_R = 6912/1070 = \mathbf{6{,}46\ h^{-1}}$ (x_i nach Abb. 7.29 ermittelt)

b) $\dot{V}_a = \frac{4 \cdot 4{,}5\,(25 + 19 \cdot 0{,}4)\,(65 - 12{,}7)}{1{,}2\,(12{,}7 - 3{,}8)} = 2873\ m^3/h \mathrel{\hat{=}} \mathbf{41{,}6\ \%}$

$\dot{Q}_{Reg} = \dot{V}_a \cdot c\,(\vartheta_i - \vartheta_a) = 2873 \cdot 0{,}35\,[20 - (-)12] = \mathbf{32178\ W}$ (isotherm: $\vartheta_{zu} = \vartheta_i$)

$\vartheta_m = \%\ AUL \cdot \vartheta_a + \%\ UML \cdot \vartheta_i = 0{,}416 \cdot (-12) + 0{,}584 \cdot 20 \approx \mathbf{6{,}7}\ °C$

c) $\dot{Q}_{Reg} = 6912 \cdot 0{,}35 \cdot [20 - (-12)] = 77\,414\ W \approx \mathbf{77{,}5\ kW}$

Nachteile sind die höheren Anschaffungskosten (Gerät, Rohrnetz usw.); kurze Laufzeiten, da zu schneller Trocknungseffekt; regelungstechnisch ungünstig, besonders wenn mit Übertemperatur gefahren wird.

7.5.2 Schwimmbadlüftung – Schwimmbadentfeuchtung – VDI 2089

Möchte man konventionell, d. h. durch **Mischung mit Außenluft,** einen Schwimmbadraum entfeuchten (daher vielfach auch als „Entfeuchtungslüftung" bezeichnet), muß man sorgfältig die Wirtschaftlichkeit überprüfen. Die geringeren Anschaffungskosten können nämlich bald durch höhere Betriebskosten aufgebraucht werden. Anschließend einige Beispiele von Anlagen, wie sie noch tausendfach in Betrieb sind und die vielfach ausgetauscht, ergänzt oder regelungstechnisch optimiert werden müßten.

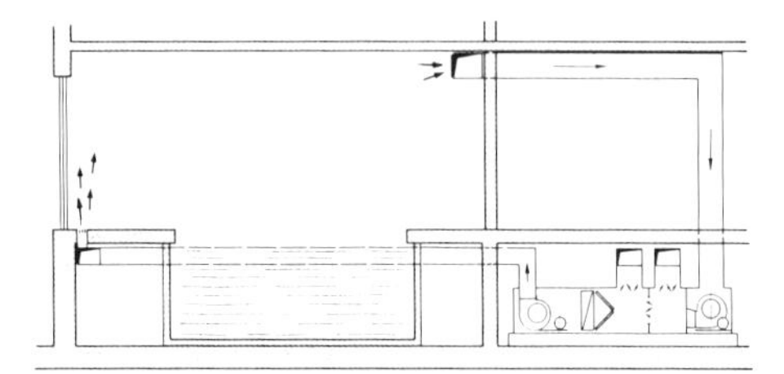

Abb. 7.30 Kombiniertes Kastengerät

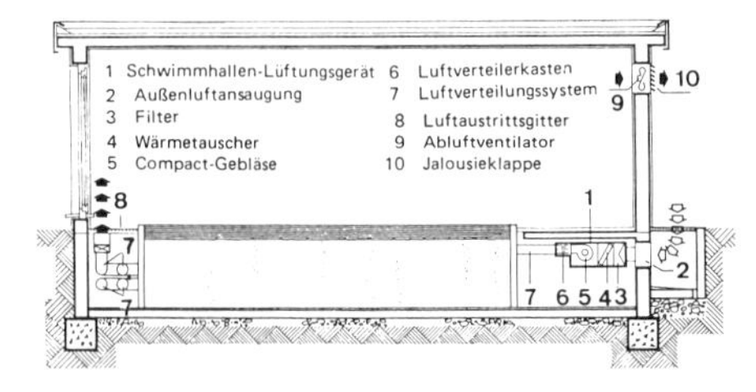

Abb. 7.31 Zuluftgerät (Außenluft)

Abb. 7.30 zeigt ein **Kastengerät** mit Zu- und Abluftventilator für große Volumenströme; Kanalsystem mit Gitter. Wirtschaftlicher Betrieb durch Einbau von Wärmerückgewinnungseinrichtungen und/oder mit Beckenabdeckungen.

Abb. 7.31 zeigt ein **spezielles Zuluftgerät** mit Verteilkasten und angeschlossenen flexiblen Rohren im Beckenrand montiert. Die Fortluft wird durch Wandlüfter abgeführt (Gerät wird nicht mehr hergestellt, vgl. Abb. 2.15).

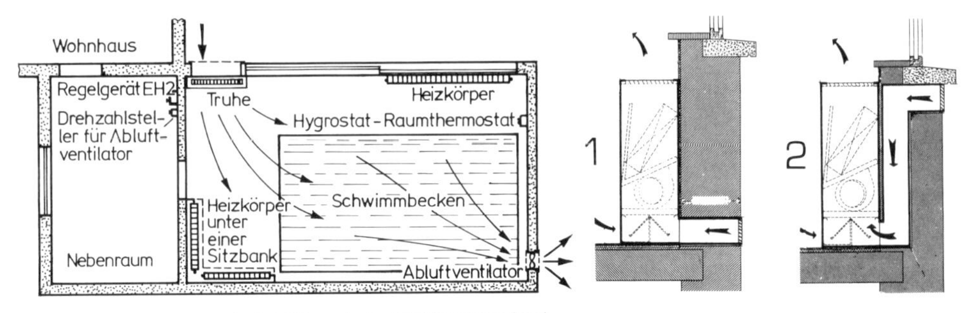

Abb. 7.32 Entfeuchtung mittels Lüftungstruhe (Gebläsekonvektor)

Abb. 7.32 zeigt eine Schwimmbadentfeuchtung durch ein **Truhengerät,** eine Lösung, wie sie auch heute noch bei gut wärmegedämmten kleineren Privatschwimmbädern gewählt werden kann. Voraussetzung sind allerdings die nachfolgenden Planungshinweise bzw. die Einhaltung der Energiesparmaßnahmen.
Die Fortluft wird durch Wandlüfter – möglichst diagonal – abgeführt. Der Wärmebedarf wird durch Heizflächen gedeckt, die möglichst in Fensternähe oder an kalten „toten Ecken" montiert werden.

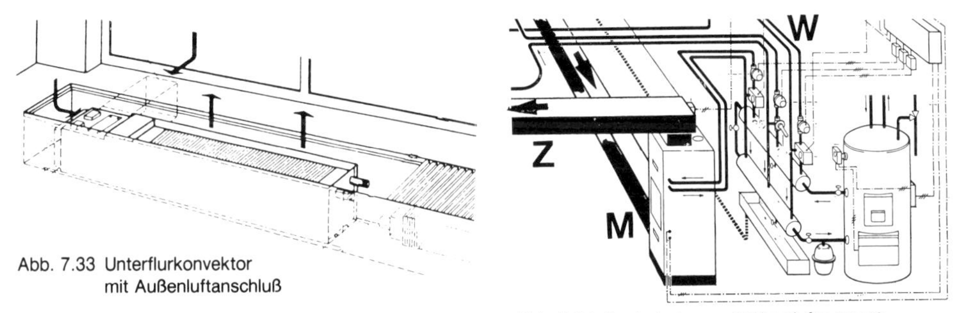

Abb. 7.33 Unterflurkonvektor mit Außenluftanschluß

Abb. 7.34 Zentralanlage mit Warmluftautomat

Abb. 7.33 zeigt die Variante eines in einem Schacht eingebauten **Konvektors** mit Rollrost. Durch die aufsteigende Warmluft kann Außenluft angesaugt werden (in der Regel nicht empfehlenswert).

Abb. 7.34 zeigt eine kombinierte Lüftungs-Luftheizungsanlage mit einem **Warmluftautomaten,** dessen Heizregister durch den nebenstehenden Heizkessel versorgt wird.
Z Zuluftkanal mit den Bodengittern vor dem Fenster, *M* Mischluftkanal (Mischluftkasten nicht sichtbar), *W* Leitung zum Wärmetauscher.

Möchte man die **Schwimmbadentfeuchtung durch Oberflächenkühler,** d. h. durch Kondensation am Verdampfer der im Gerät eingebauten „Wärmepumpe", durchführen, so gibt es auch hier, je nach Entfeuchtungsleistung, verschiedene Gerätevarianten.

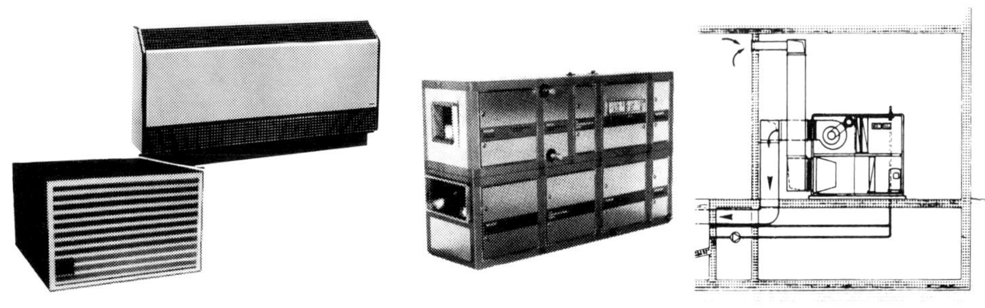

Abb. 7.35 Wandgerät

Abb. 7.36 Truhengerät

Abb. 7.37 Zentralgerät mit Zu- und Abluftkanal

Abb. 7.35 Wandgerät (nach Firmenangabe): bis etwa 20 m^2 Beckenoberfläche; Volumenstrom 520/615 m^3/h; Entfeuchtungsleistung 1,9 l/h; Heizleistung (für Raum) 2,1 kW; Motorleistung Kompressor 0,81 kW; Montage im oberen Raumbereich (Auswahldiagramm Abb. 7.45).

Abb. 7.36 Truhengerät: bis etwa 35 m^2 Beckenoberfläche; Volumenstrom 400/800 m^3/h (Außenluft 100/200 m^3/h); Entfeuchtungsleistung 3,6 l/h; Heizleistung 4,4 kW, davon 0,6 kW für Raum- und 3,8 kW für Beckenwassererwärmung; Motorleistung für Kompressor 1,24 kW; Anschlußmöglichkeit für Außenluft; PWW Heizregister als Zubehör; Auswahldiagramm vgl. Abb. 7.45.

Abb. 7.37 Zentralgerät wird in zwei Größen geliefert (größeres Gerät als Klammerwert): bis etwa 70 m^2 (100 m^2) Beckenoberfläche; Volumenstrom 1400/2100 m^3/h (2000/3000 m^3/h), davon 200/300 m^3/h (320/450 m^3/h) als Außen- und Fortluftanteil; Entfeuchtungsleistung 7,1 l/h (10,0 l/h); Heizleistung 9,3 kW (11,7 kW), davon 6 kW (8,1 kW) für Raum- und 3,3 kW (3,6 kW) für Beckenwassererwärmung; Motorleistung Kompressor 3,7 kW (5,3 kW).
Das größere Gerät hat Zu- und Abluftventilator sowie Außen- und Fortluftanschluß **einschließlich rekuperativer Wärmerückgewinnung.**

Am Verdampfer wird die Schwimmbadluft entfeuchtet und dabei auf etwa 15 °C abgekühlt. Die dabei aufgenommene Abluftwärme, die durch die Kondensation freigewordene Verflüssigungswärme (etwa 700 Wh/l) und die Kompressorwärme werden vom Kältemittel aufgenommen und am Kondensator wieder an die Zuluft abgegeben (Erwärmung des Schwimmbadraumes). Bei Verwendung eines wassergekühlten Kondensators kann die Kondensatorwärme zur Beckenwassererwärmung verwendet werden. Außerdem kann die Raumluft im Sommer gekühlt werden. Die Außenluftzufuhr erfolgt nach Bedarf.

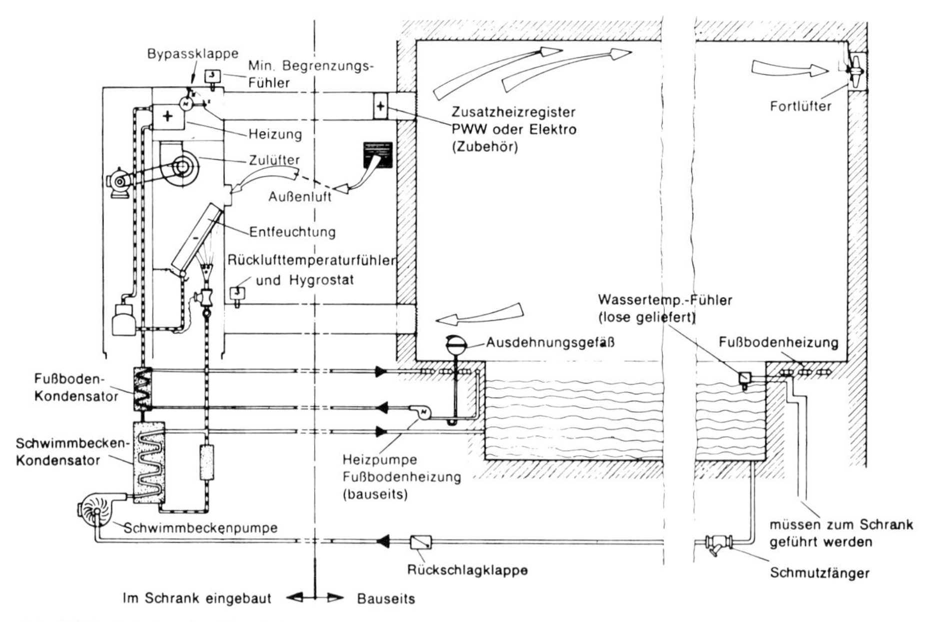

Abb. 7.37a Schwimmbadklimatisierung mit einem Wärmepumpenkompaktgerät, luft- und wassergekühlter Verflüssiger

Weitere Merkmale:

a) Unabhängig von der Luftfeuchte der Außenluft kann das **Raumklima (ϑ_i, φ_i) konstant** gehalten werden.

b) Die **Betriebskosten** sind gegenüber der „Entfeuchtungslüftung" günstig, besonders dann, wenn viel Wasser verdunstet (hohe Beckentemperatur), ungünstige bauphysikalische Verhältnisse vorliegen und hohe Anforderungen an das Raumklima gestellt werden. Im Extremfall sind Energieeinsparungen bis zu 50 % möglich. Eine große Rolle spielt auch der Strompreis.

c) Die **Anschaffungskosten** sind hoch, doch neben den geringen Betriebskosten entfallen bei Nur-Umluftbetrieb Wanddurchbrüche, Außen- und Fortluftkanäle usw. Der Platzbedarf ist durch die kompakte Bauweise gering. Erhöhte Wartungskosten.

Weitere **Hinweise für Planung, Berechnung und Betrieb von Schwimmbadlüftungen und Entfeuchtungsgeräten - VDI 2089**

Bei der Entfeuchtung durch Luftmischung interessieren vor allem die stündlich anfallende Verdunstungsmenge, der Volumenstrom, die Heizleistung zur Erwärmung des Außenluftvolumenstroms, die Luftführung, die Regelung und die Möglichkeiten zur Energieeinsparung. Grundlegend sind folgende vier Gleichungen:

① $\dot{m}_W = A \cdot \sigma \cdot (x_s - x_i)$ in g/h

② $\dot{V}_a = \dfrac{\dot{m}_W}{\varrho\,(x_i - x_a)}$ in m³/h

③ $\dot{Q}_{Reg} = \dot{V}_a \cdot c \cdot (\vartheta_{zu} - \vartheta_a)$ in W

vgl. Gleichung ④ (S. 182)

A **Berührungsfläche** zwischen Wasseroberfläche und Raumluft in m²

σ **Verdunstungszahl** $\approx 25 + 19 \cdot v$ in kg/m²·h

v **Geschwindigkeit** über der Beckenoberfläche in m/s

Es hat sich gezeigt, daß die sich daraus ergebenden σ-Werte für Schwimmbäder zu hoch sind.

Die Werte in Tab. 7.10 können annähernd mit σ = 10 für ruhendes Wasser, σ = 20 für mäßig bewegtes und σ = 30 für stark bewegtes Wasser angenommen werden.

x_a **Absolute Feuchtigkeit** der Außenluft (vgl. Hinweise zu Abb. 7.28).

Tab. 7.10 Überschlägliche Verdunstungszahlen

Typ		σ
Privatbad	günstig	**10**
	ungünstig	15
Hallenbad	günstig	**20**
	ungünstig	25
Wellenbad	günstig	**30**
	ungünstig	35

x_s **Wassergehalt gesättigter Luft,** der nach Tab. 7.11 (oder Abb. 7.29) ermittelt werden kann. x_s wird **auf die Beckentemperatur bezogen,** da unmittelbar an der Wasseroberfläche gesättigte Luft angenommen wird. Obwohl die Temperatur der Wasseroberfläche ϑ_o geringer als die im Beckeninnern ϑ_{Be} ist, wird in der Praxis trotzdem mit ϑ_{Be} gerechnet. $\vartheta_o = \vartheta_{Be} - 0{,}125\,(\vartheta_{Be} - \vartheta_f)$; ϑ_f = Feuchtkugeltemperatur.

x_i **Absolute Feuchtigkeit der Raumluft,** die nach Abb. 7.29 ermittelt werden kann.

Die **Lufttemperatur** ϑ_i der Schwimmbadluft soll etwa 2 bis 3 K über der gewählten Beckentemperatur liegen, und die zulässige maximale relative **Feuchtigkeit** φ_i hängt im Winter vor allem von den baulichen Gegebenheiten (Fensterkonstruktion), von der Luftführung (Vermeidung von toten Ecken) und vom Aufstellort statischer Heizflächen ab. Im Mittel beträgt sie etwa 55 bis 70 % im Sommer und 50 bis 65 % im Winter.

Nach VDI 2089 wird als **Schwülegrenze** für den unbekleideten Menschen ein **x_i von 14,3 g/kg** angegeben, die jedoch überschritten werden kann, wenn **x_a > 9 g/kg** beträgt. Das üblich geforderte Raumklima kann man für Schwimmbäder nicht übernehmen, da ja der Raum nur kurzzeitig und ohne Bekleidung benutzt wird.

Beckenwassertemperaturen werden unter Hinweis 4 zusammengestellt.

Der Zusammenhang zwischen **Taupunktunterschreitung,** Wärmedurchgangskoeffizienten, Außen- und Innentemperatur und Luftbewegung siehe Bd. 4 ($k_{m,max}$-Werte siehe unter Hinweis 4). Grundsätzlich soll x_i im Winter so gering sein, daß eine Taupunktunterschreitung am Fenster weitgehendst vermieden wird.

Entscheidend ist demnach, $x_s - x_i$ möglichst gering zu halten. Somit sind die Beckentemperatur ϑ_{Be}, die Raumtemperatur ϑ_i, die relative Feuchte φ_i und die Verdunstungszahl σ bzw. der Verdunstungsbeiwert ε die entscheidenden Einflußgrößen. Wie sich diese auf die verdunstete Wassermenge auswirken, soll anhand der Abb. 7.38 deutlich gemacht werden.

Tab. 7.11 Sättigungsdampfmenge (bei 1013 mbar)

ϑ	°C	20	22	24	25	26	27	28	29	30	31	32	33	34	35	36
xs	g/kg	14,7	16,6	18,8	20,0	21,4	22,6	24,0	25,6	27,2	28,8	30,6	32,5	34,4	36,6	38,8

1. Verdunstetes Wasser $\dot{m}_W$ - Verdunstungswärme

Die stündlich anfallende Wassermenge durch Verdunstung an der Beckenoberfläche und die durch σ berücksichtigte Verdunstung am nassen Boden ist maßgebend für den erforderlichen Volumenstrom und somit auch für die Registerleistung und Wirtschaftlichkeit der Anlage.

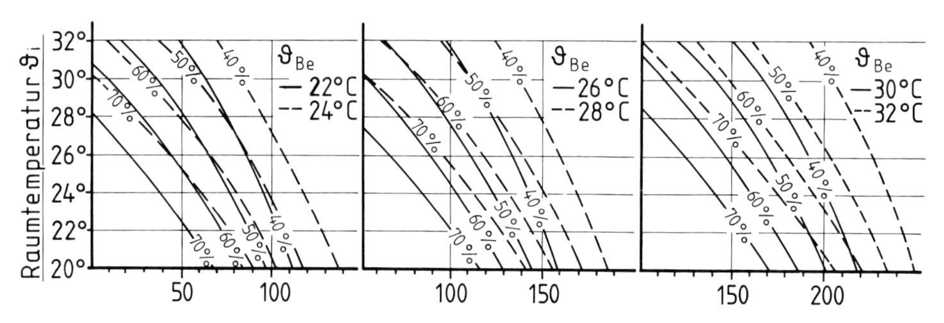

Abb. 7.38 Verdunstungsmassenstrom in Abhängigkeit von Raum- und Beckentemperatur

Zunahme der Verdunstung durch:

Absenkung der Raumtemperatur ϑ_i (ϑ_{Be} und φ_i = konst)	**Beispiel:** ϑ_{Be} = 28 °C; φ_i = 60 % (nach Abb. 7.38) Bei Absenkung der Raumtemperatur ϑ_i **von 30 °C auf 22 °C** erhöht sich die Verdunstung von 82 auf 142 g/h · m², d. h. ≈ **74 % mehr.** **Folgerung:** Zu starke Nachtabsenkung vermeiden; getrennte Regelkreise; gute Wärmedämmung!
Absenkung der Raumfeuchte φ_i (ϑ_{Be} und ϑ_i = konst)	**Beispiel:** ϑ_{Be} = 28 °C, ϑ_i = 30 °C (nach Abb. 7.38) Bei Absenkung der Raumfeuchte φ_i **von 60 % auf 40 %** erhöht sich die Verdunstung von 82 auf 135 g/h · m², d. h. ≈ **65 % mehr.** **Folgerung:** Bei Badepause φ_i ansteigen lassen; gute Wärmedämmung und Luftführung!
Erhöhung der Beckentemperatur ϑ_{Be} (ϑ_i und φ_i = konst)	**Beispiel:** ϑ_i = 30 °C, φ_i = 60 % (nach Abb. 7.38) Bei Erhöhung der Beckentemperatur ϑ_{Be} von 28 °C auf 30 °C erhöht sich die Verdunstung von 82 auf 113 g/h · m², d. h. ≈ **38 % mehr.** **Folgerung:** Bei Erhöhung von ϑ_{BE} muß ϑ_i angepaßt werden, denn nimmt man für ϑ_{BE} = 30 ° die Lufttemperatur ϑ_i = 32 °, sind es nur ≈ **18 %** (von 82 auf 97 g/h · m²). Bei hohen Beckentemperaturen ϑ_{BE} ist eine Abdekkung dringend ratsam.

Anhaltswerte für $\dot{m}_W$ – Verdunstungswärme

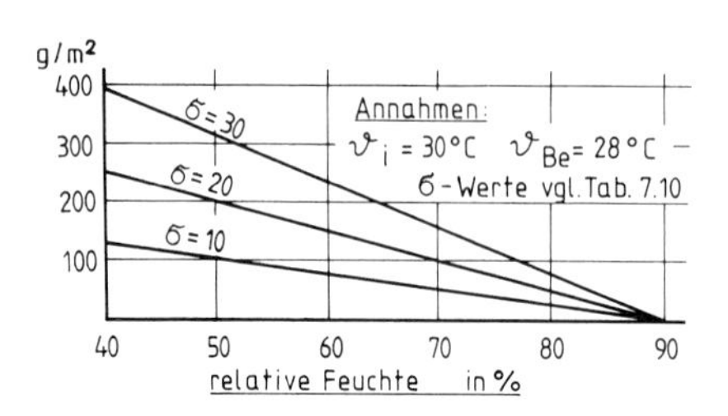

Abb. 7.39 Verdunstungswerte

Bei schwach bewegter Wasseroberfläche (während der Benutzung):

Verdunstung:	Verdunstungswärmeverluste q_v
100 g/(h · m²)	70 W/m²

- **Bei stärker bewegter Oberfläche:** ≈ **200 g/h · m² ≙ 140 W/m²**
- **Bei Nichtbenutzung:** ≈ **80 g/h · m² ≙ 50 W/m²**
- **Bei abgedecktem Becken:** ≈ **5 ... 15 g/m² · h ≙ 3 ... 9 W/m²**

Die Verdunstungsmenge $\dot{m}_W$ kann – entsprechend **VDI 2089** – auch nach der **Daltonschen Verdunstungsbeziehung** berechnet werden:

④ $$\dot{m}_W = \varepsilon \cdot A_{Becken} \cdot (p_{DS} - p_D) \quad \text{in g/h}$$

A	Beckenwasseroberfläche in m²
p_{DS}	Sättigungsdampfdruck, bezogen auf Beckenwassertemperatur, in mbar
p_D	Partialdruck des Wasserdampfes, bezogen auf Raumlufttemperatur, in mbar
ε	Empirischer Verdunstungsbeiwert in g/(m² · s · mbar). 0,5 abgedecktes Becken, 5 Ruheverdunstung, 15 Wohnhausbad, 20 Hallenbad (Normalbetrieb), 28 Freizeitbad, 35 Wellenbad

Die Verdunstungsbeiwerte ε werden gegenüber der letzten VDI-Ausgabe (1978) wesentlich differenzierter angegeben. Trotzdem sind bei den Angaben noch größere Schwankungen möglich (Nutzungsfrequenz, Regelung, Einsatz von Montagedüsen, Schleppwasser u. a.)

Da die Verdunstungswärmeverluste fast ausschließlich dem Beckenwasser entzogen werden, sind diese auch maßgebend für die tägliche Beckenwasserabkühlung und für die hierfür erforderliche Heizenergie.

Die Zunahme der Wasserverdunstung bedeutet nicht nur mehr Energie für die Beckenwassererwärmung, sondern auch ein höherer Lüftungswärmebedarf.

Übungsaufgabe 2

Ein Hotelschwimmbecken hat eine Oberfläche von 45 m² und eine durchschnittliche Tiefe von 1,4 m. Die Wasserverdunstung soll mit 100 g/h · m² angenommen werden.

a) Wie groß sind die täglichen Wärmeverluste durch Verdunstung und die dadurch entstandene Beckenwasserabkühlung, wenn 90 % der Verdunstungswärme dem Wasser entzogen werden?

b) Welche Heizleistung muß für a) stündlich aufgebracht werden?

c) Welche Heizleistung muß zur Beckenaufheizung (von 10 °C auf 28 °C) aufgebracht werden, wenn eine Aufheizzeit von 3 Tagen zur Verfügung steht (ohne Berücksichtigung der Abkühlung während der Aufheizzeit)?

Lösung:

zu a) $Q = A \cdot q_V \cdot t \cdot 0{,}9 = 45 \cdot 70 \cdot 24 \cdot 0{,}9 = \mathbf{68\,040\ Wh}$

$$\Delta\vartheta = \frac{Q}{m \cdot c} = \frac{68\,040}{45 \cdot 1{,}4 \cdot 1000 \cdot 1{,}16} = \mathbf{0{,}9\ K}$$

zu b) $$\dot{Q} = \frac{Q}{t} = \frac{68\,040}{24} = \mathbf{2835\ W}$$

zu c) $$\dot{Q} = \frac{m \cdot c \cdot \Delta\vartheta}{t} = \frac{63\,000 \cdot 1{,}16 \cdot 18}{3 \cdot 24} = \mathbf{18\,270\ W}$$

2. Außenluftvolumenstrom $\dot{V}_a$ für Schwimmbadraum und Nebenräume

Grundsätzlich ist eine Auslegung ausschließlich nach angenommenen Luftwechselzahlen unzulässig. Entsprechend der Gleichung $\dot{V}_a = \dot{m}_W/[\varrho \cdot (x_i - x_a)]$ sind für die Bestimmung des Volumenstroms $\dot{V}_a$ nicht nur der verdunstete Wassermassenstrom, sondern auch die veränderliche Außenluftfeuchte entscheidend (Abb. 7.28).

x_a **Absolute Feuchtigkeit der Außenluft** in g/kg. Für die $\dot{V}_a$-Bestimmung (Ventilatorförderstrom) kann man **nach VDI 2089 von x_a = 9 g/kg** ausgehen (Sommerwert), so daß man näherungsweise für $x_i - x_a$ grob 5 . . . 6 g/kg annehmen kann.
Im Winter kann man oft von einem x_a = 2 g/kg ausgehen.

ϱ **Dichte der Luft,** die von der Temperatur abhängig ist (vgl. Tab. 4.5). Näherungsweise kann ϱ = 1,2 kg/m³ angenommen werden. Die Einführung von ϱ ist deshalb notwendig, da der Außenluftvolumenstrom $\dot{V}$ in m³/h, die Verdunstungsmenge in g/h und die absolute Feuchtigkeit x in g/kg angegeben werden.

Je nach Jahreszeit sind die Anforderungen an die Anlage sehr unterschiedlich. Während im Sommer der größte Volumenstrom (kleines $x_i - x_a$) und die geringste Heizleistung benötigt werden, ist es in den Wintermonaten gerade umgekehrt. Das bedeutet, daß bei gleicher Ventilatordrehzahl im Winter der erforderliche Außenluftanteil und somit auch die Betriebszeit des Lüftungsgerätes bis etwa ein Drittel des Sommerwertes ausmachen kann.

Daraus ergeben sich wichtige **Folgerungen für Geräteauswahl und Betrieb:**

a) Der besseren Regelung und der Wirtschaftlichkeit wegen sollte man im Winter Mischluftbetrieb wählen.

In obiger Gleichung wird dann für $\dot{V}_a = \dot{V}_{zu}$ und für $x_a = x_M$ eingesetzt. Außer den Betriebskosten werden dadurch auch die Anschaffungskosten gesenkt (vgl. Aufgabe 5). Nach der VDI 2089 gilt dies ab einer Außentemperatur ≤ -1 °C (nur für den Umkleidebereich). Eine Volumenstromreduzierung ist hier bis zu 50 % zulässig.

b) Entsprechend dem jeweils erforderlichen Außenluftvolumenstrom kann auch – mit Einschränkungen – eine **Drehzahlreduzierung** vorgenommen werden, d. h. hohe Drehzahl im Sommer und niedrige im Winter.

Dies ist jedoch selten möglich, da zur Erreichung einer guten Luftführung und zum Abschirmen großer und hoher Fensterflächen ein bestimmter Luftwechsel bzw. Zuluftvolumenstrom erforderlich ist. Außerdem kann durch oft nur zwei Drehzahlen der gewünschte Volumenstrom nicht erreicht werden.

c) Obwohl die Auslegung nach dem Sommerwert (Mittelwert) erfolgt, wird bei einer extrem **feuchtwarmen Witterung** $x_i - x_a$ sehr klein und somit ein ausreichender Entfeuchtungseffekt kurzzeitig nicht mehr gewährleistet. Geht $x_i - x_a$ gegen Null, müßte der Förderstrom unendlich groß werden.

An solchen Tagen ist zwar nicht mit einer Schwitzwasserbildung zu rechnen, jedoch wird das Hallenklima kurzzeitig oft sehr lästig. Oft muß die freie Lüftung dann noch „mithelfen".
Die Schwankung von x_a im Tagesdurchschnitt ist, im Gegensatz zum Monatsdurchschnitt, sehr gering und somit unbedeutend.

d) Grundsätzlich gilt: $\mathbf{x_s - x_i}$ **möglichst gering** zu halten, dadurch werden $\dot{m}_W$ und somit $\dot{V}_a$ geringer (und die Wasserabkühlung), während $\mathbf{x_i - x_a}$ **möglichst groß** gehalten werden soll (zur Reduzierung des $\dot{V}_a$-Anteils). Daß beide Δx-Werte zusammenhängen, soll – ergänzend zu Abb. 7.38 – anhand des h,x-Diagramms deutlich gemacht werden.

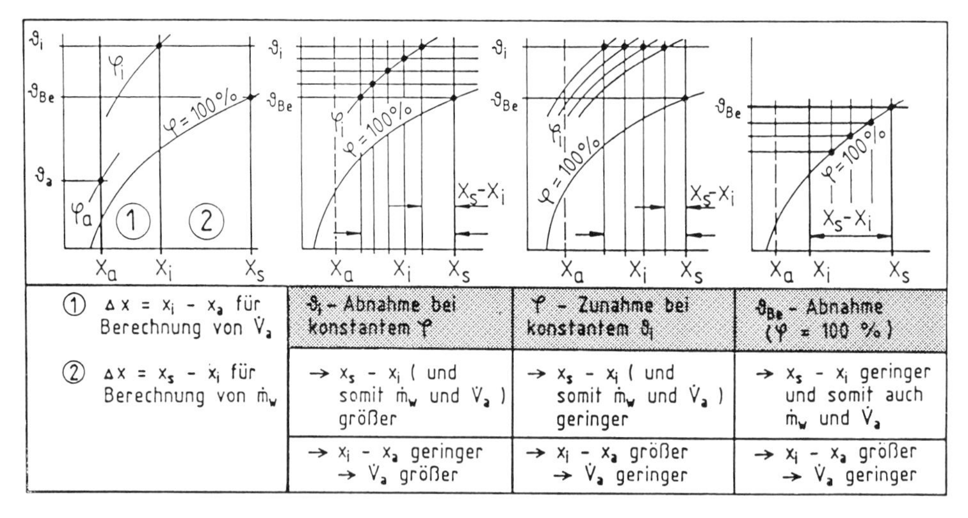

Abb. 7.40 Einfluß von x_S (ϑ_{Be}), x_i (ϑ_i, φ_i) und x_a (ϑ_a, φ_a) auf Verdunstung und Außenluftvolumenstrom

Anhaltswerte für Außenluftvolumenstrom $\dot{V}_a$ bei Schwimmhallen in Anlehnung der VDI-Richtlinie 2089 (1994) (bezogen auf m² Beckenoberfläche)

Beckennutzung	$\dot{V}_a$ in m³/(h · m²)
Ruheverdunstung	10 . . . 15
Wohnhausbad	30 . . . 40
Hallenbad	45 . . . 50
Freizeitbad	65 . . . 70
Wellenbad	80 . . . 85

Luftwechsel überprüfen (wegen Luftführung). Auslegung danach ist unzulässig.

- **Auslegungsdaten** (Sommer)
  x_i = 14,3 g/kg, x_a = 9 g/kg

  Tabellenwert gültig für ϑ_i = 30 °C, φ_i = 55 %, ϑ_{Be} = 28 °C (etwa auch bei ϑ_i = 32 °C, ϑ_{Be} 30 °C)
- **Bei φ_i = 60 %** Reduzierung der Werte um etwa 15 . . . 20 %
- **Im Winter** reduziert sich $\dot{V}_a$ bis auf 30 bis 50 % (da x_a geringer).

Übungsaufgabe 3

In einem Hotel wird ein Becken 5 m x 8 m gebaut. Nach Tab. 7.11 wird eine Verdunstungszahl von 20 kg/h · m² angenommen. Beckentemperatur 29 °C, Lufttemperatur 2 K höher, Luftfeuchte 55 %; x_a-Annahme 9 g/kg.

a) Berechnen Sie den erforderlichen Ventilatorförderstrom und den sich daraus ergebenden Luftwechsel bei einem Rauminhalt von 210 m³.

b) Wie groß ist der prozentuale Außenluftanteil im Winter bei einer Außenluftfeuchte von x_a = 2 g/kg?

Lösung:

zu a) $\dot{m}_W = A \cdot \sigma \cdot (x_S - x_i) = 5 \cdot 8 \cdot 20 \cdot (25{,}6 - 15{,}7) = 7920\ \text{g/h}$ (x_i aus Abb. 7.29)

$$\dot{V}_a = \frac{\dot{m}_W}{\varrho \cdot (x_i - x_a)} = \frac{7920}{1{,}2 \cdot (15{,}7 - 9)} = \mathbf{985\ m^3/h}\ (\approx 25\ \text{m}^3/\text{h} \cdot \text{m}^2);\quad LW = \frac{\dot{V}_{zu}}{V_R} = \frac{985}{210} = \mathbf{4{,}7\ h^{-1}}$$

zu b) $$\dot{V}_a = \frac{7920}{1{,}2 \cdot (15{,}7 - 2)} = 482\ \text{m}^3/\text{h};\ AUL = \frac{482}{985} \cdot 100 = \mathbf{48{,}9\ \%}$$ (Überprüfung der Außenluftrate!)

Volumenstrom für Schwimmbad-Nebenräume (Temperaturen vgl. Hinweis 4)

Den erforderlichen Volumenstrom für die anderen Räume bezieht man nach VDI 2089 entweder auf die Bruttogrundrißfläche oder auf die jeweiligen Einheiten.

Schwimmeister- und Sanitätsräume 25 m³ (h · m²); **Duschräume** 220 m³/h je Dusche, wobei der Zuluftvolumenstrom 30 m³/h je m³ Rauminhalt nicht überschreiten soll; **Toiletten** in der Vorreinigungszone 100 m³/h je Sitz oder Stand, wobei der Fortluftvolumenstrom mind. 15 m³/h je m³ Rauminhalt betragen soll; **Umkleidebereich** bei Sammelumkleiden 20 m³ (h · m²) und bei Einzelkabinen, Wechselkabinen und Garderobeschränken 15 m³/(h · m²).

Diese Werte sind erfahrungsgemäß sehr reichlich und können, je nach Nutzung, reduziert werden, ansonsten wird gerade hier deutlich, wie ratsam eine Wärmerückgewinnung sein kann.

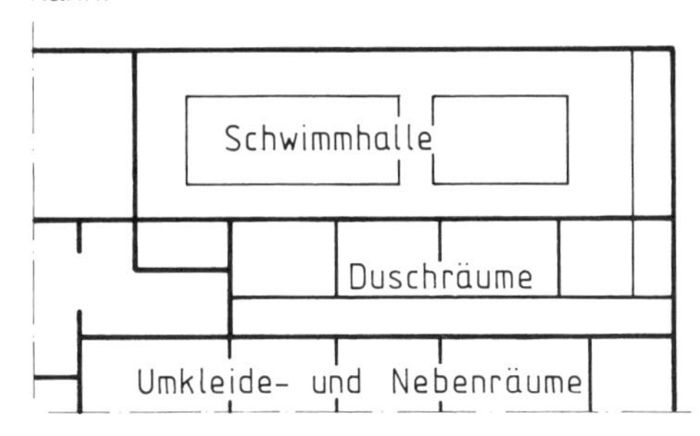

Abb. 7.41

Übungsaufgabe 4

Für ein öffentliches Hallenbad soll nach VDI 2089 für 20 Duschen, für den 150 m² großen Umkleideraum, für 60 m² Nebenräume (15 m³/h · m²) und für die Toilettenräume (150 m³ Rauminhalt) der erforderliche Außenluftvolumenstrom berechnet werden.

Lösung: $\dot{V}_a$ = 20 · 220 + 150 · 20 + 60 · 15 + 150 · 15 = **10 550 m³/h**

Daraus ist ersichtlich, daß hier der Volumenstrom und somit auch der Lüftungswärmebedarf um ein Vielfaches höher ist als für die Schwimmhalle selbst.

3. Wärmeleistung für Schwimmbadgeräte

Die Grundlagen der Berechnung wurden im Kap. 4.4 behandelt. Zur Berechnung der Heizleistung – unabhängig ob Zentral- oder Einzelgerät – sollte hier in der Regel der wesentlich geringere Volumenstrom im Winter zugrunde gelegt werden, wobei allerdings eine Mindestluftwechselzahl von etwa 3 h⁻¹ eingehalten werden sollte (Kap. 4.2.3). Wenn nämlich das Lüftungsgerät auch in extremen Wintertagen mit dem oft bis 3fach größeren „Sommervolumenstrom" betrieben wird, treten folgende **4 Probleme** bzw. Nachteile auf:

1. Das Gerät würde nur kurze Zeit laufen, da der Trocknungseffekt wegen des geringen x_a-Wertes zu schnell erfolgt. Das ständige Ein- und Ausschalten wechselt dauernd die Luftströmung im Raum, was zu **Komforteinbuße** führen kann.
2. Da besonders bei kleinen Schwimmbädern auch bei der Lüftung oft mit Übertemperatur gefahren wird (etwa 5 bis 10 K) und die Raumtemperaturregelung vielfach über thermostatische Heizkörperventile erfolgt, führt das öftere Ein- und Ausschalten des Lüftungsgerätes zu ϑ_i-Schwankungen **(schlechte Regelung)** und somit zu **höherem Energieverbrauch.** Heizkörper mit geringem Wasserinhalt wählen!

3. Selbst für die kurze Zeit, in der das Gerät in Betrieb ist (eingeschaltet durch den Hygrostaten), muß der viel zu große Außenluftvolumenstrom von ϑ_a auf ϑ_{zu} erwärmt werden. Dies führt somit nicht nur zu höheren Betriebskosten, sondern auch zu **höheren Anschaffungskosten** (Gerät, Rohrnetz, Pumpe usw.).
4. Bei der wasserseitigen Temperaturregelung muß darauf geachtet werden, daß die **Zulufttemperatur nicht zu gering** wird, wenn z. B. eine außenluftgeführte Kesseltemperaturregelung zu stark abgesenkt wird (Minimalbegrenzung).

Übungsaufgabe 5

Für ein Lüftungsgerät mit dem Volumenstrom nach Aufgabe 3 soll die Registerleistung berechnet werden, wobei eine Zulufttemperatur von 40 °C angenommen wird.

a) Wie groß müßte die Geräteleistung sein, wenn bis ϑ_a = –12 °C der gesamte Förderstrom zugrunde gelegt wird?

b) Wie groß ist die Geräteleistung für den berechneten Außenluftvolumenstrom und der Förderstrom der Umwälzpumpe ($\Delta\vartheta$ = 10 K)?

Lösung:

Zu a) $\dot{Q}_{Reg} = \dot{V}_{zu} \cdot c \cdot (\vartheta_{zu} - \vartheta_a) = 739 \cdot 0{,}35 \cdot [40 - (-)\,12] =$ **13 450 W**

Zu b) $\vartheta_m = 0{,}488 \cdot -12 + 0{,}512 \cdot 31 = +10\ °C$ (Temperatur im Mischluftkasten)

$\dot{Q}_{Reg} = \dot{V}_{zu} \cdot c \cdot (\vartheta_{zu} - \vartheta_m) = 739 \cdot 0{,}35\,(40 - 10) =$ **7760 W**

$\dot{m} = \dot{Q} / \vartheta \cdot c = 7760/(10 \cdot 1{,}16) =$ **670 l/h**

4. Temperaturen bei Schwimmbädern

In der VDI 2089 : 94 Heizung, Raumlufttechnik und Trinkwassererwärmung in Hallenbädern werden folgende Richtwerte angegeben. Bei den vielfach abweichend gewünschten Temperaturen muß geklärt werden, ob dies auch hinsichtlich der Energieeinsparung und des Wohlbefindens empfohlen werden kann. Grundsätzlich geht die Tendenz nach oben.

a) Die **Beckenwassertemperaturen** ϑ_{Be} richten sich nach der Beckenart: Schwimmer-, Nichtschwimmer-, Springer- und Wellenbecken **28 °C**, Plansch-, Freizeit- und Bewegungsbecken **32 °C**, Therapiebecken **36 °C**, Warmsprudelbecken **37 °C**, Becken in Schwitzbädern warm **35 °C**, kalt **15 °C**.

b) Die **Lufttemperatur** ϑ_i in der Schwimmhalle soll im Betrieb – wie schon erwähnt – 2 bis 4 K über ϑ_{Be} liegen, jedoch nicht wesentlich über **34 °C**. In den anderen Räumen ist sie unterschiedlich (Maximalwert): Eingangsbereich **22 °C**, Umkleidebereich **28 °C**, Sanitäts- und Schwimmeisterräume **26 °C**, Duschräume mit zugeordneten Sanitärbereichen **31 °C**.

c) Die richtige **Zulufttemperatur** (in VDI 2089 nicht angegeben) hängt ab vom Einblasort, von der Art des Luftdurchlasses, von der Austrittsgeschwindigkeit und von der Regelung; ferner, ob noch ein Teil des Wärmebedarfs gedeckt werden muß. Anhaltswerte: 5 . . . 10 K über Raumtemperatur im Winter, nahisotherm im Sommer. In Duschräumen mit dem zeitweise erhöhten Wasserdampfanteil ist aus hygienischen Gründen eine etwa 6 K höhere Zulufttemperatur erforderlich.

d) Bei den Bemessungswerten für Oberflächentemperaturen unterscheidet man zwischen **Oberflächen** und **Heizflächen.** Bei ersteren unterscheidet man wiederum zwischen den Temperaturen an Sitz- und Liegeflächen mit $\leq$ 40 °C und denen im Barfußbereich $\geq$ 22 °C. Heizflächen im Barfußbereich ohne Berührungsschutz werden mit $\leq$ 50 °C und mit Berührungsschutz „beliebig" angegeben.

e) Die **Duschwassertemperatur** sollte 42 °C im Auslauf nicht überschreiten; die eingestellte Temperatur soll möglichst konstant sein.

f) Maximalwerte für **Wärmedurchgangskoeffizienten** $k_{m,max}$ werden mit 0,5 W/(m^2 · K) für Außenwände und an Erdreich angegeben; 0,3 W/(m^2 · K) für Decken an Außenluft oder an nichtbeheizten Dachräumen; 0,55 W/(m^2 · K) für begehbare Decken (Fußböden) an unbeheizte Räume oder an Erdreich; 3,1 W/(m^2 · K) für Verglasungen.

5. Luftführung

Die **Zuluft** wird in der Regel von unten nach oben in Fensternähe eingeführt (z. B. über Bodenkanäle oder Sitzbänke). In Kellerschwimmbädern oder bei sehr guter Wärmedämmung (Wand und Fenster) ist auch jede andere Anordnung möglich (Abb. 7.42). Die Austrittsgeschwindigkeiten in Nähe des Aufenthaltsbereichs liegen – je nach Luftdurchlaß – zwischen 0,4 bis 1 m/s, aus Truhengeräten oder oberhalb der Aufenthaltszone über 2 m/s. Die Luftgeschwindigkeit im Raum sollte $<$ 0,15 m/s betragen.

Die **Abluft** soll möglichst im Deckenbereich oder in Beckennähe abgeführt werden, ebenfalls über Abluftkanäle (Ansauggeschwindigkeit 2 bis 2,5 m/s).

Bei **kleinen Privatschwimmbädern mit Einzelgeräten** wird die Abluft vielfach über Fortluftventilatoren (Wand-

oder Fensterlüfter) abgeführt, die diagonal zum Lüftungsgerät angeordnet werden sollen (Abb. 7.32). Zur Erreichung einer besseren Luftführung wird man **zwei kleinere Fortluftventilatoren einem einzigen größeren vorziehen.** Diese dürfen in keinem Fall in Nähe eines Heizkörpers angeordnet werden; auch ein Kaltlufteinfall muß vermieden werden.

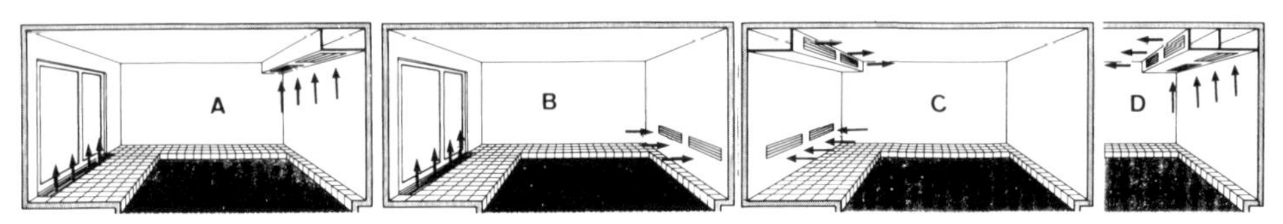

Abb. 7.42 Mögliche Anordnung der Luftdurchlässe (RWE)

Die Frage, ob **Über- oder Unterdruck** im Raum, hängt vor allem von den angrenzenden Räumen und von der Dichtheit der Fenster und Türen ab. Bei Überdruck strömt die feuchte Luft in kältere Nebenräume (Schwitzwasserbildung, Geruchsausbreitung), bei Unterdruck (übliche Ausführung) können leicht Zugerscheinungen auftreten, insbesondere bei größeren Fensterfugen, undichten Türen und kalten Nebenräumen.

Falls beide Nachteile auftreten können, kann man zwar eine Gleichdruckanlage ($\dot{V}_{zu} = \dot{V}_{ab}$) anstreben, die jedoch, je nach Auswirkung der freien Lüftung, ebenfalls zu Störungen führen kann. Besser wäre dann, in einem Verbindungsraum zwischen Schwimmbad und Wohnteil, Hotelteil usw. einen Unterdruck zu erzeugen, indem dort ein Fortluftgerät angeordnet wird.

6. Regelung von Schwimmbadlüftungen – Entfeuchtung und Raumheizung

Die Regelungskonzeption richtet sich vor allem nach der Größe und Bauart des Raumes, nach den Komfortwünschen, nach der Art der Nutzung und nach der Zuordnung der Raumheizung. Grundsätzlich unterscheidet man zwischen einer Zweipunkt-Feuchteregelung und einer stetigen Feuchteregelung. Bei der üblichen **Zweipunktregelung** für kleinere und mittlere Schwimmhallen wird über einen Hygrostaten das Lüftungsgerät (Ventilator) ein- und ausgeschaltet oder die Mischluftklappen von Umluft- auf Außenluftbetrieb umgeschaltet (bzw. umgekehrt).

- Für den **Meßort des Hygrostaten** gilt: Montage nicht an schwitzwassergefährdeter Wand, nicht direkt im Luftstrom, etwa 1,5 m Raumhöhe.
- Der **plötzliche Schaltvorgang** verändert nicht nur ständig die relative Feuchte, sondern auch – je nach Übertemperatur – die Raumtemperatur und die Luftbewegung im Raum. Bei geringer Wasserverdunstung und guter AUL-Volumenstromanpassung (Drehzahl) können die Schaltvorgänge verringert werden.

Die **stetige Feuchteregelung** wird bei größeren Schwimmhallen gewählt. Bei ihr wird über den Klappenstellmotor der jeweils erforderliche Außenluftvolumenstrom bzw. das erforderliche Mischungsverhältnis zwischen Umluft und Außenluft stufenlos geregelt.

- Der Sollwert der Raumfeuchte kann hierbei noch entsprechend der Außentemperatur gleitend verschoben werden und somit auch der Außenluftanteil.
- Zur Optimierung der Betriebsweise und zur Einsparung von Energie werden oft spezielle Schaltungen, wie z. B. „Badebetrieb – Badepause" gewählt (vgl. Hinweis 7c).

Die **Raumheizung für Schwimmhallen** erfolgt entweder ganz oder teilweise durch Raumheizkörper, so daß die RLT-Anlage entweder intermittierend oder ständig in Betrieb bleibt. Bei der älteren Bauweise mit geringer Wärmedämmung war es wichtig, wie die **Raumheizkörper** (Radiatoren, Konvektoren, Truhengeräte, Wärmebänke) angeordnet waren.

So kann die Forderung, durch Zuluftöffnungen **große Glasflächen abzuschirmen, auch durch Radiatoren oder Unterflurkonvektoren** erreicht werden. Ebenso kann an kritischen (kalten) Ecken nicht nur durch Luftanblasung, sondern auch durch die Konvektion eines an der Ecke angeordneten Heizkörpers (Abb. 7.32) eine Kondensation vermieden und dadurch auch im Winter eine wesentlich höhere Luftfeuchtigkeit zugelassen werden.

Zur Erreichung einer ausreichenden Kontakttemperatur auf dem Fußboden wird heute in der Regel eine **Fußbodenheizung** als Grundlast vorgesehen, die meistens mit einer Konstant-Vorlauftemperaturregelung gefahren wird. Die Wärmeabgabe ist sehr gering, da die Temperaturdifferenz zwischen Fußbodenoberflächentemperatur und Lufttemperatur im Schwimmbad sehr gering ist.

Daß **keine größere Raumtemperaturabsenkung zulässig** ist, zeigten die Abb. 7.38 und 7.40.

a) **RLT-Anlage übernimmt nur den Lüftungswärmebedarf** (100 % statische Heizung)

Hier wird – wie Abb. 7.43 zeigt – die RLT-Anlage nur bei zu hoher relativer Feuchte intermittierend in Betrieb genommen, während die statische Heizung raumtemperaturabhängig den gesamten Wärmebedarf nach DIN 4701 deckt. Dies ist eine energetisch schlechte, aber verbreitete Ausführung für kleine Schwimmbäder.

- Die **Feuchteregelung** erfolgt über den Hygrostaten HG, der bei zu hoher relativer Feuchte die Außenluftklappe AK öffnet. Bei etwa 2/3 Klappenöffnung werden durch einen Hilfsschalter im Klappenantrieb die Ventilatoren eingeschaltet. FT Frostschutzthermostat. Bei geschlossener AUL-Klappe können über Endschalter die Ventilatoren abgeschaltet werden.
  In Privatschwimmbädern werden bei der Entfeuchtungslüftung meistens **Truhengeräte** gewählt. Anstelle der Ventilatoren wird hier das Gerät ein- und ausgeschaltet, mit ihm gleichzeitig der Fortluftventilator FV (Abb. 7.32). Der separate Heizstrang wird m. E. vor dem Mischventil für das Wohnhaus abgenommen.
- Die **Raumtemperaturregelung** erfolgt hier über den Raumfühler TF. Bei kleinen Schwimmbädern wird ϑ_i meistens über das Thermostatventil am Heizkörper geregelt. Auf mögliche ϑ_i-Schwankungen durch Lüftungsbetrieb mit Übertemperatur und mögliche ϑ_{zu}-Unterschreitungen wird unter Pkt. 3 (Heizregister) hingewiesen.
- Die **Zulufttemperatur** wird über den Kanalfühler LF konstant gehalten und muß so eingestellt werden, daß Zugerscheinungen vermieden werden (etwa 2 K über ϑ_i). Wahlweise kann ein Temperaturwähler TW gewählt werden.

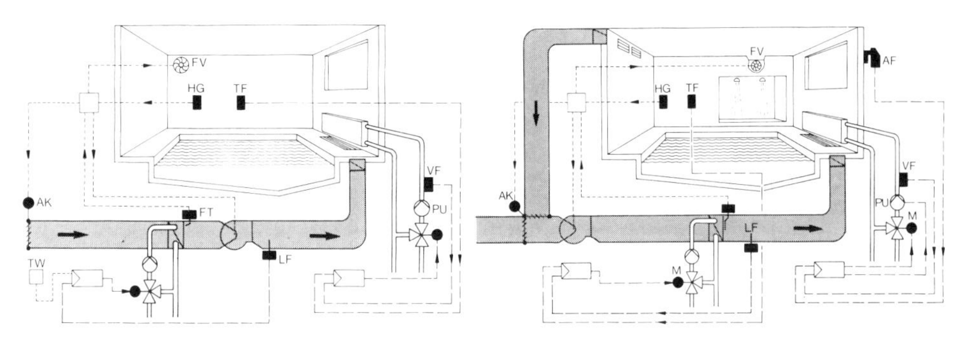

Abb. 7.43 Lüftungsanlage

Abb. 7.44 Lüftungsanlage mit teilweiser Raumheizung

b) **RLT-Anlage übernimmt zusätzlich einen Teil des Raumwärmebedarfs** (statische Heizung etwa zwei Drittel)

Hier ist – wie Abb. 7.44 zeigt – die RLT-Anlage ständig in Betrieb, denn neben der Entfeuchtungsaufgabe übernimmt sie auch die Spitzenlast des Wärmebedarfs (etwa ein Drittel). Die statische Heizung wird witterungsgeführt vorgeregelt (AF Außenfühler, VF Vorlauffühler).

- Die **Feuchteregelung** erfolgt über den Hygrostaten HG, der bei Überschreitung von φ_i die Umluftklappe schließt und gleichzeitig die Außenluftklappe öffnet und den Fortluftventilator FV einschaltet. Ein gewisser Mindest-Außenluftanteil kann fest eingestellt werden. Anstelle des Fortluftventilators wird bei einem Kastengerät die Fortluftklappe betätigt.
- Durch die **Aufteilung des Wärmebedarfs** und durch die ständige Betriebsweise können – im Gegensatz zu a – schwankende Wärmelasten schneller ausgeglichen werden. Der Kanaltemperaturfühler LF dient auch für die Mindestbegrenzung der Zuluft.
- Der **Mischluftbetrieb** ist hier gegenüber a energetisch wesentlich günstiger. Wie schon mehrfach erklärt, können mit einer stetigen Regelung, aber auch mit einem mehrstufigen Hygrostaten, enorme Anschaffungs- und Energiekosten gespart werden (vgl. z. B. Hinweise 2, 3, 7 u. a.).

7. Maßnahmen zur Energieeinsparung – Kostenfragen

Der Energiebedarf bei Hallenbädern erstreckt sich auf Raumbeheizung, Lüftung, Beckenwassererwärmung, Wassererneuerung (Spritzverluste, Reinigung) und auf die Fußbodentemperierung. Neben dem Einsatz der erwähnten Entfeuchtungs-Kompaktgeräte mit Kältemaschine sind auch bei konventionellen RLT-Anlagen – selbst noch nachträglich – Energiesparmaßnahmen möglich. Teilweise geht dies aus vorstehenden Hinweisen schon hervor. Zusammenfassend und ergänzend sind erwähnenswert:

a) **Gute Wärmedämmung an den Außenflächen** (vgl. Hinweis 4d) und möglichst Dreifachverglasung, um geringe Durchgangskoeffizienten und somit hohe innere Oberflächentemperaturen zu erreichen.

Vorteile: Geringerer Transmissionswärmeverlust, besseres Raumklima, unabhängiger mit der Zulufteinführung und Heizkörperaufstellung, keine Schwitzwassergefahr, evtl. höheres φ_i möglich (weniger $\dot{m}_W \Rightarrow \dot{V}_a \Rightarrow \dot{Q}_L$)

b) **Anpassung von Becken- und Lufttemperatur,** denn – wie Abb. 7.38 zeigt – hängt davon wesentlich der Energiebedarf für die Lüftung **und** Beckenwassererwärmung ab.

c) **Wahl eines geeigneten Regelungssystems** bzw. spezielle „Sparschaltungen".

Beispiele:

Genaue proportionale **Anpassung des Außenluftvolumenstroms; Erhöhung der relativen Feuchte** bei konstanter Raumtemperatur (Abb. 7.40c); eine zu starke **Absenkung der Raumtemperatur vermeiden,** es sei denn, man erhöht dabei die relative Feuchte (Abb. 7.40b); **Koppelung von Beckenwasser- und Lufttemperatur;** evtl. im Sommer und Winter jeweils **Regelgröße verändern** (z. B. φ_i im Sommer und Fensteroberflächentemperatur im Winter)

Um optimale ϑ_i-, φ_i- bzw. höhere x_i-Werte zu erreichen, sollte man grundsätzlich zwischen den beiden Betriebszuständen **„Badebetrieb"** und **„Badepause"** unterscheiden, wozu spezielle Feuchteregeler erforderlich sind.

Bei **„Badebetrieb"** wird in Abhängigkeit von φ_i über die Klappen der erforderliche Außenluftanteil erreicht.

Bei **„Badepause"** werden die Klappen vom Feuchteregler in Umluftstellung gebracht. Die Leitung vom Temperaturregler zum Mischermotor wird unterbrochen, bzw. das Stellglied des Heizregisters wird nun durch den Feuchteregler verändert. Dieser kann z. B. durch Nachheizen die relative Feuchte konstant halten und somit x_i gegen x_S „laufen" lassen (Abb. 7.40b), so daß die Verdunstung extrem gesenkt werden kann.

d) **Abdeckung der Wasseroberfläche,** wenn die tägliche Benutzungszeitspanne klein ist und nicht in zu zahlreiche Einzelzeitspannen zerfällt, auch bei hohen Beckentemperaturen.

- So kann bei Privat-Innenschwimmbädern mit oft unter einer Stunde Benutzung täglich (Jahresdurchschnitt) der **Wärmeverbrauch etwa 40 bis 60 % gesenkt werden.**
- Die **vielfältigen Abdeckmöglichkeiten** (fest eingebaut, fahrbar, auf Beckenrand, von Hand betrieben, motorisch betrieben, Kunststoffschichten, Kunststoffhohlstäbe u. a.) bedeuten auch sehr große Preisschwankungen; bei Kunststoffschichten etwa 5000 bis 6000 DM (4 m × 12 m Beckengröße).
- Wegen dieser hohen Kosten sollte man grundsätzlich eine **Kostenberechnung** aufstellen. Bei täglichen Benutzungszeiten von etwa > 5 h ist es oft wirtschaftlicher, ein Entfeuchtungsgerät zu wählen.

e) Maßnahmen zur **Wärmerückgewinnung** wie z. B. rekuperative Wärmetauscher, Kreislaufverbundsysteme, Wärmepumpen und u. U. regenerative Wärmetauscher. Mitunter sind auch Kombinationen sinnvoll.

- Wenn man schon bei der Planung und erst recht beim Betrieb dafür sorgt, daß möglichst wenig Beckenwasser verdunstet, dann kann man mit der **Wärmepumpe** auch nicht viel feuchte Wärme (= freigewordene Kondensationswärme am Verdampfer) zurückgewinnen.
- Durch die **Kombination Rekuperator – Wärmepumpe** ergeben sich geringere elektrische Anschlußleistungen. Außerdem ist der Rekuperator auch im Ruhebetrieb wirksam, und durch die Anordnung des Verdampfens im Nebenluftstrom erfolgt keine Rückverdunstung von ausgeschiedenem Wasser. Die kalte Außenluft erhöht zusätzlich den Vorkühleffekt im Plattentauscher und dadurch die Geräte-Entfeuchtungsleistung.

  Die **Wirkungsweise** des Wärmepumpen-Kompaktgerätes (Abb. 7.35–7.37), die Darstellung im *h,x*-Diagramm und die Beschreibung der Bauteile siehe Bd. 4 (Klimatechnik).
- Abschließend soll näherungsweise ein **Gerät nach Abb. 7.45 ausgewählt** werden.

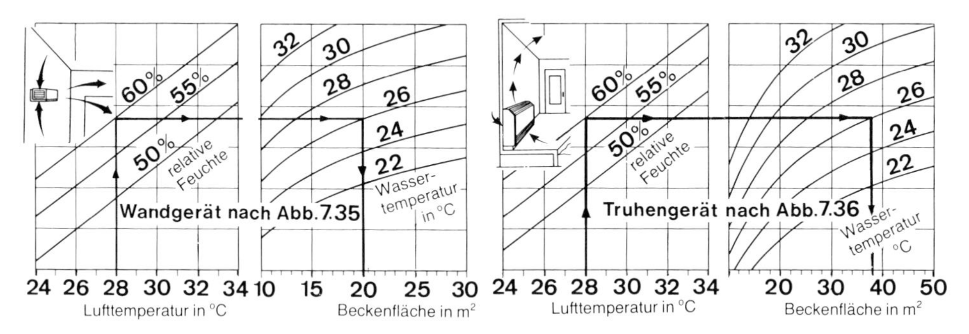

Abb. 7.45 Auswahldiagramme für Schwimmbadentfeuchtungsgeräte (Fa. Happel)

Übungsaufgabe 6

Für den Betrieb eines Privatschwimmbades sollen eine Beckentemperatur von 29 °C, eine Lufttemperatur von 31 °C und eine relative Feuchte von 60 % angenommen werden.

Bis zu welcher Beckengröße reicht das Truhengerät aus, und um wieviel Prozent müßte das Becken kleiner sein, wenn man die relative Feuchte auf 55 % reduzieren müßte?

Lösung: $A \approx$ **35 m²**; $A \approx$ 25 m², d. h. um **28,6 %** kleiner!

7.6 Die Garagenlüftung

Für die Planung von Garagenlüftungen gelten die VDI-Richtlinie 2053 (4.87 E), die Garagenverordnungen der Bundesländer (GarVO) und die Ausführungsanweisungen zur Garagenverordnung (AA-GarVO).

Die GarVO sind einheitlich aufeinander abgestimmt (Abweichungen nur in Bayern), die AA-GarVO sind nur in Baden-Württemberg (76), Berlin (76), Hessen (78), Niedersachsen (76), Nordrhein-Westfalen (76), Schleswig-Holstein (75) bauaufsichtlich eingeführt.

Garagen müssen entweder durch bauliche Maßnahmen (vgl. Hinweis 1) oder durch den Einbau von RLT-Anlagen zu lüften sein. Ob und wie eine Garage gelüftet werden soll, hängt vor allem von der Größe, Lage, Bauart und Nutzung ab. Die Garagenverordnungen unterscheiden daher:

a) Zwischen **offenen und geschlossenen Garagen:**
Bei offenen Garagen fehlt mindestens die Hälfte des Wandflächenumfangs. Querlüftung ausreichend, falls Öffnungen in gegenüberliegenden Wandflächen.

b) Zwischen **oberirdischen und unterirdischen Garagen:**
Bei oberirdischen ist mindestens eine Garagenseite ebenerdig oder liegt über der Gebäudeoberfläche.

c) Zwischen **ein- und mehrgeschossigen Garagen** (ober- oder unterirdisch)

d) Zwischen **Kleingaragen** (bis 100 m² Nutzfläche), **Mittelgaragen** (100 bis 1000 m²); **Großgaragen** (über 1000 m²). Unter Nutzfläche versteht man Abstellfläche einschließlich Verkehrsfläche; je Pkw rechnet man mit etwa 25 m².

e) Zwischen **natürlicher und mechanischer Lüftung.**

Hinweise für Auslegung, Planung und Betrieb von Garagen

1. Die **freie Lüftung** ist nach den GarVO der Bundesländer nicht nur bei offenen Garagen ausreichend, sondern auch bei geschlossenen, und zwar mit folgenden Bedingungen:

- **Bei geschlossenen Mittel- und Großgaragen,** falls gegenüberliegende Lüftungsöffnungen oberhalb der Gebäudefläche angeordnet werden können (maximale Entfernung 35 m in oberirdischen und 20 m in eingeschossigen unterirdischen Garagen). Der freie Querschnitt muß mindestens 600 cm² je Stellplatz betragen.
- **Bei Kleingaragen** und Garagen mit der Tiefe eines Garagenstellplatzes, falls an der Außentür oder Außenwand eine Lüftungsöffnung mit einem freien Querschnitt von mindestens 150 cm² je Stellplatz garantiert wird.

- **Bei sonstigen Mittel- oder Großgaragen** (außer Bayern), wenn von einem anerkannten Sachverständigen ein Gutachten vorliegt, daß – selbst während der Verkehrsspitzen – eine Überschreitung des maximal zulässigen CO-Gehaltes von 100 ppm nicht zu erwarten ist (Nachweis durch Prüfbericht).

  Nach den AA-GarVO muß das Gutachten Angaben enthalten über den Zeitraum der durchgeführten CO-Messung nach Inbetriebnahme (etwa 3 bis 6 Monate – in Sonderfällen bis zu einem Jahr) und ob der Einbau einer CO-Warnanlage erforderlich ist.

Bei **geschlossenen Wohnhausgaragen** muß bei der freien Lüftung sichergestellt sein, daß der gesamte Luftstrom über alle Fahrzeuge hinwegfließen kann und daß ein zügiges Ein- und Ausfahren in den Straßenverkehr gegeben ist. Eine unbehinderte Ausfahrt muß durch eine Torsteuerung sichergestellt sein.

Weitere Hinweise:

- Nach der VDI-Richtlinie 2053 : 1995 E ist je Stellplatz eine **freie Öffnung von 0,015 m²** vorzusehen. Dies gilt auch für Einzeltore in geschlossenen Boxen.
- Die **Anordnung der Lüftungsöffnungen** soll so erfolgen, daß deren innere Abstände 20 m nicht überschreiten. Bei Garagenbreiten < 20 m und bei zwei gegenüberliegenden Stellplätzen kann die Anordnung wie folgt geschehen:

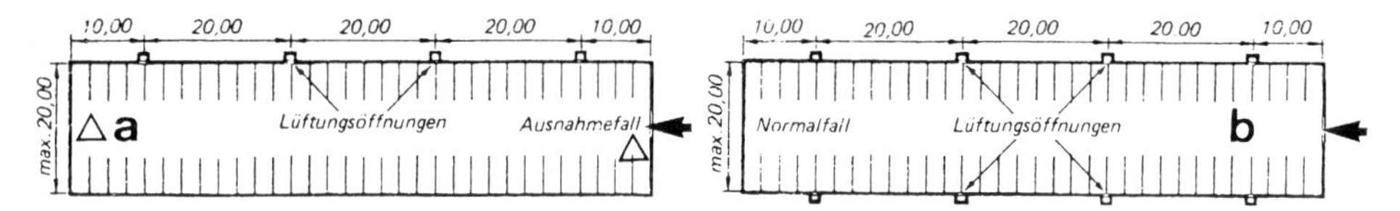

Abb. 7.46 Anordnungsmöglichkeiten von Lüftungsöffnungen bei freier Lüftung

Zu a) **Einseitige Anordnung an der Längswand** oder als Ausnahmefall an den Stirnwänden △.

Zu b) **Beiderseitige Anordnung an den Längswänden** (bessere Querlüftung).

- Bei **Verwendung von Lüftungsschächten** muß der Schachtquerschnitt der angeschlossenen Lüftungsöffnung entsprechen. Bei über 2 m Schachthöhe ist der Querschnitt zu verdoppeln. Mindestens 50 % des Querschnitts der Lüftungsöffnungen müssen im Deckenbereich, der Rest unmittelbar über dem Fußboden angeordnet werden.
- **Trennwände** von mehr als 3 m Länge müssen mindestens 30 % freie Durchgangsfläche aufweisen.
- Wohnhausgaragen, die diese Forderungen nicht erfüllen, bedürfen einer **gesonderten Untersuchung.**

2. Die **Schadstoffe in der Garage** sind vor allem die gesundheitsschädlichen Verbrennungsprodukte, wie Kohlenwasserstoffverbindungen, Stickoxide, Rußpartikel und das Kohlenmonoxid CO als Atemgift und bestimmte krebserzeugende Pyrene.

Die Entstehung und Verteilung dieser einzelnen Komponenten hängt wesentlich von der Treibstoffbeschaffenheit, der Einstellung der Treibstoffzuteilung (Einspritzeinrichtung, Vergaser), dem Betriebszustand der Antriebsmaschine (Kaltstart, Überhitzung) und von der Art der Betriebsweise ab.

Das **Kohlenmonoxid CO** wird aufgrund seines hohen Konzentrationsanteils im Abgas und aufgrund der guten Meßbarkeit – auch bei geringer Konzentration – als Meß- und Regelgröße für die Ermittlung und Steuerung des Zuluftvolumenstroms herangezogen.

Tab. 7.12 Richtwerte für Betriebseigenschaften von Pkw mit Otto- und Dieselmotoren nach VDI 2053 : 1995

Betriebsart	**Kraftstoffverbrauch**		**Abgasvolumen**		**CO-Gehalt**	**CO-Volumen**		
Fahrtgeschwindigkeit	l/100 km	l/h je PW	m_n^3/ 100 km	m_n^3/h je PW	Vol.-%	m_n^3/l	m_n^3/ 100 km	m_n^3/h je PW
Leerlauf (kalter Motor)	–	1,34	–	10,99	5,0	0,41	–	0,55
Leerlauf (warmer Motor)	–	1,24	–	10,44	4,5	0,38	–	0,47
Stockende Fahrt in der Ebene etwa 10 km/h	21,6	2,16	174,9	17,49	2,9	0,29	6,0	0,60
Freie Fahrt in der Ebene	7,9	4,74	63,98	38,39	2,7	0,22	1,73	1,04
Desgl. bei 4 % Steigung	9,5	5,7	63,98	38,39		0,26	2,1	1,2

Der CO-Anfall ist neben den oben genannten Einflußgrößen auch vom Fahrzeugtyp (Baujahr, Gewicht) sowie von der Geschwindigkeit, Fahrbeschleunigung und Höhenlage abhängig. Die **in Tab. 7.12 angegebenen zulässigen CO-Richtwerte** betragen selbst bei älteren Fahrzeugen nur noch ein Drittel und weniger.

Die in der Tabelle angegebenen CO-Volumenprozente liegen heute im Durchschnitt bei etwa 1 bis 2 Vol.-% (oberer Grenzwert 3,0-Vol. %), so daß eine Lüftungsanlage mit extremer Sicherheit geplant und ausgeführt wird, wenn diese Tabellenwerte zugrunde gelegt werden. Verbindliche Zahlenangaben waren von seiten der Ministerien nicht zu erhalten.

Andererseits wird vom Gesundheitsschutz angestrebt, den Grenzwert vom Stundenmittel 100 ppm auf den Halbstundenmittelwert von 60 ppm herabzusetzen. Wenn das CO weiterhin so drastisch gesenkt wird, dürfte in Zukunft das CO allein als Regelgröße nicht mehr geeignet sein.

Die toxische Wirkung des CO besteht darin, daß es sich an den Blutfarbstoff durch Bildung von CO-Hämoglobin (COHb) anlagert. Dadurch wird eine Vollversorgung wesentlicher Teile des Körpers (Hirn) mit Sauerstoff behindert bis unterbrochen, was zur Bewußtlosigkeit bis zur inneren Erstickung führen kann. Die Regeneration des Blutes ist ein Langzeitvorgang.

Wie Abb. 7.47 zeigt, hängt der COHb-Anteil und somit die Gefährlichkeit von der CO-Konzentration (ppm) von der Einwirkzeit und von der Tätigkeit ab.

Anhaltswert (Grenzwert)
- Längste Aufenthaltsdauer 30 Minuten
- Noch unbedenklicher COHb-Wert bei 3 % (normaler Blutwert 0,4 bis 0,8 %)

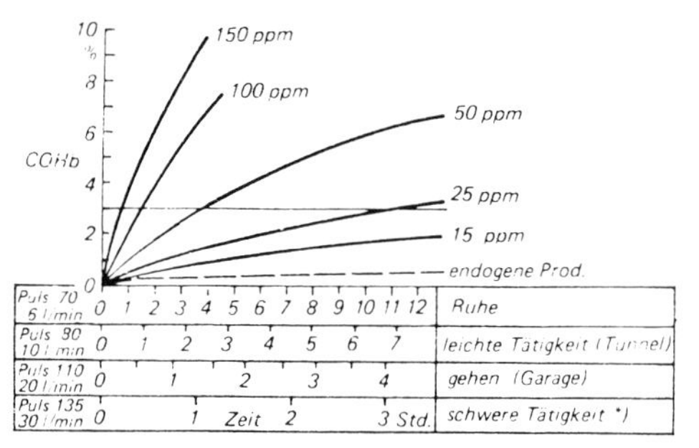

*) Bei schwerer Tätigkeit in der Garage sind CO-Abgase um ein Vielfaches gefährlicher (wirksamer) als bei ruhiger Tätigkeit.

Abb. 7.47 Richtwerte für die CO-Aufnahme im Blut

Daraus folgt nach Abb. 7.47 bei der Zeile „gehen" ein CO-Wert von **100 ppm für die Auslegung von Garagenlüftungen.** Dieser Wert darf nach § 14 der GarVO nicht überschritten werden.

In Garagenräumen mit ständigen Arbeitsplätzen ist der gesetzliche MAK-Wert von 50 ppm einzuhalten.

3. **Der Zuluftvolumenstrom** (= i. allg. Außenluftvolumenstrom $\dot{V}_a$) muß so groß gewählt werden, daß die CO-Konzentration auch bei größtmöglicher Betriebsbelastung bis zu dem festgelegten Grenzwert (CO_{zul}) abgesenkt wird.

- Bei RLT-Anlagen ist unter Berücksichtigung aller betrieblichen Gegebenheiten eine nachprüfbare Berechnung durchzuführen.
- Falls keine ausreichenden Betriebsangaben vorliegen, können die Richtwerte nach Tab. 7.12 herangezogen werden.

Erforderlicher Außenluftvolumenstrom:

$$\dot{V}_a = \frac{\dot{m}_{CO}}{CO_{zul} - CO_A} = \frac{\Sigma (q_{CO} \cdot t \cdot n \cdot f)}{CO_{zul} - CO_A} \text{ in } \frac{m^3}{h}$$

$\dot{m}_{CO}$ gesamter anfallender CO-Massenstrom in m^3/h

q_{CO} CO-Emission eines Fahrzeugs bei gleich langer Wartezeit (Leerlauf) und Fahrzeit (langsame Fahrt mit 10 km/h) in m^3/h (vgl. Tab. 7.12)

t Zeitdauer in h für Startvorgang (Leerlauf), der mit 15 bis 20 s angenommen werden kann (Fahrzeit t = Weg/Geschwindigkeit)

n Anzahl der Stellplätze

f Auslastungsfaktor je nach Nutzung sehr unterschiedlich (vgl. Hinweis 4)

CO_{zul} zulässiger Grenzwert, i. allg. 100 ppm bzw. 100 m^3 CO/m^3 Luft (vgl. Hinweis 2)

CO_A Außenluftvorbelastung, d. h. der CO-Gehalt der Außenluft in m^3 CO pro m^3 Luft (an Straßen mit durchschnittlichem Autoverkehr 10 bis 20 ppm, mit sehr starkem Autoverkehr bis 30 ppm und im Wohnbereich 0 bis 5 ppm)

4. Die **Auslastung der Garage** sowie die Fahrzeiten in der Garage können sehr oft nur abgeschätzt werden und stellen somit einen gewissen Unsicherheitsfaktor dar.

- Bei **Garagen mit nur geringem Zu- und Abgangsverkehr** (z. B. Wohnhausgaragen) werden kaum mehr als 50 bis 60 % der möglichen abgestellten Fahrzeuge innerhalb einer Stunde bewegt (Auslastungsfaktor $f = 0{,}5 \ldots 0{,}6$). Daher reicht hier vielfach die durch bauliche Maßnahmen bewirkte freie Lüftung aus.
- Bei **öffentlichen Parkgaragen** werden 80 bis 150 % der möglichen abgestellten Fahrzeuge (Stellplätze) innerhalb einer Stunde bewegt. Auslastungsfaktor $f = 0{,}8 \ldots 1{,}5$, der allerdings beim Betreiber zu erfragen oder mit ihm abzuschätzen ist (bei Kurzzeitparkern höhere, bei Langzeitparkern geringere Werte). Hier liegen Parkzeiten von 75 bis 40 min bei Vollbelegung vor. CO_A kann meist mit 5 ppm angesetzt werden.
- Bei **mehrgeschossigen Tiefgaragen** wird i. allg. die obere Parkebene (Ebene I) weitaus mehr benutzt als die untere, weshalb jede Parkebene hinsichtlich der Lüftung für sich betrachtet werden sollte (evtl. in jedem Parkgeschoß eine eigene RLT-Anlage).
  Die Wegstrecken richten sich nach dem Grundriß bzw. nach der Verkehrsführung und müssen berechnet werden. Dabei ist zu berücksichtigen, daß die in die unteren Ebenen fahrenden Fahrzeuge auch in der oberen Etage noch einen Teilweg zurücklegen. Auslastungsfaktor und CO_A-Wert wie zuvor.

5. Anhand eines **Berechnungsbeispiels** sollen für eine zweigeschossige Tiefgarage der Außenluftvolumenstrom berechnet werden und danach Hinweise für die Luftführung, Regelung, Überwachung usw. gegeben werden.

Angaben:

CO-Emissionen nach Tab. 7.12; Auslastungsfaktor 0,8; Startvorgang 20 s; CO_{zul} = 100 ppm, CO_A = 10 ppm.

- **Für die obere Geschoßebene 180 Stellplätze. Hier legen alle oben abgestellten Fahrzeuge durchschnittlich 400 m und die von unten kommenden noch 50 m zurück.**
- **Für die untere Geschoßebene 200 Stellplätze. 70 % der Fahrzeuge müssen eine Wegstrecke von durchschnittlich 230 m und der Rest aufgrund der Verkehrsführung durchschnittlich 500 m zurücklegen.**

Lösung:

$$\dot{m}_{CO}\,(\text{oben}) = \underbrace{\left(\frac{0{,}55 \cdot 20}{3600} + \frac{0{,}6 \cdot 400}{10\,000}\right) \cdot 0{,}8 \cdot 180}_{\text{Pkw oben}} + \underbrace{\frac{0{,}6 \cdot 50}{10\,000} \cdot 0{,}8 \cdot 200}_{\text{Pkw von oben}} = 3{,}89 + 0{,}48 = 4{,}37\ m^3/h$$

$$\dot{V}_a\,(\text{oben}) = \frac{\dot{m}_{CO}}{CO_{zul} - CO_A} = \frac{4{,}37 \cdot 10^6}{100 - 10} = 48\,555\ m^3/h$$

$$\dot{m}_{CO}\,(\text{unten}) = \left(\frac{0{,}55 \cdot 20}{3600} + \frac{0{,}6 \cdot 230}{10\,000} \cdot 0{,}7 + \frac{0{,}6 \cdot 500}{10\,000} \cdot 0{,}3\right) \cdot 0{,}8 \cdot 200 = 3{,}52\ m^3/h$$

$$\dot{V}_a\,(\text{unten}) = \frac{3{,}52 \cdot 10^6}{100 \cdot 10} = 39\,111\ m^3/h; \qquad \dot{V}_{a\,(\text{gesamt})} = \mathbf{87\,666\ m^3/h}$$

6. Eine **maschinelle Abluftanlage** (Unterdruck im Raum) ist dann erforderlich, wenn die genannten Bedingungen der freien Lüftung nicht erfüllt sind. Voraussetzung ist die Anordnung ausreichend großer Zuluftöffnungen auf die Garage verteilt (etwa 1,5 bis 2 m/s in der Öffnung). Der Abluftvolumenstrom (= Fortluftvolumenstrom) wird für CO_{zul} von 100 ppm bemessen (gemessen 1,5 m über Fußboden über 1 Stunde).

> Im Regelfall rechnet man **je m^2 Nutzfläche mit mindestens 6 m^3/h bei Garagen mit geringem Zu- und Abgangsverkehr (z. B. Wohnhausgaragen)** und mindestens **12 m^3/h bei anderen Garagen,** falls kein rechnerischer Nachweis nach vorstehender Aufgabe durchgeführt wird. Die Volumenströme aufgrund der Berechnung sind jedoch in der Regel geringer als nach diesen Faustwerten. Weitere Hinweise unter Pkt. 8.

Jede Lüftungsanlage muß wenigstens **zwei Ventilatoren** mit jeweils mindestens 50 % des Gesamtluftstroms erhalten. Bei Betrieb nur eines Ventilators muß dieser nach VDI 2053 E in der Lage sein, 66 % des Gesamtluftstroms zu fördern. Die Ventilatoren müssen an getrennte Kraft- und Steuerstromkreise angeschlossen und außerhalb des Fahrraumes eingebaut werden. Eine preiswerte und platzsparende Lösungsmöglichkeit ist eine Hintereinanderschaltung von zwei Axialventilatoren.

Bei Garagen ohne CO-Überwachungsanlage ist eine automatische Ein- und Ausschaltung der Ventilatoren über entsprechend gesicherte Einrichtungen (z. B. Schlüsselschalter) vorzusehen.

Falls nur ein Ventilator in Betrieb ist, muß bei Ausfall der andere selbsttätig eingeschaltet werden. Oft zeigen optische Signalanlagen an, welche Gebläse laufen, und ein ausgefallener Ventilator muß zusätzlich durch ein akustisches Signal ständig angezeigt werden. Zum Teil kommen sog. Impulsschaltgeräte zur Anwendung, die nach einer einstellbaren Fahrzeugzahl (Impulszahl) einen bzw. beide Ventilatoren automatisch ein- und ausschalten.

Falls eine Garage aus bautechnischen, brandschutztechnischen oder aerodynamischen Gründen in einzelne Lüftungsabschnitte unterteilt wird, so gelten vorstehende Angaben für jeden unabhängigen Abschnitt.

7. Eine **maschinelle Zuluftanlage** (Garage mit Zuluft- und Fortluftanlage) ist dann erforderlich, wenn eine ausreichende Lüftung aller Garagenteile nicht gesichert werden kann bzw. nicht genügend freie Zuströmflächen vorhanden sind. Auch hier sind zwei Ventilatoren einzubauen.

   Zur Vermeidung von Überdruck in der Garage muß bei Ausfall eines Abluftventilators auch ein Zuluftventilator außer Betrieb gehen.

   In Abfertigungsräumen, Pförtnerräumen u. a. ist eine eigene Zuluftanlage erforderlich (Überdruck), und in Arbeitsräumen gelten die Anforderungen der Arbeitsstättenrichtlinien und ArbStättV. Hier muß die Zuluft vorgewärmt werden.

   Der eingeführte Zuluftstrom braucht nicht gefiltert, erwärmt und zugfrei verteilt zu werden. Anstelle von Außenluft kann auch geeignete Fortluft aus anderen Räumen eingeführt werden.

   Ist ein dauernder Luftstrom aus anderen Räumen zu den Betriebszeiten der Garage nicht garantiert, müssen zusätzlich entsprechende Nachströmöffnungen für Außenluft vorgesehen werden.

8. Die **Luftführung in der Garage** soll möglichst als **Querlüftung** erfolgen, d. h., bei Abluftanlagen sind die Nachströmöffnungen gleichmäßig an den gegenüberliegenden Wänden anzuordnen.

   Eine **Längslüftung** ist zulässig bei ein- oder zweireihigen Garagen mit freier Zufahrtsöffnung und gegenüberliegender freier Ausfahrtsöffnung (ohne Trennung durch Brandwände). Der Abstand der **Zuluftöffnungen** soll im Regelfall 20 m zwischen den Öffnungen und 10 m zu den geschlossenen Stirnwänden nicht überschreiten.

   Nach den AA-GarVO werden Zuluftöffnungen mit einem freien Querschnitt von mind. 600 cm^2 je Garagenstellplatz verlangt, die mit max. 10 m Abstand auf Außenwänden verteilt werden sollen. (Ständig offene oder luftdurchlässige Toröffnungen können dabei angerechnet werden.)

   Die Empfehlung, die **Gitteranordnung** zur Hälfte oben, zur Hälfte unten anzubringen, ist aus lüftungstechnischen und wirtschaftlichen Gründen meist nicht mehr vertretbar. Dafür soll jedoch der Abstand zwischen Auspuff und Abluftöffnungen so gering wie möglich sein. Bei der Planung des **Kanalnetzes** darf die lichte Höhe von 2,1 m im begehbaren Garagenbereich nicht unterschritten werden, und die **Lüftungsöffnungen dürfen nicht verschlossen oder verstellt werden.**

   Zum Schutz der Umwelt soll die **Fortluft** – insbesondere bei großen und intensiv befahrenen Garagen – über Dach in den freien Windstrom abgeführt werden. Die Führung muß störungs- und belästigungsfrei sein.

Bei kleineren und mittleren Garagen führt diese Auflage sehr oft zu einem baulichen und technischen Aufwand, der in keinem Verhältnis zum Erfolg steht. Bereits 1 bis 2 m vom Gitter entfernt ist die Schadstoffkonzentration auf ein Zehntel abgebaut.

9. **Arbeitsgruben,** z. B. in Reparaturbetrieben, die eine Standfläche von mehr als 1,4 m unter dem Bodenniveau der Garage haben, müssen eine gesonderte Lüftungsanlage erhalten, die eine Konzentration von Schadstoffen in der Grube verhindert. Bei Prüfständen mit länger laufendem Motor werden in der Regel Überflur-Absaugeeinrichtungen am Auspuff angebracht; je Pkw etwa 300 bis 400 m³/h.

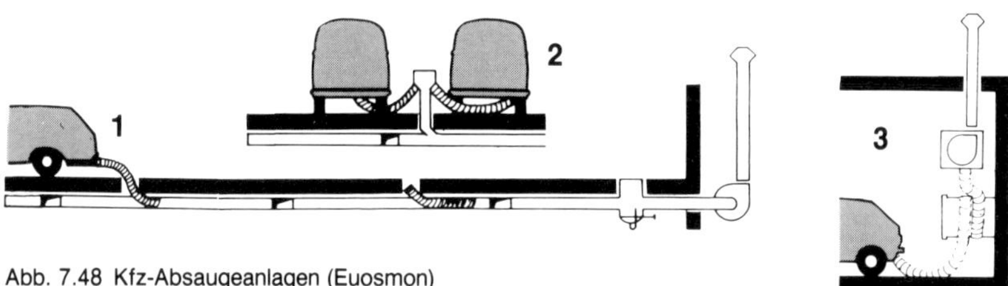

Abb. 7.48 Kfz-Absaugeanlagen (Euosmon)

Abb. 7.48 zeigt **Absauganlagen als Überflursysteme** mit im Boden verlegten Saugrohrzuführungen. Die Zugänge (Abzweigleitungen), in die später die Saugschläuche gesteckt werden, müssen von den Endstellen bis zur Hauptrohrleitung mindestens 2,5 m lang sein. Der herausziehbare Saugschlauch wird auf das Auspuffrohr aufgesteckt. Bei der Ausführung (2) werden die Saugstellen in Absaugsäulen angeordnet. Die Säulen werden mit Anschluß- und Befestigungsflansch auf die Sammelleitung aufgesetzt. Bei (3) handelt es sich um eine Kompaktabsaugeinheit für eine Stelle (z. B. bei Nachrüstung). Saugschlauch mit Schlauchroller.

10. In geschlossenen Großgaragen sind **CO-Überwachungsanlagen** einzubauen. Ihre Aufgaben sind die Kontrolle der CO-Grenzwerte, die Warnung bei deren Überschreitung und die Steuerung der RLT-Anlage. Weiterhin sollen sie im Gefahrenfall die Einrichtungen zur Offenhaltung der Verkehrswege einschalten.

Für die CO-Messung wird eine Garage in sog. **Überwachungsabschnitte** aufgeteilt (= räumlicher Garagenteil, innerhalb dessen eine freie Durchmischung der Raumluft sichergestellt ist). Jedem Abschnitt (max. 1000 m²) ist ein Probeentnahmesystem zuzuordnen. Jedem Brandabschnitt ist ein oder mehrere Überwachungsabschnitte zuzuordnen. Auch geschlossene Zu- und Abfahrtswege können einen eigenen Abschnitt darstellen.

Das **Meßsystem** besteht aus einem Probeentnahmesystem und einem CO-Konzentrationsmeßgerät. Das Entnahmesystem besteht aus einem oder mehreren CO-Sensoren (an den Meßstellen montiert), die über Kabel an das Meßgerät angeschlossen sind.

Die **Meßstellen** sind etwa 1,5 bis 1,8 m (max. 2,2 m) über Fußboden und nicht in der Nähe von Luftdurchlässen anzubringen; möglichst auch nicht direkt hinter den Parkflächen und mitten über den Hauptfahrspuren (gegen Beschädigungen schützen). Bei ansaugenden Systemen sind als Meßstellen Ansaugfiltereinheiten montiert, die über Rohrleitungen an das CO-Konzentrationsmeßgerät angeschlossen sind. Innerhalb eines Überwachungsabschnittes sind mindestens zwei Meßstellen vorzusehen (in gleichen Zeiten die gleichen Volumenströme, jeweils in der Mitte des jeweiligen Teilbereichs), nach den AA-GarVO maximal eine Ansaugstelle je 100 m² bei Garagen mit geringem Verkehr und eine je 400 m² bei Garagen mit regelmäßig außergewöhnlichen Verkehrsspitzen.

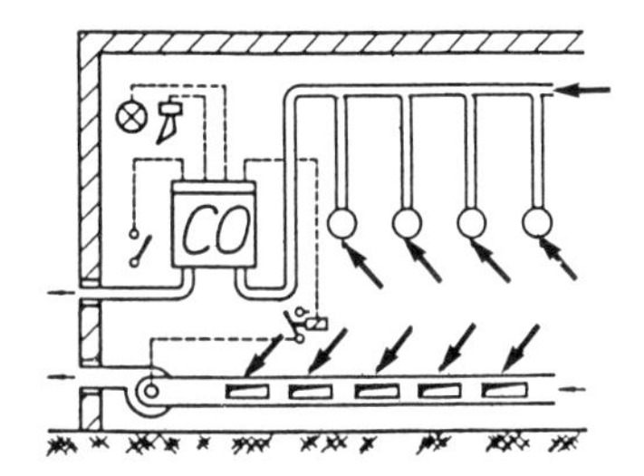

Abb. 7.49 CO-Warnanlage

Eine **Wartung und Überprüfung** sowie Funktionskontrolle der CO-Warnanlage soll mindestens einmal im Jahr vorgenommen werden (Prüfprotokoll). Eine Abnahmeprüfung erstreckt sich auf den Volumenstrom der Luftprobe auf das Meßgerät, auf die Ansprechzeit und auf die Sicherheitseinrichtungen.

Eine **Betriebsstörung** wird durch eine Blinklampe **optisch** angezeigt. Falls bei Stromausfall keine Notstromanlage vorhanden ist, müssen bei Netzausfall die Störlampe 10 Stunden und die Warnblinkleuchten mindestens eine Stunde in Betrieb bleiben. Je 500 m² Garagenfläche ist eine Warnblinkleuchte vorzusehen. Der Einbau von **akustischen** Warneinrichtungen ist in Einzelfällen ratsam, diese müssen sich jedoch nach 2 Minuten selbständig abschalten.

Die Einschaltung der Warneinrichtung soll bei dem maximal zulässigen Halbstundenmittelwert von 100 ppm erfolgen. Nach der GarVO soll bei einem CO-Volumengehalt von **250 ppm der Alarm ausgelöst** werden.

11. Die **Abnahmeprüfung** einer Garagenlüftung muß vor Inbetriebnahme und Nutzung durch einen anerkannten Sachverständigen erfolgen (vgl. VDI 2079).

Die Abnahme erstreckt sich vor allem auf die Auslegungsgrundlagen und auf die Schalt- und Steuerungsanlage.
Der Gesamtluftstrom ist zu messen und zu protokollieren, die ausreichende Durchspülung sowie Größe, Lage und Ausführung der Lüftungsöffnungen sind festzustellen, sämtliche Sicherheits- und Überwachungsgeräte sind auf Funktion zu überprüfen, evtl. mögliche Belästigung der Nachbarschaft ist zu untersuchen.

Die RLT-Anlage muß alle 2 Jahre einer **Wiederholungsprüfung** unterzogen werden (CO-Anlage jährlich); eine regelmäßige jährliche Wartung der RLT-Anlage wird empfohlen.

12. Für eine **Heizung mit direkt befeuerten Warmlufterzeugern** sind die Hinweise unter Kap. 5.1.1 zu beachten. Neben der DIN 4794 sind für Garagen spezielle Vorschriften einzuhalten:

Aufstellung mind. 1 m über Garagenfußboden, gasdichte Zuführung der Verbrennungsluft, gasdichter Verbrennungsraum und gasdichte Brennerverkleidung; kein Umluftbetrieb bei Räumen < 300 m^3; Außenluft unmittelbar aus dem Freien (notfalls über Kanal aus nichtbrennbaren Stoffen); falls Umluftbetrieb, müssen die Ansaugöffnungen mind. 2 m über dem Fußboden des Aufstellungsraumes angeordnet werden.

Da Garagen **feuergefährdete Räume** sind, müssen zahlreiche Anlagen- und Betriebsvorschriften beachtet werden, wie z. B. exgeschützte Motoren, Feuerschutzklappen in Kanälen, Rauchverbot.

Für den **Brandschutz** sind alle in den einzelnen Ländern geltenden gesetzlichen Regelungen sowie die Auflagen der Genehmigungsbehörden für den Einbau besonderer Überwachungseinrichtungen zu berücksichtigen.

7.7 Die Stallüftung

Neben zahlreichen baulichen Bedingungen und neben der geforderten Mechanisierung der Stallarbeiten schenkt man schon seit längerer Zeit auch einem guten Stallklima erhöhte Aufmerksamkeit. Eine mechanische Be- und Entlüftung ist bei größeren Stallbesatzungen unumgänglich geworden.

Gründe:

- Die landwirtschaftliche Tierhaltung muß von Jahr zu Jahr **wirtschaftlicher produzieren,** d. h., die Forderung, die Erzeugerkosten von Milch, Fleisch, Eiern zu senken, führt zur Spezialisierung der Tierhaltung.
- Die verschiedenen Tierarten verlangen nicht nur einen **unterschiedlichen Außenvolumenstrom,** sondern auch eine unterschiedliche Lufttemperatur und Luftfeuchtigkeit (Tab. 7.13). Das verlangte Stallklima richtet sich nämlich sowohl nach den Witterungsbedingungen als auch nach den Tieren selbst (Tiergattung, Zucht- oder Masttiere, Tiergewicht und Alter der Tiere).
- Die **Besatzdichte** je m^2 Stallfläche hat durch die Spezialisierung zugenommen, so daß die Abführung der von den Tieren abgegebenen Gase, der Wärme und des Wasserdampfes schwieriger geworden ist.
- Das zunehmende kritische Verbraucherverhalten bei der Auswahl der Lebensmittel sowie die stärkere Aktivität der Überwachungsstellen verlangen die **volle Gesundheit der Tiere.**

7.7.1 Begriffe – Anforderungen – Berechnungsgrundlagen

Obengenannte Gründe machen die Aufgaben der Stallüftung deutlich: ausreichend frische Luft zur Verdünnung des CO_2-Gehalts, zur Vermeidung von schädlichen Gaskonzentrationen, wie z. B. Ammoniak, Schwefelwasserstoff u. a. (vgl. MAK-Werte), zur Abführung von Wasserdampf, zur Vermeidung von evtl. Wärmestau und zur Vermeidung von Bauschäden. Ferner soll die Luft zugfrei eingeführt und die Anlagen sollen möglichst wirtschaftlich betrieben werden.

Bevor auf die Volumenstrombestimmung und auf weitere Planungshinweise eingegangen wird, sind einige Begriffe und Grundlagen, insbesondere die Bilanzen zur Berechnung der Heizleistung und des Volumenstroms, zu beachten.

1. Stallbesatz

Der Stallbesatz richtet sich nach Tierart, Tierzahl, Tiergewicht und Nutzung und bildet die Grundlage für folgende Bilanzen.

- Der vorgesehene minimale und maximale Besatz ist vom Auftraggeber festzulegen, wobei auch nur zeitweise belegte Plätze zu berücksichtigen sind.

2. Temperatur und relative Feuchte der Stalluft

Die richtige Lufttemperatur und Feuchte hängen ab von der Tierart, vom Tiergewicht, vom Alter, von der Nutzung u. a. (Tab. 7.13). Beide wurden gegenüber der letzten DIN-Ausgabe stark verändert.

- Wie die Tabelle zeigt, unterscheidet man bei **den Raumtemperaturen** zwischen einem leistungsorientierten Optimalbereich und einem Winterwert, wobei die dort angegebenen Fußnoten beachtet werden müssen. Abweichungen sind mit dem Auftraggeber ausdrücklich zu vereinbaren.
- Für die **relative Feuchte der Stalluft** werden Werte zwischen 60 % und 80 % (ohne Heizung) und zwischen 40 % und 70 % (mit Heizung) angestrebt.

Tab. 7.13 Optimale Temperatur und Feuchte in Ställen im Bereich der Tiere (DIN 18 910 : 1992)

Stallart	Gewicht kg	Lufttemperatur °C[1]	im Winter ϑ_i	im Winter φ_i
Rinderställe				
Kälber bis 10. Lebenstag	bis 60	16 bis 20	16[3]	8
Mastkälber, Zuchtkälber	bis 150	20 bis 10[2]	10	80
Kühe einschließlich Kälber, Jungvieh, Zuchtbullen, Masttiere	bis 180	0 bis 20	10	80
Pferdeställe				
Reit- und Rennpferde	100 bis 600	12 bis 16	14	80
Arbeitspferde	100 bis 800	10 bis 14	12	80
Schweineställe				
Jungsauen, leere, niedertragende Sauen; Eber	über 50	10 bis 18	10	80
ferkelführende Sauen; Zonenheizung im Ferkelbereich	über 100	12 bis 20 32 bis 20[2]	12	80
Ferkel im Liegebereich auf Ganzrostboden	10 bis 30	26 bis 20[2]	20	70
Mastschweine, einschließlich Aufzucht im Rein-Raus-Verfahren	10	26 bis 22[2]	20	70
	20 bis 30	22 bis 18[2]	16	80
	40 bis 50	20 bis 16[2]	14	80
	60 bis 100	18 bis 14[2]	16	80
kontinuierliche Mast	20 bis 40	22 bis 18	16	80
	40 bis 100	20 bis 16	14	80
	60 bis 100	18 bis 14	12	80
Schafställe				
Mastlämmer	10 bis 40	18 bis 10[2]	10	80
Zucht- und Masttiere	5 bis 100	8 bis 18	10	80
Geflügelställe				
Kücken, auch Zucht und Mast (Broiler) 1 bis 8 Wochen alt	0,05 bis 1,25			
Zonenheizung im Tierbereich		34 bis 21[4]		
Stall		26 bis 18[2]	18	70
Stallung ohne Zonenheizung		34 bis 21[4]	20	70
Jung- und Legehennen, ab etwa 8 Wochen	> 1,25	22 bis 15[2]	14[5]	80
Putenkücken mit Zonenheizung 1 bis 8 Wochen alt	0,08 bis 1,8	34 bis 18[4]	16	80
Jungputen 9 bis 20 Wochen alt	1,8 bis 6	18 bis 16[2]	14	80
Jungputen über 20 Wochen alt	über 6	16 bis 10	10	80

1) Leistungsorientierter Optimalbereich der Stalltemperatur.
2) Mit zunehmendem Tieralter allmählich von höheren auf niederen Wert abnehmend.
3) Bei Gruppenhaltung mit Einstreu darf der Rechenwert mit 14 °C angesetzt werden.
4) 34 °C in den ersten Lebenstagen, dann je Woche um etwa 2 K abnehmend.
5) Bei Haltung auf Einstreu darf der Wert um 2 K gesenkt werden.

3. Wärmeverluste – Wärmeanfall – Wärmestrombilanz

Aufgrund einer Wärmebilanz zwischen Wärmeanfall $\dot{Q}_A$ (Wärmeabgabe der Tiere, Zusatzheizung) und Wärmebedarf $\dot{Q}_H$ (Transmission $\dot{Q}_T$ und Lüftung $\dot{Q}_L$) kann man im Winter den Wärmehaushalt des Stalles berechnen. Dieser muß vor dem Bau des Stalles erfolgen und sollte möglichst bei wärmegedämmten Ställen ausgeglichen sein: $\dot{Q}_A \approx \dot{Q}_T + \dot{Q}_L$.

- **Die Temperaturen für die Berechnung von $\dot{Q}_H$:** Innentemperaturen nach Tab. 7.13, Außentemperaturen nach DIN 4701 oder Temperaturkarte DIN 18 910. Bei angrenzenden Räumen werden folgende Temperaturen angegeben: nicht frostsichere Räume (je nach Zone) –4 °C bis –8 °C bei schweren und –8 °C bis –12 °C bei leichten Bauteilen; frostsichere, jedoch nicht beheizte Räume +2 °C; eingeschränkt beheizte +10 °C und dauernd beheizte Räume wie Raumlufttemperatur.
- Bei einem **Wärmedefizit** ($\dot{Q}_H > \dot{Q}_A$) kann die Bilanz durch bessere Wärmedämmung und/oder Wärmerückgewinnung und/oder Zusatzheizung ausgeglichen werden. Mit Hilfe der Wärmestrombilanz erfolgt die Bemessung der Wärmedämmung.
- Der **Wärmedurchgangskoeffizient** (*k*-Zahl) muß mind. so gut sein, daß ein Oberflächenkondensat vermieden wird. Die Bestimmung des Taupunkts ϑ_{Tp} kann nach Abb. 7.29 erfolgen, die maximal zul. *k*-Zahl = $\alpha \cdot (\vartheta_i - \vartheta_{Tp})/(\vartheta_i - \vartheta_a)$, wobei für α etwa 5 W/(m^2 · K) eingesetzt werden können. Daraus ergeben sich

- k-Werte von mind. 0,6 W/m^2 · K bei Außenwänden und 0,5 W/m^2 · K bei Dächern. Die Wärmebilanz fordert dann in der Regel bei vollem Besatz eine mechanische Lüftung, da $\dot{Q}$ dann oft größer ist als $\dot{Q}_H$.
- Eine gute **Wärmedämmung und Wärmespeicherung** schützen nicht nur im Winter vor Kälte und Kondensatbildung, sondern verringern auch im Sommer den eindringenden Wärmestrom durch Sonnenstrahlung.
- Bei Anbringung von Wärmedämmplatten an der Innenseite ist unbedingt auf eine sorgfältige **Dampfsperre** zu achten. Feuchte Wände zerstören das Baumaterial und erhöhen den Wärmedurchgang.
- Mit Rücksicht auf den Wärmehaushalt sollten die **Fensterflächen** 1/20 der Stallgrundfläche in Mastställen und 1/15 in Zuchtställen nicht überschreiten.

Tab. 7.14 Wasserdampfmassen-, Kohlenstoffdioxidmassen- und Wärmeströme von Tieren (nach DIN 18 910 : 1992)

Tiergewicht	Wasserdampf-massenstrom $\dot{X}$	Kohlenstoff-dioxidstrom $\dot{K}$	Sensibler Wärmestrom $\dot{Q}$ Wi[1]	So[2]
kg	g/h	g/h	W	W
● **Rinderställe**				
Kälber bis 10. Tag und Mastkälber bei ϑ_i = 16 °C (Winter)				30°C
50	55	39	94	41
100	105	75	180	78
150	150	107	257	112
Mast- und Zuchtkälber ϑ_i = 10 °C (Winter)				30°C
50	42	96	37	37
100	80	182	71	71
150	114	261	102	101
Kühe[3] einschl. Kälber, Jungvieh, Zuchtbullen und Masttiere ϑ_i = 10 °C (Winter)				30°C
50	46	39	105	41
100	88	75	201	78
150	126	107	287	112
200	161	137	367	143
300	224	190	510	200
400	280	238	638	250
500	339	288	774	303
600	370	314	843	330
700	394	339	910	356
800	427	363	975	381
● **Pferdeställe**				
Arbeitspferde bei ϑ_i = 12 °C (Winter)				30°C
100	70	58	149	60
200	118	97	251	102
300	161	131	340	138
400	199	163	421	171
500	236	192	498	202
600	270	221	571	232
700	303	248	641	260
800	335	274	709	288
Reit- und Rennpferde bei ϑ_i = 14 °C (Winter)				30°C
100	75	57	144	60
200	126	97	242	102
300	170	131	328	138
400	212	163	406	171
500	250	142	481	202
600	287	221	551	232
● **Schweineställe**				
Jungsauen, leere und niedertragende Sauen, Eber, bei ϑ_i = 10 °C (Winter)				30°C
70	46	41	105	41
100	59	52	134	53
150	78	69	178	70
200	96	84	218	85
250	112	99	256	100
300	128	113	291	114
Ferkelführende Sauen (Ferkelbereich mit Zusatzheizung) bei ϑ_i = 12 °C (Winter)				30°C
100	68	57	144	105
150	88	73	186	122
200	106	88	225	138
250	123	103	261	153
300	140	116	295	167
Ferkel im Liegebereich auf Ganzrostboden (10–30 kg) ϑ_i = 20 °C (Winter)				30°C
20	49	29	62	30
Mastschweine, einschließlich Aufzucht Rein-Raus-Verfahren bei ϑ_i = 20 °C auf 12 °C fallend (Winter)				30°C
10	31	18	39	19
20	40	29	69	30
30	52	37	89	39
40	57	44	110	46
50	66	51	126	53
60	69	57	145	59
100	92	77	195	79
Mastschweine einschließlich Aufzucht in kontinuierlicher Mast bei ϑ_i = 16 °C auf 12 °C fallend (Winter)				30°
20 bis 40	52	37	89	39
20 bis 100	79	56	135	59
40 bis 100	80	62	154	65
60 bis 100	81	68	172	70
● **Schafställe**				
Zucht- und Masttiere bei ϑ_i = 10 °C (Winter)				30°C
5	6	5	14	6
10	11	9	24	10
20	18	15	41	16
30	24	21	55	22
40	30	26	69	27
50	36	30	81	32
60	41	35	93	36
70	46	39	105	41
80	51	43	116	45
90	55	47	126	49
100	60	51	137	54
Mastlämmer bei ϑ_i = 10 °C (Winter)				30°C
10	13	11	30	12
20	22	19	50	20
30	30	26	68	27
40	37	53	84	53
50	44	38	99	39
60	50	44	114	45
● **Geflügelställe**				
Hühnerküken bei ϑ_i = 16 °C (Winter)				30°C
0,05	0,5	0,3	0,7	0,3
0,10	0,8	0,5	1,2	0,6
0,25	1,6	1,1	2,4	1,1
0,50	2,7	1,8	4,1	1,9
0,75	3,7	2,4	5,5	2,5
1,00	4,6	3,0	6,9	3,1
1,25	5,5	3,5	8,1	3,7
Jung- und Legehennen bei ϑ_i = 14 °C (Winter)				30°C
0,50	1,6	1,3	3,1	1,3
0,75	2,2	1,7	4,2	1,8
1,00	2,7	2,1	5,2	2,2
1,25	3,2	2,5	6,2	2,6
1,50	3,7	2,9	7,1	3,0
1,75	4,1	3,2	7,9	3,3
2,00	4,6	3,5	8,8	3,7
2,25	5,0	3,9	9,6	4,0
Putenküken und Jungputen bei ϑ_i = 16 °C (Winter)				30°C
0,08	0,6	0,5	1,1	0,5
0,25	1,5	1,1	2,5	1,1
0,50	2,5	1,8	4,3	1,9
0,75	3,4	2,4	5,8	2,5
1,00	4,2	3,0	7,2	3,1
1,25	5,0	3,5	8,5	3,7
1,50	5,7	4,0	9,7	4,3
Puten bei ϑ_i = 14 °C (Winter)				30°C
1,75	5,9	4,6	11,3	4,8
2,00	6,5	5,1	12,5	5,3
2,25	7,1	5,5	13,7	5,8
2,50	7,7	6,0	14,8	6,2
3.00	8,8	6,8	17,0	7,1
4,00	11,0	8,5	21,1	8,9
5,00	13,0	10,0	24,9	10,5
6,00	14,9	11,5	28,6	12,0
Puten bei ϑ_i = 10 °C (Winter)				30°C
7,0	15,1	12,8	34,5	13,5

1) Im Winter erfolgen die Temperaturannahmen unter Bezug auf Tab. 7.13
2) Im Sommer geht man von einer Temperatur von 30 °C aus.
3) Bei Milchleistungen von über 5000 kg je Kuh und Jahr im Herdendurchschnitt kann im Winter bei $\dot{X}$, $\dot{K}$ und $\dot{Q}$ mit einem Anstieg um jeweils 5 % je 100 kg Milch gerechnet werden.

4. Kohlenstoffdioxidanfall – Kohlenstoffdioxidbilanz

Der CO_2-Gehalt der Stalluft wird als Indikator für die Luftqualität im Stall angesehen. Die CO_2-Bilanz im Winter aus CO_2-Anfall und CO_2-Abführung muß ausgeglichen sein. Daher bestimmt man nach dem CO_2-Maßstab auch den Außenluftvolumenstrom (Kap. 7.7.2).

- Der **Kohlendioxidanfall durch die Tiere** wird nach Tab. 7.14 bestimmt. Falls **Heizgeräte ohne Rauchgasabführung** im Raum aufgestellt werden (Gasstrahler), kommt noch der CO_2-Anfall durch Abgase hinzu: bei Flüssiggas Butan 240 g/h und bei Propan 230 g/h je kW Wärmeleistung.

- Für die Berechnung des Luftmassenstroms im Winter wird bei der Kohlenstoffdioxidbilanz ein **Maximalwert von K_i = 5,5 g/kg** (≙ 3300 cm³/m³), der Außenluftwert mit K_a = 0,55 g/kg angegeben.
- Je höher der CO_2-Gehalt der Stalluft, desto höher ist im allgemeinen die Anreicherung mit unerwünschten Gasen, die sowohl von den Tieren stammen als auch bei Umsetzungsvorgängen aus den tierischen Exkrementen.

5. Wasserdampfanfall – Wasserdampfbilanz

Der Wasserdampfhaushalt eines Stalles muß bei minimalem und maximalem Stallbesatz ausgeglichen sein, denn eine zu hohe Feuchtigkeit schadet nicht nur dem Baukörper sondern vor allem den Tieren,. Der Wasserdampfanfall ist vielfach maßgebend für die Berechnung des Volumenstroms (Kap. 7.7.2).

- Der **Wasserdampfanfall nach Tab. 7.14** berücksichtigt sowohl die Wasserdampfabgabe über Atmung und Haut als auch aus Kot, Harn, Jauche, Flüssigmist, Futter, Tränk- und Reinigungswasser.
- Der **Wasserdampfanfall im Sommer** steigt wesentlich an. Bei höheren ϑ_i-Werten als nach Tab. 7.14 ist bei einer Temperaturerhöhung bis zu 5 K der Wasserdampfanfall um 2 % je K höher anzusetzen, entsprechend bei Temperaturunterschreitungen.
- Falls **Heizgeräte** ohne Abgasführung im Raum aufgestellt werden, kommt noch der **Wasserdampf der Abgase** hinzu (bei Heizöl etwa 95 g/kWh, bei Flüssiggas (Butan) etwa 85 g/kWh, bei Propan 120 g/kWh).
- Möchte man den erforderlichen **Volumenstrom im Winter nach dem Wasserdampfgehalt** bestimmen, so kann man diesen wie bei Entnebelungsanlagen bestimmen. Die relative Feuchte der Außenluft soll nach DIN mit 100 % angenommen werden.

7.7.2 Volumenstrombestimmung für Ställe

Der größere sich nach dem Wasserdampf- bzw. dem Kohlendioxidmaßstab ergebende Volumenstrom ist als **Volumenstrom im Winter** einzusetzen. Er ist oft wesentlich kleiner als derjenige, der sich nach dem oft empfohlenen 3fachen Luftwechsel ergibt.

Tab. 7.15 Maximaler Wasserdampfanteil bei φ_a = 100 % (Sättigungsdampfmenge) bei 1013 mbar

ϑ in °C	−16	−14	−12	−10	−8	−6	−4	−2	±0	+2	+4	+6	+8	+10	+12	+14	+16
x_s in g/kg	0,9	1,1	1,3	1,6	1,9	2,3	2,7	3,2	3,8	4,4	5,0	5,8	6,7	7,6	8,8	10,0	11,4

Tab. 7.16 Rechenwerte für die Temperatur der Außenluft zur Begrenzung von Oberflächenkondensat an Bauteilen

Wintertemperaturzonen nach DIN 18 910	→	I, II ≥ −12 °C	III,IV ≤ −12 °C
Temperatur-rechenwerte	schwere Bauteile (> 150 kg/m³)[1]	−8 °C	−12 °C
	leichte Bauteile (≤ 150 kg/m³)	−12 °C	−16 °C

[1] auch bei Wärmebrücken in leichten Bauteilen

Tab. 7.17 Temperaturdifferenzen zwischen Stall und Außenluft im Sommer

Stall	Sommertemperaturzone I (≤ 26 °C)	II (≥ 26 °C)
Geflügel und Schweine	3 K	5 K
Rinder, Pferde und Schafe	4 K	3 K

Berechnungsbeispiel 1:

In einem Schweinestall (schwere Bauweise) befinden sich 120 Jungtiere mit einem Durchschnittsgewicht von 100 kg (ϑ_i = 10 °C; φ_i = 80 %). Als Zusatzheizung wird ein 5-kW-Propangerät (ohne Rauchgasabführung) in Betrieb genommen.

a) Berechnen Sie nach der Wasserdampfbilanz den Fortluft- und Zuluftvolumenstrom im Winter, (Wintertemperaturzone II) relative Feuchte 80 %.

b) Wie groß wäre im Winter die CO_2-Konzentration im Stall, wenn man nach diesem Volumenstrom den Ventilator auslegen würde?

Lösung:

zu a) $$\dot V_{zu} = \frac{\dot X}{\varrho\,(x_i - x_a)} = \frac{59 \cdot 120 + 5 \cdot 120}{1{,}2\,(6{,}2 - 1{,}9)} = \mathbf{1488\ \frac{m^3}{h}}$$

zu b) $$\dot V_{zu} = \frac{\dot K}{K_{i,zul} - K_a} \Rightarrow k_i = \frac{\dot K}{\varrho \cdot \dot V} + K_a = \frac{52 \cdot 120 + 230 \cdot 5}{1{,}2 \cdot 1488} + 0{,}55 = \mathbf{4{,}7\ g/kg}\ (< 5{,}5\ g/kg)$$

Berechnungsbeispiel 2

In einem Rinderstall (ϑ_i = 10 °C) befinden sich 40 Tiere mit einem Durchschnittsgewicht von 400 kg. Der Stallraum je Tier beträgt 23 m^3. Der Transmissionswärmebedarf bei ϑ_a = –12 °C beträgt 12 kW.

a) Welcher Außenluftvolumenstrom ist zum Abführen des Wärmestroms erforderlich, und wie groß ist hierbei der Luftwechsel?

b) Wieviel Prozent vom Volumenstrom nach a) sind für das Abführen der CO_2-Abgabe erforderlich, wenn der Wert $K_{i,zul}$ von 5,5 g/kg eingehalten werden soll und eine Konzentration der Außenluft von 0,5 g/kg angenommen wird?

Lösung (Werte aus Tab. 7.14):

zu a) $\dot{Q}_L$ = 40 · 638 – 12 000 = 13 520 W $\dot{V}$ = 13 520/0,35 · [10 – (–) 12] = **1756 m³/h** (Zuggefahr vermeiden!)

LW = 1756/(40 · 23) = **1,9 h^{-1}** (sehr gering)

zu b) $\dot{V}$ = 40 · 238/(5,5 – 0,5) = 1904 kg/h ≈ 1587 m³/h ≙ **90 %**

Nach dem **Volumenstrom im Sommer** ist die Lüftungsanlage auszulegen. Er hat sicherzustellen, daß auch bei hoher Außenlufttemperatur die Tierwärme abgeführt werden kann. Sonneneinstrahlung und Speicherverhalten der Bauteile werden dabei nicht berücksichtigt (Tag/Nacht-Ausgleich).

- Ställe sollten im Sommer auf der Süd- und Westseite möglichst beschattet sein. Günstig sind auch reflektierende Flächen und Hinterlüftungen von Außenschalen und Dacheindeckungen.
- Zur Bemessung gelten die **Sommertemperaturzonen** < 26 °C und ≥ 26 °C (Tab. 7.14). Diese Werte sind arithmetische Mittel aus der mittleren Jahreshöchsttemperatur und der langjährigen Juli-Mitteltemperatur. Bei Außentemperaturen = 25 bis 29,9 °C kann φ_i mit 60 % und bei ϑ_a = 30 bis 34 °C mit 50 % angesetzt werden. ϑ_a und φ_a und somit ϑ_i und φ_i unterliegen starken Schwankungen.
- Eine Volumenstrombestimmung durch **Annahme einer Luftwechselzahl** ist hier viel zu unsicher und daher nicht anwendbar. Sie dient vielmehr – wie in Kap. 4.2.3 erläutert – als Kontrollwert. Mindestwerte liegen zwischen 3 . . . 4 h^{-1}, Maximalwerte liegen bei etwa 10 bis 12 h^{-1}, bei Hühnerbatterieställen im Sommer 20 h^{-1}. Die Gefahr von Zugerscheinungen hängt jedoch nicht nur von der Luftwechselzahl, sondern von der Art des Systems und von der Art der Lufteinführung ab.

7.7.3 Ausführung von Stallüftungen

Ergänzend zu den beiden vorstehenden Teilkapiteln müssen für die Ausführung einer Stallüftung noch einige wichtige Planungshinweise beachtet werden.

1. Die **DIN 18 910** „Klima in geschlossenen Räumen" bezieht sich auf die Lüftung durch Ventilatoren und auf wärmegedämmte Ställe, bei denen der Wärmebedarf möglichst ganz oder überwiegend durch die Wärmeabgabe der Tiere gedeckt wird.

   - Zum erstenmal wurde 1962 diese DIN veröffentlicht. Die letzte Ausgabe stammt vom Oktober 1974, und seit Mai 92 liegt die jüngste Ausgabe vor, in der die Norm den neuesten Erkenntnissen angepaßt wurde.
   - Der Inhalt dieser DIN-Norm ist im wesentlichen in den beiden vorstehenden Teilkapiteln zusammengestellt. Die nachfolgenden Hinweise sind (außer Punkt 3) nicht in der DIN-Norm festgelegt.

2. Die **freie Lüftung** (Kap. 3) reicht in großen modernen Ställen in der Regel nicht aus und

kann dem Tierbesatz des Stalles nicht angepaßt werden. Im Falle eines Stromausfalls kann sie als Notlüftung dienen.

- Sie ist u. U. noch akzeptabel bei geringer Belegungsdichte und somit geringem Außenluftvolumenstrom, bei großem Rauminhalt, bei schmalen Objekten (< 15 m Spannweite), bei gegenüberliegenden Fenstern (Querlüftung) und evtl. dann, wenn die Tiere nicht ganzjährig eingestallt werden (im Sommer oft auf der Weide).
- Man unterscheidet vorwiegend zwischen der Fensterlüftung (Kap. 3.3.2) und der Schachtlüftung (Kap. 3.3.3), die im Winter – je nach Auftrieb – mit einer Drosselklappe reguliert werden muß und im Sommer völlig unzureichend ist. Bei beiden Lüftungsarten sind zwischen Luftein- und -austritt mind. 1,5 m erforderlich (auf der gesamten Länge des Stalles).

3. Die **Luftbewegung im Stall** wird vor allem durch die Art der Luftführung beeinflußt. Im Tierbereich soll die Luftgeschwindigkeit 0,2 m/s nicht überschreiten, wenn man die ϑ_i- und φ_i-Werte nach Tab. 7.13 zugrunde legt.

   - Übersteigen im Sommer die Stallufttemperaturen diese Tabellen-Höchstwerte, so ist für ausgewachsene Tiere eine Erhöhung im Tierbereich bis 0,6 m/s zweckmäßig.

4. Bei der Frage nach der **Luftführung** und ob im Stall Unter-, Über- oder Gleichdruck gewählt werden soll – unabhängig davon, ob die mechanische Lüftung zentral oder dezentral erfolgt –, ist mit Abstand die **„Unterdrucklüftung“** (Sauglüftung) die übliche Ausführungsform. Meistens wird die verdorbene Luft mit Axialventilatoren abgeführt, und die unaufbereitete Zuluft wird – wie folgende Abbildungen zeigen – durch meist definierte Zuluftöffnungen angesaugt.

Hierzu einige Anforderungen und Hinweise:

a) Falls nur **auf einer Gebäudeseite abgesaugt** wird, sollte die Spannweite möglichst 10 bis 15 m nicht überschreiten. Bei **beidseitiger Abführung** mit ganzjähriger Benutzung kann die Spannweite bis 25 m; wenn nur im Winter, bis über 30 m betragen.

b) Damit der ganze Stallraum **gleichmäßig gelüftet** wird, müssen möglichst zahlreiche Zu- und Abluftstellen vorgesehen werden (möglichst gegenüberliegend).

c) Die **Abluft** soll erst den Raum verlassen, nachdem sie Wärme, Wasserdampf und CO_2 aufgenommen hat. Die Ventilatoren werden entweder auf der Längsseite oder besser am First angeordnet; zur Vermeidung einer Stauwirkung möglichst nicht in Hauptwindrichtung. Durch spezielle Blendvorrichtungen kann man einen wirksamen Windschutz erreichen (Abb. 7.50).

Eine für das ganze Jahr optimale **Höhe der Abluftöffnung** gibt es nicht. Im Winter sollte sie mehr nach unten, im Sommer mehr nach oben angeordnet werden. Ein Kompromiß ist ein Anbringungsort von etwa 2/3 bis 3/4 Höhe. Ideal wäre die Lüftermontage in dichten Saugkammern, an denen in beliebiger Höhe die Öffnungen auf Wunsch reguliert werden können. Auch Vorsatzelemente, entsprechend Abb. 7.51, sind günstig. Beides scheitert oft am Platzbedarf und an den Kosten.

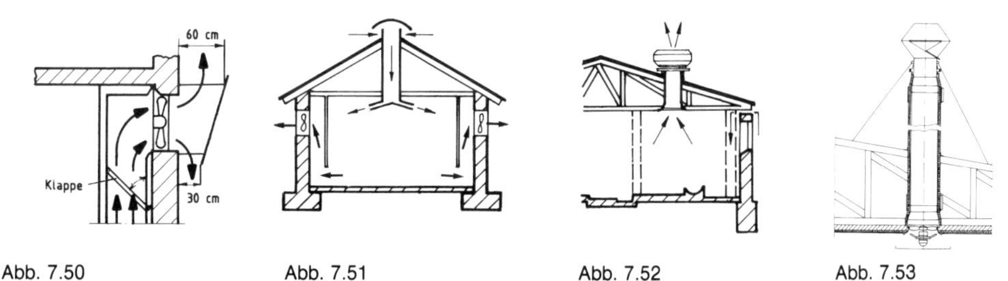

Abb. 7.50 Abb. 7.51 Abb. 7.52 Abb. 7.53

Eine **dachseitige Abführung** hat folgende Vorteile: keine Geruch- und Geräuschbelästigungen in der Umgebung, keine feuchten Flecken an Wänden und keinen Windstau. Abb. 7.52 mit Dachventilator, Abb. 7.53 mit Einbauventilator und Prallplatte, isoliertem Wickelfalzrohr und Deflektorhaube.

d) Die **Zuluft** muß möglichst stallwarm in den Aufenthaltsbereich der Tiere gelangen. Die Eintrittsgeschwindigkeit liegt je nach örtlichen Gegebenheiten und Art der Zulufteinrichtungen zwischen 2 bis 3 m/s im Winter und 5 bis 6 m/s im Sommer, wobei die unter Hinweis 3 angegebenen Raumluftgeschwindigkeiten eingehalten werden sollten.

Die **Zuluftführung** erfolgt meistens im Deckenbereich und vermischt sich dort mit der warmen Stalluft. Da in verschiedenen Abteilungen unterschiedliche Lufttemperaturen verlangt werden, muß die Zuluft oft in mehreren Zonen aufbereitet werden.

Die **Zuluftöffnungen** sollen in Höhe und Richtung verstellbar sein, da – wie obiges Berechnungsbeispiel zeigt – die Außenluftraten im Sommer ein Vielfaches von denen im Winter betragen. Hierfür gibt es zahlreiche verschiedene Zuluftweiser, Prallplatten, Leitplatten u. a. (Abb. 7.54).

Die optimale Höhe hängt nicht nur von der Jahreszeit, sondern auch von der Tierart, Tieranzahl, Produktionsstufe und Betriebsart ab. Hier gilt im Prinzip das Gegenteil von der Abluftführung, nämlich im Winter möglichst im oberen Raumbereich, meist fest eingestellt, vor Wind geschützt (Abb. 7.55); im Sommer möglichst im unteren Raumbereich, regulierbar, oft durch Fensterlüftung mit seitlicher Blende unterstützt (Abb. 7.54a).

Die Zuluft kann auch über Dach (Abb. 7.51) oder über Kanäle (Abb. 7.56) eingeführt werden.

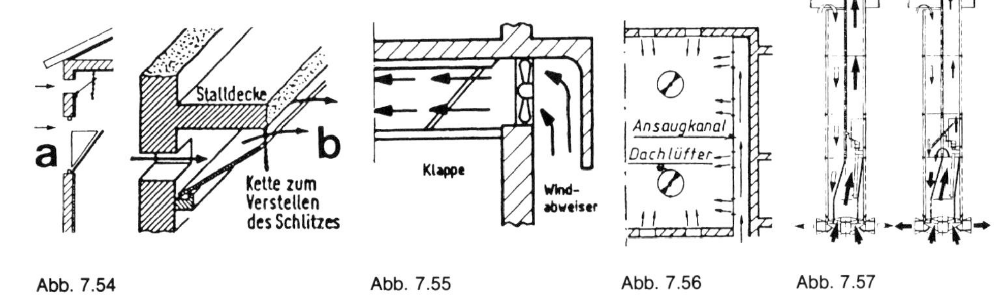

Abb. 7.54 Abb. 7.55 Abb. 7.56 Abb. 7.57

e) Es gibt auch **Kompaktlüftungssysteme** – meistens im Dachgiebel angeordnet –, in denen Ventilator, Außenluftzufuhr, Abluftabfuhr, Mischluftklappe und Regulierung in einem Aggregat zusammengefaßt werden (Abb. 7.57). Bei niedrigen Außentemperaturen wird dem Außenluftstrom über die thermostatisch gesteuerten Mischklappen so viel Umluft zugemischt, daß die gewünschte Stalltemperatur aufrechterhalten wird.

f) Eine **„Überdrucklüftung"** ist wegen der Gefahr der Geruchsausbreitung nicht zu empfehlen, eine „Gleichdrucklüftung" (Zu- und Abluftführung) kann man bei sehr großen Ställen vorsehen, wobei man dann einzelne Bereiche von etwa 8 bis 12 m Breite getrennt lüften kann.

5. Die **Anforderungen an die Regelung** der Lüftungsanlage und an die Ventilatoren gehen teilweise schon aus vorstehenden Hinweisen hervor.

Weitere Forderungen:

- Entsprechend den Sommer-Winter-Werten für den **Volumenstrom** sollte der Ventilator mit mindestens 5 Stufen gefahren werden können (besser stufenlos); Regelverhältnis etwa 4 : 1.
- Der **Förderdruck eines Einbaulüfters** richtet sich nach der Konstruktion der Zu- und Ablufteinrichtung, nach den Widerständen im Stall und den Windverhältnissen.

  Anhaltswerte: 40 bis 50 Pa bei Hühnern mit Bodenhaltung, 50 bis 60 Pa bei Schweinen, 60 bis 70 Pa bei Rindern, 70 bis 80 Pa bei Legehennen in Etagenbatterien. Bei größeren Widerständen im Raum durch Balken, ungünstige Trennwände, sehr rauhe Wandflächen usw. können die Werte um mind. 10 Pa erhöht werden.
- Hinsichtlich der **Ventilatorenausführung** ist auf korrosionsunempfindliche Flügelräder und auf geeignete Motoren zu achten (Wechselstrom mit Kondensatoren für Dauerbetrieb).
- Die **Steuerung der Zuluftklappen** erfolgt bei großen Ställen synchron mit der Drehzahl.
- Als **Regelgröße** wird in der Regel die Raumlufttemperatur verwendet, d. h., sie bestimmt die Ventilatordrehzahl oder das Abschalten einzelner Ventilatoren.

6. Ob eine **Beheizung des Stalles** erforderlich ist, ergibt sich aus der unter Hinweis 3 erwähnten Wärmebilanz.

In der Regel müssen Ställe für Jungtiere (Kälber, Schweine, Küken) beheizt werden, wobei zwischen Fließ- und Turnusbetrieb zu unterscheiden ist; außerdem Ställe, die nur sehr schwach belegt sind. Der Heizbedarf wird mit einer Luft- oder Strahlungsheizung oder vielfach durch Wärmerückgewinnung gedeckt.

7. Eine **Wärmerückgewinnung** aus der Stallabluft kann die Wirtschaftlichkeit wesentlich erhöhen, insbesondere dann, wenn große Außenluftvolumenströme erforderlich sind und außerdem für den landwirtschaftlichen Betrieb ein hoher Energiebedarf für Heizung und

Warmwasserbereitung vorliegt.

- Durch die damit erreichte **Reduzierung der Luftfeuchtigkeit** (trockenere Ställe) erhöht man den Rückgewinnungsgrad, vermindert Korrosionserscheinungen, Tierkrankheiten und den Futterverbrauch und erreicht außerdem ein optimales Stallklima ohne Mehrkosten.
- Durch die Entfeuchtung von Umluft kann man **Lüftungswärme sparen,** besonders dann, wenn nach der Wasserdampfbilanz ein großer Außenluftvolumenstrom erforderlich ist. Mit dem Kondensat wird außerdem ein Teil der Schadstoffbelastung ausgetragen.
- Als **Wärmerückgewinnungssysteme** können alle im Kap. 12 behandelten Geräte vorgesehen werden, wobei allerdings Verschmutzungsunempfindlichkeit und Korrosionsfestigkeit gefordert sind. So werden z. B. in Schweineställen bei Platten- oder Rohrwärmetauschern automatische Reinigungsvorrichtungen, bei Rotorsystemen Sonderausführungen mit guten Selbstreinigungseigenschaften und bei Wärmepumpen korrosionsbeständige Wärmetauscher verwendet.
- Beim **Einsatz von Wärmepumpen** unterscheidet man zwischen dem Kompaktgerät, dem Splittsystem (Verdampfer im Stall, Kondensator und Wärmepumpe außerhalb) und dem Zweikreissystem mit Absorber im Stall. Die Sole im Kunststoffabsorber aus PE-Rohren nimmt die trockene und feuchte Stallwärme auf und transportiert sie über Leitungen zum Wärmepumpenaggregat. Dieses indirekte System – auch als Kompaktgerät lieferbar – ist wegen der Korrosionssicherheit und der leichten Reinigungsmöglichkeit wesentlich problemloser. Durch die hohe Kondensation reinigen sich die Rohre nämlich fast von selbst.

  Gewisse **Einschränkungen bzw. Bedingungen** sind: Wärme nur für Niedertemperaturheizungen verwendbar ($\vartheta_V \approx 45\ °C$), Mindestanzahl von Tieren erforderlich (ab etwa 30 Rinder), auch bei tiefsten Außentemperaturen betriebsbereit (schlechte Leistungsziffer), Wärme- oder/und Warmwasserbedarf muß dem Rückgewinn entsprechen, einfache Installation (möglichst monovalenter Betrieb), größerer Warmwasserbedarf (z. B. Pensionen), keine zu langen Verbindungsleitungen zwischen Stall und Wohnhaus (< 30 m), Pufferspeicher zur Wärmeaufnahme bei Wärmepumpenabschaltung, Mindestwinterluftrate beachten.

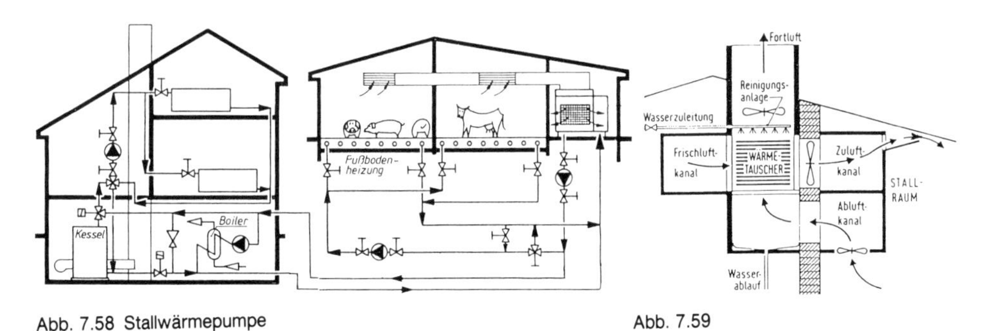

Abb. 7.58 Stallwärmepumpe

Abb. 7.59

Abb. 7.58 zeigt eine **Stall-Luft/Wasser-Wärmepumpenanlage** für Stallfußbodenheizung und bivalente Wohnhausbeheizung mit Warmwasserbereitung (Fa. Happel). Stall und Wohnhaus können dabei auch entfernt voneinander liegen. **Abb. 7.59** zeigt das **Schema einer Anlage mit Plattenwärmetauscher.**

Abb. 7.60 zeigt ein **Schaltschema mit der Kombination Regenerativwärmetauscher und Wärmepumpe.** Zonierte Zuluftführung, Lüftungsanlage in Sommer-/Winterbetrieb unterteilt. Diese Kombination bringt – insbesondere im Sommer – Vorteile. Bei der über den Verdampfer 1 abgekühlten Fortluft auf etwa 10 °C werden Geruchsstoffe ausgeschwemmt. Dann kann sie über das Rotorsystem geführt werden, wobei die

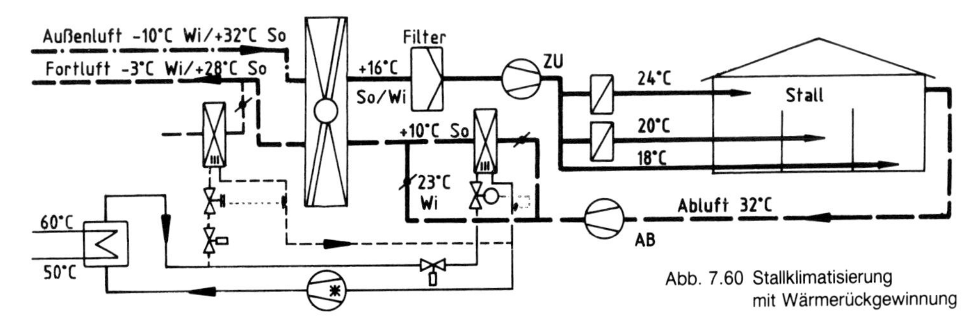

Abb. 7.60 Stallklimatisierung mit Wärmerückgewinnung

Außenluft gekühlt wird und somit geringere Außenluftraten erforderlich werden. Im Winter wird die Fortluft direkt über den rotierenden Wärmetauscher geführt. Um auch in der Übergangszeit die gesamte Stallabwärme nutzen zu können, kann zusätzlich die Wärmepumpe (Verdampfer 2) betrieben werden.

8. Nach dem **Bundesimmissionsschutzgesetz** sind Ställe so anzuordnen, zu errichten und zu unterhalten, daß die Umgebung nicht unzumutbar belästigt wird. Nach allen Bauordnungen müssen Ställe ausreichend zu lüften sein.

Die Regelungen für geruchsintensive Stoffe werden im speziellen Immissionsschutzgesetz eingeführt; demnach sind solche Stoffe zu erfassen und evtl. einer Abgasreinigung zuzuführen. Gegenwärtig gibt es jedoch noch keine verbindlichen Verfahren zur Beurteilung von Gerüchen.

7.8 Gewächshauslüftung

Einige Montage- und Herstellerfirmen haben sich auf diesem Gebiet spezialisiert, wobei die Beheizung und erst recht die Lüftung mit dem Bau und der Nutzung des Gewächshauses im engsten Zusammenhang stehen. Zwischen der einfachsten Form der Beheizung, wie sie z. T. schon vor Jahrzehnten üblich war, bis zur vollkommenen Gewächshausklimatisierung gibt es zahlreiche Zwischenformen.

Jedes Gewächshaus ist heute ein wichtiges Produktionsmittel, das ein ganzjähriges Pflanzenwachstum ermöglicht. Für ein optimales Wachstum und somit für einen wirtschaftlichen Gartenbaubetrieb, z. B. durch höhere Erträge, kürzere Wachstumszeit und bessere Qualitäten, sind Licht und Temperatur die zwei wichtigsten Faktoren. Weitere Einflußfaktoren sind Bewässerung, Luftfeuchtigkeit, CO_2-Konzentration und z. T. auch die Luftbewegung. So spielt die richtige Beheizung, die einen hohen Anteil der Produktionskosten ausmacht (z. T. über 30 %), eine große Rolle. Während des Tages wird ein Großteil der Wärmeverluste durch die Sonnenstrahlung gedeckt; über das Jahr gerechnet sind dies etwa 20 %. Das 1,5- bis 2fache dieser Wärmemenge muß allerdings durch die Lüftung abgeführt werden, damit die Gewächshaustemperatur nicht unerträglich ansteigt.

Zur Beheizung werden vielfach Luftheizgeräte eingesetzt (Abb. 5.12), zusätzlich z. T. auch Rohrheizungen mit sehr kleinen Temperaturspreizungen (3 bis 5 K).

Luftheizgeräte haben u. a. den Vorteil, daß durch eine stärkere Luftbewegung einer eventuellen Pilzerkrankung entgegengewirkt wird. Bei der Geräteauswahl sollte dabei eine mind. 5- bis 7fache Luftumwälzung angestrebt werden. Luftzug ist zu vermeiden.

Ob eine Rohrheizung dabei im Bereich der Kulturen, direkt über der Erde, in die Erde oder an der Decke verlegt wird, entscheidet die Pflanzenart. Für die Wasser- und Nährstoffaufnahme durch die Wurzeln ist die richtige Bodentemperatur entscheidend. In der Regel wollen die Pflanzen (wie die Menschen auch) warme „Füße" und einen kühlen „Kopf".

Demnach genügt es nicht, nur die Heizkreise (Bodenheizung, Untertischheizung, Oberheizung) stetig zu regeln, sondern es sollte auch die Lüftung bzw. das **Lüftungsfenster in die Regelung einbezogen** werden. Im Sommer soll die Raumtemperatur möglichst durch Lüften allein in Grenzen gehalten werden.

Zu einer optimalen Regelung und insbesondere zur Einsparung von Energiekosten – etwa 70 bis 80 % des Energieverbrauchs entsteht während der Nacht – gehört auch eine **Lichtaufschaltung.**

Mit Hilfe einer solchen Lichtaufschaltung und des Lichtfühlers kann man den Sollwert der Temperaturregelung lichtabhängig verschieben. Dieser wird, je nach Pflanzenart und Pflanzensorte, auf die gewünschte Nachttemperatur eingestellt. Bei zu geringer Lichtintensität (Einheit Lux) findet nämlich, trotz optimaler Temperatur, kein Wachstum bzw. keine Assimilation statt. Eine zeitabhängige Nachtabschaltung entfällt. Erst im Tagbetrieb erhöht die Lichtaufschaltung wieder den Sollwert auf die optimale Höhe (je nach Lichteinfall und Einstellwinkel entsprechend der Kultur). Der Lichtfühler (Fotodiode) kann innerhalb oder außerhalb des Gewächshauses angebracht werden.

Zwei Beispiele:

Abb. 7.61 zeigt eine Temperaturregelung für **einen Heizkreis** (Unter- oder Oberheizung) und für **ein Lüftungsfenster** in Sequenz; ferner Lichtaufschaltung und Istwertanzeige.

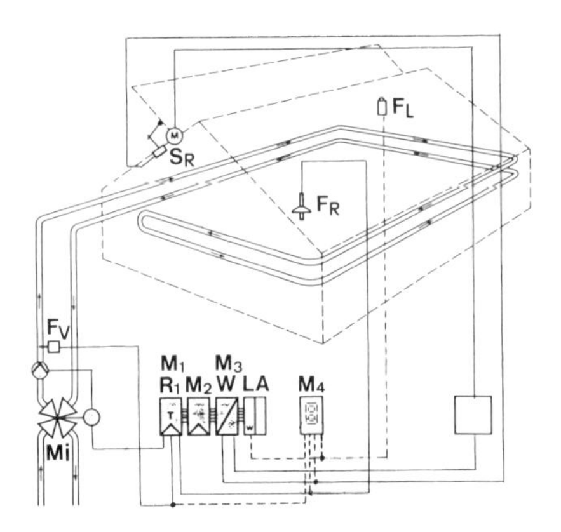

Abb. 7.61 Heizkreis und Lüftungsfenster

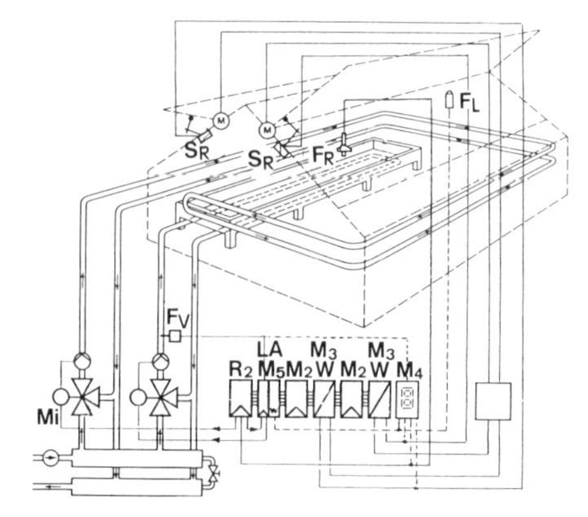

Abb. 7.62 Zwei Heizkreise und zwei Lüftungsfenster

$\mathbf{R_1}$ Stetigregler mit einem Ausgang (0 . . . 10 V) mit Submodulkaskade; $\mathbf{M_1}$ (Max.-/Min.-Begrenzung der Vorlauftemperatur; $\mathbf{R_2}$ Stetigregler mit 2 Ausgängen; $\mathbf{F_V}$ Vorlauffühler; $\mathbf{F_R}$ Feuchtraumtemperaturfühler; $\mathbf{M_2}$ Sequenzmodul mit Min.- und Max.-Begrenzung der Fenster; **W** Dreipunktwandler zur Ansteuerung des Fensterantriebs; $\mathbf{M_3}$ Submodell Schaltverzögerung (Integrator); **SR** Stellungsrückmelder für Fenster, max. Winkel 45 bis 90° (oder 30 bis 60°); **LA** Lichtaufschaltung zur Sollwertverschiebung; $\mathbf{F_L}$ Lichtfühler (3 Meßbereiche); $\mathbf{M_4}$ Anzeigemodul (wahlweise) für maximal 6 digitale Anzeigen; $\mathbf{M_5}$ Modul zur Maximalbegrenzung für die Unterheizung; **Mi** Stellantrieb für Mischer.

Wirkungsweise:
Die stetig angesteuerten Stellglieder für **Heizkreis und Lüftungsfenster** arbeiten in Sequenz, d. h., bei sinkender Raumtemperatur schließt zunächst das Fenster, dann öffnet die Heizung. Durch M_1 wird eine Kaskadenschaltung Raum-/Vorlauftemperatur realisiert, wodurch eine Minimal- und Maximalbegrenzung möglich ist. Wenn der Stellmotor (0 . . . 10 V Eingangs-, 24 V Betriebsspannung) nicht eingesetzt werden kann, ist zusätzlich ein Dreipunktwandler erforderlich.

Die Fenstersequenz wird von M_2 geführt (P-Verhalten), und das stetige Ausgangssignal für das Lüftungsfenster wird vom Ausgangsmodul W in die erforderliche Stellsignale für die Fensterantriebe umgewandelt. M_3 sorgt für die nötigen Schaltverzögerungen, damit eine ruhige Fensterregelung erreicht wird. Mit der zugehörigen oben erwähnten Lichtaufschaltung können bis zu 3 Regelkreise unabhängig voneinander betätigt werden.

Abb. 7.62 zeigt eine Regeleinrichtung mit **zwei Heizkreisen und zwei Lüftungsfenstern in Sequenz,** ebenfalls mit Lichtaufschaltung und Istwertanzeige.

Wirkungsweise
Im Gegensatz zu Abb. 7.60 arbeiten hier vier Stellglieder in Sequenz (Luvfenster, Leefenster, Oberheizung, Unterheizung). Dies bedeutet, daß bei sinkender Raumtemperatur zuerst die Fenster auf der Luvseite, dann auf der Leeseite geschlossen werden (jeweils einstellbarer Fensterwinkel), dann öffnet die Untertischheizung, und wenn diese nicht ausreicht, kommt die Oberheizung hinzu. Die Maximalbegrenzung der Vorlauftemperatur der Untertischheizung wird durch M_5 und F_V erreicht.

Weitere Hinweise:

- Bei der Montage und Auswahl der **Temperaturfühler** sollte folgendes beachtet werden:
  Einwandfreie Funktion, auch bei hoher Luftfeuchte (Feuchtraumfühler). Anbringung in beliebiger Höhe, wie eine Pendelleuchte über den Pflanzen (ratsam etwa 50 cm). Verhinderung von direkter Sonneneinstrahlung und Schutz vor Tropfwasser und Luftzug durch einen Schutzschirm. Bei zusätzlichem Bodenfühler zwei Regelkreise erforderlich, bei großen Gewächshäusern mit mehreren Fühlern eine Mittelwertsbildung durchführen.
- Sollen **weitere Lüftungsfenster** gleichlaufen, wird das Ausgangssignal von M_2 auf weitere Wandler W gegeben, und von dort werden die jeweiligen Fensterantriebe angesteuert. Je Lüftungsfenster ist ein SR erforderlich. Die Begrenzung der Fenster ist gemeinsam.
- Sämtliche **Istwerte,** wie Raumtemperatur, Vorlauftemperatur, Lichteinstrahlung, Stellung der Stellglieder (0 bis 100 %), können wahlweise mit M_4 digital angezeigt werden (bis sechs Anzeigen möglich).
- Um die **Sonnenenergie besser ausnutzen** zu können, wurde vereinzelt schon versucht, warme Luft durch einen Gesteinschotterspeicher zu fördern, der bei Tag wieder entladen wird. Die warme Luft wird dann durch Folienschläuche ins Gewächshaus geführt.

- **Wind und Regen** können ebenfalls über spezielle Fühler in die Regelung einbezogen werden, um eine noch feinfühligere Temperaturregelung durchführen zu können. So kann z. B. durch einen sog. Windrichtungsintegrator eine sofortige Umschaltung der Lüftungsfenster bei kurzzeitigem Windrichtungswechsel verhindert werden. Mit einem Windwarngerät kann bei Überschreitung einer bestimmten Windgeschwindigkeit (vom Windgeber gemessen) ein Schließen der Fenster durchgeführt werden. Durch einen Regenwächter kann das Fenster auf eine Kleinstellung gefahren oder ganz geschlossen werden.

7.9 Lüftung von Warenhäusern, Verkaufsstätten und Dienstleistungsräumen

Neben den jeweiligen Bauordnungen und Geschäftshausverordnungen der Länder und den Arbeitsstättenrichtlinien steht hier für die Planung von RLT-Anlagen vorwiegend die VDI 2082 Dezember 1988 im Vordergrund. Hierzu zählen auch Dienstleistungsräume wie z. B. Restaurants, Cafeterias und Nebenräume wie z. B. Verarbeitungsräume, Sozialräume, Toiletten, Umkleideräume, Büros usw.

Die wesentlichen Aufgaben der RLT-Anlage sind hier, je nach Betriebsform, Verkaufsform, Lage, Bauart und Nutzung, die Abführung von überschüssiger Wärme, die Einschränkung von Geruchsausbreitungen, das Ausschließen von gesundheitsschädigenden Einflüssen, die Einschränkung von Nahrungsmittelverderb und die Abschirmung durch Luftschleier. Die zu einem Geschäftshaus gehörenden, sehr unterschiedlich genutzten Räume stellen, vom raumlufttechnischen Standpunkt aus, auch sehr unterschiedliche Forderungen. Die Ver- und Entsorgung durch mehrere Geräte bzw. Anlagen ermöglichen daher eine wirtschaftlichere Anpassung an die jeweilige Nutzung.

Die **freie Lüftung** ist bei kleinen Verkaufsstätten, Werkstätten, Lager, Warenannahme usw. sehr oft ausreichend, insbesondere dann, wenn ein witterungsbedingter ungenügender Außenluftstrom in Kauf genommen wird. Die Anforderungen eines freien Lüftungssystems (vgl. Kap. 3.3) beziehen sich vor allem auf die Anordnung und Größe der in Tab. 7.18 aufgeführten Lüftungsquerschnitte, wobei allerdings die einströmende Außenluft nur zumutbar verunreinigt sein darf. Der von außen eindringende Schall darf die in den Arbeitsstättenrichtlinien angegebenen zulässigen Schallpegel nicht überschreiten.

Tab. 7.18 Querschnitte in cm^2 je m^2 Bodenfläche und Anordnung von Lüftungsöffnungen bei freien Lüftungssystemen für Verkaufs- und Arbeitsräume

Art des Lüftungssystems	Ausführung der Fenster, Türen, usw.	max. Raumtiefe bezogen auf l.H.	**Zuluftquerschnitt** ohne geruchsintensiver Ware	**Zuluftquerschnitt** mit geruchsintensiver Ware	**Abluftquerschnitt**
Einseitige Lüftung mit Öffnungen in einer Außenwand	Fenster oder Lüftungsgitter oben und unten oder Tür	2,5 x Höhe	150bis200	200bis300	wie Zuluftquerschnitt
Querlüftung mit Öffnungen in gegenüberliegenden Außenwänden oder in einer Außenwand und Dachfläche	Fenster oder Lüftungsgitter oder Fenster und Lüftungsgitter oder Fenster bzw. Lüftungsgitter und Dachaufsatz	5 x Höhe*)	80bis120	120bis180	wie Zuluftquerschnitt
Querlüftung mit Öffnungen in einer Außenwand und bei gegenüberliegendem Schacht	Fenster oder Lüftungsgitter und Schacht	5 x Höhe*)	60bis80	80bis120	je nach Schachthöhe

*) Bei Querlüftung gilt als maximale Raumtiefe der Abstand zwischen Zuluft- und Abluftöffnung

Planungshinweise für freie Lüftungssysteme

1. Die in Tab. 7.18 angegebenen **Querschnitte** ermöglichen – außer bei warmen und windstillen Tagen – eine ausreichende Lüftung. An kalten und windigen Tagen, bei geringer Personenbesetzung und bei geringen Wärmelasten muß eine ausreichende Querschnittsverringerung möglich sein (Dauerlüftung).

   Die **zugrunde liegenden Geschwindigkeiten für die Zuluftquerschnitte** sind 0,08 m/s bei einseitiger, 0,14 m/s bei Querlüftung und 0,2 m/s bei Schachtlüftung entsprechend einer **Außenluftrate** von 40 m^3/h · Pers. (60 m^3/h · Pers. mit geruchsintensiven Waren), bezogen auf 10 m^2 Bodenfläche. Die niedrigen Tabellenwerte gelten bei geringer Kundenfrequenz (1 Pers./10 m^2 Nutzfläche), die hohen bei höherer Kundenfrequenz (1,5 Pers./10 m^2).

2. Bei **überdachten Ladenstraßen** ist nur eine Querlüftung nach Tab. 7.18 zulässig, wenn ausreichend Außenluft nachströmen kann. Dies ist gegeben, wenn die Überdachung unverschließbare Zuluftöffnungen von 4 % der Grundfläche hat (Läden und Straße) oder wenn eine RLT-Anlage mit $\dot{V}_a$ = 10 m³/h · m² vorliegt.

3. Hinsichtlich der **Lage und Ausführung von Raum und Fenster** muß eine Wand unmittelbar an das Freie grenzen, und die in der Tabelle angegebenen Raumtiefen dürfen nicht überschritten werden.

   Unter Berücksichtigung der Speicherfähigkeit des Gebäudes und der Ausstattung dürfen die **inneren Wärmelasten** nur so groß sein, daß eine Raumtemperatur ϑ_i im Winter von mindestens 19 °C und im Sommer 3 K über ϑ_a eingehalten wird. Bei ϑ_a < 22 °C ist ϑ_i bis zu 26 °C zulässig. Bei 20 W und 0,1 Personen je m² sind etwa 24 m³/h · m² notwendig, um bis zu ϑ_a = 21 °C und ϑ_i auf 24 bis 25 °C zu halten (≙ etwa 90 % der Betriebszeit). Im Türbereich sind Abweichungen von ± 3 K zulässig.

   Schmale, hohe Dreh- und Schwingflügel oder Fenster mit oberem und unterem Kippflügel oder mit Lüftungsgitter ermöglichen auch bei **einseitiger Fensterlüftung** ein ausreichendes Zu- und Abströmen der Luft. Bei Querlüftung soll die Hauptzuluftseite auch im unteren Bereich Lüftungsöffnungen haben.

4. Beim Einsatz von **zusätzlichen Zu- oder Abluftventilatoren** können die Lüftungsquerschnitte nach Tab. 7.18 – entsprechend dem Volumenstrom des Ventilators – bis auf 20 % verringert werden. Bei Querlüftung gilt die Fußnote bei Tab. 7.18, wenn die Abluftöffnung in Raummitte und die Zuluftventilatoren in Außenwänden angeordnet sind oder die Abluftventilatoren sich in Raummitte befinden.

5. In **Toilettenräumen** muß gegenüber der Umgebung Unterdruck herrschen, was bei größeren Anlagen trotz ausreichender Fenstergröße nur durch eine mechanische Abluft-/Fortluftführung zu erreichen ist.

Die in der VDI 2082 gegebenen **Hinweise für die Planung von RLT-Anlagen** für Geschäftshäuser, Verkaufsräume, Dienstleistungsbetriebe o. ä. erstrecken sich vor allem auf die erforderlichen Volumenströme, auf die Luftführung und auf die nachfolgend zusammengestellten Anforderungen.

Tab. 7.19 Außenluftraten für Geschäftshäuser und Verkaufsstätten

Raumart	Besetzung	ohne Geruchsverschlechterung		mit Geruchsverschlechterung	
	Pers./m²	m³/h·Pers.	m³/h·m²	m³/h·Pers.	m³/h·m²
Verkaufsräume [2][3][4][5]	0,1 bis 0,15	-	6	-	9
Verkaufsräume mit geringer Besetzung z.B. Möbel, Hausrat [3][5]	0,05	-	2	-	-
Dienstleistungsräume mit Publikumsverkehr	nach Personen	30	6	45	12
Personal-Aufenthaltsräume [3][5] [1][3][4][5]	nach Personen	30	-	40	
Personal-Umkleideräume		-	-	-	18
Lebensmittelverarbeitungs- und -vorbereitungsräume [1]	nach Personen	-	-	45	12
Werkstätten und Ateliers [1][3]	nach Personen	30	6	45	12
Läger ohne Kühleinrichtung [1][5]	nach Personen	30	3	45	9

[1]) Jeweils höhere Werte annehmen (Pers., m²); [2]) Mindestaußenluftstrom entspricht bei 0,15 Pers./m² dem in den Arb.stätt.richtl. genannten Wert von 40 m³/h · Pers.; [3]) In den Geschäftshausverordnungen (über 2000 m² Verkaufsfläche) werden $\dot{V}_a$-Werte von 12 bzw. 18 m³/h · m² genannt; $\dot{V}_a$-Verringerung bis 50% zulässig bei ϑ über 26 bis 32 °C und ± 0 bis −12 °C; [4]) Bei verkaufsschwachen Zeiten Reduzierung bis auf 50% möglich; [5]) Umluftbetrieb ohne Außenluftanteil nur in Zeiten ohne Personalbesetzung zulässig.

1. **Der erforderliche Mindest-Außenvolumenstrom** kann aus Tab. 7.19 entnommen werden.

2. Die **Reinigung der Luft** (Außen- und Umluft) muß mit Filter mindestens der Klasse EU 3 oder EU 4 erfolgen. Alle Anlagenteile müssen leicht gereinigt werden können.

3. Die **zulässigen Schalldruckpegel im Raum** (durch die RLT-Anlage verursacht) dürfen folgende Werte nicht überschreiten: Büro, Schulungsräume 45 dB; Vorbereitungsräume, Ateliers, Warenannahme, Expedition, Verarbeitungsräume, Küchen, Werkstätten, Kantinen, Garderoben, Verkaufsräume, Dienstleistungsräume, Restaurants 55 dB; Verkaufsräume bei Spitzenbelastung (Überlastbetrieb), Selbstbedienungsläden 60 dB; im Luftschleierbereich 70 dB.

4. **Zulässige Raumluftgeschwindigkeiten** für den Aufenthaltsbereich können aus Abb. 1.6 entnommen werden. Die Werte im Bereich ohne ständige Arbeitsplätze können um 0,1 m/s höher liegen. In Bereichen mit hoher Wärmebelastung (z. B. Lampenabteilung) können Werte bis 0,45 m/s auftreten.

5. **Angaben für Raumluftzustand, Luftwechsel, Personendichte und Beleuchtungswärme** gehen aus Tab. 7.20 hervor. Sie dienen zur Orientierung und als überschlägige Planungsgrundlage auch für Teilklimaanlagen.

   Eine **Lüftungsanlage mit Luftkühlung** kann bei geringem Luftwechsel wirtschaftlicher sein als eine Anlage mit hohem Luftwechsel ohne Luftkühlung. So wäre z. B. bei 20 W/m² und 0,1 Pers./m² ein LW von etwa 12 h^{-1} erforderlich. Gleiche Kosten wären bei etwa 8 h^{-1} mit Kältemaschine aufzubringen. Bei besonderen Bedingungen von der Ware her kann eine Teilklimatisierung erforderlich werden.

Tab. 7.20 Planungsdaten für Verkaufsstätten und Dienstleistungsräume

Raumgruppen, Raumnutzung	Winter	Sommer 1)		Luft-	Personen-	Beleuch-
	ϑ_i in °C	ϑ_i in °C	r. F. %	wechsel	dichte 2)	tung W/m²
Verkauf (allg.) z.B. Textilien, Hartwaren, Schuhe, Schmuck, verpackte Lebensmittel	19 bis 22	22 bis 26	65 bis 50	2 bis 6	1 bis 2	15 bis 30
Verkauf geruchsintensiv; Schnellreinigung	19 bis 22	22 bis 26	65 bis 50	4 bis 8	0,5 bis 1	15 bis 30
Lebensmittel, wie Fleisch, Fisch, Käse, Obst	18 bis 22	18 bis 24	75 bis 65	4 bis 8	1 bis 2	15 bis 30
Verkauf mit geringer Kundenfrequenz (z. B. Möbel)	19 bis 22	22 bis 26	65 bis 50	2 bis 8	0,1 bis 0,5	15 bis 30
Verkauf mit hohem Wärmeanfall, z.B. Lampen, Funk	20 bis 24	22 bis 28	65 bis 45	6 bis 20	0,5 bis 1	50 bis 200
eingegliederte Restaurantbetriebe, z.B. Cafe, Erfrischungsraum, Kasino, Schnellimbiss	20 bis 23	22 bis 26	65 bis 50	6 bis 15	2 bis 6	10 bis 30
Lagerung (allgemein)	je nach Ware		–	1 bis 2	0,1 bis 0,2	3 bis 10
Lagerung von Lebensmitteln		je nach Ware		1 bis 4	0,1 bis 0,2	3 bis 10
Lager mit ständigem Personenaufenthalt	17 bis 20	22 bis 26	65 bis 50	1 bis 2	0,2 bis 0,4	10 bis 20
Büroräume, auch Großraumbüros	22	22 bis 26	65 bis 50	4 bis 8	1 bis 2	15 bis 40
Vorbereitung und Verarbeitung von Lebensmitteln		je nach Ware		3 bis 12	0,5 bis 1,5	15 bis 30
Werkstätten, Ateliers	18 bis 22	22 bis 26	65 bis 50	5 bis 12	0,5 bis 1,5	20 bis 40
Umkleideräume	21 bis 40	–	–	4 bis 8	–	5 bis 10
Schulungs- und Aufenthaltsräume	20 bis 22	22 bis 26	65 bis 50	3 bis 8	4 bis 6	20 bis 40
Toilettenräume	18 bis 21	–	–	5	–	5 bis 10

1) Relative Feuchte nur für Sommer angegeben   2) Personendichte bezieht sich auf 10 m² Grundfläche

6. Die **Auslegung der Luftschleier** erfolgt nach Außentemperatur, Windangriff und Einbaubedingungen. Nach VDI 2082 werden 15 000 m³/h je m Eingangsbreite angegeben, Ausblas meistens von oben nach unten mit $\vartheta_{zu} \approx$ 8 bis 12 m/s bei 2,3 m Eingangshöhe und ϑ_{zu} = 25 bis 30 °C. Regulierung in mehreren Betriebsstufen.

   Die Aufenthaltszone beginnt 3,5 m ab Innenkante Bodenrost.

   Ein **Warmluftvorhang** kann nur in Verbindung mit einem Windfang vorgesehen werden mit einer Tiefe von mind. 3 m. Etwa 3000 bis 5000 m³/h je m Eingangsbreite, ϑ_{zu} etwa 4 bis 6 m bei 2,2 bis 2,5 m Höhe.

7. Abschließend noch einige **allgemeine Hinweise:** Stufenlose Regelung des Luftstroms; in Wirtschaftsräumen auf die Luftströmung und Geruchsübertragung achten (vgl. Küchenlüftung); Wärmeabgabe von Kühlmöbeln beachten; bei größeren Verkaufsflächen ist die Luftführung von oben nach unten die Regel, Übertemperaturen je nach Luftauslaß 10 . . . 12 K möglich; evtl. direkte Absaugung von Lampenwärme überprüfen; möglichst freie Kühlung einbeziehen (vgl. Kap. 4.5); erhöhte Brandschutzmaßnahmen beachten (in den Bundesländern unterschiedlich); Raumheizung über RLT-Anlage oder Raumheizflächen.

7.10 Lüftung von Labors

Laboratorien im Sinne der VDI-Richtlinie 2051/86 und DIN 1946-7 „Raumlufttechnik in Laboratorien“ bzw. „RLT-Anlagen in Laboratorien“ sind Industrie-, Hochschul-, Instituts-, Krankenhauslabors o. ä., in denen mit gesundheitsgefährdenden Stoffen gearbeitet wird.

Obwohl vorwiegend aus der Richtlinie nachfolgende Hinweise zusammengefaßt wurden, sind auch die DIN 12 923 und 12 924 (Abzüge) erwähnenswert. Für nuklearmedizinische Labors gilt DIN 6844, für Radionukleidlabors DIN 25 466, für Sicherheitswerkbänke DIN 12 950, für Schränke DIN 12 925, außerdem gibt es Richtlinien für Labors von den Berufsgenossenschaften.

Abluftanlagen sollten aus energetischen Gründen so geplant werden, daß die Erfassung von Schadstoffen möglichst direkt am Entstehungsort erfolgt. Im Vordergrund stehen dabei Absaugeanlagen, so daß die Raumentlüftung meistens über Abzüge erfolgt. Die Anzahl der Abzugsarbeitsplätze in größeren Laborbauten hat sich gegenüber früher vervielfacht.

- **Abzüge** (auch als Digestorien bezeichnet) sind grundsätzlich erforderlich, wenn bei Versuchen eine erhebliche Beeinträchtigung oder Gefährdung von Menschen besteht. Nach obiger DIN versteht man darunter **Arbeitsschutzeinrichtungen, mit denen Gase, Aerosole oder Dämpfe in gefährlicher Konzentration abgeführt werden sollen. Zur Erzielung der Schutzwirkung ist der Raum über der Arbeitsfläche**

allseitig umschlossen, an ein Lüftungssystem angeschlossen, mind. von einer Frontseite her gut überschaubar und über verstellbare Frontschieber zugänglich.

Der Volumenstrom je m Frontlänge beträgt 400 m^3/h für Tischabzüge, 600 m^3/h für Tiefabzüge und 700 m^3 /h für begehbare Abzüge. Die mittlere Zustromgeschwindigkeit der Raumluft beträgt etwa 1 m/s bei 100 mm Schieberöffnung.

Bei größeren Öffnungshöhen des Frontschiebers besteht bei herkömmlichen Abzügen die Gefahr, daß **Schadstoffe ausbrechen.** Beim Drallplattenabzug oder bei Abzügen mit Induktion wird jedoch die Luftströmung so stabilisiert, daß ein Rückströmen aus dem Abzug zum Laborraum vermieden wird. Vorteilhaft ist, wenn in Abhängigkeit des Frontschiebers der Zu- und Abluftvolumenstrom über stellmotorisch angetriebene Drosselklappen oder über Drehzahlveränderung angepaßt wird. Der durch den Abzug bewirkte **Druckverlust** darf 150 Pa nicht überschreiten.

Erfolgt der Betrieb der **Abzugsentlüftung mit Unterbrechungen,** sind Zu- und Abluftvolumenströme so anzupassen, daß sich die gewünschten Druckverhältnisse in der Tendenz nicht ändern. Eine Überwachung der Funktion einer Abluftanlage für Abzüge soll vor Ort möglich sein.

- **Ventilatoren für Abluft** von Abzügen bestehen meist aus Kunststoff, beschichtetem Stahl oder Edelstahl; sie sollen einen Entwässerungsstutzen und eine große, gut zugängliche Inspektionsöffnung haben. Bei Kunststoffventilatoren ist ein Ansaugen von Fremdstoffen zu verhindern (Fanggitter im Saugstutzen).
- Die Abluft (= **Fortluft)** soll senkrecht über Dach oder oberhalb der Außenluftansaugstelle ausgeblasen werden; Austrittsgeschwindigkeit (bei $\dot{V}$ = 100 %) mind. 10 m/s; bzw. 7 m/s nach DIN 1946-7.
- **Abluftkanäle** (z. T. auch Zuluftkanäle) sollen leicht zugängliche Inspektions- und Reinigungsöffnungen haben. Vertikale Kanalführungen sind vorzuziehen (keine Ablagerungen, Spülmöglichkeit) und mit Entwässerungsstutzen auszurüsten, ohne Verbindung mit dem Abwassersystem.

  Bei Abluftsystemen für Abzüge sind die chemische Beständigkeit und der Brandschutz von erheblicher Bedeutung. Als Baustoffe kommen außer schwer entflammbaren Kunststoffen chemisch-technisches Steinzeug, Edelstahl, beschichtete Bleche und Faserzement zur Anwendung. Bei der Wahl des Materials sowie bei Anordnung und Ausrüstung des Kanalsystems ist die Bauordnung der jeweiligen Bundesländer zu beachten.
- In **Lösungsmittel- und Stinkräumen** soll ein Abluftvolumenstrom von mind. 60 m^3/h je m^2 Nutzfläche vorgesehen werden. Dabei sind ein ausreichender Unterdruck und ein 24stündiger Betrieb der RLT-Anlage zu gewährleisten.
- Eine **Bodenabsaugung** sollte in jedem Labor vorhanden sein (mind. 2,5 m^3/h je m^2 Nutzfläche). Sie kann an die Abzugsentlüftungsanlage angeschlossen werden. Bei **Deckenabsaugung** werden nach DIN 1946-7 10 $m^3/(m^2 \cdot h)$ empfohlen.

Zuluftanlagen – möglichst mit variablem Volumenstrom – sind in der Regel vorzusehen, denn erst beide, Entlüftungs- und Belüftungsanlage, ermöglichen einwandfreie Raumluftzustände. Die Zuluft soll dabei so eingeführt werden, daß der Raum möglichst gleichmäßig zu den Abluftdurchlässen hin durchlüftet wird, ohne daß die Schadstoffe in den Aufenthaltsbereich gelangen.

Weitere Hinweise für Planung und Ausführung

- Ein **Verzicht auf Zuluftanlagen** ist dann möglich, wenn bei nur stundenweiser Nutzung (z. B. in Schulen) keine gefährlichen Schadstoffkonzentrationen auftreten und gleichzeitig der Volumenstrom durch Abzüge höchstens 9 m^3/h je m^2 Nutzfläche beträgt.
- Der **erforderliche Abluftvolumenstrom** soll nach DIN 1946-7 je m^2 Nutzfläche mind. 25 m^3/h betragen, vorausgesetzt, daß durch andere Vorschriften und Rechenansätze (z. B. MAK-Wert, Feuchtebilanz u. a.) keine größeren Volumenströme gefordert werden. Andererseits muß der Luftbedarf für die Abzüge sichergestellt werden.
- Der **Außenluftanteil für die Zuluft** soll 100 % betragen. Nur in Labors mit vorwiegend physikalischen Techniken sowie in Hörsälen mit Abzügen darf Umluft mitverwendet werden, vorausgesetzt: keine belästigenden oder gesundheitsschädlichen Konzentrationen und getrennte Fortluftanlagen für die Abzüge.
- Die **Erwärmung der Zuluft** erfolgt im Winter auf etwa Raumtemperatur, während die Transmissionswärmeverluste von örtlichen Heizflächen gedeckt werden können.
- Hinsichtlich der **Luftführung** erreicht man mit der Mischströmung (Strahllüftung) eine gute Durchmischung von Zuluft und Raumluft. Die gleichzeitig erreichte gleichmäßige Schadstoffverteilung kann jedoch – insbesondere in Großraumlabors – nachteilig sein, so daß eine Art Verdrängungsströmung bevorzugt werden sollte. Bei größeren Volumenströmen [ab etwa 40 $m^3/(m^2 \cdot h)$] sind spezielle Zuluftauslässe erforderlich.

- Die Maßnahme, den **Zuluftvolumenstrom $\dot{V}_{zu}$ kleiner als den Abluftvolumenstrom $\dot{V}_{ab}$** zu wählen, soll eine Luftströmung in Nachbarräume verhindern. Das Verhältnis $\dot{V}_{ab}/\dot{V}_{zu}$ richtet sich nach der Dichtheit der Raumumgrenzung. Nebenräume, aus denen viel Luft entnommen wird, sollten zur Aufrechterhaltung der Druckverhältnisse belüftet werden (z. B. Überdruck im Flur). In rein physikalischen Labors mit Personenaufenthalt wird jedoch in der Regel mit Überdruck ($\dot{V}_{zu} > \dot{V}_{ab}$) gefahren.
- In Zuluftanlagen für Labors sind **Filter** einzubauen. Bei einstufiger Reinigung wird Klasse EU 6 empfohlen. Bei Filter ab EU 7 soll ein Vorfilter der Klasse EU 3 oder EU 4 vorgeschaltet werden. Die Druckdifferenz soll überwachbar sein. Die Abluft ist nur in Sonderfällen zu filtern.

7.11 Lüftung und Beheizung von großen Hallen

Obwohl in mehreren Teilkapiteln darauf eingegangen wird, sollen hier nur nochmals die wesentlichen Gesichtspunkte und Planungshinweise angedeutet und ergänzt werden.

Die **Probleme** bei der Beheizung und Belüftung von Großräumen sind der thermische Auftrieb und die damit verbundene ungünstige Temperaturverteilung, die meist nur zeitweise Nutzung (z. B. einschichtiger Betrieb bei Werkhallen), die oft fehlende Wärmedämmung (auch beim Fußboden), keine Kellerräume, störende Einrichtungen (z. B. Krananlagen, Großregale, Maschinen), direkte Verbindung zur Außenluft (z. B. nur mäßig geschützte Hallentore), oft starke Überdimensionierungen, Forderungen an den Luftzustand durch Produktionsvorgänge und neue Fertigungstechnologien.

Wegen der Vielfalt von Hallenbauten, wie Fertigungshallen, Bearbeitungshallen, Montagehallen, Lagerhallen, Mehrzweckhallen, Fahrzeughallen, Sporthallen usw. muß das zu wählende Lüftungs- und Heizungssystem den Gegebenheiten besser angepaßt werden. Die Fehler von früher dürfen sich nicht wiederholen.

So ist die zu **wählende Anlagenart** und Anlagenkonzeption abhängig von: Nutzungsart, Betriebsweise, räumlichen Verhältnissen (Raumgeometrie, Höhe usw.), Thermik, Bauweise (Speicherwirkung, Wärmedämmung), Schadstoff- und Wärmelasten (Anzahl, Wechsel), Anordnung von Nebenräumen, Raumeinrichtungen, Erfassungseinrichtungen und nicht zuletzt von der Wirtschaftlichkeit, Betriebssicherheit und Umweltbelastung.

Bezogen auf die arbeitenden Menschen, könnte man Industriehallen nach folgenden drei Gruppen unterteilen:

1. Bei **Hallen, in denen sich die Menschen ständig aufhalten,** stehen die Arbeitsschutzbestimmungen im Vordergrund (z. B. Arb.stätt.Richtl.), wobei die Art der Tätigkeit zu berücksichtigen ist. Wichtig sind das Fernhalten von Schadstoffen, Zugfreiheit und ausreichende Raumtemperatur.
2. Bei **Hallen, in denen der Arbeitsprozeß Vorrang hat,** kann die Raumtemperatur nicht immer im Behaglichkeitsbereich liegen, d. h., der Mensch muß sich den Bedingungen anpassen (z. B. durch Kleidung). Beispiele: spezielle Lager (z. B. Fleisch), Gärräume, Reinräume u. a.
3. Bei **Hallen für nur kurzzeitigen Aufenthalt** (z. B. Transport- oder Kontrollaufgaben) sind die Raumzustände ebenfalls auf die Produktion ausgerichtet. Im Vordergrund stehen neben der Einhaltung von Temperatur und Feuchte die Druckhaltung und das Abführen von Abwärme, Dämpfen, Farbnebeln usw.; die Außenluftbereitung ist oft zweitrangig, denn der Luftzustand liegt ebenfalls außerhalb der Behaglichkeitsgrenze.

Die **Maßnahmen,** die heute im Zusammenhang mit Arbeitsschutz, Qualitätssicherung und Umweltschutz zu treffen sind, erstrecken sich demnach auf das Gebäude selbst, auf die Ausführung der Anlage, auf die Betriebsweise und auf die Wartung.

Auch Hallen müssen heute wärmegedämmt werden; insbesondere das Dach, bei dem der Wärmedurchgang gegenüber früher oft nur noch weniger als 20 % beträgt. Die Mehrkosten bei der Gebäudeerstellung sind allerdings nicht unerheblich. Bei nachträglicher Renovierung ist eine Wärmedämmung auch langfristig sinnvoll, nachdem die Anlage optimiert wurde.

Um die vorstehenden Probleme hinsichtlich der Anlage zu lösen, wurden in jüngster Zeit viele

Anstrengungen gemacht, um die Betriebskosten drastisch zu senken (z. T. bis über 50 %) und auch große Hallen thermisch behaglich zu gestalten. Zunächst muß man bei der Wahl des Systems oder der Geräte entscheiden, ob eine zentrale oder dezentrale Beheizung und ob eine bzw. welche Luftheizung oder Strahlungsheizung gewählt werden soll.

- Die **Strahlungsheizung,** in Großräumen schon immer eine echte Alternative zur Luftheizung, ist vorteilhaft bei kurzzeitiger Beheizung, wenn lange Aufheizzeiten vorliegen, bei Beheizung nur einzelner Arbeitsplätze; bei hohen Räumen, wenn kein Unterdruck- oder Überdruck verlangt wird, wenn keine Außenluft zugeführt oder Teilklimatisierung eingebaut werden muß. Diese Einschränkungen bedeuten auch gleichzeitig die Vorteile der Luftheizung (vgl. Kap. 5).

  Beim Erwärmungsvorgang werden bei der Strahlungsheizung zuerst die Raumumschließungsflächen und Einrichtungen aufgeheizt, die dann ihre Wärme an die Luft abgeben, also umgekehrt wie bei der Luftheizung.

  Auch eine **Luftheizung kann als Strahlungsheizung ausgeführt werden** (vgl. Abb. 5.49). Industriefußbodenheizungen sind wegen der hohen Kosten auf wenige Sonderfälle beschränkt (z. B. stark frequentierte Sporthallen). Ansonsten gibt es die Infrarotheizung und die Beheizung mit Gasstrahler.

- Die **Nachteile der Luftheizung,** wie ungünstige vertikale Temperaturverteilung, Warmluftpolster im Deckenbereich, ungleiche Erwärmung im Aufenthaltsbereich, evtl. Fußkälte, mangelnde Zonenbeheizung, höhere Luftbewegung und höherer Energieverbrauch bei geringen Betriebszeiten, können heute – wie schon erwähnt – durch neue Geräte, Zusatzeinbauten, neue Regelungen, veränderte Betriebsweisen drastisch reduziert oder z. T. sogar beseitigt werden.

- **Dezentrale Anlagen** (z. B. Wand- und Deckenlufterhitzer) sind vor allem in der Anschaffung preisgünstiger und flexibler als Zentralanlagen. Durch spezielle Jalousien verkürzt man heute die Aufheizzeit, verringert drastisch den thermischen Auftrieb und somit die Temperaturschichtung. Außerdem erhält man durch die stärkere Induktion wesentlich geringere Ausblastemperaturen. Die höheren Austrittsgeschwindigkeiten bilden stabile Primärluftstrahlen mit wesentlich größerer Sekundärluftumwälzung und ermöglichen große Wurfweiten, auch bei geringen Drehzahlen.

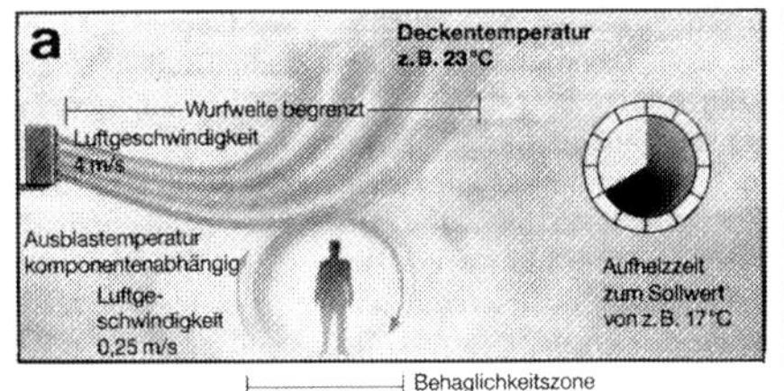

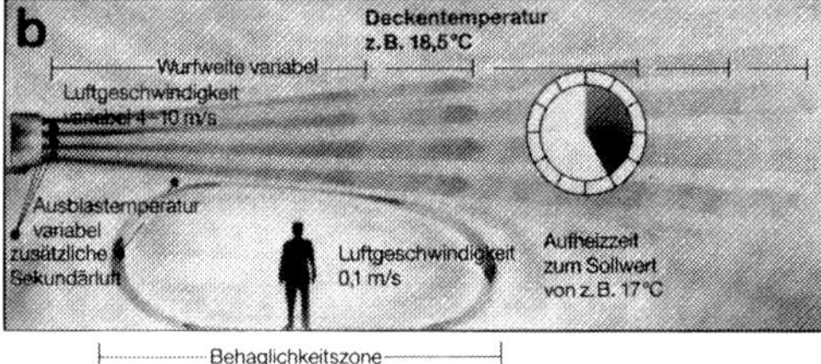

Abb. 7.63 Luftheizgeräte mit Luftleitblechen (a) und Spezialjalousie (b) entsprechend Abb. 6.2b

Im Kap. 6.4 und 5.1.1 werden vorwiegend für gewerbliche Betriebe auch direkt beheizte Geräte mit Öl- oder Gasfeuerung behandelt. Viele derartige Geräte sind allerdings verbesserungsfähig.

- Bei **Zentralanlagen** werden neuerdings viele spezielle Zuluftdurchlässe mit sehr hoher Induktion angeboten (z. B. Drallauslässe, Strahldüsen u. a.), mit denen die Luft stabil und gezielt in den Arbeitsbereich geführt werden kann. Nachteilig sind die höheren Kosten und die Probleme mit der Kanalführung; vorteilhaft ist der mögliche Einbau einer zentralen Wärmerückgewinnungsanlage.

- Nicht nur bei Geräten (Kap. 6.1.5), sondern auch bei Zentralanlagen legt man heute großen Wert auf ausgefeilte automatische **Steuerungen und Regelungen.** Dabei möchte man vor allem einen möglichst bedarfsgerechten Dauerbetrieb mit geringen Volumenströmen in Verbindung mit speziellen Auslässen (die Zweipunktregelung EIN/AUS ist energetisch schlecht) und eine gezieltere Steuerung der Luftverteilung erzielen. In alten Hallen kann man so mit dem geringsten Aufwand hohe Energiekosten einsparen.

- Die **Berechnung des Wärmebedarfs** erfolgt m. E. nach DIN 4701. Näherungsweise kann $\dot{Q}_T$ nach Abb. 6.7 ermittelt werden. Bei gut wärmegedämmten Hallen kann $\dot{Q}_L$ 60 bis 80 % der Gesamtleistung betragen. Die Abschirmung von Hallentoren erfolgt vielfach durch Torschleieranlagen (Kap. 7.12).

- Bei der **Luftführung** sind vorstehende Einflußgrößen zu beachten. Die erwähnte gezielte Luftführung in die Aufenthaltszone reduziert besser die Belastung als die Mischströmung. Bestimmung des **Volumenstroms** erfolgt nach Kap. 4.2. Bei beiden spielten die Schadstoffe, die Thermik, die Schichtung und die Raumhöhe eine große Rolle. Die Abluft (Fortluft) wird meistens über Dach abgeführt. Den Volumenstrom lediglich durch **Luftwechselannahmen** zu ermitteln ist nicht empfehlenswert. Nach Recknagel werden folgende Annahmen gemacht: Werkstätten (allg.) und spanabhebende Fertigung 3 bis 6; Schweißerei 5 bis 8; Feinmechanik 8 bis 12; Lackiererei 10 bis 30; Lagerhalle für Maschinen 1 bis 2, für Obst und Gemüse 4 bis 8, für Lebensmittel 4 bis 10; Tabakindustrie 8 bis 25; Papier, Druck 6 bis 15, Natur- und Kunststoffaser 4 bis 25; Chemiefaser 4 bis 100!!; Konfektion 4 bis 20 h^{-1}.

- Auf die **freie Lüftung** für Hallen wurde schon im Kap. 3 und 6.1 hingewiesen. Sie mag in wenigen Fällen ausreichen, doch muß man auf die möglichen Nachteile, wie unkontrollierte Durchspülung, Zugerscheinungen, hinweisen. Günstige Verhältnisse liegen wegen der größeren Dichtedifferenz bei Warm- und Hitzebetrieben vor.

7.12 Luftschleieranlagen und Luftschleusen

Hierunter versteht man lufttechnische Einrichtungen, die an offenen Toren (z. B. Industriehallen, Verladeanlagen, Kühl-, Lager- und Ausstellungshallen) oder an offenen Türen (z. B. an Eingängen von Warenhäusern) das Eindringen von kalter Außenluft verhindern sollen. Die zunehmende Bedeutung solcher Anlagen und Geräte ergibt sich aus folgenden Vorteilen:

a) **Vermeidung von Zugerscheinungen und Fußkälte,** da sich die kalte und somit spezifisch schwerere Luft über dem Fußboden nicht mehr ausbreiten und dort schichtenweise aufbauen kann.

b) **Erhebliche Energieeinsparung** durch Reduzierung der Wärmeverluste, denn unerwünschte eindringende Außenluft muß etwa auf Raumtemperatur erwärmt werden (sehr stark von der Windgeschwindigkeit und der Türbenutzung abhängig).

c) **Kleinere Auslegung der Heizungsanlage,** da der Lüftungswärmebedarf entsprechend b wesentlich geringer wird. Weil der schwankende Windeinfluß nur noch eine untergeordnete Rolle spielt, kann die Anlage auch genauer ausgelegt werden.

d) Verbesserung und Beschleunigung eines **reibungslosen Warentransportes,** z. B. in Lagerhallen.

e) **Ermöglichung eines Arbeitsablaufes,** z. B. in Wagenwaschanlagen, Verladeanlagen, Ausfahrbereichen, Trockenöfen, Reinräumen u. a.

f) **Stärkerer Kundenverkehr** und somit größere Verkaufserfolge durch offene Verbindung von Straße und Verkaufsstand, z. B. Warenhäuser.

g) Durch **Vorrücken der Arbeitsplätze** können teure Hallen- oder Ladenflächen besser ausgenutzt werden.

h) **Keine Sichtbehinderung,** wie es bei Anbringung von sog. Pendeltoren der Fall ist. Außerdem sind solche Plastiktore einem starken Verschleiß unterworfen.

Auch innerhalb eines Raumes kann durch einen Luftschleier eine „Trennung" vorgenommen werden, z. B. bei unterschiedlicher Belastung, bei unterschiedlich gewünschten Raumtemperaturen, zur Vermeidung von Querströmungen und somit von Schadstofftransport oder Geruchsbelästigungen infolge Druckunterschieden.

Grundsätzlich unterscheidet man bei Torschleiern **zwei Ausführungsformen,** die wiederum weiter unterteilt werden können:

1. Bildung einer Abschirmung gegen eindringende Außenluft, vielfach nur bei Toröffnung und teilweise ohne gegenüberliegende Absaugung, d. h. ohne Rückführung.

   Hier handelt es sich vorwiegend um Anlagen für Industrietore, bei denen der Luftschleier nicht unbedingt den vollen Öffnungsquerschnitt exakt ausfüllen muß. Sie sind preiswert in Anschaffung und Betrieb, da diese in der Regel als Kaltluftschleieranlagen geplant werden und wesentlich geringere Energiekosten verursachen. Anlagen mit Rückführung der Abluft bringen jedoch bessere Ergebnisse.

2. Vollkommene und ständige Abschirmung des Innenraumes von der Außenluft, wie z. B. eine Lufttür für den Eingang eines Kaufhauses (Abb. 7.69).

   Die Luftführung erfolgt meist von unten nach oben oder umgekehrt. Die Luft wird hier ständig gefiltert und erwärmt.

Deren gemeinsames Prinzip besteht darin, daß mit „Ventilatorkraft" ein breiter, mit hoher Geschwindigkeit austretender Luftfächer so stark in, vor oder hinter die Toröffnung geblasen wird, daß dieser dem thermischen Druck und Winddruck standhält.

3. Eine weitere Möglichkeit ist eine Abschirmung durch oben angebrachte Deckenluftheizgeräte (Abb. 7.70), die man auch als Torbeheizung bezeichnet.

Die **Art der Luftführung** bestimmt im wesentlichen die Ausführung der Anlage. Grundsätzlich unterscheidet man zwischen folgenden vier Möglichkeiten:

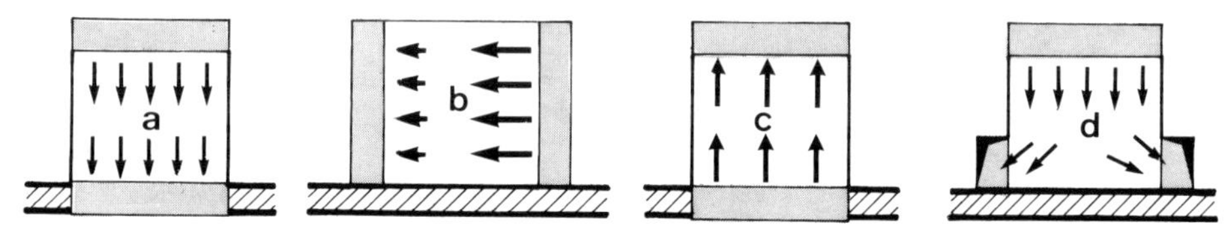

Abb. 7.64 Luftführungsarten bei Warmluftschleieranlagen

Zu a – Ausblasen von oben: Meistausgeführtes System (besonders in Kaufhäusern); Ausblasrichtung vertikal oder mit bestimmtem Winkel; geringste Verschmutzung der Anlage; wird am wenigsten als lästig empfunden; größerer baulicher Aufwand; im Bodenkanal abgesaugt; nach dem Filtern der Luft wird sie erwärmt.

Zu b – Ausblasen von der Seite: In der Regel an Außenkanten von Eingängen angebracht; geringere Geräuschbelästigung im Raum, wenn der Ventilator außen aufgestellt wird; Austritt über Düsen in der gesamten Höhe; Aufstellung der Aggregate meist oberhalb des Tores; ein- oder beidseitige Anordnung hängt von der Torbreite, von der Druckdifferenz und vom Wirkungsgrad des Schleiers ab; die Injektorwirkung ist bei einseitiger Ausblasung besser als bei der beidseitigen (oft werden die beiden in der Mitte aufeinandertreffenden Luftstrahlen in den Raum zurückgedrängt – z. T. mit Außenluft). Anwendung meistens für Industrietore.

Zu c – Ausblasen vom Boden: Anwendung im industriellen Bereich, da ein starker Impuls des Luftstroms vorliegt (bis 30 m/s Austrittsgeschwindigkeit); beste Abschirmungsart für Räume mit Unterdruck und hoher Temperatur; sorgfältige bauliche Vorplanung erforderlich; Staubaufwirbelung.

Zu d – Ausblas von oben zur Seite: Nur für schmale Tore, da die Absaugung in der Eingangsmitte fehlt; auch für nachträglichen Einbau möglich.

Mit diesen Luftführungen werden verschiedene Anlagensysteme angeboten, die z. T. auch für die nachträgliche Montage konzipiert sind.

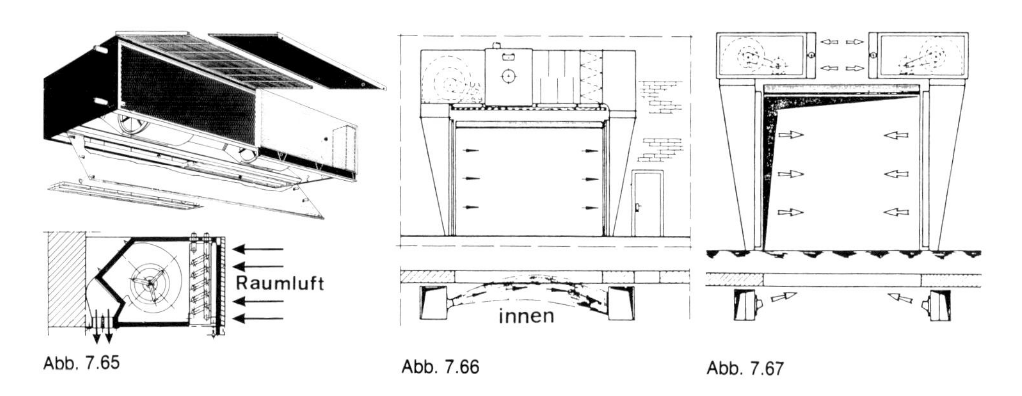

Abb. 7.65 Abb. 7.66 Abb. 7.67

Abb. 7.65 Warmluftschleieranlage in Kompaktbauweise vorwiegend für Eingänge von Ladengeschäften. Kombinierbar für verschiedene Längen. Luftleistung von 3000 bis über 30 000 m^3/h mit etwa 25 Typen in 7 Stufen regelbar; Heizleistung 22 bis etwa 240 kW; Wasserwiderstand 9 bis etwa 13 kPa; Filter nach unten ausziehbar (Fa. GELU).

Abb. 7.66 Einseitig blasender Industrieluftschleier. Auf beiden Seiten wird innerhalb des Raumes ein senkrechter Verteilkanal angeordnet (links mit Ausblasdüse), so daß vor die Toröffnung ein waagrechter Schleier geführt wird. Das Aggregat besteht aus Filter, Schalldämpfer, Lufterhitzer und Radialventilator. Kaltluftschleier vgl. Abb. 7.75.

Abb. 7.67 Anlage, die **von beiden Seiten einen Luftschleier** vor das Tor legt, hier mit 2 getrennten Aggregaten und als Umluftanlage mit zwei schräg nach außen gerichteten Schleiern. Vorteile: keine Unterbrechung des

Schleiers beim Durchfahren, bessere Abschirmung bei großer Torbreite und wechselndem Wind, flexibler bei der Torschaltung (z. B. unterschiedliche Ausblasgeschwindigkeiten bei Personenverkehr).

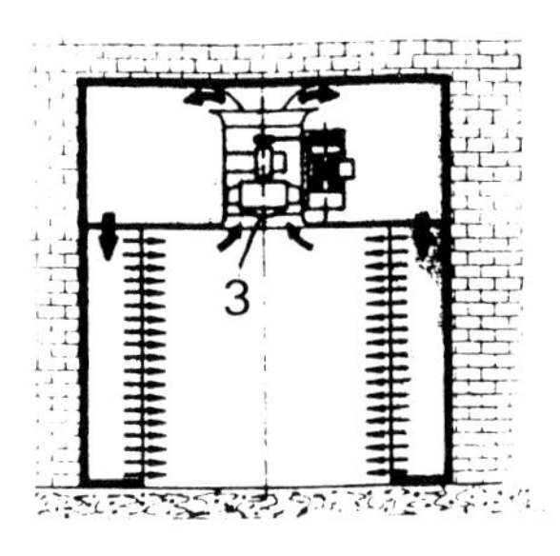

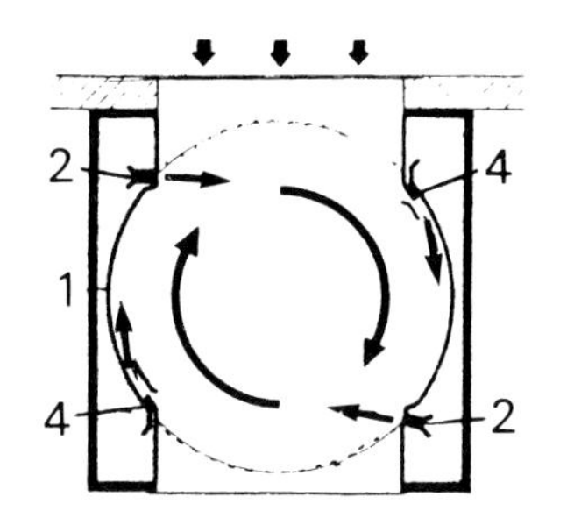

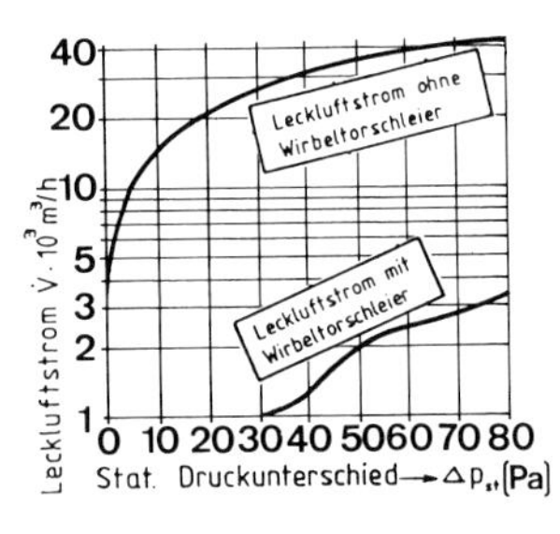

Abb. 7.68 Wirbeltorschleieranlage

Abb. 7.68 Wirbeltorschleieranlage, deren Wirkungsweise auf der Ausbildung einer stabilen Rotationsströmung im Schleierbereich beruht. (1) Zylindrische Begrenzungsfläche; (2) Sog. Sperrdüsen, die die Strömung bewirken; (3) Abluftventilator; (4) Treibdüsen, die durch Induktion die Strömungsstabilität erhöhen. Aus dem Diagramm geht die Reduzierung des Leckluftstroms durch Verwendung des Schleiers hervor.

7.12.1 Warmluftschleieranlagen

Im Gegensatz zu Industrie-Luftschleieranlagen wird hier der von außen eintretende Kaltluftstrom durch einen Warmluftschleier (Zuluftvolumenstrom) abgebremst und z. T. erwärmt. Dabei spielen die Geschwindigkeit, die Temperatur und der Anstellwinkel des Warmluftstroms eine große Rolle, da sie den jeweiligen Verhältnissen (Luftführung, Windgeschwindigkeit, Torgröße, Außentemperatur, Gebäudelage usw.) angepaßt werden müssen.

Hinweise für die Planung, Berechnung und Ausführung

1. Was die Luftführung betrifft, können alle genannten Ausführungen gewählt werden.

2. Die zu wählende **Ein- und Austrittsgeschwindigkeit** hängt vor allem von den Torabmessungen, von der Windgeschwindigkeit und von der Luftführung ab.

   Austrittsgeschwindigkeiten bei oberem oder seitlichem Luftaustritt: etwa 10 bis 15 m/s, bei Luftführung von unten etwa 2 bis 4 m/s, wobei man bei Personenverkehr mehr die unteren Werte wählt. Als Ansauggeschwindigkeit kann man etwa die Hälfte dieser Werte annehmen.

3. Als **Austrittstemperatur** des Warmluftschleiers kann man von etwa 20 bis 30 °C ausgehen, je nach Außentemperatur, Volumenstrom und Anforderungen. Bei großen Anlagen können diese Werte um mind. 5 K reduziert werden (insbesondere bei großen Volumenströmen); im gewerblichen Bereich liegt ϑ_{zu} oft nur 3 . . . 4 K über Raumtemperatur.

   Die Zulufttemperatur sollte aus wirtschaftlichen Gründen in Abhängigkeit von der Außentemperatur geregelt werden (Thermostat an der Absaugfläche). Falls die Übertemperatur nur wenige Grade beträgt, sollte der Stabilität wegen konstant gefahren werden.

   Die **Ansaugtemperatur** (Eintrittstemperatur in das Heizregister) liegt bei etwa 5 bis 15 °C.

4. Die **Neigung des Luftschleiers** wird unter einem Winkel von etwa 25 bis 45 °C gegen den Kaltluftstrom gerichtet. Sie hängt vor allem von der Torgröße und dem Druckunterschied zwischen Raum und Außenluft ab.

   Der Winkel soll nach der Montage individuell eingestellt werden, so daß die Abschirmung den örtlichen Gegebenheiten angepaßt werden kann.

5. Die Wahl der **Regelung der Luftschleieranlage** richtet sich nach Art und Verwendungszweck des Raumes, nach der Öffnungszeit und nach den Ansprüchen.

   Falls die Tore im Schnitt länger als 5 bis 10 Minuten offenstehen oder sich plötzlich und schnell öffnen lassen (Kipptore), sollte man prüfen, ob man die Anlage nicht ständig in Betrieb läßt, anderenfalls werden die Ventilatoren sofort beim Öffnen der Tore eingeschaltet (Impuls durch Endschalter). Das Heizmedium steht betriebsbereit im Lufterhitzer.

6. Den erforderlichen **Volumenstrom** kann man nur durch vereinfachte Berechnungsmethoden bestimmen. Eine exakte Bestimmung ist aus folgenden zwei Gründen nicht möglich:

   a) Die atmosphärischen Einflüsse sind nicht nur während des Jahres, sondern auch im Laufe des Tages stark schwankend, so daß zahlreiche Annahmen gemacht werden müssen.

   b) Der Bauzustand, die Raumverhältnisse, die Toranordnung und vor allem die Lage des Gebäudes sind sehr unterschiedlich.

   Je größer der Volumenstrom, desto höher sind die Betriebskosten. Deshalb sollte man in Abhängigkeit von der Außentemperatur und Windgeschwindigkeit nicht nur die Austrittstemperatur, sondern auch eine Drehzahländerung vornehmen.

Faustwerte (Volumenstrom je m^2 Torfläche)

1500 bis 2000 m^3/h bei geschützt liegenden Toren (Windgeschwindigkeit bis etwa 2,5 m/s)
2000 bis 4000 m^3/h bei Toren mit mittlerem Windanfall (Geschwindigkeit bis etwa 3 m/s)
4000 bis 6000 m^3/h bei Toren in ungeschützten Lagen (Windgeschwindigkeit bis etwa 5 m/s)

Nach Schepelew kann man den erforderlichen Volumenstrom $\dot{V}$ auch vom eindringenden Luftstrom ohne Luftschleier $\dot{V}_0 = H \cdot B \cdot v_W \cdot 3600$ abhängig machen (Luftstrahl unter 45° nach außen).
Einseitiger Strahl: $\dot{V} = (0{,}3 \ldots 0{,}4) \cdot \dot{V}_0$; **zweiseitiger Strahl:** $\dot{V} = (0{,}7 \ldots 1) \cdot \dot{V}_0$

Beispiel: Torbreite B = 4 m, Torhöhe H = 2 m, Windgeschwindigkeit = 3 m/s
$\dot{V}_0 = 4 \cdot 2 \cdot 3 \cdot 3600 = 86\,400$ m^3/h; $\dot{V} = \dot{V}_0 \cdot 0{,}4 =$ **34 560 m^3/h.**

In der Literatur gibt es zahlreiche Berechnungsansätze, die jedoch – je nach Annahmen – mehr oder weniger stark voneinander abweichen; erfahrungsgemäß werden die Werte vielfach zu hoch angesetzt.

7. Die erforderliche **Wärmeleistung** ist sehr hoch, so daß heute aus wirtschaftlichen Gründen Industrie-Luftschleieranlagen in der Regel ohne Erwärmung der Zuluft ausgeführt werden.

   Möchte man z. B. den Volumenstrom unter 6 von +10 °C auf nur 20 °C erwärmen, so sind hierzu $\dot{Q} = \dot{V} \cdot c \cdot \Delta\vartheta = 34\,560 \cdot 0{,}35 \cdot 10 = 120\,960$ W ($\approx$ 121 kW) erforderlich.

8. Inwieweit ein Luftschleier in der Lage ist, die vorhandene Strömung ohne Schleier zu mindern, kann durch eine sog. **Schleierkennziffer** η_{Sch} definiert werden.

$$\eta = \frac{\text{Leckluftstrom mit Torschleier}}{\text{Leckluftstrom ohne Torschleier}}$$

abhängig von:
geometrischen Abmessungen
Ausblasgeschwindigkeit
Druckdifferenz

η (ohne Windeinfluß) 0,7 . . . 0,9; η (mit geringen Windgeschwindigkeiten) 0,2 . . . 0,4

Lufttüren für Kaufhäuser

Wie bereits erwähnt, muß hier die Schleieranlage den Verkaufsraum vollkommen von der Außenluft abschirmen. Sie verursachen daher nicht nur einen hohen Bauaufwand, sondern auch hohe Energiekosten, da die Anlage laufend in Betrieb ist und die Luft ständig erwärmt werden muß.

Abb. 7.69 zeigt eine **Lufttür für einen Kaufhauseingang.** Ventilatoren, Wärmetauscher und Filter sind in einem speziellen Aggregateraum im Kellergeschoß untergebracht (möglichst direkt unter dem Eingang). Im Prinzip wird zwar mit Umluft gefahren, doch wird ständig ein geringer Teil Außenluft angesaugt, so daß eine gewisse Lufterneuerung stattfindet. Durch eine Doppelschleier-Lufttür kann man die Abschirmwirkung im Türbereich – besonders bei sehr breiten Eingängen – verbessern.

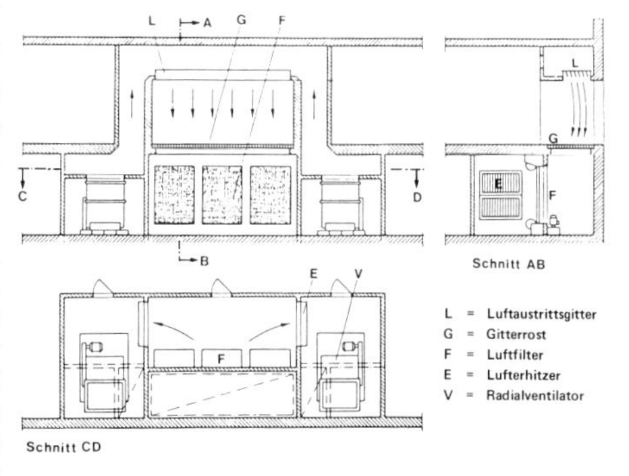

Abb. 7.69 Kaufhaus-Schleieranlage

Die **Regelung des Luftstroms** erfolgt durch Verstellung der Luftrichterklappen (Änderung des Neigungswinkels) und Drehzahländerung der Ventilatormotoren. Auf der Vorder- und Hinterseite der Ansaugfläche befinden sich die Thermostate.

Die **vordere Thermostatreihe** fühlt bei starkem Windanfall die niedrigen Temperaturen und vergrößert den Winkel bzw., wenn dies nicht ausreicht, die Drehzahl. Umgekehrt registriert die **hintere Thermostatreihe** die höheren Temperaturen bei Nachlassen des Windanfalls und gibt die Impulse zum Zurückstellen der Klappen bzw. zur Reduzierung der Drehzahl. Bei normalem Betrieb arbeitet die Lufttür mit etwa 50 . . . 70 % des ausgelegten Volumenstroms.

Für die Auslegung verwendet man in der Regel die Tabellen der Hersteller.

Torbeheizungsanlagen (Luftschleier durch Deckenluftgeräte).

Wie Abb. 7.70 zeigt, werden hier mehrere Geräte so aneinandergereiht, daß durch die einzelnen Wurfstrahlen ein zusammenhängender Luftschleier erreicht wird. Interessant ist diese Lösung auch bei späteren baulichen Änderungen (Baukastensystem). Um bei einer solchen sog. „Torheizung" befriedigende Verhältnisse zu schaffen, sind zahlreiche Hinweise zu beachten. Wie die Praxis zeigt, findet sonst die Schleierwirkung oft nur im oberen Teil des Tores statt.

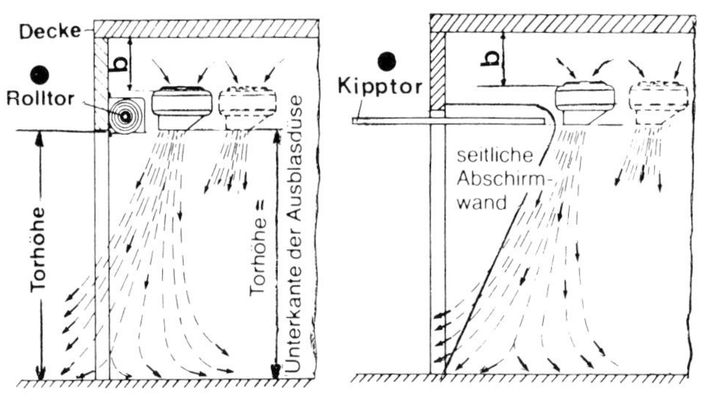

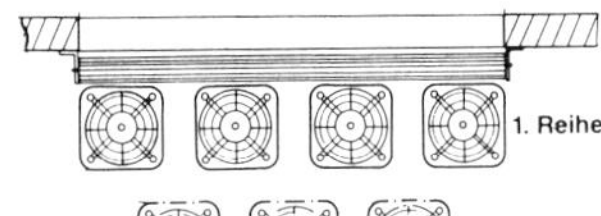

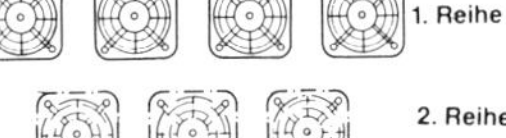

Abb. 7.70 Torluftschleier durch Deckenluftheizgeräte (Fa. Happel)

Hinweise für Auswahl und Planung:

1. Ein **leichter Überdruck in der Halle** ist vorteilhaft, denn Unterdruck (z. B. durch Maschinenabsaugungen) verstärkt das Einströmen von kalter Außenluft, die ja mit dem Warmluftschleier vermischt werden muß (höhere Heizleistung). Maßnahme: genügende Anzahl von Mischluft- oder Außenluftgeräten.
2. Es darf **keine zu hohe Lufterwärmung** erfolgen (etwa 10 bis 15 K über ϑ_i), damit die Wurfenergie und somit die Abschirmwirkung vergrößert wird, d. h. die Schleierwirkung auch im unteren Bereich wirksam ist. Leichte Zugerscheinungen beim Passieren des Tores werden in der Regel in Kauf genommen.
3. Aus demselben Grund wie unter 2 soll man **nur Geräte mit einseitig eingeschnürten Ausblasdüsen** verwenden (schräger Luftaustrittswinkel).
4. Eine **seitliche Abschirmung** ist bei Kipptoren dringend zu empfehlen. Dadurch wird die Luftführung unterstützt, und unnötige Wärmeverluste werden vermieden (Abb. 7.70).
5. Die **Montage** nebeneinander soll so erfolgen, daß über die Türbreite gleichmäßige Abstände entstehen, und zwar so eng wie möglich (auch an die Toröffnung). Der Deckenabstand soll etwa 300 mm betragen.
6. Der **erforderliche Volumenstrom** je m² Torfläche kann bis etwa 3 . . . 4 m Torhöhe und bei ausgeglichenen Druckverhältnissen näherungsweise wie folgt bestimmt werden:

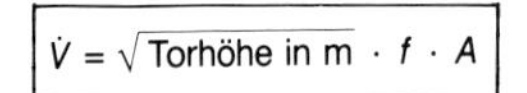

$$\dot{V} = \sqrt{\text{Torhöhe in m}} \cdot f \cdot A$$

A Ansichtsfläche in m²
f Faktor 1000 (windgeschützt)
1500 (ungeschützt)

Beispiel: Torhöhe 4 m, Torbreite 4 m
$\Rightarrow \dot{V} = \sqrt{4} \cdot 1000 \cdot 16 = 32\,000\ m^3/h$

7. Die **Geräteanzahl,** der geeignete Gerätetyp, die geeignete Drehzahl richten sich nach der Lage (windgeschützt oder ungeschützt), nach der Torhöhe und Torbreite. Zur Verkürzung der Planungsarbeit gibt es auch produktbezogene Auswahltabellen.

Tab. 7.21 Auswahltabelle für Deckengeräte zur Abschirmung von Industrietoren (Fa. Happel)

	Torhöhe		Torbreite (m) 1,0	1,5	2,0	2,5	3,0	3,5	4
Windgeschützte Lage	2	Gerätetyp	4142	4122	4142	4122	4122	4142	4122
		Anzahl und Drehzahlstufe	1 (II)	2 (II)	2 (II)	3 (II)	4 (II)	3 (II)	5 (II)
	2,5	Gerätetyp	4142	4172	4142 (4122)*	4142 (4122)*	4172 (4142)*	4142	4172 (4142)*
		Anzahl und Drehzahlstufe	1 (II)	1 (II)	2 (II) (3) (II)	3 (II) (4) (II)	2 (II) (3) (II)	4 (II)	3 (II) (5) (II)
	3	Gerätetyp	4142	4172	4142	4142	4142	4142	4142
		Anzahl und Drehzahlstufe	1 (III)	1 (III)	2 (III)	3 (III)	3 (III)	4 (III)	4 (III)
	3,5	Gerätetyp	4172	4172	4172	4172 (4142)*	4172 (4142)*	4172 (4142)*	4172
		Anzahl und Drehzahlstufe	1 (III)	1 (III)	2 (III)	2 (III) (3) (III)	2 (III) (4) (III)	3 (III) (5) (III)	4 (III)
	4	Gerätetyp	4172	4142	4172	4172 (4142)*	4172	4172 (4142)*	4172
		Anzahl und Drehzahlstufe	1 (III)	2 (III)	2 (III)	2 (III) (4) (III)	3 (III)	3 (III) (5) (III)	4 (III)
Windungeschützte Lage	2	Gerätetyp	4142	4142	4142	4142	4142	4142	4142
		Anzahl und Drehzahlstufe	1 (III)	2 (III)	2 (III)	3 (III)	3 (III)	4 (III)	5 (III)
	2,5	Gerätetyp	4172	4142	4142	4142	4142	4142	4172
		Anzahl und Drehzahlstufe	1 (III)	2 (III)	2 (III)	3 (III)	4 (III)	5 (III)	4 (III)
	3	Gerätetyp	4172	4142	4172	4142	4172	4142	4172
		Anzahl und Drezahlstufe	1 (III)	2 (III)	2 (III)	3 (III)	3 (III)	5 (III)	4 (III)
	3,5	Gerätetyp 1.		4142	4172	4172	4172	4172	4142
		Anzahl/Drehzahl Reihe		2 (III)	2 (III)	3 (III)	3 (III)	3 (III)	4 (III)
		Gerätetyp 2.		4122	--	--	4122	4122	4142
		Anzahl/Drehzahl Reihe		1 (III)	--	– (II)	2 (III)	2 (III)	3 (III)
	4	Gerätetyp 1.		4172	4172	4142	4172	4142	4142
		Anzahl/Drehzahl Reihe		2 (III)	2 (III)	3 (III)	3 (III)	4 (III)	4 (III)
		Gerätetyp 2.		--	4142	4142	4142	4142	4272
		Anzahl/Drehzahl Reihe		--	1 (III)	2 (III)	2 (III)	3 (III)	3 (III)

(Klammerwerte): Bessere Abschirmung, jedoch höhere Investitionskosten; römische Zahlen: Drehzahl

Bei größeren Torhöhen (vgl. bei z. B. 3,5 m) oder bei höheren Ansprüchen kann entsprechend Abb. 7.70 eine zweite Gerätereihe angeordnet werden.

8. Von der **Wärmeleistung** können bei guter Planung je nach Betriebszeit, Abschirmung, Geräteanordnung, Luftdruckverhältnissen, Regelung, Witterung bis zu über 80 % dem Raum zugute kommen. Im Torbereich kommt es jedoch zu örtlichen Temperaturerhöhungen.

9. Zur **Steuerung der Anlage** dient ein 3-Stufen-Schalter, der je nach Witterung und Torfrequenz beschaltet und eingestellt werden kann. Tor und Torluftschleier sollten über einen Endschalter miteinander gekoppelt sein, falls das Tor nicht öfter als 6mal in der Stunde geöffnet wird.

   Bei stark frequentierten oder sehr schnell öffnenden Toren (z. B. Kipptore) läßt man m. E. die Geräte ständig laufen (Reduzierung der Ventilatordrehzahl oder Abschaltung einzelner Geräte ist jedoch hier empfehlenswert). Die Vorlauftemperatur wird in beiden Fällen in der Regel konstant gefahren.

   Die Anlage kann auch mit einem **Automatikschaltgerät** in zwei Drehzahlstufen gesteuert werden; a) Tor geschlossen: niedrige Stufe für Raumheizung, Temperaturregelung im EIN/AUS-Betrieb der Ventilatoren durch Raumthermostat; b) Tor geöffnet: hohe Stufe für Schleier in Abhängigkeit von ϑ_a (Torschleier ein, falls $\vartheta_a \leqq 15$ °C und Tor geöffnet).

7.12.2 Luftschleieranlagen mit Umluft

Grundsätzlich wird die Umluftschleieranlage noch im Raum, die Außenluftanlage außerhalb des Raumes montiert. Die Umluftanlage wird nicht nur für Kaufhäuser, sondern mit Erfolg auch ohne Beheizung für Hallentore verwendet; entweder als Unterfluranlage oder mit seitlichem Ausblas (Abb. 7.67).

Wirkungsweise und Vorteile (Abb. 7.72)

Der Ventilator (4) mit saug- und druckseitigem Schalldämpfer (3) saugt Umluft (5) aus dem oberen Teil der Werkhalle an und drückt sie über den Unterflurkanal (1) durch die im Fußboden befindliche Düse. Die nach oben geführte Luft wird dabei in einem bestimmten Winkel nach außen gelenkt.

Der von unten austretende Luftschleier schirmt den Bereich mit dem stärksten Kaltlufteinfall K besonders wirksam ab (Abb. 7.71). Die Luft wird vom oben befindlichen Warmluftbereich entnommen, der durch den aufsteigenden Schleier und die „Luftentnahme" in Bewegung gerät. Bodenkanal mit Entwässerung und Geruchverschluß.

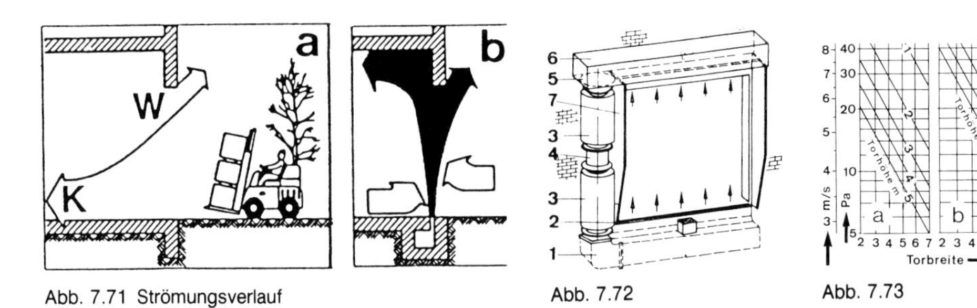

Abb. 7.71 Strömungsverlauf

Abb. 7.72

Abb. 7.73

Für die **Wahl des Gerätes** gilt nach Abb. 7.73 der Zusammenhang zwischen Torbreite, Torhöhe und Luftgeschwindigkeit bzw. Staudruck auf das Tor (z. B. bei Typ a mit 5 m/s, 4 m Höhe ⇒ max. etwa 3,8 m Breite; bei Typ b max. etwa 5,8 m).

7.12.3 Luftschleieranlagen mit Außenluft

Hier wird vor dem Tor ein solcher Kaltluftschleier hergestellt, daß ein Einströmen von Außenluft verhindert wird. Falls kein Unterflurkanal angeordnet werden kann, wird man auch einseitig oder zweiseitig blasende Schleieranlagen vorsehen. Im Gegensatz zur Warmluftschleieranlage sind die Betriebskosten äußerst gering (oft $<$ 5 %).

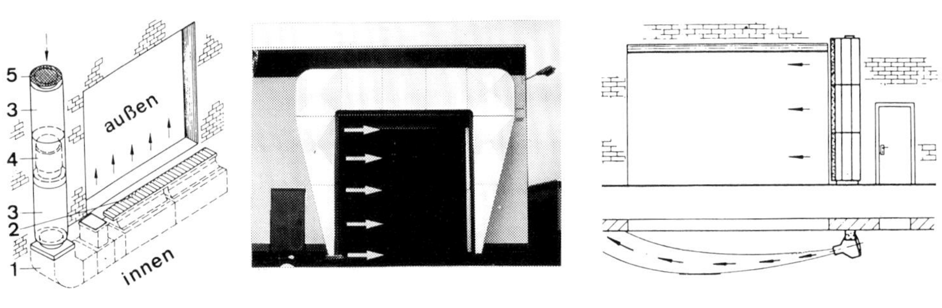

Abb. 7.74 Unterfluranlage

Abb. 7.75 Einseitig blasende Schleieranlage

Abb. 7.76 Elementbauweise

Bei der Unterfluranlage (Abb. 7.74) mit Verteilerkanal (1) und Ausblasdüse (2), Ventilator (4), Ansaugkanal, Ansaugdüse (5) sollte man je nach baulichen Gegebenheiten seitlich und oben eine etwa 0,7 m bzw. 1,2 m breite Blende vorsehen. Wichtig sind auch die beiden Schalldämpfer (3), damit die Lärmgrenzen am Arbeitsplatz und die nach TA-Lärm und VDI 2058 angegebenen Lärmgrenzen in der Öffentlichkeit eingehalten werden können. Um den eingestellten Ausblaswinkel den sich ständig ändernden Temperatur- und Windverhältnissen anzupassen, wählt man heute vielfach starr angeordnete, jedoch lenkbare Düsen.

Die Merkmale der **einseitig blasenden Schleieranlage (Abb. 7.75)** sind: horizontaler Schleier, Wegfall der Unterflurarbeiten, meistens gegenüberliegende Absaugung, Einsatz bis etwa 6 . . . 7 m Torbreite und etwa 5 m Torhöhe, auch für nachträglichen Einbau (Fa. Neotechnik). Auf die Merkmale der zweiseitig blasenden Anlage wurde schon anhand Abb. 7.67 hingewiesen.

Abb. 7.76 zeigt ein **Schleiergerät in Elementbauweise** mit den Merkmalen: mehrere Elemente (je 1 m hoch) mit Gebläse, Düse und Gleichrichter, drehbares Stativ 25 bis 30° bis etwa 4 m und etwa 60 % bei beidseitiger Anordnung. Vordach und Seitenblenden erforderlich, Motorleistung je Element etwa 1,5 kW (Fa. Bahco).

8 Kanäle und Kanalberechnung

Aufgrund des vorgeschriebenen Buchumfanges und durch den Versuch des Verfassers, mehr den Praxisbezug und die Anwendung in den Vordergrund zu stellen, mußte leider auf zahlreiche theoretische Grundlagen verzichtet werden. Gerade für die Druckverteilung im Kanalnetz, für den Betrieb und für die Überwachung der Anlage, für Erweiterungen oder Änderungen am Kanalnetz, für die Einregulierung und Inbetriebnahme und nicht zuletzt für die Behebung von Betriebsstörungen jeglicher Art sind zahlreiche strömungstechnische und meßtechnische Grundlagen unabdingbar. Es sollte daher jeder Lüftungs- und Klimatechniker der Strömungs- und Meßtechnik besondere Aufmerksamkeit schenken, damit er die vielfältigen Aufgaben erfüllen kann. Ausführliche Literatur steht genügend zur Verfügung.

8.1 Allgemeine Grundlagen – Druck im Kanalnetz

Bei der Warmwasserheizung wird in einem geschlossenen Rohrsystem ein Wasserstrom umgewälzt, der vor allem von der erforderlichen Wärmeleistung abhängt. Bei RLT-Anlagen werden in einem Kanalsystem, je nach Anforderungen und Voraussetzungen, unterschiedliche Einzelvolumenströme gefördert (ZU, AB, AU, FO, UM).
Um die zur Lüftung, Erwärmung oder Kühlung erforderlichen Volumenströme garantieren zu können, muß man das Luftverteilsystem einwandfrei planen, berechnen und ausführen. Dabei interessieren u. a. die Druck- und Strömungsverhältnisse im Kanalnetz, in der Zentrale und in den Einbauten. Ein schlecht ausgeführtes Kanalsystem beeinträchtigt das Betriebsverhalten, die Anpassungsfähigkeit der Anlage und die Raumströmungen, erschwert die Einregulierung und die Inbetriebnahme, verursacht u. U. Geräuschprobleme und nicht selten höhere Herstellungs- und Betriebskosten.

8.1.1 Grundgleichungen

In diesem Teilkapitel sollen die zwei wichtigsten Grundgleichungen erwähnt werden, die für das Verständnis folgender Kapitel vorausgesetzt werden müssen.

(1) Allgemeine Strömungsgleichungen

Für den Zusammenhang zwischen Volumenstrom, Luftgeschwindigkeit und Querschnittsfläche gilt:

$$\dot{V} = A \cdot v \cdot 3600 \quad \text{in m}^3/\text{h}$$

A = Querschnittsfläche in m^2
v = Geschwindigkeit in m/s

Beispiel 1
In einem Lüftungskanal strömen 6000 m^3/h Luft mit einer Geschwindigkeit von 6 m/s.
Bestimmen Sie den runden, quadratischen und rechteckigen Querschnitt (Kantenlänge 800 mm) und geben Sie Durchmesser bzw. Kantenlänge an!

$A = \frac{6000}{6 \cdot 3600} = \mathbf{0{,}278\ m^2}$; d = **59,5 cm**, s = **52,8 cm**; b = **34,8 cm**

Beispiel 2
Über einen Lüftungsschacht 10 × 14 cm soll ein 50 m^3 großer Raum entlüftet werden. Wie groß ist die erreichbare Luftwechselzahl, wenn eine Kanalgeschwindigkeit von 6 m/s zugrunde liegt?

$\dot{V} = 0{,}014 \cdot 6 \cdot 3600 = 302\ m^3/h$; LW = 302/50 ≈ **6fach**

(1a) Kontinuitätsgesetz (Stetigkeitsgesetz)

Trotz veränderlichen Querschnitts bleibt der Massenstrom $\dot{m} = \dot{V} \cdot \varrho = A \cdot v \cdot \varrho$ in jedem Querschnitt gleich groß.

Volumenstrom $\dot{V}$ = Fläche A · Weg s = Fläche A · Geschwindigkeit v · Zeit t;

$$A_1 \cdot \underbrace{s_1}_{v_1 \cdot t_1} = A_2 \cdot \underbrace{s_2}_{v_2 \cdot t_2} \qquad (t_1 = t_2)$$

Entsprechend Abb. 8.1

Volumenstrom $\dot{V}_1 = A_1 \cdot v_1 \cdot \varrho_1$
Volumenstrom $\dot{V}_2 = A_2 \cdot v_2 \cdot \varrho_2$

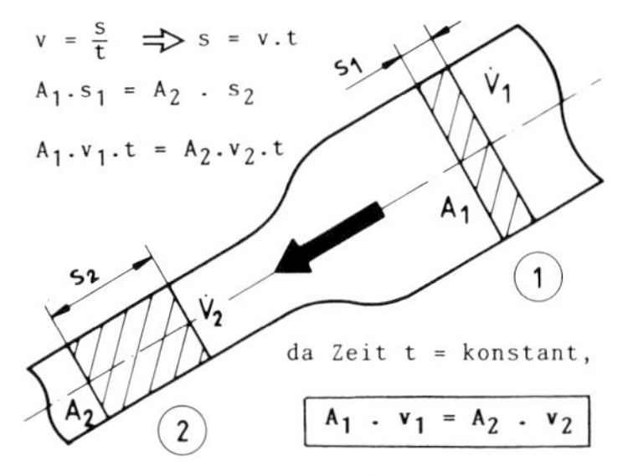

Abb. 8.1 Kontinuitätsgleichung

$$\frac{v_1}{v_2} = \frac{A_2}{A_1} \qquad \varrho_1 \approx \varrho_2$$ gültig für inkompressible Medien

Das heißt, die **Luftgeschwindigkeiten sind umgekehrt proportional zu den entsprechenden Querschnittsflächen.**

In einer **Strömung mit veränderlicher Dichte** (Erwärmung der Luft während ihrer Strömung) gilt $\varrho_1 \cdot v_1 \cdot A_1 = \varrho_2 \cdot v_2 \cdot A_2$. Da $A \cdot v = \dot{V}$ ist, folgt: Die Volumina verhalten sich umgekehrt wie die Dichten.

Beispiel 3
In einem 0,8 m² großen Kanalquerschnitt ist die Luftgeschwindigkeit 7 m/s.
a) Welche Geschwindigkeit wird erreicht, wenn der Kanal auf 0,6 m² verjüngt wird?
b) Berechnen Sie die Geschwindigkeit, wenn die Luft außerdem noch von 10 °C auf 40 °C erwärmt wird!

$$v_2 = v_1 \cdot \frac{A_1}{A_2} = 7 \cdot \frac{0{,}8}{0{,}6} = \mathbf{9{,}35\ \frac{m}{s}}$$

$$v_2 = \frac{\varrho_1 \cdot v_1 \cdot A_1}{\varrho_2 \cdot A_2} = \frac{1{,}248 \cdot 7 \cdot 0{,}8}{1{,}128 \cdot 0{,}6} = \mathbf{10{,}3\ \frac{m}{s}}$$

(2) Gleichung von Bernoulli (Energiegleichung)

Diese wohl wichtigste Gleichung der Strömungslehre gibt den Zusammenhang zwischen Druckenergie und Strömungsenergie.

$$\underbrace{p_1}_{p_{st_1}} + \underbrace{\frac{\varrho}{2} \cdot v_1^2}_{p_{d_1}} + \underbrace{\varrho \cdot g \cdot h_1}_{p_{geod_1}} = \underbrace{p_2}_{p_{st_2}} + \underbrace{\frac{\varrho}{2} \cdot v_2^2}_{p_{d_2}} + \underbrace{\varrho \cdot g \cdot h_2}_{p_{geod_2}} \quad \text{in Pa}$$

Hierzu noch einige Bemerkungen:

1. Die Gleichung von Bernoulli ist ein **Energieerhaltungssatz** für die mechanischen Energien der Strömung (Druck, Bewegungsenergie und evtl. potentielle Energie).
2. Die Gleichung gilt strenggenommen nur **für reibungsfreie und inkompressible Strömungen,** d. h., bei großen Druckverlusten (große Reibung) werden die Ergebnisse ungenau.
3. Bei Strömungen, in denen sich neben dem Druck **auch die Temperatur stark verändert** (und somit auch die Dichte), wird das Ergebnis sehr ungenau. Die thermische Energie (innere Energie) ist nämlich in der Gleichung nicht enthalten.
4. Die **geodätische Höhe p_{geod}** (potentielle Energie je Volumeneinheit), d. h. das „Gewicht" der Luftsäule, kann vernachlässigt werden, da Lüftungskanäle keine großen Höhenunterschiede aufweisen.

Der Gesamtdruck p_t, d. h. die Summe von p_{st}, p_d und p_{geod}, ist an allen Querschnitten eines betrachteten Kanalsystems konstant.

Unter Vernachlässigung von p_{geod} folgt dann:

$$p_t = p_{st_1} + p_{d_1} = p_{st_2} + p_{d_2} = \text{const}$$ horizontale Strömung

MERKE: Jede Zunahme der Bewegungsenergie hat somit in einem idealen, reibungsfreien Kanalsystem eine Abnahme des statischen Druckabfalls zur Folge, oder bei Abnahme der Geschwindigkeitsenergie findet eine Zunahme des statischen Druckes statt (Abb. 8.7, 8.8).

(3) Darstellung von p_{st}, Δp_{st}, p_d, Δp_d, p_t, Δp_t

Der Zusammenhang dieser Größen ist weniger für die Kanalnetzberechnung, sondern vielmehr für die Auslegung der Ventilatoren und für meßtechnische Aufgaben von Bedeutung.

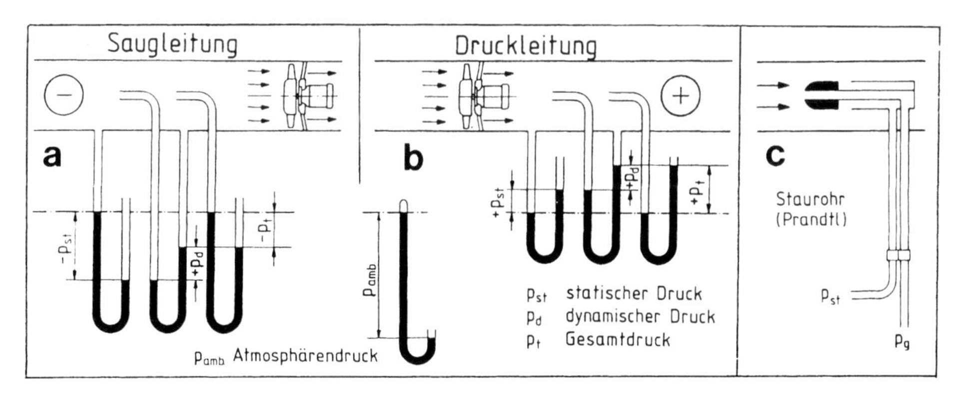

Abb. 8.2 Druckverhältnisse in Saug- und Druckleitung, Druckmessung

Statischer Druck p_{st}

Man versteht darunter den inneren Druck einer geradlinigen Luftströmung, d. h., ein im Luftstrom mit gleicher Geschwindigkeit mitbewegtes Manometer würde diesen Druck anzeigen.
Er ist der **Druck, der von der strömenden Luft auf die Kanalwandung ausgeübt wird.**

Weitere Hinweise und Erläuterungen:

1. Zur **Messung des statischen Druckes** wird an eine entgratete Wandbohrung ein Manometer angeschlossen. Bei exakten Meßanforderungen sollte man über den Umfang verteilt mehrere Meßstellen (Bohrungen) anbringen, die über eine Ringleitung miteinander verbunden werden. Die **Geschwindigkeitsverteilung** über den Querschnitt ist nicht konstant. Wie Abb. 8.3 a zeigt, ist nur direkt hinter einer Einströmdüse mit einem etwa gleichmäßigen Geschwindigkeitsprofil zu rechnen.

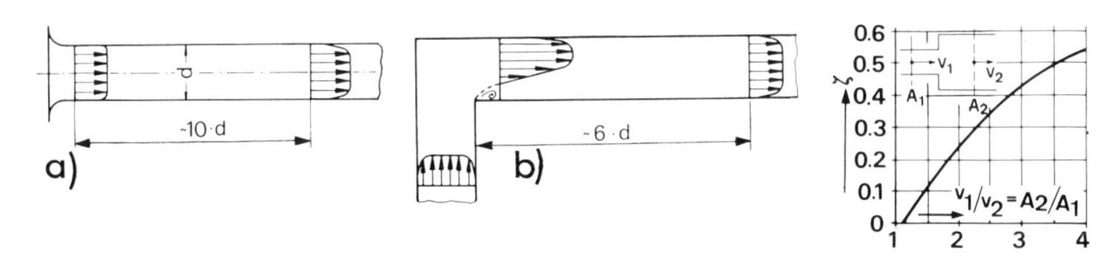

Abb. 8.3 Geschwindigkeitsverteilung im Rohr bzw. Kanal.
a) konstant; b) ungleichmäßig nach Umlenkung

Abb. 8.4 Carnotscher Stoßverlust

Hinter einem scharfkantigen Krümmer ist das Geschwindigkeitsprofil völlig verzerrt (Abb. 8.3b), so daß der statische Druck an der Außenseite wesentlich größer sein kann als innen (im Extremfall kann sogar Unterdruck auftreten). Nach einem Abstand von etwa 6 x d ist das Profil wieder ausgeglichen.

2. Wie Abb. 8.2 zeigt, kann – bezogen auf den Atmosphärendruck p_{amb} – der **statische Druck p_{st} positiv oder negativ** sein. Bei letzterem kann Luft oder gewollt ein anderes Medium von außen angesaugt werden (z. B. bei pneumatischen Förderanlagen, Abb. 8.7).

3. In einer Kanalstrecke ändert sich der statische Druck durch die **Druckverluste** ($l \cdot R + Z$). Diese Druckab-

nahme bezeichnet man als **statische Druckdifferenz** Δp_{st} (z. B. Druckverlust in der Kanalstrecke 1 bis 2 in Abb. 8.8). Entsprechendes gilt auch für den Gesamtdruck Δp_t.

4. Die **Einbauten** in der Zentrale und in den Kanälen verursachen ebenfalls Druckverluste und somit statische Druckdifferenzen (Abb. 8.9, z. B. Filter, Lufterhitzer).
5. In der Praxis hört man für Δp_{st} mehr oder weniger brauchbare Ausdrücke, wie statische Pressung, Systemverlust, Kanalverlust, Kanalwiderstände u. a.

Dynamischer Druck p_d

(auch als Staudruck, „Geschwindigkeitsdruck" oder kinetische Energie bezeichnet)

Er ist gleichbedeutend mit der Energie, die zur **Beschleunigung des Luftstroms aus der Ruhe** auf die jeweilige Geschwindigkeit erforderlich ist. Diese Energie muß auch laufend aufgebracht werden, um den Luftstrom auf dieser Geschwindigkeit zu halten.

$$p_d = \frac{\varrho}{2} \cdot v^2$$ in Pa

Der dynamische Druck muß ebenfalls vom Ventilator aufgebracht werden und muß bei der Auswahl und u. U. beim Betrieb von Ventilatoren berücksichtigt werden.

$\Delta p_{Ventilator} = \Delta p_{st} + p_d$ (auch als Totaldruckdifferenz Δp_t bezeichnet)

p_d ist der Druck, der sich durch vollkommene **Umwandlung der Geschwindigkeitsenergie in Druck** ergibt. Da er bei zahlreichen lüftungstechnischen Aufgaben und Problemen eine Rolle spielt, kommt er auch bei zahlreichen Kapiteln dieses Buches zur Anwendung (z. B. Druckverluste im Kanalnetz, Diffusor, Druckrückgewinn, Windlüftung u. a.).

Hinweise und Erläuterungen:

1. Die **Messung des dynamischen Druckes** erfolgt entsprechend Abb. 8.2 als Differenz zwischen p_t und p_{st}. Geläufig ist das abgebildete Prandl-Staurohr mit zwei Meßöffnungen (p_t und p_{st}).
2. Wie aus Abb. 10.13 hervorgeht, wird meistens **p_d in den Ventilatordiagrammen angegeben,** wobei für v die Geschwindigkeit am Ventilatorstutzen zugrunde gelegt wird.
3. Da Geschwindigkeitsenergie in Druckenergie umgewandelt werden kann (oder umgekehrt), gilt: $\Delta p_{st} = \varrho/2 \cdot (v_2^2 - v_1^2)$, wobei Umwandlungsverluste noch zu berücksichtigen sind. **Aus dem Druckunterschied läßt sich demnach die Geschwindigkeit und damit der Volumenstrom bestimmen.** Wichtig dabei ist wieder eine gleichmäßige Geschwindigkeitsverteilung über den gesamten Querschnitt (evtl. Mittelwertbildung). So kann z. B. der **dynamische Druck mit einem Diffusor in statischen Druck umgewandelt** werden. Durch diesen „Druckrückgewinn" wird – wie Aufgabe 4 zeigt – der Kraftbedarf des Ventilators verringert.
4. Im Kanalnetz treten **durch Abzweige- und Kanalquerschnittsveränderungen laufend Geschwindigkeitsänderungen** und somit Änderungen des dynamischen Druckes auf. Dies bedeutet bei Geschwindigkeitszunahme statischen Druckverlust und bei -abnahme statischen Druckgewinn, der bei der Druckverlustberechnung von Hochgeschwindigkeitsanlagen berücksichtigt wird (Kap. 8.3.3).
5. Da **Ansaug- und Austrittsquerschnitt des Ventilators gleich** sind, ist auch p_d vor und hinter dem Ventilator gleich und somit $\Delta p_d = 0$.
6. Der Druckverlust, der durch eine sprunghafte Querschnittserweiterung infolge der Strömungsverzögerung von v_1 auf v_2 entsteht, nennt man **Stoßverlust** (Abb. 8.4). Berechnet wird er wie folgt: $\Delta p = \varrho/2 \cdot (v_1^2 - v_2^2) = \varrho/2 \cdot v_1^2 \cdot (1 - A_1/A_2)^2$. Den Übergang bezeichnet man vielfach auch als „Stoßdiffusor".
7. Bei **frei ausblasenden Ventilatoren** ist in der Regel p_d als Verlust zu betrachten. Man bemüht sich daher – wie nachfolgend erläutert –, Rohre oder Diffusoren am Ventilatoraustritt anzubringen (vgl. Abb. 8.5).

Der Diffusor

Um bei einem Abfall der Geschwindigkeit Verluste zu vermeiden, d. h., um einen Teil der **Geschwindigkeitsenergie p_d wieder in nutzbare Energie p_{st} umzuwandeln,** verwendet man allmähliche Querschnittserweiterungen (= Diffusoren). Da diese Druckumwandlung jedoch nicht verlustfrei erfolgt, muß ein Wirkungsgrad berücksichtigt werden. Als Übergänge wählt man Rechteck auf Rechteck, Kreis auf Kreis, Rechteck auf Kreis (oder umgekehrt) und auch sonstige asymmetrische Querschnittserweiterungen.

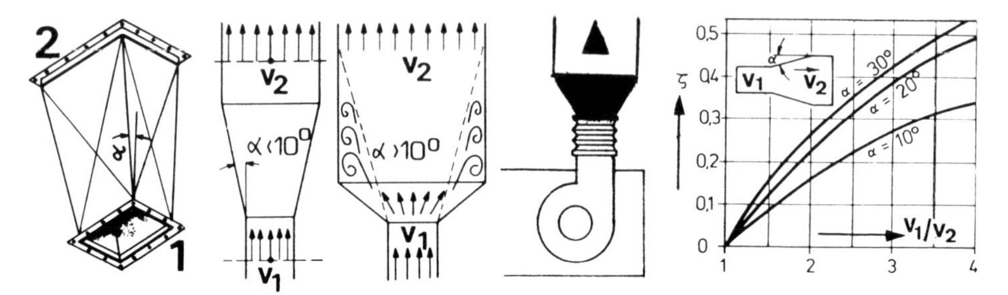

Abb. 8.5 Diffusoren

Hierzu noch einige Hinweise:

1. Ist der **Öffnungswinkel** größer als 8 . . . 10°, so liegt die Strömung nicht mehr an der Wandung an; sie löst sich ab und verursacht durch die Wirbelbildung größere Verluste (vgl. ζ-Werte).
2. Die **Wirkungsgrade** hängen nicht nur vom Öffnungswinkel, sondern auch vom Flächenverhältnis und von der Querschnittsform (rund oder rechteckig) ab. Bei einem Winkel von etwa 10° liegt er, unabhängig vom Flächenverhältnis und von der Querschnittsform, bei etwa 90 %. Bei vielen üblichen Kanalerweiterungen liegt er kaum über 60 . . . 70 %. Beim Rechteckquerschnitt ist er etwas geringer als beim runden.
3. Die Länge des Diffusors wird zwar oft nach den baulichen Gegebenheiten gewählt, doch sollte man den Winkel bzw. das **Flächenverhältnis** A_2/A_1 von etwa 3 bis 4 nicht völlig außer acht lassen.
4. **Bei hohen Geschwindigkeiten** und auch bei geringen Geschwindigkeitsdifferenzen bringt der Diffusor höhere Gesamtdruckverluste als die plötzliche Erweiterung nach Abb. 8.4, was bei der Planung von Hochgeschwindigkeitsanlagen beachtet werden sollte.

Beispiel 4

In dem in Abb. 8.5 dargestellten Diffusor (links) herrscht an der Querschnittsfläche A_1 = 0,8 m^2 (Druckstutzen des Ventilators) eine Geschwindigkeit von 9 m/s. Der Ventilator arbeitet gegen einen statischen Druck von = 300 Pa. Der Austrittsquerschnitt A_2 des Diffusors beträgt 3,0 m^2.

Wie groß ist der Gewinn an statischem Druck bzw. die mögliche Verringerung von $\Delta p_{Ventilator}$ bei einem Diffusor mit einem Wirkungsgrad von 60 % ($\varrho \approx$ 1,2 kg/m^3)?

Lösung: $p_{d1} = \frac{\varrho}{2} \cdot v^2 = 48{,}6$ Pa; $\quad p_{d2} = \frac{\varrho}{2} \cdot \left(\frac{A_1}{A_2} \cdot v_1\right)^2 = 3{,}5$ Pa $\quad \left[\frac{A_1}{A_2} = \frac{v_2}{v_1}\right]$

$\Delta p_{Ventilator}$ (ohne Diffusor) = $\Delta p_{st} + p_d = 300 + 48{,}6 = 348{,}6$ Pa; mit Diffusor 303,5 Pa. Durch den Diffusor verringert sich der Ventilatordruck Δp_t um (348,6 – 303,5) · 0,6 = **27,1 Pa.**

Ergänzendes Beispiel hierzu vgl. Kap. 8.3.3 (statischer Druckrückgewinn bei Kanalnetzberechnungen).

8.1.2 Graphische Druckdarstellungen im Kanalnetz

Anhand einiger Beispiele und Abbildungen sollen die Druckverteilung in einem Kanal und die Wechselbeziehung zwischen p_{st}, p_d und p_t aufgezeigt werden. Es wurde dabei von folgenden Voraussetzungen ausgegangen:

1. Ventilator hat an der An- und Ausblasöffnung denselben Querschnitt.
2. Die Kanalquerschnitte sind jeweils gleich dem Ventilatorquerschnitt.
3. Bei der Darstellung wurden Saug- und Druckkanal ohne Einzelwiderstände angenommen.

MERKE: Der Ventilator muß zur Förderung des Luftstroms die zwischen Ansaug- und Druckstutzen auftretende Gesamtdruckdifferenz Δp_t erzeugen, die auch für die Berechnung der Ventilatorleistung einzusetzen ist.

$$\Delta p_t = \Delta p_{t\,(Druckseite)} + \Delta p_{t\,(Saugseite)}$$ (vgl. Abb. 8.6 c)

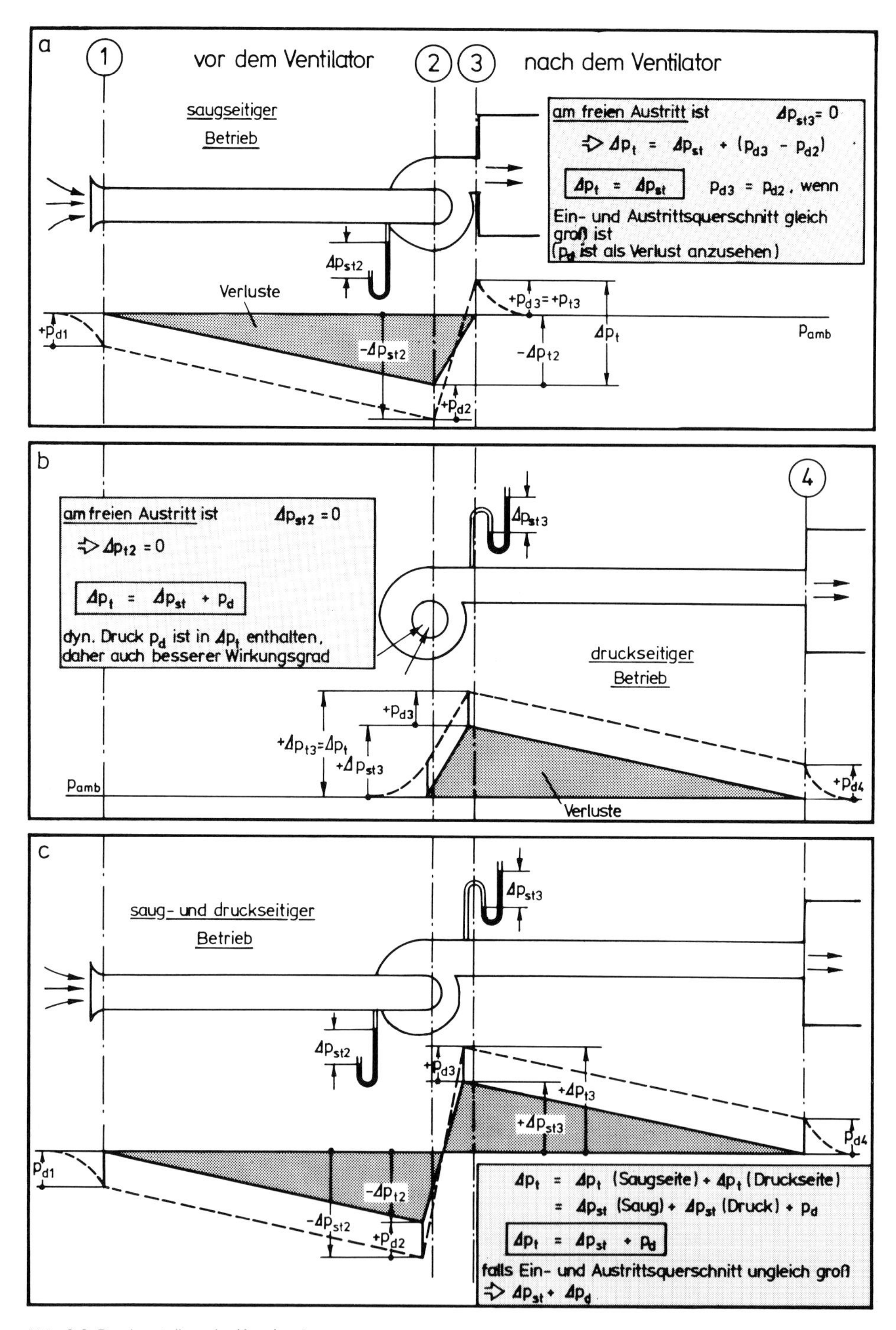

Abb. 8.6 Druckverteilung im Kanalsystem

Beispiel 5: (Lösungen werden in Abb. 8.6 dargestellt)

In drei getrennt dargestellten Ventilatoreinbaumöglichkeiten sollen der Druckverlauf und die Druckverluste graphisch dargestellt werden.

a) Ventilator hat nur auf der Saugseite einen Druckverlust zu überwinden und bläst direkt in den Raum (nur „Ansaugkanal").

b) Ventilator hat nur auf der Druckseite Widerstände zu überwinden und saugt frei an (nur „Druckkanal").

c) Ventilator saugt über einen Kanal die Luft an und fördert die Luft über einen Zuluftkanal in den Raum („Saug- und Druckkanal").

Wichtiger Hinweis:

Da p_d immer positiv gegenüber der Atmosphäre ist, folgt für die

Saugseite:	$\Delta p_t = - \Delta p_{st} + p_d$	(entsprechend Abb. 8.6 c)
Druckseite:	$\Delta p_t = + \Delta p_{st} + p_d$	(entsprechend Abb. 8.6 b)

Beispiel 6

Im Querschnitt A_1 der Druckleitung einer pneumatischen Förderanlage herrscht eine Geschwindigkeit von 11 m/s und ein statischer Druck von 1180 Pa ($\varrho \approx$ 1,2 kg/m³).

Wie groß müssen der dynamische Druck, die Geschwindigkeit und der Durchmesser im Querschnitt 2 sein, um dort einen Unterdruck von 60 Pa zu halten, damit laufend das eingefüllte Gut (z. B. Sägespäne) transportiert werden kann? Der Kanaldurchmesser beträgt 1,5 m.

Lösung: a) $p_{ges} = p_{st_1} + p_{d_1} = 1180 + 72{,}6 = 1252{,}6$ Pa

$p_{d_2} = p_{ges} - (- p_{st_2}) \approx$ **1312 Pa**; $v_2 = \sqrt{\dfrac{p_{d_2} \cdot 2}{1{,}2}} =$ **46,8 m/s**

$\dfrac{v_1}{v_2} = \left(\dfrac{d_2}{d_1}\right)^2 \Rightarrow d_2 = d_1 \sqrt{\dfrac{v_1}{v_2}} =$ **0,73 m**

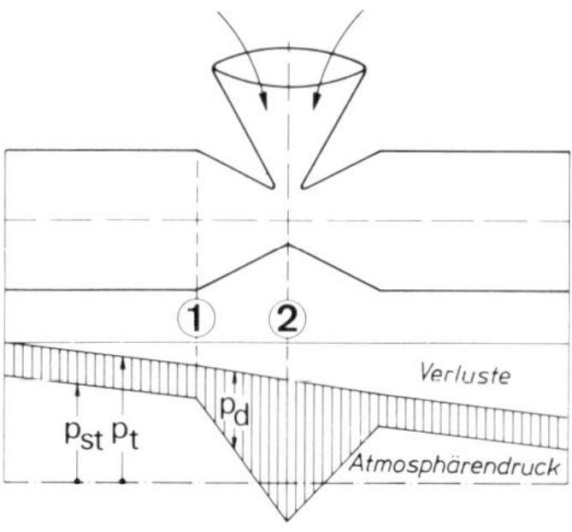

Abb. 8.7

Beispiel 7

Von folgender idealisierter Kanalzusammenstellung soll graphisch die Druckverteilung aufgezeigt und Erläuterungen gegeben werden.

1–2 Gleichmäßige Abnahme von p_{st} und p_g infolge Kanalreibung.

2–3 Querschnittsverjüngung verursacht eine Umwandlung von p_{st} in p_d, der zur Geschwindigkeitssteigerung führt. Nur geringer Abfall von p_{ges}, da der Übergang allmählich erfolgt.

3–4 Stärkere Abnahme von Δp_{st} als bei 1–2, da höhere Geschwindigkeit.

4–5 Plötzliche Querschnittserweiterung bedeutet Zunahme des statischen Druckes.

5–6 Wie bei 1–2 (Kanalreibung $l \cdot R$)

6 p_{st} ist hier Null, und $p_d = p_{ges}$ bewirkt den Luftstrahl.

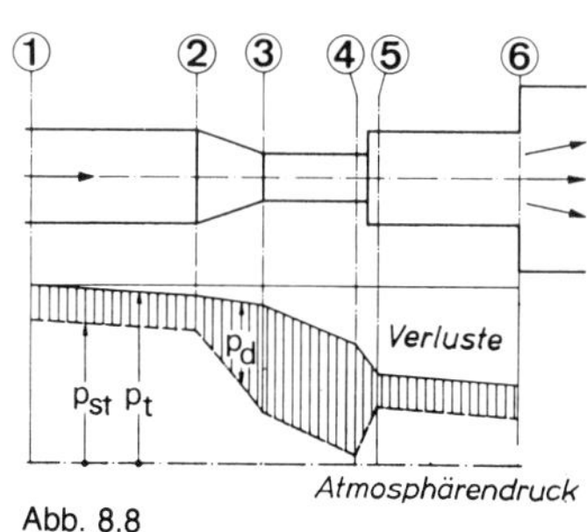

Abb. 8.8

Beispiel 8

Zeichnen Sie von folgendem Anlagenschema die Druckverteilung auf der Saug- und Druckseite. Kennzeichnen Sie den Druckverlauf von p_t (p_{ges}), p_{st} und p_d von der Stelle 1 bis 16 sowie die Druckdifferenzen Δp_{st} und Δp_t (Δp_{ges}).

Fragen:

Weshalb nimmt Δp_{st} von der Stelle 5 bis 6 zu?

Was geschieht zwischen Punkt 10 und 11?

Weshalb geht an der Stelle 16 Δp_t in p_d über?

Weshalb nimmt p_{st} nach rechts ständig ab (außer 5 bis 6 und 12 bis 13)?

Weshalb darf man Δp_t und p_t nicht verwechseln?

Wann wäre $p_{d1} = p_{d_2}$?

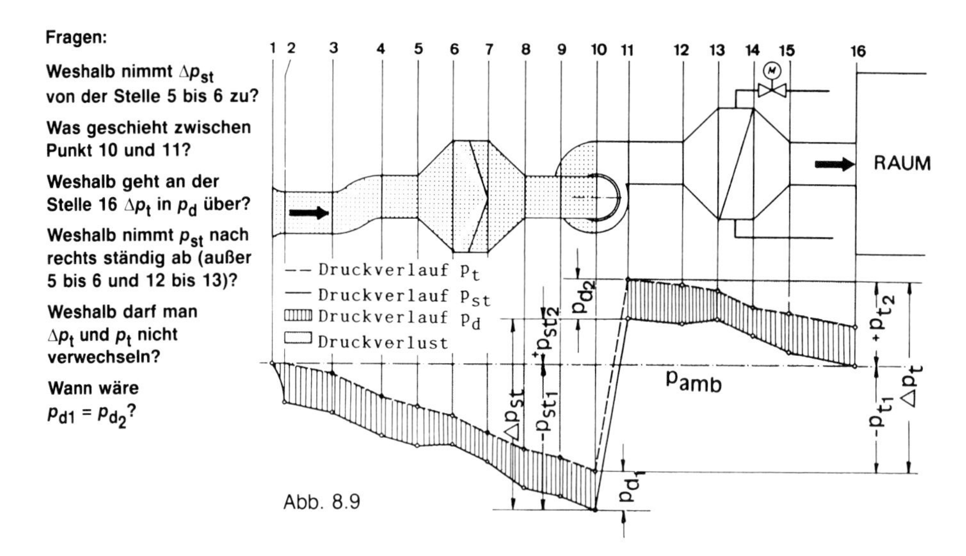

Abb. 8.9

8.2 Druckverluste im Kanalnetz

Aus Kap. 8.1 folgt, daß nur im Betriebszustand der Gesamtdruck des Ventilators gleich dem Druckverlust in der Anlage ist. Dieser Druckverlust setzt sich zusammen aus den Widerständen durch:

● Kanalreibung – Formstücke – Apparate und Einbauten

8.2.1 Reibungswiderstände Δp_R

Die statische Druckdifferenz zwischen zwei Querschnittsflächen einer geraden Kanalstrecke mit der Länge *l* wird durch den Druckverlust $l \cdot R$ hervorgerufen. Bei der Berechnung dieser Rohrreibung wird folgende Gleichung verwendet, wobei runde Querschnitte zugrunde liegen:

$$\Delta p_R = l \cdot R = l \cdot \frac{\lambda}{d} \cdot \frac{\varrho}{2} \cdot v^2 \quad \text{in Pa}$$

$\frac{\lambda}{d} \cdot \frac{\varrho}{2} \cdot v^2$	= Spezifischer Rohrreibungswiderstand = Rohrreibung je Meter Kanallänge = „*R*-Wert"	$\frac{\text{Pa}}{\text{m}}$

Anders ausgedrückt: **Dieser Druckunterschied ist erforderlich, um die an den Wandungen auftretenden Reibungswiderstände zu überwinden.**

λ = **Reibungszahl**
Dieser einheitenlose Beiwert ist abhängig von der relativen Rauhigkeit des Kanal- bzw. Rohrmaterials, von der Art der Strömung und von der Temperatur des Mediums. Man kann diesen Wert berechnen oder einfacher in einem Diagramm ablesen (vgl. Bd. 2). Was die Rauhigkeit betrifft, muß man zwischen der absoluten Rauhigkeit *k* in mm (Tab. 8.1) und der relativen k/d unterscheiden, d. h., der λ-Wert hängt demnach auch vom Durchmesser bzw. Kanalmaß ab.
Der λ-Wert für Blechkanäle beträgt etwa 0,015 bis 0,02.

d = **Durchmesser** in m (bei Rechteckkanal ist es der „gleichwertige" Durchmesser d_g).

ϱ = **Dichte** der Luft in kg/m³ (bei unterschiedlichen Temperaturen ändert sich demnach auch der *R*-Wert, was durch Korrekturfaktoren berücksichtigt werden kann – vgl. Abb. 8.13).

v = **Strömungsgeschwindigkeit** in m/s (entsprechend Abb. 8.3 muß hier ein Mittelwert angenommen werden). In der Ausschlagtafel sind die farblichen Abstufungen nach der Geschwindigkeit vorgenommen worden, was sich in der Anwendung der Tabelle als großer Vorteil erweist.

Zur Ermittlung des R-Wertes verwendet man Tabellen (vgl. Ausschlagtafel), Diagramme (Abb. 8.12, 8.14, 8.15), „Kanalschieber" und selbstverständlich spezielle EDV-Programme.

Die Rohrreibung bei verschiedenen Kanalmaterialien kann man anhand von Korrekturfaktoren (Abb. 8.10) ermitteln. Da der λ- und R-Wert proportional sind, kann man den aus Diagrammen oder Ausschlagtafeln ermittelten R-Wert (glattes Blech) mit diesen Faktoren multiplizieren. Für manche Kanäle oder Rohre haben die Hersteller auch entsprechende Tabellen oder Diagramme herausgegeben (z. B. Abb. 8.14).

Tab. 8.1 Absolute Rauhigkeiten k
(relative Rauhigkeit = k/d (d in mm)

Kanalmaterial	k in mm
Blechkanäle (gefalzt)	0,15....0,2
Flexible Schläuche	0,6..0,8(bis 2,0)
Faserzementkanäle	0,05....0,15
Kunststoffkanäle	0,005
Holzkanäle	0,2....1,0
Rabitzkanäle(glatt)	1,5
Betonkanäle(rauh)	1,0....3,0
Gemauerte Kanäle	3,0....5,0
Stahlrohre(verzinkt)	0,15

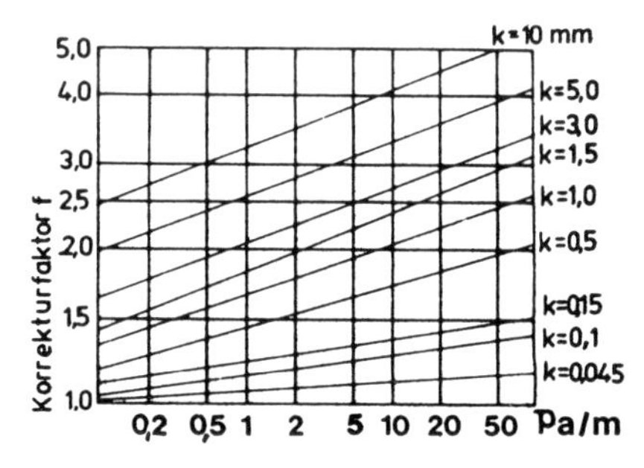

Abb. 8.10 Korrekturfaktoren bei verschiedenen Kanalmaterialien

Bei solchen Korrekturfaktoren kann es sich nur um Anhaltswerte handeln, denn die absolute Rauhigkeit k kann bei verschiedenen Materialien, wie z. B. bei Stein, Holz, um ein Vielfaches differieren. Bei sehr glatten Flächen (z. B. Kunststoff, Edelstahl) liegt der Faktor meist unter 1,0 (etwa 0,9).

8.2.2 Gleichwertige Durchmesser d_g (Hydraulischer Durchmesser d_h)

Für rechteckige, quadratische oder sonstige Kanalquerschnitte muß man – falls nicht spezielle Diagramme zur Verfügung stehen – zur Berechnung des R-Wertes anstelle des Durchmessers d den gleichwertigen Durchmesser d_g ermitteln.

> d_g ist ein **„gedachter" Durchmesser** (nur für die Berechnung), der – **gleiche Geschwindigkeit vorausgesetzt – denselben R-Wert** besitzt wie der beliebig geformte Kanalquerschnitt.

Die Gleichwertigkeit bezieht sich demnach nicht auf den Querschnitt, sondern auf den Reibungswiderstand. Man darf daher auch in den Tabellen oder Diagrammen **nicht die Förderströme zugrunde legen** (diese gelten nur für runde Querschnitte), sondern sucht zur Ermittlung des R-Wertes den **„Schnittpunkt" von Durchmesser d_g und gewählter Geschwindigkeit** (Tabelle und Diagramm).

Zur Berechnung von d_g setzt man das Verhältnis von Kreisfläche $A_\bigcirc$ und Kreisumfang $U_\bigcirc$ dem Verhältnis von beliebiger Querschnittsfläche A und deren Umfang U gleich.

$$\frac{A_\bigcirc}{U_\bigcirc} = \frac{A}{U} \quad \text{oder} \quad \frac{d^2 \cdot \pi}{4} : d \cdot \pi = \frac{A}{U} = \frac{\text{Fläche (beliebig)}}{\text{Umfang (beliebig)}}$$

Durch Kürzung folgt: $d \triangleq$ $$d_g = \frac{4 \cdot \text{Fläche}}{\text{Umfang}}$$ **für beliebige Querschnittsformen**

Für Rechteckquerschnitte:

$$d_g = \frac{2 \cdot a \cdot b}{a + b}$$

a und *b* sind die Seiten des Kanals

Auch hierfür gibt es Tabellen (vgl. Tab. 8.2), Diagramme, Schieber usw.

Folgerungen und weitere Hinweise:

- **Je flacher der Kanal ist, desto höher sind die Reibungsverluste.** Da jedoch $l \cdot R$ anteilmäßig vom Ventilatordruck Δp_t sehr gering ist, soll man dies nicht überbewerten. Der günstigste Kanal wäre demnach derjenige mit quadratischem Querschnitt ($d_g = a$).
  Bei einem Seitenverhältnis von z. B. 5 : 1 erhöht sich die Rohrreibung gegenüber einem quadratischen Kanal um etwa 40 % und bei einem Verhältnis von 10 : 1 etwa 75 %.
  Das **Verhältnis der Kantenlängen *a* : *b* sollte daher möglichst nicht größer als 2 : 1 sein.** Bei wesentlich größerem Verhältnis kann man den **Gesamtquerschnitt auf mehrere Querschnitte aufteilen** (höhere Materialkosten). Dies bringt neben geringerem Druckverlust zahlreiche **weitere Vorteile** wie: bessere Druckverteilung, geringere Leckverluste, keine Flattergeräusche, leichte nachträgliche Änderungen, Vorteile bei Brandausbruch u. a.
- Je größer der Unterschied zwischen den Kantenlängen *a* und *b* ist, desto kleiner ist der gleichwertige Durchmesser.

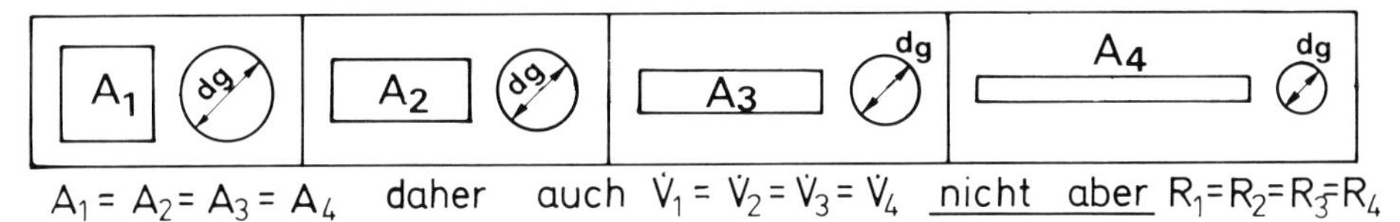

Abb. 8.11 Zur Darstellung des hydraulischen (gleichwertigen) Durchmessers

Trotz gleicher Fläche *A* und gleicher Geschwindigkeit einen geringeren Durchmesser zu nehmen, mag den Anfänger zunächst stutzig machen, doch muß nochmals betont werden, daß der **Volumenstrom nicht durch einen Kanal mit d_g, sondern durch den Kanal *a* · *b*** geht. Der gleichwertige Durchmesser wurde nur zur *R*-Wert-Berechnung, d. h. zur Lösung der Gleichung für Δp_R, eingeführt.

Tab. 8.2 Gleichwertige Durchmesser

l x b	d_g	l x b	d_g	l x b	d_g	l x b	d_g	l x b	d_g
200 x 200	200	500 x 600	550	700 x 700	700	800 x 1600	1100	900 x 2400	1300
200 x 300	240	500 x 700	600	700 x 800	750	800 x 1700	1100	900 x 2500	1300
200 x 400	260	500 x 800	600	700 x 900	800	800 x 1800	1100	900 x 2600	1300
200 x 500	280	500 x 900	650	700 x 1000	800	800 x 1900	1100	900 x 2800	1400
200 x 600	300	500 x 1000	650	700 x 1100	850	800 x 2000	1100	1000 x 1000	1000
300 x 300	300	500 x 1100	700	700 x 1200	900	800 x 2100	1100	1000 x 1100	1000
300 x 400	350	500 x 1200	750	700 x 1300	900	800 x 2200	1100	1000 x 1200	1100
300 x 500	375	500 x 1300	700	700 x 1400	950	800 x 2300	1200	1000 x 1300	1100
300 x 600	400	500 x 1400	750	700 x 1500	950	900 x 900	900	1000 x 1400	1200
300 x 700	425	500 x 1500	750	700 x 1600	1000	900 x 1000	950	1000 x 1500	1200
300 x 800	425	600 x 600	600	700 x 1700	1000	900 x 1100	1000	1000 x 1600	1200
300 x 900	450	600 x 700	650	700 x 1800	1000	900 x 1200	1000	1000 x 1700	1300
400 x 400	400	600 x 800	700	700 x 1900	1000	900 x 1300	1100	1000 x 1800	1300
400 x 500	450	600 x 900	700	700 x 2000	1000	900 x 1400	1100	1000 x 1900	1300
400 x 600	475	600 x 1000	750	700 x 2100	1100	900 x 1500	1100	1000 x 2000	1300
400 x 700	500	600 x 1100	800	800 x 800	800	900 x 1600	1200	1000 x 2100	1300
400 x 800	550	600 x 1200	800	800 x 900	850	900 x 1700	1200	1000 x 2200	1300
400 x 900	550	600 x 1300	800	800 x 1000	900	900 x 1800	1200	1000 x 2300	1400
400 x 1000	550	600 x 1400	850	800 x 1100	950	900 x 1900	1200	1000 x 2400	1400
400 x 1100	600	600 x 1500	850	800 x 1200	950	900 x 2000	1200	1000 x 2500	1400
400 x 1200	600	600 x 1600	850	800 x 1300	1000	900 x 2100	1200	1000 x 2600	1400
500 x 500	500	600 x 1700	900	800 x 1400	1000	900 x 2200	1200	1000 x 2700	1400
		600 x 1800	900	800 x 1500	1000	900 x 2300	1300	1000 x 2800	1400

- Bei der **Anwendung der Ausschlagtafel** geht man bei Rechteckkanälen von d_g auf die jeweilige Geschwindigkeit (farbige „Treppenstufe"), gleichgültig, welcher Volumenstrom angegeben wird. Der angegebene Volumenstrom hätte wieder einen Sinn, wenn ein Kanal mit d_g als Durchmesser montiert werden müßte.
- Man bezeichnet d_g, wenn – wie obige Definition ausdrückt – gleiche Geschwindigkeiten zugrunde liegen, als **hydraulischen Durchmesser** d_h. Man kann auch **gleiche Volumenströme** zugrunde legen und spricht eigentlich erst dann vom gleichwertigen Durchmesser. Die Gleichung lautet dann:

$$d_g = 1{,}27 \sqrt[5]{\frac{(a \cdot b)^3}{a + b}}$$

Beispiel 1

In einem 12 m langen Lüftungsrohr (λ = 0,02) von 800 mm ∅ herrscht eine Geschwindigkeit von 6 m/s. Wie groß sind der spezifische Rohrreibungswiderstand und der Druckverlust $l \cdot R$ ($\varrho \approx$ 1,2 kg/m³).

$$R = \frac{\lambda}{d} \cdot \frac{\varrho}{2} \cdot v^2 = \frac{0{,}02}{0{,}8} \cdot \frac{1{,}2}{2} \cdot 6^2 = \mathbf{0{,}54\ Pa/m}; \quad l \cdot R = 12 \cdot 0{,}54 = \mathbf{6{,}48\ Pa}$$

Beispiel 2

Ein Rechteckkanal aus Faserzement (k = 0,15 mm) ist 1800 mm breit, 600 mm hoch und 5 m lang.

a) Der gleichwertige Durchmesser ist zu berechnen und das Ergebnis mit Tab. 8.2 zu vergleichen.

b) Wie groß ist der Reibungswiderstand (Druckverlust $l \cdot R$) bei einer Geschwindigkeit von 7 m/s (λ-Wert für Blechkanal mit 0,02 und ϱ mit 1,2 kg/m³ angenommen)?

zu a) $d_g = \frac{2 \cdot 1800 \cdot 600}{2400} = \mathbf{900\ mm}$ (einfacher, wenn alle Maße in dm)

zu b) $l \cdot R = l \cdot \frac{\lambda}{d} \cdot \frac{\varrho}{2} \cdot v^2 = 5 \cdot \frac{0{,}02 \cdot 1{,}25}{0{,}9} \cdot \frac{1{,}2}{2} \cdot 7^2 = \mathbf{4{,}1\ Pa}$ (Faktor 1,25 nach Abb. 8.10)

Beispiel 3

In einem quadratischen Luftkanal 900 mm × 900 mm herrscht eine Geschwindigkeit von 7 m/s (λ = 0,03).

a) Bestimmen Sie hierfür den gleichwertigen Durchmesser, und vergleichen Sie den Wert mit dem d_g von dem Kanalquerschnitt 2700 mm × 300 mm (die gleiche Querschnittsfläche).

b) Wie groß ist der Förderstrom in m³/h?

c) Wie groß ist jeweils der Rohrreibungswiderstand (R-Wert)?

zu a) d_{g_1} = 900 mm; $d_{g_2} = \frac{2700 \cdot 300 \cdot 2}{3000} = \mathbf{540\ mm}$

zu b) $\dot{V} = A \cdot v \cdot 3600 = 0{,}81 \cdot 7 \cdot 3600 = \mathbf{20\,400\ m^3/h}$

zu c) $R_1 = \frac{\lambda}{d} \cdot \frac{\varrho}{2} \cdot v^2 = \frac{0{,}03}{0{,}9} \cdot \frac{1{,}2}{2} \cdot 7^2 = \mathbf{0{,}98\ Pa/m}$; $R_2 = \mathbf{1{,}63\ Pa/m}$

Beispiel 4

Für einen 30 m langen, rauhen Betonkanal mit abgebildetem Querschnitt soll der Druckverlust $l \cdot R$ berechnet werden. Für einen Blechkanal kann ein λ-Wert von 0,02 angenommen werden. Die Geschwindigkeit im Kanal beträgt 10 m/s. Berechnen Sie außerdem den Volumenstrom in m³/s.

Lösung:

$d_g = \frac{4 \cdot \text{Fläche}}{\text{Umfang}} = \frac{4 \cdot 11{,}6}{12{,}9} = 3{,}6\ \text{m}$; $R = \frac{0{,}02}{3{,}6} \cdot \frac{1{,}2}{2} \cdot 10^2 = 0{,}33\ \text{Pa}$

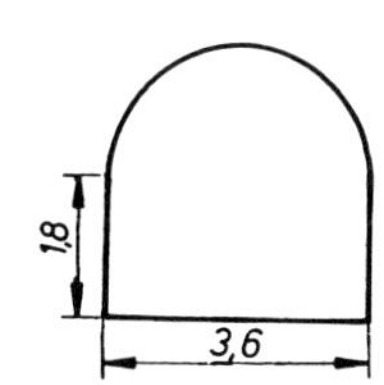

Mit k = 2 mm nach Tab. 8.1 ergibt sich nach Abb. 8.10 ein Korrekturfaktor von etwa 1,7. ⇒ R' = 0,33 · 1,7 = 0,56 Pa/m. Druckverlust $l \cdot R$ = 30 · 0,56 = **16,8 Pa;** $\dot{V} = A \cdot v$ = 11,6 · 10 = **116 m³/s**

Abb. 8.12 zeigt ein Diagramm für runde, glatte Kanäle (ähnliche Diagramme gibt es auch für andere Oberflächen), gültig für + 20 °C, 1013 mbar und eine Dichte von etwa 1,2 kg/m³. Bei anderen Temperaturen verändert sich der Volumenstrom (vgl. Kap. 4.4), der in der Praxis durch Diagramme (vgl. Abb. 8.13 und 8.14) korrigiert werden kann.

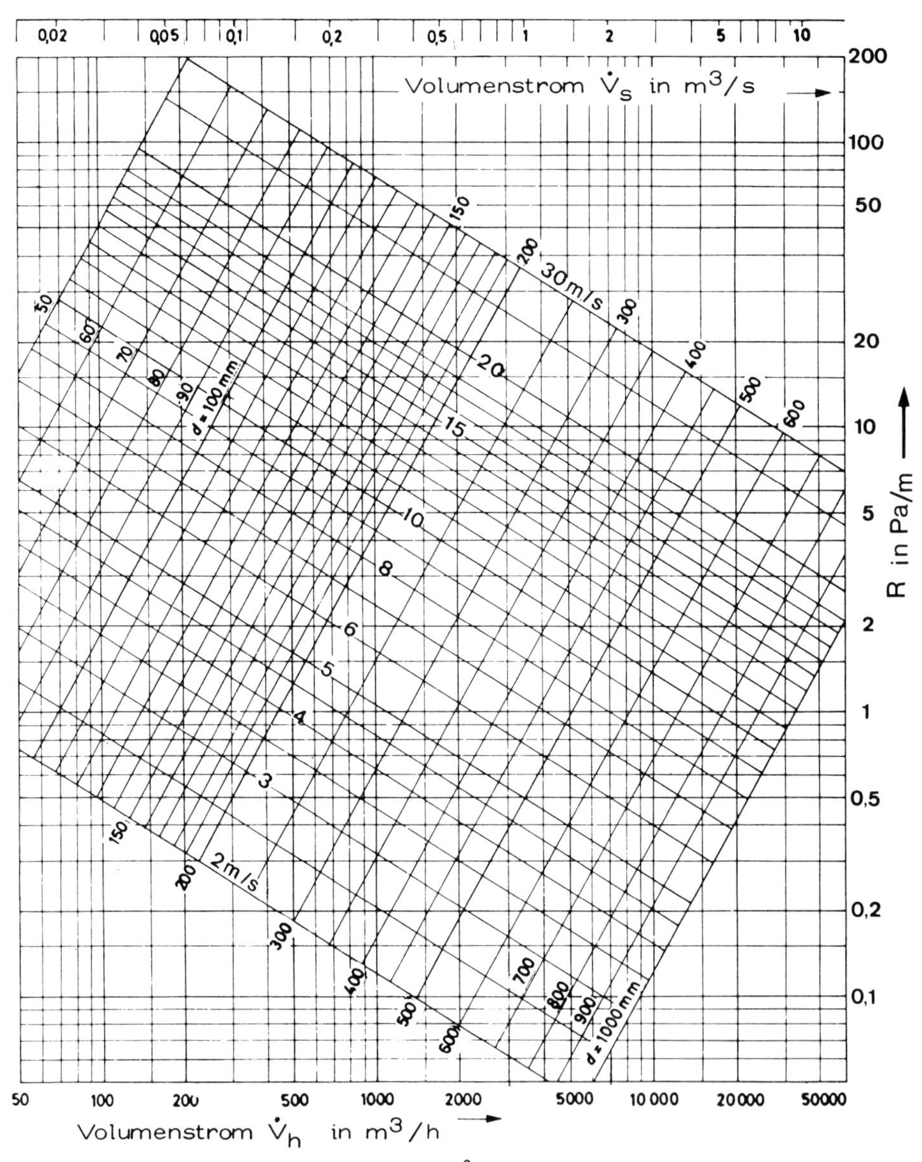

Abb. 8.12 Druckverlust für Lüftungsrohre (ϱ = 1,2 kg/m³)

Beispiel 5

Für einen Versammlungsraum werden 2000 m³/h Luft von 20 °C benötigt.

a) Bestimmen Sie den Durchmesser des hierfür erforderlichen geflanschten Blechkanals nach Abb. 8.12, wenn eine Geschwindigkeit von 8 m/s gewählt wird.

b) Wie groß ist der Druckverlust eines 12 m langen Kanals (verzinktes Blech)?

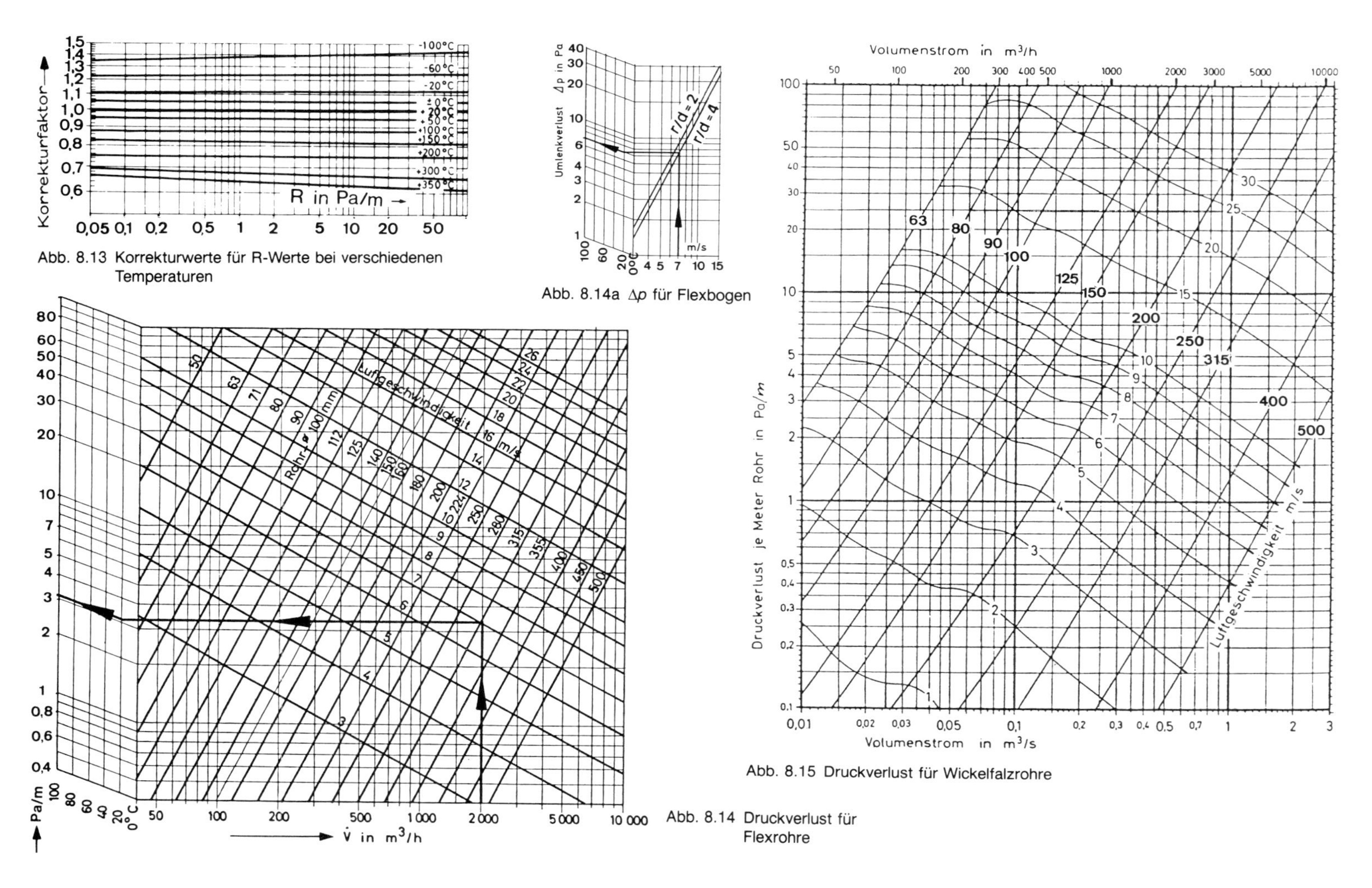

Abb. 8.13 Korrekturwerte für R-Werte bei verschiedenen Temperaturen

Abb. 8.14a Δp für Flexbogen

Abb. 8.14 Druckverlust für Flexrohre

Abb. 8.15 Druckverlust für Wickelfalzrohre

c) Vergleichen Sie den *R*-Wert von b) mit demjenigen, der durch ein spiralgefalztes Rohr (Wickelfalzrohr) nach Abb. 8.15 und durch ein Flexrohr nach Abb. 8.14 entsteht.

d) Auf welchen Wert sinkt der Druckverlust nach b, wenn der Volumenstrom eine Temperatur von 150 °C hat? Prüfen Sie das Ergebnis anhand der Abb. 8.13 rechnerisch nach!

Zu a) d = **300 mm** (nach Abb. 8.12 oder Ausschlagtafel)

Zu b) $R \cdot l$ = 2,2 · 12 = **26,4 Pa** (R = 2,1 Pa/m nach Ausschlagtafel); beim R-Wert sind die Widerstände der Flanschen berücksichtigt.

Zu c) $R \cdot l$ (spiralgefalzt) = 2,2 · 12 = **26,4 Pa**; $R \cdot l$ (flexible Rohre) = 4,2 · 12 = **50,4 Pa**

Hinweis: Die R-Werte sind bei flexiblen Rohren zwar höher, doch verringern sich hier die Z-Werte durch Wegfall der Krümmer.

Zu d) ≈ **18 Pa** ($\varrho_1/\varrho_2 = T_2/T_1$; $\varrho_1/\varrho_2 = \Delta p_1/\Delta p_2$); nach Abb. 8.13 (sehr ungenau) über 20 Pa.

Beispiel 6

Für eine Warmluftheizung sollen der Zuluftvolumenstrom, der hierzu erforderliche runde Rohrdurchmesser und der Druckverlust (ohne Einzelwiderstände) ermittelt werden. Geschwindigkeit 7 m/s; Kanallänge 20 m; Wärmebedarf (Heizlast) = 60 000 W; Zulufttemperatur 50 °C; Raumtemperatur 20 °C. ($c \approx$ 0,35 Wh/m³ · K)

Lösung: $\dot{V}$ = **5714 m³/h** (Kap. 4.1); **550 mm ∅**; $l \cdot R$ = 20 · 0,81 = **16,2 Pa**

Beispiel 7

In einem 15 m langen Kanal aus rauhem Mauerwerk ($k \approx$ 3 mm) werden 7940 m³/h Luft gefördert. Der Kanalquerschnitt beträgt 700 mm x 350 mm (Sonderanfertigung). Bestimmen Sie den Druckverlust dieser geraden Kanalstrecke.

Lösung: $d_g \approx$ 465 mm, v = 9 m/s, R = **1,4 Pa/m** (bei d_g = 475 mm aus Ausschlagtafel)
$l \cdot R$ = 15 · 1,4 · 2,2 = **46,2 Pa** (Korrekturfaktor $f \approx$ 2,2 (Abb. 8.10))

8.2.3 Druckverluste durch Einzelwiderstände und Einbauten

In jedem Kanalnetz befinden sich Einzelwiderstände, wie z. B. Bogen, Abzweige, Querschnittsänderungen, Ein- und Ausströmöffnungen. Diese Druckverluste entstehen vor allem durch Wirbelbildungen; sie werden mit dem Buchstaben Z gekennzeichnet und wie folgt berechnet:

$$Z = \sum \zeta \cdot \frac{\varrho}{2} \cdot v^2 \quad \text{in Pa} \qquad \varrho \approx 1{,}2\ \text{kg/m}^3\ (\approx 20\ °\text{C})$$

In Tab. 8.7 kann für ζ = 1 der Wert für Z abgelesen werden.

ζ (= dimensionsloser Widerstandsbeiwert) ist ein Kennzeichen für die Form und Ausführung der genannten Einzelwiderstände. Er wird durch Versuche ermittelt.

Hinweise zu ζ und Z:

a) Im ζ-Wert sind sowohl die **Wirbel- als auch die Reibungsverluste** enthalten. Die Abmessung der Formstücke wird nicht zu den geraden Leitungslängen hinzugezählt. (Ausnahme: Krümmer mit sehr großen Radien, wo der Reibungsanteil überwiegt).

b) Da in einer Kanalteilstrecke mit gleicher Geschwindigkeit oft mehrere Einzelwiderstände vorhanden sind, addiert man zuerst die ζ-Werte und setzt diese dann als $\Sigma\zeta$ in die obige Formel ein.

c) Wird der Z-Wert eines Formstückes angegeben, so kann man bei der jeweiligen Geschwindigkeit den **ζ-Wert aus obiger Formel berechnen.**

d) Teilweise werden die ζ-Werte von den verschiedensten Formstücken nicht nur anhand von Tabellen, sondern auch in **Diagrammen** dargestellt, und zwar für runde, glatte Rohre, für spiralgefalzte Rohre, für flachovale Rohre und für Kanäle. Solche Diagramme sind aus den Katalogen der Herstellerfirmen zu entnehmen.
Beispiel nach Abb. 8.14a: 3 Flexrohrbogen, r/d = 4, Geschwindigkeit im Rohr 7 m/s, Lufttemperatur 20° C. Umlenkverlust = 3 · 7 = 21 Pa.

e) Bei den **Bogen** hängt der ζ-Wert vor allem vom Verhältnis Radius zum Durchmesser und von der Form ab (Abb. 8.16). Innere Radien liegen meistens bei etwa 100 mm. Wie Tab. 8.3 zeigt, ist der ζ-Wert bei Umlenkungen mit großen Radien am geringsten. Einzelne **Leitbleche** sollten möglichst nahe an der inneren Wandung angebracht werden; die Abrundung der äußeren Rundung verringert nur geringfügig den ζ-Wert. Bei Bogen aus gerilltem Blech liegen die ζ-Werte um 50 bis 100 % höher (Firmendiagramme beachten).

f) Bei den **Abzweigen** ist vor allem das Geschwindigkeitsverhältnis zwischen Haupt- und Abzweigstrom vom Winkel und von der Art der Einführung abhängig. Die ζ-Werte für scharfkantige Abzweige mit den verschiedensten Winkeln sind in Tab. 8.5 zusammengestellt.

g) Zur **Erreichung einer guten Druckverteilung** sollen die Einzelwiderstände im Hauptkanal möglichst gering sein.

Maßnahmen: Große Radien bei Richtungsänderungen, keine plötzlichen Querschnittsänderungen (unter 15° bis 30°), Leitbleche in rechteckigen Krümmern (vgl. Abb. 8.28). Abzweige möglichst nicht über 30° vom Hauptkanal abführen.

h) Der **Anteil der Einzelwiderstände vom Gesamtdruck** (ohne Apparate) hängt vor allem von der Ausdehnung der Anlage, vom Kanalmaterial und von den Rohrdurchmessern ab. Er liegt im Durchschnitt zwischen 70 und 85 % und bestimmt somit den Hauptanteil der Kanalverluste.

I) Der **Einbau der Ventilatoren** in die Kammerzentrale oder Anlage verursacht auch Verluste, wie z. B. Drallverluste beim Eintritt, Verluste bei zu geringem Saugraum, beim Ausblas mit Krümmer und bei zu kurzem Ausblaskanal. Insgesamt kann man hier bis etwa zwei bis drei ζ-Werte rechnen.

k) Einzelwiderstände werden in der Praxis auch vielfach mit sog. **gleichwertigen Rohrlängen** ausgedrückt, d. h., der Z-Wert des Formstückes wird durch eine solche Rohrlänge mit gleichem Durchmesser ersetzt, deren $l \cdot R$ dem Z-Wert entspricht. Bei der Berechnungsmethode mit konstantem Gefälle oder statischem Druckrückgewinn bringt diese Methode beachtliche Vorteile.

Tab. 8.3 ζ-Werte für Bogen, Krümmer, Verengungen und Abzweige (scharfkantige Abzweige vgl. Tab. 8.5)

Bogen (○)

R/D =	0,5	0,75	1,0	1,5	2	3	4
ζ =	0,9	0,43	0,33	0,24	0,19	0,17	0,15

Segmentbogen (○)

R/D =	0,5	0,75	1,0	1,5	2
3 Segm ζ =	1,3	0,8	0,5	0,3	0,25
5 Segm ζ =	1,1	0,6	0,4	0,25	0,2

Leitblech (▭)

R/W =		0,5	0,75	1	2
W₁/W 0,25	ζ =	0,4	0,25	0,2	0,1
W₁/W 0,5	ζ =	0,5	0,3	0,2	0,1

Krümmer (□)

R/W =	0	0,2	0,4	0,6	0,8
ζ =	1,4	0,7	0,6	0,7	1,1

h/b	0,25	0,5	1,0	2,0
ζ	2,1	1,7	1,2	0,6

Gabelung: ○ □ ζ = 1,4

R/W =	0,5	0,75	1	1,5	2
○ ζ =	1,1	0,6	0,4	0,25	0,2
□ ζ =	1,1	0,5	0,25	0,15	0,1

Verengung

F₂/F₁ =	0	0,2	0,4	0,6	0,8	1,0
ζ₂ =	0,6	0,45	0,3	0,2	0,1	0

Verengung (konisch): ζ₂ = 0,1

Blende

F₁/F₂ =	0,9	0,8	0,7	0,6	0,5	0,4
ζ =	0,06	0,28	0,78	1,82	3,8	8,1

Abzweig mit Bogen

R/D =	0,5	0,75	1	1,5	2
ζ =	1,3	0,9	0,8	0,6	0,5

w₂/w₁ =	0,4	0,6	0,8	1,0	1,5
ζ₂ ges =	5,0	2,2	1,2	0,9	0,5
ζ₂ st =	0	0,3	0,7	0,9	1,0

w₂/w₁ =	0,4	0,6	0,8	1,0	1,5
ζ₂ ges =	4,7	1,9	0,9	0,6	0,4
ζ₂ st =	0	0	0,3	0,6	0,9

Krümmer

h/b =	0,25				
R/b =	0,75	1,0	1,5	2,0	
ζ =	0,55	0,45	0,3	0,2	
h/b =	0,50				
R/b =	0,75	1,0	1,5	2,0	
ζ =	0,45	0,3	0,2	0,15	
h/b =	0,75 3,0				
R/b =	0,75	1,0	1,5	2,0	3,0
ζ =	0,4	0,2	0,15	0,10	

Tab. 8.4 ζ-Werte für Ein- und Ausströmungsöffnungen, Etagen, Doppelbogen und Einbauten

Einströmöffnung

	ohne Flansch	mit Flansch
○ ζ =	0,9	0,6
□ ζ =	1,25	0,7

R/D =	0,25	0,5	0,75	1,0
ζ =	0,2	0,1	0,05	0,05

a =	15	30	45	60	90°
○□ ζ =	0,5	0,3	0,3	0,4	0,7

R/D = 0,5

h/D =	0,2	0,4	0,6	0,8	1,0
ζ =		1,6	1,2	1,05	1,0

h/D =	0,1	0,2	0,4	0,6	0,8	1,0
ζ =	0,7	0,4	0,7	0,8	0,8	0,8

Ausströmöffnung: ζ = 1,0

r/d	2	4	6	8
ζ	0,6	0,4	0,2	0,1

○ □

l/d	1	2	3	4
ζ	3,5	1,7	1,6	1,7

○ □

l/d	0	0,5	1	2
ζ	0	1,6	1,9	2,1

□ $\frac{r}{d} = 1,5$ ζ = 0,4

□ l = 0 ζ = 0,3; l = d ζ = 0,2; $\frac{r}{d} = 1,5$

0,1	0,2	0,3	0,4	0,5
0,2	0,4	0,75	1,3	2,0

f/F	0,1	0,2	0,3	0,4	0,5
ζ	0,7	1,0	1,8	2,9	4,0

a°	0	15	30	45	60	75
ζ	0,4	0,6	3,5	17	95	600

a°	0	15	30	45	60	75
ζ	0,35	1,1	3,3	10	30	90

a°	0	15	30	45	60	75
ζ	0,25	0,7	2,2	6,5	20	60

Tab. 8.5 ζ-Wert für scharfkantige Abzweige

		Winkel α	Geschwindigkeitsverhältnis v_3/v_1									
			0,3	0,4	0,5	0,6	0,7	0,8	0,9	1,0	1,1	1,2
ζ_3– Werte nach Abb. a)	$A_1 = A_2$	15	5,6	2,3	1,0	0,6	0,3	0,15	0,1	0,1	0,1	0,0
		30	6,2	3,0	1,5	0,9	0,6	0,4	0,3	0,25	0,2	0,2
		45	7,5	3,6	2,2	1,4	1,0	0,8	0,6	0,5	0,5	0,5
		60	8,5	5,0	3,0	2,1	1,6	1,3	1,0	0,9	0,8	0,8
		90	12,0	7,0	5,0	3,5	3,0	2,5	2,0	1,8	1,6	1,6
	$A_1 = A_3$	90	4,8	3,0	2,5	2,0	1,7	1,5	1,3	1,2	1,2	1,1
	$A_1 = A_2 = A_3$	15	5,5	2,5	1,0	0,5	0,3	0,1	0,05	0,05	0,05	0,05
		30	6,5	3,0	1,5	0,7	0,5	0,3	0,2	0,1	0,1	0,05
		45	7,5	3,5	1,8	1,0	0,7	0,5	0,3	0,2	0,1	0,1
		60	8,0	4,0	2,5	1,5	1,0	0,7	0,5	0,4	0,3	0,3
		90	11,0	6,0	4,0	2,8	2,0	1,6	1,2	1,0	0,8	0,7
ζ_3 nach Abb. b)		45	7,0	4,0	2,5	2,0	1,5	1,1	1,0	0,8	0,7	0,6
		60	9,2	5,2	3,5	2,5	2,0	1,6	1,3	1,1	1,0	0,9

Scharfkantiges T-Stück

a) $A_1 \rightarrow$, $\rightarrow A_2$, A_3, α

b) $A_1 \rightarrow$, $\rightarrow A_2$, A_3, α = 15 ... 90°

A_2/A_1	ζ_2-Werte
0,5	0,5
0,6	0,2
0,7	0,1
0,8	0,05
0,9	0,01
1,0	0

Tab. 8.6 ζ-Werte bei Ventilatoranschlüssen

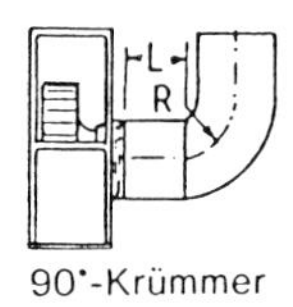

90°-Krümmer

R/D	Kanallänge L		
	0	2D	5D
0,75	1,4	0,8	0,4
1,0	1,2	0,7	0,35
2,0	1,0	0,6	0,35
3,0	0,7	0,4	0,25

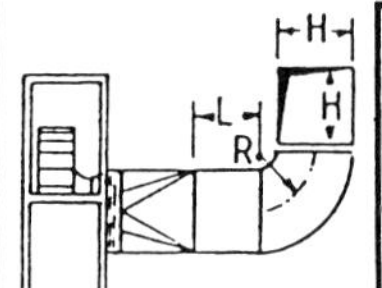

Übergangsstück und 90°-Krümmer mit Rechteckquerschnitt ohne Leitbleche	R/D	Kanallänge L		
		0	2D	5D
	0,5	2,5	1,6	0,8
	0,75	2,0	1,2	0,7
	1,0	1,2	0,7	0,35
	2,0	0,8	0,5	0,3

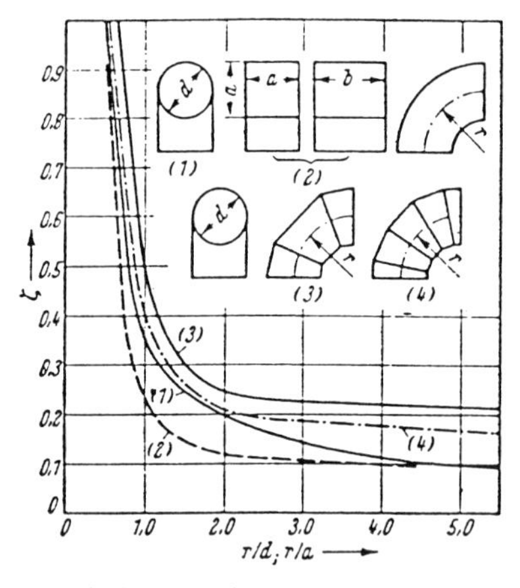

Abb. 8.16 ζ-Werte für Bogen

(1) runder Querschnitt (Lüftungsrohre)
(2) quadratischer Querschnitt *a* × *a* oder rechteckiger Querschnitt *a* × *b*, wobei *b* = 1,0 . . . 1,5 . . . 3,0 × *a* ist
(3) Segmentkrümmer mit drei Segmenten bei 90°
(4) Segmentkrümmer mit fünf Segmenten bei 90°

Fragen zu Abb. 8.16 (Bogen)

a) Ab welchem *r*/*d*-Verhältnis sind die ζ-Werte der einzelnen Bogen sehr unterschiedlich? Welche Folgerung ergibt sich daraus?

b) Welchen ζ-Wert könnte man näherungsweise annehmen und ab welchem *r*/*d*-Verhältnis?

c) Vergleichen Sie diese ζ-Werte mit denen nach Tab. 8.3!

d) Vergleichen Sie den Verlauf der ζ-Werte der beiden Segmentbogen!

e) Welchen Einfluß hat ein Leitblech im Bogen auf den ζ-Wert, und wo soll dieses Blech angebracht werden? Hinweise!

Beispiel 8

In einem 1750 m³ großen Betriebsraum soll durch eine Lüftungsanlage ein 8facher Luftwechsel garantiert werden. Die Kanalhöhe muß aus baulichen Gründen 60 cm gewählt werden. Im Kanal befinden sich 1,5 ζ-Werte, und das Gitter hat einen Druckverlust von 18 Pa.

Wie groß ist der Druckverlust des hierzu erforderlichen Blechkanals mit einer Länge von 11 m, wenn für die Geschwindigkeit 8 m/s gewählt werden (Lüftungsgerät unberücksichtigt)?

Lösung: $A = 0{,}486\ m^2$, $a = 0{,}81$ m (gewählt 600 × 800); $d_g = 700$ mm
$R = 0{,}81$ Pa/m, $Z = 57{,}6$ Pa; Δp_{st} = **84,5 Pa**

Tab. 8.7 Einzelwiderstand Z für ζ-Wert = 1 (ϱ = 1,2 kg/m^3)

Geschwindigkeit in m/s	2,0	2,25	2,5	2,75	3,0	3,5	4,0	4,5	**5,0**	**6,0**	7,0	8,0	9,0	10	12
Druckverlust in Pa	2,4	3,0	3,8	4,5	5,4	7,4	9,6	12,2	15,0	21,6	29,4	38,4	48.6	60,0	117,0

Beispiel 9

Im Kanalschema nach Abb. 8.17 (idealisiert) werden an der Einströmung 2820 m^3/h Luft angesaugt.

a) Bestimmen Sie die 6 Widerstandsbeiwerte: Einströmung, Bogen, allmähliche Querschnittserweiterung, plötzliche Erweiterung, plötzliche Verengung und Hosenstück nach Tab. 8.3 bis 8.5 und Abb. 8.4 und 8.5!

b) Berechnen Sie die jeweiligen Druckverluste (Einzelwiderstände).

c) Wie groß sind die gesamten Druckverluste in dem dargestellten Teilschema ohne $R \cdot l$, wenn für den Filter 80 Pa, für das Register 60 Pa und für das Ansauggitter 10 Pa angegeben werden?

Lösung: Zu a) in Abbildung angegeben

$$\text{Zu b) } v_1 = \frac{\dot{V}}{A_1 \cdot 3600} = \frac{2820}{0{,}33 \cdot 3600} = 2{,}36 \text{ m/s} \qquad p_{d1} = \frac{\varrho}{2} \cdot v^2 = 3{,}34 \text{ Pa}$$

$Z_1 = 0{,}3 \cdot 3{,}34 =$ **1 Pa**; $Z_2 =$ **1,6 Pa**; $Z_3 =$ **2,2 Pa**; $Z_4 =$ **0,8 Pa**; $Z_5 =$ **0,6 Pa**; $Z_6 =$ **1,2 Pa**

Zu c) $Z_{ges} = Z_{Formstücke} + Z_{Filter} + Z_{Register} + Z_{gitter} =$ **157,4 Pa**

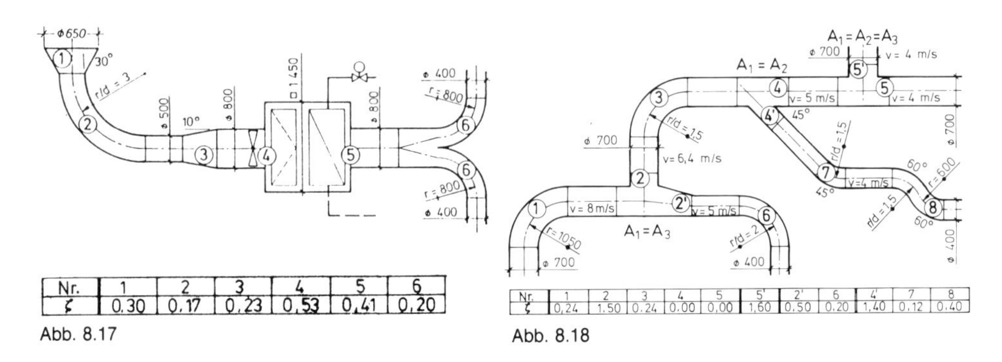

Nr.	1	2	3	4	5	6
ζ	0,30	0,17	0,23	0,53	0,41	0,20

Abb. 8.17

Nr.	1	2	3	4	5	5'	2'	6	4'	7	8
ζ	0,24	1.50	0.24	0.00	0,00	1,60	0.50	0.20	1,40	0,12	0.40

Abb. 8.18

Beispiel 10

Bestimmen Sie vom Kanalsystem nach Abb. 8.18 die ζ-Werte der Formstücke unter Verwendung der Tab. 8.3 bis 8.5 (Lösung in Abbildung angegeben).

Widerstände durch Einbauten und Apparate Δp_E

Da die Druckverluste von Einbauten wie Klappen, Luftdurchlässe, Schalldämpfer usw. sowie von Apparaten, wie Filter, Heizregister, Kühler, Befeuchter, Wärmerückgewinner anteilmäßig

Tab. 8.8 Druckverluste durch Einbauten

Bauteil	Pa	Bauteil	Pa
Filter Eu 3[1)]	60...120	Luftdurchlaß[3)]	15... 40
Filter Eu 5[1)]	120...160	Jalousieklappe	
Heizregister[2)]	20...100	(offen)[4)]	10... 30
Luftkühler[2)]	30...120	Wetterschutzgitter	
Düsenkammer	120...200	(normal)	30... 60
Verdampfer	80...150	Brandschutzklappe	5... 30
Schalldämpfer	20... 50	Festwiderstand[5)]	5...300

1) Dimensionierungswiderstand (Mittelwert); bei sauberem Zustand etwa 1/3; Enddruck (Standzeit) etwa bei 250 Pa. Beim Filter EU 9 (höchste Güteklasse) $\Delta p \approx$ 220...280 Pa, Enddruck 350 Pa.
2) Abhängig von der Anzahl der Rohrreihen und Geschwindigkeit.
3) Durch die Vielzahl von Zu- und Abluftdurchlässen sind noch größere Schwankungen möglich.
4) Auch Drosselklappen (offen 5...20 Pa); bis 100 Pa bei Drosselung (je nach Geräuschbildung).
5) Zum Abgleichen von Druck innerhalb des Kanalnetzes (gelochte Bleche mit unterschiedlichem Durchmesser).

sehr hoch sind, müssen diese möglichst genau erfaßt werden. Die in der Tab. 8.8 angegebenen Anhaltswerte sind nur mit äußerster Vorsicht anzuwenden. Anhand der nebenstehenden Hinweise ist auch die große Streuung der Druckverluste zu erklären.

Beispiel 11

Ein Lüftungskanal hat eine Länge von 16 m und ist 80 cm breit. Der Volumenstrom $\dot{V}$ beträgt 10 200 m³/h, und die Geschwindigkeit wird mit 6 m/s angenommen.

Wie groß ist der gesamte Druckverlust der Anlage, wenn der Druckverlust für Einbauten 200 Pa beträgt und die Einzelwiderstände mit 80 % des Kanaldruckverlustes angenommen werden?

Lösung: A = 0,472 m², b = 590 mm (gewählt 600 mm), $d_g \approx$ 700 mm (Tab. 8.2)
$l \cdot R$ = 16 · 0,45 = 7,2 Pa (≙ 20 %); Z = 28,8 Pa (≙ 80 %); Δp_{st} = **236 Pa**

Beispiel 12

Entsprechend Abb. 8.19 wird vom Gerät ein Lüftungsrohr geführt, das nach 10 m aus baulichen Gründen auf einen Rechteckkanal übergeht. Dieser Kanal darf maximal nur 25 cm hoch sein und soll nach 14 m auf einen Verteiler geführt werden. Von dort aus werden wieder zwei Lüftungsrohre (11 m und 8 m) abgenommen. Die Druckverluste für Gerät, Filter, Heizregister, Drosselklappe und Luftdurchlässe betragen 275 Pa.

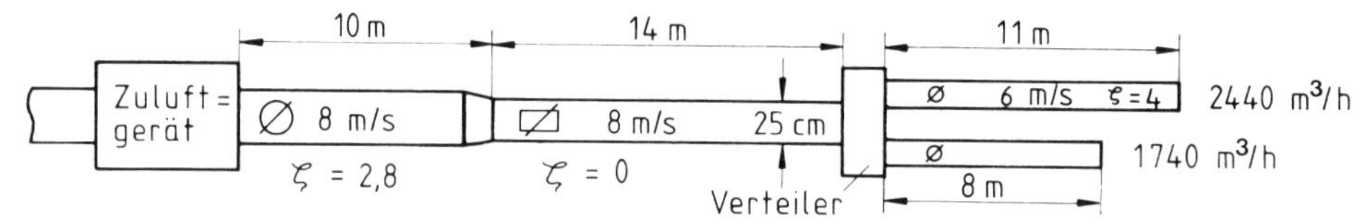

Abb. 8.19

a) **Berechnen Sie den statischen Druck des gesamten Zuluftkanals. Volumenströme, Längen, Geschwindigkeiten und ζ-Werte sind aus der Abbildung zu entnehmen.**

b) **Berechnen Sie den Förderdruck des Ventilators, wenn am Ventilatoraustritt eine Geschwindigkeit von 6,3 m/s vorliegt, und welcher statische Druck steht für die drei Kanäle bzw. Rohre zur Verfügung, wenn der Ventilatordruck 560 Pa beträgt?**

Lösung: (Teilergebnisse) zu a) $\dot{V}_{ges}$ = 1,16 m³/s; rund: R = 1,2 Pa/m, ∅ = 450 mm, $l \cdot R$ = 12 Pa, Z = 107,5 Pa; rechteckig: $b \approx$ 600 mm, $d_g \approx$ 350 mm, R = 1,7 Pa/m, $l \cdot R$ = 23,8 Pa, Z = 0; rund: $\dot{V}$ = 0,677 m³/s, 375 mm ∅, R = 1,0 Pa/m, $l \cdot R$ = 11 Pa, Z = 86,4 Pa, $(l \cdot R + Z)_{ges}$ = **240,7 Pa.**
Zu b) $\Delta p_t = \Delta p_{st} + p_d$ = 240,7 + 275 + 23,8 = **539,5 Pa;** $\Delta p_{st(Kanal)}$ = **261,2 Pa.**

Die Gesamtdruckdifferenz des Ventilators setzt sich demnach wie folgt zusammen: $\Delta p_t = \sum (l \cdot R + Z) + \Delta p_A$, d. h., ein Kanalsystem ist erst dann „im Gleichgewicht", wenn die vom Ventilator erzeugte Druckdifferenz $\Delta p_{st} + p_d$ dem Druckverlust in der Anlage entspricht.

Das heißt: Erzeugt der Ventilator einen bestimmten Druck Δp_t (zu groß oder zu gering), so verändert sich so lange die Luftgeschwindigkeit, bis auch dieser Druck im Kanalnetz als Druckverlust verbraucht wird. Umgekehrt: Ist das Kanalnetz falsch dimensioniert, so wird sich die Luftgeschwindigkeit (und somit auch der Förderstrom) so lange ändern, bis $\Delta p_t = \sum (l \cdot R + Z) + \Delta p_A$ ist.

8.2.4 Statischer Druckrückgewinn

Nach dem Gesetz von Bernoulli (Kap. 8.1.1) führt jede Geschwindigkeitsverringerung zu einer Zunahme von statischem Druck (Umwandlung von Geschwindigkeit in Druck). Diese Druckumsetzung ist jedoch mit einem Verlust verbunden, so daß die tatsächliche Druckerhöhung (= **statischer Druckrückgewinn**) $\Delta p_W = f \cdot \varrho/2 \cdot (v_1^2 - v_2^2)$ beträgt. Der Faktor f, eine Art Wirkungsgrad, schwankt zwischen 0,65 und 0,95.
Ein Druckrückgewinn ist nur in geraden Kanalstrecken möglich, die also nicht mit einem

Abzweig (umgelenkt) oder mit einem Bogen beginnen. Das heißt: Die **Geschwindigkeitsänderung darf nicht gleichzeitig mit einer Richtungsänderung verbunden sein.**

Übungsaufgabe:
In einer Kanalteilstrecke im Zuluftkanalsystem einer Hochdruckanlage wird ein Druckverlust von $l \cdot R + Z$ = 40 Pa verbraucht. Die Geschwindigkeit vor dem Abzweig beträgt 14 m/s. Wie groß sind der Druckrückgewinn und der tatsächliche Druckverlust, der für die Kanalnetzberechnung von dieser Teilstrecke einzusetzen ist, wenn in der Teilstrecke zuvor eine Geschwindigkeit von 16 m/s herrschte (f = 0,85 und ϱ = 1,2 kg/m^3)?

Lösung:

$\Delta p_W = 0{,}85 \cdot 1{,}2/2 \cdot (16^2 - 14^2) =$ **30,6 Pa,** d. h., für die Teilstrecke ist nur ein Druckverlust von 40 – 30,6 = **9,4 Pa** einzusetzen.
Zur Ermittlung von Δp_W gibt es auch Tabellen oder Diagramme (Abb. 8.20), wobei der jeweilige Wirkungsgrad noch zu berücksichtigen ist.

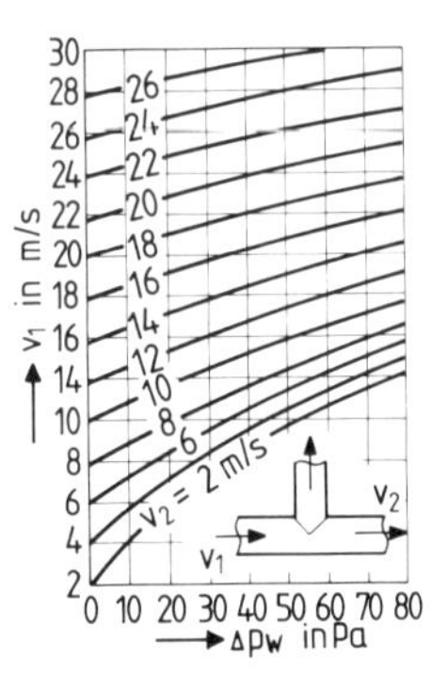

Abb. 8.20 Druckrückgewinn

Während man bei Niederdruckanlagen die Ermittlung des Druckrückgewinns in der Regel vernachlässigt, sollte man ihn jedoch bei höheren Geschwindigkeiten (ab etwa 10 bis 12 m/s) bei der Kanalnetzberechnung berücksichtigen (geringerer Kraftbedarf des Ventilators, genauere Druckberechnung und somit bessere Druckverteilung im Netz).

8.3 Kanalnetzberechnung - Druckabgleich

Nachdem die Grundlagen der Kanalnetzberechnung (Kap. 8.1) vorausgesetzt werden können und zahlreiche Aufgaben über die Kanalnetzberechnung unter Kap. 8.2 durchgerechnet wurden, sollen hier der Rechnungsgang anhand eines Formulars und die verschiedenen Rechenmethoden aufgezeigt werden.

Grundsätzlich muß das Kanalnetz so berechnet werden, daß die erforderlichen Volumenströme zuverlässig garantiert werden. Für die Berechnung von Kanal- bzw. Rohrnetzen bei RLT-Anlagen kann man folgende vier Rechenmethoden anwenden, wobei auch zahlreiche Rechenprogramme zur Verfügung stehen.

a) Indem für die jeweiligen Kanalstrecken eine **Geschwindigkeit angenommen** wird. Die Hinweise zu Tab. 8.9 sind dabei zu beachten.

b) Indem man annähernd den ***R*-Wert längs des Kanalsystems** konstant läßt; im Prinzip eine Abwandlung von a) (Kap. 8.3.2).

c) Indem man einen **konstanten Druck im Hauptkanal** hält, d. h. bei der Dimensionierung den statischen Druckrückgewinn berücksichtigt (Kap. 8.3.3).

d) Indem man von einer **vorgegebenen Druckdifferenz** Δp_t ausgeht, d. h., der Ventilator ist bereits vorhanden, z. B. in einem Serienklimagerät (Kap. 8.3.4).

Allgemeine Hinweise zur Berechnung – Hilfsmittel

Bevor anhand eines Formblattes ein Berechnungsbeispiel durchgeführt wird, sollen noch einige grundsätzliche Hinweise, Regeln und Vorschläge zusammengestellt werden, die sich vorwiegend auf a bis c, d. h. auf einen vorgegebenen Volumenstrom, beziehen.

1. Zuerst muß der für jeden Raum erforderliche **Zuluftvolumenstrom** aufgrund der Lüftungsforderung oder aufgrund der Lastberechnungen ermittelt werden (Kap. 4).

2. Anhand der **Bauzeichnungen** (Grundrisse, Schnitte, Ansichten) wird die Luftkanalführung sowie die Anzahl und der Anbringungsort der Zuluft- und Abluftdurchlässe überlegt.
3. Aufstellungsort der Kammerzentrale (Geräte); **skizzenhafte Darstellung der Kanalführung,** wobei unter Berücksichtigung der örtlichen Gegebenheiten alle Einzelwiderstände (Abzweige, Bogen usw.) festgelegt werden sollen.
4. Nachdem man sich für die Berechnungsmethode entschlossen hat, wird das Kanalsystem in **einzelne Teilstrecken** (Strecken mit gleichem Förderstrom und Geschwindigkeit) unterteilt. Die **durchlaufende Numerierung** geschieht in der Regel vom Ventilator an bis zum entferntesten Lufteinlaß (bzw. Luftauslaß beim Abluftkanal). Die Teilstreckenlängen und die vorgesehenen Volumenströme werden eingetragen.
5. **Festlegung der Geschwindigkeiten** (Luftverteilsystem und Luftdurchlässe), Bestimmung der Widerstandsbeiwerte ζ und der Einzelwiderstände anhand von Herstellerunterlagen. Unterschiedliche Volumenströme bei den Luftauslässen bedeuten auch unterschiedliche Druckverluste.
6. **Festlegung des ungünstigsten Kanalzuges,** d. h. der Kanalzug mit den größten Druckverlusten. Dies muß nicht der längste sein, wenn ein kürzerer viele Einzelwiderstände aufweist. Durch Vergleich der Druckverluste in den einzelnen Kanalzügen kann der **Druckabgleich** ermittelt werden (Kap. 8.3.5).
Die Dimensionierung der ersten Teilstrecke nach dem Ventilator erfolgt nach dem gewünschte R-Wert, der geeigneten Geschwindigkeit oder nach der möglichen Kanalgröße.
7. Ermittlung des statischen Gesamtdruckes der Anlage einschließlich sämtlicher Einbauten und des dynamischen Druckes zur Bestimmung des **Ventilatorförderdrucks** Δp_t. Wie sich die Widerstände des Zu- und Abluftventilators zusammensetzen, wurde schon im Kap. 2.2 gezeigt.

8.3.1 Kanalnetzberechnung nach der Geschwindigkeitsannahme mit Berechnungsformular

Obwohl diese Methode eine gewisse Erfahrung erfordert, ist sie sehr verbreitet. Die Kanalquerschnitte sind leicht festzulegen, und durch die Geschwindigkeitsbegrenzung ist auch keine übermäßige Geräuschbildung gegeben. Der große Nachteil, daß man nicht immer auf Anhieb den Kanalzug mit dem größten Druckverlust erhält, erfordert oft eine mehrfache Berechnung des Abzweigkanals, bis dessen $l \cdot R + Z$ gleich dem vorhandenen Druck am Abzweigpunkt vom Hauptkanal ist. Dadurch ist diese Methode eine Kombination mit der nach gegebener Druckdifferenz nach Kap. 8.3.4.

Tab. 8.9 Geschwindigkeitsannahmen für Kanalnetzberechnungen

• Niederdruckanlagen •	Komfortanlagen	Industrieanlagen	• Hochdruckanlagen •
Zuluftdurchlässe(Gitter) Ab- und Umluftgitter Außenluftjalousien	(1,0)...1,5....3....4 2.......3 2.......4	3.....5 3.....4 4.....6	Hauptkanäle: 12......15 Abzweigkanäle: 10......12 Anschlußleitungen: 7......10
Hauptkanäle Abzweigkanäle	4.......8 3.......5	8....12....(14) 5.... 8	
Grenzwerte bei Hauptkanälen bzw. -leitungen wegen möglicher Geräuschbildung: Villen: 3m/s; Appartements,Hotelzimmer, Krankenräume: 5 m/s; Privat- und Direktionsbüros, Bibliotheken 6 m/s; Theater, Hörsäle 4 m/s; Büros,Restaurants, Luxusläden, Banken 7....8 m/s; Verkaufsräume, Gaststätten 8..9 m/s;			

Hinweise zur Tabelle 8.9

- Was die **wirtschaftliche Strömungsgeschwindigkeit** betrifft, zeigen zahlreiche Wirtschaftlichkeitsuntersuchungen – nicht zuletzt mit Rücksicht auf die ständige Erhöhung der Energiekosten – Werte von 5 bis 8 (10) m/s.
- Die **Wahl der Geschwindigkeit** fällt oft schwer hinsichtlich der Gefahr einer möglichen Geräuschbildung. Man muß hierbei folgende Umstände berücksichtigen:
  1. Die Ausführung der Formstücke, denn wenn diese aerodynamisch optimal ausgebildet werden, kann man erfahrungsgemäß die Geschwindigkeit um etwa 1 m/s und höher wählen.
  2. Der Geräuschpegel im Raum, wie z. B. in Bürogebäuden sowie die Geräusche durch Außenlärm, wobei wieder die Lage der Räume und die Betriebszeit beachtet werden müssen.

3. Die Konstruktion und Form der Kanäle, insbesondere die Festigkeit der Kanalwandung (Vermeidung von „Flattergeräuschen").

4. Die Platzverhältnisse, d. h., ein vorgegebener Volumenstrom bei sehr beengten Platzverhältnissen – insbesondere bei nachträglichen Installationen – zwingt oft zur Annahme einer höheren Geschwindigkeit (evtl. Sekundärschalldämpfer einbauen).

Diese Berechnungsmethode beschränkt sich vorwiegend auf Niederdruckanlagen mit hohem Druckanteil durch Einzelwiderstände; sie ist ferner geeignet für sehr verzweigte Anlagen mit kurzen und langen Abzweigkanälen.

Berechnungsbeispiel 1 (runder Querschnitt)

Das Netz nach Abb. 8.21 mit Lüftungsrohren soll berechnet werden. Die angegebenen Geschwindigkeiten sollen nicht überschritten werden. Die ζ-Werte wurden anhand der Baupläne ermittelt und die Widerstände den Herstellerunterlagen entnommen.

a) Bestimmung der statischen Druckdifferenz und der Gesamtdruckdifferenz.

b) Bestimmung des Druckabgleichs für die Teilstrecken 5 bis 8, wobei für die Zuluftgitter dieselben Druckverluste angesetzt werden sollen (Druckumsetzung unberücksichtigt lassen).

c) Wie erfolgt dieser Druckabgleich, und welche Probleme sind dabei zu beachten? (Vgl. Kap. 8.3.5.)

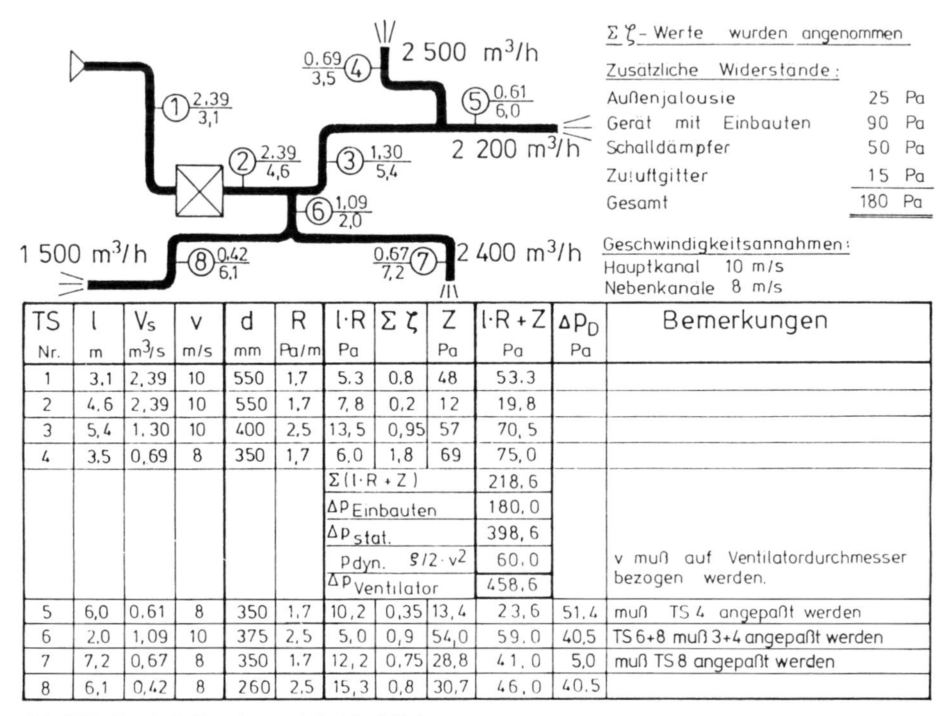

TS Nr.	l m	V_s m³/s	v m/s	d mm	R Pa/m	l·R Pa	Σζ	Z Pa	l·R + Z Pa	Δp_D Pa	Bemerkungen
1	3,1	2,39	10	550	1,7	5,3	0,8	48	53,3		
2	4,6	2,39	10	550	1,7	7,8	0,2	12	19,8		
3	5,4	1,30	10	400	2,5	13,5	0,95	57	70,5		
4	3,5	0,69	8	350	1,7	6,0	1,8	69	75,0		
						Σ(l·R + Z)			218,6		
						ΔP Einbauten			180,0		
						ΔP stat.			398,6		
						Pdyn. ρ/2 · v²			60,0		v muß auf Ventilatordurchmesser bezogen werden.
						ΔP Ventilator			458,6		
5	6,0	0,61	8	350	1,7	10,2	0,35	13,4	23,6	51,4	muß TS 4 angepaßt werden
6	2,0	1,09	10	375	2,5	5,0	0,9	54,0	59,0	40,5	TS 6+8 muß 3+4 angepaßt werden
7	7,2	0,67	8	350	1,7	12,2	0,75	28,8	41,0	5,0	muß TS 8 angepaßt werden
8	6,1	0,42	8	260	2,5	15,3	0,8	30,7	46,0	40,5	

Abb. 8.21 Kanalnetz-Berechnungsbeispiel mit Rohren

Berechnungsbeispiel 2 (rechteckiger Querschnitt)

Anhand eines Formblattes nach Abb. 8.22 sollen folgende Aufgaben berechnet bzw. Fragen beantwortet werden.

a) Berechnen Sie den statischen Druck des Zuluftkanals der Teilstrecken 1 bis 5 (Druckverlust), wobei die ermittelten ζ-Werte zugrunde gelegt werden sollen.

b) Berechnen Sie den Ventilatordruck unter der Voraussetzung, daß der Kanal mit Teilstrecke 1 bis 5 die ungünstigste Zuluftkanalstrecke ist. Der Druckverlust des Außenluftkanals mit Wetterschutzgitter beträgt 65 Pa.

c) Welcher Druck muß in den Teilstrecken 6, 7 und 8 (evtl. Druckabgleich) verbraucht werden, wobei nur die entsprechenden Teilstrecken (ohne Δp-Ermittlung) anzugeben sind.

d) Geben Sie jeweils einen stichwortartigen Hinweis zu den Spalten 2, 3, 5, 6, 7, 8, 10, 12, 15, 16.

e) Welche Kriterien spielen eine Rolle, ob bzw. wie eine Reduzierung des Kanals nach einem Abzweig vorgenommen werden soll?

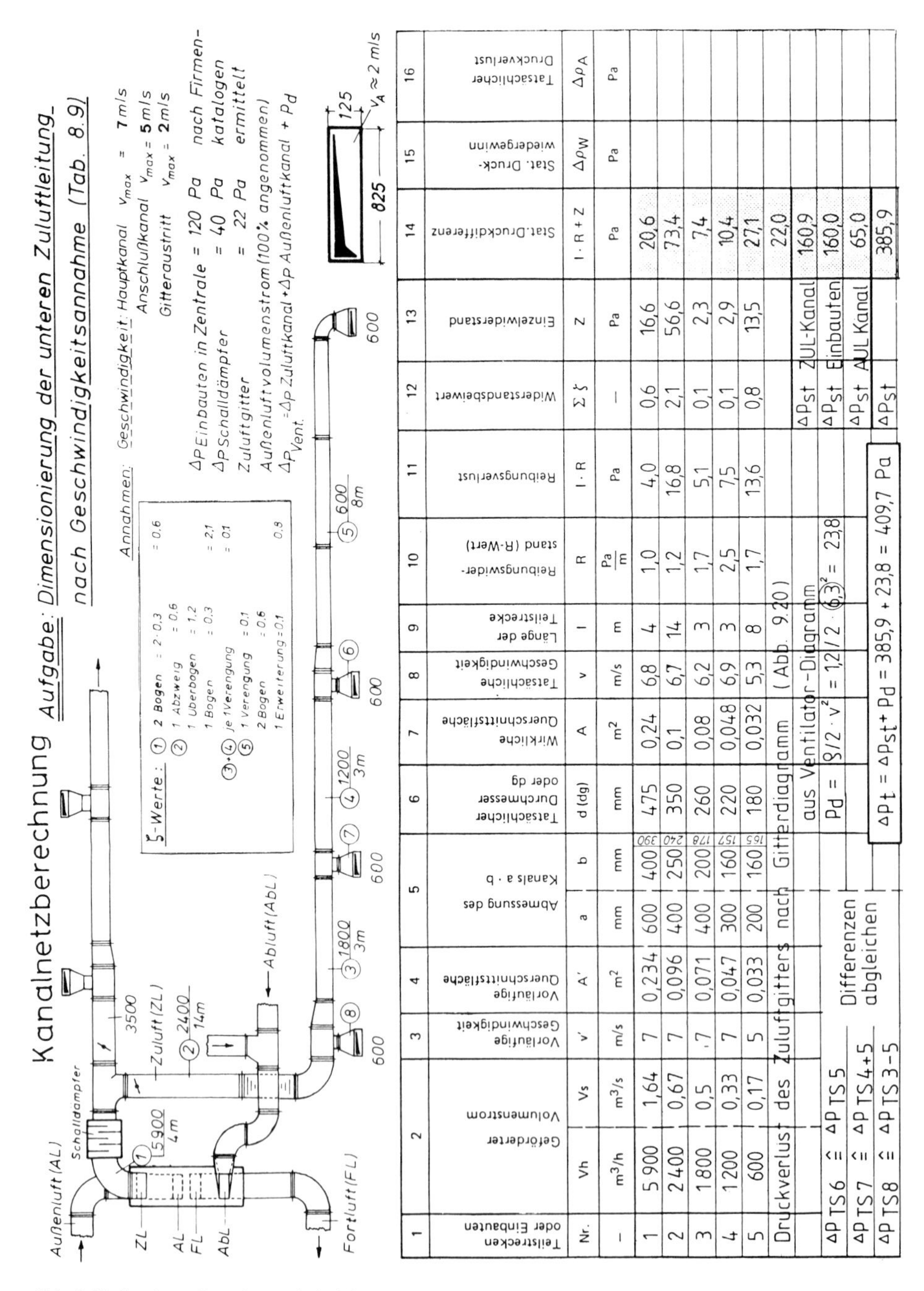

1	2		3	4	5		6	7	8	9	10	11	12	13	14	15	16
Teilstrecken oder Einbauten	Geförderter Volumenstrom		Vorläufige Geschwindigkeit	Vorläufige Querschnittsfläche	Abmessung des Kanals a · b		Tatsächlicher Durchmesser oder dg	Wirkliche Querschnittsfläche	Tatsächliche Geschwindigkeit	Länge der Teilstrecke	Reibungswiderstand (R-Wert)	Reibungsverlust	Widerstandsbeiwert	Einzelwiderstand	Stat. Druckdifferenz	Stat. Druck-wiedergewinn	Tatsächlicher Druckverlust
Nr.	Vh	Vs	v'	A'	a	b	d (dg)	A	v	l	R	l · R	Σζ	Z	l · R + Z	Δpw	ΔpA
–	m³/h	m³/s	m/s	m²	mm	mm	mm	m²	m/s	m	Pa/m	Pa	–	Pa	Pa	Pa	Pa
1	5 900	1,64	7	0,234	600	400 (390)	475	0,24	6,8	4	1,0	4,0	0,6	16,6	20,6		
2	2 400	0,67	7	0,096	400	250 (240)	350	0,1	6,7	14	1,2	16,8	2,1	56,6	73,4		
3	1800	0,5	7	0,071	400	200 (178)	260	0,08	6,2	3	1,7	5,1	0,1	2,3	7,4		
4	1200	0,33	7	0,047	300	160 (157)	220	0,048	6,9	3	2,5	7,5	0,1	2,9	10,4		
5	600	0,17	5	0,033	200	160 (165)	180	0,032	5,3	8	1,7	13,6	0,8	13,5	27,1		
Druckverlust des Zuluftgitters nach Gitterdiagramm (Abb. 9.20)															22,0		
ΔP TS6 ≙ ΔP TS5			Differenzen abgleichen				aus Ventilator-Diagramm						ΔPst ZUL-Kanal		160,9		
ΔP TS7 ≙ ΔP TS4+5							Pd = ρ/2 · v² = 1,2/2 · 6,3² = 23,8						ΔPst Einbauten		160,0		
ΔP TS8 ≙ ΔP TS3-5													ΔPst AUL Kanal		65,0		
							ΔPt = ΔPst + Pd = 385,9 + 23,8 = 409,7 Pa						ΔPst		385,9		

Abb. 8.22 Kanalnetz-Berechnungsbeispiel

Lösung:

a) In Abbildung eingetragen: **160,9 Pa;** $\Delta p_{st(Anlage)}$ = 385,9 Pa einschließlich Außenluftkanal

b), c) $\Delta p_t = \Delta p_{st} + p_d$ = **409,7 Pa;** Druckabgleich in Auslaß 6, 7, 8 durch Drosselung, Einlagen u. a.

d) (**2**) in m^3/s eingetragen, da Ausschlagtafel in m^3/s; (**3**) Annahme nach Tab. 8.9, falls entsprechend hohe Annahme, sollten diese Werte nicht überschritten werden; (**5**) *a* wird meist aus baulichen Gründen angenommen, *b* ergibt sich aus *A*/*a* (Klammerwerte). Für die Nennmaße kann die DIN 24 190/E (vgl. Tab. 8.11) herangezogen werden (hier nicht berücksichtigt); (**6**) muß zuerst berechnet werden (Kap. 8.2.2); (**7**), (**8**) können ohne weiteres entfallen, insbesondere dann, wenn der gewählte Querschnitt vom errechneten Querschnitt kaum abweicht; (**10**) nach Ausschlagtafel oder Abb. 8.12; (**12**) ζ-Werte hier angegeben, da kein ausführlicher Plan vorliegt (Bestimmung nach Kap. 8.2.3); (**15**) Druckrückgewinn entsprechend Kap. 8.2.4, hier nicht berücksichtigt; (**16**) wird ausgefüllt, wenn (15) berücksichtigt wird.

e) Ob man nach einem Abzweig eine Kanalverjüngung vornimmt und wie man diese ausführt (Breite oder Höhe), hängt von folgenden Gegebenheiten ab, die allerdings wieder untereinander abhängig sind: bauliche Gegebenheiten, Platzbedarf; Verhältnis der abgehenden Volumenströme am Abzweig zum Hauptkanal; Fertigung der Formstücke; Länge und Verschnitt der nachfolgenden Teilstrecke; Aussehen; Wahl der Luftdurchlässe (z. B. Gitterhöhe); Material (Preis); evtl. Einbauten (z. B. Klappen).

8.3.2 Kanalnetzberechnung nach konstantem Druckgefälle

Die verbreitete Methode, das Rohrnetz einer Pumpenwarmwasserheizung durch die Annahme eines *R*-Wertes zu dimensionieren, wird auch bei der Kanalnetzberechnung vereinzelt angewandt. Der Vorteil dieser Methode liegt vor allem darin, daß übermäßig hohe Reibungsverluste in den Abzweigkanälen von vornherein verhindert werden können. Da hier aber nicht unterschieden wird, ob ein Kanalzug mehr oder weniger Einzelwiderstände hat, müssen diese durch äquivalente Längen ersetzt werden.

Mit der **Berechnung** des Kanalnetzes beginnt man derart, daß man im Kanal hinter dem Ventilator eine Geschwindigkeit wählt (Tab. 8.9). Nach der Bestimmung des *R*-Wertes, der dann für den gesamten Hauptkanal beibehalten wird, werden die Teilstrecken dimensioniert. Obwohl die Berechnung der Druckverluste der Methode nach Kap. 8.3.1 entspricht, sollte man die Teilstreckennumerierung vom Luftdurchlaß zum Ventilator vornehmen. Dadurch kann der Druckverlust der ersten Teilstrecke gleich mit demjenigen des folgenden Abzweiges verglichen werden bzw. der Druckverlust der ersten zwei Teilstrecken mit demjenigen des darauffolgenden Abzweigkanals.

Vorteilhaft ist diese Berechnungsmethode demnach bei symmetrischen Kanalsystemen mit gleich langen Kanalstrecken, bei denen die Abzweigkanäle etwa denselben Widerstand haben. Dabei wird nicht nur eine schnelle Berechnung, sondern auch eine geringe Einregulierung ermöglicht.

8.3.3 Kanalnetzberechnung nach dem statischen Druckrückgewinn

Bei dieser Methode wird die Umwandlung von Geschwindigkeit im Druck zur Netzberechnung herangezogen. Wie schon im Kap. 8.2.4 erläutert (vgl. Übungsaufgabe), kann man am Abzweig erreichen, daß der Reibungsverlust $l \cdot R$ etwa so groß ist wie der Druckrückgewinn, so daß man den Durchmesser nicht ändern muß.

Bei der **Berechnung** strebt man demnach im Hauptkanal einen konstanten Druck an, den man dadurch erreicht, daß man die dem Abzweig nachfolgende Teilstrecke (in Luftrichtung) so dimensioniert, daß **$l \cdot R$ dieser Strecke genauso groß ist wie der Druckrückgewinn** am Abzweig infolge der Geschwindigkeitsabnahme. Somit herrscht in allen Abzweigen die gleiche Geschwindigkeit und somit derselbe statische Druck; auch die Volumenströme sind gleich, vorausgesetzt, die Durchmesser sind gleich, was ja aus fertigungstechnischen Gründen gewünscht wird. Zweckmäßigerweise berechnet man den Zuluftkanal entgegengesetzt der Luftrichtung, beginnend beim vorletzten Auslaß, bis zum Ventilator.

Da sich die vielen Rechnungsgänge praktisch immer wiederholen, ist diese Methode besonders für Computereinsätze geeignet, die Anlagen werden fast ausschließlich so berechnet.

Die **Anwendung** erstreckt sich auf symmetrische Zuluftkanalsysteme (gerade Leitungsführungen mit etwa gleichen Abständen), mit einer großen Anzahl von Luftdurchlässen und hohen Geschwindigkeiten, wie es z. B. bei Hochdruckklimaanlagen der Fall ist.

8.3.4 Kanalnetzberechnung nach gegebener Druckdifferenz

Bei manchen kleineren Pumpenwarmwasserheizungen ist im Wärmeerzeuger u. a. auch die Umwälzpumpe eingebaut. So wie man dort bei der Rohrnetzberechnung vorgeht, so ähnlich geschieht dies auch bei RLT-Anlagen, wenn der Ventilator und somit Δp_t vorhanden ist, wie z. B. bei Warmluftautomaten mit Kanalanschluß (Abb. 5.6), bei Schrankgeräten (Abb. 6.45), bei Serienklimageräten u. a.

Die Dimensionierung nach dieser vorteilhaften Methode wählt man nicht nur bei einem vorhandenen Ventilatordruck (externer Druck), sondern im Prinzip auch bei jedem Abzweig. Wie bei der Berechnung eines Kanalnetzes gezeigt, müssen nämlich die Druckverluste vom Abzweigstrang („günstigerer" Kanal) gleich denen der ungünstigsten Kanalstrecke sein; für beide steht nämlich die gleiche Druckdifferenz Δp_t zur Verfügung. Kann die Druckdifferenz nicht aufgebraucht werden, sind zusätzliche Widerstände einzubauen (Druckabgleich). Der **Rechnungsgang** entspricht zunächst der „Geschwindigkeitsmethode" nach Kap. 8.3.1 (Kanalfestlegung), Teilstreckennumerierung, ungünstigster Kanalzug). Die Berechnung geht nun weiter mit der Ermittlung von $\sum Z$, Schätzung des Gesamtdruckverlustes, Differenzbetrag $\Delta p_t - \sum Z$, verfügbarer Druck für die Rohr- bzw. Kanalreibung bzw. Ermittlung des R-Wertes.

$$R = \frac{\Delta p_{\text{Ventilator}} - p_d - \Delta p_{\text{Einbauten}} - \text{Einzelwiderstände} \sum Z}{\text{Kanallänge}} = \frac{l \cdot R}{l} \quad \text{in } \frac{\text{Pa}}{\text{m}}$$

8.3.5 Druckabgleich – Einregulieren der Anlage

Die geforderten Volumenströme bei den jeweiligen Zuluft- und Abluftdurchlässen können nur dann gewährleistet werden, wenn bis dorthin im Kanal jeweils der statische Druck, der vom Ventilator erzeugt wird, auch verbraucht wird. Der erforderliche Druckabgleich in Pa an einer Stelle x (= $\Delta p_{\text{Ventilator}}$ abzüglich $\Delta p_{\text{Kanal + Einbauten}}$ bis zur Stelle x) kann jedoch kaum allein durch die Kanaldimensionierung erreicht werden, da bei der Berechnung, Montage und Betrieb doch gewisse Unsicherheiten stecken.

Erst die abgeschlossene Einregulierung gibt Aufschluß, ob die RLT-Anlage den an sie gestellten Forderungen entspricht. Eine solche Einregulierung erfordert viel Zeit (oft mehrere Tage bei einer Großanlage) und kann daher sehr teuer werden – insbesondere dann, wenn die Kanalnetzberechnung nur überschläglich durchgeführt wurde. Diese Einregulierung sollte dann durchgeführt werden, wenn noch alle Installationsbereiche leicht begehbar sind.

Viele Anlagen hätten einen wesentlich besseren Ruf, wenn sie richtig einreguliert wären!!

Grundsätzlich gibt es mehrere **Möglichkeiten des Druckabgleichs:**

1. **Aufteilung eines Kanals in mehrere Einzelkanäle,** stärkere „Verästelung".

   Hierbei möchte man erreichen, daß die einzelnen Durchlässe annähernd gleiche Abstände vom Ventilator haben, was aus Kostengründen nur bedingt möglich ist.

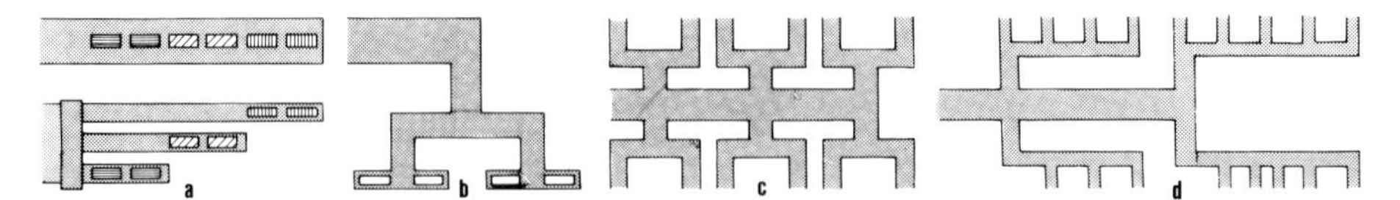

Abb. 8.23 Druckabgleich durch Kanalaufteilung

Vorteile: problemlosere Einregulierung, geringerer Raumbedarf bei a (Einzelquerschnitte werden geringer), z. T. einfachere Herstellung und Montage, geringere Druckverluste bei a oder bei extrem ungünstigen Kanalmaßen; weniger Probleme bei nachträglichen Änderungen.

2. **Drosselung durch bewegliche Einbauten,** fast ausschließlich mit speziellen Drosselklappen und Jalousien (z. B. Abb. 9.16).
Die Klappen werden in die Luftleitung bzw. in den Kanal eingebaut. Eine erforderliche Klappenstellung in Abhängigkeit des erforderlichen Drosselwertes und des zulässigen Schalleistungspegels kann anhand von Diagrammen ermittelt werden. Nach der Vorstellung der Jalousie müssen mehrere Luftdurchlässe nachgemessen werden, was sehr zeitraubend sein kann.

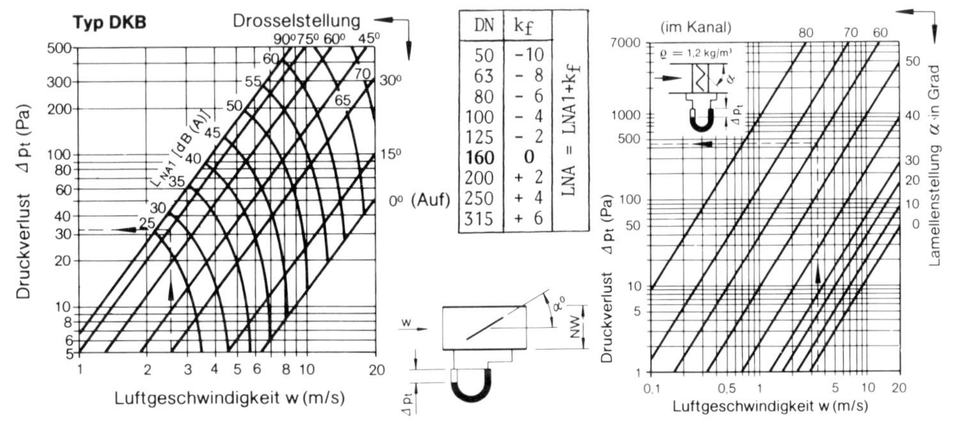

DN	kf
50	-10
63	- 8
80	- 6
100	- 4
125	- 2
160	**0**
200	+ 2
250	+ 4
315	+ 6

Abb. 8.24 Drosselklappendiagramm

Abb. 8.25 Jalousiediagramm

Anhand Abb. 8.24 kann in Abhängigkeit von Luftgeschwindigkeit und erforderlicher Drosselung Δp die notwendige **Drosselstellung** abgelesen werden; andererseits kann man in Abhängigkeit der Geschwindigkeit (= $\dot{V}_S/A$) den Druckverlust ermitteln.
Der abgelesene **Schalleistungspegel** bezieht sich auf DN 160, der bei anderen Durchmessern mit dem Faktor k_f korrigiert werden muß. Je nach Drosselstellung (Winkel α) liegen auch unterschiedliche Frequenzanalysen vor.
Hinsichtlich der **Leckverluste** (in %) werden von den Herstellern in Abhängigkeit des Durchmessers Angaben gemacht. Durch spezielle Dichtungen können diese um 15 bis 20 % reduziert werden.

3. **Drosselung durch Festwiderstände** in Leitungen oder bei den Luftdurchlässen
Hierzu zählen vor allem verschiedene Lochbleche, aber auch vereinzelt Blenden, konusförmige Einbauten und z. B. bei Bodengittern Metallgeflechte für Grobabgleich.

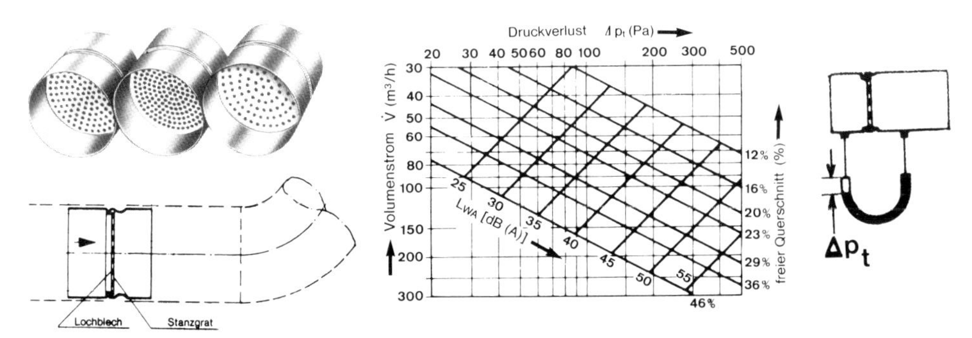

Abb. 8.26 Druckabgleich durch Festwiderstände

Abb. 8.26 zeigt z. B. Lochblechwiderstände, deren freie Querschnitte fein abgestuft werden. Nach dem Drosselelement soll mind. noch eine gerade Rohrlänge von 1 m vorgesehen werden. Auch hierfür gibt es Diagramme – ähnlich wie bei obigem Drosselelement –, anhand deren die erforderliche freie Querschnittsfläche und der Schalleistungspegel abgelesen werden können. Vorsicht wegen Verschmutzungsgefahr!

4. Drosselung am Zuluftdurchlaß durch spezielle Vorrichtungen

Die Drosselung erfolgt hier z. B. durch Veränderung von Schlitzschieber, Schöpfzunge (Abb. 9.13) oder z. B. bei Tellerventilen durch Umdrehungen. Zur Ermittlung der erforderlichen Drosselstellung gibt es für jeden Luftauslaß ein entsprechendes Diagramm (z. B. Abb. 9.20 für Gitter).

Hinweise zur Einregulierung durch Drosselung

a) Eine **Drosselmöglichkeit soll auf alle Fälle** vorgesehen werden. Sie soll aber nicht verleiten, daß strömungstechnische Gesichtspunkte mißachtet werden oder gar völlig auf eine Kanalnetzberechnung verzichtet wird. Während durch entsprechende Kanalführung ein „grober" Druckabgleich, sollte durch die Drosselung mehr ein „Feinabgleich" durchgeführt werden.

b) Der planende Ingenieur oder Techniker sollte sich schon im frühen Planungsstadium Gedanken machen, wie, wo und womit er den Druckabgleich vornehmen muß, damit eine **einwandfreie Einregulierung** ermöglicht werden kann.

c) Die **Drosselmöglichkeit ist wegen der Gefahr der Geräuschbildung begrenzt** (vgl. Abb. 8.24). Drosselelemente sollen daher soweit wie möglich vom ersten Luftauslaß entfernt angeordnet werden. Bei zu starker Drosselung im Kanal kann u. U. ein zusätzlicher Schalldämpfer notwendig werden. Auch bei der Drosselung am Gitter muß der zunehmende Geräuschpegel beachtet werden (vgl. Abb. 9.20), denn diese Geräusche sind direkt in den Raum wirksam.

d) Der Betrag des Druckabgleichs muß daher in der Regel **auf mehrere Drosselstellen aufgeteilt** werden; z. B. für einen bestimmten Kanalzug mit der Drosselklappe einen Grob- und an den Luftauslässen einen Feinabgleich. Gegeneinander verschiebbare Lochbleche (einfach und wirkungsvoll) sollte man wegen Verschmutzungsgefahr und wegen der Gefahr der Geräuschbildung, insbesondere bei großen Volumenströmen, vermeiden.

e) Eine exakte **Einregulierung der Nebenstränge** kann nur in Zusammenhang mit einer Volumenstrommessung durchgeführt werden. Meßstellen in Form von Bohrungen müssen in der Kanalwand vorhanden sein, damit eine Messung, z. B. mit dem Prandtl-Staurohr (Abb. 8.2), vorgenommen werden kann. Zuvor muß allerdings das Kanalsystem auf Dichtheit geprüft werden.

f) Die **Einstellung der Luftdurchlässe** erfolgt durch Messung der Austrittsgeschwindigkeit, z. B. durch Flügelradanemometer.
Die relative Einstellung der Luftdurchlässe kann bei einfachen geometrischen Querschnitten durch eine Geschwindigkeits- bzw. Differenzdruckmessung bei genügend großem Druckabfall ($>$ 30 Pa) am Durchlaß vorgenommen werden. Danach kann dann Teilluft- bzw. Gesamtluftvolumenstrom der Anlage mit Hilfe des Prandtl-Staurohrs eingestellt werden.

g) Jede größere **Einregulierung am Luftdurchlaß bedeutet eine Verschiebung der Anlagenkennlinie,** d. h. des Volumenstroms und der Gesamtdruckdifferenz. Das bedeutet, daß die Einregulierung eines schlecht berechneten Kanalnetzes sehr problematisch und äußerst zeitraubend ist.

5. Durch **Ausnützung der Umwandlung von Geschwindigkeitsenergie in Druckenergie** durch entsprechende Einführung der Abzweigkanäle in den langen Hauptkanal.

Hierbei ist zu unterscheiden zwischen Zu- und Abluftkanal.

Bei einem langen Zuluftkanal mit vielen gleichen Luftauslässen kann vielfach auf eine Drosselung aus folgenden zwei Gründen verzichtet werden:

a) Der dynamische Druck nimmt bei konstantem Querschnitt von Auslaß zu Auslaß ab. Entsprechend nimmt der statische Druck zu (bei scharfkantigen rechteckigen Abzweigen) und kompensiert oder übertrifft den Druckverlust längs des Kanals, so daß bei letzterem die Abzweigvolumenströme gegen Kanalende hin anwachsen. Im Gegensatz zum Abluftkanal kann man den Kanalquerschnitt in Strömungsrichtung entsprechend verringern.

b) Im Anfang ist die Geschwindigkeit größer, so daß beim Abzweig am Kanalumfang eine stärkere Verzögerung und somit ein größerer Strömungsverlust entsteht.

c) **Bei einem langen Abluftkanal** erhöhen die seitlich zuströmenden Teilvolumenströme die Geschwindigkeit im Hauptkanal, so daß in Strömungsrichtung der statische Druck geringer wird und außerdem $l \cdot R + Z$ zunimmt. Damit die abgesaugten Teilvolumenströme zum Kanalende hin nicht abnehmen, kann auf eine Drosselung in der Regel nicht verzichtet werden.
Eine Drosselung könnte man aber auch hier umgehen, wenn die Abzweigkanäle injektorartig mit unterschiedlichen Geschwindigkeiten bzw. Querschnitten so einführt werden, daß der statische Druck an jeder Öffnung gleich ist. Ebenso kann bei einer schräg eingeführten Absaugöffnung nahezu auf eine Drosselung verzichtet werden.

8.4 Luftleitungen und Kanäle – Montage

Nach den Kanalnetzberechnungsbeispielen und dem Aufzeigen der verschiedenen Berechnungsmethoden soll in diesem Abschnitt Grundsätzliches über Kanalmaterialien, Kanalmontage, Montagezeiten, Verbindungs- und Befestigungstechniken sowie über Kanalaufmaß und Abrechnung zusammengefaßt werden. Diese mehr praktischen Informationen sind für Ingenieur, Meister und Monteur gleichermaßen wichtig.

Die nachstehenden Anforderungen, Hinweise, Empfehlungen und Vorschriften können noch anhand zahlreicher **DIN-Normen** ergänzt werden:

DIN 24 145 (2/75) Wickelfalzrohre, Teil 1 Maße und Anforderungen. Teil 2 Prüfung; **DIN 24 146** (2.79) Flexible Rohre (2 Teile, vgl. Kap. 8.4.2.3); **DIN 24 147** (5.82) Formstücke, Teil 1 Übersicht, Maße; Teil 2 Bogen glatt; Teil 3 Boden aus Segmenten; Teil 4 Konische Übergangsstücke; Teil 5 Stumpfe Übergangsstücke; Teil 6 Abzweigstücke 45° und 90°; Teil 7 Abzweigreduzierstücke 90°, Kreuzstücke 90°, symmetrisch; Teil 8 Drosselklappen; Teil 10 Enddeckel; Teil 12 Muffen; Teil 13 Hosenstücke 90° und 60°, symmetrisch.

DIN 24 150 (12.88 E) Verbindungsarten für Blechrohre und Formstücke; **DIN 24 151** (12.88 E) Blechrohre geschweißt, Teil 1 (Reihe 1), Teil 2 (Reihe 2); **DIN 24 152** (12.88 E) Längsgefalzte Rohre; **DIN 24 153** (7/66) Rohre für Bördelverbindungen; **DIN 24 154** (12.88 E), Teil 1 Flachflansche (Reihe 1), Teil 2 desgl. (Reihe 2).

DIN 24 190 (85) Gefalzte und geschweißte Blechkanäle (Ersatz für DIN 24 156 Teil 1 und 2 und DIN 24 157); **DIN 24 191** (11.85) Gefalzte und geschweißte Blechkanalformstücke; **DIN 24 192** (11.85) Verbindungen für Blechkanäle und Blechkanalformstücke; **DIN 24 193** mit Beiblatt (2.88) Flach- und Winkelflanschen, Teil 1, 2, 3 (Reihe 1,2,3); **DIN 24 194** Teil 1 (11.85) Dichtheitsprüfung von Blechkanälen und Formstücken, Teil 2 (11.85) Dichtheitsprüfung von Luftkanalsystemen; **DIN 24 195** (7.88 E) Oberflächenermittlung von Blechkanälen und -formstücken.

8.4.1 Allgemeine Anforderungen an Luftleitungen, Kanäle und Formstücke

Solche Anforderungen können wie folgt zusammengefaßt werden:

Strömungstechnische Anforderungen

Hierzu zählen z. B. innenbündige Längs- und Querverbindungen, Luftumlenkungen ohne scharfe Kanten, Innenradius bei Umlenkungen mind. 100 mm, keine sprunghaften Querschnittsveränderungen (Neigungswinkel $< 45°$), geringe Widerstände bei Versteifungen.

Diese Maßnahmen reduzieren nicht nur die Druckverluste und somit die Stromaufnahme des Ventilators, sondern vermeiden auch Strömungsgeräusche, die ja vorwiegend an aerodynamisch schlecht ausgebildeten Formstücken entstehen. (Weitere Hinweise vgl. Tab. 8.9.)

Konstruktive Anforderungen

Die Herstellung und Montage von Luftleitungen werden – wie nachfolgend erläutert – im wesentlichen bestimmt durch Bauform (rund, eckig, oval), Werkstoff, Betriebsdruck (Über- oder Unterdruck), Wanddicke, Dichtheit, Verbindungsart, Versteifung (Festigkeit), Wärmedämmung, Schallschutz und Instandhaltung.

1. An die **Dichtheit** von Kanalsystemen werden unterschiedliche Anforderungen gestellt. Der **zulässige Leckluftstrom** kann in Abhängigkeit vom Prüfdruck (= Δp_{st} zwischen Innendruck und Umgebungsdruck) aus Tab. 8.10 entnommen werden.

Tab. 8.10 Zulässige Leckluftströme, Dichtheitsklassen

	Kanalsystem	zulässiger Leckluftstrom in $m^3/s \cdot m^2$ bei Prüfdruck 200 Pa[1]	400 Pa[1]	1000 Pa[1]	für Kanäle
I	ohne Anforderungen	–	–	–	Form F
II	erhöhte Anforderungen	$0{,}84 \cdot 10^{-3}$	$1{,}32 \cdot 10^{-3}$	$2{,}4 \cdot 10^{-3}$	Form F
III	besonders hohe Anforderungen	$0{,}28 \cdot 10^{-3}$	$0{,}44 \cdot 10^{-3}$	$0{,}8 \cdot 10^{-3}$	Form F und S
IV	höchste Anforderungen	$0{,}093 \cdot 10^{-3}$	$0{,}15 \cdot 10^{-3}$	$0{,}27 \cdot 10^{-3}$	Hauptsächlich Form F

[1] Stat. Druckdifferenz zwischen Innendruck und Umgebungsdruck (Über- oder Unterdruck)

Hierzu noch einige Hinweise:

- Bei den **Dichtheitsklassen** unterscheidet man zwischen **Klasse I:** Systeme ohne besondere Anforderungen (gefalzte Kanäle, z. B. für Garagen, Werkstätten, Sportstätten); Fertigung ohne zusätzliches Abdichten. **Klasse II:** mit erhöhten Anforderungen (gefalzte Kanäle, z. B. für Versammlungsräume, Labors, Büros, Normalbereich im Krankenhaus); Fertigung mit teilweisen Abdichtungsmaßnahmen; Verteuerungen gegenüber I etwa 15 %. **Klasse III:** mit besonders hohen Anforderungen (gefalzte oder geschweißte Kanäle, z. B. für Krankenhäuser, Reinraumbereiche). Bei gefalzten Kanälen in jedem Falle Abdichtungsmaßnahmen; Verteuerung gegenüber I etwa 30 %. **Klasse IV** mit höchsten Anforderungen (geschweißte Kanäle, z. B. für Kernkraft und Strahlungsbereiche); Verteuerung gegenüber III etwa 20 %. Bezeichnung **F** bedeutet gefalzt, **S** geschweißt.

- **Dichtheitsanforderungen an Einzelbauteilen** können nicht generell gestellt werden, da viele Verbindungsarten nicht genormt sind und die Dichtheit von Prüfdruck, Blechdicke, Falzart und Falzanzahl abhängt. Man geht jedoch davon aus, daß man die zulässige Gesamtleckage zu jeweils 50 % auf Fertigung und 50 % auf Montage verteilen darf.

- **Nachteile einer Leckage** sind: Energieverluste; falsche Volumenströme am Auslaß; Aus- oder Eindringen von Schadstoffen; ungenaue Luftverteilung; Geräuschprobleme; bei Abluftkanälen Wärmeentzug aus Räumen, Zunahme des Volumenstroms und somit höhere Druckverluste.

  Vorsorgemaßnahmen:
  Sorgfältige Herstellung, keine Beschädigungen beim Transport (z. B. bei Gummileisten), sorgfältige Aufbewahrung am Bauplatz, einwandfreie Montage (Verbindung), geringere Mantelfläche (Rohre), keine zu hohen statischen Druckdifferenzen und Geschwindigkeiten.

2. Die **Werkstoffe** sind dem Anwendungsbereich entsprechend einzusetzen (Kap. 8.4.3). Dabei unterscheidet man vorwiegend zwischen verzinktem Stahlblech, Edelstahlblech, Aluminiumblech, Kunststoff, Mauerwerk, Beton und asbestfreiem Mineralpreßstoff.

   Grundsätzlich sollte der Werkstoff glatt, abriebfest, korrosionsbeständig, nicht hygroskopisch, leicht, nicht brennbar und beständig gegen Hitze, Frost, Dehnung und Bakterien sein. So können z. B. korrosionsfeste Materialien bei aggressiven Fördermedien verlangt werden. Kann Wasser oder Fett auftreten, muß der untere Bereich unbedingt fett- und wasserdicht sein (Ablaufstutzen vorsehen). Auch die Umgebungsluft kann aggressiv sein (chemische Betriebe) und kann besondere Materialien erforderlich machen.

3. **Flächenversteifungen** an der Kanalwandung zur Erzielung einer ausreichenden Festigkeit und zur Vermeidung von „Flattergeräuschen“ werden durch Sicken, Verrippungen, Kantungen, Stehfalze, Verstrebungen u. a. erreicht. Die Ausführung der Längsnähte und ganz besonders die Verbindungsarten von Luftleitungen (Falz, Schweißnaht, Muffe, Flansch u. a.) hängen von Druckstufe, Dichtheit, Querschnittsgröße und -form, Korrosionsbeständigkeit und Brandschutz ab.

   Auf die Ausführungsarten wird bei den verschiedenen Luftleitungen eingegangen. Im übrigen sind sie aus den entsprechenden DIN-Normen ersichtlich.

4. Eine **Wärmedämmung** von Luftleitungen ist dann erforderlich, wenn Energieverluste beim Heizen und Kühlen verringert werden sollen, eine Kondensation um und in den Leitungen verhindert werden muß und die Regelfähigkeit von Anlagen mit langen Wegstrecken verbessert werden soll.

   So kann man z. B. die Abkühlung eines Flexrohres von etwa 1 K/m auf 0,1 K/m reduzieren, wenn man die wärmegedämmte Ausführung nach Abb. 8.41 wählt. Die Hersteller haben hierfür Nomogramme aufgestellt, anhand denen die Abhängigkeit von Wärmeleitkoeffizient, Durchmesser, Temperaturdifferenz und Volumenstrom, die Wärmeabgabe je Meter Lüftungsrohr abgelesen werden kann (Abb. 8.43).
   Der **Temperaturabfall** $\Delta\vartheta$ der Luft in der Kanallänge l errechnet sich aus der Gleichsetzung von Wärmeverlust $A \cdot k \cdot \Delta\vartheta_m$ und der Verringerung des Wärmeinhalts $\dot{V} \cdot c \cdot \Delta\vartheta$ des Wärmeträgers.

5. Eine große Rolle spielt eine sorgfältige **Montage,** wobei vor allem die Anforderungen an Aufhängungen, Befestigungen, Dichtheit, Reinigungsmöglichkeiten und insbesondere an Brandschutz (Kap. 8.5) und Schallschutz (Kap. 11) hervorzuheben sind.

   - Da die Kanalmontage sehr kostenintensiv ist, müssen alle möglichen **Rationalisierungsmaßnahmen** ausgeschöpft werden, wozu auch eine komplette Werkzeugausrüstung, geeignete Stand- und Hebegeräte (evtl. verstellbare Gerüste) und ein umfangreiches Sortiment von Kleinmaterialien gehören. Hinweise zur Ausführung und **Kanalaufmaß** vgl. Kap. 8.4.5.

   - Erst eine sorgfältige **Montagezeichnung,** aus der man den genauen Kanalverlauf nachvollziehen kann,

ermöglicht eine gewissenhafte Montage. Insbesondere sollten kompliziertere Teilstrecken mit zahlreichen Formstücken in mehreren Ansichten dargestellt sein.
Bei einer größeren Anzahl von Kanal- und Formstücken werden schon bei der Fertigung alle Teile an der Oberseite **durchnumeriert** zur Reduzierung der Montagezeit und zur Vermeidung von Verwechslungen.

- Die **Aufhängungen** (z. B. Abb. 8.30, 8.37), gleichgültig ob mit Lochband, Gewindestab, Brücke, Eckwinkel, ob mit Schelle oder Halbschale mit Gewindestab u. a., werden in der Regel mit Dübeln am Bauwerk befestigt. Der Abstand der Aufhängungen hängt vom Kanalquerschnitt und von der Kanalart ab und liegt bei etwa 2,5 bis 3 m (möglichst in Flanschnähe), bei steifen Kanälen etwa 4 m, bei Flexrohren etwa 1 bis 1,5 m.
- Bei Decken und Wanddurchführungen müssen Kanäle und Lüftungsrohre mit einer schalldämmenden Umkleidung (z. B. Mineralfasern) versehen werden.
- Das Kanalsystem sollte reinigungs- und inspektionsfähig sein. Wichtig ist dabei, daß die Deckel auch bei wiederholter Betätigung die oben erwähnte erforderliche Dichtheit gewährleisten. Revisionsöffnungen werden in der Nähe von Bogen und Abzweigen angebracht (in der Praxis werden sie wegen Dichtheitsproblemen meistens weggelassen).

Wirtschaftliche Anforderungen

Alle genannten Anforderungen verursachen Kosten, und es gilt nun, möglichst ein Kostenminimum zwischen Anschaffungs- und Betriebskosten zu erreichen. Die Kosten eines Kanalnetzes (Montage und Lohn) schwanken sehr und liegen etwa zwischen 25 bis 50 % der gesamten Installationskosten, wobei der Prozentsatz vorwiegend von folgenden Einflußgrößen abhängt:

a) von der **Art der RLT-Anlage,** z. B. ob Lüftungsanlage, Klimaanlage (Ein- oder Zweikanalanlage) und von der vorgesehenen bzw. möglichen Kanalgeschwindigkeit.

b) von der **Kanalart und Kanalabmessung,** wie z. B. das Verhältnis zwischen Umfang und Querschnitt. So kann bei einem Seitenverhältnis von 3 : 1 das Kanalnetz 20 bis 30 % teurer werden als ein quadratisches (bei 6 : 1 bis etwa 80 %). Ein runder Querschnitt ist mind. 30 % billiger als ein quadratischer. Eine große Rolle spielen selbstverständlich das gewählte Material und die Befestigung.
Industriell gefertigte Kanäle sind nicht nur im Preis, sondern auch in der Qualität günstiger.

c) von der **Kanallänge und Kanalverzweigung,** wobei hierzu die Anzahl und Ausführung der Formstücke, die Anzahl der Luftdurchlässe, die Verbindungstechniken und das Montagezubehör gehören.

d) von der **Qualität des Verteilsystems,** d. h. von den Anforderungen hinsichtlich der Korrosionsbeständigkeit, der Dichtheit, den Ansprüchen an die Luftdurchlässe, den baulichen Gegebenheiten u. a.

8.4.2 Kanalarten - Rohre - Formstücke - Montage

Die Herstellung von verschiedenen Lüftungsrohren, Rechteckkanälen und Formstücken erfolgt vor allem in kleineren Betrieben – insbesondere bei individuellen Sonderanfertigungen – noch vorwiegend manuell bzw. mit den verschiedenen Blechbearbeitungsmaschinen, während bei größeren Betrieben die Serien- und Fließbandfertigung dominiert. Anstelle von Blechtafeln verwendet man hier für die Kanalherstellung Blechrollen, die maschinell abgespult und anschließend mit elektronisch gesteuerten Blechscheren beliebig und mit geringstem Verschnitt verarbeitet werden. Automatisiert sind auch sämtliche Stanz-, Kant- und Falzvorgänge. Für Lüftungsrohre gibt es automatische Rohrwickelmaschinen. Weniger rationell geschieht die Herstellung von Formstücken für Rechteckkanäle, da die Ausführungsformen sehr vielfältig und oft individuell sind.

8.4.2.1 Blechkanäle und Kanalformstücke

Die Vorteile der Rechteckkanäle, gleichgültig ob aus verzinktem Blech, Edelstahl, Aluminium, Kunststoff usw., sind die gute Anpassungsfähigkeit an Form und Querschnitt, keine „toten" Ecken, der geringe Bedarf an Raumhöhe (auch bei großen Volumenströmen), Verlegung größerer Kanäle in abgehängte Decken sowie das einfache Einschneiden und Anbringen großer langer Gitter.

Je nachdem, ob die Kanäle gefalzt oder geschweißt sind, wird der Kanal mit **Form *F* oder *S*** gekennzeichnet, und je nachdem, für welchen Überdruck der Kanal vorgesehen ist, unterscheidet man **3 Stufen:** Stufe 10: bis ± 1000 Pa, Stufe 25: bis ± 2500 Pa und Stufe 63: bis ± 6300 Pa.

Beispiel: Gefalzter Blechkanal der Form *F* und der Stufe 10 mit den Nennmaßen a = 630 mm, b = 400 mm, Länge 2 m: **Kanal DIN 24 190 F 10 - 630 × 400 × 2000**.

Abb. 8.27 Rechteckkanäle

Abb. 8.28

Abb. 8.29 Rechteckkanäle und Geräte auf einem Dach

Die **Nennmaße** von Rechteckkanälen, die beliebig kombinierbar sind, gehen aus Tab. 8.11 hervor, die **Blechdicken** aus Tab. 8.12. Kanallängen < 900 mm zählen nach DIN 24 191 zu den Kanalformstücken.

Hierzu noch einige Hinweise:

1. **Die fettgedruckten Maße sind zu bevorzugen,** wobei die zulässigen Abweichungen 0 bis 3 mm für die Kantenlänge bis 2000 mm, 0 bis 4 mm bis 4000 mm und 0 bis 5 mm bis 8000 mm betragen dürfen. In Abweichung von ISO-Normen beziehen sich die Nennmaße auf Außenmaße.

Tab. 8.11 Nennmaße für gefalzte und geschweißte Blechkanäle nach DIN 24 190 (Kantenlängen)

100	132	**180**	236	**315**	425	**560**	750	**1000**	1320	**1800**	2360	**3150**	4250	**5600**	• **Fettgedruckte Nennmaße bevorzugen**
106	**140**	190	**250**	335	**450**	600	**800**	1060	**1400**	1900	**2500**	3350	**4500**	6000	
112	150	**200**	265	**355**	475	**630**	850	**1120**	1500	**2000**	2650	**3550**	4750	**6300**	• Blechdicke vgl. Tab. 8.12
118	**160**	212	**280**	375	**500**	670	**900**	1180	**1600**	2120	**2800**	3750	**5000**	6700	• Nennmaße sind Außenmaße
125	170	**224**	300	**400**	530	**710**	950	**1250**	1700	**2240**	3000	**4000**	5300	**7100**	• DIN 24190 Ersatz für 24156

2. Das **Seitenverhältnis** soll möglichst < 1 : 3 sein, und eine Kantenlänge < 100 mm soll vermieden werden. Der Einfluß des Seitenverhältnisses auf den Druckverlust wird im Kap. 8.2.2 erläutert.
3. Die **Mindestblechdicke** hängt von der Kanalform, von der Druckstufe und von der größten Kantenlänge ab (Tab. 8.12).

Tab. 8.12 Blechdicken für gefalzte und geschweißte Kanäle nach DIN 24 190

Form	Kantenmaß (mm)	bis 530	1000	2000	4000	8000	**Form**	Kantenmaß (mm)	bis 250	1000	4000	8000
F (gefalzt)	Stufe[1)] 10 (1 + 4)	0,6	0,8	1,0	1,1	–	**S** (geschweißt)	Stufe 25[1)] (2 + 5)	–	1,5	3,0	4,0
	Stufe 25 (2 + 5)	0,7	0,9	1,1	1,2	–		Stufe 63 (3 + 6)	1,5-	2,0	4,0	5,0

[1)] Blechkanalstufe 10 gilt für einen zulässigen Überdruck von +1000 bzw. −1000 Pa; Stufe 25 für +2500 bzw. −2500 Pa; Stufe 63 für +6300 bzw. −6300 Pa.

4. Als **Werkstoff** verwendet man bei Form *F* bis 0,9 mm Blechdicke: St 02 Z 275 NA nach DIN 17 162 Teil 2 und ab 1 mm: St 03 Z 275 NA nach DIN 17 162 Teil 1. Bei Form *S*: USt 37-2 nach DIN 17 100. Andere Werkstoffe sind besonders zu vereinbaren.
5. Von den vorstehend angegebenen **zulässigen Überdrücken** (Stufe 10 bis 63) sind nicht nur die Wanddicken, sondern auch die Verbindungsart und die entsprechend den gewählten Flächenmaßen erforderlichen Versteifungen abhängig.
6. Die **Druckstufen als Klammerwerte** in Tab. 8.12 beziehen sich auf Kanalformstücke, die in folgende sechs Druckstufen unterteilt werden. Stufe 1: bis max. 1000 Pa; Stufe 2: bis 2500 Pa; Stufe 3: bis 6300 Pa; Stufe 4: bis − 630 Pa; Stufe 5: bis − 1000 Pa; Stufe 6: bis − 2500 Pa.
7. Die in der **DIN 24 156 und 24 157** (7.66) angestrebte Kanalteilung in Reihe 0 bis 4 hat sich als wenig praktikabel erwiesen. In der DIN 24 190 haben sich Titel und Inhalt stark verändert.

8. Die **Ausführung** wie Form, Lage, Falz- bzw. Schweißnahtanzahl erfolgt nach der Wahl des Herstellers.
9. Hinsichtlich der **Abweichungen bei Kanallängen** sind ± 3 mm (über 900 bis 1000 mm), ± 4 mm (über 1000 bis 2000 mm) und ± 5 mm (über 2000 mm) zulässig.

Bei der Herstellung und Montage interessieren – wie unter Kap. 8.4.1 erläutert – neben den konstruktiven Anforderungen wie Dichtheit, Werkstoffauswahl, Dämmaßnahmen, Flächenversteifungen usw. vor allem die Verbindungsarten und **Befestigungsmöglichkeiten.**

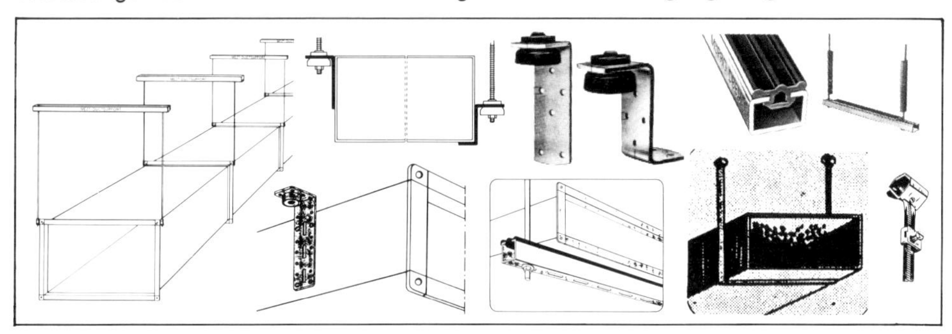

Abb. 8.30 Befestigung von Lüftungskanälen (Fa. Müpro; Metz)

In Abb. 8.31 werden verschiedene **Blech-Kanalverbindungen** älterer und neuerer Ausführungsarten dargestellt; a bis m als Stoß und n als Längsverbindung:

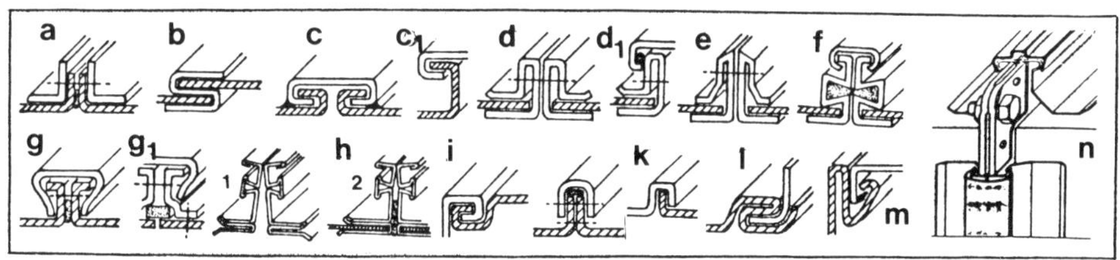

Abb. 8.31 Verbindungsarten von Lüftungskanälen

a) Winkelstahlverbindung: älteste Verbindungsart, große Stabilität, sehr kostenintensiv, hier mit umgebördelten Endstücken und selbstklebender Gummidichtung, Rahmen auf Kanalende aufgepunktet; keine Anwendung mehr. **b) S-Schieber-Verbindung** (einfache Steckverbindung; höchstens noch für kleine Kanalmaße und bei geringen statischen Drücken; Absicherung durch Blindnieten, Abdichtung z. B. durch selbstklebende PVC-Bänder; **c) Einfache Schiebeleisten-Verbindung** (C-Schiene), nach Montage meist eingedichtet; **c_1)** als sog. **UC-Schiene** mit wirksamerer Dichtfläche und höherer Steifigkeit; Gefahr von Leckverlusten an den Ecken; **d) Spannflanschverbindung,** an den Ecken durch eine Schraube abgesichert; bei größeren Seitenlängen mit zusätzlicher Schiebeleiste (d_1); **e) Spannflansch-Verbindung** wie d) jedoch mit größerem angeschrägtem Profil, für größere Seitenlängen; **f) Schiebeleisten-Flanschverbindung** mit speziellem Dichtungsprofil; **g) Treibschieber-Verbindung** mit UT-Schienen, bei g_1 mit aufgepunkteter Kehlflansch-T-Schiene und zwei Dichtungen; **h) Schiebeleisten-Flanschverbindung** mit Vorspannung; ungespannt (1) verschraubter Zustand mit eingelegter Flanschdichtung (2); **i) Zargenfalz,** Längsverbindung als Eckfalz (Abb.) oder als Flächenfalz; stabiler Doppelfalz, innerhalb oder außerhalb des Kanals; **k) Stehfalz,** einfach oder mit U-Leiste, Kanalversteifung in Längsrichtung; nach innen verlegt oder als Stoßfalz (selten); **e) Pittsburgfalz** (als Eckfalz), am linken Teil ein Falz, am rechten Teil ein Bord; nach dem Zusammenstecken wird umgebördelt; **m) Schnappfalz,** eingestanzte Nocken haken beim Eindrücken des rechten Teils in die federnde Nut; **n) Einsteckwinkel,** dichte stabile und sehr gebräuchliche Verbindung.

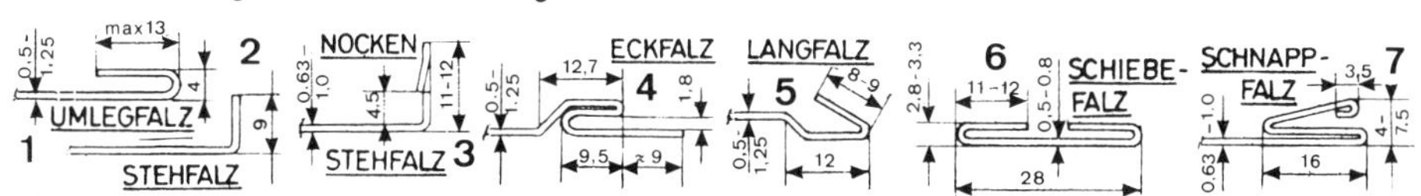

Abb. 8.31a Materialzugaben zur Herstellung von Falzen

zu 1) einseitig ≈ 9 mm; zu 5) je Falz ≈ 12–14 mm;
zu 2) beiderseits ≈ 22 mm; zu 6) Streifenbreite ≈ 52 mm;
zu 3) einseitig ≈ 24 mm; zu 7) beiderseits 68 mm
zu 4) je Falz ≈ 9 mm;

Blechkanalformstücke

Für die Formstücke nach DIN 24 191 (Abb. 8.32) gelten dieselben oder ähnlichen Angaben wie für Blechkanäle: Form, Nennmaße (Tab. 8.11), Blechdicke (Tab. 8.12), Werkstoff, Druckstufen. In der DIN 24 195 werden für diese Formstücke zur Ermittlung der Oberflächen Formeln für die größte Länge des Umfangs und größte Kantenlänge angegeben (vgl. Abb. 8.46). Diese Norm gilt entsprechend auch für andere nichtgenormte Formteile.

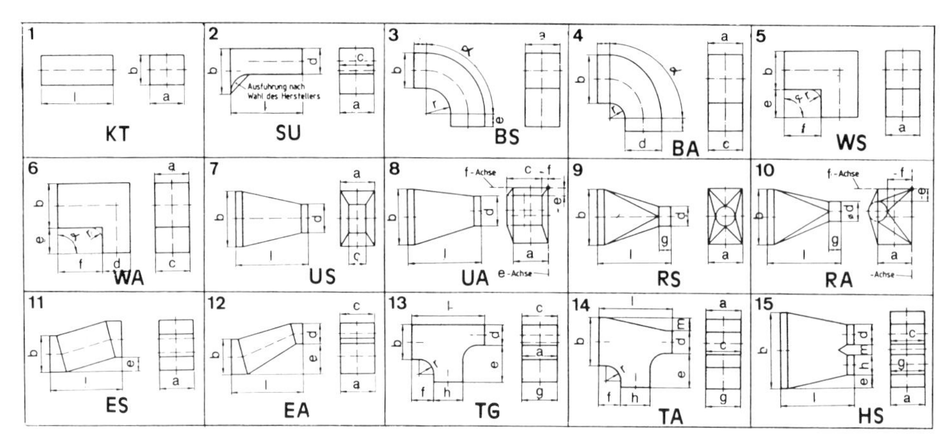

Abb 8.32 Blechkanalformstücke, gefalzt oder geschweißt, nach DIN 24 191
1 Kanalteil; 2 Übergangsstutzen; 3 Bogen; 4 Bogenübergang; 5 Winkel (Knie); 6 Winkelübergang; 7,8 Übergang; 9,10 Rohrübergang; 11 Etage; 12 Etagenübergang; 13,14 T-Stück; 15 Hosenstück

8.4.2.2 Blechrohre - Wickelfalzrohre - Formstücke

Die großen **Vorteile runder Kanäle,** wie weniger Material und Wärmedämmung, preisgünstige Herstellung, einfache Montage, geringe Druckverluste, hohe Dichtheit usw., haben diese Kanalform stark in den Vordergrund gerückt.

Die Eckflächen der Räume bleiben allerdings ungenutzt, und in Zwischendecken sind sie schlecht unterzubringen (Nachteile).

Bei den Blechrohren („runden Kanälen") für RLT-Anlagen unterscheidet man zwischen längsgefalzten Blechrohren, geschweißten Blechrohren, Spiralwickelfalzrohren, Edelstahlrohren und vereinzelten Sonderformen.

a) Längsgefalzte Blechrohre

Diese in der Regel aus verzinktem Blech dargestellten Rohre sind nach DIN 24 152/E (12.88) genormt und werden in folgenden Nennweiten angegeben:

Tab. 8.13 Nennweiten und Wanddicken für längsgefalzte Lüftungsrohre

100	112	**125**	140	**160**	180	**200**	224	**250**	280	**315**		Dicke (mm)	0,6	0,8	1,0	1,2
355	**400**	450	**500**	560	**630**	710	**800**	900	**1000**	1120	**1250**	Ø (mm)	100-180	bis 560	bis 900	bis 1250

wobei die fettgedruckten Nennweiten (Innendurchmesser) zu bevorzugen sind. Sie sind den Kanten bei Rechteckkanälen angepaßt.

Weitere Hinweise:

1. Die **zulässigen Überdrücke** (gültig für Rohrlängen von 2 m) gelten für Nennweite 100 bis 280 mm von - 2500 bis 6300 Pa ohne Versteifung und von - 6300 bis + 6300 Pa (mit beidseitigem Flansch), für Nenn-

weite 315 bis 500 mm von - 500 bis 2500 Pa (bzw. - 2500 bis + 6300 Pa) und für Nennweite 560 bis 1250 mm von - 100 bis + 2500 Pa (bzw. von -2500 bis + 6300 Pa).

2. Die in Tab. 8.13 angegebenen **Wanddicken** entsprechen denen der Wickelfalzrohre; ebenso die **Grenzabmaße** von + 0,4 mm bis 140 mm; + 0,5 mm bis 224 mm; 0,6 mm bis 280 mm; + 0,7 mm bis 355 mm; + 0,8 mm bis 450 mm; + 1,0 mm bis 560 mm; + 1,2 mm bei 630 mm; + 1,4 mm bei 710 mm; + 1,6 mm bei 800 mm; + 1,8 mm bei 900 mm; + 2 mm bei 1000 mm; + 2,2 mm bei 1120 mm; + 2,5 mm bei 1250 mm.

b) Geschweißte Blechrohre

Bei diesen Lüftungsrohren, bestehend aus dem Werkstoff St 37-2, schwarze Oberfläche, unterscheidet man die Reihe 1 (Teil 1 der DIN 24 151) und die Reihe 2 (Teil 2 der DIN 24 151). Der Unterschied der beiden Reihen liegt vor allem in der Wanddicke und somit in den zulässigen Überdrücken und in den Grenzabmaßen. Die Anwendung bezieht sich fast ausschließlich auf den industriellen Bereich.

Weitere Hinweise:

1. Die genormten **Nennweiten** entsprechen denen von Tab. 8,13, hinzu kommen noch die Durchmesser 1400, 1600, 1800 und 2000 mm.
2. Die **Wanddicken** betragen bei Serie 1 bis ∅ 250 mm 1,5 mm, bis ∅ 1000 mm 1,25 mm und bis ∅ 2000 mm 1,5 mm; bei Serie 2 bis ∅ 250 mm 1,0 mm; bis ∅ 500 mm 2 mm, bis 2000 mm 3 mm (Gewicht von 3,64 bis 146 kg/m!). Die Grenzabmaße sind jeweils - 1,5 mm bis 125 mm; - 2 mm bis 500 mm, - 2,5 mm bis 1000 mm, - 2,5 mm bis 2000 mm.
3. Die **zulässigen Überdrücke** gehen bei Reihe 1 und bis ∅ 500 mm von - 6,3 bis + 10 kPa, bis ∅ 1000 mm von - 6,3 bis + 10 kPa und bis ∅ 2000 mm von - 5 bis + 10 kPa; gültig für unversteifte Rohrlängen von 2 m. Bei größeren Rohrlängen reduziert sich der zulässige Druck beachtlich (kann anhand von Diagrammen ermittelt werden).

Genormte Verbindungsarten nach DIN 24 150 E für längsgefalzte Blechrohre, Wickelfalzrohre und Formstücke:

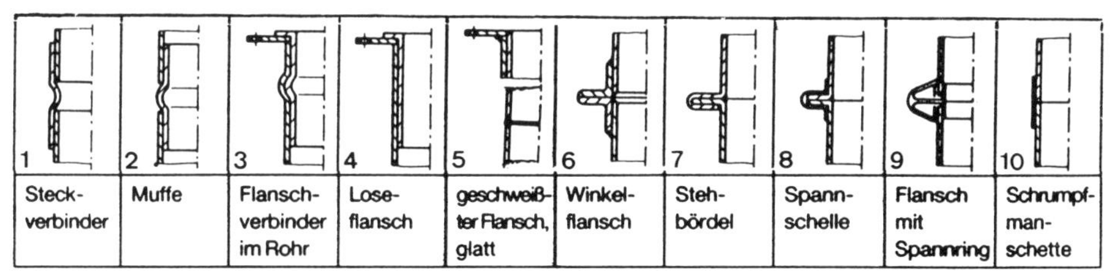

Abb. 8.33 Verbindungsarten nach DIN 24 150 (Auswahl)

Zu 1: Mit **Steckverbinder** in das Rohr nach DIN 24 145 und 24 152 eingesteckt und nach Bedarf mit Schrauben, Nieten oder Dichtungsband befestigt; **zu 2:** mit **Muffe** (DIN 24 147 Teil 12) auf das Formstück aufgesteckt, befestigt wie bei 1; für alle Formstücke nach DIN 24 147; **zu 3:** mit **Flanschverbinder und Flachflansch** nach DIN 24 154, in das Rohr eingesteckt und durch Sicken befestigt, für Rohre DIN 24 145 und 24 152, nichtlösbare Verbindung, Flansch drehbar; **zu 4:** wie bei 3, jedoch lose in Rohr eingesteckt, drehbarer Flansch wird an Baustelle befestigt; **zu 5:** Flachflansch, glattes Rohrende und angeschweißter Flansch; **zu 6:** mit **Winkelflansch** (am Rohrende angeschweißt), Naht geheftet oder durchgeschweißt nach Vereinbarung, vorwiegend für Rohre nach DIN 24 151; **zu 7:** mit **Bördel** (Stehbördel), vorwiegend für Rohre nach DIN 24 152; **zu 8:** mit **Spannschelle,** Rohrende umgebördelt, Spannschelle mit Spannschloß; **zu 9:** mit **Flanschprofil und Spannring,** Profile aufgesteckt und nach Bedarf befestigt, mit Spannring verbunden, vorwiegend für Rohre nach DIN 24 145, 24 152; **zu 10:** mit **Schrumpfmanschette,** glatte Rohrenden mit Kalt- oder Warmschrumpfband verbunden, vorwiegend für Rohre ohne Anforderungen an Druck. Bei den Ausführungen 6 bis 10 ist die Ausführung der Verbindung mit dem Hersteller zu vereinbaren.

c) Wickelfalzrohre

Während früher die Lüftungsrohre ausschließlich aus zugeschnittenen Blechteilen hergestellt wurden, geschieht dies heute überwiegend mit modernen Rohrwickelmaschinen durch Wendelfalzung (Zargenfalz) aus Schmalbandrollen. Sie stellen in den meisten Fällen die wirtschaftlichste Lösung dar und haben dadurch die Rechteckkanäle vielfach verdrängt.

Vorteile der Wickelfalzrohre:

Bezogen auf freien Querschnitt geringster Materialaufwand; preisgünstiger als Rechteckkanal (selbst 2 bis 3 Rohre sind billiger als ein rechteckiger mit gleichem Volumenstrom); große Steifigkeit (nur bei Durchmesser $>$ 1000 mm und hohen Drücken wird u. U. eine zusätzliche Aussteifung erforderlich); hohe Belastbarkeit durch den wendelförmig verlaufenden Falz; anwendungsorientierte Fertigung (verzinkt, Alu, Edelstahl); optimales Gewicht; umfassendes Programm von Formteilen; Möglichkeit zur injektorartigen Einführung in Abluftkanälen zur Verbesserung des Druckabgleichs (vgl. Punkt 5 unter 8.3.5); höhere Schalldämmwerte bei tiefen Frequenzen; geringere Kosten für Wärmedämmung; hohe Dichtheit; einfache Montage (Rohrhalterungen $<$ 6 m nur in Sonderfällen erforderlich); geringe Druckverluste (vgl. Abb. 8.15); große Fertigungslängen.

Abb. 8.34 Objektbeispiele mit Wickelfalzrohren; Rohrtrasse, Rohre mit Drallauslässen, Rohrabzweigungen mit Telefonieschalldämpfer (Witzenmann; EMCO)

Die vielfältigen, meist gepreßten **Formstücke** wie Bogen, Etagen, Reduzierungen, Abzweige, Kreuzstücke, Hosenstücke, Reinigungsöffnungen, Endstücke usw. sind ebenfalls nach den Durchmessern für Rohre (Tab. 8.13) abgestuft. Nach Angaben, Zeichnungen und Wünschen können vom Hersteller auch vormontierte Baugruppen einschließlich Luftdurchlässe bezogen werden.

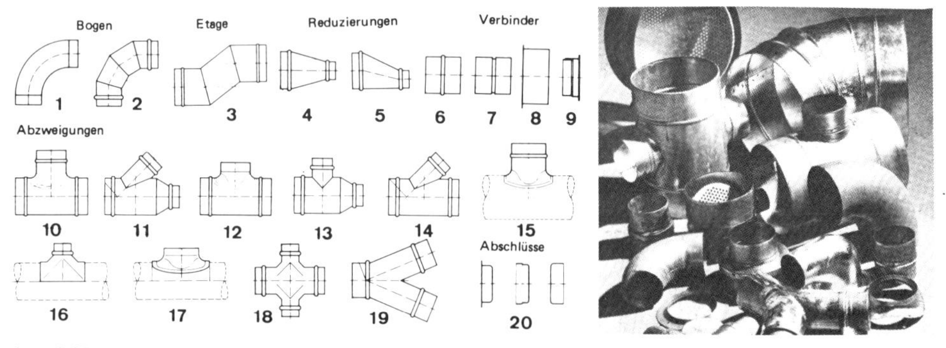

Abb. 8.35 Formstücke für Lüftungsrohre

Bei den **Verbindungen** unterscheidet man zwischen festen und lösbaren Verbindungen. Im wesentlichen geschieht der Zusammenbau von Rohr – Rohr, Rohr – Formstück oder Formstück – Formstück mit Schrumpfband, mit Flanschring, mit Flanschen oder mit speziellen Dichtsystemen.

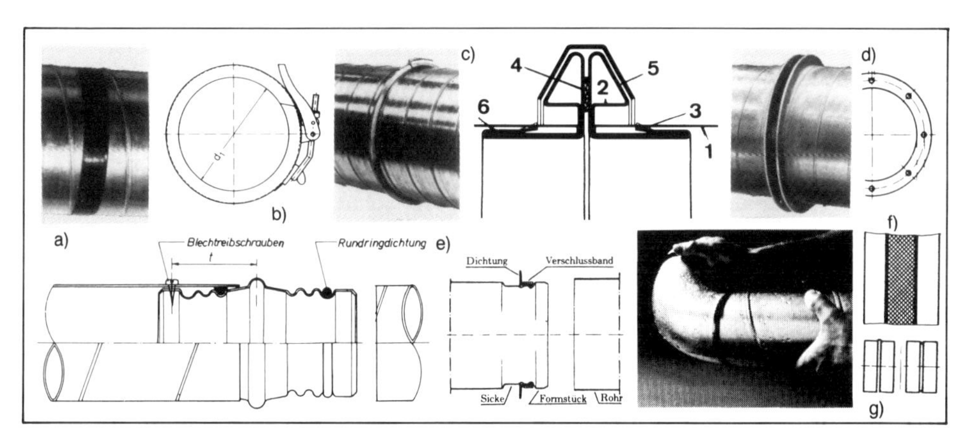

Abb. 8.36 Verbindungsarten für Lüftungsrohre und Formstücke
a) Schrumpfband; b) Schnellverbinder; c) Flanschring-Spannring; d) Flanschverbindung; e) Steckverbindungen mit Dichtungen; f) Segeltuchband; g) einfache Steckverbindung

Bei der **Stoßverbindung** als einfachste und billigste Verbindungsart werden die Rohrenden über die Muffe oder Steckverbindung hineingeschoben und mit selbstklebendem Kunststoffband abgedichtet.

Bei der **Schrumpfverbindung** wird das überlappte innenbeschichtete Schrumpfband mit Propangasbrenner oder Heißluftgerät ringsum auf etwa 150 °C gleichmäßig erwärmt, bis der Schmelzkleber seitlich austritt. Durch die Aushärtung des Bandes wird die Verbindungsstelle mechanisch gefestigt; weitere Elemente wie Schrauben oder Nieten erübrigen sich. Maximale Schrumpfung bis 15 %, Rollenlänge 25 m, 50/75/100 mm breit, Schrumpfzeit etwa 10 s bei DN 160. Bei der Verwendung von **Flansch-Spannringverbindungen** müssen die Rohre mit Bundkragen ausgerüstet werden. Die Formstücke erhalten einen entsprechenden Bord. Wie Abb. 8.36c zeigt, wird auf das Rohr (1) ein Flanschring (2) aufgeschlagen, der durch den Spreizrand (3) festgehalten wird. Das Dichtungsband (4) zwischen den Flanschen (5) ist mittig aufgeklebt. Über den Flansch wird dann der Spannring (6) angebracht. **Flanschverbindungen** verwendet man zur Erhöhung der Einbeulsteifigkeit bei größeren Durchmessern und extremen Drücken.

Bei **speziellen Dichtsystemen** wird auf jedem Einsteckstutzen der Verbinder oder Formstücke mit werksmontierter Dichtung befestigt (meist Lippendichtung aus Gummi). Wenn das Verbindungsstück in das Rohr eingesteckt wird, werden die Lippen der Dichtung gegen die Rohrinnenwand gepreßt. Die überwiegende Anwendung ist begründet durch folgende **Vorteile:** geringe Montagezeit, hohe Luftdichtigkeit, keine Dichtmasse und Klebebänder, unempfindliche Handhabung und schnelles Auswechseln der Dichtung.

Aufhängungen und Befestigungen von Lüftungsrohren

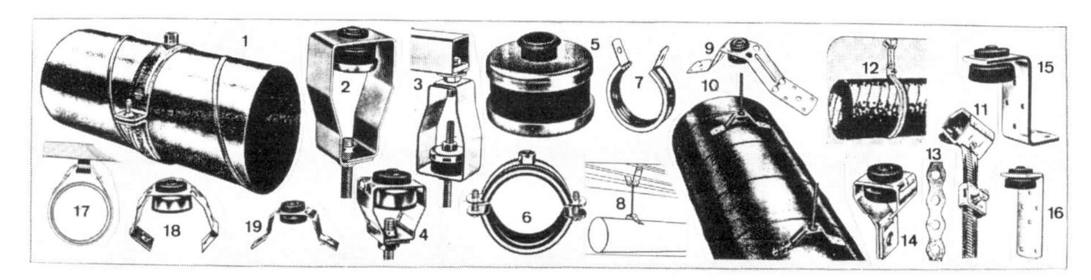

Abb. 8.37 Aufhängungen und Befestigungen für Wickelfalzrohre

1 Montierte zweiteilige Schelle mit aufgeschweißtem Anschlußgewinde M 8, Zubehör: Ösen, Gewindestift, Spannschloß, Blattschrauben, Pendelaufhänger; **2, 3)** Schallschutzaufhänger mit elastischem Federelement (Schallpegelverbesserung etwa 17 dB(A) im Mittel), nachträgliche Höhenregulierung bis 5 cm, **4)** Schallschutzaufhänger mit Gewindestange befestigt; **5** Dämmpuffer, M 8 und M 10, wird direkt am Befestigungspunkt montiert; 6 Desgl. wie 1, jedoch mit Schalldämmeinlage; **7)** Industrierohrschelle, einteilig, mit Dämmeinlage; **8, 9, 10** Lüftungsrohr mit Luftkanalbefestiger, schmiegbar für verschiedene Durchmesser, angenietet, Montage mit Gewindestäben; **11, 12** Stahlband mit Gewindezahnung, Schallschutzeinlage, selbstsichernd, exakte Feinregulierung, auch für Wandbefestigung; **13** Lochband, lieferbar in Rollen, in verschiedenen Breiten; **14** Schallschutzaufhänger für Bandmontagen, 55 mm hoch; **15, 16** Luftkanalwinkel bzw. Doppelwinkel als Decken- oder Wandbefestigung (Rechteckkanäle); **17** Lüftungsrohr mit Kanalbefestiger, Stahlband oder Lochband an Decke montiert; **18** vgl. 4; **19** vgl. 14.

8.4.2.3 Flexible Rohre und Schläuche

Flexible Rohre, auch als „Flexrohre“ bezeichnet, sind aus einem oder mehreren Bändern gewickelte metallische Rohre mit verrillter Wandung. Sie werden vorwiegend aus dünnwandigen Aluminiumfolien (0,05 bis 3 mm) durch Überlappen und Verfalzen gefertigt. Im Gegensatz zu den starren Wickelfalzrohren sind sie von Hand ohne Vorrichtung biegbar.

Zahlreiche **Anforderungen und entscheidende Eigenschaften,** wie Festigkeitseigenschaften, technologische Eigenschaften und verarbeitungsbezogene Eigenschaften zur Beurteilung von Qualität und Eignung sind in der **DIN 24 146** festgelegt. Durch diese Güte- und Prüfbestimmungen ist somit der Anwender vor minderwertigen Ausführungen geschützt.

Für biegsame Rohre aus metallischem Werkstoff gibt es auch eine Gütegemeinschaft (für Alu-Rohre RAL-RG 698/1 von 1984). Die Basis ist zwar die DIN 24 146, doch wurden deren Anforderungen in einigen Punkten verschärft.

Abb. 8.38 Flexible Rohre (Fa. Witzenmann)

Abb. 8.39 Flexible Rohre als Verbindungskanäle vom Hauptkanal zum Luftdurchlaß (Schlitzauslässe)

Nach der DIN 24 146 unterscheidet man zwischen folgenden **drei Ausführungsarten** (Güteklassen), die Auskunft über die Kriterien, wie Biegeradius, Biegemoment, Scheiteldruckfestigkeit usw., geben, nach denen letztlich das Einsatzgebiet bestimmt wird. Für besondere Anforderungen, wie z. B. erhöhte Scheiteldruckfestigkeit, Temperaturbeständigkeit, chemische Beständigkeit, bieten die Hersteller z. T. spezielle Ausführungen an (z. B. Edelstahl).

Tab. 8.14 Ausführungsarten von Flexrohren

Art	Bezeichnung	Konstruktion(Rohraufbau)	Anwendung
A	**halbflexibel**	eine Lage Alu oder verzinktes Stahlband	normale Bedingungen
B	**flexibel**	eine oder zwei Lagen Aluminium	erschwerte Bedingungen
C	**vollflexibel**	drei Lagen Alu oder Stahlfolie	höchste Anforderungen

Hierzu noch einige Angaben und Bemerkungen:

- So kann z. B. die **Scheitelfestigkeit** bei *C* (die Kraft, die erforderlich ist, um den Außendurchmesser um 10 % auf 0,9 · d_i zu verformen) das Doppelte (bei 100 mm) bis Vierfache (bei 400 mm) gegenüber *A* betragen.
- Nach DIN beträgt die **Rückfederung** bei *A* 93 % der Ausgangslänge, 95 % bei *B* und 97 % bei *C*. Als **Mindestbiegeradius** werden dort für *A* 1,5 · d_i und für *B* und *C* 1,0 · d_i angegeben; auf diesen Radius müssen sich die Rohre biegen lassen, ohne daß sich der Durchmesser um mehr als 5 % verändert. Die **Biegehäufigkeit** wird hierbei mit 2 bei *A* und 5 bei *B* und *C* angegeben. Der **Berstdruck** soll mind. das 5fache des zulässigen Überdrucks nach Tab. 8.15 betragen. Der **Leckverlust** darf bei 1 kPa Überdruck höchstens 0,4 · 10^{-4} m^3/m^2 · s betragen.
- Die **Temperaturbeständigkeit** geht bei Alu bis 200 °C bei *A* (verzinkt bis 350 °C), bei Alu mit innenliegender aluplattierter Stahlfolie bis 450 °C und bei Edelstahl bis 600 °C (Firmenangabe). Alle Rohre müssen **Nichtbrennbarkeit** garantieren. **Lieferformen** bei Alurohren in Rollen (10, 15 oder 20 m), bei > 300 mm in Längen bis max. 8 m.

- Die **Anwendung** für *A* erfolgt vorwiegend in Be- und Entlüftungssystemen (einfache und preisgünstige Ausführung); die Ausführung *B* bietet umfassendere Einsatzmöglichkeiten in Lüftungs-, Klima- und Industrieanlagen; Ausführung *C* (enge Verrillung) nur für höchste Ansprüche in der Klima- und Absaugetechnik.

Im Teil 1 der DIN 24 146 sind die Anforderungen und **Maße** festgelegt, Teil 2 (vorgesehen für flexible Schläuche) ist wegen der geringen Nachfrage nie erschienen. In Teil 3 sind die Prüfungen von flexiblen Rohren festgelegt.

Tab. 8.15 Maße und zulässige Druckangaben für flexible Rohre nach DIN 24 146

Nennweite		DN	63	71	**80**	90	**100**	112	**125**	140	**160**	180	**200**	224	**250**	280	**315**	355	**400**	450	**500**
Außendurchmesser	unisoliert	mm	70	78	87	97	107	119	132	147	168	188	208	232	259	289	324	365	410	461	511
	x) isoliert	mm	–	119	132	147	157	167	187	187	207	231	257	287	307	322	362	410	460	510	–
Innendurchmesser		mm	63	71	80	90	100	112	125	140	160	180	200	224	250	280	315	355	400	450	500
	zul. Abw.	mm	+ 1,0 / 0								+ 1,5 / 0				+ 2,0 / 0					+2,5 / 0	
Zul. Überdruck		Pa	3150								2500				2000			1600		1250	1000
Zul. Unterdruck		Pa	3150								2500				2000			1600		1250	1000

*) aus Herstellerunterlagen

Fettgedruckte Nennweiten bevorzugen

Die **Durchmesser,** in Tab. 8.15 zusammengefaßt, sind denen der Wickelfalzrohre angepaßt, damit beide Rohrarten untereinander und mit den einzelnen Formstücken zusammengebaut werden können.

Bei der **Montage** müssen zunächst die vorstehenden Anforderungen und Anwendungskriterien beachtet werden. Mit einem Messer werden die Rohre auf die erforderliche Länge geschnitten (Abb. 8.40) und je nach Ausführung entsprechend gestaucht oder gezogen. Für Korrekturen ist ein mehrfaches Biegen möglich.

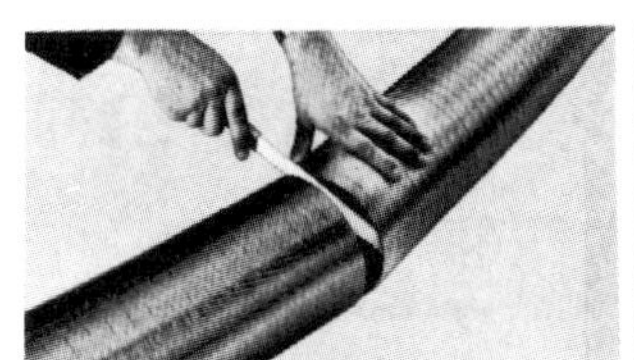

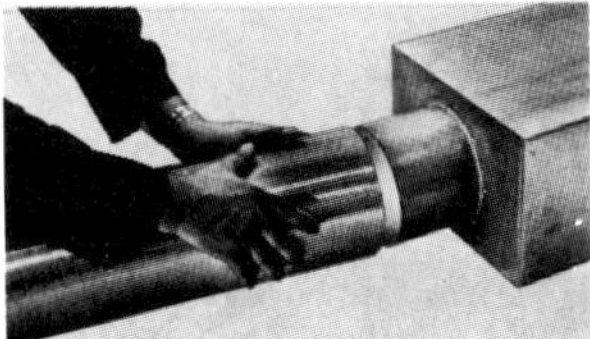

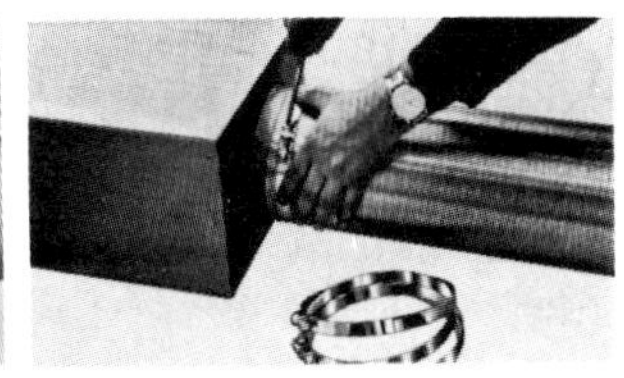

Abb. 8.40 Montage von flexiblen Rohren (Fa. Ohler)

Das **Biegen von extrem kurzen Rohrlängen** auf kleine Radien wird durch das Anbringen von Rohrverbindern an den Enden erleichtert. Außerdem tritt an den Rohrenden keine Verformung ein. Die Biegung sollte erst 100 mm nach dem Stutzen ausgeführt werden.

Zur **Befestigung** werden meist Bandschellen mit Schneckengewinde (Abb. 8.40) und zum Aufhängen selbstsichernde Stahlbänder mit Gewindezahnung (Abb. 8.37) verwendet. Letztere sollten zur Vermeidung von Vibrationen mit etwa 1 bis 1,5 m Abstand montiert werden, denn durch die geringe Masse und Instabilität sind Flexrohre diesbezüglich anfällig (für längere Leitungsstücke werden daher Wickelfalzrohre verwendet).

Die **Druckverluste von Bogen** können z. B. anhand von Diagrammen gleich in Pa abgelesen werden (vgl. Abb. 8.14 a), wobei der Winkel (45° oder 90°) und das Verhältnis *r*/*d* (2 oder 4) keine größere Unterschiede aufweist.

Durch **wärmegedämmte Flexrohre** (Abb. 8.41) kann man die Wärmeverluste und somit die Energiekosten drastisch verringern. Diese Rohre – meist in etwa 4 m Länge geliefert – lassen sich ebenfalls bis auf einen Mindestradius von 1,5 m biegen.

Wie aus dem Nomogramm Abb. 8.43 hervorgeht, ist der **Wärmeverlust** *q* (*W*/m) sowie der **Temperaturabfall** (K/m) der im Rohr strömenden Luft vom Wärmeleitkoeffizienten λ vom Durchmesserverhältnis (d_a/d_i außen/innen), d. h. von der Dicke der Wärmedämmung ($\approx$ 30 cm), vom Rohrdurchmesser d_a, von der Temperaturdifferenz zwischen Luft und Umgebung und vom Volumenstrom abhängig.

Beispiel (in Diagramm eingetragen)

d_i = 100 mm; Rohrlänge 10 m; $\dot{V}$ = 240 m³/h; $\lambda \approx$ 0,035 W/m² · K; Lufteintrittstemperatur 50 °C (geschätzte Mitteltemperatur 49,5 °C), $\vartheta_a = \vartheta_{Umgebung}$ = 20 °C..

Lösung: $d_a = d_i + 2 \cdot$ Wärmedämmdicke = 100 + 2 · 30 = 160 mm $\Rightarrow$ d_a/d_i = 1,6; $\Delta\vartheta = \vartheta_i - \vartheta_a$ = 49,5 K (geschätzt) – 20 = 29,5 K. Nach Diagramm 10 · 13 = **130 W;** $\Delta\vartheta$ = **10 · 0,16 = 1,6 K**

Abb. 8.41 Wärmeisoliertes flexibles Lüftungsrohr (Fa. Witzenmann)

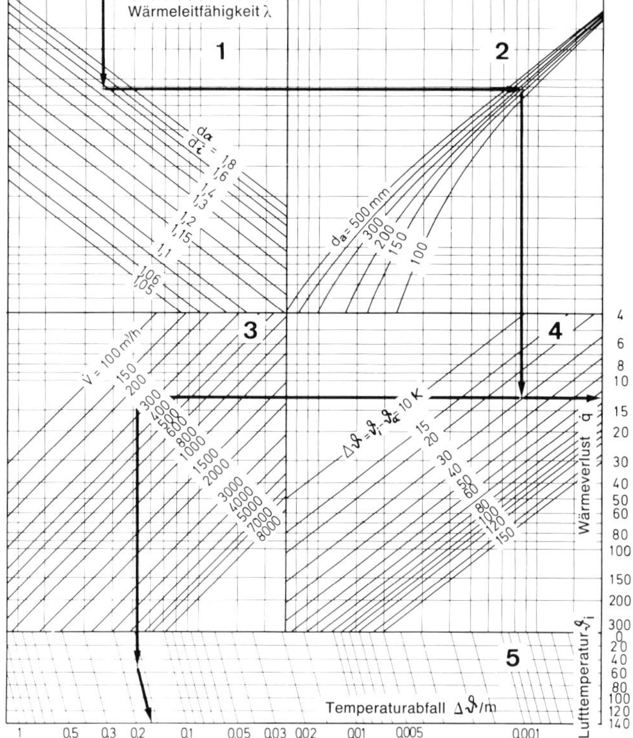

Abb. 8.42 Aufbau eines Telefonie-Schalldämpfers (Schnitt)

Abb. 8.43 Wärmeverluste und Temperaturabfall wärmegedämmter Flexrohre

Ein wichtiges Bauelement bei der Verlegung von Wickelfalz- oder Flexrohren ist der **biegsame Telefonie-Schalldämpfer,** dessen Aufbau aus Abb. 8.42 hervorgeht. Der in den sog. Absorptionsschalldämpfer eintretende Schall tritt durch die schalldurchlässige perforierte Kanalwand und wird je nach Absorptionsgrad im Schallschluckstoff in Wärme umgesetzt. Die Abmessungen (Nennweite) entsprechen Tab. 8.15.

Die Vergrößerung der Packungsdicke des Schallschluckstoffes (üblich Dicke 30 oder 50 mm) verbessert den Dämpfungseffekt bei niedrigen Frequenzen, während sich die Schalldämpferverlängerung günstig bei hohen und niedrigen Frequenzen auswirkt. Auch der gebogene Einbau bringt eine Verbesserung (Schalldämpferauslegung siehe Kap. 11).

Flexible Rechteckrohre können vor allem vorteilhaft in Zwischendecken, Doppelböden und in Geräten eingesetzt werden. Die zahlreichen Vorteile der Rundrohre können somit mit

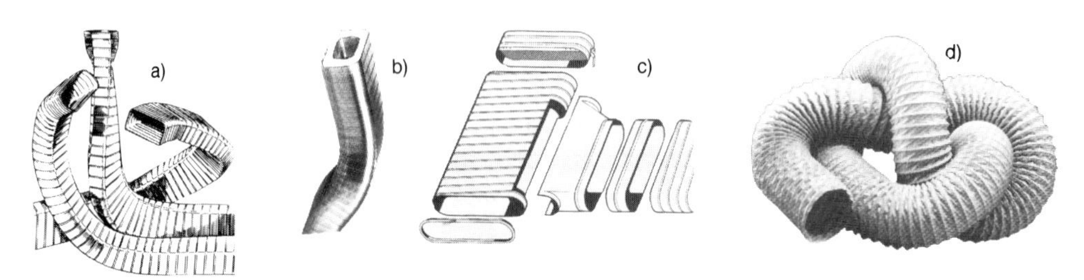

Abb. 8.44 Flexible Rechteckrohre (a); dsgl. mit Wärmedämmung (b), flachovale Wickelfalzrohre (c); flexible Schläuche (d).

denen der Rechteckkanäle kombiniert werden. Auch hier stehen zahlreiche Formstücke, auch Übergangsstücke auf rund, zur Verfügung.

Wahlweise gibt es auch **wärmeisolierte Doppelrohre** (Abb. 8.44 b) und Rohre mit **ovaler Querschnittsform** (ähnlich wie das in Abb. 8.44 c dargestellte flachovale Wickelfalzrohr) sowie rechteckige Schalldämpfer (1 oder 2 m lang), die in Breit- und Schmalseite gebogen werden können.

Neben den flexiblen Rohren gibt es auch **hochflexible Schläuche** aus einem PVC-beschichteten Polyamid- oder Polyestergewebe mit eingeschweißter Stahldrahtspirale (Abb. 8.44 d).

Die **Anwendung** erstreckt sich z. B. auf den Anschluß von Geräten, Luftdurchlässen, Klimaleuchten, für Absaugungen in der chemischen Industrie und überall dort, wo eine hohe Flexibilität und häufigere Biegungen verlangt werden.

Technische Daten sind bei den Herstellern sehr unterschiedlich (nicht genormt): z. B. DN 50 bis 400 mm; Lieferlängen 6 m; Temperaturbeständigkeit – 30 bis + 100 °C, schwerentflammbar; kleinster Biegeradius 0,7 · d_i; elastisch stauchbar auf etwa 40 %; axial auf das 15fache streckbar; zulässiger Überdruck 4 . . . 6 kPa, Unterdruck 1,2 bis 2,5 kPa.

Abschließend können die **Vorteile von flexiblen Rohren** wie folgt zusammengefaßt werden:

Geringes Gewicht, zeitsparende Montage, bequeme Handhabung, korrosionsbeständig und somit hohe Nutzungsdauer, nicht brennbar, Endlosfertigung (bis 50 m), geringer Kraftaufwand beim Biegen, hohe Flexibilität, enge Biegeradien, kann gestaucht und gestreckt werden, Fortfall von Krümmern und Kniestücken und somit geringere Einzelwiderstände, Variante in der Rohrform, flexible Schalldämpfer, einfachster Anschluß bei Geräten und Luftdurchlässen.

8.4.3 Kanalmaterialien

Wie schon unter Kap. 8.4.1 erwähnt, stehen hier vor allem die Kriterien Korrosionsbeständigkeit, Preis und Dichtheit im Vordergrund:

a) Blechkanäle

Unabhängig davon, ob rechteckige, quadratische, runde, ovale oder sonstige Querschnitte, wird am meisten verzinktes Stahlblech verwendet. Mit diesem Werkstoff können nämlich die zahlreichsten Anforderungen, wie einfache Bearbeitung, hohe Festigkeit, unempfindlich gegen Hitze, Frost, Stoß, geringer Druckverlust, Korrosionsbeständigkeit, preisgünstige Herstellung usw., am besten erfüllt werden.

Aus diesem Grund wird im Kap. 8.4.2 ausführlicher auf diese Blechkanäle, Blechrohre, Blechformstücke eingegangen.

Geschweißte **Schwarzblechkanäle** sind äußerst selten, höchstens bei extrem hohen Anforderungen an die Festigkeit und bei hohen Temperaturen (> 120 °C). **Edelstahl-Blechkanäle** verwendet man bei sehr korrosiver Luft.

b) Aluminiumkanäle

Während Rechteckkanäle aus Aluminium selten angewandt werden, vor allem dann, wenn Edelstahlbleche zu schwer sind, sind die flexiblen Rohre aus Aluminium heute eine Selbstverständlichkeit (Kap. 8.4.2.3). Die Verarbeitung und Verbindung erfolgen wie bei Stahlblechkanälen, wobei auf den geringeren Härtegrad des Alubleches zu achten ist. Nachteilig sind vor allem die hohen Anschaffungskosten und die Einschränkungen bei hohen Brandschutzanforderungen.

Aufgrund des großen Vorteils hinsichtlich der **Korrosionsbeständigkeit** erstreckt sich das Anwendungsgebiet auf chemische Betriebe, Papierindustrie, Textilfabriken, Entnebelungsanlagen u. a. Weitere Vorteile sind: geringeres Gewicht als Edelstahl und somit auch Erleichterungen bei der Montage. Vermeidung von Funkenbildung.

c) Faserzement (Ersatzmaterialien für Asbest)

Neben geformten Kanälen oder Schächten mit Formstücken gibt es vereinzelt auch Kanäle aus Platten, die sich sägen, bohren und nageln lassen. Sie werden ebenfalls als Fertigkanäle oder Formstücke geliefert oder an Ort und Stelle den baulichen Verhältnissen angepaßt. Die Längsstöße erhalten Blechwinkel, die Querstöße Winkeleisen oder Blechschieber.

Merkmale: hohe Festigkeit, Korrosionsbeständigkeit, Witterungs- und Frostbeständigkeit, leichte Verarbeitung, nicht brennbar, leichte Montage, bedingte Säurebeständigkeit, unbegrenzte Haltbarkeit, geringer Reibungswiderstand, leichte Verformungsmöglichkeit, Vorfertigung, eng abgestufte Abmessungen, schalldämmend.

d) Kunststoffrohre

Die Vorteile dieser Kanäle sind: chemische Beständigkeit gegen viele aggressive Gase und Dämpfe, geringes Gewicht und somit leichte Montage, einfache Wartung, schalldämmende Eigenschaften und dadurch vorteilhaft in der chemischen Industrie, Arzneimittelindustrie, Laborentlüftungen u. a. Gebräuchlichstes Material ist PVC-hart mit rundem oder rechteckigem Querschnitt und mit unterschiedlichen Wanddicken.

Hierzu jedoch folgende Bemerkungen und weitere Hinweise:

Die **Nachteile,** wie hohe Materialkosten, geringe Temperaturbeständigkeit, Brennbarkeit (PVC schwerentflammbar), behördliche Vorschriften, gesundheitsschädigende Auswirkungen im Brandfall (Entstehung von Chlorwasserstoffgasen), starke Längenausdehnung, keine Normung und keine einheitliche Regelung auf Bundesebene, sind so bedeutsam, daß **heute Kunststoffrohre nur noch in Sonderfällen genehmigt und eingesetzt werden.**

Die **Abmessungen** bei nahtlosen Rohren bis etwa 800 mm, darüber Spiralrohre bei Kanälen bis etwa 400 mm Kantenlänge. Herstellung größerer Kanäle aus Platten (geschweißt), vielfach mit Versteifungen. Als Stoßverbindung meist Flanschen mit selbstklebender PVC-Dichtung, bei kleinerem ∅ auch Muffenverbindungen durch Schweißen und Kleben.

Vereinzelt wird auch das Material **Polyethylen PE** verwendet, das zwar eine etwas höhere Temperatur zuläßt, aber dafür gegenüber PVC-hart verschiedene Nachteile besitzt. Eine noch höhere thermische Belastung hat **Polypropylen PP** (je nach Belastung bis etwa 100 °C), dafür ebenfalls entscheidende Nachteile (normal entflammbar, Sprödigkeit unter 0 °C, höhere Oxidationsempfindlichkeit, z. T. geringere chemische Beständigkeit u. a.). DIN 4741: PP-Rohre Teil 1 (84), Teil 2 (87), Teil 5 (88).

e) Bauliche und sonstige Kanalmaterialien

Außer den genannten Materialien gibt es auch bauseitig erstellte Lüftungsleitungen oder Lüftungsschächte aus Mauerwerk, Beton oder Stahlbetonteilen, Wandplatten aus Gips, Hohlräume in Wänden oder Decken usw.

Leichtbetonleitungen findet man häufig als Schachtbauteile aus Formstücken. Lüftungsschächte werden jedoch meist aus **Formstücken für Schornsteine** hergestellt. Ton- und Steinzeugrohre findet man nur ganz vereinzelt als Steigleitungen bei aggressiven Dämpfen – insbesondere in der chemischen Industrie. Die Verlegung ist nicht ganz problemlos.

Kanäle aus **Beton oder Mauerwerk** müssen bekriechbar bzw. begehbar sein. Für die Auslegung ist nach VDI 3803 der maximal mögliche Innendruck (Über- oder Unterdruck) anzugeben. Zuluftkanäle sollten wegen der großen Speicherkapazität wärmegedämmt werden; sie ergeben außerdem große Schwankungen im Temperaturregelkreis. Durch Dehnungs- und Setzrisse können große Leckverluste entstehen.

Eigenständige Kanäle mit Feuerwiderstandseigenschaft werden aus selbsttragenden Platten hergestellt. Nach Herstellerangaben werden hierfür verschiedene Materialien verwendet, wie Fibersilikat, Fasersilikat, Kalziumsilikat, zementgebundene Silikate usw., mitunter in Verbindung mit Verbundstoffen. Vergleichskriterien sind: Verarbeitung, Festigkeit, Belastbarkeit, Gewicht, Wanddicke, Dichtheit, Feuerwiderstandsfähigkeit bei Feuchtigkeitseinwirkung, Druckverlust.

8.4.4 Montagezeiten

Die Montage einer zentralen Lüftungsanlage bezieht sich neben der Geräteaufstellung fast ausschließlich auf das Kanalsystem und auf die dazugehörenden Einbauten. Zur Kalkulation der Lohnkosten werden in Tab. 8.16 Anhaltswerte (Höchstwerte) für Montage-Vorgabezeiten zusammengefaßt. Je nach Schwierigkeitsgrad können diese Werte mit etwa 20 % bis 50 % nach unten korrigiert werden.

Tab. 8.16 Montagezeiten (Höchstwerte nach Denzler u. a.)

Lüftungskanäle (1,25 mm Blechdicke)

Umfang des Kanals in mm		bis 1500	über 1500
Formstück-anteil	bis 25 %	20 min/m²	15 min/m²
	über 25 %	25 min/m²	20 min/m²

Wärmedämmung

Mineralwolle kaschiert	20 min/m²
Dsgl dampfdicht verklebt	30 min/m²

Wickelfalz- und flexible Rohre (Steck- und Klebebandverbindung) und Formstücke

Durchmesser in mm bis	160	250	315	400	500	630	710	800	1000	1250		
min/m Kanallänge	10	12	15	17	19	20	22	25	28	30		
min/Formstück	10	12	15	17	19	20	22	25	28	30		

Lüftungsgitter (Einbau in vorhandene Kanalausschnitte)

Nennmaß bis	625/125 (6 : 1)	625/425 (6 : 4)	1225/125 (12 : 1)	1225/525 (12 : 5)
min/Stck	10–20	15–20	20–30	20–30

Tellerventile

für alle Größem
15–20

Zuschlag für Einbau in Schiebestutzen 50 %

Gitterbänder und Schlitzauslässe
(in Schiebestutzen oder Mauerrahmen)

Einbauhöhe in mm bis	125	225	>250
min/lfd. m	30	40	50

Deckenluftauslässe
(in flexibel angeschlossene Gitterkästen)

Abmessung der Ansichtsseite	bis 400/400 oder 400 ϕ	30 min/Stück
	> 400/400 oder 400 ϕ	50 min/Stck

Gitterkästen (größte Kantenlänge bis 1250 m)

Einbau	In Raster-, Paneel- oder Kasettendecke	In glatter Decke	In Wände oder Fußböden
min/Stck	80	60	55

Jalousieklappen und Wetterschutzgitter

Rahmenumfang in mm bis	1000	2000	3000	4000	5000	6000	8000
min/Stck	50	70	90	140	180	220	350

Lüftungsgeräte (in Blockbauweise)

Volumenstrom in m³/h bis	2000	5000	7000	12 000	18 000	25 000	33 000	55 000	70 000
min/Block bzw. Funktionsteil	200	240	280	330	400	500	630	750	900

5–10 % des Gerätepreises

für Düsenkammer 100 % Zuschlag

Lüftungstruhen

Volumenstrom bis	800 m³/h	>800 m³/h
min/Stck	300	400
Zuschlag für Saug- u. Ausblasstutzen 30 %		

Dampfbefeuchter (elektr.)

Zylinderanzahl	1	2	3
min/Stck	300	500	700

Trockendampf

Verteilrohre 1	jed. Weit.
min/Stck 300	150

Anlegethermostat 40 min

Lufterhitzer und -kühler

Volumenstrom in m³/h bis	2000	5000	10 000	15 000	20 000	30 000	40 000
min/Stck	150	200	350	450	580	700	900

Zuschlag für Kühler 30 %

Ventilatoren

Ansaug- bzw. Flügel ϕ in mm bis		225	315	450	630	710	800	900	1000	1120	1250
Radialvent. einschl. Antrieb	min Stck	150	180	215	325	500	720	950	1180	1440	2070
Axialventilatoren		130	150	180	230	260	300	350	420	500	600
Dachventilatoren		70	80	100	140	180	250	330	500	–	–
Zuschlag für Blechsockel 50 %, für Sockelschalldämpfer 30 %, für Haubenschalldämpfer 50 %											

Schalldämpfer

Kulissen-Sch.D.	Kulisseneinbau	≤1000 mm	>1000
im Blechgehäuse	in Blechkanal	15	20
40 min/m²	Mauerkanal	30	35

Rohr-Schalldämpfer bis Innen-ϕ in mm							
200	350	400	500	630	710	900	1250
40	60	80	100	120	140	170	200

Regelgeräte (min/Stck.)

Klappenstellenantrieb mit Gestänge	40
Gestänge zwischen 2 Klappen	25
Ventilantrieb	20

Kanalfühler	20
Raumfühler	20
Kanal-thermomenter	20
Diff-Druckschalter	30

Kapillarfühler	30–50
Schalttafel bis 500 mm Kantenlänge	ca. 40
bis 1000 mm	60
bis 1250/220	120

8.4.5 Kanalaufmaß - Allgemeine Vertragsbedingungen, Abnahmeprüfung

Hinweise zur Erzielung einer sorgfältigen Montage wurden im Kap. 8.4.1 und bei der Behandlung der jeweiligen Rohre und Kanäle gegeben. Anschließend noch einige Hinweise zur Kanalabrechnung und wesentliches zur Leistungsbeschreibung der Gesamtanlage und zur Abnahmeprüfung. Jeder Techniker und Ingenieur sollte sich ausführlicher über die VOB und Vertragsbedingungen informieren, denn das Aufstellen und die Beschreibung eines Leistungsverzeichnisses mit all seinen technischen, finanziellen und rechtlichen Konsequenzen ist die wichtigste Unterlage und der wichtigste Bestandteil des Vertrages.

Nicht nur die Abrechnung, sondern auch das Aufstellen der Leistungsbeschreibung, die Ausführung der Anlage, die Wahl der Bauteile und die zahlreichen Nebenleistungen erfolgen im Rahmen der **VOB.**

Die **V**erdingungs**o**rdnung für **B**auleistungen. Teil C: Allgemeine Technische Vertragsbedingungen für Bauleistungen ATV; **Lüftungstechnische Anlagen DIN 18 379** (9.88) ergänzen die ATV DIN 18 299 (9.88) „Allgemeine Regelungen für Bauarbeiten jeder Art". Bei Widersprüchen hat die DIN 18 379 Vorrang.

In der Regel werden RLT-Anlagen nicht pauschal, sondern **nach Aufmaß oder häufiger nach Zeichnungen** abgerechnet. Gleichgültig, welches der beiden Verfahren für die Massenermittlung gewählt wird, sind jeweils die Konstruktionsmaße der Bauteile zugrunde zu legen.

Bei der Abrechnung nach **Längenmaß** (m) werden Rohre und Formstücke in der Achse gemessen (Flexrohre über den mittleren Krümmungshalbmesser). Bei der Abrechnung nach **Flächenmaß** (m^2) werden die Kanäle nach der äußeren Oberfläche (ohne Wärmedämmung) gerechnet.

Hierzu noch einige Hinweise:

- Beim Ausmessen von **Formstücken bei Kanälen** wird beim Kanalbogen, Kanalkrümmer, Kanalsprung (= 2 Bogen) über den äußeren Umfang gemessen (Abb. 8.45) und dem geraden Kanal zugeschlagen; desgl. beim Übergangsstück, wobei der größte Umfang zugrunde gelegt wird. T-Stücke werden im Durchgang als gerader Kanal aufgemessen, bei gleichzeitiger Querschnittsveränderung wird der größte Umfang zugrunde gelegt.
- **Kanalausschnitte** (z. B. Gitter, Reinigungsöffnungen, Abzweige) werden nicht abgezogen. Endböden, Abschlußdeckel werden nach Flächenmaß abgerechnet.
- **Verbindungs- und Befestigungsmaterial,** z. B. Flanschen, Falze, Muffen, Schienen, Hülsen, Versteifungen, Ausschnitte zum Reinigen, Dichtungsmaterial, Anstriche usw., werden nicht berücksichtigt; Leitflächen mit Einschränkungen (DIN 24 195).
- Zur **rechnerischen Oberflächenermittlung** werden in der DIN 24 195 E für etwa 20 Formstücke Formeln zusammengestellt (Abb. 8.46 zeigt zwei Beispiele). Werden für U_{max} und l_{max} mehrere Formeln angegeben, so gilt diejenige, die das größte Maß ergibt.

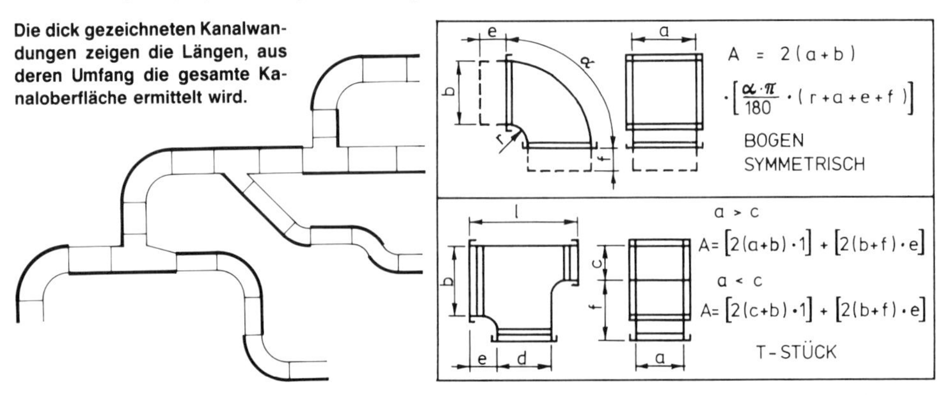

Abb. 8.45 Beispiel eines Kanalaufmaßes

Abb. 8.46 Rechnerische Ermittlung des Kanalaufmaßes nach Zeichnung

Zahlreiche Hinweise für die **Aufstellung einer Leistungsbeschreibung** werden allgemein in der DIN 18 299 gegeben, die (speziell für Lüftungstechnische Anlagen) in der DIN 18 379 ergänzt werden.

Neben den zahlreichen Angaben zur Baustelle sind hinsichtlich der **Ausführung der Anlage** folgende Angaben zu machen: z. B. über Transportwege, Art des Aufmaßes, Termine, Schutzmaßnahmen (z. B. gegen Beschädigung, Diebstahl), Zeit der Inbetriebnahme, Aussparungen und Schlitze, Bestandszeichnungen, Provisorien (z. B. Wasser), Winterbaumaßnahmen, Versicherungen, Wartungsvertrag, Abgrenzung zwischen beteiligten Auftragnehmern, Lage- und Gebäudepläne, Gebäudenutzung, Unterbringung der Geräte, Leitungsführung und Verlegungsart, besondere Erschwernisse, Brand-, Wärme- und Schallschutzausführung, Lasten, evtl. Schadstoffangaben, geforderter Raumzustand, Betriebsweise, Lieferbedingungen, Regelungsart (in DIN 18 299 zahlreiche weitere Angaben).

Hinsichtlich der **Ausführung von Lüftungsleitungen** (Rohre und Kanäle) fordert die DIN 18 379:

- Der Auftragnehmer hat nach den **Plänen** des Auftraggebers Einbau-, Schlitz-, Durchbruch- und Fundamentpläne aufzustellen. Sind diese vorhanden, hat sie der Auftragnehmer zu prüfen. **Stemmarbeiten** dürfen nur im Einvernehmen mit dem Auftraggeber ausgeführt werden. Ausführungszeichnungen mit Detailzeichnungen sind dem Auftraggeber rechtzeitig auszuhändigen. Bedenken von seiten des Auftragnehmers sind geltend zu machen.
- Für Bemessungsgrundlagen, Schalldämpfung, Temperaturabfall, Wärmeverlust gilt die **VDI 2087.** Lüftungsleitungen müssen so ausgeführt sein, daß keine störenden Geräusche entstehen können.
- Alle **Verbindungen** müssen entsprechend dem Verwendungszweck luftdicht und stabil sein. Die Auswahl bleibt dem Auftragnehmer überlassen. Dichtflächen müssen dem Verwendungszweck entsprechend ausgebildet sein (dauerelastische Dichtstoffe).

  Bei Kanälen bis 400 mm größter Seitenlänge sind Steckverbindungen zulässig. Rohre sind zusammenzustecken oder zu flanschen. Bei allen Steckverbindungen ist die Verbindung von außen mit einer selbstklebenden Binde von mind. 5 cm Breite zweimal zu umwickeln.
- Leitungen müssen, soweit erforderlich, mit verschließbaren **Meßöffnungen** versehen werden. Luftdurchlässe sind mit Einbaurahmen auszurüsten (ausgenommen beim direkten Einbau oder bei Schiebestutzen).

Neben den eigentlichen Leistungen im Angebot unterscheidet man noch zwischen den **„Nebenleistungen“,** d. h. Leistungen, die auch ohne Erwähnung im Vertrag zur vertraglichen Leistung gehören, und den **„Besonderen Leistungen“,** die nur Vertragsbestandteil sind, wenn sie besonders erwähnt sind.

Nebenleistungen sind z. B. Baustelle einrichten und räumen; Vorhalten der Geräte, Werkzeuge, Meßgeräte usw.; Sicherheitsmaßnahmen; Auf- und Abbauen sowie Vorhalten der Gerüste, deren Arbeitsbühne nicht höher als 2 m über Gebäude und Fußboden liegt; Nachprüfen aller baulichen Arbeiten auf maßgerechte Ausführung, falls dies mit einfachen Mitteln möglich ist; Einweisung des Bedienungs- und Wartungspersonals; Liefern und Anbringen von Typ- und Leistungsschildern.

Besondere Leistungen sind z. B. Vorhalten von Aufenthalts- und Lagerräumen, wenn seitens des Auftraggebers keine leicht verschließbaren Räume zur Verfügung stehen; obige Angaben über Gerüste falls $>$ 2 m; Bohr- und Stemmarbeiten für Befestigungen, Schlitze usw.; Schutzmaßnahmen gegen Witterungsschäden; Liefern und Befestigen von Funktions-, Bezeichnungs- und Hinweisschildern; Anschluß oder Einbau von bauseits gestellten Apparateteilen und Armaturen an/in Rohrleitungen und Kanälen; Wasseranalyse und Gutachten; Liefern von Betriebsstoffen für Inbetriebnahme und Probebetrieb; provisorische Maßnahmen zum vorzeitigen Betreiben der Anlage; Gebühren für behördlich vorgeschriebene Abnahmeprüfungen.

Abnahmeprüfung

Diese Prüfung ist die Voraussetzung und Grundlage der Abnahme mit den sich daraus ergebenden Rechtswirkungen. Nach der **VDI 2079** (3.83) besteht sie aus einer Vollständigkeitsprüfung, Funktionsprüfung und Funktionsmessung:

a) Vollständigkeitsprüfung (vgl. VDI 2079)

Mit ihr soll nachgewiesen werden, ob die Lieferung im vertraglich vorgesehenen Umfang vollständig erbracht ist, ob bei den Bauelementen alle technischen und behördlichen Vorschriften (insbesondere Sicherheitsvorschriften) beachtet wurden und ob diese ordnungsgemäß eingebaut und zugänglich sind. Die Prüfung kann auch dann durchgeführt werden, wenn noch einige für die Funktion der Anlage nicht ausschlaggebenden Elemente (kein wesentlicher Mangel) fehlen. Die fehlenden Teile und Gründe sind allerdings im Protokoll festzuhalten (Muster in VDI 2079).

b) Funktionsprüfung durch den Auftragnehmer

Hierfür müssen **nach DIN 18 379 folgende Arbeiten** durchgeführt werden: Einstellung von Volumenstrom, Schutzeinrichtungen der Antriebe, Regelungsanlage, Luftdurchlässe, Drosselelemente, Brandschutzsperrvorrichtungen. Ähnliches (z. T. umfangreicher) ist auch aus der VDI 2079 zu entnehmen.

Nach DIN 18 379 hat der **Auftragnehmer folgende Unterlagen aufzustellen** und dem Auftraggeber spätestens bei der Abnahme zu übergeben: Bestandszeichnungen, Schaltschemen (Luft, Wasser, Dampf, Strom), schematische Darstellungen und Beschreibungen der Anlage, Energiebedarfsberechnungen (soweit vom Auftraggeber verlangt), Kopie behördlicher Prüfbescheinigungen, Protokolle über Einregulierarbeiten bzw. durchgeführte Messungen, Bedienungs- und Wartungsanweisungen, Ersatzteilliste; vgl. Formular in VDI 2079.

c) Funktionsmessung (ist sie vorgeschrieben, ist dies eine „Besondere Leistung")

Mit ihr soll nachgewiesen werden, ob die zugesicherten Sollwerte durch die Anlage erbracht werden. Vor Beginn sind die Meßorte festzulegen. In der VDI 2079 werden ausführlich die Meßverfahren und Meßgeräte erläutert und ein Protokollmuster vorgeschlagen.

8.5 Brandschutzmaßnahmen

Das Risiko der Brandübertragung durch Lüftungsleitungen ist durch zahlreiche Unfälle und Katastrophen bekannt geworden, denn gleich schnell wie die Luft können sich auch Brandgase ausbreiten. Der Gesetzgeber fordert daher, u. a. auch RLT-Anlagen so zu errichten, zu ändern und zu erhalten, daß sich Feuer und Rauch nicht in andere Räume ausbreiten und außerdem ausreichende Rettungs- und Löscharbeiten durchgeführt werden können.

8.5.1 DIN 4102 – Feuerwiderstandsklassen

Obwohl das Bauordnungsrecht Angelegenheit der einzelnen Bundesländer ist und somit die Bestimmungen über vorbeugenden Brandschutz in den Landesbauordnungen zu finden sind, wurden einheitliche Rechtsvorschriften (z. B. Mustergesetze, -verordnungen, -richtlinien) erarbeitet. Die DIN 4102 konkretisiert die in diesen Verordnungen gestellten Forderungen hinsichtlich des Brandverhaltens zahlreicher brandschutztechnischer Begriffe, Einteilungen, Bezeichnungen, Prüfbedingungen usw. Diese für den Brandschutz grundlegende DIN ist z. Z. in 18 Teile (etwa 400 Seiten) untergliedert:

DIN 4102 „Brandverhalten von Baustoffen und Bauteilen Teil 1 (81), Begriffe, Anforderungen und Prüfungen von Baustoffen; **Teil 2** (77) desgl. von Bauteilen; **Teil 3** (77) desgl. für Brandwände und nichttragende Außenwände; **Teil 4** (81) Zusammenstellung und Anwendung klassifizierter Baustoffe, Bauteile und Sonderbauteile (108 Seiten!); **Teil 5** (77) E 89 Begriffe, Anforderungen und Prüfungen von Feuerschutzabschlüssen, Abschlüsse in Fahrschachtwänden, widerstandsfähige Verglasungen; **Teil 6** (77) desgl. für Lüftungsleitungen; **Teil 7** (87) desgl. für Bedachungen; **Teil 8** (86) Kleinprüfstand; **Teil 9** (88 E) Kabelabschottungen; **Teil 10** (–), **Teil 11** (85) Rohrummantelung, Installationsschächte, Rohrkanäle; **Teil 12** (89 E); Funktionserhalt elektr. Kabelleitungen; **Teil 13** (88 E) Brandschutzverglasungen; **Teil 14** (88 E) Bodenbeläge . . . ; **Teil 15** (88 E) Brandschächte; **Teil 16** desgl., **Teil 17** (89 E) Mineralfaserdämmstoffe, Schmelzpunkt; **Teil 18** (89 E) Feuerschutzabschlüsse und Rauchschutztüren.

Das Brandverhalten wird vor allem durch die Wahl und Gestalt der Baustoffe und Bauteile beeinflußt. Bauliche Maßnahmen umfassen z. B. die Ausführung von Wänden und Decken, die Festlegung von Brandabschnitten, Rettungswegen, Räumen mit besonderen Anforderungen usw. Daraus ergeben sich die betrieblichen Maßnahmen für die RLT-Anlage.

Brandabschnitte sind einzelne Geschosse (Wohnungen); Lüftungszentralen, begrenzte Gebäudeteile, wie z. B. bei Büroräumen bis max. 1000 m^2 (höchstens 5 Stockwerke), Krankenhäuser, Hotels, Heime bis max. 500 m^2 (höchstens 3 Stockwerke); Einzelräume mit erhöhter Brandgefahr oder mit großer Personenzahl; betriebswichtige Anlagen oder technische Räume (Restaurants, Labors, Küchen, Ölräume, Computerräume, Heizräume); Steigzonen (Schächte). Je nachdem, welche Bauteile jeweils eingesetzt werden, wird eine bestimmte **Feuerwiderstandsdauer** in Minuten vorgeschrieben. Danach werden dann die Bauteile in sog. **Feuerwiderstandsklassen** (Tab. 8.17) eingeteilt. Außerdem werden die Baustoffe nach ihrem Brandverhalten in sog. Baustoffklassen (Tab. 8.18) unterteilt.

Tab. 8.17 Feuerwiderstandsklassen

Widerstandsklasse von Absperrvorrichtungen in Lüftungsleitungen	Widerstndsklasse von Lüftungsleitungen	Feuerwiderstanddauer Minuten	Bauaufsichtliche Benennung des Bauteils*)
K 30 K 60	L 30 L 30	≥ 30 ≥ 60	feuerhemmend
K 90 –	L 90 L 120	≥ 90 ≥ 120	Feuerbeständig
–	–	≥ 180	hochfeuerbeständig

*) in der DIN 4102 nicht erwähnt

Tab. 8.18 Brandverhalten von Baustoffen

Baustoffklasse		Bauaufsichtliche Benennung	
A	A 1	nicht brennbare Baustoffe	eine Entzündung ist nicht möglich
	A 2		
B	B 1	brennbare Baustoffe	schwer entflammbar
	B 2		normal entflammbar
	B 3		leicht entflammbar

Baustoffe Klasse A mit brennbaren Bestandteilen sowie der Klasse B_1 benötigen ein gültiges Prüfzeugnis. B_3 verboten.

- Die **Feuerwiderstandsdauer ist die Mindestdauer in Minuten, während der ein Bauteil die unter festgelegten Prüfbedingungen vorgeschriebenen Anforderungen erfüllt** (hierzu werden in Prüfräumen Brandversuche mit Probekörpern durchgeführt). In dieser Zeit muß das Bauteil als Raumabschluß erhalten bleiben.

  Die **Einteilung in Minuten** 30, 60, 90 usw. ist abhängig von der Art des Bauteils, wie z. B. Decken, Brandwände, tragende Wände, Trennwände, Flurwände, Installationsschächte, Heizräume usw., wobei zusätzlich noch die Geschoßzahl bis 2, 3 bis 5 und > 5 (außer Hochhäuser) eine Rolle spielt.

- Diese elementaren Gebäudeteile sind bei der Planung von RLT-Anlagen dann zu beachten, sobald Rohre, Kanäle, Elektroleitungen usw. diese Bauteile durchdringen oder bestimmte Aggregate, Elemente (z. B. Zentrale, Wärmeerzeuger u. a.) von diesen Bauteilen umgeben sind. Das bedeutet: Alle genannten **Bauteile dürfen durch Installationen nicht ohne ausreichende Schutzmaßnahmen durchbrochen oder überbrückt werden.**

- Zur **Kennzeichnung der Feuerwiderstandsklassen** werden zur Abkürzung der Bauteile die Minuten angefügt. Wände, Decken, Stützen, Unterzüge werden mit F 30, F 60 usw., Außenwände mit *W*, Türen und Abschlüsse mit *T*, Installationsschächte mit *I*, Verglasungen mit *G*, Lüftungsleitungen mit *L*, Brandschutzklappen mit *K* und Rohrleitungen mit *R* gekennzeichnet. Während *F, W, T, G* usw. in 30, 60, 90, 120, 180 Minuten unterteilt werden, unterscheidet man bei **Lüftungsleitungen** zwischen *L 30, L 60, L 90* und *L 120* und **Brandschutzklappen** zwischen *K 30, K 60* und *K 90* (Tab. 8.17).

  Vielfach werden abweichend von den allgemeinen Vorschriften erhöhte brandschutztechnische Forderungen gestellt, wie z. B. in Kinderheimen, Krankenhäusern, Altenpflegeheimen usw.

- Bei Erfüllung der Prüfkriterien bis mind. 60 min erfolgt die Einstufung als **„feuerhemmend“** und ab 90 min als **„feuerbeständig“.** So müssen z. B. Brandwände feuerbeständig sein, d. h. mind. *F 90* (und somit auch die eingebaute Brandschutzklappe!), Decken in Gebäuden bis 5 Stockwerke *F 60* (darüber *F 90*), Flurwände *F 30*.

- Die Kurzzeichen und die Benennung der **Baustoffklassen** gehen aus Tab. 8.18 hervor. Bei der Klasse A_2 handelt es sich zwar auch um nichtbrennbare Baustoffe, doch enthalten sie in geringem Umfang brennbare Bestandteile. Die Verwendung **nichtbrennbarer Materialien für RLT-Anlagen** ist oberstes Gebot; leichtentflammbare sind grundsätzlich verboten, während normal- und schwerentflammbare einer speziellen Regelung bedürfen (Genehmigung nur in Sonderfällen). Grundsätzlich sind für das Brandverhalten nicht nur der Baustoff selbst, sondern auch seine Gestalt, Oberfläche, Verbindungsmittel u. a. maßgebend.
  Die **Baustoffklasse kann der Widerstandsklasse angefügt** werden, z. B. *F 30 – A:* Feuerwiderstandsklasse *F 30* aus nichtbrennbaren Stoffen, *F 60 – AB:* Feuerwiderstandsklasse 60 mit wesentlichen Teilen aus nichtbrennbarem Baustoff.

8.5.2 Absperrvorrichtungen – Brandschutzklappen

Die übliche Absperrvorrichtung in Lüftungsleitungen zur Verhinderung einer Feuer- und Rauchgasausbreitung ist die Brandschutzklappe. Diese ist nach den besonderen Bedingungen des erforderlichen Prüfbescheids einzubauen. Die Prüfzeichenverordnung gilt auch für Absperrvorrichtungen, die nur zum Schutz gegen die Übertragung von Rauch erforderlich sind. Grundsätzlich reagieren alle Absperrvorrichtungen (Klappen, Elemente, Ventile) im Brandfall auf Wärmeeinwirkung. Je nach Bauart gibt es für den Schließvorgang folgende Auslösemöglichkeiten:

a) **thermische Auslösung** beim Erreichen einer Lufttemperatur von etwa 70 °C (Normalausstattung) über Schmelzlot.

b) durch **Fernbedienung,** entweder elektromagnetisch oder mit elektrischem Stellmotor oder mit pneumatischem Antrieb. Hierbei kann bereits schon bei Rauchanfall, z. B. durch Rauchmelder, die Abschlußeinrichtung ausgelöst werden; auch bei Stromausfall oder Stillstand der Anlage.

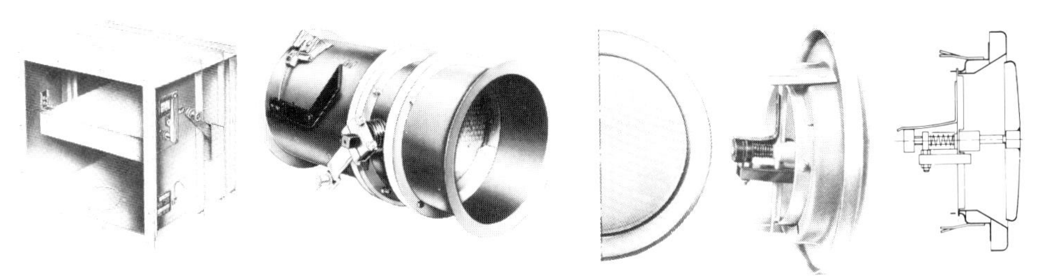

Abb. 8.47 Brandschutzklappen

Abb. 8.48 Brandschutztellerventil

Abb. 8.47 zeigt eine **Brandschutzklappe** *K 90* mit quadratischem Querschnitt (200 bis 1500 mm in 14 Größen) und eine mit rundem Querschnitt (∅ 200 bis 700 in 7 Baugrößen), die unabhängig von der Luftströmung in Wände und Decken eingebaut werden. Ohne Entfernung von Bauteilen ist eine mechanische Funktionskontrolle von außen möglich. Die Auslöseeinrichtung (Schmelzlotmechanismus) ist zur Kontrolle und Reinigung abnehmbar, und die innere Kontrolle und Reinigung erfolgt durch Inspektionsöffnungen; das Gehäuse besteht aus verzinktem Stahlblech.

Abb. 8.48 zeigt ein **Brandschutz-Tellerventil** *K 90* für Abluft, das als Absperrvorrichtung gegen Brandübertragung in Lüftungsleitungen entsprechend DIN 18 017 dient. Selbsttätige Schließung im Brandfall durch Schmelzlotsicherung mit zusätzlicher Handauslösung. Eine Rückschlagsicherung verhindert in geschlossenem Zustand ein unbeabsichtigtes Öffnen durch Druck oder Brandeinwirkungen.

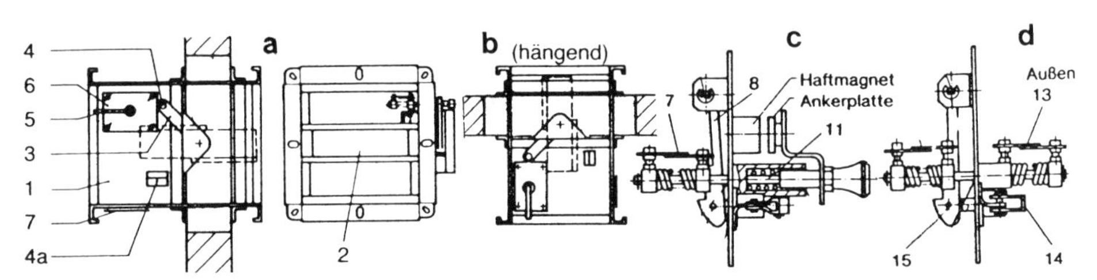

Abb. 8.49 Einbau und Auslösung von Brandschutzklappen (Fa. SCHAKO)

Abb. 8.49 zeigt den **Einbau und die Bauteile** einer Klappe *K 90.* (1) Gehäuse, (2) Absperrklappe, (3) Stellhebel, (4) Rastvorrichtung, (4a) Verriegelungsprofil, (5) Auslösevorrichtung, (6) Schmelzlotmechanismus, (7) Inspektionsöffnung. Als **Einbaulagen** kommen der Wandeinbau (Bedienungsseite rechts oder links) und der Deckeneinbau (stehend oder hängend) in Frage. Die Klappe darf in Wänden aus Mauerwerk (mind. 11,5 cm) oder aus Beton (mind. 10 cm) eingebaut werden.
Die **thermische Auslösung** über innenliegende Schmelzlotsicherung kann durch eine Magnetauslösung (Hubmagnet oder Haftmagnet [Abb. 4.9 c]) erfolgen. Bei Verwendung eines doppelten Schmelzlotes (Abb. 49 d) schließt die Klappe bei Überschreitung der Temperatur innerhalb **und** außerhalb des Rahmens.

Die anfangs erwähnte Auslösung über **elektrische oder pneumatische Stellantriebe,** verbunden mit Rauchmeldern oder Fernbedienungen, ist eine zusätzliche Maßnahme bzw. eine sinnvolle Ergänzung in der Sicherheitskette des Brandschutzes. Mit ihr, **strikt von der thermischen Auslösung getrennt, kann man sehr frühzeitig, d. h. noch ehe ein Schaden entstanden ist, Brand- oder Rauchentwicklungen feststellen.** Mit Antrieben kann man neben dem Sicherheitsabschluß im Brandfall u. U. auch Funktionsabschlüsse vornehmen (z. B. beim Stillstand der Anlage).

Neben der richtigen Auswahl, dem sorgfältigen Einbau und den spannungsfreien Leitungsanschlüssen hat die ausführende Firma den Bauherrn bzw. Betreiber auf die Pflicht der **Über-**

prüfung und Wartung hinzuweisen:

- Die regelmäßig durchzuführende Wartung wird in der Regel in den Wartungsvertrag einbezogen. **Ausführliche Anweisungen** über die durchzuführenden Arbeiten sind jeweils im Prüfbescheid aufgeführt. Ergeben zwei aufeinanderfolgende Wartungen keine Funktionsmängel, braucht die Klappe nur noch einmal im Jahr gewartet zu werden.
- Neben der Reinigung und Schmierung müssen das Schmelzlot, die Klappenblattdichtung, evtl. Zusatzeinrichtungen und die Gesamtfunktion **überprüft werden.** Für Wartung und Besichtigung sind Revisionsöffnungen vorgeschrieben. Die Betätigung muß ohne inneren Eingriff von Hand erfolgen. Die Klappe muß allseitig einsehbar sein.
- Bei **starker innerer Verschmutzungsgefahr,** z. B. durch Fette in Küchen, Lackaerosole u. a., muß darauf geachtet werden, ob im Prüfbericht die Brauchbarkeit der Absperrvorrichtung nachgewiesen ist.

Mögliche Einbaufehler sind: ungenügender Wand- oder Deckenabstand, unzureichender Klappenabstand, Unzugänglichkeit (z. T. auch durch andere Gewerke), falsche Durchströmungsrichtung, ungenügende Befestigung in der Mauerlücke, Klappenbetätigung auf falscher Seite, falsche Lage, keine Dehnungsmöglichkeit im Brandfall (unter Spannung eingebaut), falsche Kanalmontage (Aufhängungen, Festpunkte, Verbindungen), mangelhaftes Einmauern oder Verputzen der Klappe (insbesondere bei waagerechter Anordnung), falsches Füllmaterial.

8.5.3 Lüftungsleitungen und Brandschutz

Der vorbeugende Brandschutz bei RLT-Anlagen bezieht sich vor allem auf die Lüftungsleitungen (Material, Ausführung, Verlegung). Entsprechend der DIN 4102 und der „Bauaufsichtlichen Richtlinien über die brandschutztechnischen Anforderungen an Lüftungsanlagen (Musterentwurf)" bestehen Lüftungsleitungen aus Rohren, Kanälen, Formstücken, Schächten, Schalldämpfern, Ventilatoren, Absperrvorrichtungen, Verbindungen, Befestigungen, Dämmschichten, Ummantelungen, Beschichtungen und Verkleidungen; sie müssen aus nichtbrennbaren Materialien bestehen (Stahlblech, Plattenelemente, Mauerwerk usw.).

Diese für den Praktiker seltsame Definition kann man vielleicht so erklären, daß z. B. eine Lüftungsleitung in einem feuerwiderstandsfähigen Schacht, Kanal oder Zwischenraum verlegt ist und dann die Gesamtanordnung als „Lüftungsleitung" verstanden wird.

Lüftungsleitungen in Gebäuden mit mehr als zwei Vollgeschossen und Lüftungsleitungen, die Brandwände überbrücken, müssen so hergestellt sein, daß Feuer und Rauch nicht in andere Geschosse oder Brandabschnitte übertragen werden können. Das heißt, der Brand muß in den vorhandenen Brandabschnitten (Wände, Decken) entsprechend lokalisiert bleiben.

Noch einige Bemerkungen zur Leitungsführung und zu den Leitungen selbst:

1. Lüftungsleitungen müssen **nach DIN 4102, Teil 6 geprüft** werden, um eine Klassifizierung nach *L 30* bis *L 120* zu ermöglichen. Auch nichtgenormte Kanalbaustoffe können geprüft und klassifiziert werden.
2. **Feuerwiderstandsfähige Stahlblechkanäle** erfüllen erst dann die brandschutztechnischen Forderungen, wenn diese gedämmt werden. Sie können Brandschutzklappen ergänzen oder ersetzen. Dabei unterscheidet man zwischen Blechleitungen mit äußerer Dämmschicht aus Mineralfasermatten oder gespritzten Mineralfasern und Blechkanälen mit einer eigenständigen, sich selbst tragenden, feuerwiderstandsfähigen äußeren Schale, z. B. aus Calcium-Silikatbauteilen. In beiden Fällen müssen – insbesondere bei größeren Querschnitten – hinsichtlich Anbringung der Dämmung, Verbindungen, Aufhängungen, Wand- und Deckendurchführungen sowie Leitungsdehnung zahlreiche Anforderungen erfüllt werden.
   Bei **Leitungsabschnitten im Freien** genügen Blechleitungen, allerdings mit 40 cm Abstand von brennbaren Baustoffen.
   Auf eigenständige feuerwiderstandsfähige Kanäle *L 30* bis *L 120,* nur aus Bauteilen bestehend, wurde im Kap. 8.4.3 hingewiesen. Die Kanalteile mit Paßlängen, die vorgefertigten Formteile, die Stoßverbindungen, Aufhängungen usw. sind herstellerabhängig.
3. Die Leitungen sollen nicht nur Feuer- und Rauchaustritt verhindern, sondern während des Brandes – entsprechend ihrer Widerstandsdauer – **standsicher bleiben.** Außerdem muß auf der Außenseite eine **Tempe-**

raturerhöhung gegenüber der Ausgangstemperatur von 140 K (an Einzelstellen 180 K) eingehalten werden, damit außerhalb keine Sekundärbrände entstehen können.

4. Zur **Überbrückung von Brandwänden** gibt es verschiedene Möglichkeiten. In Abb. **8.50a** werden hierfür vier verschiedene Einzelmaßnahmen dargestellt. Im **Fall 1** werden die Abschnitte a, b, c durch Absperrvorrichtungen K 90 (z. B. Brandschutzklappen) getrennt; im **Fall 2** werden die beiden Räume a durch Kanäle miteinander verbunden, wobei die Zwischendecke F 90 die Leitungen vollständig gegen das Innere des Brandabschnittes b abschließt; im **Fall 3** werden beide Räume a durch einen Kanal L 90 verbunden, im **Fall 4** sind alle drei Räume durch feuerwiderstandsfähige Leitungen und Brandschutzklappe voneinander getrennt. Abb. **8.50b** zeigt **Leitungsführungen durch Trennwände oder Flurwände** mit Anforderungen wegen der Feuerwiderstandsdauer; d, e, f, g abgetrennte Bereiche oder allgemein zugänglicher Flur.

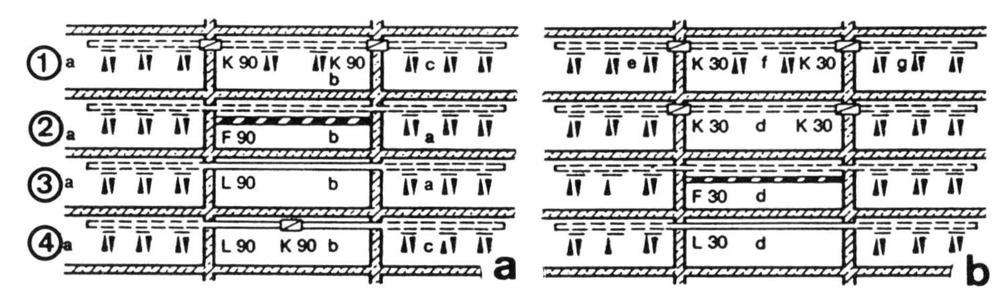

Abb. 8.50 Leitungsführungen durch Brandwände

5. Mögliche **Wärmedruckspannungen** (Längendehnung verwandelt sich in Druck) entstehen dadurch, daß der Kanal durch Befestigungselemente, Wanddurchführungen, Brandschutzklappe in seiner Bewegungsfreiheit eingeschränkt wird und dadurch Kanal oder Festpunkt zerstört. Maßnahmen zur Aufnahme dieser Spannungen sind Kompensatoren in Form von flexiblen Kanalteilen, Schiebestutzen, dehnungsfähige Leitungsverlegung, genügend Abstand zu den Wänden, flexible Wandfutter u. a.

6. **Durchführungen durch feuerhemmende oder feuerbeständige Decken oder Wände** sind durch nichtbrennbare mineralische Baustoffe dicht zu schließen. Haben Kanäle Leitungsabschnitte mit Oberflächentemperaturen $>$ 85 °C, müssen flächig angrenzende brennbare Baustoffe mind. 40 cm Abstand haben.

7. Lüftungsleitungen, in denen sich **brennbare Stoffe ablagern** können (z. B. Abluftkanäle in Küchen), dürfen – falls keine geeignete Absperrvorrichtung eingebaut ist – untereinander und mit anderen Leitungen nicht verbunden sein. Ummantelungen der Leitungen müssen gegen Eindringen von Fett geschützt sein. Weitere Hinweise siehe Kap. 7.4.

8. Öffnungen an Lüftungsleitungen (z. B. **Gitterabstand – Brandschutzklappe)** sind bei *K 90* erst ab der 1,5fachen größten Seitenlänge des lichten Leitungsquerschnittes zulässig. Beispiel: Kanalausschnitt 380 mm × 160 mm: Abstand von Klappenflansch zur Kante mind. 570 mm.

9. **Außen- und Fortluftansaug** sind so auszubilden, daß aus ihnen kein Feuer oder Rauch in andere Brandabschnitte gelangen kann. Beide müssen mind. 2,5 m voneinander entfernt sein; ebenso bei Öffnungen mit brennbaren Stoffen. Für Mündungen über Dach gilt: Sie müssen Bauteile aus brennbaren Stoffen mind. 1 m überragen oder von diesen waagrecht 1,5 m entfernt sein.

10. **Lüftungsleitungen in RLT-Anlagen nach DIN 18 017** (vgl. Kap. 7.3) erlauben vereinfachte brandschutztechnische Maßnahmen, da kleine Volumenströme und Querschnitte vorliegen und außerdem die Luftströmung immer von unten nach oben erfolgt.

8.5.4 Brandschutztechnische Maßnahmen in Lüftungszentralen

Innerhalb von Gebäuden mit mehr als zwei Vollgeschossen dürfen Ventilatoren und Luftaufbereitungseinrichtungen nur in besonderen Räumen (Lüftungszentralen) oder innerhalb von Lüftungsleitungsabschnitten aufgestellt werden, wenn an die Ventilatoren oder Einrichtungen anschließende Leitungen in mehrere Geschosse oder Brandabschnitte führen. Lüftungszentralen und -leitungsabschnitte dürfen nicht anderweitig genutzt werden.

Tragende Bauteile, Decken und Trennwände zu anderen Räumen müssen mind. der Klasse *F 90* entsprechen. Wände, Decken und Fußböden müssen aus nichtbrennbaren Baustoffen bestehen. Sonstige brennbare Baustoffe müssen gegen Entflammen geschützt sein (mind. 2 cm dicke Schutzschicht aus nichtbrennbaren mineralischen Baustoffen).

Öffnungen in den Wänden zu anderen Räumen müssen durch Abschlüsse (Mindestwiderstandsklasse 30) geschützt sein. Türaufschlag muß in Richtung der Rettungswege erfolgen.
Lüftungszentralen dürfen **nicht mit Aufenthaltsräumen in unmittelbarer Verbindung** stehen. Sie müssen Ausgänge zu Rettungswegen (Flure, Treppenhäuser) oder ins Freie haben. In max. 40 m Entfernung muß ein Ausgang erreichbar sein.

Lüftungsleitungen in Zentralen bedürfen keiner Feuerwiderstandsdauer, wenn sie am Ein- und Austritt Absperrvorrichtungen gegen Feuer und Rauch haben, oder aus Stahlblech hergestellt sind. Unter bestimmten Bedingungen genügen auch Leitungen nach B 1.

8.5.5 Entrauchungsanlagen

Jeder Vorgang des Brennens wird begleitet durch den für den Menschen so schädlichen Brandrauch, der den Sauerstoff verdrängt und selbst toxisch und aggressiv ist. Wenn 50 bis 60 % der Personenschäden auf den Rauch zurückzuführen sind, wird es deutlich, welchen Stellenwert einer Entrauchung beigemessen werden muß. Ist eine Entrauchung auf natürlichem Wege, z. B. Fenster, Schächte, Entrauchungskuppeln (Abb. 3.13), nicht möglich oder ausreichend, sind mechanische Entrauchungsanlagen vorzusehen. Die **Aufgaben** einer solchen automatischen Anlage sind:

1. **Verzögerung einer Verqualmung im Brandraum und in angrenzenden Räumen, obwohl die Rauchgastemperatur ansteigt.**
2. **Qualmverhinderung in der Umgebung des Brandraumes.**
3. **Entrauchung des Brandraumes und der angrenzenden Räume, nachdem das Feuer unter Kontrolle ist bzw. nach dem Brand.**
4. **Längeres Offenhalten der Flucht- und Rettungswege und Verbesserung der Sichtverhältnisse.**

Eine Entrauchungsanlage besteht im wesentlichen aus feuerwiderstandsfähigen Lüftungsleitungen (i. allg. *L 90)*, Entrauchungsklappen bei mehreren Geschossen (ähnlich den Brandschutzklappen) und einem speziellen Ventilator, der meist auf einer senkrechten Leitung (Schacht) montiert wird (Dachventilator) und der zusätzlich eine unabhängige Notstromversorgung erhält.

Hierzu noch einige Anmerkungen:

- Eine **Verbreitung von Brandrauch** geschieht nicht nur bei einer fehlerhaften Planung, wie z. B. durch unsachgemäße Installation, brennbare Materialien, nicht verschlossene Durchbrüche usw., sondern auch bei ordnungsgemäßer Montage, wie z. B. durch Umluftbetrieb, durch Ansaugung von Brandrauch (z. B. über AUL-Jalousie), durch Brand in der RLT-Anlage selbst.
- Zur Erzielung einer intensiven **Entrauchungswirkung** soll zunächst nur im brennenden Bereich abgesaugt werden, wobei – insbesondere in dichten Räumen – der Zuluftstrom aufrechterhalten bleibt. Im Brandfall schließen die Brandschutzklappen, während die Entrauchungsklappen öffnen. Auf die Auflösung über Stellantriebe in Verbindung mit Rauchmeldern wurde im Kap. 8.5.2 hingewiesen.
- Hinsichtlich der **Bauweisen** solcher Anlagen gibt es verschiedene Möglichkeiten, wie z. B. Benutzung der Abluftanlage, wobei die Rauchmelder im Brandfall die RLT-Anlage auf 100 % AUL/FOL umschalten oder Anlagen mit getrennten vertikalen Schächten für Abluft und Entrauchung mit jeweils entsprechenden Klappen.
- Der **erforderliche Volumenstrom** für die Entrauchung des Brandraumes kann nur annähernd angegeben werden. Ein Luftwechsel von mind. 10 bis 15 h^{-1} (im Extremfall bis 40 h^{-1}) ist mit der Zustimmungsbehörde festzulegen.
- Die **mögliche Temperatur im Brandraum** hängt von der Brandbelastung, Raumgröße, Volumenstrom, Speicherfähigkeit des Baukörpers und Branddauer ab und kann z. B. bei 90 Minuten Branddauer bis etwa 1000 °C betragen (vgl. Temperatur-Zeitkurve DIN 4102/2).
  Die hohe Temperatur beim Ventilator (je nach Einflußgrößen und Entfernung wenige 100 *K* geringer als im Brandraum) hat **Einfluß auf die Ventilator- und Anlagenkennlinie,** so daß sich der Betriebspunkt gegenüber dem 20 °C-Kennlinienfeld (ϱ = 1,2 kg/m^3) stark verändert. Der Einfluß der Dichte auf den Volumenstrom und der veränderte Druckverlust muß bei der Auslegung von Rauchgasventilatoren berücksichtigt werden (Kap. 10.4.4).

  Da diese Ventilatoren meist nur ein Prüfzeugnis für max. 600 °C bei 90 min haben, muß in der Regel Kaltluft zugemischt werden.

9 Luftverteilung im Raum - Zu- und Abluftdurchlässe

Bei der Behandlung der einzelnen RLT-Anlagen und -geräte (wie z. B. im Kap. 6 und 7) wurde schon mehrmals auf die jeweils günstigste Luftführung und Anordnung der Luftdurchlässe hingewiesen, denn überall muß die im Raum geführte Luft die Rolle des Energie- und Stoffaustausches übernehmen.

9.1 Luftführungsarten - Allgemeine Anforderungen

Die Luftführung im Raum ist der Teil der Lüftungs- und Klimaanlage, mit der der Rauminsasse in direkte Berührung kommt und danach die Anlage beurteilt. Sie entscheidet jedoch nicht nur über das wärmephysiologische Empfinden des Menschen (Behaglichkeit), sondern hat auch Einfluß auf die Herstellungskosten, Energiekosten und Folgekosten.

Gerade die Auswahl und der Anbringungsort der Zu- und Abluftdurchlässe (Luftaus- und -einlässe) bestimmen im wesentlichen die Luftführung im Raum. Es ist der Aufgabenbereich bei der Planung, die größere Erfahrung erfordern und somit für den Anfänger immer einige Schwierigkeiten und Unsicherheit bereiten. Dies um so mehr, wenn noch bauliche Schwierigkeiten oder gar ästhetische Wünsche des Kunden hinzukommen.

Möchte man das physikalische Verhalten von Luftstrahlen und Raumströmungen genauer kennenlernen, so sind zunächst die theoretischen Grundlagen der Strömungslehre und Thermodynamik heranzuziehen, auf die leider in diesem Rahmen nicht eingegangen werden kann. Es soll jedoch ausdrücklich betont werden, daß Raumströmungen nicht ausschließlich theoretisch vorausberechnet werden können. **Ebenso kann man die Gesetzmäßigkeiten des isothermen und nichtisothermen Freistrahls nicht ohne weiteres auf die Strahlen aus den verschiedenartigen Luftauslässen übertragen.**

Die zahlreichen Forschungszentren und insbesondere die zahlreichen Modellversuche in den Strömungslabors von großen Klimafirmen machen dies deutlich.

9.1.1 Allgemeine Hinweise zur Luftführung

Verbindliche und exakte Aussagen - gleichermaßen für alle Fälle - sind zwar nicht möglich, doch können einige allgemeine Grundregeln für die Luftführung und Anordnung der Luftdurchlässe zusammengestellt werden:

1. Die zahlreichen **Einflußgrößen für die Wahl der Luftdurchlässe und Luftführung im Raum** müssen bekannt sein, wenn die speziellen Anforderungen an eine Anlage nach

Raumbeschaffenheit	Höhe, Tiefe und Längen - Breitenverhältnis des Raumes (Raumgeometrie); Größe, Dichtheit und Lage der Fenster, Sonnenschutzeinrichtungen; Pfeiler, Unterzüge; Stellflächen (z. B. Maschinen, Regale); offene Tore; Speichervermögen des Raumes, Wärmedämmung
Art der Raumnutzung; Raumanforderungen	Ob Versammlungsraum, Mehrzweckraum, Laden, Fabrikationsraum, Schwimmbad, Küche, Garage usw.; zulässiger Schalldruckpegel im Raum, Arbeitsprozesse, Nutzungszeit
Temperaturen; freigesetzte Wärmeströme	Erforderliche oder zulässige Über- bzw. Untertemperatur (sehr wesentlich!); gewünschte Raumtemperatur; vorhandene Umgebungsflächentemperatur (z. B. kalte Fußböden oder Glasflächen); Temperatureinflüsse infolge Wärmeströme durch statische Heizflächen; Temperaturschichtungen im Raum
Thermische Lasten, Rechenwerte	Kühllast; Heizlast; Entstehungsort bzw. Konzentration der Wärmelasten (z. B. Menschen, Prozeßwärme, Sonneneinwirkung, Beleuchtung); erforderlicher Zuluftvolumenstrom; zulässige Luftwechselzahl
Art der Anlage (Betriebsweise)	Heizung; Lüftung; Heizung + Lüftung; Kühlung; Lüftung + Kühlung; Sommer- und/oder Winterbetrieb; Be- und Entfeuchtung; Räume mit örtlichen Absaugeeinrichtungen; Art der Regelung
Qualitätsmerkmale des Zuluftdurchlasses; Platzbedarf	Regulierbarkeit, Mengeneinstellung; Art und Konstruktion des Luftauslasses; Zusammenwirken aller Auslässe; Induktionsverhältnis; Platzverhältnisse (Kanalabmessungen); Anzahl der Auslässe; Druckverlust; Geräuschverhalten; Materialeigenschaften; optische Anpassung am Raum
Kosten; Kraftbedarf	Anschaffungskosten; Energiekosten (Forderungen: Erfassung des Aufenthaltsbereichs, keine Kurzschlußströme, geringe Drosselwerte usw.); Anpassung des Volumenstroms; Regulierung und Wartung

wirtschaftlichen und komforttechnischen Gesichtspunkten erfüllt werden sollen. Jeder erfahrene Lüftungsingenieur kennt auch das starke Übergreifen dieser Einflußgrößen untereinander.

Bei der Lüftung, wo vor allem eine gute Durchspülung des Raumes im Vordergrund steht (Entfernung der Schadstoffe), kann man nahezu isotherm einblasen ($\vartheta_{zu} - \vartheta_i$ gering), während man bei der Luftheizung und Luftkühlung, wo vor allem eine gleichmäßige Temperaturverteilung im Vordergrund steht, mit einer mehr oder weniger großen Strahlablenkung und Strahlwegänderung rechnen muß. Eine gleichmäßige Geschwindigkeitsverteilung im Raum wird ebenfalls angestrebt.

Luftdurchlässe mit veränderbarem Zuluftstrahl sind heute sehr wichtig (besonders bei Deckenauslässen). Dabei kann man unterscheiden zwischen Anheizfall (senkrecht nach unten), Heizfall und Kühlfall. Wenn man je nach Strahllenkung z. B. die Aufheizzeit einer Halle auf 20% reduzieren kann, bedeutet dies enorme Energieeinsparungen.

2. Bei allen RLT-Anlagen sollte man unbedingt auf eine sorgfältige Einregulierung achten. Hierfür muß man **regulierbare Zuluftdurchlässe** wählen, damit noch nachträglich die Luftführung im Raum optimiert werden kann.

Selbst bei namhaften Firmen mit jahrelanger Erfahrung kann vielfach erst bei der Inbetriebnahme oder sogar erst nach der zweiten Einregulierung eine zufriedenstellende Luft- oder Temperaturverteilung erreicht oder vorhandene Zugerscheinungen beseitigt werden. Die Ursachen liegen nicht selten an einer oberflächlichen Kanalnetzberechnung bzw. schlechten Druckverteilung, an einer falschen Ventilatorauslegung (Drehzahleinstellung) oder schlechten Anordnung bzw. Einstellung der Zu- und Abluftöffnungen.

Es gibt noch zahlreiche ältere Anlagen, die besser einreguliert oder mit neuen Zuluftauslässen versehen werden müßten!

3. Die **Anordnung der Abluftdurchlässe** (Lufteinlässe) hat praktisch keinen Einfluß auf die Luftbewegung im Raum. Trotzdem sollen die Abluftöffnungen gezielt und möglichst über den Raum verteilt werden.

Grundsätzlich unterscheidet man zwischen zwei Anordnungsmöglichkeiten:

a) **An der Seite, an der die Zuluft eintritt** ⇒ Zuluftstrom muß dann entlang der Begrenzungsflächen wieder zurückströmen.

b) **An der entgegengesetzten Seite** ⇒ Zuluftstrom „durchquert" den Raum (Wurfweite beachten!).

Wenn irgendwie möglich, sollen sie nahe an den Verunreinigungs- oder Wärmequellen angeordnet werden. Sie können ohne weiteres auch in der Aufenthaltszone angeordnet werden, Zugerscheinungen sind nicht zu befürchten.

Zum Vergleich: Ein Zu- und Abluftgitter mit 3 m/s Aus- bzw. Eintrittsgeschwindigkeit hat (gleiche Geschwindigkeit angenommen) eine Wurfweite von 7 bis 8 m beim Zuluftgitter, dagegen nur eine Wirkungstiefe von etwa 30 cm beim Abluftgitter.

4. **Raumströmungen** können kaum vorausberechnet werden, denn sie sind i. allg. nicht stabil und durch ausgeprägte Wirbelbildungen von unterschiedlicher Größe, Form und Dauer gekennzeichnet. Auch die Raumgeschwindigkeit an einem bestimmten Meßort schwankt geringfügig ständig nach Größe und Richtung.

Eine **Durchführung von Raumströmungsversuchen** erfolgt vorwiegend durch Rauchproben (Sichtbarmachung der Raumströmung). Oft ist sie ratsam bei hohen thermischen Lasten (> 70 W/m^2), bei einer komplizierten Raumgeometrie, bei extrem hohen Luftwechselzahlen und bei sehr zahlreichen Zuluftdurchlässen.

Mathematische Modelle bleiben auf ganz wenige Ausnahmen beschränkt.

Möchte man Raumströmungen im Modellversuch durchführen (möglichst Maßstab 1:1, bzw. bei verkleinertem Maßstab Ähnlichkeitsbedingungen einhalten), so müssen sämtliche die Luftführung beeinflussenden Details im Raum auch im Modell detailgerecht nachgebildet werden (z. B. Luftauslässe, Decke, Fassade, Unterzüge, Brüstungselemente, lichte Raumhöhe, Ausblashöhe, Beleuchtung, Sonnenschutz, Möblierung usw.).

9.1.2 Luftführungsarten - Beispiele

Wie schon im Kap. 2.3 erwähnt, unterscheidet man bei der Zuluftführung vor allem zwischen der **Mischströmung** (9.1.3), der **Verdrängungsströmung** (9.1.4) und von Strömungen, die eine spezielle Form einer der beiden oder eine Kombination von beiden darstellen.

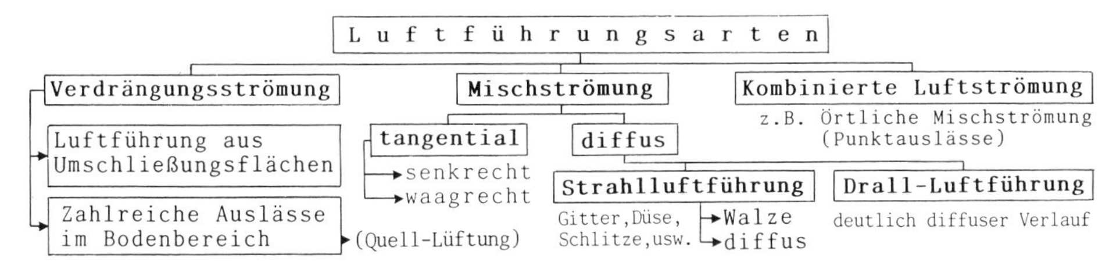

Abb. 9.1 Einteilungsschema

Gleichgültig ob in Betriebs- oder Versammlungsräumen, ist heute die Mischluftströmung die verbreitetste Luftführungsart, obwohl in letzter Zeit die Verdrängungsströmung wieder zunimmt. Bei Versammlungsräumen ist dabei die Integration der Luftdurchlässe und Luftkanäle in die Bautechnik und somit auch die Zusammenarbeit zwischen Lüftungsingenieur und Architekten, Statiker und Bauherrn oft intensiver und detaillierter als bei gewerblichen Betrieben.

Hinsichtlich der Frage, wie die Luft grundsätzlich im Raum geführt werden soll, gibt es folgende Möglichkeiten, siehe unten.

Abb. 9.2 Luftführung in verschiedenen Richtungen

Zuvor noch eine grundsätzliche Bemerkung:

Die Zuluft erfährt durch den Auslaß eine Impulskraft (= **Trägheitskraft**) und durch die Temperatur- bzw. Dichtedifferenz zwischen Zu- und Raumluft eine **Schwerkraftwirkung.**

Beide Kräfte wirken entgegengesetzt, wenn kalte Luft aus dem Fußbodenbereich (Luftführung von unten nach oben) oder warme Luft aus dem Deckenbereich (Luftführung von oben nach unten) strömt.

Beide Kräfte wirken gleichgerichtet, wenn warme Luft von unten oder kalte von oben eingeführt wird. Diese Luftführung ist zwar problemloser, jedoch durch die zahlreichen speziellen Zuluftdurchlässe nicht mehr zwingend ratsam.

Folgerung: Damit die Trägheitskraft und somit die Strahlgeschwindigkeit nicht geringer als die Schwerkraft wird, sind hohe Impulskräfte (Induktion) und geringe Temperaturdifferenzen anzustreben.

Das Verhältnis Schwerkraft/Trägheitskraft bezeichnet man als die sog. **Archimedeszahl** Ar, die vor allem eine wichtige Kennzahl bei Modellversuchen zur Ermittlung der Raumgeschwindigkeit ist.

Bei der **Luftführung von unten nach oben** unterscheidet man zwischen verschiedenen Bodenauslässen, Wandauslässen im Bodenbereich, Auslässen in Höhe der Fensterbrüstung senkrecht nach oben, Auslässen aus Stühlen oder Pulten. Das Grundkonzept besteht darin, alle Wärme- und Stofflasten so aus dem Raum zu transportieren, daß möglichst wenig Rückwirkung auf den Aufenthaltsbereich entsteht.

- Beim Ausblasen aus Bodengittern am Fenster oder aus Truhengeräten spricht man von dem **tangentialen Luftführungssystem,** wenn sich der Luftstrahl an Fenster, Wand und Decke anlegt (vgl. Abb. 9.7).
- Ausgenommen von der Tangentialströmung, handelt es sich bei dieser Luftführung vorwiegend um eine **Verdrängungsströmung** (Kap. 9.1.4). In der Regel wird dabei die Abluft oben abgeführt.
- **Bodengitter** (z. B. unter den Fenstern) sind bei großem Schmutzanfall ungeeignet. Man unterscheidet hier die senkrechte und die schräg geführte Ausblasrichtung. Austrittsgeschwindigkeiten etwa 2 bis 3 m/s; bei Wohnräumen unter 1 m/s. Anwendung z. B. bei Schwimmhallen.
- Untere **Wandauslässe im Personenbereich** führen leicht zu Zugerscheinungen, wenn die Zulufttemperatur sehr gering ist; für die Kühlung daher ungeeignet. Die Luft muß oft mit Austrittsgeschwindigkeiten $< 0{,}5$ m/s eingeführt werden.
- Bei der **Luftzufuhr aus Bodenauslässen** benötigt man stabile Luftstrahlen und eine gute Mischung mit der Raumluft (Drallauslässe, Schlitzplatten). Die Auslässe müssen auch leise und zu Reinigungszwecken leicht herausnehmbar sein. Grundsätzlich ist hier ein Zwischenboden erforderlich (vgl. Abb. 9.40).
- Da hier eine **direkte Luftzufuhr in den Aufenthaltsbereich** vorliegt, ist dieser strömungstechnisch von dem Teil getrennt, aus dem die verbrauchte Luft abgesaugt wird (höhere Temperaturdifferenz zwischen Zu- und Abluft, geringere Belastung im Aufenthaltsbereich). Weitere Hinweise vgl. Kap. 9.1.4 und 9.1.5.

Bei der **Luftführung von oben nach unten** sind die Luftauslässe in bezug auf Volumenstrom, Strahlweg, Strahlablenkung sorgfältig nach den Herstellerunterlagen zu bestimmen.

- Bei dieser Luftführung werden die Zuluftdurchlässe entweder an der **Decke oder in Deckennähe** angeordnet. Mit wenigen Ausnahmen handelt es sich um eine Mischluftströmung (Kap. 9.1.3).
- Die **Vorteile der Luftzufuhr von der Decke** sind die einfache Montage der Luftkanäle und die bessere optische Anpassung an den Raum. Die **Nachteile** sind die starke Abhängigkeit der Eindringtiefe von der thermischen Belastung des Raumes und der Zulufttemperatur; die erforderliche Sorgfalt bei der Auslegung; die zusätzlichen Investitionen für Wartung und Einregulierung (oft Stellmotoren). Bei der Kühlung wird u. U. ein Teil der verbrauchten Warmluft unter der Decke wieder induziert, außerdem soll im Teillastbetrieb ein Teil der Abluft (etwa 50%) in Bodennähe abgesaugt werden.
- Im Gegensatz zu Lüftungs- und Kühlanlagen ist diese Luftführung bei **Warmluftheizungen** nicht unproblematisch, da mit Schichtenbildung im Deckenbereich zu rechnen ist und nur bei geringen Übertemperaturen oder bei Verwendung spezieller Auslässe eine ausreichende Eindringtiefe erreicht werden kann (vgl. Abb. 9.28).
- Bei der Zuluftführung von der Wand in Deckennähe ist eine richtige **Einstellung der Luftauslässe** erst nach Inbetriebnahme der Anlage möglich. ϑ_{zu} beeinflußt sehr stark die Strahlablenkung nach oben (Heizung).

Bei der **Luftführung von oben nach oben** wird bei Warmluftheizungen die Erwärmung im Bodenbereich nur durch Spezialauslässe einigermaßen ausreichend gewährleistet. Gute Lösungen sind jedoch möglich bei der Einführung kühler Luft, da gute Temperaturverteilungen erreicht werden können.

Auch bei Lüftungs- und Entnebelungsanlagen sind hier gute Lösungen möglich. So soll in Räumen, in denen geraucht wird, besser oben abgesaugt werden. In Naßräumen soll ebenfalls oben abgesaugt werden, da feuchte Luft leichter ist als trockene.
Zur Lüftung und Kühlung sind ein geringerer Volumenstrom und somit auch geringere Energiekosten erforderlich.

Bei der **Luftführung von einer Wandfläche zur anderen** (Flächendurchlässe), ebenso vom Fußboden zur Decke oder umgekehrt, kann man den Raum als eine „Verlängerung des Zuluftkanals" betrachten.

Hierbei handelt es sich um eine nahezu turbulenzarme Verdrängungsluftführung, bei der die Luft ohne Rückströmungen „hinausgeschoben" wird (vgl. Abb. 9.8a). Der Anwendungsbereich erstreckt sich vorwiegend auf spezielle Räume, die oft vollklimatisiert werden, wie z. B. in der Reinraumtechnik (Abb. 9.8 c).

Die folgenden **Luftführungsbeispiele** zeigen die Vielfalt von Möglichkeiten, die jedoch jeweils nur unter bestimmten Voraussetzungen angewandt werden können. Die Einflußgrößen, die bei der Auswahl eine Rolle spielen, wurden unter Kap. 9.1.1 zusammengestellt.

Auf die Misch- und Verdrängungsströmung soll anschließend noch näher eingegangen werden.

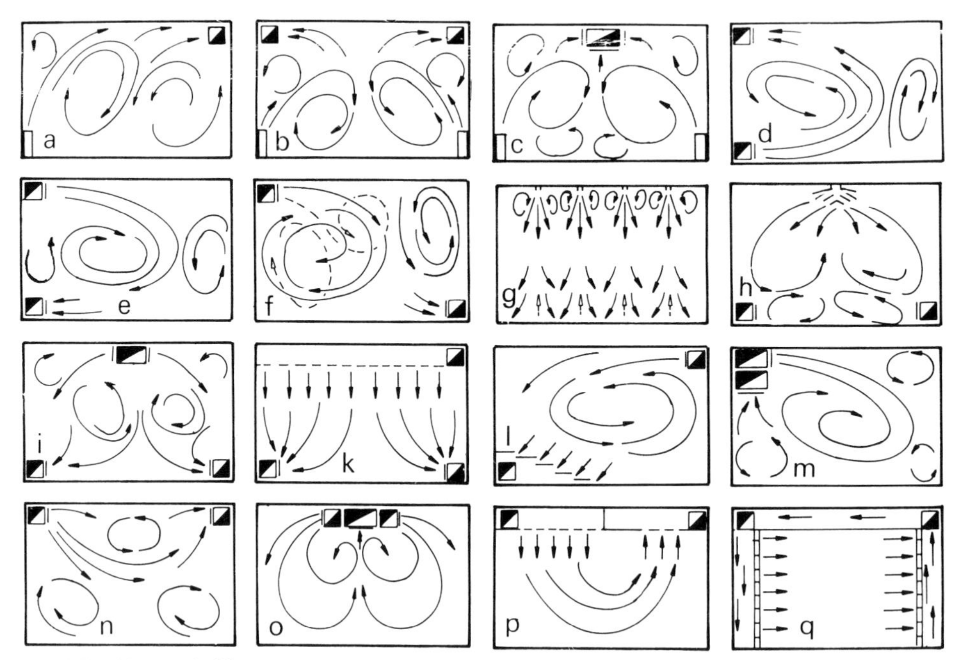

Abb. 9.3 Luftführung in Räume

Erläuterungen zu den Luftführungsbeispielen nach Abb. 9.3

Zu a) Hier handelt es sich um eine Quer- bzw. Diagonalluftführung. Die Luft wird hier nicht tangential, sondern schräg eingeführt. Warmluft steigt schnell nach oben, daher gute Induktion erforderlich. Probleme: Begrenzte Wurfweite; bei größeren Raumtiefen Totzonen (mangelnde Erwärmung) unterhalb des Abluftgitters im Bodenbereich. Kaltluft sollte möglichst senkrecht nach oben mit höherer Geschwindigkeit geführt werden (höhere Energieverluste!); Durchspülung auch in der Aufenthaltszone, zur Vermeidung von Zugerscheinungen besser spezielle Geräte verwenden.

Zu b) Ähnlich wie a, jedoch günstigere Temperaturverteilung bei größeren Raumtiefen ($>$ 5 bis 7); Abluftdurchlässe nicht unmittelbar über der Zuluft anordnen!

Zu c) Ähnlich wie b, jedoch Abluftöffnungen verteilt in Raummitte. Zur Vermeidung von Kurzschlußströmungen Wurfweite beachten! Kaltluft ebenfalls nach oben (tangential) führen.

Zu d) Zu- und Abluftdurchlässe an einer Seite angeordnet (ungünstige Luftführung), Warmluft steigt schnell nach oben (geringe Austrittsgeschwindigkeit), Totzonen auf der rechten Seite, da nur sehr begrenzte Eindringtiefe.
Kaltluft bleibt am Boden, gute thermische Entlastung der Aufenthaltszone, jedoch große Zuggefahr in Nähe der Zuluftöffnung.

Zu e) Zuluft unter der Decke eingeführt (Mischluftströmung); bei Warmluft (Strahlablenkung nach oben) evtl. mangelnde Erwärmung und Durchspülung im Bodenbereich und auf der gegenüberliegenden Seite, geringe Zulufttemperaturen erforderlich.
Bei Kaltluft (entspricht Luftführung in Abb.) begrenzte Wurfweiten bei geringer Raumhöhe, Zuggefahr; sorgfältige Auswahl und Einregulierung; weitere Hinweise Kap. 9.1.3.

Zu f) Ähnlich wie e), jedoch diagonale Luftführung. Bei Warmluft (vgl. gestrichelten Linienzug) evtl. zu schwache Raumströmung links unten, bei Kaltluft rechts oben. Einregulierung erforderlich.

Zu g) Zuluft über Deckenschlitze. Zwischen den Schlitzen bilden sich gegenläufig Wirbel. Anwendung in der Klimatechnik und bei sehr großen Luftwechselzahlen. Weitere Hinweise vgl. Kap. 9.2.4.

Zu h) Die Warmluft wird hier, über Deckenluftverteiler gefächert, mit großer Induktion ausgeblasen; gute Raumdurchspülung; besonders bei Kaltluft sorgfältige Auswahl; Einregulierung.

Zu i) Ähnlich wie h). Beidseitiger Zuluftaustritt mit regulierbaren Gittern bei größeren Raumtiefen; bei Kaltluft möglichst Tangentialführung anstreben; bei Warmluft Luftlenkung (Strahlweg) und ϑ_{zu} beachten, gute Induktion erforderlich.

Zu k) Luftführung über Lochdecke aus Druckraum; gute Luftverteilung bei Warm- und Kaltluft; kostenintensiv; vorteilhaft bei großen Luftwechselzahlen ($> 20\ h^{-1}$); Austrittsgeschwindigkeit von Raumhöhe abhängig (weitere Hinweise unter Kap. 9.2.5).

Zu l) Wie unter f), jedoch mit zahlreichen Abluftöffnungen an Podesten; Verschmutzungsgefahr; die umgekehrte Luftführung ist eine verbreitete Verdrängungsluftströmung, z. B. in Theatern.

Zu m) Ähnlich wie e), jedoch Luftführung von oben nach oben; bei größeren Raumtiefen Verwendung von Weitwurfdüsen (Abb. 9.39a); Einregulierung.

Zu n) Luftführung von oben nach oben; weniger bei Luftheizung als vielmehr bei der Be- und Entlüftung (Entfernung von Schadstoffen aus Deckenbereich); gute Induktion bei Kaltluft erforderlich.

Zu o) Alternative zu m für größere Raumtiefen; bei Kaltluft brauchbare Lösung, besonders bei nachträglichem Einbau der RLT-Anlage; evtl. mangelnde Raumströmung in Aufenthaltszone; eine Variante wäre die Anordnung von Schlitzauslässen in der Decke.

Zu p) Luftführung flächenmäßig aus und zu der Decke; große Volumenströme möglich (vgl. Kap. 9.2.4).

Zu q) Klassische Verdrängungsluftführung, bei der die gesamte Wandfläche als Zuluft- bzw. Abluftdurchlaß ausgebildet ist; Anwendung für spezielle Räume in der Klimatechnik.

9.1.3 **Mischströmung** (Strahlluftführungssystem)

Wie aus Abb. 9.1 ersichtlich, wird diese Mischströmung, die auch als Induktionsströmung, als Verdünnungsprinzip oder einfach als Strahlluftführung (Strahllüftung) bezeichnet wird, weiter unterteilt. Dabei kann der Luftstrahl entlang einer Raumumschließungsfläche geführt werden (Tangentialluftführung) oder direkt in den Raum austreten. Bei letzterem können die Strahlen entweder **Raumwalzen** hervorrufen oder sich gleich in Austrittsnähe mit der Raumluft vermischen, daß ein etwas ungeordneter, zerstreuter, d. h. **diffuser Strahlenverlauf** entsteht. Es gibt auch zahlreiche vorwiegend in Decken eingebaute Durchlässe, die in Verbindung mit hoher Induktion einen **Drall** erzeugen („Drallauslässe"), der einen deutlichen diffusen Strahlenverlauf hervorruft.

Ein Sonderfall, eine Kombination von Verdrängungs- und Mischströmung, sind die Mikroklimaauslässe (Örtliche Mischströmung Kap. 9.1.4).

Bei der Mischströmung wird die Zuluft mit hohem Impuls aus Gittern, Düsen, Schlitzauslässen usw. zunächst nicht begrenzt frei in den Raum geblasen. Dabei wird der gesamte Rauminhalt zur Luftbeimischung herangezogen, wodurch die kinetische Energie (Austrittsgeschwindigkeit) und die Temperatur bis zum Ende des Strahlweges abgebaut werden.

Merkmale und Hinweise zur Mischströmung

1. Wie Abb. 9.3 zeigt, werden durch Primärstrahlen bzw. Primärwalzen sog. **Sekundärwalzen** erzeugt, die vorwiegend die Verdünnung, Beheizung oder Kühlung der Umgebungsluft (Raumluft) übernehmen.

   Um eine möglichst gleichmäßige Temperatur- und Geschwindigkeitsverteilung im Raum zu erreichen, muß demnach eine ausreichende Raumströmung, d. h. eine ausreichende Luftwechselzahl bzw. Luftumwälzzahl, garantiert werden, die allerdings stark von der Induktion des Auslasses abhängig ist. Bei einer idealen Strömung würde an jeder Stelle des Raumes der gleiche Zustand herrschen, d. h., die Schadstoffkonzentration und die Temperatur der Raumluft sind gleich derjenigen der Abluft.

2. Die **Anwendung der Mischströmung** ist praktisch für alle Bereiche der RLT-Technik in Gebäuden anwendbar, da bei großen Raumtiefen, wie z. B. in großen Versammlungsräumen, spezielle Auslässe entwickelt wurden.

   Bei der Wandanordnung mit Raumtiefen bis zu 15 . . . 20 m; bei der Deckenanordnung mit Raumhöhen bis 6 . . . 7 m Höhe.

3. Die zur Beschleunigung dieser Umgebungsluft erforderliche Energie wird dem Strahlinnern entnommen, dadurch werden die kinetische Energie bzw. **Geschwindigkeit und die Austrittstemperatur „des Strahls" abgebaut.**

4. Das wichtigste Kennzeichen des Strahlluftsystems ist der Strahlweg. Ist dieser erreicht, kehrt der Luftstrahl wieder um.

- Um Zugerscheinungen bei Kaltluft zu vermeiden, sollte der Strahlweg nur etwa **80% der Raumtiefe** betragen. Aus diesem Grunde geht man bei verschiedenen Auswahldiagrammen gleich von der Raumtiefe aus.

Unter dem **Strahlweg** (auch als Eindringtiefe oder Wurfweite bezeichnet) versteht man die **Entfernung von Luftauslaß, bei der die durchschnittliche Geschwindigkeit v auf etwa 0,15 bis 0,2 m/s bzw. die Maximalgeschwindigkeit v_{max} (= Luftgeschwindigkeit in Strahlachse) auf etwa 0,4 bis 0,5 m/s abgesunken ist, vorausgesetzt, daß sich der Strahl ungehindert ausbreiten kann.**

- Abb. 9.5 zeigt einen **isothermen Freistrahl,** bei dem sich die Luft über eine runde Düse allseitig im Raum ausbreiten kann. In der Kernzone, in der auch die starke Vermischung stattfindet (Abstand a), bleibt die Austrittsgeschwindigkeit v_a etwa erhalten, wobei die Länge der Kernzone von der Turbulenz des Strahls abhängig ist. Von da an verringert sich die axiale Luftgeschwindigkeit umgekehrt proportional der Entfernung x vom Auslaß: $v_x/v_0 \approx x_0/x \approx d/x$ ($x_0 \approx d/0{,}1 \dots 0{,}3$). Wie anfangs erwähnt, lassen sich jedoch diese Gesetzmäßigkeiten nicht ohne weiteres auf die unterschiedlichen Luftauslässe und auf die Raumgeometrie übertragen.

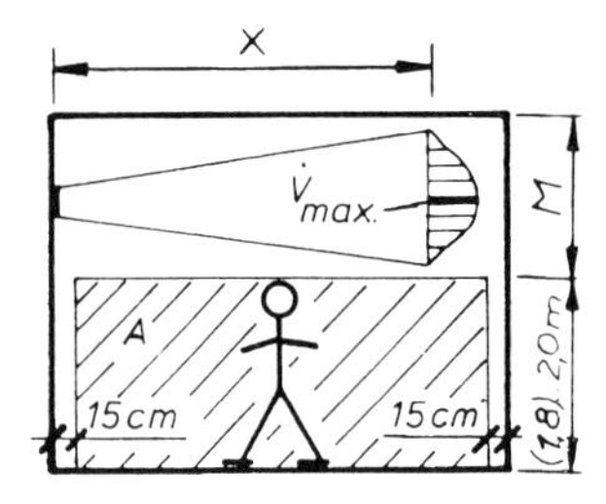

Abb. 9.4 Misch- und Aufenthaltszone

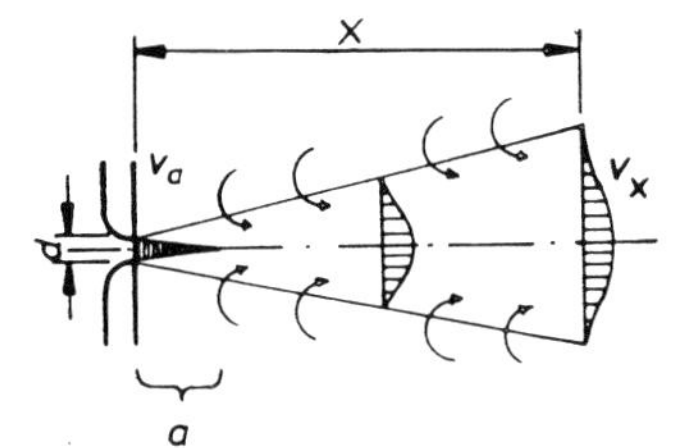

Abb. 9.5 Isothermer Freistrahl mit Geschwindigkeitsverteilung

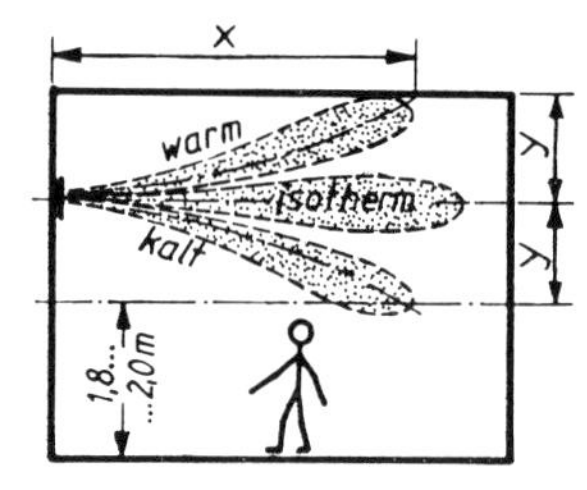

Abb. 9.6 Strahlablenkung je nach Zulufttemperatur

- Der **Strahlweg hängt von folgenden Einflußgrößen ab** und ist daher leicht zu beeinflussen:
  a) von den **Raumabmessungen,** wie Längen-Breiten-Verhältnis, Raumtiefe, Raumhöhe.
  b) von der **Austrittsgeschwindigkeit.** Erhöht man diese z. B. im Verhältnis 1:3, erhöht sich der Strahlweg im Verhältnis von etwa 1:1.6.
  c) vom **Volumenstrom** bzw. Gitterquerschnitt. Eine Vergrößerung im Verhältnis 1:3 ergibt eine Strahlwegverlängerung von etwa 1:1,8.
  d) von der **Gitterform.** Je größer das Längen-Breiten-Verhältnis, desto geringer ist der Strahlweg (größere Induktion).
  e) von der **Anordnung des Zuluftdurchlasses.** So kann sich z. B. der Strahlweg bis um 50% verlängern, wenn sich der Strahl an der Decke anlegt (Coanda-Effekt) und somit nur einseitig Raumluft induziert.
  f) von der **Lamellenstellung,** womit man den Luftstrahl ausgleichen, lenken oder auseinanderziehen (streuen) möchte. Unter Streubreite versteht man die quer zur Hauptströmungsrichtung gemessene Ausdehnung am Ende des Luftstrahls.

5. Eine **Ablenkung des Strahls** nach oben beim Warmluftstrahl oder nach unten beim Kaltluftstrahl (Abb. 9.6) erfolgt durch die beim Erwärmen oder Abkühlen auftretenden Dichteänderungen.

- Sie spielt **nicht nur bei Wandauslässen,** sondern auch bei Deckenluftauslässen (Schlitzauslässe, Düsen, Luftverteiler usw.) eine Rolle.
- Die Ablenkung des Strahls (y) wird anhand von Firmenunterlagen ermittelt und soll nicht bis in die Aufenthaltszone reichen, d. h., der **Mischvorgang muß oberhalb der Aufenthaltszone abgeschlossen sein.**
- Es gibt auch **Gitter mit temperaturabhängig gesteuerter Strahllenkung,** bei denen durch einen 24 V-Motor die horizontalen Lamellen verstellt werden. Durch Erhöhung der Austrittsgeschwindigkeit wird außerdem die Eindringtiefe vergrößert (z. B. in der Aufheizphase).

6. Bei der **diffusen Luftströmung** wird die Zuluft ebenfalls meist über der Aufenthaltszone eingeführt und mit der Raumluft vermischt. Die Luftbewegung in der Aufenthaltszone ist zwar ziemlich gleichmäßig, jedoch in Größe und Richtung etwas schwankend (diffus).

Allgemein wird die Zuluft in kleinen Volumeneinheiten (viele kleine Einzelstrahlen) unter mehreren Richtungen aus Auslässen in Deckennähe in den Raum geführt. Es gibt auch Fußbodenauslässe (z. B. Drallauslasse, Abb. 9.37e).

Vorteile: Keine speziellen Anforderungen an die Raumumschließungsflächen und Raumeinrichtungen. Die Zuluft wird voll und auf direktem Weg zum Aufenthaltsbereich geführt, günstige Geschwindigkeitsverteilung.

Nachteile: Etwas instabile Luftbewegungen, spezielle regulierbare Luftauslässe erforderlich.

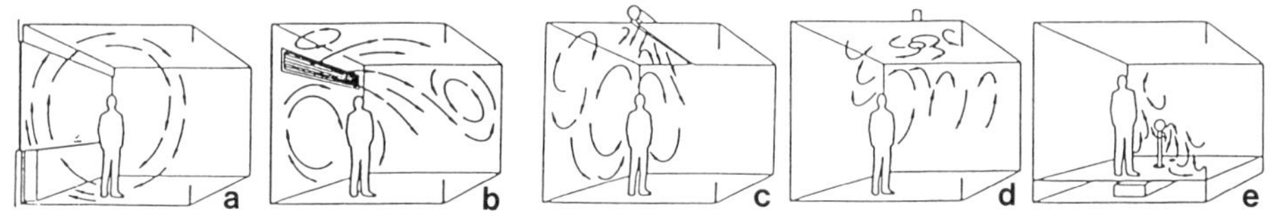

Abb. 9.7
a) Tangentiale Luftführung mit senkrechter „Walzenlüftung"
b) Tangentiale Luftführung mit waagerechter „Walzenlüftung"
c) Diffuse Luftführung von oben durch Linear-Luftdurchlaß
d) Diffuse Luftführung von oben durch Punkt-Luftdurchlaß
e) Diffuse Luftführung von unten (nach VDI 3803)

Tangentialströmung

Hier tritt die Zuluft in irgendeiner Strahlform aus und legt sich im Verlauf des Strömungsweges tangierend an eine oder mehrere Raumumschließungsflächen (Wände, Fenster, Decke, Fußboden). Im fassadennahen Bereich entsteht eine Primärwalze, während der Luftaustausch im hinteren Raumteil durch gegenläufige rotierende Sekundärwalzen erfolgt.

Weitere Merkmale:

- Ähnliche Temperaturverhältnisse wie bei der üblichen Strahlluftführung (etwas höhere Temperaturdifferenzen zwischen Decke und Raummittel)
- Falls die Abluftdurchlässe im Deckenbereich angeordnet sind, muß sorgfältig der Strahlweg ermittelt werden (zur Vermeidung von Kurzschlußströmen)
- Stabile Luftwalze im Raum als sekundäre Luftbewegung (wird durch Induktion aufrechterhalten)
- Bei Kaltluft evtl. Zugerscheinungen, falls der Volumenstrom zu stark reduziert wird (Strahlabfall)

9.1.4 Verdrängungsströmung

Hier handelt es sich um eine vertikale oder horizontale, querkonvektionsfreie und turbulenzarme Luftströmung. Die einströmende impulsarme Luft schiebt die gesamte Raumluft mit allen Verunreinigungen und thermischen Lasten in Richtung Abluftsystem vor sich her.

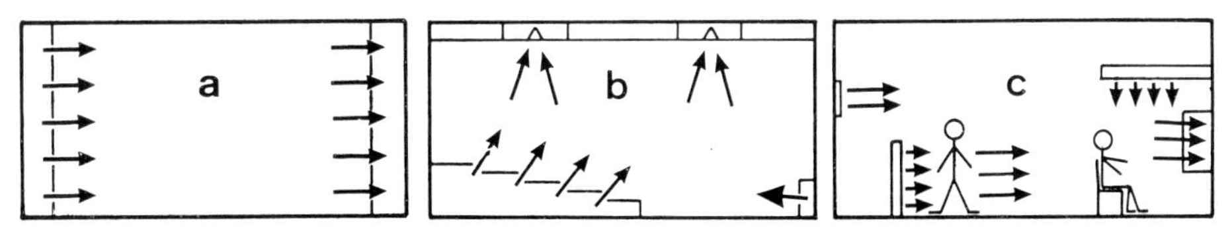

Abb. 9.8 Beispiele von Verdrängungsströmungen

Wird die Luft **flächenmäßig eingeführt (Abb. 9.8.a)** – gleichgültig von welcher Raumfläche –, handelt es sich um eine ideale Verdrängungsströmung, bei der praktisch keine Vermischung der Zuluft mit der Raumluft stattfindet. Sie ist vergleichbar mit dem Kolbenprinzip.

Als Zuluftdurchlaß verwendet man dünnschichtiges Filter- oder mehrschichtiges Gewebematerial (als mechanischen Schutz Lochblech oder Drahtgeflecht). Außerdem gibt es spezielle Luftverteilbleche mit Düsen, z. B. für Labors, pharmazeutische Betriebe, Küchen usw.
Vorteilhaft ist die homogene laminare Luftströmung, nachteilig der allmählich ansteigende Druckverlust bei Verschmutzung.

Die Zuluft kann auch aus sog. Doppelböden, aus bodennahen Wandauslässen oder, wie **Abb. 9.8b zeigt, an Podesten** dem Raum zugeführt werden; vielfach auch als „Quellüftung" bezeichnet.

Wird die Luft aus einem Druckraum durch hohl ausgebildete Tisch- oder Stuhlauslässe dem Raum zugeführt, handelt es sich – auf die Aufenthaltszone bezogen – um eine örtliche Mischlüftung (vgl. Kap. 9.1.4).

Ein weiteres typisches Anwendungsgebiet der Verdrängungsströmung ist die **Klimatisierung von Arbeitsplätzen (Abb. 9.8c),** z. B. in der pharmazeutischen und elektronischen Industrie. Es handelt sich hierbei um sog. reine Räume, reine Werkbänke, reine Kabinen.

Merkmale: Staubfreie Luft, hohe Luftwechselzahlen (bis 400 h^{-1}), vielfach nur Umluftbetrieb; Luftgeschwindigkeit im Bodenbereich 0,2 bis 0,4 m/s, Schwebestoffilter

Weitere Merkmale und Hinweise zur Quell- bzw. zur Verdrängungsströmung

- **Gute Luftqualität im Aufenthaltsbereich** mit kaum meßbarer Luftgeschwindigkeit; kleine Partikel (Durchmesser $< 10\ \mu m$) bewegen sich wie Gase.
- In der letzten Zeit **breitet sich die Anwendung der Quell- und Verdrängungsströmung wieder stärker aus,** insbesondere in der Klimatechnik, da heute gründlichere Kenntnisse und Erfahrungen bei den Wärmeaustauschvorgängen vorliegen und außerdem neuartige Quellauslässe entwickelt wurden. Eine vorherige gründliche Überprüfung des speziellen Anwendungsfalls ist jedoch dringend ratsam. Die in der Regel höheren Anschaffungskosten müssen bei der Ermittlung der meist geringeren Betriebskosten berücksichtigt werden.

  Bei sehr geringen thermischen Lasten oder geringem Schadstoffanfall sowie bei Einzel- und Gruppenraumnutzung ist die Verdrängungsströmung weniger geeignet, da vielfach energetisch ungünstiger. In der Reinraumtechnik, in Labors, Farbspritzräumen, in OP-Räumen ist sie üblich.
- Auch für die Belüftung größerer **Fabrikationsräume** geeignet, jedoch aus baulichen und betrieblichen Gründen i. allg. nicht durchführbar. So könnten z. B. in einer Schweißhalle oder Gießerei die Wärme- und Schadstoffe schnell aus dem Aufenthaltsbereich entfernt werden, denn das Reservoir für die belastete Luft oberhalb der Arbeitsplätze ist oft ein Mehrfaches vom Volumen der Aufenthaltszone. Die „Antriebsenergie" der Quellüftung sind vorwiegend die Wärmequellen im Raum.
- Keine Rückströmungen, nur eine begrenzte Mischzone; **große Volumenströme,** die sich jedoch leichter reduzieren lassen als bei der Mischströmung (geringe Energiekosten).
- Die **Einflußgrößen auf den Strömungsverlauf** sind: Anströmung auf den Zuluftdurchlaß, Turbulenzgrad am Durchlaß, Raumumschließungsflächen, Wärmequellen im Raum, Einrichtungen.
- Das oft als Nachteil genannte **Hygieneargument** (Staubaufwirbelung, Bakterienverbreitung usw.) ist anscheinend aufgrund neuerer Untersuchungen nicht mehr stichhaltig. Größere Staubpartikel haben eine größere Sinkgeschwindigkeit und eine geringere Verweilzeit als bei der Mischströmung. Keime bewegen sich auch ohne Differenzgeschwindigkeit und folgen jeder Luftbewegung.
- Probleme bei einer erforderlichen **Druckkammer** sind: baulicher Aufwand (Platzbedarf, Dichtheit, Kontrollmöglichkeit), hohe Anschaffungskosten, u. U. erschwerte Reinigung.
- Bei der **Kühlung** nimmt die Lufttemperatur in der Aufenthaltszone von Fuß bis Kopf zu; eine Temperaturdifferenz von 2 bis 3 K empfindet man jedoch noch nicht als unbehaglich.

9.1.5 Örtliche Mischströmung

Diese Luftführung stellt eine Kombination der beiden genannten Systeme dar. Durch die Anordnung der meist zahlreichen **Zuluftdurchlässe unmittelbar innerhalb der Aufenthaltszone,** vielfach direkt am Arbeitsplatz, findet dort die Durchmischung statt, während oberhalb der Aufenthaltszone infolge der thermischen Schichtung eine vertikale Verdrängungsströmung entsteht.

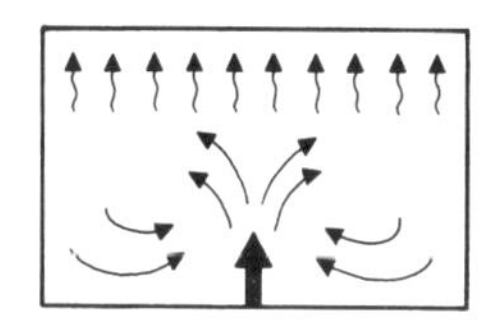

Abb. 9.9

Die Luftzufuhr erfolgt meistens über einen sog. Doppelboden (Druckraum) in eine hohl ausgebildete Tisch- oder Stuhlhalterung (z. B. bei Hörsälen, Theater) oder in speziellen Auslässen am Arbeitsplatz (Mikroklima-Luftführungssystem); ferner aus Boden-Schlitzplatten (z. B. in EDV-Räumen).

Es sind auch Kombinationen möglich, wie z. B. die Grundlast über Fußböden und der individuell einstellbare Rest über Tischauslässen.

Vorteile	Stabile Luftführung in der Aufenthaltszone, keine unerwünschte Induktion, nahezu konstante Eindringtiefen, Atembereich des Menschen wird direkt erfaßt, geringe Temperaturdifferenz im Aufenthaltsbereich, individuelle Einstellung, keine Kurzschlußströme.
Probleme und Maßnahmen	Je nach System: Geringe Austrittsgeschwindigkeiten, 0,05 bis 1,5 m/s, Dichtheit der Druckkammer, bei Stuhl- und Pultauslässen feste Bestuhlung, Vermeidung von Kaltluftansammlung, Ausblasrichtung richtig einstellen; kostenintensiv.

Ausführungsbeispiele vgl. Abb. 9.39 bis 9.41.

9.2 Zu- und Abluftdurchlässe

Wie schon anfangs angedeutet, gehören zur Erreichung einer guten Luftführung nicht nur eine sorgfältige Planung und Berechnung der Geräte und des Kanalsystems, sondern vielmehr eine gewissenhafte und den jeweiligen Bedingungen angepaßte Auswahl und Anordnung der Luftdurchlässe.

Die **Anforderungen an einen Zuluftdurchlaß** sind: gleichmäßige Zuluftverteilung, gründliche Raumdurchspülung, behagliche Raumluftgeschwindigkeiten ohne Zugerscheinungen und geringe Strömungsgeräusche.

Das Angebot – insbesondere der Zuluftdurchlässe – hat sich daher in den letzten Jahren stark erweitert. Mit zahlreichen Neuentwicklungen, interessanten Konstruktionsvarianten und vielfältigen Detailverbesserungen möchte man die Wirtschaftlichkeit von RLT-Anlagen erhöhen, Planung und Betrieb vereinfachen und die thermische Behaglichkeit in Aufenthaltsräumen verbessern.

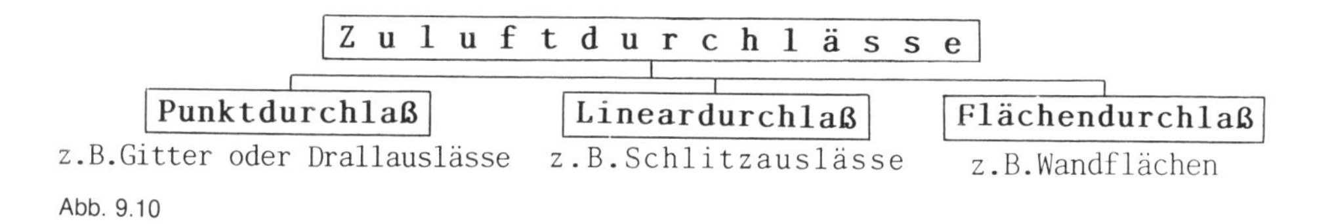

Abb. 9.10

9.2.1 Lüftungsgitter – Jalousien – Klappen

Der gebräuchlichste Luftauslaß bei RLT-Anlagen ist das Gitter mit verstellbaren Lamellen und unterschiedlichen Reguliermöglichkeiten. Solche Gitter werden vorwiegend direkt an den Luftkanälen angebracht. Als Gittermaterial verwendet man fast ausschließlich Stahl, Aluminium oder Kunststoff. Mit den waagrechten Lamellen (gebräuchlicher) möchte man den Luftstrahl nach oben oder unten lenken, mit den senkrechten den Strahlwinkel in der Horizontalen verändern. Wie Abb. 9.13 zeigt, gibt es auch Gitter mit beiden Lamellenformen.

Die **Befestigungsmöglichkeiten** der Gitter richten sich nach der Art des Kanals bzw. Einbaurahmens. Man unterscheidet zwischen der verdeckten und sichtbaren Schraubbefestigung und der Klemmfederbefestigung. Zum **Verstellen der Gitter** verwendet man spezielle Schlüssel (z. B. für Gleichrichter, Einstellzunge) oder den Schraubenzieher (z. B. für Schlitzschieber, Schöpf- und Lenklamellen); vgl. Abb. 9.14.

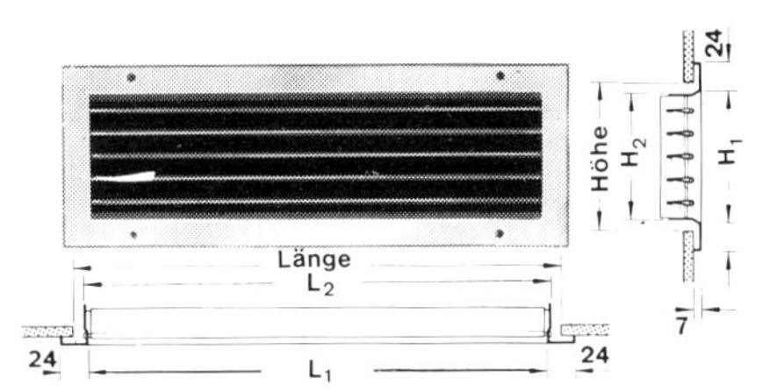

Abb. 9.11 Gitter mit waagerechten, verstellbaren Lamellen zur Anhebung oder Senkung des Luftstrahls, je nach Zulufttemperatur

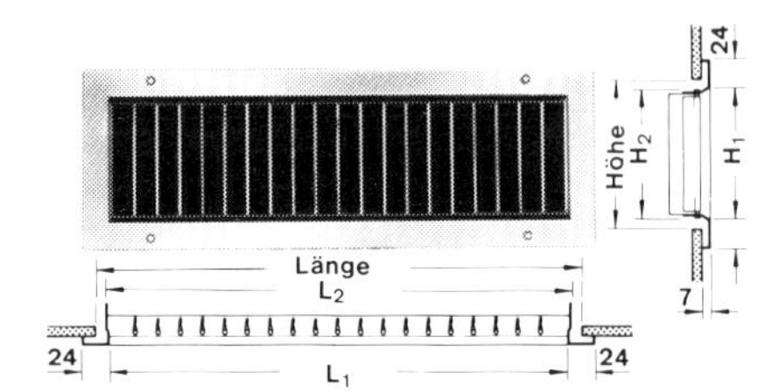

Abb. 9.12 Gitter mit senkrechten, verstellbaren Lamellen zur Veränderung des Strahlwinkels und Wurfweite

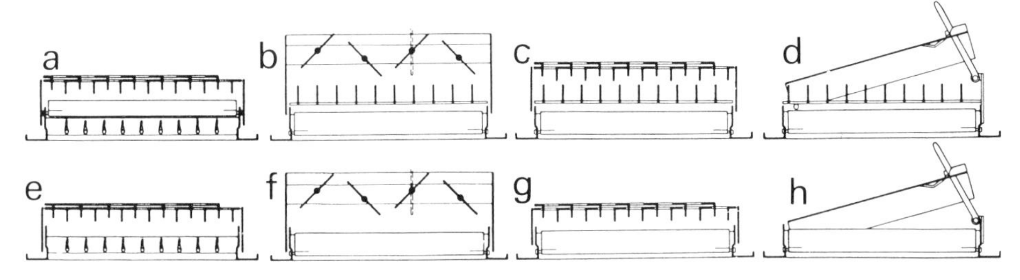

Abb. 9.13 Verschiedene Gitterkonstruktionen (Fa. Schako)

Zu a) **Zuluftgitter** mit senkrechten und waagrechten, einzeln einstellbaren Luftleitlamellen. Schlitzschieber zur Mengeneinstellung mit hochgestellten Enden zur Gleichrichtung der Luft.

Zu b) **Zuluftgitter** mit waagrechten, einzeln einstellbaren Lamellen, senkrecht ausgestanztem Lamellensatz zur Luftgleichrichtung und gegenläufiger verstellbarer Mengeneinstellklappe.

Zu c) **Zuluftgitter** wie b), jedoch zur Mengeneinstellung ein Schlitzschieber mit hochgestellten Gleichrichterenden.

Zu d) **Zuluftgitter** wie b), jedoch mit einstellbarer Schöpfzunge zur Mengeneinstellung. Der Anwendungsbereich ist wesentlich geringer als bei der Schlitzschieberausführung.

Zu e) Zu- und **Abluftgitter** mit senkrechten Lamellen. Schlitzschieber zur Mengeneinstellung mit hochgestellten Enden zur Gleichrichtung.

Zu f) Zu- und **Abluftgitter,** wie b), jedoch ohne ausgestanzten Lamellensatz.

Zu g) **Zu- und Abluftgitter** mit waagrechten, einzel einstellbaren Lamellen. Schlitzschieber zur Mengeneinstellung, deren hochgestellte Enden zur Gleichrichtung der Luft dienen.

Zu h) **Abluftgitter,** wie d), jedoch ohne den senkrecht ausgestanzten Lamellensatz.

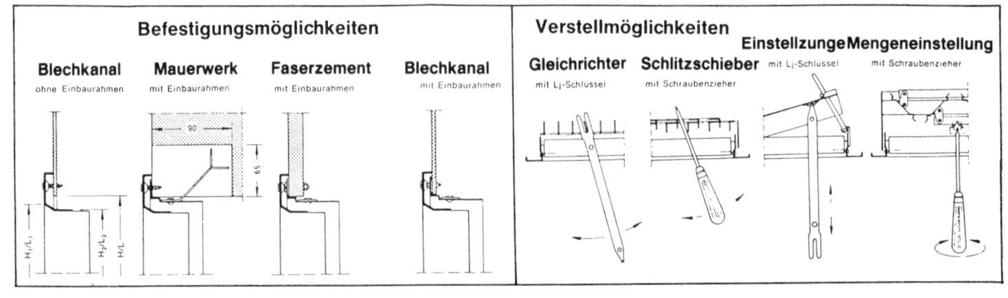

Abb. 9.14 Einbaubeispiele und Reguliermöglichkeiten

Anhand von Abb. 9.15 soll noch auf eine weitere Auswahl von Lüftungsgittern hingewiesen werden.

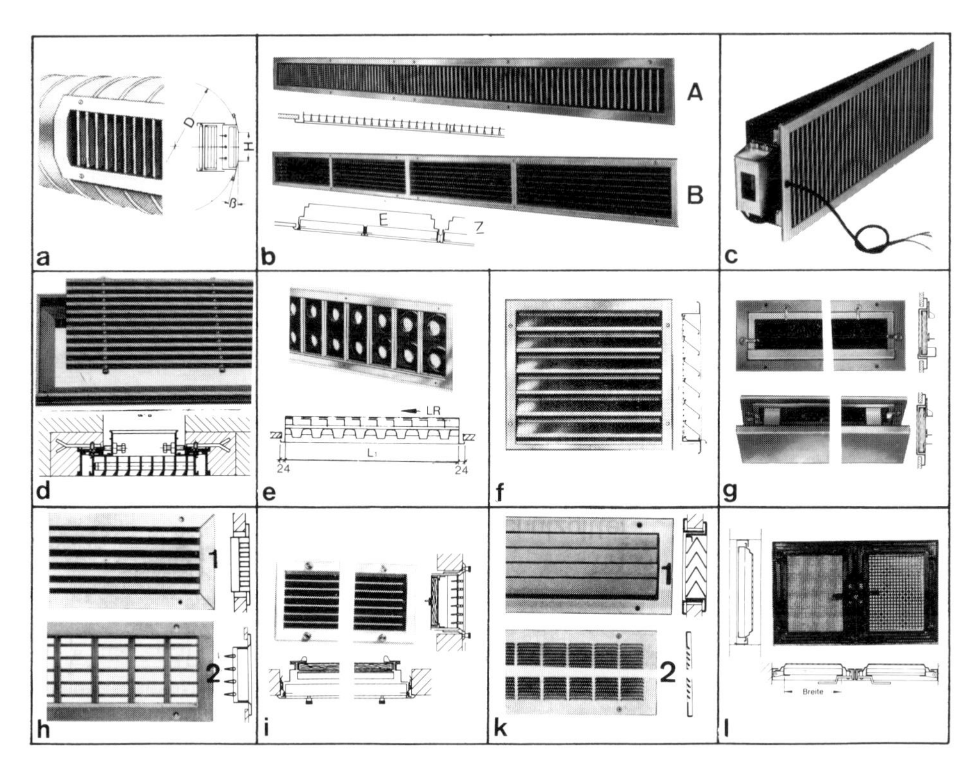

Abb. 9.15 Ausführungsarten von Lüftungsgittern

Zu a) **Lüftungsgitter für Wickelfalzrohre** in verschiedenen Ausführungsformen, z. B. mit einstellbaren Luftlenklamellen; verstellbare Schlitzschieber; spezielle Ausführungen für Zu- oder Abluft; Gitterhöhe in Abhängigkeit des Kanaldurchmessers, z. B. 75 mm bei D = 150 bis 450 mm, 125 mm bei D = 300 bis 900 mm (Fa. Trox).

Zu b) **Gitterbänder** als Zu- und Abluftgitter mit einzeln einstellbaren Leitlamellen **(A) senkrecht,** wobei die einzelnen End- oder Zwischenstücke (E, Z) ohne sichtbaren Zwischensteg stumpf aneinandergestoßen werden. **(B) waagrecht,** wobei am Stoß die Randbreiten um die Hälfte abgenommen werden; außerdem gibt es Zuluftgitter mit waagrechten und senkrechten Lamellen mit Mengeneinstellung.
Bei Montage unmittelbar unter Decke Wurfweitenvergrößerung von etwa 100%; bei maximaler Streuung Wurfweitenkürzung um etwa 50% (Mindestseitenverhältnis L/H mind. 20). Stahl- oder Alu-Ausführung (Fa. Schako).

Zu c) **Gitter für temperaturabhängige Strahllenkung** in verschiedenen Ausführungsvarianten. Vertikale und horizontale Lamellen mit Drosselung. Hintere Lamellen sind bis 135° verstellbar. Die Steuerung erfolgt durch Kanaltemperaturfühler und Steuergerät; wahlweise mit Schaltuhr, mit Schnellaufheizung, mit Grenzwertregler oder mit externer Handverstellung.
Bei reduziertem Volumenstrom wird ein Teil der Gitter geschlossen. Am Steuergerät können bis zu 50 Gitter gesteuert werden. Ein 24-Volt-Trafo sorgt für die Speisung der Antriebe (Fa. HESCO).

Zu d) **Bodengitter** (aus Leichtmetall als Zu- oder Abluftgitter) mit waagrechten feststehenden Profillamellen. Luftaustritt senkrecht zum Gitter 0° oder unter 15° geneigt. Gittereinsatz herausnehmbar.

Zu e) **Weitwurf-Düsengitter** mit hoher Induktion für Großräume; Düsenaustritt ∅ 45 mm; bei v = 10 m/s etwa 70 Pa und 32 dB; Bauhöhe 125 mm, 225 mm, 325 mm (ein-, zwei-, dreireihig); sechs Baulängen von 325 mm bis 1025 mm (Fa. Schako).

Zu f) **Außenluftansauggitter bzw. Fortluftgitter** mit regenabweisenden, feststehenden Lamellen und dahinter angebrachtem Maschendrahtgewebe als Vogelschutzgitter; Material Stahl, Alu oder Kupfer; je nach Typ bis zu 10 Liefergrößen; bei 2 m/s Anströmgeschwindigkeit (saugend) etwa 20 Pa und 40 dB (bei 3 m Δp = 45 Pa, L = 52 dB); auch zu einem Band zusammensetzbar.
Beim sog. **Wetterschutzgitter** wird zusätzlich eine Überdruckklappe angebaut (je nachdem, welche Luftrichtung vorliegt, in zwei Ausführungen), wodurch sich der Druckverlust nahezu verdoppelt. Weite-

re Varianten sind Außenluftansauggitter mit Jalousieklappe, Akustik-Wetterschutzgitter als Fassadenabschlußgitter, Außenluftansauggitter mit Heizband (Schutz vor Eisbildung), Kombination Außenluftgitter – Überdruckklappe u. a.

Zu g) **Fettfanggitter** für senkrechten oder waagrechten Einbau in Decken. Als Fettdunstabscheidefilter ist im Rahmen ein 15 mm dickes Alu-Gestrick eingebaut; empfohlene Luftgeschwindigkeit 1 bis 1,5 m/s (35 bis 75 Pa); Reinigung in einem heißen Waschlaugebad; Lieferung mit oder ohne Einbaurahmen in 4 Bauhöhen und 5 Baulängen (Fa. Schako).

Zu h) **Ballsichere Gitter** für den Einbau in Sporthallen (1) für Einbau unter 2 m Höhe mit feststehenden Profilstäben (Abstand 10 mm); (2) für Einbau über 2 m, vorne mit feststehenden Lamellen (Abstand 50 mm) und Einbau mit verstellbaren Leitlamellen; Stahlblech oder Alu; in 5 Baulängen und 3 Bauhöhen.

Zu i) **Gitter mit Filter** für Zu- und Abluft. Verstellbare Lamellen, dahinter eingebaute Trockenfiltermatte (15 mm dick). Druckverlust bei $v = 1{,}5$ m/s (bezogen auf Stirnfläche) beträgt bei Abluft 70 Pa, bei Zuluft 95 Pa. Filterreinigung mit Warmwasser (bis 40 °C), evtl. auch durch Saugen oder Klopfen, bei fetthaltigem Staub Zusätze erforderlich.

Zu k) Bei diesen zwei Gitterarten handelt es sich
1. um ein **Sichtschutzgitter** aus Alu mit überdeckten Profillamellen als Überströmgitter für den Einbau in Türen, Wände usw.
2. ein **Überströmgitter** mit feststehend ausgestanzten Schlitzen (Lamellen); freier Querschnitt 60 %, bezogen auf lichtes Maß, in 15 Breiten und 13 Höhen lieferbar (200–1000 mm).

Zu l) **Heizraumlüftungsgitter.** Nach Entfernen der Scheibe wird das Gitter, bestehend aus beidseitigem Lochblech mit eingelegter Filtermatte, in das Metallfenster eingelegt (Filterreinigung wie bei i). Für den Mauereinbau gibt es auch Gitter mit verstellbarem Mauerrahmen, Alu-Lamellen.

Umfangreich ist auch das Angebot an **Jalousien, Drosselklappen, Absperrklappen, Verschlußklappen, Brandschutzklappen** (Kap. 8.5.2) u. a. Wie das Auswahldiagramm nach Abb. 8.24 zeigt, dienen Drosselklappen vorwiegend zum Abgleich des Druckes in Kanalnetzen.

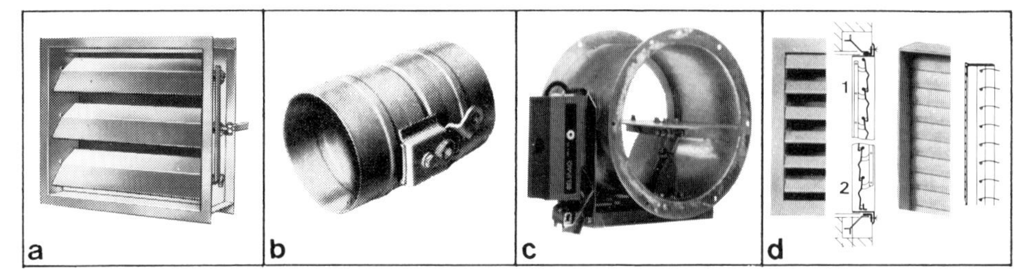

Abb. 9.16 Jalousien und Klappen

Zu a) **Jalousieklappe.** Sie besteht hier aus 1,5 mm U-Rahmen mit gemeinsam verstellbaren Hohlkörperlamellen und außenliegendem Verstellhebel; gleich- oder gegenlaufend, in Kunststoff- oder Kugellager. Die Auswahl erfolgt nach Ausführungsart (Standard oder verstärkt), Lamellenbreite und Differenzdruck. Die Klappe kann zusätzlich mit elektrischem oder pneumatischem Stellmotor ausgerüstet werden.
Anhand eines Drehmomentdiagrammes kann der passende Motor ausgewählt werden. Lieferbare Größen von etwa 400 mm bis 2000 mm. Lamellenzahl je nach Höhe 2 bis 12 Stück. Einbau an Lufteinbzw. Luftaustrittsöffnungen in Geräten oder in Kanalsystemen.
Zusätzlich können diese Klappen mit Einbaurahmen, Flacheisenrahmen, Winkelgegenrahmen oder Profilanschlußrahmen (Metu-System) ausgerüstet werden. Es können auch mehrere Einheiten übereinander oder/und nebeneinander zusammengefaßt werden (bei Übereinandermontage mit Kupplungsgestänge zwischen Stellhebel). Auch luftdichte Klappen sind lieferbar. Der Druckverlust hängt ab von der Geschwindigkeit der Lamellenstellung, der Lamellenanordnung (gleich- oder gegenlaufend) und vom Einbauort (im Kanal oder frei ausblasend). Auswahldiagramm vgl. Abb. 8.25.

Zu b) **Drosselklappe** als Absperr- und „Regelorgan" und zum Einbau in Zu- und Abluftkanälen, wird entweder von Hand mit stufenlos verstellbarer Feststellvorrichtung oder durch Motoren elektrisch (24 V) oder pneumatisch (1,2 bar) betätigt. Die verzinkte Klappe kann ohne oder mit Filzdichtung geliefert werden. Eine Klappe aus Lochblech verbessert die Regelgenauigkeit bei geringem Geräuschpegel.
Die geforderte Drosselstellung in Abhängigkeit von Klappenart, Druckverlust, Geschwindigkeit und zulässigem Geräuschpegel erfolgt nach Abb. 8.24.

Zu c) Luftdichte **Absperrklappe** zum Absperren einzelner Abschnitte in RLT-Anlagen. Der Antrieb erfolgt über Handhebel mit stufenlos einstellbarer Feststellvorrichtung über einen doppeltwirkenden Pneumatikzylinder oder über einen elektrischen Stellmotor. Druckdifferenz 500–2400 Pa (Fa. HESCO).

Zu d) **Überdruckklappe** (linke Abb.) öffnet bzw. schließt selbsttätig, je nachdem ob im Raum Über- oder Unterdruck herrscht. Demnach gibt es eine „drückende" (1) oder eine „saugende" (2) Ausführung. Lamellen aus Alu oder Kunststoff. Δp = 25 Pa bei 1,5 m/s bzw. ≈ 32 Pa bei 2,5 m/s [entsprechend etwa 35 bzw. 43 dB (A)]. Bei sehr starkem Windanfall evtl. zusätzliches Wetterschutzgitter vorsehen.

Die **Verschlußklappe** (rechte Abb.) dient als Wetterschutz und zur Vermeidung von Kaltlufteinfall bei abgeschaltetem Ventilator; aus Kunststoff mit verzinktem Schutzgitter; alternativ mit Leitrolle und Zugkordel.

9.2.2 Gitterauswahlbeispiele – Fragen zur Gitterauswahl

Zur Auswahl von Lüftungsgittern verwendet man verschiedene Diagramme und Tabellen, die von den Herstellern zur Verfügung gestellt werden. Was jedoch häufig fehlt, sind die Erläuterungen zu diesen Diagrammen und ausführlichere Hinweise für die Planung. Mannigfaltig sind die Arten und Anordnungen der Luftdurchlässe, und mannigfaltig sind daher auch die jeweils zugehörigen, jedoch sehr ähnlichen Diagramme.

1. Beispiel (z. T. in Abb. 9.17 bis 9.20 eingetragen)

Einem Raum (ϑ_i = 22 °C) werden 3000 m³/h Luft mit 4 K über Raumtemperatur zugeführt. Es werden 6 Gitter gewählt. Am Ende des Luftstrahls (erforderliche Strahllänge 7 m) soll von einer maximalen Geschwindigkeit von 0,5 m/s ausgegangen werden (entspricht einer mittleren Geschwindigkeit $w \approx w_{max} \cdot 0{,}5 = 0{,}25$ m/s, falls die Lamellen geradestehen). Entsprechend der Kanalhöhe wird eine Gitterhöhe von 125 mm gewählt.

Anwendung von Auswahldiagramm 9.17 mit Fachfragen

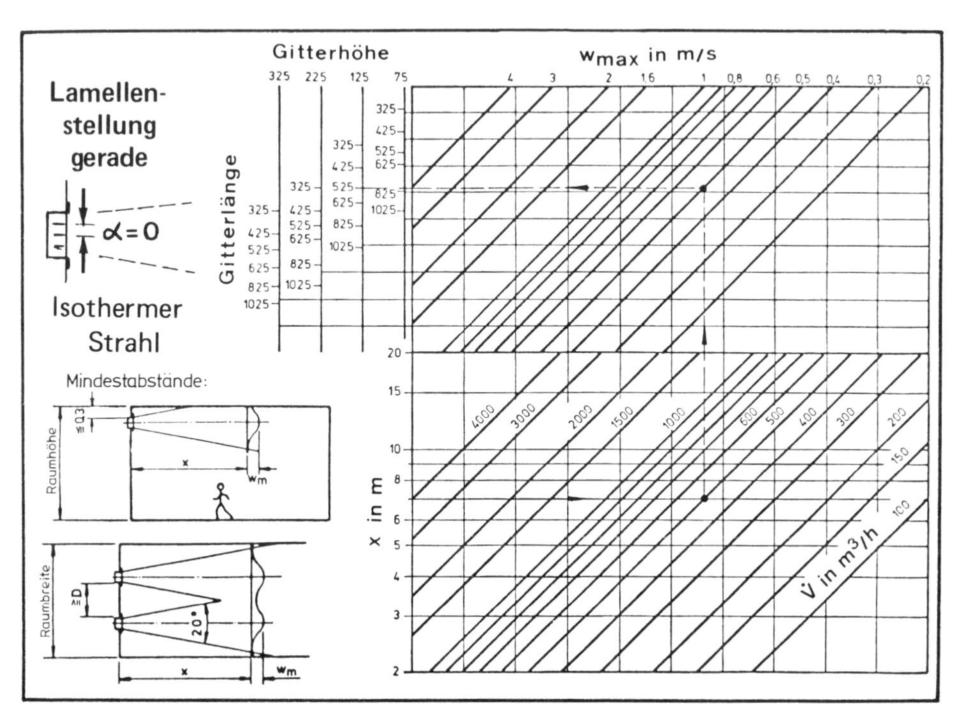

Abb. 9.17 Auswahldiagramm für Zuluftgitter ohne Deckeneinfluß (Fa. Schako)

a) **Bestimmen Sie nach Abb. 9.17 die Gittermaße! Wie müßten diese gewählt werden, wenn nur eine Gitterhöhe von 75 mm vorgesehen werden kann?**

b) **Welche Gittermaße sind erforderlich, wenn nur 5 Gitter mit 125 mm Höhe verwendet werden und die maximale Endgeschwindigkeit auf 0,4 m/s festgelegt wird?**

c) **Wovon hängt die Gitteranzahl ab? Nennen Sie mindestens 5 Einflußgrößen!**

d) **Hinsichtlich 1. Deckeneinfluß; 2. Gitterabstand; 3. Strahlendgeschwindigkeit; 4. Lamellenänderung; 5. Strahlwinkel; 6. Strahlweg (Wurfweite) sollen die für die Gitterauswahl wesentlichen Hinweise und Kriterien zusammengestellt werden.**

Lösung:

Zu a) 525 mm x 125 mm; 825 mm x 75 mm; **zu b)** 1025 mm x 125 mm; **zu c)** Wegen Gitterauswahl muß vor allem der Mindestabstand *D* beachtet werden. Außerdem muß der Volumenstrom im Zusammenhang mit Strahlweg, Strahlablenkung, Strömungsrauschen, Induktionsverhalten und Kosten gesehen werden.

Zu d_1) Das Auswahldiagramm gilt für das Zuluftgitter nach Abb. 9.11 bzw. 9.12 **ohne Deckeneinfluß, d. h. für einen Abstand von der Decke $\geq$ 0,3 m.** Auswahldiagramm mit Deckeneinfluß vgl. Abb. 9.22. Bei Gittergrößen mit $B/H \leq 3$ kann man für den Abstand auch etwa $0{,}9 \cdot B$ und für Gitterbänder etwa 10% der Raumtiefe ansetzen. Dasselbe gilt auch zwischen Gitter und Seitenwand. Legt sich der Strahl erst nach etwa 1/4 seines Strahlweges an die Decke an, wird der Strahlweg kaum mehr beeinflußt.

Zu d_2) Der **Mindestabstand *D* zwischen 2 Gittern** soll etwa 0,2 · Strahlweg *x* betragen. Ist $D < 0{,}2 \cdot x$, so muß das Diagramm für Gitterbänder verwendet werden, denn durch die stärkere Induktion wird der Strahlweg kürzer. Von einem Gitterband spricht man dann, wenn das Verhältnis Gitterbreite zur Gitterhöhe $B/H > 16$ beträgt.

Zu d_3) Die **Wahl der maximalen Endgeschwindigkeit w_{max}** richtet sich nach der festgelegten mittleren Endgeschwindigkeit, die wiederum von der zulässigen Raumluftbewegung abhängig ist (Abb. 1.6), und nach der zu erwartenden Lamellenstellung. In Versammlungsräumen kann man von w_{max} = 0,4 bis 0,5 m/s, in gewerblichen je nach Raumnutzung von 0,5 bis über 1 . . . 1,5 m/s ausgehen.

Zu d_4) Bei der **Änderung der Lamellen** muß man zwischen senkrechten und waagrechten Lamellen unterscheiden (Abb. 9.11 und 9.12). In beiden Fällen soll der austretende Luftstrahl in seiner Richtung und Länge verändert werden.

- Bei der **Verstellung von waagrechten Lamellen** soll der Strahl nach unten oder nach oben abgelenkt werden, wobei letzteres bei der Kühlung erforderlich ist.
- Eine **Verstellung von senkrechten Lamellen** (seitliche Streuung des Luftstrahls) verändert die Angaben für den Gitterabstand *D* und vor allem die **Wurfweite.** Legt man z. B. von folgendem Gitter die Firmenunterlage zugrunde, so ergeben sich durch senkrechte Lamellenverstellungen folgende Möglichkeiten und Ergebnisse:

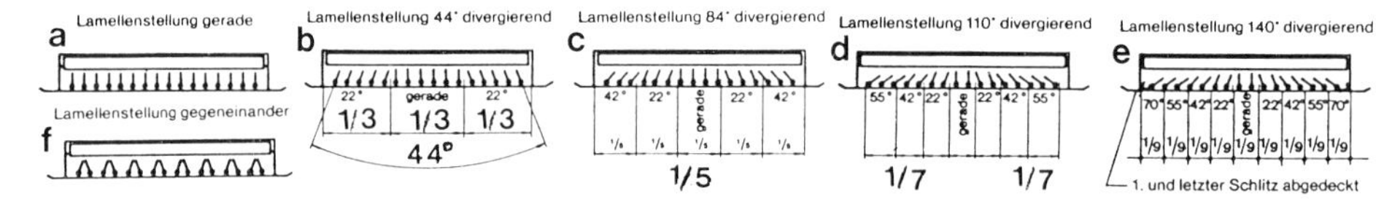

Abb. 9.17 a Divergierende Lamellenstellungen (Fa. Hesco)

Bei der **geraden Lamellenstellung** ist die Wurfweite *x* der Diagrammwert, $D \approx 0{,}1 \cdot x$. Bei der **divergierenden Stellung** mit 44° ist $x_{44} \approx 0{,}7 \cdot x$, $D \approx 0{,}3 \cdot x_{44}$; mit 84° ist $x_{84} \approx 0{,}5 \cdot x$, $D \approx 0{,}4 \cdot x_{84}$; mit 110° ist $x_{110} \approx 0{,}4 \cdot x$, $D \approx 0{,}5 \cdot x_{110}$; mit 140° ist $x_{140} \approx 0{,}3 \cdot x$.

Bei den **paarweise gegeneinandergestellten Lamellen** ist die Wurfweite etwa $1{,}2 \cdot x$ und *D* etwa $0{,}1 \cdot x$ (die Abstände der verstellten Lamellen und ihr Winkel ist in der Abb. 9.17a angegeben). Hier wird nämlich am Gitter eine bessere Induktion und somit Durchmischung, eine größere Wurfweite und ein geringerer Strahlabfall bei der Kühlung ($\vartheta_{zu} < \vartheta_i$) erreicht.

Zu d_5) Der **Strahlwinkel** kann durch die zuvor erwähnte senkrechte Lamellenstellung verändert werden. Bei gerader Lamellenstellung $\alpha = 0°$ beträgt er etwa 20°, bei $\alpha = 45°$ etwa 60°, bei $\alpha = 90°$ etwa 80°, bei $\alpha = 110°$ etwa 90°, bei $\alpha = 140°$ etwa 180° (je nach Fabrikat sehr unterschiedlich).

Zu d_6) Der **Strahlweg x** (Wurfweite, Eindringtiefe) wurde unter 9.1 ausführlicher erläutert. Er ist die größte Entfernung, die der Strahl im Raum erreicht. Er befindet sich nur dann etwa waagrecht vom Gitter, wenn die Luft isotherm eingeführt wird (Abb. 9.5).

Anwendung von Auswahldiagramm 9.18 mit Fachfragen

e) **Wie groß ist die Strahlablenkung? Geben Sie Hinweise für den Fall, daß die Zuluft auch einmal mit 4 K unter ϑ_i eingeführt wird!**

f) **Wovon ist die Strahlablenkung abhängig, und wie kann man diese verringern?**

g) **Welche Probleme ergeben sich bei dieser Anordnung von Zuluftgittern oben an der Wand für Warmluftheizungen allgemein und speziell für große Räume? Nennen Sie Gegenmaßnahmen!**

h) **Was halten Sie von einer Vergrößerung des Volumenstroms zur Verringerung der Strahlablenkung? Um wieviel m wird *y* verringert, wenn 100 m³/h mehr durch das Gitter gefördert werden?**

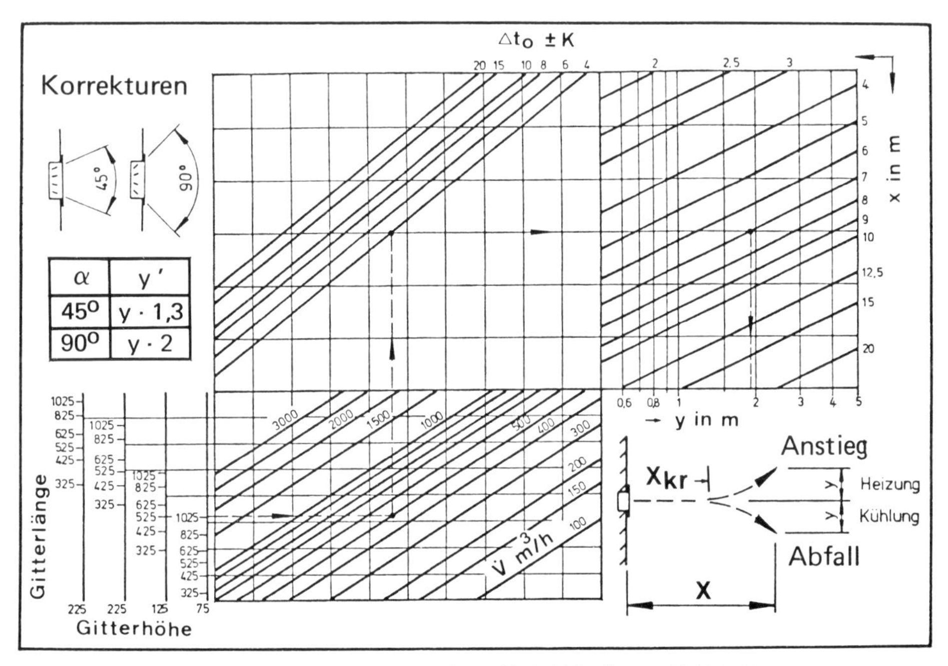

Abb. 9.18 Strahlablenkung *y* (bzw. *y'* bei Lamellenänderung) bei nichtisothermer Einblasung

Lösung:

Zu e) Die Ablenkung beträgt **1,9 m nach unten** (Strahlabfall), d. h., der Strahl müßte durch Gitterverstellung nach unten abgelenkt werden, wenn er sich nicht zu schnell an der Decke anlegen soll. Eine **Strahlablenkung nach unten,** wie sie z. B. bei der Kühlung mit atmosphärischer Luft gegeben ist, kann – je nach Raumhöhe – zu Problemen führen, denn *y* darf nur so groß sein, daß das Strahlende mit seinen Kriterien (w_{max}, $\Delta\vartheta$) noch über der Aufenthaltszone liegt.
Bei $\Delta\vartheta_v$ = 4 K Untertemperatur müßte die Raumhöhe hier mindestens 1,9 (*y*) + 1,8 (Aufenthaltshöhe) + 0,3 (Deckenabstand) = 4,0 m sein.

Zu f) Wie Abb. 9.18 zeigt, ist die **Strahlablenkung abhängig** von den Gitterabmessungen (Gittergröße), vom Volumenstrom (Austrittsgeschwindigkeit), von der Unter- bzw. Übertemperatur, vom erforderlichen Strahlweg *x* und von der Lamellenstellung. Zur Erreichung einer geringeren Strahlablenkung sollten möglichst schon am Gitter durch eine stärkere Induktion große Raumluftmengen (Sekundärluft) mit dem Luftstrahl (Primärluft) vermischt werden.

Zu g) Bei **Warmluftheizungen ist die Luftführung durch Gitter oben an der Wand kaum möglich,** da der Luftstrahl das Bestreben hat, nach oben zu gehen. Die dadurch mögliche **Schichtenbildung** (Warmluftpolster an der Decke) muß nicht nur aus wärmephysiologischen, sondern auch aus wirtschaftlichen Gründen vermieden werden. Um dies zu erreichen, muß die raumausfüllende Strömung bei Inbetriebnahme schneller entstehen als die Schichtenbildung.

Forderungen: $\Delta\vartheta_0$, Wurfweite *x*, Raumhöhe und Gitterhöhe gering; Volumenstrom $\dot{V}$ groß und mindestens 4fache Luftumwälzung.

- **Bei großen Räumen** sind erforderlich: große Wurfweiten (10 bis 30 m), was vielfach nur durch Weitwurfdüsen erreicht wird; Auslässe ohne Einbauten (Lamellen, Lochbleche, Leitbleche usw.), damit wegen der erforderlichen Austrittsgeschwindigkeit von 6 bis 12 m/s keine Geräuschbildung (besonders bei Versammlungsräumen) auftreten kann; verstellbare bzw. schwenkbare Luftauslässe (Strahlverlauf kann man nicht exakt vorausberechnen), Montageort mindestens 3,5 m über Fußboden; falls auch gelüftet wird, mindestens 1/3 der Abluft in Bodenbereich absaugen (bessere Durchspülung).

Zu h) Durch eine **Vergrößerung des Volumenstroms** kann zwar y verringert werden, doch werden hier sehr schnell die Grenzen wegen der dadurch entstehenden Geräusche gesetzt (Abb. 9.20). Bei 600 m³/h (anstatt 500 m³/h) und x = 7 m wäre $y \approx$ 1,3 m anstatt 1,9 m. Bei y = 1,3 m, x = 7 m, $\dot{V}$ = 500 m³/h $\Rightarrow \Delta\vartheta_0 \approx$ 2 K.

Anwendung von Auswahldiagramm 9.19 mit Fachfragen

i) Welche Temperatur ϑ_E hat nach diesem Diagramm der Strahl am Ende?

k) Wie groß ist das Induktionsverhältnis, und was versteht man darunter? Wie groß ist der Gesamtvolumenstrom des Strahls (nach Erreichung der Wurfweite)?

l) Wodurch kann man das Induktionsverhältnis und somit auch die Wurfweite, die Strahlablenkung, kurzum die Strömungsverhältnisse im Raum beeinflussen?

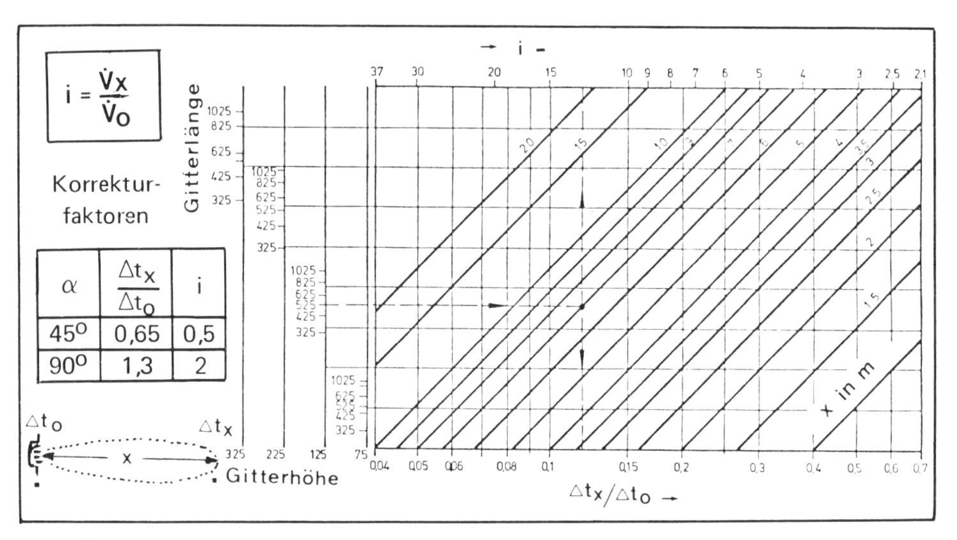

Abb. 9.19 Induktions- und Temperaturverhältnis (Fa. Schako)

Lösung:

Zu i) $\Delta\vartheta_x/\Delta\vartheta_0 \approx$ 0,12 (bei Lamellenstellung α = 0°); $\Delta\vartheta_x = (\vartheta_E - \vartheta_i)$; $\Delta\vartheta_0 = (\vartheta_{zu} - \vartheta_i)$ am Gitteraustritt.
Bei $\Delta\vartheta_0$ = 4 K ist $\Delta\vartheta_x$ = 4 K · 0,12 = 0,48 K und ϑ_E somit **22,48 °C.**
Bei der Heizung besteht demnach am Strahlende eine geringe Übertemperatur, bei der Kühlung eine geringe Untertemperatur, die – je nach Endgeschwindigkeit – nur wenige Zehntel betragen soll.

Zu k) i = **13.** Unter **Induktionsverhältnis** (Induktionsfaktor) versteht man das Verhältnis von Gesamtvolumenstrom $\dot{V}_x$ des Strahls einschl. induzierter Luft zu austretendem Luftstrom $\dot{V}_{zu}$ ohne Induktion. Je größer das Induktionsverhältnis, desto besser ist die Vermischung am Gitter (Anhaltswerte [2] . . . . 5 . . . 10 . . . [15]), bei Spezialauslässen wesentlich höher. $\dot{V}_x = \dot{V}_0 \cdot i$ = 500 · 13 = **6500 m³/h.**

Zu l) ***i* ist abhängig** von der Gitterfläche (je geringer die Gitterhöhe, desto besser ist die Induktion), Lamellenstellung, Austrittsgeschwindigkeit (Volumenstrom) und Konstruktion des Luftauslasses.

Anwendung von Auswahldiagramm 9.20 mit Fachfragen

m) Wie groß ist der Druckverlust Δp_{st} bei geöffnetem Gitter, und welcher zusätzliche Druckverlust wird durch eine 40%ige Drosselung erreicht? Um welche Gitterregulierung handelt es sich hier?

n) Bestimmen Sie den bewerteten Schalleistungspegel L_{WA} je Gitter (voll geöffnet), den Summenpegel und den zu erwartenden Schallpegeldruck L_p bei einer Raumdämpfung von 6 dB (A)! Geben Sie weitere Hinweise.

o) Wie verändert sich der zu erwartende Schalldruckpegel am Gitter, wenn das Gitter nur 50% geöffnet ist? Welche Folgerung ergibt sich daraus?

p) Zwischen dem ungünstigsten und günstigsten der sechs Gitter besteht bei gleichem Volumenstrom eine Druckdifferenz von 10 Pa, der durch das Gitter weggedrosselt werden soll. Welcher Volumenstrom dürfte für das Gitter 525 mm × 125 mm nur vorgesehen werden, wenn im Raum ein Druckpegel von 35 dB nicht überschritten werden soll, 1. ohne Drosselung, 2. mit Drosselung? Welche Folgerung ergibt sich daraus?

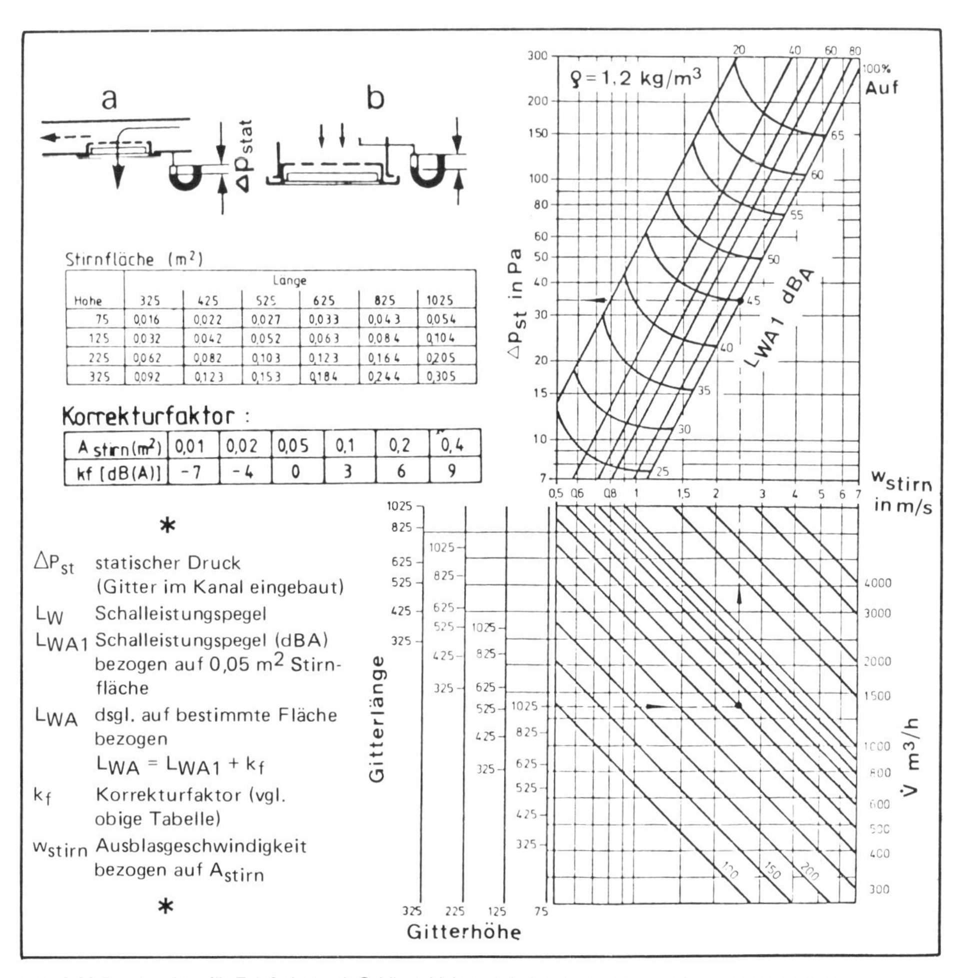

Stirnfläche (m²)

Höhe	Länge 325	425	525	625	825	1025
75	0,016	0,022	0,027	0,033	0,043	0,054
125	0,032	0,042	0,052	0,063	0,084	0,104
225	0,062	0,082	0,103	0,123	0,164	0,205
325	0,092	0,123	0,153	0,184	0,244	0,305

Korrekturfaktor:

A stirn (m²)	0,01	0,02	0,05	0,1	0,2	0,4
kf [dB(A)]	-7	-4	0	3	6	9

Abb. 9.20 Druckverlust für Zuluftgitter mit Schlitzschieber und akustischen Daten (Strömungsrauschen)

Lösung:

Zu m) Δp_{st} = 33 Pa (geöffnet); Δp_{st} = 60 Pa (60% geöffnet), d. h. $\Delta p_{zusätzl}$ = **27 Pa.** Das Diagramm gilt nur für einen bestimmten Zuluftgittertyp mit Schlitzschieber, direkt am Kanal angeordnet (Ausführung a). Schlitzschieber sind üblich (besserer Druckabgleich, Gleichrichterfunktion).

Zu n) L_{WA1} = **45 dB;** Summenpegel bei 6 Gittern nach Abb. 11.6: 45 + 8 = **53 dB.** L_p = 53 − 6 = **47 dB** (Berechnung der Raumdämpfung vgl. Kap. 11.3.4). Der bewertete Schalleistungspegel L_{WA1} ist auf eine Stirnfläche von 0,05 m² bezogen. Weicht die Stirnfläche von diesem Wert ab, so kann nach der beigefügten Tabelle der Leistungspegel $L_{WA} = L_{WA1} + k_f$ berechnet werden.

Zu o) $L_{WA1} \approx$ 55 dB; L_p = 55 − 6 = **49 dB,** d. h., eine Gitterdrosselung ist begrenzt, wenn Strömungsgeräusche vermieden werden sollen.
Bei hohen Ansprüchen in bezug auf den Raumpegel muß daher bei einer Gitterauswahl vom zulässigen Geräuschpegel ausgegangen und danach der Volumenstrom bzw. die Gitteranzahl und -größe bestimmt werden.

Zu p) 35 + 6 − 8 = 33 dB ($L_{WA} = L_{WA1}$, Pegeladdition mit Ventilatorgeräusch unberücksichtigt); zu 1: bei 33 dB, $\Delta p \approx$ 13 Pa ist $\dot V \approx$ **300 m³/h;** zu 2: bei 33 dB und 13 + 10 $\approx$ 23 Pa ist $\dot V \approx$ **140 m³/h.**

Folgerungen: andere Gitteranzahl oder Luftdurchlässe, anderer Druckabgleich, Induktion bzw. Austrittsgeschwindigkeit überprüfen; vgl. auch Hinweis bei o).

2. Beispiel

Ein Raum nach Abb. 9.21 wird im Sommer gekühlt, wobei die Zuluft über die 10 m große Längsseite eingeblasen werden soll. Der Volumenstrom beträgt 900 m³/h, was einem 6fachen Luftwechsel entspricht. Die Raumtemperatur beträgt 24 °C und die Zulufttemperatur 18 °C.

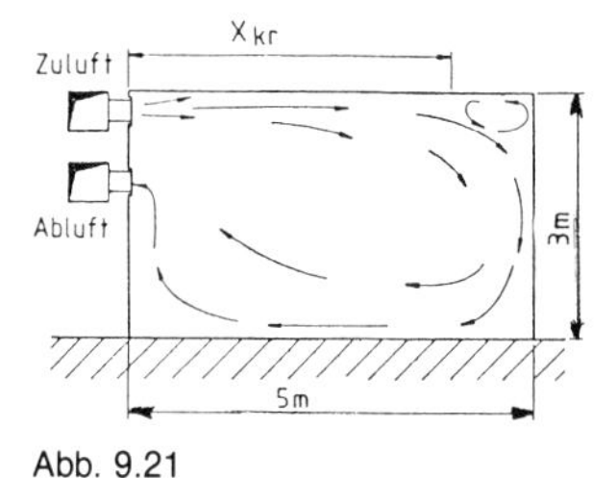

Abb. 9.21

Lösung: (nicht im Diagramm eingezeichnet)

Zunächst wird die Gitteranzahl bestimmt, wobei der Mindestabstand $x \cdot 0{,}2$ eingehalten werden muß. Da bei der Kühlung der Strahl zu schnell nach unten abfällt, wird in der Regel die Zuluftführung mit Deckeneinfluß gewählt (Abb. 9.22), wobei besonders nach Abb. 9.23 die Strahlablösung von der Decke, d. h. der kritische Strahlweg x_{kr} kontrolliert werden muß.

Geht man von 3 Gittern aus ($\dot{V}$ = 300 m³/h) und einer maximalen Endgeschwindigkeit w_{max} von 0,4 m/s, so käme ein Gitter 825 mm × 225 mm in Frage. Da x_{krit} nur 1,7 m beträgt, ist diese Lösung nicht möglich.

Auch bei der Aufteilung auf 4 oder 5 Gitter ist x_{krit} zu gering, so daß entweder die Wandfläche in den Strahlweg einbezogen wird: $x = 5 + 3 = 8$ m (nur möglich, wenn keine Widerstände an der Wand und keine Arbeitsplätze vorhanden sind) oder die Luft über Deckenauslässe zugeführt wird.

Bei $x = 8$ m und auf 4 Gitter aufgeteilt ($\dot{V}$ = 225 m³/h) ergibt sich eine Gittergröße 525 mm × 75 mm mit einem x_{krit} von etwa 5,0 m, d. h., der Strahl bleibt über die gesamte Raumtiefe an der Decke. Für die Bestimmung von i, Δt-Verhältnis, Geräuschpegel usw. gibt es entsprechende Diagramme wie bei Beispiel 1.

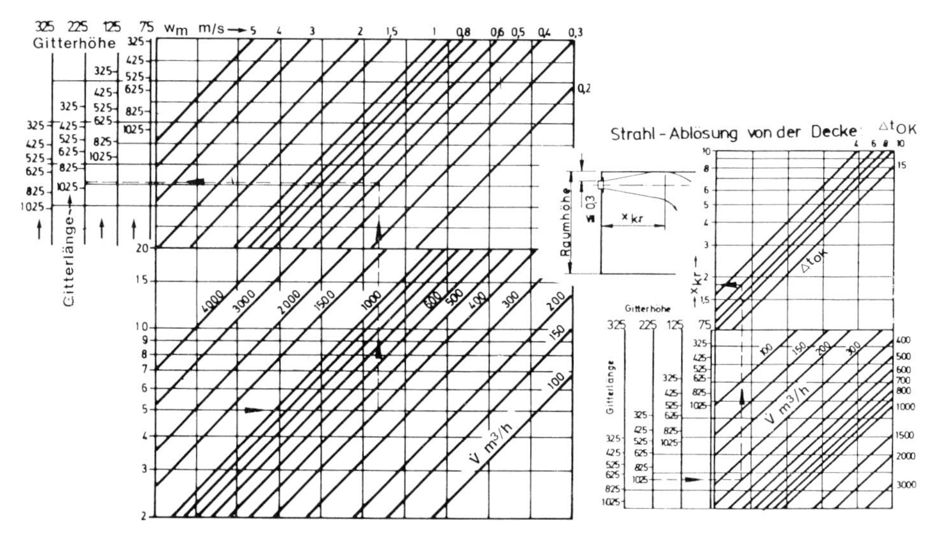

Abb. 9.22 Auswahldiagramm mit Deckeneinfluß

Abb. 9.23 Kritischer Strahlweg

Welche Maßnahmen können helfen, „Kaltlufteinbrüche" in der Aufenthaltszone zu vermeiden?

Möglichst große Austrittsgeschwindigkeit am Gitter; Zuluftvolumenstrom auf viele kleine Einzelgitter aufteilen, die in der Höhe möglichst versetzt angeordnet werden sollten; Ausgleich des Strahlgefälles durch Schrägstellung der horizontalen Gitterlamellen; Strahlanlegung an der Decke (glatte Fläche erforderlich); Gegeneinanderstellen der vorderen senkrechten Leitlamellen (bessere Induktion).

9.2.3 Deckenluftdurchlässe – Schlitz- und Drallauslässe

Deckenauslässe sind meistens dadurch gekennzeichnet, daß die Luft mehr oder weniger in waagrechte Richtung abgelenkt wird. Neben den schon lang bekannten runden oder rechteckigen Luftverteilern, bei denen sowohl der Volumenstrom als auch die Luftrichtung durch Verstelleinrichtungen geändert werden können, verwendet man heute mehr und mehr Drallauslässe, Schlitzauslässe, Düsenauslässe, Diffusoren und zahlreiche Sonderformen.

Zu den nachfolgenden Beispielen werden jeweils einige Hinweise gegeben, die teilweise mit Abb. 9.39 fortgesetzt werden.

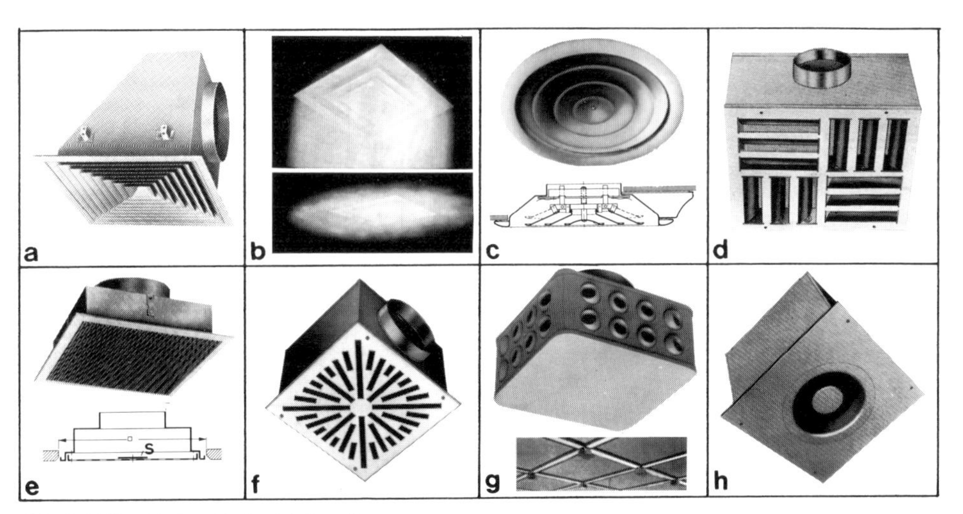

Abb. 9.24 Verschiedene Deckenluftdurchlässe

Zu a) **Quadratischer Deckenluftverteiler** mit diffusorartig ausgebildeten, feststehenden Lamellen für horizontale Luftführung; für Raumhöhen von 2,5 bis 4 m; geeignet zum bündigen Deckeneinbau; $\Delta\vartheta = \vartheta_{zu} - \vartheta_i$ bis 10 K; in Stahl- oder Aluausführung; neben diesem 4seitigen Auslaß gibt es auch 1-, 2- oder 3seitigen; auf Wunsch mit Mengeneinstellung; 7 Liefergrößen (□ 300 bis □ 620 mm), für jede Größe eigenes Auswahldiagramm; Varianten: kombinierter Zu- und Abluftdurchlaß (an den äußeren Lamellen Umluft, an den inneren Abluft, Abb. 9.32) mit Brandschutzeinrichtung, Abb. 9.31 (Fa. Trox).

Zu b) Das **Strömungsbild** dieses quadratischen Auslasses macht deutlich, daß bei eingefahrenen Ringen die Luftrichtung nach unten (bei Kühlung sehr problematisch) und bei ausgefahrenen Ringen waagrecht der Decke entlang erfolgt. Die Verstellung erfolgt stufenlos elektrisch oder pneumatisch über Fernbetätigung (Fa. Schako).

Zu c) **Deckenluftverteiler** (Deckendiffusor) für Zu- oder Abluft; runder oder quadratischer Außenrahmen; flache (Abb.) oder konische Lamellenanordnung (unterschiedlicher Querschnitt und somit auch unterschiedlicher Volumenstrom und Druckverlust beim gleichen Durchmesser). Einbau im Kanal oder Stutzen oder entsprechend a) an einem runden oder quadratischen Anschlußkasten befestigt. (Auswahlbeispiele siehe Abb. 9.26 bis 9.29).

Zu d) **Auslaß mit verstellbaren Luftlenklamellen** für große Raumhöhen $>$ 4,5 m; individuell verstellbar von Hand oder mit pneumatischem oder elektrischem Stellmotor; Rohranschluß waagrecht oder senkrecht; lieferbar in 3 Größen; bei 1500 m^3/h etwa 40 dB (A) und 30 Pa.

Zu e) **Luftdurchlaß mit gelochter Frontplatte** vorwiegend zum bündigen Einbau in Plattendecken (Abb.); ohne oder mit Anschlußkasten und Drosselklappe; 4-, 3-, 2- oder 1seitig ausblasend; Stauscheibe S, 4 Liefergrößen (□ 300 bis 600 mm); $\Delta\vartheta_{zulässig} \pm$ 10 K (Fa. Trox).

Zu f) **Drallauslaß mit Lamellen** für Räume mit hohen Luftwechselzahlen (bis 20fach bei $\Delta\vartheta$ = 10 K); durch Verstellung der Lamellen: Rundstahl (Normalausführung) ein- oder zweiseitiger Strahl; auch für Anlagen mit variablem Volumenstrom; mit Anschlußkasten für Zuluft, mit und ohne Drossel; 5 Liefergrößen (Fa. Schako).

Zu g) **Deckenkreuzdiffusor als Kugeldüsen-Zuluftdurchlaß;** hier Montage an den Kreuzpunkten der Beleuchtungselemente; unbegrenzte Einstellmöglichkeiten der Kugeldüsen mit Schlüssel; mit konstantem oder variablem Volumenstrom; auch für Anlagen mit extrem niedriger Luftwechselzahl (2 bis 14 h^{-1}). Auslaß aus Alu, Düsen aus Kunststoff; ein-, zwei- bis fünfreihige Ausführung; 50 bis 185 mm hoch (bei $v \approx$ 5 m/s etwa 50 bis 250 m^3/h), $\Delta\vartheta$ 10 bis 12 K (–), 8 bis 10 K (+); 2 bis 5 m Raumhöhe (Fa. Hesco).

Zu h) **Deckenauslaß** für variable Eindringtiefe im Heizfall; 4 Liefergrößen mit Volumenstrombereich von 80 bis 4000 m^3/h (1:50!); konstanter Druckverlust und Schallpegel bei horizontaler und vertikaler Luftstrahlführung (letztere z. B. beim Aufheizen); Änderung der Ausblasrichtung ohne oder mit Stellmotor; tiefgreifende Raumdurchströmung durch spezielle Dralleinrichtung (Fa. Schako).

Hinweise für Auswahl und Montage von Deckenluftverteilern

Die **Auswahl** solcher Luftverteiler erfolgt in der Regel anhand von Diagrammen, die aus den Herstellerunterlagen entnommen werden (Abb. 9.26 bis 9.29). Man findet sie z. B. in Kaufhäusern, Supermärkten und zahlreichen anderen Räumen, vorwiegend mit geringeren Raumhöhen. Durch die Vielzahl neuer Luftdurchlässe, vorwiegend Drallauslässe, mit ihren verschiedensten Vorteilen steht der herkömmliche Luftverteiler nicht mehr so im Vordergrund. So gibt es heute auch für hohe Industriehallen spezielle Durchlässe mit großen Volumenströmen und Eindringtiefen.

Die **Kriterien** sind zwar ähnlich wie bei der gezeigten Gitterauswahl, doch interessiert hier vor allem neben dem horizontalen Strahlweg x bzw. bei Kühlung der kritische Strahlweg x_{Kr} (Ablösung der Kaltluft von der Decke) der vertikale Strahlweg y (Abb. 9.25).

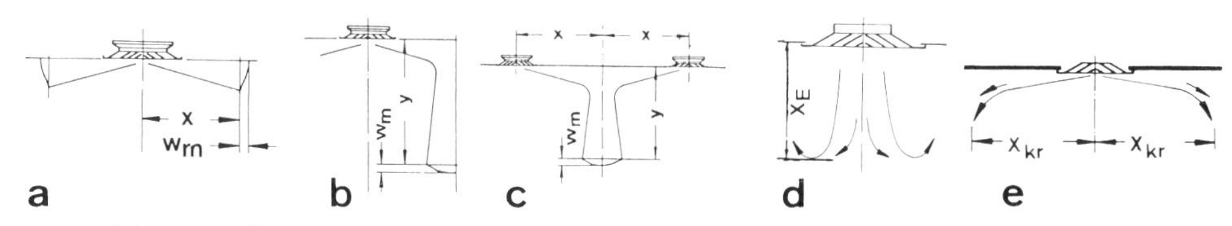

Abb. 9.25 Strahlwege für Deckenluftverteiler

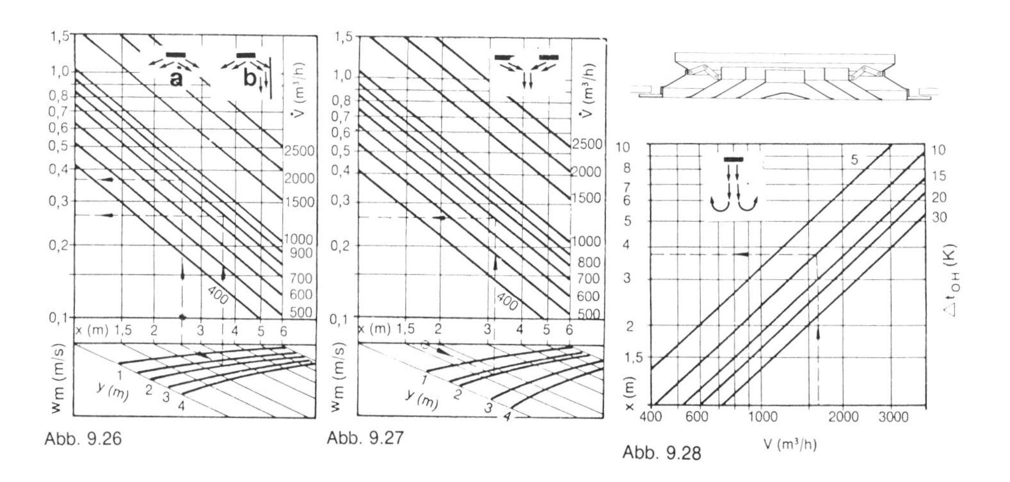

Abb. 9.26

Abb. 9.27

Abb. 9.28

Beispiel 1 (Lösung in Abb. 9.26 eingetragen)

Bei einer bestimmten Nenngröße sollen ein Volumenstrom von 800 m³/h und ein Strahlweg von 2,5 m zugrunde gelegt werden. Wie groß ist die maximale Endgeschwindigkeit bei Anordnung ohne Wandeinfluß (Fall a) und bei einem zulässigen vertikalen Strahlweg y von 2 m (Fall b)?

Lösung: w_m = **0,38 m/s;** w_m = **0,27 m/s** (im Komfortbereich möglichst 0,35 bis 0,5 m/s nicht überschreiten).

Beispiel 2 (Lösung in Abb. 9.27 mit anderen Vorgaben eingetragen [vgl. Pfeile]).

Entsprechend Abb. 9.25c und 9.27 liegt ein Abstand zwischen den Auslässen von 3,5 m vor. Die Raumhöhe beträgt 3,8 m, und die maximale Endgeschwindigkeit soll mit 0,27 m/s angenommen werden. Beide Wurfstrahlen beeinflussen sich hier gegenseitig.

Welcher Volumenstrom darf maximal durch den Deckenluftverteiler?

Lösung: Strahlweg x = 3,5 m/2 = 1,75 m; y = 3,8 m − 1,8 m (Aufenthaltszone) = 2,0 m ⇒ ≈ **700 m³/h**

Beispiel 3 (Lösung in Abb. 9.28 eingetragen)

Entsprechend Abb. 9.24b wird durch Einfahren der Ringe die Luftrichtung nach unten gelenkt. Durch den Auslaß sollen 1650 m³/h mit 10 K Übertemperatur vorgesehen werden.

a) Wie groß ist die Eindringtiefe des Warmluftstrahls in den Raum, und wie verändert sich diese, wenn 1000 m³/h mit 20 K über Raumtemperatur eingeblasen werden? b) Welche Probleme gibt es bei dieser Zuführungsart?

Lösung:

Zu a: ≈ **3,8 m**, ≈ **1,65 m**; Zu b: Im Heizfall geringe Eindringtiefen, im Kühlfall „fällt" Kaltluft nach unten (nur waagrechte Einblasung möglich). Würde man z. B. an der Decke eine Weitwurfdüse nach Abb. 9.39a wählen, so wären die Eindringtiefen bei a: anstatt 1,65 m über 10 m (etwa 35 dB [A]).

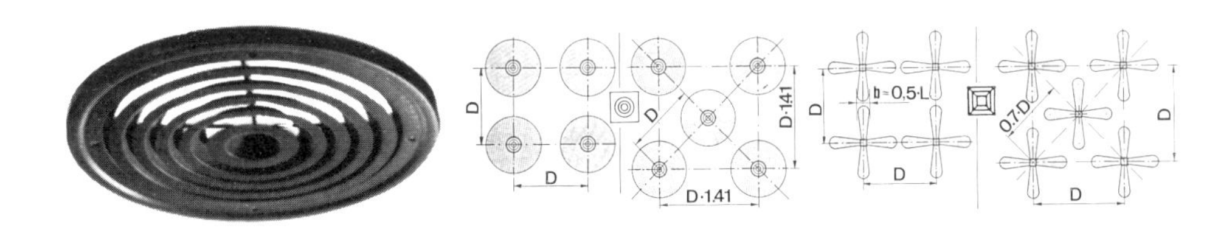

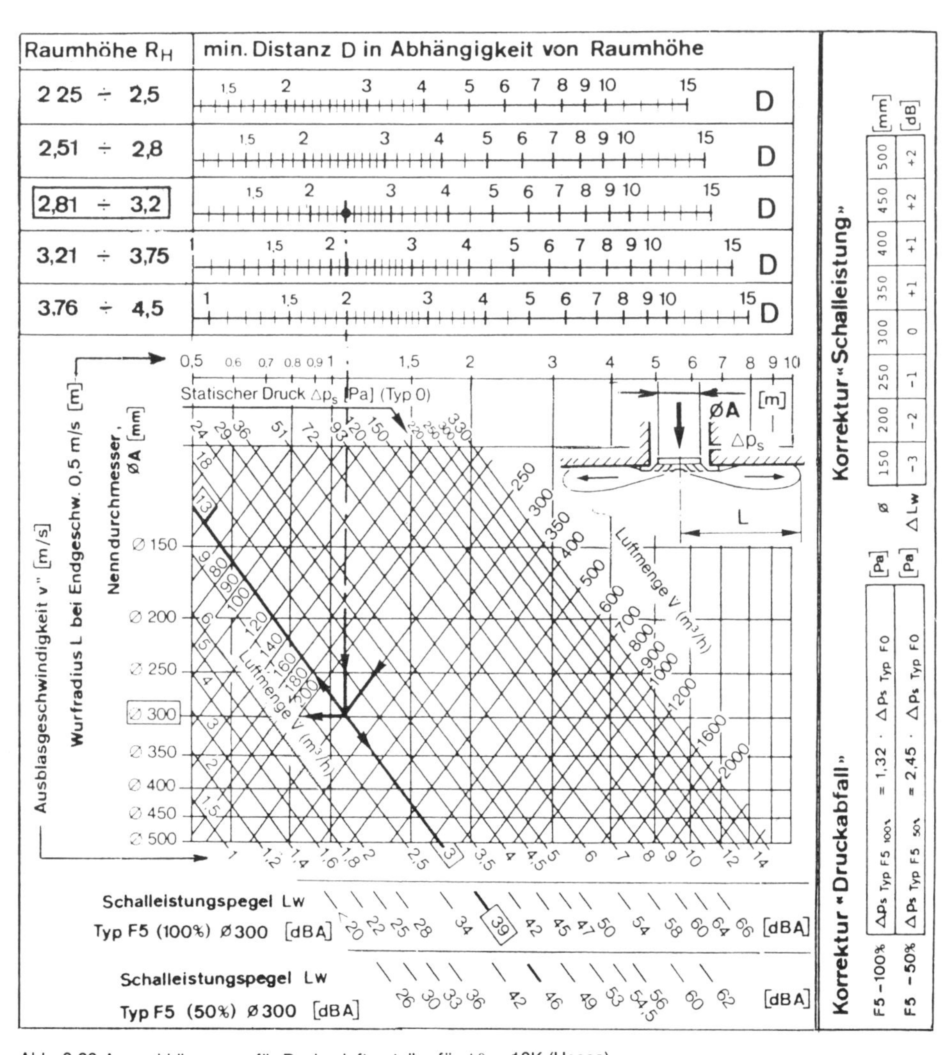

Ø [mm]	150	200	250	300	350	400	450	500
ΔLw [dB]	-3	-2	-1	0	+1	+1	+2	+2

Abb. 9.29 Auswahldiagramm für Deckenluftverteiler für $\Delta\vartheta$ = 10K (Hesco)

Beispiel 4 (Lösung in Abb. 9.29 eingetragen, nur gültig für Übertemperaturen von etwa 10 K).

Vor allem aufgrund der räumlichen Gegebenheiten liegen folgende Angaben vor: Raumhöhe 3 m; Abstand D = 2,4 m; Wurfradius bei Endgeschwindigkeit 0,5 m/s; $\dot{V}$ = 250 m³/h (ergibt etwa die gewünschte Austrittsgeschwindigkeit).

Bestimmen Sie die Größe des Zuluftdurchlasses (∅), die Ausblasgeschwindigkeit, den Schalleistungspegel bei offenem Drosselelement und den Druckverlust. Hierbei muß berücksichtigt werden, daß die Diagrammangabe für Abluft (ohne Drossel) gilt; bei geöffnetem Drosselelement muß mit Faktor 1,32 und bei 50% Drosselung mit 2,45 multipliziert werden.

Lösung:

∅ = **300 mm**; v = **3 m/s**; L_w = **39 dB** (bei 50% Drosselung 46 dB); Δp = 13 · 1,32 = **17 Pa**

Vielfach sind die beiden Ausgangsgrößen der zulässige Schalleistungspegel und der Abstand aufgrund baulicher Gegebenheiten (z. B. Deckenraster). Die Abluft kann am Rande oder in versetzter Anordnung zu den Auslässen über Kanäle abgesaugt werden.

Beispiel 5 (Lösung in Abb. 9.29a eingetragen)

Mit diesem Industrieauslaß 600 mm ∅ soll eine Halle mit 20 K Übertemperatur beheizt werden. Ermitteln Sie die vertikale Eindringtiefe y bei einem Volumenstrom von 2000 m³/h. Um wieviel Prozent könnte man diese erhöhen, wenn man den Volumenstrom um 500 m³/h erhöht und um wieviel, wenn man bei 2000 m³/h die Übertemperatur auf 10 K reduzieren kann.

Lösung: y = 6,4 m; $y \approx$ 8,2 m ($\approx$ 28%); $y \approx$ 9 m ($\approx$ 41%). Dieser Auslaß wird in fünf Baugrößen (Durchmesser 300 bis 800 mm) geliefert, ohne Anbauten (direkt an Rohranschluß), mit Anschlußkasten und eingebauter Drossel, mit elektrischem (24 V) oder pneumatischem (bis 1,4 bar) Stellmotor (im Heizfall nur untere Öffnungen, im Kühlfall nur seitliche Öffnungen), mit einer an der Vorderseite verstellbaren Drossel, mit Festwiderstand. Wie bei der Gitterauswahl gezeigt, werden auch hier Druckverlust, Endgeschwindigkeit, Schalleistungspegel und vertikaler Strahlweg anhand von Diagrammen abgelesen.

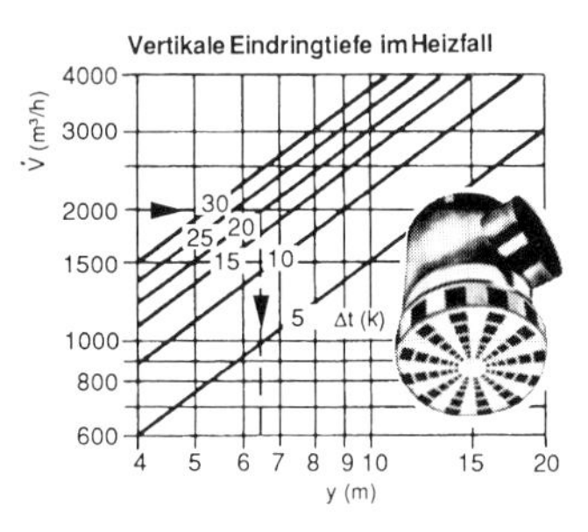

Abb. 9.29 a

Beim **Einbau** in eine untergehängte Decke werden die Luftdurchlässe entweder direkt an der Decke befestigt oder durch Haltebefestigungen an der Massivdecke angebracht. Im allgemeinen werden jedoch Anschlußkästen verwendet, die meist mit flexiblen Rohren oder Schläuchen an einen Hauptkanal angeschlossen werden.

Neben den üblichen Zu- und Abluftverteilern gibt es auch kombinierte Zu- und Ablufteinheiten (wahlweise auch mit Brandschutzeinrichtungen).

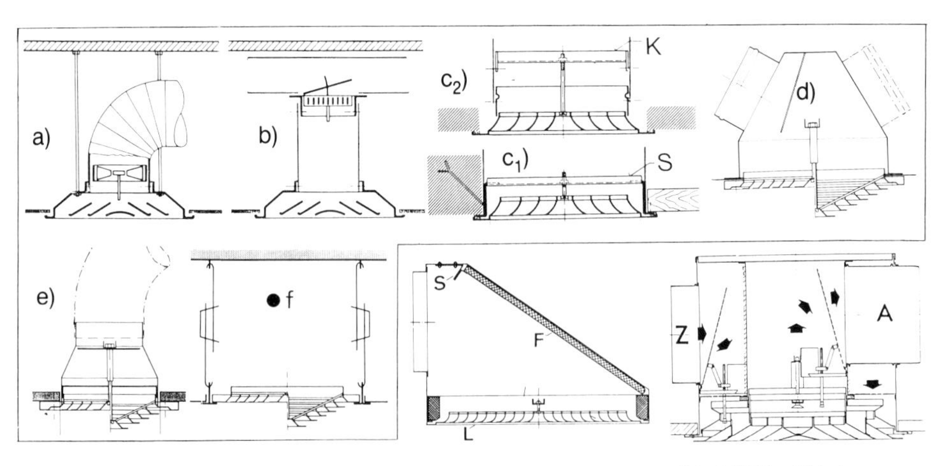

Abb. 9.30 a) bis f) Einbauanordnung für Deckenluftverteiler (Trox; Hesco)

Abb. 9.31 Luftdurchlaß-Brandschutzelement (Trox)

Abb. 9.32 Kombinierter Zu-Abluftdurchlaß (Schako)

Abb. 9.30 zeigt verschiedene **Einbaubeispiele** a) mit Absperrklappe und flexiblem Rohr (Befestigung mit Zuganker); b) mit Gleichrichter und Schöpfzunge über Stutzen am Kanal angeschlossen; c_1) Einbausituation mit Standardtraverse S in Mauerwerk oder Holzdecke; c_2) desgl. mit Kanaltraverse K; d) mit Anschlußkasten (quadratisch oder rund); e) mit Anschlußreduktion; f) eingelegt in ein T-Tragschienenprofil.

Abb. 9.31 zeigt ein **kombiniertes Luftauslaß-Brandschutzelement** mit Feuerschutzplatte (*F*), Schmelzlot (*S*), Lamellen- und Frontgitter (*L*).

Abb. 9.32 zeigt einen **kombinierten Zu- und Abluftdurchlaß,** bei dem die Zuluft über die Leitlamellen ringsum ausgeblasen und die Abluft gleichzeitig über die inneren Lamellen abgesaugt wird.

Schlitzauslässe

Schlitzauslässe mit sehr unterschiedlichen Konstruktionen sind Deckenluftdurchlässe, vorwiegend Zuluftdurchlässe, die je nach Fabrikat unterschiedliche verstellbare Elemente aufweisen (z. B. Zungen, Lamellen, Walzen, Düsen). Da diese „Lenkkörper" nur wenige Zentimeter lang oder voneinander entfernt sind, kann eine wechselnde Richtungsänderung schon in kurzen Abständen vorgenommen werden (z. B. 2 Elemente nach rechts, 2 Elemente nach links im Wechsel). Sie werden vorwiegend bei Luftkühlanlagen bis etwa 8 bis 10 K Untertemperatur und bis etwa 10 bis 12fachem Luftwechsel verwendet. Als Abstand der Schlitzreihen kann etwa 50 % der Raumhöhe angenommen werden.

Merkmale (weitere Hinweise bei Abb. 9.33):
Schon außerhalb des Raumes wird die Luft über die gesamte Raumfläche verteilt; große Volumenströme und starke Induktion bei kleinen Wurfweiten; durch die gegenläufige Wirbelbildung zwischen den Schlitzen rascher Abbau der Temperaturdifferenz in den Primärluftstrahlen; geringe Raumluftgeschwindigkeiten; flexible und architektonisch gute Anpassungsmöglichkeiten; einfache Anschlüsse an das Kanalsystem; auch bei veränderlichem Volumenstrom gute Raumdurchspülung; nachträgliche Verstellmöglichkeit; geräuscharm auch bei größerem Volumenstrom.

Die **Ausführungsformen** (Abb. 9.33) sind je nach Hersteller sehr unterschiedlich, und manche Firmen bieten sogar mehrere Varianten an.

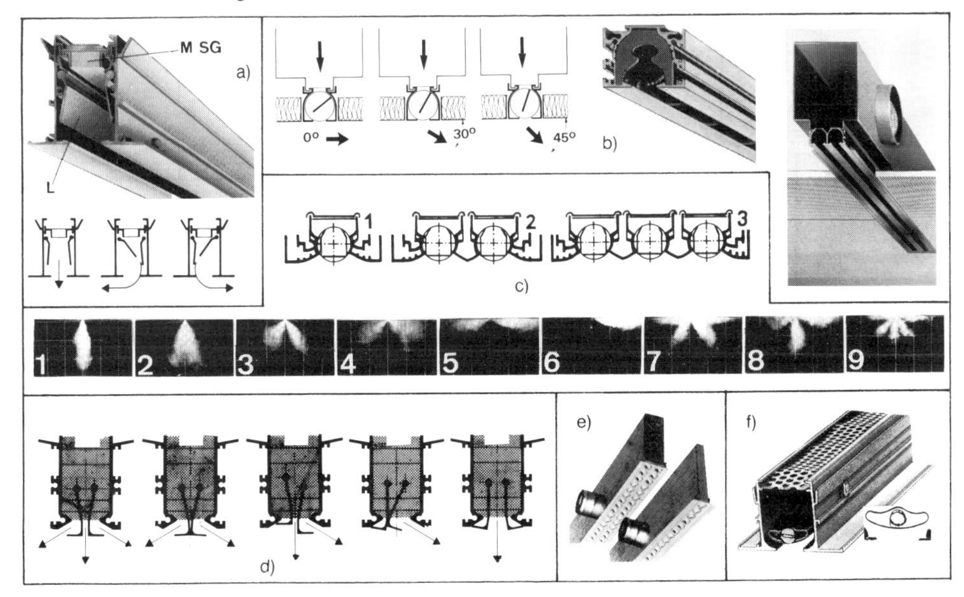

Abb. 9.33 Ausführungsformen von Schlitzauslässen

Abb. 9.33 a zeigt einen Schlitzdurchlaß mit Mengeneinstellsatz *M*, Schlitzschieber mit Gleichrichterlamellen (*SG*) und einem frontseitig verstellbaren **Strahllenklamellensatz** (*L*), der bei Abluftschienen entfällt; lieferbar 1-, 2-, 3- und 4schlitzige Ausführung; von 0,6 bis 2 m (abgestuft alle 10 cm); (Fa. Trox).

Abb. 9.33 b zeigt einen Schlitzdurchlaß mit 15 cm langen **Luftlenklamellen;** Durchlaß aus einem Stück (unabhängig von der Schlitzzahl); zulässiges $\Delta\vartheta$ von + 10 K bis −10 K; einsetzbar für etwa 2,6 bis 4 m Raumhöhe.

Abb. 9.33 c zeigt einen Schlitzauslaß, bei dem anstelle von Lamellen kurze, **drehbare Walzen** verwendet werden, mit denen nachfolgende Strömungsbilder erreicht werden können (Fa. LTG).

Abb. 9.33 d zeigt einen Schlitzauslaß mit verstellbaren Luftleitlamellen; Winkel-Aluprofil; eingebauter Gleichrichter; fünf mit Schablonen fixierte Grundeinstellungen (1 Normalfall); Längen 1000, 1250, 1500, 1750 und 2000 mm, durch Kerbstifte und Laschen bündig zusammengesteckt; größerer Regulierbereich bei Verwendung von Kanalkasten (Fa. Hesco).

Abb. 9.33 e zeigt eine sog. **Kugelschiene** aus Aluprofil; Kugelanordnung ein- oder zweireihig, bei letzterer parallele oder versetzte Anordnung; Kugeldüsen (Kunststoff) unbegrenzt einstellbar. Stellbereich allseitig 180°, kleine Einzelstrahlen oder kompakter Strahl; für konstanten oder variablen Volumenstrom (bis 30 % von $\dot{V}_{max}$); Baulängen und Verbindung wie bei 9.33 d; Montage in Deckenrücksprung, Rasterdecke, an Leuchten.

Abb. 9.33 f zeigt einen Schlitzauslaß, bestehend aus Alu-Strangpreßprofil mit drehbar gelagerten Luftlenklamellen aus Kunststoff (Abb. 9.34); Lamellenteilung 100 mm; Gleichrichterlochblech; Standardlängen 1 m und 1,5 m; Eckstücke als Blindstücke ohne Anschlußkasten (Fa. Schako).

Die unterschiedliche **Stellung der Lamellen,** Walzen usw. verursacht unterschiedliche Strömungsbilder (Abb. 9.34). Bei der Verstellung ergibt sich in der Regel keine Veränderung der Druckverluste und des Schalleistungspegels.

Abb. 9.34 Lamellenstellungen mit Strömungsbild

Lamellenstellung I vertikaler Luftauslaß: z. B. an Fenstern, in höheren Räumen (Heizfall).

Lamellenstellung II horizontaler Luftauslaß rechts oder links: z. B. bei großen Raumtiefen, falls aus räumlichen Gegebenheiten nur auf einer Seite ausgeblasen werden kann; Kühlfall.

Lamellenstellung III mit horizontalem Luftstrahl 50 % rechts, 50 % links: z. B. in Räumen mit mehreren Schlitzauslässen, Kühlfall; horizontaler Strahlweg *x* ist der halbe Abstand von Auslaß zu Auslaß.

Lamellenstellung IV mit sog. Rundstrahl (ideale Stellung); z. B. bei höheren Temperaturdifferenzen und Luftwechselzahlen. Aufteilung entweder mit je etwa 25 % bei Raumhöhen > 3 m oder je 30 % als Anlegestrahl und je 20 % als Schrägstrahl bei Raumhöhen < 3 m. Abb. 9.35 ermöglicht eine Schnellauswahl.

Die in der Abb. 9.34 angegebenen unterschiedlichen **Volumenströme je m Schlitzauslaß** (Zahlen links) und die unterschiedlichen **Mindestabstände** von zwei Auslässen (Zahlen rechts) gelten bei etwa 3 m Raumhöhe, einer Temperaturdifferenz $\vartheta_{zu} - \vartheta_i$ = 8 K und einem maximalen Luftwechsel von 12 h^{-1} zwischen zwei Auslässen.

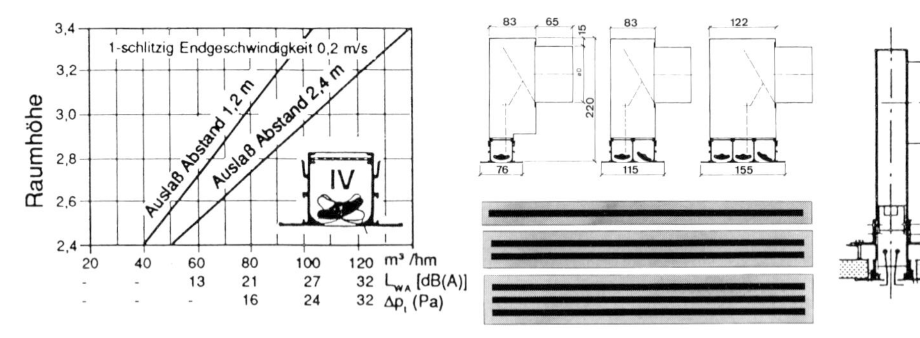

Abb. 9.35 Schnellauswahl für Lamellenstellung IV

Abb. 9.36 Ein- und mehrschlitzige Auslässe mit Verteilkasten

Bei der **Auswahl** bzw. zur Bestimmung der Schlitzzahl muß das zur jeweiligen Stellung des Lenkkörpers gehörige Diagramm verwendet werden. Entscheidende Kriterien sind auch hier: Volumenstrom, Strahlendgeschwindigkeit, Entfernung des Auslasses, Strahlendtemperatur, Induktion, Temperaturquotient, Lamellenstellung, Strahldicke und akustische Daten.

Mit **Abb. 9.35** kann für den verbreiteten einschlitzigen Auslaß für Lamellenstellung IV eine **überschlägliche Auswahl** vorgenommen werden. **Beispiel:** Sollen bei 3 m Raumhöhe 80 $m^3/h \cdot m$ erreicht werden, ist ein Abstand von etwa 1,3 m erforderlich. Bei diesem Auslaßabstand müßten etwa 95 $m^3/h \cdot m$ hindurchgehen, wenn eine lichte Höhe von 3,2 m vorliegen würde.

Abb. 9.36: Gleichgültig, ob **1-, 2-, 3schlitzige Anordnung** oder mehr, verwendet man – wie bei anderen Deckenauslässen schon erwähnt – sog. Anschlußkästen aus verzinktem Stahlblech, die in verschiedenen Längen, Höhen und Anschlußstutzen und mit verstellbarer Lochblechdrossel und Aufhängelaschen geliefert werden können.

Drallauslässe

Wie schon erwähnt, werden diese heute verbreitetsten Auslässe mit Anschlußkasten vorwiegend im Deckenbereich, entweder integriert (Komforträume), oder in offener Deckenkonstruktion an das Kanalnetz angeschlossen. Durch die auch nachträglich mögliche Lamellenverstellung sind den Einsatzmöglichkeiten keine Grenzen gesetzt. Spezielle Drallauslässe gibt es auch als Bodenauslässe (Abb. 9.39 g).

a)

b)

Abb. 9.37 Drallauslässe (a) Industriebetrieb (Fa. Trox); (b) Konferenzraum (Fa. Schako)

Maximale Volumenströme je Auslaß (m^3/h)					
Typ		400	500	600	800
l_{min}		1,6	1,8	2,0	2,4
Raumhöhe (m)	2,7	210	280	410	600
	3,0	240	310	470	680
	3.5	290	380	520	790
	4,0	330	440	600	880
Max. Temperaturdifferenz 10K					

Tab. 9.1 Mindestabstand l_{min} zwischen zwei Auslässen

Bei der **Auswahl** bestimmt man anhand von Diagrammen den kritischen Strahlweg bei Kühlung; den vertikalen Strahlweg in Abhängigkeit des horizontalen Strahlwegs bzw. des Abstandes, des Temperatur- und Induktionsverhältnisses; die Eindringtiefe im Heizfall; den Druckabfall und das Geräuschverhalten.

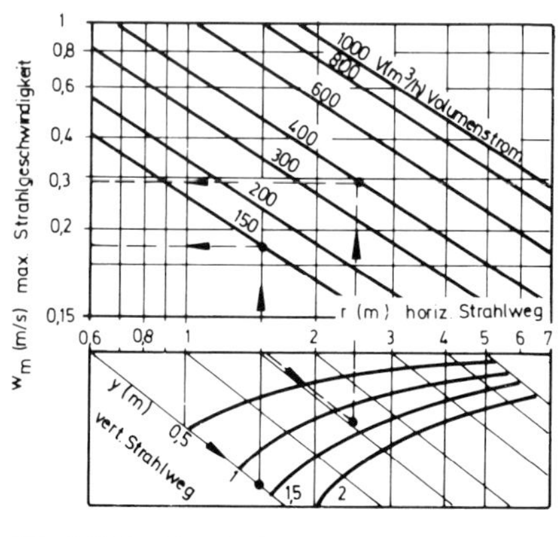

Abb. 9.38 Strahlgeschwindigkeit

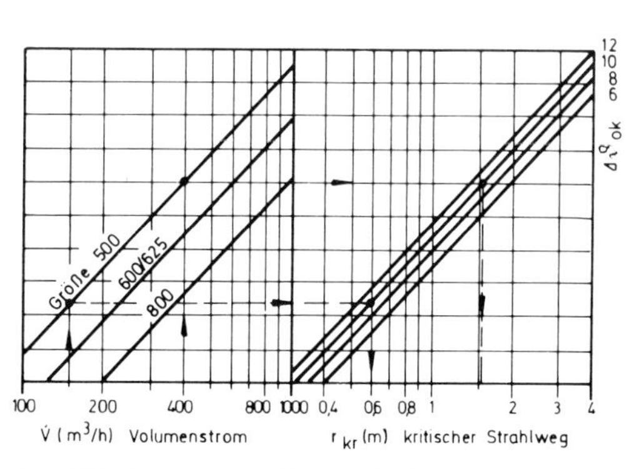

Abb. 9.38 a Kritischer Strahlabfall bei Kühlung

Merkmale der Drallauslässe:
Je nach Konstruktion und Fabrikat bis 30facher Luftwechsel bei $\Delta\vartheta \pm 10$ K (bis 4 m Raumhöhe); hohe Induktion und somit schneller Geschwindigkeits- und Temperaturabbau; individuelle Anpassung der Strömungsrichtung; Einstellung nach einer, zwei oder drei Seiten; horizontale oder vertikale Strahllenkung; keine Änderung von $\dot{V}$, Δp oder Geräuschpegel bei Lamellenverstellung; für konstanten oder variablen Volumenstrom (100 % bis etwa 30 %); runde oder quadratische Frontseite; Volumenstrombereich (mit 4 Größen) von 60 m^3/h bis 2500 m^3/h.

9.2.4 Spezielle Luftdurchlässe - Sonderformen

Ergänzend zu den zuvor gezeigten Luftdurchlässen, sollen hier weitere Konstruktionsvarianten zusammengefaßt werden. Die große Vielfalt ermöglicht einerseits eine optimale Anpassung an die jeweiligen baulichen und betrieblichen Gegebenheiten und die Lösung aller energetischen und hygienischen Anforderungen, andererseits ist es für den planenden Ingenieur nicht immer einfach, aus dieser Vielfalt die technisch und wirtschaftlich beste Lösung auf Anhieb zu finden.

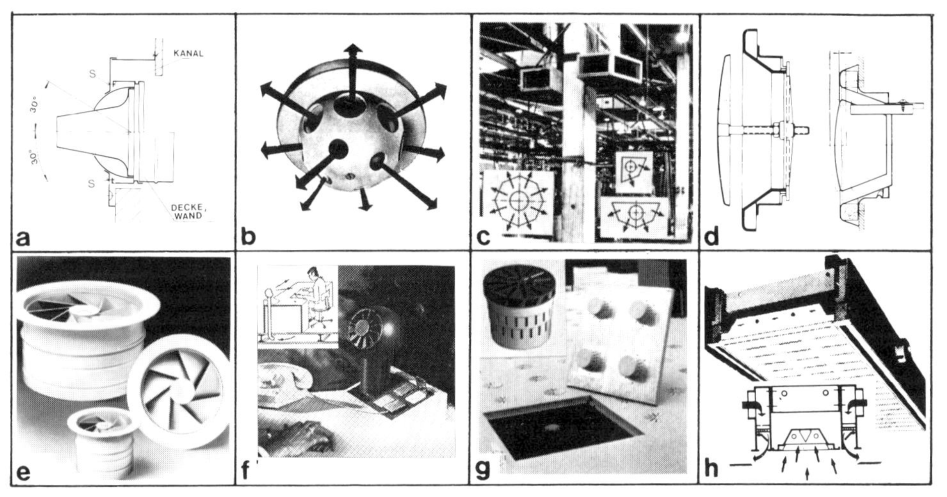

Abb. 9.39

Zu a) Weitwurfdüse für Kanal-, Decken- oder Wandeinbau; nach Lösen der Schraube *S* bis 30° nach allen Seiten schwenkbar; Düsenverstellung von Hand, elektrisch oder pneumatisch; in 4 Größen; Stahlblech oder Alu; wahlweise mit Sattelstutzen für Rohreinbau, mit Drallscheibe, Reduzierstück; Volumenstrom ab ca. 20 m^3/h (Größe 63 mm) bis ca. 2000 m^3/h (Größe 200 mm).

Zu b) Spezial-Düsenkopf aus Kunststoff mit mehreren Öffnungsreihen. Stufenlose Einstellmöglichkeit von Weitwurfstellung für hohe Räume (Abbildung) bis Breitstrahlstellung für niedrige Räume (untere Öffnungen geschlossen); stufenlose Volumenstromänderung durch Einschieben des Düsenkopfes (100 % bis 40 %; bis 4 m Höhe); hohe Induktion, nachträgliche Strahlkorrektur; Einbaustutzen für Decken- oder Kanaleinbau; universeller Einbau (auch hinter Rasterdecken).

Zu c) Ausblaskopf mit Spezialgittern für hohe Industriehallen, wenn die Kanäle aus baulichen oder betrieblichen Gründen in Deckennähe montiert werden müssen. Ausführung als Viertelkreis (z. B. in Ecke), Halbkreis (z. B. an Säule) oder Vollkreis (frei im Raum); 150 bis 20 000 m^3/h; gleicher Druckverlust bei gleichem Volumenstrom; waagrechte und senkrechte Lamellenstellung (mit Handkurbel oder Stellmotor); auf Wunsch mit Drosseleinrichtung (Schako).

Zu d) Tellerventile für Zuluft (links) und Abluft (rechts) für Rohr- und Mauereinbau. Volumenstromänderung durch Drehen des Ventiltellers; Fixierung durch Kontermutter; 100, 150 und 250 mm ∅ (Fa. Hesco).
Weitere Ausführungsvarianten: Ventile für Zu- und Abluft, als Brandschutz-Tellerventil u. a.

Zu e) Dralldiffusor als Deckenluftauslaß mit tangential angeordneten Luftleitschaufeln vor allem zum Einbau in Doppeldecken; für RLT-Anlagen mit variablem Volumenstrom (20 – 100 %); Gehäuse aus Alu, Drallkörper aus Kunststoff ist in axialer Richtung verschiebbar; anstelle der Abdeckung (in der Mitte) kann durch eine Induktionsdüse der Luftstrahl auch nach unten gelenkt werden (Fa. Hesco).

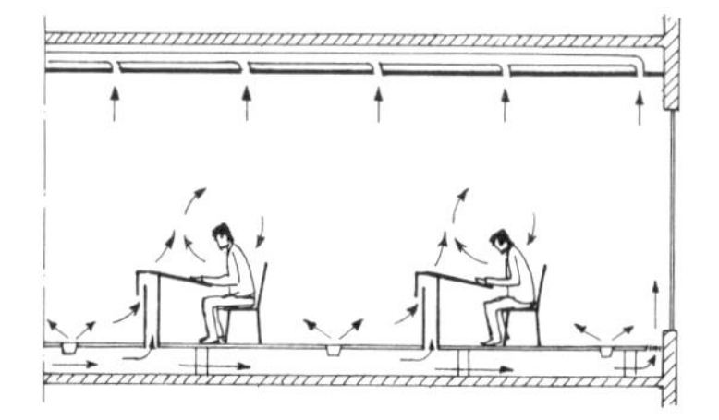

Abb. 9.40

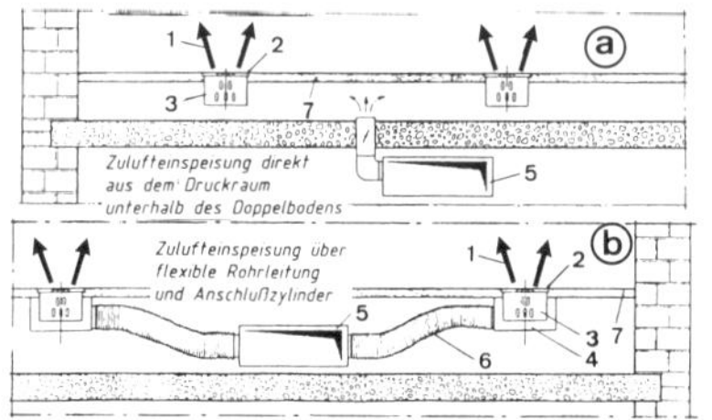

Abb. 9.41 Luftführung im Doppelboden

Abb. 9.42

Zu f) Schreibtischauslaß der, wie Abb. 9.40 zeigt, in Verbindung mit Fußbodenauslässen vorgesehen werden kann. Auf diese Art Luftbehandlung direkt am Arbeitsplatz („Mikroklima") wurde im Kap. 9.1.5 hingewiesen.

Zu g) Bodendrallauslaß für den Einbau in Doppelböden. Die Zuluft wird gleichmäßig entweder direkt aus dem Druckraum (Abb. 9.41 a) oder über im Hohlraum verlegte Flexrohre zugeführt; Volumenstrom, je nach Typ und je nachdem, ob im Aufenthaltsbereich, im Bereich von Wärmequellen oder im Industriebetrieb, von 35 m^3/h bis 140 m^3/h; zulässige Temperaturdifferenz 10 K (in der Industrie bis 20 K); begeh- und befahrbar mit hoher Punktlast, leichte Reinigungsmöglichkeit.

Diese Zuluftführung über Doppelböden wird vor allem für die Klimatisierung von EDV-Räumen verwendet. Neben den Platten mit Drallauslässen gibt es auch Platten mit verstellbaren Schlitz- oder Lochplatten. Erwähnenswert sind auch spezielle Stuhlauslässe, Stufenauslässe, Pultauslässe, Säulen usw.

Zu h) Zu „Klima"leuchte, d. h. Integration des Luftdurchlasses (hier Zu- und Abluft) mit dem Beleuchtungskörper. Die Abluft wird über die sog. Rasterleuchte geführt, wobei beachtliche Betriebskosten eingespart werden können (vgl. Bd. 4); die Zuluft wird durch integrierte Schlitzauslässe dem Raum zugeführt.

Lochdecken (vgl. Abb. 9.3 k, p; 9.3 q als Wandfläche)

Die Zuluftführung über Lochdecken hat heute – abgesehen von speziellen Verdrängungsströmungen – nur noch eine geringe Bedeutung. Früher war sie besonders bei hohen Luftwechselzahlen (bis 40 h^{-1}) eine ideale Lösung.

Oberhalb der Decke ist ein absolut dichter **Druckraum** erforderlich, von dem aus die Luft durch die Lochfläche in den Raum strömt. Der erforderliche **statische Druck** richtet sich nach der Austrittsgeschwindigkeit v_A (etwa 10 Pa bei $v_A \approx 3$ m/s; bis 40 Pa bei $v_A \approx 7$ m/s). Die **Höhe *h* des Druckraumes hängt von der sog. Ausblasziffer *i*** (= Verhältnis von Ausblasquerschnitt und Lochdeckenfläche) und von der Druckraumlänge *l* ab. $h \approx 4$ bis $8 \cdot i \cdot l$.

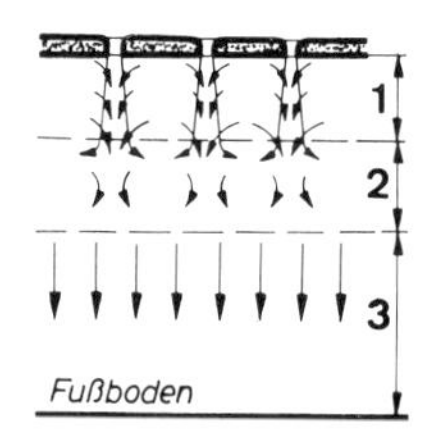

1 - Injektionszone
2 - Mischzone
3 - Aufenthaltszone
Abb. 9.43

Die **freie Lochfläche** beträgt etwa 1 bis 3 % der Gesamtfläche, die zur Erreichung einer stabileren Raumströmung streifenweise oder schachbrettartig angeordnet wird. Wie **Abb. 9.43** zeigt, vereinigen sich die turbulenten Primärstrahlen nach einiger Entfernung zu einem geschlossenen Strahlenbündel (Sekundärstrahl) mit einer mittleren Geschwindigkeit von etwa 0,4 bis 0,5 m/s. Einflußgrößen für die zu wählende **Austrittsgeschwindigkeit** sind: Lochfläche, Lochdurchmesser, Zulufttemperatur, Dicke der Lochdecke, Raumhöhe (Eindringtiefe). Mittelwert $\approx$ 4 bis 5 m/s.

Die **Verteilung der Zuluft** soll über der gesamten Decke gleichmäßig sein. Sie hängt nicht nur von der Ausblasziffer *i*, sondern auch von der sog. Zuströmziffer *k* (= Verhältnis von Ausblasquerschnitt und Zuströmquerschnitt im Druckraum) ab. Eine gute Abschottung des Druckraumes ist dringend ratsam. Bei gleichmäßiger Luftverteilung (Idealfall) ergibt sich der **spezifische Zuluftvolumenstrom** in $m^3/h \cdot m^2$: $\dot{V}_{spez} = \dot{V}/i \cdot A$ (*A* Lochdeckenfläche).

10 Ventilatoren

Die einwandfreie Funktion und wirtschaftliche Betriebsweise einer RLT-Anlage setzt eine ausreichende und anpassungsfähige Luftförderung voraus. Während die Umwälzpumpe das Heizungswasser vom Kessel zu den Heizflächen und wieder zurück fördert, übernimmt der Ventilator in einer RLT-Anlage die Luftförderung und somit die Lüftung oder/und Beheizung (oder Kühlung) des Raumes.

Bei einer Kammerzentrale (z. B. nach Abb. 2.4) muß der **Abluftventilator** die Luft aus dem Raum saugen und über den Fortluftkanal ins Freie führen, während der **Zuluftventilator** Außenluft über den Außenluftkanal ansaugt und diese zusammen mit der Umluft über Einbauten (Filter, Heizregister), Zuluftkanal und Zuluftauslässe in den Raum fördert. Anteilmäßig müssen dabei die jeweiligen Widerstände überwunden werden.

10.1 Allgemeine Grundlagen – Überblick

Der Ventilator ist wie die Kreiselpumpe eine Strömungsmaschine und daher in seiner Wirkungsweise praktisch gleich. Grundsätzlich unterscheidet man folgende drei Bauarten, die jeweils wiederum – insbesondere 1 und 2 – stark unterteilt werden.

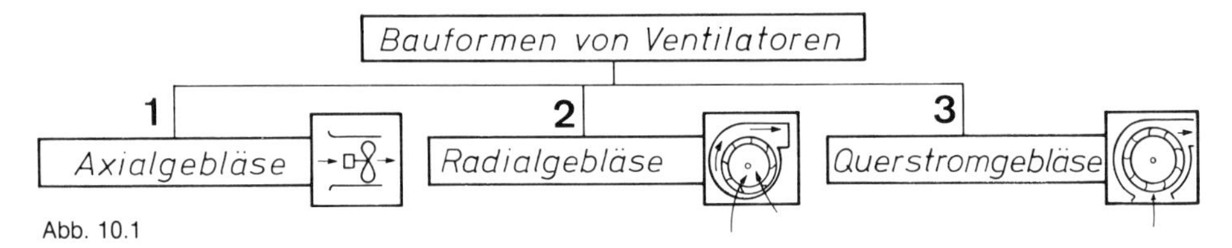

Abb. 10.1

10.1.1 Ausgangsgrößen für die Auswahl von Ventilatoren

Für die Auswahl eines Ventilators müssen zahlreiche Kenndaten, Merkmale und Kriterien beachtet werden.

Je nachdem, wo und unter welchen Bedingungen ein Ventilator verwendet wird, sind allerdings die in Abb. 10.2 zusammengestellten Angaben in ihrer Gewichtung sehr unterschiedlich. Trotzdem dürften Volumenstrom, Förderdruck, Betriebsverhalten und Regelbarkeit in den meisten Fällen im Vordergrund stehen, nicht zuletzt die Kosten für Anschaffung, Betrieb und Wartung.

Beim Hersteller sowie bei Firmen mit sehr hohem Ventilatorbedarf wird eine Optimierung einschl. Kostenrechnung durch den Computer durchgeführt.

a) Volumenstrom $\dot{V}$

Die erforderlichen Volumenströme für Lüftungs- und Luftheizungen (Kap. 4 und 7) sollten genau ermittelt werden, da sie für die Funktion und Kosten der RLT-Anlage die größte Rolle spielen.

Der Förderstrom eines Ventilators erstreckt sich je nach Bauart und Baugröße von etwa 100 m³/h (Kleinstlüfter) bis weit über 100 000 m³/h bei sehr großen Industrieprojekten, Großgaragen usw.

Weitere Hinweise:

- Die Einheit wird in den technischen Firmenunterlagen meist in m³/h angegeben. Je nachdem, welche Berechnungen vorgenommen werden, ist die Einheit in m³/s vorteilhafter (z. B. bei der Kanalberechnung, bei Leistungsberechnungen u. a.). Die Einheit in m³/min sollte verschwinden.

Abb. 10.2

- Für klimatechnische Berechnungen, insbesondere in Verbindung mit dem h,x-Diagramm, rechnet man mit dem **Massenstrom kg/h** bzw. kg/s ($\dot{m} = \dot{V} \cdot \varrho$).
- Der **Temperatureinfluß** spielt für die Volumenstromänderung eine große Rolle (Kap. 10.4.4). Grundsätzlich fördert der Ventilator jedoch immer den gleichen angegebenen Volumenstrom, gleichgültig ob die Luft „leicht" (z. B. 50 °C) oder „schwer" (z. B. –12 °C) ist. Bei einem gewünschten Förderstrom muß demnach die Temperatur bzw. Dichte angegeben werden.

b) Gesamtdruckdifferenz Δp_t
(Förderdruck, Druckerhöhung, Pressung, Totaldruckerhöhung)

Dieser Druck muß vor allem die im System auftretenden Druckverluste überwinden, damit der gewünschte Volumenstrom erreicht wird. Man versteht darunter die gesamte Druckdifferenz zwischen Saug- und Druckstutzen des Ventilators. Dabei hat diese – wie im Kap. 8.3 gezeigt – nicht nur die statische Druckdifferenz $\Delta p_{st} = l \cdot R + Z + \Delta p_{Einbauten}$ zu überwinden, sondern muß auch die Luft vom Ruhezustand auf die gewünschte Geschwindigkeit beschleunigen, um die geforderte Kanalgeschwindigkeit zu halten (dynamische Druckerhöhung Δp_d).

$$\underbrace{\Delta p_t = \Delta p_{st} + \Delta p_d}_{\text{die vom Ventilator erzeugte Druckerhöhung}} \quad \widehat{=} \quad \underbrace{\Sigma (l \cdot R + Z) + \Delta p_{Einbauten}}_{\text{vom System verbraucht (Kanal und Einbauten)}}$$

$l \cdot R$	= Druckverluste durch Reibungswiderstände im Kanal
Z	= Druckverluste durch Kanalformstücke
$\Delta p_{Einbauten}$	= Druckverluste durch Filter, Heizregister, Schalldämpfer usw.
Δp_{st}	= erzeugt durch die Zentrifugalkraft und verzögerte Strömung im Laufrad zwischen Ein- und Austritt (statische Druckdifferenz)
Δp_d	= erzeugt durch die Erhöhung der kinetischen Energie (dynamische Druckerhöhung)

Je nachdem, wie bzw. wo der Ventilator eingebaut ist, unterscheidet man zwischen **saug- und druckseitigem Betrieb,** d. h. $\Delta p_t = \Delta p_{Druck} + \Delta p_{Saug}$ (graphische Darstellung vgl. Abb. 8.6).

Weitere Bemerkungen und Hinweise:

- Die in der Praxis **vorkommenden Gesamtdruckdifferenzen** beginnen bei etwa 30 Pa (z. B. kleine Wandlüfter) und können bei Hochdruckklimaanlagen bis 2000 Pa und mehr betragen.
- Die **Einheit** in Pa ist üblich. Falls noch Einbauten teilweise in mbar angegeben werden, muß man umrechnen: 1 mbar = 100 Pa ($\approx$ 10 mm WS).
- Nach obiger Gleichung **entspricht Δp_t nur im Betriebszustand den Druckverlusten in der Anlage.** Möchte man demnach aus dem Ventilatordiagramm feststellen, wieviel von Δp_t für die Druckverluste (= Δp_{st}) zur Verfügung stehen, muß man p_d von Δp_t abziehen (vgl. Aufgabe 10.1.1).
- Für den **dynamischen Druck** $p_d = \varrho \cdot v^2/2$ wird die Geschwindigkeit im Ventilatorstutzen zugrunde gelegt. Er kann oft aus dem Ventilatordiagramm direkt entnommen werden (Abb. 10.13).
- Die Druckerhöhung des **freiausblasenden Ventilators** ist die Differenz aus dem statischen Druck am Austritt und dem Totaldruck am Eintritt ($\Delta p_{fa} = p_{st2} - p_{t1}$).
- Da sich durch Abzweige und Querschnittsänderungen laufend **Geschwindigkeitsänderungen** ergeben, ändert sich ständig auch p_d und somit p_{st}. Dies hat Konsequenzen für Planung, Berechnung und Betrieb (vgl. Kap. 8.1.1, 8.2.4 und 8.3).
- Man spricht von **internem Ventilatordruck,** wenn der Ventilator z. B. in einem Gerät eingebaut ist (Druckverlust innerhalb des Gerätes), und von **externem Ventilatordruck** (Druckverluste außerhalb des Gerätes, z. B. Kanalnetz).
- Der **Druck Δp_t verändert sich, wenn der Volumenstrom eine andere Temperatur und somit eine andere Dichte** hat. Normalerweise sind die Ventilatordiagramme auf eine Dichte von 1,2 kg/m^3 bezogen (= **Bezugsdichte**). Möchte man demnach den Druckverlust für einen Volumenstrom mit einer bestimmten Temperatur im Diagramm ablesen, muß Δp_t auf ϱ = 1,2 kg/m^3 umgerechnet werden (vgl. Aufgabe 10.1.2); umgekehrt, wenn man vom Diagramm ausgeht.

- Je nach Förderdruck Δp_t spricht man bei Radial- und Axialventilatoren von Niederdruck-, Mitteldruck- und Hochdruckventilatoren (vgl. Kap. 10.5).

c) Ventilatordrehzahl *n* und Umfangsgeschwindigkeit *u*

Sowohl der Förderstrom als auch die Druckdifferenz werden u. a. von der Laufradumdrehung je Minute beeinflußt, d. h., durch die Veränderung dieser Drehzahl kann man den gewünschten Betriebspunkt der RLT-Anlage erreichen. Sämtliche Drehzahlen eines Ventilators sind im Diagramm eingezeichnet und geben Hinweise über Einsatz und Regelbarkeit. Die **Einheit** ist min^{-1} oder 1/min.

Sind Drehzahl und Schaufelraddurchmesser bekannt, so kann man die **Umfangsgeschwindigkeit** u bestimmen.

$$u = \frac{d \cdot \pi \cdot n}{60} \quad \text{in m/s}$$

d Durchmesser in m
n Drehzahl in min^{-1}

(vgl. Aufgabe 10.1.3)

Zwischen **Riemenscheibendurchmesser und Drehzahl** gilt folgende Beziehung:

$$\frac{D_1}{D_2} = \frac{n_2}{n_1} \quad \text{denn} \quad u_1 = \frac{d_1 \cdot \pi \cdot n_1}{60}\ ; \quad u_2 = \frac{d_2 \cdot \pi \cdot n_2}{60}$$

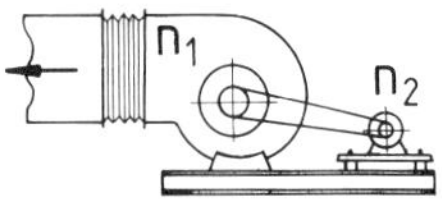

Abb. 10.3

d. h., bei der üblichen Drehzahlregelung kann man z. B. bei festliegender Motordrehzahl durch entsprechende Wahl des Keilriemenscheibendurchmessers die gewünschte Ventilatordrehzahl erreichen (vgl. Aufgabe 10.1.4).

Weitere Hinweise:

- Je größer der Laufraddurchmesser, desto höher ist bei gleicher Drehzahl die Umfangsgeschwindigkeit und somit auch die Geräuschbildung.
- Hochleistungsventilatoren haben zwar höhere Drehzahlen und somit höhere Schallpegel als Trommelläufer, dafür aber auch höhere Wirkungsgrade.
- Um die Lagerbelastung nicht zu überschreiten, muß der angegebene **Mindest-Ventilatorscheibendurchmesser** eingehalten werden (Abb. 10.13). Je größer der Laufraddurchmesser, desto geringer die Lagerbelastung (höhere Lebensdauer).
- Der Laufraddrehsinn gilt immer von der Antriebsseite gesehen. Wie Abb. 10.26 zeigt, unterscheidet man zwischen links- und rechtsdrehenden Laufrädern.

10.1.2 Verluste und Wirkungsgrade – Leistung – Ähnlichkeitsgesetze

Möchte man von der aufgenommenen Leistung eines Motors die tatsächliche Nutzleistung des Ventilators bestimmen, so müssen sämtliche Verluste durch die Energieumsetzung berücksichtigt werden (Abb. 10.4).

Das sind zunächst die **inneren Ventilatorverluste,** z. B. durch Stoß und Umlenkung am Eintritt, durch Spalt zwischen Laufrad und Gehäuse (volumetrische Verluste), durch Reibungs- und Wirbelverluste und die **Verluste durch Lager.**

Mit dem von den Ventilatorherstellern angegebenen **Ventilatorwirkungsgrad** η_V (= Quotient aus Förderleistung und Antriebsleistung) werden diese Verluste berücksichtigt, so daß man damit die **Antriebsleistung an der Ventilatorwelle** wie folgt berechnen kann.

$$P_W = \frac{\dot{V} \cdot \Delta p_t}{\eta_V}$$

$\dot{V}$ in m^3/s
Δp_t in Pa
P_W in Watt

$$P = \frac{W}{t} = \frac{F \cdot s}{t} = \frac{p \cdot A \cdot s}{t} = p \cdot A \cdot v = p \cdot \dot{V}$$

Anhaltswerte für η_V (je nach Baugröße):
75 bis 85 % bei Hochleistungsventilatoren
60 bis 75 % bei Trommelläufern

F Kraft $\quad$ p Druck
s Weg $\quad$ A Fläche
t Zeit $\quad$ v Geschwindigkeit

Diese Wellenleistung kann man direkt aus den jeweiligen Ventilatordiagrammen entnehmen (vgl. Abb. 10.13). Sie ist nicht mit der Motorleistung zu verwechseln!

Vielfach wird in der Praxis der Wirkungsgrad η_V nicht gebührend bei der Planung berücksichtigt, was jedoch – besonders bei Hochleistungsventilatoren und bei großen Ventilatoren mit langer Laufzeit – falsch ist. Außerdem sollte der **optimale Wirkungsgrad, der etwa in der Mitte der Ventilatorkennlinie** liegt, nicht grundsätzlich für den Auslegefall (ungünstigste Verhältnisse), sondern vielmehr für den meist vorkommenden Betriebsfall zugrunde gelegt werden. η_V wird im Diagramm als Kurve (Abb. 10.38) oder im doppeltlogarithmischen Diagramm als Gerade dargestellt (Abb. 10.13).

Neben den genannten Verlusten durch die Lager kommen noch weitere mittelbare **mechanische Verluste,** z. B. durch Keilriementriebe, Kupplungen, Getriebe usw., hinzu. Werden auch diese Verluste noch berücksichtigt (etwa 5 %), erhält man den Gesamtwirkungsgrad des Ventilators $\eta_{V\,ges} = \eta_V \cdot \eta_{Antrieb}$ und kann somit die erforderliche Antriebsleistung des Motors (Leistung an der Motorwelle) wie folgt berechnen: $P_M = \dot{V} \cdot \Delta p_t / \eta_V \cdot \eta_{Antrieb}$.

Bestimmung der Motorleistung (Motorgröße)
Nun kann man in der Praxis die Antriebsverluste nicht exakt angeben. Außerdem entstehen durch Lastschwankungen und z. T. auch durch Temperaturschwankungen sehr **unterschiedliche Kraftbedarfsänderungen,** d. h., die ermittelten Betriebspunkte können oft ganz woanders liegen. Aus diesem Grunde erhält man die zu wählende Motorleistung P_M dadurch, daß man die **Ventilatorleistung P_W mit entsprechenden Zuschlägen** versieht.

$$P_M = \frac{\dot{V} \cdot \Delta p_t}{\eta_V \cdot \eta_{Antrieb}}$$

≙ Leistungsaufnahme
$P = \sqrt{3} \cdot U \cdot I \cdot \cos\varphi \cdot \eta_{Mot}$
(vgl. Aufgabe 10.1.10)

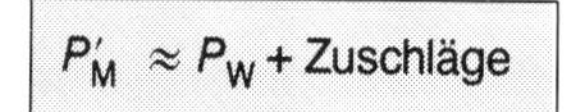
$$P'_M \approx P_W + \text{Zuschläge}$$

vgl. Aufgabe 10.1.5 u. a.

Zuschläge in Prozent

Leistung	Riemenantrieb	Direktantrieb
bis 3 kW	20 ... 25	10 ... 15
bis 10 kW	15 ... 20	8 ... 12
über 10 kW	10 ... 15	6 ... 10

Antriebe durch Kupplungen liegen etwa dazwischen.

P_N = Nutzleistung des Ventilators = $\dot{V} \cdot \Delta p_t$ (theoretische Leistung)
P_W = Wellenleistung am Ventilator (aus Firmenunterlagen)
P_M = abgegebene Motorleistung an den Ventilator (Leistung an der Motorwelle) = $\dot{V} \cdot \Delta p_t / \eta_V \cdot \eta_{Antrieb}$
P'_M ≈ P_W + Zuschläge (einschließlich Antriebsverluste) **zur Bestimmung der Motorgröße**
P–P_N = Gesamtverlust durch Energieumwandlung in Wärme

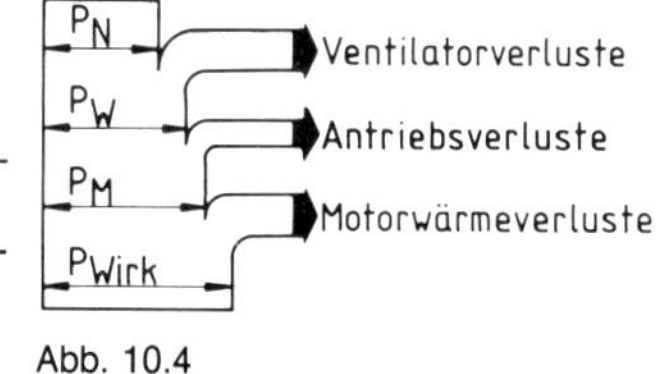

Abb. 10.4

Weitere Hinweise:

- Wie in Kap. 10.1.3 erwähnt, kann sich die vom Hersteller angegebene **Ventilatorkennlinie sehr stark verändern,** wenn der Ventilator im Gerät eingebaut ist. Volumenstromverluste müssen dann meist durch Drehzahlerhöhung und somit höhere Motorleistung ausgeglichen werden.
- Da sich mit der Temperatur der Luft auch Δp_t verändert, entsteht durch eine **Temperaturänderung auch eine Leistungs- und Wirkungsgradänderung.** So vermindert sich z. B. die Motorleistung von Aufgabe 10.1.5 auf 909 · 293/423 = 630 W, bei ϑ = 150 °C.

- Die **Temperaturerhöhung der Luft zwischen Ventilatoreintritt und Kanalende** entsteht infolge der Druckerhöhung im Ventilator. Man kann sie wie folgt bestimmen: $\Delta\vartheta \approx \Delta p_t/\varrho \cdot c \cdot \eta_V$ (vgl. Aufgabe 10.1.7). Befindet sich der Motor im Luftstrom, muß auch die abgegebene Motorwärme zusätzlich berücksichtigt werden (Anhaltswert: 1 K je kPa).
- Zur Bestimmung der aufgenommenen **Motorwirkleistung** muß die Motorwärme bzw. der Motorwirkungsgrad η_{Motor} (z. B. 85 %) noch berücksichtigt werden; bei der **Motorscheinleistung** noch cos φ.

$$P_{Wirk} = \frac{\dot{V} \cdot \Delta p_t}{\eta_V \cdot \eta_{Antrieb} \cdot \eta_{Mot}} \quad ; \quad P_{Schein} = \frac{\dot{V} \cdot \Delta p_t}{\eta_V \cdot \eta_{Antrieb} \cdot \eta_{Mot} \cdot \cos\varphi}$$

$= U \cdot I \cdot \cos\varphi \sqrt{3}$ (in W) $= \sqrt{3} \cdot U \cdot I$ (bei Wechselstrom ohne $\sqrt{3}$)

Physikalische Gesetzmäßigkeiten bei veränderter Drehzahl – Proportionalitätsgesetze (Ähnlichkeitsgesetze)

Diese Gesetze, in weitem Bereich der Reynoldszahl gültig, können mit genügender Genauigkeit verwendet werden, wenn die Anlagenkennlinie durch den Nullpunkt geht.

a) Der **Förderstrom $\dot{V}$** ist proportional der Drehzahl:

$$\frac{\dot{V}_1}{\dot{V}_2} = \frac{n_1}{n_2} = \frac{v_1}{v_2}$$

d. h., bei doppelter Drehzahl ergibt sich der doppelte Förderstrom (**Erstes Proportionalitätsgesetz**) entsprechend auch für die Strömungsgeschwindigkeit v.

b) Die **Gesamtdruckdifferenz Δp_t** (Förderdruck) ist proportional dem Quadrat der Drehzahl:

$$\frac{\Delta p_{t1}}{\Delta p_{t2}} = \left(\frac{n_1}{n_2}\right)^2$$

d. h., bei doppelter Drehzahl ergibt sich eine 4fache Druckdifferenz bzw. bei halber Drehzahl nur 1/4 von Δp_t.
(**Zweites Proportionalitätsgesetz**)

c) Der **Leistungsbedarf P** ist proportional der dritten Potenz (dem Kubus) der Drehzahl:

$$\frac{P_1}{P_2} = \left(\frac{n_1}{n_2}\right)^3$$

d. h., bei doppelter Drehzahl ergibt sich der 8fache Leistungsbedarf bzw. bei 1/2 Drehzahl 1/8 der Leistung.
(**Drittes Proportionalitätsgesetz**) vgl. Aufgabe 10.1.8

Zu vorstehenden Ausführungen sollen abschließend noch einige **Aufgaben** mit Lösungen zusammengestellt werden:

Übungsaufgabe 10.1.1 (Gesamtdruckdifferenz Δp_t)

Die Druckverluste in einer RLT-Anlage betragen auf der Saugseite 150 Pa, auf der Druckseite 90 Pa. Sämtliche Einbauten weisen einen Druck von 250 Pa auf. Die Geschwindigkeit am Ventilatorstutzen beträgt 10 m/s (ϱ = 1,2 kg/m³).

Wie groß ist die Gesamtdruckdifferenz Δp_t und wie groß wäre der für das Kanalnetz verfügbare statische Druck (Druckverluste), wenn bei gleichem Δp_t die Geschwindigkeit am Ventilatorstutzen nur 7 m/s beträgt?

$$\Delta p_t = \Delta p_{st} + p_d = 490 + \frac{1{,}2 \cdot 10^2}{2} = \mathbf{550\ Pa}; \qquad \Delta p_{st} = 550 - \frac{1{,}2 \cdot 49}{2} = \mathbf{521\ Pa}$$

Übungsaufgabe 10.1.2 (Temperatureinfluß auf Δp_t)

Anhand eines Ventilatordiagramms mit ϱ = 1,2 kg/m³, ϑ = 20 °C soll ein Radialventilator ausgesucht werden. Der aus dem Hitzebetrieb abgesaugte Volumenstrom von 6000 m³/h hat eine Temperatur von 150 °C und verursacht dabei einen Gesamtdruck von 300 Pa.
Bei welchem Druck muß der Ventilator in diesem Diagramm ausgesucht werden, und welche Drehzahl müßte nach Abb. 10.13 eingestellt werden?

$$\frac{\Delta p_2}{\Delta p_1} = \frac{\varrho_2}{\varrho_1} = \frac{T_1}{T_2}; \quad \Delta p_2 = \Delta p_1 \cdot \frac{T_1}{T_2} = 300 \frac{273 + 150}{273 + 20} = \mathbf{433\ Pa} \text{ oder } \Delta p_2 = \frac{\varrho_2}{\varrho_1} \cdot \Delta p_1 = \frac{1{,}2}{0{,}83} \cdot 300 = \mathbf{433\ Pa}$$

$$\varrho_{150} = \frac{\varrho_0}{1 + \frac{150}{273}} = 0{,}83 \frac{kg}{m^3}$$ (vgl. Tab. 10.3);

anstatt der Drehzahl 655 min⁻¹ ist eine von etwa 820 min⁻¹ einzustellen (ohne λ-Korrektur) (in Abb. 10.13 nicht eingetragen)

Standardausführungen von Ventilatoren sind bei Temperaturen von –30 °C bis + 80 °C einsetzbar. Bei höheren Temperaturen gibt es nachschmierbare Sonderausführungen (z. T. bis 200 °C und höher).

Übungsaufgabe 10.1.3 (Umfangsgeschwindigkeit)

Der Laufraddurchmesser eines Ventilators beträgt 500 mm. Wie groß ist die Umfangsgeschwindigkeit, wenn die Drehzahl 600 min^{-1} beträgt, und um welchen Laufraddurchmesser handelt es sich bei den Angaben nach Abb. 10.13?

$$u = \frac{d \cdot \pi \cdot n}{60} = \frac{0{,}5 \cdot 3{,}14 \cdot 600}{60} = \mathbf{15{,}7}\ \mathbf{\frac{m}{s}}; \qquad d = \frac{u \cdot 60}{\pi \cdot n} = \frac{13{,}7 \cdot 60}{3{,}14 \cdot 655} = \mathbf{0{,}4\ m}$$

Übungsaufgabe 10.1.4 (Scheibendurchmesser Ventilator)

Die Drehzahl eines Ventilatormotors beträgt 620 min^{-1} und dessen Scheibendurchmesser 130 mm. Wie groß muß der Scheibendurchmesser am Ventilator sein, wenn dieser eine Drehzahl von 400 min^{-1} haben soll?

$$\text{aus } \frac{D_1}{D_2} = \frac{n_2}{n_1} \text{ folgt: } D_2 = D_1 \cdot \frac{n_1}{n_2} = 130 \cdot \frac{620}{400} = \mathbf{200\ mm}$$

Übungsaufgabe 10.1.5 (Wellen- und Motorleistung)

Der Druckverlust in einem Kanalnetz einschl. Einbauten beträgt 275 Pa. Der geforderte Volumenstrom beträgt 6000 m^3/h, wodurch am Ventilatorstutzen eine Strömungsgeschwindigkeit von 6,5 m/s angegeben wird.
Berechnen Sie die erforderliche Motorleistung mit Riemenantrieb (20 % Zuschlag) und einem Ventilatorwirkungsgrad von 66 %. Überprüfen Sie außerdem durch Rechnung die in Abb. 10.13 angegebene Wellenleistung!

$$P_M = \frac{\dot{V}_s \cdot \Delta p_t}{\eta_V} \cdot 1{,}2 = \frac{6000 \cdot 300}{3600 \cdot 0{,}66} \cdot 1{,}2 = \mathbf{909\ W}\ (p_d = 25\ \text{Pa}); \qquad P_W = \mathbf{757\ W}$$

Übungsaufgabe 10.1.6 (Ventilatorwirkungsgrad)

Für einen Ventilator mit Direktantrieb wurde eine Motorleistung von 6,8 kW gewählt (10 % Zuschlag). Die Gesamtdruckdifferenz beträgt 620 Pa. Ermitteln Sie den Ventilatorwirkungsgrad, wenn ein Förderstrom von 30 000 m^3/h vorliegt!

$$P_W = \frac{6{,}8}{1{,}1} = 6{,}18\ \text{kW}; \qquad \eta_V = \frac{\dot{V}_s \cdot \Delta p_t}{P_W} = \frac{30\,000 \cdot 620}{3600 \cdot 6{,}18 \cdot 1000} \approx 0{,}836 \mathrel{\hat{=}} \mathbf{83{,}6\ \%}$$

Übungsaufgabe 10.1.7 (Temperaturerhöhung im Ventilator)

Lt. Diagramm hat der Ventilator einen Wirkungsgrad von 75 %. Die Luft wird mit + 10 °C angesaugt, die Gesamtdruckdifferenz beträgt 1000 Pa. Mit welcher Austrittstemperatur verläßt die Luft den Luftdurchlaß (Motor außerhalb des Luftstroms)?

$$\Delta\vartheta = \frac{\dot{Q}}{\dot{V} \cdot \varrho \cdot c \cdot \eta_V} = \frac{\dot{V} \cdot \Delta p_t}{\dot{V} \cdot \varrho \cdot c \cdot \eta_V} = \frac{\Delta p_t}{\varrho \cdot c \cdot \eta_V} = \frac{1}{1{,}248 \cdot 1 \cdot 0{,}75} = \mathbf{1{,}07\ K};$$

$$\Delta p_t \text{ in kPa} = \frac{\text{kN}}{\text{m}^2}; \qquad c \text{ in } \frac{\text{kJ}}{\text{kg} \cdot \text{K}} \quad (1\text{J} \mathrel{\hat{=}} 1\ \text{Nm})$$

Übungsaufgabe 10.1.8 (Proportionalitätsgesetze)

Ein Ventilator hat bei 950 min^{-1} einen Förderstrom von 9000 m^3/h bei einer Pressung von 250 Pa. η_V = 70 %.

a) Wie groß sind Förderstrom, Gesamtdruckdifferenz und der Leistungsbedarf P_W, wenn die Drehzahl auf 700 min^{-1} reduziert wird?

b) Wie groß ist die Leistungsaufnahme des Ventilators, wenn man die Drehzahl um 20 % erhöht, und zu welchen negativen Folgen kann eine zu große Drehzahlerhöhung führen?

$$\text{zu a) } \dot{V}_2 = \dot{V}_1 \frac{n_2}{n_1} = 9000 \frac{700}{950} = \mathbf{6632}\ \mathbf{\frac{m^3}{h}}; \qquad \Delta p_2 = \Delta p_1 \left(\frac{n_2}{n_1}\right)^2 = 250 \left(\frac{700}{950}\right)^2 = \mathbf{136\ Pa};$$

$$P_W = \frac{\Delta p_t \cdot \dot{V}}{\eta_V} = \frac{250 \cdot 9000}{0{,}7 \cdot 3600} = \mathbf{893\ W}; \qquad P_2 = P_1 \left(\frac{n_2}{n_1}\right)^3 = 893 \left(\frac{700}{950}\right)^3 = \mathbf{357\ W}$$

zu b) $P_2 = 893 \left(\frac{1{,}2}{1{,}0}\right)^3 = \mathbf{1543\ W}$

Folgen: Motorgröße nicht ausreichend; evtl. zu schwache Schwingungsdämpfer; evtl. Schalldämpfer zu gering dimensioniert (zu hoher Schallpegel im Raum); evtl. Strömungsrauschen; höhere Energiekosten

Übungsaufgabe 10.1.9 (Drehzahl und Motorleistung)

In einer RLT-Anlage hat der Ventilator bei 11 000 m³/h eine Drehzahl von 450 min⁻¹ und eine Ventilatorleistung von 1,7 kW bei einem Wirkungsgrad η_V von 68 %.

a) Gegen welche Gesamtdruckdifferenz arbeitet der Ventilator, und wie groß ist etwa die Motorleistung in W (Keilriemenantrieb)?

b) Durch Herausnahme eines Widerstandes aus der Anlage erhöht sich der Volumenstrom auf 15 000 m³/h. Welche Drehzahl muß eingestellt werden, damit diese Volumenstromzunahme nicht eintritt, und wie groß ist Δp_t bei 15 000 m³/h, wenn bei dieser reduzierten Drehzahl nur ein Förderdruck von 160 Pa vorliegt?

a) $\Delta p_t = \frac{P_W \cdot \eta_V}{\dot{V}} = \frac{1700 \cdot 0{,}68 \cdot 3600}{11\,000} = \mathbf{378\ Pa}; \qquad P_M' = 1700 \cdot 1{,}2 = \mathbf{2040\ W}$

b) $n_2 = n_1 \frac{\dot{V}_2}{\dot{V}_1} = 450 \frac{11\,000}{15\,000} = \mathbf{330\ min^{-1}}; \qquad \Delta p_1 = \Delta p_2 \left(\frac{n_1}{n_2}\right)^2 = 160 \left(\frac{450}{330}\right)^2 = \mathbf{297\ Pa}$

Übungsaufgabe 10.1.10 (Motorleistung und Stromaufnahme)

Mit Hilfe der gemessenen Stromaufnahme soll die aufgenommene Motorleistung eines Ventilators bestimmt werden; $\dot{V}$ = 8000 m³/h; Δp_t = 760 Pa; Ventilatorwirkungsgrad 67 %; 5 % Antriebsverluste; Motorwirkungsgrad 86 %; cos φ = 0,85; Drehstrom 380 V/50 Hz.

$P_M = \frac{\dot{V} \cdot \Delta p_t}{3600 \cdot \eta_V \cdot \eta_{Antrieb}} = \frac{8000 \cdot 760}{3600 \cdot 0{,}67 \cdot 0{,}95} = \mathbf{2653\ W}$ (erforderliche Leistung an der Motorwelle)

$I = \frac{P_M}{\sqrt{3} \cdot U \cdot \cos\varphi \cdot \eta_{Mot}} = \frac{2653}{\sqrt{3} \cdot 380 \cdot 0{,}85 \cdot 0{,}86} = \mathbf{5{,}5\ A}$ kann gemessen werden (1 W = 1 VA)

10.1.3 Ventilator und Anlage

Die Zusammenhänge zwischen Rohrnetz und Pumpe und die ständig sich verändernden Betriebsverhältnisse innerhalb einer Heizungsanlage wurden schon im Band 2 „Pumpenwarmwasserheizung" ausführlich behandelt. Diese Gesetzmäßigkeiten gelten auch hier zwischen Kanalnetz und Ventilator.

Um die Betriebsverhältnisse einer RLT-Anlage zu verdeutlichen, wie z. B. eine Volumenstrombeeinflussung durch Veränderung von Widerständen im Kanalnetz, muß man den Zusammenhang zwischen Ventilator- und Anlagenkennlinie voraussetzen können.

Die Anlagenkennlinie (Kanalnetzkennlinie)

Die Anlagenkennlinie gibt für dieselbe Anlage (Kanalnetz) bei jedem beliebigen Volumenstrom den dazugehörigen Förderdruck an. (Sie ist das Charakteristikum der projektierten Anlage bzw. des Kanalnetzes.)

Anders ausgedrückt: **Jeder Punkt auf der Anlagenkennlinie gibt an, gegen welchen Druck der Ventilator bei einem bestimmten Förderstrom arbeiten muß.**

Unterschiedliche Anlagenkennlinien – Konstruktion der Kennlinie:

Steile Anlagen-kennlinie	Abb. 10.5 a 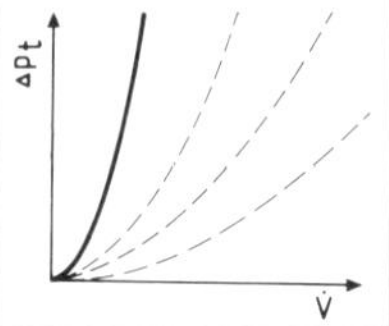	**Bei der Planung:** höhere Geschwindigkeitsannahmen im Kanal (Hochgeschwindigkeitsanlage); zusätzliche Einbauten zur Klimatisierung; hohe Anforderungen an Luftfilter; zusätzliche Widerstände im Kanal (z. B. Wärmerückgewinnung)
		Während des Betriebs: Drosselung an Klappen oder Luftdurchlässen; Filterverschmutzung; nachträglich erforderliche Einbauten
Flache Anlagen-kennlinie	Abb. 10.5 b 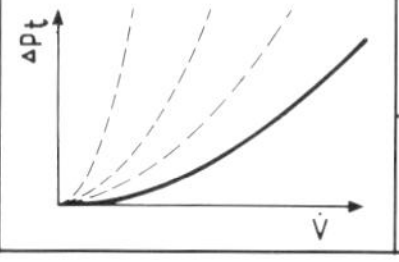	**Bei der Planung:** geringe Kanalgeschwindigkeitsannahmen; wenig Einbauten in Zentrale und Kanalnetz; einfaches Grobfilter.
		Während des Betriebs: Herausnahme von Widerständen; nach der Filterreinigung: Öffnen von Drosselklappen

Weitere Hinweise:

a) Meistens ist **in Wirklichkeit die Anlagenkennlinie flacher als angenommen,** da bei der Planung und Berechnung mehr Widerstände berücksichtigt wurden (z. B. durch ungenaue Kanalnetzberechnung, ζ-Werte, evtl. zu große Drosselwerte angenommen, Sicherheitszuschläge).

b) Der **Einfluß der Steilheit auf die Betriebsbedingungen** wird erst deutlich im Zusammenhang mit den Ventilatorkennlinien. So wird z. B. in Abb. 10.9 gezeigt, daß sich bei einer steileren Kennlinie der Volumenstrom nicht so stark verändert, wenn der Druck zu- bzw- abnimmt.

c) Außer der Widerstandskennlinie „Kanalnetz" bzw. Anlage **gibt es viele Widerstandskennlinien:** für Lüftungsgeräte (Abb. 6.15), für Einbauten, wie z. B. Gitter (Abb. 9.20), Drosselklappen (Abb. 8.24), Schalldämpfer (Abb. 11.36) usw.

Die Widerstände (Druckverluste) Δp_t nehmen nach vorstehendem zweitem Ähnlichkeitsgesetz quadratisch mit dem Volumenstrom $\dot{V}$ zu, d. h., die Kennlinie hat die Form einer Parabel (Abb. 10.7) bzw. bei logarithmischem Papier parallelverlaufende lineare Kanalnetzkennlinien (Abb. 10.8).

Konstruktion der Anlagenkennlinie

$$\frac{\Delta p_1}{\Delta p_2} = \left(\frac{\dot{V}_1}{\dot{V}_2}\right)^2 \quad \text{oder} \quad \frac{\dot{V}_1}{\dot{V}_2} = \sqrt{\frac{\Delta p_1}{\Delta p_2}}$$

Möchte man die einzelnen Punkte für die Konstruktion der Kennlinie erhalten, wird diese Gleichung nach Δp_2 umgestellt und für beliebig angenommene Förderströme der zugehörige Druck berechnet (vgl. Aufgabe 10.1.11).

Die Konstruktion kann schon mit 3 Punkten vorgenommen werden. In Abb. 10.7 ist:

1. Pkt.: Ermittelter Druckverlust (Kanalnetzberechnung) und geforderter Volumenstrom

2. Pkt.: Halber Volumenstrom → 1/4 des Förderdrucks. Bei doppeltem Volumenstrom → 4facher Druck.

3. Pkt.: Bei Nullförderung → Druck Null. Bei log. Teilung genügen Pkt. 1 und 2 (Pkt. 3 liegt im Unendlichen).

Ventilatorkennlinie und Betriebspunkt

Jeder Ventilator hat bei einer bestimmten Drehzahl eine Vielzahl von möglichen Betriebspunkten, die aufgrund von Versuchen ermittelt werden (jeder neue Drosselwert ergibt einen zugehörigen Volumenstrom). Das Aufzeichnen und Verbinden dieser Meßpunkte ergibt die Ventilatorkennlinie.

Die Ventilatorkennlinie gibt den Arbeitsbereich des Ventilators an. Da alle Betriebspunkte auf dieser Linie liegen, ist sie das Charakteristikum eines Ventilators. Je nach Bauart des Ventilators gibt es verschiedene Kennlinienformen.

Jeder Ventilator hat mit seiner jeweiligen Drehzahl eine für ihn charakteristische Kennlinie (Drehzahlkennlinie). **Der Schnittpunkt der Ventilatorkennlinie mit der Anlagenkennlinie**

ergibt den tatsächlichen Betriebspunkt, der möglichst im Bereich des optimalen Wirkungsgrades liegen soll (bei Radialventilatoren etwa in der Mitte der Kennlinie). Die Ventilatorkennlinien sind in den verschiedenen Drehzahlen ähnlich.

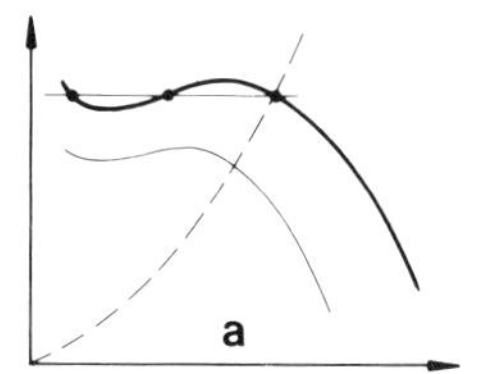

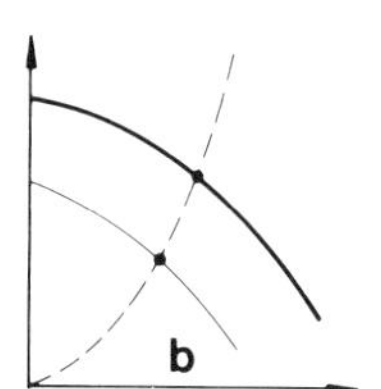

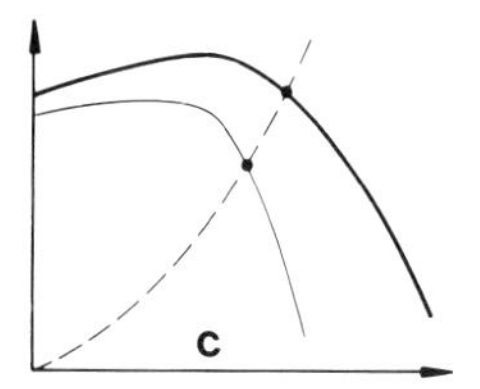

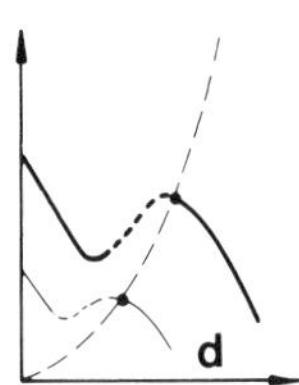

Abb. 10.6 Kennlinienformen

Der Kennlinienverlauf und somit das Betriebsverhalten werden jedoch von den saugseitigen Zuström- bzw. Anschlußbedingungen beeinflußt, d. h., daß die Ventilatorkennlinien nicht für den eingebauten Zustand eines Ventilators im Kastengerät angewendet werden dürften (vgl. Zuschlag bei der Motorauswahl).

Soll für einen in einer RLT-Anlage eingebauten Ventilator die Kennlinie des Herstellers Gültigkeit haben, ist dies nur unter gleichen Zuström- und Abströmbedingungen möglich. Trifft dies zu, ist der Kennlinienverlauf nur noch von den druckseitigen Anschlußbedingungen (frei ausblasend oder angeschlossen) abhängig.

Prüfstandsanordnungen von Ventilatoren sowie Darstellung von Normkennlinien werden in der DIN 24 163 festgelegt. Meßgeräte sind seit kurzem auf dem Markt.

Übungsaufgabe 10.1.11 (Ventilator- und Anlagenkennlinie)

Die Lüftungsanlage einer Cafeteria hat bei einem Förderstrom von 4500 m³/h einen Druckverlust von Δp_t = 550 Pa.

a) **Bestimmen Sie die folgenden Punkte der Anlagenkennlinie für $\dot{V}$ = 5000 m³/h, 3000 m³/h und 2000 m³/h, und konstruieren Sie hiermit die Anlagenkennlinie. Wo liegt der Betriebspunkt der Anlage?**

b) **Eine andere Anlage hat mit demselben Förderstrom geringere Druckverluste (weniger Einbauten), so daß nur ein Druckverlust von Δp_t = 220 Pa vorhanden ist. Zeichnen Sie diese Kennlinie mit der „Dreipunktmethode" ebenfalls in das Schaubild ein, und geben Sie den Betriebspunkt an!**

Lösung (Abb. 10.7)

zu a)

$$\Delta p_2 = \Delta p_1 \cdot \left(\frac{\dot{V}_2}{\dot{V}_1}\right)^2$$

$$\Delta p_A = 550 \cdot \left(\frac{5000}{4500}\right)^2 = \mathbf{679\ Pa}$$

$$\Delta p_B = 550 \cdot \left(\frac{3000}{4500}\right)^2 = \mathbf{244\ Pa}$$

$$\Delta p_C = 550 \cdot \left(\frac{2000}{4500}\right)^2 = \mathbf{109\ Pa}$$

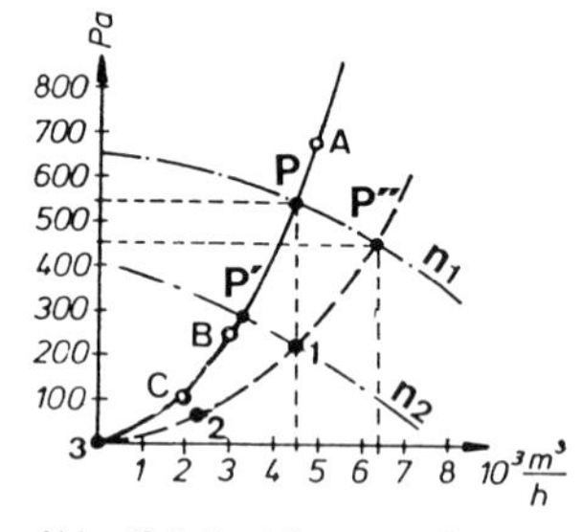

Abb. 10.7 Ermittlung von Anlagenkennlinie und Betriebspunkt

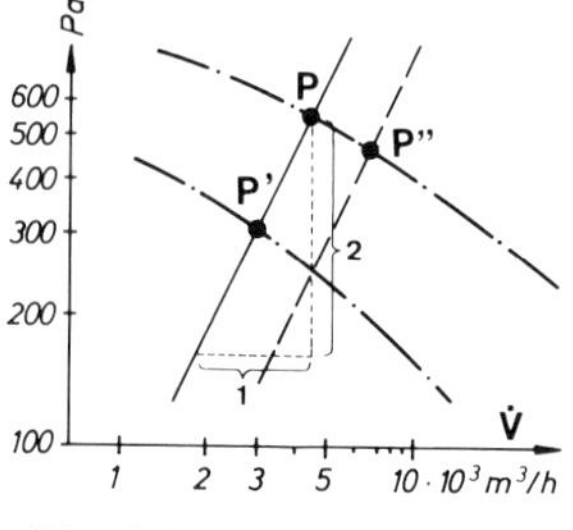

Abb. 10.8 Anlagenkennlinie im doppeltlogarithmischen Diagramm

Punkt P als Schnittpunkt von Anlagen- und Ventilatorkennlinie (Drehzahl n_1) entspricht hier gleichzeitig dem **gewünschten Betriebspunkt.** Bei der Drehzahl n_2 wäre P′ der **tatsächliche Betriebspunkt.**

b) Gestrichelte Linie: Pkt. 1, 2, 3 sind die gewünschten Punkte. P″ ist der Betriebspunkt bei Drehzahl n_1 (Volumenstrom von ≈ 6400 m³/h). Bei Pkt. 1 ist der tatsächliche Betriebspunkt mit der Drehzahl n_2 wieder mit dem gewünschten Betriebspunkt identisch.

Abb. 10.8 zeigt, wie diese Aufgabe mit linear dargestellten Anlagenkennlinien in einem doppelt **logarithmischen Diagramm** dargestellt wird. Die Steigung gegen die Senkrechte (Δp_t) ist mit 2 : 1 geneigt. Die **Vorteile** dieser Darstellungsform sind: großer Bereich auf kleinstem Raum, schnelle Ermittlung der Anlagenkennlinie und somit des Betriebspunkts.

10.1.4 Auswahl von Ventilatoren

Mit nachfolgenden Aufgaben sollen – insbesondere anhand von Firmendiagrammen – das Zusammenwirken von Anlagen- und Ventilatorkennlinie ausführlicher veranschaulicht sowie die Konsequenzen für Ventilatorauswahl und Betriebsverhalten deutlicher hervorgehoben werden.

Bevor jedoch diese Aufgaben vorgenommen werden, muß das vorangegangene Teilkapitel 10.1.3 verstanden sein. In nachfolgenden Teilkapiteln wird dieses Thema teilweise weiterhin ergänzt.

Übungsaufgabe 10.1.12 (Einfluß der Ventilatorkennlinie)

Zeigen Sie anhand einer Skizze die unterschiedliche Volumenstromänderung bei einer flachen und steilen Ventilatorkennlinie und bei konstantem Druck sowie die Druckänderung bei konstantem Volumen. Nennen Sie Folgen für das Betriebsverhalten.

Lösung (in Abb. 10.9 dargestellt):

Bei flachen Kennlinien wirken sich Druckschwankungen stärker auf den Volumenstrom aus (vgl. 1 und 3). Je nachdem, ob der Raum gelüftet, beheizt oder gekühlt werden soll, hat das mehr oder weniger Auswirkungen auf das Betriebsverhalten (Raumströmung, Temperatur, Feuchte, Stromaufnahme, Regelung). Bei flachen Kennlinien führt schon eine geringe Filterverschmutzung zu starken Volumenstromreduzierungen (vgl. 2). Bei Volumenstromabnahme ($\dot{V}_2 \rightarrow \dot{V}_1$) nimmt der Druck Δp bei steiler Kennlinie stärker zu (4) als bei einer flachen (3).

Übungsaufgabe 10.1.13 (Betriebspunktverschiebung durch Luftfilter)

Zeigen Sie den Einfluß des Filters auf die Anlagenkennlinie bzw. Betriebspunktänderung: (1) Anlage ohne Filter; (2) mit sauberem Filter; (3) mit teils verschmutztem Filter; (4) mit verschmutztem Filter.

Lösung: in Abb. 10.10 eingetragen. Bei (3) Auslegungsvorschlag, bei (4) Filteraustausch bzw. -reinigung erforderlich. Δp_2; Δp_3 und Δp_4 sind jeweils die „Drosselwerte", d. h. die Druckverluste des Filters.
Merke: Jede Änderung in einer RLT-Anlage ergibt eine neue Anlagenkennlinie!

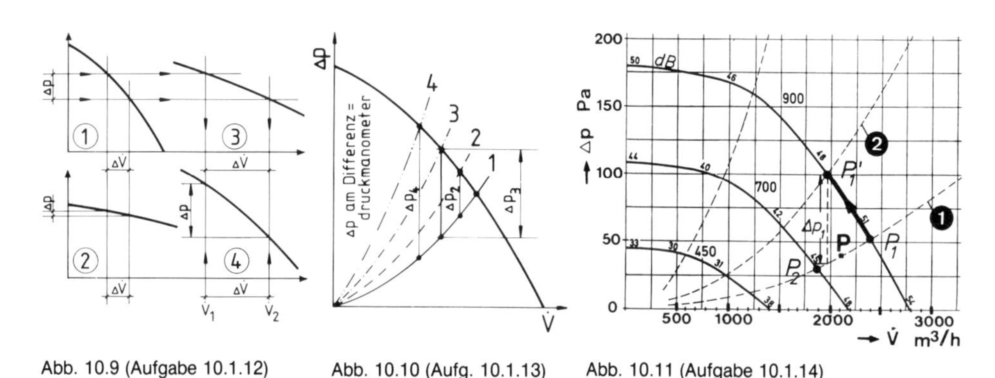

Abb. 10.9 (Aufgabe 10.1.12) Abb. 10.10 (Aufg. 10.1.13) Abb. 10.11 (Aufgabe 10.1.14)

Übungsaufgabe 10.1.14 (Betriebspunkt, Drehzahlanpassung)

Mit einem Dachventilator entsprechend Abb. 10.11 sollen über eine Absaughaube 2100 m³/h abgesaugt werden. Die Gesamtdruckdifferenz Δp_t beträgt 35 Pa (≙ Anlagenkennlinie 1).

a) **Welcher Volumenstrom wird bei der mittleren Drehzahl erreicht, um wieviel Prozent wird der gewünschte Volumenstrom bei der hohen Drehzahl überschritten?**

b) **Durch Einbau eines zusätzlichen Widerstandes ergibt sich die Anlagenkennlinie 2. Um wieviel Prozent verringert sich der gewünschte Volumenstrom bei n = 900 min⁻¹? Wie groß ist hierbei der zusätzliche Widerstand?**

Lösung (in Abb. 10.11 eingetragen)

a) P = gewünschter Betriebspunkt; P_2 = tatsächlicher Betriebspunkt bei mittlerer Drehzahl (**1870 m³/h); P_1** bei großer Drehzahl ($\approx$ 2400 m³/h) $\Rightarrow$ $\approx$ **14 % zuviel.**

b) P (2100 m³/h) $\Rightarrow$ $P_1{}'$ (1950 m³/h) $\hat{=}$ **7,1 % zuwenig;** Δp_1 = 100 – 30 … ›ei 1950 m³/h.

Wollte man mit der Drehzahl 900 die 1950 m³/h erreichen, müßten dort diese 70 Pa eingebaut sein (z. B. Drosselklappe). Richtig wäre hier, die Drehzahl 700 min⁻¹ einzustellen ($\dot{V} \approx$ 1900 m³/h), denn dadurch verringern sich wesentlich die Leistungsaufnahme und der Geräuschpegel (45 anstatt 49 dB). Dies gilt in den meisten Fällen auch für den vorgesehenen Betriebspunkt P.

Übungsaufgabe 10.1.15 (Betriebspunkt, Drehzahl, Drosselung)

In einer Kammerzentrale soll der eingebaute Ventilator gegen einen Druck von 200 Pa einen Volumenstrom von 3000 m³/h fördern.

a) Welche Drehzahl müßte eingestellt werden, wenn eine stufenlose Regelung möglich ist 1) bei 3000 m³/h und 2) bei Schwachlast mit 50 % Volumenstrom?

b) Falls keine stufenlose Drehzahlregelung möglich ist, sollen mit der mittleren Drehzahl 1500 m³/h gefördert werden. Ermitteln Sie den hierbei erforderlichen Drosselwert!

c) Welcher Volumenstrom wird erreicht, wenn aus der Anlage nachträglich ein Widerstand von 100 Pa herausgenommen wird und die Drehzahl 900 min⁻¹ eingestellt ist?

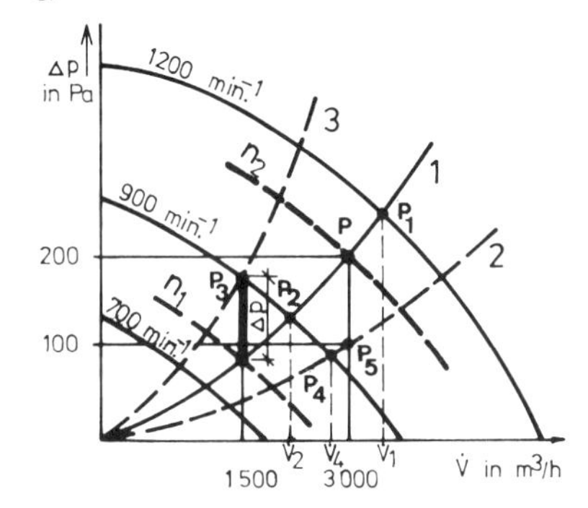

Abb. 10.12 Drehzahl- und Drosselregelung

Lösung (in Abb. 10.12 eingetragen)

a) Beim gewünschten Betriebspunkt P wäre die **Drehzahl n_2** erforderlich. $\dot{V}_1$ ist zu hoch, $\dot{V}_2$ zu gering. Bei 1500 m³/h wäre die **Drehzahl n_1** erforderlich.

b) Da einerseits 1500 m³/h verlangt werden, andererseits der Betriebspunkt nur auf der Ventilatorkennlinie „wandern“ kann, muß P_3 der neue Betriebspunkt sein. Der wird nur dadurch erreicht, daß bei diesem $\dot{V}$ der **„Drosselwert“ Δp** zusätzlich eingebaut wird. Anstatt Kennlinie 1 entsteht dabei die neue Anlagenkennlinie 3 (Betriebspunkt P_2 „wandert” nach Punkt P_3).

c) Gewünschter Betriebspunkt ist P_5 mit der Anlagenkennlinie 2 (hier müßte eigentlich die Drehzahlkennlinie durchgehen). **$\dot{V}_4$ ist der Volumenstrom bei n = 900 min⁻¹.**

Auslegungsbeispiel nach Firmendiagramm

Übungsaufgabe 10.1.16 (Kenndaten, Betriebspunkt, Volumenstromänderung)

Der Volumenstrom einer raumlufttechnischen Anlage beträgt 8000 m³/h, die Gesamtdruckdifferenz 440 Pa.

a) Bestimmen Sie anhand von Abb. 10.13: 1. Drehzahl, 2. Umfangsgeschwindigkeit, 3. Wirkungsgrad, 4. Leistungsbedarf des Ventilators, 5. Motorleistung, 6. Austrittsgeschwindigkeit, 7. den dynamischen Druck, 8. den für die Anlage zur Verfügung stehenden Druckverlust, 9. Schalleistungspegel, 10. Mindestdurchmesser der Ventilator-Riemenscheibe. 2, 4, und 7 sind rechnerisch nachzuprüfen.

b) Es soll davon ausgegangen werden, daß der Druck von 440 Pa nicht stimmt (z. B. durch Annahme eines zu hohen Widerstandes in der Zentrale) und nur 300 Pa beträgt. Welche Drehzahl müßte hier eingestellt werden, und wie groß wäre hierbei die Ventilatorleistung (rechnerisch und Diagramm)?

c) Wie groß wären Förderstrom, Förderdruck, Wirkungsgrad, Antriebsleistung P_W und Schalleistungspegel, wenn trotz der 300 Pa die Drehzahl unter a) beibehalten wird?

d) Bis zu welchem Volumenstrom kann der Ventilator heruntergeregelt werden? Tragen Sie Anlagen- und Ventilatorkennlinie ein, wenn bei Schwachlast der Volumenstrom um 40 % verringert werden soll, und überprüfen Sie durch Rechnung die abgelesene Leistungsaufnahme.

Lösung: (in Abb. 10.13 eingetragen)

a) zu 1. n = 765 min⁻¹; zu 2. u = 16,2 m/s; zu 3. η = 65 %; zu 4. $P_W \approx$ 1,5 kW; zu 5. P_M = 1,5 · 1,2 = 1,8 kW (vgl. Diagrammhinweis 5); zu 6. c_2 = 8,9 m/s (sollte aus Geräuschgründen nicht viel über 10 m/s liegen!); zu 7. p_d = 47,5 Pa; zu 8. Δp_{st} = 440 – 47,5 = 392,5 Pa; zu 9. $L_{WA} \approx$ 78 dB(A); zu 10. d_{Wmin} = 63 mm.

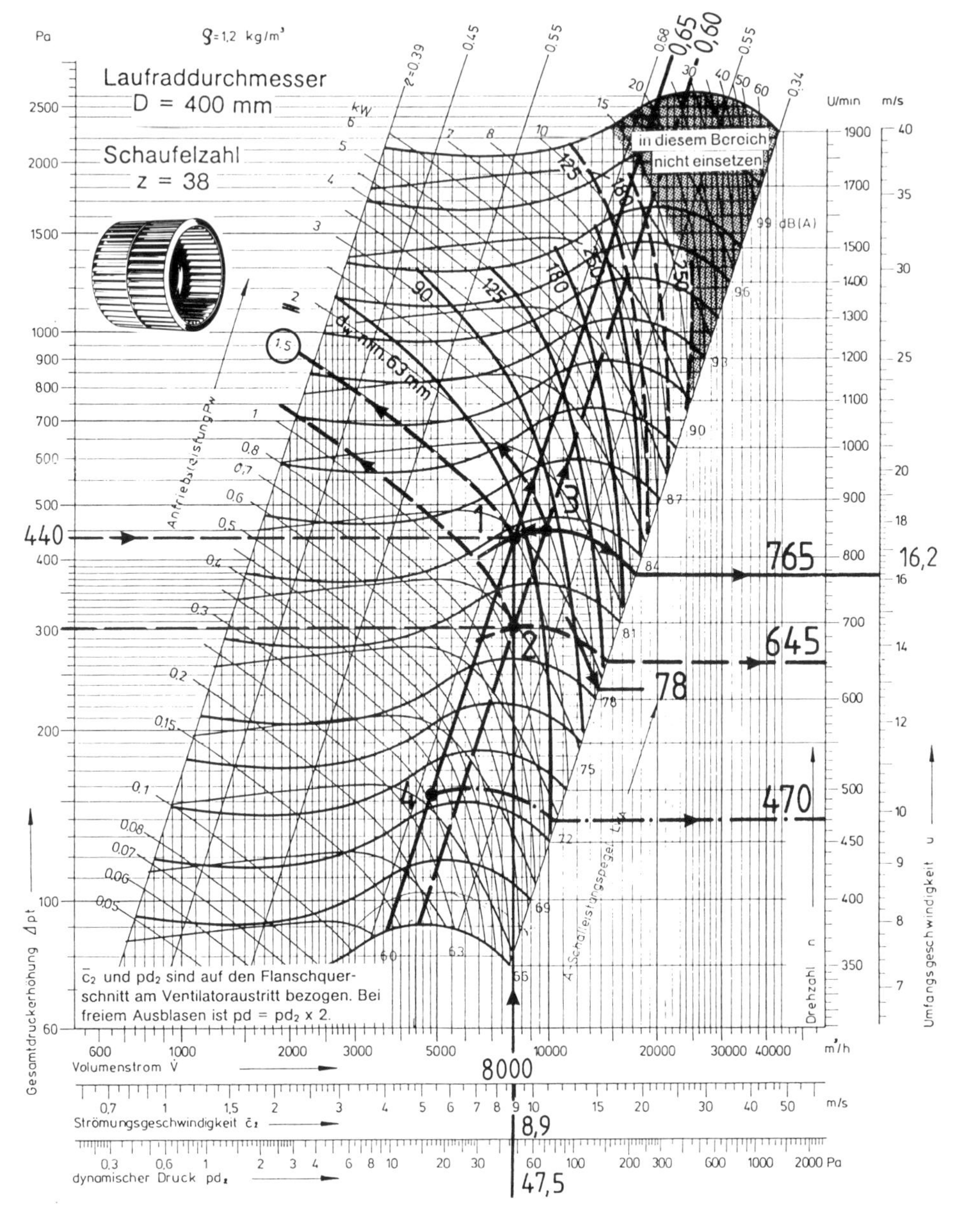

Abb. 10.13 Auswahldiagramm für Ventilatoren (Trommelläufer)

b) n = 645 min^{-1}; P_W = 8000 · 300/3600 · 0,60 = 1111 W (vgl. auch Diagramm)

c) $\dot{V} \approx$ 9800 m^3/h; $\Delta p \approx$ 450 Pa; η = 60 %; $P_W \approx$ 2 kW (34 % höher)

d) $\dot{V}$ = 4800 m^3/h, erforderliche Drehzahl 470 min^{-1}; $P \approx$ 0,32 kW [$P_4 = (4800/8000)^3 \cdot 1{,}5$]

Weitere Hinweise zum Kennlinienfeld nach Abb. 10.13

1. Dieses Kennlinienfeld ist **nur für einen bestimmten Ventilatortyp gültig** (hier z. B. zweiseitig saugender Trommelläufer). Im Katalog sucht man mit $\dot{V}$ und Δp_t so lange, bis der Schnittpunkt dieses Wertepaars im optimalen Wirkungsgradbereich liegt. So erhält man aus der umfangreichen Typenreihe (z. B. über 20) den richtigen Ventilatortyp. Hier mit Laufraddurchmesser 400 mm.

Entsprechend findet man bei der **Auswahl eines Kastengerätes** (Kammerzentrale) das passende Gerät. Damit liegt die Stirnfläche des Gerätes fest, und durch Bestimmung der Anzahl der Rohrreihen werden dann die Wärmetauscher (Heizregister, Kühlregister) ausgewählt.

2. Zwar liegt der Auslegungspunkt ($\dot{V}$, Δp_t) im Bereich des optimalen Wirkungsgrades. Meist zeigt sich aber später – wie bereits erwähnt –, daß der **meist vorkommende Betriebspunkt** ganz woanders liegt. (Häufig vorkommenden Betriebsfall beachten, unnötige „Reserven" vermeiden!)
3. Der Betriebspunkt sollte **nicht am Kennlinienende** (bei höchster Drehzahl) liegen, da evtl. später am Kanalnetz oder bei der Kammerzentrale ein höherer Widerstand noch eingebaut werden kann. Andererseits muß jedoch nach unten eine starke Volumenstromreduzierung durch Drehzahländerung möglich sein. Außerdem muß bei jeder Baugröße der **Mindestventilatorscheibendurchmesser** eingehalten werden (Lagerbelastung!). Im grauen Bereich darf der Ventilator nicht eingesetzt werden.
4. Wie schon erwähnt, ist die „nicht nutzbare" **dynamische Energie in Δp_t enthalten.** Die vom Ventilator aufgebrachte nutzbare statische Druckenergie muß dem Anlagendruck entsprechen (vgl. Hinweise unter Kap. 10.1.1b).
5. Die im Diagramm **angegebene Antriebsleistung P_W** ist nur die Leistung an der Welle. Die Antriebsleistung des Motors liegt 5 bis 25 % höher (vgl. Kap. 10.1.2). Die Motorleistung bzw. Motorgröße muß sorgfältig ermittelt werden, denn im Kennlinienfeld wird deutlich, wie sich der Betriebspunkt und somit der Kraftbedarf bei plötzlicher Laständerung verschieben können (Gefahr der Motorüberlastung).
6. Das Diagramm gilt nur für eine **Dichte** ϱ = 1,2 kg/m³. Bei wesentlichen anderen Dichten bzw. Temperaturen sind entsprechende Umrechnungen vorzunehmen (Aufgabe 10.1.2).
7. Beim **abgelesenen Schallpegel** handelt es sich um den Leistungspegel. Den zu erwartenden Schalldruckpegel im Raum erhält man, indem man etwa 7 dB abzieht (1 m Abstand). Ausführlichere Hinweise zum Thema Schall vgl. Kap. 11.

10.2 Radialventilatoren

Dieser in der Lüftungs- und Klimatechnik gebräuchlichste Ventilator wird in zahlreichen Ausführungs- und Bauformen gebaut. Unterschiedlich in den Typenreihen sind auch Betriebsverhalten, Regelbarkeit, Antrieb, Drehrichtung usw.

Wie aus Abb. 10.14 ersichtlich, wird die Luft beim Radialventilator (oft auch Zentrifugalventilator genannt) an der Ansaugdüse axial angesaugt, dann 90° umgelenkt und radial durch die Schaufelkanäle des Laufrades ins Gehäuse geschleudert. Das Laufrad liegt in exzentrischer Lage zum Gehäuse, dessen Krümmung sich spiralförmig um den Laufradmittelpunkt legt. Deshalb nimmt der Luftspalt und somit der Querschnitt zwischen Laufradaußendurchmesser und Gehäusewand stetig zu, wodurch der durch die Laufraddrehung entstehende dynamische Druck (Geschwindigkeitsenergie) zum größten Teil in statischen Druck (Druckenergie) umgewandelt wird. Die engste Stelle zwischen Spiralgehäusewand und Laufrad befindet sich an der sog. Zunge.

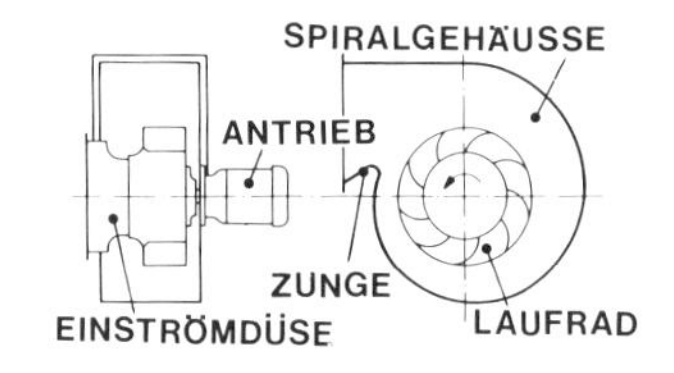

Abb. 10.14

Abb. 10.15 zweiseitig saugender Radialventilator

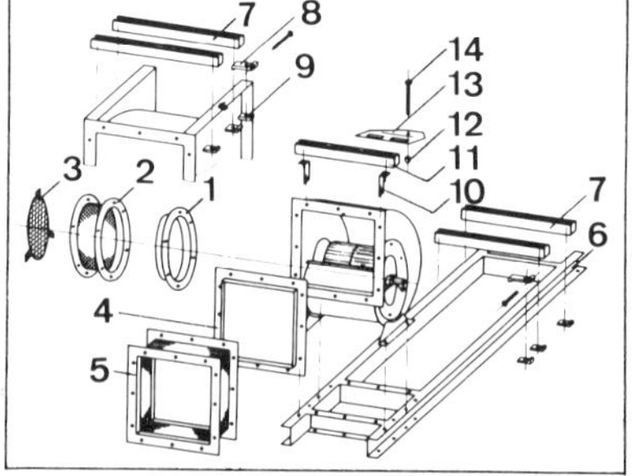

Abb. 10.16 Bauteile

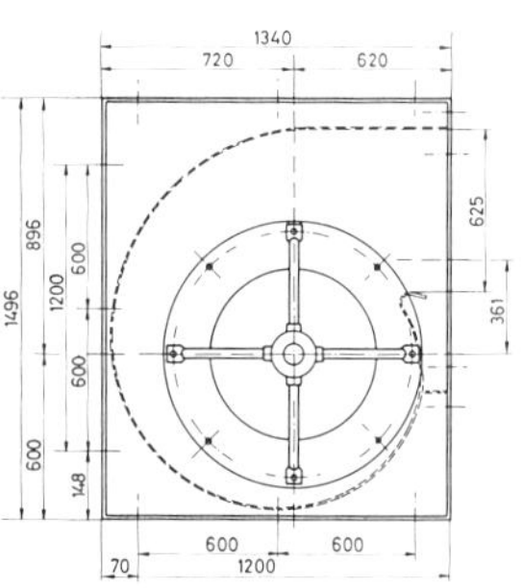

Abb. 10.17 Abmessungen

Aufbau und Bauteile eines doppelseitig saugenden Radialventilators: (1) Ansaugflansch; (2) Ansaugstutzen anstelle von (1) und (2) in der Regel Ansaugdüse; (3) Ansaugschutzgitter; (4) Ausblasflansch; (5) Ausblasstutzen; (6) Grundrahmen; (7) Motorspannschienen; (8) Riemenspanner; (9) Spannpratze; (10) Motorhaltewinkel; (11) Motorhalteschiene; (12) Anschlagpuffer; (13) Spannplatte; (14) Verstellspindel.
Für jede Ventilatorgröße (Laufraddurchmesser einer Typenreihe) gibt es für Vorder- und Seitenansichten Zeichnungen, aus denen sämtliche Abmessungen entnommen werden können (Abb. 10.17).

Die **Strömungsvorgänge** im Ventilator kann man anschaulich durch Geschwindigkeitsdreiecke darstellen, aus denen wiederum die theoretische Gesamtdruckdifferenz bzw. die statische und dynamische Druckerhöhung abgeleitet werden können (Abb. 10.22).

Ausführungsformen - Einflüsse auf das Betriebsverhalten

Entsprechend Abb. 10.18 kann man Radialventilatoren nach verschiedenen Gesichtspunkten unterteilen und je nach Verwendungszweck auswählen und betreiben.

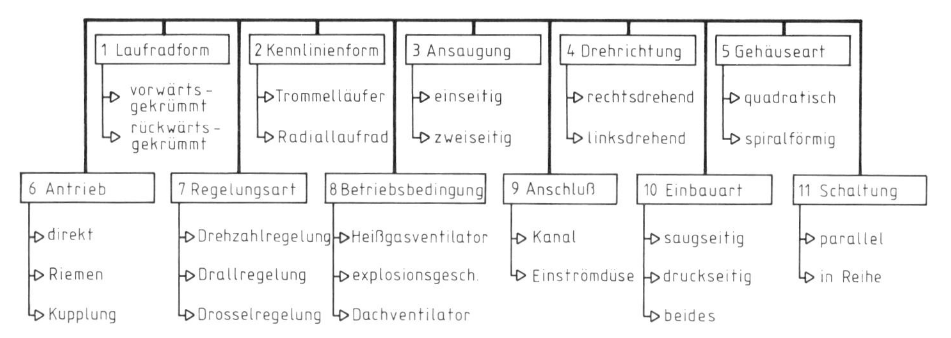

Abb. 10.18 Einteilung von Radialventilatoren

Zu Abb. 10.18 (1) und (2) **Laufrad- und Kennlinienform**

Förderstrom, Druckaufbau, Antriebsleistung und Geräuschverhalten werden vorwiegend durch die Schaufelform des Laufrades beeinflußt. Grundsätzlich unterscheidet man bei Radialventilatoren zwischen folgenden drei Schaufelformen, die wiederum verschiedene Winkel aufweisen können. Laufräder für Axialventilatoren vgl. Abb. 10.27.

Laufräder mit vorwärts- und rückwärtsgekrümmten Schaufeln:

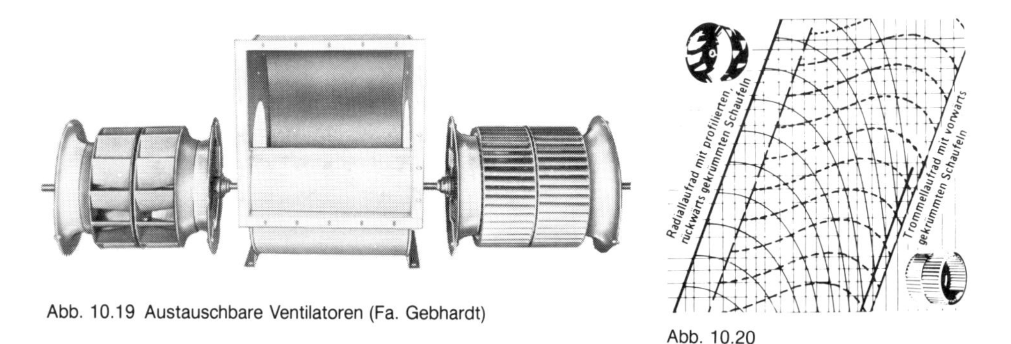

Abb. 10.19 Austauschbare Ventilatoren (Fa. Gebhardt)

Abb. 10.20

Wie aus Abb. 10.19 ersichtlich, können in demselben Gehäuse vorwärts- und rückwärtsgekrümmte Laufräder ausgetauscht werden. Somit hat man die Möglichkeit, etwa die gleichen Betriebsbereiche zu fahren. Die gestrichelten Kennlinien in Abb. 10.20 stellen das Kennlinienfeld für den Trommelläufer (vorwärtsgekrümmte Schaufeln), die ausgezogenen Linien das Kennlinienfeld für das Radiallaufrad — auch als Hochleistungslaufrad bezeichnet – (rückwärtsgekrümmte Schaufeln) dar.

Gegenüberstellung - Vorteile - Merkmale - Anwendung

Beim Aufzeichnen der verschiedenen Geschwindigkeiten beim Ein- und Austritt der Schaufel (in Abb. 10.21 nur am Austritt dargestellt) kann man den Zusammenhang der verschiedenen Ventilatorkenngrößen und die Druckumsetzung darstellen bzw. erkennen.

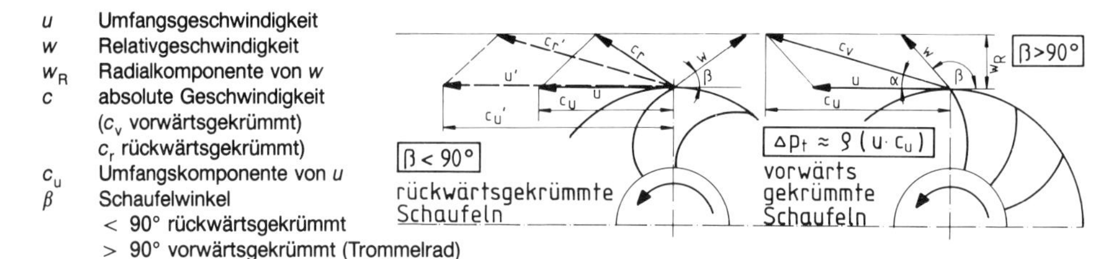

u	Umfangsgeschwindigkeit
w	Relativgeschwindigkeit
w_R	Radialkomponente von w
c	absolute Geschwindigkeit (c_v vorwärtsgekrümmt) c_r rückwärtsgekrümmt)
c_u	Umfangskomponente von u
β	Schaufelwinkel $<$ 90° rückwärtsgekrümmt $>$ 90° vorwärtsgekrümmt (Trommelrad)
___	gleiches $u \Rightarrow$ ungleiches c ($c_v > c_r$)
---	gleiches c ($c_r' = c_v$) $\Rightarrow$ ungleiches u ($u' > u$)

Abb. 10.21 Darstellung der Geschwindigkeitsdreiecke

Hierzu einige Hinweise:

- Der **Schaufelaustrittwinkel** β ist der Winkel zwischen Tangente - Laufrad und Tangente - Schaufel. Bei **rückwärtsgekrümmten Schaufeln** ist er $<$ 90°, bei **vorwärtsgekrümmten** $>$ 90°. Bei β = 90°, d. h. bei **radial endenden** Schaufeln, handelt es sich um spezielle Transportgebläse, die in der Raumlufttechnik keine Bedeutung haben.
- Aus dem Produkt $\varrho\,(u_2 \cdot c_{u2} - u_1 \cdot c_{u1})$ kann man den theoretischen Förderdruck Δp_t berechnen. (Index 1 gilt für Eintritt, Index 2 für Austritt.) Da beim Eintritt u_1 meistens Null ist (rechtwinkliger Eintritt), folgt $\Delta p_t = \varrho\,(u \cdot c_u)$ in Pa.
- Die **Darstellung des Geschwindigkeitsdreieckes** erfolgt dadurch, daß man in einem bestimmten Maßstab (z. B. 1 m/s $\hat{=}$ 2 mm) die Geschwindigkeiten aufträgt. $w_R = \dot{V}/D \cdot \pi \cdot B$ (D Durchmesser und B Breite des Laufrades), der Winkel ist aus den Unterlagen zu entnehmen.
- Als **Folgerungen aus dem Dreieck** können die nachfolgenden Merkmale besser erklärt und verstanden werden, wie z. B. beim Trommelläufer die größere Umfangsgeschwindigkeit u bei gleicher Absolutgeschwindigkeit c (größerer Geschwindigkeitsenergie).
- Zwei **Ventilatoren sind ähnlich,** wenn die Winkel gleich sind und Breite und Durchmesser mit einem konstanten Faktor verändert werden (gleiches Austrittsdreieck). Daraus ergeben sich die genannten Ähnlichkeitsgesetze (Proportionalitätsgesetze).

Trommellaufrad — Vorwärtsgekrümmte Schaufeln

Bei diesen Ventilatoren ergeben sich folgende Merkmale und daraus auch die betreffende Anwendung:

- Bei gleicher Drehzahl bzw. Umfangsgeschwindigkeit wird eine höhere Geschwindigkeitsenergie erzielt. Da diese in Druckenergie umgewandelt wird, steht eine **höhere Druckdifferenz Δp_t** zur Verfügung.

  Dies geht aus obigem Geschwindigkeitsdreieck hervor [$\Delta p_t = \varrho\,(u \cdot c_u)$]; größere Absolutgeschwindigkeit $c \Rightarrow$ größere Geschwindigkeitsenergie. Ein höherer Druck bei gleichem Volumenstrom bedeutet auch einen größeren Volumenstrom bei gleichem Druck.

- Bei gleichem Betriebspunkt (gleiches $\dot{V}$ und Δp_t) ist eine **geringere Umfangsgeschwindigkeit** und somit eine geringere Drehzahl notwendig, entsprechend bei gleicher Drehzahl und Betriebspunkt ein kleinerer Laufraddurchmesser.

  Auch dies kann man aus Abb. 10.21 entnehmen, denn gleiches Δp_t (gleiche Absolutgeschwindigkeit c und somit c_u) ergibt eine geringere Umfangsgeschwindigkeit u.

- Im allgemeinen sind die **Wirkungsgrade gegenüber dem Radialrad etwas schlechter** (je nach Baugröße und Einbau ist η_V 50 bis 75 %), da bei der Umsetzung der größeren Geschwindigkeitsenergie in Druckenergie auch höhere Verluste entstehen.

- Wegen der geringeren Umfangsgeschwindigkeit ergeben sich ein **geringerer Schallleistungspegel** und Durchmesser, was jedoch in der Regel keinen Einfluß auf die Schalldämpferauslegung hat.

Anwendung:

- Für Anlagen, bei denen **größere Volumenstromänderungen** gewünscht werden, wie z. B. durch zeitweises Schließen von Luftdurchlässen oder Drosselklappen. Bei Volumenstromänderungen starke Leistungsänderungen!!!
- Für Anlagen, bei denen der Förderdruck (**Druckabfall**) annähernd konstant ist. Geringe Druckänderung (z. B. Filterverschmutzung) bewirkt nämlich eine große Volumenstromänderung.
- Bei Anlagen mit **kurzen Betriebszeiten** und in der Regel auch bei geringeren Drücken, denn die **geringeren Anschaffungskosten** können durch höhere Betriebskosten bald aufgebraucht werden.

Radiallaufrad — Rückwärtsgekrümmte Schaufeln

Durch die großen Vorteile hat der Absatz dieses Ventilators – insbesondere in der Klimatechnik – sehr stark zugenommen.

- Bei steigendem Volumenstrom erfolgt durch die stabile, steile Kennlinie nur eine **geringe Zunahme des Leistungsbedarfs,** so daß kaum die Gefahr einer Motorüberlastung auftreten kann. Insbesondere bei Betriebspunktverschiebungen ist diese Eigenschaft sehr vorteilhaft.

Die stärkere Abhängigkeit der Antriebsleistung beim Trommelläufer erfordert dort eine sorgfältigere Widerstandsbestimmung. Bei langen Betriebszeiten entsteht – wie folgende Aufgabe zeigt – auch ein beachtlicher Mehrverbrauch an Stromkosten.

Übungsaufgabe 10.1.17 Kenndatenvergleich (vorwärts- und rückwärtsgekrümmte Schaufeln)

Anhand eines Ventilatorschaubildes, jeweils mit vorwärtsgekrümmten Schaufeln (Abb. 10.13) und rückwärtsgekrümmten Schaufeln (Abb. 10.22), soll eine Gegenüberstellung durchgeführt werden. Bei beiden Ventilatoren soll vom gleichen Betriebspunkt ausgegangen werden (entsprechend Aufgabe 10.1.16: $\dot{V}$ = 8000 m^3/h; Δp_t = 440 Pa); Laufraddurchmesser 400 mm.

a) Vergleichen Sie die Werte P_W, η_V, n, u, c_2, p_d, L_{WA}, d_W (min).

b) Berechnen Sie die Einsparung von Stromkosten für Betriebspunkt 1 und 3 bei 20 Pf/kWh, 8000 h/a, 15 Jahre.

Da eine auf dem Prüfstand des Herstellers ermittelte Druckdifferenz Δp_t meistens geringer ist als z. B. im Kastengerät einer RLT-Anlage, stimmt die „Firmenkennlinie" nicht mit der tatsächlichen Kennlinie überein. Diese sog. **Einbauverluste** können bis etwa 2 bis 3 ζ-Werte betragen.

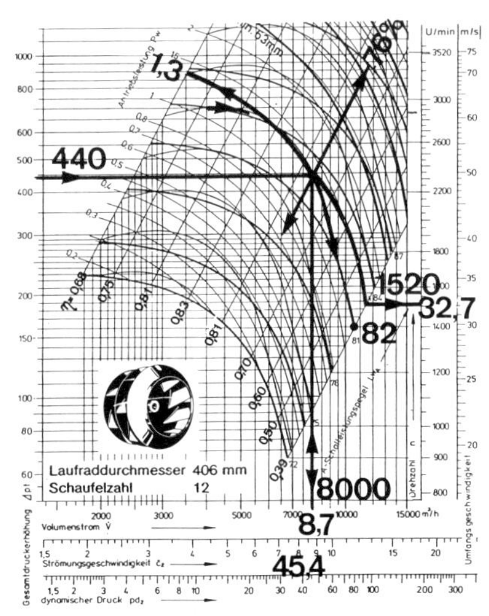

Abb. 10.22 Ventilatordiagramm

Lösung zu a)

Ventilator	P_W	η_V	n	u	c_2	p_d	L_{WA}	$d_{W\,min}$
Trommelläufer	1,5 kW	65%	765 min^{-1}	16,2 m/s	8,9 m/s	47,5 Pa	74 dB	63 mm
Radiallaufrad	1,3 kW	76%	1530 min^{-1}	32,7 m/s	8,7 m/s	45,4 Pa	82 dB	63 mm

Lösung zu b)

E = 0,2 kW · 15 a · 8000 h/a · 0,2 DM/kWh = **4800 DM;** bei Punkt 3 (ΔP = 2 –1,5 kW) **15 600 DM**

- Des **besseren Wirkungsgrades** und der geringeren Antriebsleistung wegen bezeichnet man diese Ventilatoren auch als Hochleistungsventilatoren. Je nach Baugröße liegen die Wirkungsgrade zwischen etwa 75 und 85 %, was durch die günstigere Druckumsetzung innerhalb der Schaufeln zu erklären ist.

  Gerade bei hohem Druck, großem Volumenstrom und langer Laufzeit spielt der Wirkungsgrad eine große Rolle. Gegenüber dem Trommelläufer (> 30 %) sinkt er bei weitem nicht so stark ab (etwa 10 %), wenn der Ventilator frei ausbläst (Kammer).

- Weitere Vorteile sind: **größere mechanische Festigkeit,** wie höherer Widerstand gegen Torsion und höhere Biegebeanspruchung der Schaufeln; **geringe Volumenstromänderung** bei Δp_t-Änderung (z. B. Filterverschmutzung).

> **Anwendung:**
>
> Für Anlagen mit größeren Druckschwankungen; bei langen Betriebszeiten (vgl. η, P), bei hohem Druck (ab etwa 1000 Pa) und großem Volumenstrom; bei Drall- und Bypassregelungen; bei Parallelschaltungen; für Anlagen mit unbestimmtem Druckabfall oder bei konstantem Vordruck.

Zu Abb. 10.18 (3) Je nachdem, wie die **Ansaugung** der Luft erfolgt, unterscheidet man

a) **einseitig saugende Ventilatoren** für kleinere Volumenströme (Kennzeichen *R*)

b) **zweiseitig saugende Ventilatoren** (Kennzeichen *Z*) mit zwei nebeneinander angeordneten Laufrädern, die auf einer gemeinsamen Welle befestigt und durch eine Scheibe voneinander getrennt sind. Beide Laufräder saugen die Luft seitlich an, die dann gemeinsam aus dem Gehäuse austritt. **Gegenüber dem einseitig saugenden bei gleicher Drehzahl verdoppelt sich die Leistungsaufnahme, während die Druckdifferenz Δp_t gleichbleibt. Der Volumenstrom erhöht sich – infolge der Verluste – nur um etwa 85 bis 90 %. Der Wirkungsgrad ist etwa 5 % besser.**

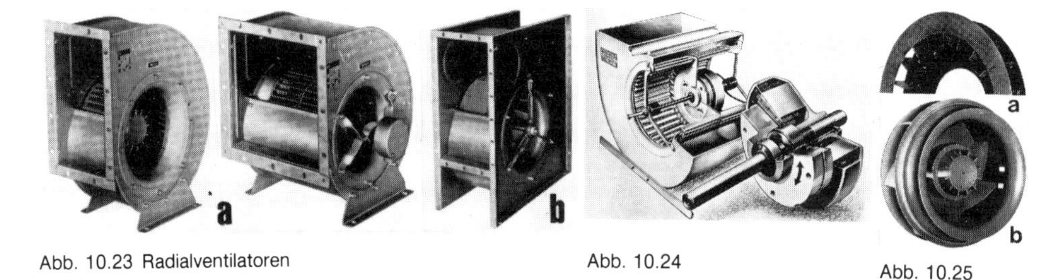

Abb. 10.23 Radialventilatoren

Abb. 10.24

Abb. 10.25

Abb. 10.23 zeigt a) einen ein- und zweiseitig saugenden Radialventilator mit Trommelrad, Direktantrieb mit Außenläufermotoren (Kurzschlußläufer), Drehzahlen stufenlos transformatorisch oder elektronisch steuerbar; b) einen zweiseitig saugenden Radialventilator mit rückwärtsgekrümmten Schaufeln und einem viereckigen Gehäuse.

Abb. 10.24 zeigt einen zweiseitig saugenden **Ventilator mit Scheibenankermotor** (Asynchronmotor mit Kurzschlußläufer). Drehzahlregelung durch Änderung der Klemmspannung mit einem Trafo (0 bis 100 %). Bei sich änderndem Förderdruck **paßt sich die Drehzahl automatisch an** und erreicht bei Maximaldruck (Förderstrom Null) etwa 1400 min^{-1} (Fa. Fischbach).
Weitere Merkmale: Kein Drehzahlpendeln, geringer Schallpegel, steile Kennlinien, kompakte Bauform, einfache Montage, zahlreiche Einbauvarianten (z. B. als Dachlüfter).

Abb. 10.25 zeigt **Radialventilatoren ohne Gehäuse:** a) Laufrad aus Alu-Guß mit rückwärtsgekrümmten Schaufeln und mit laufender Einströmdüse, bis 15 000 m^3/h; b) Sonderlaufrad für spezielle Zwecke (z. B. für Motor-Fremdbelüftungen).

Zu Abb. 10.18 (4) Die Angabe der **Drehrichtungen und Gehäusestellungen** erfolgt immer von der Antriebsseite her (Abb. 10.26).

Zu Abb. 10.18 (5) Die **Gehäuseform** ist in der Regel spiralförmig, doch gibt es für große Hochleistungsradiatoren auch Gehäuse in Viereckform (Abb. 10.15) oder Segmentbauweise.

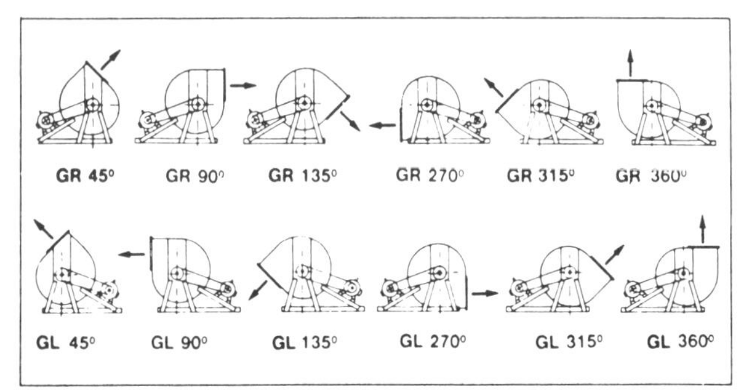

Bauart	Anschluß	Antrieb
R	U	M
einseitig saugend	unmittelbarer Rohranschluß	Laufrad direkt auf Motorwellenzapfen
Z	E	K
zweiseitig saugend	mit Einströmdüse	über Kupplung
	S	R
	mit Saugkasten	über Riemen

Abb. 10.26 Gehäusestellungen, Drehrichtungen (obere Reihe nach rechts, untere nach links); Kurzzeichen der Bauformen (Fa. Babcock)

Zu Abb. 10.18 (6) **Antrieb** (Kap. 10.4.1); zu (7) **Regelung** (Kap. 10.4.2); zu (8) **Betriebsbedingungen** (Kap. 10.6); zu (9) Der **Anschluß** erfolgt entweder über eine Düse (Abb. 10.19) oder ein Kanalnetz; zu (10) **Einbauart** innerhalb des Systems, saug- oder druckseitig (Kap. 8.1.2); zu (11) **Schaltung,** parallel oder in Reihe (Kap. 10.4.3).

10.3 Axialventilatoren

Während beim Radialventilator der Luftstrom rechtwinklig angesaugt und radial zum Laufrad weggeführt wird (Luftumlenkung), fördert der Axialventilator den Luftstrom in gerader Richtung, d. h. parallel zur Laufachse. Wie aus folgenden Abbildungen hervorgeht, gibt es zahlreiche Ausführungen, die wiederum – ähnlich wie bei den Radialventilatoren – nach verschiedenen Kriterien unterteilt werden können. Ihre drei **Grundbauteile** sind der Wandring bzw. das Rohrstück oder Gehäuse, das Laufrad, bestehend aus Nabe und Schaufeln, und der Antrieb.

Die **Einteilung** erfolgt:

a) **nach der Bauform,** wie Schraubenlüfter (Propellerlüfter), Fensterventilatoren, Wandventilatoren (Abb. 10.31), Rohreinbauventilatoren (Abb. 10.33), Hochleistungsventilatoren (Abb. 10.34), Ventilatoren mit und ohne Leitrad und gegenläufige Ventilatoren (Abb. 10.29 c)

b) **nach dem Laufrad,** wobei man wiederum hinsichtlich der Form und konstruktiven Ausführung (Abb. 10.27), des Laufraddurchmessers, der Schaufelanzahl, der Schaufelform, des Materials (Stahl, Guß, Alu, Kunststoff) und der Laufradbefestigung (feststehend, verstellbar) unterscheiden kann

c) nach dem **Förderdruck,** wobei man bei Drücken bis etwa 300 Pa von Niederdruck-, bis etwa 1000 Pa von Mitteldruck- und darüber von Hochdruckventilatoren spricht. Je größer das **Verhältnis Nabendurchmesser d_N zu Laufraddurchmesser d_L** ist, desto größer ist die Druckerzeugung. Ab etwa $d_N/d_L > 0{,}5$ spricht man von Hochdruckventilatoren; Niederdruckventilatoren $\approx$ 0,3 bis 0,4, Mitteldruck $\approx$ 0,4 bis 0,5

d) nach dem **Antrieb,** wobei der Direktantrieb die häufigste Form darstellt (Kap. 10.4.1). Die Einteilung nach der Regelung siehe Kap. 10.4.2.

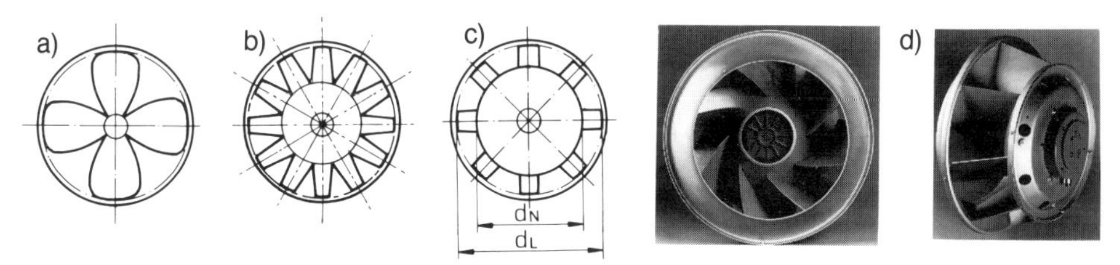

Abb. 10.27 Laufradtypen

Abb. 10.27 zeigt **verschiedene Laufradformen:** (a) Laufrad aus gestanzten Blechen für einfachste Lüftungsaufgaben (man spricht hier von „Flügelrad"); (b) Laufrad mit profilierten, meist gegossenen Schaufeln für Hochleistungsventilatoren; (c) desgl., jedoch mit kurzen, meist verstellbaren Präzisionsschaufeln (oft nur noch

„Stummel" von Schaufeln) für hohe Drücke und großen Volumenströmen bei bestem Wirkungsgrad; (d) Diagonallaufrad mit Außenläufermotor; auch als Halbaxialrad bezeichnet, das für freien Ausblas oder auch im Spiralgehäuse zur Anwendung kommt. Vorteile: kompakte Bauform, stabile Kennlinie, voll regelbarer Antrieb, aerodynamisch günstiger Zuströmbereich und somit günstiges Geräuschverhalten, guter Wirkungsgrad (Fa. - Ziehl-Abeg).

Die **Ventilatorkennlinie** hat – im Gegensatz zu der des Radialventilators – ein sog. „Abrißgebiet", d. h. einen Bereich, in dem ein instabiles Betriebsverhalten vorliegt.

- Dieses **instabile Verhalten** macht sich bemerkbar durch Hin- und Herpendeln des Betriebspunktes – auch als „Pumpen" bezeichnet –, durch Pulsationen, Geräusche und führt u. U. zu unzulässigen Beanspruchungen. Wirbel verursachen schlagartige $\dot{V}$-Veränderungen. Kompliziert werden die Verhältnisse besonders bei Parallelschaltungen, wo ohne sog. **Stabilisatoren** an Ventilatoren kaum stabile und wirtschaftliche Betriebsbedingungen möglich sind (Verwendung von druckabhängigen Abrißsonden oder sog. Pumpgrenzwarner mit Mikrophon).

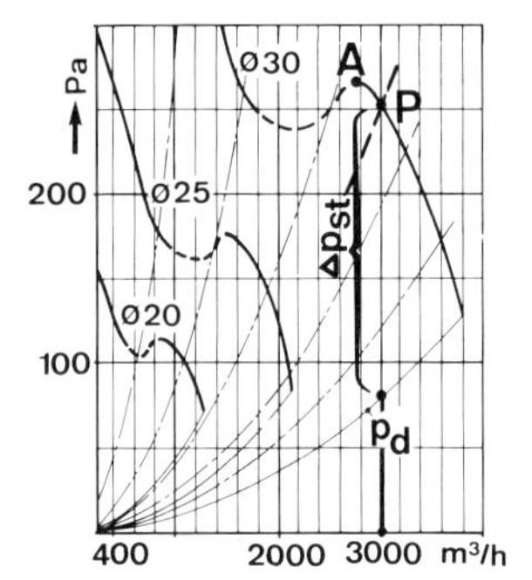

Abb. 10.28 Kennlinien eines Axialventilators

- Im **gestrichelten Bereich** darf der Ventilator nicht ausgelegt werden, und auch im Betriebsfall darf der Betriebspunkt nicht über Abrißpunkt *A* hinauswandern (Sicherheitseinrichtungen). Empfehlenswerte Druckreserve $p_A - p_{Betriebspunkt} \approx 20\,\%$.
- In der Regel gelten die **Kennlinien für freien Ausblas** in einem großen Raum, ferner in einer Luftströmungsrichtung über den Motor drückend. Die Einhaltung der Kennlinien bedingt auch eine gleichmäßige, drallfreie Geschwindigkeitsverteilung am Eintritt.
- Die meisten Hersteller geben ihre Kennlinien nur im stabilen Bereich an (Abb. 10.38).
- Die **verwertbare statische Druckdifferenz** Δp_{st} ist der Abstand zwischen Betriebspunkt P und p_{dyn}. Letzterer hängt vorwiegend von der Anschlußart ab.

Zusätzliche Einbauten bei Axialventilatoren sind: Einlaufdüse, Vor- und Nachleiträder, Diffusor auf der Druckseite, Saugkasten, Verstelleinrichtungen für Laufradschaufel, Drallreglervorrichtungen u. a.

Je nachdem, welche Einbauten und welche Anschlußart vorliegen, wird sich die Kennlinie und somit der Betriebspunkt stark verändern.

Der relativ hohe **Wirkungsgrad** des Axialventilators schwankt je nach Größe, Konstruktion und Einbauten sehr stark.

- Der optimale Wirkungsgrad liegt nahe am Punkt A (Abb. 10.28), während er beim Radialventilator etwa in der Mitte der Kennlinie liegt.
- Die **Zahlenwerte** liegen bei kleinen, einfachen Axialgebläsen etwa zwischen 30 und 50 %, bei mittleren zwischen 50 und 65 %, bei größeren mit verstellbaren Schaufeln 65 bis 75 % bzw. mit Leitrad zwischen 75 und 85 %; bei zweistufigen Hochleistungsventilatoren (Gegenläufer) bis 90 %.
- Weitere **Kriterien für den Wirkungsgrad** bei Axialventilatoren sind Spaltbreite zwischen Gehäuse und Laufrad, An- und Abströmverhältnisse, Schaufelprofil und -oberfläche, Einbauten u. a.

Die **Verwendung eines Leitrades** (= feststehender Kranz mit fest angeordneten Schaufeln), das vor oder hinter dem Laufrad angeordnet ist, ermöglicht eine wesentliche Leistungssteigerung und somit eine Erhöhung der Wirtschaftlichkeit. Einen noch höheren Wirkungsgrad

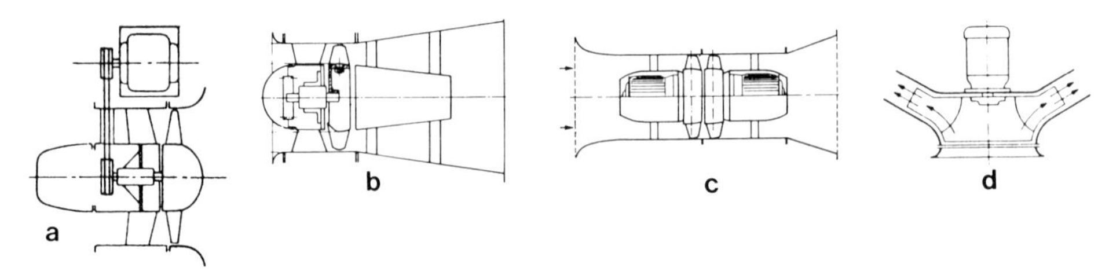

Abb. 10.29 Axialventilator a) mit Riemenantrieb; b) Direktantrieb; c) gegenläufig, d) halbaxial (Abb. 10.27)

erreicht man durch **gegenläufige hintereinanderliegende Axialventilatoren** (2 getrennte Motoren), wobei das zweite Laufrad praktisch die Aufgabe eines Nachleitrades übernimmt.

Durch das Leitrad erreicht man einen nahezu drallfreien Luftaustritt und somit eine **Umwandlung des verlustreichen dynamischen Druckes in nutzbare Druckenergie.**

Die **Anwendung** von Axialventilatoren erstreckt sich vor allem auf folgende vier Bereiche:

1. **Zur direkten Be- oder (und) Entlüftung einzelner Räume, die nicht an einer zentralen RLT-Anlage angeschlossen sind. Einbau in Fenstern, Wänden, an Lüftungsschächten u. a.**
2. **Für einzelne Räume, die z. B. von einer zentralen Zuluftanlage versorgt werden, jedoch zusätzlich einen stärkeren Unterdruck erhalten sollen, oder deren Abluft als Fortluft weggeführt werden muß (z. B. Toiletten, Labors).**
3. **In zahlreichen Klima- und Kälteaggregaten, wie z. B. bei Kondensatoren, Kühltürmen, Wärmepumpen u. a.**
4. **Bei großen Förderströmen, wie z. B. bei Garagenlüftungen, Tunnellüftungen, speziellen Industrieanlagen u. a.**

In verschiedenen Teilkapiteln werden bei Beispielen und Zeichnungen Axialventilatoren vorgesehen, vorwiegend als Fenster-, Wand- oder Rohreinbaulüfter.

Fenster- und Wandventilatoren

Der Einbau solcher Ventilatoren in Fenstern und Wänden ist schon seit langer Zeit üblich und stellt die einfachste mechanische Lüftungseinrichtung dar. Man findet sie z. B. in Labors, Gaststätten, Ställen, kleinen Schwimmhallen, Gewächshäusern, Fabriken und – wie schon in Kap. 7.2 gezeigt – auch mehr und mehr im privaten Bereich. Die Ventilatoren sind in der Regel für Dauerbetrieb geeignet und praktisch wartungsfrei. Damit bei Ventilatorstillstand keine unerwünschte Kaltluft eintreten kann, haben alle Geräte verstellbare oder selbstschließende Jalousien.

Weitere mögliche **Zubehörteile** sind – je nach Wunsch und Verwendung – elektrische Lufterhitzer, elektronische Drehzahlsteller, Stufenschalter, elektronischer Kombizeitschalter, elektronisches Zeitrelais, Nachlaufrelais, Zeitautomatikschalter, Verzögerungszeitschalter, Türkontaktschalter, Türlüftungsgitter, spezielle Verschlußklappe, Wandhülse, Schutzgitter u. a.

Der erforderliche **Volumenstrom** wird nach Kap. 4.2 berechnet. Bei Fensterventilatoren liegt $\dot{V}_{max}$ bei etwa 300 m³/h und bei Wandventilatoren bis über 30 000 m³/h. Die Tabellenwerte gelten für freien Ausblas, d. h. ohne zusätzliche Einbauten. Anhand der Diagramme (Abb. 10.28) kann man bei einer bestimmten statischen Druckdifferenz Δp_{st} den Volumenstrom ablesen. Δp_{st} hängt von den Zu- und Abluftströmungen, den Gittern, Klappen und Geräteteilen ab. Auch wenn keine Luft im Raum nachströmen kann, bedeutet dies eine statische Druckdifferenz.

Für einen kanallosen Einbau kann man für einen Fenster- oder Wandventilator eine Druckdifferenz von etwa 20 bis 40 Pa annehmen.

Die **Drehzahlveränderung** bei größeren Wandventilatoren erfolgt in der Regel stufenlos. Bei kleinen ist eine reduzierte Drehzahl meistens nicht ratsam, da bei Gegendruck (z. B. durch Wind) der Förderstrom u. U. „zusammenbrechen“ kann.

		Flügel-rad-∅	Dreh-zahl	Förder-volumen frei saugend frei blasend	Leistungs-aufnahme	Nenn-strom	Max. Strom bei Drehzahl-steuerung	Schall-leistungs-pegel L_{wa}*)	Gewicht netto
Typ	Bestell-Nr.	mm	min^{-1}	m³/h	W	A	A	dB	kg
EN 20	081 001	200	1335	560	47	0,34	0,34	60	2,6
EN 25	081 002	250	1260	920	57	0,38	0,38	63	2,8
EN 31	081 003	315	1170	1575	125	0,90	0,90	69	5,2

* Druckpegel (nach Kap. 11.3.4) bestimmen

Tab. 10.1 Technische Daten des Wandeinbauventilators nach Abb. 10.30a

Abb. 10.30 Fenster- und Wandventilatoren

Abb. 10.30 Verschiedene Wandventilatoren (weitere Abbildungen für Fenster- und Schachteinbau vgl. Abb. 7.2, 7.9, 7.10 u. a.)
a) Wandgerät, 3 Baugrößen (vgl. Tabelle 10.1), umkehrbar zur Be- und Entlüftung; **b)** für Unterputzinstallation, 12 Bautypen 540 bis 5700 m³/h, ∅ 200 bis 500 mm; **c)** mit quadratischer Düsenwandplatte aus Kunststoff 1200 m³/h bis 15 000 m³/h, etwa 15 Bautypen; **d)** desgl. mit verzinktem Blechwandring; **e)** Alu-Wandring, Alu-Flügelrad mit Tragflügelprofil, 14 000 m³/h bis 43 000 m³/h, 6 Bautypen.

Gleichgültig, ob es sich um Kleinraumventilatoren (ab etwa 80 m³/h) oder um große Hochleistungswandventilatoren (bis etwa 40 000 m³/h) handelt, müssen zahlreiche **Montagehinweise** beachtet werden.

In der Regel handelt es sich um sog. „Sauglüftungen", d. h. um Fortluftsysteme. Im Kap. 2.4.2 werden hierzu zahlreiche Planungshinweise gegeben. Wichtig ist vor allem ein **ungehindertes Nachströmen von frischer Luft aus möglichst vielen kleinen, definierten und gegenüberliegenden Öffnungen.**

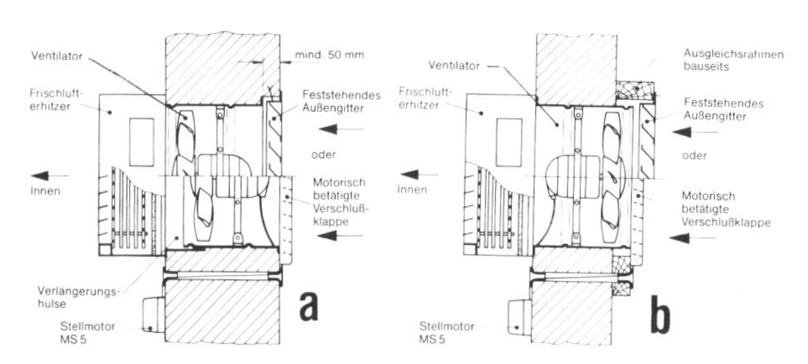

Abb. 10.31 Einbaubeispiele

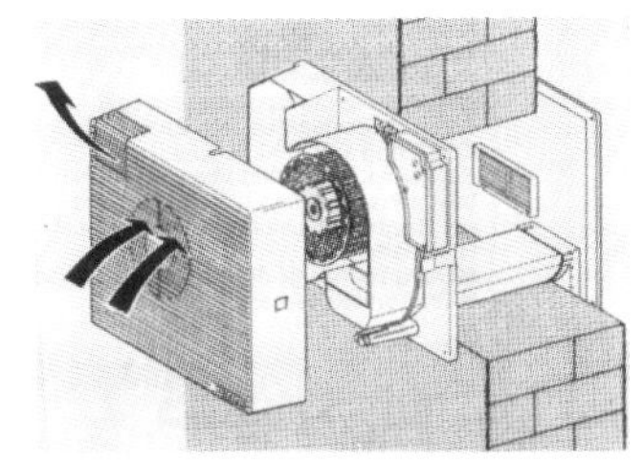

Abb. 10.32 Wandventilator mit Wärmerückgewinnung

Abb. 10.31 Wandventilator im Baukastensystem mit dreistufigem, elektrischem Heizgerät (2, 4, 6 kW); a) über Motor saugend (Normalausführung), b) über Motor blasend. Bei Wanddicke > 35 cm Ausgleichsrahmen erforderlich (vgl. b). Volumenstrom 850/1280 m³/h.

Abb. 10.32 Wandventilator mit Wärmerückgewinnung. Zulufterwärmung durch Abluftvolumenstrom, η = 50 %; Kapillarlaufrad; wahlweise mit Zusatzheizung (0,5 kW); auch für Fenstereinbau; Zu- und Abluft je 120 m³/h; Leistungsaufnahme 43 W; 47 dB.

Rohreinbauventilatoren

Hierunter versteht man – wie Abb. 10.33 u. a. zeigen – einen in ein Lüftungsrohr (oder Kanal) eingesetzten Axial- oder Radialventilator. Bei kleinen, einfachen Lüftungsaufgaben wird er vorwiegend dort angewandt, wo ein Fenster-, Wand-, Schacht- oder Dachlüfter nicht vorgesehen werden kann oder keine Geräte zur Aufstellung kommen sollen.

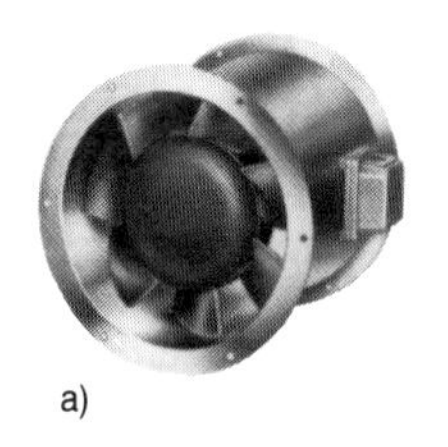

a)

b)

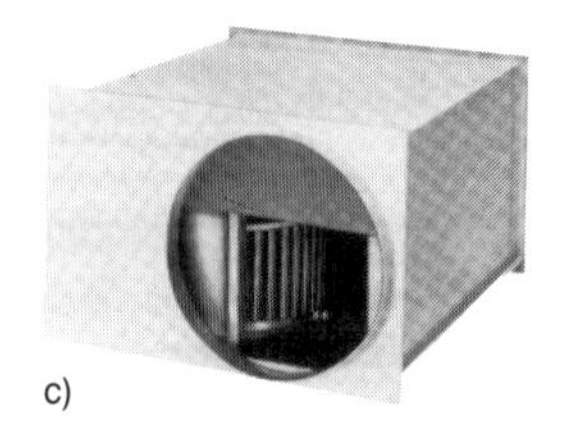

c)

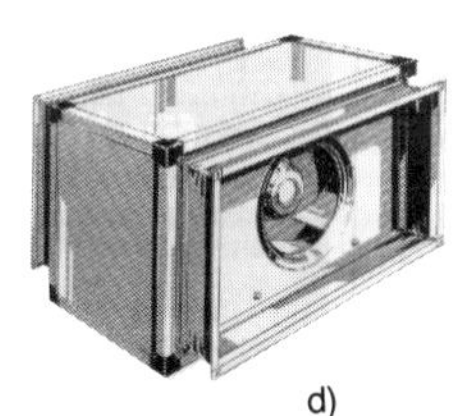

d)

Abb. 10.33 Rohr- und Kanaleinbauventilatoren (Fa. Helios)

Abb. 10.33 Rohr- und Kanalventilatoren **a) Axialventilator mit profilierten Flügelblättern** in fester Anstellung im gewünschten Winkel, je nach Baugröße und Drehzahl 185 bis 4000 m^3/h; Drehzahlregelung durch Trafo. **b) Radialventilator für direktes Zwischensetzen** in längere Kanäle mit Verbindungsmanschetten, wahlweise mit selbsttätiger Verschlußklappe, Volumenstrom je nach ∅ (100 bis 315 mm), 160 bis 1480 m^3/h; **c) Kanalventilatoren für runden Rohranschluß** (250 oder 315 mm ∅) **oder Rechteckkanäle** (40 cm × 20 cm oder 50 cm × 25 cm), 1150 bis 3750 m^3/h, Trommellaufräder, Außenläufermotor, drehzahlsteuerbar (60 bis 380 V); **d) Kanalventilator in Rahmenbauweise** mit Hochleistungsventilator, schallisoliertem Gehäuse und flexiblem Anschlußstück, 100 % drehzahlregelbar.

Hochleistungs-Axialventilatoren

Auch bei Großanlagen hat sich der Axialventilator wegen seines guten Wirkungsgrades, seines großen Volumenstroms, seines geringen Platzbedarfs und Wartungsaufwandes durchgesetzt. Einrichtungen zur Erreichung eines wirtschaftlichen Betriebes sind: optimale Einlaufdüse (drallfreier Eintritt), Leitrad (vor oder hinter dem Laufrad), Diffusor am Ausblas (zur Rückgewinnung des dynamischen Druckes), Verstelleinrichtung für die Schaufeln, Dralldrosselvorrichtungen, geringe Oberflächenrauhigkeit der Schaufeln u. a. Der Antrieb erfolgt meistens direkt.

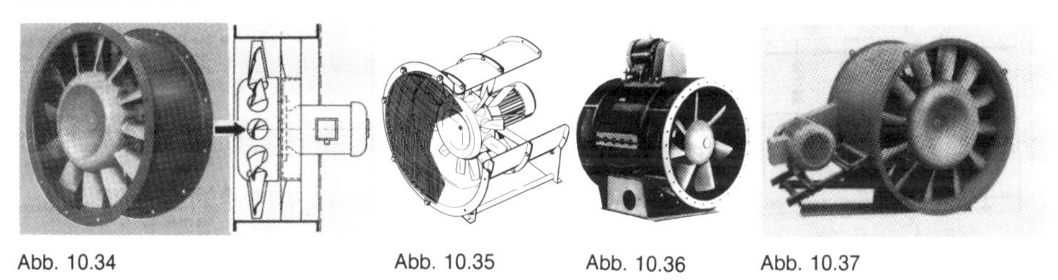

Abb. 10.34 Abb. 10.35 Abb. 10.36 Abb. 10.37

Abb. 10.38 zeigt das **Kennlinienfeld eines Axialventilators** mit Nachleitwerk (nach Abb. 10.34); ausgezogene Linien mit Rohranschluß (2,5 · *D*), gestrichelte Linie frei ausblasend; beides über Motor drückend.

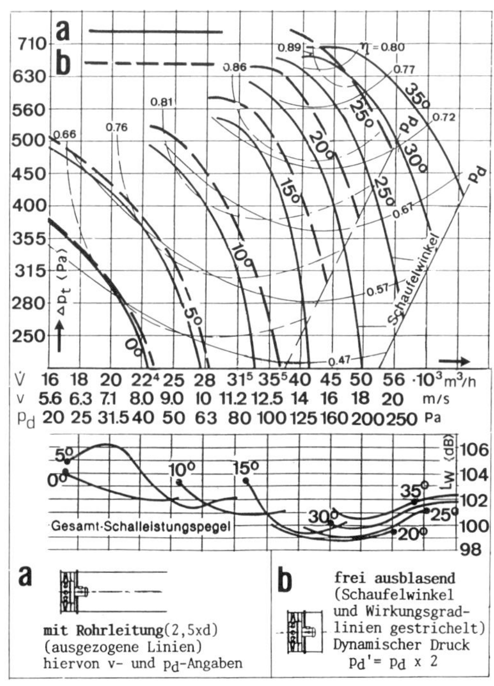

Abb. 10.38 Auswahldiagramm vom Ventilator nach Abb. 10.34

Abb. 10.39 Teilansicht der Luftaufbereitungszentrale des Flughafens Frankfurt

Aufgabe:

Bestimmen Sie anhand dieses Diagrammes (∅ = 1 m, n = 950 mm^{-1}) bei frei ausblasendem Betrieb folgende Kenndaten: erforderlicher Schaufelwinkel, Wirkungsgrad, dynamischer Druck, Schalleistungspegel und Umfangsgeschwindigkeit. Volumenstrom $\dot{V}$ = 40 000 m^3/h; Gesamtdruckdifferenz Δp_t = 450 Pa.

Lösung:

∢ ≈ **16°**; η ≈ **85%**; p_d = **250 Pa**;
L_W ≈ **98,5 dB**;
$u = d \cdot \pi \cdot n/60 = 1 \cdot 3{,}14 \cdot 950/60 =$ **49,7 m/s**

10.4 Betriebsverhalten - Antriebe - Regelung

Zur richtigen Beurteilung von Ventilatoren in RLT-Anlagen und -Geräten gehören vor allem die Regelbarkeit, der Antrieb und die dadurch entstehenden Betriebseigenschaften und Energiekosten.

10.4.1 Motoren und Antriebsarten

Die für die Antriebe verwendeten Motoren und deren Regelung sind sehr mannigfaltig: Außenläufer- und Käfigläufermotoren in Wechsel- und Drehstrom (kleinere Leistungen), polumschaltbare Drehstrommotoren (mittlere Leistungen) und Drehstrom-Nebenschlußmotoren (große Leistungen). Im Kap. 10.1 wird gezeigt, wie man die erforderliche Motorleistung (Nennleistung) ermittelt und somit aus der betreffenden Motorreihe die richtige Motorgröße bestimmt. Weitere Motordaten sind: Nenndrehzahl, Nennstrom, Leistungsfaktor cos φ, Wirkungsgrad (auch bei Teillast) und die zulässige Schutzart.

Die **Schutzarten** werden durch das Kurzzeichen IP (international protection) und zwei nachfolgende Kennziffern angegeben, z. B. IP 54: erste Ziffer (5) Schutz gegen Staubablagerung, zweite Ziffer (4) gegen Spritzwasser; IP 25: erste Ziffer (2) Schutz gegen Fremdkörper $>$ 12 mm, zweite Ziffer (5) gegen Strahlwasser.

Motoren werden hinsichtlich der **Temperaturbeständigkeit von Isolierstoffen** in Klassen eingeteilt, wie z. B. Klasse Y bis 90 °C Dauertemperatur, A bis 105 °C, E bis 120 °C, B bis 130 °C, F bis 155 °C, H bis 180 °C.

Als stromabhängigen **Motorschutz** verwendet man vorwiegend **thermische Überstromauslöser,** die bei Motorüberlastung oder Phasenausfall den Stromkreis für den Motorschutz unterbrechen. Andere Möglichkeiten sind die Verwendung von Thermokontakten (Thermoselbstschalter) und Kaltleitern (temperaturabhängige Widerstände). Beide, in die Motorwicklung eingebaut, überwachen nur die Temperatur in der Wicklung.

Für bestimmte Berechnungen (z. B. Motoranlaufzeit, Riemenvorspannung u. a.) interessieren auch Schwungmoment bzw. Trägheitsmoment, Beschleunigungsmoment, Nenndrehmoment, Anzugsmoment, Kippmoment.

Ventilatorenantrieb - Lagerung

Bei den Antriebselementen unterscheidet man grundsätzlich zwischen folgenden 3 Arten:

Keilriemenantrieb (Kurzbezeichnung *R*), und zwar fast ausschließlich mit Schmalkeilriemen mit unterschiedlichen Profilen (höhere Riemengeschwindigkeit, geringe Lagerbeanspruchung). Die Anwendung erfolgt vorwiegend bei Radialventilatoren.

Vorteile:
Beliebige Drehzahlpaarungen zwischen Laufrad und Motor; gute Anpassung der Ventilatordrehzahl an beliebige Betriebsbedingungen und somit auch nachträgliche Betriebspunktkorrekturen ($\dot{V}$ und Δp_t) möglich; leichter Motoraustausch; keine direkte Übertragung von Körperschall auf Laufrad; höhere Ansaugtemperaturen möglich.

Nachteile:
Riemenverschleiß und erhöhte Riementemperatur bei zu geringer Vorspannung; erhöhte Lagerbelastung beim Anfahren (insbesondere bei zu hoher Vorspannung); sorgfältige Kontrolle und erhöhte Wartungskosten.

Hinweise für Betrieb und Wartung:

- Riemen so **vorspannen,** daß sie bei allen Belastungsarten nicht durchrutschen. Die Vorspannung kann auch berechnet werden.
- Auf **sorgfältige Montage** der Keilriemen achten: gleiche Riemenlänge, Nachspannen (Längenänderung!), Fluchten beider Scheiben, keine Einzelriemen auswechseln bei mehrrilligem Antrieb.
- Die **Lagerlebensdauer** richtet sich nach den angegebenen Belastungsgrenzen und ist die Lebensdauer, die von 90 % aller Lager erreicht oder überschritten wird. Sie ist sehr stark von den Betriebsbedingungen abhängig und liegt etwa zwischen 15 000 bis über 50 000 Betriebsstunden.
  Je größer der Scheibendurchmesser, desto kleiner ist die Lagerbelastung, die auch berechnet werden kann.

Antrieb mit Motor, entweder direkt durch die Motorwelle (Kurzbezeichnung *M*) oder durch eingebauten Außenläufermotor (Kurzbezeichnung *A*). Die Anwendung erstreckt sich vorwiegend auf Axialventilatoren und bei Radialventilatoren im unteren und mittleren Leistungsbereich.

Vorteile (vgl. auch Nachteile Riemenantrieb):
Geringere Anschaffungskosten; keine Übertragungsverluste und dadurch guter Wirkungsgrad; geringer Platzbedarf; geringere Wartungskosten; Wegfall oder Einschränkung der Nachteile bei Riemenantrieb.

Nachteile:
Starre Drehzahlen; höhere Lagerdauerbelastungen bei großen Laufrädern; ungeeignet für hohe Ansaugtemperaturen; Wegfall oder Einschränkung der Vorteile bei Riemenantrieb.

Antrieb durch Kupplungen (Kurzbezeichnung *K*). Das sind starre oder lösbare Elemente zwischen Motor- und Ventilatorwelle, die bei einer bestimmten Drehzahl ein Drehmoment übertragen müssen.

Vorteile und Anwendung:
Besonders für große und schwere Laufradausführungen und große Massenkräfte; Ventilatorlagerung unabhängig von der Motorlagerung; Ausgleich von Wellenbewegungen, Schubkräften, Winkelabweichungen, Schwingungen usw.; Förderung von heißen Medien (Motorwellenstumpf wird nicht mit heißer Luft bespült).

Nachteile:
Höhere Anschaffungskosten; erhöhte Sicherheitsmaßnahmen (Unfallschutz); Beachtung zahlreicher Einflußgrößen bei der Auswahl; Wartungsaufwand.

Die **Ausführungsarten** richten sich nach Leistung, Verwendungszweck, Betriebsbedingungen (Belastung, Temperatur, Dauer), Motor, Drehzahl, Scheibendurchmesser usw. So gibt es elastische Kupplungen (z. B. aus Gummi, Stahlfedern), Fliehkraftkupplungen (kraftschlüssig durch Anpreßkraft) und Flüssigkeitskupplungen (hydraulisch mit Öl); die beiden letzteren als Anlaufkupplung bei sehr großen Flügelraddurchmessern (> 1 m) für Keilriemen- oder Direktantrieb.

10.4.2 Steuerung und Regelung von Ventilatoren

Ventilatorregelung heißt vorwiegend Anpassung des Ventilators an den in der RLT-Anlage geforderten Volumenstrom oder Anlagendruck, wobei die erzielbare Leistungseinsparung im Verhältnis zu den Anschaffungskosten liegen sollte. Mit dem Regelvorgang soll demnach erreicht werden, daß immer der jeweils gewünschte bzw. im Betrieb geforderte Betriebspunkt erreicht wird. Hierzu gibt es folgende Möglichkeiten.

10.4.2.1 Bypassregelung (Bypassbetrieb)

Hier wird der Volumenstrom in der Anlage dadurch reduziert, daß man einen Teil des Volumenstroms um einen Bypass (Umgehung) führt, d. h. den Ventilatorförderstrom in zwei Teilströme aufteilt.

Wie in **Abb. 10.40** dargestellt, ist der Druckverlust in der Anlage (Δp_2) geringer, wenn nur ein Teil des Ventilatorförderstroms ($\dot{V}_A$) in die Anlage geführt wird (gleiche Anlagenkennlinie), während der Volumenstrom $\dot{V}_B$ im Bypass zirkuliert. $\dot{V}_2 = \dot{V}_A + \dot{V}_B$ ist der Volumenstrom des Ventilators, d. h., P_2 ist – da die Drehzahl konstant bleibt – der Betriebspunkt bei geöffnetem Bypass. P_1' erhält man als Schnittpunkt der Anlagenkennlinie bei geschlossenem Bypass (Auslegung, P_1) mit dem Ventilatordruck bei offenem Bypass.
Diese „Regelung" mit einem Bereich von 100 bis 0 % ist zwar unkompliziert und praktisch wartungsfrei, kann jedoch **wegen folgender Nachteile nicht empfohlen** werden:

Nur bei steilen Kennlinien anwendbar (bei Trommelläufern kann $\dot{V}$ u. U. sogar ansteigen), zunehmender Ventilatorförderstrom bei geöffnetem Bypass, Abfallen des Wirkungsgrades, zunehmende Antriebsleistung und somit unwirtschaftlich, Platzbedarf für die Umgehung.

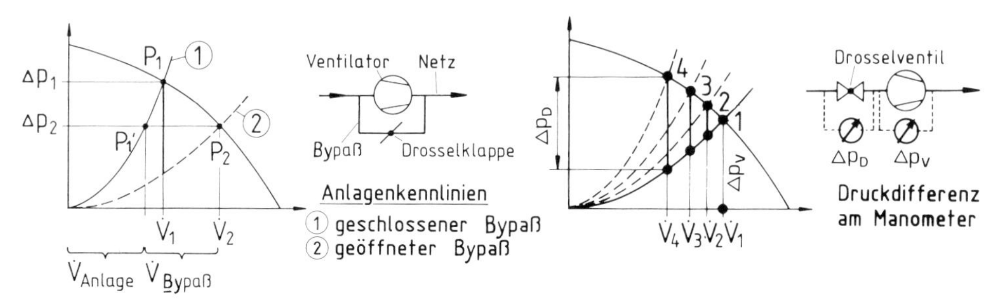

Abb. 10.40 Bypassregelung

Abb. 10.41 Drosselregelung

10.4.2.2 Drosselregelung

Hier wird der Volumenstrom dadurch reduziert, daß man eine verstellbare Klappe in die Luftleitung einbaut und mit dieser bei konstanter Drehzahl die Anlagenkennlinie und somit den Betriebspunkt verändert.

Wie **Abb. 10.41** zeigt, werden die Kennlinien um so steiler, je stärker gedrosselt wird. Δp_{Dr} sind die Verluste, die bei dem jeweiligen Volumenstrom vorliegen. Je stärker die Drosselung, desto schlechter ist auch der Wirkungsgrad und oft auch der Anstieg des Schallpegels. Unter Kap. 10.1.3 und 10.1.4 wurde diese Regelung anhand von Aufgaben schon behandelt. Obwohl diese in der Praxis übliche „Verlustregelung" einfach und billig ist, kann sie **wegen** der **unwirtschaftlichen Betriebsweise in der Regel nicht empfohlen werden.**

Vereinzelt wird sie bei kleinen Leistungen, bei geringen Betriebspunktverschiebungen oder bei Notlösungen noch angewandt: möglicher Regelbereich 100 % bis etwa 60 % (50 %); beim Trommelläufer (flache Kennlinien) wesentlich vorteilhafter als bei Hochleistungsventilatoren.

10.4.2.3 Drehzahlregelung

Hier wird der Volumenstrom in der Anlage dadurch verändert, daß man durch obengenannte Motoren die Drehzahl des Ventilators stufenweise oder stufenlos verändert. Möglicher Regelbereich 100 bis 20 %.

Wie **Abb. 10.42a** zeigt, bleibt die Anlagenkennlinie erhalten, während sich die Ventilatorkennlinie entsprechend den Proportionalitätsgesetzen verändert (Kap. 10.1.2). Damit auch die geringen Drehzahlen genutzt werden können, muß die Ventilatorauslegung im oberen Drehzahlbereich erfolgen.

Durch die **Vorteile:** Betrieb immer annähernd im günstigsten Wirkungsgradbereich (auch im Teillastbereich), optimale Anpassung mit großem Regelbereich, Reduzierung der Leistungsaufnahme bei Schwachlast und somit wirtschaftlicher Betrieb, günstiges Geräuschverhalten, hat diese Regelungsart ein großes Anwendungsgebiet, was in vorstehenden Teilkapiteln (z. B. Kap. 10.1.3 und 10.1.4), aber auch bei der Planung und Auswahl von Lüftungs- und Luftheizgeräten (Kap. 6 u. a.) schon verdeutlicht wurde.

Die Drehzahlregelung durch **regelbare Motoren** (z. B. Schleifringläufer, Nebenschlußmotoren, Gleichstromnebenschlußmotoren, frequenzgeregelte Drehstrommotoren, mechanische Regelwerke) erfolgt **stufenlos** oder durch polumschaltbare Motoren auch **stufenweise.**
Auch durch eine Änderung der Klemmspannung mit Transformatoren (Abb. 10.42b) kann man die Drehzahl von 100 bis 0 % regeln.

Nachteile sind die höheren Anschaffungskosten, die erforderliche Wartung, der Abfall des Wirkungsgrades im Teillastbereich, geringere Betriebssicherheit der Motoren.

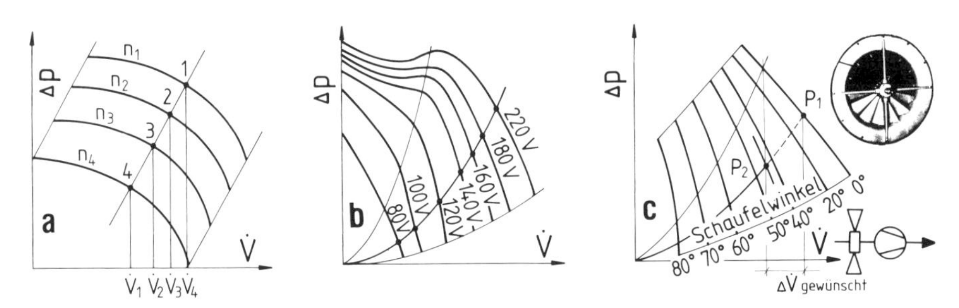

Abb. 10.42 Drehzahlregelung a) mit regelbaren Motoren; b) durch Spannungsänderung mit Transformator

Abb. 10.43 Drallregelung

10.4.2.4. Drallregelung

Diese Regelung – vorwiegend bei Hochleistungs-Radialventilatoren angewandt – wird dann bevorzugt, wenn die Drosselregelung zu verlustreich und die Drehzahlregelung zu teuer ist. Der Drallregler (= Leitapparat mit verstellbaren unprofilierten Schaufeln) wird unmittelbar in der Einlaufdüse eingebaut und erteilt dem angesaugten Volumenstrom je nach Schaufelstellung einen Drall (Richtungsänderung der Eintrittsgeschwindigkeit) und somit eine Volumenstromänderung. Möglicher Regelbereich 100 bis etwa 40 %. Je nach Bauart unterscheidet man Drallregler für axiale oder radiale Durchströmung. Die Position des Gestänges ist abhängig von der Gehäusestellung.

Wie **Abb. 10.43** zeigt, ergibt jede Leitlaufstellung eine neue Ventilatorkennlinie. Die obere Grenzlinie ist die Kennlinie bei voll geöffnetem Drallregler. Ein wirtschaftlicher Betrieb liegt zwischen 60 % und 100 % des Nennvolumenstroms; weitere Absenkungen mit polumschaltbaren Motoren.

Man unterscheidet neben der Handverstellung zwischen der **stetigen Regelung,** bei der der Stellmotor durchgehend in Betrieb ist, und der **2-Punkt-Regelung,** bei der der Stellmotor Impulse bekommt. Bei beiden geschieht dies so lange, bis der gewünschte Betriebspunkt erreicht ist.

Die **Vorteile** sind: einfaches Verfahren, geringe Anschaffungskosten, besondere Eignung für freies Ansaugen, Einsatz von Kurzschlußläufermotoren, bei optimaler Auslegung hohe Wirtschaftlichkeit.

Nachteile: Stärkerer Wirkungsgradabfall bei großen Volumenstromänderungen (Δp_t = const), keine Verwendung bei Trommelläufer (hohe η-Verluste), Platzbedarf und Probleme bei Nachrüstungen, geringe Volumenstromänderungen bei $\dot{V}$ = const (Abb. 10.43).

10.4.2.5 Laufschaufelregelung

Diese Regelungsart wird bei großen Axialventilatoren angewandt (Abb. 10.34 bis 10.37). Die Laufschaufeln werden dabei während des Betriebs automatisch verändert, können aber auch von Hand bei Stillstand verstellt werden.

Wie anhand der Abb. 10.38 mit der Aufgabe gezeigt wurde, ergibt jede Anstellwinkelverstellung eine neue Ventilatorkennlinie bei konstanter Ventilatordrehzahl.
Vorteilhaft ist die unwesentliche Veränderung des Wirkungsgrades über größere Bereiche, der große $\dot{V}$-Regelbereich von 100 bis 0 % und die Abnahme des Schallpegels bei $\dot{V}$-Reduzierungen.

10.4.3 Parallel- und Serienschaltung von Ventilatoren

Zur Lösung mancher Aufgaben der Lufttechnik werden mehrere Ventilatoren parallel oder hintereinander geschaltet, d. h., meistens zwei Ventilatoren arbeiten auf ein gemeinsames oder teilweise gemeinsames Kanalnetz.

10.4.3.1 Parallelbetrieb von zwei Ventilatoren

Möchte man feststellen, wie sich der Betriebspunkt, d. h. der Volumenstrom und die Druckdifferenz, verändert, wenn anstelle eines Ventilators beide laufen, muß man zuerst die gemeinsame Kennlinie konstruieren.

Diese gemeinsame resultierende Kennlinie *g. K.* erhält man dadurch, daß man bei beliebigen konstanten Drücken die jeweiligen Volumenströme (Abstände *x*) addiert. Der Schnittpunkt der Anlagenkennlinie mit ***g. K.* ist dann der neue Betriebspunkt (Abb. 10.44).**

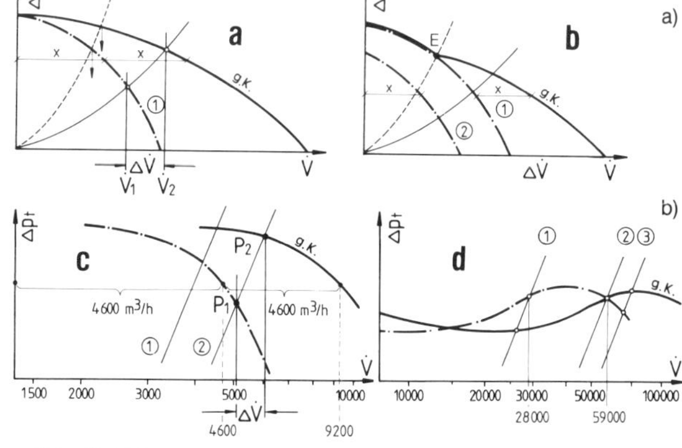

Abb. 10.44 Parallelschaltung

a) **Zwei gleiche Ventilatoren,** d. h., jeder Ventilator hat die Kennlinie 1. Durch den zusätzlichen Ventilator wird eine Volumenzunahme von $\Delta\dot{V}$ erreicht. Bei steilen Anlagenkennlinien (gestrichelte Linie) oder flachen Ventilatorkennlinien ist die Volumenzunahme sehr gering.

b) **Zwei ungleiche Ventilatoren** mit den Kennlinien 1 und 2 oder zwei gleiche Ventilatoren mit unterschiedlicher Drehzahl ergeben die gemeinsame Kennlinie, die ab Einsatzpunkt *E* aufwärts mit der Kennlinie (1) identisch ist. Liegt die Anlagenkennlinie links von *E*, läuft somit der kleine Ventilator (2) leer mit. Eine spürbare Volumenzunahme $\Delta\dot{V}$ ist nur dann zu erreichen, wenn der kleine Ventilator genügend Δp_t aufweist.

c) **Zwei gleich große Ventilatoren mit rückwärtsgekrümmten Schaufeln im doppeltlogarithmischen Diagramm** (Abb. 10.22). Durch mehrmalige Addition der jeweiligen $\dot{V}$-Abstände (z. B. hier 4600 + 4600 = 9200) erreicht man die gemeinsame Kennlinie *g.K.* und somit den neuen Betriebspunkt P_2 und die Volumenzunahme $\Delta\dot{V}$ von etwa 1000 m³/h.

d) **Zwei gleich große Ventilatoren mit vorwärtsgekrümmten Schaufeln** (logarithmisches Diagramm). Wie Abb. 10.44 d zeigt, sind diese Trommelläufer für Parallelbetrieb nicht geeignet. Je nach Anlagenkennlinie erreicht man durch Zuschaltung des zweiten Ventilators eine Volumenverringerung (1), eine Volumenstromerhöhung (3), oder $\dot{V}$ bleibt konstant (2).

Übungsbeispiel 1
Entsprechend der Garagenordnung werden zwei unabhängig voneinander arbeitende Abluftgeräte entsprechend dem Kennlinienfeld Abb. 10.45 vorgesehen. Bei Betrieb beider Ventilatoren beträgt der Volumenstrom je Gerät 5 000 m³/h, der Widerstand im gemeinsamen Kanalnetz 500 Pa, und der Druckverlust innerhalb der Geräte beträgt jeweils 170 Pa (gemeinsame Ventilatorkennlinie).
Ermitteln Sie den jeweiligen Betriebspunkt, und geben Sie n, $\dot{V}$, Δp_t, P und L_W an:
a) wenn beide Ventilatoren laufen und
b) wenn ein Ventilator ausfällt.

Lösung: **a)** (beide Geräte in Betrieb) $n \approx$ 2 350 min⁻¹, $\dot{V}$ = **5 000 m³/h;** $\Delta p_t = \Delta p_{st} + p_d$ = 500 + 170 + 45 = **715 Pa,** P = **1,27 kW,** η = **0,78,** $L_W \approx$ **88 dB.**

b) (ein Gerät in Betrieb) $\Delta p_{ext} = 500 \cdot (5\,000/10\,000)^2$ = 125 Pa; Δp_t = 125 + 170 + 45 = 340 Pa. Schnittpunkt ist Punkt der neuen Anlagenkennlinie. Schnittpunkt dieser Anlagenkennlinie mit Ventilatorkennlinie (= Betriebspunkt P_2) ergibt:
$n \approx$ **2 300 min⁻¹**
$\dot{V}$ = **6 100 m³/h** (anstatt 5 000 m³/h)
Δp = **510 Pa,** $P \approx$ **1,3 kW**
$\eta \approx$ **0,68,** $L_W \approx$ **91 dB.**

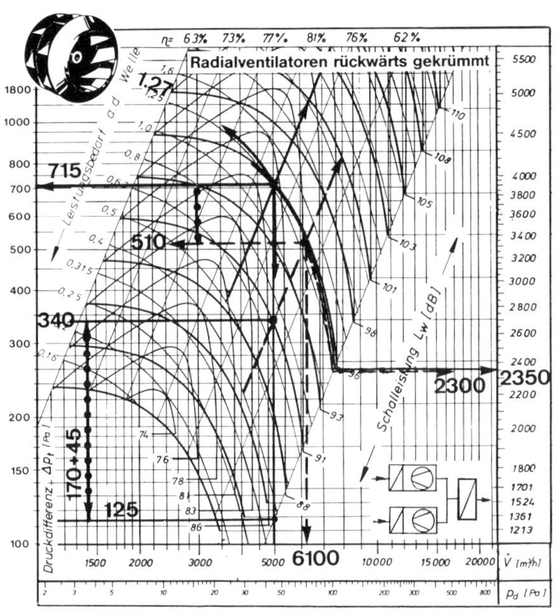

Abb. 10.45 Parallelschaltung von zwei Ventilatoren

10.4.3.2 Serienschaltung von zwei Ventilatoren

Um den Betriebspunkt zu ermitteln, muß auch hier zuerst die gemeinsame Ventilatorkennlinie konstruiert werden. Eine Hintereinanderschaltung kommt z. B. dann zustande, wenn ein Kastengerät mit Zu- und Abluftventilator von Außen- oder Mischluftbetrieb auf Umluftbetrieb umgestellt wird.

Beide Ventilatoren haben hier in der Regel verschiedene Volumenströme und Drücke.

Bei der Reihenschaltung von **zwei gleich großen Ventilatoren** (Abb. 10.46 a) erreicht man die gemeinsame Kennlinie, indem man bei beliebigen Volumenströmen den Druck Δp_t (Abstand x) an die andere Kennlinie abträgt. Die erzielte Volumen- und Druckzunahme hängt auch hier von der Anlagen- und Ventilatorkennlinie ab. So ist z. B. die Druckerhöhung Δp_t um so größer, je steiler die Anlagenkennlinie ist.

Bei **zwei ungleich großen Ventilatoren** (Abb. 10.46 b) kann man ebenfalls Δp_t stark erhöhen. Je flacher jedoch die Anlagenkennlinie, desto geringer wird die Δp_t-Zunahme. Ab dem Punkt E wird durch den kleineren Ventilator weder eine Volumen- noch eine Druckerhöhung erreicht.

Hinweis:

Exakte Betriebspunktbestimmungen sind kaum möglich, da noch andere Einflußgrößen eingreifen, wie die veränderte Anströmung des zweiten Ventilators (z. B. bei zwei direkt hintereinander angeordneten Axialventilatoren), der zusätzliche Druckverlust des ausgeschalteten Ventilators u. a.

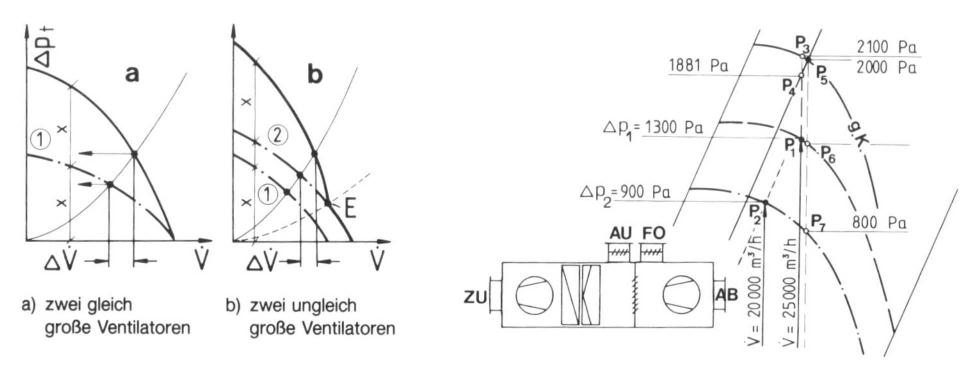

Abb. 10.46 Hintereinanderschaltung von zwei Ventilatoren

Abb. 10.47 Kastengerät

Übungsbeispiel 2

Entsprechend Abb. 10.47 werden zwei ungleiche Ventilatoren in einem Kastengerät (rückwärtsgekrümmte Schaufeln, logarithmisches Diagramm) in Reihe geschaltet. Geforderte Volumenströme: 20 000 m³/h (Abluftventilator) und 25 000 m³/h (Zuluftventilator). Die Widerstände für den Abluftventilator ergeben sich aus: Δp Abluftkanal, Δp Gerät und p_d zusammen mit 500 Pa und Δp Fortluftkanal mit 400 Pa; die des Zuluftventilators mit Δp Zuluftkanal, Δp Gerät (Einbauten) und p_d beträgt 1 100 Pa und Δp Außenluftkanal 200 Pa.

Lösung (in Abb. 10.47 eingetragen)

P_1 Gewünschter Betriebspunkt für Zuluftventilator (Bestimmung der Drehzahl n_1)

P_2 Gewünschter Betriebspunkt für Abluftventilator (Bestimmung der Drehzahl n_2)

P_3 Ein ermittelter Punkt auf der gemeinsamen Ventilatorkennlinie *g.K.* durch Addition der beiden Kennlinien (bei beliebigem $\dot{V}$ mehrmals vornehmen).

P_4 Ein Punkt auf der neuen Anlagenkennlinie Δp_2 (Abluft) $= \Delta p_1 \cdot (\dot{V}_2/\dot{V}_1)^2 = (900 - 400) \cdot (2500/2000)^2 = 781$ Pa; Δp (Zuluft) = 1100 Pa (Δp Außenluft entfällt);
$\Delta p_{ges} = 781 + 1100 =$ **1881 Pa** bei $\dot{V} =$ **25 000 m³/h.**

P_5 Betriebspunkt, wenn beide Ventilatoren in Betrieb sind (Schnittpunkt der neuen Anlagen- und „neuen" Ventilatorkennlinie), 26 000 m³/h, Δp = 2 000 Pa.

P_6 Tatsächlicher Betriebspunkt des Zuluftventilators ($\dot{V}$ = 26 000 m³/h, Δp_t = 1250 Pa), P_1 und P_6 etwa gleich.

P_7 Tatsächlicher Betriebspunkt für Abluftventilator ($\dot{V}$ = 26 000 m³/h, Δp = 700 Pa), *P* erhöht sich.

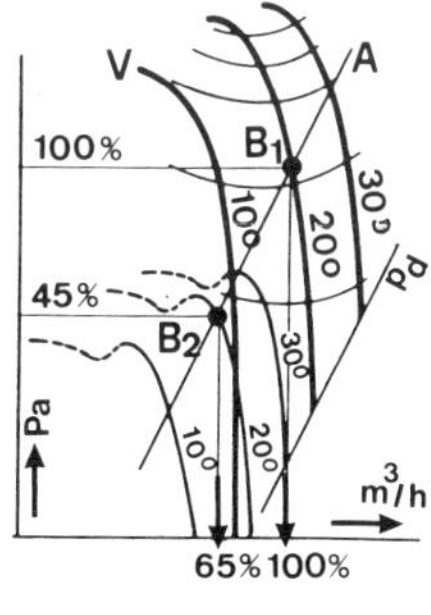

Abb. 10.48 zeigt einen zweistufigen **Axialventilator mit stufenlos im Stillstand verstellbaren Schaufeln** (für eine Garagenlüftung). *A* Anlagenkennlinie; *V* Ventilatorkennlinie, B_1 Betriebspunkt, wenn beide Ventilatoren laufen (100 %); B_2 Betriebspunkt, wenn ein Ventilator ausfällt (45 %). Bei der Auswahl der Ventilatoren und ihrer Regelung ist darauf zu achten, daß alle Betriebspunkte des vorgesehenen Regelbereiches innerhalb des stabilen Kennlinienbereichs liegen.
Diese Hintereinanderschaltung erspart die Verwendung von Absperrorganen, ist platzsparend und preiswert. Nach Länderverordnungen sind mindestens zwei gleich große Ventilatoren erforderlich, die bei gleichzeitigem Betrieb zusammen die erforderliche Gesamtleistung erbringen; jeweils mit eigenem Stromkreis (Näheres über die Garagenlüftung siehe Kap. 7.6.).

Abb. 10.48 Zweistufiger Axialventilator

10.4.4 Einfluß der Temperatur auf die Ventilatorauswahl

Da die Ventilatordiagramme in der Regel für 20 °C entsprechend einer Dichte von ϱ = 1,2 kg/m^3 ausgelegt sind, verändert sich bei anderen Betriebstemperaturen insbesondere die Anlagenkennlinie.

Daß sich die **Anlagenkennlinie** ändert, geht aus der Druckgleichung (Kap. 8.2) hervor, wobei die Temperaturänderung nicht nur Einfluß auf ϱ hat, sondern auch mehr oder weniger die Reibungszahl λ verändern kann. Nach Ermittlung der neuen Druckdifferenz aufgrund einer höheren Temperatur wird bei konstantem Volumenstrom die Anlagenkennlinie etwas flacher bzw. bei logarithmischer Teilung parallel nach rechts verschoben.

Bei beliebiger Dichte und konstantem Volumenstrom kann man den veränderten Ventilatordruck Δp_t über das Dichteverhältnis bestimmen oder – da das ϱ-Verhältnis umgekehrt proportional der absoluten Temperatur ist – auch über die Temperaturen (Kap. 4.4.).

Beispiel: Ein Rauchgasventilator hat 8 000 m^3/h von 600 °C zu fördern (Ventilatordiagramm mit ϱ = 1,2 kg/m^3 liegt vor). Wie groß ist die Druckdifferenz Δp_t bei 600 °C, wenn sie bei 20 °C 800 Pa beträgt?

$$\frac{\Delta p_{t(600)}}{\Delta p_{t(20)}} = \frac{\varrho_{(600)}}{\varrho_{(20)}} = \frac{T_{(20)}}{T_{(600)}} \Rightarrow \Delta p_{t(600)} = \Delta p_{t(20)} \cdot \frac{T_{(20)}}{T_{(600)}} = 800 \, \frac{273+20}{273+600} = \mathbf{268\ Pa}$$

Bei solch hohen Temperaturen müßte allerdings noch die Veränderung der Reibungszahl λ berücksichtigt werden (hier ca. 10–15%).

Folgerung: Δp_t wird bei höherer Luft- oder Rauchgastemperaturen geringer.

Dasselbe Ergebnis kann auch über das ϱ-Verhältnis anhand Tab. 10.3 ermittelt werden: $\Delta p_{t(600)} = \Delta p_{t(20)} \cdot \varrho_{(600)}/\varrho_{(20)}$ = 800 · 0,398/1,2 = **265 Pa.**

Umgekehrt: Bei 600 °C mit Δp_t = 265 Pa, müßte man beim Diagramm ϱ = 1,2 kg/m^3 bei 800 Pa ablesen.

10.5 Gegenüberstellung von Axial- und Radialventilatoren

Nachdem in Kap. 10.3 und 10.4 die Radial- und Axialventilatoren eingehender behandelt wurden, sollen abschließend noch wesentliche Auswahl- bzw. Einteilungskriterien gegenübergestellt werden:

Radialventilatoren	Axialventilatoren
Vgl. Gegenüberstellung von Trommelrad und Hochleistungsrad (Kap. 10.2)	
1. Wirkungsweise	
Luft wird axial angesaugt, meist um 90° umgelenkt und radial ausgeblasen	Luft wird axial angesaugt und strömt axial wieder aus, d. h., sie wird nicht umgelenkt
2. Bestandteile	
Grundrahmen, Gehäuse, Laufrad, Motor, Ansaugflansch oder Ansaugdüse, Schutzgitter	Nabe mit Ventilatorschaufeln (evtl. mit Leitrad), Wandring oder Gehäuse, Antriebsmotor)
3. Einbau	
In Kammerzentralen (Zu- und Abluft); in Einzelgeräten (z. B. Heizgeräte, Truhengeräte, Schrankgeräte); auf Schächten u. a.	Fenster- und Wandventilatoren; Heizgeräte; in Abluftschächten; in Kälteaggregaten; in Garagen, Tunnels, Großräumen; frei ausblasend oder Rohreinbau
4. Bauform	
Ein- und zweiseitig saugend; Spiralform, quadratisch (Abb. 10.23 b); Gehäusestellung (Abb. 10.26); Dachventilatoren	Propeller- und Schraubenlüfter; ein- und mehrstufig; mit und ohne Leitrad; Brandgasventilatoren auch je nach Einbau, Antrieb (Innen- und Außenläufer), u. a.
5. Laufrad	
Vorwärtsgekrümmt (Trommelläufer); rückwärtsgekrümmt (Profilschaufeln); Anzahl der Schaufeln; Drehrichtung; Sonderformen	einfache Flügel, glatt, profiliert; axial, halbaxial, diagonal; fest oder verstellbar (im Stillstand einzeln, zentral im Lauf); Material: Stahl, Alu, Gußeisen, Kunststoff

	6. Förderdruck	
bis etwa 700 Pa ←	Niederdruckventilatoren	→ bis etwa 300 Pa
bis 3 000 Pa ←	Mitteldruckventilatoren	→ bis etwa 1 000 Pa
über 3 000 Pa ←	Hochdruckventilatoren	→ über 1 000 Pa
	7. Allgemeine Merkmale (z. T. nur unter bestimmten Bedingungen)	
Einfache Leistungsänderung; gut regelbar; stabil gegen Belastungsschwankungen (vgl. Kennlinie); geringere Geräusche; leichte Motorauswechslung; unempfindlich bei stark verunreinigter Luftförderung		Große Volumenströme bei geringem Druck; geringerer Platzbedarf (vorteilhaft in Geräten); geringe Anschaffungskosten; leichter Einbau (z. B. Wand); leichter Austausch; vorteilhafte Hintereinanderschaltung
	8. Kennlinie	
Flache Kennlinie (Trommelläufer) bedeutet stärkere $\dot{V}$-Veränderung bei Druckänderung; steile, stabile Kennlinie beim Radiallaufrad; optimaler Wirkungsgrad leicht erreichbar		Sehr steile Kennlinie; geringe $\dot{V}$-Änderungen bei Druckschwankungen; instabiler Bereich, Abrißpunkt beachten (Abb. 10.28); große Beeinflussung durch Ausblas (z. B. frei oder im Rohr)
	9. Wirkungsgrad	
Mit Trommellaufrädern 60 bis 75 %; mit Hochleistungsrädern 75 bis 85 %; letztere nicht so stark von Betriebspunktänderungen abhängig (Aufgabe 10.1.17)		Stark von Größe und Bauform abhängig; kleine, einfachere Ventilatoren 30 bis 50 %, mittlere 50 bis 65 %, große 65 bis 85 (90) %
	10. Regelung – Antrieb Regelung von Ventilatoren vgl. Kap. 10.4.2; Motoren und Antriebselemente (Kap. 10.4.1)	
Drosselregelung (z. B. Drosselklappe); Drehzahlregelung durch Schleifringläufermotoren, Kommutatormotoren, polumschaltbare Drehstrommotoren, Trafos, elektronische Einrichtungen (Halbleitertechnik, Widerstandsvorschaltungen); Drallregelung (Radialrad); Bypassregelung.		Drosselregelung; Drehzahlregelung durch spezielle Motoren (Kap. 10.4.2.3); Trafos; Laufradschaufelregelung; Laufradabschaltung bei mehrstufigen Ventilatoren. Antriebe: direkt durch Motorwelle oder Außenläufermotor, Riemenantrieb, Kupplungen

10.6 Sonderformen und Sonderbauarten von Ventilatoren

Die nachfolgend aufgeführten Ventilatoren sind weniger Sonderformen als vielmehr Ventilatoren, die die vorstehenden Ausführungen ergänzen sollen.

10.6.1 Dachventilatoren

Diese sog. „Dachlüfter“ sind komplette Einheiten, bestehend aus Ventilator, Motor, Ausblashaube, Ansaugdüse und evtl. zusätzliche Einbauteile (z. B. Schalldämpfer, Wärmetauscher). Sie werden vorwiegend für Entlüftungszwecke eingesetzt, und die Montage erfolgt meistens auf Flachdächern von Industriebetrieben, Werkhallen, Lagerräumen, Supermärkten, Ausstellungshallen, Garagen, aber auch auf Lüftungsschächten, z. B. im Wohnungsbau. Es sind die einfache Montage, die zahlreichen technischen Verbesserungen, das gefällige Aussehen, die geringen Anschaffungskosten gegenüber einer Zentralanlage, der Wegfall von Stellfläche und auch die Möglichkeit zur Wärmerückgewinnung, daß diese „Lüfter“ so an Beliebtheit zugenommen haben.

Abb. 10.49

Abb. 10.50

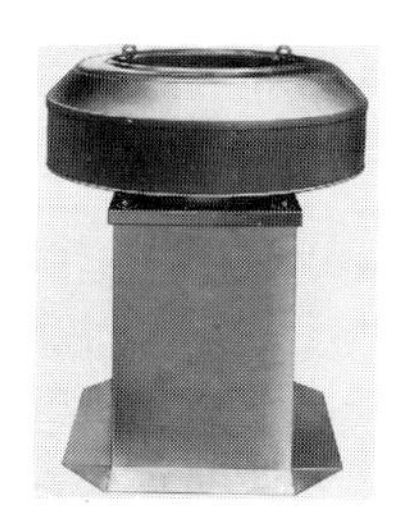

Abb. 10.51

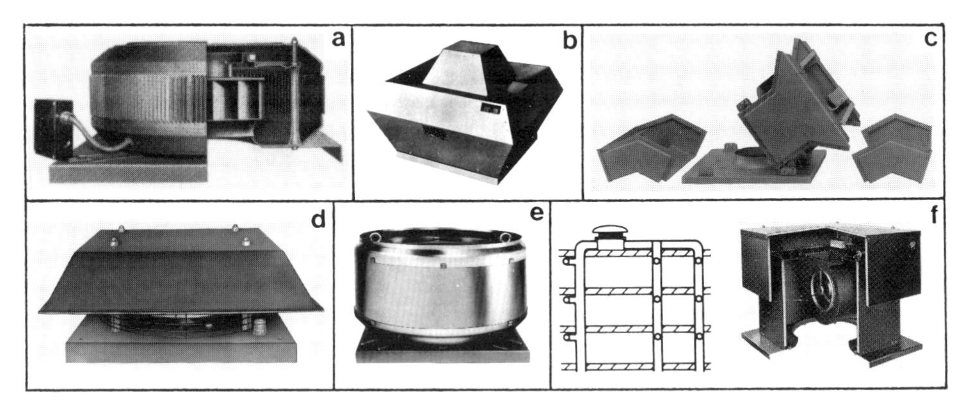

Abb. 10.52 Bauarten von Dachventilatoren

Abb. 10.51 zeigt einen Dachventilator mit **Schalldämpfhaube und Schalldämpfsockel,** d. h. mit druck- und saugseitiger Dämpfung; Außenmantel aus Alu oder verzinkt; nachträgliche Einbaumöglichkeit; Dämpfung bei 250 Hz etwa 10 dB; Druckverlust (20) . . . 50 . . . (100) Pa; Fa. Babcock.

Abb. 10.52 a zeigt einen **horizontal ausblasenden Dachventilator,** 4 Baugrößen, bis 35 000 m^3/h, Zusatzdruck bis 800 Pa, Schale, Ausblasgitter und Haube aus Alu, rückwärtsgekrümmte Ventilatorschaufeln, mit Kunststoff-Oberflächenschutz, einige Typen drehzahlsteuerbar (0 bis 100 %), max. Temperatur 40 °C, Schrägmontage bis 20° möglich, zahlreiches Sonderzubehör (Abb. 10.54), Dreh- oder Wechselstrommotor (Außenläufer) mit Feuchtschutzisolation); Fa. Babcock.

Abb. 10.52 b zeigt einen **Brandgas-Dachventilator** für Brandlüftungs- und Entqualmungsanlagen; mögliche Temperaturen: 300 °C (4 Stunden), 400 °C (3 Stunden) in Sonderausführung 550 °C (90 min). Weitere Hinweise Kap. 10.6.5; Fa. Gebhardt.

Abb. 10.52 c zeigt einen **ausklappbaren Dachventilator mit Rechteckgehäuse** aus Alu; zwei gegenüberliegende Austrittsöffnungen (bei Stillstand abgedeckt); Seitenteile und Mittelteil können gekippt oder ausgeschwenkt werden (einfache Inspektion und Wartung), 100 % drehzahlsteuerbar, Motorvollschutz; Sonderausführung bis max. 120 °C Fördermediumstemperatur; Fa. Gebhardt.

Abb. 10.52 d zeigt einen **horizontal ausblasenden Kleinventilator** in 4 Baugrößen; 470 bis 1 430 m^3/h; Zusatzdruck bis etwa 140 Pa; PVC-Haube; Schutzgitter; Einphasen-Wechselstromkondensatormotor (zweitourig); Schrägmontage bis 90 °C möglich.

Abb. 10.52 e zeigt einen **vertikalausblasenden Dachventilator,** je nach Größe (6 Baugrößen mit über 100 Typen) 430 bis 32 000 m^3/h.

Abb. 10.52 f zeigt einen **Ventilator auf Lüftungsschacht.** Kippbarer Ventilatorkasten und Regenhaube mit schall- und wärmegedämmtem Material ausgekleidet; Geräteteile aus Aluminium; 100 % drehzahlsteuerbar in Abhängigkeit des statischen Druckes; Schaltelemente (Drehzahlsteller, Zeitschaltuhr, Schaltschütz, Betriebsschalter) im Gerät.

Hinweise für Planung, Montage und Betrieb

Obwohl diesbezüglich ebenfalls die Grundlagen der vorangegangenen Teilkapitel gelten, sind folgende ergänzende Hinweise zu beachten:

1. Der **Anbringungsort** soll nicht in Nähe eines Abgasschornsteins (keine Beeinträchtigung der Schornsteinwirkung) und nicht in Nähe von Außenluftansaugstellen oder Zuluftöffnungen (Fenster, Zuluftgeräte) liegen, damit ein „Kurzschluß" vermieden wird.
2. Bei der **Montage** wird zunächst eine Grundplatte – Größe je nach Ventilatortyp – auf einen Sockel montiert

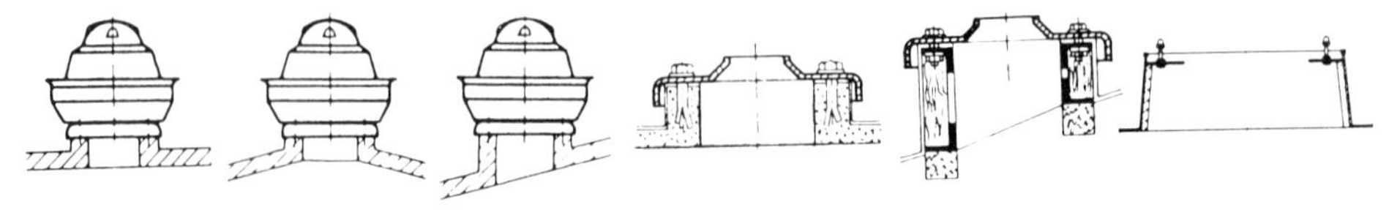

Abb. 10.53 Dach- und Sockelkonstruktionen

und festgeschraubt, wobei auf eine einwandfreie Abdichtung zu achten ist. Wie Abb. 10.53 zeigt, gibt es verschiedene Dach- und Sockelkonstruktionen. Neben dem isolierten Stahl-Glattdach-Sockel (*a*) werden die Sockel in der Regel bauseits erstellt. Die Bohrung für die Netzleitung muß auf der Platte ausgespart sein.

3. Die **Zubehörteile** nach Abb. 10.54 sind vorwiegend für den Anschluß an ein Kanalnetz: a) elastische Verbindung; b) Ansaugrohr mit zwei Flanschen und selbsttätiger Verschlußklappe, die bei Inbetriebnahme des Ventilators automatisch öffnet und beim Stillstand als Rückschlagklappe wirkt; c) motorbetätigte Verschlußklappe mit Motor, die auch bei nicht eingeschaltetem Dachventilator geöffnet werden kann; d) Aufsatzkranz aus Kunststoff mit Einklebeflansch in Dachpappe; e) Stutzen mit Jalousieklappe und Weich-PVC-Manschette.

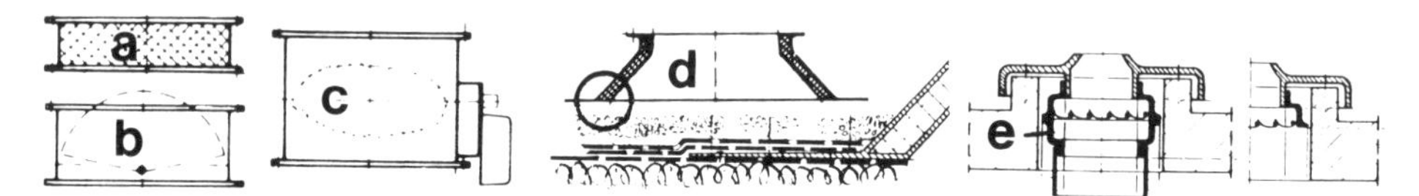

Abb. 10.54 Zubehörteile für Dachventilatoren

4. Der **Schalleistungspegel** wird in den Herstellerunterlagen angegeben, und zwar sowohl für die Ansaugseite (im Raum) als auch auf der Ausblasseite (über Dach).
Anhaltswerte für Ansaug- und Ausblasseite
Die **Gesamtleistungspegel** L_{WA} je nach Typ, Größe und Drehzahl gehen von etwa 45 bis über 80 dB. Durch die Verschlußklappe erhöht sich der Pegel um etwa 2 bis 3 dB. Beim **Druckpegel** L_{pA} liegen die Werte zwischen etwa 30 und 75 dB (max. Drehzahl) bei freier Ansaugung, etwa 4 m Abstand und 173 m^2 Sabine, Richtungsfaktor 3.

Ausblasseite (über Dach)	Drehzahl [2] [min^{-1}]	Gesamt-Schalleistungspegel L_W [dB]	Gesamt-Schalleistungspegel L_{WA} [dB]	Schalldruckpegel, r = 4 m 0° L_{PA} [dB]
	445	88	80	57
	690	95	85	62
	970	100	92	69

Ansaugseite (im Raum)	Drehzahl [2] [min^{-1}]	Gesamt-Schalleistungspegel L_W [dB]	Gesamt-Schalleistungspegel L_{WA} [dB]	Schalldruckpegel, r = 4 m 0° L_{PA} [dB]
	445	85	69	57
	690	92	78	65
	970	98	85	73

Tab. 10.2 Geräuschangaben eines Dachventilators (10 000 bis 20 000 m^3/h)

Zur Reduzierung des Leistungs- bzw. Schalldruckpegels wählt man an der **Ansaugseite** spezielle Ansaugschalldämpfer bzw. Schalldämpfsockel (Abb. 10.51). Der Druckverlust beträgt im Mittel 50 Pa (20 . . . 100 Pa). Selten verwendet man einzelne in Kanäle eingebaute Schalldämpferkulissen.

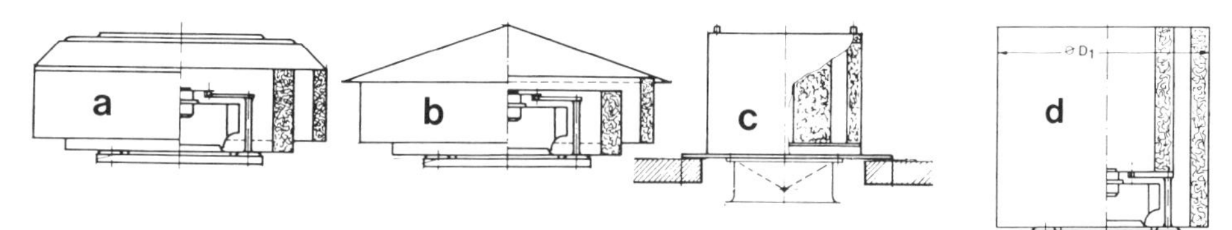

Abb. 10.55 Schalldämpferhauben a, b, d und Schalldämpfersockel c, (Fa. Babcock)

Auf der **Ausblasseite** werden verschiedene Schalldämpfhauben angeboten (Abb. 10.55). Gerade bei horizontalem Ausblas wird der Schall durch die Haube auf die i. allg. harte Dachfläche geworfen, die von dort in einem Winkel schräg nach oben strahlt. Bei höher liegenden Nachbargebäuden kann dieses Geräusch dann als lästig empfunden werden, während es von der Straße her kaum störend ist. Der Druckverlust ist etwa so groß wie beim Sockel.

Schwingungsprobleme können höchstens bei sehr schwacher Dachkonstruktion oder bei zufälligem Zusammentreffen von Schwingungsfrequenzen und der Eigenfrequenz des Dachaufbaus auftreten. Das Gewicht – insbesondere bei der Kunststoffausführung – ist so gering, daß in der Regel keine Verstärkung der Dachkonstruktion erforderlich ist.

5. **Der Ventilatorantrieb** erfolgt in der Regel – vor allem aus Sicherheitsgründen und der Wartung wegen – direkt mit Außenläufermotoren, je nach Größe mit Einphasen-Wechselstromkondensatormotor, Drehstrom-

oder Wechselstrommotor (i. allg. zweitourig); drehzahlsteuerbar 0–100 %, elektronisch oder transformatisch; Motorschutzklasse je nach Typ und Temperatur IP 54/B, F, H; Vollschutz durch eingebettete Thermokontrolle; Klemmkasten außen am Gehäuse.

6. Die **Anwendungsfälle** sind sehr vielfältig. Da vielfach sehr große Volumenströme abgesaugt werden müssen, ist es wichtig, daß die nachströmende Luft erwärmt wird, wie z. B. mit Wand- oder Deckenluftheizgeräten. **Abb. 10.56** zeigt einige **Montagebeispiele.**
   a) Absaugung stark verunreinigter Luft von mehreren Arbeitsplätzen über gemeinsames Kanalnetz; **b)** Entlüftung über Zwischendecke mit Ansaugschalldämpfer in einem Supermarkt; **c)** Ventilator auf Abluftschacht mit eingebauten Schalldämpferkulissen; **d)** Absaugung über Haube; **e)** „Zwillingsausführung" auf gemeinsamem Grundrahmen (Parallelschaltung vgl. Kap. 10.4.3). Vorteile: große Volumenströme bei geringer Bauhöhe, zahlreiche Leistungsstufen, geringeres Gesamtgeräusch, geringere Leistungsaufnahme, getrennte Betriebsweise je nach Bedarf (z. B. eine Ansaugstelle über Schweißtisch, die andere an der Decke, Abb. 10.52 **f**, nur ein Drehzahlsteuergerät. Abb. 2.17 zeigt die Absaugung in einer Fabrikhalle.

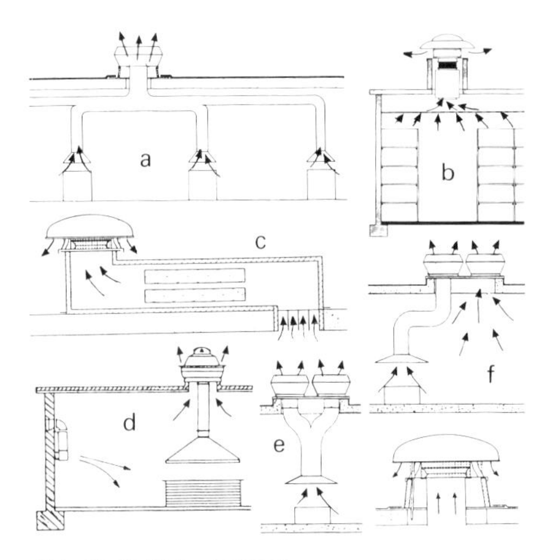

Abb. 10.56 Einbaubeispiele

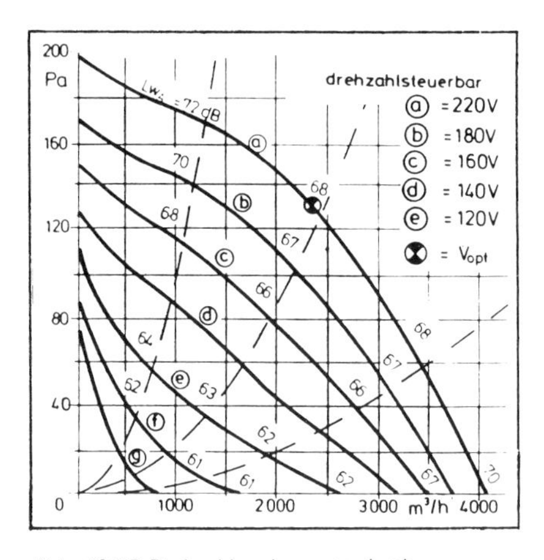

Abb. 10.57 Drehzahlverringerung durch Reduzierung der Klemmspannung

7. Die **Kennlinien** sind verhältnismäßig steil; entweder mit zwei oder drei Drehzahlen (Abb. 10.11) oder durch lastabhängige Drehzahlsteuerung, d. h. durch Vergrößerung des Schlupfes infolge Reduzierung der Klemmspannung (Abb. 10.57). Die Drehzahl geht dabei so weit zurück, bis sich das verringerte Motordrehmoment mit dem Laufraddrehmoment im Gleichgewicht hält. Der Druckabfall in der Verschlußklappe ist gering (gestrichelte Linie), so daß die erforderliche Pressung von Dachventilatoren äußerst gering ist. Δp für Schalldämpfer vgl. Pkt. 4.

8. Die **Wartung** erstreckt sich vor allem auf die Prüfung des Oberflächenschutzes, Reinigung des Laufrades, Kontrolle des elektrischen Anschlusses und Überprüfung der Befestigung.

9. Hinsichtlich der **Unfallverhütungsvorschriften** ist neben der Einhaltung der Brandschutzmaßnahmen darauf zu achten, daß die Montage, Inbetriebnahme und Wartung ohne Unfallgefahr möglich sind. Bei nicht trittfesten Dächern müssen gekennzeichnete Trittunterlagen angebracht werden. Evtl. erforderliche Steigeisen oder Halteeisen für eine Leiter sind frühzeitig einzubeziehen.

Die **Wärmerückgewinnung mit Dachventilatoren** ist eine interessante Lösung, um – besonders in gewerblichen Großräumen – beachtliche Energieeinsparungen zu ermöglichen. Je größer der Bedarf an warmer Außenluft, je länger die Betriebszeiten, je höher die Temperatur (und Feuchte) im Raum und je teurer die Energie, desto geringer ist die Amortisationszeit (bis unter 2 Jahre möglich). Die Industrie bietet hierfür verschiedene Möglichkeiten.

Abb. 10.58 zeigt einen Dachventilator mit Rotationswärmetauscher, bei dem der Fortluft bis zu etwa 80 % ihrer sensiblen und latenten Wärme entzogen und der Zuluftseite übertragen werden. Der Ventilator *F* saugt die Abluft aus dem Raum und führt diese durch den Wärmetauscher *W*. Die vom Tauscher aufgenommene Wärme wird der über die Ansaughaube *H* angesaugten Außenluft zugeführt.

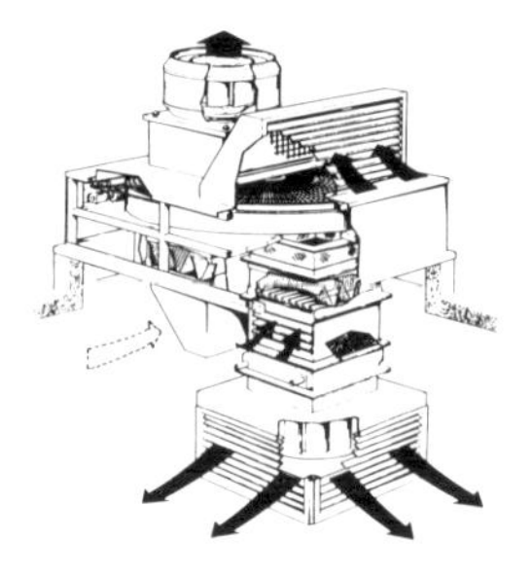
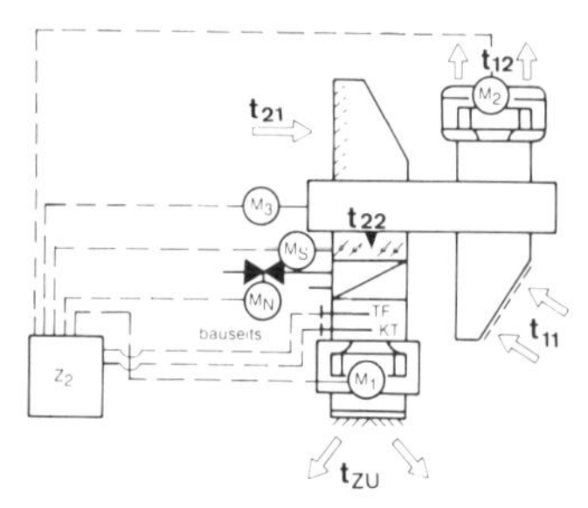

Abb. 10.58 Dachventilator mit Wärmerückgewinnung (Fa. Babcock)

Hierzu noch einige Hinweise zum Aufbau und zur Auswahl und Betriebsweise:

Wahlweise kann eine **Filtrierung** der Fortluft erfolgen. Ebenso können saug- und ausblasseitig **schalldämpfende Maßnahmen** vorgenommen werden. Die **Luftführung** im Raum kann über dem direkten Ausblas oder über ein Kanalsystem (z. B. mit Dralldüsenzuluftdurchlässen) erfolgen. Für reinen **Umluftbetrieb** (z. B. am Wochenende) können Nacherhitzer und Umschalteinrichtungen (Mischkasten) vorgesehen werden. Für **automatischen Betrieb** stehen komplette Steuereinrichtungen zur Verfügung. Im **Sommerbetrieb** wird der Hochleistungsventilator nur für eine Außenluftzuführung eingesetzt. Die **Montage** erfolgt auf einem vorbereiteten, in der Dachhaut eingebundenen Sockel; jederzeit auch nachträglich möglich. Eine **Nacherwärmung** durch ein Heizregister für den Rest-Lüftungswärmebedarf und Transmissionswärmebedarf erfolgt entweder direkt am Gerät (über Zuluftventilator) oder separat durch zusätzliche Wand- oder Deckengeräte. Anstelle des Rotationswärmetauschers sind auch **andere Wärmerückgewinner** lieferbar, wie kreislaufverbundene oder rekuperative Plattentauscher (Kap. 12). Der **Volumenstrom** je Gerät beträgt 3 000 bis 15 000 m^3/h (4 Baugrößen, 12 Typen). Die **Druckverluste** für Tauscher, Ansaugstück, Ausblaskopf, Filter, Mischkasten, Nacherhitzer werden anhand von Diagrammen ermittelt und dann beim Ventilator-Kennlinienblatt berücksichtigt.

Die **Regelung** richtet sich danach, ob nachgeheizt werden soll, ob Umluftbetrieb gewünscht wird und ob ein zusätzlicher Nacht- bzw. Wochenendbetrieb vorgesehen werden soll. Bei Abb. 10.58 (Nachheizung, ohne zusätzlichen Umluftbetrieb) wird über Steuerschalter Zu- (*M* 1) und Fortluftventilator (*M* 2) sowie Antriebsmotor (*M* 3) eingeschaltet. Gleichzeitig tritt auch die Temperaturregelung in Funktion. Am Regler wird der Sollwert der Zulufttemperatur eingestellt und durch den Kanalfühler *KF* die Isttemperatur gemessen. Ist dies zu gering, wird zuerst der Rotorantriebsmotor von Intervall- auf Dauerbetrieb umgeschaltet und in Sequenz dazu das Magnetventil (M_N) im Heizkreislauf geöffnet. Der Frostschutzthermostat *TF* schaltet bei $< 5\,°C$ die Anlage ab, öffnet das Magnetventil und schließt die Sperrjalousie *MS*.

10.6.2 Querstromventilatoren

Diese Ventilatoren, auch als Walzenlüfter bezeichnet, findet man vorwiegend in kleineren Lüftungs- und Klimageräten, Türluftschleier, Speicheröfen, Trocknungsgeräten u. a. Sie zeichnen sich aus durch stabiles Betriebsverhalten, geringen Geräuschpegel, universelle Anwendungsmöglichkeiten, geringen Platzbedarf, gleichmäßige Luftstrombeaufschlagung bei langgestreckten Querschnittsflächen.

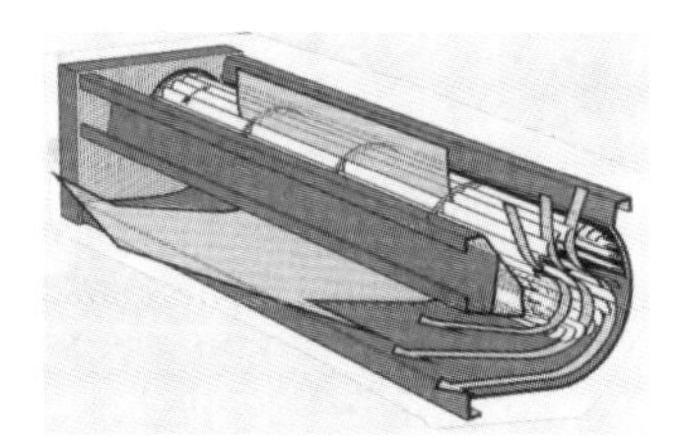
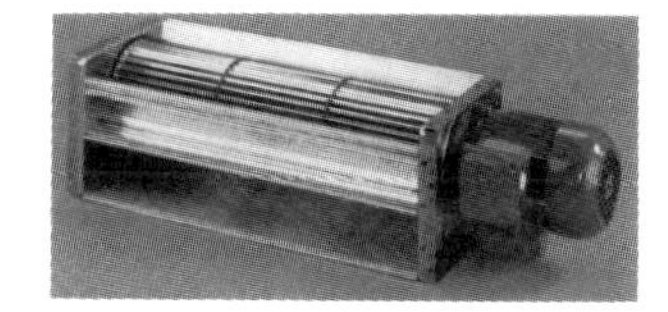
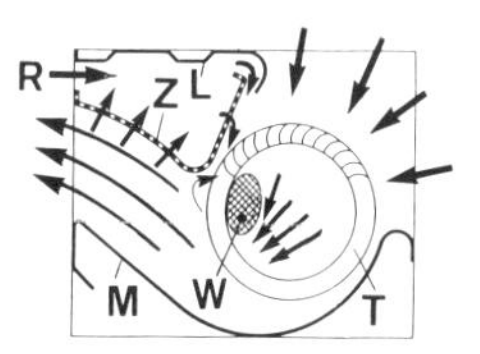

Abb. 10.59 Querstromventilator

Aufbau und Wirkungsweise (Abb. 10.59)

Das Gebläserad ist ein Trommelläufer *T* mit geschlossenen Endscheiben. In radialer Ebene wird er teilweise von einem Leitsystem (Kapillarkeilzunge *Z* und spiralförmiges Mantelblech) umgeben. Das Leitblech *L* ist über der Keilzunge angeordnet.

Beim Rotieren der „Lüfterwalze" tritt die Luft durch einen Teil des Schaufelgitters in das Gebläserad ein. Dabei bildet sich am Innenkreis des Schaufelgitters ein Wirbelgebiet *W*, das zusammenwirkend mit dem Leitsystem die Strömung umlenkt und diese durch einen anderen Bereich des Gebläseradumfanges in den Ausströmkanal führt. Durch den Rückströmkanal *R* und die Kapillaren der Keilzunge wird ein vom statischen Druck am Ausströmkanal (Arbeitspunkt) anhängiger Teil der austretenden Strömung dem Gebläserad als Rezirkulationsströmung zugeführt. Diese wirkt stabilisierend auf die Lage des Wirbelgebietes (stabiles Strömungsbild und verlustlose Querströmung); Fa. Ziehl-Abeg.

Weitere Merkmale und Daten:
Gehäuse aus Stahl, Lüfterwalze aus Alu; drehzahlsteuerbare Außenläufermotoren (Widerstandsvorschaltung, Stelltrafos, elektronische Steuergeräte); Fördermitteltemperatur bis 70 °C (Hochtemperaturausführungen bis über 300 °C); Drücke von 30 Pa bis 200 Pa (bzw. bis über 2000 Pa); Volumenstrom je nach Typ etwa 100 bis über 2000 m^3/h (Industriebaureihen bis über 50 000 m^3/h).

10.6.3 Explosionssichere Ventilatoren

Muß ein Ventilator Luft fördern, die brennbare Gase, Dämpfe oder Nebel enthält, so sind unabhängig von der Aufstellung zusätzliche Anforderungen zu beachten. Diese beziehen sich nach VDMA 24 169 auf Werkstoffe, Bauteile, Temperatur, Lager, Wellendichtungen, Schwingungsverhalten, Spalt zwischen Gehäuse und Laufrad, Fremdkörper, Dichtheit des Gehäuses, elektrostatische Aufladungen und elektrische Betriebsmittel, vorwiegend Maßnahmen, die schon vom Hersteller gefordert werden.

Hierzu einige Bemerkungen:

1. **Explosionsgefährdete Bereiche** werden, je nach der Wahrscheinlichkeit des Auftretens explosiver Umgebungsluft, in drei Zonen eingeteilt. **Zone 0:** ständige oder langzeitige Explosionsgefahr (Ventilatoren nicht zulässig); **Zone 1:** gelegentliche Explosionsgefahr (hier sind konstruktive und betriebliche Einschränkungen gegeben); **Zone 2:** seltene oder kurzzeitige Explosionsgefahr (hier entfallen für den Ventilator besondere Schutzmaßnahmen).
2. Alle **Werkstoffe** müssen gegenüber der umgebenden Atmosphäre und des Fördermediums beständig oder geschützt sein, wie z. B. gegenüber heißen Oberflächen (z. B. „Festfressen" eines Lagers), gegenüber Reib- und Schlagfunken (hier werden in VDMA 24 169 bestimmte Werkstoffpaarungen angegeben), gegenüber Verformungen und Verlagerungen bei Gehäuse, Schutzhaube, Verkleidungen, Tragkonstruktion usw. (damit z. B. kein Schleifen entstehen kann).
3. Die **Temperatur** der explosionsfähigen Atmosphäre darf bei Zone 2 die Zündtemperatur nach DIN 51 794 nicht überschreiten (bei Zone 1 nur 80 % der Zündtemperatur). Eine Temperaturerhöhung im Ventilator muß dabei berücksichtigt werden.
4. Als **Lager** sind geeignete Wälzlager zu verwenden. Die Lebensdauer soll nach DIN 622 wenigstens 40 000 h betragen (in Einzelfällen sind Ausnahmen möglich).
5. **Fremdkörper** dürfen weder in den Ventilator hineinfallen noch von ihm angesaugt werden, was durch die Schutzart *IP* 20 verhindert wird.
6. Für **elektrische Betriebsmittel** (z. B. Motoren) gilt die Verordnung über elektrische Anlagen in explosionsgefährdeten Räumen (Elex V). Können sich feste oder flüssige Stoffe auf dem Motor absetzen (z. B. Farbpartikel), so darf er nicht im Förderstrom liegen.
   Alle leitfähigen Ventilatorteile müssen elektrostatisch geerdet sein. Zündgefahren durch evtl. Aufladungen müssen verhindert werden.

10.6.4 Korrosionsbeständige Ventilatoren

Solche Ventilatoren werden dann verwendet, wenn die zu fördernde Luft aggressive Gase oder Dämpfe mitführt oder die Luft sehr feucht ist. Neben der Bearbeitung gefährdeter Metallteile, wie z. B. durch spezielle Schutzanstriche, Verzinkung, Gummierung u. a., verwendet man hierfür korrosionsbeständige Materialien (z. B. Kunststoffventilatoren).

Abb. 10.60 zeigt einen **Kunststoffventilator,** einseitig saugend mit Direktantrieb, vakuumgeformt und maschinell verschweißt; Flanschdoppellager; bis etwa 10 000 m^3/h und 1 200 Pa. Gehäuse aus PVC, PP, PPs (schwerentflammbar), PE, PVDF (Polyvinylidenfluorid) oder PVC-EL (elektrisch leitend), profilierte Laufradschaufeln aus PP, PP-EL oder PVDF.
Den verschiedenen standardisierten Werkstoffvarianten sind Kennbuchstaben zugeordnet (Teil der Typenbezeichnung). Bei der Bestellung sollten daher der Verwendungszweck und die Zusammensetzung des Fördermediums exakt beschrieben werden.

Abb. 10.60

10.6.5 Rauch- und Brandgasventilatoren

Wie schon im Abschnitt 8.5.5 erwähnt, müssen solche Ventilatoren im Brand- bzw. im Entrauchungsfall heiße Rauchgase sicher abführen können.

Die Aufgaben und Maßnahmen im Rahmen des vorbeugenden Brandschutzes erstrecken sich auf die Vermeidung einer Brandausbreitung in angrenzende Gebäudeteile und auf die Sicherstellung des Rauch- und Wärmeabzuges. Bei tiefen oder von Außenwänden abgeschnittenen Räumen innerhalb des Gebäudes, bei zu erwartenden Schwelbränden oder Rauchübertritt aus Nachbarbereichen sowie bei Räumen mit niedriger Brandbelastung ist in der Regel ein **Rauch- und Wärmeabzug mit Ventilatoren** erforderlich. Grundsätzlich können alle genannten Ventilatoren zum Einsatz kommen, wie z. B. Radialventilatoren (rückwärtsgekrümmte Schaufeln) oder Axialventilatoren, direkter oder indirekter Antrieb (Riemen).

Hinweise zur Auswahl und Montage der Ventilatoren

1. Ein wichtiges Unterscheidungsmerkmal ist, ob der Antriebsmotor mit den heißen Rauchgasen in Berührung kommt und somit hohen Temperaturen ausgesetzt ist oder ob der Antrieb außerhalb des Brandraumes liegt. Liegt der **Motor direkt im Rauchgasstrom,** muß der Motor gekühlt werden, entweder durch Ansaugen von Umgebungsluft oder durch ein zusätzlich angebrachtes Kühlluftgebläse.

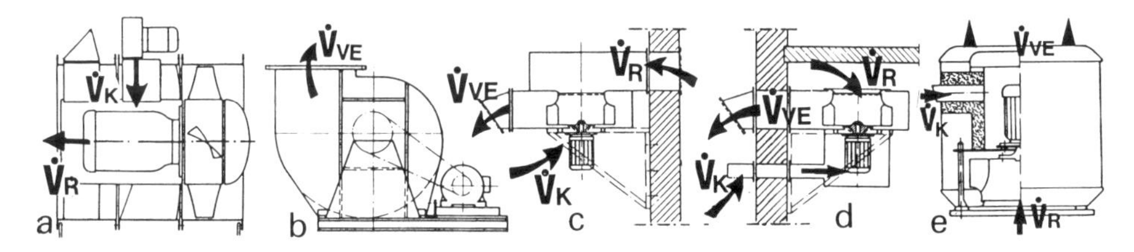

Abb. 10.61 Ausführungsarten von Brandgasventilatoren

Abb. 10.61 zeigt **verschiedene Brandgasventilatoren**; $\dot{V}_{VE}$ Ventilatorförderstrom, $\dot{V}_R$ Rauchgasstrom, $\dot{V}_K$ Kühlluftstrom. a) direktangetriebener Axialventilator mit Kühlluftgebläse; b) Radialventilator mit Keilriemenantrieb; c) Wandradialventilator außerhalb des Brandraumes (immer ratsam); d) Radialventilator (Wandanbau) mit Außenluftansaugungen $\dot{V}_K$ über Kanal; e) Dachventilator mit Kühlluftansaugung (Abb. 10.52 b).

2. Die **Isolierstoffklasse** der Motoren für Ventilatoren entsprechend Abb. 10.61 ist entweder IP56/ISO H (630 °C, 90 min lang) oder IP 54/ISO H (600 °C, 90 min lang).

3. Hinsichtlich der **Aufstellung des Ventilators** sind nicht alle in Abb. 10.61 gezeigten Beispiele gut; so sollte beispielsweise d) nur gewählt werden, wenn die Temperatur nach Eignungsprüfung (z. B. 630 °C) nicht überschritten werden kann (kaum möglich); bei der Aufstellung im Gebäude (außerhalb des Brandraumes) sind ein separater be- und entlüfteter Aufstellungsraum und die Anbringung einer Wärmedämmung vorzusehen; bei der Aufstellung im Freien (beste Lösung) ist auf Korrosionsbeständigkeit, Windkräfte, Vogelschutzgitter, Entwässerung und auf eine regelmäßige Wartung zu achten.

4. Ein **Kanalanschluß am Ventilator** soll grundsätzlich auf der Saugseite erfolgen (Unterdruckgebiet). Austretender Rauch darf nicht wieder angesaugt werden (ausreichender Abstand). Rauchgase müssen oben abgesaugt werden; eine Querlüftung muß sichergestellt werden (zahlreiche weitere Hinweise vgl. Kap. 8.5.3).

5. Die **Abhängigkeit des Ventilatordruckes von der Dichte** muß bei der Auswahl berücksichtigt werden, d. h., der Betriebspunkt im Ventilatorschaubild, das in der Regel für ϱ = 1,2 kg/m^3 gültig ist, muß zuerst ermittelt werden (vgl. Kap. 10.4.4 und Aufgabe 10.1.2).

Tab. 10.3 Dichte von heißer Luft und Rauchgasen (Bestimmung der Dichte ϱ siehe Kap. 4.4)

Temperatur	°C	150	200	250	300	350	400	450	500	600
Dichte von Luft	kg/m^3	0,824	0,737	0,667	0,609	0,560	0,518	0,482	0,451	0,398
Dichte von Rauchgas	kg/m^3	0,856	0,7666	0,693	0,632	0,581	0,538	0,501	0,469	0,415

11 Geräuschentstehung und Lärmminderung in RLT-Anlagen

Es ist heute eine Selbstverständlichkeit, daß schon bei der Projektierung einer RLT-Anlage neben der wärme- und strömungstechnischen Auslegung (richtige Temperaturverhältnisse, ausreichender Volumenstrom und Zugfreiheit) auch eine akustische Auslegung (Einhaltung des geforderten Raumpegels) vorgenommen werden muß.

Zunächst gilt es, hierfür einige Zusammenhänge kennenzulernen zwischen den technischen Ausgangsgrößen und den akustischen Gesetzen einerseits und den physiologischen Empfindungen und Bewertungen andererseits. Lärm ist zwar objektiv meßbar, jedoch wird er subjektiv so unterschiedlich empfunden, daß eine akustische Behaglichkeit zahlenmäßig kaum exakt angegeben werden kann.

Was ist Lärm?

Lärm ist eigentlich nichts anderes als **unerwünschter Schall,** es sind störende Geräusche (Störschall), er ist oft das, was andere machen. Er ist unabhängig von seiner Intensität, Dauer und Umgebung.

Beispiele:

a) Eine Meeresbrandung von 75 dB (A) wird bei weitem nicht so störend empfunden wie ein stoßweiser Autolärm von 75 dB (A).

b) Die leisen Klänge aus dem Radio sind für den Rauminsassen angenehm, während der Nachbar dadurch gestört werden kann. Auch schwacher Lärm kann somit lästig sein, kann irritieren und die Leistungsfähigkeit beeinträchtigen.

c) Das Geräusch eines Lüftungsgerätes wird am Nachmittag durch den höheren Geräuschpegel auf der Straße als sehr schwach bezeichnet, während am Abend dasselbe Gerät, d. h. dieselbe Schallquelle, als sehr lästig empfunden wird.

Obwohl auch schwacher Lärm über das vegetative Nervensystem zu psychischen und organischen Schäden führen kann (i. allg. wieder heilbar), beginnt gehörschädigender Lärm bei etwa 90 dB (A), insbesondere wenn er mehrere Stunden andauert. Etwa eine halbe Stunde am Tag dauernd bei 105 dB (A) oder etwa 10 bis 15 Minuten bei 120 dB (A) können schon dauerhafte Gehörschädigungen hervorrufen. Hierzu zählen z. B. zahlreiche Fabrikationsbetriebe, Maschinen, Fahrzeuge, Diskotheken usw.
Geräusche außerhalb des Gebäudes entstehen vor allem durch den Straßenverkehr, durch gewerbliche Betriebe, durch Vergnügungsstätten u. a. In Hauptverkehrsstraßen mit Dauerschallpegel, oft bis 80 dB (A) und mehr, ist in Wohn-, Konferenz- und Vortragsräumen eine akustische Behaglichkeit vielfach nicht mehr möglich. Je nach Nutzung kann sogar ein dem Straßenlärm ausgesetzter Raum völlig unbrauchbar werden.

Maßnahmen, um solche Lärmstörungen zu beheben oder zu mindern, sind die Herabsetzung der lautesten Schallquellen, eine konsequentere und strengere Lärmüberwachung (vgl. Tab. 11.7), umfangreichere Aufklärungsarbeiten, die Erstellung von Lärmschutzwänden, schalldämmende Fenster u. a.
Die oft letzte Konsequenz ist der Einbau von lüftungstechnischen Einrichtungen, wenn der Raum einerseits laufend gelüftet werden muß, andererseits ein bestimmter Schalldruckpegel im Raum nicht überschritten werden darf. Dies bezieht sich nicht nur auf die Humanisierung von Arbeitsplätzen, sondern ist auch eine Aufgabe der Wohnungslüftung.

Hinsichtlich der **Geräusche innerhalb des Gebäudes** soll in diesem Kapitel ausschließlich auf die Probleme der Geräuschentstehung und Geräuschminderung in raumlufttechnischen Anlagen eingegangen werden.

11.1 Akustische Grundbegriffe und Bezeichnungen – Vorschriften

Selbst wenn man nur Grundsätzliches über die Geräuschermittlung, über die möglichen Schallpegelreduzierungen in RLT-Anlagen und über die Auswahl von Schalldämpfern erfahren möchte, sind einige Grundbegriffe, Definitionen, Bezeichnungen und Gesetze erforderlich. So muß z. B. unterschieden wer-

den zwischen Luftschall und Körperschall, zwischen Druckpegel und Leistungspegel, zwischen bewertetem und unbewertetem Pegel, zwischen Luftschalldämmung und -dämpfung u. a.

Vorschriften, DIN-Normen, VDI-Blätter

Schallschutztechnische Maßnahmen für Gebäudeteile werden vor allem in den Teilen der DIN 4109 „Schallschutz im Hochbau" behandelt. Speziell für RLT-Anlagen steht die Richtlinie VDI 2081 „Geräuscherzeugung und Lärmminderung in RLT-Anlagen" im Vordergrund.

Weitere DIN-Normen und VDI-Richtlinien sind: **DIN 45 635** Geräuschmessung an Maschinen; **DIN 52 210** Bauakustische Prüfungen; Bestimmung der Luft- und Trittschalldämmung; **DIN 45 651** Oktavfilter... und **DIN 45 651** Terzfilter für elektro-akustische Messungen; **DIN 45 633** Präzisionsschallpegelmesser; **DIN 52 220** Messungen zur Bestimmung des Luftschallschutzes von Schächten und Kanälen; **VDI 2058** Beurteilung von Arbeitslärm in der Nachbarschaft (Bl. 1) und von Lärm am Arbeitsplatz (Bl. 3); **VDI 2062** Schwingungsisolierung (Bl. 1) und Isolierelemente (Bl. 2); **VDI 2567** Schallschutz durch Schalldämpfer; **VDI 2571** Schallabstrahlung von Industriebauten; **VDI 2011** Schallschutz durch Kapselung; **VDI 2714** Schallausbreitung im Freien; **VDI 3720** Lärmarm konstruieren; **VDI 3733** Geräusche bei Rohrleitungen u. a.

11.1.1 Luft- und Körperschall

Unter Schall versteht man mechanische Schwingungen materieller Teilchen. Je nachdem, ob sich diese Schwingungen in Luft oder z. B. in Bauteilen ausbreiten, spricht man von Luft- oder Körperschall. Trittschall und Erschütterungen sind praktisch nur besondere Formen des Körperschalls.

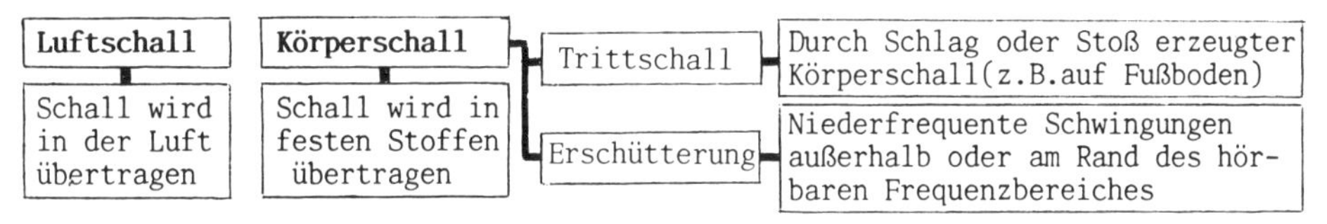

Abb. 11.1 Schallarten

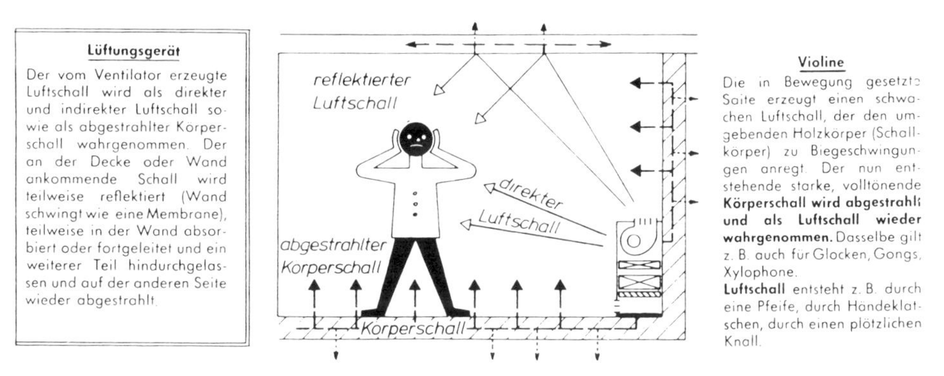

Abb. 11.2 Schallausbreitung bei einem Lüftungsgerät (Vergleich mit Violine)

Geht man von der Schallquelle aus, kann der Schall auf seinem Ausbreitungsweg von Luftschall in Körperschall oder umgekehrt überwechseln. Die Unterscheidung beider Schallarten ist deshalb so wichtig, da sie verschiedenen Ausbreitungsgesetzen gehorchen und somit auch unterschiedlich bekämpft werden müssen. Körperschall wird weitergeleitet, ohne daß man ihn hört. Er wird erst dann für das menschliche Ohr wahrnehmbar, wenn er durch Abstrahlung von Flächen, wie z. B. Fußboden, Wand, Kanal, wieder in Luftschall verwandelt wird.

Obwohl in den folgenden Teilkapiteln eingehend auf die Schalldämpfung und Schalldämmung eingegangen wird (insbesondere in Kap. 11.4), schon hierzu einige

Beispiele, Folgerungen und Hinweise:

1. Das Gerät in Abb. 11.2 verursacht Luft- und Körperschall. An bzw. in der Decke wird/werden **Luftschall(schwingungen) in Körperschall(schwingungen) umgewandelt.** Ein Teil dieses Körperschalls strahlt auch nach oben ab und ist wieder – stark vermindert durch das Dämmaß der Decke – für den Raum darüber als Luftschall wahrnehmbar.

2. Damit von diesem Lüftungsgerät keine Schallenergie (Schwingungen) auf den Fußboden übergeleitet und somit eine Körperschallausbreitung be- bzw. verhindert werden kann, ist eine schalldämmende Unterlage erforderlich. (**Behinderung der Schallausbreitung durch Reflexion an der Grenzfläche.**)

3. An ein Lüftungsgerät wird ein Zuluftkanal angeschlossen. Damit die Ventilatorgeräusche durch diesen Kanal nicht weitergeleitet werden können, wird zur **Vermeidung von Körperschallausbreitung** ein elastisches Kanalstück (**Dämmung**) und zur **Vermeidung von Luftschallausbreitung** ein Schalldämpfer eingebaut (**Dämpfung**).
Nun führt dieser Kanal weiter durch einen Nebenraum. Befindet sich in diesem Raum eine laute Schallquelle, entsteht wieder Luftschall, der sich am Kanal wieder in Körperschall und im Kanal wieder in Luftschall verwandelt. Beide Schallarten werden wieder weitergeleitet.
Soll Luftschall am Durchdringen einer Wand (hier Blechkanal) gehindert werden, ist eine **Luftschalldämmung** erforderlich, z. B. durch Aufbringen von Dämmaterial.

11.1.2 Frequenz - Frequenzanalyse

Wie bereits erwähnt, bezeichnet man mechanische Schwingungen materieller Teilchen als Schall. Die Anzahl solcher Schwingungen (Druckanstiege) je Sekunde bezeichnet man als **Frequenz** *f* mit der Einheit Hz (Hertz). Hiermit wird das Empfinden ermittelt, ob ein Ton **hoch oder tief** ist, wobei das menschliche Ohr nur Luftschall empfindet. Je nachdem, wie groß die Schwingungsamplitude (Druckschwankung) ist, empfindet man den Ton **laut oder leise.**

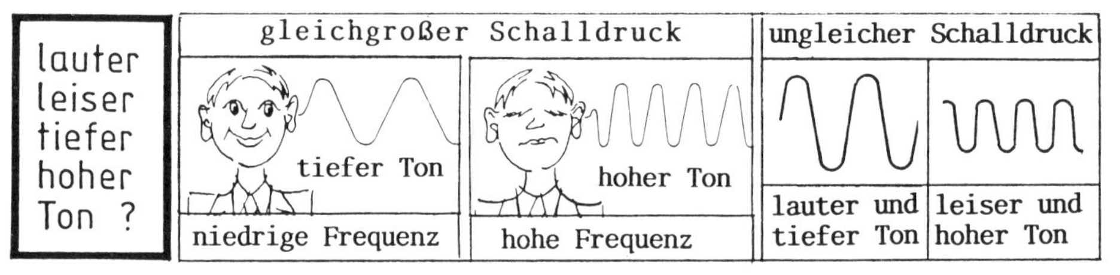

Abb. 11.3 Kennzeichnung eines Tons

Der Hörbereich des Menschen (im Gegensatz zu manchen Tieren) liegt etwa zwischen 20 Hz (tiefster Ton) und 20 000 Hz (höchster Ton). Liegen die Werte darunter, spricht man von **Infraschall** (z. B. Erschütterungen, Gebäudeschwingungen) und darüber von Ultraschall (z. B. für medizinische Zwecke).

Was ist ein Ton, was ein Klang, was ein Geräusch?
Weshalb spielt die Kenntnis des Geräusches eine so große Rolle für die Geräuschminderung in RLT-Anlagen? Wie wird es analysiert?

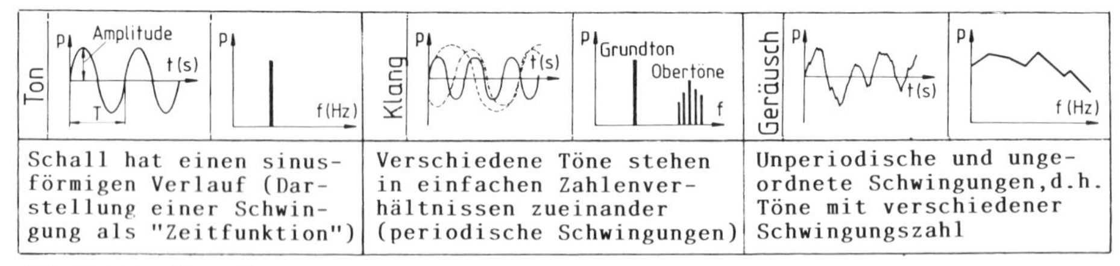

Abb. 11.4 Ton, Klang, Geräusch

Ein Geräusch, bestehend aus ungeordneten Tönen mit verschiedener Schwingungszahl, muß man genauer kennen, wenn man es bekämpfen möchte. Um dies zu erreichen, hat man einen technisch wichtigen Bereich zwischen etwa 50 Hz bis 10 000 Hz bzw. **nach der VDI 2081 zwischen 45 Hz und 11 200 Hz international festgelegt. Dieses Frequenzband**

(Frequenzspektrum) wird in acht gleiche Bänder (Oktaven) linear unterteilt, die nach der Mittelfrequenz f_m benannt werden (vgl. Tab. 11.1). Aus dem Frequenzgemisch eines Geräusches wird dann in diesen schmalen Frequenzbändern jeweils der Schallpegel gemessen, d. h. das Meßgerät auf die Oktavmittelfrequenz geschaltet (Frequenzfilter). Schallpegel, die sich nur auf eine Oktave beziehen, heißen **Oktavpegel.** Die Summe dieser Pegel ist dann der **Summenpegel** des Geräusches, der berechnet oder entsprechend Abb. 11.7 ermittelt werden kann.

Tab. 11.1 Oktavband (Frequenzband) und Mittenfrequenz mit Pegelbeispiel

Hz (im Mittel) Frequenzbereich	63 45...90	125 90...180	250 180...350	500 350...710	1000 710...1400	2000 1400...2800	4000 2800...5600	8000 5600...11200	Summen- pegel
dB_A	69	75	73	70	67	63	58	45	79

Weitere Hinweise und Ergänzungen:

1. Unter einer **Oktave** versteht man im Frequenzbereich den Bereich, in dem die **obere Grenzfrequenz** f_o doppelt so groß ist wie die **untere Grenzfrequenz** f_u (Verhältnis 1 : 2).
2. Eine **Terz** ist eine Dritteloktave. Mit diesem Terzband kann man eine noch feinere Filterung und somit Geräuschanalyse durchführen. Mit der 3. Oktave soll dies in Abb. 11.5 gezeigt werden.

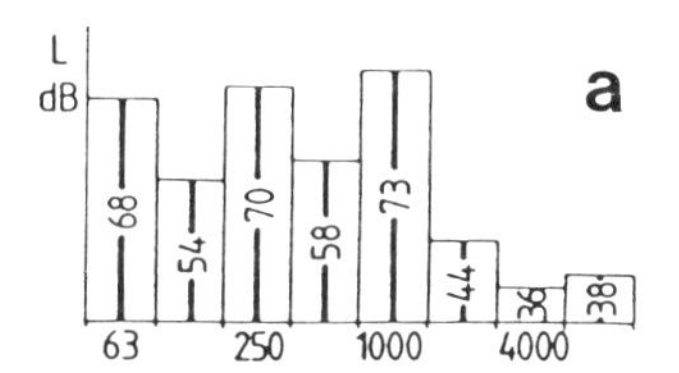

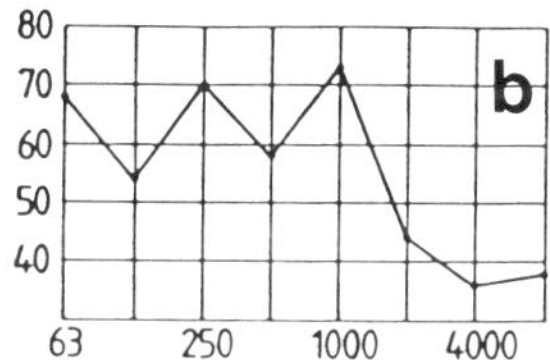

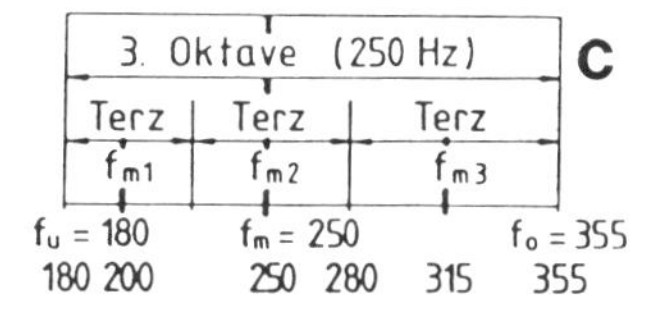

Abb. 11.5 Beispiel einer Frequenzanalyse im Oktavband (a, b); Terzband (c)

3. Die **Bestimmung des Summenpegels** des Geräusches (Addition von Oktavpegel) kann durch Rechnung oder durch die „Differenzmethode" entsprechend Abb. 11.7 durchgeführt werden. Dabei wird die Pegelzunahme bei zwei Schallquellen dem größeren der beiden Pegel hinzugefügt.
4. Zur genaueren Analyse eines Geräusches muß auch die **Frequenzabhängigkeit des menschlichen Ohres** berücksichtigt werden. Außerdem interessierten die Schallpegel, die bei unterschiedlicher Frequenz als gleich laut empfunden werden (Kap. 11.1.6). Aus diesem Grund **geben die Hersteller die akustischen Eigenschaften eines Bauelementes im Frequenzbereich** an.

11.1.3 Schalldruck – Schalldruckpegel

Wie schon erwähnt, wird der entstehende Schall als wahrnehmbare Druckschwankung (abwechselndes Verdichten und Entspannen der Luft) weitergeleitet. Diese wirken als Schalldruck auf das Ohr oder auf das Mikrofon des Schallpegelmessers. Er gibt an, wie laut oder leise, wie hoch oder wie tief ein Ton, Klang oder Geräusch wahrgenommen wird (Abb. 11.3).

Als untere Grenze der Schallempfindung (**Hörschwelle**) nimmt unser Ohr Druckschwankungen von etwa $2 \cdot 10^{-5}$ Pa wahr und als obere Grenze (**Schmerzschwelle**) etwa $2 \cdot 10^{1}$ Pa. Das bedeutet eine Spanne von 10^6 Stellen und somit eine unpraktische physikalische Einheit. Diese Absolutzahlen werden daher in ein Maß umgeformt, indem man den vorliegenden Schalldruck auf den Hörschwellendruck bezieht und – um kleinere Zahlen zu erhalten – logarithmiert. Dieses logarithmische Relativmaß bezeichnet man als **Schalldruckpegel L_p mit der Einheit Dezibel** (dB).

$$L_p = 20 \lg \frac{p_A}{p_0} \quad \text{in dB}$$

p_A = **Effektivwert** des vorhandenen Schalldruckes an einem bestimmten Raumpunkt (gemessener Schalldruck)
p_0 = International festgelegter **Bezugsschalldruck** ($\approx$ Hörschwellendruck) von $2 \cdot 10^{-5}$ Pa (bei 1000 Hz)

Zum Beispiel ist der **Schalldruckpegel bei der Schmerzschwelle:**

$$L_p = 20 \cdot \lg \frac{2 \cdot 10 \text{ Pa}}{2 \cdot 10^{-5} \text{ Pa}} = 20 \cdot \lg 10^6 = 20 \cdot 6 = \mathbf{120\ dB}$$

Ein Schalldruckpegel ist jedoch zahlenmäßig nur eindeutig, wenn auch der Meßort des Pegelmessers bzw. der Standort der Person angegeben wird (auch beim bewerteten Schalldruckpegel). Wie im Kap. 11.3.4 (Abb. 11.25) gezeigt wird, hängt die Stärke der Geräuschwahrnehmung auch vom Raum selbst ab, wie Raumgröße, Oberflächenbeschaffenheit der Umgebungsflächen, zusätzliche Geräusche inner- und außerhalb des Raumes u. a.

Folgerungen und weitere Hinweise:

1. Um objektiv vergleichbare Werte bei der Messung eines Schalldruckes zu erhalten, verwendet man – wie unter Kap. 11.1.6 erläutert – Pegelmesser mit eingebautem genormtem Frequenzfilter. Dadurch wird der Schalldruckpegel dem frequenzabhängigen menschlichen Ohr angepaßt, d. h., die verschiedenen Frequenzen werden unterschiedlich bewertet.
   Der über den gesamten Frequenzbereich gemessene Schalldruckpegel wird meist einfach als Schallpegel bezeichnet; der je Oktave gemessene ist der Oktavpegel. Wenn entsprechend Abb. 11.9 dringend Grenzkurven gefordert werden, ist der Schalldruck immer oktavweise zu messen.
2. Für die **akustische Beurteilung von Schallquellen** sollte grundsätzlich nicht der Schalldruckpegel L_p, sondern der Schalleistungspegel L_W angegeben werden (vgl. Kap. 11.1.4).
3. Die **Bezeichnung dezi – „Bel"** geht auf den Namen des amerikanischen Forschers A. G. Bell zurück.
4. **Zulässige Schalldruckpegel** in Aufenthaltsräumen, Arbeitsstätten, außerhalb des Gebäudes werden in DIN-Normen, VDI-Blätter, Arbeitsstättenrichtlinien angegeben (Kap. 11.2.3).

11.1.4 Schalleistung - Schalleistungspegel

In zahlreichen Teilkapiteln wurde schon gezeigt, daß die Hersteller bei der Angabe ihrer akustischen Daten nicht den Druckpegel, sondern den Leistungspegel angeben, so z. B. bei der Auswahl von Luftheizungs- und Lüftungsgeräten (Tab. 6.4), bei der Auswahl von Luftauslässen (Abb. 9.20), bei der Auswahl von Ventilatoren (Abb. 10.13) u. a.

Mit folgenden Beispielen sollen nochmals **Schalldruckpegel und Schalleistungspegel gegenübergestellt werden:**
Ein Violinspieler spielt in einem Raum. Was von der Geige „erzeugt" wird, sind Schalldruckwellen, die wir hören. Was wir nicht hören, ist seine Leistung, die der Spieler erbringen muß, um diese Schalldruckwellen zu erzeugen. Je weiter wir uns vom Spieler entfernen, desto leiser kommt uns das Instrument vor. Auch als die großen Vorhänge zugezogen wurden, hat sich das Instrument leiser angehört, obwohl er genauso gespielt hat wie vorher, d. h. die gleiche Leistung vollbracht hat.

Das gleiche trifft auch für das im Raum aufgestellte Lüftungsgerät zu. Gleichgültig, wo es montiert wird, an der Wand, an der Decke oder unter dem Fenster, auch unabhängig von der Wahl des Arbeitsplatzes und von der Form und Größe des Raumes, die Schalleistung ist immer die gleiche, die Wahrnehmung des Ventilatorgeräusches (Schalldruck) jedoch sehr unterschiedlich.

Ebenso wie bei einer Heizungsanlage die Raumtemperatur keine genaue Aussage geben kann über die installierte Heizkörperleistung, ist auch der gemessene Schalldruckpegel nicht aussagekräftig für die installierte Schalleistung. Bei der Heizung sind es unterschiedliche Wärmeverluste und zusätzliche Wärmequellen, bei der Akustik die unterschiedlichen Absorptionsverluste und zusätzlichen Schallquellen.

Da die Schalleistung entfernungs- und raumunabhängig ist, ist sie eine **objektive, unbeeinflußbare Größe, die sich als Ausgangspunkt aller akustischen Berechnungen eignet.** Sie ist für jede Schallquelle kennzeichnend und soll für ihre Beurteilung herangezogen werden. Nur für den Leistungspegel kann der Gerätehersteller eine Garantie übernehmen, denn er weiß ja nicht, wo und unter welchen Bedingungen die Geräte installiert werden. Wenn eine genauere akustische Berechnung durchgeführt werden muß, ist auch die jeweilige **Schalleistungspegelangabe bei den Oktavmittelfrequenzen** erforderlich.

Weitere Hinweise und Ergänzungen:

1. Die **Schalleistung, d. h. die der Luft durch Druckschwingungen zugeführte Energie, ist nicht direkt meßbar,** man kann sie aber aus Schalldruck und Meßfläche berechnen. Man bestimmt sie, indem man den Schalldruck über eine kugelförmige Fläche *S* um die Schallquelle herum integriert, denn Schallwellen breiten sich räumlich als Kugelwellen aus. Der Leistungspegel ist zahlenmäßig gleich dem Druckpegel, wenn dieser sich auf die Fläche von $S = 1\ m^2$ bezieht.
2. Die **Schalleistung *P*** wird in Watt angegeben und kann – wie der Schalldruck – durch eine logarithmische

Beziehung zu einem international festgelegten Bezugswert P_0 ausgedrückt und als Schalleistungspegel L_W angegeben werden.

$L_W = 10 \cdot \lg \frac{P}{P_0}$	in dB	P	tatsächlich vorhandene Schalleistung in Watt
		P_0	Bezugsschalleistung = 10^{-12} Watt (international)

3. Beim **relativen Schalleistungspegel** (bewerteter Leistungspegel) handelt es sich – wie beim Druckpegel – um den Frequenzgang (Oktav – Schalleistungspegel) des Gesamtschalleistungspegels. Dieser spielt eine große Rolle bei der Ventilatorschalleistung (Kap. 11.2.1), die die Grundlage für die Schalldämpferberechnung ist. Bei der *A*-Bewertung spricht man vom ***A*-Schalleistungspegel L_{WA}**.
4. Bezieht man die Schalleistung P auf 1 m^2, so spricht man von der **Schallintensität** *I*. Sie hat Bedeutung bei der Addition von Schallquellen.

11.1.5 Addition von Schallquellen

Bei der Addition von Schallquellen bzw. Schallpegeln werden nicht die Schalldrücke, sondern die Schalleistungen oder Intensitäten oder die ihnen proportionalen Schalldruckquadrate addiert. Die Gesamtpegel kann man berechnen oder anhand folgender beiden Abbildungen bestimmen. Dabei unterscheidet man zwischen:

Ⓐ Addition von *n* Schallquellen gleicher Intensität (Abb. 11.6a)

Beispiel 1
In einem Raum befinden sich Zuluftgitter mit je einem Leistungspegel von 25 dB (A).
Wie groß ist der Gesamtpegel bei 2 und 3 Gittern?
Nach Abb. 11.6 a beträgt L_{ges} bei zwei Gittern 25 + 3 = 28 dB (A), bei drei ist L_{ges} = 25 + 4,6 = 29,6 dB (A).

Merke:

1. **Zwei gleich starke Schallquellen ergeben eine Zunahme von 3 dB (bei 10 Schallquellen 10 dB).**
2. **Liegen *n* Schallquellen räumlich weit voneinander, beträgt ΔL nur etwa 5 lg *n*.**

Ⓑ Addition von *n* Schallquellen ungleicher Intensität (Abb. 11.6b).

Beispiel 2
In einem Büro befinden sich zwei Truhengeräte. Das eine Gerät hat einen Leistungspegel von 42 dB (A), das andere einen von 50 dB (A).
Wie groß ist der Gesamtpegel, wenn beide Geräte in Betrieb sind?

Bei der Pegeldifferenz von 50 – 42 = 8 dB beträgt die Zunahme 0,65 dB, die dem höheren Pegel hinzugefügt wird. L_{ges} = 50 + 0,65 = 50,65 dB.

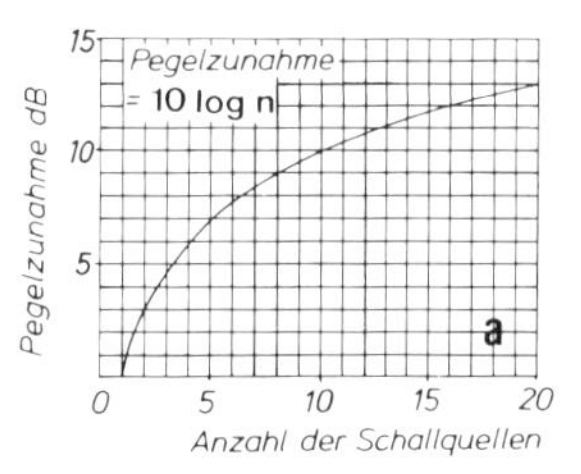

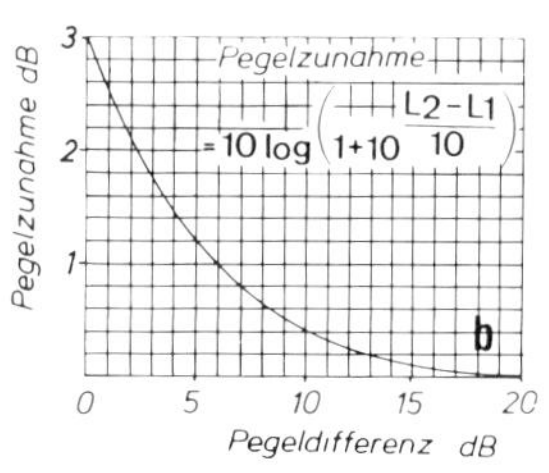

(gültig für $L_2 > L_1$)

Abb. 11.6

Merke:

- Bei einer Geräuschbekämpfung muß **immer der Pegel der lautesten Schallquelle herabgesetzt** werden.
- Bei **Pegeldifferenzen größer als 10 dB** braucht man keine Addition mehr vorzunehmen, d. h., der Gesamtschalldruckpegel wird praktisch nur noch von dem größten Pegel bestimmt.

Weitere Anwendungen solcher Pegeladditionen sind – wie schon gezeigt – erforderlich, wenn z. B. aus einem Oktavspektrum der Gesamtpegel zu ermitteln ist, wenn der Einfluß eines Störpegels auf den gemessenen Geräuschpegel zu ermitteln ist, wenn zum unbewerteten Frequenzspektrum die A-Bewertung addiert wird u. a.

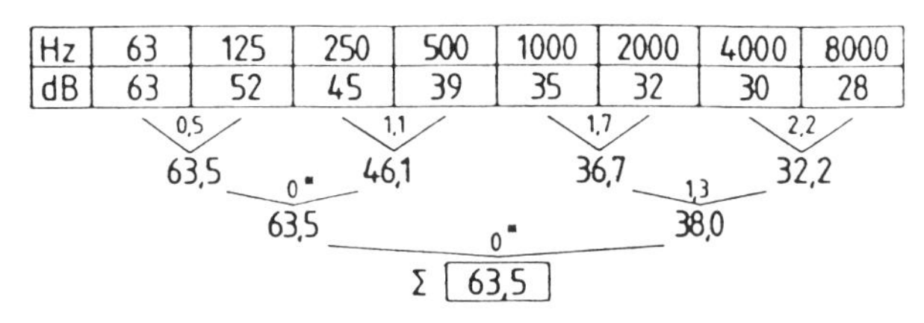

Abb. 11.7 Addition von Oktavpegeln (Ermittlung des Summenpegels)

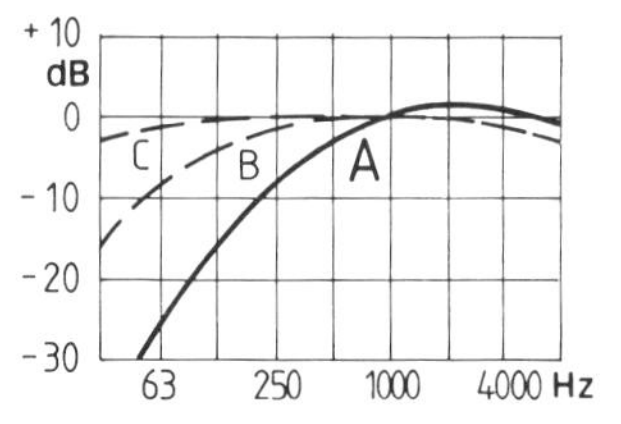

Abb. 11.8 A-Bewertung

11.1.6 Geräuschbewertung – Grenzkurven

Würde man mit Hilfe eines Meßgerätes einen hohen und einen tiefen Ton auf den gleichen Pegel einstellen (die Schallschwingung hätte dann die gleiche Energie), so würde sich der hohe Ton (hohe Frequenzen) viel lauter anhören als der tiefe. Dies macht deutlich, daß das **menschliche Ohr nicht für alle Frequenzen gleichermaßen empfindlich** ist. Schallpegelmesser müssen daher einerseits objektive Meßwerte liefern, andererseits auch das frequenzabhängige Hörempfinden des menschlichen Ohrs berücksichtigen. Neben dem Meßmikrophon, Verstärker und Anzeigegerät verfügt daher der Schallpegelmesser noch über ein elektronisches **Filter, mit dem die Meßgröße Schallstärke (Schallpegel) dem menschlichen Ohr angepaßt wird, d. h. die verschiedenen Frequenzen – ähnlich wie beim Gehör – verschieden bewertet.** Was früher durch die Phonkurvenschar ausgedrückt wurde, geschieht heute nach der A-Bewertung (früher noch B und C), indem ein A-Filter eingebaut wird (früher noch B- oder C-Filter).

Hierzu noch einige Ergänzungen und Hinweise:

1. Bei dem eingebauten A-Filter handelt es sich um ein Verzerrungsglied, das – wie Abb. 11.8 zeigt – die hohen nur geringfügig „korrigiert", während die mittleren durchgelassen werden. Bei 1000 Hz haben alle drei Kurven denselben Bewertungspegel.

Der Schallpegelmesser mit dem Filter ermittelt demnach bei jedem Frequenzband (hier Oktave) den Pegelanteil, der dann in den bewerteten Summenpegel eingeht.

Beispiel: Einzelton 250 Hz, Schalldruck 55 dB ergibt eine A-Bewertung von 8,6 dB, d. h., der Pegelanteil von 55 dB im Frequenzband 250 Hz geht beim Geräusch nur mit 46,4 dB (A) (bewerteter Oktavpegel) in den bewerteten Summenpegel [dB (A)] ein.

2. Früher galt die Kurve A für Geräusche unter 60 dB; nach internationaler Vereinbarung gilt sie jedoch für den gesamten Schallpegelbereich, so daß heute in der RLT-Technik **ausschließlich die A-Bewertung** verwendet wird.

Grenzkurven

Wenn in einem breiteren Frequenzbereich schmalbandige Anteile oder herausragende Einzeltöne mit hohen Intensitätsspitzen auftreten (z. B. beim Ventilator), so reicht die dB(A)-Angabe (Summenpegel) nicht aus, da diese die Lästigkeit des Geräusches nicht ausreichend berücksichtigt. Aus diesem Grund werden zur Geräuschbewertung zusätzlich sog. **Grenzkurven (= Kurven gleicher Lästigkeit)** hinzugenommen, bei denen auch die Frequenzzusammensetzung des Geräusches berücksichtigt wird.

Hierzu noch einige Hinweise:

1. Obwohl es mehrere Kurven gibt, haben sich die NR-Kurven nach Abb. 11.9 (noise rating) international durchgesetzt.

Wird für einen Raum zusätzlich eine bestimmte Kurve (z. B. NR 35) angegeben, so darf der gemessene Schalldruck in keinem Oktavband diese 35 dB (A) überschreiten.

Anders ausgedrückt: Dem Ohr ist es dann nicht mehr möglich, einen bestimmten Einzelton aus dem Geräusch herauszuhören (wichtig für die Schalldämpferauswahl).

2. **Der bewertete Schalldruckpegel L_{pA} liegt oft um 7 bis 10 dB über dem Grenzkurvenwert;** bei Lüftungsanlagen liegt die Differenz im Mittel bei etwa 5 dB.
   Würde der Schalldruckpegel eines Geräusches dem Verlauf einer Grenzkurve identisch folgen, wäre er um 9 dB höher als der Grenzkurvenwert; so wäre z. B. bei NR 30 der bewertete Schalldruckpegel (in Abb. 11.9 eingetragen) 39 dB (A).

3. Liegen Geräusche mit deutlich hörbaren Einzeltönen vor, so ist in jeder Oktave eine Schallpegelmessung vorzunehmen (Geräuschanalyse), **um festzustellen, wo die Grenzkurve erreicht wird.** So haben die beiden Geräte I und II in Abb. 11.9 bei den jeweiligen Mittenfrequenzen zwar sehr unterschiedliche Druckpegel, jedoch die gleiche Grenzkurve von NR 55. Gerät I bei 125 Hz und 69 dB und Gerät II bei 500 Hz und 58 dB werden als gleich lästig empfunden.

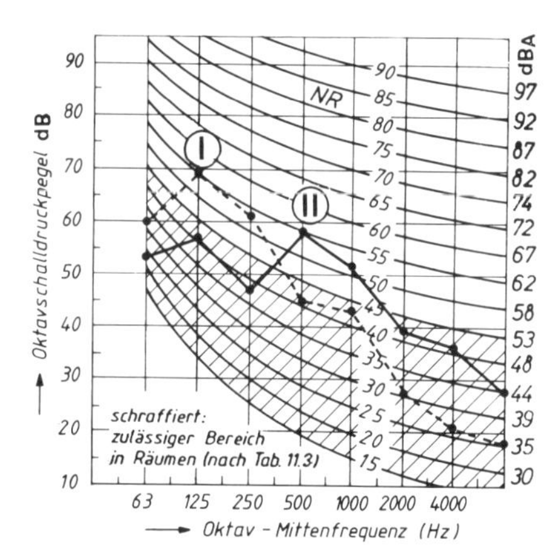

Abb. 11.9 NR-Bewertungskurven mit Bewertungsbeispiel von zwei Geräuschquellen mit sehr unterschiedlichem Frequenzverlauf

11.2 Geräusche von RLT-Anlagen - Zulässige Schallpegel

Geräusche, die in einer RLT-Anlage entstehen, stammen vorwiegend vom Ventilator. Die Fortpflanzung dieser Geräusche zu verhindern (Luft- und Körperschall) ist die Hauptaufgabe jeder akustischen Berechnung. Außerdem gehört zu jeder akustischen Auslegung die Vermeidung von Strömungsgeräuschen in Kanälen und Formstücken und besonders bei Luftdurchlässen, Drosselklappen, Jalousien und beim Schalldämpfer selbst.
Die Schalleistung von Hilfsaggregaten (Motoren, Pumpen, Kältemaschine, Getriebe usw.) liegt im allgemeinen niedriger als die der Ventilatoren, vorausgesetzt, daß eine ausreichende Körperschalldämmung vorliegt.

11.2.1 Ventilatorgeräusche

Das vom Ventilator verursachte Geräusch wird fast vollständig in das angeschlossene Kanalsystem eingestrahlt (Kanalgeräusch). Ein geringer Teil strahlt über das Gehäuse in den umgebenden Raum (Maschinenraumgeräusch), und ein weiterer Teil wird als Körperschall über das Fundament auf anschließende Bauteile übertragen.

Beim Ventilator unterscheidet man zwischen den Geräuschen, die an ihm selbst entstehen (= primäre Geräuschquellen), und den oft vernachlässigbaren und z. T. vermeidbaren Geräuschen am Motor, Antrieb, Wellenlager und auch evtl. Eigenschwingungen bei Gehäuseteilen (= sekundäre Geräuschquellen).
Bei den primären Geräuschquellen (Hauptquellen) handelt es sich um:

a) Turbulenz- und Wirbelgeräusche

Diese Geräusche entstehen bei der Druckumsetzung, und zwar vorwiegend durch Wirbelablösungen an den Schaufelkanten, durch Turbulenzen der ankommenden Luft und durch turbulente Grenzschichten. Im Vergleich zum Drehklanggeräusch haben diese Geräusche Breitbandcharakter und steigen mit der 5. bis 7. Potenz der Umfanggeschwindigkeit an.

b) Drehklanggeräusche

Diese Geräusche entstehen aufgrund der Strömungsverhältnisse im Laufrad. Die zwischen den Schaufeln sich bildenden Geschwindigkeitsprofile (vgl. Abb. 11.10) laufen an ortsfesten Teilen, z. B. an der Zunge Z, vorbei und erzeugen periodische Druckschwankungen und somit Schall. Die Schwankungen sind abhängig vom Abstand a zwischen Laufrad und Zunge, von der Ausgeglichenheit der Geschwindigkeitsprofile (deutlicher

Unterschied zwischen vorwärts- und rückwärtsgekrümmten Schaufeln!), von der Schaufelanzahl, vom Laufraddurchmesser und von der Drehzahl.

Beim Trommelläufer mit seiner großen Schaufelzahl und somit ausgeglichenen Geschwindigkeitsprofilen werden diese Geräusche meistens von anderen Geräuschkomponenten überdeckt und somit weder hörbar noch meßbar.

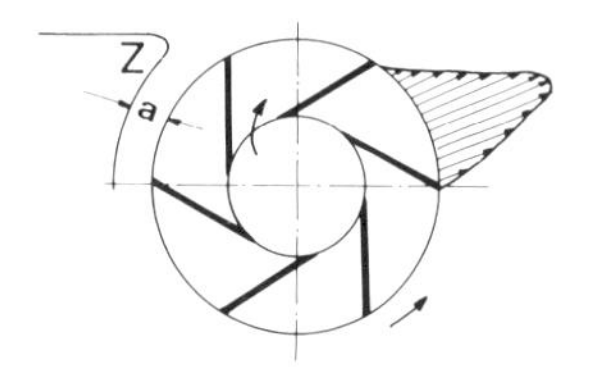

Abb. 11.10

Der gesamte **Schalleistungspegel eines Ventilators L_W**, der m. E. vorwiegend vom Volumenstrom und Förderdruck abhängig ist, kann rechnerisch oder näherungsweise nach Abb. 11.11 ermittelt werden. Zur Bestimmung des **Oktav-Schalleistungspegels $L_{W\,okt}$**, der vor allem von Bauart und Betriebspunkt des Ventilators abhängig ist, kann Abb. 11.12 verwendet werden. Mit der **Pegeldifferenz $\Delta L_{W\,okt}$** wird L_W „korrigiert".

$$L_{W\,okt} = L_W - \Delta L_{W\,okt}$$

$L_{W\,okt}$ Ausgangspunkt für die Schalldämpferauswahl

L_W und $L_{W\,okt}$ werden im allgemeinen in den Herstellerunterlagen angegeben.

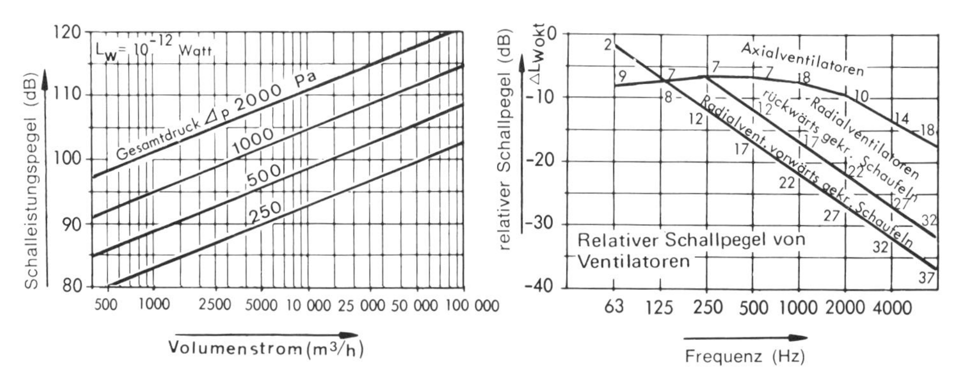

Abb. 11.11 Schalleistung von Ventilatoren

Abb. 11.12 Spektrale Schallverteilung

Weitere Hinweise und Auswahlkriterien für den Ventilator:

1. In den Ventilatorkennlinienfeldern der **Herstellerunterlagen wird in der Regel der bewertete Schallleistungspegel L_{WA} angegeben** (Abb. 10.13). Dieser liegt bei Axialventilatoren etwa 3 dB, bei Radialventilatoren mit rückwärtsgekrümmten Schaufeln etwa 10 dB, mit vorwärtsgekrümmten (Trommelläufer) etwa 14 dB unter dem Gesamtschalleistungspegel L_W.
2. Da der **Oktavleistungspegel** stark vom Betriebsverhalten abhängt, können bei Störungen im Strömungsfeld der Laufradumgebung Überhöhungen bis etwa 15 dB auftreten.
3. Für die **Bestimmung der Geräuschkennlinien** in den Diagrammen (z. B. Abb. 10.13) wird folgende Beziehung zugrunde gelegt: $L_{WA} = L_{Ws} + 10 \lg \dot{V} + 20 \lg \Delta p$. Der spezifische Schalleistungspegel L_{Ws} wird aus Messungen mit verschiedenen Ventilatorgrößen bei verschiedenen Drehzahlen ermittelt.
4. Die gesamte Schalleistung wird etwa **zu gleichen Teilen druck- und saugseitig** in das angeschlossene Kanalnetz ausgestrahlt.
5. Wie im Kap. 10.1.2 gezeigt, soll der Betriebspunkt im optimalen Wirkungsgrad liegen. Dies hat nicht nur wirtschaftliche Vorteile, sondern der **Wirkungsgradbestpunkt fällt auch annähernd mit dem Betriebspunkt minimaler Geräuschentwicklung zusammen.**
   Aus den Ventilatorschaubildern geht hervor, daß mit dem „Abwandern" des Betriebspunktes (z. B. durch Drosselung) der Geräuschpegel deutlich ansteigen kann. So erhöht sich der Schalleistungspegel z. B. bei Verdoppelung der Drehzahl bzw. des Volumenstroms und Vervierfachung des Druckes um etwa 15 dB.
6. Aus dem Hinweis 1 **darf nicht angenommen werden, daß ein Trommelläufer leiser als ein Axialventilator sein muß.** Letztere haben nämlich mehr Anteile höherer Frequenzen („Heulton"), die sich leichter dämpfen lassen, während bei Radialventilatoren die Anteile der schlecht zu dämpfenden tiefen Frequenzen dominieren („Brummton").

11.2.2 Strömungsgeräusche im Kanalsystem und durch Bauelemente

Wie anfangs erwähnt, sind bei jeder akustischen Berechnung neben der Auslegung des Schalldämpfers (Reduzierung der Ventilatorgeräusche) verschiedene Kontrollrechnungen über das mögliche Strömungsrauschen – besonders in Einbauten – durchzuführen, damit der zulässige Geräuschpegel im Raum nicht überschritten wird.

Zur Erklärung:

- Der Schalldämpfer wurde unter Zugrundelegung des höchstzulässigen Schallpegels im Raum exakt ermittelt. Daß trotzdem im Raum Strömungsgeräusche von der RLT-Anlage hörbar sind, kann z. B. daran liegen, daß der Zuluftdurchlaß falsch ausgelegt wurde, daß eine Drosselklappe bei der Einregulierung zu stark gedrosselt werden mußte, daß ein Kanalstück in einem lauten Raum Schallenergie „empfangen" und weitergeleitet hat.
- Ein solches **Strömungsrauschen hängt ab** vom Turbulenzgrad der ein- und austretenden Volumenströme, von der Grenzschichtturbulenz an den Oberflächen und von den Wirbelablösungen. Diese sind wiederum vor allem von der Strömungsgeschwindigkeit und von der Konstruktion der Formstücke und Einbauten abhängig.
- **Gesetzmäßigkeiten für das Strömungsrauschen** in Kanälen, Umlenkungen, Abzweigen, Auslässen liegen zwar vor, doch sind diese nicht immer einfach in die Praxis umzusetzen, da zahlreiche erforderliche Annahmen, Korrekturen und Messungen, auch Unsicherheiten möglich sind.

Im **Kanalnetz** kann man merkbare **Strömungsgeräusche verhindern,** wenn nach dem Schalldämpfer die in Tab. 8.9 angegebenen Luftgeschwindigkeiten eingehalten werden, insbesondere wenn die Formstücke aerodynamisch gut ausgebildet sind (z. B. große Abrundungsradien bei Umlenkungen, keine plötzlichen Querschnittsänderungen, evtl. Anbringen von Leitblechen).

Abb. 11.13 zeigt z. B. das **Strömungsrauschen in geraden Flexrohren,** aufgetragen über den gesamten Frequenzbereich bei verschiedenen Luftgeschwindigkeiten v. Der Leistungspegel L_W von Strömungsgeräuschen in Kanälen, Rohren, Abzweigen, Krümmer usw. kann auch anhand von Gleichungen bestimmt werden, wie z. B. für gerade Kanäle: $L_W = 7 + 50 \cdot \lg v + 10 \cdot \lg A$ (A in m^2); bei Wickelfalzrohren etwa 7 dB geringer.
Bei **Abzweigen und Umlenkungen** hängt das mögliche Strömungsrauschen vom Durchmesser d_A, von der Geschwindigkeit v_A des Abzweigkanals und der Mittenfrequenz f_m ab ($f_m \cdot d_A/v_A$ = Strouhalzahl); außerdem müssen je nach Abrundungsradius noch Korrekturen vorgenommen werden.

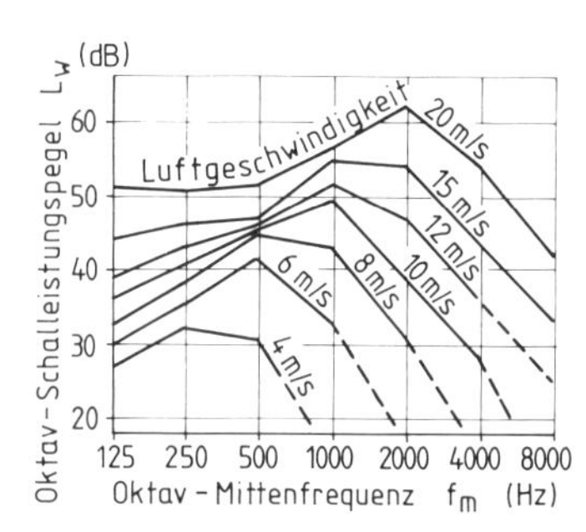

Abb. 11.13 Strömungsrauschen bei Lüftungsrohren

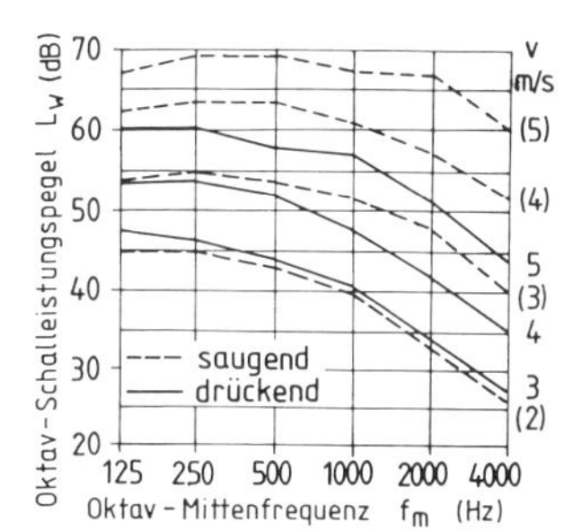

Abb. 11.14 Strömungsrauschen bei einem Wetterschutzgitter

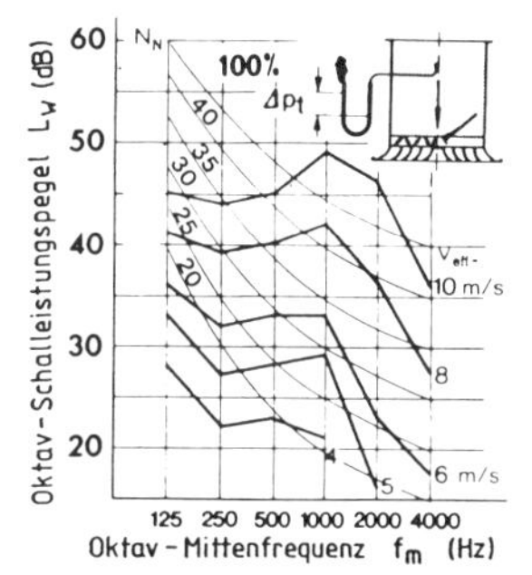

Abb. 11.15 Strömungsrauschen bei einem Luftdurchlaß

Bei sämtlichen **Einbauten** werden die Strömungsgeräusche anhand der Herstellerunterlagen ermittelt, so z. B. für Zuluftdurchlässe (Abb. 9.20), Drosselklappen (Abb. 8.24), Wetterschutzgitter usw. Ebenso muß beim Schalldämpfer selbst ein mögliches Strömungsrauschen vermieden werden (Abb. 11.36), denn dieses würde ja wieder in den Kanal strahlen.

Auch hierfür werden für exakte akustische Berechnungen frequenzabhängige Schalleistungspegel angegeben, wie Abb. 11.15 zeigt, sogar mit Bewertungskurven, so daß der maximal zulässige Zahlenwert für Geschwindigkeit und Volumenstrom genauer bestimmt werden kann.

11.2.3 Richtwerte für maximale Schallpegel

Im Aufenthaltsbereich eines Raumes (Arbeitsplatz, Sitzplatz u. a.) soll ein bestimmter A-Schalleistungspegel, d. h. ein festgelegtes Geräuschniveau, eingehalten werden. Hierfür gibt es mehrere Angaben, die in folgenden Tabellen zusammengefaßt werden sollen. Auch für außerhalb der Gebäude gibt es Grenzwerte, die beachtet werden müssen.

Zuvor soll das Empfinden „laut oder leise" anhand einiger Beispiele aus dem täglichen Leben erwähnt werden (Tab. 11.2). Dies kann selbstverständlich nur in ganz grober Annäherung geschehen, da die Bandbreite jeweils sehr groß sein kann.

Tab. 11.2 Anhaltswerte von Schalldruckwerten bei Geräuschen

dB(A)	Art des Geräusches	dB(A)	Art des Geräusches
0	Beginn der Gehörempfindung (nur im Laboratorium meßbar)	55-75	Eisenbahnabteil;Hundegebell
		70-80	Starker Straßenverkehr
10	Gerade hörbarer Schall	75-85	Untergrundbahn(im Wagen)
15-20	Leises Blätterrauschen, nachts auf freiem Feld, in der Kirche	80-85	Lautes Rufen,Schreien
		80-90	vorbeifahrender LKW;Werkstatt mit lauten Maschinen;Druckerei
25-30	Flüsterton, Lesesaal		
30-40	Ruhige Wohngegend	90-100	vorbeifahrender Eilzug;Baumwollweberei; Turbogenerator
40-50	Leise Unterhaltung,ruhiges Büro		
50-60	Normale Unterhaltung;geräuscharme Büromaschinen	100-110	Lauter Donner; Kesselschmiede
		110-120	Flugzeug(Propeller ca.3m Abstand
55-65	Staubsauger,Küchengeräte(ruhig)	120-130	Schmerzhaftes Geräusch
60-65	Lautes Büro;Warenhäuser	130-150	Düsenflugzeuge
65-70	Telefon(1m Abstand),Schreibmaschine		

Zu den **Richtwerten nach VDI 2081** (Tab. 11.3) sind noch die Nachhallzeiten angegeben, die zusätzlich zur Abschätzung des A-Schallpegels herangezogen werden können. Wird noch eine bestimmte *NR*-Kurve (Abb. 11.9) gefordert, dürfen diese Schalldruckwerte in keinem Oktavband die Kurve überschreiten.

Tab. 11.3 Zulässige Schallpegel nach VDI 2081, DIN 1946

Raumart	A-Schall-pegel	mittl. Nach-hall-zeit	Raumart	A-Schall-pegel	mittl. Nach-hall-zeit
	dB(A)	s		dB(A)	s
Wohnung o.ä.	1)		**Büros**		
Wohn-Schlafraum	35(30)	0,5	kl.Büroraum/Großraumbüro	40/45	0,5
Hotelzimmer			Konferenzraum,Besprechung	35	1
Krankenhaus(DIN 1946 T.4)			**Verschiedene/Sonstige**		
Bettenzimmer	35(30)	1	Kirchen	35	3
Operationsraum	40	3	Museum	40	1,5
Untersuchung, Halle, Korridor	40	2	Schalterhalle/EDV-Räume	45	1,5
Auditorien,Öffentl.Gebäude			Labors(phys.,chem.,biolog.)	50	2
Rundfunk-/Fernsehstudio	15/25	1/1,5	Turn- und Sporthalle	45	1,5
Konzertsaal/Opernhaus	25	2/1,5	Schwimmbad	50	2
Theater/Kino	30/35	1	Gaststätte 2)	40-55	1
Hörsaal, Lesesaal	35	1	Küche/Verkaufsraum 2)	45-60	1,5/1
Schulklassen-,Seminarraum	40	1			

1) Klammerwerte nachts; 2) je nach Nutzung

Hierzu noch einige Anmerkungen:

1. Diese Richtwerte können **als eingehalten angesehen** werden, wenn der gemessene Wert nicht mehr als 2 dB höher liegt. Bei tonhaltigem Geräusch bzw. bei Einzeltönen soll der gemessene A-Schallpegel mind. 3 dB tiefer als der Richtwert nach Tabelle liegen.
2. Die Richtwerte können nur dann erreicht werden, wenn unvermeidbare Störgeräusche (z. B. Straßenlärm)

nicht höher liegen. In Räumen mit hohem Lärmpegel (z. B. Fabrikationsraum) reicht es aus, wenn die **Geräusche der RLT-Anlage etwa 10 dB (A) unter dem Betriebslärm** liegen.

3. Die Werte nach VDI 2081 weichen geringfügig von denen nach DIN 1946 Teil 2 ab. Zwischen hohen und niedrigen Anforderungen unterscheiden sich dort die Angaben meist um 5 dB (A).

Zur Humanisierung von **Arbeitsstätten** werden auch hierfür Pegelwerte angegeben, wie z. B. nach VDI 2082 für Verkaufsstätten (Tab. 11.4) für Arbeitsplätze nach Tab. 11.5 und 11.6, wobei es sich allerdings bei Tab. 11.5 um Lärm von außen handelt. Ferner ist auch der **auf die Nachbarschaft wirkende Lärm** durch Festlegung von Immissionswerten begrenzt. Die Angaben sind bei den verschiedenen Tabellen nicht immer einheitlich.

Tab. 11.4 Zulässige Schalldruckpegel für Verkaufsstätten (VDI 2082)

Art des Raumes	dBA	Art des Raumes	dBA
Büro, Schulungsräume	45	Verkaufs-, Dienstleistungsräume, Restaurants	60
Vorbereitungsräume, Ateliers, Warenannahme, Expedition	55	Verkaufsräume mit erhöhter Luftförderung, Selbstbedienungsläden	65
Verarbeitungsräume, Küchen, Werkstätten, Kantine, Garderoben	60	im Bereich von Luftschleieranlagen	70

Tab. 11.5 Mittlere Richtwerte für die in den Räumen zulässigen Pegel von außen eindringender Geräusche (Klammerwerte sind Maximalpegel)

	Art und Nutzung der Arbeitsräume	Druckpegel in dB(A)	
1	Aufenthaltsräume in Wohnungen, Übernachtungsräume in Hotels, Bettenräume in Krankenhäusern und Sanatorien	bei Tag nachts	30-40(40-50) 20-30(30-40)
2	Unterrichtsräume, wissenschaftliche Arbeitsräume, Konferenz- und Vortragsräume, Arztpraxen, Kirchen, Bibliotheken, Aulen	30-40(40-50)	
3	Büros für mehrere Personen	35-45(45-55)	
4	Großraumbüros, Gaststätten, Laden, Schalterräume	40-50(50-60)	
5	Eingangs-, Warte- und Abfertigungshallen	45-55(55-65)	
6	Opernhäuser, Theater, Kinos, Studio	25 (35)	

Tab. 11.6 Arbeitsstättenrichtlinien

Zulässige **Schalldruckwerte am Arbeitsplatz** nach den **Arbeitsstättenrichtlinien** §15

	Art der Tätigkeit und des Raumes	dB(A)
1	Überwiegend geistige Tätigkeit	55
2	einfache und überwiegend mechanisierte Bürotätigkeiten	70
3	bei allen sonstigen Tätigkeiten mit maximal 5 dB(A) Überschreitung; (bei höheren Werten ist Gehörschutz zu tragen)	85
4	Pausen-, Sanitäts-, Bereitschaftsliegeräume o.ä.	55

Bem. In der Praxis werden diese Werte vielfach als zu hoch bezeichnet

Tab. 11.7 Zulässige Schallimmissionen in dB (A) auf Nachbarschaft

Einwirkort	tags	nachts
Immissionswerte "Außen"		
gewerbliche Anlagen	70	70
vorwiegend gewerbliche Anlagen	65	50
gewerbliche Anlagen mit Wohnungen gemischt	60	45
vorwiegend Wohnungen	55	40
ausschließlich Wohnungen	50	35
Kurgebiete, Krankenhäuser	45	35
Immissionswerte "Innen"		
Innerhalb von Wohnungen	35	25

Diese Werte sollen außen kurzzeitig um nicht mehr als 30 dB(A) nachts 20 dB(A) und innen um 10 dB(A) überschritten werden

11.3 Mögliche Schallpegelsenkungen in RLT-Anlage und Raum (Eigendämpfung)

Grundsätzlich unterscheidet man zwischen dieser natürlichen „passiven" Schalldämpfung auf dem Weg über das Kanalnetz, d. h. von Zentrale bis Raum (Eigendämpfung), und der künstlichen („aktiven") Schalldämpfung, z. B. durch Schalldämpfer, Kanalauskleidung, wenn die natürliche nicht ausreicht. Aus Abb. 11.16 gehen in Richtung zur Luftströmung die natürlichen Dämpfungsglieder (1), 3, 4, 5 und das künstliche Dämpfungsglied 2 hervor.

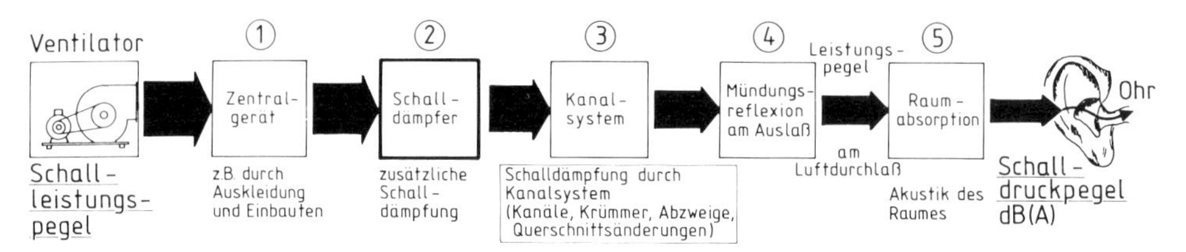

Abb. 11.16 Dämpfungsglieder in einer RLT-Anlage

11.3.1 Pegelsenkungen im Gerät (Klammerzentrale)

Die Schalleistung des Ventilators strahlt zu etwa gleichen Teilen druck- und saugseitig in das angeschlossene Kanalsystem, so daß zu beiden Seiten eine Dämpfung vorgenommen werden muß. Die **Minderung der Ventilatorabstrahlung** in den Aufstellungsraum liegt bei etwa 20 bis 30 dB, wenn der Ventilator im Kastengerät eingebaut ist. Dies ist allerdings abhängig von der Masse der Wandung, Auskleidung und Anordnung des Segeltuchstutzens. Da hier Luftschall beim Eindringen in das Gehäuse behindert und dadurch auch nur wenig abgestrahlter Körperschall erzeugt wird, handelt es sich hierbei um Luftschalldämmung.
Dämpfungswerte durch Einbauten in der Zentrale können nur dann in eine genaue akustische Berechnung einbezogen werden, wenn sie experimentell ermittelt wurden.
Sie sind nicht nur stark frequenzabhängig, sondern können auch nicht einfach addiert werden, wenn diese hintereinander angeordnet sind (z. B. Erhitzer und Kühler). Der Reflexionsanteil kann dadurch stark abnehmen.

Anhaltswerte: (125 bis 500 Hz): Heiz- und Kühlregister (je nach Anzahl der Rohrreihen) 1 bis 3 dB, Filter 2 bis 6 dB, Wetterschutzgitter 2 bis 3 dB, Düsenkammer 2 bis 3 dB.

11.3.2 Pegelsenkungen durch Kanalnetz und Formstücke

Obwohl ein Kanal und besonders die im Kanal vorhandenen Bauteile auch Geräusche in Form von Strömungsrauschen verursachen können (Kap. 11.2.2), dämpfen sie jedoch auch das vorangegangene Geräusch. Diese natürliche Dämpfung innerhalb des Kanalsystems erfolgt viel mehr durch Umlenkungen und Kanalverzweigungen als durch die in der Regel ungedämpften Kanäle oder Lüftungsrohre selbst. Die zu erwartenden Pegelsenkungen können anhand von Diagrammen oder Tabellen annähernd ermittelt werden.
Die **Schalldämpfung längs gerader Kanäle oder Lüftungsleitungen** entsteht dadurch, daß das dünnwandige „schwingende" Blech einen Teil seiner Schallenergie absorbiert und einen weiteren Teil an seine Umgebung abstrahlt. Die Dämpfung hängt – wie die Abbildungen zeigen – vor allem von den Abmessungen (Seitenverhältnis bzw. Verhältnis Umfang zur Querschnittsfläche, Durchmesser) und von der Frequenz ab. Eine starke Dämpfung erreicht man, wenn die Kanäle und Rohre innen ausgekleidet werden.

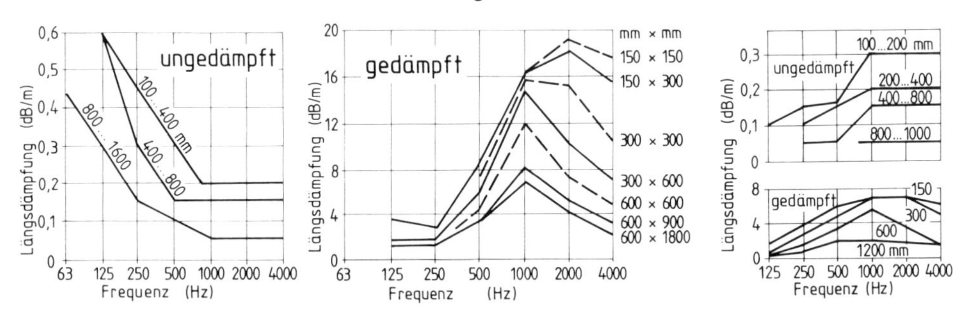

Abb. 11.17 Längsdämpfung ungedämpfter und gedämpfter Rechteckkanäle

Abb. 11.18 Ungedämpfte und gedämpfte Blechrohre

Weitere Hinweise hierzu:

- Einfluß auf die Pegeländerung haben auch Blechdicke, Befestigungsart, Luftströmung und vor allem die **Kanalkonstruktion (Steifigkeit) und das Kanalmaterial.** So haben gerade Kanäle aus Beton oder Mauerwerk praktisch keine Dämpfung, jedoch wegen ihrer großen Masse und Biegesteifigkeit eine hohe Schalldämmung. Kanäle dämpfen etwas besser als Rohre, strahlen aber mehr Geräusche an die Umgebung ab, d. h., die Dämmwirkung ist bei Kanälen schlechter als bei Rohren.
- Die Pegelsenkungen der **gedämpften Kanäle und Rohre** nach Abb. 11.17 und 11.18 basieren auf einer etwa 25 mm dicken Mineralwolleschicht, die innen an die Kanalwandung angebracht und mit Lochblech abgedeckt wird. Die geringen Pegelsenkungen glatter Kanäle (i. allg. vernachlässigbar) werden hierdurch um ein Vielfaches erhöht. Annähernd kann man die Dämpfung je Meter nach folgenden Gleichungen bestimmen:

$$L = 1{,}5 \cdot \alpha \cdot \frac{U}{A}$$

rechteckig

$$L = 6 \cdot \frac{\alpha}{d}$$

rund

A freier Kanalquerschnitt (nach der Auskleidung)
U Umfang in m
α Absorptionsgrad (vgl. Tab. 11.8)
d Durchmesser in m

Demnach ist – wie auch die Abbildung zeigt – die Dämpfung um so besser, je größer das Verhältnis U/A bzw. je geringer der Durchmesser ist.
Das Schallschluckmaterial soll nicht brennbar, nicht hygroskopisch, geruchlos, genügend glatt und stabil sein.

- Müssen Kanäle zur Reduzierung von Energieverlusten **außen wärmegedämmt** werden, so ist die Längsdämpfung (obige Diagrammwerte) etwa doppelt so hoch.

Bei der **Schalldämpfung durch Formstücke** unterscheidet man – entsprechend Abb. 11.19 bis 11.23 – zwischen Umlenkungen, Verzweigungen und Querschnittsänderungen. Da in den meisten Formstücken Schallreflexionen auftreten, die einen Großteil der Schallenergie zurückwerfen, müßte man hier von einer Schalldämmung sprechen.

Bei **Umlenkungen** hängt die Pegelsenkung neben der Frequenz vor allem von der Formgebung und den Abmessungen ab. Bei Lüftungsrohren sind es die Bogen und Rohrkrümmer, bei Kanälen die Kniestücke.

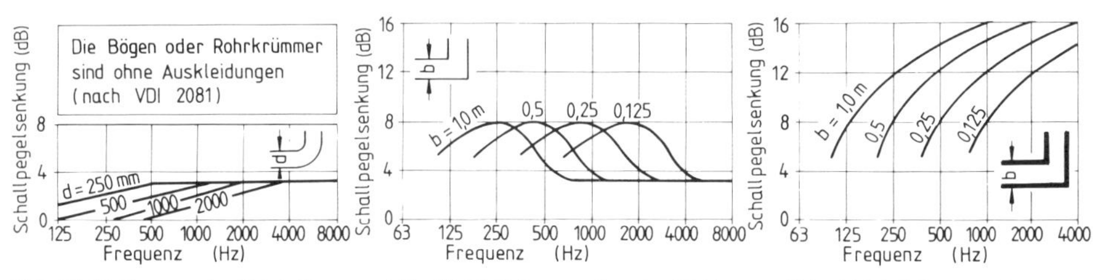

Abb. 11.19 Bogen oder Rohrkrümmer

Abb. 11.20 Krümmer ohne Auskleidung

Abb. 11.21 Krümmer mit Auskleidung

Weitere Hinweise hierzu:

- Die **Pegelsenkung beim Bogen** ist gering (Abb. 11.19). Sie nimmt mit steigender Frequenz zu, jedoch nur bis 3 dB, und beträgt bei 250 Hz und mittlerem Durchmesser etwa 1 bis 2 dB, bei $d \approx 1$ m sogar 0 dB.
- Die **Pegelsenkung bei Kniestücken** ist wesentlich größer als beim Bogen, da die Reflexionen durch die rechtwinkligen Kanten begünstigt werden. Auffallend ist der Beginn der Dämpfung bei desto tieferen Frequenzen, je breiter der Kanal ist.
  Bei Umlenkungen mit Leitblechen (Abb. 8.28) kann man etwa die Mittelwerte zwischen Knie und Bogen wählen. Kurze Leitflächen haben keinen Dämpfungseinfluß.
- Bei **Kniestücken mit Auskleidung** hängt es davon ab, wo und wie die Auskleidung angebracht wird und wie dick sie ist. Bei Abb. 11.21 sind eine Länge von 2 × Kanalbreite und eine Dicke von etwa 10 % der Kanalbreite angenommen.

Bei **Kanalverzweigungen** wird die frequenzunabhängige Pegelsenkung entsprechend dem Querschnittsverhältnis des zu berechnenden Teilkanals mit der Fläche A_1 zur Summe aller Teilkanäle mit den Flächen A_1, A_2, A_3 . . . ermittelt.

- **Beispiel:** Der schräge Abzweig mit A_1 hat einen Durchmesser von 100 mm (zum berechnenden Teilkanal) und A_2 von 160 mm. $A_1/(A_1 + A_2) = 78{,}5/(78{,}5 + 201) = 0{,}28 \Rightarrow$ Dämpfung 5,5 dB (Abb. 11.22).
- Bei **rechtwinkligen Abzweigen,** d. h. Kanal mit Fläche A_1 wird mit 90° vom Hauptkanal abgenommen, können – bezogen auf die Fläche des Hauptkanals – die frequenzabhängigen Pegelsenkungen von Umlenkungen zusätzlich berücksichtigt werden. Wird jedoch der anschließende Kanal verjüngt (Abb. 11.22 b), wird von den Werten nach Abb. 11.22 nur die halbe Pegelsenkung eingesetzt.

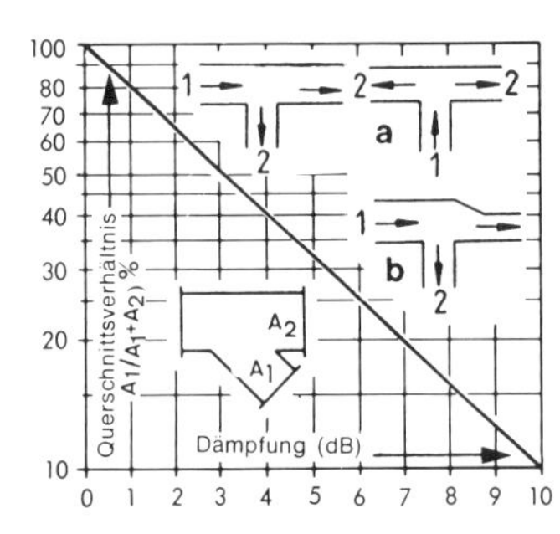

Abb. 11.22 Pegelsenkung bei schrägen Abzweigen. Bei a und b (rechtwinklig) zusätzlich Umlenkungen berücksichtigen

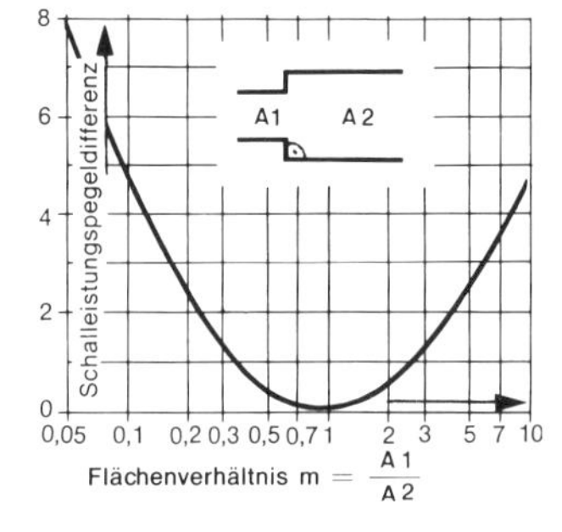

Abb. 11.23 Pegelsenkung bei einfachem Querschnittssprung 90° (frequenzunabhängig)

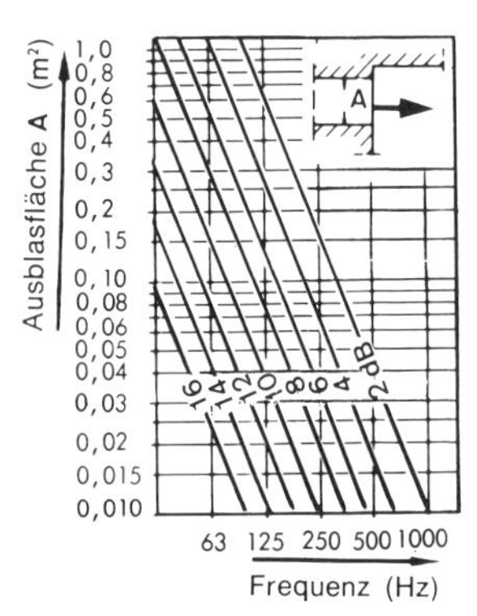

Abb. 11.24 Mündungsreflexion (Auslaßdämpfung)

Bei **Querschnittsänderungen,** wie z. B. beim einfachen plötzlichen Querschnittssprung (Abb. 11.23) sind die Dämpfungswerte nicht mehr von der Frequenz, sondern nur vom Flächenverhältnis abhängig.

Geht der Kanalquerschnitt A_1 konisch in den Querschnitt A_2 über, insbesondere bei längerem Diffusor, kann die Pegelsenkung vernachlässigt werden.

11.3.3 Dämpfung durch Mündungsreflexion („Auslaßdämpfung")

Die Dämpfung am Zuluftdurchlaß bezeichnet man deshalb so, weil in jeder Kanalmündung ein Teil des Schalls wieder in den Kanal reflektiert wird.

- Wie aus Abb. 11.24 hervorgeht, hängt diese natürliche Dämpfung von der Frequenz (bei tiefen Frequenzen stärker), von der Austrittsfläche (freier Querschnitt) und von der Austrittsstelle (in der Wand oder frei im Raum) ab.
- Je ungünstiger das Längen-Breiten-Verhältnis des Zuluftdurchlasses ist (im Extremfall ein Schlitzauslaß oder Gitterband), desto stärker müssen die Werte nach Abb. 11.24 reduziert werden. Auch infolge Schallabstrahlung über die Kanalwand ist eine geringere Pegelsenkung möglich.

11.3.4 Raumabsorption (Schalldruckpegelverteilung im Raum)

In geschlossenen Räumen wird der Schall an Wänden, Decken, Einrichtungsgegenständen reflektiert, absorbiert oder weitergeleitet. Je nach Größe und Form des Raumes und der Beschaffenheit (Schallabsorption) der Flächen ist der **Schalldruckpegel an jeder beliebigen Stelle des Aufenthaltsraumes unterschiedlich und niedriger als der Schalleistungspegel der im Raum vorhandenen Schallquelle** (z. B. Lüftungsgerät, Luftdurchlaß). Anders ausgedrückt: Der Schalleistungspegel L_W am Luftdurchlaß muß nun auf den Schalldruckpegel L_p am nächstliegenden Sitzplatz umgerechnet werden. Die Differenz dieser beiden Pegel ist das sog. „Raumdämpfungsmaß".

Der vom Ohr empfundene Schalldruckpegel L_p hängt ab vom Absorptionsvermögen des Raumes, von der Entfernung des Ohrs zur Schallquelle (z. B. Gitter), von der Lage des Gitters (Ecke, Wand, Raummitte, Kante), vom Winkelverhältnis Kopf zu Gitter und primär natürlich von der Schalleistung der Schallquelle.

Während nach Abb. 11.27 die Raumdämpfung nur überschläglich ermittelt wird, geht aus Abb. 11.25 hervor, daß die Raumdämpfung von folgenden **drei Einflußgrößen** abhängt:

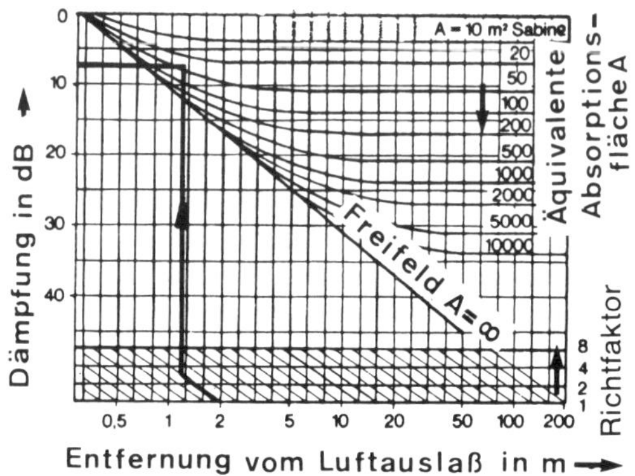

Abb. 11.25 Bestimmung der Raumdämpfung

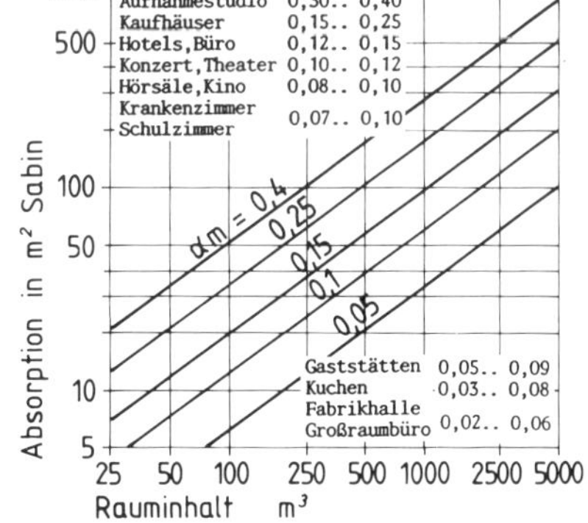

Abb. 11.26 Absorptionsfläche, mittlere Absorptionsgrade α_m

11.3.4.1 Absorptionsvermögen A

Beim Auftreffen und Eindringen der Schallwellen in poröse Werkstoffe werden die Schwingungen der Luftteilchen durch die Reibung gegen die Porenwände gebremst, d. h., die Schallenergie wird in Wärmeenergie umgewandelt. Das **Absorptionsvermögen *A*, auch als m² Absorptionsfläche bezeichnet (Einheit m² Sabine),** kann man berechnen $A = \sum S_T \cdot \alpha_T$, nach Abb. 11.27 näherungsweise oder in Abhängigkeit von Raumgröße und Nachhallzeit T nach Abb. 11.28 bestimmen.

A Absorptionsvermögen sämtlicher Flächen (Absorptionsfläche – **normale Büroräume liegen etwa bei A = 20 bis 30 m² Sabine**)

S_T Teilfläche des Raumes, z. B. Fußboden, Wand, Fenster, Polstermöbel, Personen

α_T Absorptionsgrad der Teilfläche = $\dfrac{\text{vom Material absorbierte Schallenergie}}{\text{insgesamt auftretende Schallenergie}}$

Wird kein Schall reflektiert, ist α = 1; wird der gesamte Schall reflektiert, ist α = 0

Wie Tab. 11.8 zeigt, nimmt der Absorptionsgrad α bei fast allen Stoffen mit der Frequenz stark zu. Bei tiefen Frequenzen ist er um so größer, je dicker die Schallschluckplatte ist.
Anhaltswerte für α bei Räumen: Aufnahmestudios 0,3 . . . 0,4; Kaufhäuser 0,15 . . . 0,25; Büros, Hotelzimmer 0,12 . . . 0,15; Schulräume, usw. (vgl. Abb. 11.26).

Tab. 11.8 Absorptionszahlen α

Stoff	Frequenz 250 Hz	Frequenz 1000 Hz	Stoff	Frequenz 250 Hz	Frequenz 1000 Hz
Kalkputz	0,03	0,04	Holzpaneel, 5cm, direkt auf Wand	0,07	0,05
Marmor, Blech, Klinker	0,01	0,02	Sperrholz, 8mm, auf 5cm dicken Riegeln	0,22	0,09
Holz	0,03	0,04	Weicher Teppich, 1cm, auf Beton	0,08	0,26
Beton, Rabitz	0,10	0,05	Gardinen, schwer, 9cm Wandabstand	0,10	0,63
Holzwolleplatte, 2,5 cm(5cm)	0,25(0,35)	0,50(0,75)	Fensterglas	0,30	0,17
2,5cm mit 3cm Mineralwolle	0,80	0,80			
Mineralfaserplatte, 1cm(3cm)	0,15(0,4)	0,50(0,8)			
2,5cm mit Wandabstand	0,40	0,80			

Schalldämpfend wirken bekanntlich Teppichböden, schwere Vorhänge, Polstermöbel und besonders spezielle Schallschluckdecken.

Nachhallzeit:

Die Schallabsorption hat großen Einfluß auf die Raumakustik (Verständlichkeit, Klangwiedergabe). Wie Tab. 11.3 zeigt, werden in der VDI 2081 nicht nur Richtwerte für den A-Schallpegel, sondern auch für die Nachhallzeit als Maß für die Klanggüte angegeben.

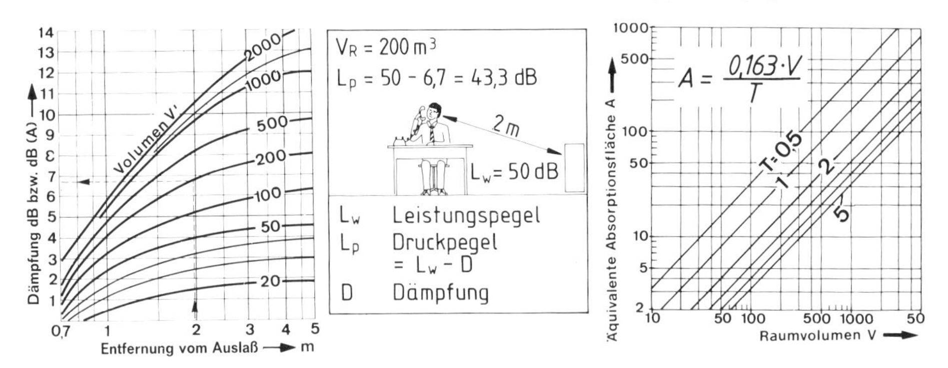

Abb. 11.27 Überschlägliche Ermittlung der Raumabsorption (Raumdämpfung)

Abb. 11.28 Äquivalente Absorptionsfläche

- Wie aus Abb. 11.28 hervorgeht, kann man aus der Nachhallzeit (T [in s]) und dem Rauminhalt (V [in m³]) die Absorptionsfläche A (in m² Sabine) wie folgt berechnen: $\boldsymbol{A = 0{,}163 \cdot V/T}$. Die Angaben in der VDI 2081 (Tab. 11.3) müßten in einer größeren Bandbreite angegeben werden, wie z. B. für Büroräume 0,5–1,5, Hörsäle 0,8–1,5, Konzertsaal 1–2, Versammlungsräume 0,5–1,5 usw.
- **Unter Nachhallzeit versteht man** diejenige Zeit, in der die Schallenergie auf den millionsten Teil ihres Anfangswertes herabsinkt. Dies entspricht einer Schallpegelverringerung um 60 dB. Der Nachhall wird mit einem Pegelschreibgerät aufgenommen.
- Räume mit großen Beton- oder Glasflächen wie z. B. Schwimmhallen („schallharte" Räume) haben eine **lange Nachhallzeit,** da hier der Schall stark reflektiert wird (Hallräume). Räume mit schallschluckenden Wänden, Teppichböden, Vorhängen, Personen, Polstermöbeln usw. („schallweiche" Räume) haben eine **kurze Nachhallzeit** und somit eine gute Verständlichkeit.

11.3.4.2 Richtungsfaktor *Q* (Richtungscharakteristik der Schallquelle)

Dieser Wert wird aus Abb. 11.29 entnommen. Er ist abhängig vom Produkt aus Frequenz und Wurzel Schallaustrittsfläche, vom Abstrahlwinkel (Winkel Kopf zu Gitter) und der Anordnung der Schallquellen (z. B. Gitteranordnung). Die Schallauslaßfläche wird in m² eingesetzt, so daß die Einheit $1/s \cdot \sqrt{m^2} = m/s$ ergibt.

- Der Richtungsfaktor *Q* gibt das **Verhältnis der tatsächlichen Schallintensität** einer solchen „gerichteten Schallquelle" in einem bestimmten Raumpunkt **zur Schallintensität eines „Kugelstrahlers"** (punktförmige Schallquelle) gleicher Leistung im gleichen Raumpunkt an ($Q \geqslant 1$).
- Üblich ist die Gitteranordnung in Wand- oder Deckenmitte, selten unmittelbar an der Kante oder gar direkt in einer Ecke. In Raummitte wäre z. B. ein herabhängender Deckenlufterhitzer. Diese Anordnung kommt dem Kugelstrahler am nächsten.

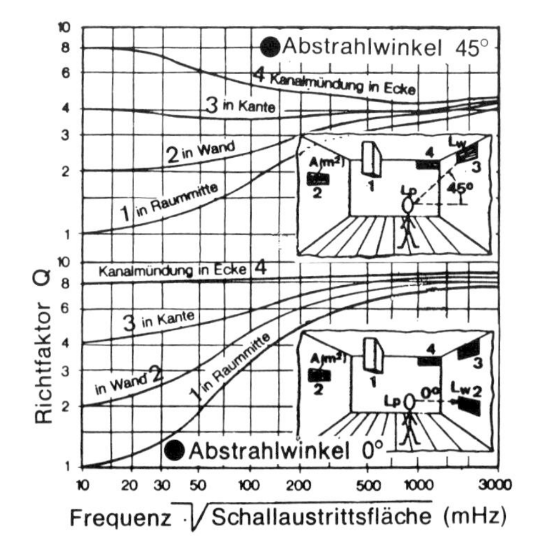

Abb. 11.29 Richtungsfaktoren nach VDI 2081

11.3.4.3 Abstand von Person zur Schallquelle

Wie aus Abb. 11.25 und 11.27 hervorgeht, nimmt zwar die Dämpfung um so mehr zu, je größer der Abstand ist, ab einem bestimmten Wert bleibt sie jedoch konstant.

- Wählt man z. B. in Abb. 11.25 (vgl. folgendes Beispiel) 10 m Abstand (anstatt 2 m), ergibt sich eine Pegeldifferenz von etwa 11 dB, die dann ungefähr im ganzen übrigen Raum vorliegt.

- Bei größeren Räumen bzw. großem Absorptionsvermögen verhält sich die Schallquelle wie im freien Feld, wo sich die Schallwellen nach allen Richtungen ausbreiten können.

> Beispiel zur Bestimmung der Raumdämpfung nach Abb. 11.25 (Annahmen)
>
> **Ein Raum mit einem Inhalt von 280 m^3 hat nach Tab. 11.3 eine mittl. Nachhallzeit von 1 s, was nach Abb. 11.28 einer „Absorptionsfläche" von etwa 46 m^2 Sabine entspricht. Bei einem Abstrahlwinkel (Gitter - Ohr) von 45°, einer Frequenz von 250 Hz, 0,2 m^2 Austrittsfläche ($f \cdot \sqrt{A} = 112$) und einer Gitteranordnung in der Raumkante entsteht nach Abb. 11.29 ein Richtungsfaktor Q von etwa 3,6. Bei einer Meßentfernung des Luftgitters von 2 m wäre die Pegeldifferenz nach Abb. 11.25 etwa 7 dB, d. h., der Schalldruckpegel liegt durch die Raumabsorption etwa 7 dB tiefer als der Schalleistungspegel am Gitter.**

11.4 Schallschutzmaßnahmen - Schalldämpferauswahl

Nach der Erklärung wesentlicher Grundbegriffe, nach der Ermittlung möglicher Geräuschquellen und der zu erwartenden Pegelsenkungen einer RLT-Anlage soll anschließend vorwiegend auf die Schalldämpferauswahl eingegangen und einige Hinweise zur Schalldämmung gegeben werden.

Zusammenfassend kann man die akustische Berechnung einer RLT-Anlage (Maßnahmen zur Lärmminderung in RLT-Anlagen) in folgende **Teilaufgaben** aufgliedern:

1. Festlegung der in den verschiedenen Räumen zulässigen bewerteten Schalldruckpegel (evtl. auch Grenzkurven) entsprechend den empfohlenen Richtwerten, wie z. B. nach Tab. 11.3 bis 11.6.
2. Ermittlung des vom Ventilator in das Kanalnetz geleiteten Geräusches (Kap. 11.2.1); bei genaueren Berechnungen oktavweise.
3. Ermittlung der im Kanalsystem zusätzlich erzeugten Strömungsgeräusche einschl. Luftdurchlaß. Zuvor muß das Kanalnetz strömungstechnisch abgeglichen sein und der max. zulässige Zuluftvolumenstrom beim Luftdurchlaß ermittelt werden. Überprüfung, ob Sekundärschalldämpfer.
4. Ermittlung der im Kanalsystem zu erwartenden Pegelsenkungen (Kap. 11.3). Die dann noch von der Anlage zu- und abluftseitig in den Raum eingestrahlten Pegel (einschl. evtl. weiterer Störpegel) werden dann als Summenpegel abzüglich Raumabsorption mit dem vorgegebenen Raumpegel verglichen.
5. Bemessung des Schalldämpfers entsprechend der noch erforderlichen Einfügungsdämpfung und Maßnahmen zur Vermeidung von Körperschallübertragung.

11.4.1 Schalldämpferarten

Da die natürliche Dämpfung des Kanalsystems in der Regel nicht ausreicht, ist eine künstliche Dämpfung durch Schalldämpfer erforderlich oder bei geringer Dämpfung auch durch schalldämmende Kanalauskleidungen.
Schalldämpfer unterscheidet man erstens nach der äußeren Form und zweitens nach dem inneren Aufbau und somit nach der Wirkungsweise. Als **Bauformen** sind zu nennen:

a) **Plattenschalldämpfer,** in denen nur schallabsorbierende Plattenelemente in Längsrichtung des Kanals eingefügt werden (z. B. Abb. 10.56 c). Derartige „Schallabsorber" können auch zur Verbesserung der raumakustischen Eigenschaften als Wandverkleidungen ausgebildet oder frei aufgehängt werden.

b) **Zellenschalldämpfer,** bei denen ein Gehäuse zellenartig in einzelne Kanäle bzw. Kammern aufgeteilt wird, die ganz oder teilweise mit Dämmstoff ausgekleidet werden (Sonderfall).

c) **Kulissenschalldämpfer** (Abb. 11.30), bei denen man schalldämpfende Einheiten (Kulissen) einfach in Profilrahmen einschiebt. Je nach Verwendungszweck gibt es unterschiedliche Kulissenarten, z. B. mit außenliegenden Kammerblechen mit porösen Platten u. a. Zu diesem fast ausschließlich angewandten Schalldämpfer für Rechteckkanäle werden beim Auswahldiagramm (Abb. 11.35) und nachfolgendem Auswahlbeispiel weitere Hinweise gegeben.

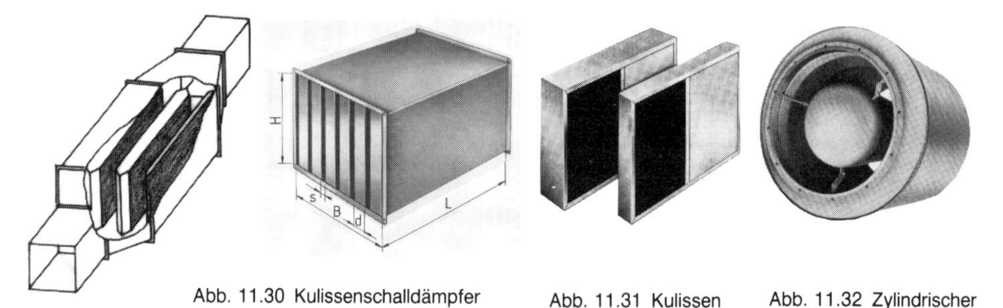

Abb. 11.30 Kulissenschalldämpfer

Abb. 11.31 Kulissen Fa. Trox

Abb. 11.32 Zylindrischer Schalldämpfer

d) **Zylindrische Schalldämpfer,** die zum Anbau an Ventilatoren und Einbau in runde Kanäle verwendet werden. Abb. 11.32 zeigt einen solchen Rundschalldämpfer, bei dem noch zusätzlich ein zentrisch eingebauter schallabsorbierender Kern eingebaut ist, wodurch zwar die Dämpfung erhöht, der freie Querschnitt jedoch um etwa 40 % verringert wird. Die Nennweite geht von 250 mm bis 1000 mm. Telefonieschalldämpfer vgl. Abb. 11.33.

e) **Flexible Rohrschalldämpfer,** die bei der Verwendung von Flex- und Wickelfalzrohren verwendet werden (Abb. 8.33 und 8.42). Zwischen dem perforierten Innenrohr und dem Außenrohr befindet sich der Schallschluckstoff.

f) **Telefonieschalldämpfer** bezeichnet solche Schalldämpfer, die in Abzweigkanälen vieler nebeneinanderliegender Räume eingebaut werden, damit eine „Telefonie-Übertragung" über Lüftungsleitungen von Raum A zu Raum B verhindert wird (Abb. 11.33).
Auch bei Lüftungsschächten soll dadurch der „Sprachrohreffekt" von Wohnung zu Wohnung verhindert werden. Zur Ausführung kommen hierfür meist die biegsamen Rohrschalldämpfer, die auch in platzsparender Ausführung in Rechteckform geliefert werden, z. B. in abgehängten Decken. Auch Dämpfer aus verzinktem Stahlblechmantel mit ringförmigen Kammern, ausgekleidet mit Mineralwolle, werden als Telefonieschalldämpfer verwendet.

g) **Sonstige Bauformen** sind z. B. Schalldämpfer in Fußbodenkanälen (Abb. 5.31), Schalldämpfer in Dachventilatoren (Abb. 10.55), u. a.

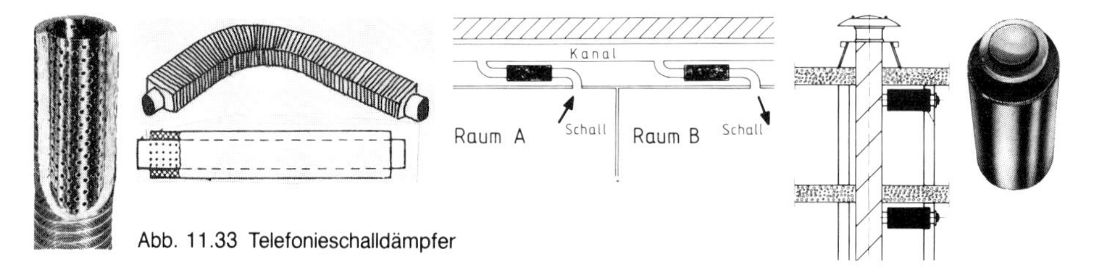

Abb. 11.33 Telefonieschalldämpfer

Hinsichtlich des inneren Aufbaus und der **Wirkungsweise** von Schalldämpfern unterscheidet man vorwiegend zwischen:

Absorptionsschalldämpfer

Bei diesen bewährten, in RLT-Anlagen am häufigsten verwendeten Schalldämpfern (meistens als Kulissenschalldämpfer) wird die Schallenergie durch Reibung im porösen Kulissenmaterial (Glas- oder Mineralwolle) in Wärme umgewandelt.

Die erreichbaren Dämpfungswerte (= Einfügungsdämpfung) hängen vor allem vom Schallschluckgrad und von der Spaltbreite ab, je nach Spaltbreite etwa 10 bis 20 dB/m. Zum Auswahlbeispiel nach Abb. 11.35 werden hierzu zahlreiche Hinweise gegeben.

Relaxationsschalldämpfer („Drosselabsorptionsschalldämpfer")

Hierbei handelt es sich um eine Variante des Absorptionsschalldämpfers. Die Kulissen von etwa gleicher Dicke sind so aufgebaut, daß zwar die Auskleidungsdicke geringer ist, dafür aber einzelne Kammern (Hohlräume) vorhanden sind (Abb. 11.34 b).

Die **Anwendung** ist so vielseitig wie beim Absorptionsschalldämpfer. Die Wellenberge der Schallwellen, d. h. die Bereiche höheren Luftdruckes, werden durch Luftentnahme „entspannt" (Luft strömt in die Kulissenkammer), und die Wellentäler, d. h. die Bereiche verminderten Luftdrucks, werden aufgefüllt (Luft strömt aus der Kulisse). Durch diesen Ausgleichsvorgang mit zeitlicher Verzögerung (Relaxationseffekt) findet besonders bei tiefen Frequenzen eine Dämpfungserhöhung statt.

Resonanzschalldämpfer

Diese Schalldämpfer haben – ähnlich wie der Relaxationsschalldämpfer – nur Hohlräume mit zahlreichen Kammerwänden und gelochten Membranplatten (Helmholtz-Resonator). Bei der Ausführung nach Abb. 11.34 c werden undurchlässige, schwingungsfähige Platten verwendet (Plattenresonator).

Das Luftpolster in den Kammern wirkt wie eine Feder, die Loch- bzw. Schwingplatte wie eine Masse. Platten, Bleche und Hohlräume werden durch die Schallfrequenz zum Mitschwingen angeregt, wodurch ebenfalls Schallenergie in Wärmeenergie umgewandelt wird. Der Plattenresonator ist vorteilhaft bei tiefen Frequenzen (jedoch schmalbandige Wirkung); beim Helmholtz-Resonator – relativ breitbandig – übernehmen die Luftpfropfen die Dämpfung.

Membranabsorber

Hierbei handelt es sich um eine Neuentwicklung, die aus Kostengründen und wegen der noch geringen Absatzzahlen in der Praxis kaum bekannt ist. Der meist ganz aus Metall (Alu) hergestellte Schalldämpfer ist eine Kombination von Helmholtz- und Plattenresonator.

Auf beiden Seiten der starren Trägerplatte *P* (Abb. 11.34 d) befindet sich eine große Anzahl von Kammern, die durch eine Wabenstruktur gegeneinander akustisch dicht abgeschlossen ist. Die aufgezogene Lochmembrane *L* ist mit definierten Öffnungen versehen, und die aufgespannte Abdeckmembrane *M* ist luft- und wasserdicht. Genannte Vorteile: hygienisch, große Bandbreite, leichte und robuste Bauweise, resistent gegen Umwelteinflüsse, leichte Reinigung, geringer Druckverlust.

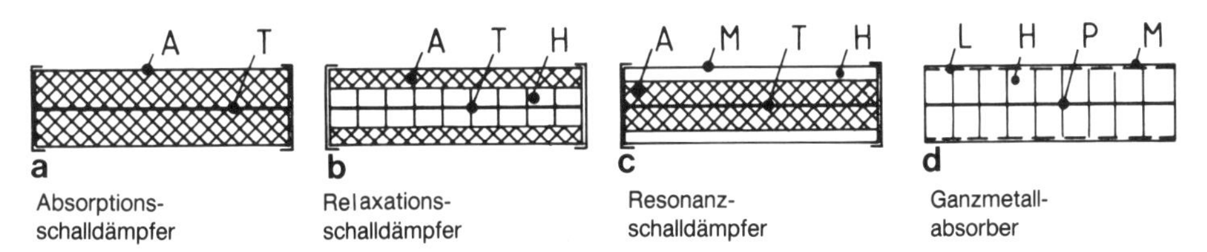

Abb. 11.34 Verschiedene Schalldämpferkulissen
A Absorptionsstoff, T Trennblech, H Hohlräume (Kammern), M Abdeckmembran, L Lochmembran, P Trägerplatte

11.4.2 Schalldämpferauswahl

Bei der Berechnung wird vielfach nur das dritte Oktavband, nach Tab. 11.1, d. h. die Oktavmittelfrequenz von **250 Hz** (evtl. auch 125 Hz), zugrunde gelegt. Diese sog. **Kurzmethode** und somit stark vereinfachte Rechnung genügt für die meisten Aufgaben. Sie ist in der Praxis deshalb verbreitet, da der vom Ventilator verursachte Schallpegel in diesem Frequenzbereich seinen Hauptstörpegel, d. h. den ausschlaggebenden Anteil vom bewerteten Summenpegel, besitzt.

Berechnungsbeispiel (vereinfachte Rechnung bei 250 Hz)

Volumenstrom des Ventilators $\dot{V}$ = 15 000 m³/h, Gesamtdruck Δp_t = 300 Pa; zulässiger Schalldruckpegel im Raum 35 dB (A), betreffender Rauminhalt 500 m³; Entfernung des ersten Zuluftdurchlasses bis Sitzplatz 2 m (Winkel 45°); 4 Knie, 2 Abzweige, 15 m Wickelfalzrohre 700 mm ∅ (ungedämmt).

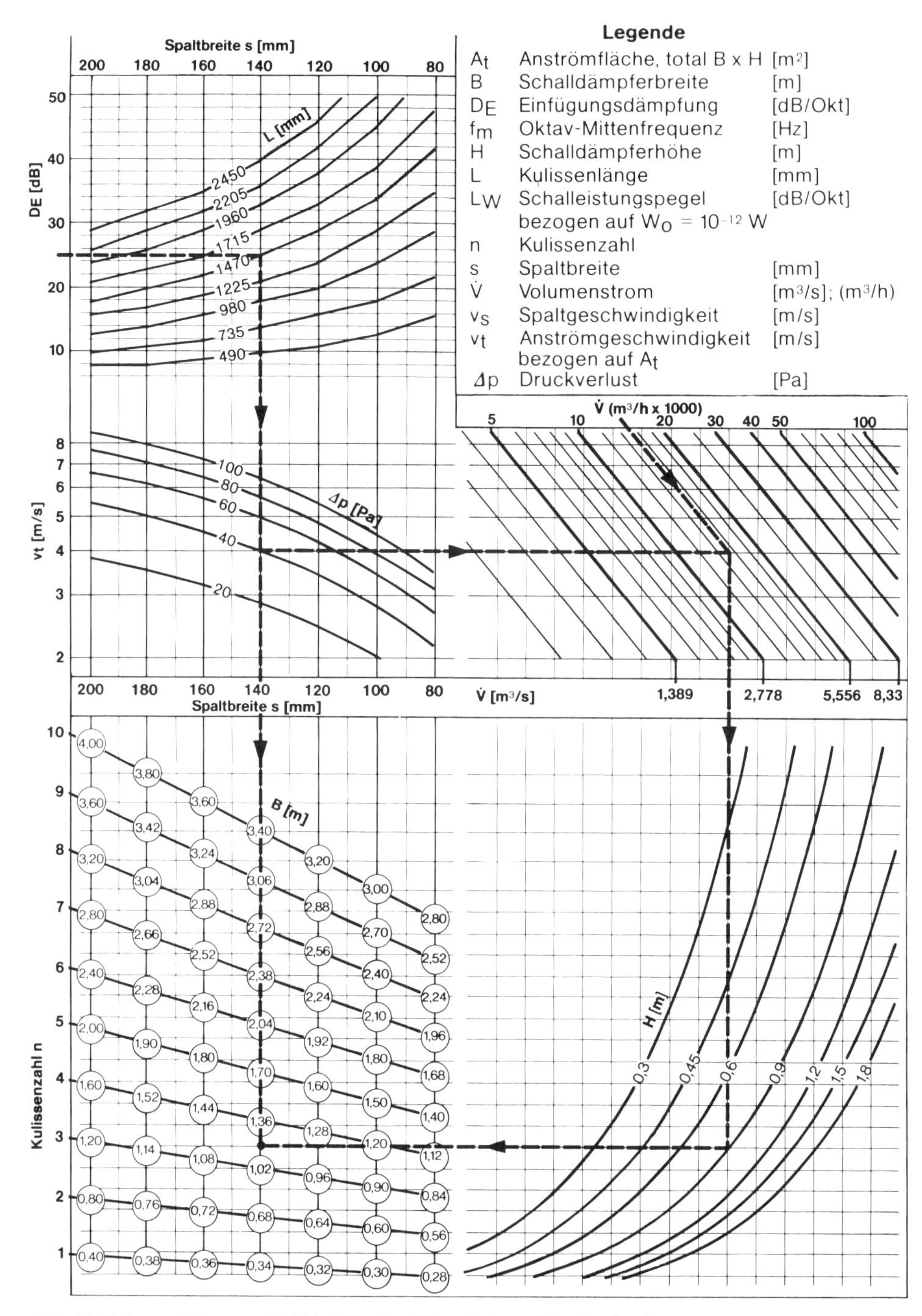

Abb. 11.35 Auswahldiagramm für Schalldämpfer, 20 cm Kulissendicke (Fa. Trox)

Lösung:

a) Gesamtschalleistungspegel des Ventilators L_W

Falls keine Herstellerangaben vorliegen sollten, kann dies nach Abb. 11.11 bestimmt werden **96,0 dB**

b) Schalleistungspegel bei 250 Hz (Oktav-Schalleistungspegel $L_{W\,okt}$)

Diesen bewerteten Schallpegel, in der Regel in den Herstellerunterlagen angegeben (L_{WA} in Abb. 10.13), kann man bestimmen, indem man die Pegeldifferenz nach Abb. 11.12 (Relativpegel) vom Gesamtpegel abzieht (Kap. 11.2.1): 96 – 12 **84,0 dB**

c) Pegelsenkung durch Kanalnetz und Formstücke (natürliche Dämpfung)

Diese Dämpfungswerte wurden in den vorstehenden Teilkapiteln behandelt. Zum Beispiel 15 m Rohre ≈ 1 dB (Abb. 11.18); 4 Bogen ≈ 4 dB (Abb. 11.19); 2 Abzweige ≈ 2 · 4 = 8 dB (Abb. 11.22) 13,0 dB

d) Dämpfung durch Mündungsreflexion

Nach Abb. 11.24 wäre diese bei z. B. 0,1 m^2 und 250 Hz etwa 3,0 dB

● **Schalleistungspegel am Auslaß** **68,0 dB**

e) Raumdämpfung (Raumabsorption)

Näherungsweise sind es nach Abb. 11.27 bei 2 m Entfernung vom Zuluftdurchlaß und 500 m^3 Rauminhalt etwa 8,2 dB. Genauere Ermittlung vgl. Beispiel unter Kap. 11.3.4.2 (Abb. 11.25). 8,2 dB

● **Schalldruckpegel im Aufenthaltsbereich** **59,8 dB**

f) Geforderter Schalldruckpegel im Raum

Hierfür werden nach VDI 2081, DIN 1946 u. a. Anhaltswerte angegeben (vgl. Tab. 11.3). 35,0 dB

● **Zusätzlich erforderliche Dämpfung** **24,8 dB**

(= Einfügungsdämpfung für den zu wählenden Schalldämpfer DE nach Abb. 11.35)

Nach Abb. 11.35 können nun die Maße des Schalldämpfers (Länge, Breite, Höhe) sowie die Anzahl der Kulissen und nach Abb. 11.36 das Strömungsrauschen ermittelt werden. Anschließend noch einige weitere **Hinweise zur Schalldämpferauswahl:**

1. Das Beispiel, bei dem **Breite und Kulissenanzahl ermittelt** werden, ist zwar in Abb. 11.35 durch Pfeilkennzeichnung eingetragen, jedoch kann (z. B. je nach Platzverhältnissen) auch die Höhe oder Länge gesucht werden.
   Lösung: Bei einer möglichen Schalldämpferlänge von 1470 mm und einem max. Druckverlust von 40 Pa ergibt sich bei obigem Volumenstrom von 15 000 m^3/h und einer max. möglichen Höhe von 90 cm eine **Kanalbreite von 1,36 m bei 4 Kulissen** (Spaltbreite 140 mm). Das Diagramm gilt für 20 cm Kulissendicke.
   Bei 1715 mm Länge wäre es eine Spaltbreite von 160 mm und eine Breite von 1,08 m mit 3 Kulissen.

2. Der **Druckverlust des Schalldämpfers** Δp wird meist vorgegeben, z. B. durch das max. zul. Strömungsrauschen oder bei nachträglichem Einbau durch den vorhandenen Ventilator. Wie Abb. 11.36 zeigt, hängt Δp eines bestimmten Schalldämpfers vom Verhältnis s/d, von der Anströmgeschwindigkeit v_t und von der Einbausituation (Hinweis 4) ab. Anhaltswerte: 40 . . . 80 Pa.

3. Das durch die Luftströmung zwischen den Kulissen erzeugte **Strömungsrauschen** muß in jeder Oktave etwa 10 dB geringer sein als der in Schallausbreitungsrichtung zulässige Pegel hinter dem Schalldämpfer.
   Ist z. B. ein Oktavschalleistungspegel des Ventilators 75 dB (A) und die erforderliche Einfügungsdämpfung 26 dB (A), so ist der Pegel hinter dem Dämpfer 75 – 26 = 49 dB (A) und der zul. bewertete Pegel für das Strömungsrauschen 49 – 10 = **39 dB (A).** Bei z. B. s/d = 0,6 wäre die zul. Spaltgeschwindigkeit v_s etwa 12,5 m/s, die Anströmgeschwindigkeit v_t etwa 4,7 m/s und Δp ≈ 72 Pa. **Empfohlene Anströmgeschwindigkeiten v_t liegen zwischen 3 bis 5 m/s.**
   Bei dem firmenbezogenen Diagramm (wie z. B. nach Abb. 11.36) wird der bewertete Schalleistungspegel auf eine totale Anströmfläche von 1 m^2 bezogen und muß bei anderen Flächen mit folgenden dB-Werten korrigiert werden: bei 0,25 m^2 mit – 6 dB, bei 0,5 m^2 mit – 3 dB, bei 0,75 m^2 mit – 1 dB, bei 1,5 m^2 mit + 2 dB. Auch die Anordnung des Schalldämpfers (hier Anordnung a) spielt eine gewisse Rolle.

4. Der **Einbau des Schalldämpfers** soll möglichst hinter dem Ventilator erfolgen. Beim Einbau unterscheidet man zwischen dem üblichen beidseitigen Kanalanschluß und dem selteneren einseitigen Kanalanschluß. Bei letzterem unterscheidet man wiederum zwischen dem frei ansaugenden (Abb. 11.36 b) und dem frei ausblasenden Einbau mit wesentlich höherem Druckverlust als bei a) und b). Der Anschluß an den Kanal erfolgt durch etwa 50 cm lange Stutzen.
   Falls hinter dem Schalldämpfer Geräusche in den anschließenden Kanal einstrahlen oder Strömungsgeräusche durch Einbauten oder Formstücke entstehen können, sind gegebenenfalls vor dem Luftdurchlaß Sekundärschalldämpfer einzubauen, evtl. auch als Telefonieschalldämpfer.

5. Die **erreichbaren Dämpfungswerte** (Einfügungsdämpfung) kann man oktavweise anhand der vom Hersteller angegebenen Frequenzkurven ermitteln (Abb. 11.37). Je länger die Kulissen und je geringer die Spaltbreite, desto höher ist die Einfügungsdämpfung.

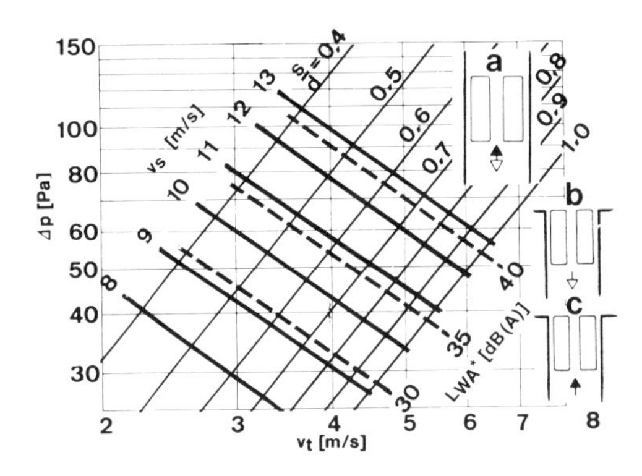
Abb. 11.36 Druckverlust und Strömungsrauschen
Einbau nach a)

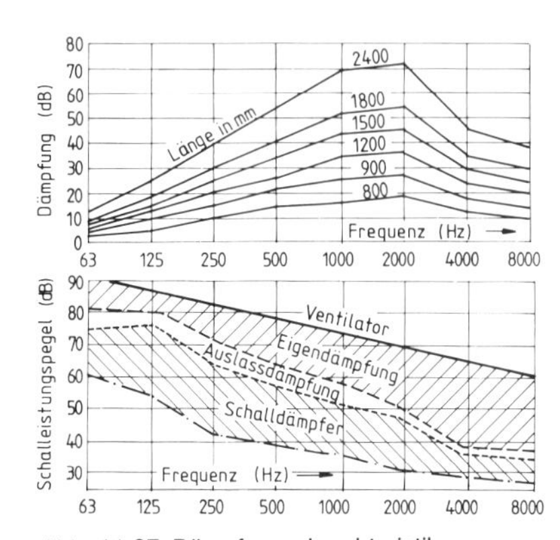

Abb. 11.37 Dämpfungscharakteristik
Abb. 11.38 Dimensionierungsprinzip

Wegen der möglichen Körperschallausbreitung längs der Schalldämpferwandung werden nur Werte **bis etwa 40 bis 50 dB erreicht.** Werden höhere Werte gefordert, können mehrere Dämpfer mit elastischen Stutzen hintereinander angeordnet werden.
Je nach Spaltbreite (10 bis 20 cm üblich) werden etwa **10 bis 20 dB/m** erreicht.

6. Zahlreiche **Sonderformen** erstrecken sich vorwiegend auf spezielle Anforderungen hinsichtlich der erforderlichen Dämpfungswerte bei unüblichen Frequenzbereichen. Bei hohen Ansprüchen an die Oberfläche werden Kulissen mit Lochblechabdeckung gewählt. Sonderausführungen bestehen aus Alu oder Edelstahl.

7. Muß der **Schalldämpfer oktavweise berechnet** werden (z. B. bei einer geforderten NR-Kurve), so muß die Schallquelle (Ventilator) frequenzabhängig vorliegen. Davon oktavweise die frequenzabhängigen Pegelsenkungen nach Abb. 11.19 usw. und die Raumabsorption abgezogen, ergibt jeweils den Schalldruckpegel am Sitzplatz. Davon den zulässigen Schalldruckpegel bei der vorgegebenen NC-Kurve abgezogen (Abb. 11.9), **ergibt die** erforderliche **Schalldruckpegelsenkung des Schalldämpfers je Oktave.** Dies kann man graphisch als Schalldämpfungsspektrum darstellen und erhält somit das Prinzip der Schalldämpferdimensionierung (Abb. 11.38).

Wird nicht der NR-Wert, sondern der maximal A-bewertete Gesamt-Schalleistungspegel vorgeschrieben, müssen zunächst die zulässigen Oktav-Schalldruckpegel mit den Werten nach Abb. 11.8. korrigiert (bewertet) und daraus der **Summenpegel gebildet** werden. Liegt dieser Wert über dem zulässigen Druckpegel nach Tab. 11.2 (z. B. 4 dB höher), so sind die Druckpegel nach der vorgegebenen NR-Kurve um diese 4 dB zu verringern bzw. die erforderlichen Werte für den Schalldämpfer um 4 dB zu erhöhen.

11.4.3 Luftschalldämmung

Bei jeder Schalldämmung wird die Schallausbreitung hauptsächlich durch Reflexion an der Grenzfläche behindert. Wie schon im Kap. 11.1.1 angedeutet, interessiert bei der Luftschalldämmung, wie man Luftschall, der auf eine Wand auftrifft, am Durchdringen hindern kann oder wie man z. B. eine Schalleinstrahlung oder -abstrahlung an der Kanalwandung, z. B. durch Anbringung von Dämmaterial, vermeiden muß.

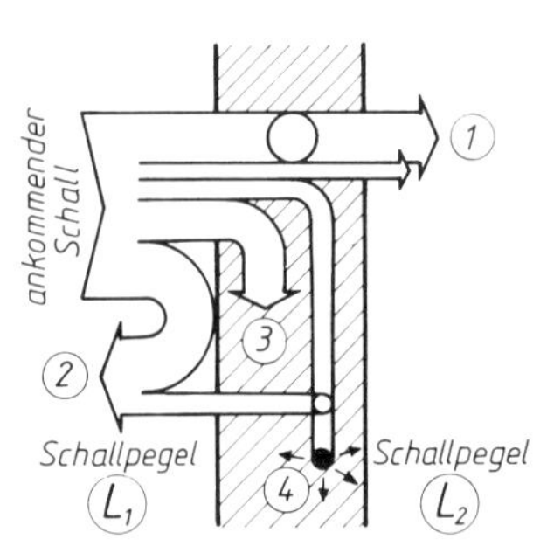

Abb. 11.39

Anhand von Abb. 11.39 wird gezeigt, wie sich der auf eine Wand ankommende Luftschall verteilen kann:

zu 1 **Schallenergie in Nebenraum,** da der schwingende Körper (z. B. Wand) seine „Energie" abstrahlt (Körperschall wird zu Luftschall) oder die Schallenergie direkt durchgeht (Undichtigkeiten).

zu 2 **Schallenergie in Aufstellungsraum** durch Reflexion und wie bei ① durch Abstrahlung der Wand, die wie eine Membrane ins Schwingen gekommen ist.

zu 3 **Schallenergie, die in der Wand fortgeleitet** wird und auf das gesamte Gebäude übertragen werden kann.

zu 4 **Schallenergie, die in der Wand absorbiert wird,** jedoch äußerst gering ist.

Daraus geht hervor, daß man in erster Linie den Luftschall im Raum so gering wie möglich halten muß, z. B. durch „Abkapselung“ der Schallquelle (z. B. Klimazentrale im Aufstellungsraum) und daß man erst an zweiter Stelle Maßnahmen ergreift, um die Ausbreitung durch Dämmaßnahmen zu verhindern.

Luftschalldämmung wird durch das sog. **Schalldämmaß *R*** gekennzeichnet. Hierzu noch einige ergänzende Hinweise:

1. Die **Luftschalldämmung einer Klimazentrale,** die innen mit Mineralwolle ausgekleidet wird, ist stark frequenzabhängig und beträgt je nach Dicke 20 bis 40 dB bei 250 Hz. Durch das schallschluckende Material wird jedoch nicht nur die Schallabstrahlung, sondern auch der Schalldruckpegel im Gerät gesenkt. **Dämmwerte von Wickelfalzrohren** liegen bei 250 Hz je nach Durchmesser bei etwa 30 bis 50 dB (größere Werte bei kleinem ∅); bei Rechteckkanälen und Flexrohren liegen sie bis zu 10 dB tiefer.

2. **Die Luftschalldämmung bei einschaligen Wänden** beträgt je nach Baustoff und Masse (kg/m^2) etwa 45 bis 55 dB. Die Wand dämmt nur unwesentlich mehr, wenn das Gewicht bzw. die Dicke größer ist (bei Verdoppelung nur etwa 5 dB). Große Hohlräume verschlechtern die Dämmwirkung; Vorsatzschalen ergeben jedoch eine Verbesserung bis zu 20 dB, aufgeklebte Akustikplatten sind hinsichtlich der Luftschalldämmung wirkungslos, verringern aber das Geräusch im Raum.
   Die **Luftschalldämmung bei zweischaligen Wänden,** d. h. zwei Schalen in nicht starrer Verbindung, ist auch bei geringem Gewicht sehr günstig (50 bis 55 dB); z. B. zwei Gipsdielen (2 cm × 5 cm) mit 3,5 cm Luftspalt ergeben eine Dämmung von etwa 50 dB. Durch eine Vorsatzwand kann man die Dämmung einer vorherigen einfachen Wand bis zu etwa 20 dB verbessern.

3. Die **Luftschalldämmung von Fenstern und Türen** hängt sehr stark von der Ausführung der Dichtung ab. Einfachfenster 20 bis 25 dB, Isolierglas 30 bis 35 dB (starke Streuung).

11.4.4 Körperschalldämmung und Schwingungsisolierung

Körperschall und Schwingungen unterscheiden sich physikalisch nur durch die Frequenz. Wie schon unter Kap. 11.1.1 erwähnt, muß bei der Körperschalldämmung verhindert werden, daß die Schallenergie eines schwingenden Körpers (Ventilator, Kompressor, Pumpe) in das Bauwerk oder in die RLT-Anlage eingeleitet wird. Tritt nämlich Schall in ein Bauteil oder in einen Kanal ein, so wird er darin weitergeleitet und irgendwo wieder als Luftschall abgegeben.
Maßnahmen zur Körperschalldämmung sind erstens eine schwingungs- und körperschallgedämmte Aufstellung und Anschlußart; zweitens große, resonanzfreie Fundamentmassen; drittens Dämpfung im Innern der Masse (z. B. durch Antidröhnmittel, Verbundkonstruktion); viertens größere Entfernung zwischen Anregungsstelle und der zu schützenden Stelle und fünftens Vorsatzschalen in dem zu schützenden Raum.
Hierzu einige Vorkehrungen und Hinweise:

1. Die erste und zweite der vorstehenden Maßnahmen sind die wichtigsten und mit Abstand wirksamsten.

2. Zur Verhinderung der Körperschallängsleitung sollen Kanalanschlüsse an Lüftungsgeräten bzw. Ventilatoreinheiten (vor allem am Zu- und Abluftkanal) über elastische Zwischenglieder, wie Segeltuchstutzen oder Weichstoffkompensatoren, erfolgen. Wichtig sind auch die körperschallisolierten Wand- und Deckendurchbrüche bei Kanal- und Rohrdurchführungen.

3. Die Fortleitung von Körperschall über Fundamente wird dadurch verhindert, daß man eine elastische Schicht (z. B. Gummi oder spezielle biegeweiche Kunststoffplatten) verwendet. Schallwellen werden hier reflektiert. Kork für Ventilatorfundamente ist ungeeignet.
   Bei Fundamenten ist besonders darauf zu achten, daß keine Körperschallbrücke vorliegt (z. B. durch Befestigungsschrauben oder durch Überbrückung des Fundaments durch Betonreste).

4. Wie schon erwähnt, wird Körperschall erst hörbar, wenn er durch Abstrahlung von Flächen in Luftschall verwandelt wird. Allerdings liegt dieser dann etwa 20 bis 30 dB unter dem direkt von der Schallquelle abgestrahlten Luftschallpegel.

5. **Anforderungen an die Schwingungsisolierung** sind bauseitig in DIN 4190 und maschinenseitig in VDI 2057 festgelegt. Als Schwingungsdämpfer verwendet man Feder- oder Gummiisolatoren, wobei letztere eine zusätzliche Körperschalldämmung erforderlich machen. In kritischen Frequenzbereichen dient eine Körperschalldämmung nicht gleichzeitig auch als Schwingungsdämpfer; umgekehrt benötigt man z. B. bei Federisolatoren eine zusätzliche Körperschalldämmung.

12 Wärmerückgewinnung (WRG) bei RLT-Anlagen

Die verschiedenen Wärmerückgewinnungssysteme sind schon seit vielen Jahren auch bei der Planung und Ausführung von RLT-Anlagen zu einer Selbstverständlichkeit geworden. Mit ihnen ermöglicht man nicht nur eine Einsparung von Primärenergie, sondern erhöht gleichzeitig die Wirtschaftlichkeit einer Anlage (geringere Anschaffungs- und Betriebskosten), reduziert vielfach die Belastungen der Umwelt und ermöglicht die Verwendung wertvollerer Energieträger sowie größerer Außenluftraten.
In diesem Abschnitt sollen vor allem neben grundsätzlichen Fragen die verschiedenen Systeme gegenübergestellt und wesentliche Hinweise für die Planung und Ausführung gegeben werden. Eine erweiterte Behandlung dieses Themas mit Auswahlbeispielen und Wirtschaftlichkeitsberechnungen ist ab 3. Aufl. in Bd. 4 vorgesehen.
In den vorangegangenen Kapiteln wurde schon mehrfach auf Wärmerückgewinnungssysteme hingewiesen, z. B. Abb. 7.5 (Wohnungslüftung), Abb. 7.60 Stallüftung, Abb. 6.20, 10.58 (Hallenlüftung) u. a.

Wärmerückgewinnung als Energiespartechnologie ist eine Maßnahme, bei der ein Teil der Wärme bzw. Enthalpie eines Massenstroms, der ein Gebäude oder einen Prozeß verläßt, wieder zurückgewonnen und somit mehrfach genutzt wird. Bei der RLT-Anlage geschieht der Rückgewinn aus der Abluft, bei anderen Anlagen z. B. aus warmem Abwasser, heißer Prozeßluft, aus Abgasen, Motorwärme u. a. Dabei muß selbstverständlich das Energiepotential des Abmassenstroms höher sein als das des zugeführten Massenstroms, außerdem muß die in der Abmasse enthaltene Energie („Abfallwärme") auch genutzt werden können.

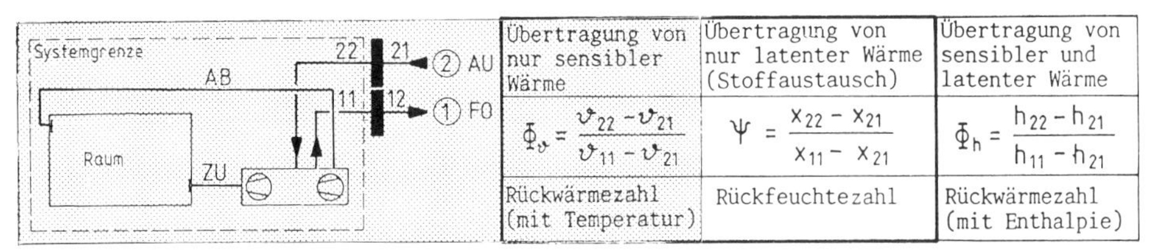

Übertragung von nur sensibler Wärme	Übertragung von nur latenter Wärme (Stoffaustausch)	Übertragung von sensibler und latenter Wärme
$\Phi_\vartheta = \frac{\vartheta_{22} - \vartheta_{21}}{\vartheta_{11} - \vartheta_{21}}$	$\psi = \frac{x_{22} - x_{21}}{x_{11} - x_{21}}$	$\Phi_h = \frac{h_{22} - h_{21}}{h_{11} - h_{21}}$
Rückwärmezahl (mit Temperatur)	Rückfeuchtezahl	Rückwärmezahl (mit Enthalpie)

Abb. 12.1 Prinzip der Wärmerückgewinnung, Rückwärmezahl

Die **erste Zahl 1** kennzeichnet die rückwärmeabgebende Seite. Hier wird warme Fortluft abgekühlt, sie steht „primär" (= 1) zur Verfügung. Die **erste Zahl 2** kennzeichnet die rückwärmeaufnehmende Seite. Hier wird entsprechend kalte Außenluft als Folge von 1, also „sekundär" (= 2), erwärmt.

Die **zweite Zahl 1** bedeutet den Eintritt (Anfangszustand) und die **zweite Zahl 2** den Austritt (Endzustand).

Wie Abb. 12.2 zeigt, unterscheidet man zwischen Abwärme, Umwärme (innerhalb des Systems, d. h., Umluftbetrieb ist nach VDI 2071 keine Wärmerückgewinnung), Fortwärme und Rückwärme. Letztere ist der Teil der Abwärme, der durch Wärmerückgewinnung in dasselbe System unter Wechsel des Wärmeträgers zurückgeführt wird. Wärmeaustauschende Apparate einschließlich sämtlicher Bauteile bezeichnet man als Wärmerückgewinner. Grundsätzlich muß eine Zuluft- und Abluftanlage (-führung) vorhanden sein.

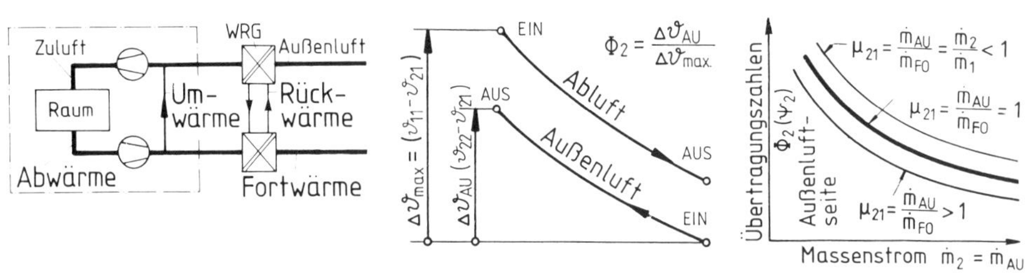

Abb. 12.2 Benennung der Luftströme

Abb. 12.3 Graphische Φ-Darstellung

Abb. 12.4 Massenstromverhältnisse

Rückwärmezahl (Rückgewinnungsgrad) **Φ und Rückfeuchtezahl** ψ (Abb. 12.1)

Diese zwei Austauschzahlen sind die wichtigsten Kenngrößen jeder Rückgewinnung. Mit ihnen kann man sowohl eine vergleichende Bewertung für den Auslegefall bei Winter- und Sommerbetrieb (Anlagenbemessung), als auch einen Wirtschaftlichkeitsnachweis des WRG-

Systems während einer Betriebsperiode bei sich ändernden Außenluft- und Fortluftzuständen ermöglichen.

Hierzu noch einige Bemerkungen bzw. Ergänzungen:

1. Die Gleichung der **Rückwärmezahl** kann man auch graphisch verdeutlichen (vgl. Abb. 12.3). $\Delta\vartheta_{max}$ ist die größte Temperaturdifferenz eines Wärmerückgewinnungssystems (= theoretische, maximal erreichbare Zustandsänderung).
2. Das **Massenstromverhältnis** $\mu_{21} = \dot{m}_2/\dot{m}_1 = \dot{m}_{AU}/\dot{m}_{FO}$ hat beachtlichen Einfluß auf die Übertragungszahlen Φ bzw. ψ. Je größer der Fortluftvolumenstrom gegenüber dem Außenluftvolumenstrom ist, desto besser ist Φ (Abb. 12.4). Bei der Auswahl wird dies anhand von Firmendiagrammen oder Zahlenwerten berücksichtigt.
3. Neben der Rückwärmezahl interessiert vielfach auch die **Rückfeuchtezahl** ψ, d. h., von der gesamten zurückgewonnenen Wärme wird hier der latente Anteil (Wasserdampfanteil) angegeben. Entsprechend Abb. 12.1 ist ψ (bezogen auf die Außenluft) : $x_{22} - x_{21}/x_{11} - x_{21}$. Mit Hilfe der Rückfeuchtezahl kann man den reduzierten Wasser- oder Dampfbedarf für die Luftbefeuchtung bei Klimaanlagen berechnen. Bei jeder Kondensationsbildung wird der Rückgewinnungsgrad verbessert.
4. Bei der **Rückwärmezahl mit Enthalpiedifferenzen** wird sowohl die sensible als auch die freigewordene Kondensationswärme berücksichtigt. Anstelle der ϑ- und x-Werte werden die h-Werte eingesetzt, wenn nicht konstante spezifische Wärmekapazitäten vorliegen.
5. Je nachdem, ob die **Fortluft- oder Außenluftseite** betrachtet wird, unterscheidet man zwischen Φ_1 (bzw. ψ_1) und Φ_2 (bzw. ψ_2). In den Firmenunterlagen wird in der Regel der **Rückwärmegrad** Φ_2 verwendet, da dieser – wie in Abb. 12.1 dargestellt – die **Nutzung des wärmeaufnehmenden Massenstroms** angibt. Es interessiert nämlich vorwiegend, wie weit z. B. die kalte Außenluft mit dem WRG erwärmt werden kann bzw. wie groß der noch erforderliche Nacherhitzer gewählt werden muß. Interessiert die Wärme, die dem Abmassenstrom (hier Fortluft) entzogen wird, so werden in den Gleichungen nach Abb. 12.1 die Zähler entsprechend geändert (anstatt $\vartheta_{22} - \vartheta_{21}$ wird $\vartheta_{11} - \vartheta_{21}$ verwendet).

Φ_1 und Φ_2 sind dann gleich, wenn das Produkt aus Massenstrom und Wärmekapazitäten gleich sind: $\dot{m}_1 \cdot c_1 = \dot{m}_2 \cdot c_2 = \dot{V}_1 \cdot \varrho_1 \cdot c_1 = \dot{V}_2 \cdot \varrho_2 \cdot c_2$ (symmetrischer Betrieb).

6. **Der Rückgewinn im Sommer** (Einsparung von „Kühlenergie") ist praktisch uninteressant, da die Kälteanlage nur an wenigen Tagen im Jahr im Betrieb ist. Die Kälteanlage kann allerdings wesentlich kleiner gewählt werden.
7. Wie aus folgenden Abschnitten hervorgeht, ist **für eine Wirtschaftlichkeitsberechnung die Rückwärmezahl allein nicht ausreichend.** Mit ihr wird nur der Wärmeaustausch der WRG-Anlage bei einem ganz bestimmten Betriebsfall beurteilt.

12.1 Anforderungen und Anwendung in RLT-Anlagen

Damit die überschüssige „Abfallwärme" möglichst wirtschaftlich derselben Anlage wieder als Nutzwärme zugeführt werden kann, sind sowohl bei der Planung als auch bei der Ausführung und Betriebsweise zahlreiche Überlegungen und Anforderungen zu beachten.

Fragen hierzu sind z. B.:

- Kann der zeitlich begrenzte Abwärmestrom auch zur selben Zeit wieder genutzt werden? Dies ist zwar bei RLT-Anlagen der Fall, bei vielen prozeßlufttechnischen Anlagen problematisch. Wie steht es mit der Betriebszeit?
- Wie hoch ist der Wasserdampfgehalt, und wird während des Betriebes die Taupunkttemperatur unterschritten? Welcher Außenluftzustand liegt vor?
- Ist die Luft verschmutzt oder chemisch aggressiv? Wie aggressiv ist das anfallende Kondensat? Welche Vorkehrungen sind zu treffen?

Grundsätzlich ergeben sich die an eine WRG-Anlage gestellten Anforderungen aus den jeweiligen baulichen, betrieblichen und anlagentechnischen Gegebenheiten und Wünschen des Betreibers. Davon hängt im wesentlichen auch ab, welches der nachfolgend beschriebenen Systeme für den betreffenden Fall gewählt werden muß.

Jede **Wirtschaftlichkeitsberechnung** einer Wärmerückgewinnungsanlage kann nur im Zusammenhang mit der RLT-Anlage durchgeführt werden! Erst dann können die unterschiedlichen Systeme energetisch und wirtschaftlich miteinander verglichen werden.
Neben den Anschaffungskosten müssen demnach immer auch die möglichen Folgekosten für Wartung und Instandhaltung beachtet werden. Außerdem muß zur Berechnung der jährlich zurückgewonnenen Wärme von einer genormten Lastkurve des Außenluftzustandes während des Jahres ausgegangen werden, ebenso von fest vereinbarten Abluftzuständen.

Wesentliche Einflußgrößen und Kriterien bei der Wahl des WRG-Systems sind: Anschaffungspreis, Art der RLT-Anlage, Anlagengröße (Platzbedarf, Tauscherabmessungen), jährliche Betriebsstunden, bauliche Maßnahmen, Rückwärmezahl (nicht nur für einen Betriebsfall!), Regelverhalten, Wärmebilanz auf beiden Seiten, externer Energiebedarf (Druckverlust), Energiekosten (Öl, Gas, Strom), Zustand der Abluft und die damit verbundenen Zusatzkosten, Montageabhängigkeit, Betriebsfähigkeit (z. B. Leckraten, Vereisungsgefahr, Schadstoffauswirkungen, Verschleißteile, Reinigungsfähigkeit), Lebensdauer, Garantiezusagen.

Grundsätzlich setzen sich die **jährlichen Gesamtkosten** zusammen aus Kapitalkosten, Unterhaltungskosten, Energiekosten, Bedienungs- und Wartungskosten. Bei speziellen prozeßlufttechnischen Anlagen kann die Kapitalrückflußzeit (Amortisation) unter einem Jahr liegen. 5 bis 8 Jahre sollten nicht überschritten werden.

Zahlreiche Hersteller stellen hierzu ausführliche Nomogramme und EDV-Programme zur Verfügung, anhand denen die Kapitalrückflußzeit ermittelt werden kann. Wirtschaftlichkeitsberechnungen werden in der VDI 2071 Blatt 2 erläutert.

Sehr **hohe Einsparpotentiale** liegen vor bei Räumen mit starker Belegung und langen Betriebszeiten sowie bei zahlreichen industriellen Anlagen mit hohen Ablufttemperaturen und Betrieben mit hohem Wärme- und Wasserdampfanfall. Die **Anwendungsfälle** kann man daher wie folgt zusammenfassen:

1. **Gebäude des Komfortbereichs,** wie z. B. Versammlungsräume, Bürogebäude, Kaufhäuser, Hotels, Krankenhäuser; insbesondere wenn hohe Außenluftraten gefordert werden.
2. in **Industriegebäuden,** wie z. B. Fertigungshallen, Werkstätten, Reparaturbetrieben.
3. bei **prozeßlufttechnischen Anlagen,** wie z. B. Lackierereibetriebe, Trocknungsanlagen, Absaugeanlagen, Molkereien, Kühlhäuser mit Kälteanlagen u. a.
4. **spezielle Räume** mit hohen Wärme- und Feuchtelasten, wie z. B. Küchen, Schwimmhallen, Wäschereien, Labors, Tierställe.
5. in Gebäuden, wo die **freie Lüftung sehr unkontrolliert** durchgeführt wird und interne Wärmelasten ausgenutzt werden sollen, wie z. B. Wohnhäuser, verschiedene Arbeitsstätten, Büros.

Schmutzige Abluft, wie z. B. bei Trocknungsprozessen in der chemischen Industrie, Keramik-, Glas-, Holz-, Baustoff- und Papierindustrie, in Textilveredelungsbetrieben, Nahrungsmittelindustrie u. a., kann in den Abgaswegen, Kanälen, Apparaten und vor allem in den Wärmetauschern zu erheblichen Problemen führen (Ablagerungen, Verstopfungen, Brandgefahr, erhöhte Druckverluste, schlechterer Wärmedurchgang).

- Die **Verschmutzungsarten** können sehr mannigfaltig sein, wie trockene Stäube oder Feststoffe (z. B. Ruß, Zement); hygroskopische Stäube (z. B. Waschmittel); feuchte Schmutzstoffe; klebrige und dickflüssige Stoffe (z. B. Öl, Fette); faserige Stoffe (z. B. Holzfasern, Zellulose); Lackstoffe u. a.
- Eine **Reinigung von Wärmetauschern** erfolgt entweder durch die Selbstreinigung wie durch spezielle Systeme (z. B. Glattrohrwärmetauscher), durch geeignete Formgebungen und durch optimale Oberflächenqualität; durch eine periodische Handreinigung (bei starker Feststoffverschmutzung aufwendig); durch automatische Zusatzreinigungssysteme oder bei extremen Bedingungen durch selbstreinigende Wärmetauscher mit Besprühung. Eine Besprühung erhöht den Wärmeaustausch und hält Faserstoffe zurück.

- Bei Abluft oder Abgasen mit **aggressiven Bestandteilen** (z. B. in der chemischen Industrie, Landwirtschaft) müssen durch die Verwendung von rostfreien Materialien eine hohe Korrosionsfestigkeit und lange Lebensdauer gewährleistet werden.

12.2 Systeme zur Wärmegewinnung (WRG-Anlagen)

Kennzeichnende Unterscheidungsmerkmale sind die Bauweise, das Verhalten bei Feuchteausscheidung auf der Fortluftseite bei Taupunktunterschreitung und die Möglichkeiten des Stoff-(Feuchte-)Austausches. Nach der VDI-Richtlinie 2071 unterscheidet man zwischen folgenden vier Kategorien I bis IV (Abb. 12.5).

I	**Trennflächen-REKUPERATOR,** vorwiegend als Plattenwärmetauscher, vereinzelt auch als Rohrwärmetauscher, Folienwärmetauscher u. a. (Kap. 12.2.1).
II	**Kreislaufverbund-REGENERATOR,** auch als Kreislaufverbundsystem (KVS) bezeichnet. Der Wärmeaustausch erfolgt hier auch über Trennflächen, jedoch mit Hilfe eines Wärmeträgers (Kap. 12.2.2). Zu dieser Kategorie zählt auch das Wärmerohr, bei dem der Wärmetransport nach dem Verdampfungs- und Kondensationsprinzip erfolgt (Kap. 12.2.3).
III	**Kontaktflächen-REGENERATOR,** entweder mit drehendem, festem Wärmeträger (Rotor) oder mit flüssigem, umlaufendem Wärmeträger, bei dem der Wärme- und Stoffaustausch durch Direktkontakt erfolgen.
IV	**Wärmepumpe,** bei der die Abwärme zur Verdampfung des Arbeitsmittels verwendet wird, während bei der Verflüssigung das Arbeitsmittel die Wärme wieder – bei erhöhter Temperatur – an der gewünschten Stelle abgibt. Wärmeaustausch unter Exergieerhöhung.

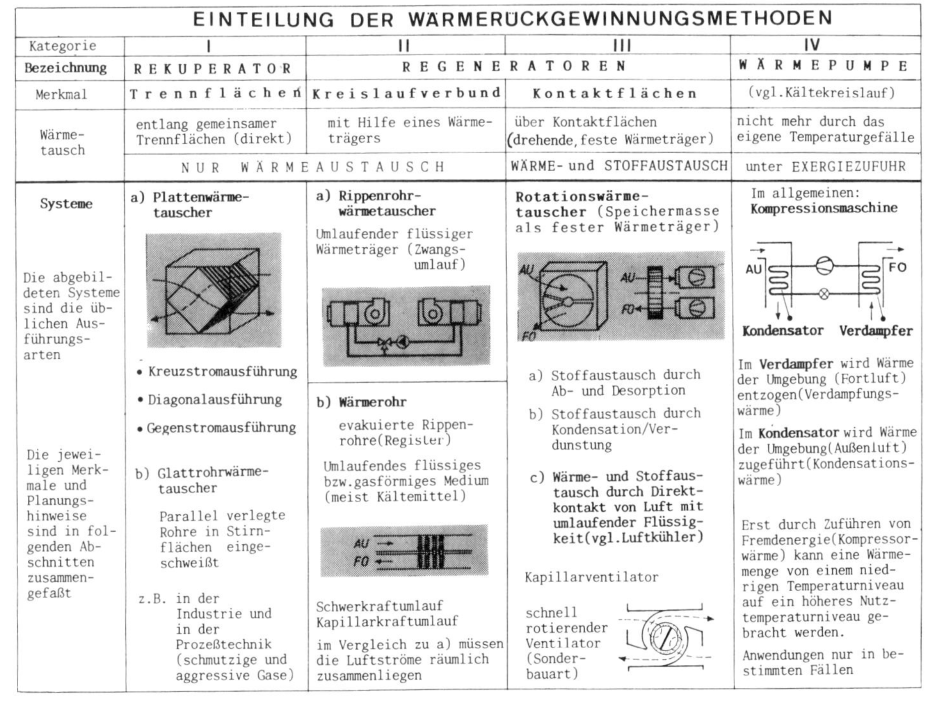

EINTEILUNG DER WÄRMERÜCKGEWINNUNGSMETHODEN

Kategorie	I	II	III	IV
Bezeichnung	REKUPERATOR	REGENERATOREN		WÄRMEPUMPE
Merkmal	Trennflächen	Kreislaufverbund	Kontaktflächen	(vgl. Kältekreislauf)
Wärmetausch	entlang gemeinsamer Trennflächen (direkt)	mit Hilfe eines Wärmeträgers	über Kontaktflächen (drehende, feste Wärmeträger)	nicht mehr durch das eigene Temperaturgefälle
	NUR WÄRMEAUSTAUSCH		WÄRME- und STOFFAUSTAUSCH	unter EXERGIEZUFUHR
Systeme Die abgebildeten Systeme sind die üblichen Ausführungsarten Die jeweiligen Merkmale und Planungshinweise sind in folgenden Abschnitten zusammengefaßt	a) **Plattenwärmetauscher** • Kreuzstromausführung • Diagonalausführung • Gegenstromausführung b) Glattrohrwärmetauscher Parallel verlegte Rohre in Stirnflächen eingeschweißt z.B. in der Industrie und in der Prozeßtechnik (schmutzige und aggressive Gase)	a) **Rippenrohrwärmetauscher** Umlaufender flüssiger Wärmeträger (Zwangsumlauf) b) **Wärmerohr** evakuierte Rippenrohre (Register) Umlaufendes flüssiges bzw. gasförmiges Medium (meist Kältemittel) AU FO Schwerkraftumlauf Kapillarkraftumlauf im Vergleich zu a) müssen die Luftströme räumlich zusammenliegen	**Rotationswärmetauscher** (Speichermasse als fester Wärmeträger) AU FO a) Stoffaustausch durch Ab- und Desorption b) Stoffaustausch durch Kondensation/Verdunstung c) **Wärme- und Stoffaustausch durch Direktkontakt von Luft mit umlaufender Flüssigkeit (vgl. Luftkühler)** Kapillarventilator schnell rotierender Ventilator (Sonderbauart)	Im allgemeinen: **Kompressionsmaschine** AU FO **Kondensator** **Verdampfer** Im **Verdampfer** wird Wärme der Umgebung (Fortluft) entzogen (Verdampfungswärme) Im **Kondensator** wird Wärme der Umgebung (Außenluft) zugeführt (Kondensationswärme) Erst durch Zuführen von Fremdenergie (Kompressorwärme) kann eine Wärmemenge von einem niedrigen Temperaturniveau auf ein höheres Nutztemperaturniveau gebracht werden. Anwendungen nur in bestimmten Fällen

Abb. 12.5

Mehrkosten für RLT-Anlagen mit WRG ⊕	Bei der Anschaffung	Zusätzliche Wärmetauscher; mehr Kanäle (Gruppe I, III); evtl. zusätzliche Filter; evtl. zusätzliche Außenlufterwärmer vor dem WRG (Frostschutzmittel); zusätzliche Pumpen (Gruppe II); evtl. Bypass, zusätzliche Geräte und Regelung; bauliche Maßnahmen; evtl. elektrische Anschlüsse; evtl. sanitäre Anschlüsse; Platzbedarf.
	Im Betrieb	Erhöhte Ventilatorstromkosten durch zusätzliche Druckverluste in Außen- und Fortluftkanal (WRG, Vorerwärmer, Filter, Kanäle); Energiemehrbedarf für WRG- und Pumpenbetrieb; Wartungskosten.
Minderkosten für RLT-Anlagen mit WRG ⊖	Bei der Anschaffung	Kleinerer Lufterhitzer oder/und Kühler; kleinerer Kessel und/oder Kältemaschine, kleinere Feuerungsanlage; geringerer Platzbedarf für Kessel- und Kältemaschinenraum und Brennstofflager.
	Im Betrieb	Geringere Energiekosten für die Erwärmung der Außenluft, d. h. geringerer Warm- und Kaltwasserbedarf (Heizung, Kühlung, Befeuchten), geringerer Brennstoffbedarf und somit geringere Umweltbelastung.

12.2.1 Plattenwärmetauscher

Bei diesem weitverbreiteten sog. rekuperativen Wärmetauscher (Rekuperator) erfolgt die Energieübertragung durch Wärmeleitung, indem der Fortluftstrom vom Außenluftstrom durch dünne, parallel angeordnete Platten, Rohre, Spiralen (Alu, Kunststoff, Glas u. a.) getrennt werden. Sie werden vor allem bei kombinierten Zu- und Abluftgeräten eingesetzt, wobei meistens die Diagonalluftführung nach Abb. 12.7 gewählt wird. Der Plattenabstand beträgt 2 bis 10 mm, die Plattendicke 0,12 bis 1,3 mm je nach Herstellungsverfahren.

Merkmale:
Räumliches Zusammenliegen der Luftströme; keine bewegten Teile und somit kein Verschleiß; kein Stoffaustausch; zusätzliche Übertragung latenter Wärme bei Feuchteausscheidung im Falle einer Taupunktunterschreitung; absolute Trennung von Außen- und Fortluft (keine Übertragung von Geräuschen, Bakterien usw.); geringe Wartung (leichte Reinigung durch Abspritzen mit Wasser); keine geräteseitige Regulierung der Austauschwirkung; gegebenenfalls Vereisungsgefahr; größerer Platzbedarf im Kastengerät, durchschnittliche Rückwärmezahl (ohne Kondensation) etwa 50 bis 65 %; Gerätekosten etwa 0,60 bis 0,90 DM je m^3/h (insgesamt, einschl. Installation, 1,00 bis 1,60 DM je m^3/h)

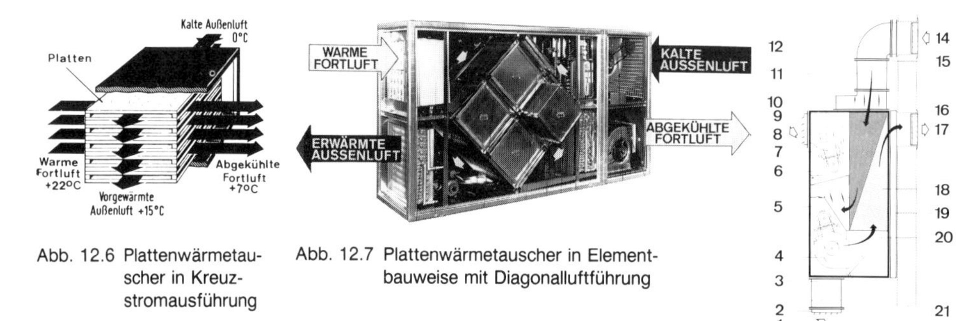

Abb. 12.6 Plattenwärmetauscher in Kreuzstromausführung

Abb. 12.7 Plattenwärmetauscher in Elementbauweise mit Diagonalluftführung

Abb. 12.8 Wandgerät

Weitere Hinweise für die Planung und Ausführung

1. Man unterscheidet zwischen der **Kreuzstromausführung,** bei der – wie Abb. 12.6 zeigt – die Luftführungen senkrecht zueinander erfolgen, d. h. die Platten parallel zum Gehäuse liegen und der sog. **Diagonalausfüh-**

rung (Schräganordnung), bei der die Luftkanäle waagerecht übereinander am Kastengerät angeschlossen werden können (Abb. 12.7). Beispielsweise wird in Luftheizgeräten auch die Gegenstromausführung gewählt (Abb. 12.8).

2. Die **Leistungsregelung** kann nur anlagenseitig durch Veränderung des Volumenstroms erfolgen, wie z. B. durch einen integrierten Bypass mit einer Klappensteuerung. Hier haben sich die Kompaktsysteme bewährt.

3. Unterschreitet die Oberflächentemperatur des Wärmetauschers den Taupunkt der Luft, so findet eine **Kondensatbildung** statt, wodurch Φ 10–20 % verbessert wird; liegt diese Temperatur jedoch gleichzeitig auch unter dem Gefrierpunkt, bildet sich Eis, das den Wärmeaustausch verringert und außerdem den Druckverlust erhöht.
Mögliche Vorkehrungsmaßnahmen sind z. B. Beimischung, Vorwärmung, Regelung der Rückwärme. Am Gehäuseboden ist eine Kondensatauffangwanne vorzusehen. Fortluftstrom sollte von oben nach unten erfolgen. Zur Vermeidung einer Beschädigung nachfolgender Aggregate ist auf der Fortluftseite ein Tropfenabscheider erforderlich.

4. Der **Druckverlust** beträgt je nach Volumenstrom 50 bis 300 Pa und schmälert – wie anfangs schon erwähnt – die Rückwärmezahl (empfehlenswert: 150 bis max. 250 Pa). Der Energiebedarf beträgt etwa 5 % der eingesparten Energie. Als Anströmgeschwindigkeit kann man von etwa 3–4 m/s ausgehen.

5. **Glattrohrwärmetauscher** bestehen aus parallel verlegten Rohren, die in zwei Stirnflächen eingeschweißt werden und durch die die Außenluft strömt. Um diese Rohre herum strömt vielfach im Kreuzstrom die Fortluft. Wegen des hohen Preises werden diese Austauscher wenig angewandt, obwohl sie sehr unempfindlich gegenüber Verschmutzungen sind (Anwendungsbeispiele: Trocknungstechnik, Galvanotechnik, Brauereisektor usw.).

6. Die **Einbaumöglichkeiten** von Plattentauschern erstrecken sich nicht nur – wie Abb. 12.9 zeigt – auf Zentralgeräte, sondern sie werden auch in Wandlufterhitzer, in Dachluftheizgeräte (Abb. 6.20), in Dachventilatoren u. a. eingebaut.

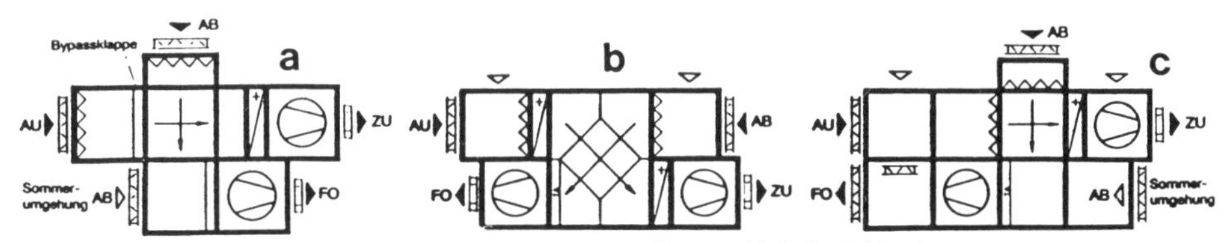

Abb. 12.9 Einbaubeispiele a) Außenluftbetrieb mit internem Bypass; b) Außenluftbetrieb mit Vorwärmung, Diagonalanordnung; c) Mischluftbetrieb mit Sommerumgehung und Umluftklappe

7. Hinsichtlich des **Korrosionsverhaltens** haben sich Wärmetauscher aus blankem Reinaluminium bewährt, obwohl in manchen Fällen höhere pH-Werte (z. B. bei Schwimmbädern) und kunststoffgeschützte Ausführungen empfohlen werden. Bei sehr hoher Korrosionsbelastung müssen jedoch Glasrohr- oder Kunststoffplatten eingesetzt werden.

8. **Qualitätskriterien** sind: Luftbeaufschlagung, Verschmutzungsgefahr, Kondensatführung, Stabilität, Dichtheit, Verbindungstechnik der Platten, Einfluß auf die Luftgeschwindigkeit, Prüfunterlagen, Korrosionsverhalten, Druckverlust.

12.2.2 Kreislaufverbundsystem (KVS)

Bei diesem regenerativen System wird im Fortluft- und Außenluftkanal ein Wärmetauscher (Rippenrohrsystem) eingebaut, die beide durch ein Rohrsystem miteinander verbunden werden. Der Wärmetausch findet demnach nur zwischen dem Luftstrom und dem umlaufenden Wärmeträger statt. Im Fortluftwärmetauscher wird Fortluftwärme an das Wasser bzw. an die Glykolsole übertragen, und da die Fortluft abgekühlt wird, bezeichnet man ihn als Kühler. Im Außenluftwärmetauscher gibt das Wasser seine aufgenommene Wärmemenge wieder an die Außenluft ab, daher als Lufterwärmer (Heizregister) bezeichnet. Der umgewälzte Wärmeträger bewirkt zwar ein regeneratives Verhalten, für jeden Luftstrom selbst wird jedoch die Wärme rekuperativ übertragen.

Abb. 12.11 zeigt eine **Prinzipschaltung,** wie beide Wärmetauscher miteinander hydraulisch verbunden werden können. Dabei handelt es sich um eine Leistungsregelung, kombiniert mit einer Reifschutzregelung.
Ein Kanalfühler KF im erwärmten Außenluftstrom hinter dem Außenluft-Wärmetauscher (Lufterwärmer) steuert

über einen Regler einen Mischer über Mischermotor so, daß eine einstellbare Außenluftaustrittstemperatur nicht überschritten wird. Dadurch ist es möglich, die Wärmerückgewinnung von Null bis zum Maximalwert kontinuierlich zu regeln und eine Übererwärmung der Außenluft in der Übergangszeit zu vermeiden.
Bei sehr tiefer Außenlufteintrittstemperatur steuert ein Tauchfühler *FT* über einen Regler einen Mischer über Mischermotor so, daß die Wasservorlauftemperatur zum Abluft-Wärmetauscher (Kühler) eine Temperatur von 0 °C nicht unterschreitet. Dabei kann die Wassertemperatur im Außenluft-Wärmetauscher unter 0 °C absinken. Ausreichend Frostschutzmittel beimischen!

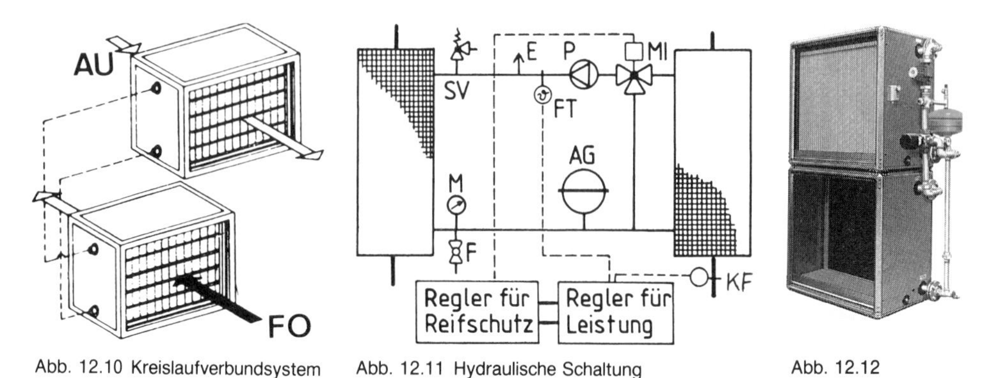

Abb. 12.10 Kreislaufverbundsystem (KVS)

Abb. 12.11 Hydraulische Schaltung

Abb. 12.12 Kompaktsystem

Merkmale:
Beliebige Lage der Außen- und Fortluftkanäle; leichter Einbau bei bestehenden Anlagen (großer Vorteil); geringer Platzbedarf; zahlreiche Nebenaggregate (Pumpe, Ausdehnungsgefäß, Regelventil, Armaturen); absolute Trennung von Fort- und Außenluft, d. h. keine Feuchtigkeits- und Geruchsübertragung; durchschnittliche Rückwärmezahl ohne Kondensation etwa 45 %; einfache und genaue Regelung; geringes Gewicht; bei Taupunktunterschreitung im Fortluftstrom wird die Kondensationswärme voll dem Außenluftstrom übertragen; unabhängig vom Luftaufbereitungsgerät (AU- und AB-Luft müssen nicht parallel geführt werden); Gerätekosten etwa 0,60 bis 1,20 DM je m³/h (insgesamt einschl. Installation 1,20 bis 2,00 DM je m³/h).

Weitere Hinweise für die Planung und Ausführung:

1. **Die Frostgefahr** besteht besonders bei durchgehendem Betrieb und sehr niedrigen Außentemperaturen. Durch spezielle Schaltungen und Regelungen wird eine mögliche Eis- und Reifbildung verhindert.
   Damit auch eine stillgesetzte Anlage gegen Frost geschützt ist, wird dem Wasser **Frostschutzmittel** beigemischt. Da dadurch die Rückwärmezahl verringert und der wasserseitige Druckverlust erhöht wird, soll dieses nicht in unnötig großen Mengen zugesetzt werden (z. B. bei Gefrierpunkt −10 °C sind 20 Vol.-% Frostschutzmittel erforderlich, 15 % Δp-Erhöhung; bei −20 °C sind es etwa 33 Vol.-% und Δp-Erhöhung 30 %).

2. Die **Regelung der Übertragungsleistung** erfolgt durch eine Mischregelung (Abb. 12.11) und durch Änderung des Wasserstroms durch drehzahlgeregelte Umwälzpumpen. Eine Reduzierung des Wasserstroms beeinflußt die Temperaturdifferenz $\vartheta_V - \vartheta_R$ und die Wärmedurchgangszahl und verschlechtert somit die Rückwärmezahl.

Tab. 12.1 Technische Daten eines KV-Systems (Fa. Wolf)

KVS		25	40	63	100	160	250	400	630
Nennluftmenge	[m³/h]	2 500	4 000	6 300	10 000	16 000	25 000	40 000	63 000
Höhe	a	500	630	800	1 000	1 250	1 600	1 900	2 400
Breite	b	500	630	800	1 000	1 250	1 600	1 970	2 470
Länge Außenluftwärmetauscher	c	300	300	300	340	340	340	340	460
Abluftwärmetauscher	d	500	500	500	540	540	540	540	700
Umlaufende Wassermenge	[m³/h]	2,5	3,5	5,0	6,8	8,6	11,6	13,4	17,2
Wasserwiderstand	[kPa]	7	8	10	11	14	16	18	22
Wasserinhalt	Ltr.	3	5	9	14	23	41	56	95
Anschlüsse Wärmetauscher		1	1 ¼	1 ½	2	1 ½	2	2	2 ½
Kondensatstutzen		¾	¾	¾	1	1	1 ½	1 ½	1 ½
Gewicht	kg	49	72	97	148	200	300	480	615

3. Sehr verbreitet sind die **Kompaktgeräte** (Abb. 12.12). Alle erforderlichen Rohrleitungen, Apparate, Armaturen, Regelung können auf Wunsch mitgeliefert werden. Die technischen Daten nach Tab. 12.1 sind fabrikatbezogen und daher sehr unterschiedlich.

4. Der luftseitige **Druckverlust** der beiden Tauscher liegt je nach Typ und Volumenstrom zwischen 70 und 200 Pa und beeinflußt mit dem wasserseitigen Druckverlust (Tab. 12.1) die Betriebskosten; beide zusammen betragen mindestens 5 % der gewonnenen Fortluftwärme.

5. Sind **mehrere Wärmetauscher** erforderlich, so kann man diese, je nachdem ob man konstante oder variable Luftströme fördert, entweder in Reihe schalten (eine Umwälzpumpe) oder parallel (jede Gruppe eine Pumpe).
Die Parallelschaltung erhöht zwar die Anschaffungskosten (etwa 10 %), ergibt aber ein wesentlich günstigeres Betriebsverhalten bei schwankendem Volumenstrom.

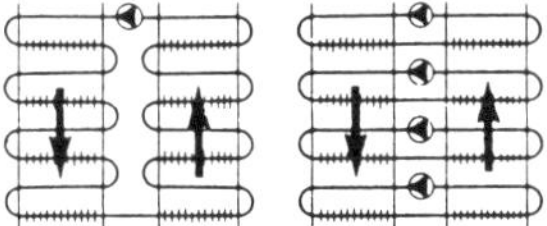

Abb. 12.13 Reihen- und Parallelschaltung

12.2.3 Wärmerohre

Bei diesem Wärmerückgewinner werden vakuumdicht verschlossene Lamellenrohre verwendet, in denen sich eine Arbeitsflüssigkeit (Kältemittel) befindet, das bei konstanter Temperatur verdampft und sich auch wieder verflüssigt. Die einzelnen Rohre werden zu einem System (Register) zusammengefaßt. Jedes Rohr bildet eine selbständige Einheit, d. h., bei Beschädigungen eines Rohres arbeiten alle anderen weiter.
Der eine Teil des Wärmerohraustauschers befindet sich im warmen Fortluftkanal und der andere Teil im kalten Außenluftkanal; beide Kanäle sind luftdicht voneinander getrennt.

Aufbau und Wirkungsweise:

Auf der Innenseite der evakuierten Rippenrohre befindet sich im allgemeinen eine poröse, kapillare Auskleidung, in deren Poren sich überwiegend eine genau dosierte flüssige Kältemittelmenge befindet (Art und Menge hängen von der Verwendung ab). Im verbleibenden freien Raum im Rohrinnern befindet sich vorwiegend der Kältemitteldampf.

Die durchströmende warme Fortluft läßt das Kältemittel im Teil *FO* verdampfen, **der Fortluft wird die hierfür erforderliche Verdampfungswärme entzogen,** die Luft kühlt sich ab. Der Dampf expandiert dann zur kälteren Seite AU, in der der Kältemitteldampf durch das Durchströmen der kälteren Außenluft wieder kondensiert. Die dabei **freigewordene Kondensationswärme wird der Außenluft zugeführt,** wodurch sie erwärmt wird. Das Kondensat gelangt durch die Kapillarwirkung der Absorptionsmasse wieder zum Ausgangspunkt zurück.
Der **Arbeitsablauf ist also rein physikalisch,** denn die Flüssigkeit befindet sich mit ihrem Dampf bei jeder Temperatur im sog. Phasengleichgewicht, das erst gestört wird, wenn der eine Luftstrom wärmer als der andere ist (Phasenumwandlung flüssig/gasförmig bzw. umgekehrt), d. h., allein durch den Temperaturunterschied der beiden Luftströme wird der Kreislauf Verdampfung/Kondensation ermöglicht.

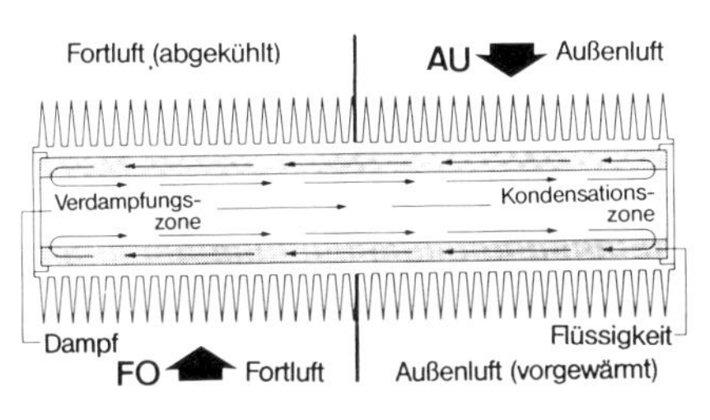

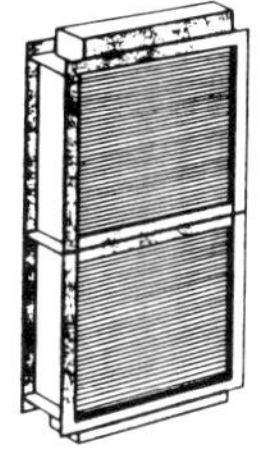

Abb. 12.14 Wärmerohr, Register

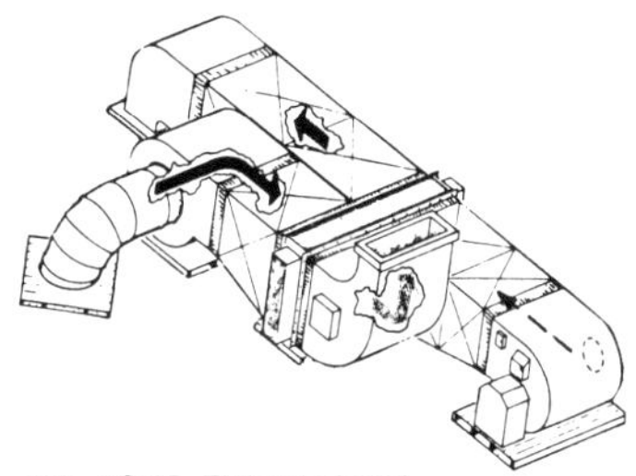

Abb. 12.15 Einbaubeispiel

Die Anwendung der Wärmerohr-Rückgewinner erstreckt sich nicht nur auf RLT-Anlagen (Kammerzentralen, Lüftungsgeräte) mit einem Temperaturbereich von – 0 °C bis + 50 °C, sondern auch auf zahlreiche industrielle Anlagen und Prozesse von – 100 °C bis + 700 °C. Das Material besteht aus Aluminium, Stahl, Kupfer und für Sonderfälle Edelstahl oder Kunststoff. Durch Modulbauweise sind verschiedene Schaltungen und somit extreme Leistungsbereiche möglich. Die Auswahl (Größenbestimmung) erfolgt nach dem vorhandenen Volumenstrom. Anströmgeschwindigkeit etwa 2,5 bis 3 m/s entsprechend einem Druckverlust – je nach Typ – zwischen 70 und 200 Pa.

Merkmale:
Keine beweglichen und austauschbaren Teile; keine Fremdenergie; kein Antrieb; geräuschlose Arbeitsweise; kompakte Bauweise; absolute Trennung der beiden Luftströme; geringer Raumbedarf; keine Rohranschlüsse und elektrischen Anschlüsse; großer Temperaturbereich; niedrige Einfriergrenze (u. U. Verzicht auf Vorwärmer); empfindliche Leistungsregelung; bei Verschmutzung starker Abfall der Rückwärmezahl; bei Taupunktunterschreitung 10 bis 20 % Leistungserhöhung; durch schwenkbare Lagerung auch Kältegewinnung; erhöhte Anschaffungskosten; empfindlich gegenüber mechanischen Einflüssen; Rückwärmegrad (ohne Kondensation) im Mittel etwa 50 bis 60 %; Gerätekosten etwa 0,60 bis 1,20 DM je m^3/h (insgesamt einschließlich Installation 1,00 bis 1,60 DM je m^3/h).

Weitere Hinweise für Planung und Ausführung

1. Zusätzliche Merkmale oder **Sonderausführungen** beziehen sich vor allem auf Konstruktion und Betrieb, wie z. B. ausziehbare Register (Kassettenbauart), höherer Temperaturbereich [bis 400 °C], Volumenstrom bis 2 000 000 m^3/h, spezielle Lamellenform und spezielles Lamellenmaterial, Rohr und Lamelle aus einem Stück, Antikorrosionsüberzug, zusätzlicher Flexanschluß, Reinraumausführung, eingebaute Reinigungsvorrichtung, Schwenkausführung (Lagerung in der Mitte) u. a.
2. Außer der Kapillarwirkung wird **zusätzlich durch eine Schwerkraftwirkung** das Zurücklaufen des kondensierten Arbeitsmittels verbessert. Hierzu wird der Wärmetauscher mit entsprechender Neigung zur warmen Seite hin (Verdampferteil) eingebaut. Die dadurch erreichbare Leistungserhöhung wird bei der Regelung genutzt (vgl. Hinweis 4).
3. Der **Einbau** ist in allen Lagen, also liegend, stehend, vorwärtsgeneigt, rückwärtsgeneigt oder mit senkrecht stehenden Wärmerohren, möglich. Bei der horizontalen Anordnung der Rohre unterscheidet man die exakte waagerechte Anordnung, den Einbau mit festgelegter Neigung und mit veränderlicher Neigung. Der Mindestneigungswinkel wird vom Hersteller festgelegt und ist Bestandteil der Einbaurichtlinien. Beim schrägen und senkrechten Einbau muß die Fortluft immer unten einströmen, damit sich evtl. auftretendes Kondenswasser aus der Abluft ableiten läßt. Das Gerät wird über einen Flansch abgestützt. Bei Brandgefahr Einbau in Seitenkanal, Fortluftumlenkung durch Bypassklappen.
4. Für die **Regelung** eines Wärmerohrtauschers unterscheidet man zwischen folgenden zwei Möglichkeiten.

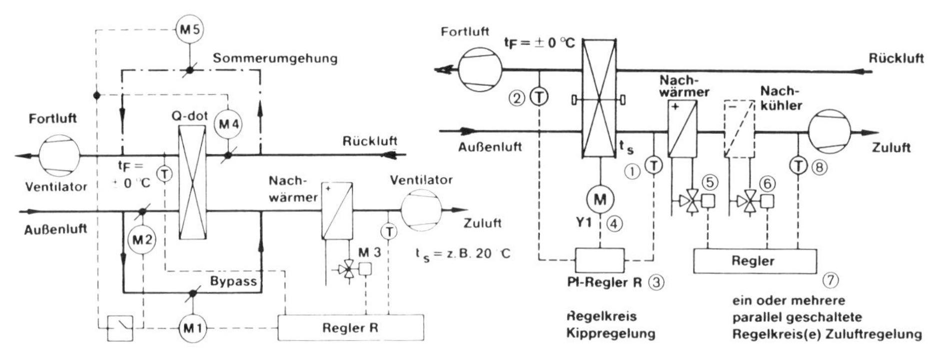

Abb. 12.16 Bypassregelung

Abb. 12.17 Kippregelung (Eberspächer)

Bypassregelung:
Als Frostschutz, d. h. zur Vermeidung einer zu geringen Fortlufttemperatur am Tauscheraustritt, wird ein Teil der Außenluft um den Tauscher geführt. Wird über einem Fühler die Bypassklappe geöffnet, verringert sich der Außenluftvolumenstrom durch den Tauscher. Seine Temperatur wird erhöht, da ja der Fortluftstrom („Energiespender") gleichbleibt. Muß der AU-Volumenstrom konstant bleiben, ist ein weiterer Regelkreis erforderlich (z. B. Drehzahl des Zuluftventilators).

Eine **Leistungsregelung,** d. h. eine teilweise Wärmerückgewinnung (Veränderung der Rückwärmezahl), geht aus Abb. 12.16 hervor. Ist die durch den Wärmerohrtauscher erreichte Temperatur **größer** als die gewünschte Zulufttemperatur t_S, strömt über den Bypass so viel Luft, bis der Temperaturfühler *T* die am Regler eingestellte Temperatur mißt. Der Nachwärmer *M3* bleibt dabei außer Funktion. Ist die erreichte Temperatur jedoch **geringer** als t_S, schließt der Bypass *M1*, und der Nachwärmer heizt bis zur gewünschten Temperatur auf. Der zusätzliche Fühler t_F kann zusätzlich als übergeordneter Frostüberwachungsfühler eingesetzt werden. Wird keine Wärmeübertragung (Heizung) gewünscht und ist eine Sommerumgehung vorhanden, öffnen Klappen *M1* und *M5*, während *M2* und *M4* schließen. Soll $\dot{V}_{zu}$ konstant bleiben, ist eine zusätzliche Volumenstromregelung erforderlich.

Kippregelung (Niveauverlagerung):
Wie schon unter Hinweis 2 erwähnt, kann man durch entsprechenden **Neigungswinkel** α die Übertragungsleistung verändern. Verringert man z. B. den Winkel, rinnt der flüssige Teil des Wärmeträgers langsamer zurück, wodurch sich der innere Kreislauf verzögert und somit weniger Wärme übertragen wird. Ein Wärmerohr, dessen tiefster Punkt auf der kalten Seite liegt, kann keinen Verdampfungs-Kondensationsprozeß auslösen und damit keine Wärme übertragen. α liegt meistens zwischen 3° und 15°. Die erforderliche Kippkraft des Stellantriebs (Regler und PI-Verhalten) zum Ändern von α wird anhand von Firmenunterlagen ermittelt.
Dieses System wird jedoch nicht nur zur Leistungsbegrenzung, sondern auch zur Frostüberwachung (besser als bei Bypassregelung) und zur automatischen Heiz-/Kühlregelung mit Teillastbetrieb eingesetzt. Vorteilhafter Einsatz bei bestehenden Anlagen.

5. Was die **Wartung** betrifft, ist eine periodische Reinigung erforderlich (mind. wöchentliche Kontrolle). Der kritische Verschmutzungsgrad ist dann erreicht, wenn sich eine 0,03 mm dicke Schicht gebildet hat oder wenn sich 10 % der Frontflächen zugesetzt haben. Er kann durch einen Differenzdruckmesser (Δp-Anstieg $\approx$ 100 Pa) bestimmt werden. Ein Filtereinbau ist dringend ratsam, sowohl auf der Fortluft- als auch auf der Außenluftseite. Revisionstüren sind vorzusehen.

   Die **Reinigung** des Tauschers im Kanal erfolgt z. B. durch Absprühen mit einem Wasser-Lösemittel-Gemisch oder mit Niederdruckdampf. Bei einer Reinigung **im Kanal** darf sich noch keine Schicht aufgebaut haben. Trockenen Staub und Flusenablagerungen entfernt man durch Absaugen. Bei der Reinigung **außerhalb des Kanals** wird der WRG in eine Reinigungslösung getaucht. Bei Geräten aus Kupfer oder Edelstahl kann der WRG auch in eine 10- bis 20 %ige Natronlauge von 80 °C getaucht werden.

12.2.4 **Rotationswärmetauscher** (Kategorie III)

Im Gegensatz zum Kreislaufverbund-Regenerator handelt es sich hier um den verbreiteten Kontaktflächen-Regenerator, bei dem kleine Strömungskanäle eines langsam rotierenden Speicherkörpers durchströmt werden (max. Drehzahl 5 bis 15 min^{-1}). Wie aus Abb. 12.18 hervorgeht, wird die Speichermasse (Rotor) in einer Richtung bzw. auf der einen Hälfte durch die Fortluft „aufgeheizt“, während sie auf der anderen Hälfte durch die Außenluft wieder abgekühlt wird (Außenluft erwärmt sich). Die Luftstromführung kann horizontal und vertikal erfolgen. Der Rotor kann aus keramischen, mineralischen, metallischen Werkstoffen oder Kunststoff bestehen; übliche Ausführung aus wellenförmiger Aluminiumfolie.

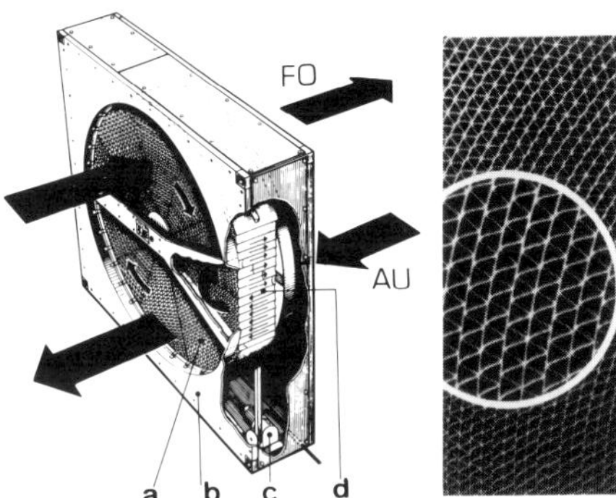

Abb. 12.18 Rotationswärmetauscher (Kraftanlagen AG)

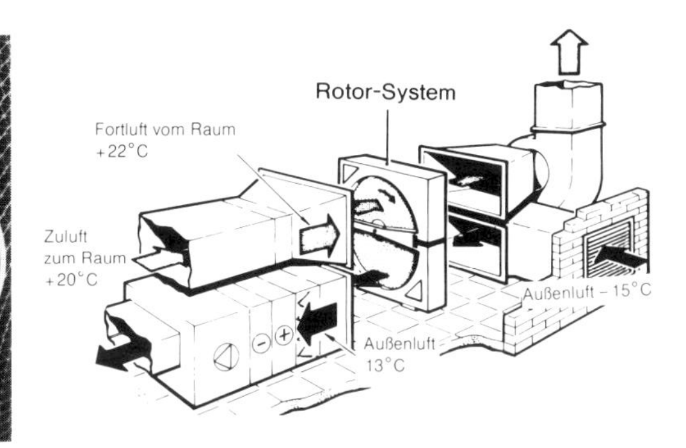

Abb. 12.19 Anlagenschema mit Rotationswärmetauscher

Wegen der erforderlichen großen Baumaße läßt sich dieses System nicht mit allen Lüftungsgeräten kombinieren und wird daher üblicherweise im anschließenden Kanalsystem untergebracht. Der Wärmetauscher wird in etwa 15 Baugrößen geliefert (600 mm bis 5000 mm $\varnothing$). Die WRG bis etwa 2 m Rotordurchmesser stehen betriebsfertig zur Verfügung, während die größeren in geteilter Gehäuseausführung und mit demontierbaren, segmentierten Rotoren angeliefert werden (Transport- und Montageerleichterungen), Bautiefe 200 mm.

Der große **Vorteil** dieses Systems ist der zusätzliche mögliche Feuchteaustausch, d. h., außer der Temperaturerhöhung des kälteren Volumenstroms gemäß der Rückwärmezahl Φ

erfolgt zusätzlich eine Befeuchtung dieses Stroms durch Stoffaustausch gemäß der Rückfeuchtezahl ψ. Dadurch wird die Austauschzahl wesentlich erhöht. Hinsichtlich der Speichermasse und somit auch der Austauschvorgänge unterscheidet man demnach zwischen folgenden **zwei Ausführungen:**

a) Sorptionsgeneratoren
Hier wird eine hygroskopische Substanz in die Speichermasse eingelagert, wodurch ganzjährig eine gleichrangige Übertragung von sensibler (fühlbarer) Wärme und latenter (feuchter) Wärme – auch in Bereichen ohne Taupunktunterschreitung – erreicht wird. Die zusätzliche Feuchtigkeit wird von einem Luftstrom getrennt, von der hygroskopischen, abriebfesten Speichermasse aufgenommen und dem anderen Luftstrom zugeführt.
Anwendung: Klimaanlagen mit Befeuchtung bzw. Kühlung und Befeuchtung, wie z. B. in Versammlungsräumen, Verwaltungsgebäuden, Krankenhäusern u. a.

b) Kondensationsgeneratoren
Bei diesen Regeneratoren wird sensible Wärme übertragen, und erst, wenn die Fortluft innerhalb des Rotors die Taupunkttemperatur unterschreitet, findet eine „Rückfeuchtung" durch Kondensatübertragung statt. Das Speichermaterial ist hier nicht hygroskopisch.
Anwendung: Einfachere Lüftungsanlagen ohne Befeuchtung und Kühlung, bei wenig verunreinigter und nicht korrosiver Luft, wie z. B. in Supermärkten, Ausstellungshallen.

Merkmale:
Großer Platzbedarf; Wärmerückgewinnung 70 bis 85 % und höher; Befeuchtung der Zuluft, da auch Stoffaustausch; einfache Leistungsregelung durch Drehzahländerung; Nebenaggregate erforderlich (Motor, Antrieb); keine Luftvorwärmung, Abtauvorrichtung und Reifschutzmaßnahme erforderlich; einfache Wartung; keine absolute Sicherheit gegen Luftmischung (AU/FO); max. Betriebstemperatur 70 °C; Gerätekasten und Gesamtkosten mit hygroskopischer Beschichtung etwa 0,90 bis 1,50 DM je m³/h.

Weitere Hinweise für Planung und Ausführung

1. Um **unerwünschte Teilchenübertragungen** von der Fortluft an die Außenluft auf ein Minimum zu reduzieren, wird in jedem WRG eine sog. Doppelspülkammer *DK* vorgesehen. Hier wird die in der Speichermasse verbleibende Fortluft beim Übertritt des Rotors vom Fortluft- in den Außenluftbereich durch Außenluft ausgespült. Die Funktion dieses Spülvorgangs wird schon bei einem Δp von etwa 200 Pa zwischen Außen- und Fortluft erreicht.
   Bei einfachen Lüftungsanlagen, insbesondere wenn ständig mit einem Umluftanteil gefahren wird, kann diese Spülkammer entfallen. Teilchenübertragung zwischen Fort- und Zuluft liegt unter $1:10^4$.

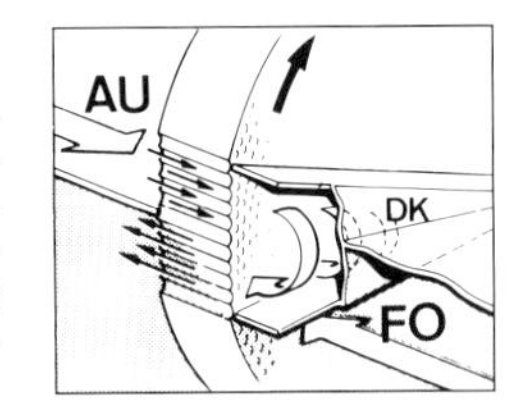

Abb. 12.20 Spülkammer

2. Die **Regelung** der geforderten Zulufttemperatur (Austrittstemperatur) wird mit großer Genauigkeit über die Veränderung der Rotordrehzahl erreicht. Der Antrieb erfolgt über Keilriemen. Das Regelverhältnis durch den elektronischen Regler beträgt 1 : 1000, eine Aufschaltung aller Regelsysteme ist möglich.
   Mögliche Regelungs- und Schaltfunktionen sind: konstante Zulufttemperatur, konstante Taupunkttemperatur, Sequenzschaltung mit nachgeschaltetem Lufterhitzer oder Luftkühler, Kälterückgewinnung über Temperatur- oder Enthalpievergleich, Intervallbetrieb, Parallelbetrieb u. a.

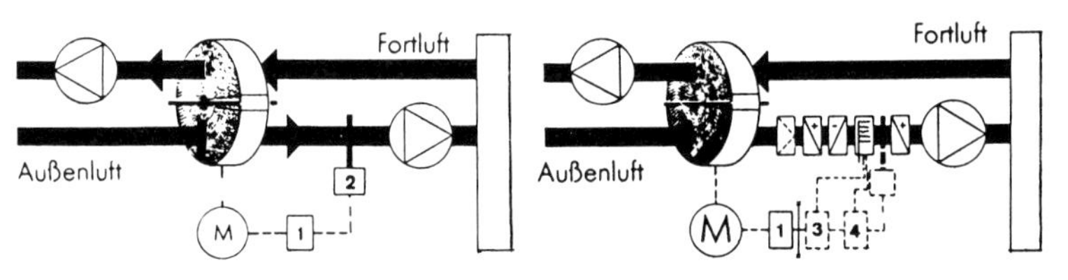

Abb. 12.21 Regelung von Rotationswärmetauschern
1) Regeleinrichtung; (2) Fühler; (3) Anpassglieder; (4) Zentralgeräte (KAH)

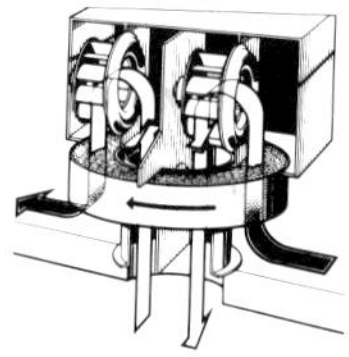

Abb. 12.22 Dachventilator (LTG)

3. Die übliche **Ventilatoranordnung** ist die, bei der beide Ventilatoren saugseitig zum Rotor angeordnet sind. Durch Einbau einer Drosselklappe im Abluftkanal kann das Druckgefälle reguliert werden. Bei hohen Systemdrücken kann der Zwischenventilator – in Luftrichtung gesehen – auch druckseitig vor dem WRG angeordnet werden. Werden beide Ventilatoren druckseitig zum WRG angeordnet, ist es sehr schwierig, das richtige Druckgefälle für eine funktionsfähige Spülkammer zu erreichen. Der Druckverlust beträgt etwa

100 Pa, ist jedoch stark vom Rotorprofil und von dem Volumenstromverhältnis AU/FO abhängig (30 bis 250 Pa).

4. Sind der **Abluft- und Außenluftstrom ungleich groß** (Verhältnis > 1,5), dann sollte vom größeren Luftstrom ein Teilstrom über einen Bypass am Wärmerückgewinner vorbeigeführt werden.

5. Was die Wartung bzw. **Reinigung** betrifft, so muß der Rotor mindestens einmal jährlich überprüft werden. Falls er verschmutzt ist, kann er mit einem Industriestaubsauger wieder gereinigt werden. Eine **Außenluftfiltrierung** ist erforderlich, wenn die Außenluft einen sehr hohen Staubgehalt (etwa > 300 Mikron) hat. Das gleiche gilt auch für die **Filtrierung der Fortluft,** d. h., ein Filter wird hier nur bei Industrieanlagen eingebaut, wo größere Partikel oder ölige, klebrige oder backende Stäube mitgeführt werden.
Durch die ständig wechselnde Durchströmungsrichtung und durch die besondere Konstruktion des Rotors erfolgt eine weitgehende Selbstreinigung.

6. **Schnellrotierende Rotationswärmetauscher** werden nach der Methode der Querstromgebläse gebaut. Wie Abb. 12.23 zeigt, wird die Fortluft durch einen Wärmeaustauschring aus Polyurethan geführt und ins Freie geleitet. Die Außenluft wird danach durch denselben Ring angesaugt und nimmt die von der Fortluft abgegebene Wärme und Feuchte wieder auf. Durch die Unterteilung der Ansaugöffnung in zwei Hälften gleicher Halbkreise erreicht man die Aufteilung der Fortluft- und Außenluftströme.
Nachteile: beachtliche Leckraten, öftere Reinigung
Vorteile: einfacher Aufbau, preisgünstig

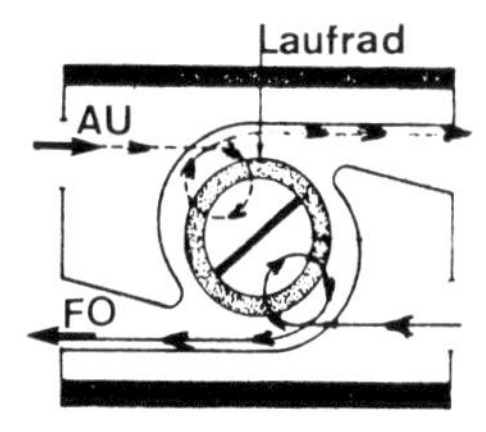

Abb. 12.23

12.2.5 Wärmerückgewinnung durch Wärmepumpen

Obwohl Wärmepumpen in Band 2 und 4 ausführlicher behandelt werden, soll hier doch gezeigt werden, daß diese auch zur Wärmerückgewinnung herangezogen werden können; allerdings völlig anders, als es bei den vorangegangenen Systemen der Fall war.

Wie aus dem Kältekreislauf bekannt ist, wird auf der Verdampferseite, wo das Arbeitsmittel verdampft, der durchströmenden Fortluft Wärme entzogen, und auf der Verflüssigerseite, wo das Arbeitsmittel kondensiert, der durchströmenden Außenluft Wärme zugeführt. Damit dieser Prozeß überhaupt ablaufen kann, muß ständig Energie für den Kompressor zugeführt werden, d. h., hier wird die Wärme nicht mehr durch das eigene Temperaturgefälle übertragen.
Die übliche Aufgabe einer Wärmepumpe ist die, daß man aus der Umwelt Wärme entzieht, wie z. B. aus der Luft, aus Grundwasser, Erdreich usw., und diese Wärme durch Zuführung von Kompressorwärme (Exergie) auf ein höheres Temperaturniveau bringt und im Verflüssiger als Kondensatorwärme zum Heizen verwendet. Bei der RLT-Anlage soll mit der Wärmepumpe die der Fortluft entzogene Wärme der Außenluft wieder zugeführt werden (Abb. 12.24).

Folgerungen und weitere Hinweise:

1. Im Sinne der VDI 2071 sollte man demnach auch dann nicht von einer Wärmerückgewinnung sprechen, wenn mit ihr Wärme innerhalb eines Gebäudes „verschoben" wird, wie z. B. Wärmeentzug aus der Abluft einer Trocknungsanlage und Wärmenutzung zum Betreiben einer Fußbodenheizung.

2. Da bei dieser Wärmerückgewinnung der Wärmeaustausch **nur unter Exergieerhöhung** stattfinden kann, läßt sich hier die Rückwärmezahl oder Rückfeuchtezahl nicht anwenden. Man verwendet hier die Leistungszahl ε = Kondensatorleistung/Kompressorleistung.

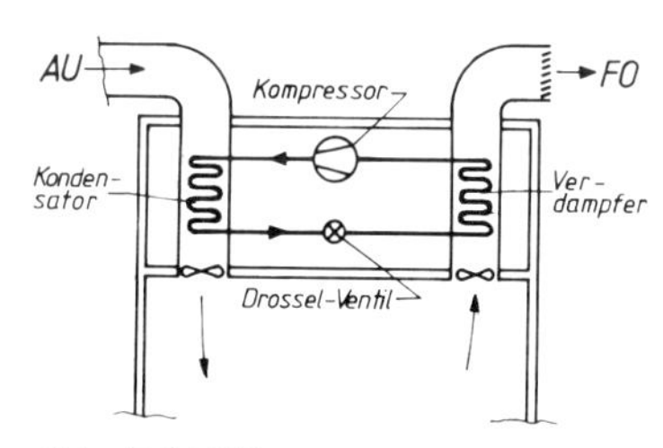

Abb. 12.24 Wärmepumpe

3. Ein **sinnvoller Einsatz** ist vor allem dort angebracht, wo auch Kälte erzeugt wird und die Luft auch gleichzeitig entfeuchtet werden muß, denn das am Verdampfer anfallende Kondensat gibt etwa 700 Wh je Liter an das Arbeitsmittel ab, das dann im Verflüssiger wieder als Wärme zur Verfügung steht (z. B. Schwimmbäder, Wäschereien).

13. Wiederholungs- und Prüfungsfragen

Die Seitenangabe bezieht sich auf die Buchseite, nach der anhand des Textes eine Antwort zusammengestellt werden kann.

●	Einfache Fragen, die sich stärker auf die Praxis beziehen oder grundlegende Bedeutung haben.
●○	Desgl., jedoch mit höherem Schwierigkeitsgrad, insbesondere Fragen, bei denen auch einfachere, mehr praxisorientierte Zusammenhänge verlangt werden. Für den ersten Teil dieser Fragen gilt in der Regel ●.
○	Fragen, bei denen zusätzlich mehrere theoretische und komplexere Zusammenhänge verlangt werden oder Fragen aus speziellen Teilgebieten.
○○	Desgl., jedoch mit etwas höherem Schwierigkeitsgrad.

Kapitel 1 Allgemeines

Seite

● 1. Nennen Sie mindestens sieben Aufgaben, die durch den Einbau von Lüftungsanlagen oder Lüftungsgeräten erfüllt werden können! ... 1, 2

●○ 2. Welche fünf Gruppen von Einflußgrößen kennzeichnen das Raumklima? ... 3 ff.

● 3. Nennen Sie die vier Behaglichkeitskomponenten, die das Wärme- und Kälteempfinden des Menschen beeinflussen! ... 3 ff.

●○ 4. Nennen Sie von den thermischen Einflußgrößen jeweils einen Anhaltswert (Zahlenwert), und geben Sie auch jeweils an, wovon diese Zahlenwerte im besonderen Maße abhängig sind! 3, 4

● 5. Was versteht man unter Aktivitätsgrad, und welche Bedeutung hat er? ... 5

● 6. Wie groß ist etwa die Gesamtwärmeabgabe einer Person, und wovon ist diese abhängig? 5

● 7. Durch die sensible Wärmeabgabe der Menschen wird dem Raum die Wärme zugeführt, die eine Erhöhung der Raumtemperatur bewirkt. Wie groß ist die Wärmemenge und die Wassermenge, die stündlich anfällt, wenn sich im Versammlungsraum 2 000 Menschen befinden? a) im Winter bei ϑ_i = 22 °C und b) im Sommer bei ϑ_i = 26 °C (Lösung: zu a) ⇒ 170 kW, 94 l/h; zu b) ⇒ 138 kW, 140 l/h). ... 5

● 8. Nennen Sie fünf Grundforderungen, die eine Lüftungsanlage zu erfüllen hat und nach denen ein Kunde die Anlage beurteilt! ... 7

●○ 9. Geben Sie einen Zusammenhang zwischen Luftverschlechterung, Raumgröße, Benutzungszeit, Luftwechsel, zeitweiser Lüftung und Dauerlüftung (als Darstellung von Kurven). ... 7, 8

○ 10. Welche Entwicklungstendenzen zeichnen sich auf dem Gebiet der Raumlufttechnik für die nähere Zukunft ab? Nennen Sie wesentliche Aufgaben! ... 9, 10

Kapitel 2 Überblick über Lüftungs- und Luftheizungsanlagen – Einteilung

●○ 1. Nennen Sie den grundsätzlichen Unterschied zwischen einer Luftheizungs- und Lüftungsanlage (oder Gerät), und geben Sie drei Begründungen, weshalb oft eine exakte Abgrenzung der beiden schwierig ist! ... 11

●○ 2. Zeichnen Sie eine Lüftungszentrale (Kastengerät) mit Zu- und Abluftventilator einschließlich des Mischluftregelkreises! ... 12

● 3. Definieren Sie die Begriffe Außenluft, Umluft, Mischluft, Zuluft, und geben Sie jeweils die Abkürzung und Kennfarbe an! Was bedeuten die Abkürzungen NAB und VAV? ... 12

●○ 4. Nennen Sie mindestens fünf wesentliche Anforderungen an den Ort der Außenluft-Ansaugöffnung und drei an den der Fortluft-Austrittsöffnung! ... 13

●○ 5. Geben Sie die graphischen Symbole für folgende Einbauten an: Ventilator, Filter, Lufterwärmer (Heizregister), Schalldämpfer, Kühler, Temperaturfühler, Klappe und Regler. ... 14

●○ 6. Nennen Sie vier Vorteile der Blockbauweise von Kammerzentralen, und nennen Sie vier Kombinationsmöglichkeiten! ... 16

●○ 7. Stellen Sie getrennt alle Widerstände (Druckverluste) zusammen, die vom Zuluft- und Abluftventilator (in Strömungsrichtung) zu überwinden sind! ... 17

○ 8. Beschreiben Sie den Mischluftregelkreis! Wo sitzt der Fühler, und wie arbeiten die Klappen? . 17

○ 9. Nennen Sie bei der Filtereinteilung jeweils mindestens zwei Beispiele hinsichtlich Filterprinzip, Art der Wartung, Bauart, Material und Abscheidegrad! ... 18

○ 10. Welche Angaben interessieren bei einer Filterbestellung, und welche Daten stehen auf dem Typenschild? ... 18

●○ 11. Definieren Sie beim Luftfilter folgende Begriffe: EU 1 bis EU 9, Dimensionierungsdruckdifferenz und Standzeit. ... 18, 19

●○ 12. Welche Ausführungen von Lufterwärmern (Heizregister) kennen Sie? Nennen Sie fünf wesentliche Angaben für eine Bestellung und übliche Geschwindigkeiten (luft- und wasserseitig)! 19, 20

●○ 13. Erklären Sie bei der Klassifizierung von RLT-Anlagen die Abkürzungen HKE, VE, LH, LD, SD, TF, GR! ... 20, 21

Seite

●○ 14. Wie unterteilt man RLT-Anlagen nach DIN 1946 (mit und ohne Lüftungsfunktion)? 21
●○ 15. Nennen Sie jeweils zwei Beispiele der freien Lüftungssysteme: Fenster-, Schacht- und Dachaufsatzlüftung (DIN 1946)! 21
● 16. Erläutern Sie die Begriffe: Fortluft-, Außenluft-, Umluft- und Mischluftsystem. 22
●○ 17. Wann werden Umluft-, wann Mischluft- und wann Außenluftanlagen geplant? Nennen Sie jeweils mindestens einen Nachteil! 22
○ 18. Nennen Sie mindestens fünf Sonderaufgaben der Lufttechnik! 21, 22, 25
○ 19. Definieren Sie die Begriffe: Verdrängungsströmung, Mischströmung und VVS-Anlage! 24, 25
●○ 20. Nennen Sie mindestens vier Vorteile der maschinellen Lüftung gegenüber der freien Lüftung, und geben Sie jeweils einen Fall an, bei dem sich der genannte Vorteil besonders günstig auswirkt! 25
●○ 21. Nennen Sie von einer „Drucklüftung" jeweils drei Merkmale, Anwendungsbeispiele, und skizzieren Sie drei Ausführungsformen! 26
● 22. Nennen Sie mindestens fünf wesentliche Planungshinweise einer „Sauglüftung", und geben Sie drei Anwendungs- und drei Ausführungsbeispiele an! 27, 28
●○ 23. Welchen Vorteil hat ein kombiniertes Be- und Entlüftungssystem? Wann ist $\dot{V}_{zu} > \dot{V}_{ab}$ zu wählen, und welchen Nachteil hat eine getrennte Montage von Zu- und Abluftventilatoreinheit? 28

Kapitel 3 **Freie Lüftung** (Lüftung ohne Ventilator)

● 1. Worauf beruht die Wirksamkeit der freien Lüftung, und welche Folgerungen schließen Sie daraus? 29, 41
●○ 2. Wie unterteilt man nach der DIN 1946 sämtliche Einrichtungen zur freien Lüftung? 21
○ 3. Erklären Sie bei der freien Lüftung anhand einer Skizze den Begriff neutrale Zone ($\vartheta_a < \vartheta_i$), und geben Sie an, wann und wie sich diese verändern kann! 30
○ 4. Zeigen Sie anhand eines Zahlenbeispiels, wie man den thermischen Auftrieb (Druckdifferenz) eines Lüftungschachtes und den Differenzdruck zwischen LUV und LEE berechnet! 30, 31
●○ 5. Wie ist die Druckabstufung in einem Gebäude durch Windanfall und Dichtedifferenz? Nennen Sie jeweils zwei Beispiele, wo sich diese jeweils besonders negativ und besonders positiv auswirken! .... 29 ff.
○ 6. Inwiefern können sich Wind- und Auftriebseinflüsse aufheben, und welchen Einfluß hat dies auf hohe Gebäude? 33
●○ 7. Wovon hängt die Qualität der Fugenlüftung ab, und welchen Einfluß hat hier die Druckverteilung durch Auftrieb und Wind? 33, 34
○ 8. Wie kann man aufgrund des berechneten Lüftungswärmebedarfs eines Raumes den Luftwechsel berechnen? (Zahlenbeispiel!) 34
○ 9. Geben Sie jeweils eine Erklärung bzw. Begründung zu folgenden Aussagen bei der Fensterlüftung: die Raumluft tritt oben aus, gekippte Fenster vermeiden, auf der LEE-Seite erfolgt Entlüftung, Küchenfenster auf der LUV-Seite sind nachteilig, Feuchteschäden im Raum trotz Fugenlüftung. 35, 36
○ 10. Unter welchen Bedingungen kann die Fensterlüftung hinsichtlich baulicher Konzeption und Nutzung befriedigende Ergebnisse bringen bzw. in der Gesamtplanung einbezogen werden? 36
○ 11. Geben Sie für die Ausführung einer Einzelschachtanlage nach DIN 18017 jeweils einen Hinweis hinsichtlich Ausführung, Querschnitt, Hochführen über First, Neigung, Revision, Zuluftführung und Ab- und Zuluftöffnung. ....
●○ 12. Unter welchen zwei Bedingungen kann eine Dachaufsatzlüftung sehr wirksam sein, und inwiefern kann diese für mehrere sehr verschiedene Zwecke verwendet werden? 40
○○ 13. Nach welchen Kriterien werden nach den Arb. Stätt. Richtlinien bestimmte Lüftungsquerschnitte gefordert? Was versteht man hierbei unter Gruppe A, B, C? 40, 41

Kapitel 4 **Berechnungsgrundlagen und Übungsbeispiele für Lüftungs- und Luftheizungsanlagen**

● 1. Was versteht man unter einer kombinierten Lüftungs-Luftheizungsanlage? Nennen Sie drei wesentliche Angaben für die Berechnung! 42
●○ 2. Wie berechnet man den Volumenstrom einer Luftheizungsanlage? Zu jedem Wert in der Gleichung soll jeweils ein Hinweis gegeben werden! 42
●○ 3. Welche Bedeutung hat die Luftumwälzzahl bei Luftheizungen (Umluftanlagen), und welche Nachteile hat eine zu geringe Umwälzzahl? 43
●○ 4. Nennen Sie drei Einflußgrößen für die Wahl der Zulufttemperatur, und bestimmen Sie die Übertemperatur eines 600 m^3 großen Raumes, dessen Wärmebedarf 12,8 kW beträgt. (Luftumwälzzahl 6 h^{-1}) 43, 44
○ 5. Inwiefern haben nachträgliche Wärmedämmaßnahmen und der Einbau von statischen Heizflächen Einfluß auf die Kanalgeschwindigkeit und auf die Übertemperatur? 44
○ 6. Wann soll bei der Luftheizung die freie Lüftung (Fugen, Fenster) bei der Volumenstrombestimmung berücksichtigt werden? Begründung! 44

Seite

●○ 7. Geben Sie Anhaltswerte (Zahlenwerte) für die Wahl der Zulufttemperatur bei Luftheizungen, und begründen Sie die Grenze nach oben und unten! 45
● 8. Nach welchen Berechnungsmethoden kann man den Volumenstrom für Lüftungsanlagen bestimmen, unterschieden in Versammlungs- und Betriebsräume? 46
●○ 9. Nennen Sie fünf Kriterien, nach denen die Außenluftrate ($m^3/h \cdot P$) gewählt und reduziert werden kann! 47
●○ 10. Wie groß ist die Leistung des Heizregisters zur Erwärmung des Außenluftvolumenstroms bei folgenden Angaben: 500 Personen, ϑ_i = 20 °C, ϑ_a = -12 °C, Einzelbüro, max. Reduzierung, Raucher (Lösung: 140 kW). 46, 47
○ 11. Welche zwei Möglichkeiten gibt es, den erforderlichen Außenluftvolumenstrom den Bedürfnissen anzupassen? Nennen Sie jeweils einen Nachteil! 47
○ 12. Aufgrund der CO_2-Abgabe eines Menschen sind 13,6 $m^3/h \cdot P$ Außenluft erforderlich. Wie kommt man zu diesem Wert, und weshalb ist dieser Wert im allgemeinen zu gering? 50, 51
●○ 13. Nennen Sie zwei Probleme bei der Annahme einer Luftwechselzahl, und begründen Sie diese jeweils mit einem Beispiel. 51
○ 14. Was bedeutet die Aussage: Die Luftwechselzahl ist ein Maßstab für den Schwierigkeitsgrad der Luftführung im Raum? .....
●○ 15. Was versteht man unter dem MAK-Wert, und wann gestattet er keinen endgültigen Schluß auf die Unbedenklichkeit? 55, 56
●○ 16. Wie berechnet man nach der MAK-Methode den Außenluftvolumenstrom, und was bedeuten die Abkürzungen ppm und MIK? 54, 55
● 17. Wie bestimmt man den Außenluftvolumenstrom nach den Arbeitsstättenrichtlinien, und wie sind die großen Streuungen zu begründen? 57
○○ 18. Wie bestimmt man den Ventilatorförderstrom bei einer kombinierten Lüftungs-Luftheizungsanlage, und welche Maßnahmen ergreifen Sie, wenn $\dot{V}_{zu} > \dot{V}_a$ ist? 58
○ 19. Zeigen Sie anhand eines Zahlenbeispiels, weshalb der prozentuale Außenluftanteil bei einer Lüftungs-Luftheizungsanlage um so größer wird, je besser das Gebäude wärmegedämmt ist. 58
○ 20. Wann kann bei einer kombinierten Lüftungs-Luftheizungsanlage der Volumenstrom aufgrund der Heizlast kleiner sein als aufgrund der Lüftungsforderung? 58
○○ 21. Inwiefern hängen bei einer Lüftungs-Luftheizungsanlage die Größen $\dot{V}_{zu}$, $\dot{V}_a$, $\dot{Q}_H$, ϑ_{zu} und LW zusammen? 58, 59
●○ 22. Wie berechnet man die Volumenänderung von Luft bei Änderung der Temperatur (zwei Möglichkeiten)? 60
●○ 23. Wie kann man die Dichte der Luft bei einer bestimmten Temperatur berechnen? 60
○ 24. Für die spezifische Wärmekapazität werden folgende Zahlenwerte genannt: 0,28; 0,36; 0,35 und 1,3. Geben Sie jeweils die Einheit an, und nehmen Sie zu jedem Wert Stellung! 60
●○ 25. Die Registerleistung berechnet man nach der Gleichung $\dot{Q}_{Reg} = \dot{V} \cdot c \cdot (\vartheta_{AUS} - \vartheta_{EIN})$. Geben Sie für ϑ_{AUS} und ϑ_{EIN} jeweils drei Möglichkeiten, und nennen Sie die dazugehörige RLT-Anlage! 60
○ 26. Nennen Sie zwei Ansätze (Gleichungen) für die Berechnung der Registerleistung einer kombinierten Lüftungs-Luftheizungsanlage; (Mischluftbetrieb). 63
○ 27. Wie berechnet man die Mischlufttemperatur bei $\dot{V}$-Angaben a) in m^3/h; b) in Prozent? ($\dot{V}_{ZU} = \dot{V}_{UM} + \dot{V}_{AU}$) 64
○○ 28. Weshalb könnte ein größerer Ventilatorförderstrom erforderlich werden, wenn mit der Lüftungsanlage im Sommer der Raum noch mit Außenluft gekühlt werden soll? Falls die erforderliche Kühlung ($\dot{Q}_K$) nur gering ist, gibt es zwei Möglichkeiten zur Anpassung. Nehmen Sie jeweils Stellung! 65, 66
○○ 29. Die Registerleistung $\dot{Q}_{Reg} = \dot{Q}_H + \dot{Q}_L$. Wie ändern sich jeweils $\dot{Q}_H$ und $\dot{Q}_L$ (kleiner, größer), wenn a) die Außenlufttemperatur wärmer wird (Übergangszeit); b) der Außenluftanteil vermindert wird (ϑ_a = konst); c) wenn die Grundheizung eingeschaltet wird (ϑ_a = konst)? 66
○ 30. Erklären Sie bei der Berechnung des Heizregisters die Begriffe: „Spitzenlast“, „Regelleistung“, Belastungsfaktor $\varphi = \dot{Q}'_H/\dot{Q}_H$. 71

Kapitel 5 Lüftungs-/Luftheizungen (Zentralanlagen)

●○ 1. Hinsichtlich der Einteilung von Luftheizungsarten sind in bezug auf Beheizungsart, Geräteaufbau, Geräteanordnung, Luftführung im Raum und Wärmeübertragung jeweils zwei Beispiele zu nennen. 73
●○ 2. Nennen Sie sechs wesentliche Vorteile einer Warmluftheizung gegenüber einer Warmwasserheizung, und nehmen Sie kritisch Stellung zu dem behaupteten Vorteil: „geringe Bau- und Materialkosten“! 74, 75
○ 3. Nennen Sie fünf Nachteile bzw. Probleme einer Warmluftheizung! 75, 77
● 4. Nennen Sie mindestens drei Ausführungsformen von direktbeheizten Warmluftheizungen! . 76
●○ 5. Welche Fragen müssen vor der Auswahl und Montage eines direktbefeuerten Warmlufterzeugers geklärt werden? Nennen Sie fünf wesentliche Fragen! 77

Seite

●○ 6. Geben Sie jeweils drei Hinweise hinsichtlich der Aufstellung und Regelung von direktbeheizten Warmlufterzeugern! .... 77 ff.

○ 7. Wann sind für die Aufstellung von direktbeheizten Warmlufterzeugern Sondergenehmigungen erforderlich, und unter welchen Bedingungen ist eine ausreichende Verbrennungsluftzufuhr sichergestellt? 78, 79

○ 8. Welche Maßnahmen wählt man bei direktbeheizten Warmlufterzeugern gegen Kalteinblasung bei Inbetriebnahme, bei Ventilatorausfall und gegen Taupunktunterschreitung? 80, 81

○ 9. Hinsichtlich der Abgasführung bei Warmlufterzeugern sind in bezug auf Stahlblechschornsteine drei wesentliche Hinweise zu nennen. 82

○ 10. Wie können mehrere Warmlufterzeuger mit Öl versorgt werden, und was ist bei der Aufstellung der Öllagerbehälter und bei der zentralen Ölversorgung zu beachten? 84

○ 11. Nennen Sie wesentliche Vorschriften, Normen usw., die beim Anschließen gasbeheizter Warmlufterzeuger zu beachten sind (Leitungen, Brenneranschluß, Abgasanlage)! 85, 86

○ 12. Geben Sie drei wichtige Hinweise, die bei der Inbetriebnahme und Übergabe eines direktbeheizten Warmlufterzeugers zu beachten sind! 86

● 13. Erklären Sie Aufbau und Wirkungsweise einer Kachelofen-Warmluftheizung! 87, 88

●○ 14. Unterscheiden und beschreiben Sie kurz die zwei möglichen Kachelofenbauformen! 88

●○ 15. Welche drei Heizeinsätze bei den Kachelöfen kennen Sie? Geben Sie jeweils einen Hinweis! .. 90

○ 16. Nennen Sie jeweils drei Vor- und Nachteile einer Kachelofenluftheizung! 90, 91

●○ 17. Beschreiben Sie kurz den Aufbau und die Wirkungsweise eines Elektrozentralspeichers für Luftheizungen! 91

○○ 18. Nennen Sie jeweils drei Vor- und Nachteile eines Elektrozentralspeichers für Luftheizungen! Was versteht man unter Anschlußleistung und Speicherkapazität? 92

●○ 19. Was versteht man unter einer indirekt beheizten Luftheizung? Nennen Sie zwei Anlagenvarianten mit jeweils mindestens zwei Gerätevarianten! 92, 93

○○ 20. Wie berechnet man den erforderlichen prozentualen Außenluftanteil bei einem Kastengerät, und wie wird die AUL-Beimischung gesteuert bzw. geregelt? 94, 95

○ 21. Beschreiben Sie die Außenluftbeimischung in Abhängigkeit von der Mischtemperatur! 94

○○ 22. Erläutern Sie Funktionsbeispiele eines Mischklappenmoduls (möglichst mit Skizze)! 94

●○ 23. Geben Sie mindestens drei wesentliche Empfehlungen für den Meßort des Raumfühlers bei einer Raumtemperaturregelung! 95

○ 24. Welche Probleme entstehen bei der Fühleranordnung im Abluftkanal und welche im Raum? .. 95

○○ 25. Erklären Sie eine Kaskadenregelung bei einer Raumtemperatur-Regeleinrichtung! (Begründung!) 96

○ 26. Erläutern Sie eine Konstant-Zulufttemperaturregelung, und nennen Sie zwei Anwendungsbeispiele! 96

○ 27. Nennen Sie Beispiele, bei denen eine witterungsgeführte Zulufttemperaturregelung angewendet werden soll! 97

●○ 28. In welchen Fällen besteht Frostgefahr? Wo wird der Frostschutzthermostat montiert, und wie wird er eingestellt? 97

●○ 29. Nennen Sie mindestens drei Schaltvorgänge, die der Frostschutzthermostat (Wächter) vornehmen kann. 98

○ 30. Erläutern Sie mindestens fünf anlagentechnische Maßnahmen, die man bei Frostgefahren beachten sollte. 98

●○ 31. Beschreiben Sie den Aufbau und die Wirkungsweise einer sog. „Klimaheizung“ mit Minileitungen für Wohnhäuser! .... 99 ff.

○○ 32. Von der Anlage nach Frage 31 soll jeweils ein Hinweis für die Planung bzw. Ausführung gegeben werden, und zwar in bezug auf Kanalabmessung, -geschwindigkeit und -verlegung, Luftdurchlässe, Verteiler, Schalldämpfung, Regelung und Lüftung. .... 99 ff.

●○ 33. Beschreiben Sie Aufbau und Wirkungsweise einer Heißluft-Strahlungsheizung! 104

●○ 34. Beschreiben Sie Aufbau und Wirkungsweise einer Warmluft-Fußbodenheizung (2K-Heizung)! 105

Kapitel 6 Lüftungs- und Luftheizgeräte (Dezentrale RLT-Anlagen)

● 1. Nennen Sie fünf Bauformen von Luftheizgeräten, und geben Sie sieben wesentliche Vorteile dieser Einzelgeräte an! 106

○ 2. Nennen Sie zwei Vorteile für den Einsatz einer dezentralen gegenüber einer zentralen RLT-Anlage, die aber bei einem anderen Gebäude (Projekt) als Nachteil bezeichnet werden kann! . 106

● 3. Nennen Sie mindestens fünf Anwendungsbeispiele für den Einsatz von Wand- und Deckenlufterhitzern! 107

●○ 4. Von vier wesentlichen Bauteilen eines Wandlufterhitzers sind jeweils zwei Varianten anzugeben! 108

●○ 5. Worauf beruht die Wirkungsweise der Sekundärjalousie, welche Vorteile hat sie, und wie kann die Profileinstellung erfolgen? 108

●○ 6. Nach welchen Kriterien wird das Heizregister eines Wandlufterhitzers konstruiert und gewählt? Nennen Sie vier wesentliche! 108

Seite

● 7. Hinsichtlich des Zubehörprogramms bei Wandlufterhitzern sind acht wesentliche Bauteile zu nennen. 109
○ 8. Was bedeuten beim Wandlufterhitzer folgende Begriffe: Mehrstufiger Betrieb, Motorsonderausführungen, Berührungsschutzkorb, unterer Ansaug? 109
○ 9. Wonach berechnet man für eine Fabrikationshalle den Transportmissionswärmebedarf und wie den Lüftungswärmebedarf durch freie Lüftung? 111
○ 10. Wovon hängt die Annahme einer Luftwechselzahl für die freie Lüftung ab? Geben Sie Anhaltswerte! 111
○○ 11. Von der Raumtemperatur in Fabrikhallen soll jeweils ein kurzer Hinweis gegeben werden hinsichtlich: Temperaturannahme, Meßort und Annahme für $\dot{Q}_T$-Berechnung. 112
○ 12. Der spezifische Wärmebedarf einer großen Halle soll geschätzt werden. Geben Sie Anhaltswerte und Einflußgrößen an! 113
○ 13. Wovon hängt die bei der Lufterhitzerauswahl zu wählende Ventilatordrehzahl ab? Nennen Sie fünf mögliche Vorteile und drei Nachteile bei der Drehzahl III! 114
●○ 14. Welche Folgen haben zu hohe Ausblastemperaturen? Geben Sie Anhaltswerte für Luftheizgeräte! 114
○○ 15. Weshalb spielt die Luftumwälzzahl LU bei Großräumen eine Rolle? Geben Sie einen Zusammenhang zwischen Gerätedaten, $\dot{Q}_{Reg}$, $\dot{V}$, ϑ_{zu}, LU und ϑ_i! 114
●○ 16. Bei der Wahl des Montageortes eines Wandlufterhitzers ist jeweils ein Hinweis zu geben hinsichtlich: Ausbreitung des Luftstrahls, Mindestaufhängehöhe, Ansaugkanal, Wartungsfreundlichkeit und Geräteabstand. 115
○ 17. Was versteht man bei Lufterhitzern unter Wurfweite? Nennen Sie mindestens fünf wesentliche Maßnahmen, wie man diese verändern kann. 116/117
○○ 18. Welche Bedeutung haben Schalleistungspegel L_W und Schalldruckpegel L_p, und von welchen Größen hängt die Differenz L_W–L_p ab? 117
●○ 19. Wann ist eine Sperrjalousie erforderlich, und wo wird diese eingebaut? 118
●○ 20. Erläutern Sie anhand eines Beispiels, wie man den wasserseitigen Druckverlust eines Lufterhitzers ermittelt. 118
○ 21. Wie bestimmt man den verminderten Volumenstrom, wenn zusätzlich ein Mischluftkasten, eine Sperrjalousie und ein Filter eingebaut werden (Luftleistungsdiagramm)? 120
●○ 22. Nennen Sie sieben wichtige Angaben, die bei der Geräteauswahl zu beachten sind! 121
●○ 23. Wie bestimmt man anteilmäßig $\dot{Q}_H$ und $\dot{Q}_L$ einer gegebenen Registerleistung? (Beispiel!) 123
○ 24. Was bedeuten das Wärmeleistungsdiagramm und die Korrekturfaktoren f_V und $f_{\dot{Q}}$? 120/122
● 25. Nennen Sie mindestens vier Vorteile und zwei Nachteile eines Deckengerätes gegenüber einem Wandgerät! 127
●○ 26. Beschreiben Sie bei der Deckenmontage folgende Begriffe: Aufhängehöhe, Montagehöhe, Wurfweite, Jalousieverstellung nach innen und Ausblasdüse. 128/129
●○ 27. Wovon ist die Aufhängehöhe abhängig, und wie wird diese ermittelt? Wann sind Aufhängehöhe und Montagehöhe identisch? 128
●○ 28. Geben Sie einen Zusammenhang zwischen Abstand der einzelnen Deckengeräte (Montage), Flächenbedeckung, Montagehöhe und Geräteanzahl! 130
● 29. Wann wählt man Deckengeräte mit horizontalen Luftverteilern, wann in zwei, wann in vier Richtungen, wann mit unterschiedlicher Wurfweite? 131
●○ 30. Nennen Sie wesentliche Aufhängekonstruktionen bei der Montage von Deckengeräten! 132
●○ 31. Welche Vorteile hat die außentemperaturabhängige Vorlauftemperaturregelung bei Luftheizgeräten? 135
○○ 32. Was muß man bei der Vorlauftemperaturregelung beachten hinsichtlich der Einstellung der Heizkurve, bei Schwachlastzeiten und hinsichtlich Gruppenbildung von mehreren Geräten? 135
○ 33. Beschreiben Sie die Temperaturregelung einer Lufterhitzergruppe (Umluftgeräte)! 136
○○ 34. Beschreiben Sie den Mischluftbetrieb mit wasserseitiger Temperaturregelung: a) Tagbetrieb mit stetiger Lüftung und variablem AUL-Anteil; b) Nachtbetrieb durch Heizung im Umluftbetrieb. 137
●○ 35. Nennen Sie sechs Vorteile und drei Nachteile einer Heiztruhe, und geben Sie Anwendungsbeispiele an! 138
●○ 36. Zu vier wesentlichen Bauteilen eines Truhengerätes ist jeweils ein Hinweis zu geben! 139
○ 37. Zur Auswahl und Montage von Truhengeräten sind hinsichtlich Betriebsweise, Geräteanordnung (Montage), Wärmeleistung, Druckverlust, Schallpegel, Wurfweite und Fortluftgerät jeweils ein wesentlicher Hinweis anzugeben. 140 ff.
○○ 38. Wie werden Truhengeräte geregelt: a) Umluftbetrieb, b) Mischluftbetrieb (Heizung + Lüftung)? Wie steht es mit dem Frostschutz? 143/144
● 39. Nennen Sie drei Vorteile und Anwendungsbeispiele von direktbeheizten Luftheizgeräten! 145
○ 40. Bei einem gasbefeuerten Wandlufterhitzer sind folgende Begriffe zu definieren: Thermosicherung, Sicherheitstemperaturbegrenzer, Temperaturwächter, Strömungssicherung und Abgasströmungswächter. 147
●○ 41. Nennen Sie wesentliche Vorschriften über die Abgasführung gasbefeuerter Wandlufterhitzer, und geben Sie einige Hinweise! 147

Seite

● 42. Wo werden fahrbare Luftheizgeräte eingesetzt? Nennen Sie fünf Anwendungsbeispiele! .. 147

● ○ 43. Unter welchen Bedingungen kann man elektrisch beheizte Lufterhitzer empfehlen? Nennen Sie drei Beispiele und geben Sie jeweils einen Hinweis in bezug auf Mindestvolumenstrom, maximale Zulufttemperatur und Betriebsweise (Motorschutz)! 148

Kapitel 7 Anwendungsbeispiele und Planungshinweise für verschiedene RLT-Anlagen

Seite

● ○ 1. Nennen Sie typische Versammlungsräume mit mannigfaltigen Nutzungen und die damit verbundenen Probleme hinsichtlich Volumenstrom ($\dot{V}_{zu}$, $\dot{V}_a$) und Luftführung! 149

● ○ 2. Wie begründen Sie einerseits die Notwendigkeit einer mechanischen Wohnungslüftung und andererseits die Abneigung, eine solche vorzusehen? 149, 150

● ○ 3. Nennen Sie Vorschriften (DIN, VDI, u. a.) für die Wohnungslüftung, und definieren Sie die Begriffe: Grundlüftung, Intensivlüftung! 151

○ 4. Nennen Sie Möglichkeiten und Ausführungsbeispiele von Wohnungslüftungen, und stellen Sie kritische Fragen hinsichtlich der freien Ansaugung bei reinen Abluft-/Fortluft-Systemen! ... 151

○ 5. Wie kann man den Volumenstrom für Wohnungslüftungen bestimmen (Wohn- und Betriebsteil), und nach welchen Kriterien und Einflußgrößen ergeben sich Einteilung und Zahlenwerte (m^3/h, LW)? 156, 157

● ○ 6. Wie werden Einzel- und Zentralentlüftungsanlagen nach DIN 18017 Teil 3 unterteilt? Geben Sie jeweils einen Hinweis! .... 157 ff.

● ○ 7. Welche Forderungen kennen Sie, die für die Ausführung von Einzelentlüftungen mit gemeinsamem Abluftschacht zu erfüllen sind? 158

● ○ 8. Nennen Sie fünf Einflußgrößen, die das Betriebsverhalten von 18017-Anlagen beeinflussen! . 160

● ○ 9. Wie unterteilt man nach DIN 18017 die Zentralentlüftungsanlagen? Nennen Sie jeweils eine Forderung! 160

○ 10. Der Abluftvolumenstrom darf – auf die gesamte Wohnung bezogen – keinen größeren Luftwechsel als 0,8 h^{-1} ergeben. Anhand eines Zahlenbeispiels ist die Ermittlung zu erläutern! 155, 161

○ ○ 11. Nennen Sie für 18017-Anlagen jeweils eine wichtige Forderung hinsichtlich: Volumenstromabweichung, Nachströmöffnung, Ventilator und Brandschutz, und begründen Sie diese! 161

● 12. Erläutern Sie Einzel- und Zentralentlüftungen, bei denen direkt am Klosettkörper abgesaugt wird! 162

○ ○ 13. Geben Sie für die Lüftung von Küchen ohne Außenfenster jeweils einen Planungshinweis hinsichtlich Abluftvolumenstrom, Zuluftvolumenstrom bei Stoßlüftung, Zuluftleitungen, Versorgung mehrerer Räume und Räume mit Feuerstätten! 163, 164

● 14. Begründen Sie mindestens vier Aufgaben bzw. Forderungen einer Küchenlüftung! 164, 165

● ○ 15. Welche Angaben sind für die Planung einer Küchenlüftung erforderlich a) im funktionellen, b) im betriebstechnischen und c) im personellen Bereich? 165

● ○ 16. Wie werden Küchen eingeteilt in bezug auf Größe und Nutzung, und wie ermittelt man den erforderlichen Volumenstrom (genau und näherungsweise)? 166, 167

○ 17. Nennen und begründen Sie wesentliche bauliche Anforderungen an Küchenlüftungen! 166

○ 18. Nennen Sie jeweils drei Anforderungen an die Küchen-Abluftanlage hinsichtlich: Anlagenanordnung, Abluftventilator, Ab- und Fortluftleitung sowie Fortluftdurchlaß! 168

● 19. Nehmen Sie Stellung zu der Frage: Überdruck oder Unterdruck in Küchen? 169

● ○ 20. Nehmen Sie Stellung zu Brandschutzmaßnahmen bei Küchenlüftungen hinsichtlich: Leitungen, Klappen, Fettfanggitter und Abnahmeprüfung! 169

● ○ 21. Worauf beziehen sich die Vorschriften beim Einsatz von gasbeheizten Küchengeräten? ... 170

○ ○ 22. Nennen Sie Bauformen von gewerblichen Küchenabzugshauben, Qualitätskriterien und Möglichkeiten der Zuluftzuführung! 170, 171

○ 23. Geben Sie jeweils einen Hinweis zu gewerblichen Küchenabzugshauben hinsichtlich: Haubengröße, Absaugung im Deckenbereich, Filtereinsatz (Einbau, Reinigung), Ventilator (Regelung) und Wärmerückgewinnung! 171, 172

○ ○ 24. Nennen Sie Merkmale einer Großflächen-Küchenabzugshaube und die Vor- und Nachteile einer Ganzmetallüftungsdecke! 172, 173

● ○ 25. Weshalb sollte man die Entlüftung von stark belasteten Küchen nicht mit Wand- oder Fensterlüftern durchführen? 173

● ○ 26. Welche Bauformen von Abzugshauben für Wohnküchen kennen Sie, und wovon hängt deren Wirksamkeit ab? 173

○ 27. Unterscheiden Sie Wohnungs-Küchenhauben mit Abluft- und Umluftbetrieb, und geben Sie jeweils einen Hinweis hinsichtlich Luftführung und Filter! 174

● 28. Was versteht man unter einer Entnebelungsanlage? Nennen Sie Anwendungsbeispiele und die möglichen Folgen einer Nebel- oder Schwitzwasserbildung! 175

○ ○ 29. Wovon hängt die Wirtschaftlichkeit einer Luftentfeuchtung durch Kältemittelverdampfer ab? Geben Sie einen Zusammenhang zwischen m_W, ϑ_0 und $\dot{V}$! 175

● ○ 30. Wovon hängt der erforderliche Volumenstrom bei einer örtlichen Absaugung ab, und welche Vor- und Nachteile hat diese gegenüber einer Zentralentnebelung? 176

Seite

○ 31. Wie berechnet man den verdunsteten Massenstrom und den Zuluftvolumenstrom einer Entnebelungsanlage, und woher bekommt man sämtliche Einflußgrößen? 176, 181

○ 32. Zeigen Sie, wie man im h,x-Diagramm den Trocknungseffekt (Entfeuchtung in l/h) bei einem Mischluftbetrieb bestimmt! 177

●○ 33. Wie bestimmt man nach dem h,x-Diagramm die Taupunkttemperatur, die Sättigungsdampfmenge x_s und die relative Feuchte nach der Erwärmung? 177

●○ 34. Nennen Sie jeweils drei Anlagen- bzw. Gerätevarianten bei der Entfeuchtung von Schwimmbädern: a) Entfeuchtungslüftung, b) durch Oberflächenkühler (Verdampfer), und geben Sie jeweils einen Hinweis! .... 178 ff.

○○ 35. Beschreiben Sie Aufbau und Wirkungsweise eines „Wärmepumpenkompaktgerätes" zur Schwimmbadentfeuchtung. Welche drei Wärmeströme stehen beim Kondensator zur Raum- oder Beckenerwärmung zur Verfügung? 180

○○ 36. Erläutern Sie beim Schwimmbad den Zusammenhang zwischen x_s, x_i, x_a in bezug auf Lüftungswärmebedarf und Wärmebedarf für die Beckenwassererwärmung! Nennen Sie außerdem Einflußgrößen für die Wahl von ϑ_i und φ_i! .... 181 ff.

○○ 37. Geben Sie eine Erklärung dafür, daß sich im Schwimmbadraum die Wasserverdunstung erhöht, wenn man Raumtemperatur und Raumfeuchte absenkt oder die Beckenwassertemperatur erhöht! 182, 184

○ 38. Wie verändert sich die absolute Feuchte x_a während des Jahres, und zu welchen Konsequenzen führt dies bei der Auswahl und Regelung des Volumenstroms für Entnebelungsanlagen? . 183, 184

○ 39. Wie erreicht man die Forderung in Schwimmbadräumen: $x_s - x_i$ möglichst gering und $x_i - x_a$ möglichst groß zu halten? 184

●○ 40. Wonach werden die erforderlichen Volumenströme für Schwimmbadnebenräume ermittelt? 185

○○ 41. Wie wirkt sich bei der „Entfeuchtungslüftung" der jahreszeitliche Verlauf von x_a auf die Auslegung des Heizregisters aus, wann sollte ein Mischluftbetrieb vorgesehen werden? Hinsichtlich Betriebs- und Anschaffungskosten soll eine genaue Begründung angegeben werden! 185, 186

●○ 42. Machen Sie Vorschläge zur Luftführung in Schwimmbadräumen (Anordnung der Durchlässe, Geräte, Druckhaltung). 186, 187

○ 43. Beschreiben Sie die Zweipunkt-Feuchteregelung und stetige Feuchteregelung bei Schwimmbadlüftungen, und geben Sie Hinweise über Aufgabe und Meßort des Hygrostaten! 187

○○ 44. Beschreiben Sie eine Schwimmbadlüftung, a) bei der die RLT-Anlage nur den Lüftungswärmebedarf decken soll und b) bei der die RLT-Anlage auch einen Teil des Raumwärmebedarfs decken soll! Machen Sie jeweils einen Vorschlag zur Raumtemperaturregelung! 187, 188

●○ 45. Welche Möglichkeiten gibt es, die Energiekosten eines Schwimmbades herabzusetzen? Die Maßnahmen sind zu begründen! Spezielle Sparschaltungen sind zu erläutern! 189

○ 46. Wie werden Garagen hinsichtlich Lage, Größe bzw. Nutzfläche und Lüftungsart unterteilt? 190

○ 47. Unter welchen Bedingungen reicht für die Garagenlüftung die freie Lüftung aus, und welche Forderungen sind hier bei geschlossenen Wohnhausgaragen zu erfüllen? 190

●○ 48. Welche Schadstoffe sind durch eine Garagenlüftung abzuführen bzw. zu verdünnen, und was meinen Sie zu CO als Meß- und Regelgröße? 191, 192

●○ 49. Nennen Sie die Einflußgrößen auf die physiologische Wirkung des CO auf den Menschen (Abb. 7.47), und geben Sie MAK und die ppm für die Auslegung an! 192

○ 50. Wie berechnet man den erforderlichen Außenluftvolumenstrom für mechanische Garagenlüftungen? Nennen Sie außerdem Beispiele für die unterschiedlichen Auslastungsfaktoren! .. 193

○ 51. Welche Voraussetzungen sind bei der Garagen-Abluftanlage hinsichtlich Zuluftöffnungen und Volumenstrombemessung zu erfüllen? Wieviel m^3/h kann man je m^2 Nutzfläche rechnen? 193

○ 52. Wie viele Ventilatoren werden bei einer Garagenlüftung gefordert, wie ist die Betriebsweise, die Anschlußart und die Anzeige, auch wenn ein Ventilator ausfällt? Wozu dienen Impulsschaltgeräte? 194

○ 53. Wann ist bei Garagenlüftungen eine maschinelle Zuluftanlage erforderlich, und wie sollen Zuluftöffnungen, Abluftöffnungen und Kanäle angeordnet werden? 194

●○ 54. Beschreiben Sie Aufbau, Wirkungsweise und Ausführungsarten von Kfz-Absaugeanlagen! 195

○ 55. Beschreiben Sie Aufbau und Wirkungsweise einer CO-Warnanlage bei Großgaragenlüftungen, und geben Sie je einen Hinweis hinsichtlich Meßstellen, Wartung und Betriebsstörung. .. 195

○ 56. Worauf erstreckt sich die Abnahmeprüfung einer Garagenlüftung, und welche Vorschriften sind beim Einsatz von direktbefeuerten Warmlufterzeugern zu beachten? 196

●○ 57. Weshalb hat die Bedeutung einer Stallüftung in letzter Zeit stark zugenommen, und welche Aufgaben werden an eine solche Anlage gestellt? 196

○ 58. Erläutern Sie bei der Planung von Stallüftungen die Begriffe: Stallbesatz, Wärmebilanz, CO_2-Bilanz und Wasserdampfbilanz! Zu jeder Bilanzbestimmung sind zwei bis drei wichtige Hinweise zu geben! .... 197 ff.

●○ 59. Wovon hängt das zu wählende Stallklima (ϑ_i, φ_i) ab? Begründen Sie die großen Streuungen! . 197

○ 60. Wie bestimmt man den Volumenstrom für Stallüftungen, und worauf beruhen die großen Unterschiede zwischen den Winter- und Sommerwerten? 199, 200

●○ 61. Wann reicht bei Stallüftungen u. U. die freie Lüftung aus? (Bedingungen!) ....

Seite

● ○ 62. Wie soll die Luftführung bei Stallüftungen gewählt werden? Geben Sie jeweils drei Hinweise zu den Abluft- und Zuluftöffnungen! Unterdruck oder Überdruck? 201, 202

○ 63. Welche Anforderungen werden bei Stallüftungen an die Regelung und Ventilatorauswahl gestellt? 202

○ 64. Weshalb kann bei großen Ställen eine Wärmerückgewinnung sehr vorteilhaft sein? Nennen Sie Beispiele, und geben Sie jeweils Anforderungen und Einschränkungen an! 203

○ 65. Welche Bedeutung hat beim Gewächshaus eine Lichtaufschaltung, und weshalb müssen spezielle Lüftungsfenster in eine Gewächshausregelung einbezogen werden? 204

○ ○ 66. Geben Sie einige Hinweise zur Gewächshauslüftung (Fensterlüftung) hinsichtlich Reglereinstellung, Trennung von Heizungs- und Lüftungsregelkreis, Wahl und Anordnung des Temperaturfühlers und Einbeziehung von Wind und Regen! 205, 206

● ○ 67. Worauf beziehen sich die Anforderungen des freien Lüftungssystems bei Warenhäusern und Verkaufsräumen? 206

○ 68. Wie bestimmt man den Außenluftvolumenstrom bei RLT-Anlagen für Warenhäuser? Nennen Sie Einflußgrößen, und geben Sie weitere Planungsdaten an! 207, 208

○ 69. Was versteht man unter Digestorien bei Laborlüftungen, und wovon hängt die Schutzwirkung ab? 208

○ 70. Nennen Sie jeweils eine wichtige Anforderung bei Laborlüftungen hinsichtlich Ventilator, Abluftführung, Abluftkanal und Bodenabsaugung! 209

○ ○ 71. Weshalb sollte bei Laborlüftungen auch eine Zuluftanlage gewählt werden? Geben Sie jeweils einen Hinweis hinsichtlich Volumenstrom, Außenluftanteil, Zulufttemperatur, Luftführungsart und Druckhaltung! 209

● ○ 72. Welche Probleme sind bei der Beheizung und Lüftung großer Hallen möglich, und wovon hängt die zu wählende Anlagenart ab? Nennen Sie mindestens 7 Einflußgrößen! 210

● ○ 73. Mit welchen Maßnahmen kann man heute die Nachteile der Luftheizung für große Hallen beseitigen bzw. mindern (auch bei Anlagen mit Einzelgeräten), und wann ist trotzdem eine Strahlungsheizung von Vorteil? 211

○ 74. Nennen Sie mindestens fünf Aufgaben bzw. Vorteile einer Luftschleieranlage, möglichst mit Begründung und Anwendungsbeispiel! 212

● ○ 75. Nennen Sie zwei Ausführungsformen von Torschleiern, und geben Sie jeweils einen Hinweis zu den vier Luftführungsarten! 212, 213

○ ○ 76. Wovon hängen bei Warmluftschleieranlagen die Wahl der Ein- und Austrittsgeschwindigkeit, die Austrittstemperatur, der Neigungswinkel, die Regelung und der erforderliche Volumenstrom ab? 214, 215

● ○ 77. Für die Planung von Torbeheizungsanlagen (Luftschleier durch Deckengeräte) ist hinsichtlich Geräteanzahl, Volumenstrom, Montage, Abschirmung, Lufterwärmung und Steuerung jeweils ein Hinweis zu geben! 216, 217

○ ○ 78. Beschreiben Sie den Aufbau einer Wirbeltorschleieranlage, Umluftschleieranlage, Unterfluranlage und Außenluft-Schleieranlage! 214, 218

Kapitel 8 Kanäle und Kanalberechnung

● 1. Was versteht man unter dem Stetigkeitsgesetz? Erläutern Sie die Bedeutung. 219

● ○ 2. Wie heißt die Gleichung von Bernoulli, was wird mit diesem Gesetz ausgedrückt, und wie kann man die Gleichung vereinfachen? 220

○ 3. Verdeutlichen Sie anhand einer Skizze (U-Rohr) die Drücke p_{st}, p_d und p_t in einer Saug- und Druckleitung! 221

● 4. Was versteht man unter dem statischen Druck, und was ist bei seiner Messung zu beachten? 221

● ○ 5. Definieren Sie die Begriffe: negativer statischer Druck, statische Druckdifferenz, dynamischer Druck und Δp_t! 221, 222

○ 6. Wie wird im Kanal der dynamische Druck p_d und daraus die Geschwindigkeit ermittelt, und inwiefern kann p_d in statischen Druck umgewandelt werden? 222

○ 7. Was versteht man unter Stoßverlust, und wie wird dieser berechnet? 222

● ○ 8. Welchen Vorteil hat ein Diffusor, und wovon hängt seine Wirksamkeit ab? 223

○ ○ 9. Wie kann man die Druckverhältnisse in einem Kanalnetz darstellen (druck- und saugseitiger Betrieb)? 224

○ ○ 10. Erklären Sie anhand eines Zahlenbeispiels die Wirkungsweise einer pneumatischen Förderanlage (Unterdruck beim Aufgabentrichter)! 225

● ○ 11. Wie setzen sich die Druckverluste im Kanalnetz zusammen, und wie berechnet man den R-Wert? 226

○ 12. Wovon hängt die Reibungszahl λ ab, und worin besteht der Unterschied zwischen absoluter und relativer Rauhigkeit? 226

● ○ 13. Definieren Sie die Begriffe: Stoßverlust, R-Wert und hydraulischer Durchmesser! 222, 226

● ○ 14. Wie berechnet man den hydraulischen Durchmesser für einen beliebigen und rechteckigen Querschnitt? Weshalb ist dieser bei einem flachen Rechteckkanal geringer als bei einem

Seite

quadratischen (trotz gleicher Querschnittsfläche), und weshalb ist trotz geringerem d_g der Volumenstrom im Kanal gleich? ... 228

● ○ 15. Beschreiben Sie, wie man anhand einer Druckverlusttabelle und eines -diagramms den *R*-Wert ermittelt a) bei rechteckigem und b) bei rundem Querschnitt; desgl. bei unterschiedlichen Materialien (z. B. Mauerwerk)! ... 232

● 16. Wie berechnet man den Druckverlust von Formstücken, und wovon hängt der prozentuale Anteil vom Gesamtdruck ab? (Anhaltswert!) ... 232, 233

● ○ 17. Geben Sie hinsichtlich der Ermittlung der ζ-Werte jeweils einen Hinweis bei Bogen, Abzweig und Verengung! ... 233, 234

○ 18. Welchen Einfluß haben Leitbleche und das r/d-Verhältnis beim ζ-Wert für Bogen, und was versteht man unter gleichwertiger Rohrlänge? ... 233

● ○ 19. Weshalb kann man bei der Planung die Druckverluste von Einbauten und Apparaten nur als ganz grobe Anhaltswerte angeben? Begründen Sie dies z. B. für Filter, Lufterwärmer, Kühler, Drosselklappe und Luftdurchlaß. ... 235

● ○ 20. Der vom Ventilator erzeugte Druck wird immer im Kanalnetz „verbraucht“ (auch wenn dieser zu groß ist). Nennen Sie zwei negative Auswirkungen! ... 236

○ 21. Weshalb kann am Abzweig eines Zuluftkanals ein statischer Druckrückgewinn entstehen? Nennen Sie zwei Einschränkungen und den Einfluß auf die Kanalnetzberechnung. ... 236

● ○ 22. Nennen Sie drei Methoden für die Berechnung eines Kanalnetzes und jeweils die Vor- und Nachteile! ... 237 ff.

● ○ 23. Zeigen Sie anhand einer Kanalskizze, welche Überlegungen und Eintragungen vor der Berechnung anzustellen sind! Was versteht man unter dem ungünstigsten Kanalzug? ... 238

● 24. Welche Geschwindigkeitsannahmen in Kanälen und Luftdurchlässen nehmen Sie an (Anhaltswerte), und wovon sind diese abhängig? ... 238

● ○ 25. Erläutern Sie die einzelnen Spalten eines Kanalberechnungsformulars, und beschreiben Sie den Rechnungsgang a) für eine Teilstrecke eines Rechteckkanals und b) für den Förderdruck Δp_t des Ventilators! ... ???

○ 26. Erläutern Sie anhand eines Zahlenbeispiels die Kanalnetzberechnung mit Hilfe des statischen Druckrückgewinns! ... 241

● ○ 27. Von einem Schrankgerät mit eingebautem Ventilator wird ein externer Druck angegeben. Wie bestimmt man a) den *R*-Wert für den angeschlossenen Kanal; b) den zulässigen Druckverlust *Z* bei gegebenem Kanal! ... 242

● ○ 28. Welche Aufgabe hat der Druckabgleich in einem Kanalnetz, und welche Möglichkeiten gibt es hierzu? (Erläuterung anhand eines Zahlenbeispiels!) ... 242 ff.

○ 29. Zum Druckabgleich durch Drosselung sollen zu folgenden Hinweisen eine genauere Erklärung gegeben werden: Winkelstellung an der Drosselklappe ist begrenzt, auf mehrere Drosselstellen aufteilen, Feinabgleich am Luftdurchlaß. ... 244

● ○ 30. Erklären Sie, weshalb man bei einem langen Zuluftkanal mit vielen gleichen Luftdurchlässen evtl. auf eine Drosselung verzichten kann! ... 244

● 31. Nennen Sie drei strömungstechnische Anforderungen, die an ein Kanalnetz gestellt werden! . 245

● ○ 32. Was versteht man unter dem zulässigen Leckluftstrom, und wovon ist er abhängig? Nennen Sie die Nachteile einer Leckage und Vorsorgemaßnahmen! ... 246

○ 33. Welche Anforderungen werden an die Dichtheit bei Einzelbauteilen und an die Kanalwerkstoffe gestellt? ... 246

● 34. Wann und wie werden Flächenversteifungen an der Kanalwandung durchgeführt, und wann muß ein Kanal wärmegedämmt werden? ... 246

● ○ 35. Nennen Sie mindestens sieben Forderungen, die an eine sorgfältige Kanalmontage gestellt werden! ... 246, 247

● ○ 36. Welche Vorteile haben rechteckige Blechkanäle, was bedeutet die Abkürzung „DIN 24190 F10 – 630 × 400 × 2 000, und wovon hängt die Blechdicke ab? ... 247

● ○ 37. Welche Verbindungsarten, Falzarten, Befestigungsmöglichkeiten und Formstücke bei Rechteckkanälen kennen Sie? ... 249, 250

● ○ 38. Welche Vorteile haben Lüftungsrohre gegenüber Rechteckkanälen, und welche drei Arten aus Blech kennen Sie? Nennen Sie drei genormte Verbindungsarten nach DIN 24150! ... 250, 251

● ○ 39. Wie werden Wickelfalzrohre hergestellt, welche Merkmale und Vorteile haben sie, und wie werden sie montiert? ... 252, 253

● 40. Nennen Sie fünf wesentliche Formstücke und mindestens drei Verbindungsarten (mit Hinweis) bei Wickelfalzrohren! ... 253

● ○ 41. Welche drei Ausführungsarten von Flexrohren kennen Sie, und worauf bezieht sich diese Unterteilung? (Kriterien) ... 254

● ○ 42. Beschreiben Sie die Montage von Flexrohren, und nennen Sie drei Sonderformen! ... 255, 256

● ○ 43. Nennen Sie mindestens sieben Vorteile von flexiblen Rohren und geben Sie einen Hinweis zu hochflexiblen Schläuchen! ... 257

● 44. Nennen Sie mindestens fünf Vorteile von verzinktem Blech zur Kanalherstellung! ... 257

● ○ 45. Geben Sie jeweils einen Hinweis zu den Kanalmaterialien: Aluminium, Faserzement, Kunststoff, Mauerwerk und selbsttragende Platten. ... 258

Seite

●○ 46. Wie werden Kanäle nach Längen- und Flächenmaß abgerechnet, und wie werden die Formstücke: Bogen, Übergangsstück und T-Stücke ausgemessen? ... 260
●○ 47. Nennen Sie für die Aufstellung einer Leistungsbeschreibung wesentliche Angaben (mind. 8) hinsichtlich der Ausführung einer RLT-Anlage! ... 261
●○ 48. Was fordert die DIN 18379 hinsichtlich der Ausführung von Lüftungsleitungen (Pläne, Stemmarbeiten, Ausführung, Verbindungen usw.)? ... 261
○ 49. Worin besteht der Unterschied zwischen „Nebenleistungen" und „Besonderen Leistungen"? Nennen Sie jeweils mindestens fünf Beispiele! ... 261
○ 50. Was versteht man bei einer Abnahmeprüfung unter der Vollständigkeitsprüfung und der Funktionsprüfung? (Beispiele!) ... 262, 263
●○ 51. Was wissen Sie über Rechtsvorschriften hinsichtlich des Brandschutzes und über die DIN 4102? ... 262
●○ 52. Wodurch wird das Brandverhalten beeinflußt, worauf beziehen sich bauliche Maßnahmen, und welche ergeben sich daraus für die RLT-Anlage? ... 262
●○ 53. Was versteht man unter einem Brandabschnitt? Nennen Sie fünf Beispiele! ... 262
●○ 54. Definieren Sie die Begriffe: Feuerwiderstandsdauer, Feuerwiderstandsklasse! Was bedeuten die Abkürzungen F 30, K 60, L 90, B 1, B 2, B 3? ... 263
●○ 55. Was bedeuten die Begriffe: feuerhemmend und feuerbeständig und was die Abkürzung F 60-AB? ... 263
○ 56. Erläutern Sie die Auslösemöglichkeiten für den Schließvorgang von Brandschutzklappen! ... 263, 264
○ 57. Nennen Sie die wesentlichen Bauteile und Einbaulagen einer Brandschutzklappe! ... 264
●○ 58. Nennen Sie fünf mögliche Einbaufehler von Brandschutzklappen, und geben Sie zwei wesentliche Hinweise hinsichtlich der Überprüfung und Wartung! ... 265
○○ 59. Was versteht man unter den Begriffen: feuerwiderstandsfähiger Blechkanal, standsicherer Kanal und Brandwandüberbrückung? Von letzterem sind drei Beispiele zu nennen! ... 266
○○ 60. Geben Sie jeweils einen brandschutztechnischen Hinweis hinsichtlich: Wanddurchführung, Küchenabluftleitung, Abstand Gitter–Brandschutzklappe, Außen- und Fortluftöffnung, DIN 18017-Anlagen! ... 266
●○ 61. Nennen Sie fünf brandschutztechnische Maßnahmen, die an eine RLT-Anlage (Aufstellungsraum) gestellt werden! ... 266
○ 62. Nennen Sie drei Aufgaben einer mechanischen Entrauchungsanlage! ... 267
○○ 63. Woraus besteht eine Entrauchungsanlage, wie funktioniert sie, und worauf ist bei der Ventilatorauswahl zu achten? ... 267

Kapitel 9 Luftverteilung im Raum – Zu- und Abluftdurchlässe

● 1. Weshalb spielt die Luftführung im Raum eine so große Rolle, und warum ist man auf die Firmenunterlagen oder sogar auf Modellversuche angewiesen? ... 268, 269
●○ 2. Nennen Sie mindestens vier Einflußgrößen für die Wahl der Luftführung bzw. Luftdurchlässe, und geben Sie jeweils mindestens drei wesentliche Beispiele an! ... 268
●○ 3. Was versteht man unter Raumbeschaffenheit hinsichtlich der Wahl der Luftdurchlässe und Luftführung? Nennen Sie vier Beispiele! ... 268
● 4. Nennen Sie mindestens fünf Qualitätsmerkmale für einen Luftdurchlaß! ... 268
●○ 5. Weshalb sollen Zuluftdurchlässe regulierbar sein, und weshalb hat die Anordnung der Abluftdurchlässe bei weitem nicht die Bedeutung wie die der Zuluftdurchlässe? ... 269
● 6. Worauf ist bei der Anordnung der Abluftdurchlässe zu achten? Vergleichen Sie den Wirkungsbereich mit dem Zuluftdurchlaß! ... 269
●○ 7. Entwerfen Sie ein Einteilungsschema über die Arten der Luftführung in Räumen! ... 270
○ 8. Weshalb soll bei der Zuluftführung die Trägheitskraft größer als die Schwerkraft sein, und wann wirken beide Kräfte entgegengesetzt? ... 270
●○ 9. Nennen Sie wesentliche Merkmale und Probleme bei der Luftführung von unten nach oben! ... 270, 271
●○ 10. Nennen Sie wesentliche Merkmale und Probleme bei der Luftführung von oben nach unten! ... 271
●○ 11. Nehmen Sie Stellung zu folgenden drei Luftführungen (Warmluft): a) Zuluft aus Truhengeräten, Abluft diagonal gegenüber; b) Zuluft seitlich oben, Abluft auf derselben Seite unten; c) Zuluft von oben (Decke), Abluft unten seitlich. ... 272
●○ 12. Was versteht man unter einer tangentialen und diffusen Mischströmung, und wie erreicht man eine möglichst gleichmäßige Temperatur- und Geschwindigkeitsverteilung? ... 273, 275
●○ 13. Was versteht man unter dem Strahlweg (Wurfweite)? Nennen Sie vier Möglichkeiten, wie dieser beeinflußt werden kann! ... 274
●○ 14. Definieren Sie folgende Begriffe: Isothermer Freistrahl, Aufenthaltszone, temperaturabhängig gesteuerte Strahlablenkung, „Walzenlüftung", Linear-Luftdurchlaß und Tangentialströmung! ... 274, 275, 279
○ 15. Erläutern sie die Verdrängungsströmung, und geben Sie jeweils zu den Beispielen: Flächendurchlaß, Durchlaß an Podesten und Reinraumtechnik einen Hinweis! ... 276

Seite

○ 16. Wo hat die Verdrängungsströmung ihre Anwendungsgrenzen (Nachteile)? 276
○ 17. Nennen Sie Vorteile, Probleme und Anwendungsbeispiele der örtlichen Mischströmung! ... 276, 277
● 18. Nennen Sie Anforderungen an Zuluftdurchlässe und fünf wesentliche Bauformen! .... 277 ff.
●○ 19. Was versteht man beim Lüftungsgitter unter den Begriffen: Schlitzschieber, Schöpfzunge, Lamellensatz und Gleichrichter, und wie werden Gitter befestigt? 278
●○ 20. Was versteht man unter einem Gitterband, Düsengitter, Vogelschutzgitter und Fettfanggitter? 279, 282
●○ 21. Geben Sie eine nähere Beschreibung einer Jalousieklappe, Drosselklappe, Absperrklappe und Überdruckklappe! 280, 181
●○ 22. Beschreiben Sie in Stichworten, wie man anhand eines Diagramms ein Gitter auswählt (isotherme Einblasung). Nennen Sie die Einflußgrößen für die Gitteranzahl! 281, 282
○ 23. Was versteht man unter „Deckeneinfluß“, wie wählt man etwa den Gitterabstand und die maximale Endgeschwindigkeit? 282
● 24. Was möchte man durch die Lamellenverstellung a) bei waagrechten b) bei senkrechten Lamellen erreichen, und was versteht man unter einer divergierenden Lamellenstellung und unter paarweise gegeneinandergestellten Lamellen? 282
●○ 25. Warmluftheizung, Gitteranordnung oben an der Wand: Nennen Sie hierzu mögliche Probleme und Gegenmaßnahmen! Wie kann man die Strahlablenkung verringern? 283
○ 26. Was versteht man unter dem Induktionsfaktor, welche Bedeutung hat dieser, und wovon ist er abhängig? 284
●○ 27. Welchen Einfluß haben bei der Gitterauswahl Volumenstrom $\dot{V}$, $\Delta p_{Drosselung}$ und Gitterabmessungen auf den Schalleistungspegel? 285
●○ 28. Welche Bedeutung hat der kritische Strahlweg beim Anlegestrahl, und weshalb ist der Strahlweg länger, wenn er an der Decke anliegt? 286
●○ 29. Wann werden Deckenluftverteiler den Gittern vorgezogen, welche Arten kennen Sie, und wie kann man den vertikalen Strahlweg erhöhen? 286, 287
●○ 30. Wie können Deckenluftverteiler in die Decke eingebaut werden (Beispiele!), und wovon hängt der Montageabstand ab? 289, 290
●○ 31. Nennen Sie Ausführungsarten, Merkmale von Schlitzauslässen! Wie erfolgt die Montage? 291, 292
●○ 32. Welche Möglichkeiten von Luftführungen (Strömungsbilder) können bei Schlitzauslässen durch Regulierung erreicht werden? (Anwendung!) 292
○ 33. Nennen Sie fünf Vorteile eines Decken-Drallauslasses, und beschreiben Sie Anordnung und Verwendung eines Bodendrallauslasses! 295
○ 34. Welche Bedeutung hat die Lochdecke? Nennen Sie drei wesentliche Merkmale! 295

Kapitel 10 Ventilatoren

● 1. Nennen Sie drei Bauformen von Ventilatoren, und geben Sie sieben wesentliche Ausgangsgrößen für die Auswahl an! 296
●○ 2. Was versteht man unter dem Gesamtdruck des Ventilators, und weshalb ist er nur im Betriebszustand identisch mit dem Druckverlust in der Anlage? 297
○ 3. Welcher Zusammenhang besteht zwischen Ventilatordrehzahl, Durchmesser und Umfangsgeschwindigkeit, und welche Bedeutung hat der Mindest-Ventilatorscheibendurchmesser? ... 298, 301
●○ 4. Definieren Sie die Begriffe: innere Ventilatorverluste, Ventilatorwirkungsgrad und Wellenleistung! Wie wird letztere berechnet? 298, 299
●○ 5. Was versteht man unter der Antriebsleistung des Ventilators, und wie bestimmt man die Motorleistung (Motorgröße), bzw. was wird mit den Zuschlägen berücksichtigt? 299
○ 6. Wie kann man die aufgenommene Motorleistung (Stromaufnahme) und die Temperaturerhöhung der Luft im Ventilator messen bzw. berechnen? 299, 300
●○ 7. Nennen Sie die drei Proportionalitätsgesetze, und geben Sie jeweils ein Beispiel an, wo das Gesetz angewandt werden kann! 300
●○ 8. Was versteht man unter der Anlagenkennlinie, und wie erhält man eine flache oder steile Kennlinie? a) bei der Planung und b) während des Betriebes 303
●○ 9. Wie kann man die Anlagenkennlinie konstruieren, und weshalb ist sie in Wirklichkeit meist flacher, als bei der Planung angenommen? Nennen Sie weitere Widerstandskennlinien in der RLT-Anlage! 303, 304
●○ 10. Was versteht man unter einer Ventilatorkennlinie und einem optimalen Betriebspunkt? Skizzieren Sie unterschiedliche Kennlinienformen! 303, 304
●○ 11. Unterscheiden Sie zwischen Ventilatorkennlinien außerhalb und innerhalb einer Kammerzentrale sowie zwischen gewünschtem und tatsächlichem Betriebspunkt! 304
○ 12. Zeigen Sie anhand einer Skizze die unterschiedlichen Volumenstromänderungen bei einer flachen und steilen Ventilatorkennlinie und bei verändertem Druck sowie die Druckänderung bei verändertem Volumen! Nennen Sie jeweils Folgen für das Betriebsverhalten! 305
○ 13. Wie verändert sich der Betriebspunkt bei zunehmender Filterverschmutzung (Skizze!), welcher Druck Δp wird am Differenzdruckmanometer angezeigt, und welche Drehzahl wäre

Seite

erforderlich, wollte man beim verschmutzten Filter den gewünschten Volumenstrom (Nennluftvolumenstrom) beibehalten? ... 305

○ 14. Wie kann man die Volumenstromerhöhung ermitteln, wenn aus der Anlage ein Widerstand entfernt wird? (Skizze) ... 306

●○ 15. Welche Kenndaten werden auf dem Ventilatordiagramm eines Herstellers angegeben, und welche Angaben kann man rechnerisch nachprüfen? ... 306, 307

●○ 16. Beschreiben Sie die Wirkungsweise eines Radialventilators, und geben Sie fünf wesentliche Unterteilungsmerkmale an! ... 308, 309

●○ 17. Was versteht man unter vorwärts- und rückwärts gekrümmten Ventilatorschaufeln? Skizzieren Sie die Kennlinienformen! ... 309, 310

●○ 18. Nennen Sie zwei Merkmale des Trommelläufers und die sich daraus ergebende Anwendung! . 310, 311

○ 19. Welche zwei Vorteile des Ventilators mit rückwärtsgekrümmten Schaufeln haben den Trommelläufer stark verdrängt? (Genaue Begründung!) ... 311, 312

●○ 20. Wie verändern sich bei gleicher Drehzahl Leistungsaufnahme, Volumenstrom, Druckdifferenz und Wirkungsgrad des zweiseitigansaugenden Ventilators gegenüber dem einseitigansaugenden? ... 312

●○ 21. Beschreiben Sie die Wirkungsweise und Kennlinie eines Axialventilators, und nennen Sie drei Kriterien, nach denen eine Einteilung möglich ist! ... 313, 314

○ 22. Was versteht man beim Axialventilator unter den Begriffen: „Abrißgebiet", freier Ausblas, Einlaufdüse, Leitrad und gegenläufig? ... 314

● 23. Auf welche Bereiche erstreckt sich die Anwendung von Axialventilatoren? ... 315

●○ 24. Geben Sie drei wesentliche Hinweise für die Auswahl von Fenster- und Wandventilatoren, und nennen Sie Bauarten von Rohreinbauventilatoren! ... 315, 316

●○ 25. Welche gebräuchlichen Ventilatormotoren kennen Sie, und was bedeuten die Schutzarten IP? 318

●○ 26. Nennen Sie jeweils zwei Vor- und Nachteile des Keilriemenantriebs, und geben Sie jeweils einen Hinweis für Betrieb und Wartung! ... 318

○ 27. Welche Vor- und Nachteile hat der Direktantrieb, und wo verwendet man Antriebe durch Kupplungen? ... 318, 319

●○ 28. Zeigen Sie anhand einer Skizze (Ventilator- und Anlagenkennlinie) die Bypass- und Drosselregelung, und geben Sie Nachteile und mögliche Anwendung an! ... 319, 320

● 29. Wie kann eine Drehzahlregelung vorgenommen werden? Nennen Sie Vor- und Nachteile dieser Regelung! ... 320

●○ 30. Erläutern Sie eine Drall- und Laufschaufelregelung! ... 320 321

●○ 31. Zeigen Sie anhand einer Skizze, wie sich der Betriebspunkt verändert, wenn man a) zwei gleiche und b) zwei ungleichgroße Ventilatoren parallelschaltet! ... 321

○ 32. Bei einer Kammerzentrale mit Zu- und Abluftventilator werden Außenluft- und Fortluftklappe geschlossen (Umluftbetrieb). Wie bestimmt man den neuen Betriebspunkt für beide Ventilatoren? ... 322, 323

●○ 33. Wie muß der Einfluß hoher Temperaturen bei der Ventilatorauswahl berücksichtigt werden? (Zahlenbeispiel!) ... 324

●○ 34. Stellen Sie Axial- und Radialventilator gegenüber hinsichtlich: Einbau, Förderdruck, Wirkungsgrad und Kennlinie! ... 324

● 35. Nennen Sie verschiedene Ausführungsformen von Dachventilatoren, jeweils mit einem Hinweis! ... 325, 326

●○ 36. Nennen Sie einige Anwendungsbeispiele von Dachventilatoren, und geben Sie jeweils einen Hinweis zur Wartung, Schalldämpfung, Unfallverhütung und Wärmerückgewinnung! ... 327, 328

●○ 37. Erläutern Sie Aufbau und Wirkungsweise eines Querstromventilators! ... 329

○ 38. Worauf beziehen sich die Anforderungen an explosionsgeschützte Ventilatoren, und was versteht man unter „Explosionszonen"? ... 330

○ 39. Welche Merkmale haben Rauch- und Brandgasventilatoren gegenüber den üblichen Ventilatoren? ... 331

Kapitel 11 Geräuschentstehung und Lärmbekämpfung in RLT-Anlagen

● 1. Was versteht man unter Lärm? Erläutern Sie dies anhand einiger Beispiele! ... 332

● 2. Inwieweit kann Lärm schädlich sein, und wie kann man sich gegen Außenlärm schützen? . 332

●○ 3. Womit befaßt sich die DIN 4109 und die VDI-Richtlinie 2081, und wofür gibt es weitere schallschutztechnische DIN-Normen und VDI-Richtlinien? ... 333

● 4. Was versteht man unter Schall? Wie werden Luftschall und Körperschall übertragen, und was versteht man unter Trittschall und Erschütterungen? ... 333

●○ 5. Erläutern Sie anhand einer Skizze direkten und indirekten Schall, reflektierten Luftschall, abgestrahlten Körperschall, absorbierten Schall, umgewandelten Schall! ... 333, 334

●○ 6. Erläutern Sie die Begriffe: Frequenz; lauter, leiser, tiefer und hoher Ton; Klang; Geräusch; Infraschall! 334

●○ 7. Erläutern Sie die Begriffe: Frequenzspektrum, Frequenzanalyse, Mittelfrequenz, Oktave, Oktavpegel, Summenpegel, Terz! ... 335, 336

Seite

○ 8. Nach welcher Überlegung wird der Schalldruckpegel in Dezibel festgelegt, wann ist er zahlenmäßig eindeutig, und womit wird er gemessen? 335, 336

●○ 9. Stellen Sie anhand eines Beispiels die Begriffe Schalldruck und Schalleistung gegenüber. Weshalb ist nur die Leistung für akustische Berechnungen geeignet, und wie wird diese ermittelt? 336

●○ 10. Wie bestimmt man den Leistungspegel, wenn a) zwei gleiche und b) zwei ungleiche Schallquellen ($\triangle L < 10$ dB und $\triangle L > 10$ dB) vorliegen? 337

●○ 11. Zeigen Sie anhand eines Beispiels, wie man nach der Differenzmethode den Summenpegel eines Geräusches (Oktavpegel) ermittelt! 338

○ 12. Was ermittelt der Schallpegelmesser mit dem eingebauten A-Filter, und weshalb ist ein solcher Filter erforderlich? Definieren Sie anhand eines Beispiels den bewerteten Oktavpegel! 338

●○ 13. Wann werden zur Geräuschbewertung zusätzlich Grenzkurven erforderlich? Erklären Sie, was z. B. mit NR 30 ausgedrückt werden soll! 338

●○ 14. Wovon hängt der Schalleistungspegel eines Ventilators ab, und wie wird er beim Hersteller angegeben? Geben Sie einen Hinweis zu den Drehklanggeräuschen! 339, 340

○ 15. Wie ermittelt man den Oktav-Schalleistungspegel des Ventilators, und inwiefern ist dieser auch vom Betriebsverhalten abhängig? 340

●○ 16. Wodurch kann in der RLT-Anlage ein Strömungsrauschen entstehen, und wovon hängt die Intensität eines solchen Rauschens ab? 341

●○ 17. Nennen Sie planerische und konstruktive Maßnahmen, um Strömungsgeräusche zu verhindern! 341

●○ 18. Nennen Sie drei Unterlagen, anhand derer man Anhaltswerte über zulässige Schalldruckpegel in Räumen entnehmen kann! Wovon sind die zulässigen Pegelwerte außerhalb von Gebäuden abhängig? 342, 343

●○ 19. Nennen Sie sämtliche Dämpfungsglieder, welche die Eigendämpfung bewirken, und zwei Maßnahmen zur künstlichen Schalldämpfung! 334

○ 20. Geben Sie jeweils einen Hinweis zur Pegelsenkung durch Kammerzentrale, Einbauten (Filter, Lufterwärmer, Kühler usw.) und durch Lüftungskanäle! 344

○ 21. Nennen Sie drei Einflußgrößen, die eine Pegeländerung eines ungedämpften Kanals bewirken! Wie verändert sich etwa die Dämpfung je Meter, wenn der Kanal innen mit Glaswolle ausgekleidet oder außen mit einer Wärmedämmung versehen wird? 345

○ 22. Wovon hängt die Pegelsenkung einer Umlenkung (Bogen, Knie) und eines Abzweiges ab? Geben Sie jeweils einen Anhaltswert! 345, 346

●○ 23. Was versteht man unter der Mündungsreflexion, und wovon ist diese abhängig? 346

●○ 24. Im Raum befindet sich eine Schallquelle. Nennen Sie mindestens vier Einflußgrößen, von denen der vom Ohr empfundene Schalldruckpegel abhängig ist! 346

○ 25. Definieren Sie die Begriffe: Raumdämpfungsmaß, Absorptionsvermögen, Absorptionsgrad, Nachhallzeit und „schallharter Raum“! 347, 348

○ 26. Geben Sie eine Zusammenfassung über die akustische Berechnung einer RLT-Anlage, indem Sie sämtliche Überlegungen und Teilaufgaben aufgliedern! 349

●○ 27. Nennen Sie vier Schalldämpferbauformen, und geben Sie jeweils einen Hinweis hinsichtlich Konstruktion oder Montage! 349, 350

○ 28. Beschreiben Sie Aufbau und Wirkungsweise eines Absorptions- und Relaxationsschalldämpfers sowie eines Membranabsorbers! 350, 351

●○ 29. Was versteht man bei der Schalldämpferberechnung unter der „Kurzmethode“ und Einfügungsdämpfung, und wie wird letztere ermittelt? (Beispiel!) 353

●○ 30. Nennen Sie sämtliche Kenndaten und Abmessungen eines Schalldämpfer-Auswahldiagramms, und beschreiben Sie die Vorgehensweise zur näherungsweisen Bestimmung der Schalldämpfergröße! 352

○ 31. Geben Sie zur Schalldämpferauswahl und -montage hinsichtlich: Spaltbreite, Kulissendicke, Druckverlust, Anströmgeschwindigkeit und Einbaumöglichkeit jeweils einen Hinweis! 353, 354

○ 32. Weshalb ist die Einfügungsdämpfung eines Schalldämpfers nach oben begrenzt, und wie verhindert man ein mögliches Strömungsrauschen? (Zahlenbeispiel!) 353, 354

○○ 33. Beschreiben Sie in Stichworten die oktavweise Berechnung eines Schalldämpfers! Was versteht man unter einem Schalldämpfungsspektrum? 354

●○ 34. Worin liegt der Unterschied zwischen Körperschalldämmung und Luftschalldämmung, und wie verteilt sich der auf eine Wand ankommende Luftschall? 354

○ 35. Was versteht man unter dem Schalldämmaß *R*? Nennen Sie Beispiele aus RLT-Anlage und Gebäude mit Anhaltswerten! 355

●○ 36. Nennen Sie vier wesentliche Maßnahmen zur Körperschalldämmung bei der Montage einer RLT-Anlage! Zu jeder genannten Maßnahme ist ein Hinweis zu geben! 355

Kapitel 12 Wärmerückgewinnung bei RLT-Anlagen

Seite

● 1. Nennen Sie drei wesentliche Gründe für den Einsatz einer Wärmerückgewinnungsanlage! . 356
●○ 2. Wie berechnet man die Rückwärmezahl einer WRG-Anlage, wenn nur sensible Wärme übertragen wird? Zeigen Sie auch, wie man sie graphisch darstellen kann! ... 356
●○ 3. Was bedeutet bei der Schreibweise ϑ_{22} die erste und zweite Indexzahl? ... 356
○ 4. Welchen Einfluß hat das Massenstromverhältnis m_{AU}/m_{FO} auf die Rückwärmezahl (Wärmeübertragungszahl)? ... 356, 357
●○ 5. Was versteht man unter den Begriffen: Umwärme, Rückwärme, Fortwärme? ... 356
●○ 6. Was versteht man unter der Rückfeuchtezahl ψ, und welche Bedeutung hat sie? ... 357
○ 7. Worin besteht der Unterschied zwischen dem Wärmerückgewinnungsgrad Φ 1 und Φ 2, wann sind beide Zahlenwerte gleich, und welcher Wert wird in der Regel angegeben? ... 357
○ 8. Weshalb ist die Rückwärmezahl für eine Wirtschaftlichkeitsberechnung allein nicht ausreichend, und welche Bedeutung hat Φ im Sommer? ... 357
○ 9. Nennen Sie drei Bedingungen, aus denen sich die an eine WRG-Anlage gestellten Anforderungen ergeben! ... 357
●○ 10. Nennen Sie mindestens acht Einflußgrößen bzw. Kriterien, die bei der Wahl eines WRG zu beachten sind! ... 358
●○ 11. Wie setzen sich die jährlichen Gesamtkosten einer WRG-Anlage zusammen, und wie steht es mit der Kapitalrückflußzeit? ... 358
● 12. Nennen Sie drei typische Anwendungsfälle (möglichst mit Begründung), bei denen durch WRG-Anlagen höhere Einsparpotentiale erwartet werden können! ... 358
●○ 13. Nennen Sie mindestens drei Probleme bei WRG-Anlagen, wenn schmutzige Abluft vorliegt! Welche Verschmutzungsarten und Reinigungsmöglichkeiten kennen Sie? ... 358
● 14. Nennen Sie die vier Kategorien von WRG-Anlagen nach VDI 2071, und geben Sie jeweils einen Hinweis zum Wärmeaustausch! ... 359
●○ 15. Nennen Sie die drei wesentlichen Wärmerückgewinner bei den Regeneratoren, und geben Sie jeweils einen Hinweis! ... 359
●○ 16. Wodurch entstehen bei RLT-Anlagen Mehrkosten durch Einbau eines Wärmerückgewinners a) bei der Anschaffung, b) im Betrieb? ... 360
●○ 17. Wodurch entstehen bei RLT-Anlagen Minderkosten durch Einbau eines Wärmerückgewinners a) bei der Anschaffung, b) im Betrieb? ... 360
●○ 18. Wie erfolgt die Wärmeübertragung beim rekuperativen Wärmerückgewinner? Nennen Sie zwei Bauformen und drei Merkmale! ... 360
●○ 19. Nennen Sie jeweils drei Vor- und Nachteile eines Plattenwärmetauschers! ... 360
○ 20. Nach welchen Kriterien kann man Qualitätsvergleiche bei Plattenwärmetauschern vornehmen, und wie erfolgt eine Leistungsregelung? ... 361
●○ 21. Geben Sie beim Rekuperator jeweils eine kurze Erläuterung zu: Diagonalausführung, Kondensatbildung, Druckverlust, Glattrohrwärmetauscher und Einbaumöglichkeit (Anwendung)! ... 361
● 22. Erläutern Sie anhand einer Skizze die Wirkungsweise des KV-Systems! ... 361, 362
●○ 23. Welche Vor- und Nachteile des Kreislaufverbundsystems ergeben sich aus seinen Merkmalen? (jeweils mindestens vier Angaben!) ... 362
○ 24. Skizzieren Sie die hydraulische Schaltung eines KV-Systems, und geben Sie Hinweise zur Regelung und zum Frostschutz! ... 362
○ 25. Erläutern Sie anhand einer Skizze Aufbau und Wirkungsweise des Wärmerohrs! ... 363
○ 26. Erklären Sie beim Wärmerohr die Begriffe: Kondensationszone, Phasengleichgewicht und Schwerkraftwirkung! ... 363, 364
●○ 27. Nennen Sie fünf Vorteile und zwei Nachteile des Wärmerohrs! ... 364
●○ 28. Geben Sie Hinweise für Einbau, Wartung und Reinigung eines Wärmerohrregisters! ... 364, 365
○○ 29. Beschreiben Sie beim Wärmerohrregister die Bypass- und Kippregelung! ... 364, 365
●○ 30. Beschreiben Sie Aufbau und Wirkungsweise eines Rotationswärmetauschers! ... 365
○ 31. Was versteht man beim Rotationswärmetauscher unter einem Sorptions- und was unter einem Kondensationsgenerator? ... 366
●○ 32. Nennen Sie drei wesentliche Vorteile und zwei Nachteile des Rotationswärmetauschers! ... 366
○ 33. Wie werden WRG-Anlagen mit Rotationswärmetauscher geregelt? Nennen Sie mögliche Regelungs- und Schaltfunktionen! ... 366
○ 34. Geben Sie bei WRG-Systemen mit Rotationswärmetauscher Hinweise zur Ventilatoranordnung, Wartung, Reinigung (Filter) und Spülkammer! ... 366, 367
○ 35. Worauf beruht die Wirkungsweise eines schnellrotierenden Rotationswärmetauschers? ... 367
○ 36. Welche Bedeutung spielt die Wärmepumpe bei WRG-Anlagen, und weshalb kann man hier die Rückwärmezahl nicht anwenden? ... 367
●○ 37. Zeigen Sie anhand einer Skizze, wie man mit einer Wärmepumpe eine Wärmerückgewinnung bei RLT-Anlagen durchführen kann! ... 367

Stichwortverzeichnis

A
A-Bewertung 337, 338
Abgasführung 81, 86, 147
Abluft 12
Abluftschacht 30
Ablufttemperaturregelung 95
Abnahmeprüfung 261
Abrißpunkt (Ventilator) 314
Absaugeanlagen (Kfz) 195
Absaugeanlagen 25
Absolute Feuchte 176
Absolute Rauhigkeit 227
Absorptionsfläche 347
Absorptionsschalldämpfer 350
Absperrklappe 281
Abwärmenutzung 356
Abzugshauben 170 ff., 176
Ähnlichkeitsgesetze 300
Aktivitätsgrad **5,** 46
Aktivkohlefilter 163
Aluminiumkanäle 257
Anlagenkennlinie 302
Anlegestrahl 286
Antriebsarten 318
Antriebsleistung (Ventilator) 299
Äquivalente Absorptionsfläche 347
Arbeitsstättenrichtlinien
  freie Lüftung 40
  RLT-Anlagen 48, **57,** 118, 343
Archimedeszahl 270
Aufgabetrichter 225
Aufhängehöhen (Geräte) 128
Aufhängekonstruktionen 132, 247
Aufmaß 260
Auftriebskräfte 38
Ausblashauben 78
Ausdehnungskoeffizient 60
Ausführung von Lüftungsleitungen nach VOB 261
Ausgleichsebene (freie Lüftung) 29
Auslaßdämpfung 346
Auspuffabsaugung 195
Außenlärm 332, 343
Außenluft 12
Außenluftansauggitter 279
Außenluftansaugöffnung 13
Außenluftanteil 94
Außenluftrate **46,** 57
Außenluftschleieranlage 218
Außenluftsystem 22, 26, 64
Axialventilatoren 313 ff.

B
Badlüftung 157 ff., 160
Baukastensystem 16
Befestigungen von Rohren 253
Behaglichkeit 3 ff.
Bekleidungs-Wärmeleitwiderstand 5
Bernoulli-Gleichung 220
Besondere Leistungen 261
Betriebspunkt 304
Bewerteter Schallpegel 338, 342
Bewertungskurven 338
Blechdicke 248, 250, 251
Blechkanäle 247, 257
Blechrohre 250
Blechschornsteine 82
Blechverbindungen 249
Blockbauweise 16
Bodenauslässe 271, 279, 295
Brandabschnitt 262
Brandgasventilator 326, **331**
Brandschutz 161
Brandschutzklappen 264
Brandverhalten (Baustoffe) 263
Brandwandüberbrückung 266
Bypassregelung (Ventilator) 319

C
Carnot-Stoßverlust 221
clo-Werte 5
CO bei Garagen 191 ff.
CO_2-Bilanz 51, 198
CO_2-Gehalt 2, **50**
CO_2-Maßstab 50
CO-Warnanlage 195

D
Dachaufsätze 39
Dachaufsatzlüftung 40
Dachventilatoren 325 ff.
Dämmung (Schall) 354
Dämpfungsglieder 344 ff.
Deckeneinfluß 282, 286
Deckenluftdurchlässe 286
Deckenluftheizgeräte 127 ff.
Deckenluftverteiler 287 ff.
Dezentrale Anlagen 92, **106**
Dezibel 335, 336
Dichte 60, **61;** (Rauchgas) 331
Dichtheitsklassen 245
Diffuser Strahlverlauf 273, 275
Diffusor 222
Digestorien 208
Direkte Beheizung 75, 145
Doppelboden 295
Drallauslaß 287, **293**
Drallregelung 320
Drehklanggeräusche 339
Drehzahlregelung 320
Drehzahlwahl 114
Drosselklappe 280, Diagr. 243
Drosselregelung 320
Drosselung am Luftdurchlaß 244
Druckabgleich 242
Drucklüftung 26
Druckmessung (Kanal) 221
Druckrückgewinn 236, 241
Druckstufen (Kanal) 251
Druckverluste 226 ff.
Druckverteilung (Kanal) 224
Dunstfilter 174

Düsengitter 279
Düsen-Luftdurchlaß 294
Dynamischer Druck 222

E
Eigendämpfung 343
Einbauten (Widerstand) 235
Einregulierung (Anlage) 242 ff.
Einteilung von RLT-Anlagen 21 ff.
Einzelentlüftungen 157
Einzelwiderstände 232, 235
Ekelstoffe 2
Elektro-Luftheizgeräte 148
Elektrozentralspeicher 91
Elektrozusatzheizung 118
Entfeuchtungsgeräte 179, 190
Entnebelungsanlage 175 ff.
Entrauchungsanlagen 267
Entwicklungstendenzen 9 ff.
Erschütterung 333
Euosmon-Anlage 162
Explosionssichere Ventilatoren 330

F
Fahrbare Heizgeräte 147
Falzarten 249
Farbkennzeichnung von Kanälen 12
Faserzementkanäle 258
Fensterlüfter 152, **315**
Fensterlüftung 34 ff.
Festwiderstand 243
Fettfangfilter 171, 174, 280
Feuchte Wärme (Mensch) 5
Feuchteanfall (Wohnung) 157
Feuchteregelung 188
Feuerbeständig 263
Feuerhemmend 263
Feuerluftheizung 75
Feuerstätten im Raum 164
Feuerwiderstandsklassen 262
Filter 17, 18
Filterpatronen 163
Flächenbedeckung 130
Flachgeräte 93
Flanschverbinder 251, 253
Flattergeräusche 246
Flexible Rohre 231, **254,** 350
Formstücke 250, 252
Fortluft 12
Fortluftaustritt **13,** 168
Fortluftsystem 26
Freie Kühlung **65,** 95
Freie Lüftung 21, **29** ff.
Freistrahl 274
Frequenz 334
Frequenzanalyse 334
Frequenzband 334
Frequenzfilter 336
Frostschutzmaßnahmen 97
Frostschutzmittel 98
Frostschutzpumpe 98
Frostschutzthermostat 97
Fugenlüftung 33
Fühleranordnung 95
Funktionsprüfung 262
Fußbodenheizung (Warmluft) 105

G
Garagenlüftung 56, **190**
Gasbefeuerte Geräte 76, 84, 145
Gasgesetz 59
Gaskonstante 60
Gebläsekonvektoren 138
Gefalzte Kanäle 248
Gehäusestellungen (Ventilator) 313
Generatoren (WRG) 366
Geräteabstand 115, 130
Geräusch 334
Gesamtdruckdifferenz Δp_t 223
Geschäftshäuser 207
Geschwindigkeit (vgl. Luftgeschwindigkeit)
Gewächshauslüftung 204
Gitter 277 ff.
Gitterauswahl 281 ff.
Gitterband **279,** 282
Glattrohrwärmetauscher 361
Gleichwertiger Durchmesser 227
Graphische Druckdarstellung (Kanal) 223
Graphische Symbole 14
Grenzkurve 338
Großräume 74
Grundlüftung 151, 156

H
h,x-Diagramm 177
Halbaxialer Ventilator 314
Hallenbeheizung 74, 112 ff., 133 ff., **210 ff.**
Hallzeit 342, 347
Hauben 170 ff.
Hauskenngröße 33
Heißluft-Strahlungsheizung 104
Heizeinsätze 89
Heizleistung 59
Heizregister 19, 108, 110
Hochdruckanlage 24
Hochleistungsventilator 317
Hohlraumboden 104
Hörbereich 334, 335
Hydraulischer Druckabgleich 242
Hydraulischer Durchmesser 227
Hygrostat 188

I
Impulskraft 270
Indirektbeheizte Luftheizung 92
Induktionszahl 284
Infraschall 334
Innere Oberflächentemperatur 4
Intensivlüftung 151, 163
Isobare Zustandsänderung 59

J
Jalousie (Diagr.) 243
Jalousieklappen 280

K
Kachelofenwarmluftheizung 87
Kammerzentrale 13 ff., 92, 344
Kanalaufmaß 260
Kanalbefestigungen 249
Kanaldämpfung 344
Kanalformstücke 250
Kanalkenndaten 247

Kanalmaterialien 227, 246, **257**
Kanalnetzberechnung 237
Kanalnetzformular 240
Kanalnetzkennlinie 302
Kanalreibung 226
Kanalverbindungen 249
Kanalversteifung 246
Kapillarventilator 366, 367
Kaskadenregelung 96
Kastengerät **15 ff.**, 92
Keilriemenantrieb 318
Kennzeichnung von Bauteilen 20
Kfz-Absauganlagen 195
Kinetische Energie 222
Kippregelung (Wärmerohr) 364
Klang 334
Klassifikation (RLT-Anlage) 20
Kleiderwiderstand 5
Klemmspannungsänderung (Ventilatorregelung) 328
Klimakomponenten 3 ff.
Klimazentrale 15
Klimazentralheizung 98 ff., 103
Klosettlüfter 162
Kochnischen 163
Kohlendioxyd 50, 198
Kolbenlüftung 24
Kondensationsgenerator 366
Kondensator 359
Kondensatorleistung 180
Kontinuitätsgesetz 219
Körperschall 333, **355**
Kreislaufverbundsystem (KVS) 361
Kreuzstromwärmetauscher 359, 360
Kritischer Strahlweg **286,** 293
Küchenabzugshauben 170
Küchenlüftung 164 ff.
Küchenlüftung (ohne Fenster) 163
Kugelschiene 291
Kulissenschalldämpfer 349
Kunststoffrohre 258
Kunststoffventilator 330
Kupplungen (Antrieb) 319
KVS-System 361

L
Laborlüftung 208
Lamellenverstellung (Gitter) 282
Lärm 336
Latente Wärme (Mensch) 5
Laufradformen 309, 313, 324
Laufschaufelregelung 321
Leckluftstrom 245
Leistungsaufnahme 299
Leistungsbeschreibung 261
Leitrad 314
Lichtaufschaltung 204
Lochdecke 295
Luftarten 12
Luftdurchlässe 277 ff.
Luftelektrizität 6
Luftfeuchtigkeit 4
Luftführung (Raum) 270, **272**
Luftgeschwindigkeiten
  in Kanälen 238
  in Räumen 5
  in Schächten 38
Luftheizgeräte 106
Luftheizung 5, 42, **73,** 98, 106
Luftraum je Person 53
Luftschall 333
Luftschalldämmung 334
Luftschleier 212
Lufttüren 215
Luftumwälzzahl 43, 51
Luftumwälzzahl (vgl. Umwälzzahl)
Lüftungsdecke 172
Lüftungsfenster 205
Lüftungsgitter 277 ff.
Lüftungstruhen 138
Lüftungswärmebedarf (freie Lüftung) 111
Luftverteiler 131
Luftwechselzahlen 35, **51 ff.**, 111, 155, 157

M
MAK-Wert 54
Maschinelle Lüftung 25
Maximale Arbeitsplatzkonzentration 54
Membranabsorber 351
MIK-Wert 56
Mikroklima 295
Mindestaußenluftstrom 47, 57
Mini-Luftleitungen 99 ff.
Mischkammer 17
Mischklappenmodul 94
Mischluft 12
Mischluftbetrieb 63, 64, 94
Mischluftkasten 110, 139
Mischregelkreis 17
Mischströmung **273**
Mittenfrequenz 335, 336
Mobile Warmluftgeräte 148
Montagezeiten 258
Motor 109, 318
Motorleistung 299, 302
Mündungsreflexion 346

N
Nachhallzeit 342, **348**
Natürliche Lüftung (vgl. freie Lüftung)
NC-Kurve 338
Nebenleistungen 261
Nennmaße (Kanal) 248, 250, 255
Neutrale Zone 29
Niederdruckventilator 325

O
Oberflächentemperaturen (Raum) 4
Oktavband 335
Oktave 335
Oktavpegel 335, 336, 340
Ölbefeuerte Geräte **76,** 82, 145
Öllagerung 83
Örtliche Mischströmung 276
Ovale Lüftungsrohre 256

P
Parallelbetrieb von Ventilatoren 321
Pegelmessung 336, 338
Pegelsenkungen 344 ff.
Pittsburgfalz 249
Plattenwärmetauscher 360
Platzbedarf für Zentrale 93
Pneumatische Förderanlage 225
ppm 55
Prandtl-Staurohr 221

Proportionalitätsgesetze 300, 301
Prozeßtechnik 21

Q
Quellströmung 276
Querstromventilator 329

R
R-Wert 226, 230, 231
Radiallaufrad 311
Radialventilatoren 308 ff.
Rauchgasventilatoren 331
Raumabsorption 346, 348
Raumdämpfung 346, 349
Raumfühleranordnung 95
Raumklima 3
Raumluftgeschwindigkeiten 5
Raumlufttechnische Anlagen 21
Raumströmungen 269
Raumtemperaturen 3, 112
Raumumschließungsflächentemperatur 4
Regelung von
  Lüftungs-Luftheizung 93
  Schwimmhallen 187
  speziellen RLT-Anlagen 149 ff.
  Truhengeräten 143
  Wand- und Deckengeräten 135
  Warmlufterzeugern 80
Regeneratoren 359
Registerleistung 59 ff., **62,** 66
Reibungswiderstände 226
Reibungszahl λ 226
Reihenschaltung von Ventilatoren 322
Reinraumtechnik 276
Rekuperatoren 359, 360
Relative Rauhigkeit 227
Relaxationsschalldämpfer 350
Richtungsfaktor (Schall) 348
Riemenscheibendurchmesser 298, 301
RLT-Anlagen 21 ff., 149 ff.
Rohrbefestigungen 253
Rohreinbauventilatoren 316
Rohrverbindungen 251
Rotationswärmetauscher 365
Rückfeuchtezahl 357
Rückwärmezahl 356
Rückwärtsgekrümmte Schaufeln 311

S
Sabine 347
Sättigungsdampfmenge 177, 181
Sauglüftung 27
Sekundärjalousie 108, 129, 211
Sekundärschalldämpfer 101
Sensible Wärme (Mensch) 5
Serienschaltung von Ventilatoren 322
Sinnbilder 14
Sorptionsgenerator 366
Spannflanschverbindung 249
Spannringverbindung 251, 253
Spezifische Wärmekapazität 60
Spezifisches Volumen 60
Summenpegel 335, 338, 354
Symbole 14

Sch
Schachtaufsätze 39
Schachtlüftung
  ohne Ventilator 36 ff.
  mit Ventilator 157 ff.
Schalldämmaß 355
Schalldämmung 354, 355
Schalldämpferarten 349
Schalldämpferauswahl 351 ff.
Schalldämpfersockel 327
Schalldruck 335
Schalldruckpegel in Räumen 342
Schalleistung 336, 337, 340
Schallimmissionen 343
Schallintensität 337
Schallpegel 335, 336, 339, **342,** 344
Schallpegel (Geräte) 117, 132;
  (Gitter) 285;
  Ventilator 327
Schallpegeladdition 337
Schallschutznormen 333
Schaufelkrümmung 310
Scheibenankermotor 312
Scheibendurchmesser 208, 301
Scheinleistung 300
Schläuche (Klima) 257
Schleieranlagen 212 ff.
Schlitzauslässe 291
Schnappfalz 249
Schornstein 82
Schrankgeräte 144
Schrumpfmanschette 251, **253**
Schutzarten IP 318
Schwerkraft-Luftheizung 87
Schwimmbadlüftung 70, **175 ff.**
Schwingungsisolierung 355

St
Stahlschornstein 82
Stallklimatisierung 203
Stallüftung 51, 196
Standzeit 19
Statische Heizfläche 44
Statischer Druck 221
Staudruck 31
Staurohr 221
Steckverbinder 251, 253
Stetigkeitsgesetz 219
Stoßlüftung 155, 163
Strahlablenkung 274, **283**
Strahlablösung 286
Strahlluftführung 273
Strahlungsheizung 211
Strahlungs-Luftheizung 104
Strahlweg 274
Strömungsgleichungen 219
Strömungsrauschen 341

T
Tabakrauch 47, 48
Tangentialströmung **275**
Taupunkt 177
Technikzentrale 93
Telefonieschalldämpfer 256, **350**
Tellerventil 264, 294
Temperaturerhöhung im Ventilator 301, 324

Temperaturregelung 95, 136
Thermosicherung 147
Ton 334
Torbeheizung 216
Trägheitskraft 270
Transmissionswärmebedarf 111, 112
Trittschall 333
TRK-Liste 55
Trommellaufrad 310
Truhengeräte **138,** 179

U

Überdruckklappe 281
Überdrucklüftung 26
Überströmgitter 280
Übertemperatur **45,** 58
Umfangsgeschwindigkeit (Ventilator) 298, 301
Umluft 12
Umluftanlage 22, 63
Umlufthaube 174
Umwälzzahl 43, 51, 114
Unterdrucklüftung 26
Unterflurkonvektor 179

V

Variabler Volumenstrom 72
Ventilatorantrieb 318
Ventilatorauswahl 305 ff.
Ventilatordiagramm 307, 311
Ventilatordrehzahl 298
Ventilatordruck 236, **297,** 325
Ventilatoren 296 ff.
Ventilatorgeräusche 339
Ventilatorkennlinie 303, 309, 314, 317, 325
Ventilatorleistung 299
Ventilatorregelung 319 ff., 325
Ventilatorwiderstände 17
Ventilatorwirkungsgrad **298,** 301, 312, 325
Verbindungsarten (Kanal) 249, 251, 253
Verdampfer 175, 180, 359
Verdrängungsströmung 24, **275**
Verdunstungswärme 182
Verdunstungszahl 177, 181
Verkaufsstätten 206, 208, 343
Versammlungsräume 149
Vollständigkeitsprüfung 261
Volumenänderung durch Temp. 59
Volumenstrombestimmung
  für Luftheizungsanlagen 42, 58
  für Lüftungsanlagen 45
  für spezielle Räume 167 ff.
  für Wohnungen 154
Volumenstromregler 72
Vorgabezeiten 259
Vorwärtsgekrümmte Schaufeln 310
VVS-Anlagen 72

W

Walzenlüfter 329
Wandlüfter 152, **315**
Wandluftgeräte 107 ff.
Wandtemperatur 4
Warenhäuser 206
Wärmeabgabe (Mensch) 5
Wärmedämmung (Kanal) 246, 255
Wärmeleistung (Berechnung) 59 ff., 66
Wärmepumpe 367
Wärmepumpenkompaktgerät 180
Wärmerohr 363
Wärmerückgewinnung 153, 328, 356
Wärmetauscher 19
Warmlufterzeuger **76 ff.,** 101
Warmluftkachelofen 88
Warmluftschleier 214
Wasserdampfabgabe (Mensch) 5
Wasserverdunstung 182
WC-Filtergeräte 163
WC-Lüftung 157 ff., 160
Weitwurfdüse 294
Wellenleistung 299
Wetterschutzgitter 279
Wickelfalzrohr (R-Wert) 231
Wickelfalzrohre 251
Widerstände Einbauten 235
Windeinfluß 31
Windgeschwindigkeit 32
Wirbelstromfilter 171
Wirkleistung 300
Witterungsgeführte Regelung 97
Wohnhaus-Luftheizung 98 ff.
Wohnküchen 156
Wohnungs-Abzugshauben 173
Wohnungslüftung 103, **149 ff.**
Wurfweite 116, 274

Z

Zargenfalz 249
Zentrale 12 ff., 93
Zentrale Ölversorgung 84
Zentralschachtsysteme 159
Zeta-Wert 232 ff.
Zuluft 12
Zuluftanlage 27
Zuluftelemente 153, 154, **156**
Zulufttemperatur 43, **44,** 114
Zulufttemperaturkaskade 95
Zulufttemperaturregelung 96, 97
Zweiseitig saugender Ventilator 312
Zweistufiger Ventilator 323

Technikzentalen für RLT-Anlagen

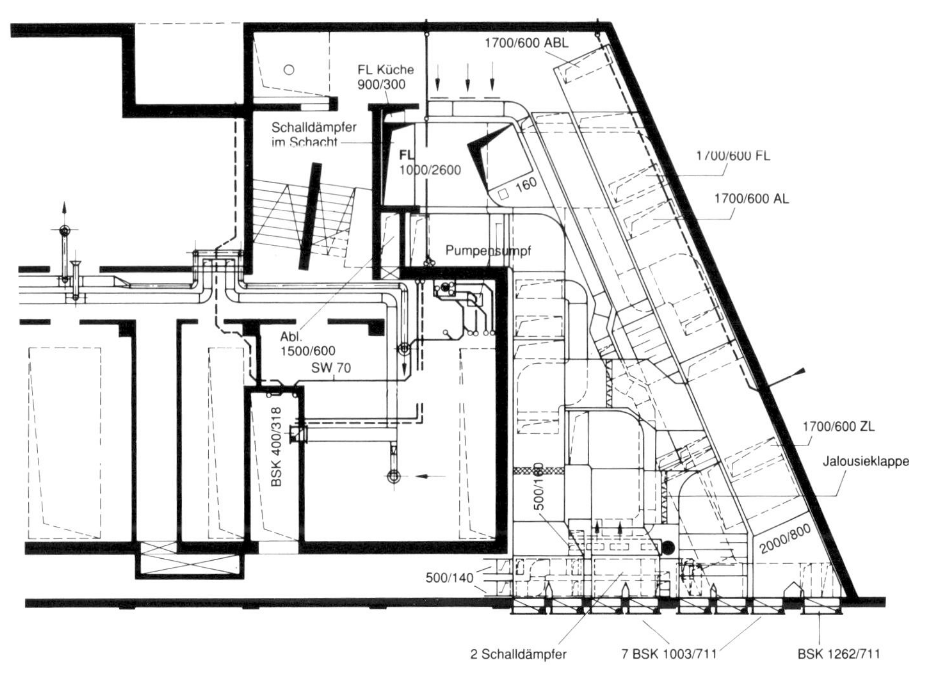

Grundriß RLT-Zentrale mit Kanalanschlüssen

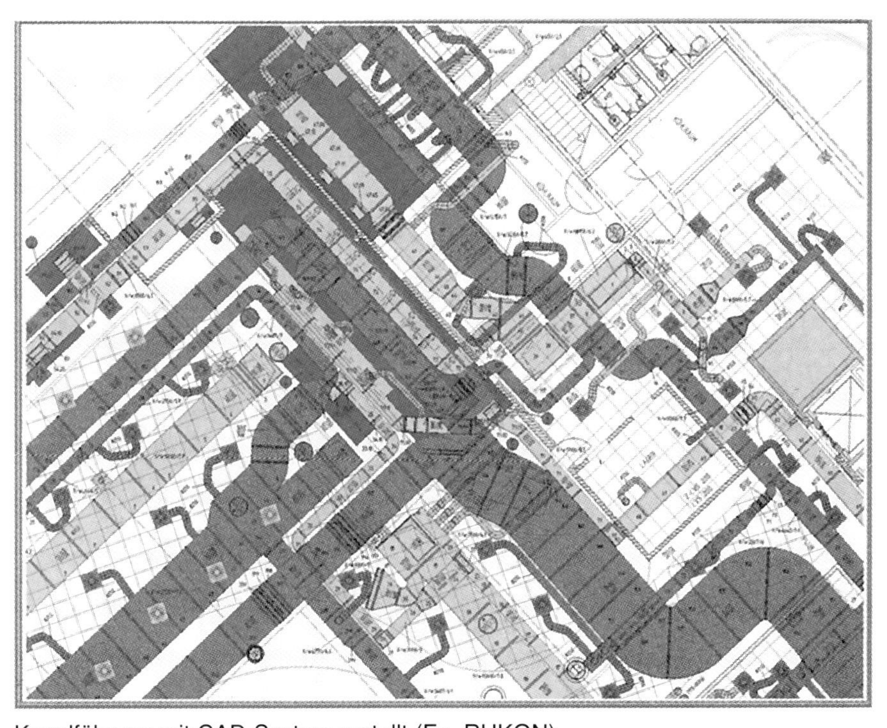
Kanalführung mit CAD-System erstellt (Fa. RUKON)

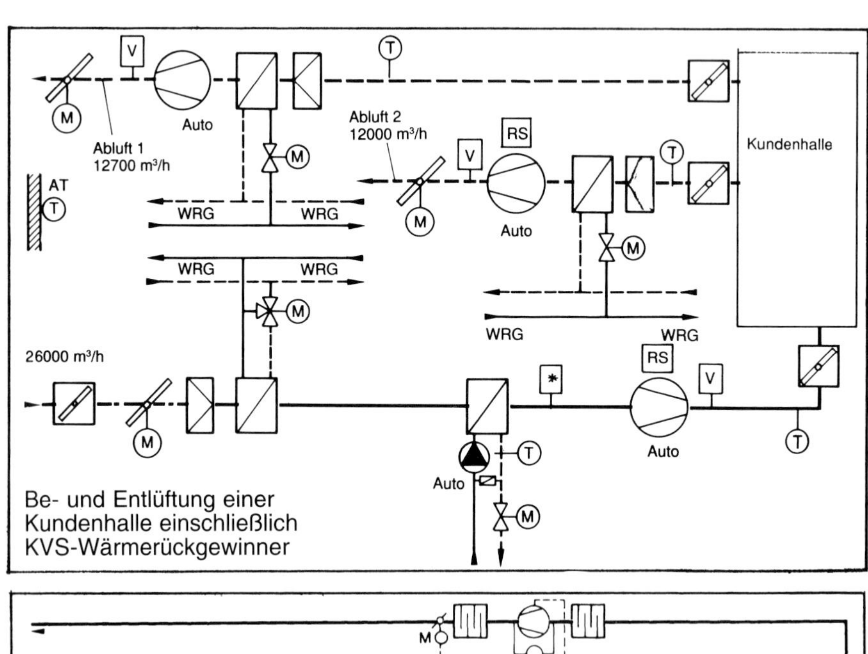

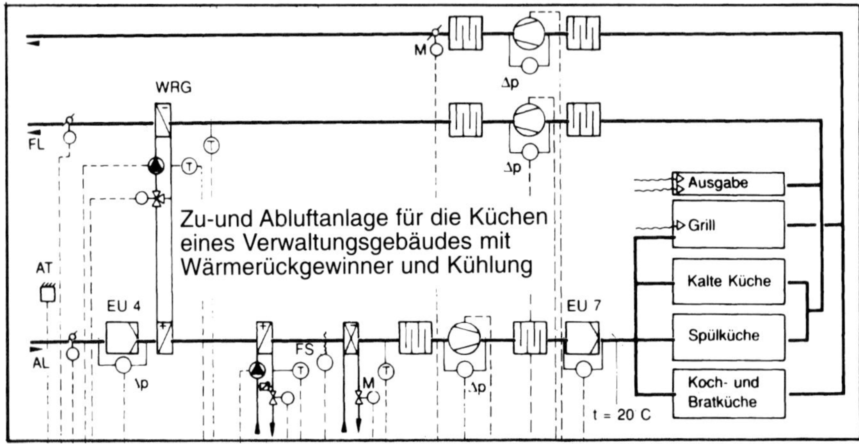

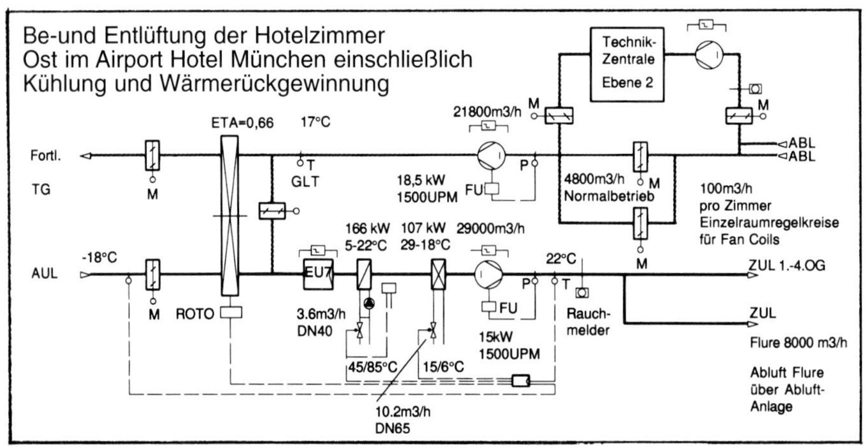

Schalt-und Regelschemen von RLT-Anlagen

Ihle *Erläuterungen zur DIN 4701 mit Wärmedämmung und Wärmeschutzverordnung*

Von Dipl.-Ing. Claus Ihle

Schriftenreihe
Der Heizungsingenieur
Band 1

2., neubearbeitete und erweiterte Auflage 1997. 208 Seiten 17 x 24 cm, 115 Abbildungen, 60 Tabellen, 303 Wiederholungsfragen, gebunden DM 68,–/öS 496,–/sFr 68,–
ISBN 3-8041-2124-1

Das Interesse der Fachwelt an der DIN 4701 ist nach wie vor außerordentlich groß. Mit diesen Erläuterungen soll die Einarbeitung in die grundlegendste und wichtigste DIN-Norm der Heizungs- und RLT-Technik erleichtert werden. Sämtliche Inhalte der DIN 4701-1 bis 4701-3 werden kapitelweise behandelt, methodisch erarbeitet, durch zahlreiche Beispiele ergänzt und im Zusammenhang erläutert. Durch die vielfach angefügten Hinweise wird deutlich gemacht, wo sich die Inhalte der DIN-Norm auf die Planung, Ausführung und Betriebsweise der Anlagen sowie auf die Bemessung von Anlagenkomponenten auswirken. Dabei wird vereinzelt auch auf Schwachstellen der Norm hingewiesen, und es werden hierzu Vorschläge gemacht. Die Inhalte der E-DIN 4701 : 1995 werden zusammengestellt und z. T. in die jeweiligen Kapitel einbezogen.
Durch wesentliche Veränderungen in der Gebäude- und Anlagentechnik mußten gegenüber der 1. Auflage die meisten Kapitel neu zusammengestellt und z. T. wesentlich ergänzt werden. So wurde neben den detaillierten Erläuterungen zur DIN 4701 auch die neue Wärmeschutzverordnung mit dem Wärmeschutznachweis ausführlicher behandelt, da diese jetzt verstärkt in die Planung und Ausführung von Heizungsanlagen eingreift. In diesem Zusammenhang wurde auch das Thema Wärmedämmung ausführlicher behandelt und durch Beispiele und zahlreiche Verknüpfungen mit der Heizungstechnik vertieft. Zusammen mit dem zukünftigen Niedrigenergiehaus, bei dem auch vermehrt ökologische Aspekte entscheidend sind, werden die Wechselwirkungen zwischen Gebäude und Anlagenkonzeption verdeutlicht. Auf den starken Einsatz von Computersoftware wird besonders hingewiesen.
Aus dem Inhalt: Gebäude- und Wärmeschutz · Wärmeübertragung (Bauteilkonstruktionen, Wärmeverluste, k-Zahl-Berechnungen, Wärmeschutz, Niedrigenergiehaus), Wärmeschutzverordnung und Wärmebedarfsausweis, Grundsätzliches zur DIN 4701, Temperaturen, Norm · Transmissionsheizlast, Norm · Lüftungsheizlast, Norm · Heizlast und Norm · Gebäudeheizlast, Anlagenbemessung, Heizlastberechnung für ein Wohnhaus, Heizlast in besonderen Fällen, Einsatz von Computersoftware, Wiederholungs- und Prüfungsfragen, ergänzende Vorschriften, Sachwortverzeichnis.

Werner Verlag

Postfach 10 53 54 · 40044 Düsseldorf

Ihle Die Pumpen-Warmwasserheizung

Von Dipl.-Ing. Claus Ihle

Schriftenreihe
Der Heizungsingenieur
Band 2

3., neubearbeitete und erweiterte Auflage 1979. 432 Seiten 17 x 24 cm, 552 Abbildungen, 102 Tabellen, 3 Ausschlagtafeln, geb. DM 61,–/öS 445,–/sFr 61,–

In systematischer und sehr übersichtlicher Form werden in diesem Band die klassischen Grundlagen der Pumpen-Warmwasserheizung dargelegt und mit der Entwicklung der modernen Heizungstechnik und Energiesituation sinnvoll verknüpft. Die dazugehörende umfangreiche und vorwiegend auf die Anwendungstechnik bezogene Fachkunde wird in methodisch bewährter Form erklärt und durch viele Übungsbeispiele veranschaulicht.

Durch seine große Informationsdichte ist dieses Buch aber auch ein wichtiges Nachschlagewerk für die Praxis, das auf viele Fragen schnell eine Antwort gibt oder einen Lösungsweg zeigt. Hierzu dienen auch ein spezieller Schriftsatz, die Hervorhebung von Stichworten, Zusammenstellungen von Planungs- und Montagehinweisen und Vorschriften sowie das umfangreiche Tabellenwerk und das ausführliche Sachwortregister.

Aus dem Inhalt: Allgemeines – Energiefragen · Entwicklung – Anforderungen – Systeme · Energiefragen – Energieeinsparung · Kostenfragen und Wirtschaftlichkeit · **Bauelemente – Heizraum – Geräuschfragen** · Wärmeentwickler und Zubehör – Feuerungstechnische Grundlagen · Heizkörper und Zubehör · Rohrleitung – Rohrmontage – Isolierung · Sicherheitstechnische Ausrüstungen – Ausdehnungsgefäße – Entlüftung · Heizraum – Schornstein – Öllagerung · Geräuschursachen in Heizungsanlagen und deren Behebung · **Pumpe und Netz – Rohrnetzberechnung – Regelung** · Pumpe und Rohrnetz · Rohrnetzberechnung einer PWW-Zweirohranlage – Projektierung und Planung · Heizungsregelung – Hydraulische Schaltungen – Regelventile · Die Einrohrheizung · **Spezielle Warmwasserheizungen** · Neuartige Heizungssysteme – Spezielle Beheizungsaufgaben · **Wiederholungs- und Prüfungsaufgaben** · Stichwortverzeichnis.

Werner Verlag

Postfach 10 53 54 · 40044 Düsseldorf